JN424224

辛의 한 수

매틀랩과 함께하는
자동제어

전기전자공학도를 위한

신윤기 지음

GS인터비전

머리말

이 책은 자동 제어의 이론과 다양한 실제 응용을 설명하고 있으며 특히 전기전자 공학을 전공하는 사람들을 위해 저술하였다. 매 장마다 가능한 한 실제적인 시스템을 취급함으로써 현실성을 높혔으며 각 장의 말미마다 해당 장의 내용을 컴퓨터로 쉽게 실행해 볼 수 있도록 매트랩 프로그램을 수록하였다. 이 책의 내용은 다음과 같다.

2장 수학적인 배경 시스템을 해석하는데 필요한 수학적인 도구들인 라플라스 변환, 전달 함수, 시스템의 응답 등에 대해 설명하고 있다.

3장 블록 선도와 신호 흐름도 시스템을 간단히 표현하는 방법을 비롯하여 복잡한 시스템을 단순한 형태로 압축시키는 방법도 설명하고 있다.

4장 물리계의 모델링 제어 시스템을 이루는 다양한 물리계들을 수학적으로 표현하는 방법에 대해 설명하며, 전기계와 기계계 및 전기기계계를 중심으로 설명하고 있다. 특히 이 책에서는 모든 물리계를 가능한 한 등가적인 전기계로 표현함으로써 전기 및 전자 공학도들에 대해 특히 편리하도록 하였다.

5장 상태 공간 해석 4장의 모델링을 바탕으로 전기계, 기계계 및 전기기계계 등을 상태 공간으로 표현하는데 대해 설명한다.

6장 궤환 제어 시스템 제어 이론의 핵심은 궤환에 있으며 6장에서는 널리 사용되는 몇 가지 유형의 궤환 제어 시스템에 대해 소개하고 있다.

7장 안정성 제어 이론의 상당 부분이 시스템의 안정성과 관련된 내용이며 7 장에서는 안정성의 기본 이론인 Routh 판별법에 대해 설명한다.

8장 시간 응답 제어 시스템의 성능을 시간상에서 평가하는 여러가지 척도에 대해 설명하며 그 기준은 계단 응답이다.

9장 근궤적 근궤적은 제어 시스템을 해석하거나 설계함에 있어서 매우 중요한 수단이다. 9장에서는 미지수를 포함하는 다항식의 근의 자취를 그리는 방법에 대해 소개한다.

10장 주파수 응답 시스템의 특성은 시간 영역과 주파수 영역의 두 영역에서 모두 살펴보아야 완전히 파악할 수 있다. 8장의 시간 응답과 9장의 근궤적은 시스템의 시간 응답에 관한 내용이다. 이에 비해 10장의 주파수 응답은 시스템을 주파수 영역에서 해석하는 방법들을 소개하며 여기에는 보드 선도, 나이퀴스트 선도, 니콜스 도표 등 다양한 도구들이 포함된다.

11장 PID 제어기 설계 10 장까지는 제어 시스템의 해석에 관한 내용이며 11 장부터는 제어기의 설계에 관한 내용이다. 제어기는 제어 시스템의 결점을 보상하여 원하는 특성을 얻도록 하는 중요한 이론이며 11장에서는 능동 회로인 미분기와 적분기를 이용하여 제어기를 설계하는 방법에 대해 설명한다.

12장 진상 및 지상 제어기 설계 12 장은 수동 회로인 진상 및 지상 회로를 이용하여 제어기를 근궤적을 이용하여 시간영역상에서 설계하는 방법에 대해 설명한다.

13장 주파수 영역 설계 13 장은 진상 및 지상 제어기를 주파수 영역상에서 설계하는 방법에 대해 설명한다.

14장 상태 변수 궤환 제어기 상태 공간에서 시스템의 상태 변수들을 모두 궤환시켜 원하는 특성을 갖도록 설계하는 방법에 대해 설명한다.

15장 디지털 제어기 컴퓨터를 이용한 디지털 제어를 위해 디지털 제어 시스템을 설계하는 방법에 대해 설명한다.

언제나 부모님과 형제들 그리고 식구들에게 감사하며 이 책의 편집에 애를 쓰신 우일 미디어와 인터비젼 출판사에 감사드린다.

2007년 2월 21일 저자 辛 潤炁

차례

1

서론

1.1 시스템과 제어

인간은 도구를 사용하며 현대에 사용되는 도구들은 자동차, 배, 항공기, 우주선, 우주 왕복선, 로봇(robot) 등등 옛날과는 비할 수 없이 다양해지고 복잡해지고 있다. 이들은 단순한 도구와는 달리 많은 기계적 또는 전기적 요소들이 복합적으로 구성되어 있으므로 시스템(system)이라 부른다. 시스템은 총체적으로 하나의 고유한 기능을 수행하며 이 기능이 보다 원하는 수준이 되도록 조치하는 것을 제어(control)라 한다. 시스템은 매우 광범위하다. 대표적으로는 기계적인 요소들로 구성된 기계계, 전기적인 요소들로 구성된 전기계 등이 있는가 하면 화학적인 공정(process)을 취급하는 시스템, 열을 다루는 시스템 등등 무수히 많다. 엄밀히 말하면 현실계에서는 시스템이 아닌 것이 없으며 인간도 하나의 시스템이며 우주도 하나의 시스템이다. 다만 기능이 다르고 역할이 다를 뿐이다. 따라서 물리계의 시스템을 수학적인 모델로 표현하는 것이 첫번째 중요한 일이라 볼 수 있다.

인간에 지시에 의해 작동하는 시스템, 즉 인간이 제어하고자 하는 시스템을 제어 시스템(control system)이라 한다. 제어 시스템은 인간이 할 수 없는 많은 기능을 대신하며 이들의 발전이 문명 사회의 척도라 볼 수 있다. 제어 시스템은 그림 1-1(a)와 같이 간단히 하나의 블록 선도로 표현할 수 있으며 제어 시스템에 내리는 명령을 지시 또는 입력이라 한다. 그리고 제어 시스템이 입력에 보이는 반응을 응답 또는 출력이라 한다. 제어 시스템이 신호처리 등을 위주로 하는 다른 유형의 시스템과 다른 점은 응답이 지시에 가능한 한 가까워야 한다는 것이다. 한 마디로 말해 출력이 입력과 같을 때 가장 이상적인 제어 시스템이 되는 것이다. 그러나 제어 시스템을 아무리 정밀하게 제조해도 그 기능에는 한계가 있기 마련이다. 따라서 이를 보상하기 위해 그림 1.1(b)와 같이 또 다른 부시스템(subsystem)을 제어 시스템과 결합하여 사용하며 이로부터 많은 제어 이론들이 출발하게 되었다. 제어 시스템의 성능이 개선되도록 보상해주는 부시스템을 제어기(controller)라 한다. 기실 제어기의 도움없이는 우주선도 미사일도 로봇도 생각할 수 없을 정도이다. 주어진 제어 시스템을 보상하여 최상의 성능을 발휘하도록 제어기를 구성하

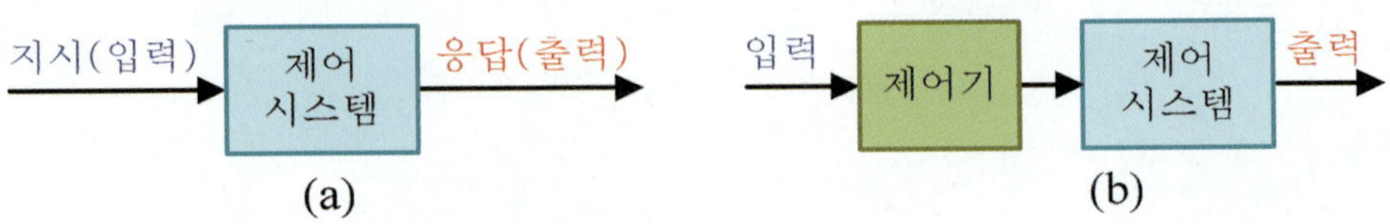

그림 1-1 제어 시스템의 블록 선도 표현.

는 것이 설계(design) 분야이다. 제어 시스템을 해석하고 설계하는데는 거의 모든 시스템 이론들이 동원되며 이를 위해 시스템 이론에 대한 수학적인 지식이 매우 중요하다. 시스템 이론은 크게 시간 영역과 주파수 영역(또는 변환 영역)으로 나누어지며 시간 영역에서는 충격 응답, 계단 응답, 근궤적(root locus) 등이 있다. 이에 비해 주파수 영역상에서는 보다 편리하고 많은 종류의 해석 및 설계 도구들이 있으며 보드(bode) 선도, 나이퀴스트(Nyquist) 선도, 니콜스(Nichols) 선도 등이 여기에 속한다. 따라서 복잡한 제어 이론을 공부하기 위해서는 시간상 및 주파수상에서의 다양한 해석 도구들을 사전에 충분히 이해하고 있어야 한다.

1.2 자동 제어의 역사

궤환 제어 시스템

시스템을 자동적으로 제어하는 자동 제어는 궤환(feedback)을 이용한다. 궤환이란 그림 1-2와 같이 출력(응답)의 일부를 궤환 시스템을 거쳐 입력(지시)으로 되돌려 응답과 지시의 오차를 최소로 하는 방향으로 제어해 나가는 것이다. 궤환은 자연계의 보편적인 제어 원리로서 정신적인 반성뿐 아니라 수많은 생물학적 제어도 모두 궤환을 바탕으로 한다. 따라서 이 현상계를 자연, 즉 자동이라 하는 것이다.

그림 1-2에서 보는 바와 같이 궤환 제어 시스템에서는 출력과 입력간에 루프(loop)가 형성되므로 폐루프(closed-loop) 시스템이라 부른다. 이에 비해 그림 1-2에서 궤환 시스템을 없앤 그림 1-1을 개루프(open-loop) 시스템이라 한다. 개루프 시스템은 출력에 문제가 있어도 이를 보정할 방법이 없지만 폐루프 시스템에서는 가능하다. 즉 출력에서의 문제는 오차로 이어지며 이 오차는 출력의 문제를 최소로 하는 방향으로 제어 시스템을 유도하기 때문이다. 진정한 의미에서의 자동 제어는 곧 궤환을 통한 제어라 할 수 있다.

제어 시스템에는 필요한 지시만 입력되는 것이 아니라 외부로부터 뜻하지 않는 방해가 입력될 수 있으며 이를 외란(外亂, disturbance)라 한다. 외

그림 1-2
궤환 제어 시스템.

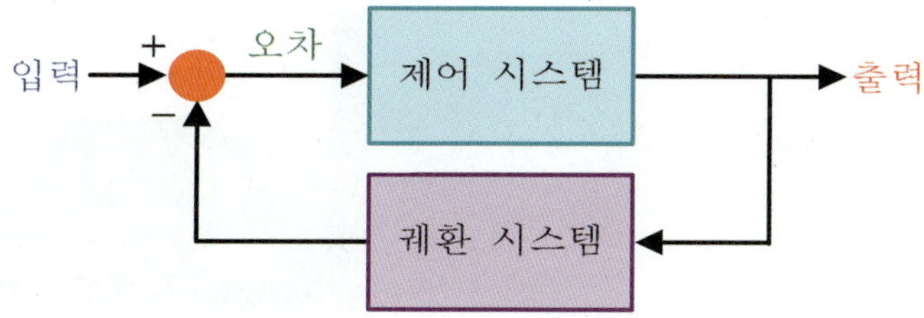

란은 시스템의 어느 부분에 입력될지 알 수 없을 뿐 아니라 그 특성도 예측하기 어렵기 때문에 사전에 대비하기 어렵다. 그러나 궤환을 이용하면 외란을 큰 폭으로 줄일 수 있어 유리하다. 이외에도 시스템을 구성하는 요소들의 특성이 시간에 따라 변할 수 있으므며 이러한 변동 요인들이 누적되면 출력에는 원하지 않는 현상들이 나타나게 된다. 출력이 요소들의 변동에 대해 영향을 받는 정도를 감도라 하며 감도가 높을수록 예민한 시스템, 즉 불안한 시스템이 된다. 시스템의 감도 역시 궤환에 의해 완화될 수 있다.

제어 시스템은 그 기능이 무엇 보다도 우선이지만 이에 못지 않게 중요한 것이 안정성(stability)이다. 즉 기능이 아무리 훌륭해도 조그만한 환경 변화에도 동작에 큰 혼란이 생긴다면 이 시스템은 불안정한 시스템이다. 따라서 시스템이 얼마나 안정되는가를 해석하고 또한 필요한 안정도를 유지하도록 설계하는 것이 매우 중요하다. 그러나 기능과 안정성 사이에는 서로 상쇄 효과가 있는 것이 보편적이기 때문에 시스템 설계시 두 요건을 잘 절충하여야 한다. 궤환은 시스템의 안정성을 향상시켜 주는 중요한 역할을 한다.

자동 제어의 역사

제어의 역사는 문명화의 역사와 보조를 같이 한다. 다만 고대 문명에서는 정신계의 제어에 능하였지만 현대 문명에서는 물질계의 제어에 능한 것이 다를 뿐이다. 궤환을 이용한 자동 제어의 효시는 기원전 300년경에 고대 그리스의 Ktesibios가 고안한 자동 물시계로서 그 원리는 그림 1-3과 같다. 맨 아래 수조의 수위가 시간에 따라 일정한 비율로 증가하면 부표에 부착된 지시 막대에 의해 시간의 흐름을 알 수 있는 것이다. 이를 위해 가운데 수조로부

그림 1-3

Ktesibios의 물시계.

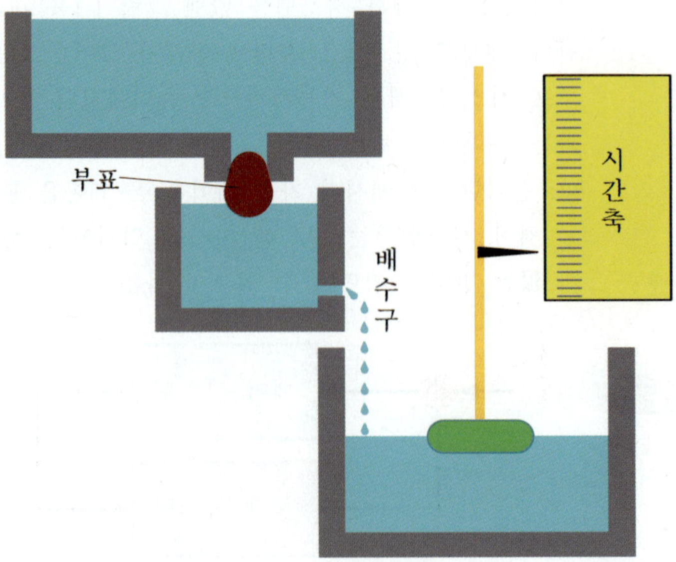

터 흘러 나오는 물의 속도는 일정하여야 한다. 흘러 나오는 물의 시간당 양은 토리첼리의 원리에 의해 수위의 제곱근에 비례하므로 가운데 수조의 수위는 항상 일정하게 유지되어야 한다. 만일 수위가 정해진 수준보다 낮아지면 부표가 아래로 내려가 맨 위의 수조에서 물이 흘러들어오게 되며 정상 수위가 되면 다시 부표에 의해 맨 위 수조의 배수구가 닫히게 된다. 여기서 가운데 수조에서 유지되어야 하는 일정한 수위를 입력으로 보면 순간 순간의 수위는 출력이 되며 입력과 출력의 오차가 부표에 의해 항상 0을 향해 제어되는 것이다. 물론 조선 시대의 자격루 역시 자동 제어의 하나이다. 유럽에서 고안된 최초의 궤환 제어 시스템으로는 네델란드의 Drebbel에 의한 온도 제어 및 Papin에 의한 증기 보일러 압력 제어 등이 있다. 이러한 원리는 모두 Ktesibios 물시계의 수위 제어 기능과 유사하다.

지금 사용하는 자동 제어 이론은 19 세기 후반부터 정립되었으며 1868년에 Clerk Maxwell이 3차 시스템의 안정성에 대한 이론을 발표함으로써 시작되었다. 그 후 1920suseo 후반과 30년대 초반에 걸쳐 벨 연구소에서 궤환 증폭기를 연구하던 보드, 나이퀴스트 등에 의해 주파수 영역상의 해석 기법이 나오기 시작하였으며 보드 선도, 나이퀴스트 선도는 지금도 매우 중요한 위치을 차지하고 있다. 그리고 1948년 Walter R. Evans에 의해 궤환 제어 시스템의 특성 방정식을 그림으로 푸는 방법이 고안되었다. 근궤적(root locus) 방법으로 알려진 이 기술은 보드 선도, 나이퀴스트 선도와 함께 제어 이론에서 중요한 몫을 차지하고 있다. 근궤적은 이 책의 9장에서, 보드 선도와 나이퀴스트 선도는 10장에서 각각 배우게 된다.

현대의 자동 제어

현대의 자동 제어 이론은 궤환 제어 시스템을 기본으로 하며 해석 및 설계 기법은 기존의 보드 선도, 나이퀴스트 선도, 니콜스 선도 및 근궤적 기술을 그대로 이용하고 있다. 다만 컴퓨터 발달로 이러한 기술을 매우 쉽게 사용할 수 있어 편리하다. 현대는 전자 공학의 시대라 할 수 있으며 반도체 집적 기술의 놀라운 발전으로 모든 것이 소형화, 경량화, 저렴화되면서 기능은 더욱 고차원적이 되고 있다. 따라서 거의 모든 제어 시스템에 전기계가 필수적으로 접목되고 있으며 자동차, 배, 항공기, 우주선, 고도의 전자 무기, 자동 자동화, 로보틱스 등 거의 모든 분야를 망라한다. 특히 로봇의 경우는 인공 지능을 겸비하기 시작하여 감정까지 묘방할 수 있는 단계에 이르고 있다. 또한 자동 제어는 대규모 공정 뿐 아니라 반도체 칩 제조 등 매우 미세한 분야까지 필수적이다. 그리고 컴퓨터를 이용하여 가정 자동화도 실용화 단계에 들어서고 있다.

1.3 제어 시스템의 해석과 설계

제어 시스템은 지시를 원형 그대로 따르는 것이 이상적이며 이 점이 신호를 조작 처리하는 시스템들과의 근본적인 차이이다. 그러나 일반적인 제어 시스템은 동적(dynamic)이다. 여기서 동적이란 의미는 지시를 그대로 따르지 못하고 일정한 시간 동안 과도 상태를 거친 다음 비로소 정상 상태로 진입한다는 뜻이다. 따라서 제어 시스템의 특성은 과도 응답과 정상 상태 응답으로 구별하여 해석한다.

과도 응답 일반적으로 과도 응답과 정상 상태 응답은 상쇄 관계가 있으므로 어느 한 쪽을 개선하면 다른 쪽을 희생된다. 그리고 안정된 시스템이라면 과도 상태는 언젠가는 끝나게 되지만 과도 상태를 계속 벗어나지 못하면 불안정한 시스템이다. 과도 응답은 시간상의 특성이지만 주파수 영역에서의 해석 결과를 통해서도 간접적으로 파악할 수 있다.

정상상태 응답 시스템이 과도기를 거치고 나면 출력이 지시를 따르기 시작하는 정상 상태 응답을 보이기 시작한다. 그러나 정상 상태에서도 지시와 응답 사이에 오차가 지속될 수 있으며 이를 정상 상태 오차라 한다.

안정성 시스템은 수행 능력에 앞서 안정성이 무엇보다 중요하며 안정성은 시스템의 극점(pole)의 위치에 의해 결정된다. 안정성에는 절대적인 안정성과 상대적인 안정성이 있으며 절대적인 안정성은 안정한지 불안정한지만 판단하는 것이다. 이에 비해 상대적인 안정성은 얼마나 안정되느냐를 판단하는 것이다.

시스템 설계 시스템 설계는 제어 시스템을 제조한다는 뜻 보다는 주어진 제어 시스템의 결점을 보완하도록 적절한 제어기를 결합하는 것을 말한다. 제어기는 제어 시스템의 과도 응답과 정상 상태 응답 중 하나를 개선하거나 둘 다 개선할 수 있다. 제어 시스템을 해석하고 설계하는데는 근궤적, 보드 선도 나이퀴스트 선도 등이 사용되며 이들은 컴퓨터 프로그램을 이용하여 쉽게 활용할 수 있게 되었다. 이상으로 제어 이론이란 주어진 제어 시스템의 과도 응답 및 정상 상태 응답을 해석하고 이를 바탕으로 시스템의 특성을 보다 개선시키기 위해 제어기 등을 설계하는 것을 총칭하는 것이다. 여기에는 기본적인 시스템 이론을 포함하여 여러 가지 도구들을 사용하는 방법이 포함되게 된다.

2

수학적 배경

2-1 라플라스 변환

2-2 전달 함수

2-3 궤환 시스템

2-4 매트랩

2.1 라플라스 변환

정의 시간 영역상에서 발생하는 복잡한 수식적인 관계를 표현 및 해석하는 것이 시스템 해석의 기본이며 특히 선형 시스템인 경우 입력과 출력 관계는 선형 미분 방정식으로 표현된다. 시간 영역상에서의 이러한 관계를 다른 영역으로 옮기면 매우 간단하게 표현되고 해석될 수 있으며 이를 변환 영역이라 한다. 변환 영역으로 옮기는 대표적인 방법이 라플라스 변환과 푸리에 변환이다. 특히 라플라스 변환은 시간 영역과 변환 영역 사이의 이동이 편리할 뿐 아니라 시간상에서의 미분 방정식이 라플라스 변환에 의해 단순한 대수 방정식으로 전환되는 큰 매력이 있다. 따라서 시스템을 묘사하고 나아가 해석하는 데는 라플라스 변환이 가장 주요한 수단이 된다. 실시간 함수 $f(t)$의 라플라스 변환은 다음과 같이 정의된다.

$$\mathcal{L}[f(t)] = F(s) = \int_0^\infty f(t)e^{-st}dt \tag{2-1}$$

라플라스 변환외에도 지금까지 알려진 여러 가지 변환들은 모두 지수 함수를 이용해 정의하며 그 이유는 지수 함수의 유용성 때문이다. 임의의 복소 지수 함수는

$$f(t) = e^{st} \tag{2-2}$$

이며 지수는 $s=\sigma+j\omega$로서 일반적인 복소수이다. 무엇보다도 지수 함수는 미분과 적분 연산에 의해서도 함수 형태가 불변이라는 점이다. 즉

$$\frac{d}{dt}e^{st} = se^{st}, \quad \int e^{st}dt = \frac{1}{s}e^{st} \tag{2-3}$$

따라서 미분 방정식의 강제 함수가 지수 함수이면 미분과 적분 연산은 변수 s에 의한 곱셈과 나눗셈으로 대체될 수 있는 것이다. 즉 미분 방정식은 s에 의한 대수 방정식으로 전환된다. 나아가 지수 함수는 신호 및 시스템 해석에 필요한 여러가지 신호를 포괄할 수 있다. 식 (2-2)에서 지수가 $s=\sigma$로 실수이면 단순 감소($\sigma<0$), 단순 증가($\sigma>0$) 및 상수($\sigma=0$) 형태가 된다. 반면에 $s=j\omega$로서 허수이면 오일러 공식에 의해

$$e^{j\omega t} = \cos\omega t + j\sin\omega t \tag{2-4}$$

이므로 다음과 같이 정현 및 여현 함수를 모두 나타낼 수 있다.

$$\text{Re}[e^{j\omega t}] = \cos\omega t, \quad \text{Im}[e^{j\omega t}] = \sin\omega t \tag{2-5}$$

여기서 Re[ ]와 Im[ ]는 각각 함수의 실수부와 허수부를 취하는 연산이다. 그리고 지수가 $s=\sigma+j\omega$로 복소수이면

$$e^{(\sigma+j\omega)t}e^{j\omega t} = e^{\sigma t}\cos\omega t + je^{\sigma t}\sin\omega t \tag{2-6}$$

로부터 다음과 같이 지수적으로 증가하거나($\sigma>0$) 감쇄하는($\sigma<0$) 정현 함수를 얻을 수 있다.

$$\text{Re}[e^{(\sigma+j\omega)t}] = e^{\sigma t}\cos\omega t, \quad \text{Im}[e^{(\sigma+j\omega)t}] = e^{\sigma t}\sin\omega t \tag{2-7}$$

식 (2-1)에서 라플라스 변환 $F(s)$가 존재하기 위해서는 $f(t)e^{-st}$가 다음과 같이 절대 적분가능(absolutely integrable)해야 한다.

$$\int_0^\infty \left|f(t)e^{-\sigma t}\right|dt < \infty \tag{2-8}$$

따라서 $\sigma>0$인 경우 적분 구간은 0에서 무한대 사이로 정하며 이를 단측(one-sided) 라플라스 변환이라 한다. 이에 비해 적분 구간을 $-\infty$에서 $+\infty$로 한 것을 양측(two-sided) 라플라스 변환이라 하며 이는 보통의 경우에는 사용되지 않는다. 그리고 라플라스 변환의 적분 구간을 0이 아닌 임의의 상수 $t=T$로부터 시작하지 않고 0으로 정하는 이유는, 시스템의 동작 시발점을 $t=0$으로 약속하는 것이 통례이기 때문이다. 시발점을 $t=0$으로 하는 동작 $f(t)$는 단위 계단 함수인

$$u_s(t) = \begin{cases} 0, & t<0 \\ 1, & t\geq 0 \end{cases} \tag{2-9}$$

를 이용하여 $f(t)u_s(t)$로 표현한다. 지수 함수 $f(t)=e^{-at}u_s(t)$의 라플라스 변환은

$$L[e^{-at}u_s(t)] = \int_0^\infty e^{-at}e^{-st}dt = \left.\frac{e^{-(s+a)t}}{s+a}\right|_0^\infty = \frac{1}{s+a} \tag{2-10}$$

따라서 다음과 같이 가장 기본이 되는 라플라스 변환쌍을 얻을 수 있다.

$$e^{-at}u_s(t) \xleftrightarrow{\mathcal{L}} \frac{1}{s+a} \tag{2-11}$$

거의 모든 함수의 라플라스 변환은 거의 식 (2-11)의 변형된 형태라 해도 과언이 아닐 정도로 식 (2-11)이 중요하다.

라플라스 변환 $F(s)$로부터 $f(t)u_s(t)$를 구하는 역과정을 역라플라스 변환이

라 하며 다음과 같다.

$$f(t)u_s(t) = \mathcal{L}^{-1}[F(s)] = \frac{1}{2\pi j}\int_{c-j\infty}^{c+j\infty} F(s)e^{st}ds \tag{2-12}$$

단 위의 식에서 c는 $F(s)$의 모든 특이점들의 실수부들보다 큰 상수이다. 식 (2-12)의 적분을 수행하기 위해서는 복소 평면상에서의 선적분 계산이 요구된다. 그러나 실제로는 이와 같은 적분 계산을 거치지 않고 대신 표참조법이란 편리한 방법을 이용한다.

라플라스 변환은 선형 시스템을 표현하거나 해석하는데 편리한 여러 가지 유용한 성질들이 있다. 여기서는 자주 사용되는 대표적인 것만 소개한다.

■성질 1. 선형성

$f_i(t)$의 라플라스 변환을 $F_i(s)$라 하면 임의의 상수 a_i에 대해

$$\mathcal{L}\left[\sum_i a_i f_i(t)\right] = \sum_i a_i F_i(s) \tag{2-13}$$

■성질 2. 미분

$f(t)$의 초기 조건을 $f(0)$라 하면 $df(t)/dt$의 라플라스 변환은 다음과 같다.

$$\mathcal{L}\left[\frac{df(t)}{dt}\right] = sF(s) - f(0) \tag{2-14}$$

위의 결과를 일반적인 경우로 확장하면

$$\mathcal{L}\left[\frac{d^n f(t)}{dt^n}\right] = s^n F(s) - s^{n-1} f(0) - s^{n-2} f^{(1)}(0) - f^{(n-1)}(0) \tag{2-15}$$

■성질 3. 적분

$f(t)$의 적분의 라플라스 변환은

$$\mathcal{L}\left[\int_0^t f(\tau)d\tau\right] = \frac{F(s)}{s} \tag{2-16}$$

위의 결과를 확장하면

$$\mathcal{L}\left[\int_0^{t_1}\int_0^{t_2}\cdots\int_0^{t_n} f(\tau)d\tau dt_1 dt_2 \cdots dt_{n-1}\right] = \frac{F(s)}{s^n} \tag{2-17}$$

■성질 4. 시간 천이(shift)

$f(t)u_s(t)$를 시간 T만큼 지연시킨 $f(t-T)u_s(t-T)$의 라플라스 변환은

$$\mathcal{L}[f(t-T)u_s(t-T)] = e^{-Ts}F(s) \tag{2-18}$$

■성질 5. 변조 성질

$f(t)$에 지수 함수 $e^{\pm at}$를 곱하면 푸리에 변환은 다음과 같이 천이가 일어난다.

$$\mathcal{L}[f(t)e^{\pm at}] = F(s \mp a)$$

위와 같은 변조 성질은 성질 4의 시간 천이와 쌍대성(duality)을 이룬다.

■성질 6. 초기치 정리

라플라스 변환 $F(s)$가 주어진 경우 $f(t)$의 초기 조건 $f(0)$는 역라플라스 변환을 구한 다음 $t=0$을 대입하여 구하지 않고도 다음과 같이 $F(s)$로부터 바로 구할 수 있다.

$$\lim_{t\to 0} f(t) = \lim_{s\to\infty} sF(s) \tag{2-19}$$

단 최종치 정리가 성립하기 위해서는, $f(t)$는 $t=0$에서 충격 함수와 같은 무한대의 불연속이 있어서는 안된다.

■성질 7. 최종치 정리

라플라스 변환 $F(s)$가 주어진 경우 $f(t)$의 최종 조건 $f(\infty)$는 역라플라스 변환을 구한 다음 $t=\infty$를 대입하여 구하지 않고도 다음과 같이 $F(s)$로부터 바로 구할 수 있다.

$$\lim_{t\to\infty} f(t) = \lim_{s\to 0} sF(s) \tag{2-20}$$

단 초기치 정리가 성립하기 위해서는, $F(s)$의 분모 다항식 근이 모두 음의 실수부를 가져야 하며 허수 근은 하나만 허용된다.

예제 2-1

다음의 라플라스 변환식

$$F(s) = \frac{2}{s(s^2+3s+2)}$$

은 분모의 근 중 두 개는 실수부가 모두 음이고 하나는 허수축(원점)에서 단순 근이므로 최종치 정리가 성립한다. 따라서 함수 $f(t)$의 최종 조건은 다음

과 같다.

$$f(\infty) = \lim_{s\to 0} sF(s) = \lim_{s\to 0} \frac{2}{s^2+3s+2} = 1$$

함수 $f(t)=\cos\omega t u_s(t)$의 라플라스 변환은

$$F(s) = \frac{s}{s^2+\omega^2}$$

이며 분모는 두 개의 허수 근 $s=\pm j\omega$를 가지므로 최종치 정리가 성립되지 않는다. 즉 비록

$$\lim_{s\to 0} sF(s) = \lim_{s\to 0} \frac{s^2}{s^2+3s+2} = 0$$

으로 존재하지만 이는 실제 값과는 다르다($t=\infty$에서의 정현 함수의 값은 정할 수 없다).

역라플라스 변환

실제로 역라플라스 변환은 식 (2-12)의 복잡한 적분 계산을 거치지 않고 대신 부분 분수 전개를 거쳐 표참조 방식을 이용한다. 표 2-1은 자주 참조되는 라플라스 변환쌍을 모아놓은 것이다.

표 2-1

중요한 라플라스 변환쌍.

$f(t)$	$F(s)$
충격 함수 $\delta(t)$	1
계단 함수 $u_s(t)$	$\frac{1}{s+a}$
$\sin\omega t$	$\frac{\omega}{s^2+\omega^2}$
$\cos\omega t$	$F(s)=\frac{s}{s^2+\omega^2}$
$e^{-at}\sin\omega t$	$\frac{\omega}{(s+a)^2+\omega^2}$
$e^{-at}\cos\omega t$	$\frac{s+a}{(s+a)^2+\omega^2}$
$\frac{\omega_n}{\sqrt{1-\zeta^2}} e^{-\zeta\omega_n t} \sin\omega_n\sqrt{1-\zeta^2}t, \quad \zeta<1$	$\frac{\omega_n^2}{s^2+2\zeta\omega_n s+\omega_n^2}$
$1-\frac{1}{\sqrt{1-\zeta^2}} e^{-\zeta\omega_n t} \sin\left(\omega_n\sqrt{1-\zeta^2}t+\cos^{-1}\zeta\right), \ \zeta<1$	$\frac{\omega_n^2}{s(s^2+2\zeta\omega_n s+\omega_n^2)}$
t^n	$\frac{n!}{s^{n+1}}$

미분 방정식 풀이

계수가 상수인 선형 미분 방정식의 일반적인 형태는 다음과 같다.

$$\sum_{i=0}^{n} a_i \frac{d^i y(t)}{dt^i} = \underbrace{\sum_{j=0}^{m} b_j \frac{d^j x(t)}{dt^j}}_{f(t)} \quad \textbf{(2-21)}$$

함수 $x(t)$가 주어질 때 우변 전체를 하나의 함수 $f(t)$로 나타낼 수 있으며 이를 강제 함수라 한다. 선형 미분 방정식의 완전해는

$$y(t) = y_p(t) + y_c(t) \quad \textbf{(2-22)}$$

로 주어지며 $y_p(t)$를 특수해 또는 강제해, $y_c(t)$를 보조해 또는 일반해라 부른다. 시스템 이론에서는 강제해를 강제 응답으로, 보조해를 고유 응답으로 부르며 완전해는 완전 응답으로 부르는 것이 것이 보통이다. 강제 응답 $y_p(t)$는 강제 함수 $f(t)$에 의해 결정된다. 이에 비해 고유 응답 $y_c(t)$는 $f(t)=0$일 때의 해로서 지수 함수 형태로 주어지며 n개의 미지수가 포함된다. 이를 구하기 위해서는 다음과 같은 n개의 초기 조건이 필요하다.

$$y(0), y^{(1)}(0), \cdots, y^{(n-1)}(0)$$

이와 같이 미분 방정식을 풀기 위해서는 여러 단계의 과정이 필요하지만 라플라스 변환을 이용하면 한 단계로써 완전해를 구할 수 있다. 즉 다음의 이차 미분 방정식 경우를 예로 들어보자(Y_0와 Y_1은 상수).

$$\begin{cases} \dfrac{d^2 y(t)}{dt^n} + a_1 \dfrac{dy(t)}{dt} + a_0 y(t) = f(t) \\ y(0) = Y_0,\ y^{(1)}(0) = Y_1 \end{cases} \quad \textbf{(2-23)}$$

위의 미분 방정식 양변에 라플라스 변환을 취하면 라플라스 변환의 미분 성질(식 (2-15))에 의해 다음의 방정식을 얻을 수 있다.

$$(s^2 Y(s) - sY_0 - Y_1) + a_1(sY(s) - Y_0) + a_0 Y(s) = F(s) \quad \textbf{(2-24)}$$

위의 식을 $Y(s)$에 대해 풀면 다음과 같이 두 종류의 항을 얻을 수 있다.

$$Y(s) = \underbrace{\frac{F(s)}{s^2 + a_1 s + a_0}}_{Y_{zs}(s)} + \underbrace{\frac{sY_0 + a_1 Y_0 + Y_1}{s^2 + a_1 s + a_0}}_{Y_{zi}(s)} \quad \textbf{(2-25)}$$

위에서 우변의 $Y_{zs}(s)$는 강제 함수 $F(s)$에 의한 성분이며 $Y_{zi}(s)$는 초기 조건인

Y_0와 Y_1에 의해서만 이루어진 성분이다. 따라서 $Y_{zs}(s)$를 영-상태 응답이라 하고 $Y_{zi}(s)$는 영-입력 응답이라 한다. 영-상태 응답은 강제 응답과는 다르고 영-입력 응답은 고유 응답과는 다르지만 각각의 합은 완전 응답으로서 같다. 식 (2-25)로부터 영-상태 응답과 영-입력 응답의 시간 함수는 역라플라스 변환을 통해 구할 수 있다.

예제 2-2 다음의 각 미분 방정식의 완전해를 구해보자:

(a) $\begin{cases} \dfrac{dy(t)}{dt} + 2y(t) = e^{-t}u_s(t) \\ y(0) = Y_0 \end{cases}$ (b) $\begin{cases} \dfrac{d^2y(t)}{dt^n} + 2\dfrac{dy(t)}{dt} + 2y(t) = u_s(t) \\ y(0) = 0,\ y^{(1)}(0) = 2 \end{cases}$

풀이>> (a) $sY(s) - Y_0 + 2Y(s) = \dfrac{1}{s+1}$ 이므로 $Y(s)$를 부분분수로 전개하면

$$Y(s) = \frac{1}{(s+1)(s+2)} + \frac{Y_0}{s+2} = \frac{1}{s+1} - \frac{1}{s+2} + \frac{Y_0}{s+2} = \frac{1}{s+1} + \frac{Y_0 - 1}{s+2}$$

따라서 역변환에 의해

$$y(t) = e^{-t}u_s(t) + (Y_0 - 1)e^{-2t}u_s(t)$$

(b) $(s^2Y(s) - 2) + 2sY(s) + 2Y(s) = \dfrac{1}{s}$ 이므로

$$Y(s) = \frac{s+2}{s(s^2 + 2s + 2)}$$

분모 다항식의 근이 $s=0, s=-1\pm j$이므로 부분분수 전개는 다음과 같다.

$$Y(s) = \frac{k_1}{s} + \frac{\mathbf{k}}{s+1-j} + \frac{\mathbf{k}^*}{s+1+j}$$

각 계수를 구하면 다음과 같다.

$$k_1 = \left.\frac{s+2}{s^2 + 2s + 2}\right|_{s=0} = 1$$

$$\mathbf{k} = \left.\frac{s+2}{s(s+1+j)}\right|_{s=-1+j} = \frac{1+j}{2j(-1+j)} = -0.5$$

$$y(t) = u_s(t) - 0.5[e^{-(1+j)t} + e^{-(1-j)t}]u_s(t) = u_s(t) - e^{-t}\cos t\, u_s(t)$$

2.2 전달 함수

선형 시스템의 전달 함수

일반적인 선형 제어 시스템의 입력 $r(t)$와 출력 $c(t)$의 관계는 다음과 같이 선형 미분 방정식으로 표현된다.

$$\sum_{i=0}^{n} a_i \frac{d^i c(t)}{dt^i} = \sum_{j=0}^{m} b_j \frac{d^j r(t)}{dt^j} \tag{2-26}$$

그리고 각 계수 a_i와 b_j가 시간에 따라 변하지 않는 상수일 때 이 시스템은 **시불변**이라 한다. 시스템 내부의 모든 초기 조건을 0으로 하면 출력 $c(t)$의 모든 도함수 초기 조건은 0이 된다. 이 상태에서 식 (2-26)의 양변에 라플라스 변환을 취하면 다음과 같다.

$$\sum_{i=0}^{n} a_i s^i C(s) = \sum_{j=0}^{m} b_j s^j R(s) \tag{2-27}$$

여기서 $R(s)$와 $C(s)$는 각각 $r(t)$와 $c(t)$의 라플라스 변환이며 좌변은 $C(s)$가 공통이고 우변은 $R(s)$가 공통이므로 $R(s)$에 대한 $C(s)$의 비 $G(s)=C(s)/R(s)$는 다음과 같이 다항식으로 표현할 수 있다.

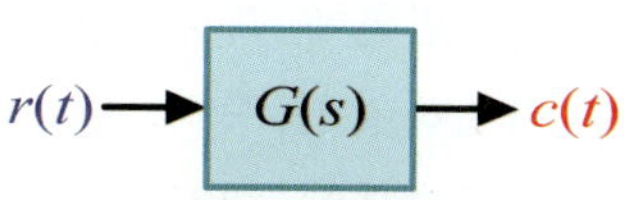

그림 2-1
블록선도.

$$G(s) = \frac{\sum_{j=0}^{m} b_j s^j}{\sum_{i=0}^{n} a_i s^i} = \frac{b_m s^m + b_{m-1} s^{m-1} + \cdots + b_0}{a_n s^n + a_{n-1} s^{n-1} + \cdots + a_0} \tag{2-28}$$

다항식 $G(s)$는 주어진 시스템의 **전달 함수**라 하며 시스템 해석에서 가장 중요한 역할을 한다. 전달 함수가 $G(s)$인 시스템은 그림 2-1과 같이 간단히 블록으로 표현하면 편리하며 이를 **블록선도**라 한다. 다만 전달 함수는 시스템이 선형적이고 시불변적일 때만 표현이 가능하다. 그리고 전달 함수의 분모 다항식의 근을 **극점**이라 하고 분자 다항식의 근을 **영점**이라 한다.

전달 함수가 중요한 이유는 비단 시스템을 표현하는데 편리하다는 점 외에 시스템의 안정성을 위시한 모든 정보를 제공해 주기 때문이다. 전달 함수로부터 얻을 수 있는 시스템의 특성에는 충격 입력에 대한 **충격 응답**과 계단 입력에 대한 **계단 응답** 및 주파수에 대한 특성인 **주파수 응답** 등이 있다. 여기서 응답이란 시스템의 출력을 이르는 또 다른 용어이다. 그리고 제어 시스템에서는 입력을 **기준 신호**로, 출력을 **제어되는 변수**로 부르기도 한다.

충격응답/계단응답

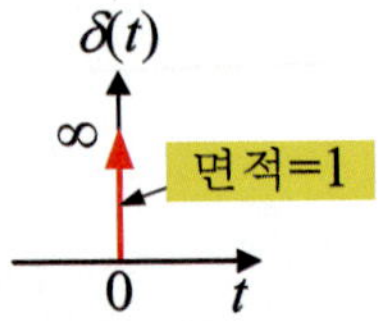

그림 2-2
충격 함수

충격 함수 $\delta(t)$는 그림 2-2와 같이 폭은 0이고 높이는 무한대이면서 면적은 1로 유한한 함수로서 다음과 같다.

$$\delta(t)=\begin{cases}\infty, & t=0\\ 0, & t\neq 0\end{cases}, \quad \int_{-\infty}^{\infty}\delta(t)dt=1 \tag{2-29}$$

그리고 $\delta(t)$의 적분은 적분 구간에 따라

$$\int_{-\infty}^{t}\delta(\tau)d\tau=\begin{cases}1, & t=0\\ 0, & t\neq 0\end{cases} \tag{2-30}$$

이므로 우변은 계단 함수 $u_s(t)$와 같다. 따라서 위 식 양변을 미분하면

$$\delta(t)=\frac{du_s(t)}{dt} \tag{2-31}$$

의 관계를 얻을 수 있으며 이로부터 $\delta(t)$의 라플라스 변환은 다음과 같다.

$$\mathcal{L}[\delta(t)]=1 \tag{2-32}$$

전달 함수가 $G(s)$인 시스템의 입력이 $r(t)=\delta(t)$일 때는

$$C(s)=G(s)R(s)=G(s) \tag{2-33}$$

이므로 충격 응답은 다음과 같다.

$$c(t)=\mathcal{L}^{-1}[G(s)]=g(t) \quad \text{(충격 응답)} \tag{2-34}$$

즉 시스템의 충격 응답은 바로 전달 함수의 역라플라스 변환에 해당한다. 충격 응답은 시스템 이론에서 대단히 중요한 자리를 차지하지만 충격 함수를 실제로 구현하기란 불가능하다. 따라서 계단 함수를 입력으로 대신한 계단 응답이 유용하며 이는 특히 제어 시스템 해석에서 널리 사용되고 있다. 전달 함수가 $G(s)$인 시스템의 입력이 $r(t)=u_s(t)$일 때는

$$C(s)=G(s)R(s)=\frac{G(s)}{s}$$

이므로 계단 응답은 다음과 같이 충격 응답을 적분한 것과 같다.

$$c(t)=\mathcal{L}^{-1}\left[\frac{G(s)}{s}\right]=\int_{0}^{t}g(\tau)d\tau \quad \text{(계단 응답)} \tag{2-35}$$

전달 함수란 한 마디로 시스템의 기능을 대변하는 것이다. 따라서 시스템의 기능에 따라 바람직한 전달 함수의 형태가 달라질 수 밖에 없다. 다만 단지 신호를 전송하는 경우라면 전송 매체(채널)의 전달 함수는 $G(s)=1$이 가장 이상적이다. 이 이유는 채널의 출력인 수신된 신호는 채널의 입력인 송신된 신호와 같아야하기 때문이다. 그러나 이러한 특수한 상황을 제외하고는 대부분 독특한 형태의 전달 함수가 요구된다. 한 예로 신호 처리를 위주로 하는

통신 시스템의 경우는 여러 가지 증폭기와 필터 등의 요구에 맞게 다양한 전달 함수가 필요하다. 그러나 제어 시스템의 경우는 가장 이상적인 전달 함수는 $G(s)=1$이다. 예를 들어 자동차나 비행기 로봇 등의 제어 시스템에 지시를 내렸을 때 제어 시스템이 그 지시를 원형 그대로 따르는 것이 가장 바람직하기 때문이다. 그러나 매우 역설적인 것은 가장 간단한 전달 함수인 $G(s)=1$에 가까워지기 위해서는 시스템은 대단히 복잡해져야 한다는 것이다. 제어 분야에서는 제어 시스템의 계단 응답이 계단 함수 형태에 가까울수록 전달 함수가 1에 가까운 것으로 판단하는 것이 보통이다.

■일차 시스템 이해하기 쉬운 예로 그림 2-3(a)와 같이 물 탱크에 물을 채우는 시스템에 대해 생각해 보자. 밸브를 통해 밑면적이 C인 탱크에 흘러 들어오는 물의 양을 $q_i(t)$ m^3/sec이라 하고 배수구를 통해 빠져 나가는 물의 양을 $q_o(t)$ m^3/sec이라 한다. 그리고 탱크에 차오르는 물의 높이를 $h(t)$ m라 하면 $q_o(t)$는 토리첼리의 원리에 의해 $h(t)$의 제곱근에 비례한다. 그러나 해석을 간편하게 하기위해 $q_o(t)$는 $h(t)$에 비례하는 것으로 하고 $q_o(t)=h(t)/R$로 한다(R은 상수). 탱크에 축적되는 물의 양은 초당 $q_i(t)-q_o(t)=q_i(t)-h(t)/R$이므로 물 높이의 변화율 $dh(t)/dt$는 다음과 같다.

$$C\frac{dh(t)}{dt}=q_i(t)-\frac{h(t)}{R} \tag{2-36}$$

따라서 $h(t)$에 관한 미분 방정식은

$$\frac{dh(t)}{dt}+\frac{1}{RC}h(t)=\frac{1}{C}q_i(t) \tag{2-37}$$

이며 이로부터 전달 함수 $G(s)=H(s)/Q_i(s)$는 다음과 같다.

$$G(s)=\frac{1/C}{s+1/RC} \tag{2-38}$$

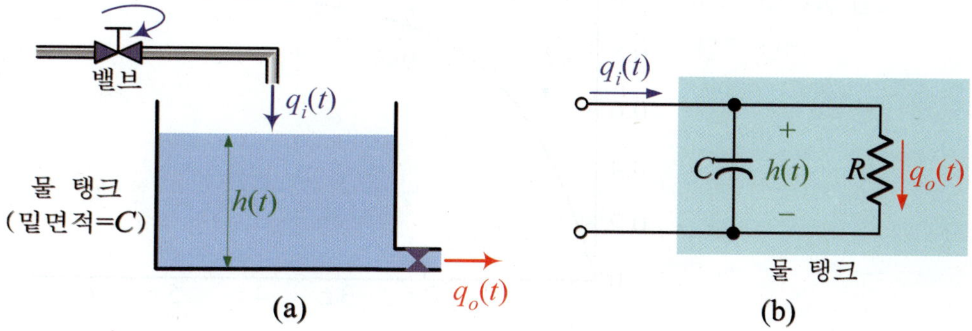

그림 2-3
(a) 일차 시스템의 예로 든 물 탱크.
(b) 상사 회로.

따라서 그림 2-3(a)에서 $q_i(t)$와 $q_o(t)$를 전류에 비유하고 $h(t)$를 전압에 비유하면 그림 2-3(a)의 기계계는 그림 (b)의 전기계로 환산할 수 있으며 이를 상사(相似; analogy) 회로라 한다. 물론 그림 (b)의 전달 함수 역시 식 (2-38)과 동일하다. 이제 $q_i(t)=u_s(t)$로 할 때, 즉 $t=0$에서부터 1 m^3/sec의 물을 쏟아붇기 시작한다면

$$H(s)=\frac{1/C}{s(s+1/RC)}=\frac{R}{s}-\frac{R}{s+1/RC} \tag{2-39}$$

이므로 높이 $h(t)$의 계단 응답은 다음과 같다.

$$h(t)=R(1-e^{-t/RC})u_s(t)=R(1-e^{-t/\tau})u_s(t) \tag{2-40}$$

단 τ는 시정수라 하며

$$\tau=RC \tag{2-41}$$

로 정의한다. 식 (2-40)의 계단 응답을 1로 정규화하면 그림 2-4와 같으며 시정수인 τ 시간 후에 최종치의 63%에 이른다. 따라서 시정수 τ가 작을수록 계단 응답이 계단 함수 형태에 가까워진다. 그리고 계단 응답이 최종치의 98% 선에 도달하는데 걸리는 시간을 정착시간(settling time)이라 하며 이 시간 이전의 과정은 과도 상태라 하고 이후의 상태를 정상 상태라 한다. 과도 상태에 대한 보다 자세한 해석은 8장에서 설명한다. 식 (2-41)에서 시정수를 작게 하기 위해서는 탱크의 용량 C를 줄이거나 배수구 상수 R을 작게 하여야 하며 이는 탱크를 개조하여야 한다는 뜻이다. 그러나 탱크라는 제어 시스템은 그대로 두고 주위에 제어기(controller)라는 보다 소단위의 시스템을 궤환(feedback) 형태로 결합함으로써 탱크의 성능을 향상시키는 것과 같은 효과를 거둘 수 있으며 이러한 원리가 제어 기술의 요체이다.

그림 2-4

그림 2-3 시스템의 계단 응답.

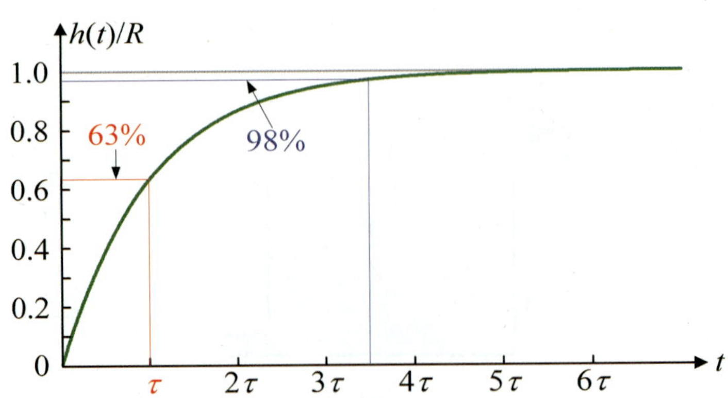

■이차 시스템 시스템의 차수가 높아질수록 지시에 대한 응답이 더욱 복잡 다양해지며 이를 동적(dynamics) 시스템이라 한다. 여기서 동적이란 의미는 시스템이 입력의 지시를 그대로 따르지 않는다는 뜻이다. 시스템의 동적 특성은 이차 시스템까지만 정량적인 해석이 가능하며 그 이상에서는 정성적인 해석이 많이 가미된다. 보다 정량적인 해석을 위해 이차 시스템의 전달 함수는 다음과 같은 표준 형태로 표현하는 것이 유리하다.

$$G(s)=\frac{\omega_n^2}{s^2+2\zeta\omega_n+\omega_n^2} \tag{2-42}$$

전달 함수의 분모를 특성 방정식이라 하며 그 근이 극점이 된다. 식 (2-42)는 특성 방정식이 이차 함수이다. 따라서 ζ의 값에 따라 극점이 두 개의 단순극이나(ζ>1) 이중극(ζ=1) 또는 두 개의 공액 복소수가 될 수 있으며(ζ<1) 이에 따라 시스템의 응답에 근본적인 차이가 생긴다. 즉 ζ>1인 경우를 과제동, ζ=1인 경우를 임계제동이라 하고 ζ<1인 경우를 부족제동이라 한다. 이제 각 제동 방식에 따른 계단 응답의 특성에 대해 알아보자.

1. 과제동(ζ>1):

먼저 과제동의 경우는 전달 함수의 극점이 두 개의 서로 다른 실수이다. 따라서 두 극점을 σ_1, σ_2라 하면 계단 응답의 라플라스 변환은 다음과 같이 부분분수로 전개된다.

$$C(s)=\frac{G(s)}{s}=\frac{k_0}{s}+\frac{k_1}{s+\sigma_1}+\frac{k_2}{s+\sigma_2}$$

따라서 계단 응답은 다음과 같이 상수와 단순 감소 지수 함수들의 합으로 표현된다.

$$c(t)=[k_0+k_1e^{-\sigma_1 t}+k_2e^{-\sigma_2 t}]u_s(t)$$

2. 임계제동(ζ=1):

두 극점이 서로 같은 실수이므로 이를 σ라 하면 계단 응답의 라플라스 변환은 다음과 같이 부분분수로 전개된다.

$$\frac{G(s)}{s}=\frac{k_0}{s}+\frac{k_1}{s+\sigma}+\frac{k_2}{(s+\sigma)^2}$$

따라서 계단 응답은 다음과 같은 형태가 된다.

$$c(t)=[k_0+k_1e^{-\sigma t}+k_2te^{-\sigma t}]u_s(t)$$

3. 부족제동($\zeta<1$):

극점이 공액 복소수인 경우이다. 따라서 계단 응답의 라플라스 변환이

$$\frac{G(s)}{s}=\frac{\omega_n^2}{s(s^2+2\zeta\omega_n+\omega_n^2)}$$

이므로 계단 응답은 다음과 같다(표 2-1의 끝에서 두번째 경우).

$$c(t)=1-\frac{1}{\sqrt{1-\zeta^2}}e^{-\zeta\omega_n t}\sin\left(\omega_n\sqrt{1-\zeta^2}\,t+\theta\right),\quad \theta=\cos^{-1}\zeta \qquad \textbf{(2-43)}$$

특히 부족제동의 경우는 제어 시스템 해석에서 빈번히 접하는 경우이므로 좀 더 살펴볼 필요가 있다. 위의 식에서 다음과 같이 새로운 변수를 정한다.

$$\sigma_d\equiv\zeta\omega_n,\quad \omega_d\equiv\omega_n\sqrt{1-\zeta^2} \qquad \textbf{(2-44)}$$

그 결과 두 개의 공액 복소수 극점은

$$s_{1,2}=-\zeta\omega_n\pm j\omega_n\sqrt{1-\zeta^2}=-\sigma_d\pm j\omega_d \qquad \textbf{(2-45)}$$

로 표현된다. 전달 함수의 극점과 영점을 복소 평면상(혹은 s-평면이라 함)에 표시한 것을 극-영점도(pole-zero diagram)라 하며 극점은 '×'로, 영점은 'O'으로 표현한다. 식 (2-45)의 경우는 극-영점도가 그림 2-5와 같으며 ω_n과 θ는 각각 극점의 크기 및 편각에 해당한다. 즉

$$\begin{cases}\left|-\zeta\omega_n\pm j\omega_n\sqrt{1-\zeta^2}\right|=\omega_n,\\[2ex] \cos\theta=\dfrac{\zeta\omega_n}{\omega_n}=\zeta\end{cases} \qquad \textbf{(2-46)}$$

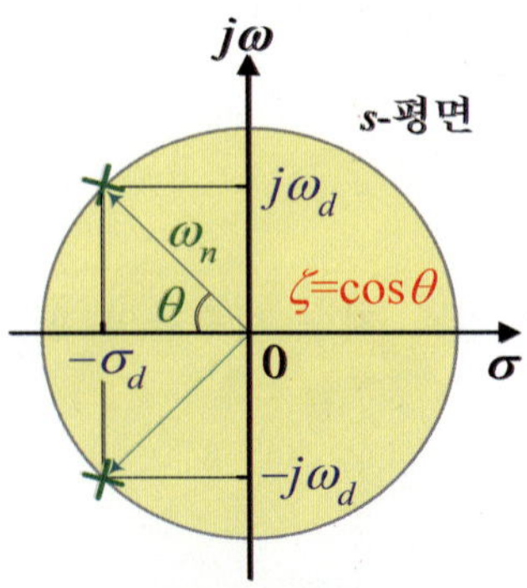

그림 2-5
부족제동의 극-영점도.

그림 2-5의 극-영점도에 대한 계단 응답이 식 (2-43)이며 식 (2-44)의 관계를 이용하면 계단 응답은 다음과 같이 표현된다.

$$c(t)=1-\frac{1}{\sqrt{1-\zeta^2}}e^{-\sigma_d t}\sin(\omega_d t+\theta),\quad \theta=\cos^{-1}\zeta \qquad \textbf{(2-47)}$$

위의 식에서 우변 두번째 항은 지수적으로 감쇄하는 정현파이며 그 감쇄율은 σ_d에 의해 좌우된다. 따라서 σ_d를 제동 상수이라 하고 주파수 ω_d를 제동 고유 주파수라 한다. 이상으로 이차 시스템의 경우는 일차와는 달리 극점의 위치에 따라 과제동, 임계제동 및 부족제동 등 계단 응답의 유형이 나누어지기 시작하며 그림 2-6이 이를 보여준다.

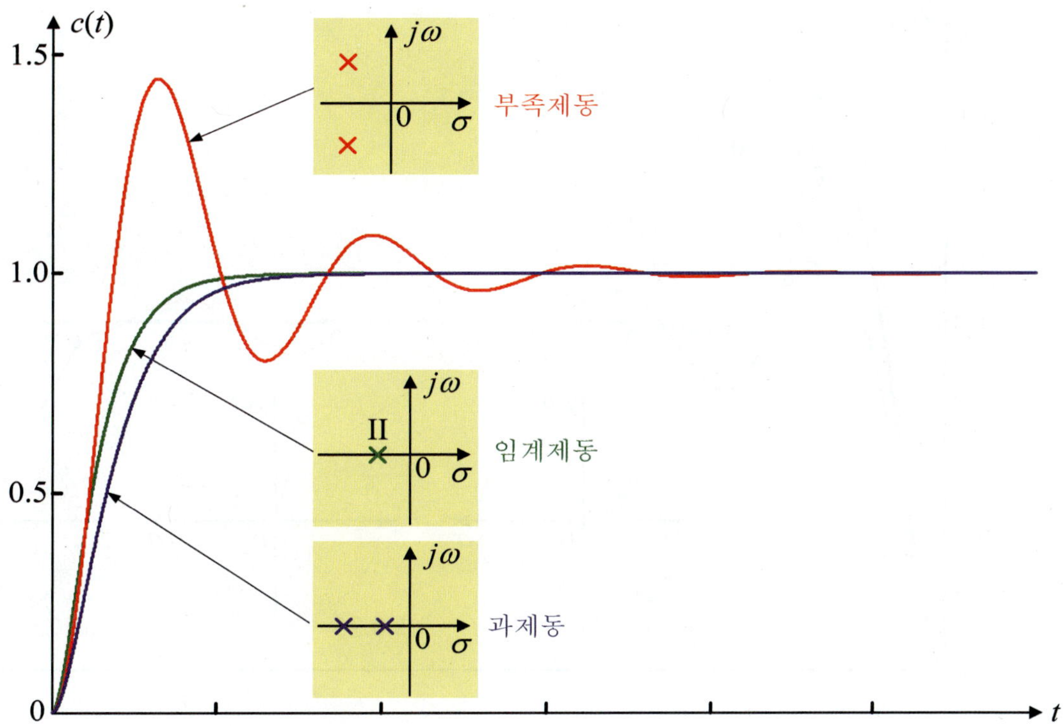

그림 2-6 2차 시스템의 계단 응답.

그림 2-6에서 과제동의 경우는 극점이 서로 다른 음의 실수이며 시스템의 반응이 느리다. 따라서 과도 상태가 오래 지속되지만 대신 매우 안정되게 정상 상태에 접근한다. 반면에 부족제동의 경우는 극점이 공액 복소수이며 문자 그대로 제동이 부족하기 때문에 반응은 빠르지만 과도 상태는 진동 형태로서 불안정하다. 그리고 과제동과 부족제동의 경계를 이루는 임계제동의 경우는 이 두 유형의 경계를 이루며 두 실수 극점은 일치한다. 따라서 제어 차원에서는 과도 상태에서 비교적 빠른 응답을 보이면서도 정상 상태로 안정되게 수렴하는 임계제동이 상대적으로 유리하다.

부족제동에서 ω_n을 고정한 상태에서 ζ를 변화시킬 때 계단 응답의 변화는 그림 2-7과 같다. 즉 ζ가 작아질수록 식 (2-44)에 의해 σ_d는 감소하고 주파수 ω_d가 증가하므로 더 빠른 주파수로 더 오랫동안 진동하게 된다. 따라서 ζ가 어느 한도 이하로 작아지면 제어 차원에서는 대단히 불안정안 시스템이 되는 것이다. 특히 $c(t)$의 크기가 최대가 시간을 피크(peak) 시간이라 하며 출력의 크기는 정상 상태보다 커지며 이를 오버슛(overshoot)이라 한다. 이상으로 ω_n이 일정한 상태에서 ζ가 작아질수록 진동 주파수와 오버슛 및 정착 시간 모두가 증가하며 대신 출력이 상승하는 시간은 단축된다. 이상으로 우리는 전달 함수 극점의 중요성에 대해서도 알 수 있다. 즉 s-평면상에서

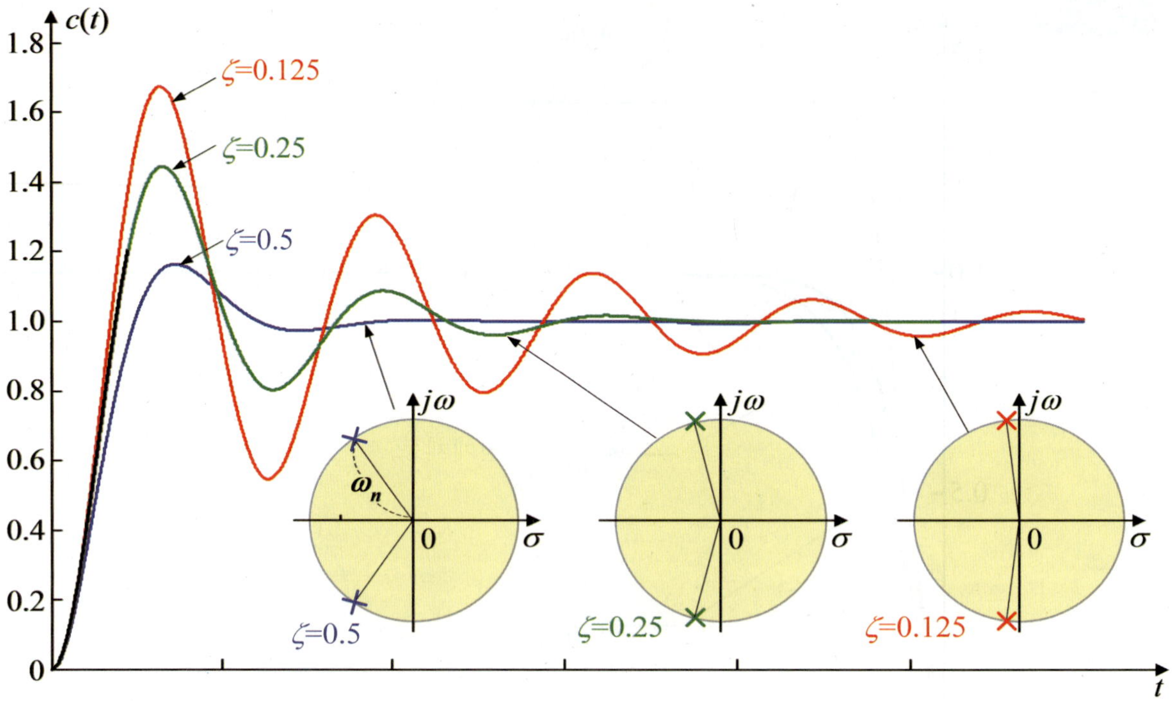

그림 2-7 부족제동(ζ<1)에서 ζ의 변화에 따른 계단 응답의 변화(ω_n은 고정).

허수축의 오른쪽 평면에 극점이 존재하면 이 시스템의 출력은 시간에 따라 무한대로 증가하므로 불안정 시스템이 된다. 더불어 이러한 시스템은 실제로 구현할 수 없으므로 실현 불가능한 시스템이 된다. 그리고 극점이 복소수일 경우는 실수부는 감쇄 정도를 결정하며 허수부에 의해서는 진동 주파수가 결정된다. 이와 같이 극점은 시스템의 특성을 좌우하므로 전달 함수의 분모를 특성 방정식이라 하는 것이다.

주파수 응답

시스템의 특성은 시간 영역상에서뿐 아니라 주파수 영역에서도 파악될 수 있다. 신호처리를 위주로 하는 분야, 예를 들어 통신 시스템 등에서는 주파수 응답이 시간 응답보다 오히려 더 중요하게 취급되는 경우가 많다. 그러나 앞서 언급한 바와 같이 제어 분야에서는 전달 함수가 1인 특성에 가깝도록 하는 것이 주된 일이기 때문에 주파수 응답은 시간 응답(예를 들어 계단 응답)에 비해 차지하는 비중이 낮다. 다만 주파수 응답은 시스템의 상대적인 안정성을 판단하는 보조적인 수단으로 이용되고 있다. 특히 현재와 같이 다양한 소프트웨어가 나오기 전에는 보드선도 등과 같이 주파수 응답을 수작업으로 간단히 해석할 수 있는 도구가 있었기 때문에 많이 활용된 점도 있다. 전달 함수가 $G(s)$인 시스템의 주파수 응답은 s 대신 $j\omega$를 대입한 $G(j\omega)$로서 복소 함수가 된다. $G(j\omega)$가 주파수 응답이 되는 이유는 다음과 같다.

지수 함수 $e^{s_g t}$는 미분과 적분 연산을 가해도

$$\frac{d}{dt}e^{s_g t} = s_g e^{s_g t}, \quad \int e^{s_g t}dt = \frac{1}{s_g}e^{s_g t}$$

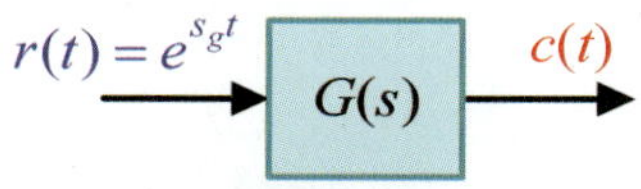

그림 2-8
입력이 지수 함수인 시스템의 출력.

와 같이 원래 함수에 지수 s_g만 곱해지거나 나누어질 뿐이다. 그리고 라플라스 변환의 변수 s는 시간상에서의 미분에 해당한다($1/s$은 적분에 해당). 따라서 그림 2-8과 같이 전달 함수가 $G(s)$인 시스템의 입력이 $r(t)=e^{s_g t}$와 같이 지수 함수일 때는 출력의 강제 응답은

$$c(t) = G(s_g)e^{s_g t} \tag{2-48}$$

와 같이 단순히 $G(s)$의 s 대신 s_g를 대입하여 곱하기만 하면 된다. 즉 $G(s_g)$는 더 이상 전달 함수가 아닌 단순한 상수에 불과하므로 역라플라스 변환이 필요 없어지는 것이다. 다만 지수 s_g가 $G(s)$의 극점이 아닐 경우만 위의 식이 성립된다. 이와 같이 지수 함수는 선형 시스템을 거쳐도 함수 형태가 변하지 않고 크기만 변하므로 지수 함수를 고유 함수(eigenfunction)라 한다.

식 (2-48)에서 $s_g=j\omega$인 경우, 즉 $r(t)=e^{j\omega t}$일 때의 출력은

$$c(t) = G(j\omega)e^{j\omega t} \tag{2-49}$$

이며 이로부터 $r(t)=\cos\omega t=\text{Re}[e^{j\omega t}]$일 때는 출력은 다음과 같음을 알 수 있다.

$$c(t) = \text{Re}[G(j\omega)e^{j\omega t}] \tag{2-50}$$

여기서 $G(j\omega)$는 복소수이므로 극좌표 형태로 표현하면 다음과 같다.

$$G(j\omega) = M(\omega)e^{j\phi(\omega)} \tag{2-51}$$

여기서 $M(\omega)$와 $\phi(\omega)$는 각각 $G(j\omega)$의 크기 및 편각으로서

$$M(\omega) = |G(j\omega)|, \quad \phi(\omega) = \angle G(j\omega) \tag{2-52}$$

로 정의된다. 이상으로 식 (2-51)을 (2-50)에 대입하면

$$c(t) = \text{Re}[M(\omega)e^{j\phi(\omega)}e^{j\omega t}] = M(\omega)\cos(\omega t + \phi(\omega)) \tag{2-53}$$

즉 입력이 정현파일 때 출력 정현파의 진폭은 입력 진폭에 $M(\omega)$를 곱한 것과 같으며 출력의 위상은 입력의 위상에 $\phi(\omega)$를 더한 것과 같다. 이런 이유로 $M(\omega)$를 크기 응답이라 하고 $\phi(\omega)$를 위상 응답이라 하며 이 둘을 포함하

는 $G(j\omega)$를 주파수 응답이라 하는 것이다(식 (2-51)). 주파수 응답을 이용한 주파수 영역 해석은 시간 영역 해석과 함께 신호 및 시스템 해석의 바탕이 된다. 식 (2-53)을 일반화시키면 다음과 같다.

$$\begin{aligned} r(t) &= A\cos(\omega t+\theta), \\ c(t) &= AM(\omega)\cos(\omega t+\phi(\omega)+\theta) \\ M(\omega) &= |G(j\omega)|, \quad \phi(\omega)=\angle G(j\omega) \end{aligned} \tag{2-54}$$

오늘날과 같은 다양한 컴퓨터 소프트웨어가 나오기까지는 주파수 응답을 간단히 수작업으로 그릴 수 있는 방법이 대단히 유용하였으며 보드 선도가 그 대표적인 예이다. 보드 선도를 위시한 주파수 영역상의 해석 방법들은 10장에서 자세히 설명한다.

2.3 궤환 시스템

부궤환

제어 시스템을 설계, 제작함에 있어서 바라는 성능을 완전히 만족시킬 수는 없다. 뿐만 아니라 이미 제작된 시스템의 성능을 변경할 필요가 있을 때도 여러 가지 어려움이 있을 수 있다. 예를 들어 그림 2-3에서 RC 충전 회로는 소자를 바꿔 시정수를 변경하는 일이 간단할 수 있다. 그러나 이와 동일한 전달 함수를 가지는 물 탱크의 경우 시정수를 변경시키기 위해 탱크의 용량을 조절해야 한다면 이는 탱크를 완전히 개조하는 작업과 같다. 만일 이 보다 더욱 규모가 큰 시스템일 때는 시스템의 특성을 바꾸기가 더욱 힘들 것이다. 이를 해결하기 위해 그림 2-9와 같이 간단한 방법으로 출력의 일부를 입력으로 되돌림으로써 출력과 기준 입력과의 오차를 줄여나가도록 제어하며 이러한 동작을 궤환(feedback)이라 한다. 물론 궤환 시스템은 제어 시스템에 비해 하드웨어를 비롯해 모든 면에서 간단해야 의미가 있다. 그리고 그

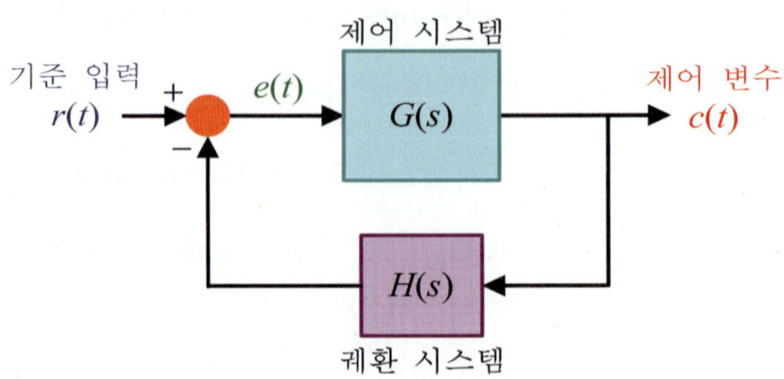

그림 2-9 궤환을 이용한 제어 시스템.

림 2-9와 같이 출력을 궤환시킨 성분을 기준 입력으로부터 빼는 방식을 부궤환이라 하며 이와 반대로 더하는 방식을 정궤환이라 한다. 그러나 정궤환은 전반적으로 전체 시스템의 안정성을 떨어뜨리므로 아주 특별한 경우가 아니면 사용하지 않는다. 따라서 이 책에서는 부궤환에 대해서만 언급한다. 그림 2-9에서 각 변수간의 관계는 다음과 같다.

$$\begin{cases} C(s) = G(s)E(s) \\ E(s) = R(s) - H(s)C(s) \end{cases} \tag{2-55}$$

위의 두 방정식으로부터 $E(s)/R(s)$는

$$\frac{E(s)}{R(s)} = \frac{1}{1+G(s)H(s)} \tag{2-56}$$

이며 전체 전달 함수 $G_{CL}(s)=C(s)/R(s)$는 다음과 같다.

$$G_{CL}(s) = \frac{C(s)}{R(s)} = \frac{G(s)}{1+G(s)H(s)} \tag{2-57}$$

위의 식에서 전달 함수 $G(s)$를 전방향(forward) 전달함수라 하며 $H(s)$를 궤환 전달함수라 한다. 그리고 전체 전달함수 $G_{CL}(s)$를 폐루프(closed-loop) 전달함수라 하고 분모의 $G(s)H(s)$를 루프 전달함수라 한다. 한편 $G(s)$는 궤환이 없을 때($H(s)=0$)의 전체 전달 함수와 같으므로 개루프(open-loop) 전달함수라 하여 $G_{OL}(s)$로 표현하기도 한다. 그림 2-9에서 궤환 전달함수가 $H(s)=1$이면 이를 특히 단위-이득 궤환이라 하며 가장 다순한 궤환 형태이다.

그림 2-10은 전형적인 형태의 궤환 시스템으로 K_A는 증폭기 이득이며 궤환 전달함수는 $H(s)=K_F$로 상수이다. 오차 신호 $e(t)$는 K_A배로 증폭되어 전달함수가 $G(s)=a/(s+a)$인 제어 시스템을 구동한다. 개루프 전달함수가

$$G_{OL}(s) = K_A G(s) = \frac{K_A}{s+a} \tag{2-58}$$

이므로 폐루프 전달함수는 다음과 같다.

그림 2-10
궤환 전달 함수가 상수인 일차 시스템.

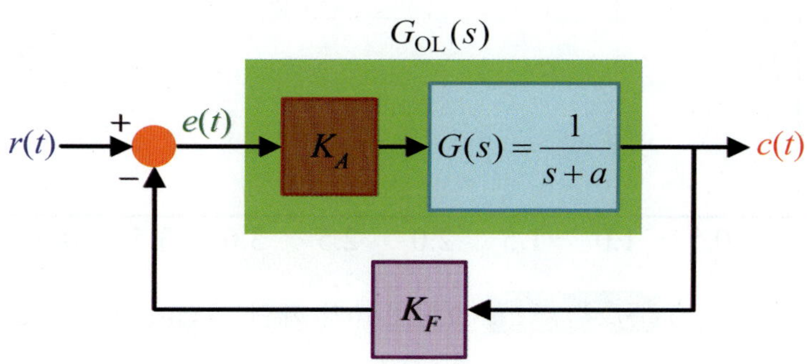

$$G_{CL}(s)=\frac{K_A a/(s+a)}{1+K_A K_F a/(s+a)}=\frac{K_A a}{s+(1+K_A K_F)a} \quad \textbf{(2-59)}$$

그 결과 개루프 전달함수의 시정수는 $\tau=1/a$인데 비해 폐루프 전달함수의 시정수 τ_{CL}은

$$\tau_{CL}=\frac{\tau}{1+K_A K_F} \quad \textbf{(2-60)}$$

이 된다. 따라서 상수 $K_A K_F$만 조절하면 전체 시스템의 시정수를 원하는 수준으로 낮게 조정할 수 있어 편리하며 $K_A K_F$를 크게 할수록 시정수는 감소한다. 그림 2-10에서 $a=0.1(\tau=10)$일 때의 계단 응답을 예로 보여주는 것이 그림 2-11이다.

시정수는 과도 상태의 특성을 파악하는데 중요하지만 정상 상태에서의 특성인 정상상태 오차도 중요하다. 그림 2-10에서 지시 입력이 $r(t)=u_s(t)$일 때, 즉 $R(s)=1/s$일 때의 오차 $E(s)$는 식 (2-56)을 이용하면 다음과 같다.

$$E(s)=\frac{1}{s}\left[\frac{K_A a/(s+a)}{1+K_A K_F a/(s+a)}\right]=\frac{s+a}{s[s+(1+K_A K_F)a]} \quad \textbf{(2-61)}$$

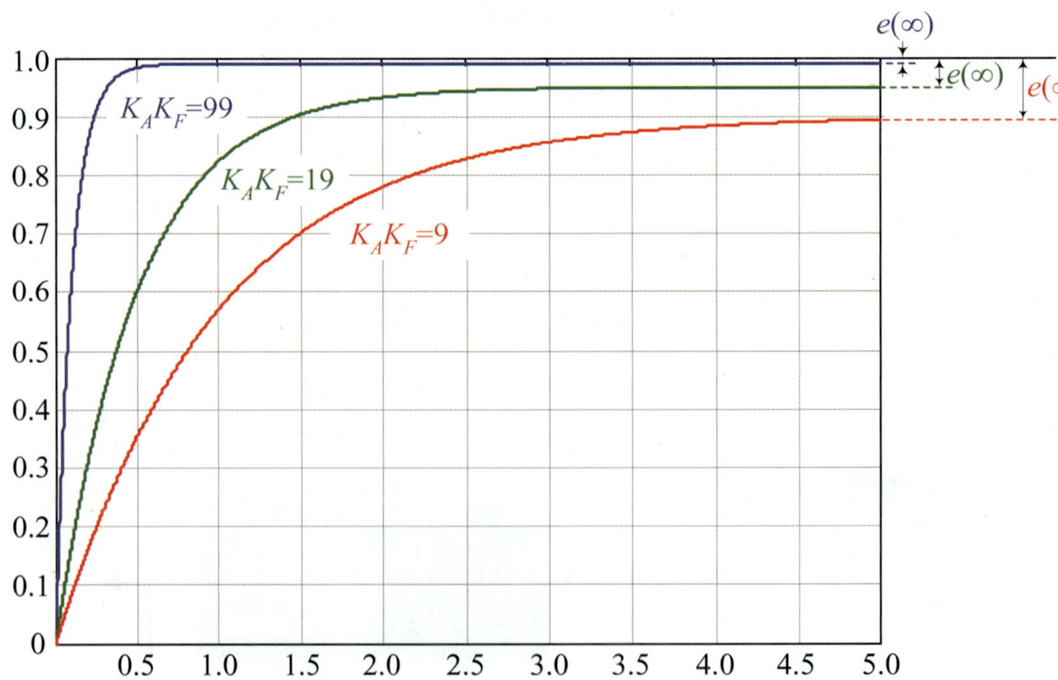

그림 2-11 그림 2-10의 계단 응답(a=0.1).

식 (2-61)에 라플라스 변환의 최종치 정리를 적용하면 $e(\infty)$는 다음과 같다.

$$e(\infty) = \lim_{s\to 0} s\left(\frac{s+a}{s[s+(1+K_A K_F)a]}\right) = \frac{1}{1+K_A K_F} \tag{2-62}$$

따라서 정상상태 오차 역시 $K_A K_F$가 클수록 작아짐을 알 수 있으며 그림 2-11이 이를 보여준다. 이상으로 그림 2-10에서 제어 시스템과 직결된 증폭기의 역할이 매우 중요하다는 것을 짐작할 수 있을 것이다. 그림 2-10과 같이 시스템이 일차일 경우는 증폭기의 이득이 클수록 과도 상태 및 정상 상태 모두에 유리하다. 그러나 시스템의 차원이 높아지면 증폭기 이득이 미치는 영향은 복잡해지므로 값을 잘못 설정하면 오히려 해가 될 수 있다. 따라서 궤환은 마치 양날이 선 칼과 같기 때문에 잘 이용하면 득이 되고 잘못 이용하면 해가 됨을 알아야 한다. 이에 대해서는 이 책의 후반부에서 자세히 다루게 된다.

감도(感度)

모든 시스템의 변수들은 여러 가지 환경적인 원인으로 항시 변하는 것이 현실이다. 개루프 시스템에서는 이러한 변화가 바로 출력의 변화로 이어지므로 오차가 생길 수 밖에 없다. 그러나 궤환을 통한 폐루프 시스템을 이용하면 변수들의 변동에 대한 시스템의 감도(sensitivity)를 줄일 수 있는 이점이 있다. 감도라는 것은 시스템의 동작 특성이 주위 환경의 변화에 얼마나 민감한가를 나타내는 것으로 당연히 감도 낮을수록 좋다. 임의의 변수 x와 그에 대한 함수 $F(x)$를 생각해 보면 변수 x의 변동은 함수 $F(x)$의 변동으로 이어진다. 즉 x가 임의의 값 x로부터 Δx만큼 변할 때 함수는 F로부터 ΔF만큼 변한다 하면 x에 대한 F의 감도는 다음과 같이 정의한다.

$$S_x^F = \frac{\Delta F/F}{\Delta x/x} \tag{2-63}$$

따라서 변동폭을 미소 변화로 하면 다음과 같은 식을 얻을 수 있다.

$$S_x^F = \frac{\partial F/F}{\partial x/x} = \frac{\partial F}{\partial x}\cdot\frac{x}{F} \tag{2-64}$$

식 (2-57)에서 폐루프 전달함수 $G_{\text{CL}}(s)$는 $G(s)$와 $H(s)$의 함수이므로 먼저 $G(s)$의 변화에 대한 $G_{\text{CL}}(s)$의 감도를 구하면 다음과 같다.

$$S_G^{G_{\text{CL}}} = \frac{\partial G_{\text{CL}}}{\partial G}\cdot\frac{G}{G_{\text{CL}}} = \frac{1}{(1+GH)^2}\cdot\frac{G}{G/(1+GH)}$$

위의 식을 정리하면 다음과 같다.

$$S_G^{G_{\mathrm{CL}}} = \frac{1}{1+G(s)H(s)} \qquad \text{(2-65)}$$

따라서 감도를 줄이기 위해서는 관심 주파수 영역에서 루프 전달함수인 $G(s)H(s)$를 증가시켜야 한다. 그리고 위의 감도는 오차에 대한 식 (2-56)의 전달 함수와 같으므로 감도와 오차는 $G(s)H(s)$를 증가시킴으로써 함께 줄일 수 있다. 다음으로 식 (2-57)에서 $H(s)$ 변화에 대한 $G_{\mathrm{CL}}(s)$의 감도를 구하면

$$S_H^{G_{\mathrm{CL}}} = \frac{\partial G_{\mathrm{CL}}}{\partial H} \bullet \frac{H}{G_{\mathrm{CL}}} = \left(\frac{G}{1+GH}\right)^2 \bullet \frac{-H}{G/(1+GH)}$$

또는

$$S_H^{G_{\mathrm{CL}}} = \frac{-G(s)H(s)}{1+G(s)H(s)} \qquad \text{(2-66)}$$

이 경우는 루프 전달함수 $G(s)H(s)$가 커지면 감도가 1에 가까워지므로 $H(s)$의 변화가 그대로 출력으로 전달되게 된다. 따라서 궤환 시스템은 환경적인 변화에도 거의 변동이 없이 일정하게 유지되는 소자들을 사용하여야 한다. 만약에 $G(s)$ 내부에 포함되어 있는 임의의 변수 a에 대한 감도를 알고자 하면 다음과 같이 계산할 수 있다.

$$S_a^{G_{\mathrm{CL}}} = S_G^{G_{\mathrm{CL}}} S_a^G \qquad \text{(2-67)}$$

■궤환 증폭기 그림 2-12는 전형적인 궤환 증폭기 구성이며 이를 통해 감도의 개념을 파악해보도록 한다. 증폭기의 개루프 이득 A는 변동이 심하다고 가정하며 궤환 이득 β는 변화가 없는 상수로 한다. 그 이유는 실제 궤환 회로는 주로 저항만 이용해 간단히 구성되며 저항 값 변동은 무시할 수 있기 때문이다. 증폭기의 폐루프 이득 A_{CL}은 다음과 같다.

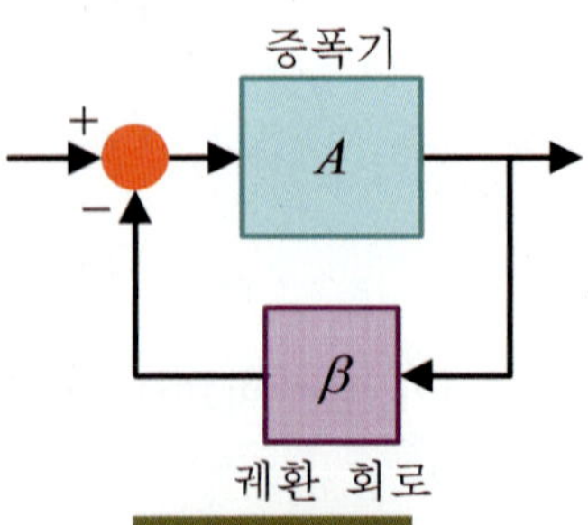

그림 2-12
궤환 증폭기.

$$A_{\mathrm{CL}} = \frac{A}{1+\beta A} \qquad \text{(2-68)}$$

그리고 A에 대한 A_{CL}의 감도는 식 (2-65)로부터

$$S_A^{A_{\mathrm{CL}}} = \frac{1}{1+\beta A} \qquad \text{(2-69)}$$

로 주어진다. 따라서 부궤환에서는 루프 이득 βA가 클수록 폐루프 이득이 감소하는 손해를 보지만 대신에 감도가 줄어 안정성이 더 확보된다. 더불어 부궤환이 주파수 특성에 미치는 영향을 알아보기 위해 그림 2-12의 증폭기가 다음과 같은 전달 함수를 갖는다고 하자.

$$A(s) = A_o\left(\frac{a}{s+a}\right) \tag{2-70}$$

이 증폭기의 주파수 응답은 그림 2-13의 (a)와 같이 차단 주파수가 a rad/se이며 통과대역의 이득이 A_o인 저역통과 특성이다. 그리고 궤환 증폭기의 전체 전달 함수는 다음과 같다.

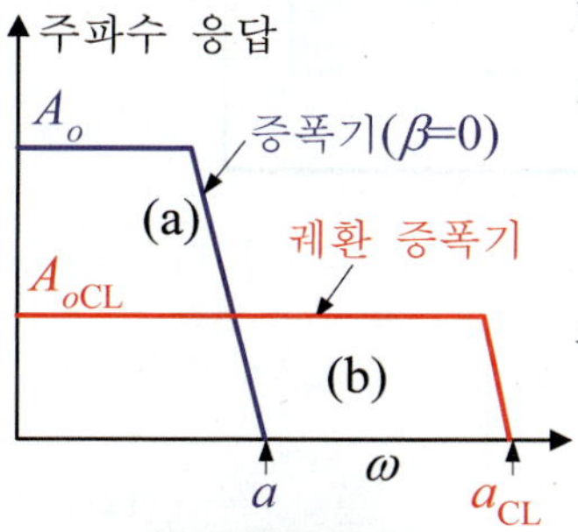

그림 2-13

궤환 증폭기의 주파수 응답.

$$A_{CL}(s) = \frac{A(s)}{1+\beta A(s)} = \frac{aA_o}{s+(1+\beta A_o)a} \tag{2-71}$$

위의 식은 약간의 정리 끝에 다음과 같은 형태로 표현할 수 있다.

$$A_{CL}(s) = A_{oCL}\left(\frac{a_{CL}}{s+a_{CL}}\right), \quad A_{oCL} = \frac{A_o}{(1+\beta A_o)}, \quad a_{CL} = (1+\beta A_o)a \tag{2-72}$$

따라서 궤환 증폭기의 주파수 응답은 그림 2-13의 (b)와 같이 차단 주파수가 a_{CL} rad/se이며 통과대역의 이득이 A_{oCL}인 저역통과 필터가 된다. 그 결과 궤환 증폭기는 증폭기에 비해 대역폭은 루프 이득만큼 넓어지며 이득은 루프 이득만큼 감소한다. 따라서 증폭기의 이득과 대역폭을 곱한 값은 β에 무관하게 일정하다. 이상으로 부궤환은 감도를 낮추고 대역폭을 확장시키며 시간 응답의 과도 상태를 개선시키는 이익이 있지만 그 대가로 이득을 희생시킨다는 것을 알 수 있다.

외란(外亂)

시스템에 입력되는 것은 지시 입력뿐 아니라 내부에서나 특히 외부로부터 원하지 않는 입김도 작용할 수 있으며 이를 외란(disturbance)이라 한다. 외란에는 전자 회로의 소자 내부에서 발생하는 열잡음, 안테나에 영향을 주는 돌풍, 배에 대한 파도의 영향, 전동기의 부하 변동에서 오는 힘의 변화 등 여러 가지 유형이 있을 수 있다. 개루프 제어 시스템에서는 외란에 의한 영향을 조정할 수 있는 길이 없지만 궤환을 이용하는 폐루프 제어 시스템은 외란을 어느 정도 수준까지는 제어할 수 있다.

그림 2-14는 증폭기와 함께 보다 다양한 제어기(controller)를 제어 시스템과 직렬로 결합한 구조이며 이를 직렬 제어(cascade control)라 한다. 물론 증폭기를 제어기에 포함해도 되지만 증폭기의 역할을 더 깊이 알아보기 위해 따로 하였다. 그리고 궤환을 담당하는 부분과 마찬가지로 제어기도 간단하면서 안정된 것일수록 좋다. 그림 2-14에서는 제어기와 제어 시스템 사이에서 외란 $d(t)$가 들어오고 있음을 보여준다. 물론 외란은 출력단에서도 생

그림 2-14
궤환 제어 시스템의 외란에 의한 영향.

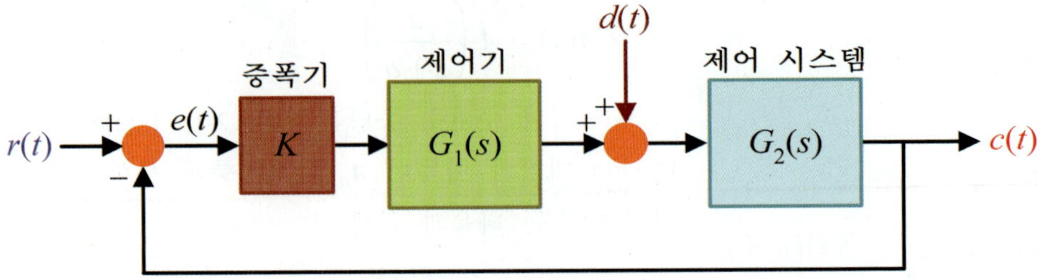

길 수 있고 그 외에도 다양하게 입력될 수 있다. 그림 2-14에서 다음의 두 연립 방정식을 얻을 수 있다.

$$\begin{cases} C(s) = KG_1(s)G_2(s)E(s) + G_2(s)D(s) \\ E(s) = R(s) - C(s) \end{cases} \tag{2-73}$$

위의 두 식으로부터 출력을 구하면 다음과 같다.

$$C(s) = \left[\frac{KG_1(s)G_2(s)}{1 + KG_1(s)G_2(s)}\right]R(s) + \left[\frac{G_2(s)}{1 + KG_1(s)G_2(s)}\right]D(s) \tag{2-74}$$

위의 식에서 우변 두 번째 항은 외란 $D(s)$에 의한 출력 성분이며 이를 $C_d(s)$라 하자. 외란에 의한 영향을 알아보기 위해 $d(t)=u_s(t)$, 즉 $D(s)=1/s$인 경우를 생각해 보면 $c_d(t)$의 최종치는 다음과 같다.

$$c_d(\infty) = \lim_{s\to 0} s\left[\frac{G_2(s)}{1 + KG_1(s)G_2(s)}\right]\frac{1}{s} = \lim_{s\to 0}\left[\frac{G_2(s)}{1 + KG_1(s)G_2(s)}\right] \tag{2-75}$$

또는

$$c_d(\infty) = \frac{1}{\lim\limits_{s\to 0}\dfrac{1}{G_2(s)} + K\lim\limits_{s\to 0} G_1(s)} \tag{2-76}$$

위의 결과로부터 계단 외란에 대한 출력의 정상 상태 값을 줄이기 위해서는 증폭기의 이득 K와 $G_1(s)$의 직류 이득 $G_1(0)$는 크게 하되 $G_2(s)$의 직류 이득 $G_2(0)$는 작게 하여야 한다는 것을 알 수 있다.

예제 2-3 그림 2-15의 시스템에서 계단 외란에 대한 출력 성분의 최종치를 구하라.

풀이>> 그림 2-14에서 $K=1000$, $G_1(s)=1$으로 한 결과이며

$$G_2(0) = \left.\frac{1}{s(s+10)}\right|_{s=0} = \infty$$

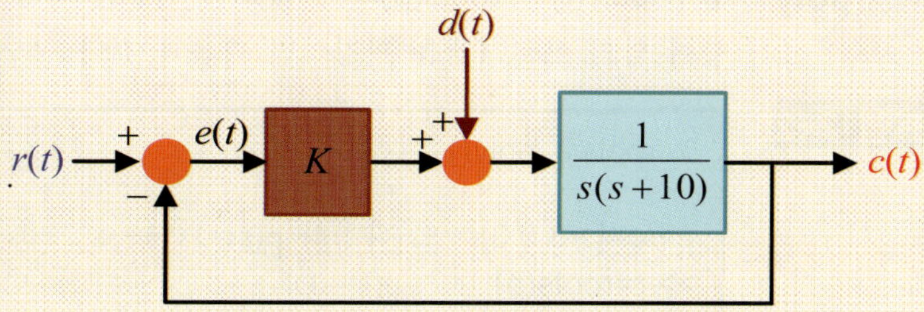

그림 2-15
예제 2-3 의 그림.

따라서 식 (2-76)으로부터

$$c_d(\infty) = \frac{1}{\lim\limits_{s\to 0}\frac{1}{G_2(s)} + K\lim\limits_{s\to 0}G_1(s)} = \frac{1}{1000}$$

2.4 매트랩 프로그램

이 장에서 배울 매트랩 함수들은 다음과 같다: roots, poly, conv, residue, tf, zpk, impulse, step, freqs.

roots

함수 roots(p)는 다항식의 근을 구하며 p는 다항식의 계수를 벡터로 표현한 것이다. 예를 다항식 $p(s)=s^3+3s^2+3$의 근은 다음과 같이 구한다:

매트랩 2-1

```
% roots()

>> p=[1 3 0 3];     % 다항식: p(s)=1s^3+3s^2+0s+3
>> r=roots(p)       % p(s)=0
r=
   -3.279
   0.1395+0.9463i
   0.1395-0.9463i
```

또는 다음과 같이 할 수 있다.

>> r=roots([1 3 0 3])

poly 함수 poly(r)은 roots(p)과 반대로 근이 r인 다항식의 계수를 구해준다. 예를 들어 앞의 프로그램을 확장하면 다음과 같다:

매트랩 2-2

```
% roots(), poly()

>> p=[1 3 0 3];   % 다항식: p(s)=1s^3+3s^2+0s+3
>> r=roots(p);    % p(s)=0
r=
   -3.279
   0.1395+0.9463i
   0.1395-0.9463i
>> p=poly(r)      % 다항식: p(s)=1s^3+3s^2+0s+3
p=
   1.0000   3.0000   0.0000 3.0000
```

또는 다음과 같이 할 수 있다.

```
>> p=poly([-3.279   0.1395+0.9463*i   0.1395-0.9463*i])
```

conv 함수 conv(p1,p2)는 두 다항식을 곱할 때 유용하다. 예를 들어 두 다항식

$$p_1(s) = s+1, \quad p_2(s) = s^2 + 2s + 3$$

의 곱의 계수는 다음과 같이 구한다.

매트랩 2-3

```
% conv()

>> p1=[1 1];              % 다항식: p1(s)=1s+1
>> p2=[1 2 3];            % 다항식: p2(s)=1s^2+2s+3
>> p3=conv(p1, p2)    % p3(s)=p1(s)p2(s)
p3=
   1   3   5   3
```

또는

```
>> p3=conv([1 1], [1 2 3])
```

residue 함수 residue(Gnum,Gden)는 전달 함수를 부분 분수로 전개해 주며 Gnum는 분자 다항식이고 Gden은 분모 다항식을 나타낸다. 예를 들어

$$G(s) = \frac{7s^2 + 9s + 12}{s^3 + 6s^2 + 11s + 6}$$

의 부분 분수 전개는 다음과 같이 한다.

매트랩 2-4

```
% residue()

>> Gnum=[7 9 12 0];            % 분자 다항식: 7s^3+9s^2+12s+0
>> Gden=[1 6 11 6];            % 분모 다항식: 1s^3+6s^2+11s+6
>> [K, p, k]=residue(Gnum, Gden)   % K는 유수, p는 극점,
                                   % k는 다항식의 몫.
K=                r=              k=
  -72.000           -3.000          7
   44.000           -2.000
   -5.000           -1.000
```

또는 다음과 같이 할 수 있다.

```
>> [K, p, k]=residue([7 9 12 0], [1 6 11 6])
```

tf, zpk 함수 tf(Gnum, Gden)는 Gnum을 분자로, Gden을 분모로 하여 다항식 형태의 전달 함수를 만들어 준다. 이에 비해 zpk(z,p,K)는 z와 p를 각각 전달 함수의 영점과 극점으로 삼고 K를 전달 함수 앞에 붙는 상수로 하여 전달 함수를 인수분해된 형태로 구해 준다. 다음의 예를 보자.

매트랩 2-5

```
% tf(), zpk()

>> Gnum=[1 9 20];              % 분자 다항식: 1s^2+9s+20
>> Gden=[1 6 11 6];            % 분모 다항식: 1s^3+6s^2+11s+6
>> G=tf(Gnum, Gden)            % 전달 함수 G(s)(다항식 형태)

Transfer function:
  s^2+9s+20
-----------------------
s^3+6s^2+11s+6

>> z=[-4 -5];            % 전달 함수 영점
>> p=[-1 -2 -3];         % 전달 함수 극점
>> K=10;                 % 전달 함수 앞의 상수
>> H=zpk(z, p, K)        % 전달 함수 H(s)(인수분해된 형태)

Zero/pole/gain:
  10(s+4)(s+5)
---------------------
(s+1)(s+2)(s+3)
```

Impulse, step

함수 impulse(G)는 전달 함수 G의 충격 응답을, 함수 step(G)는 계단 응답을 구해준다. 예를 들어 전달 함수가 다음과 같은 시스템의 충격 응답과 계단 응답을 구하여 그림으로 그려본다.

$$G(s) = \frac{100}{s^2 + 6s + 100}$$

매트랩 2-6

```
% impulse(), step()

>> Gnum=100;              % 분자 다항식: 100
>> Gden=[1 6 100];        % 분모 다항식: 1s^2+6s+100
>> G=tf(Gnum, Gden);      % 전달 함수 G(s)(다항식 형태)
>> yi=impulse(G);         % 충격 응답 yi(t)
>> ys=step(G);            % 계단 응답 ys(t)
```

만일 사용자가 시간을 지정하고자 하면 [y, t]=impulse(G, t), [y, t]=step(G, t)로한다. 여기서 t는 시간을 나타내는 벡터로 사용자가 정의한다. 예를 들어 0에서 10 초 사이를 0.001 초 간격으로 계산하고자 하면 다음과 같이 한다.

`>> t=[0: 0.001: 10]; [yi, t]=impulse(G, t); [ys, t]=step(G, t);`

freqs

함수 freqs(Gnum, Gden)는 전달 함수 Gnum/Gden의 주파수 응답을 계산한다. 예를 들어 매트랩 2-6의 전달 함수의 주파수 응답 계산 다음과 같다.

매트랩 2-7

```
% freqs()

>> Gnum=100;                          % 분자 다항식: 100
>> Gden=[1 6 100];                    % 분모 다항식: 1s^2+6s+100
>> g=freqs(Gnum, Gden);               % 주파수 응답 G(jw)
>> mag=abs(g); phase=angle(g)         % 크기 응답 mag,
                                      %위상 응답 phase
```

사용자가 주파수 범위를 지정하고자 하면 freqs(Gnum, Gden, w)로 하며 주파수 벡터 w는 사용자가 정한다. 예를 들어 주파수 10^{-2}~10^{2} 사이에서 1000개의 값을 계산하고자 하면 다음과 같이 한다.

`>> w=logspace(-2,2,1000); h= freqs(Gnum, Gden, w);`

위상을 각으로 하고 크기를 데시벨로 하기 위해서는 다음과 같이 한다.

`>> phase=phase*180/pi; mag=20*log10(mag);`

연습 문제

2.1 다음 함수들에 대한 라플라스 변환을 구하라.

(a) $(3e^{-3t}+2e^{-2t}+e^{-t})u_s(t)$ (b) $(e^{jt}+e^{-jt}+e^{-t})u_s(t)$

(c) $\sin(t-30°)u_s(t)$ (d) $\cos(t-30°)u_s(t)$

(e) $e^{-3t}\sin 2tu_s(t)$ (f) $e^{-3t}\cos 2tu_s(t)$

2.2 다음 각 라플라스 변환에 대한 역변환을 구하라.

(a) $\dfrac{2}{s+2}$ (b) $\dfrac{2}{s^2+3s+2}$ (c) $\dfrac{s^2+s+2}{s(s+1)(s+2)}$

(d) $\dfrac{3}{s^2+1}$ (e) $\dfrac{2s^2+1}{s^2+4s+13}$ (f) $\dfrac{6s+4}{(s+2)^2+9}$

(g) $\dfrac{1}{(s+1)^2}$ (h) $\dfrac{s+4}{s^2+10s+25}$ (i) $\dfrac{7s^2}{s^3+3s^2+3s+1}$

2.3 다음 각 미분 방정식을 라플라스 변환을 이용해 풀어라.

(a) $\dfrac{dx}{dt}+2x=0,\quad x(0)=1$

(b) $\dfrac{dx}{dt}+2x=e^{-t},\quad x(0)=2$

(c) $\dfrac{d^2x}{dt^2}+7\dfrac{dx}{dt}+12x=e^{-2t},\quad x(0)=0,\ dx(0)/dt=1$

(d) $\begin{cases}\dfrac{dx}{dt}+x+2y=0, & x(0)=1\\ \dfrac{dy}{dt}+2x=0, & y(0)=0\end{cases}$ (e) $\begin{cases}\dfrac{d^2x}{dt^2}-y=0, & x(0)=1,\ dx(0)/dt=0\\ \dfrac{dy}{dt}+3\dfrac{dx}{dt}+3y=0, & y(0)=0\end{cases}$

M2.1 문제 2.2의 각 함수들이 시스템의 전달 함수라 할 때 충격 응답과 계단 응답을 그려라(함수 impulse와 step를 이용할 것).

M2.2 함수 freqs를 이용하여 문제 2-2의 주파수 응답을 그려라(함수 plot을 이용할 것).

M2.3 함수 residue를 이용하여 다음의 각 전달 함수를 부분 분수로 전개하라.

(a) $\dfrac{s^2+2s+4}{s^4+10s^3+32s^2+58s+60}$ (b) $\dfrac{2s+6}{s^3+6s^2+9s+14}$

(c) $\dfrac{7s^2}{s^3+3s^2+3s+1}$ (d) $\dfrac{2s+9}{s^4+6s^3+30s^2+48s+40}$

M2.4 문제 M2.3의 각 전달 함수들에 대한 충격 응답과 계단 응답을 그려보아라.

M2.5 방정식 $G(s)=0$의 근이 다음과 같을 때 각각에 대한 다항식 $G(s)$를 구하라(함수 poly를 이용할 것)

(a) $s=-1,\ -2,\ -3$ (b) $s=-1,\ -1+j,\ -1-j$

(c) $s=1,\ -2+j,\ -2-j,\ -3+2j,\ -3-2j$ (d) $s=-1,\ -1,\ -2,\ -2$

M2.6 함수 zpk를 이용하여 문제 M2.3의 각 함수를 인수분해 형태로 표현하라.

M2.7 함수 conv를 이용하여 다음 각 다항식을 구하라.

(a) $(2s^2+5)(s^2+4s+12)$ (b) $(s+2)(s^3+6s^2+9s+10)$

(c) $(s^4+2s^2+1)(s^4+4s^2+4)$ (d) $(s+1)^2(s+4)(2s+6)$

M2.8 문제 M2.7에서 구한 다항식들의 근을 함수 roots를 이용해 구하라.

M2.9 함수 tf를 이용하여 다음 각 전달 함수 곱을 구하라.

(a) $$\left(\frac{s^2+2s+4}{s^4+10s^3+32s^2+58s+60}\right)\left(\frac{2s+6}{s^3+6s^2+9s+14}\right)$$

(b) $$\left(\frac{7s^2}{s^3+3s^2+3s+1}\right)\left(\frac{2s+9}{s^4+6s^3+30s^2+48s+40}\right)$$

3

블록 선도와 신호 흐름도

3.1 블록 선도

기호 소단위의 시스템들이 결합되어 보다 큰 단위의 시스템이 형성되는 경우가 많다. 이런 경우는 소단위 시스템들을 블록 선도로 나타내면 전체 시스템을 표현하는데 매우 편리하며 소단위 시스템을 부시스템(subsystem)이라 한다. 블록 선도는 전달 함수를 표현할 때 편리하며 블록 선도에는 그림 3-1과 같이 기호들이 사용된다. 먼저 그림 (a)는 신호의 흐름을 표시하는 화살표이며 화살표에 표시된 변수가 해당 신호이다. 신호는 시간의 변수나 라플라스 변환으로 표시하거나 또는 둘 다 표시해줄 수 있 수 있다. 그림 (b)는 시스템과 입력 및 출력 관계를 표현할 때 사용하는 것으로 시스템은 전달 함수로 나타낸다. 이 때 입력과 출력은 화살표 방향으로 판단한다. 그림 (c)는 여러 개의 신호를 합하는 가산점을 나타내며 더해지는 신호는 해당 화살표에 +를 표시하고 빼질 때는 –를 표시해준다. 그림 (d)는 갈래점(pickoff point)을 통해 하나의 신호를 여러 갈래로 나눌 때 사용된다.

그림 3-1 블록 선도의 표현 요소들.

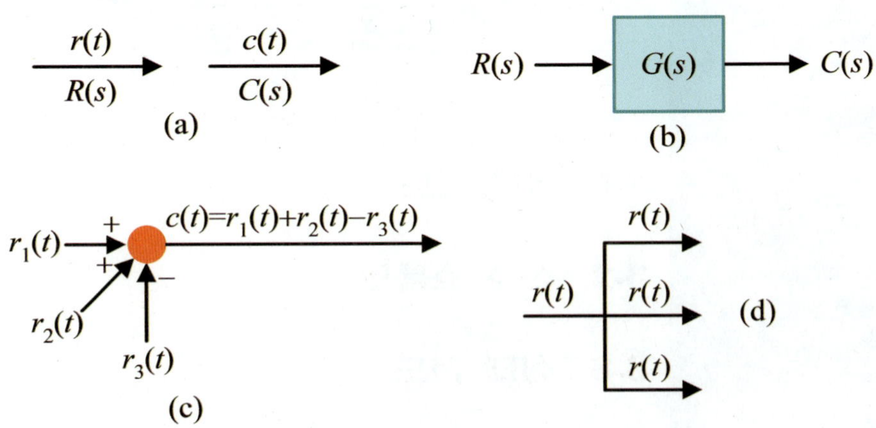

직렬 형태 그림 3-2(a)와 같이 두개 이상의 부시스템이 직렬로 결합한 경우는 그림 (b)와 같이 하나의 블록 선도로 표현할 수 있으며 등가 전달 함수 $G(s)$는

$$G(s) = G_1(s)G_2(s)G_3(s) \tag{3-1}$$

가 된다. 즉 시스템이 직렬 결합하면 각 전달 함수가 곱해진다.

병렬 형태 그림 3-3(a)와 같은 병렬 결합 형태에서는 부시스템들의 입력이 동일하다. 따라서 각 출력을 합하거나 빼면 전달 함수들도 합해지거나 더해지며 등가 전달 함수는 다음과 같다.

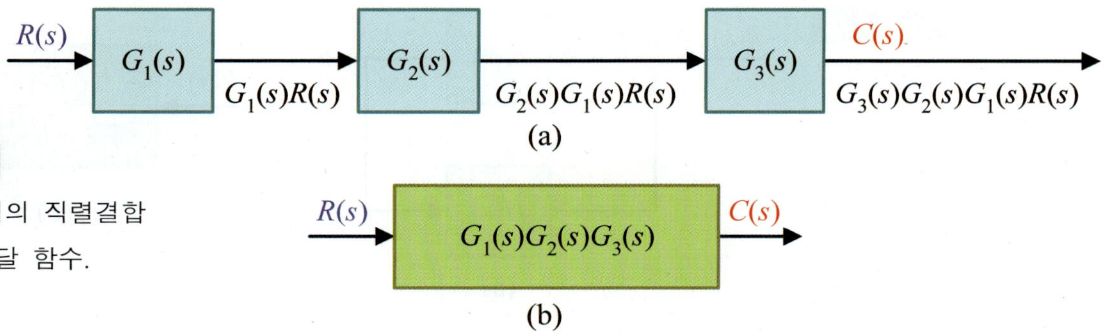

그림 3-2
(a) 부시스템의 직렬결합
(b) 등가 전달 함수.

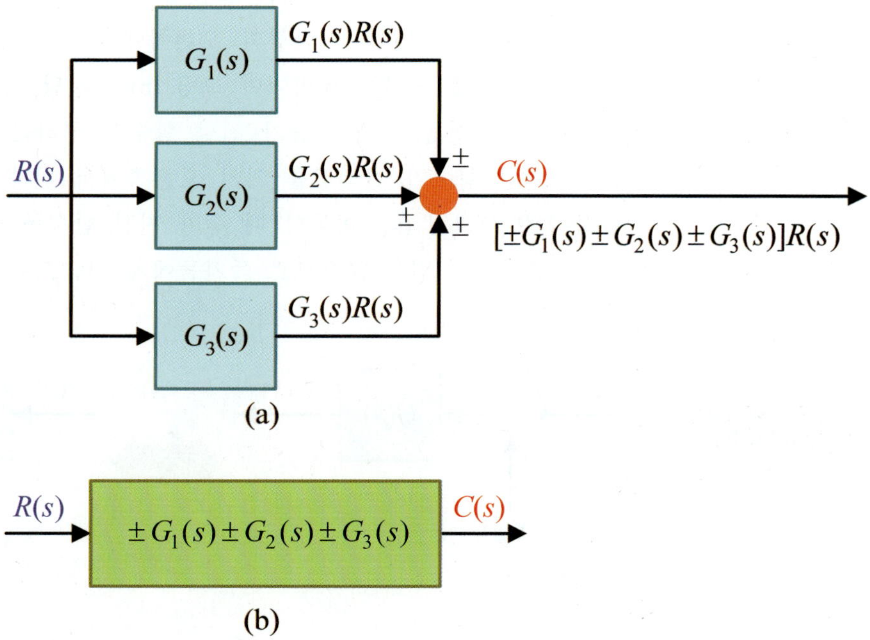

그림 3-3
(a) 부시스템의 병렬결합
(b) 등가 전달 함수.

$$G(s) = \pm G_1(s) \pm G_2(s) \pm G_3(s) \tag{3-2}$$

궤환 형태 그림 3-4의 궤환 형태 결합은 2장에서 자세히 설명한 바와 같으며 두 신호를 빼면 부궤환이고 더하면 정궤환이 된다. 등가 전달 함수는

$$G(s) = \frac{G(s)}{1 \pm G(s)H(s)} \tag{3-3}$$

와 같다.

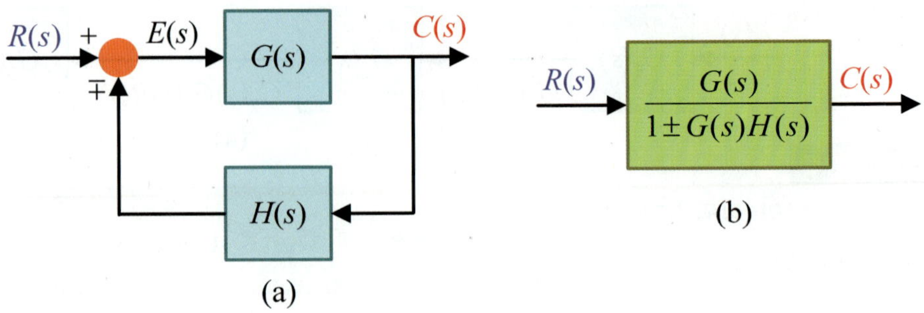

그림 3-4
(a) 궤환 결합;
(b) 등가 전달 함수.

블록선도의 간소화

다수의 블록 선도를 하나의 등가 블록 선도로 간소화하면 매우 편할 것이다. 블록 선도를 간소화하는데는 그림 3-5와 같은 블록 이동이 유용하다. 그림 3-5(a)는 전달 함수를 가산점의 오른쪽에서 왼쪽으로 이동할 때에 대한 등가 전달 함수를 구하는 방법이며 그림 (b)는 전달 함수를 가산점의 왼쪽에서 오른쪽으로 이동할 때의 등가 전달 함수를 구하는 방법이다. 그리고 그림 3-6은 전달 함수가 갈래점을 거쳐 오른쪽에서 왼쪽으로(그림 (a)), 왼쪽에서 오른쪽으로(그림 (b)) 이동할 때 등가 전달 함수를 구하는 방법이다. 어떤 경우든 증명은 어렵지 않으므로 독자들에게 연습으로 남긴다.

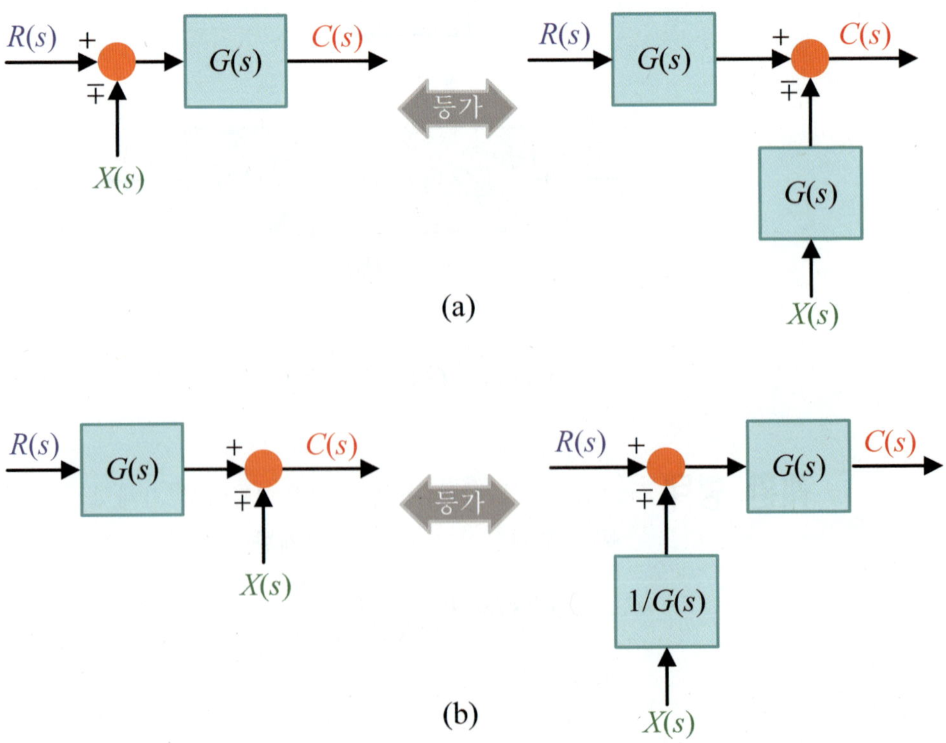

그림 3-5
가산점을 전후한 블록의 이동.

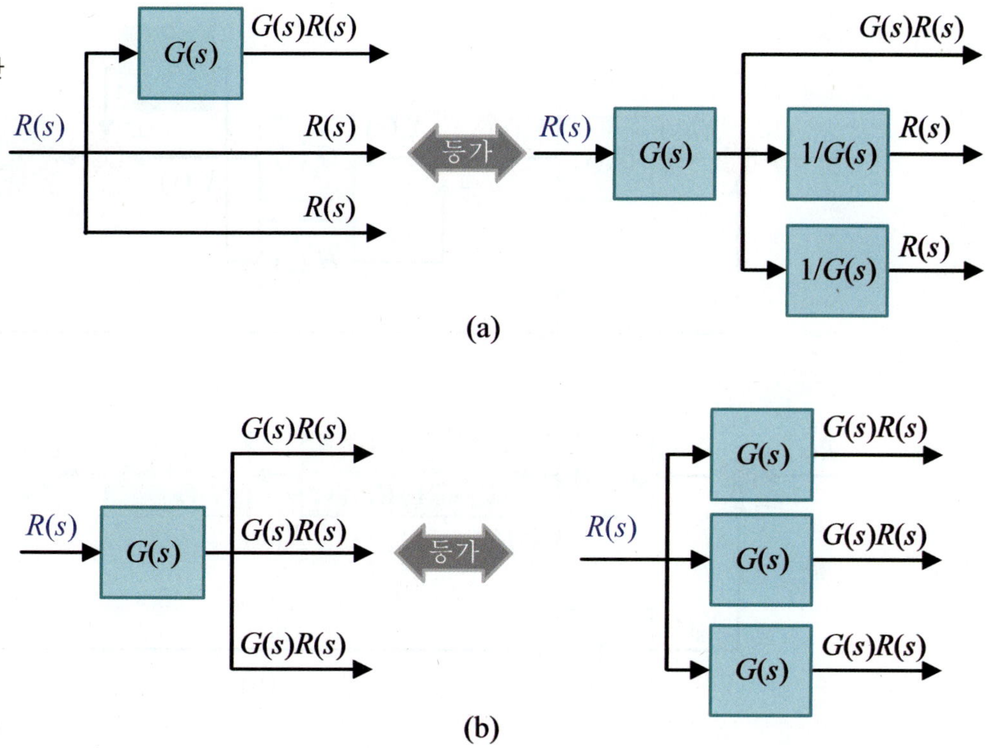

그림 3-6
갈래점을 전후로한 블록의 이동.

예제 3-1 그림 3-7로 표현되는 시스템의 등가 전달 함수를 구하라.

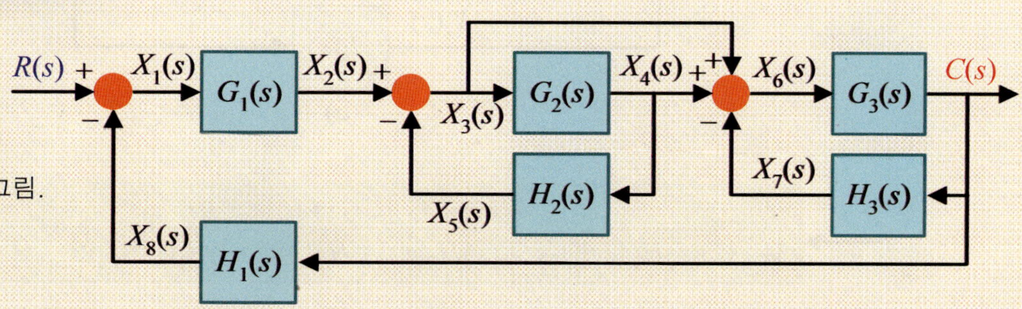

그림 3-7
예제 3-1의 그림.

풀이>> 그림 3-7에서 $X_4(s)=G_2(s)X_3(s)$의 관계 및 $G_3(s)$와 $H_3(s)$가 궤환 결합임을 이용하면 그림 3-8(a)와 같이 바꿀 수 있다. 그림 (a)에서 $X_4(s)$가 거치는 전달 함수는 1과 $1/G_2(s)$의 병렬 결합이므로 $1+1/G_2(s)$이다. 그리고 $G_2(s)$와 $H_2(s)$가 궤환 결합이므로 그림 (b)와 같이 바꿀 수 있다. 그림 (b)에서 전방향 경로(forward path)에 있는 4개의 직렬 결합된 전달 함수들은 서로 곱해지므로 그림 (c)로 등가화할 수 있다. 그 결과 그림 (c)는 하나의 궤환 결

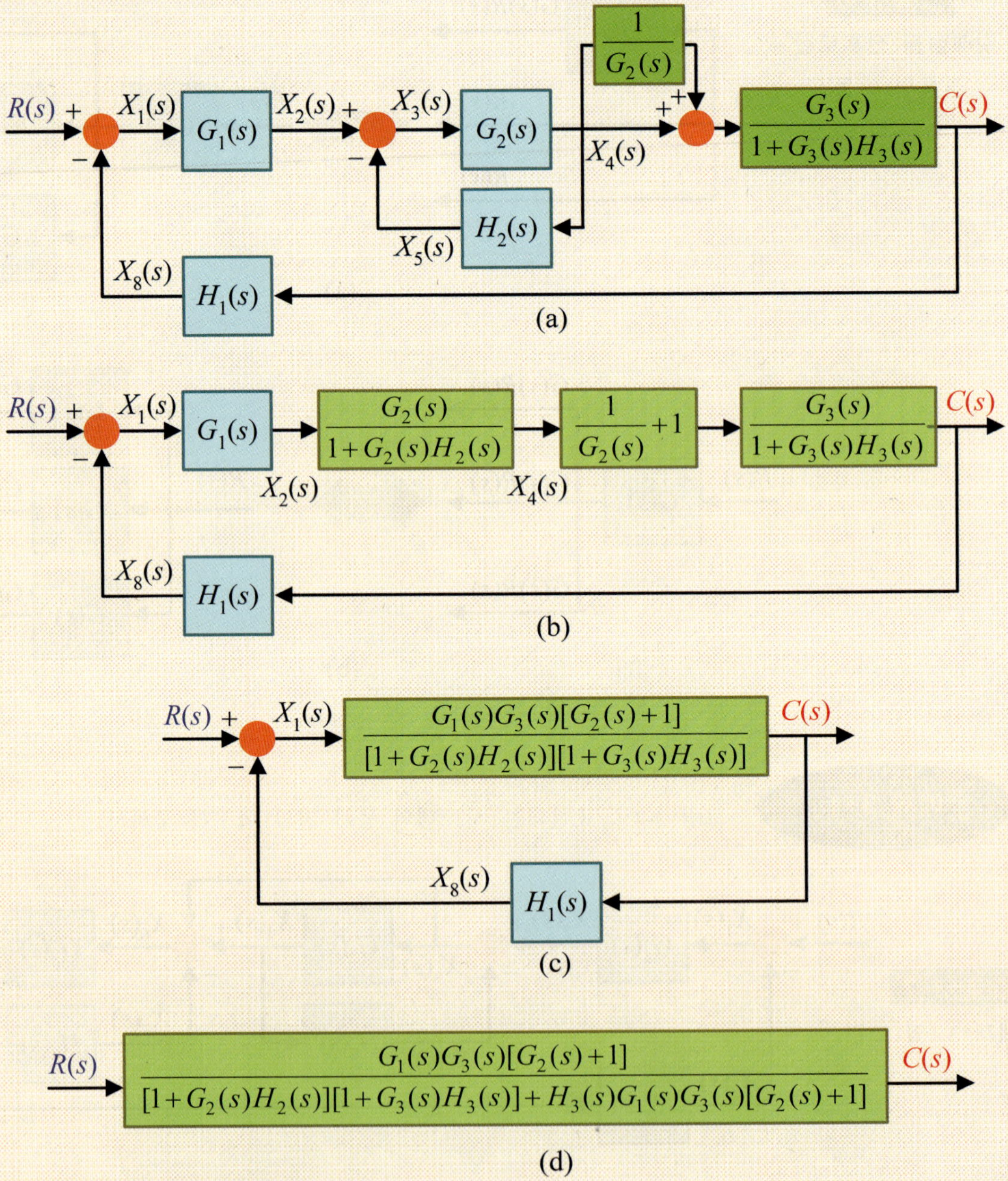

그림 3-8 그림 3-7의 간소화 과정.

합이므로 최종적으로 그림 (d)로 등가화할 수 있다.

3.2 신호 흐름도

정의 블록 선도를 좀 더 간단히 표현하면서 동시에 시스템 간소화를 체계적으로 할 수 있도록 한 것이 신호 흐름도(signal-flow graph)이다. 그림 3-9는 신호 흐름도를 표현하는 기본적인 약속들을 보여준다. 신호 흐름도는 기본적으로 변수를 나타내는 마디(node)와 신호의 흐름을 나타내는 화살표로 표시된 가지(branch) 및 가지에 표시된 이득(gain)으로 구성된다.

먼저 그림 3-9(a)에서 마디는 변수를 나타내며 마디 사이에 연결된 가지의 화살표 방향은 두 변수의 인과 관계(입출력 관계)를 보여준다. 즉 화살표가 나가는 방향으로 되어 있는 마디는 입력 마디이며 반대로 들어오는 방향으로 된 마디는 출력 마디이다. 따라서 그림 3-9(a)에서는 변수 x가 입력이고 y가 출력이다. 그리고 가지 가까이 표시된 상수(또는 전달 함수)는 $y=ax$와 같이 입력에 대한 출력의 이득을 나타낸다. 만일 그림 (b)와 같이 마디에 들어오는 가지와 떠나는 가지 모두가 연결되어 있으면 입력과 출력을 겸하는 입출력 마디이다. 그림 (c)와 같이 출력 마디에 두 개 이상의 가지가 연결된 경우는 출력 마디는 가산점 기능을 겸한다. 그리고 그림 (d)와 같이 입력 마디에 두 개 이상의 가지가 연결된 경우는 입력 마디는 갈래점 기능을 겸한다. 따라서 그림 (e)의 경우 마디 w는 가산점과 갈래점을 모두 겸한다.

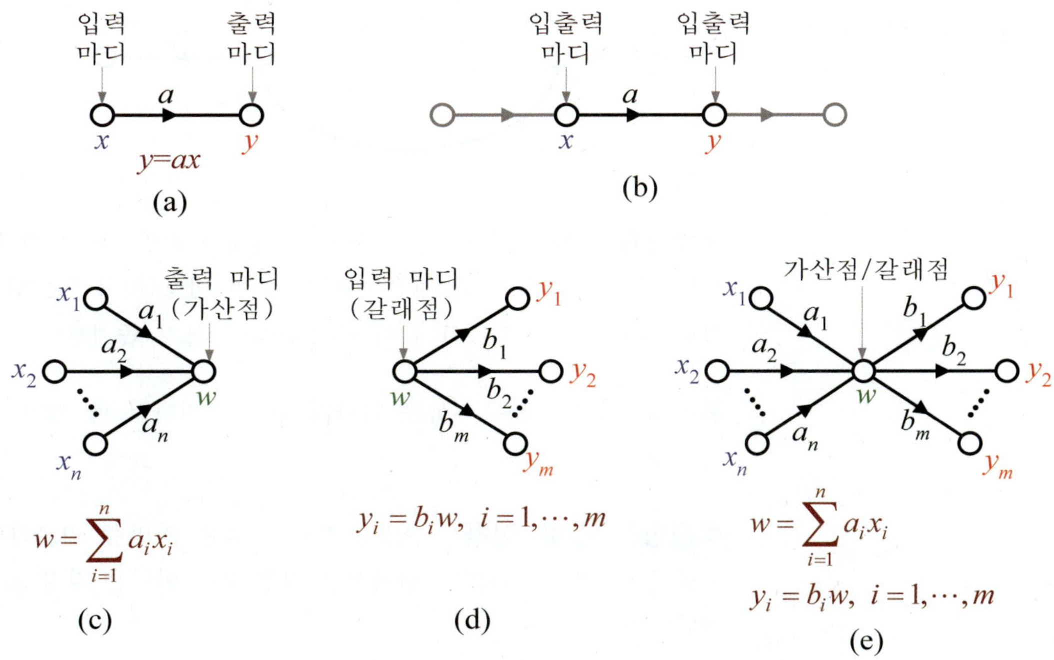

그림 3-9 신호 흐름도의 기호와 정의.

그림 3-10의 신호 흐름도를 예로 들어 신호 흐름도에 사용되는 용어를 정의하기로 한다.

그림 3-10
예로 든 신호 흐름도.

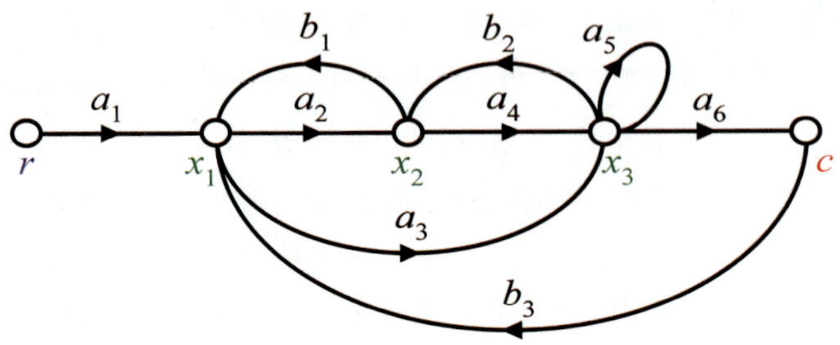

■경로(path) 경로는 한 마디에서 다른 마디로 가는 경로의 집합이다. 단 경로 도중에 거치는 가지들은 방향이 같아야 하며 동일한 마디를 두 번 이상 거쳐도 상관없다. 그림 3-10의 경우는 임의의 마디에서 다른 마디로 가는 경로는 무수히 많다는 것을 알 수 있다.

■전방향 경로(forward path) 전방향 경로는 경로 중에서 같은 마디를 두번 이상 거치지 않는 경로이다. 예를 들어 그림 3-10에서 마디 r에서 c로 가는 전방향 경로는 그림 3-11의 두 가지가 있다.

그림 3-11
그림 3-10에서 r에서 c로 가는 전방향 경로.

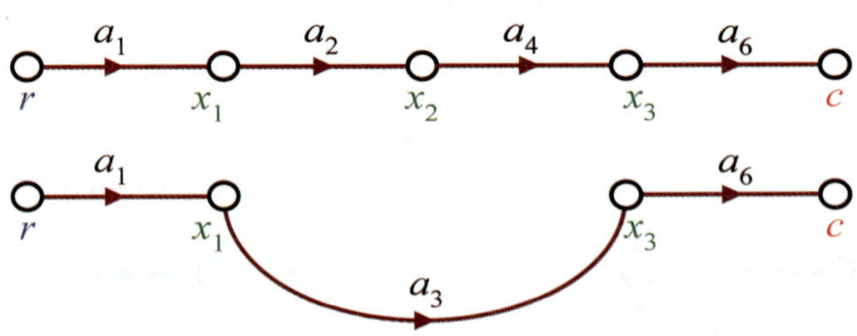

■루프(loop) 루프란 임의의 한 마디에서 출발하여 동일한 마디로 되돌아오는 경로를 이르며 단 같은 마디를 두번 이상 거쳐서는 안된다. 예를 들어 그림 3-10은 그림 3-12와 같이 여섯 개의 루프가 존재한다.

■경로 이득 경로 이득은 하나의 경로를 지나갈 때 거치는 모든 가지들의 이득을 곱한 것이다.

■전방향-경로 이득 전방향-경로 이득은 전방향 경로의 경로 이득이다. 예를 들어 그림 3-11의 그림에서 전방향-경로 이득은 각각 $a_1a_2a_4a_6$ 및 $a_1a_3a_6$ 이다.

그림 3-12

그림 3-10의 루프.

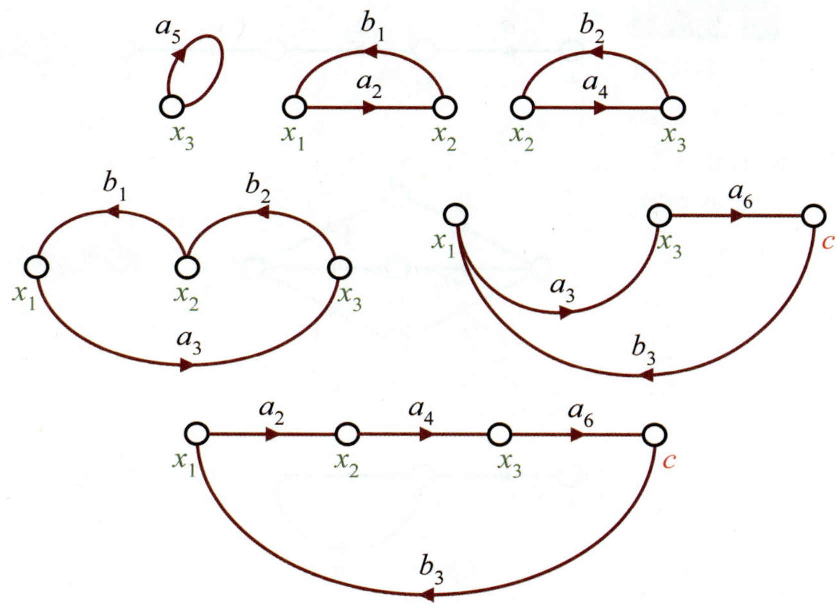

■루프 이득 루프 이득은 루프의 경로 이득이다. 예를 들면 그림 3-12의 마지막 루프의 경우 루프 이득은 $a_2a_4a_6b_3$이다.

■비접촉 루프 신호 흐름도의 두 루프가 같은 마디를 공유하지 않으면, 즉 공통 마디가 없으면 이 두 루프는 비접촉(nontouching)이라 한다. 예를 들면 그림 3-12를 그림 3-10에서 조회해보면 루프 x_3-x_3는 루프 x_1-x_2와는 비접촉이며 나머지 루프들과는 마디를 공유하고 있다.

이득 공식

결합 방식에 의해 신호 흐름도를 간소화하는 방법이 그림 3-13이다. 그림 (a)와 (b)는 각각 식렬 및 병렬 결합이며 그림 (c)는 궤환 결합으로서 블록 선도의 경우와 동일하다. 신호 흐름도로부터 임의의 두 마디 사이의 전달 함수를 체계적으로 구하는 공식이 메이슨(S.J.Mason)에 의해 개발되었으며 이를 메이슨의 이득 공식이라 한다. 이득 공식은 다음과 같다:

신호 흐름도에 N개의 전방향 경로와 K개의 루프가 있다고 하면 임의의 입력 마디 x_{in}과 출력 마디 x_{out} 사이의 이득(또는 전달 함수)는 다음과 같다,

$$G = \frac{x_{out}}{x_{in}} = \frac{1}{\Delta}\sum_{k=1}^{N} G_k \Delta_k \tag{3-4}$$

단, 각 변수들은 다음과 같다.

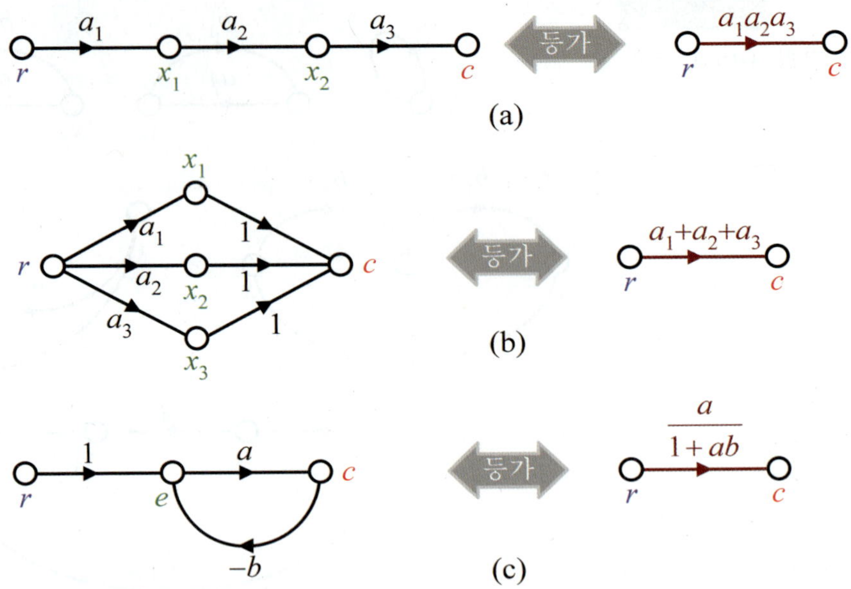

그림 3-13
신호 흐름도의 간소화:
(a) 직렬 결합;
(b) 병렬 결합;
(c) 궤환 결합.

G=입력 x_{in}과 출력 x_{out} 사이의 이득

N=입력 x_{in}과 출력 x_{out} 사이에 있는 전방향 경로의 전체 수

G_k=입력 x_{in}과 출력 x_{out} 사이에 있는 k번째 전방 경로의 이득

$$\Delta = 1 - \sum_l L_{l1} + \sum_m L_{m2} - \sum_n L_{n3} + \cdots$$

L_{jr}=r개의 비접촉 루프($1 \le r < K$)의 가능한 모든 조합들 중 j번째 조합의 루프 이득들의 곱. 또는

Δ=1−Σ(각각의 루프 이득) +Σ(두개의 비접촉 루프 이득의 곱)
 −Σ(세개의 비접촉 루프 이득의 곱) + …

그리고

Δ_k=Δ의 항들 중에서 k번째 전방향 경로와 접촉하지 않는 부분.

예제 3-2 그림 3-14의 궤환 결합에서 이득 공식으로 $C(s)/R(s)$를 구하라.

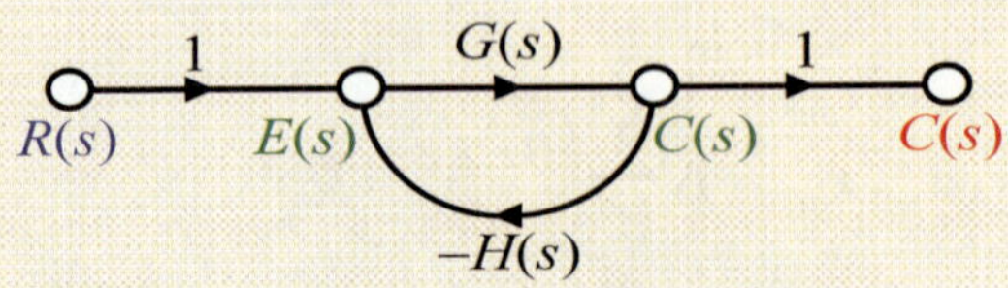

그림 3-14
예제 3-2의 그림.

풀이>>

1. $R(s)$와 $C(s)$ 사이에는 전방향 경로가 하나뿐이며 전방향-경로 이득은

$$G_1 = G(s)$$

2. 루프도 하나뿐이므로 루프 이득 및 Δ는

$$L_{11} = -G(s)H(s)$$

$$\Delta = 1 - L_{11} = 1 + G(s)H(s)$$

3. 하나뿐인 루프가 하나뿐인 전방향 경로와 접촉하므로

$$\Delta_1 = 1$$

이상으로

$$\frac{C(s)}{R(s)} = \frac{G_1\Delta_1}{\Delta} = \frac{G(s)}{1 + G(s)H(s)}$$

예제 3-3

그림 3-10의 신호 흐름도에서 $C(s)/R(s)$는 다음과 같이 구할 수 있다.

1. 전방향 경로는 그림 3-11의 두 종류이며 이득은

$$G_1 = a_1a_2a_4a_6, \quad G_2 = a_1a_3a_6$$

루프는 그림 3-12와 같으며 단일 루프 이득은

$$L_{11} = a_5, \quad L_{21} = a_2b_1, \quad L_{31} = a_4b_2,$$

$$L_{41} = a_3b_1b_2, \quad L_{51} = a_3a_6b_3, \quad L_{61} = a_2a_4a_6b_3$$

그림 3-10에서 비접촉 루프는 다음의 두 쌍이다.

x_3-x_3(루프 이득=L_{11}), x_1-x_2(루프 이득=L_{21})

따라서 두 개의 비접촉 루프의 이득의 곱은

$$L_{12} = L_{11}L_{21} = a_2a_5b_1$$

그리고 세 개 이상의 비접촉 루프 조합은 없다. 따라서 Δ는

$$\Delta = 1 - (a_5 + a_2b_1 + a_4b_2 + a_3b_1b_2 + a_3a_6b_3 + a_2a_4a_6b_3) + a_2a_5b_1$$

2. 두 전방향 경로는 모든 루프와 접촉한다. 따라서

$$\Delta_1 = \Delta_2 = 1$$

3. $$\frac{C(s)}{R(s)} = \frac{G_1\Delta_1 + G_2\Delta_2}{\Delta}$$

$$= \frac{a_1a_2a_4a_6 + a_1a_3a_6}{1 - (a_5 + a_2b_1 + a_4b_2 + a_3b_1b_2 + a_3a_6b_3 + a_2a_4a_6b_3) + a_2a_5b_1}$$

3.3 상태 선도

상태 변수

모든 전달 함수를 구성하는 기본 요소는 다름 아닌 미분기와 적분기 그리고 비례기이다. 그 이유는 그림 3-15에 표시된 바와 같이 전달 함수가 미분기의 경우는 $G(s)=s$이며 적분기는 $G(s)=1/s$이고 비례기는 $G(s)=K$로 가장 간단한 형태이기 때문이다. 특히 미분기는 영점이 0이고 적분기는 극점이 0이다.

그림 3-15 미분기와 적분기 및 비례기의 신호 흐름도.

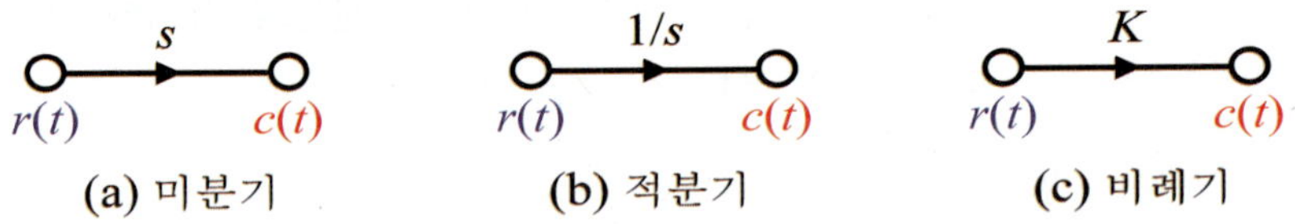

극점과 영점이 0이 아닌 모든 전달 함수는 미분기와 적분기 및 비례기의 결합으로 구현할 수 있으며 특히 그림 3-16은 적분기와 비례기만으로 임의의 전달 함수를 구현할 수 있음을 보이고 있다(미분기를 사용하지 않은 이유는 조금 뒤에 설명한다). 먼저 그림 (a)는 극점이 유한한 일차 전달 함수를 만든 것이며 이를 바탕으로 그림 (b)와 같은 이차 전달 함수를 만들 수 있다. 그리고

그림 3-16 적분기와 비례기를 이용한 전달함수 구현.

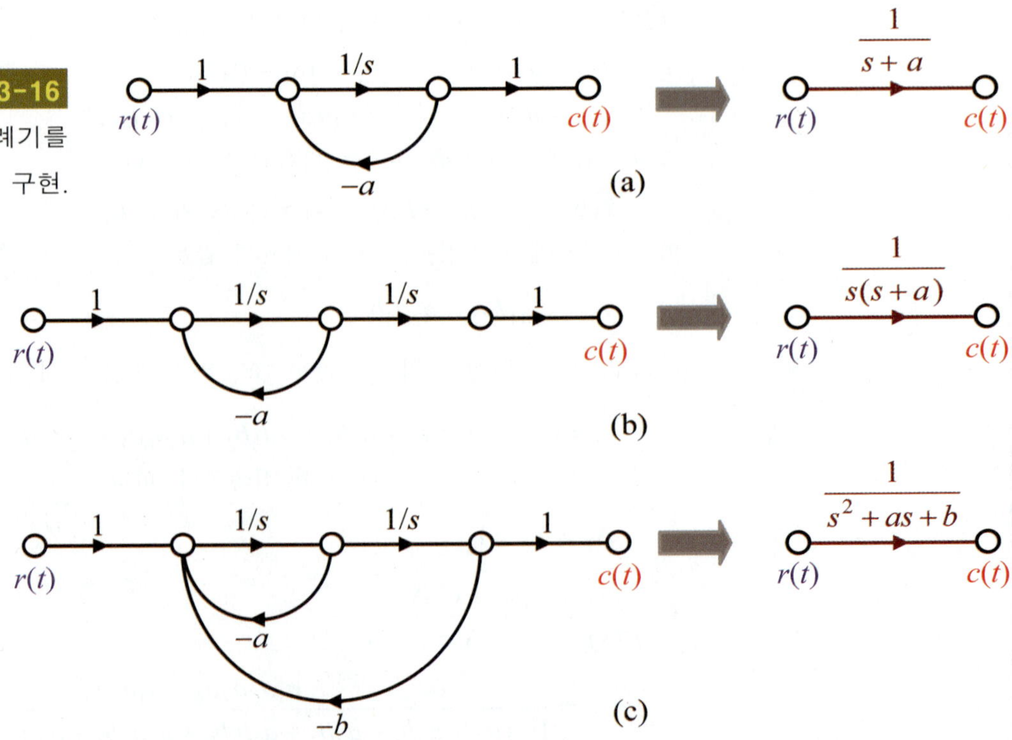

그림 (b)를 다시 이용하면 그림 (c)와 같이 두 극점이 모두 유한한 이차 전달 함수를 구현할 수 있다. 만일 전달 함수의 영점, 즉 분자 항이 필요하면 병렬 결합을 이용해 임의의 두 전달 함수를 더하면 된다.

전달 함수는 입력과 출력의 관계만 명시하기 때문에 블록 선도로 표현하기 유리하다. 그러나 시스템 내부에서 전개되는 구체적인 신호의 흐름은 알 수 없으며 하나의 전달 함수에 대해 여러 가지 다른 시스템이 존재할 수 있다. 신호 흐름도는 단순히 블록 선도의 대용이 아니라 이름 그대로 시스템 내부의 구체적인 신호의 흐름을 밝혀주는 기능이 더 중요하다. 이를 위해 그림 3-16과 반대 과정으로, 주어진 전달 함수를 기본 요소인 적분기와 비례기의 결합으로 분해한 다음 이를 신호 흐름도로 표현할 수 있다. 한편 미분기는 주파수 응답이 $|G(j\omega)|=\omega$와 같이 주파수에 비례한다. 그리고 시스템에 유입되는 잡음 또는 외란은 일반적으로 신호에 비해 고주파 성분이 많이 포함되어 있다. 따라서 신호와 잡음을 미분기를 통하게 하면 잡음의 크기가 신호에 비해 더욱 커지므로 상당한 문제를 초래할 수 있다. 따라서 아주 의도적인 경우가 아니면 미분기 사용을 피하는 것이 상식이다.

적분기의 출력은 매우 중요한 의미를 가지며 그림 3-15(b)에서

$$c(t)=\int_{-\infty}^{t} r(\tau)d\tau \quad \text{또는} \quad r(t)=\frac{dc(t)}{dt}$$

이다. 여기서 적분기 출력 $c(t)$가 불연속적으로 변하기 위해서는 그 순간 입력 $r(t)$는 무한대이어야 한다. 그러나 실제 현실에서 무한대의 값은 존재할 수 없으므로 결국 적분기의 출력은 연속적으로 변할 수 밖에 없으며 이를 연속성 조건이라 한다. 연속성을 만족하는 변수는 시스템의 과도 상태에 지대한 영향을 미친다. 즉 이러한 변수는 시스템의 주변 환경이 갑자기 변해도 변하기 직전과 직후의 값이 변하지 않으므로 이 값이 새로운 환경의 초기 조건으로 작용하기 때문이다. 따라서 연속성을 만족하는 변수는 시스템의 상태를 결정짓는데 매우 중요하므로 상태 변수(state variable)라 한다. 이런 이유로 적분기의 출력 변수, 다시 말해서 미분되는 변수를 시스템의 상태 변수로 정하는 것이 일반적이다.

상태 방정식

그림 3-16과 같이 적분기와 비례기로만 된 신호 흐름도는 시스템의 상태 변수가 시간에 따라 변화하는 양상을 표현하는데 아주 편리하며 이를 상태 선도(state diagram)라 한다. 상태 선도에서는 적분기의 출력을 상태 변수로 정하므로 그림 3-16에 대한 상태 선도는 그림 3-17과 같다. 각 적분기의 출력은 상태 변수 $x_1(t), x_2(t)$ 등으로 표현하였으며 적분기 입력은 출력인 상태 변

그림 3-17

그림 3-16의 상태 선도.

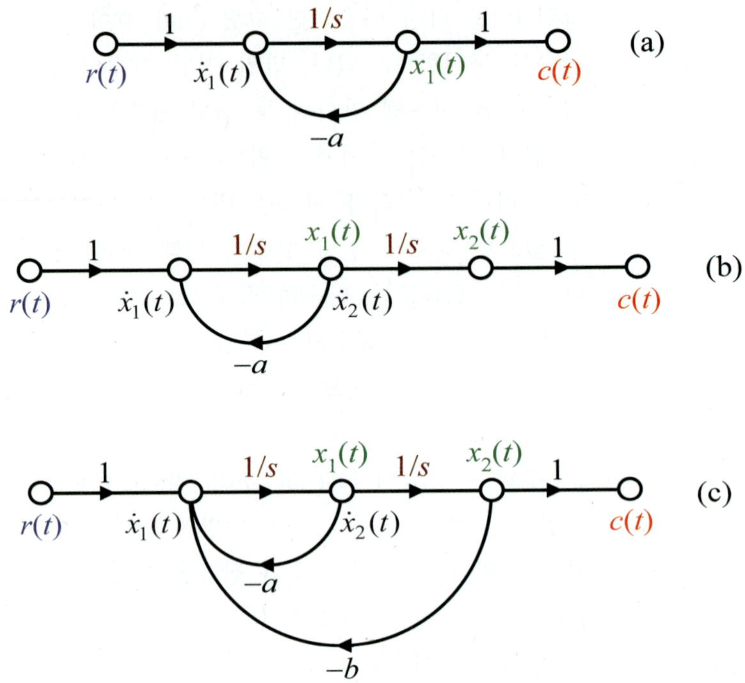

수의 미분이므로 $\dot{x}_1(t)$, $\dot{x}_2(t)$ 등으로 표현하였다. 상태 선도에서 상태 변수의 도함수인 $\dot{x}_1(t)$, $\dot{x}_2(t)$ 등을 입력을 포함한 상태 변수들의 선형합으로 나타낸 것을 **상태 방정식**이라 한다. 그리고 출력 $c(t)$를 입력을 포함한 상태 변수들의 선형합으로 표현한 것을 **출력 방정식**이라 한다. 먼저 그림 3-17(a)는 상태 변수가 하나뿐이므로 상태 방정식은

$$\dot{x}_1(t) = -ax_1(t) + r(t) \tag{3-5a}$$

이며 출력 방정식은

$$c(t) = x_1(t) \tag{3-5b}$$

다음으로 그림 3-17(b)에서는 상태 변수가 두 개이며 $\dot{x}_2(t)$, $x_1(t)$는 같은 마디가 되었다. 따라서 상태 방정식은

$$\begin{cases} \dot{x}_1(t) = -ax_1(t) + r(t) \\ \dot{x}_2(t) = x_1(t) \end{cases} \tag{3-6a}$$

그리고 출력 방정식은

$$c(t) = x_2(t) \tag{3-6b}$$

이다.

그림 3-17(c)의 경우는 상태 방정식과 출력 방정식은 다음과 같다.

$$\begin{cases} \dot{x}_1(t) = -ax_1(t) - bx_2(t) + r(t) \\ \dot{x}_2(t) = x_1(t) \end{cases} \tag{3-7a}$$

$$c(t) = x_2(t) \tag{3-7b}$$

예제 3-4 그림 3-18의 두 상태 선도에 대한 상태 방정식과 출력 방정식을 구하라.

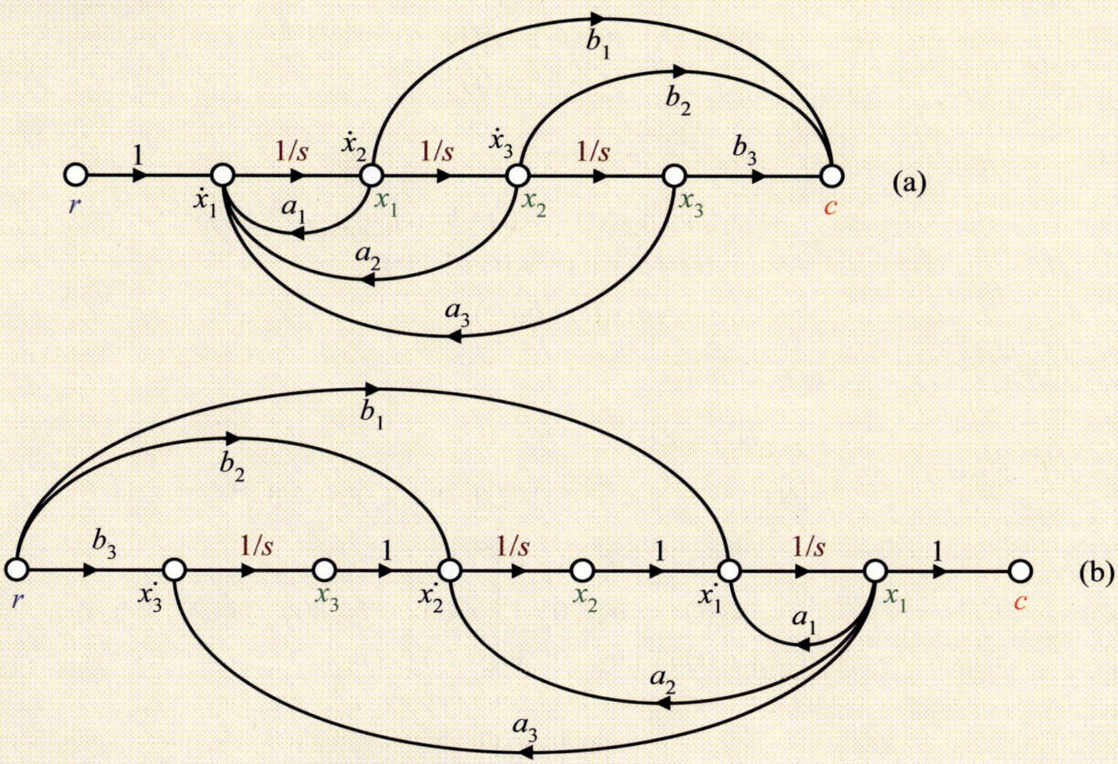

그림 3-18 예제 3-4의 그림.

풀이>> 그림 (a): 상태 방정식은

$$\begin{cases} \dot{x}_1(t) = a_1x_1(t) + a_2x_2(t) + a_3x_3(t) + r(t) \\ \dot{x}_2(t) = x_1(t) \\ \dot{x}_3(t) = x_2(t) \end{cases}$$

출력 방정식은

$$c(t) = b_1 x_1(t) + b_2 x_2(t) + b_3 x_3(t)$$

이상의 두 방정식을 벡터-행렬 형태로 표현하면 다음과 같다.

$$\begin{bmatrix} \dot{x}_1(t) \\ \dot{x}_2(t) \\ \dot{x}_3(t) \end{bmatrix} = \begin{bmatrix} a_1 & a_2 & a_3 \\ 1 & 0 & 0 \\ 0 & 1 & 0 \end{bmatrix} \begin{bmatrix} x_1(t) \\ x_2(t) \\ x_3(t) \end{bmatrix} + \begin{bmatrix} 1 \\ 0 \\ 0 \end{bmatrix} r(t) \quad \text{(상태 방정식)}$$

$$c(t) = [b_1 \quad b_2 \quad b_3] \begin{bmatrix} x_1(t) \\ x_2(t) \\ x_3(t) \end{bmatrix} \quad \text{(출력 방정식)}$$

그림 (b): 상태 방정식은

$$\begin{cases} \dot{x}_1(t) = a_1 x_1(t) + x_2(t) + b_1 r(t) \\ \dot{x}_2(t) = a_2 x_1(t) + x_3(t) + b_2 r(t) \\ \dot{x}_3(t) = a_3 x_1(t) + b_3 r(t) \end{cases}$$

출력 방정식은

$$c(t) = x_1(t)$$

이상의 두 방정식을 벡터-행렬 형태로 표현하면 다음과 같다.

$$\begin{bmatrix} \dot{x}_1(t) \\ \dot{x}_2(t) \\ \dot{x}_3(t) \end{bmatrix} = \begin{bmatrix} a_1 & 1 & 0 \\ a_2 & 0 & 1 \\ a_3 & 0 & 0 \end{bmatrix} \begin{bmatrix} x_1(t) \\ x_2(t) \\ x_3(t) \end{bmatrix} + \begin{bmatrix} b_1 \\ b_2 \\ b_3 \end{bmatrix} r(t) \quad \text{(상태 방정식)}$$

$$c(t) = [1 \quad 0 \quad 0] \begin{bmatrix} x_1(t) \\ x_2(t) \\ x_3(t) \end{bmatrix} \quad \text{(출력 방정식)}$$

■적분기 제거후 루프가 형성되는 경우 그림 3-18의 두 상태 선도에서 적분기를 제거하면 루프가 하나도 형성되지 않는다. 이러한 경우는 풀이와 같이 직관적으로 상태 방정식과 출력 방정식을 구할 수 있다. 그러나 그림 3-19를 예로 들면 그림 (a)의 상태 선도에서 적분기를 제거한 그림 (b)에서도 루프가 형성된다. 이러한 경우는 직관에 의해 방정식을 구하기 어려우므로

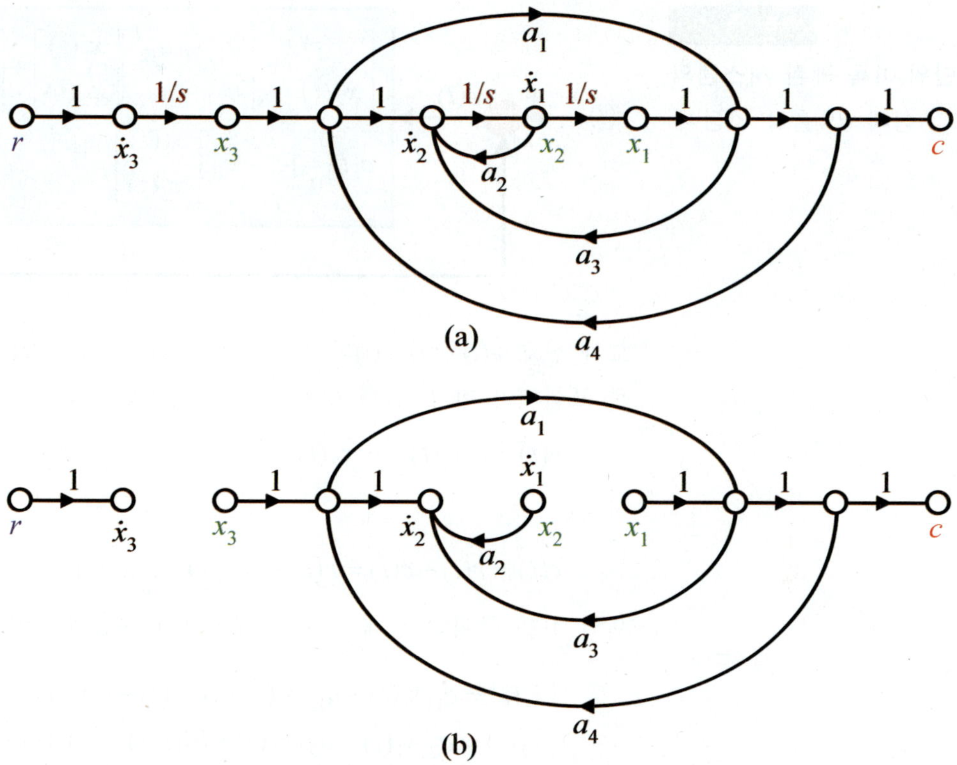

그림 3-19 적분기를 제거한 후 루프가 형성되는 상태 선도의 예: (a) 원래 그림; (b) 적분기를 제거한 그림.

메이슨의 이득 공식을 적용하여야 한다. 즉 $\dot{x}_1(t)$, $\dot{x}_2(t)$ 및 $\dot{x}_3(t)$를 출력 마디로 하고 $r(t)$, $x_1(t)$, $x_2(t)$ 및 $x_3(t)$를 입력 마디로 하여 이득 공식을 적용한다. 그 결과만 소개하면 상태 방정식과 출력 방정식은 다음과 같은 벡터-행렬 형태와 같다.

$$\begin{bmatrix} \dot{x}_1(t) \\ \dot{x}_2(t) \\ \dot{x}_3(t) \end{bmatrix} = \begin{bmatrix} 0 & 1 & 0 \\ \dfrac{a_3 + a_4}{1 - a_1 a_4} & a_2 & \dfrac{1 + a_1 a_3}{1 - a_1 a_4} \\ 0 & 0 & 0 \end{bmatrix} \begin{bmatrix} x_1(t) \\ x_2(t) \\ x_3(t) \end{bmatrix} + \begin{bmatrix} 0 \\ 0 \\ 1 \end{bmatrix} r(t) \qquad \textbf{(3-8a)}$$

$$c(t) = \begin{bmatrix} \dfrac{1}{1 - a_1 a_4} & 0 & \dfrac{a_1}{1 - a_1 a_4} \end{bmatrix} \begin{bmatrix} x_1(t) \\ x_2(t) \\ x_3(t) \end{bmatrix} \qquad \textbf{(3-8b)}$$

■단위-이득 궤환 상태 및 출력 방정식이 주어진 시스템에 단위-이득 궤환을 걸어줄 경우 전체 시스템의 상태 및 출력 방정식을 구하는 작업이 필요하다. 그림 3-20과 같이 상태 변수가 두 개인 경우에 대해 알아보자.

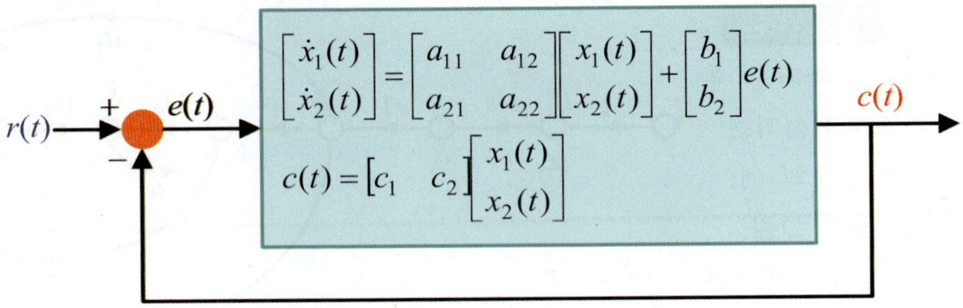

그림 3-20
단위-이득 궤환 시스템의 상태 및 출력 방정식.

오차 신호 $e(t)=r(t)-c(t)$의 관계를 이용하여 $e(t)$를 $r(t)$와 상태 변수만의 함수로 표현해야 한다. 출력 방정식이

$$c(t)=c_1x_1(t)+c_2x_2(t) \tag{3-9}$$

이므로

$$e(t)=r(t)-c(t)=r(t)-c_1x_1(t)-c_2x_2(t) \tag{3-10}$$

위의 식을 주어진 상태 변수에 대입하면 다음과 같다.

$$\begin{cases}\dot{x}_1(t)=a_{11}x_1(t)+a_{12}x_2(t)+b_1[r(t)-c_1x_1(t)-c_2x_2(t)]\\ \dot{x}_2(t)=a_{21}x_1(t)+a_{22}x_2(t)+b_2[r(t)-c_1x_1(t)-c_2x_2(t)]\end{cases} \tag{3-11}$$

위의 식을 정리하기만 하면 전체 시스템의 상태 방정식은 다음과 같다.

$$\begin{bmatrix}\dot{x}_1(t)\\ \dot{x}_2(t)\end{bmatrix}=\begin{bmatrix}a_{11}-b_1c_1 & a_{12}-b_1c_2\\ a_{21}-b_2c_1 & a_{22}-b_2c_2\end{bmatrix}\begin{bmatrix}x_1(t)\\ x_2(t)\end{bmatrix}+\begin{bmatrix}b_1\\ b_2\end{bmatrix}r(t) \tag{3-12}$$

그리고 출력 방정식은 변함이 없다.

■상태 방정식으로부터 상태 선도를 그리는 법 다음의 식 (3-13)을 예로 들어 상태 및 출력 방정식으로부터 상태 선도로 그리는 절차에 대해 알아보자.

$$\begin{cases}\begin{bmatrix}\dot{x}_1(t)\\ \dot{x}_2(t)\\ \dot{x}_3(t)\end{bmatrix}=\begin{bmatrix}a_{11} & a_{12} & a_{13}\\ a_{21} & a_{22} & a_{23}\\ a_{31} & a_{32} & a_{33}\end{bmatrix}\begin{bmatrix}x_1(t)\\ x_2(t)\\ x_3(t)\end{bmatrix}+\begin{bmatrix}b_1\\ b_2\\ b_3\end{bmatrix}r(t)\\ c(t)=\begin{bmatrix}c_1 & c_2 & c_3\end{bmatrix}\begin{bmatrix}x_1(t)\\ x_2(t)\\ x_3(t)\end{bmatrix}\end{cases} \tag{3-13}$$

먼저 그림 3-21(a)와 같이 상태 변수의 수만큼 적분기를 배치한 다음 적분기

그림 3-21 상태 방정식으로부터 상태 선도를 그리는 절차를 보여주는 예.

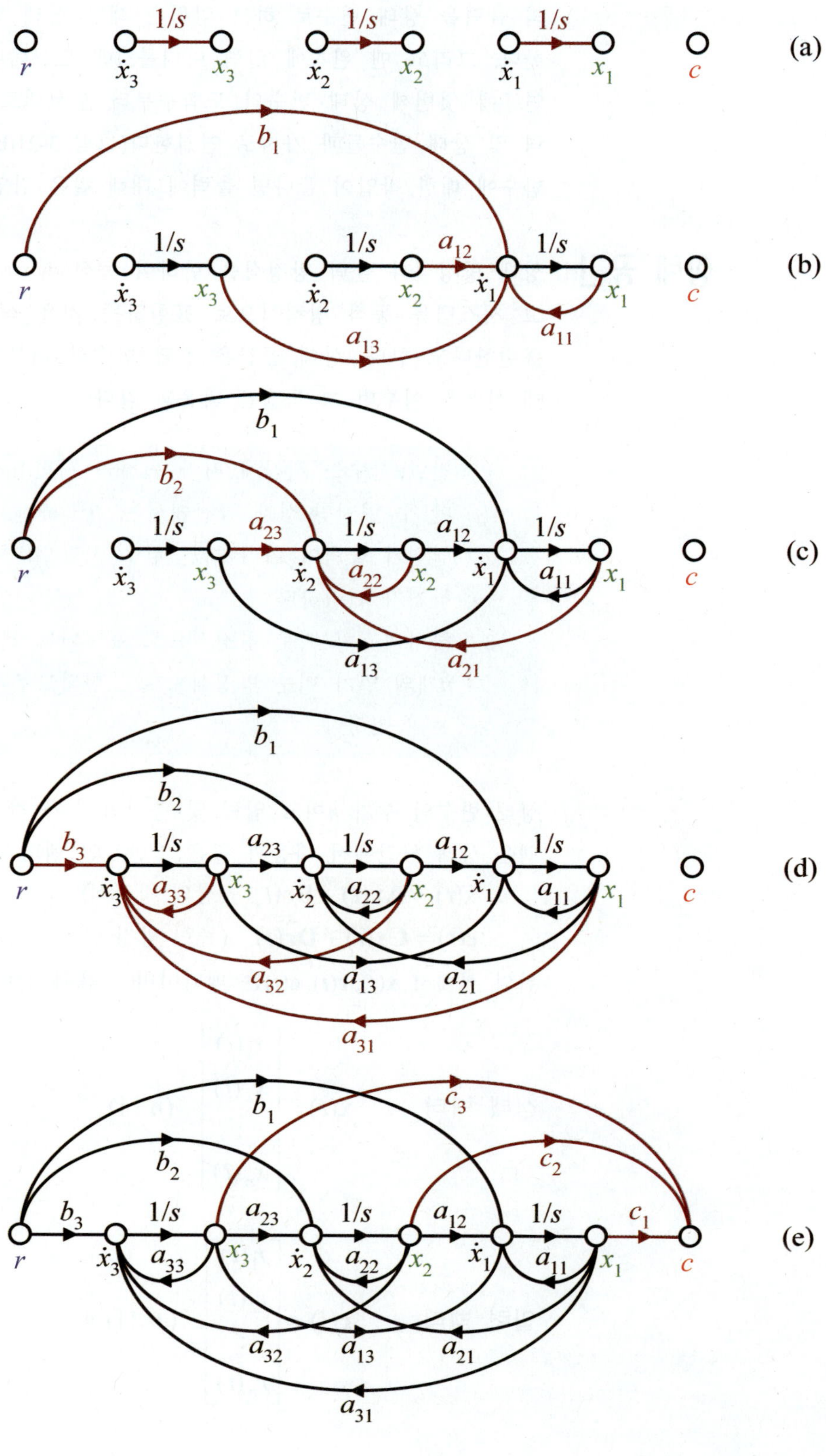

의 출력을 상태 변수로 하고 입력은 해당 상태 변수의 도함수 형태로 표기한다. 그리고 맨 왼쪽에 입력 마디를, 맨 오른쪽에 출력 마디를 둔다. 그런 연후에 첫번째 상태 변수의 도함수부터 순서대로 상태 방정식에 맞도록 입력 및 상태 변수들과 가지로 연결한다(그림 3-21(b), (c), (d)). 상태 변수의 도함수에 대한 작업이 끝나면 출력에 대해 같은 잡업을 반복한다(그림 3-21(e)).

상태 공간

상태 방정식과 출력 방정식을 합하여 동적(dynamic) 방정식이라 한다. 그리고 시스템을 동적 방정식으로 표현하는 것을 상태 공간(state space)에서 표현한다고 한다. 상태 공간은 전달 함수와 더불어 시스템을 표현하는데 양대 산맥을 이루며 그 특징은 다음과 같다:

1. 전달 함수는 시간에 따라 변하는 시변(time-varying) 시스템에는 적용할 수 없지만 상태 공간에서는 가능하다.
2. 입력과 출력이 여러 개인 경우 전달 함수보다는 상태 공간에서 표현하기가 편리하다.
3. 하나의 n차 미분 방정식으로 표현되는 전달 함수가 상태 공간에서는 n개의 일차 미분 방정식으로 표현되므로 컴퓨터를 이용한 해석에 매우 유리하다.

상태 변수의 수가 n이고 입력 및 출력의 수가 각각 p, q인 시불변 선형 시스템은 상태 공간에서 다음과 같은 일반적인 벡터-행렬 형태로 표현된다.

$$\begin{aligned}\dot{\mathbf{x}}(t) &= \mathbf{A}\mathbf{x}(t) + \mathbf{B}\mathbf{r}(t) \quad \text{(상태 방정식)} \\ \mathbf{c}(t) &= \mathbf{C}\mathbf{x}(t) + \mathbf{D}\mathbf{r}(t) \quad \text{(출력 방정식)}\end{aligned} \tag{3-14}$$

위의 식에서 $\mathbf{x}(t)$, $\mathbf{r}(t)$, $\mathbf{c}(t)$는 벡터이며 다음과 같이 정의된다.

상태 벡터: $$\mathbf{x}(t) = \begin{bmatrix} x_1(t) \\ x_2(t) \\ \vdots \\ x_n(t) \end{bmatrix} \quad (n \times 1) \tag{3-15}$$

입력 벡터: $$\mathbf{r}(t) = \begin{bmatrix} r_1(t) \\ r_2(t) \\ \vdots \\ r_p(t) \end{bmatrix} \quad (p \times 1) \tag{3-16}$$

출력 벡터: $$\mathbf{c}(t) = \begin{bmatrix} c_1(t) \\ c_2(t) \\ \vdots \\ c_q(t) \end{bmatrix} \quad (q \times 1) \tag{3-17}$$

계수 행렬: $\mathbf{A}, \mathbf{B}, \mathbf{C}, \mathbf{D}$는 행렬들이며 그 크기는 다음과 같다.

$$\mathbf{A} = n \times n, \quad \mathbf{B} = n \times p, \quad \mathbf{C} = q \times n, \quad \mathbf{D} = q \times p \tag{3-18}$$

특히 행렬 $\mathbf{A}$는 시스템의 특성에 결정적인 역할을 하므로 시스템 행렬이라 부른다(상태 공간에 대해서는 5장에서 보다 상세히 설명한다).

3.4 전달 함수에서 상태 공간으로

전달 함수를 상태 공간에서 표현하는 방법에는 여러 가지가 있다. 여기서는 가장 간단한 방법에 대해 설명하고 나머지에 대해서는 5장에서 자세히 설명한다. 미분되는 변수를 상태 변수로 정한다고 앞에서 언급한 바 있다. 따라서 주어진 전달 함수를 미분 방정식으로 표현한 다음 미분되는 변수를 찾아 상태 변수로 정한다.

■전달 함수의 분자가 상수인 경우 다음과 같이 영점이 없는 전달 함수를 상태 공간으로 옮기는데 대해 먼저 설명한다.

$$\frac{C(s)}{R(s)} = \frac{b_0}{s^n + a_{n-1}s^{n-1} + \cdots a_1 s + a_0} \tag{3-19}$$

위의 관계는 다음의 미분 방정식으로 표현된다.

$$\frac{d^n c(t)}{dt^n} + a_{n-1}\frac{d^{n-1}c(t)}{dt^{n-1}} + \cdots + a_1\frac{dc(t)}{dt} + a_0 c(t) = b_0 r(t) \tag{3-20}$$

여기서 미분되는 변수를 모두 찾아보자. 먼저 c가 미분되어 dc/dt가 되므로 c를 상태 변수로 한다. 다음으로 변수 dc/dt 역시 미분되어 d^2c/dt^2가 되므로 변수 dc/dt도 상태 변수가 된다. 이와 같이 반복하면 최종적으로 $d^{n-1}c/dt^{n-1}$가 미분되어 $d^n c(t)/dt^n$가 되므로 변수 $d^{n-1}c(t)/dt^{n-1}$도 상태 변수가 된다. 즉 c로부터 시작해서 도함수 $d^{n-1}c/dt^{n-1}$까지 모두 n개의 상태 변수가 생기므로 상태 변수 x_i는 다음과 같이 정한다.

$$\begin{cases} x_1 = c \\ x_2 = \dfrac{dc}{dt} \\ \vdots \\ x_n = \dfrac{d^{n-1}c}{dt^{n-1}} \end{cases} \tag{3-21}$$

위와 같이 도함수 위상에 따라 상태 변수를 정하면 하나의 상태 변수는 그 전 상태 변수의 미분과 같아지므로 특히 위상 변수라 한다. 즉

$$\begin{cases} \dot{x}_1 = x_2 \\ \dot{x}_2 = x_3 \\ \vdots \\ \dot{x}_{n-1} = x_n \end{cases} \tag{3-22a}$$

그리고 마지막 상태 변수 x_n의 도함수는 $d^n c/dt^n$이며 이는 식 (3-20)으로부터 다음과 같은 상태 방정식으로 표현됨을 알 수 있다.

$$\dot{x}_n = -a_0 x_1 - a_1 x_2 - \cdots - a_{n-1} x_n + b_0 r \tag{3-22b}$$

식 (3-22)를 종합하면 벡터-행렬 상태 방정식은 다음과 같다.

$$\begin{bmatrix} \dot{x}_1 \\ \dot{x}_2 \\ \dot{x}_3 \\ \vdots \\ \dot{x}_{n-1} \\ \dot{x}_n \end{bmatrix} = \begin{bmatrix} 0 & 1 & 0 & 0 & 0 & 0 & \cdots & 0 \\ 0 & 0 & 1 & 0 & 0 & 0 & \cdots & 0 \\ 0 & 0 & 0 & 1 & 0 & 0 & \cdots & 0 \\ \vdots & & & & & & & \vdots \\ 0 & 0 & 0 & 0 & 0 & 0 & \cdots & 1 \\ -a_0 & -a_1 & -a_2 & -a_3 & -a_4 & -a_5 & \cdots & -a_{n-1} \end{bmatrix} \begin{bmatrix} x_1 \\ x_2 \\ x_3 \\ \vdots \\ x_{n-1} \\ x_n \end{bmatrix} + \begin{bmatrix} 0 \\ 0 \\ 0 \\ \vdots \\ 0 \\ b_0 \end{bmatrix} r$$

(3-23a)

그리고 출력은 식 (3-21)로부터 $c=x_1$이므로 출력 방정식은 다음과 같다.

$$c = \begin{bmatrix} 1 & 0 & 0 & \cdots & 0 & 0 \end{bmatrix} \begin{bmatrix} x_1 \\ x_2 \\ x_3 \\ \vdots \\ x_{n-1} \\ x_n \end{bmatrix} \tag{3-23b}$$

식 (3-23a)와 같은 형태의 상태 방정식을 위상-변수 표준형이라 한다. 시스템 행렬은 마지막 행을 제외한 모든 행에서는 대각선 바로 위의 요소는 모두 1이고 그 외는 0이다. 그리고 마지막 행은 전달 함수의 계수를 부호를 반대로 하여 역순으로 나열한 것과 같다. 식 (3-23)의 위상-변수 형에 대한 상태 선도는 그림 3-22와 같다.

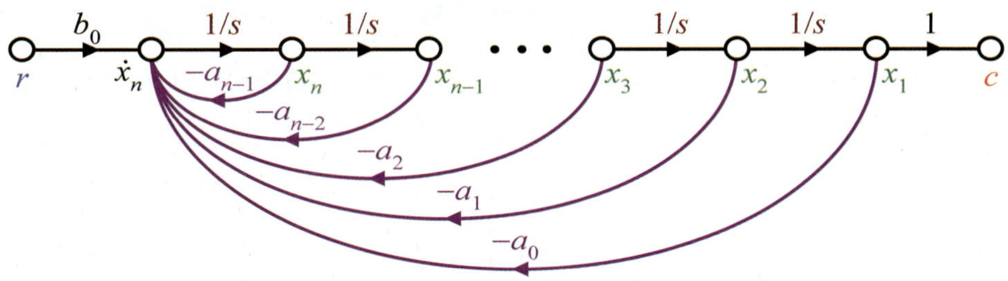

그림 3-22 식 (3-18)의 상태 선도 (위상-변수 형).

■전달 함수의 분자가 다항식일 경우 전달 함수의 분자가 다항식일 경우는 분모의 차수보다 낮은게 일반적이므로 다음과 같이 표현한다.

$$\frac{C(s)}{R(s)} = \frac{b_{n-1}s^{n-1} + \cdots b_1 s + b_0}{s^n + a_{n-1}s^{n-1} + \cdots a_1 s + a_0} \tag{3-24}$$

위의 전달 함수는 매개 변수 $w(t)$, 즉 $W(s)$를 이용하면

$$\frac{C(s)}{R(s)} = \frac{(b_{n-1}s^{n-1} + \cdots b_1 s + b_0)W(s)}{(s^n + a_{n-1}s^{n-1} + \cdots a_1 s + a_0)W(s)} \tag{3-25}$$

로 표현할 수 있으며 그림 3-23이 이를 보여준다. 따라서

$$\frac{W(s)}{R(s)} = \frac{1}{s^n + a_{n-1}s^{n-1} + \cdots a_1 s + a_0} \tag{3-26a}$$

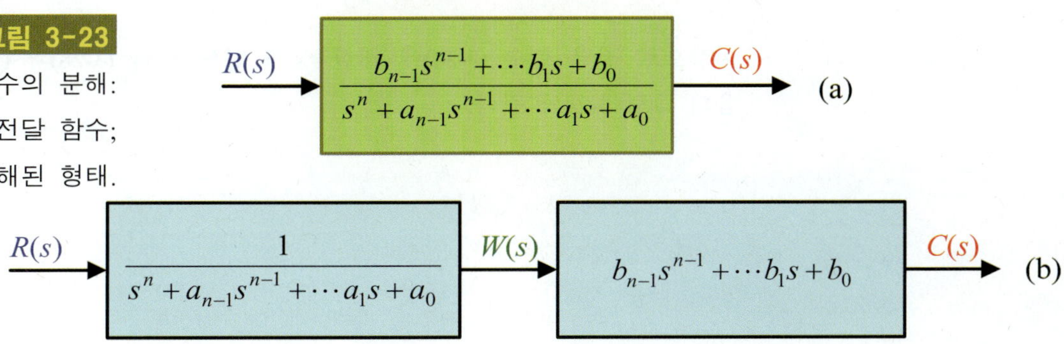

그림 3-23 전달 함수의 분해: (a) 주어진 전달 함수; (b) 분해된 형태.

및

$$\frac{C(s)}{W(s)} = b_{n-1}s^{n-1} + \cdots b_1 s + b_0 \quad \textbf{(3-26b)}$$

그 결과 식 (3-26a)는 식 (3-19)에서 $b_0=1$인 경우에 해당하므로 위상-변수 형에서와 같이 상태 변수를 다음과 같이 정한다.

$$x_1 = w, \quad x_2 = \frac{dw}{dt}, \quad \cdots, x_n = \frac{d^{n-1}w}{dt^{n-1}} \quad \textbf{(3-27)}$$

따라서 상태 방정식은 식 (3-23a)에서 $b_0=1$로 한 것과 같으므로 다음과 같이 간단히 구할 수 있다.

$$\begin{bmatrix} \dot{x}_1 \\ \dot{x}_2 \\ \vdots \\ \dot{x}_{n-1} \\ \dot{x}_n \end{bmatrix} = \begin{bmatrix} 0 & 1 & 0 & 0 & 0 & \cdots & 0 \\ 0 & 0 & 1 & 0 & 0 & \cdots & 0 \\ \vdots & & & & & \vdots & \\ 0 & 0 & 0 & 0 & 0 & \cdots & 1 \\ -a_0 & -a_1 & -a_2 & -a_3 & -a_4 & \cdots & -a_{n-1} \end{bmatrix} \begin{bmatrix} x_1 \\ x_2 \\ \vdots \\ x_{n-1} \\ x_n \end{bmatrix} + \begin{bmatrix} 0 \\ 0 \\ \vdots \\ 0 \\ 1 \end{bmatrix} r$$

(3-28)

그리고 출력은 식 (3-26b)로부터

$$c = b_{n-1}\frac{d^{n-1}w}{dt^{n-1}} + \cdots + b_1\frac{dw}{dt} + b_0 w \quad \textbf{(3-29)}$$

이므로 식 (3-27)의 상태 변수로 나타내면

$$c(t) = b_{n-1}x_n + \cdots + b_1 x_2 + b_0 x_1 \quad \textbf{(3-30)}$$

따라서 출력 방정식은 다음과 같이 간단히 구할 수 있다.

$$c = [b_0 \quad b_1 \quad \cdots \quad b_{n-1}] \begin{bmatrix} x_1 \\ x_2 \\ \vdots \\ x_n \end{bmatrix} \quad \textbf{(3-31)}$$

이상으로 전달 함수 (3-24)에 대한 상태 선도는 식 (3-28)과 (3-31)로부터 다음의 그림 3-24와 같다.

그림 3-24

식 (3-23)의 상태 선도.

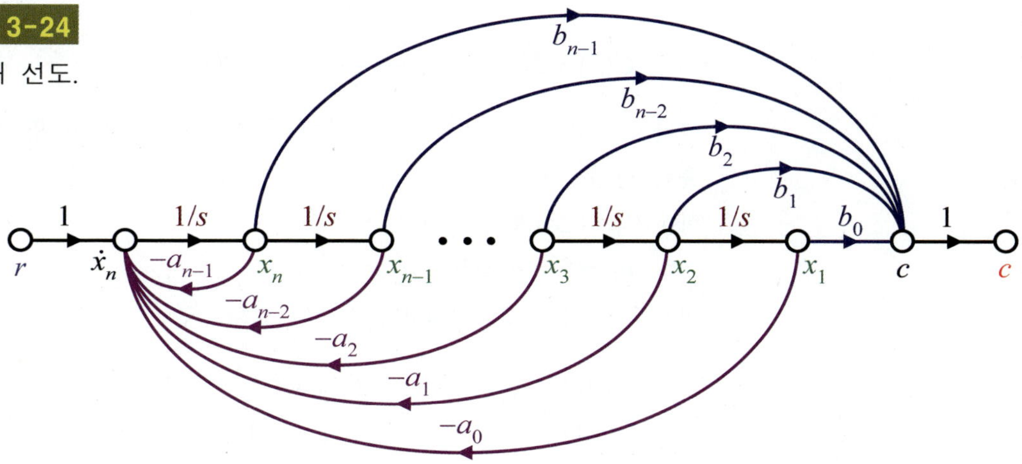

예제 3-5

다음의 각 전달 함수에 대한 상태 및 출력 방정식을 구하라.

(a) $\dfrac{C(s)}{R(s)}=\dfrac{s^2+2s+3}{s^3+6s^2+11s+6}$ (b) $\dfrac{C(s)}{R(s)}=\dfrac{2s^3+11s^2+20s+11}{s^3+5s^2+9s+5}$

풀이>> (a) 식 (3-23)과 비교하면

$$a_0=6,\quad a_1=11,\quad a_2=6,$$
$$b_0=3,\quad b_1=2,\quad b_2=1$$

따라서 상태 및 출력 방정식은 다음과 같다.

$$\begin{bmatrix}\dot{x}_1(t)\\ \dot{x}_2(t)\\ \dot{x}_3(t)\end{bmatrix}=\begin{bmatrix}0 & 1 & 0\\ 0 & 0 & 1\\ -6 & -11 & -6\end{bmatrix}\begin{bmatrix}x_1(t)\\ x_2(t)\\ x_3(t)\end{bmatrix}+\begin{bmatrix}0\\ 0\\ 1\end{bmatrix}r(t)$$

$$c(t)=[3\quad 2\quad 1]\begin{bmatrix}x_1(t)\\ x_2(t)\\ x_3(t)\end{bmatrix}$$

(b) 분자의 차수가 분모와 같다. 따라서 식 (3-23)의 형태로 표현하기 위해 분자를 분모로 나누면 몫과 나머지는 다음과 같다.

$$\frac{2s^3+11s^2+20s+11}{s^3+5s^2+9s+5}=2+\frac{s^2+2s+1}{s^3+5s^2+9s+5}$$

이로부터 입력과 출력의 관계는 다음과 같다.

$$C(s) = 2R(s) + \frac{s^2 + 2s + 1}{s^3 + 5s^2 + 9s + 5} R(s) \qquad \textbf{(3-32)}$$

따라서 위의 식 우변 두번째 항에 대한 상태 및 출력 방정식을 구한 다음 출력 방정식에 우변 첫번째 항의 성분만 더해주면 된다. 먼저 우변 두번째 항은 식 (3-24)의 형태이며

$$a_0 = 5, \quad a_1 = 9, \quad a_2 = 5$$

이므로 상태 방정식은 (a)의 경우와 같다. 즉

$$\begin{bmatrix} \dot{x}_1(t) \\ \dot{x}_2(t) \\ \dot{x}_3(t) \end{bmatrix} = \begin{bmatrix} 0 & 1 & 0 \\ 0 & 0 & 1 \\ -5 & -9 & -5 \end{bmatrix} \begin{bmatrix} x_1(t) \\ x_2(t) \\ x_3(t) \end{bmatrix} + \begin{bmatrix} 0 \\ 0 \\ 1 \end{bmatrix} r(t)$$

다음으로

$$b_0 = 1, \quad b_1 = 2, \quad b_2 = 1$$

에 대한 출력 방정식에 식 (3-32)의 우변 첫번째 항만 더해주면 구하고자 하는 출력 방정식은 다음과 같다.

$$c(t) = [1 \quad 2 \quad 1] \begin{bmatrix} x_1(t) \\ x_2(t) \\ x_3(t) \end{bmatrix} + 2r(t)$$

즉 출력 방정식에 입력이 포함되면 전달 함수는 분모와 분자의 차수가 같다는 것을 의미한다.

3.5 매트랩 프로그램

이 장에서 배울 매트랩 함수들은 다음과 같다: series, parallel, feedback, ss.

series, parallel, feedback

series(G1, G2): 전달 함수 G1과 G2의 직렬 결합, 즉 G1*G2를 구한다.

parallel(G1, G2): 전달 함수 G1과 G2의 병렬 결합, 즉 G1+G2를 구한다.

feedback(G, H, −1): 전달 함수 G를 개루프 전달 함수로, H를 궤환 전달 함수로 하여 궤환 결합한 결과이다. 그리고 -1은 부궤환을, +1은 정궤환을 수행하며 없으면 부궤환으로 간주한다. 즉 feedback(G, H)는 G/(G+H)와 같고

feedback(G, H, +1)은 G/(G−H)와 같다.

매트랩 3-1

```
% series(), parallel(); feedback();

>> G1=tf([7 9 12],[1 6 11 6]);
                                    % G1(s)=(7s^2+9s+12)/(1s^3+6s^2+11s+6)
>> G2=tf([1 4],[1 11 30]);   % G2(s)=(1s+4)/(1s^2+11s+30)
>> Gs=series(G1,G2);         % Gs(s)=G1(s)×G2(s)
>> Gp=parallel(G1,G2);       % Gp(s)=G1(s)+G2(s)
>> Gf=feedback(G1,G2);       % Gf(s)=G1(s)/[1+G1(s)G2(s)]
>>
>> Gs

Transfer function:
          7s^3+37s^2+48s+48
---------------------------------------------------
s^5+17s^4+107s^3+307s^2+396s+180

>> Gp

Transfer function:
  8s^4+96s^3+356s^2+452s+384
---------------------------------------------------
s^5+17s^4+107s^3+307s^2+396s+180

>> Gf

Transfer function:
  7s^4+86s^3+321s^2+402s+360
---------------------------------------------------
s^5+17s^4+114s^3+344s^2+444s+228
```

다음의 그림 3-25에서 $G(s)=C(s)/R(s)$를 구하는 프로그램은 매트랩 3-2이다.

그림 3-25

매트랩 3-2의 그림.

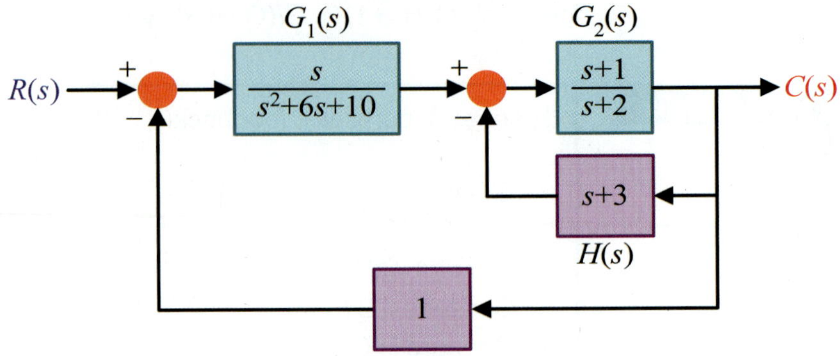

매트랩 3-2

```
% 그림 3-25의 G(s)=C(s)/R(s)를 구하는 프로그램

>> G1=tf([1 0], [1 6 10]);     % G1(s)=(1s+0)/(1s^2+6s+10)
>> G2=tf([1 1], [1 2]);         % G2(s)=(1s+1)/(1s+2)
>> H=tf([1 3], [1]);            % H(s)=1s+3
>> G=feedback(series(G1, feedback(G2, H)), 1)

Transfer function:
        s^2+11s+10
------------------------------------
s^4+11s^3+46s^2+91s+60
```

ss, tf S=ss(A,B,C,D): 행렬 A,B,C,D로 표현되는 상태 공간 S를 만든다.
S=ss(G): 전달 함수 G를 상태 공간 S로 변환시켜 준다.
G=tf(S): 상태 공간 S를 전달 함수 G(다항식 형태)로 변환시켜 준다.
G=zpk(S): 상태 공간 S를 전달 함수 G(인수 형태)로 변환시켜 준다.

다음의 매트랩 3-3은 다음의 전달 함수

$$G(s)=\frac{7s^2+9s+12}{s^3+6s^2+11s+6}$$

를 상태 공간으로 옮긴 다음 다시 전달 함수로 변환하는 프로그램이다.

매트랩 3-3

```
% 그림 3-25의 G(s)=(7s^2+9s+12)/(s^3+6s^2+11s+6)을 상태 공간으로
% 변환시키고 다시 전달 함수로 환원하는 프로그램

>> G=tf([7 9 12],[1 6 11 6])    % G(s)=(7s^2+9s+12)/(1s^3+6s^2+11s+6)

Transfer function:
  7s^2+9s+12
----------------------
s^3+6s^2+11s+6

>> S=ss(G)        % 전달 함수 G(s)를 상태 공간 S로
a=
          x1      x2       x3
  x1      -6  -1.375   -0.375
  x2       8       0        0
  x3       0       2        0
b=
          u1
  x1       4
  x2       0
  x3       0
c=
           x1        x2        x3
  y1     1.75    0.2813    0.1875
d=
          u1
  y1       0

>> G=tf(S)       % 상태 공간 S를 전달 함수 G(s)로(다항식 형태)

Transfer function:
  7s^2+9s+12
----------------------
s^3+6s^2+11s+6

>> G=zpk(S)      % 상태 공간 S를 전달 함수 G(s)로(인수 형태)

Transfer function:
7(s^2+1.286s+1.714)
---------------------------
  (s+3)(s+2)(s+1)
```

zero, pole, minreal

zero(G): 전달 함수 G의 영점을 구해준다.

pole(G): 전달 함수 G의 극점을 구해준다.

minreal(G): 전달 함수 G의 분자와 분모 중 서로 같은 항을 상쇄시킨다. 만일 허용치를 정하고 싶으면 minreal(G, tol)로 하며 'tol'이 없으면 알아서 처리한다.

매트랩 3-4

```
% 전달 함수 G(s)=(s+3)/[(s+1)(s+2)(s+3)]

>> G=tf(conv(conv([1 1],[1 2]),[1 3]),[1 3]);    % 전달 함수 G(s)
>> z=zero(G);                                     % G(s)의 영점
>> p=pole(G);                                     % G(s)의 극점
>> Gm=minreal(G);                                 % G(s)의 영점과 극점 상쇄
>> zm=zero(Gm);                                   % Gm(s)의 영점
>> pm=pole(Gm);                                   % Gm(s)의 극점
```

이상의 프로그램을 실행한 결과는 다음과 같다.

```
>> G
Transfer function:
        s+3
-------------------------
s^3+6s^2+11s+6

>> z=
      -3.0000

>> p=
      -3.0000
      -2.0000
      -1.0000
>> Gm

Transfer function:
       1
--------------
 s^2+3s+2
```

```
>> zm=
      Empty matrix: 0-by-1

>> pm=
      -2.0000
      -1.0000
```

연습 문제

3.1 그림 P3-1에서 전달 함수 $C(s)/R(s)$를 구하라.

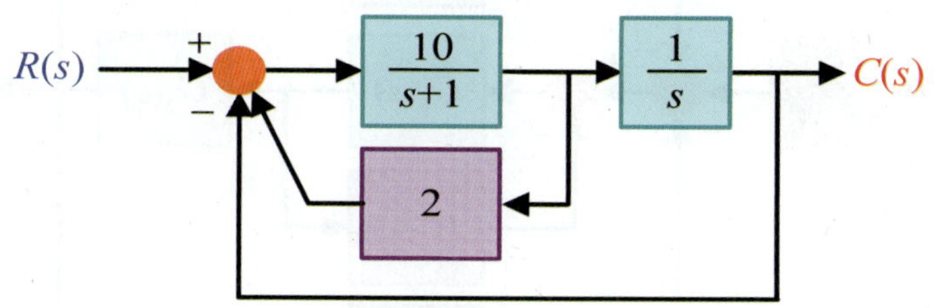

3.2 그림 P3-2에서 전달 함수 $C(s)/R(s)$를 구하라.

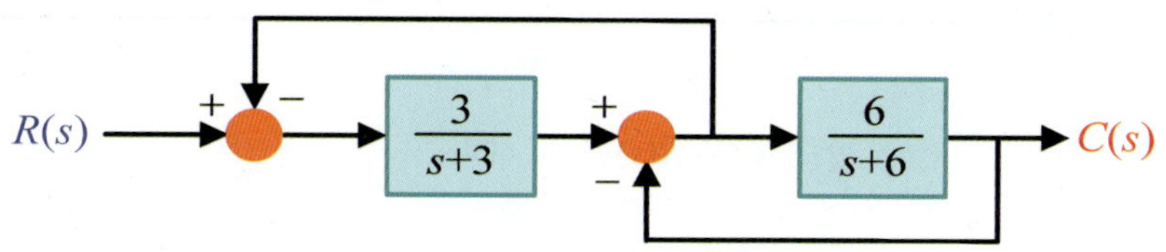

3.3 그림 P3-3에서 전달 함수 $C(s)/R(s)$를 구하라.

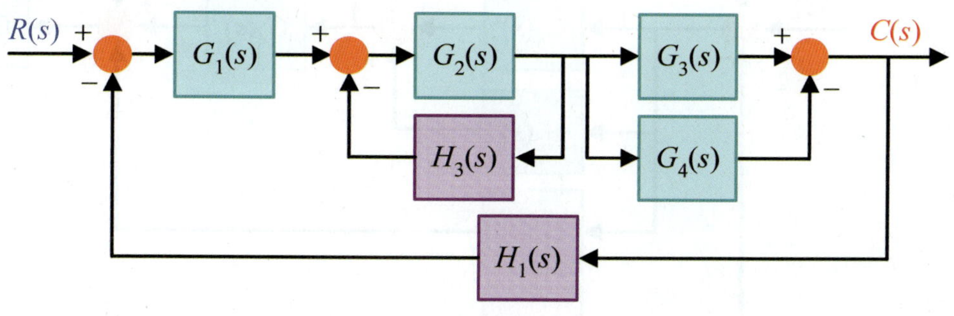

3.4 그림 P3-4에서 전달 함수 $C(s)/R(s)$를 구하라.

그림 P3-4

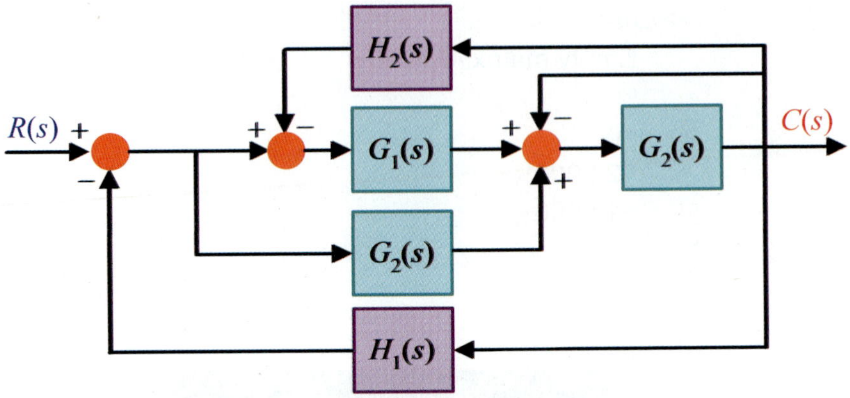

3.5 그림 P3-5에서 전달 함수 $C(s)/R(s)$를 구하라.

그림 P3-5

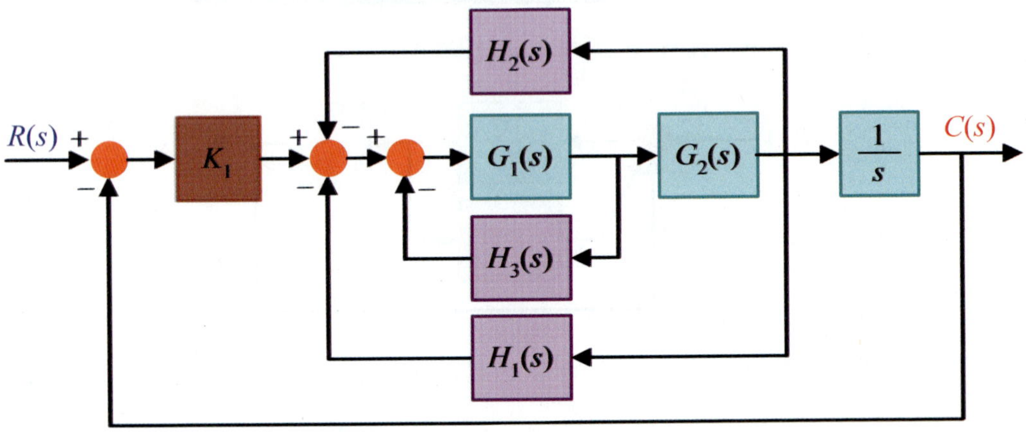

3.6 그림 P3-6에서 전달 함수 $C(s)/R(s)$를 구하라.

그림 P3-6

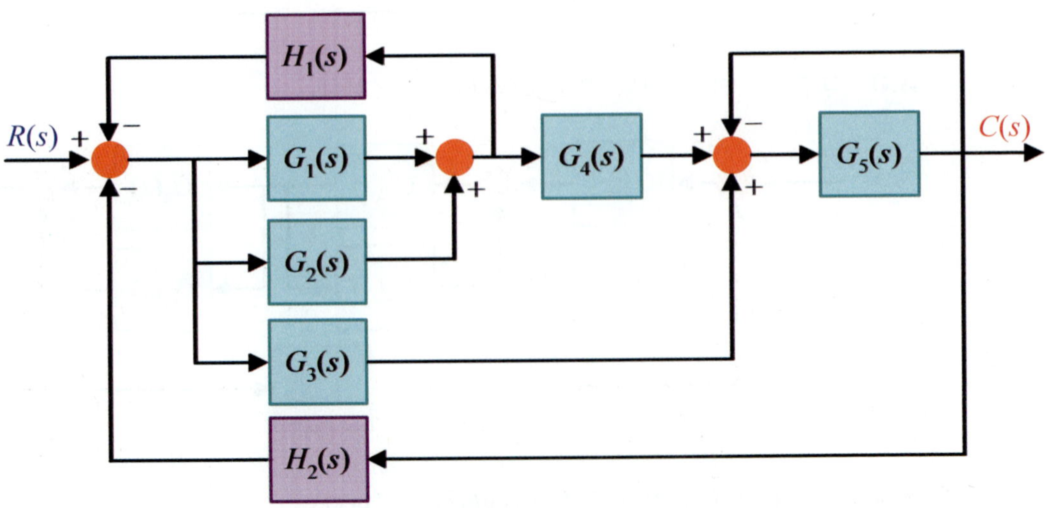

3.7 그림 P3-7에서 전달 함수 $C(s)/R(s)$를 구하라.

그림 P3-7

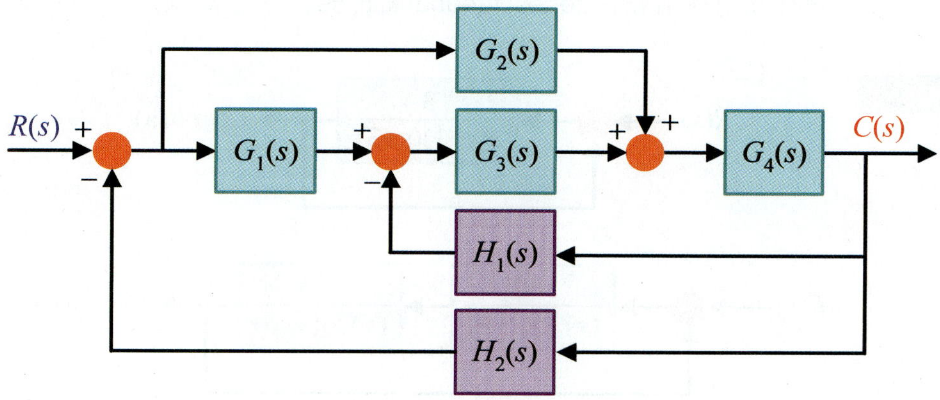

3.8 그림 P3-8에서 이득 공식을 이용하여 전달 함수 $C(s)/R(s)$를 구하라.

그림 P3-8

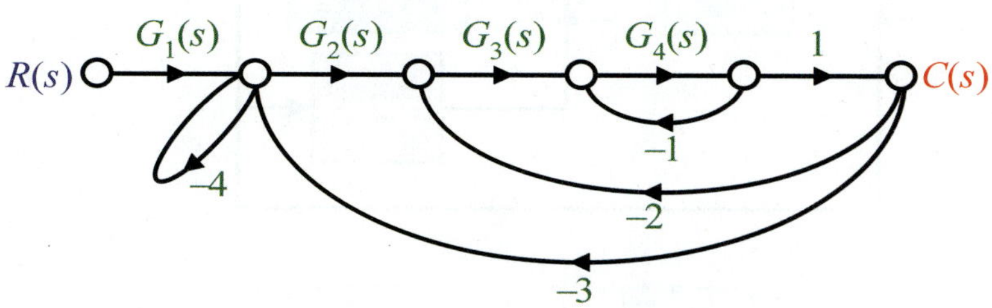

3.9 그림 P3-9에서 이득 공식을 이용하여 전달 함수 $C(s)/R(s)$를 구하라.

그림 P3-9

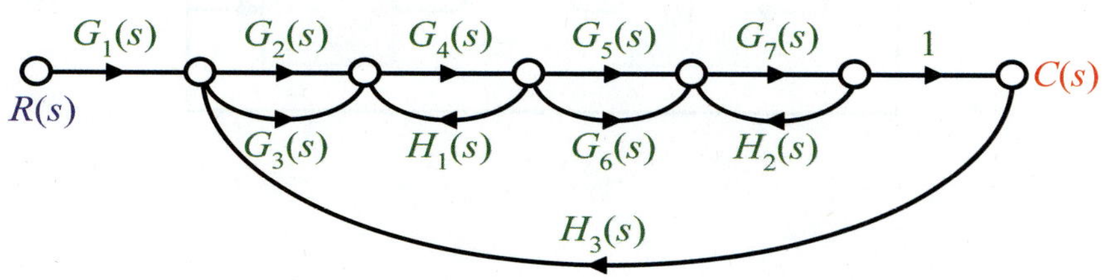

3.10 다음의 각 전달 함수에 대한 상태 선도를 그리고 상태 공간에서 표현하라.

(a) $G(s) = \dfrac{5}{s(s+2)(s+3)}$

(b) $\dfrac{7s^2}{s^3+3s^2+3s+1}$

(c) $\dfrac{2s^3+2s+6}{s^3+6s^2+9s+14}$

(d) $\dfrac{2s+9}{s^4+6s^3+30s^2+48s+40}$

(e) $\dfrac{s^2+2s+4}{s^4+10s^3+32s^2+58s+60}$

(f) $\dfrac{s^3+3s^2+9s+4}{s^4+2s^3+5s^2+6s+3}$

M3.1 다음의 그림 M3-1에서 각 경우에 대한 전달 함수 $C(s)/R(s)$를 구하고 이를 상태 공간에서 표현하라(함수 series, feedback, tf, ss를 이용할 것).

그림 M3-1

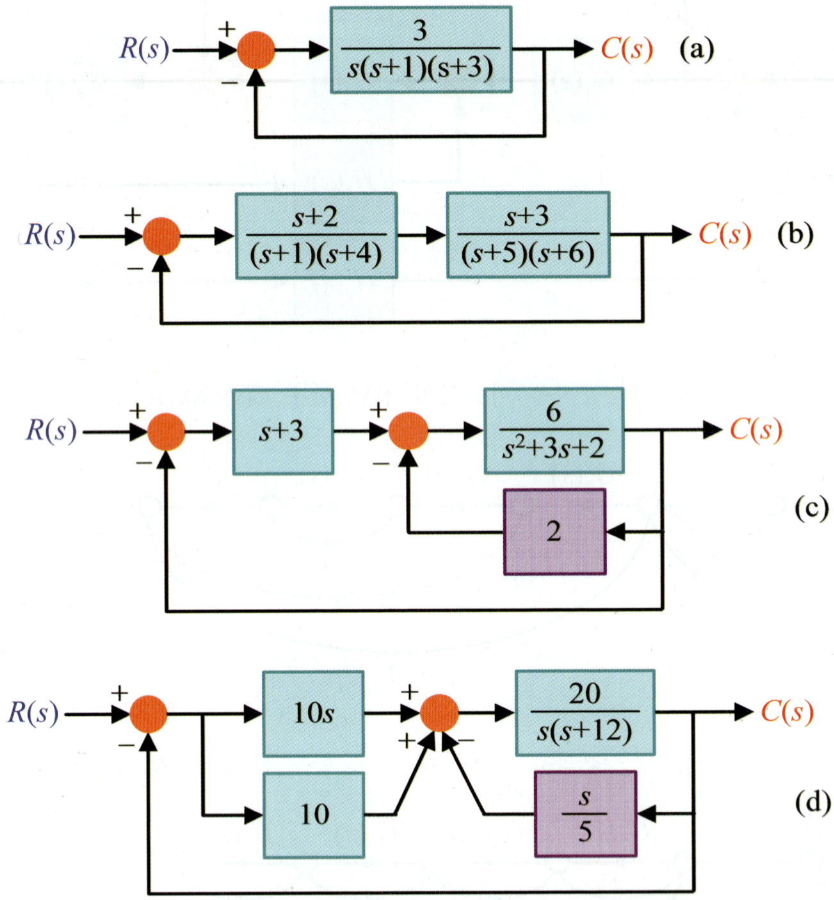

4

물리계의 모델링

4.1 전기계

전기계의 발전은 놀라울 정도이며 제어에 필수적이다. 특히 디지털 컴퓨터의 괄목할만한 발전으로 제어에서 전기계의 중요성을 더욱 강조되고 있다. 전기계는 아날로그와 디지털 형태로 대별되며 아날로그 소자에는 수동 소자와 능동 소자로 나누어진다.

수동 소자

수동 소자는 외부로부터 별도의 전력을 공급할 필요가 없으므로 시스템 구성에 유리하며 여기에는 인덕터(L), 커패시터(C) 및 저항(R)의 세 종류가 있다. 이 세 종류의 수동 소자를 결합하면 극점과 영점이 0이 아닌 다양한 전달 함수를 구현할 수 있다. 그러나 0의 극점이나 영점은 수동 소자만으로는 구현할 수 없으며 따로 능동 소자를 이용하여야 한다.

■인덕터 그림 4-1(a)의 인덕터는 전류 $i_L(t)$와 전압 $e_L(t)$의 관계가

$$e_L(t) = L\frac{di_L(t)}{dt} \quad \text{또는} \quad i_L(t) = \frac{1}{L}\int_{-\infty}^{t} e_L(\tau)d\tau \tag{4-1}$$

이다. 그리고 $i_L(t)$의 초기 조건을 $i_L(0)=I_O$라 하면 s-영역상에서의 관계는

$$E_L(s) = sLI_L(s) - Li_L(0) = sLI_L(s) - LI_O \tag{4-2}$$

따라서 s-영역상에서의 인덕터 등가회로는 그림 4-1(b)와 같으며 전원 변환을 이용하면 그림 (c)로도 표현된다. 그리고 초기 조건이 $I_O=0$인 경우 임피던스 $Z_L(s)$는 다음과 같이 정의된다.

$$Z_L(s) = \frac{E_L(s)}{I_L(s)} = sL \tag{4-3}$$

그리고 식 (4-1)에서와 같이 전류 $i_L(t)$이 미분되는 변수이므로 상태 변수로 정해진다.

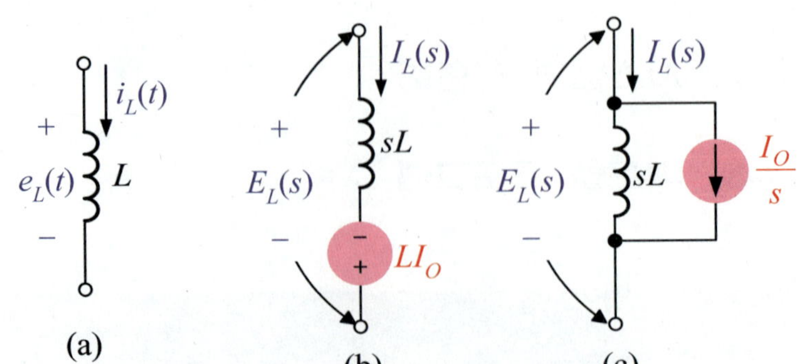

그림 4-1 인덕터와 s-영역 등가회로.

■**커페시터** 그림 4-2(a)의 커페시터는 전압 $e_C(t)$와 전류 $i_C(t)$의 관계가

$$i_C(t) = C\frac{de_C(t)}{dt} \quad \text{또는} \quad e_C(t) = \frac{1}{C}\int_{\infty}^{t} i_C(\tau)d\tau \tag{4-4}$$

이다. 그리고 $e_C(t)$의 초기 조건을 $e_C(0)=E_O$라 하면 s-영역상에서의 관계는

$$I_C(s) = sCE_C(s) - Ce_C(0) = sCE_C(s) - CE_O \tag{4-5}$$

따라서 s-영역상에서의 인덕터 등가회로는 그림 4-2(b)와 같으며 전원 변환을 이용하면 그림 (c)로도 표현된다. 그리고 초기 조건이 $E_O=0$인 경우 임피던스 $Z_C(s)$는 다음과 같이 정의된다.

$$Z_C(s) = \frac{E_C(s)}{I_C(s)} = \frac{1}{sC} \tag{4-6}$$

그리고 식 (4-4)에서와 같이 전압 $e_C(t)$가 미분되는 변수이므로 상태 변수로 정해진다.

그림 4-2 커페시터와 s-영역 등가회로.

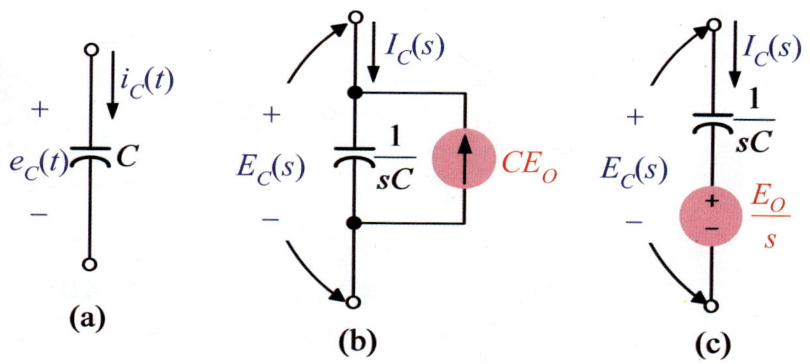

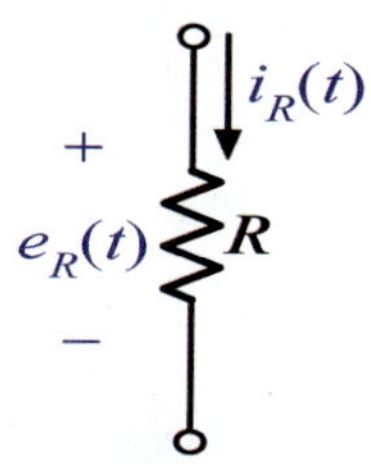

그림 4-3 저항.

■**저항** 그림 4-3의 저항은 전압 $e_R(t)$와 전류 $i_R(t)$의 관계가

$$\frac{e_R(t)}{i_R(t)} = R \quad \text{및} \quad \frac{E_R(s)}{I_R(s)} = R \tag{4-7}$$

로 단순 비례 관계이다.

능동 소자

능동 소자에는 전기 에너지를 공급하는 전압원과 전류원이 있으며 기호는 각각 그림 4.4의 (a), (b)와 같다. 그리고 트랜지스터나 연산 증폭기 등과 같은 증폭 기능이 있는 능동 소자들은 그림 (c), (d)와 같이 종속 전압원, 종속 전류원으로 표현한다. 능동 소자의 대표적인 것으로 그림 4.5(a)의 트랜지스터와 그림 (b)의 연산 증폭기가 있다. 그림 4-5(a)는 트랜지스터의 기호와 등가회로이며 입력 전류 i_b가 β배로 증폭되어 전류 i_c로 나타나므로 전류 증폭기

그림 4-4

전원 및 종속 전원.

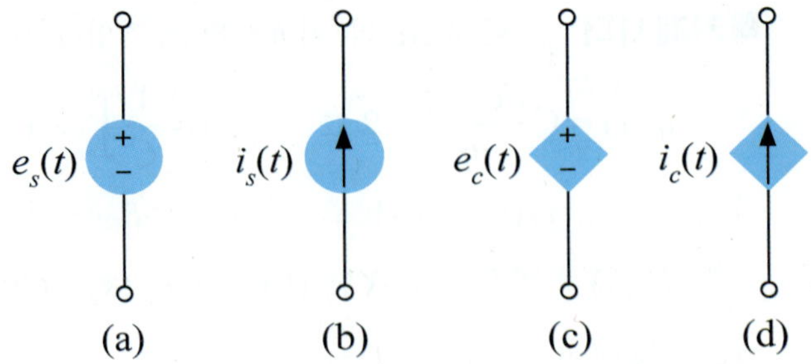

그림 4-5

능동 소자의 모델링:
(a) 트래지스터;
(b) 연산 증폭기.

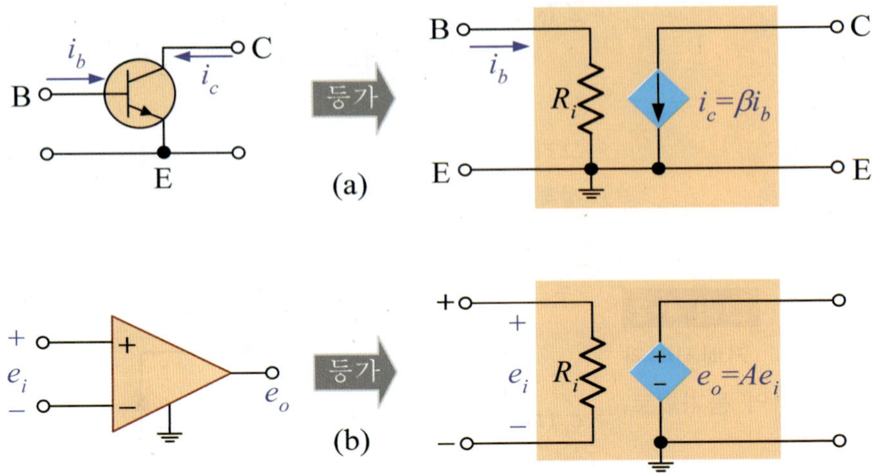

가 된다. 그리고 그림 4-5(b)는 매우 광범위하게 사용되는 범용 IC인 연산 증폭기기 기호와 등가 회로이다. 연산 증폭기는 사용자가 내부를 몰라도 사용하기 편리하게 만든 암상자(black box)이며 입력의 전압을 증폭하는 전압 증폭기이다. 특히 연산 증폭기를 이용하여 0인 극점과 영점을 만들 수 있으며 그 대표적인 것이 그림 4-6(a)의 미분기와 (b)의 적분기이다.

그림 4-6

미분기(a)와 적분기(b).

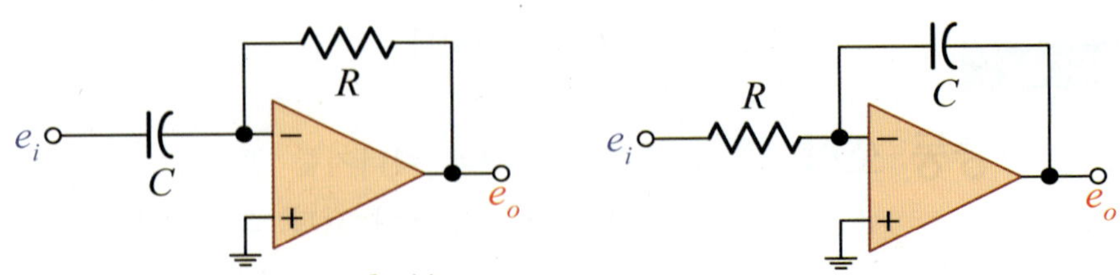

$$e_o(t) = -RC\frac{de_i(t)}{dt}$$

(a)

$$e_o(t) = -\frac{1}{RC}\int_{-\infty}^{t} e_i(\tau)d\tau$$

(b)

폐로 해석법

전기 회로를 지배하는 기본 법칙이 키르히호프의 법칙이며 여기에는 키르히호프 전압법칙(KVL)과 키르히호프 전류법칙(KCL)이 있다. KVL은 임의의 폐로를 일주하면서 만나는 전압의 대수적 합은 항상 0이라는 것이며

$$\Sigma(\text{폐로 내의 전압의 대수적 총합})=0 \quad (\text{KVL})$$

이다. 그리고 KCL은 임의의 마디에 유입되는 전류의 대수적 합이 항상 0이라는 것이며

$$\Sigma(\text{마디에 유입되는 전류의 대수적 총합})=0 \quad (\text{KCL})$$

이다. 이 두 법칙이 전기 회로를 지배하는 법칙의 전부이지만 상황에 따라 이 들을 좀 더 쉽게 적용할 수 있도록 다음과 같은 다양한 회로 해석법이 있다: 전원 변환, 테브닌 등가회로, 폐로 해석법, 마디 해석법. 이들에 대한 구체적인 설명은 생략하기로 하고 여기서는 이 책을 통해 주로 사용되는 폐로 해석법에 대해서만 설명한다. 폐로 해석법은 KVL를 적용하는 한 방법으로, 임의의 폐로를 일주하면서 만나는 모든 임피던스의 합을 해당 폐로의 자기 임피던스라 하며 서로 다른 두 폐로가 공유하는 임피던스의 부호를 반대로 한 것을 상호 임피던스라 한다. 그림 4-7의 회로를 예로 들어 회로 방정식을 작성하는 과정을 설명하면 다음과 같다(인덕터와 커페시터들의 초기 조건은 모두 0으로 한다):

1. 각 폐로에 폐로 전류를 부가하며 전류 $i_1(t), i_2(t), i_3(t)$가 이를 나타낸다.

2. 회로를 그림 4-7(b)와 같이 s-영역으로 옮긴 다음 각 수동 소자들의 임피던스를 표시한다.

3. 폐로 i를 일주하면서 만나는 모든 임피던스들의 합인 자기 임피던스를 구하여 이를 $Z_{ii}(s)$ 등으로 표현한다. 즉 그림 4-7(b)로부터

그림 4-7

폐로 해석을 위한 회로 예: (a) 시간상; (b) s-영역상.

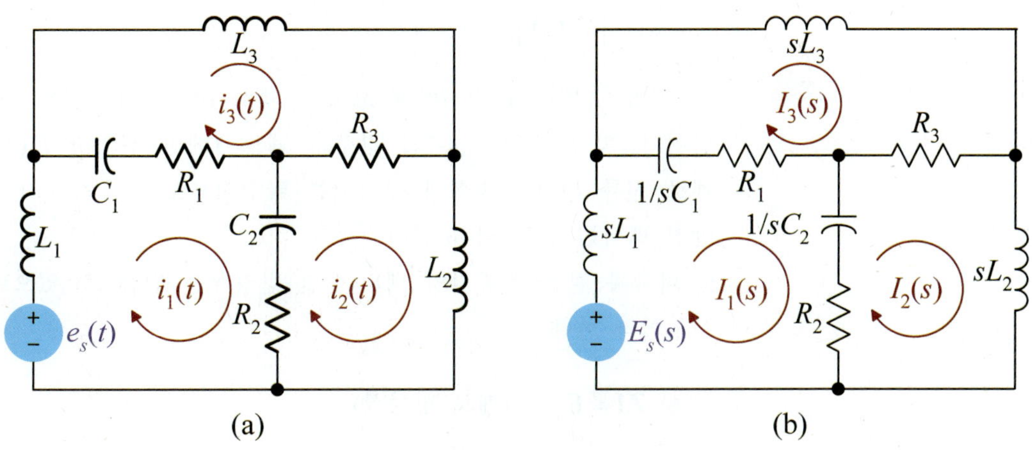

$$Z_{11}(s) = sL_1 + R_1 + R_2 + \frac{1}{sC_1} + \frac{1}{sC_2} = \frac{s^2 L_1 C_1 C_2 + s(R_1 + R_2)C_1 C_2 + C_1 + C_2}{sC_1 C_2} \quad \textbf{(4-8a)}$$

$$Z_{22}(s) = sL_2 + R_2 + R_3 + \frac{1}{sC_2} = \frac{s^2 L_1 C_2 + s(R_2 + R_3)C_2 + 1}{sC_2} \quad \textbf{(4-8b)}$$

$$Z_{33}(s) = sL_3 + R_1 + R_3 + \frac{1}{sC_1} = \frac{s^2 L_1 C_1 + s(R_1 + R_3)C_1 + 1}{sC_1} \quad \textbf{(4-8c)}$$

다음으로 폐로 i와 j가 공유하는 임피던스들의 합을 구하여 부호를 반대로 한 상호 임피던스를 $Z_{ij}(s)$ 등으로 표현한다. 즉 그림 4-7(b)로부터

$$Z_{12}(s) = Z_{21}(s) = -R_2 - \frac{1}{sC_2} = -\frac{sR_2 C_2 + 1}{sC_2} \quad \textbf{(4-9a)}$$

$$Z_{13}(s) = Z_{31}(s) = -R_1 - \frac{1}{sC_1} = -\frac{sR_1 C_1 + 1}{sC_1} \quad \textbf{(4-9b)}$$

$$Z_{23}(s) = Z_{32}(s) = -R_3 \quad \textbf{(4-9c)}$$

자기 및 상호 임피던스들로부터 다음과 같은 임피던스 행렬 **Z**를 만든다.

$$\mathbf{Z} = \begin{bmatrix} Z_{11}(s) & Z_{12}(s) & Z_{13}(s) \\ Z_{21}(s) & Z_{22}(s) & Z_{23}(s) \\ Z_{31}(s) & Z_{32}(s) & Z_{33}(s) \end{bmatrix} \quad \textbf{(4-10)}$$

4. 다음과 같이 폐로 전류벡터 **I** 및 전압원 벡터 $\mathbf{E}_s$를 만든다.

$$\mathbf{I} = \begin{bmatrix} I_1(s) \\ I_2(s) \\ I_3(s) \end{bmatrix}, \quad \mathbf{E}_s = \begin{bmatrix} E_s(s) \\ 0 \\ 0 \end{bmatrix} \quad \textbf{(4-11)}$$

단 전압원 벡터 $\mathbf{E}_s$의 i번째 요소는 폐로 i에 들어 있는 전압원의 대수적인 합이다. 따라서 그림 4-7의 경우는 폐로 1에만 전압원 $E_s(s)$가 있으며 이는 폐로 전류 $I_1(s)$의 방향과 부합되는 극성이므로 부호는 +가 된다. 따라서 전압원 벡터는 위의 식과 같다.

5. 다음과 같은 최종적인 벡터-행렬 방정식을 얻을 수 있으며 이를 폐로 방정식이라 한다.

$$\mathbf{ZI} = \mathbf{E}_s \quad \text{(폐로 방정식)} \quad \textbf{(4-12a)}$$

즉

$$\begin{bmatrix} Z_{11}(s) & Z_{12}(s) & Z_{13}(s) \\ Z_{21}(s) & Z_{22}(s) & Z_{23}(s) \\ Z_{31}(s) & Z_{32}(s) & Z_{33}(s) \end{bmatrix} \begin{bmatrix} I_1(s) \\ I_2(s) \\ I_3(s) \end{bmatrix} = \begin{bmatrix} E_s(s) \\ 0 \\ 0 \end{bmatrix} \tag{4-12b}$$

위에서 $Z_{ij}(s)$는 식 (4-8)과 (4-9)에서 구한 것이며 식 (4-12b)에서 구하고자 하는 폐로 전류는 역행렬로써 다음과 같이 일괄적으로 구해진다.

$$\begin{bmatrix} I_1(s) \\ I_2(s) \\ I_3(s) \end{bmatrix} = \begin{bmatrix} Z_{11}(s) & Z_{12}(s) & Z_{13}(s) \\ Z_{21}(s) & Z_{22}(s) & Z_{23}(s) \\ Z_{31}(s) & Z_{32}(s) & Z_{33}(s) \end{bmatrix}^{-1} \begin{bmatrix} E_s(s) \\ 0 \\ 0 \end{bmatrix} \tag{4-13}$$

행렬 **Z**의 행렬식을

$$\Delta_z = |\mathbf{Z}| \tag{4-14}$$

라 하면 크래머의 공식에 의해 폐로 전류들은 각각 다음과 같이 주어진다.

$$I_1(s) = \frac{1}{\Delta_z} \begin{bmatrix} E_s(s) & Z_{12}(s) & Z_{13}(s) \\ 0 & Z_{22}(s) & Z_{23}(s) \\ 0 & Z_{32}(s) & Z_{33}(s) \end{bmatrix} \tag{4-15a}$$

$$I_2(s) = \frac{1}{\Delta_z} \begin{bmatrix} Z_{11}(s) & E_s(s) & Z_{13}(s) \\ Z_{21}(s) & 0 & Z_{23}(s) \\ Z_{31}(s) & 0 & Z_{33}(s) \end{bmatrix} \tag{4-15b}$$

$$I_3(s) = \frac{1}{\Delta_z} \begin{bmatrix} Z_{11}(s) & Z_{12}(s) & E_s(s) \\ Z_{21}(s) & Z_{22}(s) & 0 \\ Z_{31}(s) & Z_{32}(s) & 0 \end{bmatrix} \tag{4-15c}$$

따라서 $E_s(s)$를 입력으로 하고 각 폐로 전류를 출력으로 하고 전달 함수를 구하면 모두 분모 다항식이 동일하다. 그리고 특성 방정식은

$$|\mathbf{Z}| = \Delta_z = 0 \quad \text{(특성 방정식)} \tag{4-16}$$

이므로 임피던스 행렬의 행렬식의 근이 전체 시스템의 극점이 된다. 폐로 해석은 다음 절에 소개할 기계계 해석에도 그대로 적용되므로 잘 이해해두는 것이 좋다.

예제 4-1 그림 4-8의 s-영역 회로에 대한 폐로 방정식을 구하고 $I_2(s)$에 대한 전달 함수를 구하라.

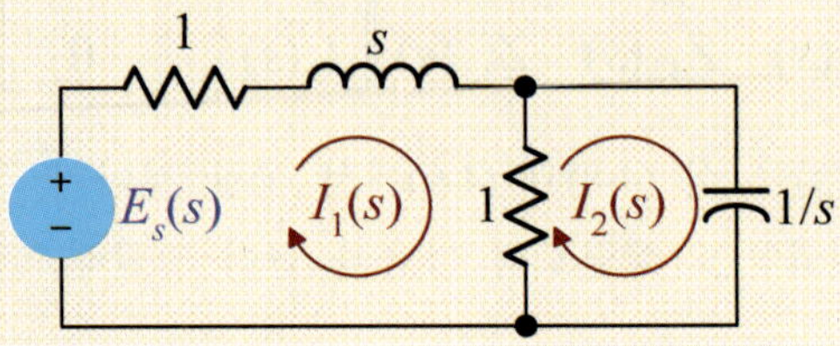

그림 4-8 예제 4-1의 그림.

풀이>> 자기 및 상호 임피던스를 구하면

$$Z_{11}(s) = 1 + s + 1 = s + 2$$

$$Z_{22}(s) = 1 + \frac{1}{s} = \frac{s+1}{s}$$

$$Z_{12}(s) = Z_{21}(s) = -1$$

따라서 임피던스 행렬은

$$\mathbf{Z} = \begin{bmatrix} Z_{11}(s) & Z_{12}(s) \\ Z_{21}(s) & Z_{22}(s) \end{bmatrix} = \begin{bmatrix} s+2 & -1 \\ -1 & (s+1)/s \end{bmatrix}$$

전압원은 폐로 1에만 있으며 전류 $I_1(s)$의 방향과 부합되므로 전압원 벡터는

$$\mathbf{E}_s = \begin{bmatrix} E_s(s) \\ 0 \end{bmatrix}$$

따라서 전류원 벡터는

$$\begin{bmatrix} I_1(s) \\ I_2(s) \end{bmatrix} = \mathbf{Z}^{-1}\mathbf{E}_s = \begin{bmatrix} s+2 & -1 \\ -1 & (s+1)/s \end{bmatrix}^{-1} \begin{bmatrix} E_s(s) \\ 0 \end{bmatrix}$$

임피던스 행렬의 행렬식은

$$\Delta_z = |\mathbf{Z}| = \frac{(s+1)(s+2)}{s} - 1 = \frac{s^2 + 2s + 2}{s}$$

따라서 크래머 공식에 의해

$$I_2(s) = \frac{1}{\Delta_z} \begin{bmatrix} s+2 & E_s(s) \\ -1 & 0 \end{bmatrix} = \frac{s}{s^2 + 2s + 2} E_s(s)$$

이므로 $I_2(s)$의 전달 함수는 다음과 같다.

$$\frac{I_2(s)}{E_s(s)} = \frac{s}{s^2 + 2s + 2}$$

예제 4-2

그림 4-9는 종속 전원이 있는 회로이다. 폐로 해석을 통해 전달 함수의 극점을 구하고 μ의 범위에 따른 제동 형태를 밝혀라.

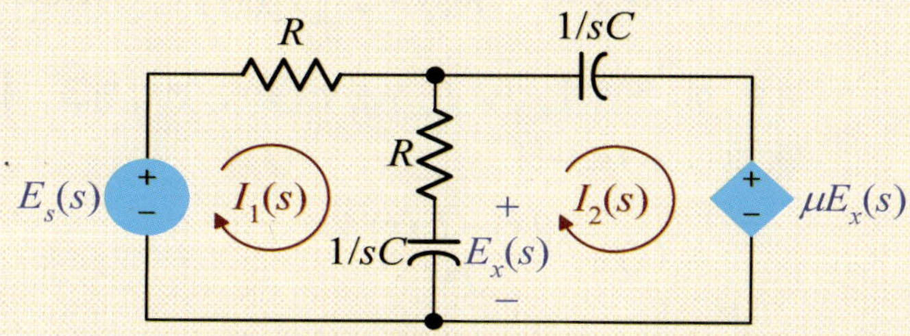

그림 4-9
예제 4-2의 그림.

풀이>> 종속 전원이 있는 경우는 일단 종속 전원을 전원과 같이 취급하여 폐로 방정식을 세운다음 폐로 전류의 함수로 표현하여 방정식을 제정리하면 된다. 그리고 그림 4-9에서 종속 전압원 $\mu V_x(s)$는 $V_x(s)$에 의해 제어되므로 $V_x(s)$를 제어 변수라 한다. 먼저 자기 및 상호 임피던스를 구하면

$$Z_{11}(s) = 2R + \frac{1}{sC} = \frac{2RCs+1}{sC}$$

$$Z_{22}(s) = R + \frac{2}{sC} = \frac{RCs+2}{sC}$$

$$Z_{12}(s) = Z_{21}(s) = -R - \frac{1}{sC} = -\frac{RCs+1}{sC}$$

따라서 임피던스 행렬은

$$\mathbf{Z} = \begin{bmatrix} \frac{2RCs+1}{sC} & -\frac{RCs+1}{sC} \\ -\frac{RCs+1}{sC} & \frac{RCs+2}{sC} \end{bmatrix} = \frac{1}{sC}\begin{bmatrix} 2RCs+1 & -RCs-1 \\ -RCs-1 & RCs+2 \end{bmatrix}$$

그리고 종속 전압원을 전압원으로 간주하면 전압원 벡터는

$$\mathbf{E}_s = \begin{bmatrix} E_s(s) \\ -\mu E_x(s) \end{bmatrix}$$

이다. 여기서 종속 전압원의 부호가 음인 것은 종속 전압원의 극성이 전류 $I_2(s)$의 방향과 반대이기 때문이다. 이상으로써 폐로 방정식을 구하면

$$\frac{1}{sC}\begin{bmatrix} 2RCs+1 & -RCs-1 \\ -RCs-1 & RCs+2 \end{bmatrix}\begin{bmatrix} I_1(s) \\ I_2(s) \end{bmatrix} = \begin{bmatrix} E_s(s) \\ -\mu E_x(s) \end{bmatrix}$$

또는

$$\begin{bmatrix} 2RCs+1 & -RCs-1 \\ -RCs-1 & RCs+2 \end{bmatrix} \begin{bmatrix} I_1(s) \\ I_2(s) \end{bmatrix} = \begin{bmatrix} sCE_s(s) \\ \underline{-\mu sCE_x(s)} \end{bmatrix}$$

위의 식 우변의 밑줄친 부분인 종속 전압원을 폐로 전류의 함수로 표현하면 그림 4-9로부터

$$E_x(s) = \frac{I_1(s) - I_2(s)}{sC}$$

따라서 앞서 구한 폐로 방정식에 위의 결과를 대입하면

$$\begin{bmatrix} 2RCs+1 & -RCs-1 \\ -RCs-1 & RCs+2 \end{bmatrix} \begin{bmatrix} I_1(s) \\ I_2(s) \end{bmatrix} = \begin{bmatrix} sCE_s(s) \\ -\mu I_1(s) + \mu I_2(s) \end{bmatrix}$$

이제 우변의 $I_1(s)$와 $I_2(s)$에 관한 항을 좌변으로 이항시켜 정리하면

$$\begin{bmatrix} 2RCs+1 & -RCs-1 \\ -RCs-1+\mu & RCs+2-\mu \end{bmatrix} \begin{bmatrix} I_1(s) \\ I_2(s) \end{bmatrix} = \begin{bmatrix} sCE_s(s) \\ 0 \end{bmatrix}$$

그 결과 우변의 전압원 벡터에는 전압원만 남게 된다. 따라서 위의 수정된 임피던스 행렬의 행렬식을 구하면 다음과 같다.

$$\begin{aligned} \Delta &= \begin{vmatrix} 2RCs+1 & -RCs-1 \\ -RCs-1+\mu & RCs+2-\mu \end{vmatrix} \\ &= (2RCs+1)(RCs+2-\mu) + (RCs+1)(RCs+1-\mu) \\ &= R^2C^2s^2 + (3-\mu)RCs + 1 \end{aligned}$$

이상으로 특성 방정식이

$$s^2 + \frac{(3-\mu)}{RC}s + \frac{1}{R^2C^2} = 0$$

이므로 판별식은 다음과 같다.

$$D = \frac{(3-\mu)^2}{R^2C^2} - \frac{4}{R^2C^2}$$

따라서 μ에 따라 제동 형태는 다음과 같이 분류된다.

(1) $\mu<1$: $D>0$이므로 과제동

(2) $\mu=1$: $D=0$이므로 임계제동

(3) $1<\mu<3$: $D<0$ 이므로 부족제동

변압기

능동 소자는 외부로 에너지를 공급하는 반면에 수동 소자 중 저항은 에너지를 소비하기만 한다. 그리고 인덕터와 커페시터는 에너지를 소비하지 않고 저장만하므로 에너지 저장 소자라 한다. 한편 변압기는 단지 에너지를 전달하는 기능만 있으며 이상적인 변압기의 기호는 그림 4-10(a)와 같다. 전력이 입력되는 일차측 코일과 출력되는 이차측 코일의 권수를 각각 N_1, N_2라 하면 일차측과 이차측의 전압 및 전류 관계는 다음과 같다.

$$\frac{e_1}{e_2} = \frac{i_2}{i_1} = \frac{N_1}{N_2} \tag{4-17}$$

즉 전압은 코일 권수에 비례하지만 전류는 반비례한다. 따라서 일차측에 공급된 전력과 이차측에 전달된 전력은 다음과 같이 서로 같다.

$$P_1 = e_1 i_1 = \left(\frac{N_1}{N_2} e_2\right)\left(\frac{N_2}{N_1} i_2\right) = e_2 i_2 = P_2 \tag{4-18}$$

이상으로 이상적인 변압기는 에너지를 저장도, 소비도 않고 다만 전달하기만 한다. 특히 전압(전류)를 권선비로 변화시킴으로써 그림 4-10(b)와 같이 임피던스 변환 기능을 갖게 된다. 앞으로 이상적인 변압기는 그림 4-10(c)와 같이 더욱 간단한 기호로 표시하기로 한다.

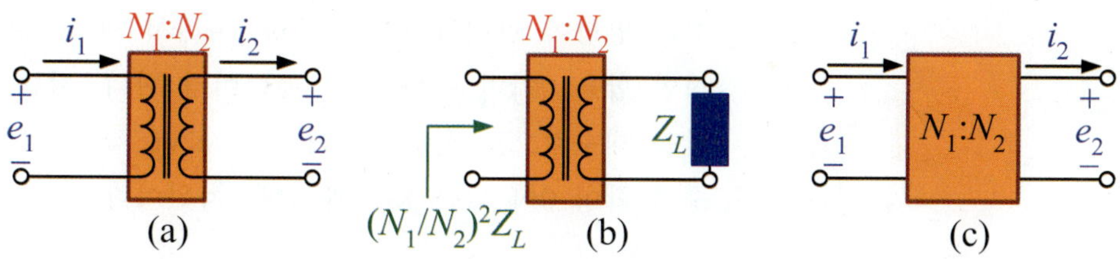

그림 4-10 이상적인 변압기: (a) 기호; (b) 임피던스 변환 기능; (c) 간단한 기호.

4.2 병진 운동 기계계

대부분의 제어계는 전기적인 요소뿐 아니라 기계적인 요소를 포함하며 이외에도 유압 및 기압적인 요소도 있다. 기계계의 운동은 병진(竝進; translation) 운동과 회전(rottional) 운동 또는 이 두 운동의 조합으로 묘사된다. 특히 전기계를 지배하는 법칙은 키르히호프의 전압/전류 법칙이며 기계계를 지배하는 법칙은 뉴톤의 운동 법칙이다. 키르히호프의 법칙에 의한 전기계의 방정식이나 뉴톤 법칙에 의한 기계계의 방정식은 흡사하며 이를 상사(相似; analogy)라 한다. 이 절에서는 병진 기계계에 대해 설명한다.

뉴튼의 운동 법칙

병진 운동이란 직선이나 곡선을 따라 일어나는 운동이며 이를 묘사하는 세 가지 변수는 가속도, 속도 및 변위(displacement)이다. 운동의 근원인 힘을 받는 물체의 운동은 다음과 같은 뉴튼의 운동 법칙을 따른다.

> **제1 법칙:** 원래 정지하고 있거나 등속으로 직선 운동하는 물체는 외부로부터 힘을 받지 않는 한 그 상태를 계속 유지한다.
>
> **제2 법칙:** 질량에 힘 f가 가해지면 힘의 방향과 동일한 방향으로 힘의 크기에 비례하여 가속도 a가 발생한다.
>
> **제3 법칙:** 물체에 작용하는 힘은 이와 크기가 같고 방향은 반대인 반력을 물체에 유발시킨다(작용-반작용).

제2 법칙에서 질량 M에 가해지는 힘 f의 대수적인 합과 가속도 a의 관계는

$$\sum f = Ma \tag{4-19}$$

이며 이를 운동 방정식이라 한다. 위의 방정식은 작용-반작용에 의해

$$\sum f - Ma = 0 \tag{4-20}$$

로 표현할 수 있다. 즉 힘에 대한 반작용이 $-Ma$이며 음의 부호는 가해지는 힘과 방향이 반대임을 나타낸다. 따라서 한 물체에 작용하는 모든 힘의 대수적인 합은 0이며 이를 동적 평형이라 한다. 이는 전기계에서 폐로의 모든 전압을 대수적으로 합하면 0이 되는 KVL 및 마디에 유입되는 모든 전류의 대수적 합이 0이 되는 KCL과 같은 차원이다.

질량

제2 법칙으로부터 질량 M과 무게 W의 관계는 다음과 같다.

$$W = Mg\,[\mathrm{N}] \quad (g = 9.81\,\mathrm{m/s^2}) \tag{4-21}$$

여기서 g는 가속도 a에 해당하므로 중력 가속도라 한다. 중력 가속도는 측정 위치에 따라 값이 달라지지만 앞으로는 식 (4-19)에 표시된 값을 기준으로 한다. 기계계 단위는 다음과 같이 SI 단위계와 FPS 단위계 두 종류가 있다.

단위	질량 M	가속도 a	힘 f
SI	kilogram(kg)	M/s^2	Newton(N)
FPS	slug	ft/s^2	pound(lb force)

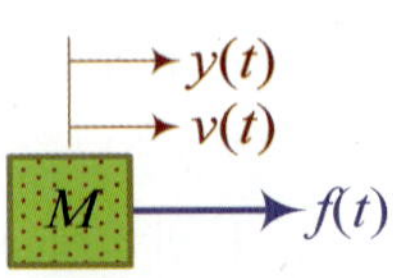

그림 4-11
힘-질량 시스템.

그림 4-11은 질량 M의 물체에 힘 f가 가해지는 상황을 묘사한 것이며 $v(t)$는

속도를, $y(t)$는 변위를 나타낸다. 운동 방정식은 다음과 같다.

$$f(t) = Ma(t) = M\frac{dv(t)}{dt} = M\frac{d^2y(t)}{dt^2} \tag{4-22}$$

스프링

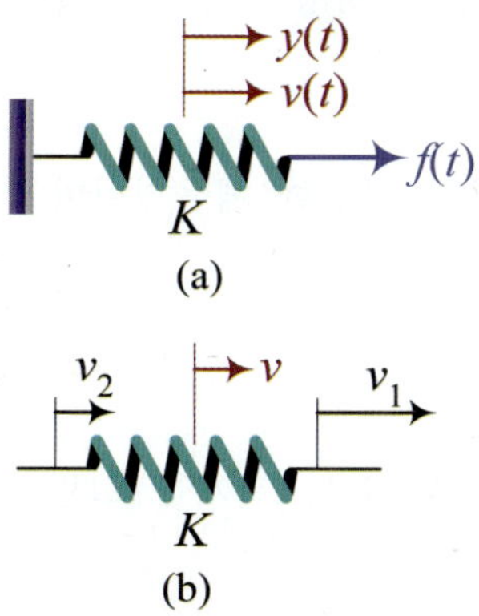

그림 4-12
힘-스프링 시스템.

그림 4-12(a)의 스프링은 변위 $y(t)$가 힘 $f(t)$에 비례하므로

$$f(t) = Ky(t) \tag{4-23}$$

이며 K는 스프링 상수라 한다. 스프링 상수가 K=0이면 이는 무한히 늘어날 수 있다는 뜻이며 $K=\infty$이면 탄력성이 전혀 없는 견고한 물체라는 뜻이다. 따라서 K를 스프링의 경도(硬度; stiffness)라 하기도 한다. 그림 4-12(a)에서는 스프링의 한쪽이 고정된 상태이므로 다른 한 쪽의 속도 및 변위가 스프링의 속도 및 변위가 된다. 그러나 그림 (b)와 같이 양단이 모두 움직일 경우는 양단의 속도차가 스프링 속도 $v(t)$가 되며 양단의 변위차가 스프링 변위 $y(t)$가 된다. 스프링 상수에 대한 단위계는 다음과 같다.

단위	스프링 상수 K
SI	N/m
FPS	lb/ft

두 물체 사이에 상대적인 운동이 생기거나 또는 생기고자 할 때 마찰력이 발생하며 이는 전기계의 저항과 같은 차원이다. 마찰력은 정확한 수식으로 묘사하기는 어려우며 실제로 다음과 같은 세 가지 종류가 널리 사용되고 있다: 점성 마찰, 정지 마찰, 쿨롱(Coulomb) 마찰.

마찰

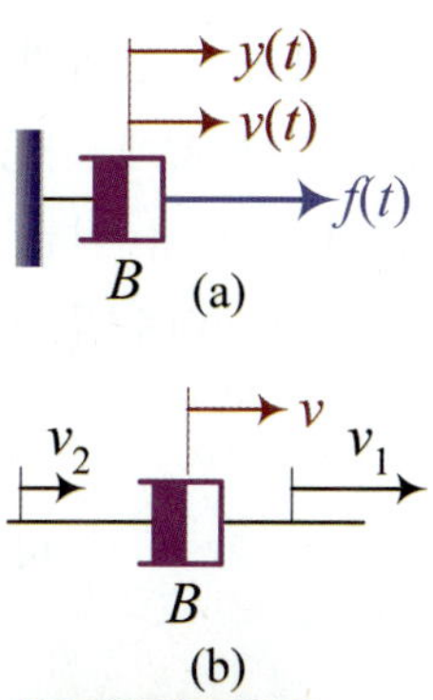

그림 4-13
힘-점성 마찰 시스템.

■점성 마찰 점성 마찰은 속도에 비례하여 제동을 거는 힘이므로 그림 4-13(a)와 같이 제동기(dashpot)를 기호로 사용한다. 제동력과 속도의 관계는

$$f(t) = Bv(t) = B\frac{dy(t)}{dt} \tag{4-24}$$

이며 B를 점성 마찰계수라 한다. 그림 4-13(b)와 같이 제동기의 양쪽이 모두 운동할 때는 양단의 속도차가 제동기의 속도 $v(t)$이며 양단의 변위차가 제동기의 변위 $y(t)$가 된다. 점성 마찰계수에 대한 단위계는 다음과 같다.

단위	점성 마찰계수 B
SI	N/m/s
FPS	lb/ft/s

■정지 마찰 점성 마찰의 속도와 힘의 관계는 그림 4-14(a)와 같이 선형적이다. 이에 비해 정지 마찰은 물체가 정지 상태에서 운동을 시작하고자 할 때만 생기는 제동력으로 그 관계는

$$f(t) = \pm F_s\big|_{v=0} \tag{4-25}$$

이며 그림 4-14(b)와 같다. 정지 마찰력의 부호는 운동 방향과 반대로 한다. 물론 일단 운동이 시작되고 나면 정지 마찰은 사라진다.

■쿨롱 마찰 쿨롱 마찰은 물체의 속도와 무관하게 일정한 제동력이며 다만 부호만 속도의 반대 방향으로 변한다. 즉 힘과 속도의 관계는

$$f(t) = F_c \frac{v(t)}{|v(t)|} = F_c \frac{(dy(t)/dt)}{|dy(t)/dt|} \tag{4-26}$$

이며 F_c를 쿨롱 마찰계수라 한다. 쿨롱 마찰력과 속도와의 관계는 그림 4-14(c)와 같으며 부호는 속도의 반대가 되도록 정해진다.

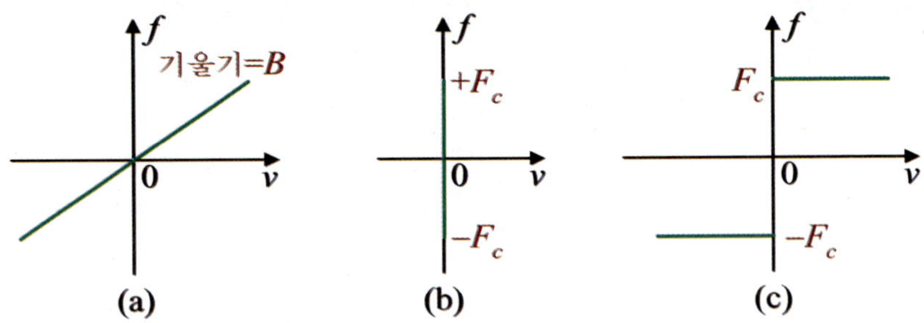

그림 4-14

속도와 마찰력의 관계
(a) 점성 마찰;
(b) 정지 마찰;
(c) 쿨롱 마찰.

그림 4-15는 간단한 병진 운동 기계계의 예를 몇 가지 보여준다. 먼저 그림 (a)의 경우 첫번째 그림은 점성 마찰이 있는 평면을 운동하는 질량이며 이를 도식적으로 표현하면 두 번째 그림과 같다. 이 그림에서 질량 M에 작용하는 힘(작용)과 반력(반작용)을 모두 그려보면 세 번째 그림과 같으며 이를 자유 물체도(free-body diagram)라 한다. 질량 M에 작용하는 힘의 대수적 합은 0이므로 운동 방정식은 다음과 같다.

$$f(t) - M\frac{d^2y(t)}{dt^2} - B\frac{dy(t)}{dt} = 0 \tag{4-27a}$$

또는

$$M\frac{d^2y(t)}{dt^2} + B\frac{dy(t)}{dt} = f(t) \tag{4-27b}$$

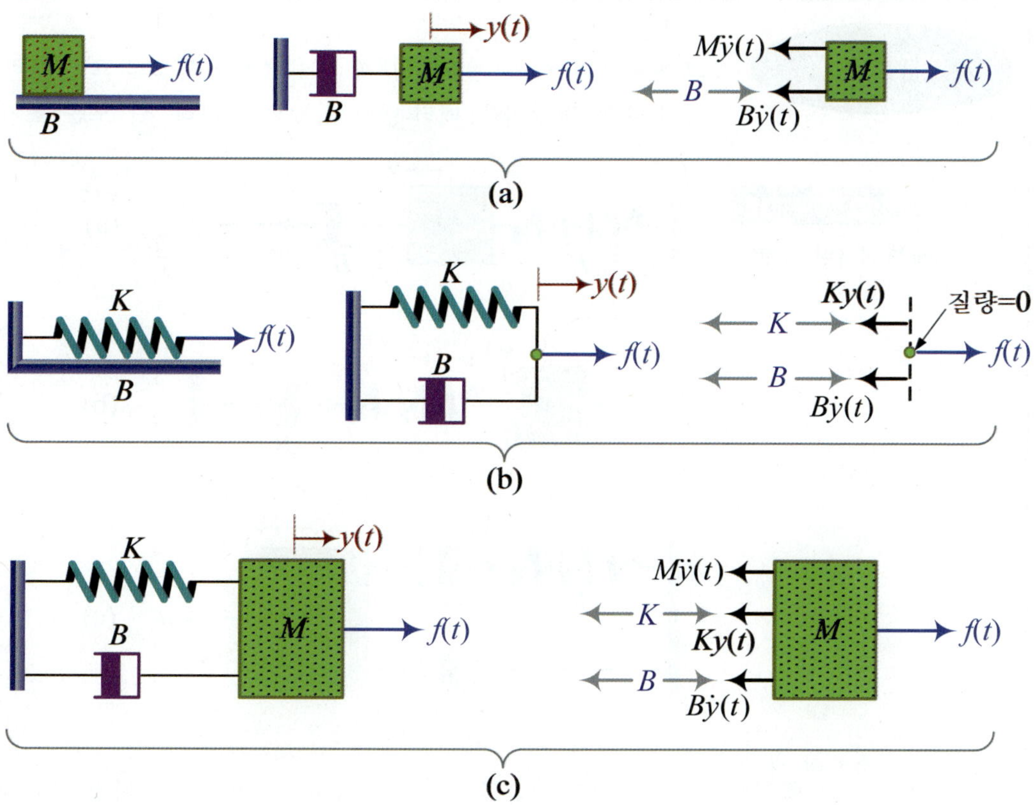

그림 4-15 병진 운동 기계계의 예.

다음으로 그림 4-15(b)의 첫 번째 그림은 점성 마찰이 있는 스프링의 경우이며 이는 두 번째 그림과 같이 도식화할 수 있다. 이에 대한 자유물체도는 세 번째 그림과 같으며 질량이 없으므로 질량이 0인 질점을 가정하였다. 즉 질량이 0인 질점에 운동 방정식을 적용하면

$$B\frac{dy(t)}{dt}+Ky(t)=f(t) \tag{4-28}$$

그리고 그림 4-15(c)는 질량과 스프링 및 마찰로 구성된 기계계로서 세 요소 모두 변위와 속도가 같음을 알 수 있다. 따라서 자유물체도는 그림에 표시된 바와 같으며 운동 방정식은 다음과 같다.

$$M\frac{d^2y(t)}{dt^2}+B\frac{dy(t)}{dt}+Ky(t)=f(t) \tag{4-29}$$

또한 스프링(마찰)의 경우는 한 쪽에 가해진 힘이 스프링(마찰)을 관통하여 그대로 다른 쪽으로 전달된다는 것을 알 수 있다.

예제 4-3 그림 4-16의 각 기계계에 대한 자유물체도를 그리고 라플라스 변환을 이용하여 운동 방정식을 벡터-행렬 형태로 구하라. 단 모든 초기조건은 0이다.

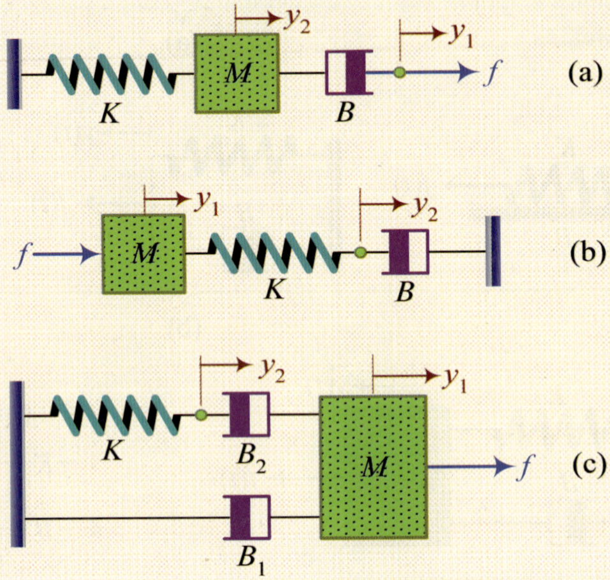

그림 4-16
예제 4-3의 그림.

풀이>> 그림 4-16(a): 자유물체도는 그림 4-17(a)와 같다. 마찰 B에 작용하는 힘 f는 마찰 요소를 관통하여 질량 M에 전달되며 이 힘은 질량과 스프링에 작용하는 힘의 합과 같다. 따라서 다음의 연립 방정식을 얻을 수 있다.

$$\begin{cases} B(\dot{y}_1(t) - \dot{y}_2(t)) = f(t) \\ M\ddot{y}_2(t) + Ky_2(t) = B(\dot{y}_1(t) - \dot{y}_2(t)) \end{cases}$$

위의 식 양변에 라플라스 변환을 취하여 정리하면

$$\begin{bmatrix} Bs & -Bs \\ -Bs & Ms^2 + Bs + K \end{bmatrix} \begin{bmatrix} Y_1(s) \\ Y_2(s) \end{bmatrix} = \begin{bmatrix} F(s) \\ 0 \end{bmatrix}$$

그림 4-16(b): 자유물체도는 그림 4-17(b)와 같으며 질량 M에 작용하는 힘 f는 질량과 스프링에 대한 반력을 일으킨다. 그리고 스프링에 작용하는 힘은 스프링을 관통하여 마찰에 작용하므로 두 힘은 같다. 즉 운동 방정식은

$$\begin{cases} M\ddot{y}_1(t) + K(y_1(t) - y_2(t)) = f(t) \\ B\dot{y}_2(t) = K(y_1(t) - y_2(t)) \end{cases}$$

위 식의 양변에 라플라스 변환을 취하여 정리하면 다음과 같다.

그림 4-17

그림 4-16의 각 경우에 대한 자유물체도.

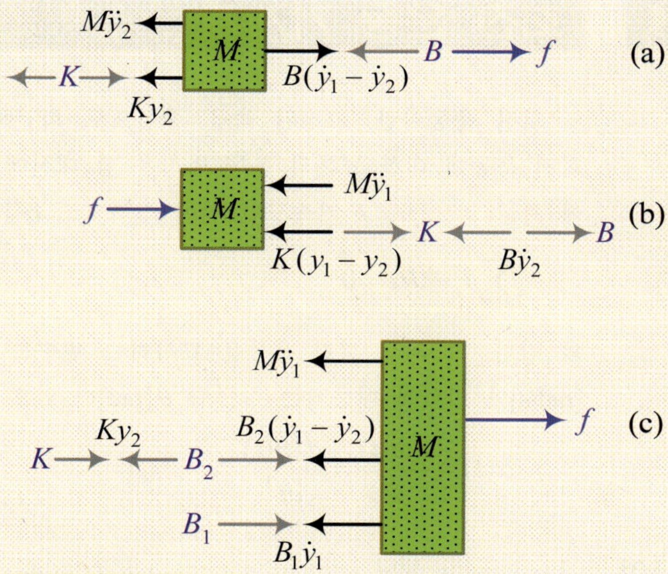

$$\begin{bmatrix} Ms^2 + K & -K \\ -K & Bs + K \end{bmatrix}\begin{bmatrix} Y_1(s) \\ Y_2(s) \end{bmatrix} = \begin{bmatrix} F(s) \\ 0 \end{bmatrix}$$

그림 4-16(c): 자유물체도는 그림 4-17(c)와 같으며 힘 f는 질량 M 및 마찰 B_1과 B_2에 작용하며 B_2에 작용하는 힘은 스프링에 그대로 전달된다. 따라서

$$\begin{cases} M\ddot{y}_1(t) + B_1\dot{y}_1(t) + B_2(\dot{y}_1(t) - \dot{y}_2(t)) = f(t) \\ B_2(\dot{y}_1(t) - \dot{y}_2(t)) = Ky_2(t) \end{cases}$$

위의 식을 라플라스 변환을 이용하여 정리하면 다음과 같다.

$$\begin{bmatrix} Ms^2 + (B_1 + B_2)s & -B_2 s \\ -B_2 s & B_2 s + K \end{bmatrix}\begin{bmatrix} Y_1(s) \\ Y_2(s) \end{bmatrix} = \begin{bmatrix} F(s) \\ 0 \end{bmatrix}$$

4.3 회전 운동 기계계

회전 운동이란, 고정된 축을 중심으로 회전하는 물체의 운동을 말한다. 회전 운동에 대한 뉴톤의 운동 법칙은 힘 대신에 토크(torque) T, 질량 대신에 관성(inertia) J, 가속도 대신에 각가속도 α를 이용하면

$$\sum T - J\alpha = 0 \tag{4-30}$$

와 같다. 그 외도 회전 운동을 묘사하는 변수는 속도에 대응되는 각속도 ω [rad/s]와 변위에 대응되는 각변위 θ[rad]이 있으며 그 관계는 다음과 같다.

$$\alpha(t) = \frac{d\omega(t)}{dt} = \frac{d^2\theta(t)}{dt^2} \tag{4-31}$$

관성

관성은 회전 운동에 의한 운동 에너지를 저장하는 요소이며 이는 회전축을 중심으로 한 회전 물체의 기하학적 구성과 밀도에 의해 주어진다. 한 예로 무게가 M이고 반지름이 r인 원판의 관성은 다음과 같다.

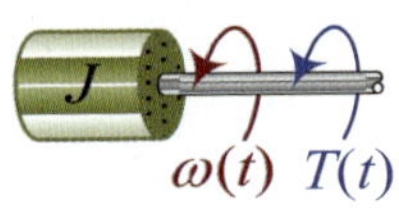

그림 4-18
토크-관성 시스템.

$$J = \frac{1}{2}Mr^2 \ [\text{kg - m}^2] \tag{4-32}$$

그림 4-18과 같이 관성이 J인 물체에 토크 $T(t)$ [N-m]가 가해지면 운동 방정식은 다음과 같다.

$$T(t) = J\alpha(t) = J\frac{d\omega(t)}{dt} = J\frac{d^2\theta(t)}{dt^2} \tag{4-33}$$

비틀림 스프링

그림 4-19(a)의 비틀림 스프링은 토크에 비례하여 각변위가 생기며

$$T(t) = K\theta(t) \tag{4-34}$$

의 관계로 주어진다. 여기서 K를 비틀림 스프링 상수라 하며 SI 단위는 N-m/rad이며 FPS 단위로는 ft-lb/rad이다. 특히 그림 4-19(b)와 같이 휘기 쉬운 회전축의 길이가 길 때 비틀림에 의한 스프링 현상이 나타난다. 앞으로는 비틀림 스프링, 비틀림 스프링 상수 등은 단순히 스프링, 스프링 상수 등으로 부르기로 한다. 그리고 그림 4-19(c)에서와 같이 스프링의 양단 각변위가 다를 때는 두 각변위의 차가 스프링의 변위가 된다.

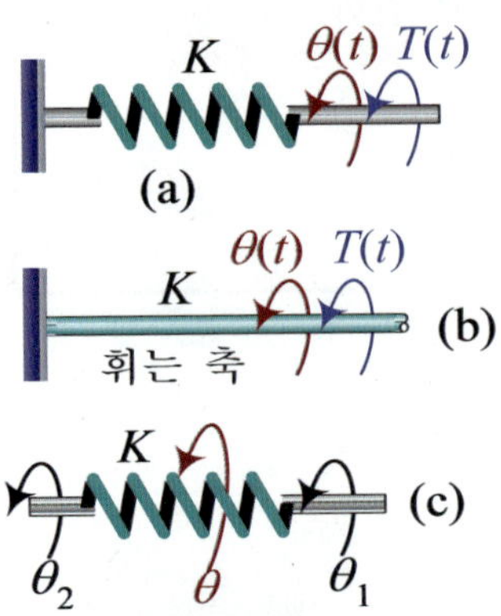

그림 4-19
비틀림-스프링.

마찰

회전 운동계의 마찰 역시 점성 마찰, 정지 마찰, 쿨롱(Coulomb) 마찰 세 가지가 사용되며 다음과 같다:

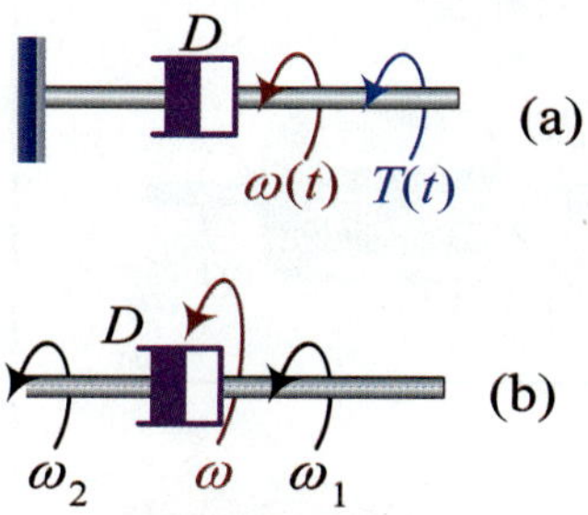

그림 4-20
토크-점성 마찰 시스템.

■**점성 마찰** 회전 운동에서의 점성 마찰계수는 기호 D로 표현하며(그림 4-20) 토크와 마찰력 관계는 다음과 같다.

$$T(t) = D\omega(t) = D\frac{d\theta(t)}{dt} \tag{4-35}$$

■**정지 마찰**

$$T(t) = \pm F_s\big|_{\omega=0} \tag{4-36}$$

■**쿨롱 마찰**

$$T(t) = F_c\frac{\omega(t)}{|\omega(t)|} = F_c\frac{(d\theta(t)/dt)}{|d\theta(t)/dt|} \tag{4-37}$$

회전 기계계에서도 작용-반작용의 원리로 토크가 전달된다. 한 예로 그림 4-21(a)를 보자. 관성이 J인 원판이 한 쪽이 고정된 스프링 상수 K의 회전축에 연결되어 있으며 D는 점성 마찰계수이다. 모든 기계 요소들은 동일한 각 변위를 겪으며 그림 4-21(b)와 같이 토크 $T(t)$에 대해 세 종류의 반력이 형성된다. 그리고 임의의 관성에 가해지는 토크의 대수적 합은 모두 0이므로 운동 방정식은 다음과 같다.

$$T(t) - J\frac{d^2\theta(t)}{dt^2} - D\frac{d\theta(t)}{dt} - K\theta(t) = 0 \tag{4-38}$$

또는

$$J\frac{d^2\theta(t)}{dt^2} + D\frac{d\theta(t)}{dt} + K\theta(t) = T(t) \tag{4-39}$$

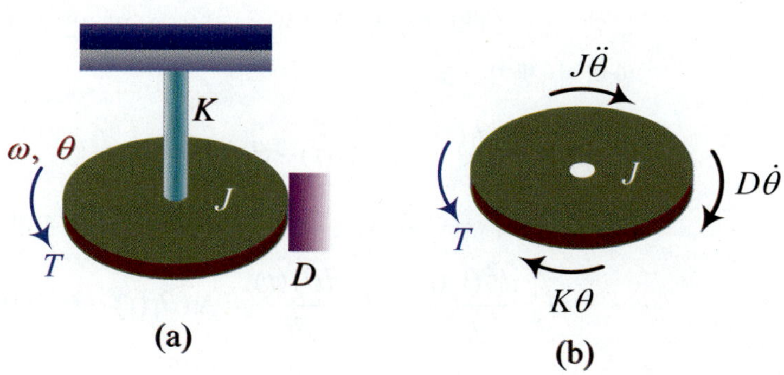

그림 4-21
(a) 회전하는 원판;
(b) 작용과 반작용.

예제 4-4 그림 4-22 회전 기계계의 운동 방정식을 라플라스 변환으로 표현하라.

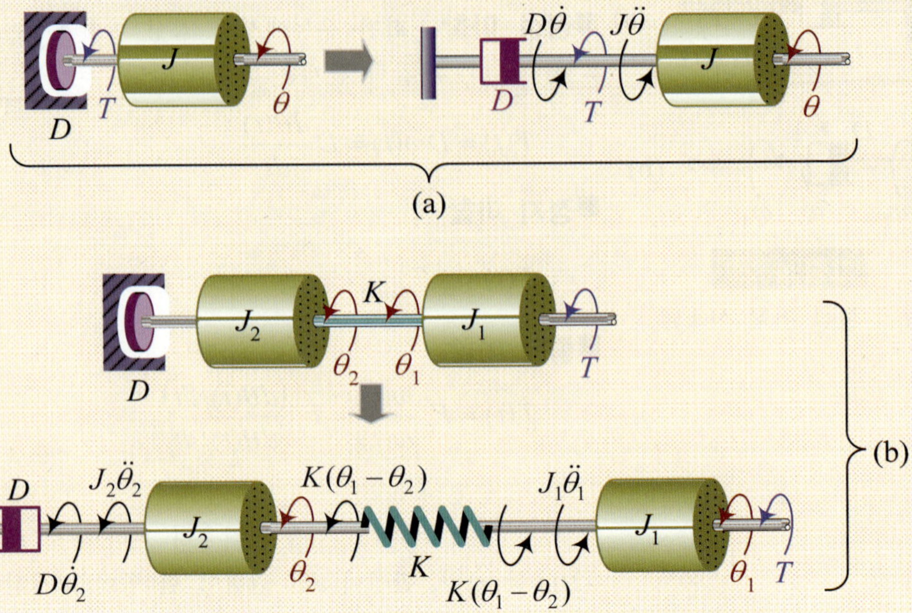

그림 4-22
예제 4-4의 그림.

풀이>> 그림 4-22(a)와 (b)의 두 그림은 각각 주어진 기계계 및 이에 대한 도식적인 표현이다.

그림 (a): 그림 (a)의 오른쪽 그림에서는 토크 $T(t)$에 의해 J와 D의 반력이 형성된다. 따라서 운동 방정식이

$$J\frac{d^2\theta(t)}{dt^2}+D\frac{d\theta(t)}{dt}=T(t)$$

이므로 양변에 라플라스 변환을 취하면 전달 함수는 다음과 같다.

$$\frac{\Theta(s)}{T(s)}=\frac{1}{s(Js+D)}$$

그림 (b): 그림 (b)의 아래쪽 그림을 보면 먼저 토크 $T(t)$에 의해 J_1과 K의 반력이 생기므로

$$J_1\frac{d^2\theta_1(t)}{dt^2}+K(\theta_1(t)-\theta_2(t))=T(t)$$

그리고 K에 전달된 힘은 K를 관통하여 J_2와 D의 반력을 일으킨다. 따라서

$$J_2\frac{d^2\theta_2(t)}{dt^2}+D\frac{d\theta_2(t)}{dt}=K(\theta_1(t)-\theta_2(t))$$

앞의 두 식 양변에 라플라스 변환을 취하여 정리하면 다음과 같다.

$$\begin{bmatrix} J_1s^2+K & -K \\ -K & J_2s^2+Ds+K \end{bmatrix}\begin{bmatrix} \Theta_1(s) \\ \Theta_2(s) \end{bmatrix}=\begin{bmatrix} T(s) \\ 0 \end{bmatrix}$$

기어

전기계의 변압기와 같은 역할을 하는 것이 기계계의 기어와 도르래(pulley)이다(그림 4-23). 그림 4.23(a)의 두 기어에서 N_1과 N_2는 각 기어의 이빨 수이다. 이를 바탕으로 토크 T_1과 T_2의 관계, 각변위 θ_1과 θ_2의 관계 및 각속도 ω_1과 ω_2의 관계는 다음과 같이 정해진다:

1. 각 기어의 이빨 수는 기어의 반지름 r_1과 r_2에 비례한다. 즉

$$r_1N_2=r_2N_1 \tag{4-40}$$

2. 각 기어의 표면을 따라 이동한 거리는 같다. 즉

$$\theta_1N_1=\theta_2N_2 \tag{4-41}$$

3. 각속도는 각변위에 비례하므로 기어의 각속도 관계는 다음과 같다.

$$\omega_1N_1=\omega_2N_2 \tag{4-42}$$

4. 기어에 의한 동력 손실이 없다면 하나의 기어가 한 일은 다른 기어와 같다. 즉

$$T_1\theta_1=T_2\theta_2 \tag{4-43}$$

이상을 종합하면 두 기어의 변수 관계는 다음과 같다.

$$\frac{T_1}{T_2}=\frac{\theta_2}{\theta_1}=\frac{\omega_2}{\omega_1}=\frac{r_1}{r_2}=\frac{N_1}{N_2} \tag{4-44}$$

그리고 도르래인 그림 4-23(b)의 특성은 식 (4-44)에서 이빨 수에 관한 마지막 등식만 제외하면 된다. 앞으로는 N_1/N_2를 기어비(gear ratio)라 한다.

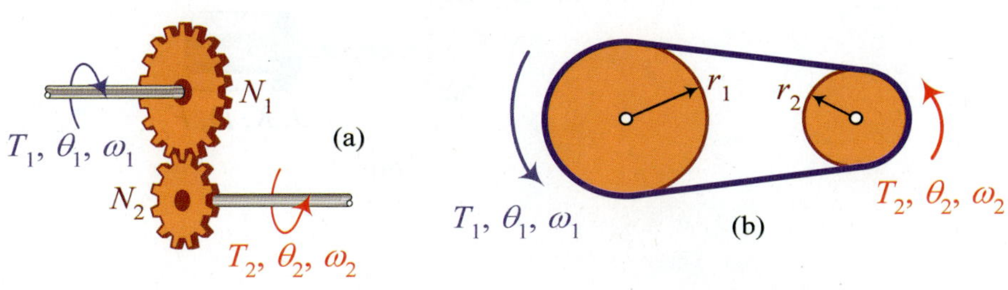

그림 4-23
기어(a)와 도르래(b).

그림 4-24(a)에서 두 기어는 손실이 없다고 하고 이차측 기어에 연결된 기계적 요소들이 동일한 각속도 ω_2로 회전한다고 하자. 이 경우 이차측 기어에 대한 운동 방정식은 다음과 같음을 알 수 있다.

$$T_2(t) = J\frac{d^2\theta_2(t)}{dt^2} + D\frac{d\theta_2(t)}{dt} + K\theta_2(t) + F_c\frac{\omega_2}{|\omega_2|} \tag{4-45}$$

식 (4-44)로부터 위의 식 우변을 θ_1, ω_1으로 표현하면

$$T_2(t) = \left(\frac{N_1}{N_2}\right)J\frac{d^2\theta_1(t)}{dt^2} + \left(\frac{N_1}{N_2}\right)D\frac{d\theta_1(t)}{dt} + \left(\frac{N_1}{N_2}\right)K\theta_1(t) + F_c\frac{\omega_1}{|\omega_1|} \tag{4-46}$$

그리고 $T_1(t)=(N_1/N_2)T_2(t)$이므로 위의 식을 일차측 기어의 변수인 T_1, θ_1, ω_1으로 표현하면 다음과 같다.

$$T_1(t) = J_e\frac{d^2\theta_1(t)}{dt^2} + D_e\frac{d\theta_1(t)}{dt} + K_e\theta_1(t) + F_{ce}\frac{\omega_1}{|\omega_1|}$$

$$\begin{cases} J_e = (N_1/N_2)^2 J, \\ D_e = (N_1/N_2)^2 D, \\ K_e = (N_1/N_2)^2 K, \\ F_{ce} = (N_1/N_2)F_c \end{cases} \tag{4-47}$$

따라서 한 쪽 기어에 결합된 J, K, D, F_c는 다른 쪽 기어로 환산할 수 있으며 환산된 등가 J_e, K_e, D_e, F_{ce}는 식 (4-47)에 표시된 바와 같다. 물론 환산은 일차측 기어에서 이차측으로 이차측 기어에서 일차측으로 양방향 모두 가능하다. 이와 같은 성질을 이용해 기어는 동력과 부하 사이에 최대 동력 전달을 이루기 위한 정합(matching) 소자로 사용된다.

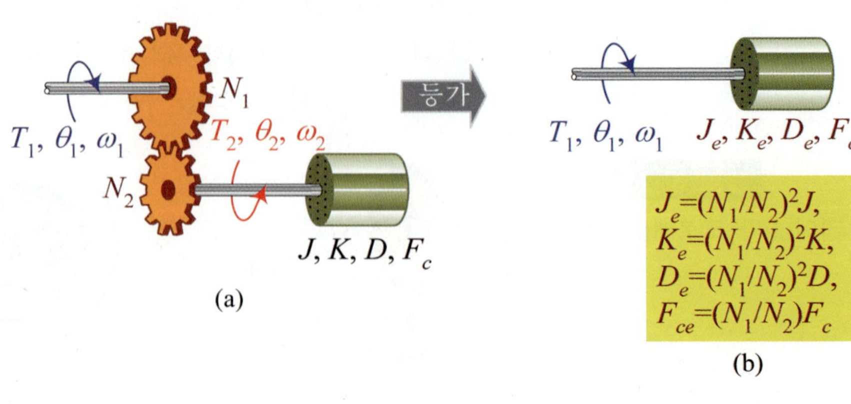

그림 4-24 기어의 변환 기능.

기어비를 크게 하기 위해서는 지름이 큰 기어가 필요하다. 이를 피하기 위해 그림 4-25와 같이 기어비가 작은 여러 개의 기어쌍을 여러 단 연결함으로써 큰 기어비를 얻을 수 있으며 이를 특히 기어열(gear train)이라 한다.. 즉 그림 4-25의 경우는

$$\theta_4 = \frac{N_5}{N_6}\theta_3 = \left(\frac{N_5}{N_6}\right)\left(\frac{N_3}{N_4}\right)\theta_2 = \left(\frac{N_5}{N_6}\right)\left(\frac{N_3}{N_4}\right)\left(\frac{N_1}{N_2}\right)\theta_1 \qquad \textbf{(4-48)}$$

이므로 기어열의 전체 기어비는 다음과 같이 주어지게 되는 것이다.

$$\frac{\theta_4}{\theta_1} = \frac{N_1 N_3 N_5}{N_2 N_4 N_6} \qquad \textbf{(4-49)}$$

그림 4-25
기어열.

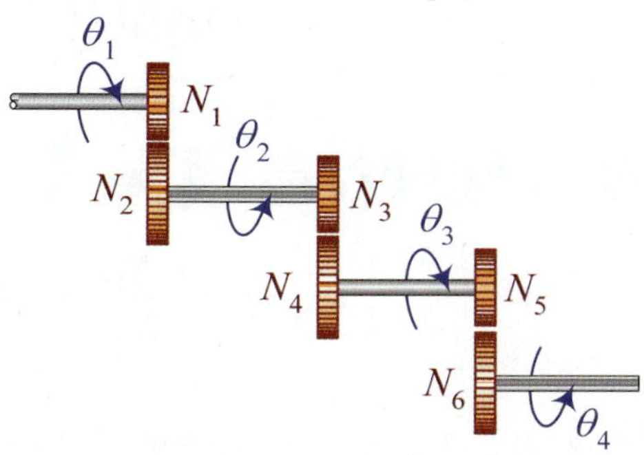

예제 4-5 그림 4-26(a)의 기계계에서 $\theta_1(t)$에 대한 전달 함수를 구하라.

풀이>>

그림 4-26(a)에서 마찰 요소 D를 스프링 K측으로 환산하면 $(N_3/N_4)^2D$가 되므로 그림 (a)는 (b)와 등가이다. 그리고 그림 (b)에서 스프링 K와 환산된 $(N_3/N_4)^2D$의 결합을 다시 관성 J측으로 환산하면 그림 (c)와 등가이며 그림에 표시된 바와 같이

$$K_e = \left(\frac{N_1}{N_2}\right)^2 K, \quad D_e = \left(\frac{N_1 N_3}{N_2 N_4}\right)^2 D$$

이다. 따라서 그림 (c)에 운동 법칙을 적용하면 다음과 같다.

$$\begin{cases} J\dfrac{d^2\theta_1(t)}{dt^2} + K_e(\theta_1(t) - \theta_2(t)) = T(t) \\ D_e\dfrac{d\theta_2(t)}{dt} = K_e(\theta_1(t) - \theta_2(t)) \end{cases}$$

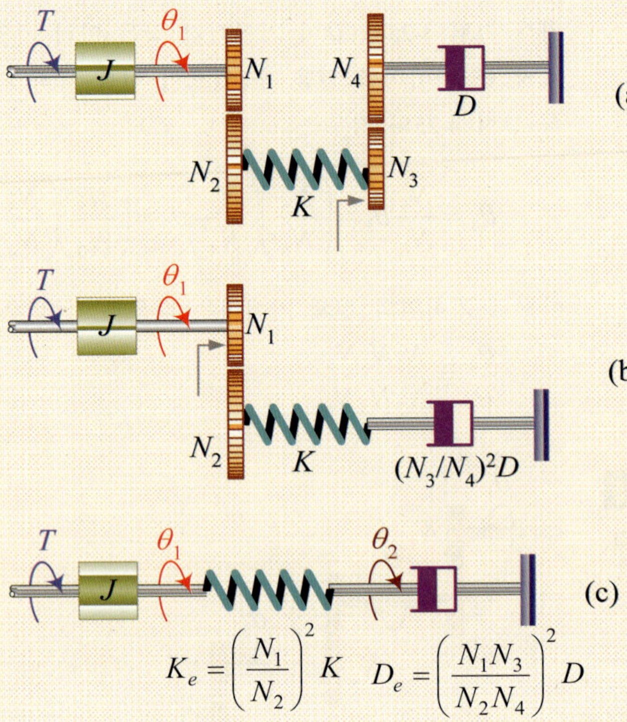

그림 4-26
예제 4-5의 그림.

앞의 식 양변에 라플라스 변환을 취하여 정리하면 벡터-행렬 운동 방정식은 다음과 같다.

$$\begin{bmatrix} Js^2+K_e & -K_e \\ -K_e & D_e s+K_e \end{bmatrix}\begin{bmatrix} \Theta_1(s) \\ \Theta_2(s) \end{bmatrix}=\begin{bmatrix} T(s) \\ 0 \end{bmatrix}$$

크래머 공식을 이용하면

$$\Theta_1(s)=\frac{\begin{bmatrix} T(s) & -K_e \\ 0 & D_e s+K_e \end{bmatrix}}{(Js^2+K_e)(D_e s+K_e)-K_e^2}$$

이므로 전달 함수는 다음과 같다.

$$\frac{\Theta_1(s)}{T(s)}=\frac{D_e s+K_e}{s(JD_e s^2+JK_e s+K_e D_e)}$$

따라서 기어비를 이용하여 시스템의 제동 형태를 조정할 수 있다.

4.4 상사 회로

상사 기계계 요소들에 대한 수식은 전기계 요소들 경우와 닮은 꼴이며 이를 상사(analogy)라 한다. 전기계와 기계계간의 상사를 이용하여 기계계를 전기 회로로 표현한 것을 상사 회로라 한다. 먼저 기계계의 힘과 토크를 전기계의 전압으로, 기계계의 속도와 각속도를 전기계의 전류로 각각 대응시킨다. 즉

$$f(t), T(t) \leftrightarrow e(t) \qquad v(t), \omega(t) \leftrightarrow i(t) \tag{4-50}$$

이를 바탕으로 각 요소들간의 상사를 살펴보자.

■운동 에너지 저장 소자 전기 요소인 인덕터와 기계 요소인 질량 및 관성은 운동 에너지를 저장하는 요소로서 상사는 다음과 같다:

$$\left.\begin{aligned} L&:\quad e(t) = L\frac{di(t)}{dt} \\ M&:\quad f(t) = M\frac{dv(t)}{dt} \\ J&:\quad T(t) = J\frac{d\omega(t)}{dt} \end{aligned}\right\} \text{ 따라서 } \quad M, J \leftrightarrow L \tag{4-51}$$

■포텐셜 에너지 저장 소자 전기 요소인 커패시터와 기계 요소인 스프링은 포텐셜 에너지를 저장하는 요소로서 상사는 다음과 같다:

$$\left.\begin{aligned} C&:\quad i(t) = C\frac{de(t)}{dt} \\ K&:\quad v(t) = \frac{1}{K}\frac{df(t)}{dt} \\ K&:\quad \omega(t) = \frac{1}{K}\frac{dT(t)}{dt} \end{aligned}\right\} \text{ 따라서 } \quad K \leftrightarrow \frac{1}{C} \tag{4-52}$$

■전력 소비 소자 전기 요소의 저항과 기계 요소의 점성 마찰은 모두 전력(또는 동력)을 소비하는 소자로서 상사는 다음과 같다.

$$\left.\begin{aligned} R&:\quad e(t) = Ri(t) \\ B&:\quad f(t) = Bv(t) \\ D&:\quad T(t) = D\omega(t) \end{aligned}\right\} \text{ 따라서 } \quad B, D \leftrightarrow R \tag{4-53}$$

이상으로 기계 요소들은 그림 4-27과 같이 전기적인 소자로 표현할 수 있다.

각 그림에서 V_O, W_O, F_O, T_O는 각각 $v(t)$, $\omega(t)$, $f(t)$, $T(t)$ 등의 초기 조건이다. 만일 모든 초기 조건이 0이라면 M과 J의 임피던스는 sM, sJ이며 K의 임피던스는 커페시터와 반대로 K/s이다. 그리고 $V(s), \Omega(s), F(s), T(s)$ 등은 각각

그림 4-27
기계 요소에 대한 상사 회로 소자:
(a) 질량과 관성;
(b) 스프링;
(c) 점성 마찰;
(d) 쿨롱 마찰;
(e) 기어열.

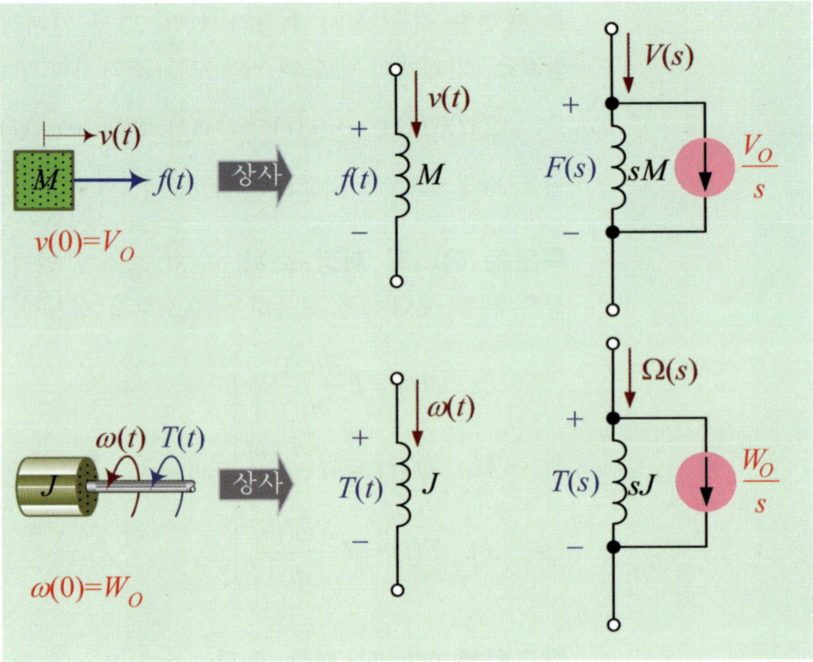

(a)

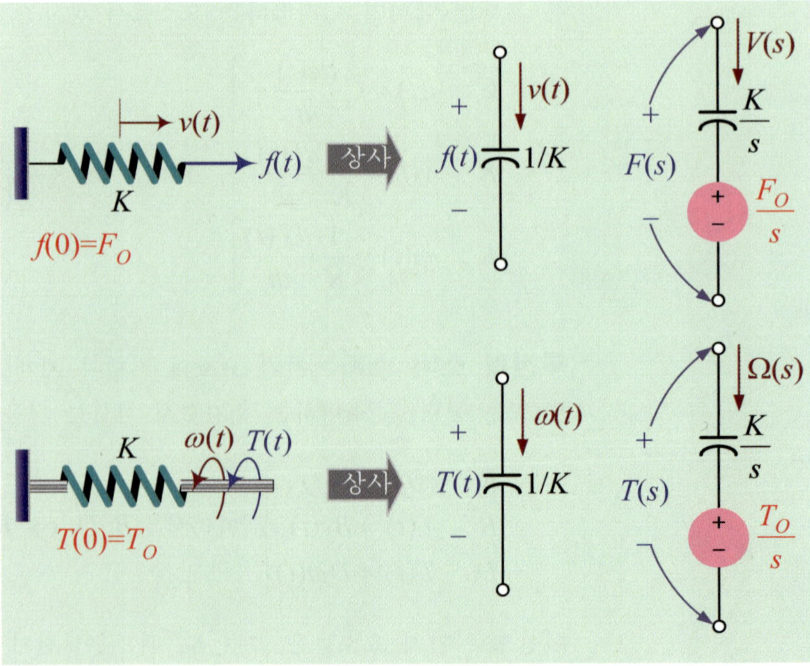

(b)

그림 4-27

(계속)

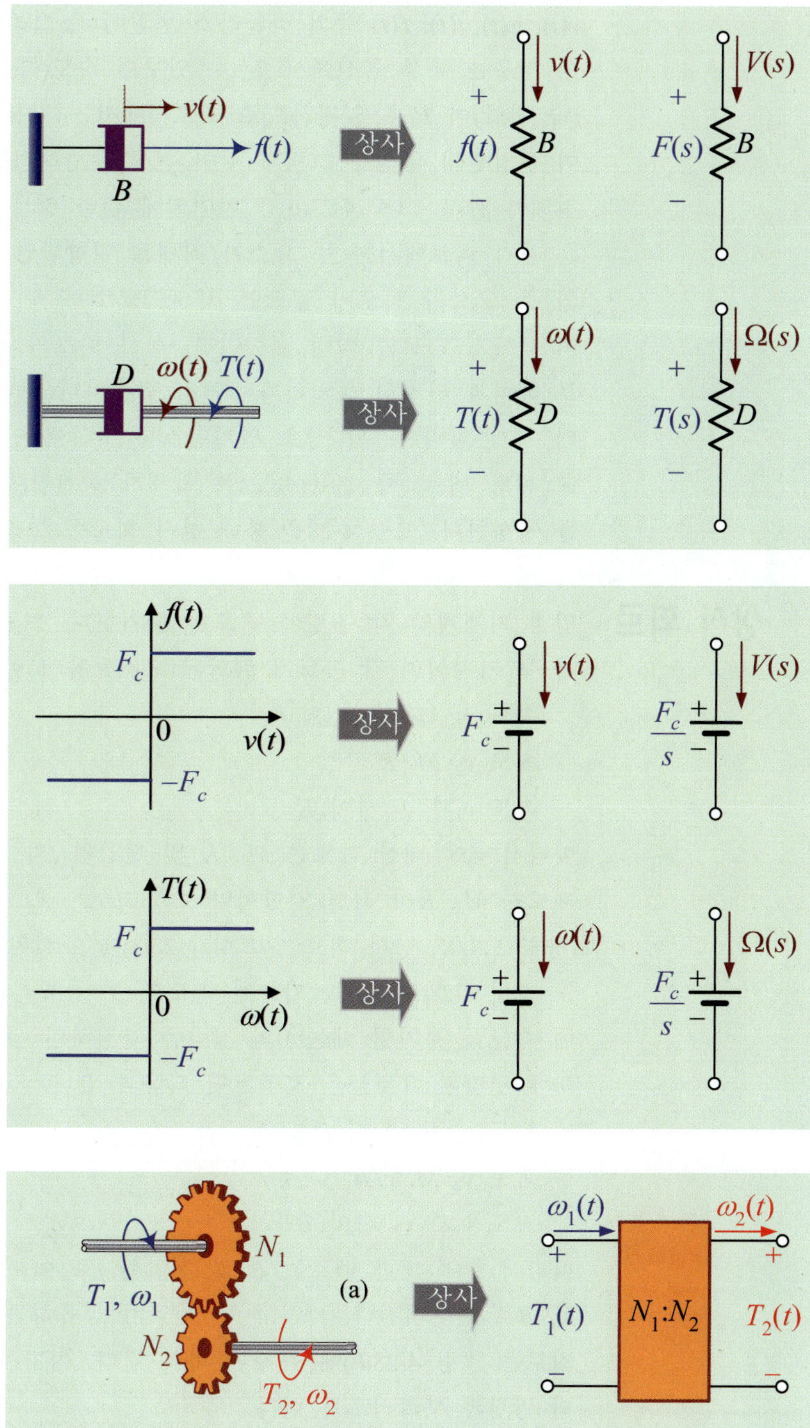

v(t)
f(t)
B
상사
+
−
V(s)
F(s)
D
ω(t)
T(t)
T(s)
Ω(s)
F_c
0
−F_c
F_c/s
N_1
N_2
T_1, ω_1
T_2, ω_2
(a)
ω_1(t)
ω_2(t)
T_1(t)
N_1:N_2
T_2(t)

(c)

(d)

(e)

$v(t)$, $\omega(t)$, $f(t)$, $T(t)$ 등의 라플라스 변환이다. 그리고 그림 4-27(d)의 쿨롱 마찰의 경우는 특성 곡선에서 알 수 있듯이 속도(즉 전류)의 크기에 무관하게 힘(즉 전압)이 F_c로 일정하므로 회로상에서는 직류 전압원으로 표현된다. 다만 이 전압원의 극성은 그림과 같이 전류를 방해하는 쪽(속도의 반대 방향)으로 정해야 한다. 그림 4-27(e)는 기어열에 대한 상사 회로이며 변압기와 같다.

전기 회로에서는 두 요소가 직렬로 결합되면 전류가 같다. 따라서 기계계의 두 요소가 속도가 같으면 이 두 요소는 상사 회로상에서 직렬로 결합되며 속도가 다르면 병렬 결합이다. 상사 회로의 해석은 4.1 장에서 설명한 폐로 해석과 완전히 동일하다. 즉 각 속도마다 하나의 폐로가 형성되며 이로부터 자기 임피던스와 상호 임피던스를 구하여 임피던스 행렬을 구한다. 그리고 해당 폐로, 즉 전류(속도)에 가해지는 전압(힘 또는 토크)로 전압원 벡터를 구성한다. 그림 4-28을 통해 상사 회로를 그리는 법에 대해 알아보자.

상사 회로

먼저 기계계의 각 질량에 속도를 부가한다. 그림 4-28(a)에서는 가능한 속도가 두 가지이며 각 속도에 결합된 요소들을 모아보면 다음과 같다.

속도 v_1: M_1, K 및 힘 f

속도 v_2: M_2, K

속도 v_1과 v_2 사이: K

따라서 v_1에 대한 폐로는 M_1, K 및 전압원 f의 직렬로 이루어지며 v_2에 대한 폐로는 M_2, K의 직렬 결합이다. 그리고 두 폐로가 공유하는 소자는 K이므로 (용량은 $1/K$) 상사 회로는 그림 4-28(a)에 표시된 바와 같다.

그림 4-28(b)에서는 가능한 속도가 두 종류이며 v_1와 같이 질량이 없는 곳에 속도를 부가할 때는 0의 질량을 가정하면 된다(이를 질점이라 하자). 각 속도에 결합된 요소들을 모아보면 다음과 같다.

속도 v_1: B 및 힘 f

속도 v_2: M, K, B

속도 v_1과 v_2 사이: B

따라서 v_1에 대한 폐로는 B 및 전압원 f로 이루어지며 v_2에 대한 폐로는 M, K, B로 이루어진다. 그리고 두 폐로가 공유하는 소자는 B이다. 따라서 상사 회로는 그림 4-28(b)에 표시된 바와 같다. 여기서 전압원 f의 극성은 전류 v_1의 방향과 부합되도록 한다.

그림 4-28(c)에서도 가능한 속도가 두 종류이며 각 속도에 결합된 요소들을 모아보면 다음과 같다.

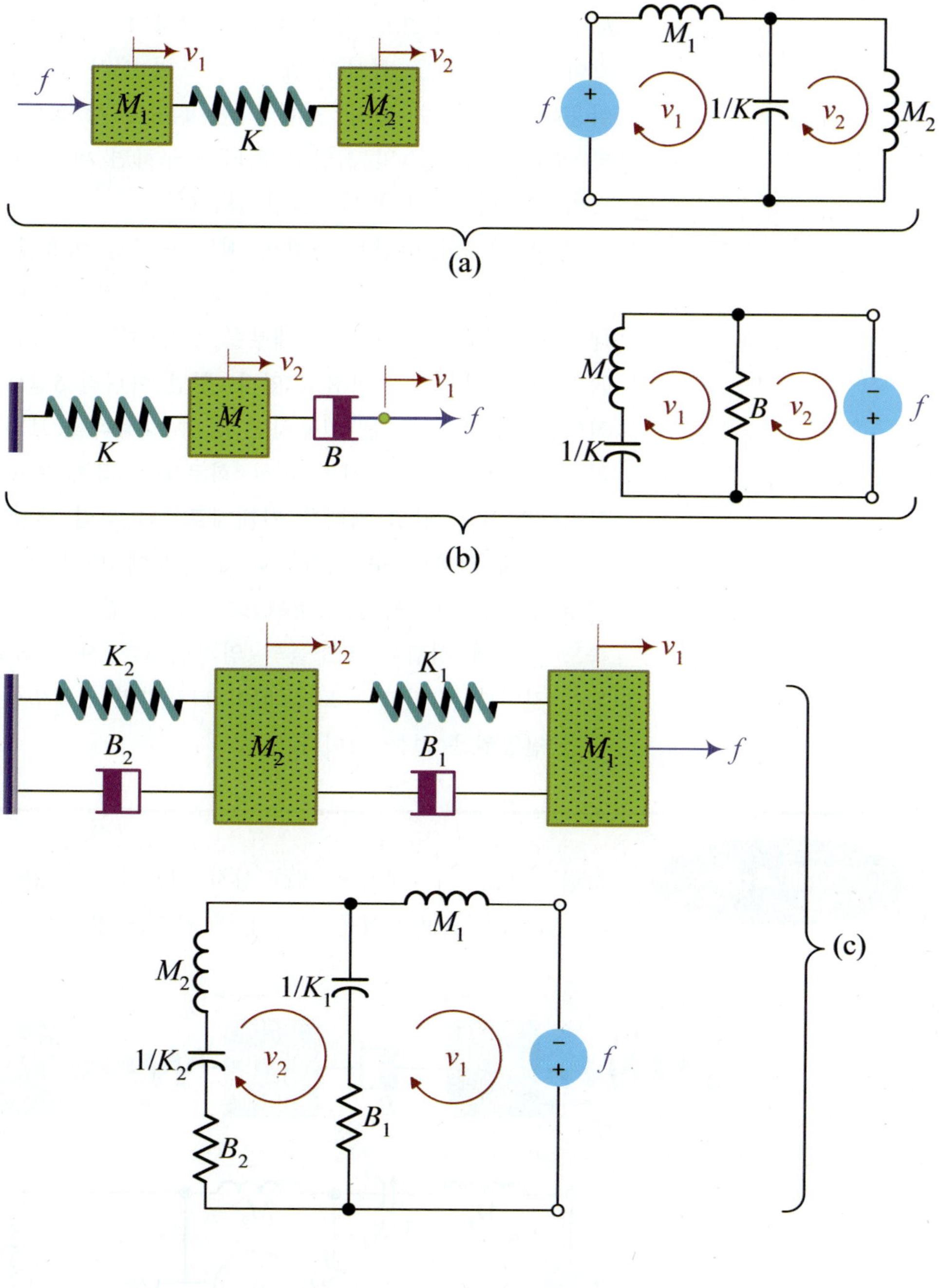

그림 4-28
기계계와 그에 대한 상사회로의 예.

속도 v_1: M_1, K_1, B_1 및 힘 f

속도 v_2: M_2, K_1, K_2, B_1, B_2

속도 v_1과 v_2 사이: K_1, B_1

따라서 v_1에 대한 폐로는 M_1, K_1, B_1 및 전압원 f로 이루어지며 v_2에 대한 폐로는 M_2, K_1, K_2, B_1, B_2로 이루어진다. 그리고 두 폐로가 공유하는 소자는

K_1, B_1이다. 이상으로 상사 회로는 그림 4-28(c)에 표시된 바와 같다. 이상과 같이 상사 회로를 쉽게 구할 수 있으며 상사 회로는 다양한 회로 해석법을 이용해 해석할 수 있다. 특히 그림 4-28의 각 상사 회로에서 자기 임피던스와 상호 임피던스 및 전압원 벡터만 구하면 바로 폐로 방정식을 구할 수 있으며 그 다음은 계산하는 일만 남는다.

상사 회로의 이점은 다양한 회로 이론을 이용할 수 있다는 것이다. 그리고 다음에 설명할 전동기, 발전기와 같은 전기기계계의 경우는 전기계와 기계계가 혼합된 것이므로 기계부를 상사 회로로 옮기면 회로 일색이 되어 해석이 매우 편해지는 이점도 있다. 뿐만 아니라 5장에서 설명할 상태 공간 해석에서도 상사 회로를 이용하면 상태 방정식을 보다 쉽게 구할 수 있다. 특히 어느 정도 익숙해지면 상사 회로를 구하지 않고도 자기 임피던스, 상호 임피던스 및 전압원 벡터를 기계계로부터 직접 구할 수 있으며 이는 그림 4-28을 통해 짐작할 수 있다. 즉 각 속도에 대한 자기 임피던스는 그 속도에 연결된 모든 요소들의 임피던스를 합하기만 하면 되며 상호 임피던스는 두 속도 사이에 결합된 요소들의 임피던스를 전부 합한 것에 –부호를 곱하면 되는 것이다. 그리고 속도에 힘이 가해지면 전압원이 있는 것이며 그렇지 않으면 전압원은 없는 것이다.

예제 4-6

그림 4-29(a)의 기계계에 대한 상사 회로가 그림 (b)와 같음을 보이고 이를 이용하여 운동 방정식을 구하라(풀 필요는 없음).

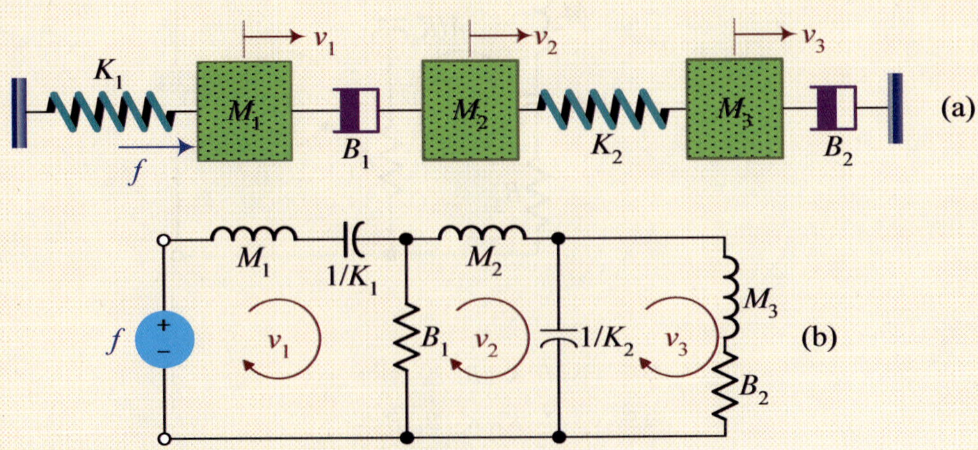

그림 4-29 예제 4-6 의 그림.

풀이>> 각 속도와 결합된 요소로써 자기 및 상호 임피던스를 구하면 다음과 같다:

속도 v_1: M_1, K_1, B_1 및 힘 f

$$Z_{11}(s) = sM_1 + B_1 + \frac{K_1}{s} = \frac{1}{s}(M_1 s^2 + B_1 s + K_1)$$

속도 v_2: M_2, B_1, K_2

$$Z_{22}(s) = sM_2 + B_1 + \frac{K_2}{s} = \frac{1}{s}(M_2 s^2 + B_1 s + K_2)$$

속도 v_3: M_3, B_2, K_2

$$Z_{33}(s) = sM_3 + B_2 + \frac{K_2}{s} = \frac{1}{s}(M_3 s^2 + B_2 s + K_2)$$

속도 v_1과 v_2 사이: B_1

$$Z_{12}(s) = Z_{21}(s) = -B_1$$

속도 v_1과 v_3 사이: 없음(다른 속도를 거쳐서는 안된다)

$$Z_{13}(s) = Z_{31}(s) = 0$$

속도 v_2와 v_3 사이: K_2

$$Z_{23}(s) = Z_{32}(s) = -\frac{K_2}{s}$$

이상으로 상사 회로는 그림 4-29(b)와 같음을 알 수 있으며 임피던스 행렬은 다음과 같다.

$$\mathbf{Z} = \frac{1}{s}\begin{bmatrix} M_1 s^2 + B_1 s + K_1 & -B_1 s & 0 \\ -B_1 s & M_2 s^2 + B_1 s + K_2 & \\ 0 & -K_2 & M_3 s^2 + B_2 s + K_2 \end{bmatrix}$$

다음으로 속도 v_1에만 힘 f가 가해지므로 전압원 벡터는 다음과 같다.

$$\mathbf{F}_s = \begin{bmatrix} F(s) \\ 0 \\ 0 \end{bmatrix}$$

따라서 운동 방정식은 다음과 같다.

$$\begin{bmatrix} V_1(s) \\ V_2(s) \\ V_3(s) \end{bmatrix} = \mathbf{Z}^{-1}\mathbf{F}_s = \mathbf{Z}^{-1}\begin{bmatrix} F(s) \\ 0 \\ 0 \end{bmatrix}$$

예제 4-7 그림 4-30의 각 기계계에 대한 운동 방정식을 구하라.

그림 4-30
예제 4-7의 그림.

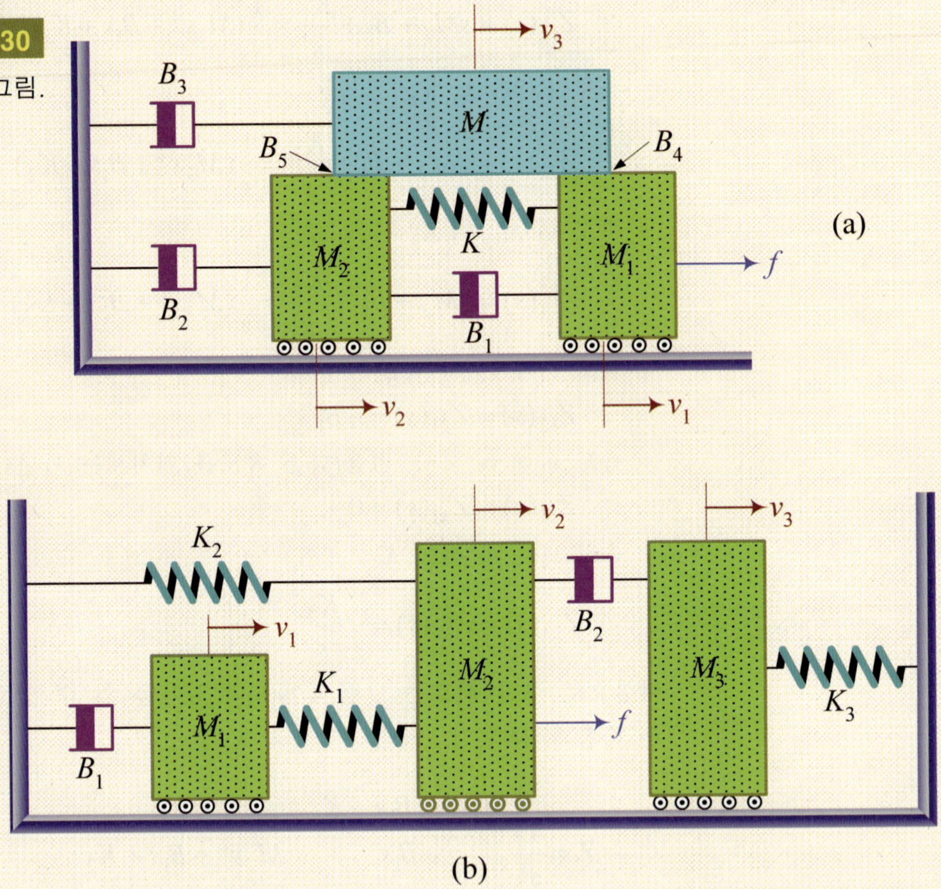

풀이>> 그림 (a): 각 속도에 대한 요소와 자기 및 상호 임피던스를 구한다.

속도 v_1: M_1, K, B_1, B_4 및 힘 f

$$Z_{11}(s) = sM_1 + (B_1 + B_4) + \frac{K}{s} = \frac{M_1 s^2 + (B_1 + B_4)s + K}{s}$$

속도 v_2: M_2, K, B_1, B_2, B_5

$$Z_{22}(s) = sM_2 + (B_1 + B_2 + B_5) + \frac{K}{s} = \frac{M_2 s^2 + (B_1 + B_2 + B_5)s + K}{s}$$

속도 v_3: M_3, B_3, B_4, B_5

$$Z_{33}(s) = sM_3 + (B_3 + B_4 + B_5)$$

속도 v_1과 v_2 사이: B_1, K

$$Z_{12}(s) = Z_{21}(s) = -B_1 - \frac{K}{s} = -\frac{B_1 s + K}{s}$$

속도 v_1과 v_3 사이: B_4

$$Z_{13}(s) = Z_{31}(s) = -B_4$$

속도 v_2와 v_3 사이: B_2

$$Z_{23}(s) = Z_{32}(s) = -B_5$$

이상으로 임피던스 행렬은 다음과 같다.

$$\mathbf{Z} = \frac{1}{s}\begin{bmatrix} M_1 s^2 + (B_1 + B_4)s + K & -B_1 s - K & -B_4 s \\ -B_1 s - K & M_2 s^2 + (B_1 + B_2 + B_5)s + K & -B_5 s \\ -B_4 s & -B_5 s & M_3 s^2 + (B_3 + B_4 + B_5)s \end{bmatrix}$$

그리고 속도 v_1에만 힘 f가 가해지므로 전압원 벡터는 다음과 같다.

$$\mathbf{F}_s = \begin{bmatrix} F(s) \\ 0 \\ 0 \end{bmatrix}$$

따라서 운동 방정식은 다음과 같다.

$$\begin{bmatrix} V_1(s) \\ V_2(s) \\ V_3(s) \end{bmatrix} = \mathbf{Z}^{-1}\mathbf{F}_s = \mathbf{Z}^{-1}\begin{bmatrix} F(s) \\ 0 \\ 0 \end{bmatrix}$$

그림 (b): 각 속도에 대한 요소와 자기 및 상호 임피던스를 구한다.

속도 v_1: M_1, B_1, K_1

$$Z_{11}(s) = sM_1 + B_1 + \frac{K_1}{s} = \frac{M_1 s^2 + B_1 s + K_1}{s}$$

속도 v_2: M_2, K_1, K_2, B_2 및 힘 f

$$Z_{22}(s) = sM_2 + B_2 + \frac{K_1 + K_2}{s} = \frac{M_2 s^2 + B_2 s + (K_1 + K_2)}{s}$$

속도 v_3: M_3, B_2, K_3

$$Z_{33}(s) = sM_3 + B_2 + \frac{K_3}{s} = \frac{M_3 s^2 + B_2 s + K_3}{s}$$

속도 v_1과 v_2 사이: K_1

$$Z_{12}(s) = Z_{21}(s) = -\frac{K_1}{s}$$

속도 v_1과 v_3 사이: 없음

$$Z_{13}(s) = Z_{31}(s) = 0$$

속도 v_2와 v_3 사이: B_2

$$Z_{23}(s) = Z_{32}(s) = -B_2$$

이상으로 임피던스 행렬은 다음과 같다.

$$\mathbf{Z} = \frac{1}{s}\begin{bmatrix} M_1 s^2 + B_1 s + K_1 & -K_1 & 0 \\ -K_1 & M_2 s^2 + B_2 s + (K_1 + K_2) & -B_2 \\ 0 & -B_2 & M_3 s^2 + B_2 s + K_3 \end{bmatrix}$$

그리고 속도 v_2에만 힘 f가 가해지므로 전압원 벡터는 다음과 같다.

$$\mathbf{F}_s = \begin{bmatrix} 0 \\ F(s) \\ 0 \end{bmatrix}$$

위의 두 식으로부터 운동 방정식을 구할 수 있다. 참고로 그림 4-30 의 (a)와 (b)에 대한 상사 회로는 그림 4-31 의 (a), (b)와 같다.

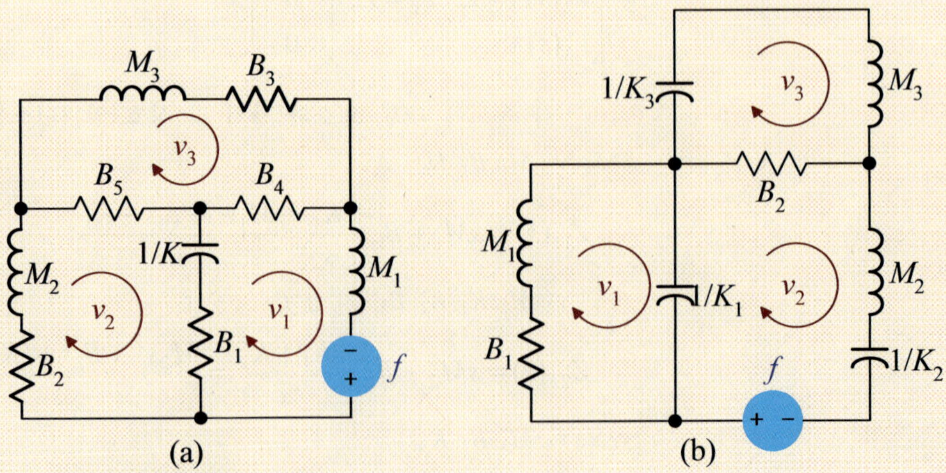

그림 4-31 그림 4-30의 각 기계계에 대한 상사 회로.

예제 4-8 그림 4-32 의 각 회전 기계계에 대한 상사 회로를 구하라.

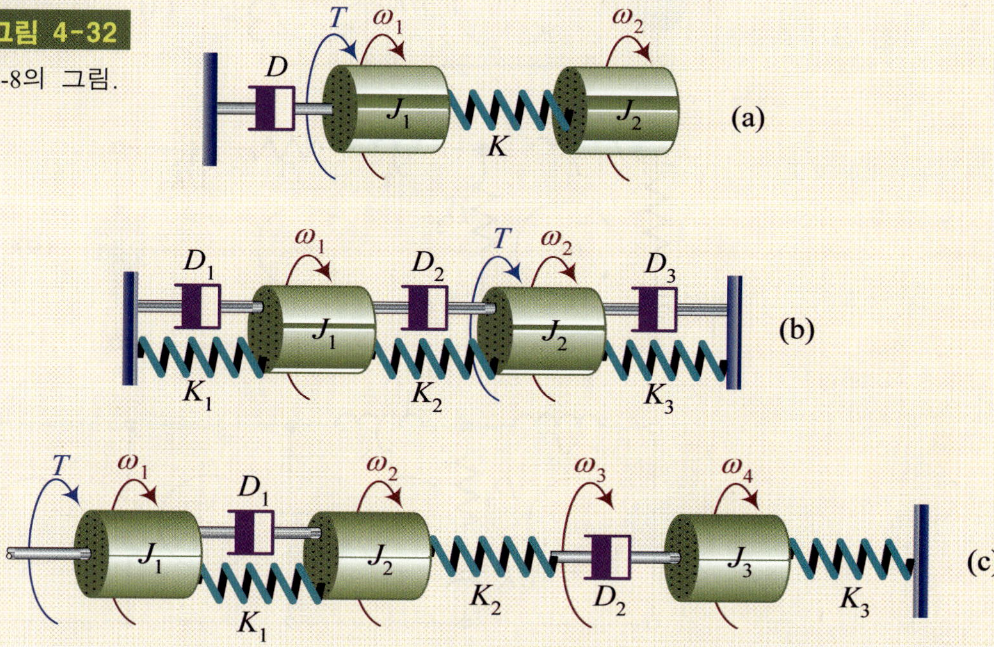

그림 4-32
예제 4-8의 그림.

풀이>> 그림 (a): 각 각속도에 대한 요소는 다음과 같다.

속도 ω_1: J_1, D, K 및 토크 T

속도 ω_2: J_2, K

속도 ω_1과 ω_2 사이: K

따라서 그림 (a)에 대한 상사 회로는 그림 4-33의 (a)와 같다.

그림 (b): 각 각속도에 대한 요소는 다음과 같다.

속도 ω_1: J_1, D_1, D_2, K_1, K_2

속도 ω_2: J_2, D_2, D_3, K_2, K_3 및 토크 T

속도 ω_1과 ω_2 사이: D_2, K_2

따라서 그림 (b)에 대한 상사 회로는 그림 4-33의 (b)와 같다.

그림 (c): 각 각속도에 대한 요소는 다음과 같다.

속도 ω_1: J_1, D_1, K_1 및 토크 T

속도 ω_2: J_2, D_1, K_1, K_2

속도 ω_3: D_2, K_2

속도 ω_4: J_3, D_2, K_3

속도 ω_1과 ω_2 사이: D_1, K_1

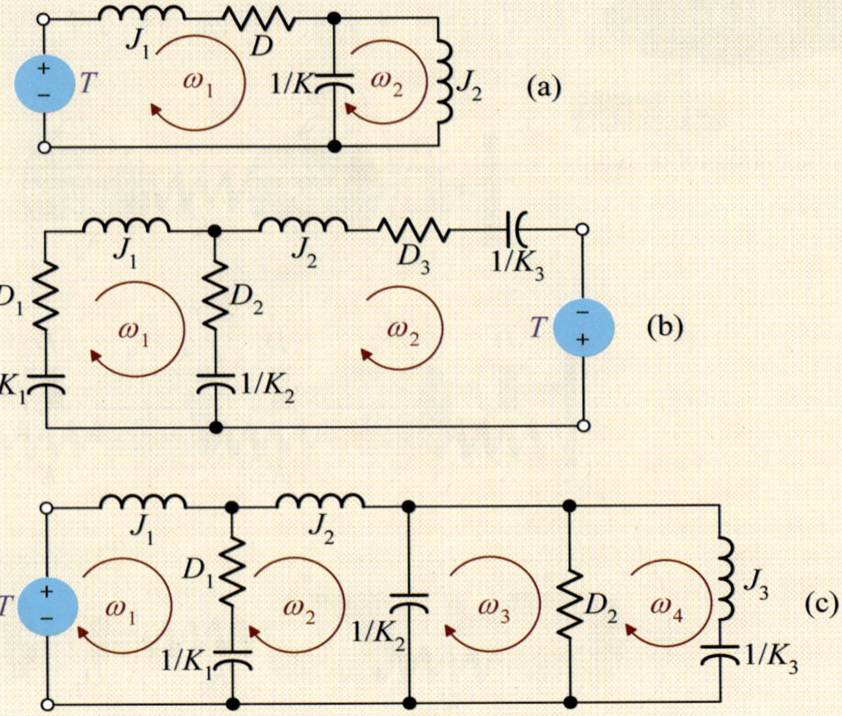

그림 4-33
그림 4-32의 각 기계계에 대한 상사 회로.

속도 ω_1과 ω_3 사이: 없음

속도 ω_1와 ω_4 사이: 없음

속도 ω_2와 ω_3 사이: K_2

속도 ω_2와 ω_4 사이: 없음

속도 ω_3와 ω_4 사이: D_2

따라서 그림 4-32(c)에 대한 상사 회로는 그림 4-33의 (c)와 같다.

기어열과 변압기

기어열이 있는 기계계의 상사 회로는 변압기를 이용하여 표현한다. 예를 들어 그림 4-34(a)의 경우를 보자. D_1과 F_{c1} 및 D_2와 F_{c2}는 회전축의 점상 마찰과 쿨롱 마찰이다. 각속도 $\omega_1(t)$에 관련된 요소는 J_1, D_1, F_{c1} 및 기어열이며 각속도 $\omega_2(t)$에 관련된 요소는 기어열 및 J_2, D_2, F_{c2}이다. 따라서 상사 회로는 그림 4-34(b)와 같으며 쿨롱 마찰은 직류 전압원 F_{c1}과 F_{c2}로 표현된다(그림 4-27(d) 참조). 그림 (a)에서 변압기의 이차측 소자들을 일차측으로 환산하면 그림 (b)와 같으며, 전압원 F_{c2}는 기어비 $n=N_1/N_2$에 비례하고 J_2와 D_2는 n의 자승에 비례함을 유의하여야 한다(식 (4-47) 참조). 반대로 변압기의 일차측을

그림 4-34

(a) 기어열이 있는 회전 기계계의 예; (b) (a)의 상사 회로; (c), (d) 임피던스 반사.

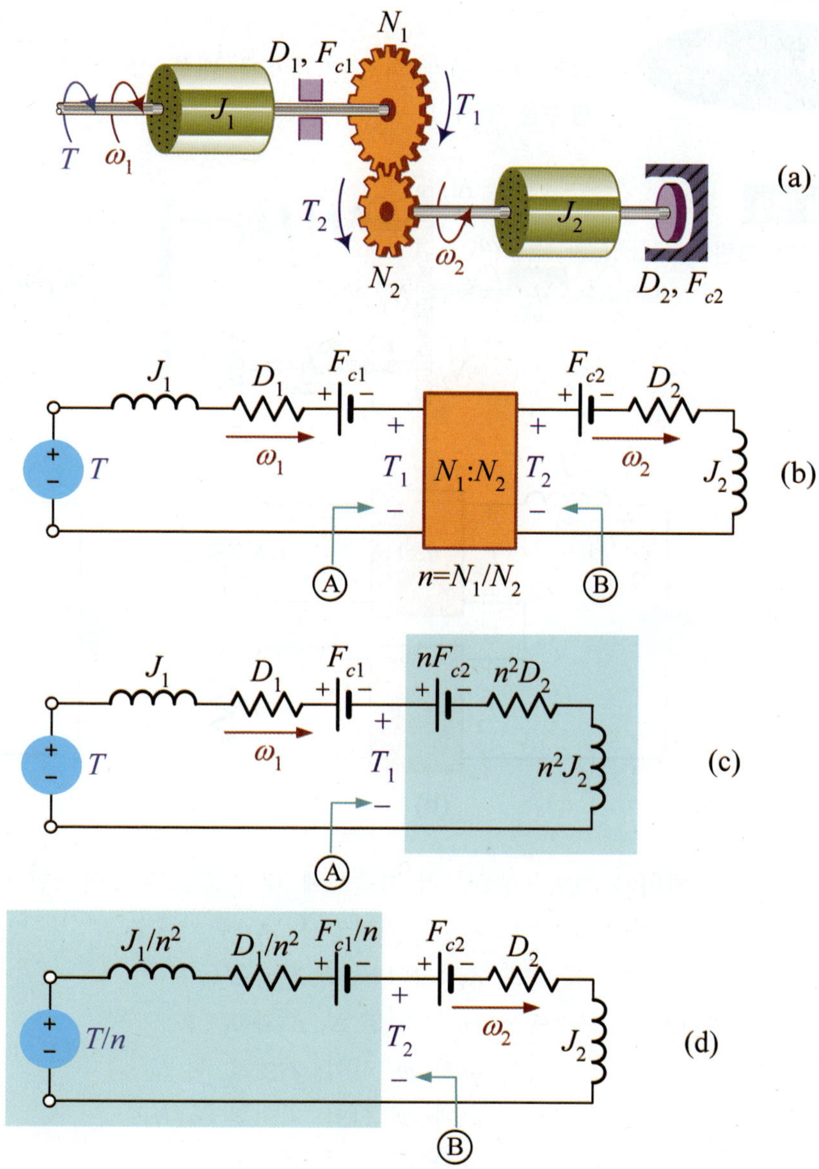

이차측으로 환산하면 그림 (d)가 됨을 알 수 있다. 그림 (c)에서 직류 전압원 F_{c1}과 F_{c2}의 라플라스 변환은 각각 F_{c1}/s과 F_{c2}/s이므로 ω_1에 대한 식을 라플라스 변환으로 구해보면 다음과 같다.

$$\Omega_1(s) = \frac{1}{(J_1 + n^2 J_2)s + (D_1 + D_2)}\left(T(s) - \frac{F_{c1} + nF_{c2}}{s}\right) \quad \text{(4-54)}$$

예제 4-9

그림 4-35(a)의 회전 기계계에 대한 상사 회로를 구하고 ω_1에 관한 전달 함수를 구하라.

그림 4-35

예제 4-9의 그림.

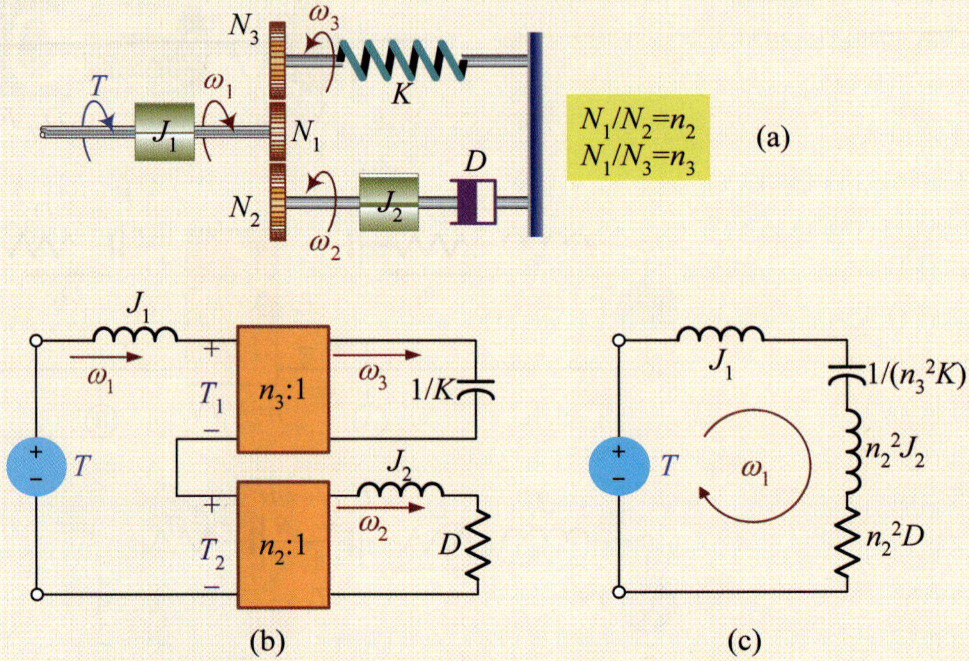

풀이>> 그림 (a)에서 각 각속도에 대한 요소를 모아보면 다음과 같다.

속도 ω_1: J_1, 기어열 N_1, N_2와 기어열 N_1, N_3 및 토크 T

속도 ω_2: 기어열 N_1, N_2와 J_2, D

속도 ω_3: 기어열 N_1, N_3와 K

속도 ω_1와 ω_2 사이: 기어열 N_1, N_2

속도 ω_1과 ω_3 사이: 기어열 N_1, N_3

속도 ω_2와 ω_3 사이: 없음

이상으로 그림 4-35(a)에 대한 상사 회로는 그림 (b)와 같으며 임피던스 변환을 이용하면 그림 (c)가 된다. 따라서 구하고자 하는 전달 함수는 다음과 같이 쉽게 구할 수 있다.

$$\frac{\Omega_1(s)}{T(s)} = \frac{s}{(J_1 + n_2^2 J_2)s^2 + n_2^2 Ds + n_3^2 K}$$

4.5 전기기계계

전기적인 요소와 기계적인 요소가 결합된 전기기계계(electromechanical system)에는 발전기, 전동기(motor)를 위시하여 다양한 소자들이 제공되고 있다. 발전기와 전동기는 그림 4-36과 같이 각각 플래밍의 오른손 법칙과 왼손 법칙을 이용한 것이다. 즉 발전기는 동력이 입력이고 전력이 출력이며, 이와 반대로 전동기는 입력이 전력이고 출력이 동력이다. 특히 직류 전동기는 제어계에서 가장 많이 사용되는 원동기(prime mover) 중 하나이다.

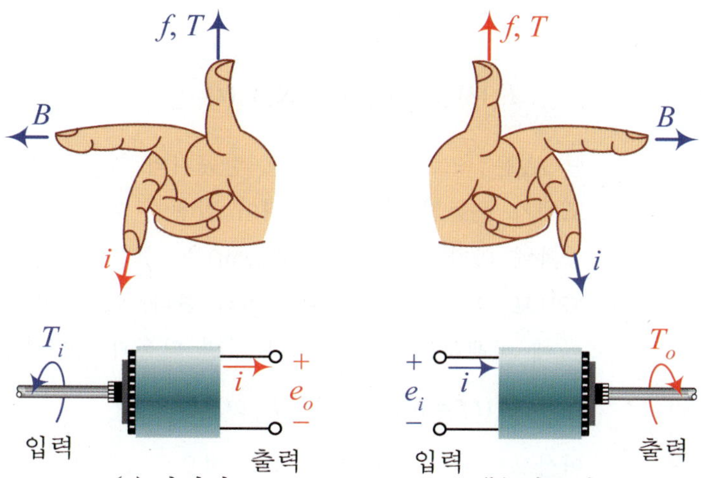

(a) 발전기 (b) 전동기

그림 4-36
(a) 플래밍의 오른손 법칙과 발전기; (b) 플래밍의 왼손 법칙과 전동기.

직류 전동기

발전기나 전동기에서 필요한 자계를 만드는 부분을 계자(界子; field)라 하며 전류가 흐르는 부분을 전기자(電機子; armateur)라 한다. 그림 4-37(a)는 계자가 영구 자석으로 된 구조이며 그림 (b)는 전자석을 계자로 한 구조이다. 그리고 원통 주위에 감은 전기자인 코일에 전류 i_a가 흐르면 그림 4-36(b)의 원리에 의해 코일에 힘이 작용함으로써 원통이 회전하게 된다. 발전기와 전동기에서는 움직이는 부분을 회전자(rotor)라 하며 고정된 부위를 고정자(stator)라 한다. 따라서 그림 4-37(b)의 경우는 전기자가 곧 회전자이며 계자가 고정자이다. 물론 이러한 구조는 전기기계의 유형에 따라 반대일 수도 있다. 정류자는 회전자가 중단하지 않고 회전하도록 매 회전마다 코일에 흐르는 전류의 방향을 바꾸어 주는 역할을 하며 정류자는 브러쉬(brush)를 통해 외부와 접속된다. 그림 4-37(b)에서 계자 전류 i_f에 비례하며 계자에는 자속 ϕ가 형성되며 전동기의 토크 T_m은 다음과 같이 ϕ와 i_a에 비례한다.

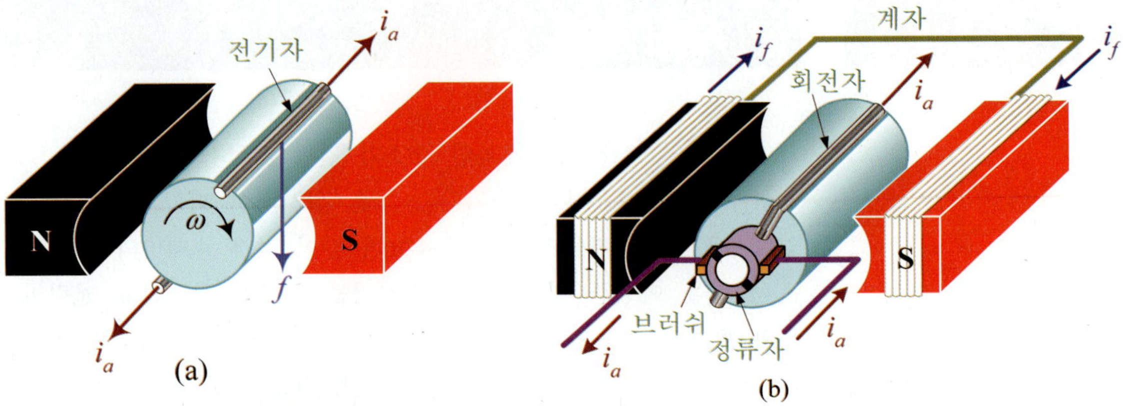

그림 4-37 직류 전동기: (a) 영구자석 계자; (b) 전자석 계자.

$$T_m(t) = K_i \phi i_a(t) = K_m i_a(t) \tag{4-55}$$

단 K_m은 토크 상수라 한다. 전동기의 회전자가 운동하기 시작하면 자계속에 도체가 운동하는 형태가 되어 발전기 효과가 함께 나타난다. 그러나 발전기 효과에 의한 기전력(起電力; emf)은 전기자 전류 i_a를 방해하는 방향으로 형성되므로 역기전력(back emf)이라 한다. 역기전력은 자속 ϕ와 전동기의 각속도 ω_m에 비례하므로 이를 e_b라 하면 다음과 같다(K_b는 역기전력 상수라 한다).

$$e_b(t) = K_i \phi \omega_m(t) = K_b \omega_m(t) \tag{4-56}$$

이상으로 직류 전동기를 도식적으로 표현하면 그림 4-38(a)와 같다. 여기서 R_a, L_a는 전기자 코일의 저항 및 인덕턴스이며 계자 전류는 I_f로 일정하다. 그리고 J_m, D_m은 회전자 자체의 관성과 점성 마찰계수이며 $Z_L(s)$는 상사 회로상에서의 부하 임피던스이다. 이상으로 전동기의 기계부를 상사 회로로 표현하면 그림 4-38(a)를 그림 (b)와 같이 하나의 전기 회로로 표현할 수 있다.

그림 4-38(b)에서 전달 함수 $I_a(s)/E_a(s)$ 및 $\Omega_m(s)/E_a(s)$를 구해보자. 먼저 $E_b(s)=K_b\Omega_m(s)$를 이용하여 전기자 전류 $I_a(s)$를 구하면 다음과 같다.

$$I_a(s) = \frac{E_a(s) - E_b(s)}{sL_a + R_a} = \frac{E_a(s) - K_b\Omega_m(s)}{sL_a + R_a} \tag{4-57}$$

다음으로 $T_m(s)=K_m I_a(s)$의 관계로부터 각속도 $\Omega_m(s)$은

$$\Omega_m(s) = \frac{T_m(s)}{sJ_m + D_m + Z_L(s)} = \frac{K_m I_a(s)}{sJ_m + D_m + Z_L(s)} \tag{4-58}$$

으로 주어진다. 위의 두 식을 연립하여 $I_a(s)/E_a(s)$ 및 $\Omega_m(s)/E_a(s)$를 구하면 다음과 같음을 알 수 있다.

그림 4-38
직류 전동기의
(a) 도식적인 표현;
(b) 상사 회로.

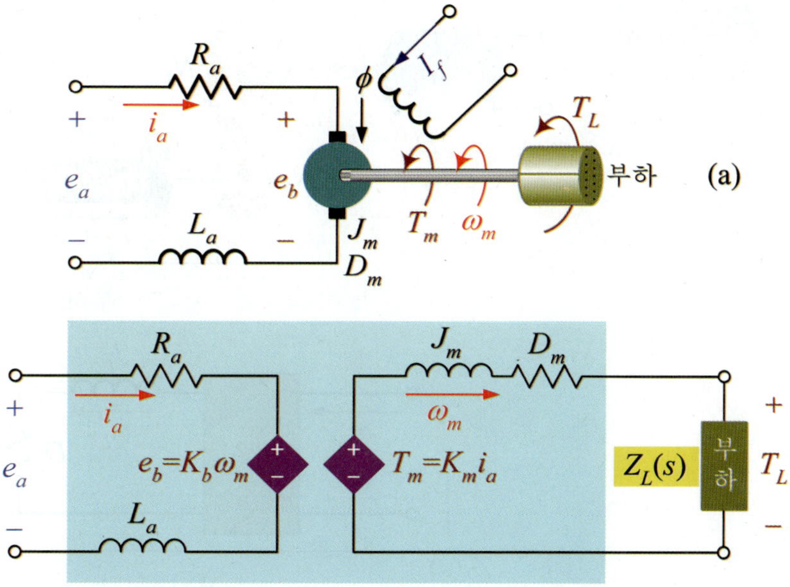

$$\begin{cases} \dfrac{I_a(s)}{E_a(s)} = \dfrac{sJ_m + D_m + Z_L(s)}{(sL_a + R_a)(sJ_m + D_m + Z_L(s)) + K_bK_m} \\ \dfrac{\Omega_m(s)}{E_a(s)} = \dfrac{K_m}{(sL_a + R_a)(sJ_m + D_m + Z_L(s)) + K_bK_m} \end{cases} \quad \textbf{(4-60)}$$

위의 식은 전동기를 이용하는 제어 시스템에서 자주 접하게 되며 부하 임피던스 $Z_L(s)$만 주어지면 전달 함수를 간단하게 구할 수 있다. 예를 들어 그림 4-39(a)에서 전달 함수 $\Omega_L(s)/E_a(s)$를 구해보자. 부하는 기어와 관성 J_L 및 마찰 D_L로 이루어지며 이에 대한 상사 회로는 그림 (b)와 같다. 따라서 기어의 임피던스 변환 기능을 이용하면 전동기에 대한 부하 임피던스 $Z_L(s)$는

$$Z_L(s) = (N_1/N_2)^2(sJ_L + D_L) \quad \textbf{(4-61)}$$

로 주어지므로 이를 식 (4-60)에 대입하면 다음과 같다.

$$\frac{\Omega_m(s)}{E_a(s)} = \frac{K_m}{(sL_a + R_a)(sJ_e + D_e) + K_bK_m} \quad \textbf{(4-62)}$$

단 J_e와 D_e는 다음과 같다.

$$J_e = J_m + (N_1/N_2)^2 J_L, \quad D_e = D_m + (N_1/N_2)^2 D_L \quad \textbf{(4-63)}$$

그리고 $\Omega_L(s)=(N_1/N_2)\Omega_m(s)$이므로 전달 함수 $\Omega_L(s)/E_a(s)$는 다음과 같이 주어짐을 알 수 있다.

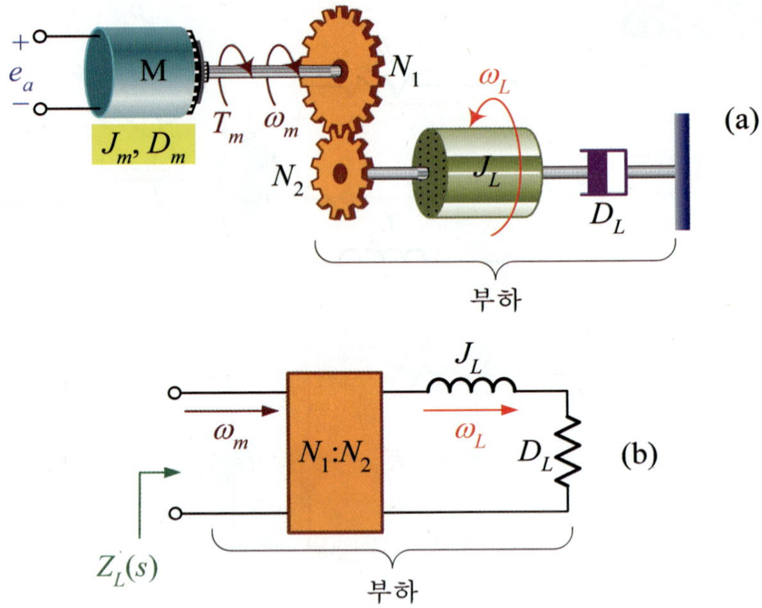

그림 4-39
(a) 전기기계계의 예;
(b) 부하의 상사 회로.

$$\frac{\Omega_L(s)}{E_a(s)} = \frac{(N_1/N_2)K_m}{(sL_a + R_a)(sJ_e + D_e) + K_b K_m} \tag{4-64}$$

전기자 코일의 인덕턴스 L_a는 비교적 작기 때문에 무시하는 경우가 많다. 이 경우는 식 (4-60)에서 L_a=0으로 하면 된다.

예제 4-10

그림 4-40(a)와 같이 관성이 크며 팔이 긴 로봇는 팔의 비틀림을 고려하여 그림 (b)와 같이 표현할 수 있으며 부하(팔)에 대한 상사 회로는 그림 (c)와 같다. 부하의 각속도 $\omega_L(t)$에 대한 전달 함수를 구하라. 단 L_a=0으로 한다.

풀이>> 그림 (c)로부터 부하의 임피던스 $Z_L(s)$를 구하면 다음과 같다.

$$Z_L(s) = \frac{K_L}{s} \Big\| (sJ_L + D_L) = \frac{K_L J_L s + K_L D_L}{J_L s^2 + D_L s + K_L}$$

그리고 식 (4-60)의 두 번째 식에서 L_a=0으로 하면 $\Omega_m(s)/E_a(s)$는

$$\frac{\Omega_m(s)}{E_a(s)} = \frac{K_m}{R_a(sJ_m + D_m + Z_L(s)) + K_b K_m}$$

또한 그림 (c)에서 ω_m과 ω_L의 관계는 전류 분배 법칙에 의해

$$\frac{\Omega_L(s)}{\Omega_m(s)} = \frac{K_L/s}{K_L/s + sJ_L + D_L} = \frac{K_L}{J_L s^2 + D_L s + K_L}$$

그림 4-40

예제 4-10 의 그림.

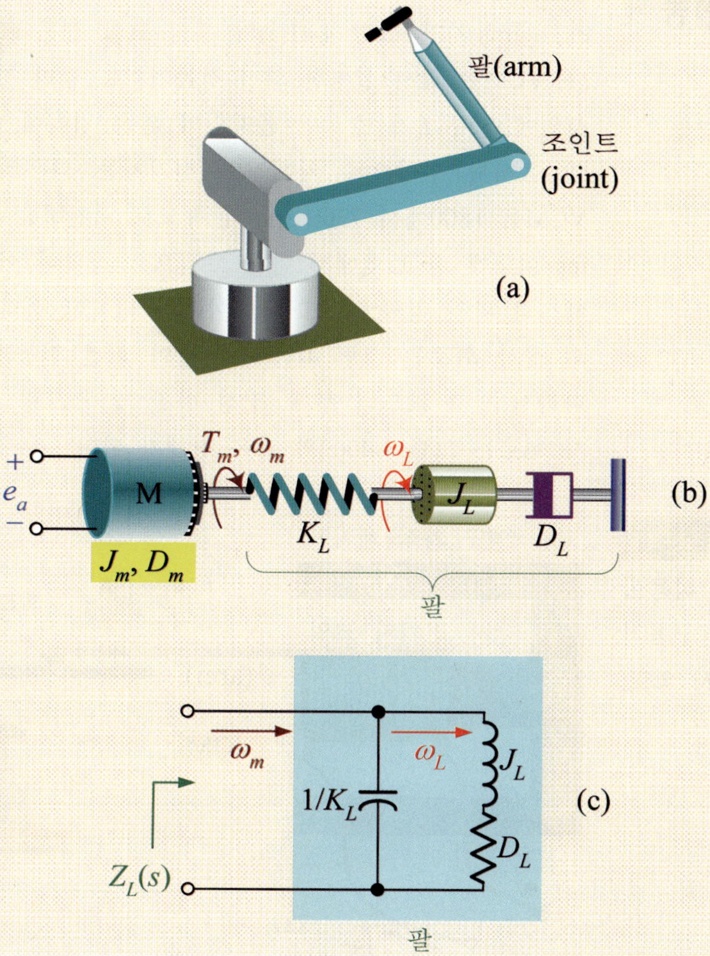

이상의 세 식을 연립하여 정리하면 전달 함수 $\Omega_L(s)/E_a(s)$는 다음과 같이 주어진다.

$$\frac{\Omega_L(s)}{E_a(s)} = \frac{b_0}{a_3 s^3 + a_2 s^2 + a_1 s + a_0}$$

$$\begin{cases} a_3 = R_a J_m J_L, \\ a_2 = R_a D_m J_L + R_a J_m D_L + K_b K_m J_L, \\ a_1 = R_a J_m K_L + R_a D_m D_L + R_a J_L K_L + K_b K_m D_L, \\ a_0 = R_a K_L D_m + R_a K_L D_L + K_b K_m K_L, \\ b_0 = K_m K_L \end{cases}$$

음성-코일 전동기

자기 디스크에 저장된 정보를 읽을 때 헤드를 정확한 위치에 두게 하는 디스크 구동기가 그림 4-41(a)의 음성-코일 전동기(voice-coil motor; VCM)이다. VCM은 앞서 설명한 회전 정동기와는 달리 직선 운동을 한다. 즉 전기자 코일에 전류 i_a가 흐르면 플래밍의 왼손 법칙에 의해 전기자에 힘 f가 그림에 표시된 방향으로 가해지며 전기자는 좌우로 직선 운동을 하게 된다. VCM은 1800에서 7200 rpm의 속도로 회전하는 디스크 상에서 헤드가 수십 ms 이내에 한 트랙에서 다른 트랙으로 정확히 이동하게 하여야 한다. 이 때 헤드의 위치 정확도는 1 μm 이하가 되어야 한다. 직선으로 운동하는 VCM의 상사 회로는 그림 4-41(b)와 같이 회전 전동기 경우와 형태가 동일하다. 따라서 팔과 헤드의 무게, 점성 마찰 및 스프링 상수를 고려하면 부하의 상사 회로는 그림 4-40(c)와 같은 형태가 된다.

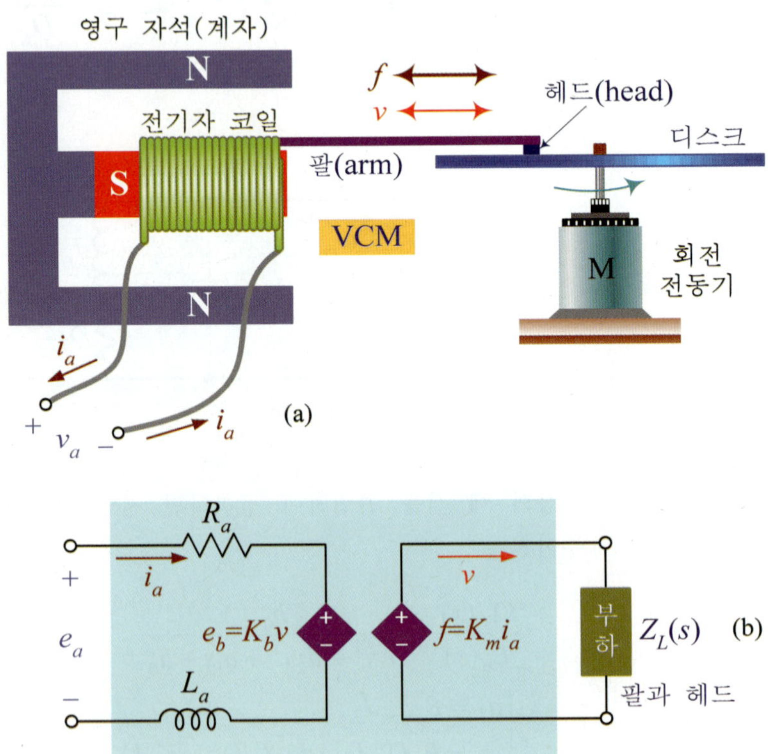

그림 4-41 VCM을 이용한 (a) 디스크 구동기 (b) 상사 회로.

회전-병진 운동계

회전 운동을 병진 운동으로 변환시키는 기계계에는 그림 4-42의 (a), (b), (c)가 있으며 그림 (d)는 이들에 대한 상사 회로이다. 톱니 바퀴와 톱니 막대로 된 그림 (a)나 도르래와 벨트로 된 그림 (b)의 경우는 각속도와 속도 사이가

$$v = r\omega \tag{4-62}$$

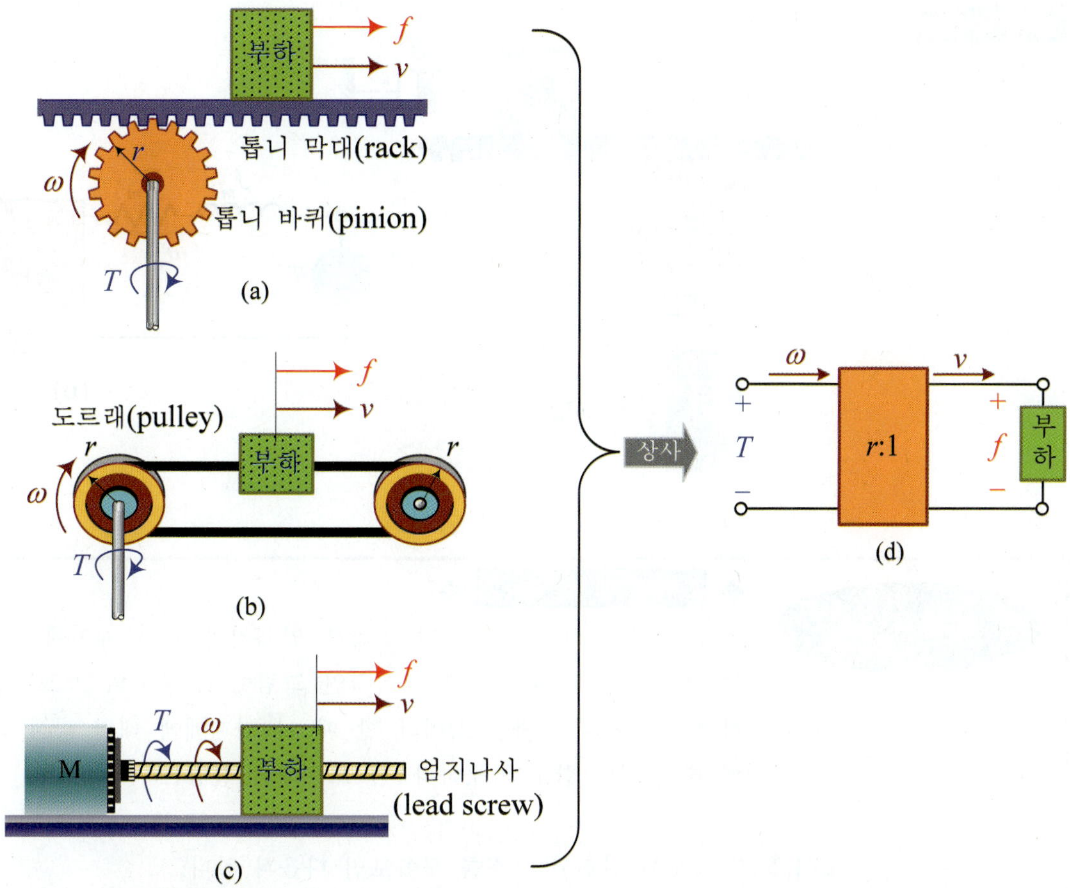

그림 4-42 회전-병진 운동계: (a) 톱니 바퀴와 톱니 막대; (b) 도르래와 벨트; (c) 전동기와 엄지나사; (d) 상사 회로.

이므로 상사 회로상에서는 그림 4-42(d)와 같이 권선비가 r인 변압기로 나타낼 수 있다(전류는 권선비에 반비례한다). 그리고 그림 4-42(c)는 전동기와 엄지나사를 결합하여 전동기의 회전 운동이 부하에는 병진 운동으로 나타나게 한다. 엄지 나사가 한 번 회전하는 동안 질량이 이동한 직선 거리를 리드(lead) L이라 하며 나사의 반경이 r이면 $L=2\pi r$이다. 그림 (c) 역시 그림 (d)의 상사 회로로 표현된다. 한 예로 그림 4-43(a)의 기계계는 그림 (b)와 같은 상사 회로로 표현할 수 있으므로 전달 함수는 다음과 같이 쉽게 구할 수 있다.

$$\frac{V(s)}{T_m(s)} = \frac{1}{(J_m/r + rM)s + D_m/r + rB} \tag{4-63}$$

그림 4-43

회전-병진 기계계 및 상사 회로의 예.

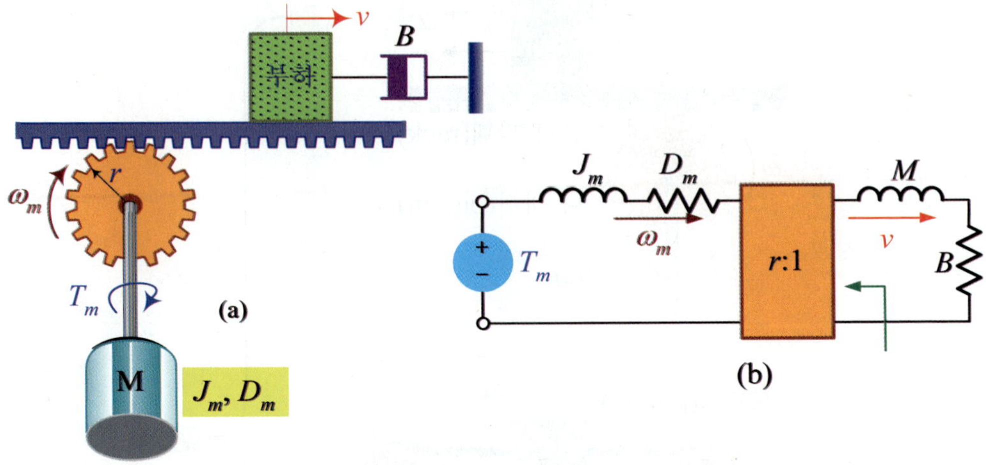

예제 4-11 ◆ **프린터 벨트 구동기** ◆

전동기 및 도르래와 벨트의 조합은 인쇄기의 위치 제어에 널리 사용되고 있으며 그림 4-44(a)는 그 도식적인 그림이다. 벨트의 스프링 계수를 K라 하며 인쇄기의 질량을 M이라 할 때 이 기계계에 대한 상사 회로 및 $v_2(t)$에 대한 전달 함수를 구하라. 단 도르래의 질량은 무시한다.

풀이>> 각 속도에 관련된 요소를 모아보면 다음과 같다:

속도 ω_m: J_m, D_m, 도르래 및 토크 T_m

속도 v_1: 도르래와 K, K

속도 v_2: M, K, K

속도 ω_m과 v_1 사이: 도르래

속도 ω_m과 v_2 사이: 없음

속도 v_1과 v_2 사이: K, K

따라서 상사 회로는 그림 4-44(b)와 같으며 변압기 일차측을 이차측으로 환산하면 그림 4-44(c)가 된다. 폐로 방정식은 직관에 의해 다음과 같다.

$$\begin{bmatrix} (J_m/r^2)s + D_m/r^2 + 2K/s & -2K/s \\ -2K/s & Ms + 2K/s \end{bmatrix} \begin{bmatrix} V_1(s) \\ V_2(s) \end{bmatrix} = \begin{bmatrix} T_m(s)/r \\ 0 \end{bmatrix}$$

행렬식은 약간의 계산을 거치면

$$\Delta = \frac{J_m M s^3 + D_m M s^2 + 2K(J_m + r^2 M)s + 2KD_m}{r^2 s}$$

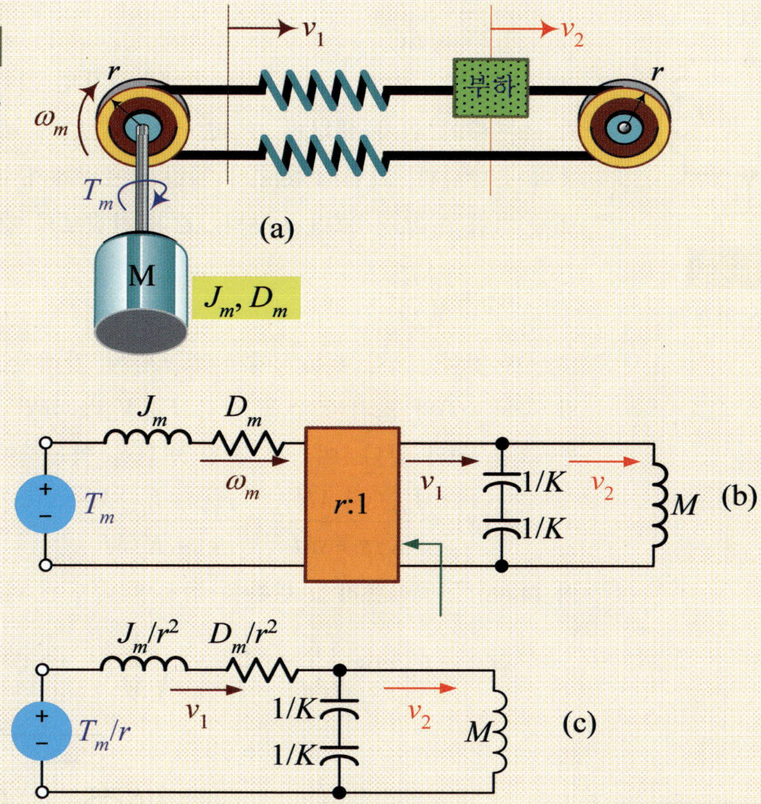

그림 4-44
예제 4-11의 그림.

따라서 전달 함수는 다음과 같다.

$$\frac{V_2(s)}{T_m(s)} = \frac{2rK}{J_m Ms^3 + D_m Ms^2 + 2K(J_m + r^2 M)s + 2KD_m}$$

4.6 기계계의 진동

진동은 물체나 물체계가 평형 상태를 중심으로 주기적으로 운동하는 것이다. 진동이 일어나는 이유는 에너지 저장 소자들간에 일어나는 에너지 교환 때문이며 좋은 예가 전기계의 LC 공진 회로이다(그림 4-45). 즉 커페시터에 축적된 위치(potential) 에너지 $W_C=Ce^2/2$과 인덕터에 축적된 운동(kinetic) 에너지 $W_L=Li^2/2$가 서로 교환되며 에너지 교환 주파수, 즉 진동 주파수 ω_o는

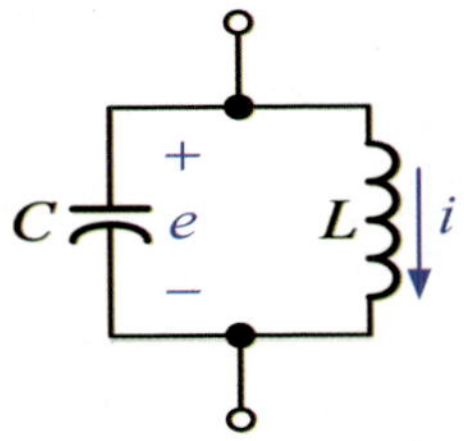

그림 4-45

LC 공진회로.

$$\omega_o = \frac{1}{\sqrt{LC}} \tag{4-64}$$

로 주어진다. 이와 마찬가지로 기계계에서도 질량의 운동 에너지 $W_M=Mv^2/2$ 과 스프링의 위치 에너지 $W_K=Ky^2/2=f^2/(2K)$이 서로 교환되면서 기계적인 진동이 유발된다. 그림 4-46(a)의 질량-스프링계가 가장 간단한 예이며 상사 회로가 그림 (b)로서 그림 4-45의 *LC* 공진회로와 같다. 즉 진동 주파수 ω_o는

$$\omega_o = \sqrt{\frac{K}{M}} \tag{4-65}$$

로 주어진다. 그림 4-46(a)에서 스프링에 가해지는 힘 $f(t)$의 초기 조건과 질량 속도 $v(t)$의 초기 조건을 각각 F_O, V_O라 하면 그림 (b)에 대한 s-영역 회로는 그림 (c)와 같다. 여기서 전원 변환을 이용하여 $V(s)$에 대해 풀면

$$V(s) = \frac{V_O/s + MF_O}{K/s + sM} = \frac{F_O s + V_O/M}{s^2 + K/M} \tag{4-66}$$

식 (4-66)의 역라플라스 변환을 취하면 속도는 다음과 같다.

$$v(t) = F_O \cos\sqrt{\frac{K}{M}}t + \frac{V_O}{K}\sin\sqrt{\frac{K}{M}}t, \quad t \ge 0 \tag{4-67}$$

그림 4-46

질량-스프링계에서의 공진 현상.

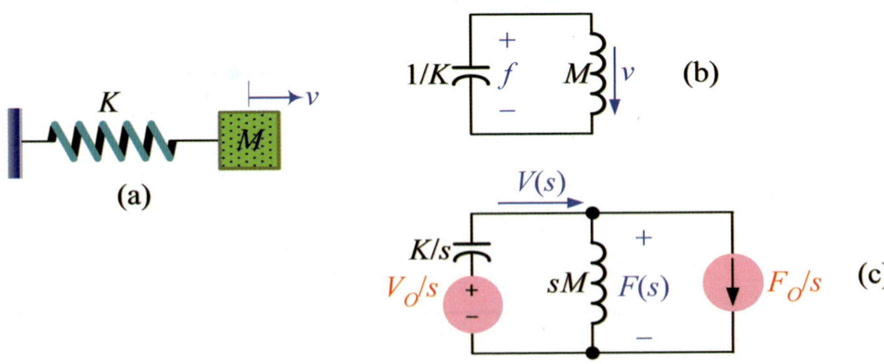

예제 4-12 그림 4-47(a)의 질량-스프링계에서 스프링의 초기 변위는 θ_O이며 질량의 초기 각속도는 0이다. 각 요소들의 값이 다음과 같을 때 속도 $\omega(t)$, $t\ge0$을 구하라.

$$M=1\text{ kg},\ K=10^{-4}\text{ N-m/rad},\ D=10^{-4}\text{ N-m/rad},\ l=0.5\text{ m},\ \theta_O=2000°$$

풀이>> 질량 M의 관성은 $Ml^2=0.25$ kg-m^{2}이므로 회전계의 전체 관성은 $J=0.5$ kg-m^{2}이다. 그림 4-47(a)의 세 요소는 모두 속도가 같으므로 상사 회로는

그림 4-47
예제 4-12의 그림.

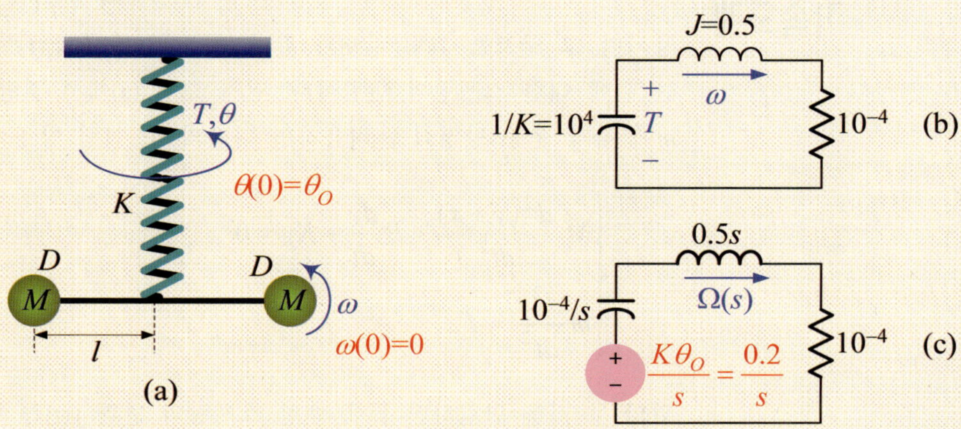

그림 (b)와 같이 직렬 회로가 된다. 각속도의 초기 조건은 0이며 스프링에 가해지는 토크 T의 초기 조건은 $T(0)=K\theta(0)=K\theta_O=0.2$이다. 따라서 그림 4-47(b)에 대한 s-영역 회로는 그림 (c)와 같으므로 $\Omega(s)$는 다음과 같이 구할 수 있다.

$$\Omega(s)=\frac{0.2/s}{0.5s+10^{-4}+\dfrac{10^{-4}}{s}}=\frac{0.4}{s^2+(2\times10^{-4})s+2\times10^{-4}}$$

위의 식을 표준 형태로 고치면 다음과 같다.

$$\Omega(s)=\frac{2000\omega_n}{s^2+2\zeta\omega_n s+\omega_n^2}$$

$$\omega_n=\sqrt{2\times10^{-4}}=0.0141,\quad \zeta=\frac{10^{-4}}{\sqrt{2}\times10^{-2}}=0.0071$$

이상으로 $\Omega(s)$에 대한 역라플라스 변환은 다음과 같다.

$$\omega(t)=\frac{\omega_n}{\sqrt{1-\zeta^2}}e^{-\zeta\omega_n t}\sin\omega_n\sqrt{1-\zeta^2}\,t\cong 0.0141e^{-10^{-4}t}\sin 0.0141t$$

따라서 감쇄가 매우 적은 진동이 이루어진다.

현실적인 어떠한 기계계에서도 마찰 요소가 없을 수 없으며 전기계 역시 저항 성분이 없을 수 없다. 위의 예제를 통해 알 수 있듯이 2차 기계계의 감쇄 진동 운동은 마찰에 따라 감쇄 정도가 결정되며 마찰이 어느 이상 크면 단순한 감쇄 운동을 하게 된다. 감쇄 진동을 하는 2차 이상의 기계계는 여러 가지로 응용되며 여기서는 가속도계와 현가장치에 대해 설명한다.

가속도계

가속도계(accelerometer)는 항공기 등에 탑재되어 가속도를 측정하는데 사용되며 그 구조는 그림 4-48과 같다. 두 그림에서 $x(t)$는 틀의 변위이며 $y(t)$는 틀에 대한 스프링의 변위이다. 먼저 그림 (a)에서 질량 M에 및 틀의 질량 m에 각각 운동 방정식을 적용하면 다음의 두 연립 방정식을 얻을 수 있다.

$$\begin{cases} M\dfrac{d^2(y+x)}{dt^2}+B\dfrac{dy}{dt}+Ky=0 \\ m\dfrac{d^2x}{dt^2}=f \end{cases} \tag{4-68}$$

위의 두 식을 연립하면 틀에 대한 스프링의 변위 $y(t)$는 다음과 같다.

$$\frac{d^2y}{dt^2}+\frac{B}{M}\frac{dy}{dt}+\frac{K}{M}y=-\frac{d^2x}{dt^2} \tag{4-69a}$$

또는

$$\frac{d^2y}{dt^2}+\frac{B}{M}\frac{dy}{dt}+\frac{K}{M}y=-\frac{1}{m}f \tag{4-69b}$$

식 (4-69a)로부터 x와 y 사이의 전달 함수를 구하면

$$\frac{Y(s)}{X(s)}=\frac{-s^2}{s^2+(B/M)s+K/M} \tag{4-70}$$

위의 식에서 진동 주파수

$$\omega_n=\sqrt{\frac{K}{M}} \tag{4-71}$$

에 비해 낮은 주파수 영역, 즉 $\omega < \omega_n$에서는 식 (4-70)의 주파수 응답은 다음과 같이 근사화할 수 있다.

$$\frac{Y(j\omega)}{X(j\omega)}=\frac{\omega^2}{\omega_n^2-\omega^2+j\omega(B/M)}\cong\frac{\omega^2}{\omega_n^2}=\frac{\omega^2}{K/M} \tag{4-72}$$

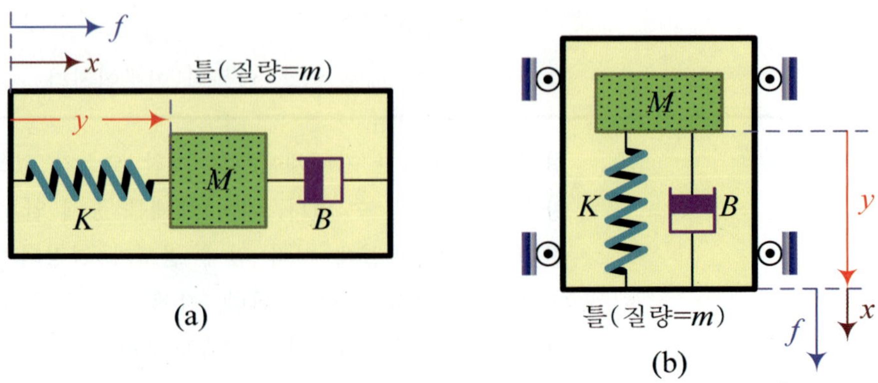

그림 4-48
가속도계.

주파수 응답이 주파수 자승에 비례하는 시스템은 이중 미분기 특성이다. 따라서 식 (4-72)는 $y(t)$가 $x(t)$의 이차 미분, 즉 틀의 가속도에 비례한다는 것을 보여준다. 그림 4-48(b)역시 이와 동일하다.

예제 4-13

그림 4-49는 가속도를 측정하고자 하는 질량 M_s의 물체에 가속도계를 탑재한 것이며 $M_s >> m$으로 한다.

(a) 다음과 같은 조건에서 $y(t)$의 미분 방정식을 구하라.

$$B/M = 3, \quad K/M = 2$$

(b) $f(t)=M_s u_s(t)$일 때(가속도 $a=u_s(t)$)로 할 때 $y(t)$의 시간 함수를 구하라. 단

$$y(0) = -1, \quad \dot{y}(0) = 2$$

로 한다.

그림 4-49

예제 4-13의 그림.

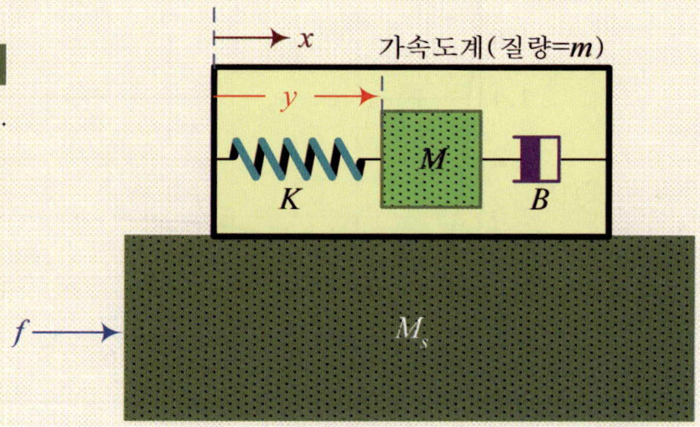

풀이>> (a) 힘 f가 작용하는 전체 질량이 $M_s + m \cong M_s$이므로 식 (4-68b)에서 m 대신 M_s를 대입하면 y의 미분 방정식은 다음과 같다.

$$\frac{d^2y}{dt^2} + 3\frac{dy}{dt} + 2y = -\frac{1}{M_s}f = -u_s(t)$$

(b) 위의 식에 라플라스 변환을 취하면

$$s^2Y(s) - sy(0) - \dot{y}(0) + 3(sY(s) - y(0)) + 2Y(s) = -\frac{1}{s}$$

따라서 $y(t)$의 주어진 초기 조건들을 대입하면

$$Y(s) = -\frac{s^2+s+1}{s(s^2+3s+2)} = -\frac{s^2+s+1}{s(s+1)(s+2)}$$

위의 식을 부분 분수로 전개하면

$$Y(s) = -\frac{0.5}{s} + \frac{1}{s+1} - \frac{1.5}{s+2}$$

따라서

$$y(t) = \left(-\frac{1}{2} + e^{-t} - 1.5e^{-2t}\right)u_s(t)$$

스프링 변위 $y(t)$의 파형은 그림 4-50과 같으며 약 5초 후부터 가속도 a=1에 비례하기 시작함을 알 수 있다. 만일 이 경과 시간이 길다면 스프링 계수 K와 마찰계수 B는 더 크게 하고 질량 M은 더 작게하면 과도 시간을 단축시킬 수 있다.

그림 4-50

그림 4-49의 $y(t)$.

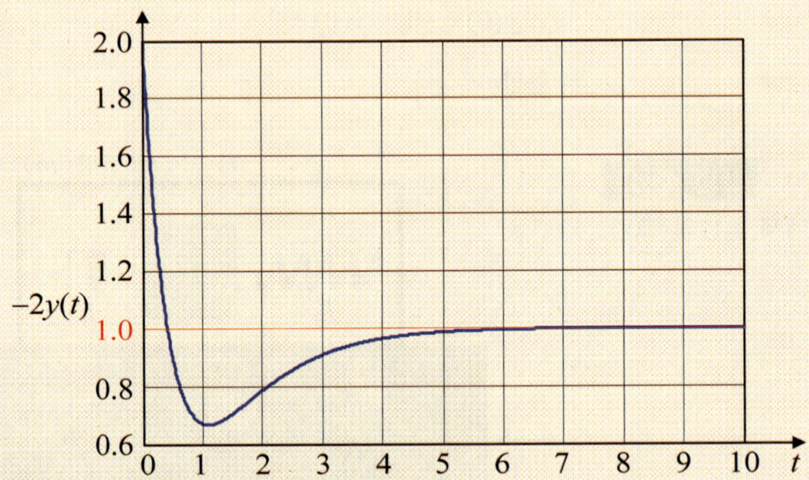

현가(懸架) 장치

단단한 물체간의 직집적인 충돌은 물체에 충격을 줄 수 있으므로 충격을 흡수하는 현가 장치(suspension)는 자동차 등에 표준 장비로 채택되고 있다. 그림 4-51(a)는 특정 주파수의 진동을 흡수하여 속도 v_1에 전달되지 않도록 한다. 그림 (a)의 그 상사 회로는 그림 (b)이며 임피던스 행렬은 직관에 의해

$$\mathbf{Z} = \frac{1}{s}\begin{bmatrix} M_1 s^2 + Bs + (K_1 + K_2) & -K_2 \\ -K_2 & M_2 s^2 + K_2 \end{bmatrix} \tag{4-73}$$

전압원 벡터는

$$\mathbf{F}_s = \begin{bmatrix} F(s) \\ 0 \end{bmatrix} \tag{4-74}$$

따라서 폐로 방정식 $\mathbf{ZV}=\mathbf{F}_s$로부터 $V_1(s)$에 관한 전달 함수는 다음과 같은 형

그림 4-51

특정 주파수의 진동을 흡수하는 충격 흡수기: (a) 기계계; (b) 상사 회로; (c) 공진 주파수에서의 등가회로.

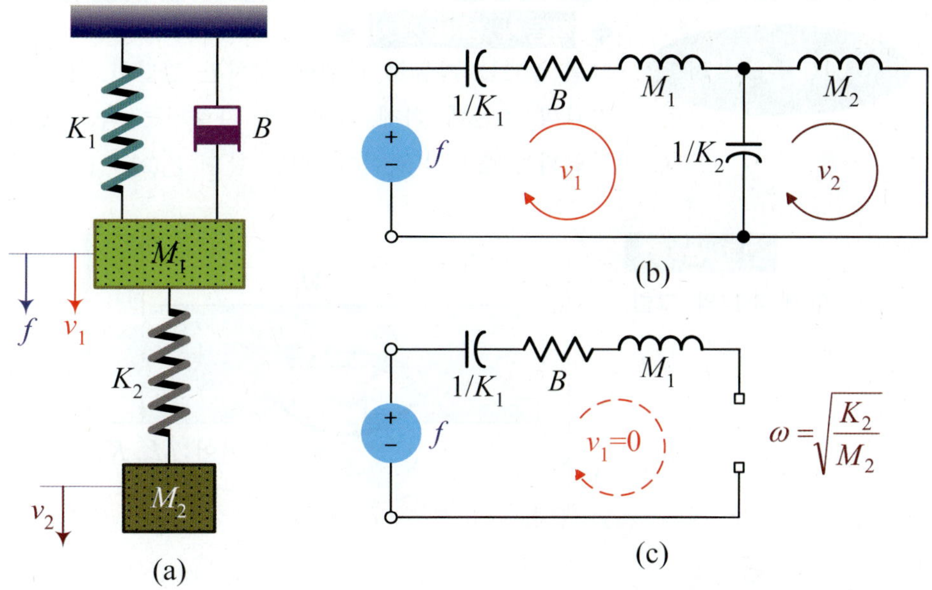

태로 주어지게 된다.

$$\frac{V_1(s)}{F(s)} = \frac{M_2 s^2 + K_2}{|\mathbf{Z}|} \tag{4-75}$$

약간의 계산 끝에 행렬식을 구하면 식 (4-75)는 다음과 같음을 알 수 있다.

$$\frac{V_1(s)}{F(s)} = \frac{s(M_2 s^2 + K_2)}{a_4 s^4 + a_3 s^3 + a_2 s^2 + a_1 s + a_0}$$
$$\begin{pmatrix} a_4 = M_1 M_2, \quad a_3 = B M_2, \quad a_2 = M_1 K_2 + M_2 K_1 + M_2 K_2, \\ a_1 = B K_2, \quad a_0 = K_1 K_2 \end{pmatrix} \tag{4-76}$$

여기서 중요한 것은 전달 함수의 분자의 특성으로서 특정 주파수

$$\omega = \omega_n = \sqrt{\frac{K_2}{M_2}} \tag{4-77}$$

에서는 분모의 크기가 0이 된다. 따라서 이 주파수 성분의 힘은 M_1의 속도 v_1에는 나타나지 않게 된다는 것이다. 이 원리를 회로적으로 설명한 것이 그림 4-51(c)이다. 병렬 LC 공진 회로는 공진 주파수에서 임피던스가 무한대이므로 개방 회로로 동작한다. 따라서 그림 (b)에서 커페시터 $1/K_2$과 인덕터 M_2의 병렬 결합은 식 (4-76)의 주파수에서는 개방 회로와 같으므로 그림 (c)가 된다. 따라서 $v_1(t)$는 자연히 0이 되는 것이다.

예제 4-14

◆ **자동차 현가 장치** ◆

그림 4-52는 자동차 바퀴에 설치된 간단한 현가 장치 모습이다. 속도 v_g는 길과의 충돌에 의해 타이어에 가해지는 속도 변화이며 이로 인해 차체에 전달되는 속도가 v_1이다. 전달 함수 $V_1(s)/V_g(s)$를 구하라.

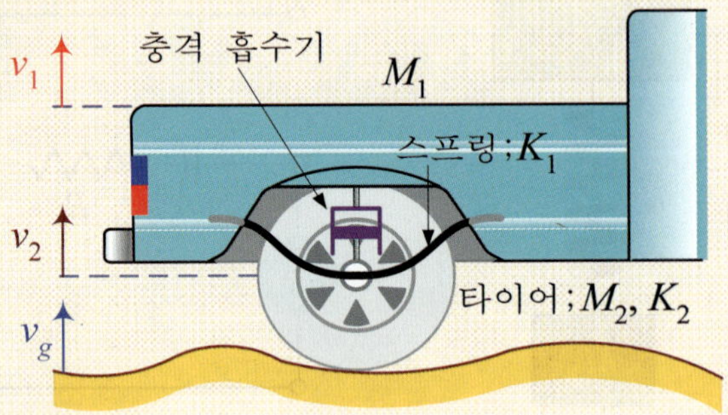

그림 4-52 예제 4-14의 그림.

풀이>> 그림 4-52에 대한 s-영역의 상사 회로는 그림 4-53(a)이며 타이어에 가해지는 속도는 전류원으로 표현된다. 폐로 수를 줄이기 위해 간단한 전원 변환을 이용하면 그림 4-53(a)는 (b)로 바꿀 수 있다. 이로부터 직관에 의해 임피던스 행렬 및 전압원 벡터를 구하면 다음과 같다.

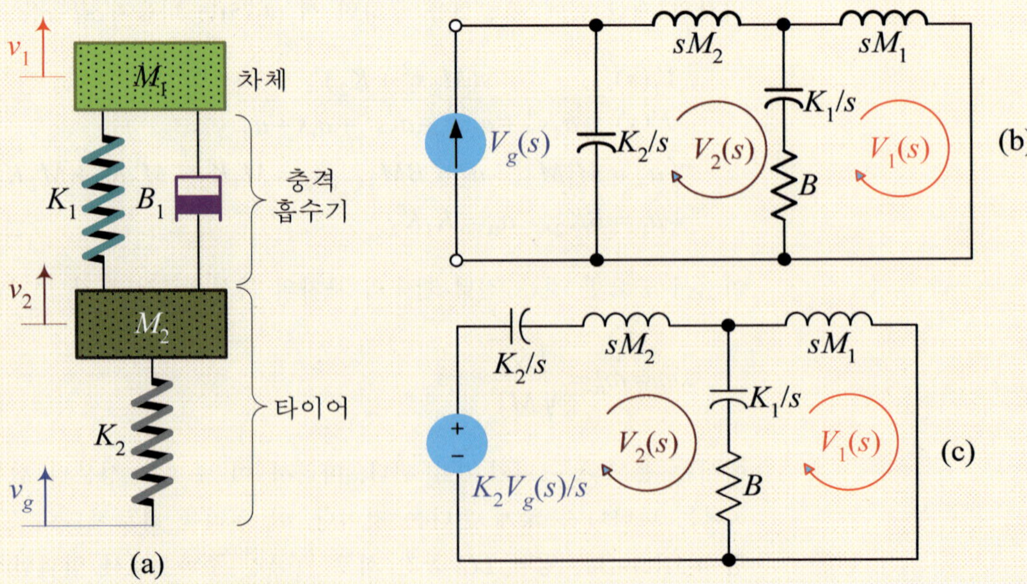

그림 4-53 그림 14-52의 (a) 상사 회로; (b) 전원 변환에 의한 등가 회로.

$$\mathbf{Z} = \frac{1}{s}\begin{bmatrix} M_1 s^2 + Bs + K_1 & -Bs - K_1 \\ -Bs - K_1 & M_2 s^2 + Bs + (K_1 + K_2) \end{bmatrix}$$

$$\mathbf{F}_s = \begin{bmatrix} 0 \\ K_2 V_g(s)/s \end{bmatrix}$$

위의 두 식으로부터 $V_1(s)$를 구하면

$$V_1(s) = \frac{(Bs + K_1)}{|\mathbf{Z}|} \times \frac{K_2 V_g(s)}{s}$$

이므로 전달 함수는

$$\frac{V_1(s)}{V_g(s)} = \frac{K_2(Bs + K_1)}{s|\mathbf{Z}|}$$

그리고 약간의 계산을 거쳐 $|\mathbf{Z}|$를 구해보면 전달 함수는 다음과 같다.

$$\frac{V_1(s)}{V_g(s)} = \frac{K_2 s(Bs + K_1)}{a_4 s^4 + a_3 s^3 + a_2 s^2 + a_1 s + a_0}$$

4.7 시스템의 선형화

실제 물리계는 그 변수들이 어느 범위 이내에 있을 때만 선형적인 동작을 한다. 그러나 변수들의 계속 증가하면 궁극적으로는 비선형적인 시스템으로 동작하게 된다. 예를 들어 스프링의 경우 변위가 어느 한도 이내로 작을 때만 힘과 비례하지만 만일 변위가 계속 증가한다면 스프링은 끊어지고 말 것이다. 물리계의 선형성은 입력과 출력의 관계로 판단하며 중첩의 원리가 성립되는 경우를 선형 시스템이라 한다. 그러나 비선형적인 시스템이라도 동작점을 중심으로 변수들이 충분히 작은 폭으로 변할 경우는 선형적으로 근사화할 수 있다. 특히 다음과 같은 근사화는 잘 알려져 있는 것들이다.

$$\begin{aligned} &(1+x)^n \cong 1 + nx \quad (x << 1) \\ &e^x \cong 1 + x \quad (x << 1) \\ &\sin x \cong x \quad (x << 1 \text{ radian}) \\ &\cos x \cong 1 \quad (x << 1 \text{ radian}) \end{aligned} \tag{4-78}$$

위의 근사식들은 테일러 급수로부터 유도된 것이다. 즉 임의의 함수 $y=f(x)$는 동작점 $x=x_o$를 중심으로 다음과 같이 테일러 급수로 전개할 수 있다.

$$y = f(x_o) + \frac{1}{1!} f^{(1)}(x_o)(x - x_o) + \frac{1}{2!} f^{(2)}(x_o)(x - x_o)^2 + \cdots \tag{4-79}$$

그러나 선형화를 위해서는 다음과 같이 일차 도함수 항까지만 취한다.

$$y \cong f(x_o) + f^{(1)}(x_o)(x - x_o) \tag{4-80}$$

함수의 동작점을 $y_o=f(x_o)$라 하고 동작점 x_o, y_o를 중심으로 한 변화를

$$x_\delta = x - x_o, \quad y_\delta = y - y_o \tag{4-81}$$

로 표현하면 식 (4-79)는 다음과 같이 선형적으로 표현된다.

$$y_\delta \cong f^{(1)}(x_o) x_\delta \tag{4-82}$$

위의 결과를 다변수 함수 $y=f(x_1, x_2, \ldots)$일 경우로 확장하면 미분 대신 편미분을 이용하여 다음과 같이 근사적으로 선형화할 수 있다.

$$y_\delta \cong \left.\frac{\partial f}{\partial x_1}\right|_{\substack{x_1=x_{1o} \\ x_2=x_{2o} \\ \vdots}} x_{1\delta} + \left.\frac{\partial f}{\partial x_2}\right|_{\substack{x_1=x_{1o} \\ x_2=x_{2o} \\ \vdots}} x_{2\delta} + \cdots \tag{4-83}$$

그러나 대부분의 경우는 식 (4-77)을 이용하여 선형화할 수 있다.

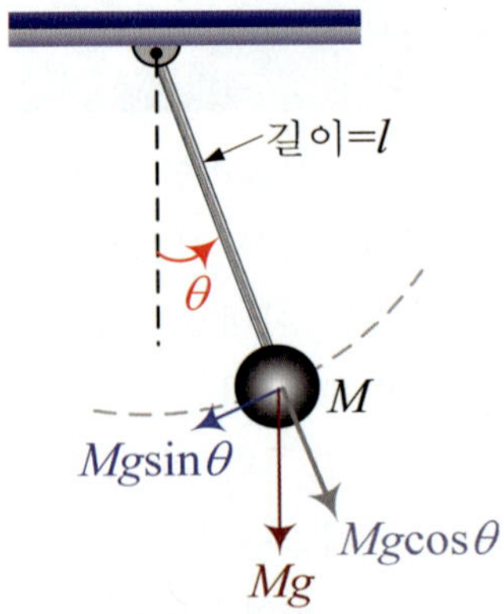

그림 4-54
진자의 진동.

그림 4-54의 진자(pendulum) 운동에서 변위가 θ일 때 질량에 작용하는 힘의 모멘트, 즉 토크는

$$T = Mgl \sin\theta \tag{4-84}$$

이다. 만일 θ가 동작점 $\theta_o=0°$를 중심으로 ±1 radian 이내에서 변한다면 다음과 같이 근사화할 수 있다(식 (4-77)).

$$T \cong Mgl\theta \tag{4-85}$$

마찰계수 D와 질량 M의 관성 $J=Ml^2$을 이용하면 운동 방정식은 다음과 같이 근사적으로 선형화 된다(θ와 토크의 방향은 반대이므로 부호를 유의할 것).

$$-J\frac{d^2\theta}{dt^2} - D\frac{d\theta}{dt} = Mgl\theta \tag{4-86}$$

또는

$$J\frac{d^2\theta}{dt^2} + D\frac{d\theta}{dt} + Mgl\theta = 0 \tag{4-87}$$

예제 4-15

그림 4-55(a)는 전자석을 이용하여 쇠공을 공중에 유지시키는 시스템으로 전자석과 쇠공 사이의 인력은 다음과 같이 주어진다고 한다.

$$f = k\frac{i^2}{y}$$

전자석과 쇠공 사이의 거리가 동작점을 중심으로 조금씩 변할 때 이 시스템을 근사적으로 선형화해 보도록 한다. 먼저 그림 4-55(a)를 상사 회로로 표현하면 그림 (b)와 같으며 L과 R은 각각 전자석 코일의 인덕턴스와 저항이다. 그리고 쇠공에 작용하는 힘은 전자석 인력 f와 중력 W 두 가지이다. 그 중 W는 v와 방향이 일치하므로 그림 (b)와 같은 극성의 전압원으로 표현된다. 반면에 인력 f는 종속 전압원으로 표현되며 극성은 v의 방향과 반대로 표시된다. 전류 i 및 위치 y의 동작점을 각각 i_o, y_o라 하면 다음을 만

그림 4-55

예제 4-15의 그림.

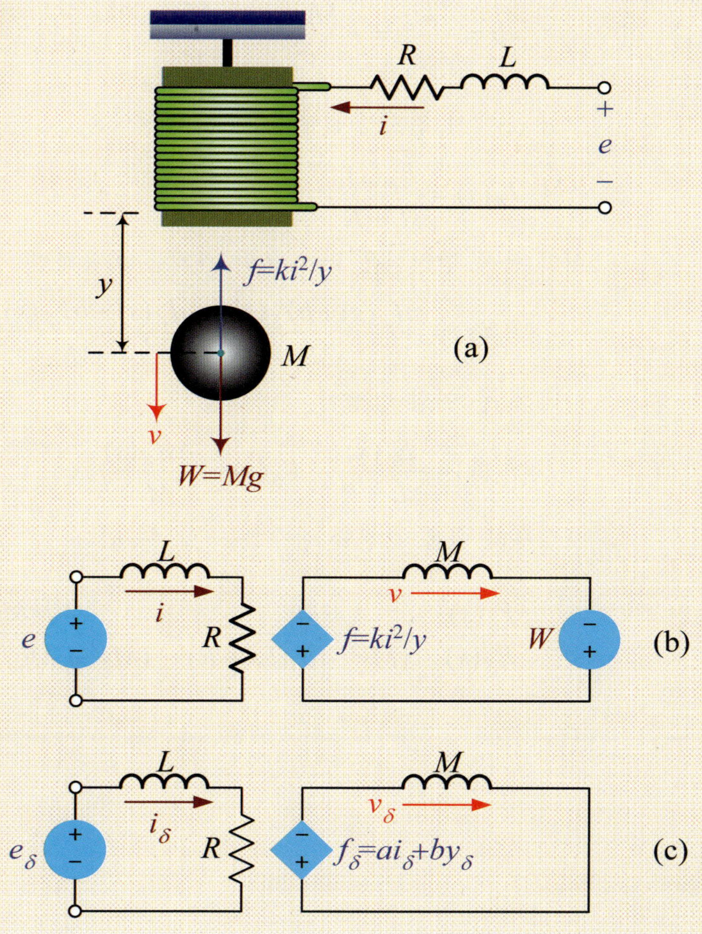

족한다.

$$k\frac{i_o^2}{y_o} = Mg$$

동작점을 중심으로 $f=ky^{-1}i^2$를 선형화하면 다음과 같다.

$$f_\delta \cong \frac{\partial f}{\partial i}\bigg|_{\substack{i=i_o \\ y=y_o}} i_\delta + \frac{\partial f}{\partial y}\bigg|_{\substack{i=i_o \\ y=y_o}} y_\delta = \left(\frac{2ki_o}{y_o}\right)i_\delta - \left(\frac{ki_o^2}{y_o^2}\right)y_\delta$$

따라서 그림 (b)는 동작점을 중심으로 그림 (c)로 선형화되며 동작점을 이용하면 a, b는 다음과 같다.

$$\begin{cases} a = \dfrac{2ki_o}{y_o} = \dfrac{2k\sqrt{Mgy_o/k}}{y_o} = 2\sqrt{kMg/y_o} \\ b = -\dfrac{ki_o^2}{y_o^2} = -\dfrac{Mgy_o}{y_o^2} = -\dfrac{Mg}{y_o} \end{cases}$$

그림 (c)에서 전자석에 관한 회로 방정식은

$$I_\delta(s) = \frac{E_\delta(s)}{sL+R}$$

이며 운동 방정식은 $v=dy/dt$의 관계를 이용하면

$$V_\delta(s) = \frac{aI_\delta(s)+bY_\delta(s)}{sM} = \frac{aI_\delta(s)+bV_\delta(s)/s}{sM}$$

따라서 두 연립 방정식

$$I_\delta(s) = \frac{E_\delta(s)}{sL+R}, \quad V_\delta(s) = \frac{asI_\delta(s)}{s^2M-b}$$

으로부터 다음의 전달 함수를 구할 수 있다.

$$\frac{V_\delta(s)}{E_\delta(s)} = \frac{as}{(Ms^2-b)(Ls+R)} = \frac{2\sqrt{kMg/y_o}\,s}{(Ms^2+Mg/y_o)(Ls+R)}$$

예제 4-16

◆ **자기부상 열차** ◆

그림 4-56은 자기부상 열차(MAGLEV; MAGnetic LEVitation)의 원리를 보여준다. 부상 코일에 흐르는 전류에 의한 부상력이 $f=ki^2/y^2$이며 차량의 질량을 M이라 할 때 이 시스템을 근사적으로 선형화하라.

그림 4-56

예제 4-16의 그림.

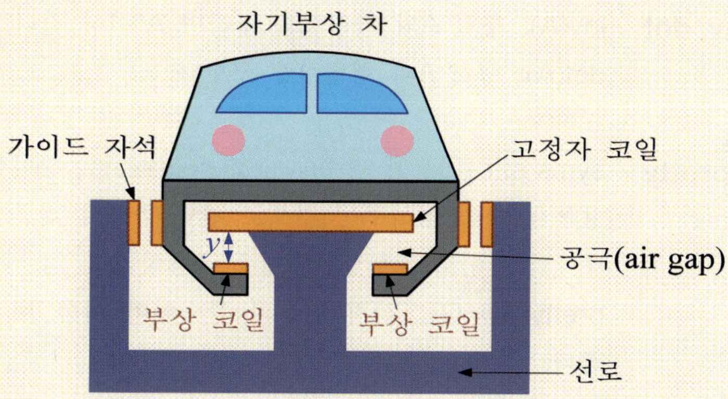

풀이>> 예제 4-15의 결과를 참조하여 구한다. 먼저 동작점의 관계는

$$k\frac{i_o^2}{y_o^2} = Mg$$

동작점을 중심으로 $f=ky^{-2}i^2$를 선형화하면 다음과 같다.

$$f_\delta \cong \left.\frac{\partial f}{\partial i}\right|_{\substack{i=i_o \\ y=y_o}} i_\delta + \left.\frac{\partial f}{\partial y}\right|_{\substack{i=i_o \\ y=y_o}} y_\delta = \left(\frac{2ki_o}{y_o^2}\right)i_\delta - 2\left(\frac{ki_o^2}{y_o^3}\right)y_\delta$$

따라서 위의 두 식으로부터

$$f_\delta \cong ai_\delta + by_\delta$$

$$a = \frac{2\sqrt{kMg}}{y_o}, \quad b = -2\frac{Mg}{y_o}$$

따라서 예제 4-15의 결과를 이용하면

$$\frac{V_\delta(s)}{E_\delta(s)} = \frac{as}{(Ms^2-b)(Ls+R)} = \frac{2\sqrt{kMg}\,s}{(My_os^2+2Mg)(Ls+R)}$$

4.8 매트랩 프로그램

이 장에서 배울 매트랩 함수들은 다음과 같다: inv, det, syms, pretty.

inv, det

inv(A): 행렬 A의 역행렬을 구하며 A^-1과 같다.

det(A): 행렬 A의 행렬식을 구한다.

syms , pretty

syms s: s를 상징 변수(symbolic variable)로 정의한다. 이 함수는 매트랩의 활용폭을 더욱 넓혀주는 것으로 전달 함수나 라플라스 변환등과 같이 상징 변수 s의 함수로 표현할 때 매우 유용하다.

pretty(G): G는 상징 변수의 함수이며 이를 보기 좋은 형태로 바꿔 표현해 준다.

예제 13-1에서 전달 함수 $I_1(s)/E_s(s)$와 $I_1(s)/E_s(s)$를 구하는 프로그램은 다음의 매트랩 4-1과 같다.

매트랩 4-1

```
% ex4_1.m
% 예제 4-1의 전달 함수 I1(s)/Es(s)와 I1(s)/Es(s)를 구하는 프로그램
syms s          % s를 상징 변수로 정의한다.
% 임피던스 행렬:
z11=s+2;
z22=1+1/s;
z12=-1; z21=z12;
Z=[z11 z12; z21 z22];
% 전류원 벡터:
Es=[1; 0];
% 전류를 구한다
I=inv(Z)*Es;
```

```
>> ex4_1
>> I(1), I(2)

ans=
(s+1)/(s^2+2*s+2)
```

```
ans=
s/(s^2+2*s+2)

>> pretty(I(1)), pretty(I(2))
      s+1
-------------
  2
s   +2s+2

       s
-------------
  2
s   +2s+2
```

이상의 예제를 통해 폐로 방정식 해석이 간단하게 이루어짐을 알 수 있다. 따라서 기계계를 상사 회로로 옮기면 역시 간단히 해석할 수 있다. 예제 4-7의 그림 4-30(a)를 해석하는 프로그램은 매트랩 4-2이다. 단 모든 기계 요소들의 크기는 1로 하였다.

매트랩 4-2

```
% ex4_7.m
% 예제 4-7의 그림 4-30(a)에서 폐로 해석을 통해 전달 함수
% V1(s)/F(s), V2(s)/F(s), V3(s)/F(s)를 구하는 프로그램
syms s          % s를 상징 변수로 정의한다.
% 요소들의 값
M1=1; M2=1; M3=1; K=1; B1=1; B2=1; B3=1; B4=1; B5=1;
% 임피던스 행렬:
z11=s*M1+B1+B2+K/s;
z22=s*M2+B1+B2+B5+K/s;
z33=s*M3+B3+B4+B5;
z12=-B1-K/s; z21=z12;
z13=-B4; z31=z13;
z23=-B5; z32=z23;
Z=[z11 z12 z13; z21 z22 z23; z31 z32 z33];
% 전압원 벡터:
Fs=[1; 0; 0];
% 속도 벡터를 구한다
V=inv(Z)*Fs;
```

```
>> ex4_7
>> V(1), V(2), V(3)

ans=
(s^3+6*s^2+9)/(s^4+8*s^3+20*s^2+17*s+5)

ans=
(s^2+5*s+3)/(s^4+8*s^3+20*s^2+17*s+5)

ans=
(s^2+4*s+2)/(s^4+8*s^3+20*s^2+17*s+5)
```

그리고 V(1)의 계단 응답을 보고자 하면 다음과 같이 하면 된다.

```
>> V1=tf([1 6 9], [1 8 20 17 5]); plot(step(V1))
```

전달 함수의 표현

시스템 해석에서는 전달 함수가 매우 중요하며 매트랩상에서는 전달 함수를 몇 가지 방법으로 표현할 수 있다. 예를 들어 전달 함수

$$G(s)=\frac{s+3}{s^2+9s+20}$$

를 다음과 같이 세 가지로 표현할 수 있다.

1. G=tf([1 3], [1 9 20])
2. s=tf([1 0], [1]); G=(s+3)/(s^2+9*s+20)
3. syms s; G=(s+3)/(s^2+9*s+20)

두 번째 방법은 s를 하나의 전달 함수 $G(s)=s$로 만든 다음 보다 복잡한 전달 함수를 표현하는 데 s를 마치 변수와 같이 사용할 수 있어 편하다. 다만 세 번째 방법은 사용자에게는 함수 형태로 표현해주지만 프로그램상에서는 전달 함수로 인식하지 않는다. 그러나 s를 포함하는 행렬 등을 처리할 때 사용자 입장에서 편리할 경우가 많으며 그 한 예가 역행렬이다. 다음은 예로 든 프로그램이다.

>> G1=tf([1], [1 1]); >> G2=tf([1 2], [1 3]); >> G1*G2 Transfer function: s+2 ------------- s^2+4s+3 >>pole(G1*G2) ans= −3 −1	>> s=tf([1 0], [1]); >> G1=1/(s+1); >> G2=(s+2)/(s+3); >> G1*G2 Transfer function: s+2 ------------- s^2+4s+3 >> pole(G1*G2) ans= −3 −1	>> syms s; >> G1=1/(s+1); >> G2=(s+2)/(s+3); >> G1*G2 ans= 1/(s+1)*(s+2)/(s+3) >>pretty(G1*G2) s+2 ------------- (s+1)(s+3) >> pole(G1*G2) ??? No appropriate...

연습 문제

4.1 그림 P4-1(a)의 일차 병진 기계계에서 $v(t)$에 대한 운동 방정식을 구하라. 그리고 이 기계계의 상사 회로가 그림 (b)와 같음을 보이고 이로부터 $V(s)$에 대한 전달 함수 $G(s)=V(s)/F(s)$를 구하라.

그림 P4-1

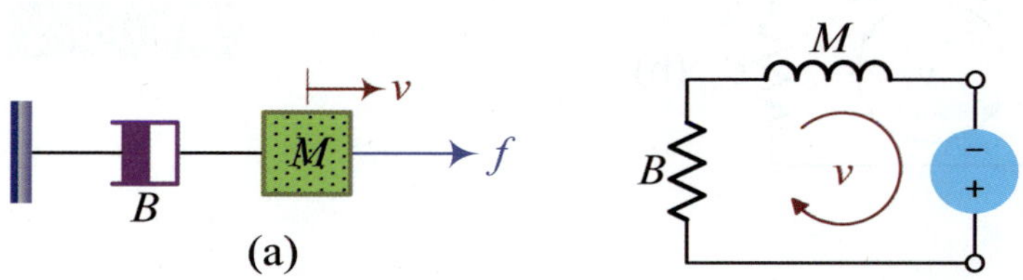

(a) (b)

4.2 그림 P4-2(a)의 병진 기계계와 상사 회로 그림 (b)에 대해 문제 4.1을 반복하라.

그림 P4-2

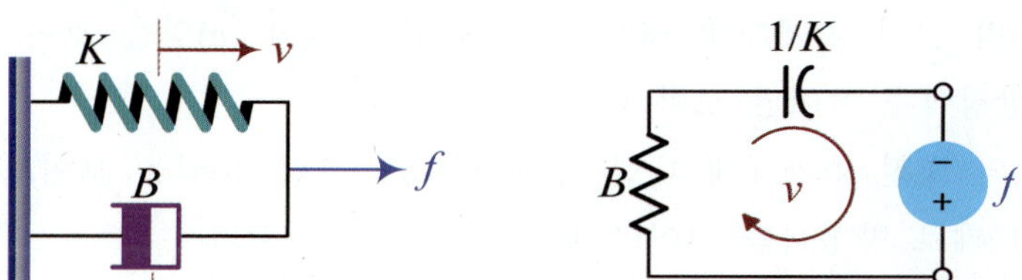

(a) (b)

4.3 그림 P4-3(a)의 병진 기계계에서 F_c는 쿨롱 마찰 계수이다. 그림 P4-3(a)의 상사 회로가 그림 (b)와 같음을 보이고 $V(s)$를 구하라.

그림 P4-3

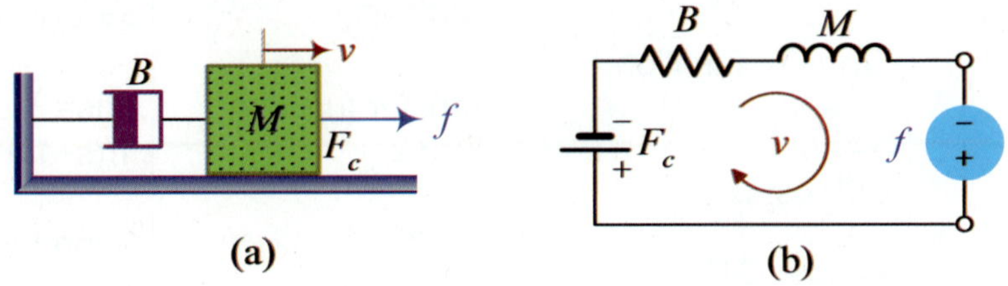

4.4 그림 P4-4에 대해 문제 4.1을 반복하라.

4.5 그림 P4-5(a)에 대한 상사 회로가 그림 (b)임을 보이고 이로부터 $V_1(s)$, $V_2(s)$에 대한 전달 함수를 구하라.

그림 P4-4

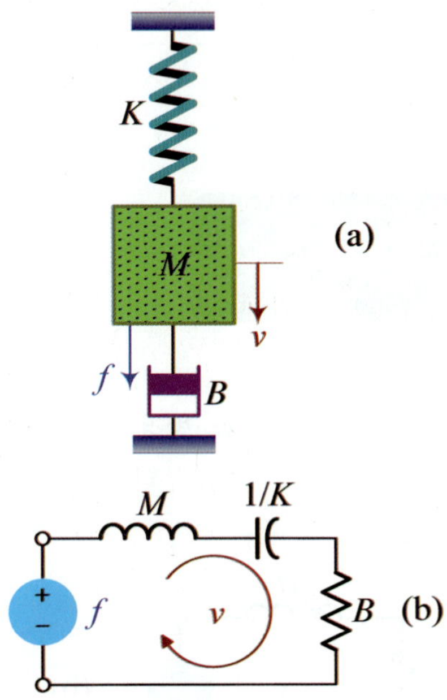

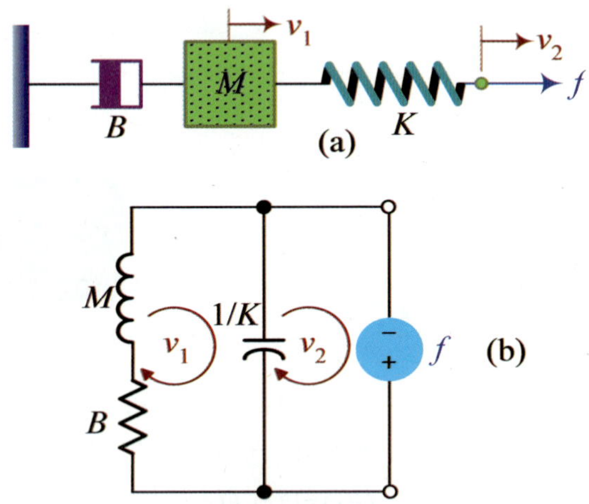

그림 P4-5

4.6 그림 P4-6(a)의 병진 기계계에 대한 상사 회로가 그림 (b)임을 보이고 이로부터 전달 함수 $G(s)=V(s)/F(s)$를 구하라.

4.7 그림 P4-7(a)의 병진 기계계에 대한 상사 회로가 그림 (b)임을 보이고 $V_1(s)$와 $V_2(s)$에 대한 폐로 방정식을 적어만 보아라.

4.8 그림 P4-8(a)의 병진 기계계에 대한 상사 회로가 그림 (b)임을 보이고 $V_1(s)$와 $V_2(s)$ 및 $V_3(s)$에 대한 폐로 방정식을 적어만 보아라.

4.9 그림 P4-9(a)의 병진 기계계에 대한 상사 회로가 그림 (b)임을 보이고 $V_1(s)$와 $V_2(s)$ 및 $V_3(s)$에 대한 폐로 방정식을 적어만 보아라.

그림 P4-6

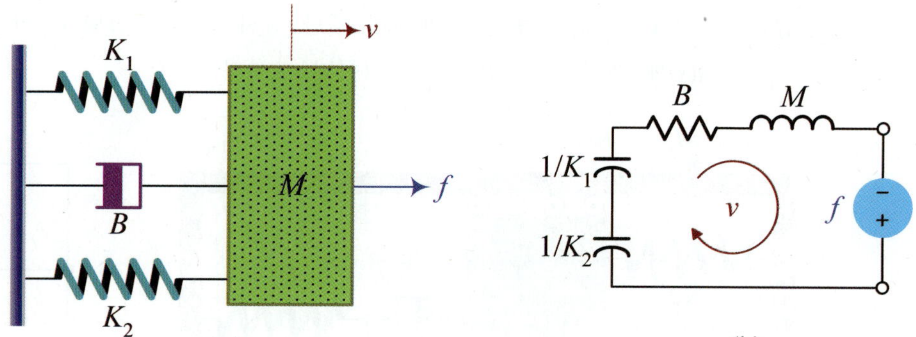

(a) (b)

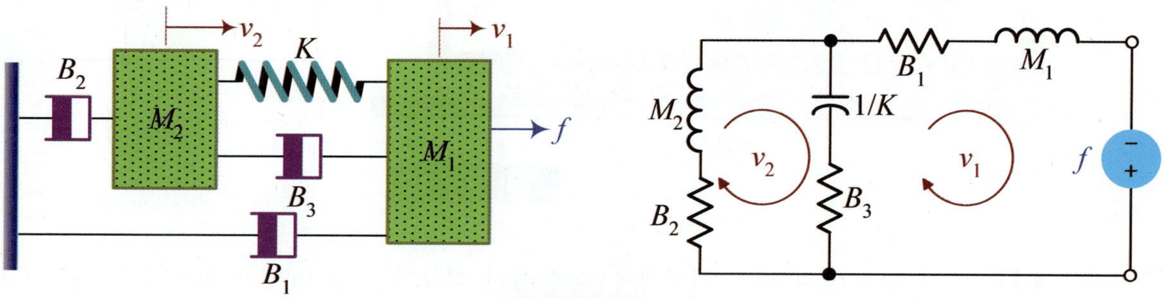

(a) (b)

그림 P4-7

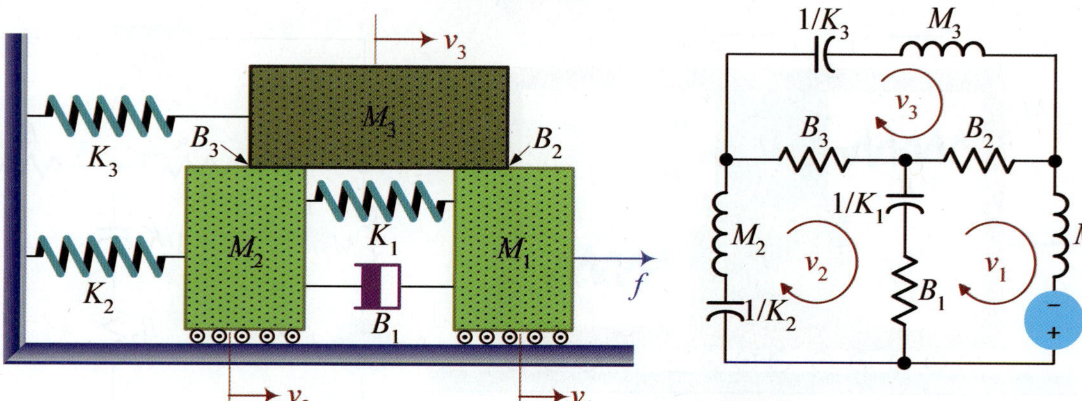

(a) (b)

그림 P4-8

그림 P4-9

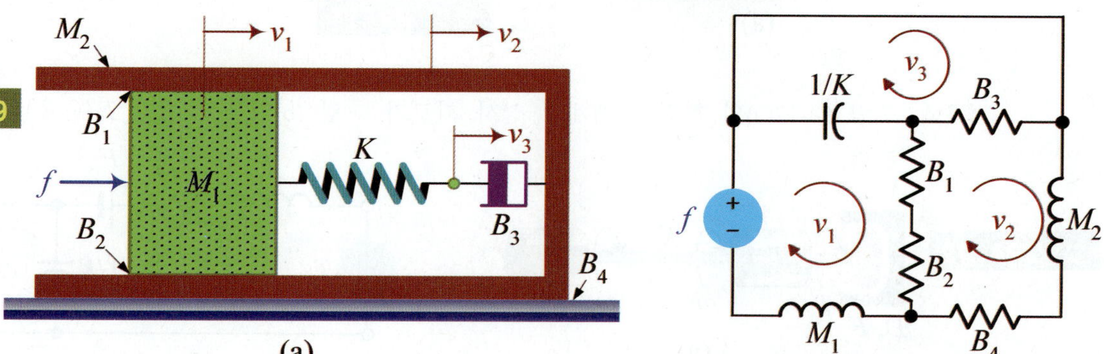

(a) (b)

4.10 그림 P4-10(a)의 병진 기계계에 대한 상사 회로가 그림 (b)임을 보이고 $V_1(s)$와 $V_2(s)$ 및 $V_3(s)$에 대한 폐로 방정식을 적어만 보아라.

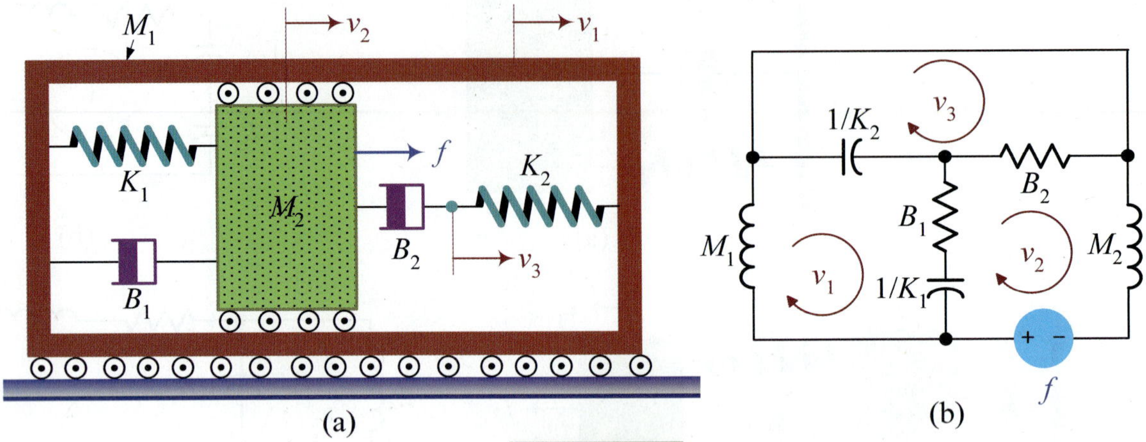

그림 P4-10

4.11 그림 P4-11(a)의 병진 기계계에 대한 상사 회로가 그림 (b)임을 보이고 $V_1(s)$와 $V_2(s)$ 및 $V_3(s)$에 대한 폐로 방정식을 적어만 보아라.

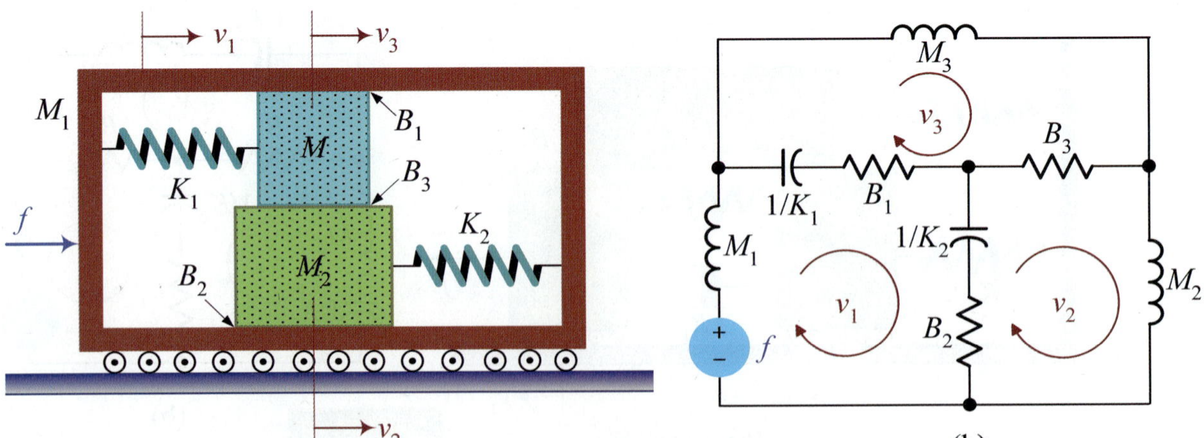

그림 P4-11

4.12 그림 P4-12(a)의 회전 기계계의 상사 회로가 그림 (b)임을 보이고 $T_2(s)$에 관한 식을 구하라.

그림 P4-12

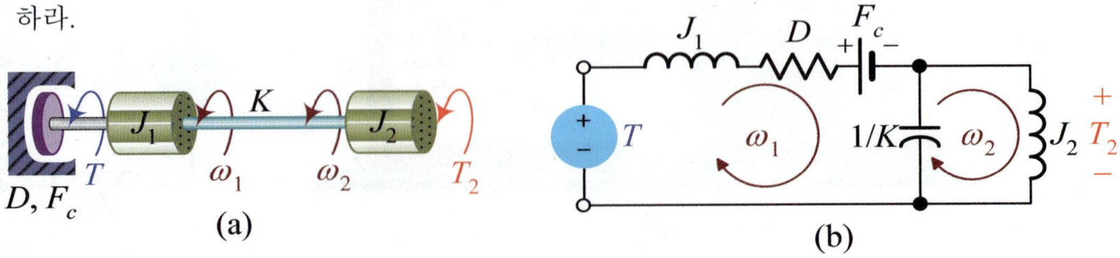

4.13 그림 P4-13(a)의 회전 기계계의 상사 회로가 그림 (b)임을 보이고 전달 함수 $\Omega_1(s)/T(s)$ 및 $\Omega_2(s)/T(s)$를 구하라.

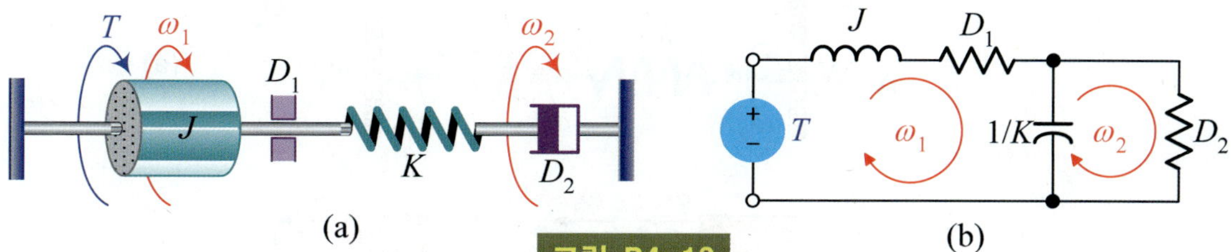

그림 P4-13

4.14 그림 P4-14(a)는 기계에서 원하지 않는 진동이 발생하는 것을 막는 한 방법으로 내부 휠과 외부 휠 사이에 점성이 강한 기름을 채운다. 진동이 심할 경우 외부 휠과 내부 휠간의 상대적인 운동이 심하며 그 결과 기름에 의한 감쇄가 일어나게 되는 것이다. 그러나 회전축이 진동 없이 회전하면 두 휠간의 상대적인 속도가 없어지므로 감쇄가 일어나지 않는다. 그림 4-14(a)에서 J_1과 J_2는 각각 외부 휠 및 내부 휠의 관성이며 D는 유체에 의한 마찰 계수이다. 그리고 축의 스프링 계수는 K이다.

(a) 그림 4-14(a)는 그림 (b)와 같은 기계계로 등가화할 수 있음을 보여라.

(b) 그림 (a)의 상사 회로가 그림 (c)와 같음을 보여라.

(c) 그림 (c)로부터 전달 함수 $\Omega_1(s)/T(s)$및 $\Omega_2(s)/T(s)$를 구하라.

그림 P4-14

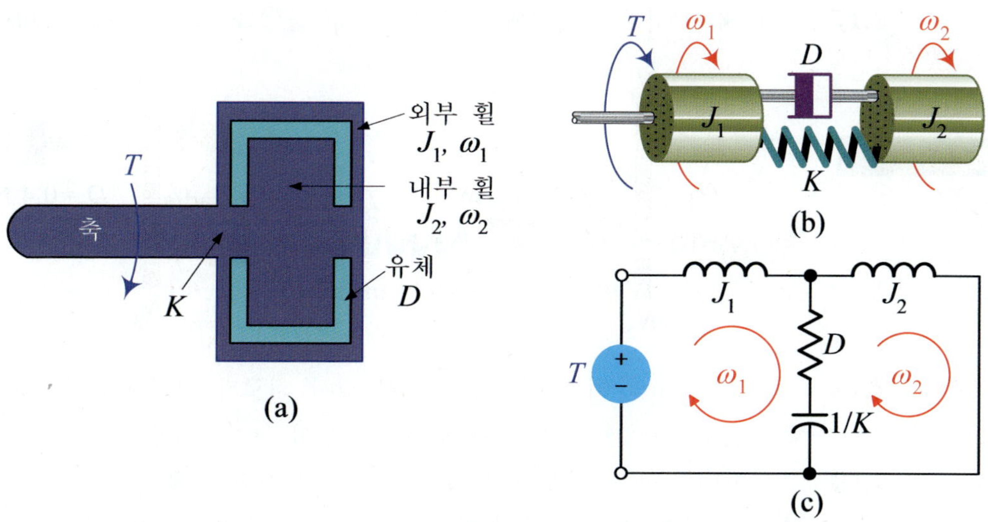

4.15 그림 P4-15(a)의 기계계에 대한 상사 회로에서

(a) A에서 들어다 본 등가 기계계를 구하라.

(b) 상사 회로가 그림 P4-15(b)임을 보이고 이로부터 전달 함수 $\Omega_1(s)/T(s)$를 구하라.

4.16 그림 P4-16 회전 기계계에 대한 상사 회로를 구하여 전달 함수 $\Omega(s)/T(s)$를 구하라.

그림 P4-15

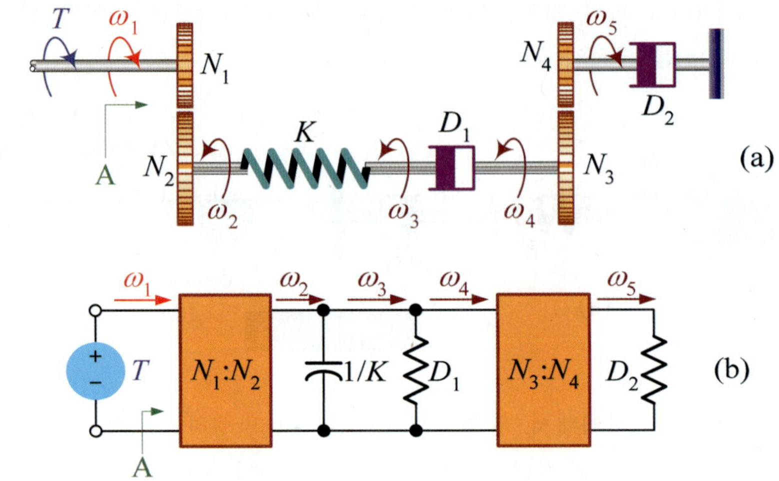

그림 P4-16

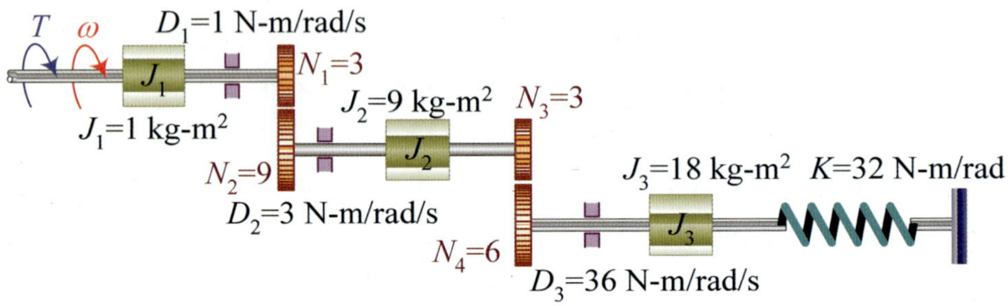

4.17 그림 P4-17 회전 기계계에 대한 상사 회로를 그리고 전달 함수 $\Omega_5(s)/T(s)$를 구하라.

그림 P4-17

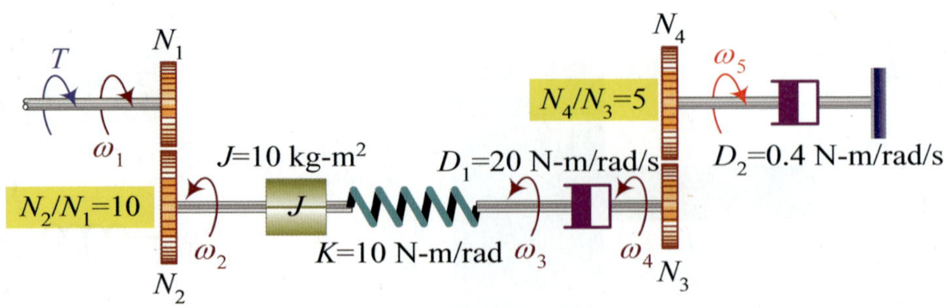

4.18 그림 P4-18(a)의 회전 기계계에 대한 상사 회로가 그림 (b)임을 보이고 이로부터 전달 함수 $\Omega_5(s)/T(s)$를 구하라. 단 모든 요소들의 크기는 1로 한다.

4.19 그림 P4-19(a)에서 관성이 J이고 반경이 r인 회전 물체는 고정된 축 C를 중심으로 회전한다. 그리고 B_2는 관성 J 및 질량 M의 두 물체 사이의 마찰 계수이다. 이 시스템에 대한 상사 회로가 그림 (b)와 같음을 보이고 전달 함수 $V_1(s)/F(s)$를 구하라.

4.20 그림 P4-20(a)에 대한 상사 회로가 그림 (b)임을 입증하라. 그리고 J_L=100 kg-m^{2}을 제외한 모든 기계 요소들은 단위에 관계없이 크기를 1로 하고 N_2/N_1=2, N_4/N_3=5로 하여 전달 함수 $\Omega_3(s)/T(s)$를 구하라.

그림 P4-18

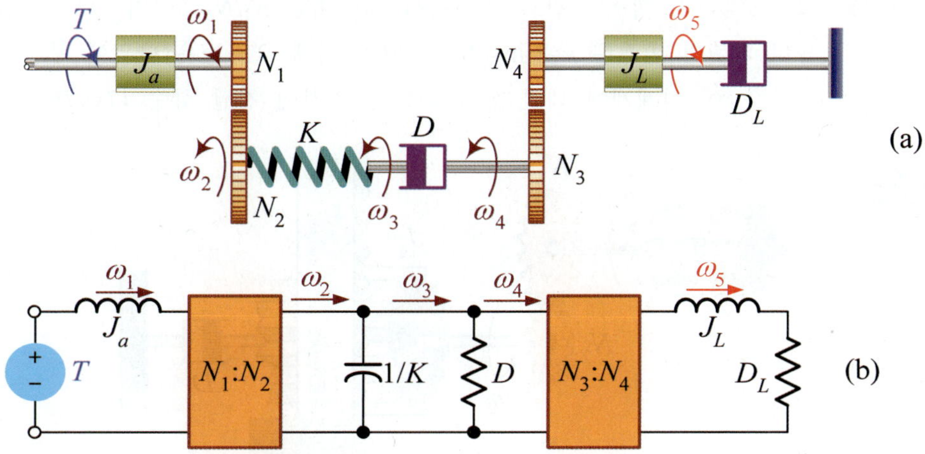

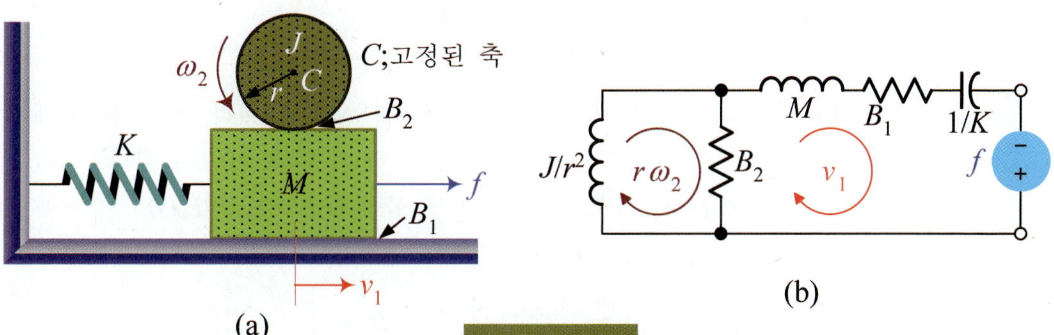

그림 P4-19

그림 P4-20

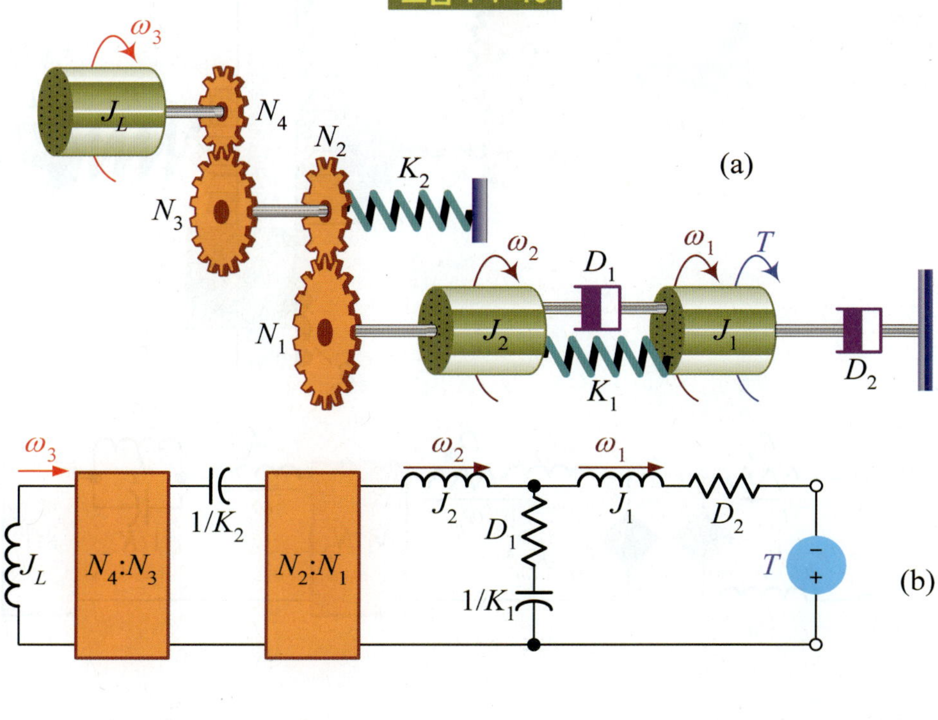

4.21 그림 P4-21의 회전-병진 기계계에서 기어비는 $N_1/N_2=5$이며 톱니 바퀴와 톱니 막대에서 톱니 바퀴의 반경은 $r=2$ m이다. 그외의 기계 요소들은 단위에 무관하게 크기를 1로 가정한다. 이 기계계에 대한 상사 회로를 구하여 전달 함수 $V(s)/T(s)$를 구하라.

그림 P4-21

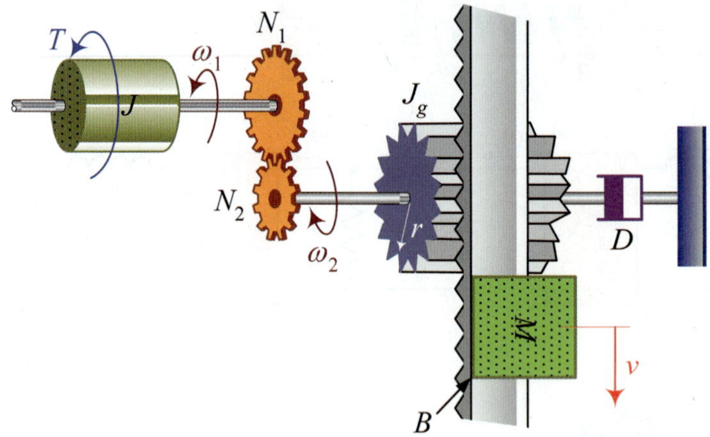

4.22 그림 P4-22의 회전-병진 기계계에서 기어비를 $N_1/N_2=n$이라 한다. 이 기계계의 상사 회로가 그림 (b)와 같음을 확인하고 다음을 구하라. 단 $K_b=0$으로 한다.

(a) 전달 함수 $G_2(s)=V(s)/T_m(s)$. (b) 전달 함수 $G_2(s)=T_m(s)/E_a(s)$.

(b) 전달 함수 $G(s)=V(s)/E_a(s)$.

그림 P4-22

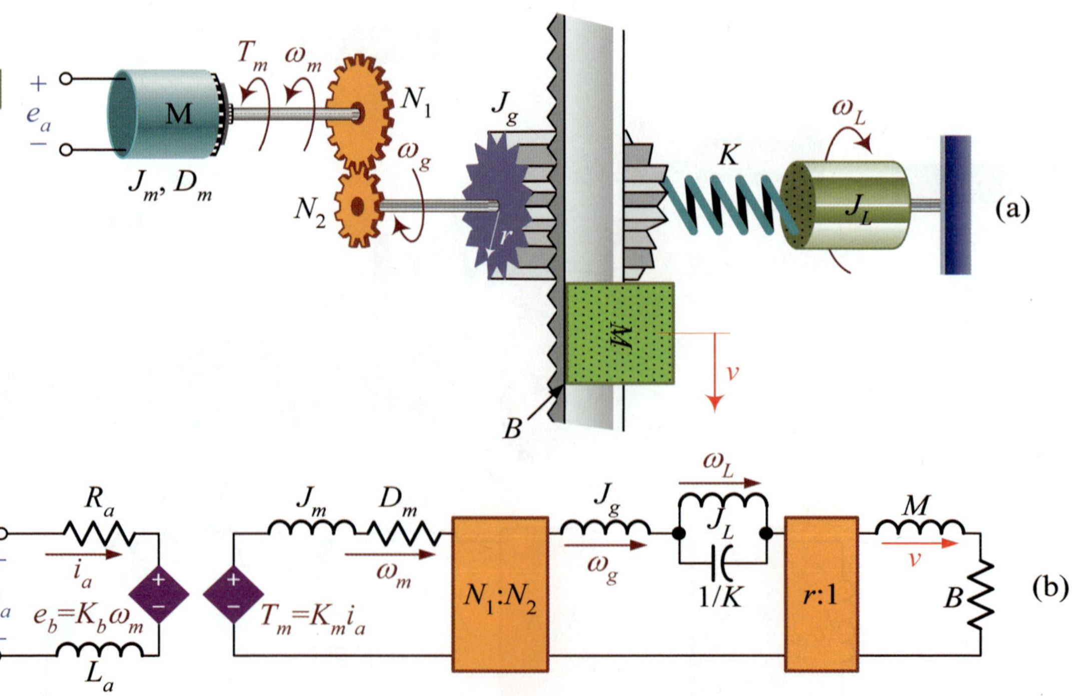

4.23 그림 P4-22에서 $N_1/N_2=2$, $R_a=1\ \Omega$, $L_a=10$ mH, $r=2$ m로 한다. 그리고 나머지 모든 기계 요소들은 단위에 관계없이 1로 할 때(단 $K_b=0$) 전달 함수 $G(s)=V(s)/E_a(s)$를 구하라.

4.24 그림 P4-24는 전동기와 도르래를 이용하여 물체를 끌어 올리는 기계계이다. 전달 함수 $\Omega_m(s)/E_a(s)$, $V_L(s)/E_a(s)$를 구하라. 단 $K_b=0$, $J_L=0$으로 한다.

그림 P4-24

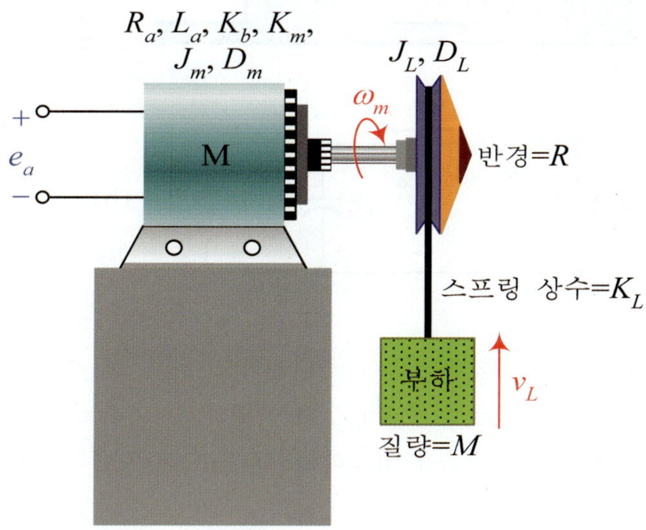

4.25 그림 P4-25(a)는 저수조의 물을 제어하는 시스템이다. 각 저수조의 밑면적을 C_1, C_2라 하고 등가 저항을 R_1, R_2라 한다. 이 시스템에 대한 상사 회로가 그림 (b)와 같음을 확인하고 전달 함수 $G(s)=Q_o(s)/\Theta_m(s)$를 구하라.

그림 P4-25

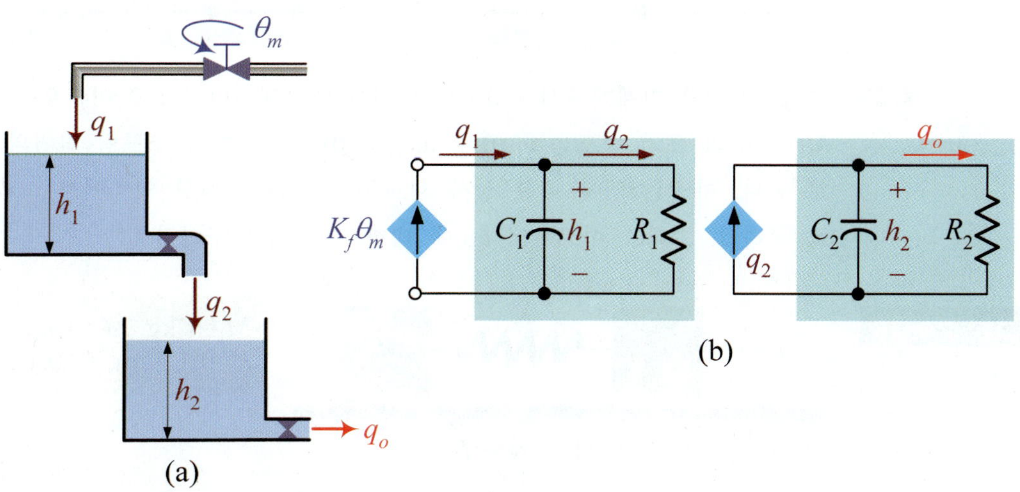

4.26 그림 P4-25(a)의 저수조를 그림 P4-26(a)와 같이 결합할 경우 상사 회로는 그림 P4-26(b)와 같이 변함을 입증하라. 그리고 이로부터 전달 함수 $G(s)=Q_o(s)/\Theta_m(s)$를 구하라.

그림 P4-26

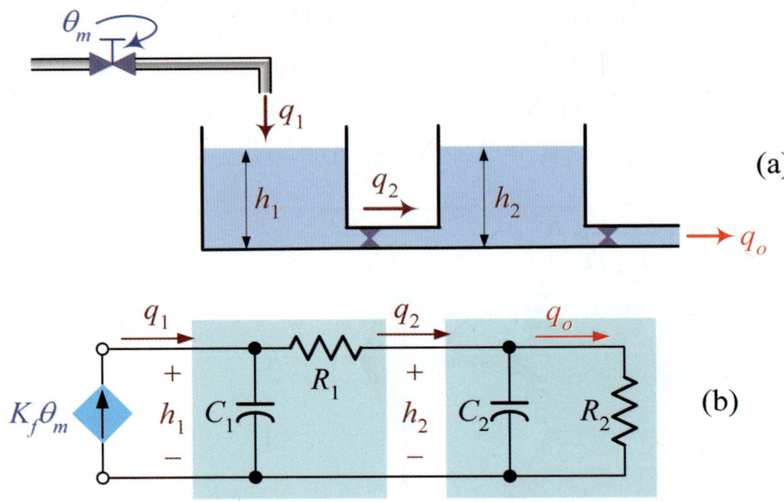

4.27 그림 P4-25(a)에서 t=0에서 물의 공급이 중단된다고 하고 그 순간의 수위는 $h_1(0)=X_1$ 및 $h_2(0)=X_2$라 한다. 물의 공급이 중단된 t=0 이후의 상사 회로를 라플라스 변환 영역에서 표현하면 그림 P4-27과 같음을 입증하라. 그리고 t=0 이후의 $q_o(t)$를 구해보아라.

그림 P4-27

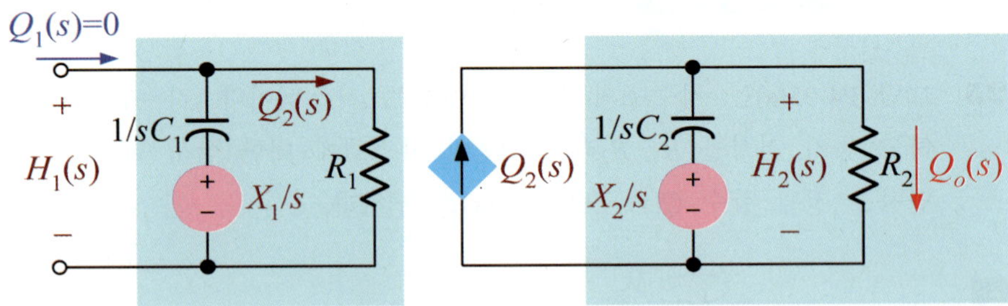

4.28 그림 P4-28의 기계계에서 $t<0$에서는 힘 f가 가해지다가 t=0 이후로는 f=0이 된다. 질량 M_1과 M_2의 초기 속도는 $v_1(0)=2$ m/s, $v_2(0)=1$ m/s이며 스프링 변위의 초기 조건은 0으로 한다. 이 시스템에 대한 상사 회로를 라플라스 변환 영역에서 그리고 $V_1(s)$와 $V_2(s)$를 구하라. 그리고 이로부터 $t\geq0$에 대한 v_1과 v_2를 구하라.

그림 P4-28

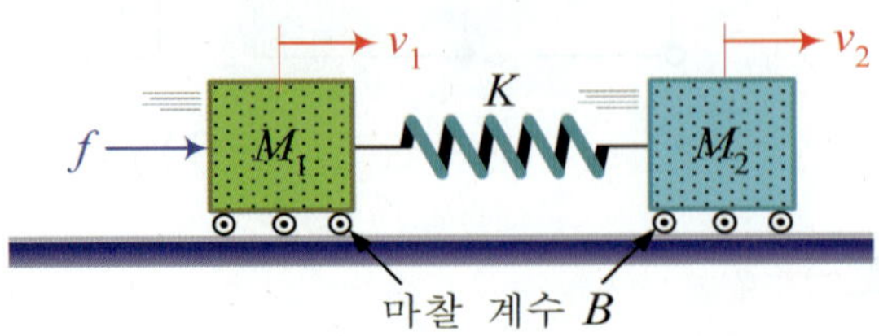

M_1=1 kg, M_2=1 kg
K=0.1 N/m, B=0.1 N/m/s

4.29 그림 P4-29는 차체와 타이어 및 차체와 타이어간의 충격 흡수기를 모델링한 기계계이다. 여기서 f는 차체에 실린 물체에 의해 가해지는 힘으로 본다. 상사 회로를 구하여 전달 함수 $V_1(s)/F(s)$를 구하라.

4.30 그림 P4-30의 기계계에서 모든 마찰을 무시하며 상자의 질량도 0으로 무시한다. 스프링 계수는 K_1=1 N/m, K_2=4 N/m, K_3=2 N/m로 하고 질량은 M_1=1 kg, M_2=2 kg으로 할 때 각각의 속도 v_1, v_2, v_3의 라플라스 변환을 구하라. 단 무게 $W=Mg$에서 중력 가속도는 g=9.81 m/s^{2}이다.

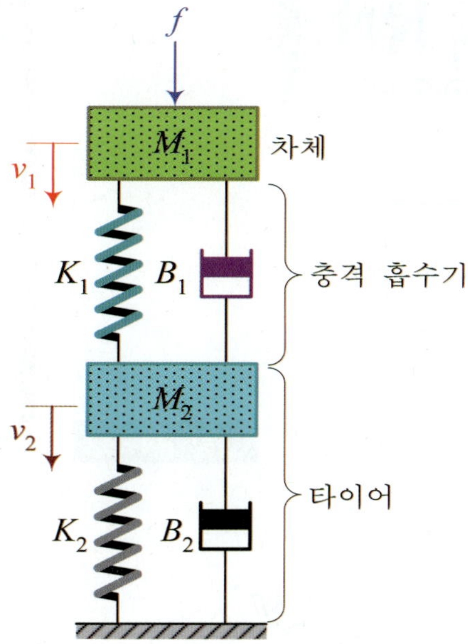

그림 P4-29

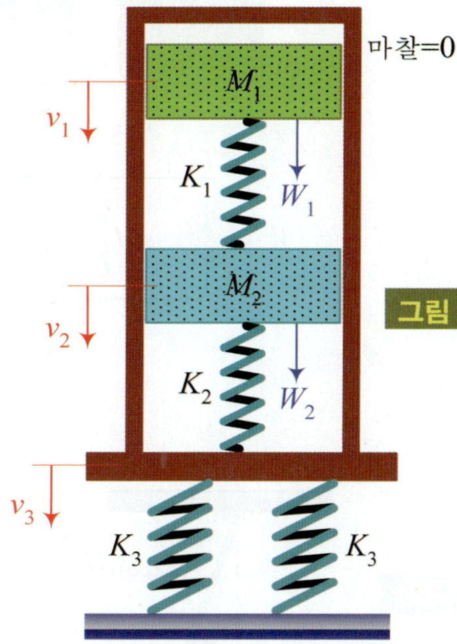

그림 P4-30

4.31 그림 P4-31(a)의 기계계에서 일정한 속도 V_o로 진행하던 질량 M의 물체가 t=0에서 스프링 시스템과 충돌한다. 충돌 후에 질량 M이 두 스프링과 함께 운동한다고 하며 마찰은 무시한다. 질량 M의 속도를 v라 하여 t≥0에 대한 상사 회로를 라플라스 변환으로 표현하면 그림 P4-31(b)와 같음을 보이고 t≥0에 대한 v를 구하라.

4.32 그림 P4-32에서 두 스프링 판 사이의 간격이 s인 상태에서 질량 M의 물체가 자유 낙하하기 시작한다. 충돌 후에 질량과 스프링들이 함께 운동한다면 t≥0에 대한 질량 M의 속도 v를 구하라. 이 기계계의 진동 주파수는 얼마인가?

4.33 그림 P4-33(a)는 그림 4-54에서 설명한 진동하는 진자이며 이 시스템을 상사 회로로 표현하면 그림 (b)와 같다. 진자의 초기 각속도를 $\omega(0)=\omega_o$라 할 때 ω의 라플라스 변환을 구하라(θ는 ω의 적분임을 이용할 것).

4.34 그림 P4-34(a)는 인체의 다리를 모델링한 것이다. L은 다리의 길이이고 T_m은 근육에 의해 다리에 가해지는 토크를 나타내며 D는 관절과의 마찰 계수이다. 다리에 작용하는 토크에는 근육에 의한 T_m과 중력에 의한 T_g의 두 가지가 있다.

(a) 그림 P4-34(a)는 그림 (b)와 같은 상사 회로로 표현할 수 있음을 설명하라.

(b) 그림 P4-34(a)에서 θ가 θ=0을 중심으로 $\pi/4$ 이내에서 변하면 선형화할 수 있다. 그

림 (b)의 회로를 선형화하여 전달 함수 $\Omega(s)/T_m(s)$ 및 $\Theta(s)/T_m(s)$를 구하라.

그림 P4-31

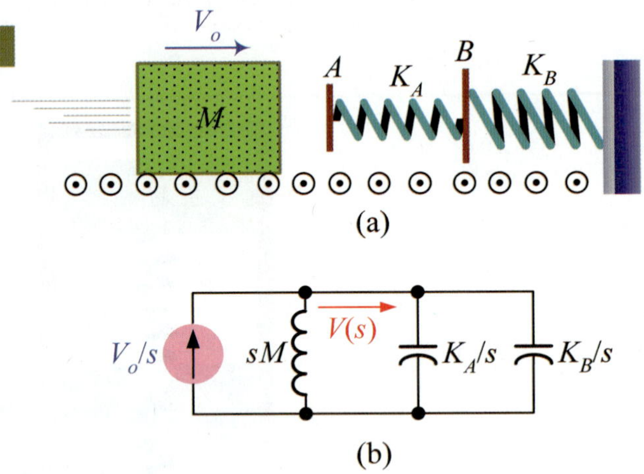

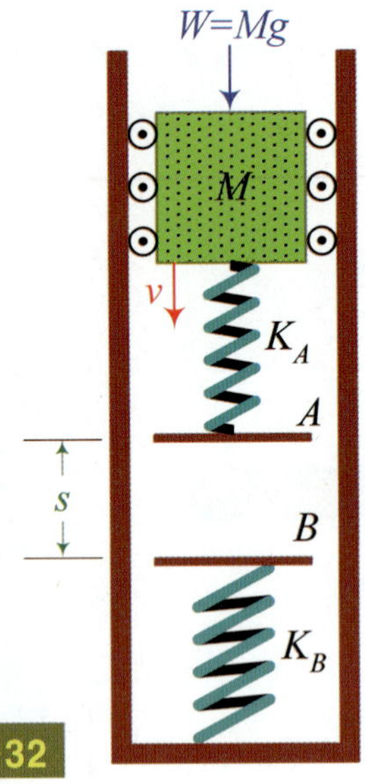

그림 P4-32

그림 P4-32

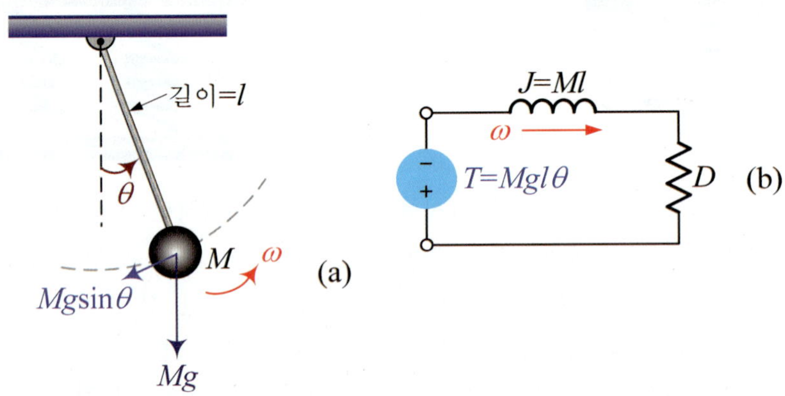

그림 P4-33

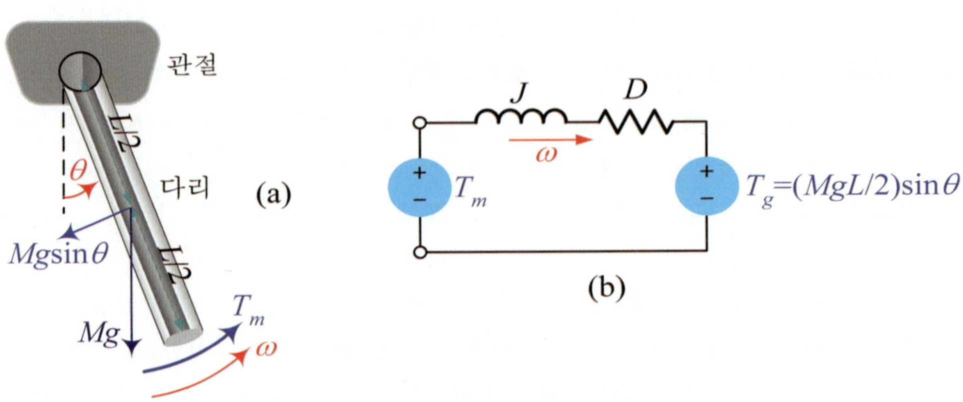

M4.1 그림 P4-7에서 기계 요소들의 크기를 모두 1로 할 때 전달 함수 $V_1(s)/F(s)$와 $V_2(s)/F(s)$를 구하라('syms s'를 이용하면 편리하다).

M4.2 그림 P4-8에서 기계 요소들의 크기를 모두 1로 할 때 전달 함수 $V_1(s)/F(s)$, $V_2(s)/F(s)$, $V_3(s)/F(s)$를 구하라. 그리고 함수 step을 사용하여 v_1, v_2, v_3의 계단 응답을 함께 그려 보아라.

M4.3 그림 P4-9에 대해 문제 M4.2를 반복하라.

M4.4 그림 P4-10에 대해 문제 M4.2를 반복하라.

M4.5 문제 4.20에서 $n_1=n_2=2$로 하여 $\Omega_3(s)/T(s)$를 구하고 ω_3의 계단 응답을 그려라.

M4.6 그림 P4-22에서 $R_a=2\ \Omega$, $L_a=10$ mH, $K_b=0$, $N_1/N_2=2$, $r=2$ m로 하며 그 외의 기계 요소들은 모두 1로 한다. 입력 전압이 $e_a=u_s(t)$ V일 때 속도 v의 파형을 그려 보아라.

M4.7 그림 P4-24에서 각 파라미터들이 다음과 같을 때 속도 v_L의 계단 응답을 그려라.

$R_a=1.5\ \Omega$, $L_a=3.5$ mH, $K_m=0.9$ N-m/A, $K_b=0.9$ V/rad/sec,
$J_m=0.05$ kg-m^2, $D_m=1$ N-m/rad/sec, $R=2$ m,
$J_L=0.01$ kg-m^2, $D_L=10$ N-m/rad/sec, $M=10$ kg, $K_L=10$ N/m

5

상태-공간 해석

5-1 상태 공간

5-2 전기계의 상태 공간 해석

5-3 기계계의 상태 공간 해석

5-4 전기기계계의 상태 공간 해석

5-5 상태 공간에서 전달 함수로

5-6 전달 함수에서 상태 공간으로

5-7 매트랩 프로그램

5.1 상태 공간

전달 함수는 입력과 출력의 관계만 명시할 뿐이며 입력이 출력으로 전달되는 과정은 표현할 수 없다. 그리고 전달 함수의 차수는 시스템에 포함된 독립적인 에너지 저장 소자의 개수와 같다. 따라서 에너지 저장 소자가 많을수록 전달 함수의 차수가 증가하게 된다. 이에 비해 3.3 절에서 언급한 바와 같이 시스템을 상태 공간에서 표현하면 하나의 n차 전달 함수가 n개의 1차 미분 방정식의 연립으로 표현되므로 컴퓨터 등을 이용하여 해석하기 편하다.

상태 변수

에너지 저장 요소에서도 미분되는 변수가 상태 변수로 정하는 것이 원칙임은 3.3절에서 설명한 바 있다. 전기계와 기계계의 요소들은 다음과 같은 관계에 의해 특징지워진다.

$$\left.\begin{aligned} L:\quad & e_L = L\frac{di_L}{dt} \\ C:\quad & i_C = C\frac{de_L}{dt} \end{aligned}\right\} \xleftrightarrow[C\leftrightarrow 1/K]{L\leftrightarrow M,J} \left\{\begin{aligned} M:\quad & f_M = M\frac{dv_M}{dt} \\ J:\quad & T_J = J\frac{d\omega_J}{dt} \\ K:\quad & v_K = \frac{1}{K}\frac{df_K}{dt} \\ K:\quad & \omega_K = \frac{1}{K}\frac{dT_K}{dt} \end{aligned}\right. \tag{5-1}$$

따라서 L의 전압과 C의 전류 및 $M(J)$의 속도(각속도)와 K의 속도(각속도)가 상태 변수로 정해지는 것이다. 상태 변수는 에너지와도 직결되며 다음의 식이 이를 보여준다.

$$\begin{cases} \text{전기계:}\quad W_L = \dfrac{1}{2}Li_L^2,\quad W_C = \dfrac{1}{2}Ce_C^2 \\ \text{기계계:}\quad W_M = \dfrac{1}{2}Mv_M^2,\quad W_K = \dfrac{1}{2K}f_K^2 \\ \qquad\qquad W_J = \dfrac{1}{2}J\omega_J^2,\quad W_K = \dfrac{1}{2K}T_K^2 \end{cases} \tag{5-2}$$

현실적으로 에너지는 연속적으로 변해야 한다. 따라서 상태 변수들도 연속적으로 변하여야 하며 이를 연속성 조건이라 한다. 상태 변수를 정할 때 그 개수는 가능한 한 최소로 하며 각 상태 변수들은 서로 선형적으로 독립되어야 한다. 이상은 독립적인 에너지 저장 소자를 상태 변수로 할 때 이루어진다.

동적 방정식 상태 변수의 수가 n이고 입력 및 출력의 수가 각각 p, q인 시불변 선형 시스템은 상태 공간에서 다음과 같은 일반적인 벡터-행렬 형태로 표현된다.

$$\begin{aligned}\dot{\mathbf{x}}(t) &= \mathbf{A}\mathbf{x}(t) + \mathbf{B}\mathbf{u}(t) \quad (\text{상태 방정식}) \\ \mathbf{y}(t) &= \mathbf{C}\mathbf{x}(t) + \mathbf{D}\mathbf{u}(t) \quad (\text{출력 방정식})\end{aligned} \tag{5-3}$$

위의 식에서 $\mathbf{x}(t)$, $\mathbf{u}(t)$, $\mathbf{y}(t)$는 벡터이며 다음과 같이 정의된다.

상태 벡터: $$\mathbf{x}(t) = \begin{bmatrix} x_1(t) \\ x_2(t) \\ \vdots \\ x_n(t) \end{bmatrix} \quad (n \times 1) \tag{5-4}$$

입력 벡터: $$\mathbf{u}(t) = \begin{bmatrix} u_1(t) \\ u_2(t) \\ \vdots \\ u_p(t) \end{bmatrix} \quad (p \times 1) \tag{5-5}$$

출력 벡터: $$\mathbf{y}(t) = \begin{bmatrix} y_1(t) \\ y_2(t) \\ \vdots \\ y_q(t) \end{bmatrix} \quad (q \times 1) \tag{5-6}$$

계수 행렬: $\mathbf{A}, \mathbf{B}, \mathbf{C}, \mathbf{D}$는 행렬들이며 그 크기는 다음과 같다.

$$\mathbf{A} = n \times n, \quad \mathbf{B} = n \times p, \quad \mathbf{C} = q \times n, \quad \mathbf{D} = q \times p \tag{5-7}$$

시스템을 상태 공간에서 표현할 때는 상태 선도가 사용되며 이에 대해서는 3.3 절에서 설명한 바 있다. 이제 전기계를 비롯하여 기계계, 전기기계계 등을 상태 공간에서 표현하는 법에 대해 알아본다.

5.2 전기계의 상태 공간 해석

상태 변수인 인덕터 전류의 미분은 인덕터 전압과 비례한다. 마찬가지로 상태 변수인 커페시터 전압의 미분은 커페시터 전류에 비례한다. 따라서 전기계의 상태 방정식은 인덕터의 전압 e_L과 커페시터의 전류 i_C를 전원을 포함하여 상태 변수인 인덕터 전류 i_L과 커페시터 전압 e_C의 선형합으로 나타내는 것이다. 한 예로 그림 5-1의 회로를 보도록 한다. 상태 변수는 그림에 표시된 바와 같이 인덕터 L_1의 전류 i_{L1}과 L_2의 전류 i_{L1} 및 커패시터 전압 e_C로 한다. 저항 R에 흐르는 전류가 $i_{L1}-i_{L2}$이므로 왼쪽 폐로에 KVL을 적용하여 L_1의 전압을 구하면

$$L_1\frac{di_{L1}}{dt} = -R(i_{L1}-i_{L2}) - e_C + e \tag{5-8a}$$

이를 정리하면

$$\frac{di_{L1}}{dt} = -\frac{R}{L_1}i_{L1} + \frac{R}{L_1}i_{L2} - \frac{1}{L_1}e_C + \frac{1}{L_1}e \tag{5-8b}$$

그리고 오른쪽 폐로에 KVL을 적용하여 L_2의 전압을 구하면

$$L_2\frac{di_{L2}}{dt} = R(i_{L1}-i_{L2}) + e_C \tag{5-9a}$$

따라서

$$\frac{di_{L2}}{dt} = \frac{R}{L_2}i_{L1} - \frac{R}{L_2}i_{L2} + \frac{1}{L_2}e_C \tag{5-9b}$$

다음으로 C의 전류는 $i_{L1}-i_{L2}$이므로

$$C\frac{de_C}{dt} = i_{L1} - i_{L2} \tag{5-10a}$$

따라서

$$\frac{de_C}{dt} = \frac{1}{C}i_{L1} - \frac{1}{C}i_{L2} \tag{5-10b}$$

이상의 세 식 (5-8b), (5-9b), (5-10b)로부터 상태 방정식은 다음과 같다.

$$\begin{bmatrix} \dot{i}_{L1}(t) \\ \dot{i}_{L2}(t) \\ \dot{e}_C(t) \end{bmatrix} = \begin{bmatrix} -R/L_1 & R/L_1 & -1/L_1 \\ R/L_2 & -R/L_2 & 1/L_2 \\ 1/C & -1/C & 0 \end{bmatrix} \begin{bmatrix} i_{L1}(t) \\ i_{L2}(t) \\ e_C(t) \end{bmatrix} + \begin{bmatrix} 1/L_1 \\ 0 \\ 0 \end{bmatrix} e(t) \tag{5-11}$$

그리고 출력을 e_C로 할 경우 출력 방정식은 다음과 같다.

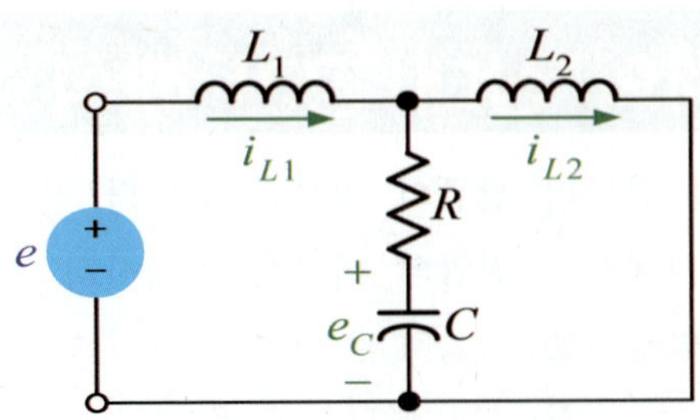

그림 5-1
전기 회로의 예.

$$c(t) = [0 \quad 0 \quad 1]\begin{bmatrix} i_{L1}(t) \\ i_{L2}(t) \\ e_C(t) \end{bmatrix} \tag{5-12}$$

회로가 복잡해지면 위와 같은 식으로 상태 방정식을 구하는 것은 쉬운 일이 아니다. 상태 방정식을 회로적으로 보다 쉽게 구하는 방법을 소개하면 다음과 같다: 모든 커페시터들은 가상 전압원으로 대체하고 모든 인덕터를 가상 전류원으로 대체한 등가 회로로부터 커페시터의 전류와 인덕터의 전압을 구한다.

위의 방법을 그림 5-2(a)에 적용해 보자. 그림 (a)에서 커페시터를 가상 전압원으로, 인덕터를 가상 전류원으로 대체하면 그림 (b)가 되며 가상 전압원과 전류원의 전압-전류 관계는 다음과 같다.

$$e_{L1} = L_1\dot{i}_{L1}, \quad e_{L2} = L_2\dot{i}_{L2}, \quad i_C = C\dot{e}_C \tag{5-13}$$

이제 커페시터 전류 i_C와 인덕터 전압 e_{L1}, e_{L2}를 전원과 가상 전원들의 선형 합으로 표현해 보자. 먼저 KCL에 의해

$$i_C = i_{L1} - i_{L2} \tag{5-14}$$

그리고 R_2에 흐르는 전류가 i_{L2}이고 R_3에 흐르는 전류가 i_C이므로 폐로 ②에 KVL을 적용한 다음 식 (5-14)를 이용하면 e_{L2}는 다음과 같다.

그림 5-2
(a) 전기 회로;
(b) 등가 회로.

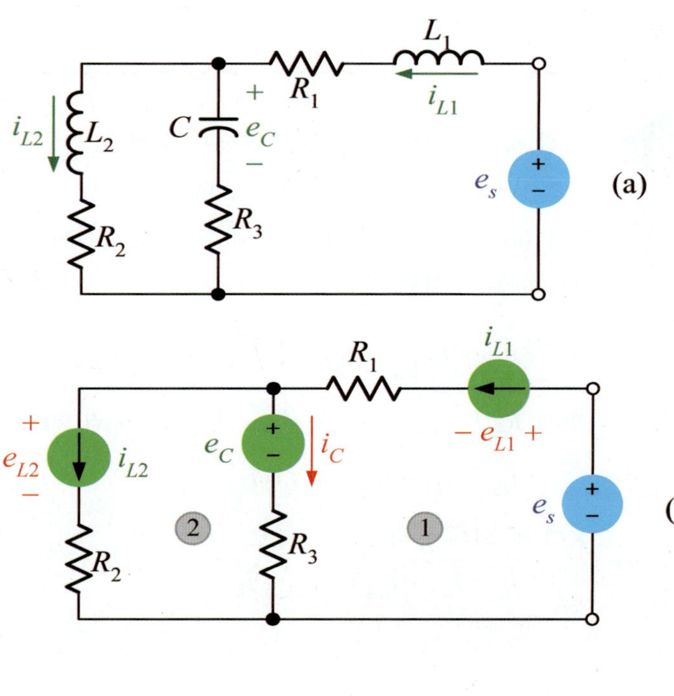

$$\begin{aligned} e_{L2} &= e_C + R_3 i_C - R_2 i_{L2} \\ &= e_C + R_3(i_{L1} - i_{L2}) - R_2 i_{L2} \\ &= R_3 i_{L1} - (R_2 + R_3) i_{L2} + e_C \end{aligned} \tag{5-15}$$

다음으로 R_1에 흐르는 전류가 i_{L1}이므로 폐로 (1)에 KVL을 적용하여 식 (5-14)를 이용하면 e_{L1}은 다음과 같다.

$$\begin{aligned} e_{L1} &= e_s + R_1 i_{L1} - e_C - R_3 i_C \\ &= e_s + R_1 i_{L1} - e_C - R_3(i_{L1} - i_{L2}) \\ &= (R_1 - R_3) i_{L1} + R_3 i_{L2} - e_C + e_s \end{aligned} \tag{5-16}$$

이상의 식 (5-14), (5-15), (5-16)에서 식 (5-13)의 관계를 대입하면 상태 방정식은 다음과 같다.

$$\begin{cases} \dfrac{di_{L1}}{dt} = \dfrac{R_1 - R_3}{L_1} i_{L1} + \dfrac{R_3}{L_1} i_{L2} - \dfrac{1}{L_1} e_C + \dfrac{1}{L_1} e_s \\ \dfrac{di_{L2}}{dt} = \dfrac{R_3}{L_2} i_{L1} - \dfrac{R_2 + R_3}{L_2} i_{L2} + \dfrac{1}{L_2} e_C \\ \dfrac{de_C}{dt} = \dfrac{1}{C} i_{L1} - \dfrac{1}{C} i_{L2} \end{cases} \tag{5-17a}$$

즉 벡터-행렬 형태로는 다음과 같다.

$$\begin{bmatrix} \dot{i}_{L1} \\ \dot{i}_{L2} \\ \dot{e}_C \end{bmatrix} = \begin{bmatrix} (R_1 - R_3)/L_1 & R_3/L_1 & -1/L_1 \\ R_3/L_2 & -(R_2 + R_3)/L_2 & 1/L_2 \\ 1/C & -1/C & 0 \end{bmatrix} \begin{bmatrix} i_{L1} \\ i_{L2} \\ e_C \end{bmatrix} + \begin{bmatrix} 1/L_1 \\ 0 \\ 0 \end{bmatrix} e_s \tag{5-17b}$$

예제 5-1 그림 5-3(a) 회로의 상태 방정식을 구하라.

풀이>> 그림 (a)의 등가 회로인 그림 (b)에서 커페시터 전류 i_C와 인덕터 전압 e_{L1}, e_{L2}, e_{L3}를 구하면 되며

$$e_{L1} = L_1 \dot{i}_{L1}, \quad e_{L2} = L_2 \dot{i}_{L2}, \quad e_{L3} = L_3 \dot{i}_{L3}, \quad i_C = C \dot{e}_C$$

먼저 R_4, R_5에 흐르는 전류를 각각 i_{R4}, i_{R5}라 하면

$$i_{R4} = i_{L1} - i_{L3}, \quad i_{R5} = i_{L2} - i_{L3}$$

KCL에 의해 $i_C = i_{R5} - i_{R4}$이므로

$$i_C = i_{R5} - i_{R4} = -i_{L1} + i_{L2}$$

그림 5-3
예제 5-1의 그림.

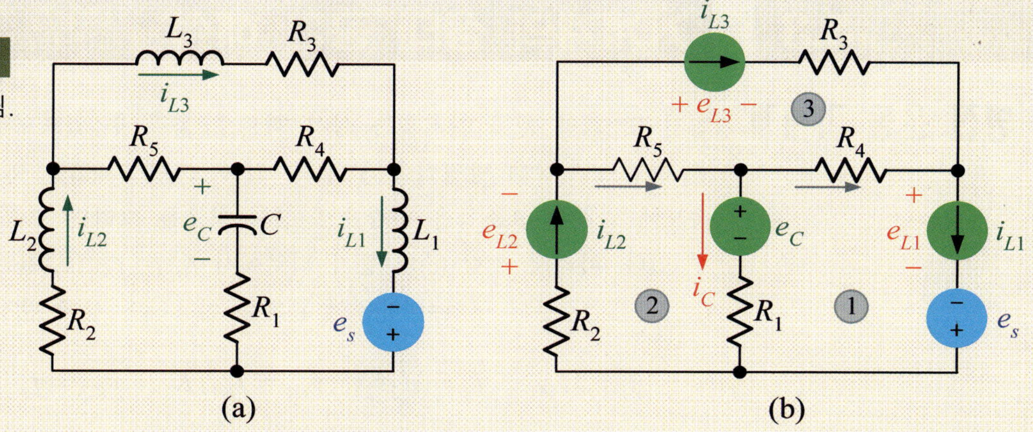

폐로 ①에 KVL을 적용하면

$$\begin{aligned} e_{L1} &= e_C + R_1 i_C - R_4 i_{R4} + e_s \\ &= e_C + R_1(i_{L2} - i_{L1}) - R_4(i_{L1} - i_{L3}) + e_s \\ &= -(R_1 + R_4) i_{L1} + R_1 i_{L2} + R_4 i_{L3} + e_C + e_s \end{aligned}$$

폐로 ②에 KVL을 적용하면

$$\begin{aligned} e_{L2} &= -R_5 i_{R5} - e_C - R_1 i_C - R_2 i_{L2} \\ &= -R_5(i_{L2} - i_{L3}) - e_C - R_1(i_{L2} - i_{L1}) - R_2 i_{L2} \\ &= R_1 i_{L1} - (R_1 + R_2 + R_5) i_{L2} + R_5 i_{L3} - e_C \end{aligned}$$

그리고 폐로 ③에 KVL을 적용하면

$$\begin{aligned} e_{L3} &= -R_3 i_{L3} + R_4 i_{R4} + R_5 i_{R5} \\ &= -R_3 i_{L3} + R_4(i_{L1} - i_{L3}) + R_5(i_{L2} - i_{L3}) \\ &= R_4 i_{L1} + R_5 i_{L2} - (R_3 + R_4 + R_5) i_{L3} \end{aligned}$$

이상으로 상태 벡터 $\mathbf{x}=[i_{L1}, i_{L2}, i_{L3}, e_C]^T$의 상태 방정식

$$\dot{\mathbf{x}} = \mathbf{A}\mathbf{x} + \mathbf{B}e_s$$

에서 벡터 $\mathbf{B}$는 $\mathbf{B}=[1/L_1, 0, 0, 0]^T$이며 시스템 행렬 $\mathbf{A}$는 다음과 같다.

$$\mathbf{A} = \begin{bmatrix} -(R_1+R_4)/L_1 & R_1/L_1 & R_4/L_1 & 1/L_1 \\ R_1/L_2 & -(R_1+R_2+R_5)/L_2 & R_5/L_2 & -1/L_2 \\ R_4/L_3 & R_5/L_3 & -(R_3+R_4+R_5)/L_3 & 0 \\ -1/C & 1/C & 0 & 0 \end{bmatrix}$$

5.3 기계계의 상태 공간 해석

병진 운동 기계계

병진 및 회전 운동 기계계는 상사 회로로 옮길 수 있으므로 전기계와 동일한 방법으로 상태 방정식을 구할 수 있다. 그림 5-4(a)를 예로 들어 보자. 각 속도에 관련된 요소들을 바탕으로 상사 회로를 그리면 그림 (b)와 같음을 알 수 있다. 따라서 그림 (c)의 등가 회로에서 f_1, f_2, v_{K1}, v_{K2}를 상태 변수 v_1, v_2, f_{K1}, f_{K2} 및 f로부터 구하여 다음의 관계를 이용하면 상태 방정식이 구해진다.

$$f_1 = M_1\dot{v}_1, \quad f_2 = M_2\dot{v}_2, \quad v_{K1} = \dot{f}_{K1}/K_1, \quad v_{K2} = \dot{f}_{K2}/K_2 \tag{5-18}$$

먼저

$$v_{K2} = v_2 \tag{5-19}$$

그리고 KCL에 의해

$$v_{K1} = v_2 - v_1 \tag{5-20}$$

폐로 ①에 KVL을 적용하면

$$f_1 = f + B_1 v_{K1} + f_{K2} = -B_1 v_1 + B_1 v_2 + f_{K2} + f \tag{5-21}$$

그리고 폐로 ②에 KVL을 적용하면

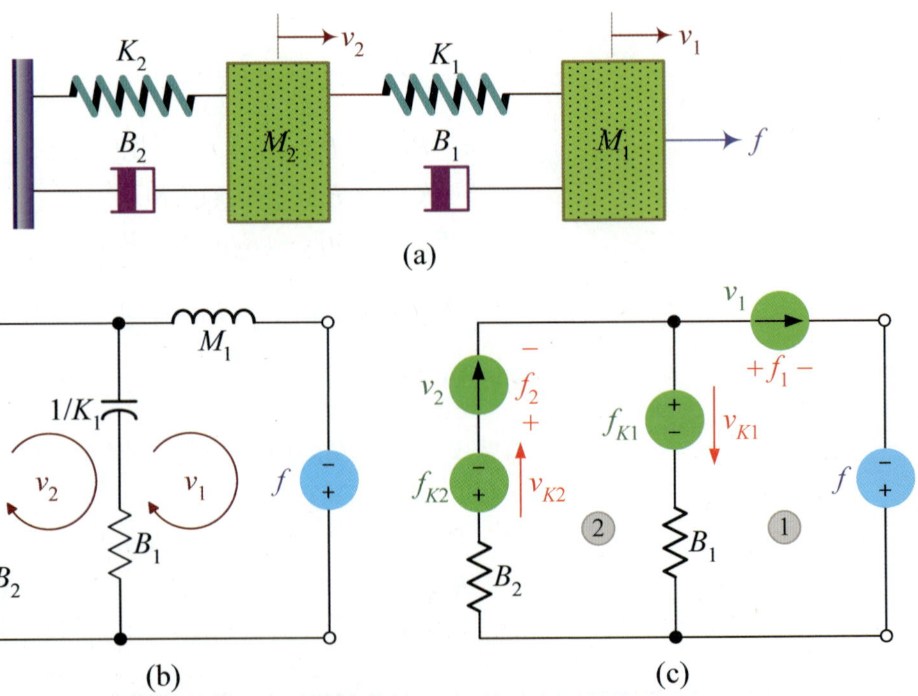

그림 5-4
(a) 기계계의 예;
(b) 상사 회로;
(c) 등가 회로.

$$\begin{aligned} f_2 &= -f_{K1} - B_1 v_{K1} - B_2 v_2 - f_{K2} \\ &= -f_{K1} - B_1(v_2 - v_1) - B_2 v_2 - f_{K2} \\ &= B_1 v_1 - (B_1 + B_2) v_2 - f_{K1} - f_{K2} \end{aligned} \tag{5-22}$$

이상으로 식 (5-19)~(5-22)에 식 (5-18)의 관계를 대입하면 상태 방정식은 다음과 같다.

$$\begin{bmatrix} \dot{v}_1 \\ \dot{v}_2 \\ \dot{f}_{K1} \\ \dot{f}_{K2} \end{bmatrix} = \begin{bmatrix} -\dfrac{B_1}{M_1} & \dfrac{B_1}{M_1} & 0 & \dfrac{1}{M_1} \\ \dfrac{B_1}{M_2} & -\dfrac{B_1+B_2}{M_2} & -\dfrac{1}{M_2} & -\dfrac{1}{M_2} \\ -K_1 & K_1 & 0 & 0 \\ 0 & K_2 & 0 & 0 \end{bmatrix} \begin{bmatrix} v_1 \\ v_2 \\ f_{K1} \\ f_{K2} \end{bmatrix} + \begin{bmatrix} 1/M_1 \\ 0 \\ 0 \\ 0 \end{bmatrix} f \tag{5-23}$$

예제 5-2 그림 5-5(a)에 대한 상태 방정식을 구하라.

풀이>> 상사 회로는 그림 (b)이며 이에 대한 등가 회로는 그림 (c)와 같고

그림 5-5
예제 5-2의 그림.

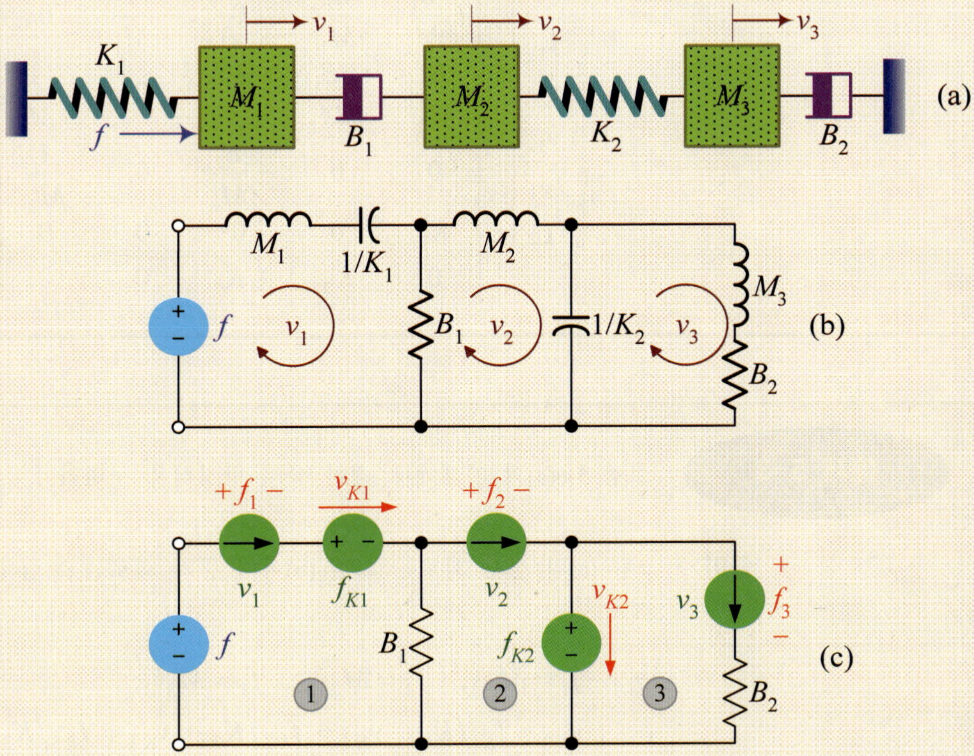

$$f_1 = M_1\dot{v}_1, \quad f_2 = M_2\dot{v}_2, \quad f_3 = M_3\dot{v}_3, \quad v_{K1} = \dot{f}_{K1}/K_1, \quad v_{K2} = \dot{f}_{K2}/K_2$$

먼저 폐로 (1)에서

$$v_{K1} = v_1$$

그리고 KCL에 의해

$$v_{K2} = v_2 - v_3$$

다음으로 폐로 (1)에 KVL을 적용하면

$$f_1 = f - f_{K1} - B_1(v_1 - v_2) = -B_1 v_1 + B_1 v_2 - f_{K1} + f$$

폐로 (2)에 KVL을 적용하면

$$f_2 = B_1(v_1 - v_2) - f_{K2} = B_1 v_1 - B_1 v_2 - f_{K2}$$

폐로 (3)에 KVL을 적용하면

$$f_3 = -B_2 v_3 + f_{K2}$$

이상으로 상태 방정식은 다음과 같다.

$$\begin{bmatrix} \dot{v}_1 \\ \dot{v}_2 \\ \dot{v}_3 \\ \dot{f}_{K1} \\ \dot{f}_{K2} \end{bmatrix} = \begin{bmatrix} -\frac{B_1}{M_1} & \frac{B_1}{M_1} & 0 & -\frac{1}{M_1} & 0 \\ \frac{B_1}{M_2} & -\frac{B_1}{M_2} & 0 & 0 & -\frac{1}{M_2} \\ 0 & 0 & -\frac{B_2}{M_3} & 0 & \frac{1}{M_3} \\ K_1 & 0 & 0 & 0 & 0 \\ 0 & K_2 & -K_2 & 0 & 0 \end{bmatrix} \begin{bmatrix} v_1 \\ v_2 \\ v_3 \\ f_{K1} \\ f_{K2} \end{bmatrix} + \begin{bmatrix} 1/M_1 \\ 0 \\ 0 \\ 0 \\ 0 \end{bmatrix} f$$

예제 5-3 그림 5-6(a)의 기계계에 대한 상태 방정식을 구하라.

풀이>> 그림 (a)의 상사 회로는 그림 (b)이며 등가 회로는 그림 (c)와 같다. 그림 (c)에서

$$f_1 = M_1\dot{v}_1, \quad f_2 = M_2\dot{v}_2, \quad f_3 = M_3\dot{v}_3,$$
$$v_{K1} = \dot{f}_{K1}/K_1, \quad v_{K2} = \dot{f}_{K2}/K_2, \quad v_{K3} = \dot{f}_{K3}/K_3$$

식 (5-26a)는 다음과 같이 벡터-행렬 형태로 표현된다.

$$\begin{bmatrix} \dot{\omega}_1 \\ \dot{T}_K \end{bmatrix} = \begin{bmatrix} -\dfrac{D_1}{J} & -\dfrac{1}{J} \\ K & -\dfrac{K}{D_2} \end{bmatrix} \begin{bmatrix} \omega_1 \\ T_K \end{bmatrix} + \begin{bmatrix} \dfrac{1}{J} \\ 0 \end{bmatrix} T \tag{5-26b}$$

예제 5-4 그림 5-8(a)의 회전 기계계에 대한 상태 방정식을 구하라.

풀이>> 상사 회로는 그림 (b)이며 이에 대한 등가 회로는 그림 (c)와 같다. 먼저

$$\omega_{K1} = \omega_1 - \omega_2$$

이며 D_2에 흐르는 전류가 T_{K2}/D_2이므로

$$\omega_{K2} = \omega_2 - \omega_4 - \frac{T_{K2}}{D_2}$$

$$\omega_{K3} = \omega_4$$

그림 5-8

예제 5-4의 그림.

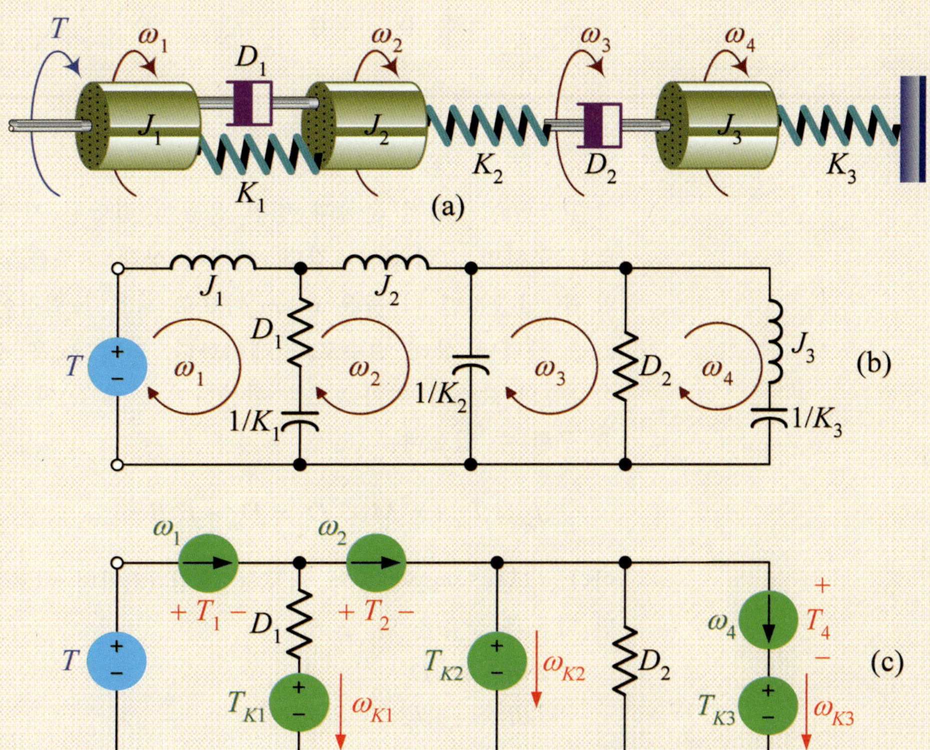

첫번째 폐로에 KVL을 적용하면

$$T_1 = -T - D_1(\omega_1 - \omega_2) - T_{K1} = -D_1\omega_1 + D_1\omega_2 - T_{K1} + T$$

두번째 폐로에 KVL을 적용하면

$$T_2 = D_1(\omega_1 - \omega_2) + T_{K1} - T_{K2} = D_1\omega_1 - D_1\omega_2 + T_{K1} - T_{K2}$$

네번째 폐로에 KVL을 적용하면

$$T_4 = T_{K2} - T_{K3}$$

이상으로 상태 방정식은 다음과 같다.

$$\begin{bmatrix} \dot{\omega}_1 \\ \dot{\omega}_2 \\ \dot{\omega}_4 \\ \dot{T}_{K1} \\ \dot{T}_{K2} \\ \dot{T}_{K3} \end{bmatrix} = \begin{bmatrix} -\frac{D_1}{J_1} & \frac{D_1}{J_1} & 0 & -\frac{1}{J_1} & 0 & 0 \\ \frac{D_1}{J_2} & -\frac{D_1}{J_2} & 0 & \frac{1}{J_2} & -\frac{1}{J_2} & 0 \\ 0 & 0 & 0 & 0 & \frac{1}{J_4} & -\frac{1}{J_4} \\ K_1 & -K_1 & 0 & 0 & 0 & 0 \\ 0 & K_2 & -K_2 & 0 & \frac{K}{D_2} & 0 \\ 0 & 0 & K_3 & 0 & 0 & 0 \end{bmatrix} \begin{bmatrix} \omega_1 \\ \omega_2 \\ \omega_4 \\ T_{K1} \\ T_{K2} \\ T_{K3} \end{bmatrix} + \begin{bmatrix} \frac{1}{J_1} \\ 0 \\ 0 \\ 0 \\ 0 \\ 0 \end{bmatrix} T$$

그림 5-9(a)는 회전 운동과 병진 운동이 결합된 기계계의 한 예이며 상사 회로를 구하면 그림 (b)와 같다. 여기서 상태 변수를 ω_m과 v의 두 가지로 생각할 수 있겠지만 이 둘은 $v = r\omega_m$이므로 서로 독립적이지 못하다. 따라서 ω_m과 v 중 하나만 상태 변수로 정해야한다. 만일 ω_m을 상태 변수로 하면 변압기 이차측의 요소를 일차측으로 환산하여 그림 (c)와 같이 한 다음 상태 방정식을 구할 수 있으며

$$J_e = J_m + r^2 M, \quad D_e = D_m + r^2 B \tag{5-27}$$

이다. 그림 5-9(c)의 등가 회로는 그림 (d)이며 이로부터 상태 방정식을 구하면 다음과 같음을 알 수 있다.

$$\frac{d\omega_m}{dt} = -\frac{D_e}{J_e}\omega_m + \frac{1}{J_e}T_m \tag{5-28}$$

이와 같이 기어가 있을 때는 상태 변수를 정하는데 유의할 필요가 있다.

그림 5-9
(a) 회전-병진 기계계;
(b),(c) 상사 회로;
(d) 등가 회로.

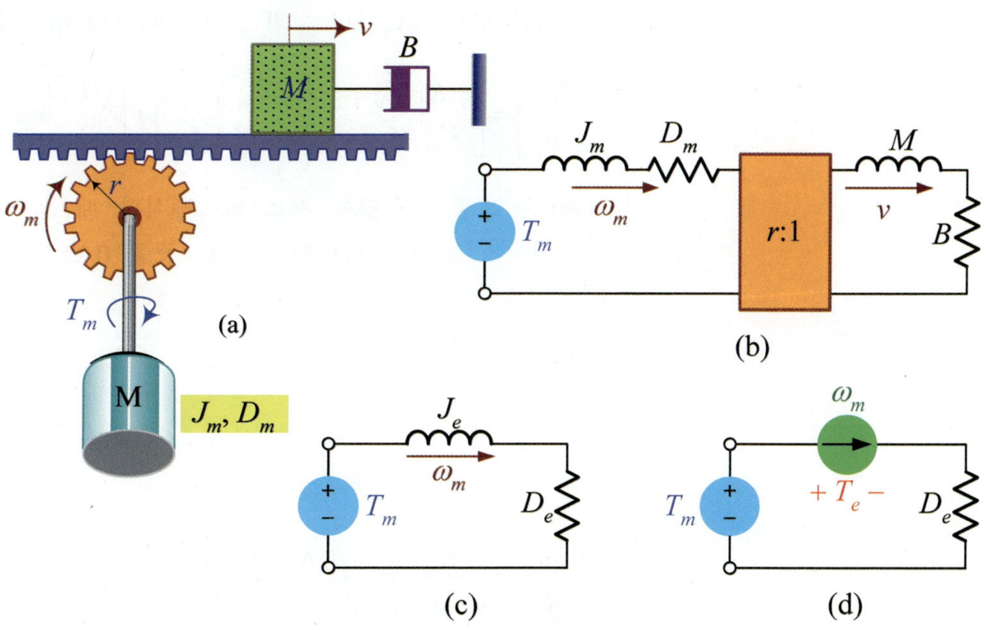

5.4 전기기계계의 상태 공간 해석

그림 5-10은 부하가 결합된 직류 전동기와 그 상사 회로이며 $J_e=J_m+J_L$, $D_e=D_m+D_L$이다. 그림 (b)에서 상태 변수를 두 인덕터의 전류 i_a, ω_m으로 하고 두 폐로에 KVL을 적용하면 다음의 두 방정식을 얻을 수 있다.

$$\begin{cases} L_a \dot{i}_a = e_a - K_b\omega_m - R_a i_a \\ J_e\dot{\omega}_m = K_m i_a - D_e\omega_m \end{cases} \tag{5-29}$$

그림 5-10
(a) 직류 전동기;
(b) 상사 회로.

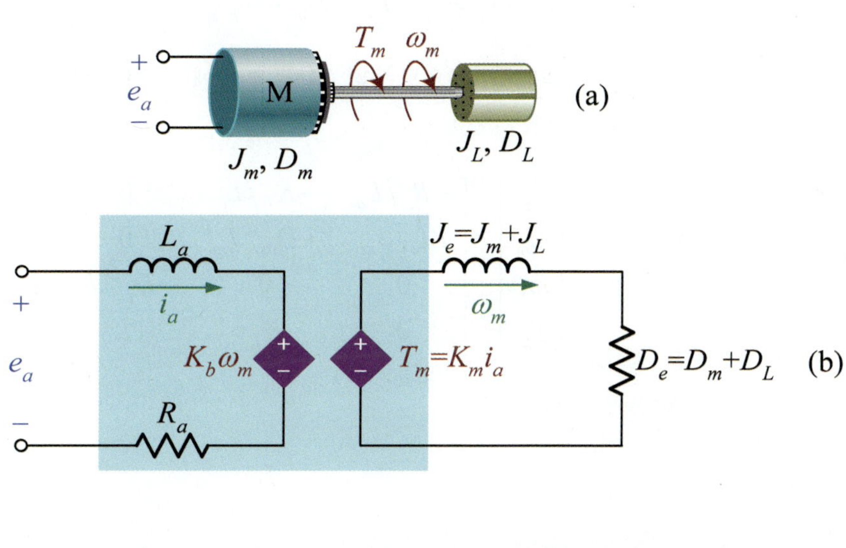

따라서 위의 식을 정리하면 그림 5-10(a)의 상태 방정식은 다음과 같다.

$$\begin{bmatrix} \dot{i}_a \\ \dot{\omega}_m \end{bmatrix} = \begin{bmatrix} -R_a/L_a & -K_b/L_a \\ K_m/J_e & -D_e/J_e \end{bmatrix} \begin{bmatrix} i_a \\ \omega_m \end{bmatrix} + \begin{bmatrix} 1/L_a \\ 0 \end{bmatrix} e_a \tag{5-30}$$

식 (5-30)은 전동기가 있는 시스템을 해석할 때 요긴하게 사용되는 식이다. 그리고 전기자 코일의 인덕턴스 L_a는 종종 0으로 무시하는 경우가 있으며 이 때는 i_a를 상태 변수에서 제외시켜야 한다. 그림 5-10(b)에서 L_a=0이면

$$i_a = \frac{e_a - K_b\omega_m}{R_a} \tag{5-31}$$

이므로 이를 식 (5-29)의 두번째 식의 i_a에 대입하여 정리하면 상태 방정식은 다음과 같음을 알 수 있다.

$$\frac{d\omega_m}{dt} = \left(\frac{K_m}{R_a J_e}\right) e_a - \left(\frac{K_b K_m + R_a D_e}{R_a J_e}\right) \omega_m \qquad (L_a = 0) \tag{5-32}$$

전동기의 부하에 그림 5-11(a)와 같이 스프링 요소가 첨가되면 상태 방정식이 복잡해진다. 그림 5-11(a)의 상사 회로는 그림 (b)와 같다. 그리고 그림 (b)의 등가 회로는 그림 (c)이며 상태 변수는 다음의 네 가지로 늘어난다: i_a, ω_m, T_K, ω_L. 세 폐로에 KVL을 적용하면 다음의 세 방정식을 얻을 수 있다.

$$\begin{cases} e_L = L_a \dot{i}_a = e_a - K_b\omega_m - R_a i_a \\ T_m = J_m \dot{\omega}_m = K_m i_a - D_m \omega_m - T_K \\ T_L = J_L \dot{\omega}_L = T_K - D_L \omega_L \end{cases} \tag{5-33}$$

그리고 KCL에 의해

$$\omega_K = \frac{1}{K_L}\dot{T}_K = \omega_m - \omega_L \tag{5-34}$$

위의 두 식으로부터 그림 5-11에 대한 상태 방정식은 다음과 같이 구할 수 있다.

$$\begin{bmatrix} \dot{i}_a \\ \dot{\omega}_m \\ \dot{\omega}_L \\ \dot{T}_K \end{bmatrix} = \begin{bmatrix} -R_a/L_a & -K_b/L_a & 0 & 0 \\ K_m/J_m & -D_m/J_m & 0 & 1/J_m \\ 0 & 0 & -D_L/J_L & 1/J_L \\ 0 & K_L & -K_L & 0 \end{bmatrix} \begin{bmatrix} i_a \\ \omega_m \\ \omega_L \\ T_K \end{bmatrix} + \begin{bmatrix} 1/L_a \\ 0 \\ 0 \\ 0 \end{bmatrix} e_a \tag{5-35}$$

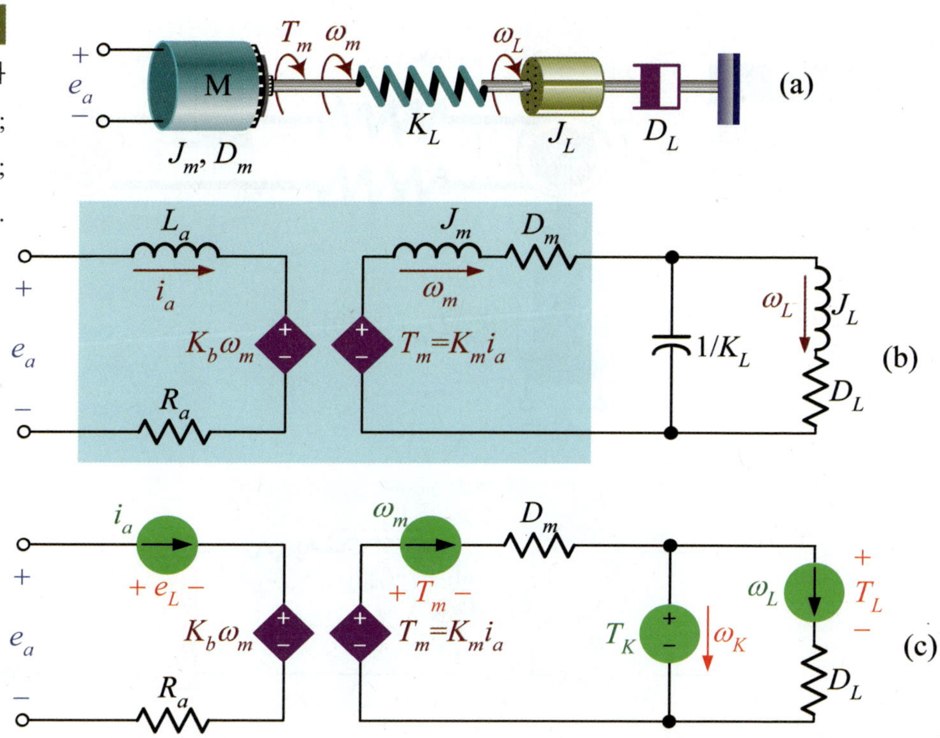

그림 5-11
(a) 스프링 요소가 결합된 직류 전동기;
(b) 상사 회로;
(c) 등가 회로.

예제 5-5

◆ **프린터 벨트 구동기** ◆

그림 5-12(a)는 예제 4-11에서 소개한 프린터 벨트 구동기이며 상사 회로는 그림 (b)와 같다(그림 4-44(b) 참조). 상태 방정식을 구하라.

풀이>> 그림 5-12(b)의 상태 변수는 i_a, ω_m, f_K, v_2의 네 가지이며 $v_1 = r\omega_m$이다. 따라서 상태 방정식은 그림 (c)의 등가 회로로부터 구할 수 있으며

$$e_L = L_a \dot{i}_a,\quad T_m = J_m \dot{\omega}_m,\quad f_2 = M\dot{v}_2,\quad v_K = \dot{f}_K/(2K)$$

그림 (c)로부터 다음의 연립 방정식을 구할 수 있다.

$$\begin{cases} e_L = e_a - K_b\omega_m - R_a i_a \\ T_m = K_m i_a - D_m\omega_m - rf_K \\ f_2 = f_K \\ v_K = r\omega_m - v_2 \end{cases}$$

단 두번째 식은 변압기의 일차측 양단 전압이 f_K의 r배인 rf_K임을 이용한 것이며 마지막 식은 KCL에 의한 것이다. 위의 식은 다음과 같이 정리된다.

그림 5-12
예제 5-5의 그림.

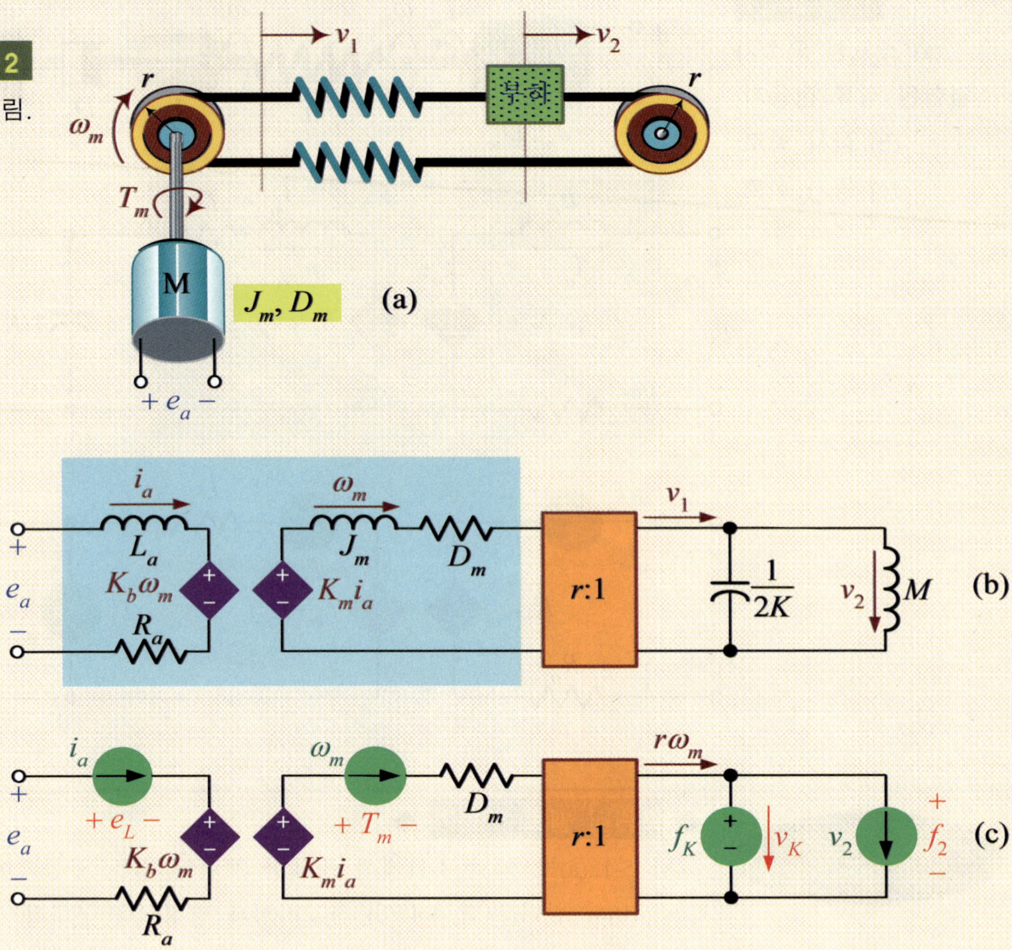

$$
\begin{cases}
L_a \dot{i}_a = e_a - K_b \omega_m - R_a i_a \\
J_m \dot{\omega}_m = K_m i_a - D_m \omega_m - r f_K \\
M \dot{v}_2 = f_K \\
\dot{f}_K / (2K) = r\omega_m - v_2
\end{cases}
$$

이상으로 상태 방정식은 다음과 같다.

$$
\begin{bmatrix} \dot{i}_a \\ \dot{\omega}_m \\ \dot{v}_2 \\ \dot{f}_K \end{bmatrix}
=
\begin{bmatrix}
-R_a/L_a & -K_b/L_a & 0 & 0 \\
K_m/J_m & -D_m/J_m & 0 & -r/J_m \\
0 & 0 & 0 & 1/M \\
0 & 2rK & -2K & 0
\end{bmatrix}
\begin{bmatrix} i_a \\ \omega_m \\ v_2 \\ f_K \end{bmatrix}
+
\begin{bmatrix} 1/L_a \\ 0 \\ 0 \\ 0 \end{bmatrix} e_a
$$

예제 5-6

그림 5-13(a)는 전자석을 이용하여 쇠공을 일정한 위치에 유지시키는 장치이며 전자석도 고정된 철판과의 인력에 의해 공중에 떠 있는 상태이다. 고정된 철판과 전자석 사이의 인력 f_1과 전자석과 쇠공 사이의 인력 f_2는 그림에 표시된 바와 같다.

(a) 이 장치에 대한 상사 회로를 구하라.

(b) 각 전기적 및 기계적인 변수들이 동작점을 중심으로 미세하게 변할 때 근사적인 선형 회로를 구하라.

(c) 선형 회로를 이용해 상태 방정식을 구하라.

풀이>> (a) 질량이 M_1인 전자석의 속도 v_1과 질량이 M_2인 쇠공의 속도 v_2에 관련된 기계적인 요소들을 모아보면 다음과 같다:

v_1과 관련된 요소: 질량 M_1 및 힘 f_1, f_2, W_1

v_2와 관련된 요소: 질량 M_2 및 힘 f_2, W_2

v_1과 v_2 사이의 요소: 힘 f_2

상사 회로는 그림 5-13(b)와 같으며 두 폐로가 공유하는 부분은 종속 전압원 f_2이다. 그리고 중력에 해당하는 전압원 W_1과 W_2는 직류 전압원이다.

(b) 각 변수 i, y_1, y_2의 동작점을 각각 I, Y_1, Y_2라 하면

$$M_2 g = \frac{k_2 I^2}{Y_2 - Y_1}, \quad \frac{k_1 I^2}{Y_1} = M_1 g + \frac{k_2 I^2}{Y_2 - Y_1}$$

위의 식을 풀면

$$Y_1 = \frac{k_1 I^2}{(M_1 + M_2) g}, \quad Y_2 = \frac{(M_1 + M_2) k_2 + M_2 k_1}{M_2 (M_1 + M_2) g} I^2$$

이를 이용하면 다음과 같이 근사적으로 선형화할 수 있다.

$$\begin{aligned} f_{1\delta} &= \left.\frac{\partial f_1}{\partial i}\right|_{\substack{I \\ Y_1}} i_\delta + \left.\frac{\partial f_1}{\partial y_1}\right|_{\substack{I \\ Y_1}} y_{1\delta} = \frac{2k_1 I}{Y_1} i_\delta - \frac{2k_1 I^2}{Y_1^2} y_{1\delta} \\ &= \underbrace{\frac{2(M_1 + M_2) g}{I}}_{a_1} i_\delta + \underbrace{\frac{-2(M_1 + M_2)^2 g^2}{k_1 I^2}}_{b_1} y_{1\delta} \end{aligned}$$

및

그림 5-13

예제 5-6의 그림.

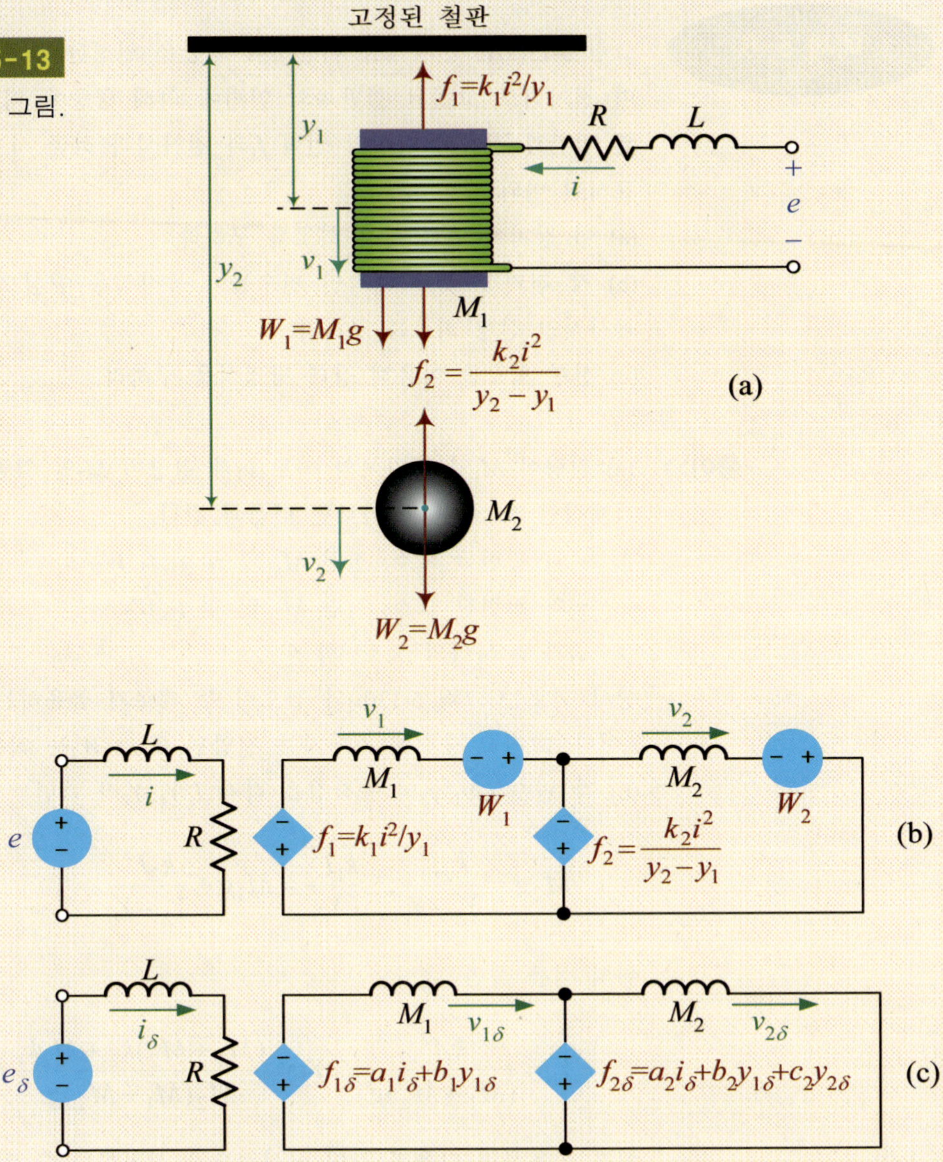

$$
\begin{aligned}
f_{2\delta} &= \left.\frac{\partial f_2}{\partial i}\right|_{\substack{I\\Y_1\\Y_2}} i_\delta + \left.\frac{\partial f_2}{\partial y_1}\right|_{\substack{I\\Y_1\\Y_2}} y_{1\delta} + \left.\frac{\partial f_2}{\partial y_2}\right|_{\substack{I\\Y_1\\Y_2}} y_{2\delta} \\
&= \frac{2k_2I}{Y_2-Y_1}i_\delta + \frac{2k_2I^2}{(Y_2-Y_1)^2}y_{1\delta} - \frac{2k_2I^2}{(Y_2-Y_1)^2}y_{2\delta} \\
&= \underbrace{\frac{2M_2g}{I}}_{a_2}i_\delta + \underbrace{\frac{2M_2^2g^2}{k_2I^2}}_{b_2}y_{1\delta} + \underbrace{\frac{-2M_2^2g^2}{k_2I^2}}_{c_2}y_{2\delta}
\end{aligned}
$$

(c) 그림 5-13(b)는 (c)로 선형화되며 $i_{1\delta}$, $v_{1\delta}$, $v_{2\delta}$를 상태 변수로 한다. 그리고 두 종속 전압원 $f_{1\delta}$와 $f_{2\delta}$가 $y_{1\delta}$, $y_{2\delta}$의 함수이므로 $y_{1\delta}$와 $y_{2\delta}$도 상태 변수에 포함시켜야 한다. 대신에 상태 변수 $y_{1\delta}$와 $y_{2\delta}$의 도함수는

$$\dot{y}_{1\delta} = v_{1\delta}, \quad \dot{y}_{2\delta} = v_{2\delta}$$

로 표현된다. 그림 5-13(c)의 각 폐로에 KVL을 적용하면 다음과 같다.

$$\begin{cases} L\dot{i}_{\delta} = e_{\delta} - Ri_{\delta} \\ M_1\dot{v}_{1\delta} = f_{2\delta} - f_{1\delta} = (a_2 - a_1)i_{\delta} + (b_2 - b_1)y_{1\delta} + c_2 y_{2\delta} \\ M_2\dot{v}_{2\delta} = -f_{2\delta} = -a_2 i_{\delta} - b_2 y_{1\delta} - c_2 y_{2\delta} \end{cases}$$

위의 두 결과를 종합하면 상태 방정식은 다음과 같다.

$$\begin{bmatrix} \dot{i}_{\delta} \\ \dot{v}_{1\delta} \\ \dot{v}_{2\delta} \\ \dot{y}_{1\delta} \\ \dot{y}_{2\delta} \end{bmatrix} = \begin{bmatrix} -\dfrac{R}{L} & 0 & 0 & 0 & 0 \\ \dfrac{a_2 - a_1}{M_1} & 0 & 0 & \dfrac{b_2 - b_1}{M_1} & \dfrac{c_2}{M_1} \\ -\dfrac{a_2}{M_2} & 0 & 0 & -\dfrac{b_2}{M_2} & -\dfrac{c_2}{M_2} \\ 0 & 1 & 0 & 0 & 0 \\ 0 & 0 & 1 & 0 & 0 \end{bmatrix} \begin{bmatrix} i_{\delta} \\ v_{1\delta} \\ v_{2\delta} \\ y_{1\delta} \\ y_{2\delta} \end{bmatrix} + \begin{bmatrix} 1/L \\ 0 \\ 0 \\ 0 \\ 0 \end{bmatrix} e_{\delta}$$

5.5 상태 공간에서 전달 함수로

지금까지 우리는 전기계, 기계계 및 전기기계계 등을 전달 함수로 표현하거나 상태 공간에서 표현하는 법에 대해 알아보았다. 전달 함수는 시스템의 특성을 변환 영역(대표적으로 주파수 영역)에서 표현하고 상태 공간은 시간상에서 표현한다. 여기서는 상태 공간에서의 표현을 전달 함수로 표현하는데 대해 알아본다. 벡터-행렬 형태로 표현된 다음의 동적 방정식

$$\begin{cases} \dot{\mathbf{x}}(t) = \mathbf{A}\mathbf{x}(t) + \mathbf{B}\mathbf{u}(t) \\ \mathbf{y}(t) = \mathbf{C}\mathbf{x}(t) + \mathbf{D}\mathbf{u}(t) \end{cases} \qquad \textbf{(5-36)}$$

에서 상태 벡터 $\mathbf{x}(t)$의 초기 조건을 $\mathbf{x}(0)$라 한다. 먼저 상태 방정식의 양변에 라플라스 변환을 취하면

$$s\mathbf{X}(s) - \mathbf{x}(0) = \mathbf{AX}(s) + \mathbf{BU}(s) \tag{5-37}$$

이므로

$$(s\mathbf{I} - \mathbf{A})\mathbf{X}(s) = \mathbf{BU}(s) + \mathbf{x}(0) \tag{5-38}$$

단, **I**는 $n\times n$의 단위 행렬이며 n은 상태 변수의 수, 즉 시스템 차수이다. 따라서 위의 식으로부터 $\mathbf{x}(t)$의 라플라스 변환 $\mathbf{X}(s)$는 다음과 같이 표현된다.

$$\mathbf{X}(s) = (s\mathbf{I} - \mathbf{A})^{-1}\mathbf{BU}(s) + (s\mathbf{I} - \mathbf{A})^{-1}\mathbf{x}(0) \tag{5-39}$$

그리고 출력 방정식에 라플라스 변환을 취하면

$$\mathbf{Y}(s) = \mathbf{CX}(s) + \mathbf{DU}(s) \tag{5-40}$$

따라서 위의 두 식으로부터 입력의 라플라스 변환 $\mathbf{U}(s)$와 출력의 라플라스 변환 $\mathbf{Y}(s)$의 관계는 다음과 같다.

$$\begin{aligned}\mathbf{Y}(s) &= \mathbf{C}(s\mathbf{I} - \mathbf{A})^{-1}\mathbf{BU}(s) + \mathbf{C}(s\mathbf{I} - \mathbf{A})^{-1}\mathbf{x}(0) + \mathbf{DU}(s) \\ &= [\mathbf{C}(s\mathbf{I} - \mathbf{A})^{-1}\mathbf{B} + \mathbf{D}]\mathbf{U}(s) + \mathbf{C}(s\mathbf{I} - \mathbf{A})^{-1}\mathbf{x}(0)\end{aligned} \tag{5-41}$$

여기서 새로운 행렬을

$$\mathbf{\Phi}(s) = (s\mathbf{I} - \mathbf{A})^{-1} = \frac{\mathrm{adj}(s\mathbf{I} - \mathbf{A})}{|s\mathbf{I} - \mathbf{A}|} \tag{5-42}$$

로 정의하면 식 (5-41)은 다음과 같이 표현된다.

$$\mathbf{Y}(s) = [\mathbf{C\Phi}(s)\mathbf{B} + \mathbf{D}]\mathbf{U}(s) + \mathbf{C\Phi}(s)\mathbf{x}(0) \tag{5-43}$$

시스템의 전달 함수는 초기 조건을 모두 0으로 한 상태에서 정의되므로 식 (5-43)에서 $\mathbf{x}(0)=0$으로 하면 다음과 같은 전달 함수 관계로 표현된다.

$$\left.\begin{aligned}\mathbf{Y}(s) &= \mathbf{G}(s)\mathbf{U}(s) \\ \mathbf{G}(s) &= \mathbf{C\Phi}(s)\mathbf{B} + \mathbf{D} \\ \mathbf{\Phi}(s) &= (s\mathbf{I} - \mathbf{A})^{-1}\end{aligned}\right\} \tag{5-44}$$

특성 방정식

식 (5-42)와 (5-44)로부터 전달 함수 $\mathbf{G}(s)$는 다음과 같이 표현할 수 있다.

$$\mathbf{G}(s) = \mathbf{C}\frac{\mathrm{adj}(s\mathbf{I} - \mathbf{A})}{|s\mathbf{I} - \mathbf{A}|}\mathbf{B} + \mathbf{D} = \mathbf{C}\frac{\mathrm{adj}(s\mathbf{I} - \mathbf{A})\mathbf{B} + |s\mathbf{I} - \mathbf{A}|\mathbf{D}}{|s\mathbf{I} - \mathbf{A}|} \tag{5-45}$$

따라서 $\mathbf{G}(s)$의 분모 다항식의 근, 즉 극점은 다음의 특성 방정식에 의해 결정됨을 알 수 있다.

$$|s\mathbf{I}-\mathbf{A}|=0 \tag{5-46}$$

즉 행렬 **A**는 시스템의 특성에 지대한 영향을 미치므로 시스템 행렬이라 하는 것이다.

예제 5-7 다음의 동적 방정식으로 표현되는 시스템의 전달 함수를 구하라.

상태 방정식:
$$\begin{bmatrix}\dot{x}_1(t)\\ \dot{x}_2(t)\\ \dot{x}_3(t)\end{bmatrix}=\begin{bmatrix}0 & 1 & 0\\ 0 & -4 & 3\\ -1 & -1 & -2\end{bmatrix}\begin{bmatrix}x_1(t)\\ x_2(t)\\ x_3(t)\end{bmatrix}+\begin{bmatrix}0 & 1\\ 1 & 0\\ 0 & 0\end{bmatrix}\begin{bmatrix}u_1(t)\\ u_2(t)\end{bmatrix}$$

출력 방정식;
$$\begin{bmatrix}y_1(t)\\ y_2(t)\end{bmatrix}=\begin{bmatrix}1 & 0 & 0\\ 0 & 0 & 1\end{bmatrix}\begin{bmatrix}x_1(t)\\ x_2(t)\\ x_3(t)\end{bmatrix}$$

풀이>> 각 벡터와 행렬은 다음과 같다.

$$\mathbf{A}=\begin{bmatrix}0 & 1 & 0\\ 0 & -4 & 3\\ -1 & -1 & -2\end{bmatrix},\quad \mathbf{B}=\begin{bmatrix}0 & 1\\ 1 & 0\\ 0 & 0\end{bmatrix},\quad \mathbf{C}=\begin{bmatrix}1 & 0 & 0\\ 0 & 0 & 1\end{bmatrix},\quad \mathbf{D}=\mathbf{0}$$

먼저 행렬 $s\mathbf{I}-\mathbf{A}$를 구하면

$$s\mathbf{I}-\mathbf{A}=\begin{bmatrix}s & -1 & 0\\ 0 & s+4 & -3\\ 1 & 1 & s+2\end{bmatrix}$$

행렬 $s\mathbf{I}-\mathbf{A}$의 행렬식은

$$|s\mathbf{I}-\mathbf{A}|=s\begin{vmatrix}s+4 & -3\\ 1 & s+2\end{vmatrix}+\begin{vmatrix}-1 & 0\\ s+4 & 3\end{vmatrix}=s^3+6s^2+11s+3$$

따라서

$$\mathbf{\Phi}(s)=\frac{\text{adj}(s\mathbf{I}-\mathbf{A})}{|s\mathbf{I}-\mathbf{A}|}=\frac{\begin{bmatrix}s^2+6s+11 & s+2 & 3\\ -3 & s(s+2) & 3s\\ -(s+4) & -(s+1) & s(s+4)\end{bmatrix}}{s^3+6s^2+11s+3}$$

이상으로 전달 함수는 다음과 같다.

$$\mathbf{G}(s) = \mathbf{C\Phi}(s)\mathbf{B}$$

$$= \frac{\begin{bmatrix} 1 & 0 & 0 \\ 0 & 0 & 1 \end{bmatrix} \begin{bmatrix} s^2+6s+11 & s+2 & 3 \\ -3 & s(s+2) & 3s \\ -(s+4) & -(s+1) & s(s+4) \end{bmatrix} \begin{bmatrix} 0 & 1 \\ 1 & 0 \\ 0 & 0 \end{bmatrix}}{s^3+6s^2+11s+3}$$

$$= \frac{\begin{bmatrix} s+2 & s^2+6s+11 \\ -(s+1) & -(s+4) \end{bmatrix}}{s^3+6s^2+11s+3}$$

고유 벡터와 고유값

주어진 행렬 $\mathbf{A}$에 대해 다음을 만족하는 모든 벡터 $\mathbf{p}_i \neq \mathbf{0}$을 행렬 $\mathbf{A}$의 고유벡터(eigenvector)라 한다:

$$\mathbf{A}\mathbf{p}_i = \lambda_i \mathbf{p}_i \tag{5-47}$$

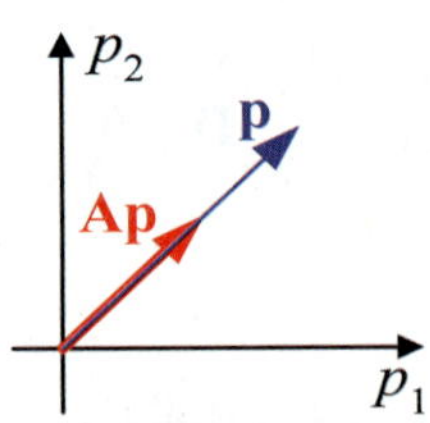

그림 5-14
고유 벡터의 정의.

여기서 λ_i는 상수로서 $\mathbf{p}_i$에 대한 고유값(eigenvalue)이라 한다. 즉 고유벡터는 행렬 $\mathbf{A}$로 변환시켜도 방향은 변하지 않고 크기만 변하며 그림 5-14가 이를 보여준다. 고유벡터를 구하기 위해 식 (5-47)를 재정리하면

$$(\lambda_i \mathbf{I} - \mathbf{A})\mathbf{p}_i = \mathbf{0} \tag{5-48}$$

이며 $\mathbf{p}_i$를 구하기 위해 위의 식 양변에 $(\lambda_i \mathbf{I} - \mathbf{A})^{-1}$을 곱하면

$$\mathbf{p}_i = (\lambda_i \mathbf{I} - \mathbf{A})^{-1}\mathbf{0} = \frac{\text{adj}(\lambda_i \mathbf{I} - \mathbf{A})}{|\lambda_i \mathbf{I} - \mathbf{A}|}\mathbf{0} \tag{5-49}$$

여기서 $\mathbf{p}_i \neq \mathbf{0}$이므로 다음 조건을 만족할 때만 $\mathbf{0}$이 아닌 해를 얻을 수 있다:

$$|\lambda_i \mathbf{I} - \mathbf{A}| = \mathbf{0} \tag{5-50}$$

위의 식은 식 (5-46)의 특성 방정식과 일치하며 고유값 λ_i는 특성근에 해당한다. 식 (5-50)으로부터 먼저 고유값을 구한 다음 이로부터 각 고유값에 대한 고유벡터를 구할 수 있다.

예제 5-8 다음의 행렬에 대한 고유값과 고유벡터를 구하라.

$$\mathbf{A} = \begin{bmatrix} -2 & 1 \\ 1 & -2 \end{bmatrix}$$

풀이>> 고유값은 다음으로부터 구한다.

$$|\lambda\mathbf{I} - \mathbf{A}| = \begin{vmatrix} \lambda+2 & -1 \\ -1 & \lambda+2 \end{vmatrix} = \lambda^2 + 4\lambda + 3 = 0$$

따라서 고유값은 다음과 같다.

$$\lambda_1 = -1, \quad \lambda_2 = -3$$

고유값 λ_1과 λ_2에 대한 고유벡터를 각각 다음으로 한다.

$$\mathbf{p}_1 = \begin{bmatrix} p_{11} \\ p_{21} \end{bmatrix}, \quad \mathbf{p}_2 = \begin{bmatrix} p_{12} \\ p_{22} \end{bmatrix}$$

식 (5-48)로부터 $\lambda_1=-1$에 대한 고유벡터는 다음을 만족한다.따라서

$$\begin{bmatrix} 1 & -1 \\ -1 & 1 \end{bmatrix}\begin{bmatrix} p_{11} \\ p_{21} \end{bmatrix} = \begin{bmatrix} 0 \\ 0 \end{bmatrix}$$

따라서 $p_{11}=p_{21}$이므로 임의로 다음을 택할 수 있다.

$$\mathbf{p}_1 = \begin{bmatrix} p_{11} \\ p_{21} \end{bmatrix} = \begin{bmatrix} 1 \\ 1 \end{bmatrix}$$

다음으로 $\lambda_2=-3$에 대한 고유벡터는 다음을 만족한다.

$$\begin{bmatrix} -1 & -1 \\ -1 & -1 \end{bmatrix}\begin{bmatrix} p_{12} \\ p_{22} \end{bmatrix} = \begin{bmatrix} 0 \\ 0 \end{bmatrix}$$

따라서 $p_{12}=-p_{22}$이므로 임의로 다음을 택할 수 있다.

$$\mathbf{p}_2 = \begin{bmatrix} p_{12} \\ p_{22} \end{bmatrix} = \begin{bmatrix} 1 \\ -1 \end{bmatrix}$$

이상으로 고유벡터는 다음과 같다.

$$\mathbf{p}_1 = \begin{bmatrix} p_{11} \\ p_{21} \end{bmatrix} = \begin{bmatrix} 1 \\ 1 \end{bmatrix}, \quad \mathbf{p}_2 = \begin{bmatrix} p_{12} \\ p_{22} \end{bmatrix} = \begin{bmatrix} 1 \\ -1 \end{bmatrix}$$

행렬의 대각선화

고유값이 서로 다른 임의의 행렬은 고유값과 고유벡터들을 이용하여 대각선 행렬 형태로 표현할 수 있다. 먼저 $n \times n$ 행렬 **A**의 고유값들로 구성된 대각선 행렬을 다음과 같이 정의한다.

$$\mathbf{\Lambda} = \begin{bmatrix} \lambda_1 & 0 & \cdots & 0 \\ 0 & \lambda_2 & \cdots & 0 \\ \vdots & \vdots & \ddots & \vdots \\ 0 & 0 & \cdots & \lambda_n \end{bmatrix} \tag{5-51}$$

그리고 고유벡터들을 이용하여 다음과 같은 행렬을 정의한다.

$$\mathbf{P} = [\mathbf{p}_1, \mathbf{p}_2, \cdots, \mathbf{p}_n] \tag{5-52}$$

위의 두 식을 이용하면 식 (5-47)은 다음과 같이 모아 쓸 수 있다.

$$\mathbf{AP} = [\lambda_1 \mathbf{p}_1, \lambda_2 \mathbf{p}_2, \cdots, \lambda_n \mathbf{p}_n] = \mathbf{P\Lambda} \tag{5-53}$$

따라서 식 (5-53)의 양변에 역행렬 $\mathbf{P}^{-1}$을 곱하면 다음과 같이 대각선 형렬화 할 수 있다.

$$\mathbf{P}^{-1}\mathbf{AP} = \mathbf{\Lambda} \quad \text{또는} \quad \mathbf{A} = \mathbf{P\Lambda P}^{-1} \tag{5-54}$$

위의 관계는 여러모로 유용하게 사용되며 행렬 **A**의 멱수 역시 다음과 같이 대각선 행렬화할 수 있다.

$$\begin{aligned} \mathbf{A}^k &= (\mathbf{P\Lambda P}^{-1})(\mathbf{P\Lambda P}^{-1})\cdots(\mathbf{P\Lambda P}^{-1}) \\ &= \mathbf{P\Lambda}(\mathbf{P}^{-1}\mathbf{P})\mathbf{\Lambda}(\mathbf{P}^{-1}\mathbf{P})\cdots\mathbf{\Lambda P}^{-1} \\ &= \mathbf{P\Lambda}^k\mathbf{P}^{-1} \end{aligned} \tag{5-55}$$

다음으로 행렬 **A**의 고유값들을 지수로 한 지수 함수 행렬을 다음과 같이 정의한다.

$$e^{\mathbf{\Lambda}t} \equiv \begin{bmatrix} e^{\lambda_1 t} & 0 & \cdots & 0 \\ 0 & e^{\lambda_2 t} & \cdots & 0 \\ \vdots & \vdots & \ddots & \vdots \\ 0 & 0 & \cdots & e^{\lambda_n t} \end{bmatrix} \tag{5-56}$$

여기서 지수가 스칼라인 $e^{\lambda t}$는 다음과 같이 멱급수로 전개할 수 있다.

$$e^{\lambda t} = 1 + \lambda t + \frac{1}{2!}\lambda^2 t^2 + \cdots + \frac{1}{k!}\lambda^k t^k \cdots = \sum_{k=0}^{\infty} \frac{t^k}{k!}\lambda^k \tag{5-57}$$

따라서 식 (5-56)의 대각선 함수들을 멱급수로 전개하면 다음과 같다.

$$e^{\Lambda t} \equiv \begin{bmatrix} \sum_{k=0}^{\infty} \frac{t^k}{k!}\lambda_1^k & 0 & \cdots & 0 \\ 0 & \sum_{k=0}^{\infty} \frac{t^k}{k!}\lambda_2^k & \cdots & 0 \\ \vdots & \vdots & \ddots & \vdots \\ 0 & 0 & \cdots & \sum_{k=0}^{\infty} \frac{t^k}{k!}\lambda_n^k \end{bmatrix} = \sum_{k=0}^{\infty} \frac{t^k}{k!}\mathbf{\Lambda}^k \tag{5-58}$$

위의 행렬 $e^{\Lambda t}$의 앞뒤로 행렬 $\mathbf{P}$, $\mathbf{P}^{-1}$을 각각 곱하면 다음과 같은 관계를 얻을 수 있다.

$$\mathbf{P}e^{\Lambda t}\mathbf{P}^{-1} = \mathbf{P}\left(\sum_{k=0}^{\infty} \frac{t^k}{k!}\mathbf{\Lambda}^k\right)\mathbf{P}^{-1} = \sum_{k=0}^{\infty} \frac{t^k}{k!}\mathbf{P}\mathbf{\Lambda}^k\mathbf{P}^{-1} \tag{5-59}$$

식 (5-59)에서 우변의 $\mathbf{P}\mathbf{\Lambda}^k\mathbf{P}^{-1}$은 식 (5-55)에 의해 $\mathbf{A}^k$와 같으므로 식 (5-59)는

$$\mathbf{P}e^{\Lambda t}\mathbf{P}^{-1} = \sum_{k=0}^{\infty} \frac{t^k}{k!}\mathbf{A}^k \tag{5-60}$$

로 표현할 수 있다. 그리고 $e^{\mathbf{A}t} \equiv \mathbf{P}e^{\Lambda t}\mathbf{P}^{-1}$로 정의하면

$$e^{\mathbf{A}t} \equiv \mathbf{P}e^{\Lambda t}\mathbf{P}^{-1} = \sum_{k=0}^{\infty} \frac{t^k}{k!}\mathbf{A}^k \tag{5-61}$$

위의 식은 지수가 스칼라인 식 (5-57)과 동일한 형태의 표현이다. 이상으로 행렬 $e^{\mathbf{A}t}$는 다음과 같이 스칼라 지수 함수 e^{at}와 흡사한 성질이 있다:

$$\begin{cases} (1)\ e^{at} = \sum_{k=0}^{\infty} \frac{t^k}{k!}a^k \leftrightarrow e^{\mathbf{A}t} = \sum_{k=0}^{\infty} \frac{t^k}{k!}\mathbf{A}^k \\ (2)\ e^{a(t_1+t_2)} = e^{at_1}e^{at_2} \leftrightarrow e^{\mathbf{A}(t_1+t_2)} = e^{\mathbf{A}t_1}e^{\mathbf{A}t_2} \\ (3)\ e^{-at}e^{at} = 1 \leftrightarrow e^{-\mathbf{A}t}e^{\mathbf{A}t} = \mathbf{I} \\ (4)\ (e^{at})^{-1} = e^{-at} \leftrightarrow (e^{\mathbf{A}t})^{-1} = e^{-\mathbf{A}t} \\ (5)\ \frac{de^{at}}{dt} = ae^{at} \leftrightarrow \frac{de^{\mathbf{A}t}}{dt} = e^{\mathbf{A}t}\mathbf{A} = \mathbf{A}e^{\mathbf{A}t} \end{cases} \tag{5-62}$$

상태천이 행렬

식 (5-42)의 행렬 $\mathbf{\Phi}(s)$는 시스템 특성을 결정하는데 매우 중요하다. 행렬 $\mathbf{\Phi}(s)$의 역라플라스 변환을 $\phi(t)$라 하면

$$\phi(t) = \mathcal{L}^{-1}[\mathbf{\Phi}(s)] = \mathcal{L}^{-1}[(s\mathbf{I} - \mathbf{A})^{-1}] \tag{5-63}$$

여기서 식 (5-54)의 두 번째 식을 이용하여 행렬 **A**를 대각선화하면

$$s\mathbf{I} - \mathbf{A} = \mathbf{P}(s\mathbf{I})\mathbf{P}^{-1} - \mathbf{P\Lambda P}^{-1} = \mathbf{P}(s\mathbf{I} - \mathbf{\Lambda})\mathbf{P}^{-1} \tag{5-64}$$

이로부터

$$(s\mathbf{I} - \mathbf{A})^{-1} = \mathbf{P}(s\mathbf{I} - \mathbf{\Lambda})^{-1}\mathbf{P}^{-1} \tag{5-65}$$

따라서

$$\phi(t) = \mathcal{L}^{-1}[\mathbf{P}(s\mathbf{I} - \mathbf{\Lambda})^{-1}\mathbf{P}^{-1}] = \mathbf{P}\mathcal{L}^{-1}[(s\mathbf{I} - \mathbf{\Lambda})^{-1}]\mathbf{P}^{-1} \tag{5-66}$$

여기서 $s\mathbf{I}-\mathbf{A}$는 대각선 행렬이므로 그 역변환은 식 (5-56)을 이용하면

$$\mathcal{L}^{-1}[(s\mathbf{I} - \mathbf{\Lambda})^{-1}] = \mathcal{L}^{-1}\begin{bmatrix} \frac{1}{s-\lambda_1} & 0 & \cdots & 0 \\ 0 & \frac{1}{s-\lambda_2} & \cdots & 0 \\ \vdots & \vdots & \ddots & \vdots \\ 0 & 0 & \cdots & \frac{1}{s-\lambda_n} \end{bmatrix} = e^{\mathbf{\Lambda}t}u_s(t) \tag{5-67}$$

따라서 위의 두 식으로부터 행렬 $\phi(t)$는

$$\phi(t) = \mathbf{P}e^{\mathbf{\Lambda}t}\mathbf{P}^{-1}u_s(t) \tag{5-68}$$

이며 우변은 식 (5-61)의 관계가 있으므로 식 (5-68)은 최종적으로 다음과 같이 표현할 수 있다.

$$\phi(t) = \mathcal{L}^{-1}[\mathbf{\Phi}(s)] = \mathcal{L}^{-1}[(s\mathbf{I} - \mathbf{A})^{-1}] = e^{\mathbf{A}t}u_s(t) \tag{5-69}$$

이상으로 행렬 $\phi(t)$를 상태천이(state transition) 행렬이라 한다. 식 (5-39)와 (5-40)으로부터

$$\begin{cases} \mathbf{X}(s) = \mathbf{\Phi}(s)\mathbf{BU}(s) + \mathbf{\Phi}(s)\mathbf{x}(0) \\ \mathbf{Y}(s) = \mathbf{CX}(s) + \mathbf{DU}(s) \end{cases} \tag{5-71}$$

이므로 양변에 역라플라스 변환을 취하면 컨벌류션 성질에 의해 시간상에서

는 다음과 같이 표현된다.

$$\begin{cases} \mathbf{x}(t) = \int_0^t \phi(t-\tau)\mathbf{Bu}(\tau)d\tau + \phi(t)\mathbf{x}(0) \\ \mathbf{y}(t) = \mathbf{C}\int_0^t \phi(t-\tau)\mathbf{Bu}(\tau)d\tau + \mathbf{Du}(t) + \phi(t)\mathbf{x}(0) \end{cases} \tag{5-72}$$

위의 식에서 첫번째 방정식을 상태천이 방정식이라 한다. 상태천이 행렬 $\phi(t)=e^{\mathbf{A}t}$의 성질은 식 (5-62)에 의해 다음과 같다.

$$\begin{cases} (1)\ \ \phi(0) = \mathbf{I} \\ (2)\ \ \phi^{-1}(t) = \phi(-t) \\ (3)\ \ \phi(t_2 - t_1)\phi(t_1 - t_0) = \phi(t_2 - t_0) \\ (4)\ \ \phi^k(t) = \phi(kt) \end{cases} \tag{5-73}$$

식 (5-72)의 첫번째 식에서 입력이 $\mathbf{u}(t)=\mathbf{0}$일 때는 상태천이 방정식이

$$\mathbf{x}(t) = \phi(t)\mathbf{x}(0) \tag{5-74}$$

이다. 따라서 행렬 $\phi(t)$는 상태 벡터가 초기치 $\mathbf{x}(0)$로부터 시간에 따라 변해가는 과정을 보여주므로 상태천이 행렬이라 하는 것이다.

예제 5-9

다음의 상태 방정식에 대한 상태천이 행렬을 구하고 이로부터 $u(t)=u_s(t)$일 때 $x(t), t\geq 0$을 구하라.

$$\begin{bmatrix} \dot{x}_1(t) \\ \dot{x}_2(t) \end{bmatrix} = \begin{bmatrix} -3 & -2 \\ 1 & 0 \end{bmatrix}\begin{bmatrix} x_1(t) \\ x_2(t) \end{bmatrix} + \begin{bmatrix} 1 \\ 0 \end{bmatrix}u(t)$$

풀이>> 각 행렬이

$$\mathbf{A} = \begin{bmatrix} -3 & -2 \\ 1 & 0 \end{bmatrix}, \quad \mathbf{B} = \begin{bmatrix} 1 \\ 0 \end{bmatrix}$$

이므로

$$s\mathbf{I} - \mathbf{A} = \begin{bmatrix} s+3 & 2 \\ -1 & s \end{bmatrix}$$

$$\boldsymbol{\Phi}(s) = (s\mathbf{I} - \mathbf{A})^{-1} = \frac{\begin{bmatrix} s & -2 \\ 1 & s+3 \end{bmatrix}}{s^2+3s+2} = \begin{bmatrix} \dfrac{s}{s^2+3s+2} & -\dfrac{2}{s^2+3s+2} \\ \dfrac{1}{s^2+3s+2} & \dfrac{s+3}{s^2+3s+2} \end{bmatrix}$$

따라서 상태천이 행렬은 다음과 같다.

$$\phi(t) = \mathcal{L}^{-1}[\boldsymbol{\Phi}(s)] = \begin{bmatrix} -e^{-t}+2e^{-2t} & -2e^{-t}+2e^{-2t} \\ e^{-t}-e^{-2t} & 2e^{-t}-e^{-2t} \end{bmatrix} u_s(t)$$

이로부터 상태천이 방정식은 $u(t)=1$이므로 $t \geq 0$에 대해

$$\mathbf{x}(t) = \int_0^t \begin{bmatrix} -e^{-(t-\tau)}+2e^{-2(t-\tau)} & -2e^{-(t-\tau)}+2e^{-2(t-\tau)} \\ e^{-(t-\tau)}-e^{-2(t-\tau)} & 2e^{-(t-\tau)}-e^{-2(t-\tau)} \end{bmatrix} \begin{bmatrix} 1 \\ 0 \end{bmatrix} d\tau + \begin{bmatrix} -e^{-t}+2e^{-2t} & -2e^{-t}+2e^{-2t} \\ e^{-t}-e^{-2t} & 2e^{-t}-e^{-2t} \end{bmatrix} \mathbf{x}(0)$$

위의 식에서 적분항은 다음과 같다.

$$\int_0^t \begin{bmatrix} -e^{-(t-\tau)}+2e^{-2(t-\tau)} \\ e^{-(t-\tau)}-e^{-2(t-\tau)} \end{bmatrix} d\tau = \begin{bmatrix} e^{-t}+e^{-2t} \\ e^{-t}-0.5e^{-2t}+0.5 \end{bmatrix}$$

따라서 $t \geq 0$에 대해

$$\mathbf{x}(t) = \begin{bmatrix} e^{-t}+e^{-2t} \\ e^{-t}-0.5e^{-2t}+0.5 \end{bmatrix} + \begin{bmatrix} -e^{-t}+2e^{-2t} & -2e^{-t}+2e^{-2t} \\ e^{-t}-e^{-2t} & 2e^{-t}-e^{-2t} \end{bmatrix} \mathbf{x}(0)$$

상사 변환

시스템이 주어지면 전달 함수는 하나만 존재한다. 그러나 상태 변수는 입력과 출력을 맺어주는 매개 변수이므로 이를 어떻게 정하느냐에 따라 하나의 전달 함수에 대해 여러 개의 동적 방정식이 존재할 수 있다. 물론 가장 바람직한 경우는 시스템 행렬이 대각선 행렬일 때이다. 여기서는 주어진 상태 벡터로부터 새로운 상태 벡터를 만들어 새로운 시스템 행렬이 대각선 행렬이 되게 하는 상사 변환(similarity transform)에 대해 알아본다.

식 (5-54)로부터 시스템 행렬 **A**의 고유벡터로 구성된 행렬 **P**로써 **A**를 대각선 행렬로 만들 수 있다. 따라서 식 (5-36)의 상태 벡터 $\mathbf{x}(t)$로부터 새로운 상태벡터 $\bar{\mathbf{x}}(t)$를 다음과 같이 정의한다

$$\bar{\mathbf{x}}(t) = \mathbf{P}^{-1}\mathbf{x}(t) \quad \text{또는} \quad \mathbf{x}(t) = \mathbf{P}\bar{\mathbf{x}}(t) \tag{5-75}$$

위의 관계를 식 (5-36)에 대입하면 $\bar{\mathbf{x}}(t)$에 대한 방정식은 다음과 같다.

$$\begin{cases} \mathbf{P}\dfrac{d\bar{\mathbf{x}}(t)}{dt} = \mathbf{AP}\bar{\mathbf{x}}(t) + \mathbf{Bu}(t) \\ \mathbf{y}(t) = \mathbf{CP}\bar{\mathbf{x}}(t) + \mathbf{Du}(t) \end{cases} \tag{5-76}$$

상태 방정식 양변에 $\mathbf{P}^{-1}$을 곱하여 새로운 행렬들을

$$\overline{\mathbf{A}} = \mathbf{P}^{-1}\mathbf{AP}, \quad \overline{\mathbf{B}} = \mathbf{P}^{-1}\mathbf{B}, \quad \overline{\mathbf{C}} = \mathbf{CP}, \quad \overline{\mathbf{D}} = \mathbf{D} \tag{5-77}$$

와 같이 정의하면 식 (5-76)의 동적 방정식은 다음과 같이 변환된다.

$$\begin{cases} \dfrac{d\bar{\mathbf{x}}(t)}{dt} = \overline{\mathbf{A}}\bar{\mathbf{x}}(t) + \overline{\mathbf{B}}\mathbf{u}(t) \\ \mathbf{y}(t) = \overline{\mathbf{C}}\bar{\mathbf{x}}(t) + \overline{\mathbf{D}}\mathbf{u}(t) \end{cases} \tag{5-78}$$

그리고 식 (5-54)에 의해 새로운 시스템 행렬은

$$\overline{\mathbf{A}} = \mathbf{P}^{-1}\mathbf{AP} = \mathbf{\Lambda} \tag{5-79}$$

로 대각선 행렬로 변환된다. 그러나 시스템들의 특성은 상사 변환에 의해서도 다음과 같이 변함이 없다.

■특성 방정식, 고유값, 고유벡터 식 (5-78)의 특성 방정식은 $|s\mathbf{I}-\mathbf{\Lambda}|=0$이며 $|s\mathbf{I}-\mathbf{\Lambda}|$는 다음과 같다.

$$|s\mathbf{I} - \overline{\mathbf{A}}| = |s\mathbf{I} - \mathbf{P}^{-1}\mathbf{AP}| = |s\mathbf{P}^{-1}\mathbf{P} - \mathbf{P}^{-1}\mathbf{AP}| \tag{5-80}$$

여기서 행렬 곱의 행렬식은 각 행렬의 행렬식을 곱한 것과 같으므로

$$|s\mathbf{I} - \overline{\mathbf{A}}| = |\mathbf{P}^{-1}||s\mathbf{I} - \mathbf{A}||\mathbf{P}| = |s\mathbf{I} - \mathbf{A}| \tag{5-81}$$

따라서 상사 변환 후에도 특성 방정식은 보존되며 그 결과 고유값과 고유벡터도 보존된다.

■전달 함수 식 (5-44)로부터 식 (5-78)의 전달 함수는

$$\overline{\mathbf{G}}(s) = \overline{\mathbf{C}}(s\mathbf{I} - \overline{\mathbf{A}})^{-1}\overline{\mathbf{B}} + \overline{\mathbf{D}} = \mathbf{CP}(s\mathbf{I} - \mathbf{P}^{-1}\mathbf{AP})^{-1}\mathbf{P}^{-1}\mathbf{B} + \mathbf{D} \tag{5-82}$$

와 같으며 이는 다음과 같이 간단히 할 수 있음을 알 수 있다.

$$\overline{\mathbf{G}}(s) = \mathbf{C}(s\mathbf{I} - \mathbf{A})^{-1}\mathbf{B} + \mathbf{D} = \mathbf{G}(s) \tag{5-83}$$

예제 5-10 다음 동적 방정식의 시스템 행렬이 대각선 행렬이 되도록 변환하라.

$$\begin{cases} \dot{\mathbf{x}}(t) = \begin{bmatrix} -2 & 1 \\ 1 & -2 \end{bmatrix}\mathbf{x}(t) + \begin{bmatrix} 2 \\ 1 \end{bmatrix}u(t) \\ y(t) = \begin{bmatrix} 1 & 3 \end{bmatrix}\mathbf{x}(t) \end{cases}$$

풀이>> 예제 5-8의 결과로부터 주어진 시스템 행렬 **A**의 고유벡터는 다음과 같다.

$$\mathbf{p}_1 = \begin{bmatrix} p_{11} \\ p_{21} \end{bmatrix} = \begin{bmatrix} 1 \\ 1 \end{bmatrix}, \quad \mathbf{p}_2 = \begin{bmatrix} p_{12} \\ p_{22} \end{bmatrix} = \begin{bmatrix} 1 \\ -1 \end{bmatrix}$$

이로부터 변환 행렬 **P** 및 그 역행렬은 다음과 같다.

$$\mathbf{P} = \begin{bmatrix} \mathbf{p}_1 & \mathbf{p}_2 \end{bmatrix} = \begin{bmatrix} 1 & 1 \\ 1 & -1 \end{bmatrix}, \quad \mathbf{P}^{-1} = \begin{bmatrix} 0.5 & 0.5 \\ 0.5 & -0.5 \end{bmatrix}$$

따라서 새로운 계수 행렬들은 다음과 같다.

$$\overline{\mathbf{A}} = \mathbf{P}^{-1}\mathbf{A}\mathbf{P} = \begin{bmatrix} 0.5 & 0.5 \\ 0.5 & -0.5 \end{bmatrix}\begin{bmatrix} -2 & 1 \\ 1 & -2 \end{bmatrix}\begin{bmatrix} 1 & 1 \\ 1 & -1 \end{bmatrix} = \begin{bmatrix} -1 & 0 \\ 0 & -3 \end{bmatrix}$$

$$\overline{\mathbf{B}} = \mathbf{P}^{-1}\mathbf{B} = \begin{bmatrix} 0.5 & 0.5 \\ 0.5 & -0.5 \end{bmatrix}\begin{bmatrix} 2 \\ 1 \end{bmatrix} = \begin{bmatrix} 1.5 \\ 0.5 \end{bmatrix}$$

$$\overline{\mathbf{C}} = \mathbf{C}\mathbf{P} = [1 \quad 3]\begin{bmatrix} 1 & 1 \\ 1 & -1 \end{bmatrix} = [4 \quad -2]$$

이상으로 변환된 동적 방정식은 다음과 같다.

$$\begin{cases} \dfrac{d\overline{\mathbf{x}}(t)}{dt} = \begin{bmatrix} -1 & 0 \\ 0 & -3 \end{bmatrix}\overline{\mathbf{x}}(t) + \begin{bmatrix} 1.5 \\ 0.5 \end{bmatrix}u(t) \\ y(t) = [4 \quad -2]\overline{\mathbf{x}}(t) \end{cases}$$

5.6 전달 함수에서 상태 공간으로

전달 함수는 입력과 출력간의 관계만 묘사하지만 상태 방정식은 시스템을 분해하여 내부의 신호 흐름을 알 수 있게 한다. 따라서 전달 함수를 상태 공간으로 옮기는 작업을 분해(decomposition)라 한다. 하나의 전달 함수를 분해하여 동적 방정식을 구하는데는 여러 가지 방법이 있으며 그 중 하나가

3.4절에서 설명한 위상-변수 표준형이다. 이 절에서는 전달 함수를 상태 공간으로 표현하는 또 다른 방법들에 대해 설명한다. 그림 5-15는 가장 기본이 되는 상태 선도이다. 먼저 그림 (a)는 그림에 표시된 일차 전달 함수에 대한 것으로 동적 방정식은 다음과 같다.

$$\begin{cases} \dot{x}_1 = -a_0 x_1 + u \\ y = (b_0 - a_0 b_1)x_1 + b_1 u \end{cases} \tag{5-84}$$

위의 식에서 전달 함수 $Y(s)/U(s)$를 구해보면 그림 (a)에 표시된 바와 같음을 알 수 있다. 그리고 그림 5-15(b)는 극점이 공액 복소수($a_1{}^2-4a_0<0$)인 이차 전달 함수에 대한 것으로 동적 방정식은 다음과 같다.

$$\begin{cases} \begin{bmatrix} \dot{x}_1 \\ \dot{x}_2 \end{bmatrix} = \begin{bmatrix} 0 & 1 \\ -a_0 & -a_1 \end{bmatrix} \begin{bmatrix} x_1 \\ x_2 \end{bmatrix} + \begin{bmatrix} 0 \\ 1 \end{bmatrix} u \\ y = \begin{bmatrix} b_0 & b_1 \end{bmatrix} \begin{bmatrix} x_1 \\ x_2 \end{bmatrix} \end{cases} \tag{5-85}$$

식 (5-85) 역시 전달 함수 $Y(s)/U(s)$를 구해보면 그림 5-15(b)에 표시된 바와 같음을 알 수 있다.

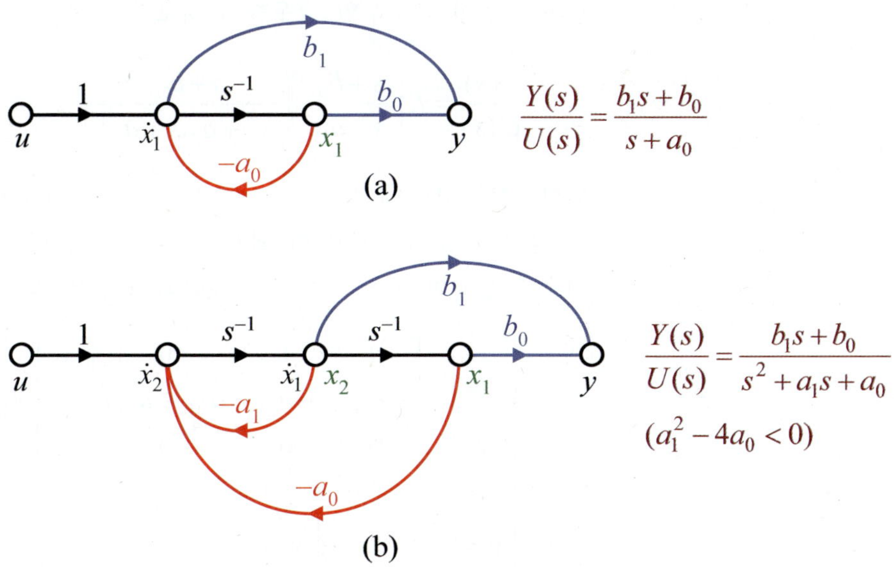

그림 5-15 기본이 되는 상태 선도: (a) 일차 시스템; (b) 극점이 공액 복소수인 이차 시스템.

직렬 분해

직렬 분해는 주어진 전달 함수를 그림 5-15의 일차 또는 이차 전달 함수들의 곱(직렬)으로 분해하여 상태 선도를 구하는 방법이다. 예를 들어 전달 함수가 다음과 같이 두 개의 일차 전달 함수의 곱으로 분해되는 경우를 보자.

$$\frac{Y(s)}{U(s)} = K\left(\frac{s+b_{10}}{s+a_{10}}\right)\left(\frac{s+b_{20}}{s+a_{20}}\right) \tag{5-86}$$

식 (5-86)의 일차 전달 함수들은 그림 5-15(a)의 상태 선도로 표현되므로 이 둘을 직렬로 결합하면 전체 상태 선도는 그림 5-16과 같음을 알 수 있다. 따라서 적분기를 제거한 상태에서 동적 방정식을 구하면 다음과 같다.

$$\begin{cases} \begin{bmatrix} \dot{x}_1 \\ \dot{x}_2 \end{bmatrix} = \begin{bmatrix} -a_{20} & b_{10}-a_{10} \\ 0 & -a_{10} \end{bmatrix}\begin{bmatrix} x_1 \\ x_2 \end{bmatrix} + \begin{bmatrix} K \\ K \end{bmatrix}u \\ y = [b_{20}-a_{20} \quad b_{10}-a_{10}]\begin{bmatrix} x_1 \\ x_2 \end{bmatrix} \end{cases} \tag{5-87}$$

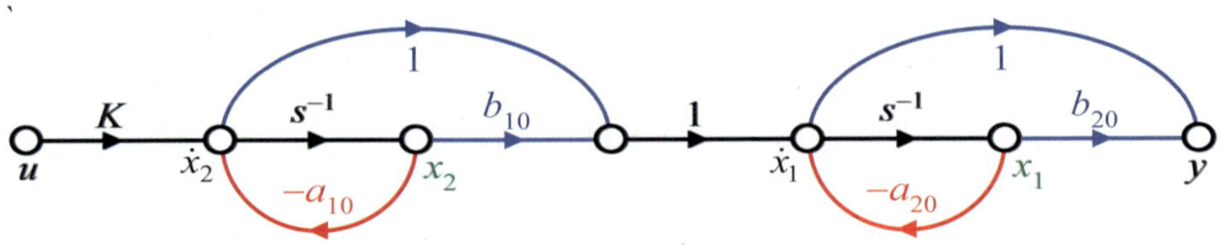

그림 5-16
직렬분해에 의한 식 (5-86)의 상태 선도.

전달 함수가 다음과 같이 일차와 이차의 직렬로 분해되며 이차 전달 함수의 극점이 복소수일 경우를 살펴보자.

$$\frac{Y(s)}{U(s)} = K\left(\frac{s+b_{10}}{s+a_{10}}\right)\left(\frac{s+b_{20}}{s^2+a_{21}s+a_{20}}\right) \tag{5-88}$$

위의 전달 함수의 상태 선도는 그림 5-15의 (a)와 (b)를 결합하여 그림 5-17과 같이 구할 수 있다. 이 역시 적분기를 제거한 상태에서 메이슨의 이득 공식을 적용하면 동적 방정식이 다음과 같음을 알 수 있다.

$$\begin{cases} \begin{bmatrix} \dot{x}_1 \\ \dot{x}_2 \\ \dot{x}_3 \end{bmatrix} = \begin{bmatrix} 0 & 1 & 0 \\ -a_{20} & -a_{21} & (b_{10}-a_{10}) \\ 0 & 0 & -a_{10} \end{bmatrix}\begin{bmatrix} x_1 \\ x_2 \\ x_3 \end{bmatrix} + \begin{bmatrix} 0 \\ K \\ K \end{bmatrix}u \\ y = [b_{20} \quad 1 \quad 0]\begin{bmatrix} x_1 \\ x_2 \\ x_3 \end{bmatrix} \end{cases} \tag{5-89}$$

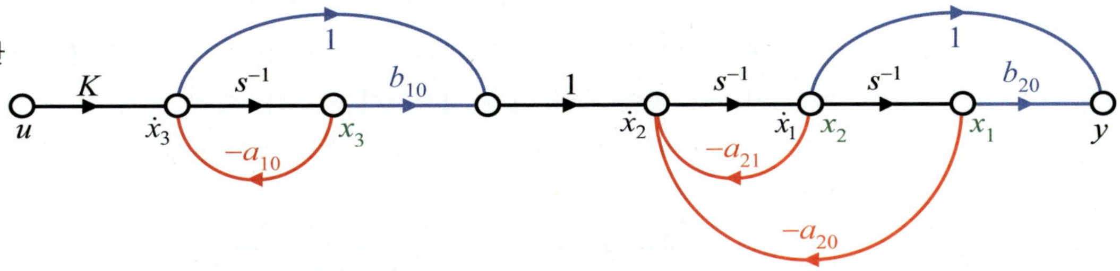

그림 5-17
직렬분해에 의한 식 (5-88)의 상태 선도.

병렬 분해

병렬 분해는 주어진 전달 함수를 부분 분수로 전개하여 일차 또는 이차 전달 함수들의 합으로 분해하는 방법이다. 차수가 n인 전달 함수의 극점이 서로 다른 실수일 때 부분 분수 전개의 일반적인 형태는 다음과 같다.

$$\frac{Y(s)}{U(s)} = \sum_{k=1}^{n} \frac{b_k}{s+a_k} \tag{5-90}$$

식 (5-90)의 상태 선도는 그림 5-18과 같다. 이 방법의 특징은 각 상태 변수가 서로 영향을 주지않는 독립적인 관계라는 점이며 이로 인해 동적 방정식을 구하기가 쉽다. 직관에 의해 그림 5-18의 동적 방정식은 다음과 같다.

$$\begin{cases} \begin{bmatrix} \dot{x}_1 \\ \dot{x}_2 \\ \vdots \\ \dot{x}_n \end{bmatrix} = \begin{bmatrix} -a_1 & 0 & \cdots & 0 \\ 0 & -a_2 & \cdots & 0 \\ \vdots & \vdots & \vdots & \vdots \\ 0 & 0 & \cdots & -a_n \end{bmatrix} \begin{bmatrix} x_1 \\ x_2 \\ \vdots \\ x_n \end{bmatrix} + \begin{bmatrix} 1 \\ 1 \\ \vdots \\ 1 \end{bmatrix} u \\ y = [b_1 \quad b_2 \quad \cdots \quad b_n] \begin{bmatrix} x_1 \\ x_2 \\ x_3 \end{bmatrix} \end{cases} \tag{5-91}$$

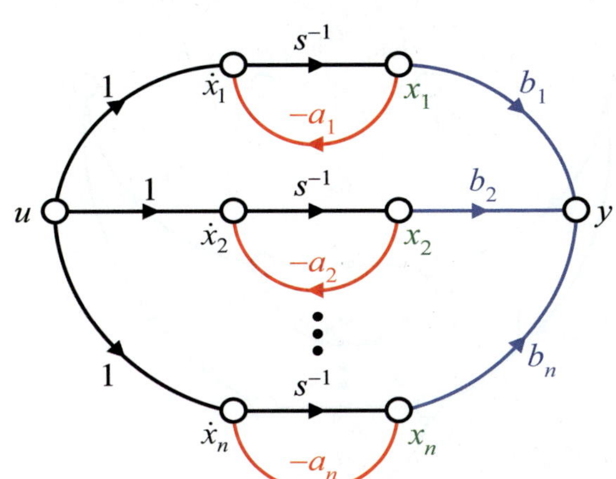

그림 5-18
병렬 분해에 의한 식 (5-90)의 상태 선도.

병렬분해에 의한 상태 방정식은 시스템 행렬이 대각선이며 대각선 요소들은 바로 전달 함수의 극점들이다. 그러나 전달 함수에 다중 극점이 있는 경우는 시스템 행렬이 더 이상 대각선이 아니다. 예를 들어 식 (5-90)에서 $s=-a_1$에서 이중 극점이 있다고 하면 부분 분수 전개는 다음과 같다.

$$\frac{Y(s)}{U(s)} = \frac{b_1}{(s+a_1)^2} + \frac{b_2}{s+a_1} + \sum_{k=3}^{n} \frac{b_k}{s+a_k} \tag{5-92}$$

위의 식에서 $1/(s+a_1)^2$의 항은 $1/(s+a_1)$을 두번 직렬 연결한 것과 같다. 따라서 위의 식에 대한 상태 선도는 그림 5-19와 같이 구성할 수 있다. 따라서 상태 변수 x_1에 대해서만

$$\dot{x}_1 = -a_1 x_1 + x_2 \tag{5-93}$$

로 수정되고 나머지 변수에 대해서는 식 (5-91)과 동일하다. 따라서 식 (5-92)에 대한 동적 방정식은 다음과 같다.

$$\begin{cases} \begin{bmatrix} \dot{x}_1 \\ \dot{x}_2 \\ \vdots \\ \dot{x}_n \end{bmatrix} = \begin{bmatrix} -a_1 & 1 & \cdots & 0 \\ 0 & -a_1 & \cdots & 0 \\ \vdots & \vdots & \vdots & \vdots \\ 0 & 0 & \cdots & -a_n \end{bmatrix} \begin{bmatrix} x_1 \\ x_2 \\ \vdots \\ x_n \end{bmatrix} + \begin{bmatrix} 0 \\ 1 \\ \vdots \\ 1 \end{bmatrix} u \\ y = [b_1 \quad b_2 \quad \cdots \quad b_n] \begin{bmatrix} x_1 \\ x_2 \\ x_3 \end{bmatrix} \end{cases} \tag{5-94}$$

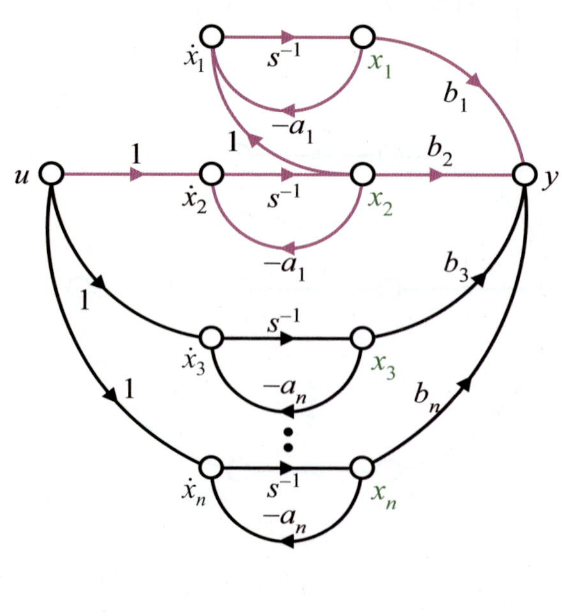

그림 5-19
병렬 분해에 의한 식 (5-92)의 상태 선도.

식 (5-94)에서 시스템 행렬의 대각선 요소들은 여전히 전달 함수의 극점들이다. 그러나 대각선을 하나 벗어난 이중 극점의 바로 위에 1이 있으며 이러한 시스템 행렬을 조르단(Jordan) 표준형이라 한다.

제어기 표준형

3.4 절에서 설명한 위상-변수 표준형에서 상태 변수들의 순서를 꺼꾸로 한 형태를 제어기(controller) 표준형이라 한다. 제어기 표준형은 제어기를 설계할 때 사용되므로 이와 같은 이름을 붙인 것이다. 일반적인 전달 함수

$$\frac{Y(s)}{U(s)} = \frac{b_{n-1}s^{n-1} + \cdots b_1 s + b_0}{s^n + a_{n-1}s^{n-1} + \cdots a_1 s + a_0} \tag{5-95}$$

에 대한 위상-변수 표준형의(식 (3-27), (3-30)) 계수 행렬들은 다음과 같다.

$$\mathbf{A} = \begin{bmatrix} 0 & 1 & 0 & 0 & \cdots & 0 & 0 \\ 0 & 0 & 1 & 0 & \cdots & 0 & 0 \\ \vdots & & & & \vdots & & \\ 0 & 0 & 0 & 0 & \cdots & 0 & 1 \\ -a_0 & -a_1 & -a_2 & -a_3 & \cdots & -a_{n-1} & -a_{n-1} \end{bmatrix} \quad \mathbf{B} = \begin{bmatrix} 0 \\ 0 \\ \vdots \\ 0 \\ 1 \end{bmatrix} \tag{5-96}$$
$$\mathbf{C} = \begin{bmatrix} b_0 & b_1 & \cdots & b_{n-1} \end{bmatrix} \qquad D = 0$$

식 (5-96)의 위상-변수 표준형 상태 선도인 그림 5-20(a)에서 상태 변수의 나열 순서를 반대로 하면 그림 (b)의 제어기 표준형 상태 선도가 된다. 따라서 제어기 표준형에 대한 계수 행렬들은 다음과 같다.

$$\mathbf{A} = \begin{bmatrix} -a_{n-1} & -a_{n-2} & \cdots & -a_3 & -a_2 & -a_1 & -a_0 \\ 1 & 0 & \cdots & 0 & 0 & 0 & 0 \\ 0 & 1 & \cdots & 0 & 0 & 0 & 0 \\ \vdots & \vdots & & & & & \\ 0 & 0 & \cdots & 0 & 0 & 1 & 0 \end{bmatrix} \quad \mathbf{B} = \begin{bmatrix} 1 \\ 0 \\ \vdots \\ 0 \\ 0 \end{bmatrix} \tag{5-97}$$
$$\mathbf{C} = \begin{bmatrix} b_{n-1} & b_{n-2} & \cdots & b_0 \end{bmatrix} \qquad D = 0$$

위의 두 식을 비교해 보면 위상-변수 표준형에서는 시스템 행렬의 맨 마지막 행에 특성 방정식의 계수가 자리잡고 있지만 제어기 표준형에서는 첫번째 행에 반대 순서로 자리잡고 있음을 알 수 있다.

그림 5-20

상태 선도:
(a) 위상-변수 표준형;
(b) 제어기 표준형.

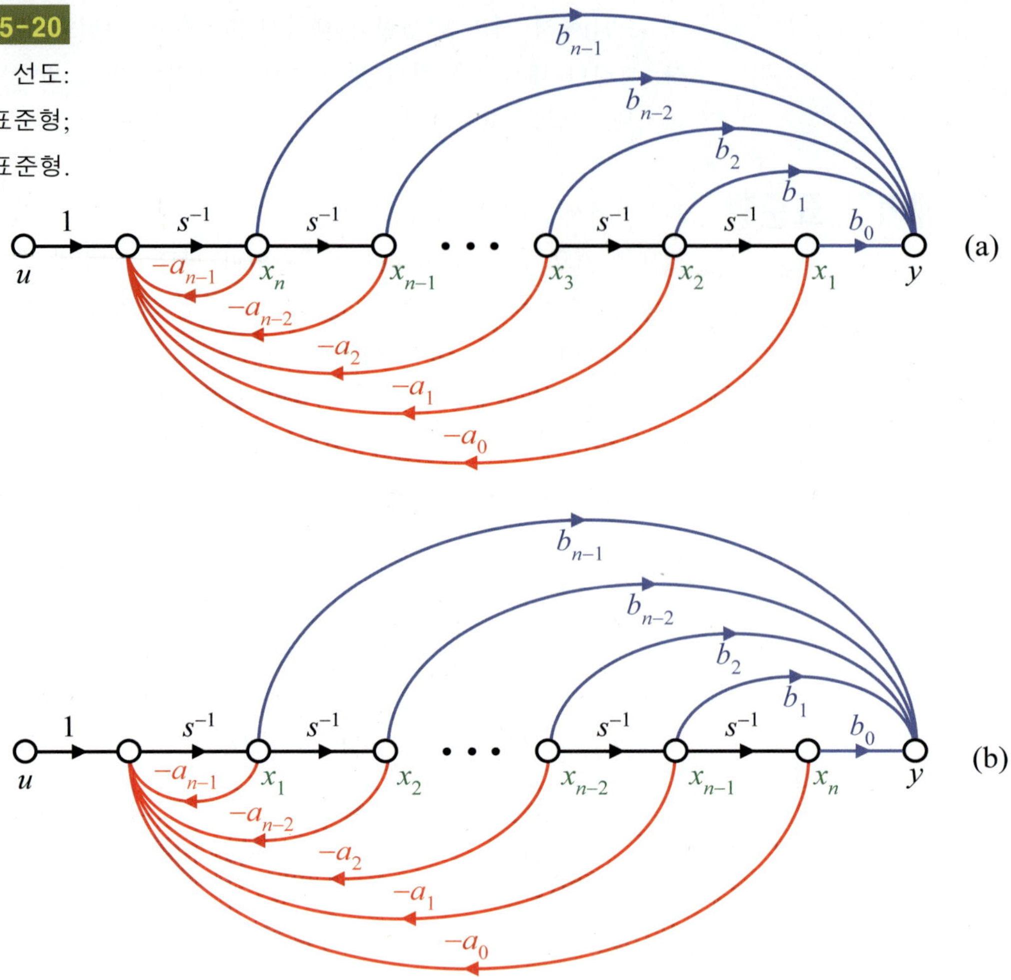

관측기 표준형

식 (5-95)의 분모와 분자를 s의 최고차인 s^n으로 나누어 풀어쓰면

$$\begin{aligned}&(1+a_{n-1}s^{-1}+a_{n-2}s^{-2}+\cdots+a_1s^{-n+1}+a_0s^{-n})Y(s)\\&=(b_{n-1}s^{-1}+b_{n-2}s^{-2}+\cdots+b_1s^{-n+1}+b_0s^{-n})U(s)\end{aligned} \tag{5-98}$$

또는

$$\begin{aligned}Y(s)=&-(a_{n-1}s^{-1}+a_{n-2}s^{-2}+\cdots+a_1s^{-n+1}+a_0s^{-n})Y(s)\\&+(b_{n-1}s^{-1}+b_{n-2}s^{-2}+\cdots+b_1s^{-n+1}+b_0s^{-n})U(s)\end{aligned} \tag{5-99}$$

식 (5-99)의 상태 선도는 그림 5-21과 같으며 적분기의 출력이 상태 변수로 정해져 있다. 그림 5-21에 대한 동적 방정식의 계수 행렬들은 다음과 같음을 알 수 있다.

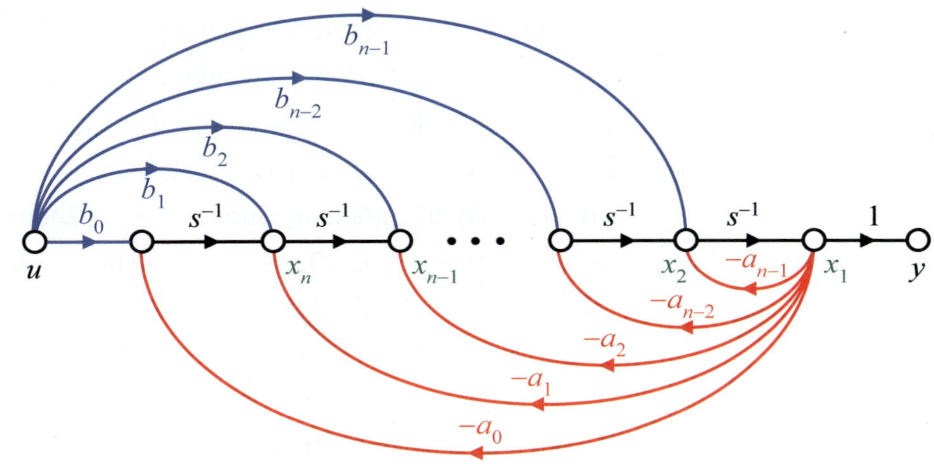

그림 5-21 식 (5-95)에 대한 관측기 표준형 상태 선도.

$$\mathbf{A}=\begin{bmatrix}-a_{n-1} & 1 & 0 & 0 & \cdots & 0\\ -a_{n-2} & 0 & 1 & 0 & \cdots & 0\\ \vdots & & & & \vdots & \\ -a_2 & 0 & 0 & 0 & \cdots & 0\\ -a_1 & 0 & 0 & 0 & \cdots & 1\\ -a_0 & 0 & 0 & 0 & \cdots & 0\end{bmatrix} \quad \mathbf{B}=\begin{bmatrix}b_{n-1}\\ b_{n-2}\\ \vdots\\ b_2\\ b_1\\ b_0\end{bmatrix} \tag{5-100}$$
$$\mathbf{C}=\begin{bmatrix}1 & 0 & 0 & \cdots & 0\end{bmatrix} \qquad D=0$$

위의 식은 특성 방정식의 계수가 첫번째 열에 자리잡고 있으며 이러한 형태를 관측기(observer) 표준형이라 한다.

5.7 매트랩 프로그램

이 장에서 배울 매트랩 함수들은 다음과 같다: rank, eig, eye, ss2tf, tf2ss.

rank, eig, eye

rank(A): 행렬 A의 계수(階數)를 구한다.
eig(A): 행렬 A의 고유치와 고유 벡터를 구한다. [P, d]=eig(A)에서 행렬 P의 각 열벡터는 A의 고유 벡터이며 행렬 d는 A의 고유치로 구성된 대각선 행렬이다. 그리고 함수 eye(n, n)은 $n \times n$ 단위 행렬을 만들어 준다.

ss2tf, tf2ss, ss2ss

[Gnum, Gden]=ss2tf(A, B, C, D, iu): 행렬 A, B, C, D로 표현되는 상태 공간에 대한 전달 함수의 분자 Gnum과 분모 Gden을 구해준다. 이로부터 전달 함수는 G=tf[Gnum, Gden]로 구할 수 있다. 그리고 iu는 입력 및 출력의 개수를 나타내며 단일 입력-단일 출력일 때는 1로 한다.

[A, B, C, D]=tf2ss(Gnum, Gden): 분자가 Gnum이고 분모가 Gden인 전달 함수를 행렬 A, B, C, D로 표현되는 상태 공간으로 옮겨준다. 단 이때의 상태 공간은 제어기 표준형이다.

[Ap, Bp, Cp, Dp]=ss2ss(A, B, C, D, inv(P)): 행렬 A, B, C, D로 표현되는 상태 공간을 상사 변환 행렬 P로써 다른 형태의 상태 공간 Ap, Bp, Cp, Dp로 변환시켜준다. 물론 Ap를 대각선 행렬로 만들기 위해서는 변환 행렬 P는 행렬 A의 고유 벡터로 구성된 행렬이다. 즉 [P, d]=eig(A)의 P이다.

예제 5-8을 수행하는 프로그램은 다음과 같다.

매트랩 5-1

```
>> A=[-2 1; 1 -2]);      % 행렬 A
>> [P, d]=eig(A)         % 행렬 A의 고유 벡터와 고유치

P=
   0.7071    0.7071
  -0.7071    0.7071

d=
   -3     0
    0    -1
```

매트랩 5-2

```
% 영점이 -1이고 극점이 -2,-3,-4인 전달 함수 G(s)를 상태 공간으
% 로 옮기고 이를 대각선화하는 프로그램.

>>Gnum=poly([-1]);                    % 전달 함수 G(s)의 분자 다항식
>>Gden=poly([-2 -3 -4]);              % 전달 함수 G(s)의 분모 다항식
>>[A,B,C,D]=tf2ss(Gnum,Gden);         % 전달 함수 G(s)의 상태 공간
>>[P,d]=eig(A)                        % 행렬 A의 고유 벡터와 고유치
>>[Ap,Bp,Cp,Dp]=ss2ss(A,B,C,D,inv(P));     % 상사 변환
```

실행 결과는 다음과 같다.

```
>> A,B,C,D

A=
   -9   -26   -24
    1     0     0
    0     1     0

B=
    1
    0
    0

C=
    0     1     1

D=
    0
```

```
>> Ap,Bp,Cp,Dp

Ap=
   -4     0     0
    0    -3     0
    0     0    -2

Bp=
    8.2614
    9.5394
    2.2913

Cp=
   -0.1816    0.2097   -0.2182

Dp=
    0
```

연습 문제

5.1 문제 4.4의 그림 P4-4에 대한 상태 방정식을 구하라.

5.2 문제 4.5의 그림 P4-5에 대한 상태 방정식을 구하라.

5.3 문제 4.6의 그림 P4-6에 대한 상태 방정식을 구하라.

5.4 그림 4-28(c)의 상사 회로에 대한 등가 회로가 그림 P5-4임을 보이고 이로부터 상태 방정식을 구하라.

그림 P5-4

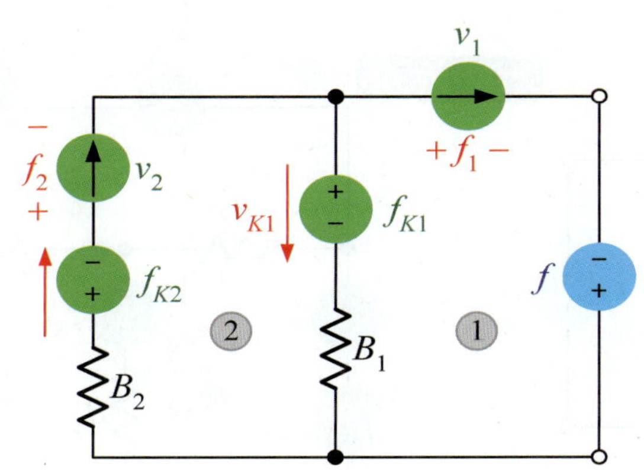

5.5 예제 4-6의 그림 4-29 상사 회로에 대한 등가 회로가 그림 P5-5임을 보이고 이로부터 상태 방정식을 구하라.

그림 P5-5

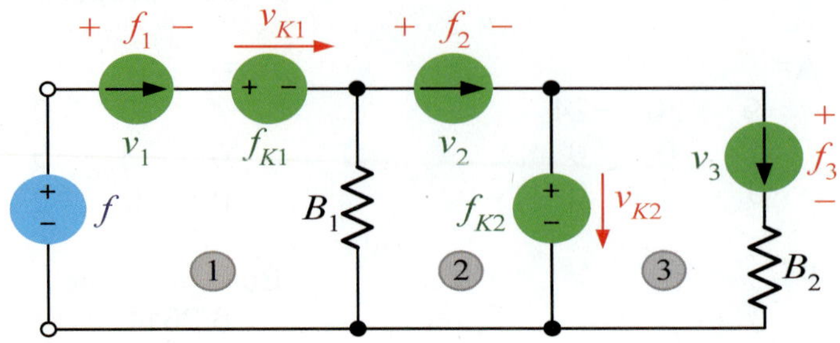

5.6 예제 4-7의 그림 4-31 (a), (b)에 대한 등가 회로가 각각 그림 P5-6의 (a), (b)임을 보이고 이로부터 상태 방정식을 구하라.

그림 P5-6

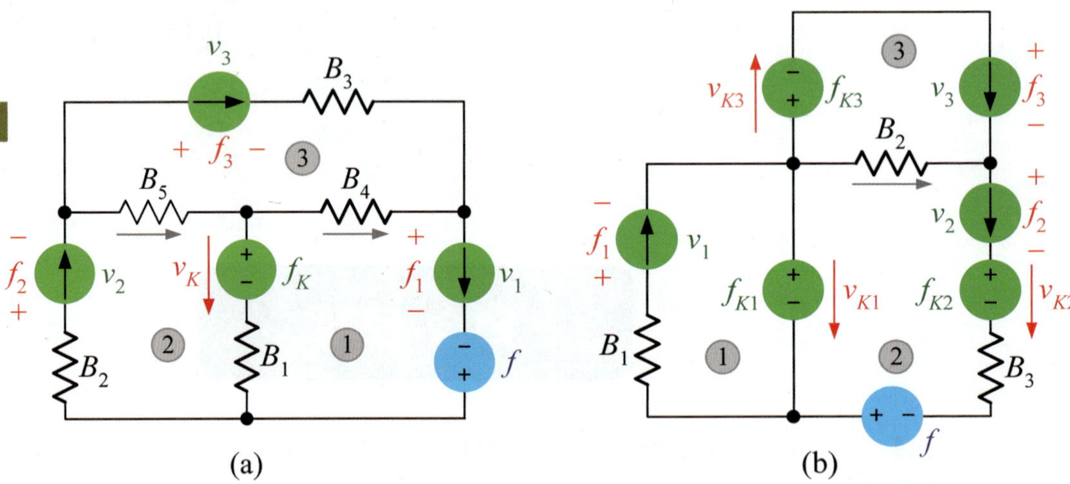

5.7 문제 4.7의 그림 P4-7에 대한 등가 회로가 그림 P5-7임을 보이고 이로부터 상태 방정식을 구하라.

5.8 문제 4.8의 그림 P4-8에 대한 등가 회로가 그림 P5-8임을 보이고 이로부터 상태 방정식을 구하라.

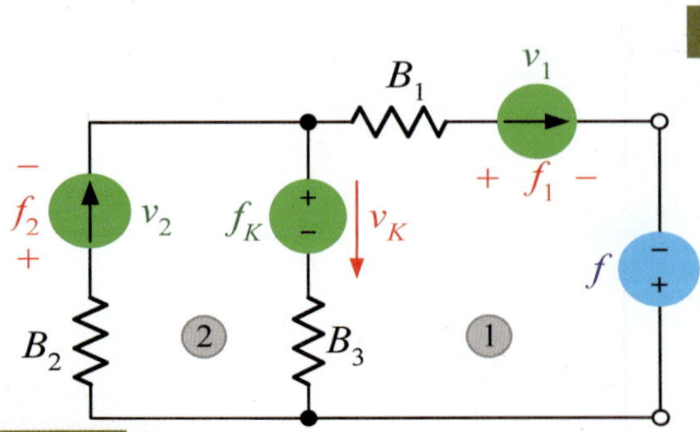

그림 P5-7

그림 P5-8

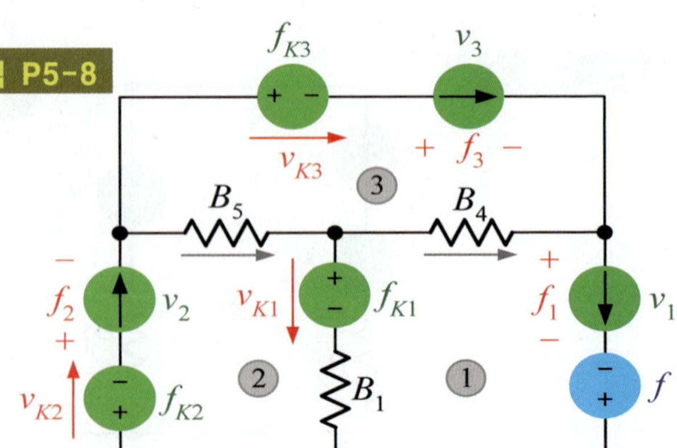

5.9 문제 4.9의 그림 P4-9에 대한 등가 회로가 그림 P5-9임을 보이고 이로부터 상태 방정식을 구하라.

5.10 문제 4.10의 그림 P4-10에 대한 등가 회로가 그림 P5-10임을 보이고 이로부터 상태 방정식을 구하라.

그림 P5-9

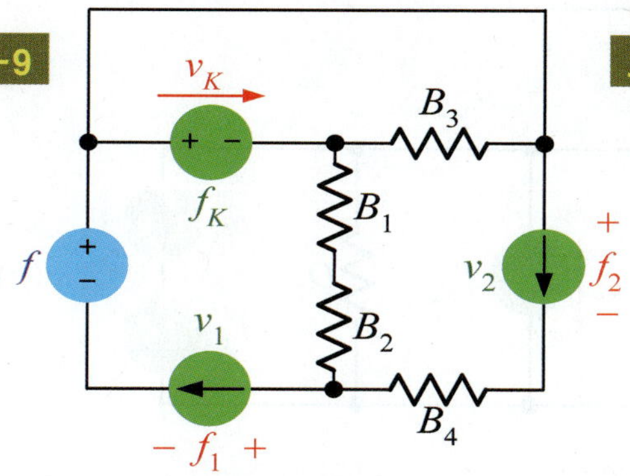

그림 P5-10

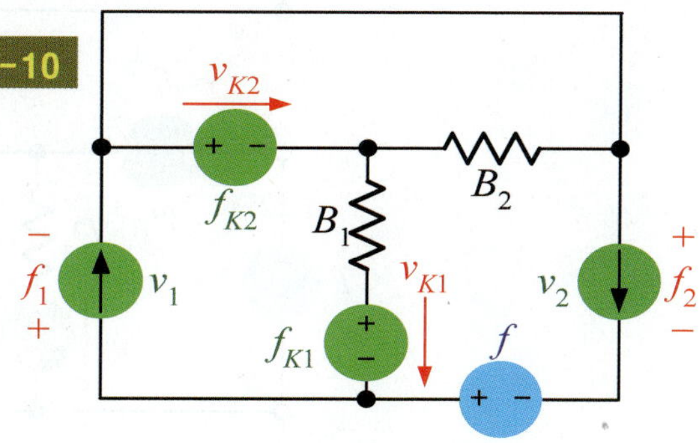

5.11 문제 4.11의 그림 P4-11에 대한 등가 회로가 그림 P5-11임을 보이고 이로부터 상태 방정식을 구하라.

그림 P5-11

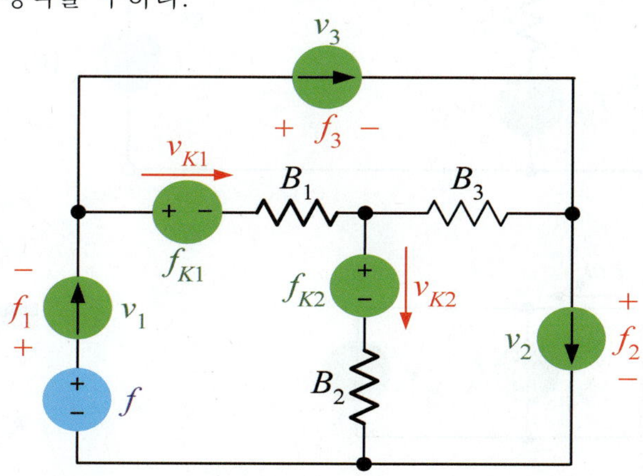

5.12 예제 4-8의 그림 4-33의 상사 회로 (a), (b), (c)에 대한 등가 회로가 각각 그림 P5-12의 (a), (b), (c)임을 보이고 각 경우에 대한 상태 방정식을 구하라.

5.13 예제 4-11의 그림 4-44(b)의 상사 회로에 대한 등가 회로가 그림 P5-13이다. 상태 방정식을 구하라.

5.14 그림 P5-14는 예제 4-14의 그림 4-53(b)에 대한 등가 회로이다. 상태 방정식을 구하라.

5.15 그림 P5-15의 기계계에 대한 상태 방정식을 구하라.

5.16 문제 4.25의 그림 P4-25에 대한 상태 방정식을 구하라.

5.17 문제 4.26의 그림 P4-26에 대한 상태 방정식을 구하라.

그림 P5-12

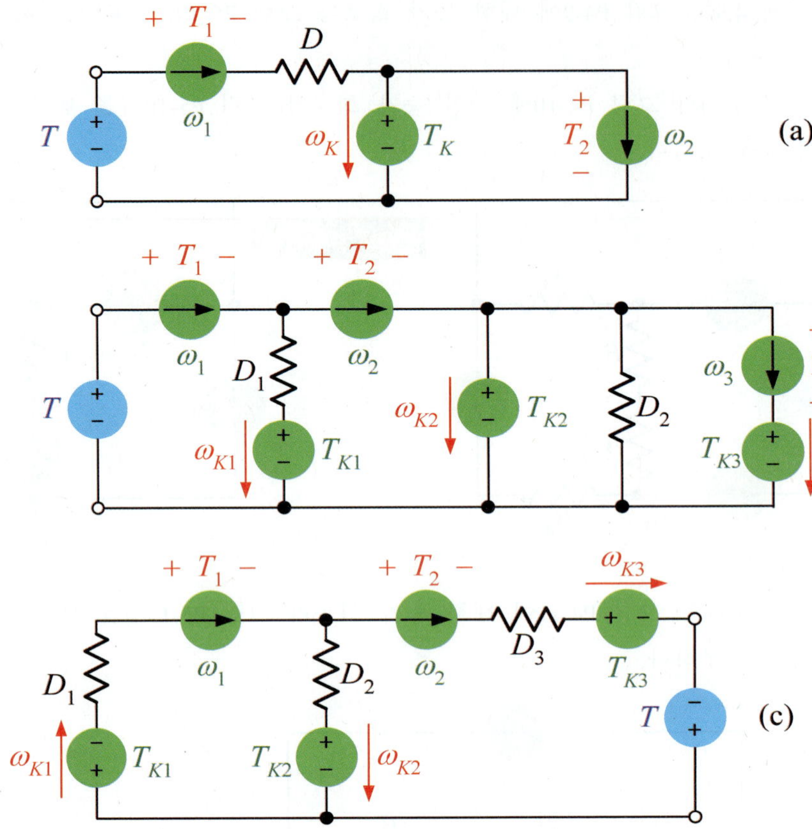

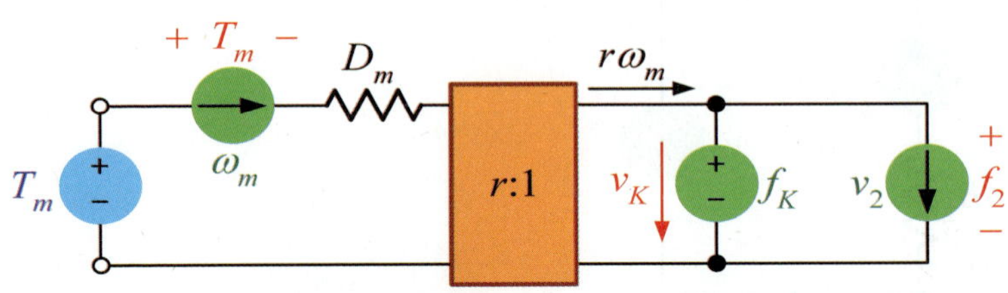

그림 P5-13

그림 P5-14

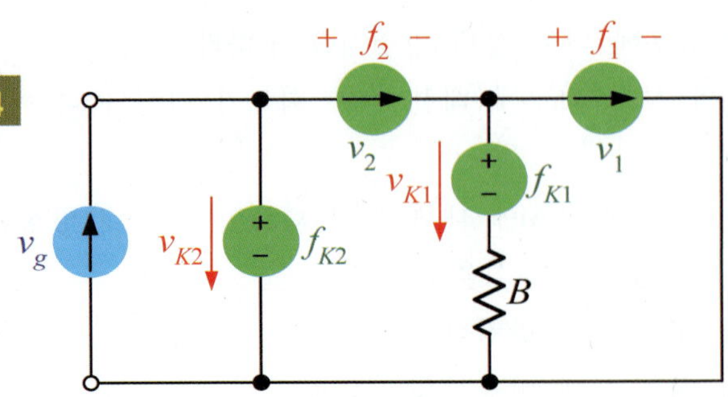

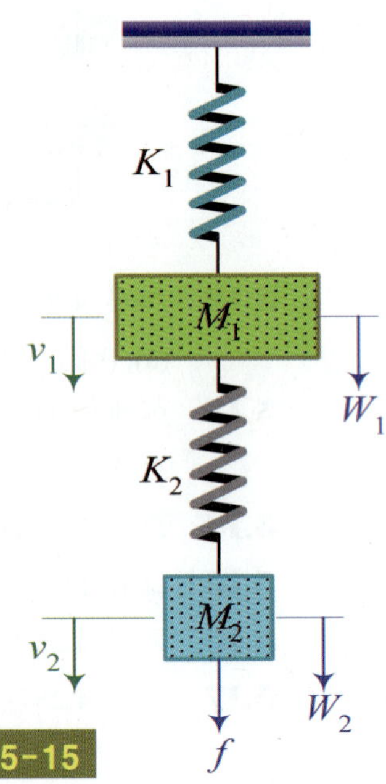

그림 P5-15

5.18 그림 P5-18(a)는 직류 전동기로써 수조의 밸브를 제어하여 수위 h를 조절하는 시스템이며 파라미터 값들은 그림에 표시된 바와 같다. 단 J_e와 D_e는 전동기 축과 밸브의 부하 효과를 모두 감안한 것이다. 그림 P5-16(a)의 블록 선도는 그림 P5-16(b)와 같다.

(a) 입력 전압 e_a와 ω_m 사이의 상태 방정식을 구하라(식 (5-30) 참조).

(b) 입력 전압 e_a와 θ_m 사이의 상태 방정식을 구하라.

(c) θ_m과 h 사이의 상태 방정식을 구하라.

(d) 이상으로 입력 전압 e_a와 출력 h 사이의 동적 방정식을 구하라.

그림 P5-18

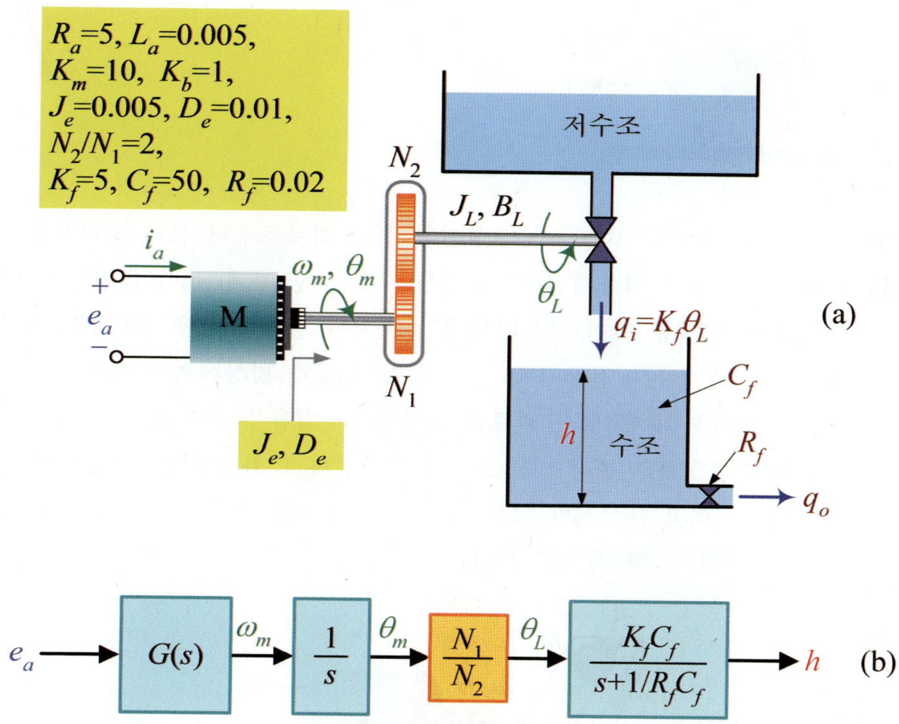

5.19 그림 P5-19(a)는 꺼꾸로 된 진자를 제어하는 것이며 질량 M의 차에 가해지는 힘 $f(t)$는 차를 움직여 진자가 수직이 되도록 제어한다. 이 기계계의 운동은 병진 운동과 회전 운동을 일으키는 두 분분으로 나눌 수 있으며 그림 (b)와 (c)가 이를 보여준다.

(a) 그림 (b)에 대한 운동 방정식을 구하라.

(b) 그림 (c)에서 T_g는 중력 mg에 의한 토크이고 T_f는 힘 $f(t)$에 의한 토크이며 T_ω는 각속도 ω에 대한 m의 반작용 토크이다. T_g, T_f, 및 T_ω에 대한 식을 구하여 회전 운동에 대한 운동 방정식을 구하라.

(c) 변위 θ가 0을 중심으로 조금씩 움직인다고 가정하고 (a)와 (b)의 두 방정식을 선형

화하라($\cos\theta \cong 1$, $\sin\theta \cong \theta$을 이용할 것).

(d) (c)의 선형화된 방정식에서 속도 v와 각속도 ω 및 변위 θ를 상태 변수로 하여 상태 방정식을 구하라.

그림 P5-19

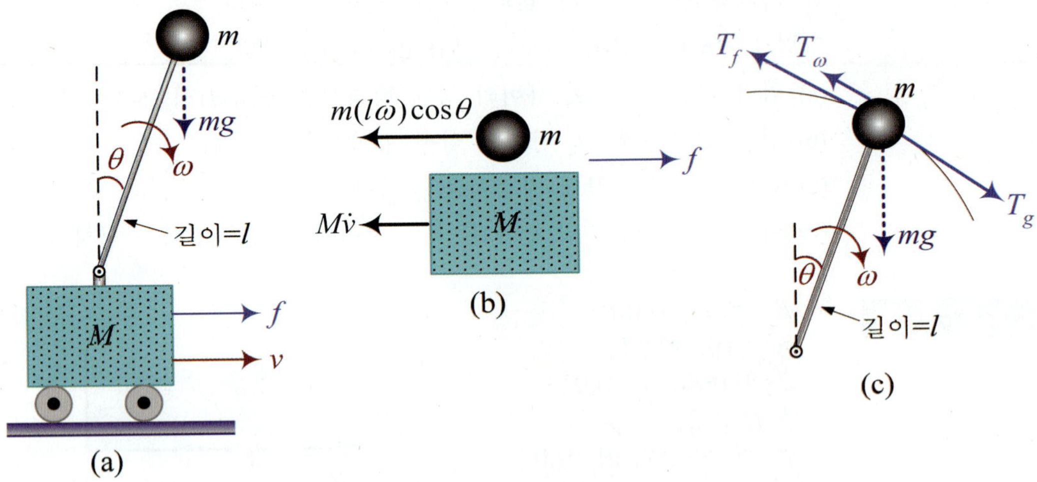

5.20 예제 4-15의 그림 4-55에서 선형화된 상사 회로로부터 상태 방정식을 구하라.

5.21 그림 P5-21(a)는 기울어진 빔 위에서 구르는 공(무게 m)이 회전축으로부터 떨어진 거리 x가 어떤 한계를 벗어나지 않도록 전동기가 빔의 균형을 잡아주는 시스템이다.

(a) 이 기계계에서 전동기에 의한 회전 운동과 빔상에서의 병진 운동을 일으키는 부분을 그림 (b)와 같은 상사 회로로 표현할 수 있음을 보여라.

(b) 변위 θ가 0을 중심으로 조금씩 움직인다고 가정하고 그림 (b)의 상사 회로를 선형화하라. 그리고 θ는 ω의 적분이고 x는 v의 적분임을 이용하여 상태 방정식과 출력 방정식을 구하라(출력은 x로 한다).

그림 P5-21

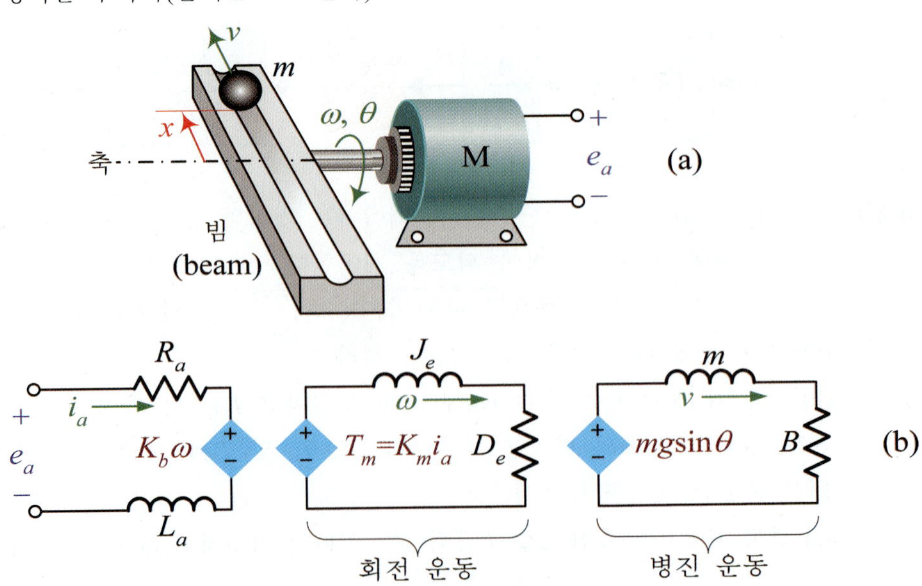

5.22 그림 P5-22(a)는 로켓 엔진에 짐벌(gimbal) 장치를 하여 측면 자세를 제어하는 것을 보여준다. 그림에서 d는 원하는 탄도로부터 옆으로 벗어난 거리이며 V는 러켓의 진행 속도이다. 그리고 김발 장치를 한 엔진이 발생시키는 제어 토크 T_c는 $T_c=-Kd$이다. 즉 로켓이 탄도로부터 벗어난 측면 거리 d를 줄이도록 부궤환을 이용하는 것이다.

(a) 로켓의 관성을 J라 하고 각도 θ가 $\pi/3$보다 작다고 할 때($\sin\theta \cong \theta$) 로켓의 운동을 묘사하는 선형 시스템이 그림 (b)와 같음을 보여라($dh/dt=V\sin\theta \cong V\theta$임을 이용할 것).

(b) 변수 ω, θ, d를 상태 변수로 하여 이 시스템의 동적 방정식을 구하라.

그림 P5-22

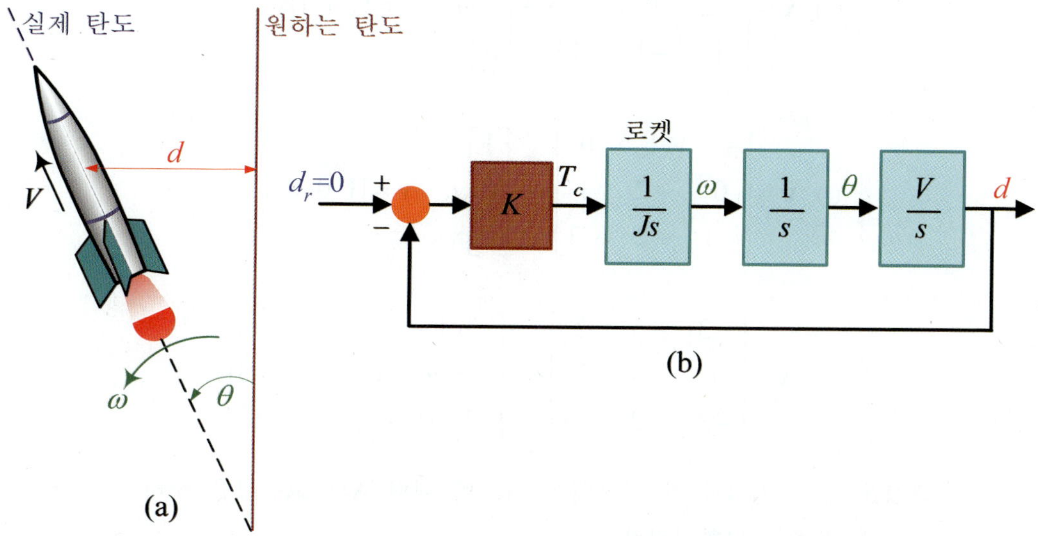

5.23 그림 P5-23은 간단한 운반 기구의 진로 제어를 묘사한 시스템이다. 조작기에 의한 입력 u에 대한 바퀴의 반응 시정수가 $1/c$이다. 각 블록별로 상태 선도를 그리고 이로부터 이 시스템을 상태 공간에서 표현하라.

그림 P5-23

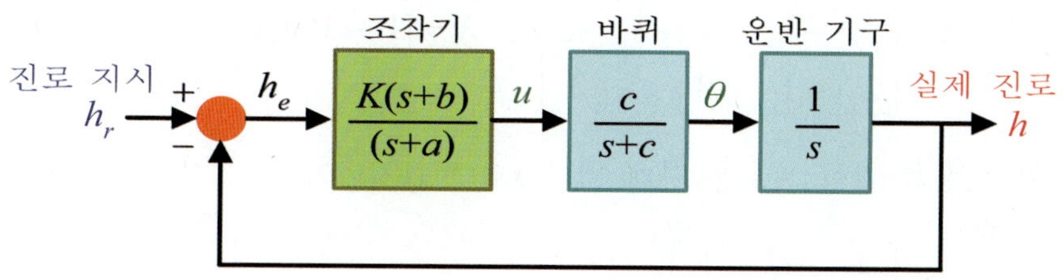

5.24 다음 각 동적 방정식에 대해 전달 함수 $G(s)=Y(s)/U(s)$를 구하라.

(a) $\dot{\mathbf{x}} = \begin{bmatrix} 0 & 1 \\ -1 & -2 \end{bmatrix}\mathbf{x} + \begin{bmatrix} 0 \\ 1 \end{bmatrix}u, \quad y=[1 \;\; 0]\mathbf{x}$

(b) $\dot{\mathbf{x}} = \begin{bmatrix} 0 & 1 \\ -3 & -4 \end{bmatrix}\mathbf{x} + \begin{bmatrix} 1 \\ 1 \end{bmatrix}u, \quad y=[1 \;\; 0]\mathbf{x}$

(c) $\dot{\mathbf{x}} = \begin{bmatrix} 0 & 2 \\ 2 & 0 \end{bmatrix}\mathbf{x} + \begin{bmatrix} 0 \\ 1 \end{bmatrix}u, \quad y = [1 \;\; 1]\mathbf{x}$

(d) $\dot{\mathbf{x}} = \begin{bmatrix} 0 & -2 & 0 \\ 1 & -2 & 0 \\ 1 & 0 & -1 \end{bmatrix}\mathbf{x} + \begin{bmatrix} 0 \\ 1 \\ 1 \end{bmatrix}u, \quad y = [1 \;\; 0 \;\; 1]\mathbf{x}$

(e) $\dot{\mathbf{x}} = \begin{bmatrix} 0 & -2 & 0 \\ -2 & 0 & 1 \\ 1 & -1 & -1 \end{bmatrix}\mathbf{x} + \begin{bmatrix} 1 \\ 1 \\ 0 \end{bmatrix}u, \quad y = [1 \;\; 1 \;\; 1]\mathbf{x}$

(f) $\dot{\mathbf{x}} = \begin{bmatrix} -2 & 1 & 0 \\ 0 & -2 & 3 \\ -1 & -2 & -3 \end{bmatrix}\mathbf{x} + \begin{bmatrix} 1 \\ 0 \\ 0 \end{bmatrix}u, \quad y = [1 \;\; 0 \;\; 0]\mathbf{x}$

(g) $\dot{\mathbf{x}} = \begin{bmatrix} -3 & -5 & 2 \\ 1 & -8 & 7 \\ -3 & -2 & -6 \end{bmatrix}\mathbf{x} + \begin{bmatrix} 3 \\ -3 \\ 2 \end{bmatrix}u, \quad y = [1 \;\; -3 \;\; 3]\mathbf{x}$

5.25 문제 5-24의 각 경우에서 시스템 행렬 **A**의 고유값을 구하고 시스템 행렬 **A**를 대각선 행렬로 변환시켜라.

5.26 문제 5-24의 각 경우에서 상태천이 행렬 $\phi(t)$를 구하라.

5.27 다음의 동적 방정식으로 표현되는 시스템

$$\dot{\mathbf{x}} = \begin{bmatrix} 1 & -2 & 0 \\ 3 & -1 & -2 \\ 2 & -1 & -3 \end{bmatrix}\mathbf{x} + \begin{bmatrix} 1 \\ -2 \\ 2 \end{bmatrix}u, \quad y = [1 \;\; -3 \;\; 0]\mathbf{x}$$

을 다음과 같이 새로운 상태 벡터 **z**로 변환시켜라.

$$\mathbf{z} = \begin{bmatrix} 1 & -1 & 1 \\ 1 & 1 & -1 \\ -1 & 1 & 1 \end{bmatrix}\mathbf{x}$$

5.28 문제 5-18의 그림 P5-18에 대한 시스템 행렬의 고유값을 구하라.

5.29 문제 5-19의 상태 방정식에 대한 고유값을 구하라.

5.30 문제 5-22의 상태 방정식에 대한 고유값을 구하라.

5.31 그림 P5-31에서 그림에 표시된 바와 같은 두 시스템 $G_1(s)$와 $G_2(s)$가 직렬로 결합할 때 전체 시스템을 상태 공간에서 표현하면 다음과 같음을 보여라.

$$\begin{bmatrix} \dot{\mathbf{x}}_1 \\ \dot{\mathbf{x}}_2 \end{bmatrix} = \begin{bmatrix} \mathbf{A}_1 & \mathbf{0} \\ \mathbf{B}_2\mathbf{C}_1 & \mathbf{A}_2 \end{bmatrix} \begin{bmatrix} \mathbf{x}_1 \\ \mathbf{x}_2 \end{bmatrix} + \begin{bmatrix} \mathbf{B}_1 \\ \mathbf{0} \end{bmatrix} u, \quad y = [\mathbf{0} \;\; \mathbf{C}_2] \begin{bmatrix} \mathbf{x}_1 \\ \mathbf{x}_2 \end{bmatrix}$$

그림 P5-31

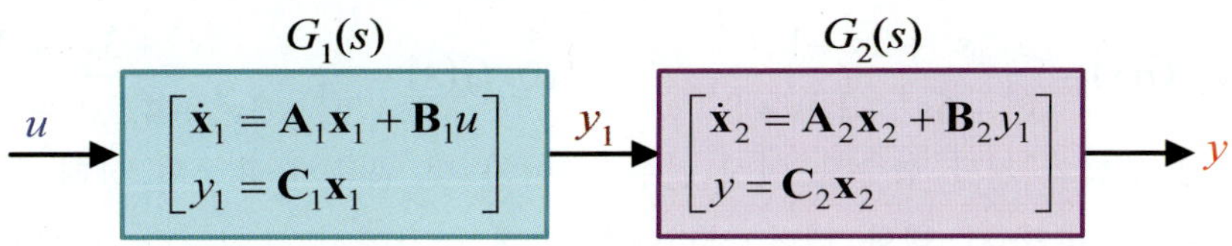

5.32 그림 P5-32에서 그림에 표시된 바와 같은 두 시스템 $G_1(s)$와 $G_2(s)$가 병렬로 결합할 때 전체 시스템을 상태 공간에서 표현하면 다음과 같음을 보여라.

$$\begin{bmatrix} \dot{\mathbf{x}}_1 \\ \dot{\mathbf{x}}_2 \end{bmatrix} = \begin{bmatrix} \mathbf{A}_1 & \mathbf{0} \\ \mathbf{0} & \mathbf{A}_2 \end{bmatrix} \begin{bmatrix} \mathbf{x}_1 \\ \mathbf{x}_2 \end{bmatrix} + \begin{bmatrix} \mathbf{B}_1 \\ \mathbf{B}_2 \end{bmatrix} u, \quad y = [\mathbf{C}_1 \;\; \mathbf{C}_2] \begin{bmatrix} \mathbf{x}_1 \\ \mathbf{x}_2 \end{bmatrix}$$

그림 P5-32

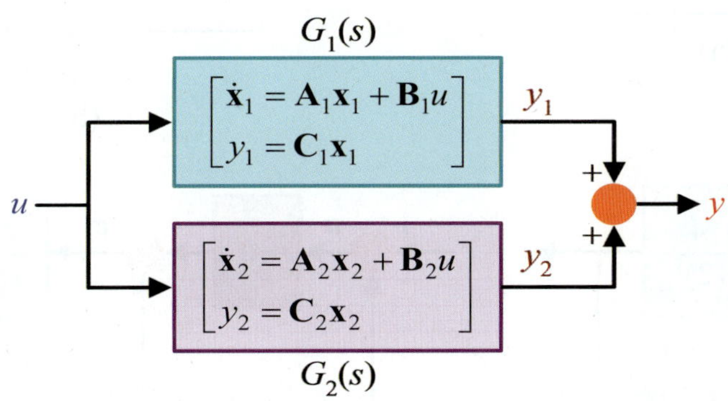

5.33 그림 P5-33에서 그림에 표시된 바와 같은 두 시스템 $G(s)$와 $H(s)$가 궤환 결합할 때 전체 시스템을 상태 공간에서 표현하면 다음과 같음을 보여라.

$$\begin{bmatrix} \dot{\mathbf{x}}_1 \\ \dot{\mathbf{x}}_2 \end{bmatrix} = \begin{bmatrix} \mathbf{A}_1 & -\mathbf{B}_1\mathbf{C}_2 \\ \mathbf{B}_2\mathbf{C}_1 & \mathbf{A}_2 \end{bmatrix} \begin{bmatrix} \mathbf{x}_1 \\ \mathbf{x}_2 \end{bmatrix} + \begin{bmatrix} \mathbf{B}_1 \\ \mathbf{0} \end{bmatrix} u, \quad y = [\mathbf{C}_1 \;\; \mathbf{0}] \begin{bmatrix} \mathbf{x}_1 \\ \mathbf{x}_2 \end{bmatrix}$$

그림 P5-33

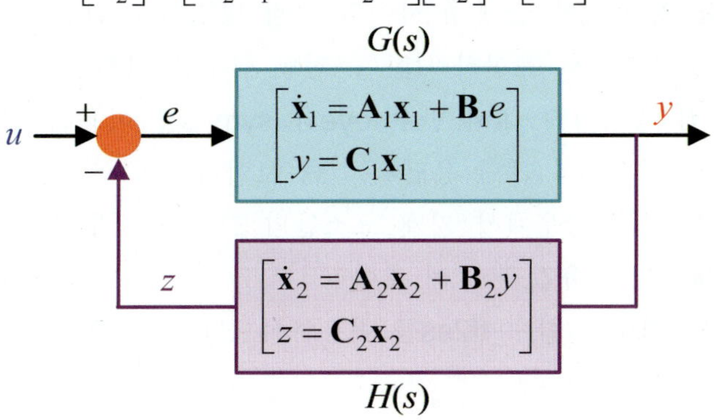

5.34 다음의 각 전달 함수를 직렬 분해 및 병렬 분해를 통해 상태 공간으로 옮겨라.

(a) $G(s)=\dfrac{s+4}{s(s+1)(s+2)(s+3)}$ (b) $G(s)=\dfrac{(s+4)(s+5)}{(s+1)^2(s+2)}$

(c) $G(s)=\dfrac{(s+4)(s+5)}{s(s+1)^2(s+2)(s+3)}$ (d) $G(s)=\dfrac{s+3}{(s+1)(s^2+2s+7)}$

(e) $G(s)=\dfrac{s^2+2s+1}{s^3+6s^2+10s+8}$ (f) $G(s)=\dfrac{s^3+3s^2+2s+4}{s^4+3s^3+4.5s^2+3.75s+1.5625}$

5.35 문제 5-34의 전달 함수를 위상-변수, 제어기 및 관측기 표준형 상태 공간으로 옮겨라.

5.36 그림 P5-36의 각 궤환 제어 시스템을 상태 공간에서 표현하라. 단 먼저 개루프 시스템을 상태 방정식으로 표현한 다음 폐루프 시스템의 상태 방정식을 구하라.

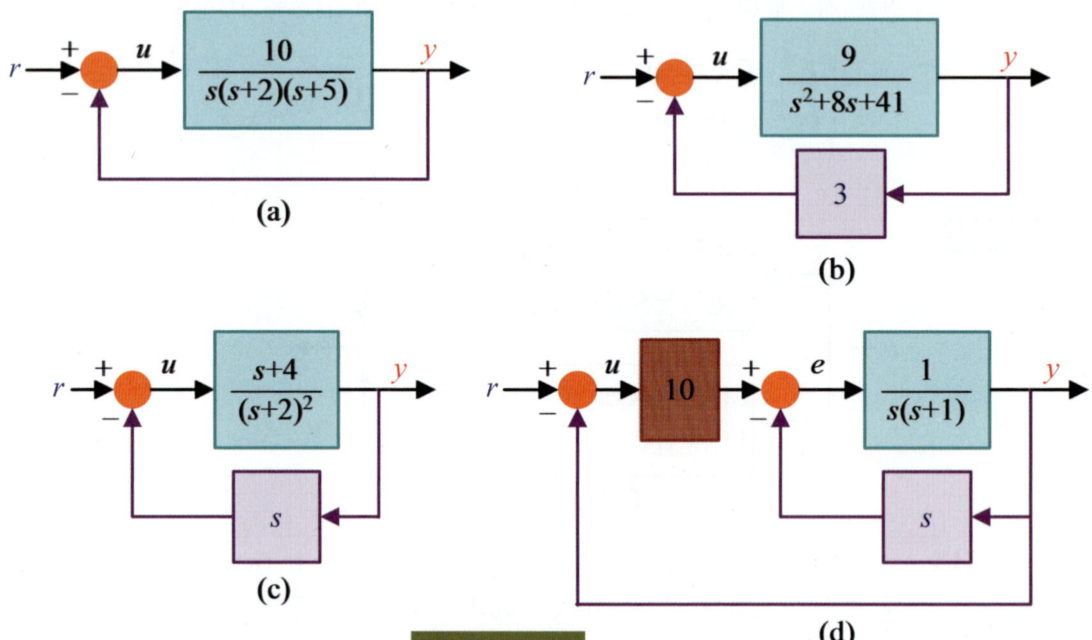

그림 P5-36

M5.1 문제 5.18에서 구한 입력 e_a와 출력 h 사이의 동적 방정식을 위상-변수 표준형, 제어기 표준형 및 관측기 표준형으로 표현하라(힌트: 전달 함수를 먼저 구한다.)

M5.2 문제 5-24의 각 동적 방정식에 대해 함수 eye와 sym s를 이용해 행렬 $\boldsymbol{\Phi}(s)=(s\mathbf{I}-\mathbf{A})^{-1}$을 구하라. 그리고 출력 $y(t)$의 계단 응답을 그려 보아라.

M5.3 문제 5.4~5.12까지의 모든 경우에서 기계 요소들의 크기를 모두 1로 한다. 함수 eig를 이용하여 시스템 행렬의 고유값을 구해 보아라.

M5.4 문제 5.34의 각 전달 함수를 함수 tf2ss를 이용하여 상태 공간으로 표현하라.

6

궤환 제어 시스템

6.1 개루프 및 폐루프 제어 시스템

정의 개루프(open-loop) 제어 시스템은 그림 6-1과 같이 제어 시스템의 입력이 출력으로 전달되는 전방향(feedforward) 경로만 있고 역으로 출력이 입력으로 되돌아오는 궤환(feedback) 경로가 없는 제어 시스템을 말한다. 반면에 그림 6-2와 같이 출력으로부터 전달 함수 $H(s)$를 거쳐 입력으로 궤환되는 루프(loop)가 형성된 경우를 폐루프(closed-loop) 제어 시스템이라 한다. 궤환 작용에 의해 시스템의 성능이 향상되는 것은 생물학적, 심리학적 등 대부분의 물리계에서 보편적인 현상이다. 궤환으로 얻을 수 있는 여러 가지 효과에 대해서는 2.3절에서 설명한 바 있으므로 여기서는 간단히 정리하는 차원으로 한다. 그림 6-2의 폐루프 전달 함수 $G_{CL}(s)$(식 (2-57)), $E(s)/R(s)$(식 (2-56)) 및 $G(s)$와 $H(s)$에 대한 $G_{CL}(s)$의 감도(식 (2-65), (2-66))는 다음과 같다.

$$\begin{cases} \dfrac{C(s)}{R(s)} = C_{CL}(s) = \dfrac{G(s)}{1+G(s)H(s)} \\ \dfrac{E(s)}{R(s)} = \dfrac{1}{1+G(s)H(s)} \\ S_G^{G_{CL}} = \dfrac{1}{1+G(s)H(s)} \\ S_H^{G_{CL}} = \dfrac{-G(s)H(s)}{1+G(s)H(s)} \end{cases} \tag{6-1}$$

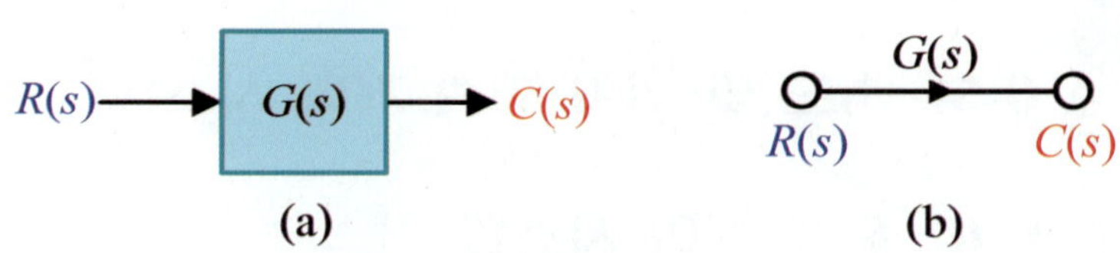

그림 6-1 개루프 제어 시스템.

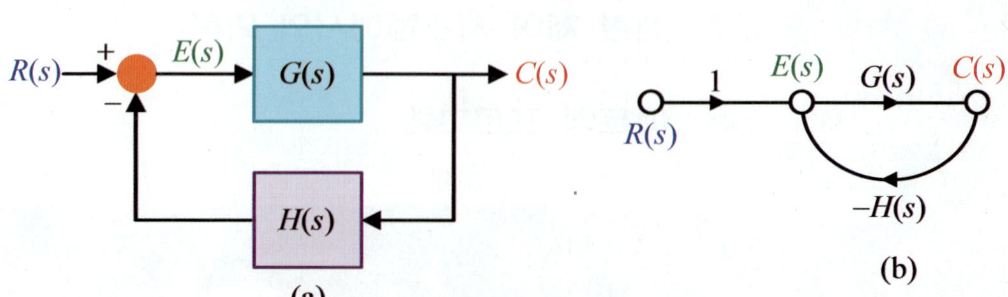

그림 6-2 폐루프 제어 시스템.

특히 $G(s)$에 대한 감도와 오차 신호 $E(s)$에 대한 전달 함수와 같으므로 $G(s)$에 대한 감도와 오차는 루프 전달 함수 $G(s)H(s)$를 증가시킴으로써 함께 줄일 수 있다. 그러나 루프 전달 함수 $G(s)H(s)$가 커질수록 $H(s)$에 대한 감도는 1에 가까워지므로 $H(s)$의 변화가 그대로 출력으로 전달된다. 따라서 궤환 시스템은 간단하면서도 변동이 거의 없는 안정된 소자들을 사용하여야 하며 그림 6-3은 전기계에서 사용되는 전형적인 궤환 방식을 보여준다.

그림 6-3(a)는 증폭기의 출력 전압 e_o를 궤환시켜 입력에서 전압 오차를 야기시키는 방법이며 출력 전압을 궤환시키기 위해 증폭기의 출력단을 궤환 시스템과 병렬로 접속하여야 한다. 그리고 저항 R에 흘러 들어오는 전류가 거의 대부분 저항 R_f를 통해 흐르도록 소자 값을 정하며 그 결과 궤환 전달 함수는 다음과 같다.

$$H(s) = \frac{E_f(s)}{E_o(s)} = \frac{R_f}{R_f + R} \tag{6-2}$$

일반적으로 저항 소자는 변동이 적은 편이므로 $H(s)$는 위의 상수로 일정하게 유지된다. 다음으로 그림 6-3(b)는 출력 전류 i_o를 궤환시켜 입력에서 전압 오차를 일으키며 출력 전류를 궤환시키기 위해 증폭기의 출력단을 궤환 시스템과 직렬로 접속하여야 한다. 그리고 출력 전류 i_o의 대부분이 저항 R_f를 통해 흐르도록 소자 값을 정하며 그 결과 궤환 전달 함수는 다음과 같다.

$$H(s) = \frac{E_f(s)}{I_o(s)} = R_f \tag{6-3}$$

이상으로 그림 6-3의 두 회로는 궤환 시스템이 간단할 뿐 아니라 궤환 전달 함수가 안정되게 유지되므로 궤환을 이해하는데 도움이 된다.

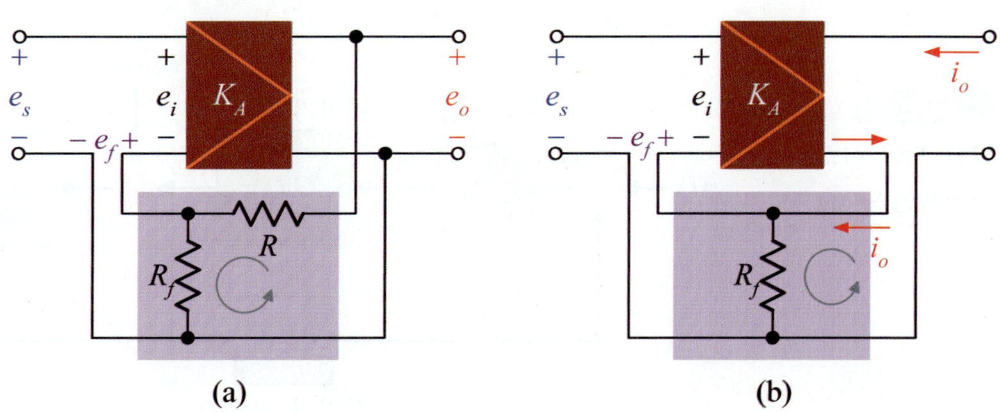

그림 6-3
전기계의 궤환:
(a) 전압 궤환;
(b) 전류 궤환;

궤환 제어 시스템

전형적인 궤환 제어 시스템의 구성은 그림 6-4와 같으며 $d(t)$는 외란을 나타낸다. 전달 함수 $H(s)$는 출력을 감지하여 입력으로 궤환시켜 주는 감지기(sensor)의 특성을 나타낸다. 그러나 실제 제어 시스템에서는 전압, 전류, 속도, 위치 등과 같이 서로 차원이 다른 물리량이 혼합되어 있으므로 감지기는 하나의 물리량을 감지하여 다른 차원으로 변환시켜 변환기(transducer) 역할을 겸하기도 한다. 즉 그림 6-4에서 $H(s)$는 출력 $d(t)$를 감지하여 입력 $r(t)$와 같은 차원으로 변환시켜주는 감지기겸 변환기의 전달 함수이다. 예를 들어 그림 6-3(b)에서 저항 R_f는 전류 i_o를 감지하여 차원이 다른 전압 e_f로 변환시켜 주는 역할을 한다. 입력과 궤환된 신호의 차인 오차 신호 $e(t)$는 시스템을 구동시키기에 충분하도록 증폭기를 통해 증폭되며 K_A는 이득이다. 증폭된 신호 $u(t)$는 제어기(controller) 또는 조작기(actuator)를 구동하므로 조작 신호(actuating signal)이라 부르기도 한다. 제어기는 제어 시스템의 부족한 성능을 보충해 주는 역할을 한다. 즉 제어 시스템 $G_p(s)$는 하나의 설비 또는 기계 장치(plant, process) 차원이므로 일단 설계, 제작되면 고정된다. 따라서 제어 시스템은 그대로 두고 제어기만 적절히 설계하여 전체 제어 시스템의 성능을 향상시킬 수 있으며 이에 대해서는 10장과 11장에서 설명한다.

그림 6-4의 전체 전방향 전달 함수는

$$G(s) = K_A G_c(s) G_p(s) \tag{6-4}$$

이며 이를 식 (6-1)에 대입하면 특성들을 해석할 수 있다. 한편 외란 $d(t)$에 의한 영향을 알아보기 위해 $r(t)$와 $d(t)$를 모두 고려한 출력을 구해보면

$$\begin{aligned} C(s) &= [K_A G_c(s) G_p(s)]E(s) + G_p(s)D(s) \\ &= G(s)E(s) + G_p(s)D(s) \end{aligned} \tag{6-5}$$

그리고

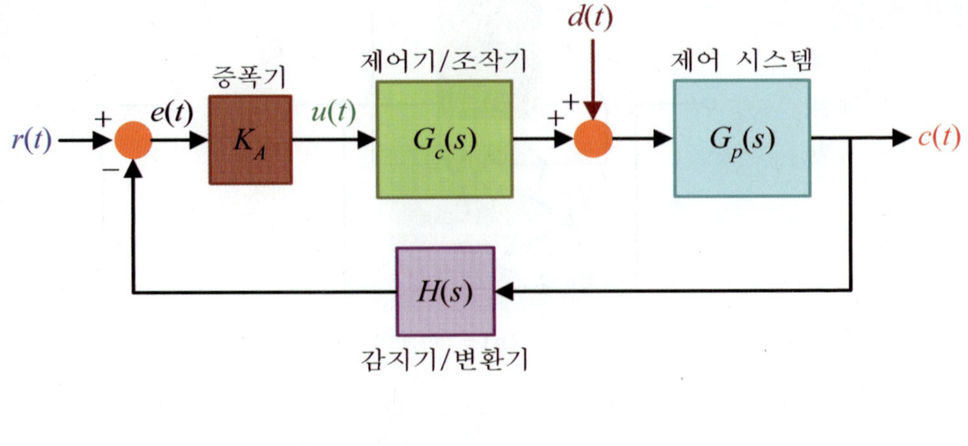

그림 6-4 궤환 제어 시스템의 전형적인 구성.

$$E(s) = R(s) - H(s)C(s) \tag{6-6}$$

이므로 출력은

$$C(s) = \left(\frac{G(s)}{1+G(s)H(s)}\right)R(s) + \left(\frac{G_p(s)}{1+G(s)H(s)}\right)D(s) \tag{6-7}$$

외란에 의한 출력 성분을 따로 $c_d(t)$라 하면 $d(t)$에 대한 $c_d(t)$의 전달 함수는 다음과 같다.

$$\frac{C_d(s)}{D(s)} = \frac{G_p(s)}{1+G(s)H(s)} \tag{6-8}$$

그러나 외란은 꼭 그림 6-4에 표시된 위치만 아니며 다양한 경로로 입력될 수 있다. 그 중 하나가 감지기가 출력을 감지할 때 잡음이 유입되는 경우로서 그림 6-5와 같다. 이 경우는 외란에 대한 출력의 전달 함수는

$$\frac{C_d(s)}{D(s)} = \frac{1}{1+G(s)H(s)} \tag{6-9}$$

와 같으며 이는 식 (6-1)의 $E(s)$에 대한 전달 함수와 같다. 따라서 $G(s)$에 대한 폐루프 전달 함수의 감도와 오차 및 외란에 의한 출력은 모두 루프 전달 함수 $G(s)H(s)$를 증가시킴으로써 줄일 수 있으며 $G(s)$는 식 (6-4)와 같다. 따라서 증폭기의 이득 K_A는 크게 할수록 유리하며 이로부터 궤환 제어 시스템에서 증폭기의 중요한 역할을 이해할 수 있다.

그림 6-5

출력에 잡음이 개입된 폐루프 제어 시스템.

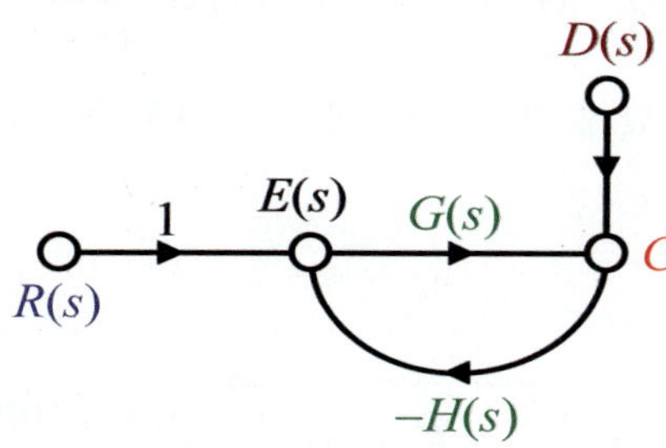

증폭기의 중요성을 엿볼 수 있는 또 한 면이 정상상태에서의 오차이다. 즉 식 (6-5)와 (6-6)으로부터 오차 신호 $E(s)$는

$$E(s) = \frac{1}{1+G(s)H(s)}R(s) - \frac{G_p(s)H(s)}{1+G(s)H(s)}D(s) \tag{6-10}$$

이므로 외란에 의한 $E(s)$의 성분 $E_d(s)$는 다음과 같다.

$$E_d(s) = -\frac{G_p(s)H(s)}{1+G(s)H(s)}D(s) \tag{6-11}$$

따라서 정상상태에서의 $e_d(\infty)$는 라플라스 변환의 최종치 정리에 의해 다음과 같다.

$$e_d(\infty) = \lim_{s\to 0} sE_d(s) = -\lim_{s\to 0}\frac{sG_p(s)H(s)}{1+G(s)H(s)}D(s) \tag{6-12}$$

예를 들어 $d(t)=u_s(t)$, 즉 $D(s)=1/s$인 경우는 식 (6-4)에 의해

$$\begin{aligned} e_d(\infty) &= -\lim_{s\to 0}\frac{G_p(s)H(s)}{1+K_AG_c(s)G_p(s)H(s)} \\ &= -\frac{1}{\lim\limits_{s\to 0}\dfrac{1}{G_p(s)H(s)}+\lim\limits_{s\to 0}K_AG_c(s)} \end{aligned} \tag{6-13}$$

즉

$$e_d(\infty) = -\frac{1}{\dfrac{1}{G_p(0)H(0)}+K_AG_c(0)} \tag{6-14}$$

따라서 계단 함수 형태의 외란에 대해서는 $G_p(s)$의 직류 이득은 작을수록 좋고 $G_c(s)$의 직류 이득과 증폭기 이득 K_A는 클수록 유리함을 알 수 있다.

예제 6-1

그림 6-4에서 각 부시스템은 다음과 같다.

$$K_A = 1000,\quad G_c(s)=1,\quad G_p(s)=\frac{1}{s(s+5)},\quad H(s)=1$$

계단 형태의 외란에 대한 정상상태 오차를 구하라.

풀이>> 식 (6-14)로부터

$$e_d(\infty) = -\frac{1}{\dfrac{1}{G_p(0)}+K_AG_c(0)} = -\frac{1}{1/\infty+1000} = 0.001$$

즉 정상상태 오차는 증폭기 이득에 반비례한다.

이상으로 궤환 제어 시스템의 전반적인 특성에 대해 알아보았으며 일반적으로 감지기의 전달 함수는 $H(s)=K_F$로 상수이다. 그러나 오히려 증폭기의 경우는 주파수 특성이 완전하지 못하여 상수가 아닌 전달 함수를 가질 경우가 있다.

직류 전동기

제어 시스템에서 가장 활용도가 높은 것 중 하나가 직류 전동기이며 여기서는 전동기에 대한 기본적인 궤환에 대해 알아보도록 한다. 그림 6-6(a)는 증폭기로 구동되는 직류 전동기이며 그림 (b)는 블록 선도이다. 그리고 전달 함수 $G_e(s)=I_a(s)/E_a(s)$, $G_m(s)=\Omega_m(s)/I_a(s)$(그림 4-38 및 식 (4-60) 참조) 및 전체 전달 함수 $G(s)=G_e(s)G_m(s)$는 다음과 같다($J_e=J_m+J_L$, $D_e=D_m+D_L$).

$$G_e(s)=\frac{I_a(s)}{E_a(s)}=\frac{sJ_e+D_e}{(sL_a+R_a)(sJ_e+D_e)+K_bK_m}$$
$$G_m(s)=\frac{\Omega_m(s)}{I_a(s)}=\frac{K_m}{sJ_e+D_e} \quad \textbf{(6-15)}$$
$$G(s)=\frac{\Omega_m(s)}{E_a(s)}=\frac{K_m}{(sL_a+R_a)(sJ_e+D_e)+K_bK_m}$$

그리고 상태 방정식은(식 (5-30) 참조)

$$\begin{bmatrix}\dot{i}_a\\ \dot{\omega}_m\end{bmatrix}=\begin{bmatrix}-R_a/L_a & -K_b/L_a\\ K_m/J_e & -D_e/J_e\end{bmatrix}\begin{bmatrix}i_a\\ \omega_m\end{bmatrix}+\begin{bmatrix}1/L_a\\ 0\end{bmatrix}e_a \quad \textbf{(6-16)}$$

이며 상태 선도는 그림 6-6(c)이다. 만일 L_a=0으로 무시할 경우 전달 함수들은 L_a=0으로 하면 되며 상태 방정식의 경우는 다음과 같다(식 (5-32) 참조).

$$\frac{d\omega_m}{dt}=\left(\frac{K_m}{R_aJ_e}\right)e_a-\left(\frac{K_bK_m+R_aD_e}{R_aJ_e}\right)\omega_m \qquad (L_a=0) \quad \textbf{(6-17)}$$

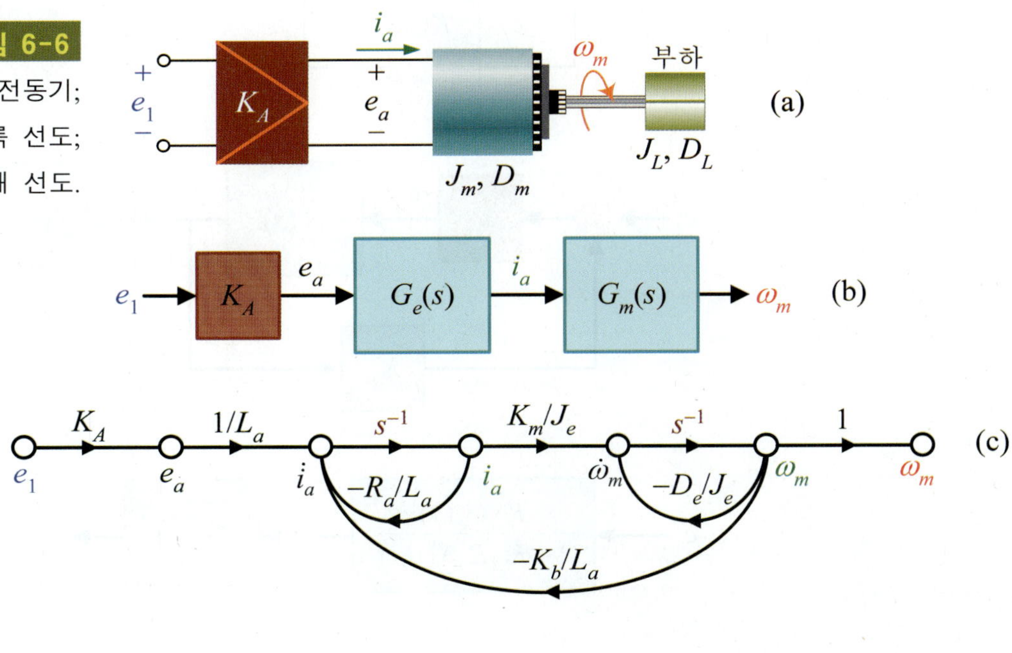

그림 6-6
(a) 직류 전동기;
(b) 블록 선도;
(c) 상태 선도.

전동기의 토크는 전기자 전류 i_a에 의해 결정되므로 그림 6-7(a)와 같이 i_a를 증폭기 입력단으로 궤환시켜 안정되게 할 수 있다(그림 6-3(b) 참조). 그림 (a)의 블록 선도는 그림 (b)이며 K_F는 궤환 이득으로서 상수이다. 그림에서 $G_m(s)$를 제외한 개루프 전달 함수가 $K_AG_e(s)$이므로 그림 (b)는 그림 (c)로 단순화시킬 수 있다. 따라서 전체 폐루프 전달 함수는 다음과 같다.

$$G_{\text{CL}}(s) = \frac{K_A G_e(s) G_m(s)}{1 + K_A K_F G_e(s)} = \frac{K_A G(s)}{1 + K_A K_F G_e(s)} \tag{6-18}$$

위의 식을 식 (6-15)로 정리하면

$$G_{\text{CL}}(s) = \frac{K_A K_m/(L_a J_e)}{s^2 + \left(\dfrac{R_a J_e + D_e L_a + K_A K_F J_e}{L_a J_e}\right)s + \dfrac{R_a D_e + K_b K_m + K_A K_F D_e}{L_a J_e}} \tag{6-19}$$

그리고 그림 6-7(b)에서

$$e_a = K_A(e_1 - K_F i_a) = K_A e_1 - K_A K_F i_a \tag{6-20}$$

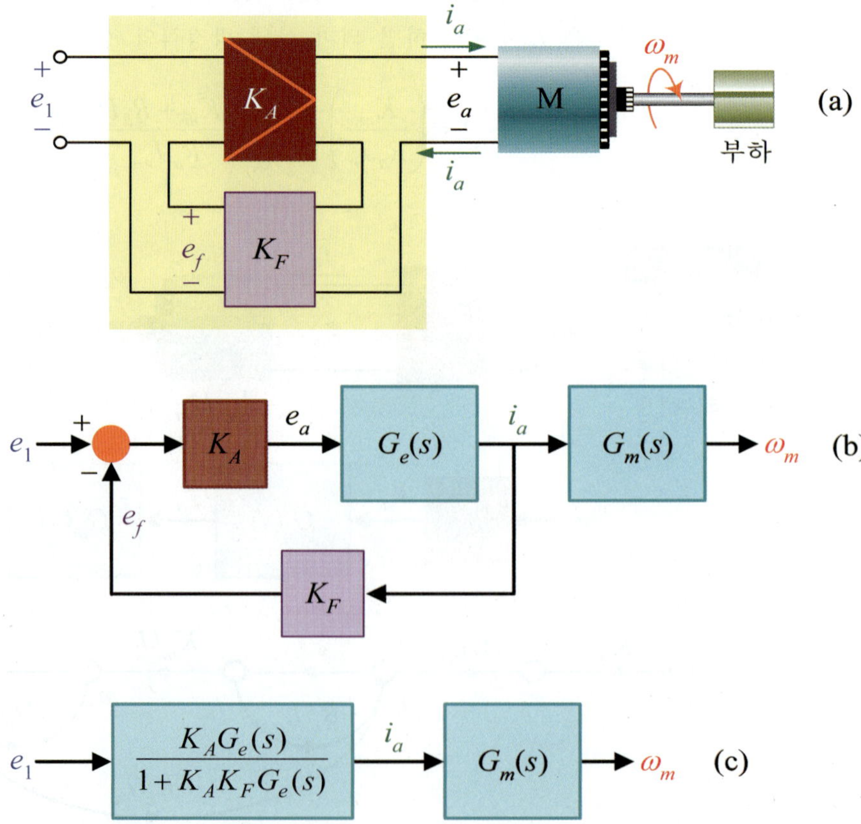

그림 6-7
(a) 전기자 전류를 궤환시킨 전동기 시스템; (b) 블록 선도; (c) 단순화시킨 블록 선도

식 (6-20)을 식 (6-16)에 대입하여 정리하면 상태 방정식은 다음과 같다.

$$\begin{bmatrix} \dot{i}_a \\ \dot{\omega}_m \end{bmatrix} = \begin{bmatrix} -\dfrac{K_A K_F + R_a}{L_a} & -\dfrac{K_b}{L_a} \\ \dfrac{K_m}{J_e} & -\dfrac{D_e}{J_e} \end{bmatrix} \begin{bmatrix} i_a \\ \omega_m \end{bmatrix} + \begin{bmatrix} \dfrac{K_A}{L_a} \\ 0 \end{bmatrix} e_1 \tag{6-21}$$

예제 6-2 그림 6-7(a)에서 증폭기가 이득 K_A로 일정하지 않고 전달 함수가 다음과 같을 때 e_1과 ω_m 사이의 상태 방정식을 구하라.

$$G_A(s) = K_A\left(\frac{a}{s+a}\right) \quad (a > 0)$$

풀이>> 그림 6-6(c)를 바탕으로 상태 선도를 그리면 그림 6-8(a)와 같으며 e_a가 적분기 출력이므로 상태 변수로 추기된다. 그림 (a)의 적분기를 제거한 그림 (b)에서는 루프가 없으므로 직관에 의해 상태 방정식을 구하면 다음과 같다.

$$\dot{e}_a = -ae_a - aK_A K_F i_a + e_1$$

$$\dot{i}_a = \frac{1}{L_a}e_a - \frac{R_a}{L_a}i_a - \frac{K_b}{L_a}\omega_m$$

$$\dot{\omega}_m = \frac{K_m}{J_e}i_a - \frac{D_e}{J_e}\omega_m$$

그림 6-8
예제 6-2의 그림.

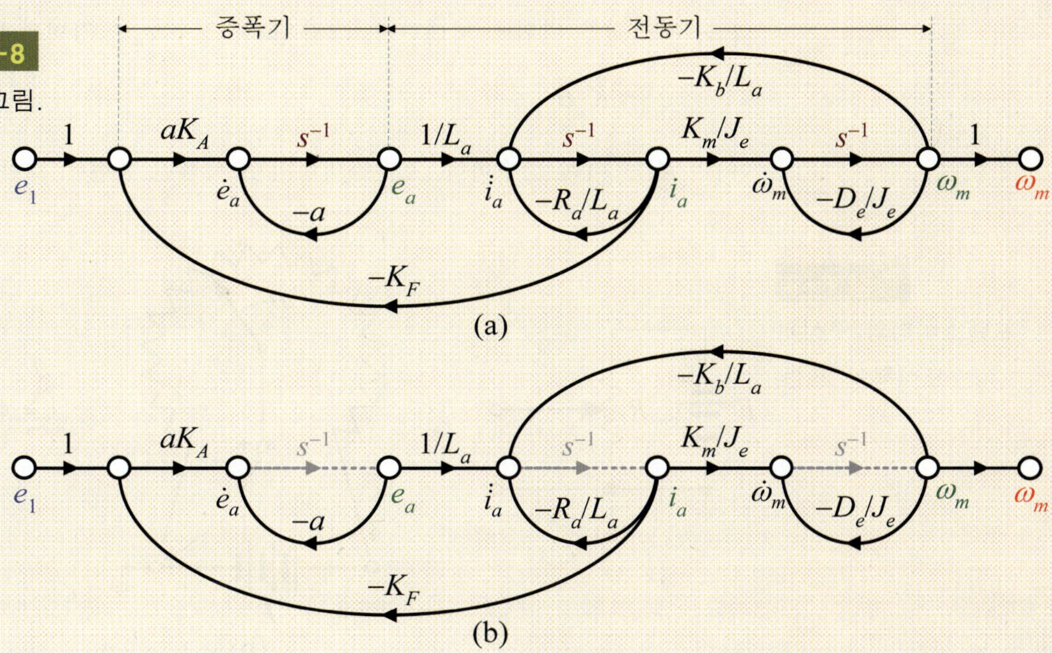

따라서 벡터-행렬 형태로는 다음과 같다.

$$\begin{bmatrix} \dot{e}_a \\ \dot{i}_a \\ \dot{\omega}_m \end{bmatrix} = \begin{bmatrix} -a & -aK_AK_F & 0 \\ 1/L_a & -R_a/L_a & -K_b/L_a \\ 0 & K_m/J_e & -D_e/J_e \end{bmatrix} \begin{bmatrix} e_a \\ i_a \\ \omega_m \end{bmatrix} + \begin{bmatrix} 1 \\ 0 \\ 0 \end{bmatrix} e_1$$

참고로 문제에서 주어진 증폭기는 차단 주파수가 a rad/sec이며 직류 이득이 K_A인 저역통과 특성이다.

6.2 감지기

하나의 물리량을 감지하여 다른 차원의 물리량으로 변환시키는 감지기는 궤환 제어 시스템에서 필수적이다. 대표적으로 전동기의 경우 전압, 전류의 전기적인 양을 속도, 변위 등 기계적인 양으로 변환시킨다. 이와 반대로 기계적인 양을 전기적인 양으로 변환시키는 포텐쇼미터(potentiometer)나 타코미터(tachometer) 등이 있다. 이 절에서는 중요한 감지기들에 대해 알아본다.

포텐쇼미터

포텐쇼미터는 가변 저항기를 이용한 전압 분배기이며 그림 6-9(a)에서 전압 e_p는 직선적인 변위에 비례한다. 그림 (b)의 경우 e_p는 각변위에 비례하여

$$e_p = K_p\theta \tag{6-22}$$

이며 K_p는 비례 상수이다. 포텐쇼미터의 도식적인 표현은 그림 (c)로 한다.

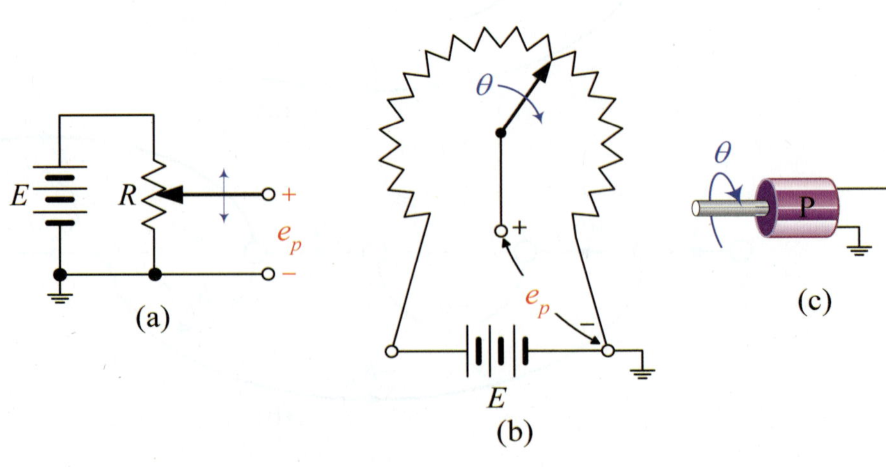

그림 6-9
포텐쇼미터의 구성과 도식적인 표현.

타코미터

타코미터는 그림 6-10(a)와 같이 속도를 감지하여 이에 비례하는 전압

$$e_t = K_t \omega \tag{6-23}$$

을 발생시키는 일종의 발전기이며 K_t는 비례 상수이다. 타코미터의 도식적인 표현은 그림 (b)로 한다.

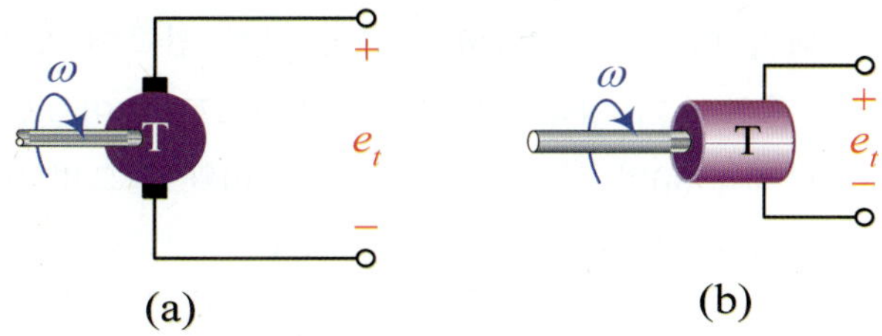

그림 6-10
(a) 타코미터의 원리;
(b) 도식적인 표현.

증분 부호기

증분 부호기(incremental encoder)는 부호화된 원판으로서 그림 6-11과 같이 전동기 등과 같은 회전체에 탑재되어 각변위를 디지털 부호나 펄스 신호로 변환시켜 주는 장치이다. 부호화된 각변위는 복호기를 통해 각변위 및 속도에 비례하는 전압으로 변환된다.

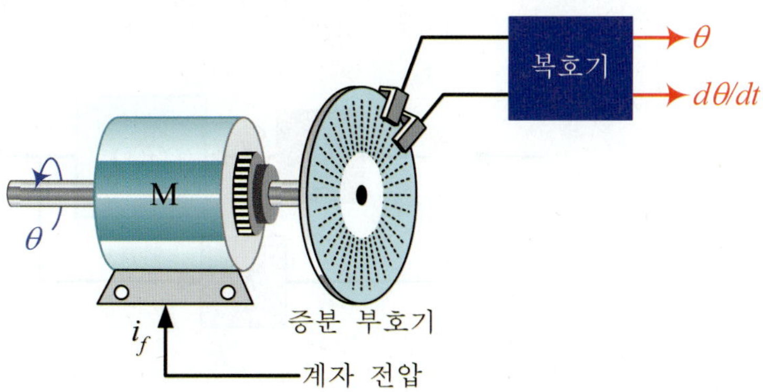

그림 6-11
증분 부호기를 탑재한 직류 전동기.

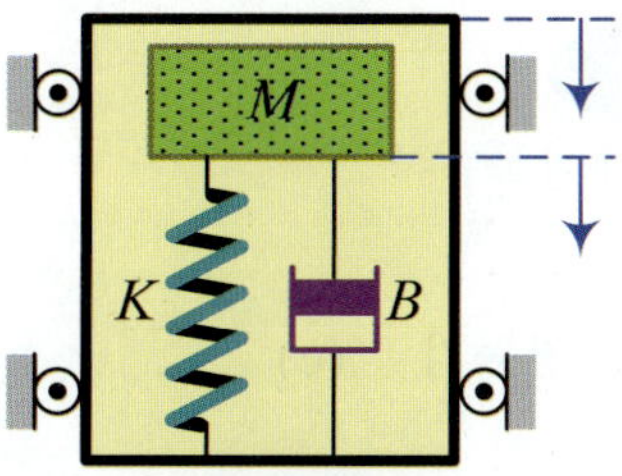

그림 6-12
가속도계.

변위를 전압으로 변환시키는 포텐쇼미터, 속도를 전압으로 변환시키는 타코미터 및 증분 부호기 외에도 가속도를 감지하는 그림 6-12의 가속도계가 있다. 가속도계에 대해서는 그림 4-48을 통해 설명한 바 있다. 이러한 감지기들은 기계계의 변위, 속도 및 가속도 등을 감지하여 궤환시킴으로써 더욱 안정된 제어가 가능하도록 한다. 물론 그 외의 물리량인 습도나 온도 등을 가지하는 감지기도 있으며 이 들에 대해서는 그때 그때마다 설명하기로 한다.

6.3 속도 궤환 제어 시스템

그림 6-13(a)는 타코미터를 통해 전동기의 속도를 궤환시켜 전동기 속도를 제어하는 시스템이다. 지시 입력 전압은 $e_r=k\omega_r$로 원하는 속도 ω_r에 비례하여 설정된다. 그리고 전동기 속도 ω_m은 타코미터에 의해 전압 $K_t\omega_m$으로 변환되며 이는 지시 입력 전압과 차를 만들어 오차 신호를 만든다. 증폭된 오차 신호 e_a가 궤환 작용에 의해 0으로 줄어들면 ω_m은 ω_r과 같아지게 된다. 그림 6-13(a)의 블록 선도는 그림 (b)와 같으며 이로부터 폐루프 전달 함수는 다음과 같다($J_e=J_m+J_L$, $D_e=D_m+D_L$).

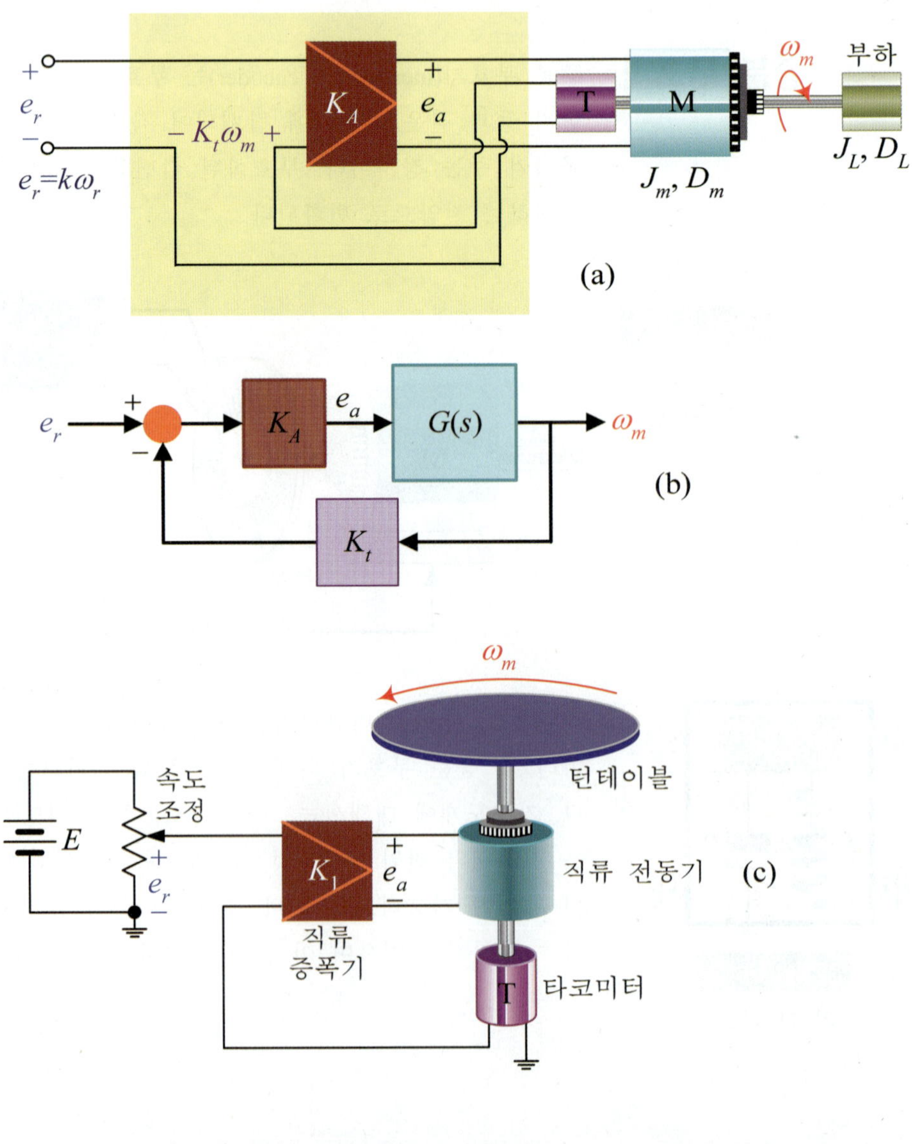

그림 6-13 타코미터로 전동기 속도를 제어하는 시스템: (a) 전체적인 구성; (b) 블록 선도; (c) 턴테이블의 예.

$$G_{\mathrm{CL}}(s)=\frac{\Omega_m(s)}{E_r(s)}=\frac{K_A G(s)}{1+K_A K_t G(s)} \tag{6-24}$$

따라서 식 (6-15)의 전동기 전달 함수 $G(s)$를 대입하면 다음과 같다.

$$G_{\mathrm{CL}}(s)=\frac{K_A K_m/(L_a J_e)}{s^2+\left(\dfrac{R_a J_e+L_a D_e}{L_a J_e}\right)s+\dfrac{R_a D_e+K_b K_m+K_A K_t K_m}{L_a J_e}} \tag{6-25}$$

그림 6-13(b)에서 전기자 전압 e_a가

$$e_a=K_A(e_r-K_t\omega_m) \tag{6-26}$$

이며 이를 식 (6-16)의 e_a에 대입하여 정리하면 상태 방정식은 다음과 같다.

$$\begin{bmatrix} \dot{i}_a(t) \\ \dot{\omega}_m(t) \end{bmatrix}=\begin{bmatrix} -\dfrac{R_a}{L_a} & -\dfrac{K_b+K_A K_t}{L_a} \\ \dfrac{K_m}{J_e} & -\dfrac{D_e}{J_e} \end{bmatrix}\begin{bmatrix} i_a(t) \\ \omega_m(t) \end{bmatrix}+\begin{bmatrix} \dfrac{K_A}{L_a} \\ 0 \end{bmatrix}e_r(t) \tag{6-27}$$

결국 타코미터에 의한 속도 궤환의 효과는 역기전력 상수를 K_b에서 $K_b+K_A K_t$로 증가시키는 것과 같음을 알 수 있다. 그림 6-13(c)는 속도 제어 시스템의 한 예인 레코드 턴테이블을 보여주며 속도 조정 전압 e_r은 전압 분배기의 가변 저항을 조절하여 얻는다.

예제 6-3

◆ **테이프 구동 시스템** ◆

그림 6-14(a)는 영구자석 직류 전동기를 이용한 테이프 구동 시스템을 보여준다. 테이프 속도를 제어하기 위해 타코미터로써 속도를 궤환시킨 폐루프를 형성한다. 상수 K_L은 신축성이 있는 테이프의 스프링 상수를 나타내며 상수 D_L은 테이프와 캡스턴(capstan) 사이의 점성 마찰 계수를 나타낸다. 그리고 시스템의 각 파라미터들은 다음과 같다.

K_A=1 , K_m=0.071 N-m/A, K_b=0.07 V/rad/sec

R_a=0.4 Ω, L_a≅0 H

J_m=4×10^{-4} N-m/rad/sec^2, D_m=0.0213/rad/sec

D_L=0.071 N-m/rad/sec^2, K_L=21 N-m/rad, J_L=0.043 N-m/rad/sec^2

K_t=1 V/rad/sec

(a) 다음의 전달 함수를 구하라.

$$G(s)=\frac{\Omega_L(s)}{E_a(s)},\quad G_{\mathrm{CL}}(s)=\frac{\Omega_L(s)}{E_r(s)}$$

그림 6-14

예제 6-3의 그림.

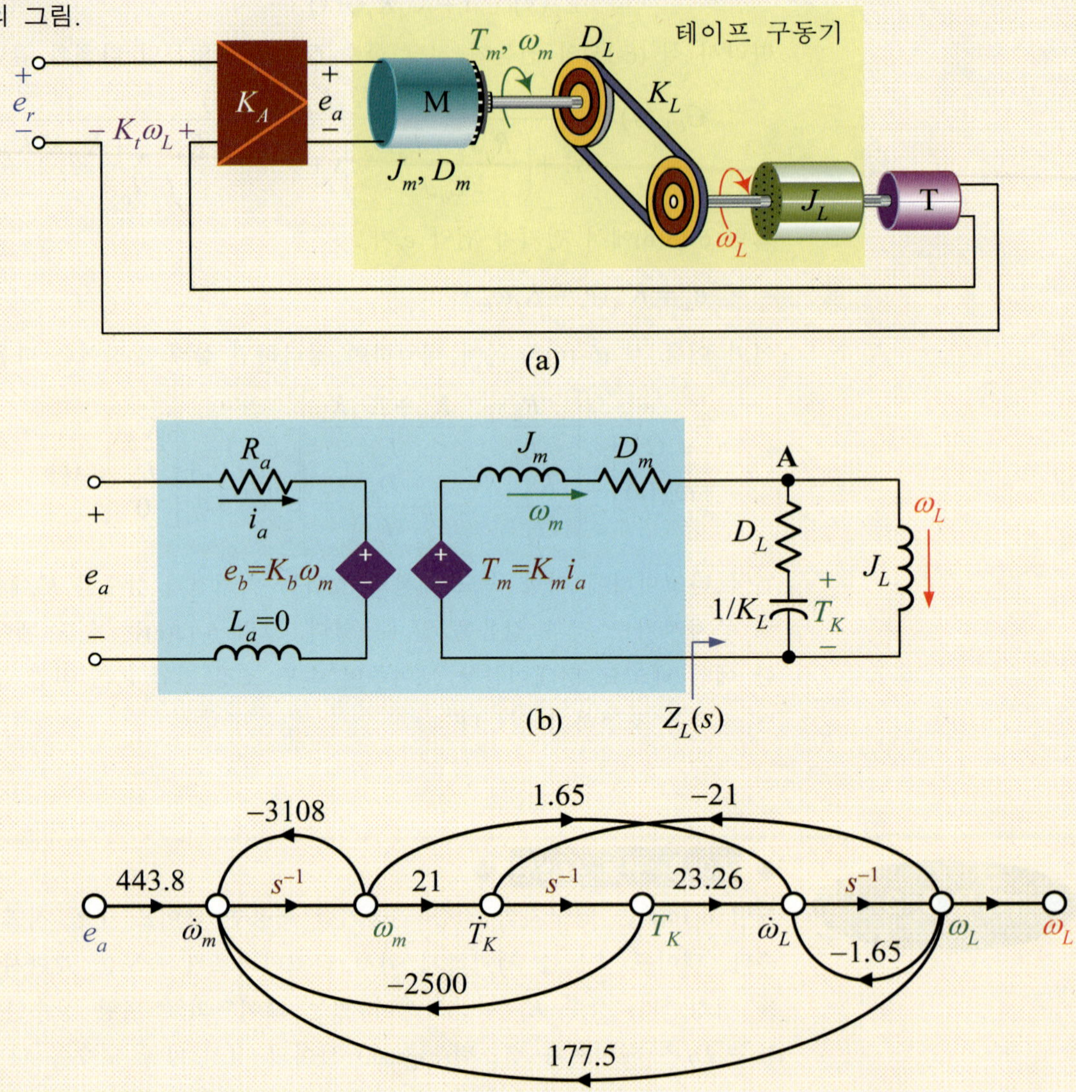

(b) 속도 ω_L의 계단 응답을 구하라.

(c) e_a와 ω_L 사이의 상태 방정식과 상태 선도를 구하고 이로부터 e_r과 ω_L 사이의 상태 방정식을 구하라.

풀이>> (a) 그림 6-14(a)에서 e_a와 ω_L 사이에 대한 상사 회로는 그림 (b)와 같다. 먼저 부하 임피던스 $Z_L(s)$를 구하면 다음과 같다.

$$Z_L(s) = (D_L + K_L/s)\|J_L s = \frac{0.071s^2 + 21s}{s^2 + 1.651s + 488.4}$$

이를 식 (4-60)의 두 번째 식에 대입하면(L_a=0)

$$\frac{\Omega_m(s)}{E_a(s)} = \frac{K_m}{R_a(J_m s + D_m + Z_L(s)) + K_b K_m}$$

$$= \frac{443.7s^2 + 732.7s + 2.167\times10^5}{s^3 + 262.75s^2 + 53126s + 40828}$$

다음으로 그림 6-14(b)에서 마디 A에 KCL을 적용하면

$$\frac{\Omega_L(s)}{\Omega_m(s)} = \frac{D_L + K_L/s}{D_L + K_L/s + J_L s} = \frac{1.651s + 488.4}{s^2 + 1.651s + 488.4}$$

이상의 두 전달 함수를 곱하면 개루프 전달 함수는 다음과 같다.

$$G(s) = \frac{\Omega_L(s)}{E_a(s)} = \frac{732.7s + 2.1672\times10^5}{s^3 + 262.75s^2 + 53126s + 40828}$$

이로부터 폐루프 전달 함수는 다음과 같다(K_A=K_t=1)

$$G_{\text{CL}}(s) = \frac{\Omega_L(s)}{E_r(s)} = \frac{G(s)}{1 + G(s)} = \frac{732.7s + 2.1672\times10^5}{s^3 + 262.75s^2 + 53859s + 2.5755\times10^5}$$

(b) $E_r(s)=1/s$이므로

$$\Omega_L(s) = \frac{732.7s + 2.1672\times10^5}{s(s^3 + 262.75s^2 + 53859s + 2.5755\times10^5)}$$

위의 식을 부분 분수로 전개하면

$$\Omega_L(s) = \frac{0.8412}{s} - \frac{0.8477}{s + 4.9} + \frac{0.0096\angle 70.3°}{s + 128.9 - j189.7} + \frac{0.0096\angle -70.3°}{s + 128.9 + j189.7}$$

부분 분수들 중 세 번째와 네 번째 항음 무시할 수 있으므로 처음 두 항만 취하여 역변환하면

$$\omega_L(t) \cong 0.84(1 - e^{-4.9t})u_s(t)$$

로 근사화할 수 있으며 시정수는 $\tau \cong 0.2$ sec이다.

(c) 그림 6-14(b)의 상사 회로에서 ω_m, T_K, ω_L이 상태 변수로 정해진다. 마디 A에 KCL을 적용하면 D_L에 흐르는 전류는 $\omega_m - \omega_L$이다. 따라서

$$\frac{1}{K_L}\frac{dT_K}{dt} = \omega_m - \omega_L$$

즉 T_K에 대한 상태 방정식은 다음과 같다.

$$\boxed{\frac{dT_K}{dt} = K_L\omega_m - K_L\omega_L = 21\omega_m - 21\omega_L}$$

다음으로 오른쪽 첫번째 폐로에 KVL을 적용하면 J_m=4×10^{-4}이므로

$$4\times10^{-4}\frac{d\omega_m}{dt} = K_m i_a - D_m\omega_m - D_L(\omega_m - \omega_L) - T_K$$
$$= -0.0923\omega_m - T_K + 0.071\omega_L + 0.071 i_a$$

그리고 다음의 관계

$$i_a = \frac{1}{R_a}e_a - \frac{K_b}{R_a}\omega_m = 2.5e_a - 0.175\omega_m$$

를 이용하면 ω_m에 대한 상태 방정식은 다음과 같다.

$$\boxed{\frac{d\omega_m}{dt} = -3108\omega_m - 2500T_K + 177.5\omega_L + 443.8e_a}$$

오른쪽 두번째 폐로에 KVL을 적용하면 J_L=0.043이므로

$$0.043\frac{d\omega_L}{dt} = D_L(\omega_m - \omega_L) + T_K$$
$$= 0.071\omega_m + f_K - 0.071\omega_L$$

즉 ω_L에 대한 상태 방정식은 다음과 같다.

$$\boxed{\frac{d\omega_L}{dt} = 1.65\omega_m + 23.26T_K - 1.65\omega_L}$$

이상으로 상태 방정식은 다음과 같고 상태 선도는 그림 6-14(c)와 같다.

$$\begin{bmatrix}\dot{\omega}_m\\ \dot{T}_K\\ \dot{\omega}_L\end{bmatrix} = \begin{bmatrix}-3108 & -2500 & 177.5\\ 21 & 0 & -21\\ 1.65 & 23.26 & -1.65\end{bmatrix}\begin{bmatrix}\omega_m\\ T_K\\ \omega_L\end{bmatrix} + \begin{bmatrix}443.8\\ 0\\ 0\end{bmatrix}e_a$$

그림 6-14(a)에서

$$e_a = K_A(e_r - K_t\omega_L) = e_r - \omega_L$$

이 관계를 위의 상태 방정식에 대입하여 정리하면 e_r과 ω_L 사이의 상태 방정식은 다음과 같다.

$$\begin{bmatrix}\dot{\omega}_m\\ \dot{T}_K\\ \dot{\omega}_L\end{bmatrix} = \begin{bmatrix}-3108 & -2500 & -266.3\\ 21 & 0 & -21\\ 1.65 & 23.26 & -1.65\end{bmatrix}\begin{bmatrix}\omega_m\\ T_K\\ \omega_L\end{bmatrix} + \begin{bmatrix}443.8\\ 0\\ 0\end{bmatrix}e_r$$

예제 6-4

◆ **프린터 벨트 구동 시스템** ◆

그림 6-15(a)는 예제 5-5를 통해 설명한 바 있는 프린터 벨트 구동기에 대한 궤환 제어 시스템이다. 각 파라미터 값들은 그림에서 주어진 바와 같으며 단지 스프링 계수 K만 변수로 남겨 두었다. 이 시스템의 목적은 그림과 같이 전동기에 토크 외란 T_d가 발생했을 때 궤환 제어에 의해 토크 외란이 억제되는 모습을 알아보기 위한 것이다. K_F=0.1로 할 때 다음을 구하라.

그림 6-15

예제 6-4의 그림.

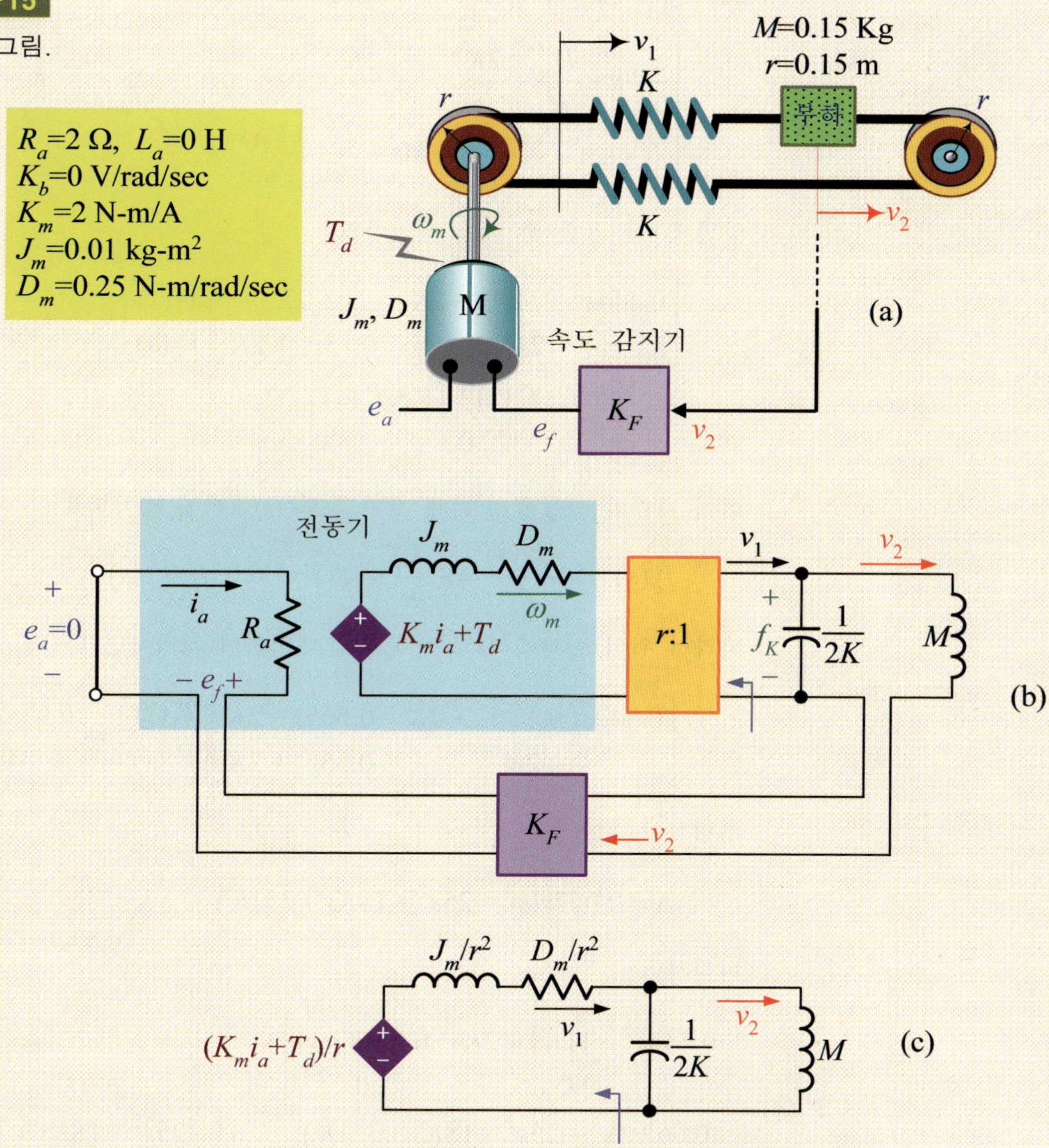

(a) 전달 함수 $V_2(s)/T_d(s)$.

(b) 외란은 $0 \le t \le \tau$ 동안만 $T_d(t)=A$이고 그 외는 0이며 τ는 매우 작다. 스프링 계수가 $K=1, 20, 40$일 때 각각에 대한 $v_2(t)$의 응답을 구하라.

풀이>> (a) 그림 (a)에 대한 상사 회로는 그림 (b)와 같으며 T_d가 v_2에 맺;는 영향만 보기 위해 $e_a=0$으로 하였다. 그리고 출력 v_2가 전류(속도)이므로 출력단은 직렬로 결합된다. 그림 (b)에서 궤환이 없는 상태의 회로는 그림 (c)이며 이는 변압기 일차측을 이차측으로 환산한 결과이다. 직관에 의해 폐로 방정식을 구하면 다음과 같다.

$$\begin{bmatrix} \frac{J_m}{r^2}s + \frac{D_m}{r^2} + \frac{2K}{s} & -\frac{2K}{s} \\ -\frac{2K}{s} & Ms + \frac{2K}{s} \end{bmatrix} \begin{bmatrix} V_1(s) \\ V_2(s) \end{bmatrix} = \begin{bmatrix} \frac{1}{r}T_d(s) + \frac{K_m}{r}I_a(s) \\ 0 \end{bmatrix}$$

양변에 s를 곱한 후 값을 대입하면

$$\begin{bmatrix} 0.444s^2 + 11.1s + 2K & -2K \\ -2K & 0.15s^2 + 2K \end{bmatrix} \begin{bmatrix} V_1(s) \\ V_2(s) \end{bmatrix} = \begin{bmatrix} 6.67sT_d(s) + 13.3sI_a(s) \\ 0 \end{bmatrix}$$

이제 궤환의 영향을 고려해 보면 그림 (a)에서 $e_a=0$이므로

$$I_a(s) = -\frac{E_f(s)}{R_a} = -\frac{K_F}{R_a}V_2(s) = -0.05K_F V_2(s)$$

따라서 위의 결과를 폐로 방정식에 대입하여 정리하면 다음과 같다.

$$\begin{bmatrix} 0.444s^2 + 11.1s + 2K & 0.665s - 2K \\ -2K & 0.15s^2 + 2K \end{bmatrix} \begin{bmatrix} V_1(s) \\ V_2(s) \end{bmatrix} = \begin{bmatrix} 6.67sT_d(s) \\ 0 \end{bmatrix}$$

행렬식이

$$\Delta = 0.067s(s^3 + 25s^2 + 18Ks + 351K)$$

따라서

$$V_2(s) = \frac{\begin{bmatrix} 0.444s^2 + 11.1s + 2K & 6.67sT_d(s) \\ -2K & 0 \end{bmatrix}}{0.067s(s^3 + 25s^2 + 18Ks + 351K)} = \frac{200K}{s^3 + 25s^2 + 18Ks + 351K}T_d(s)$$

이상으로 전달 함수는 다음과 같다.

$$\boxed{\frac{V_2(s)}{T_d(s)} = \frac{200K}{s^3 + 25s^2 + 18Ks + 351K}}$$

(b) 외란 T_d는 폭 τ가 매우 작기 때문에 충격 함수 $\delta(t)$로 근사화할 수 있으며 면적이 $A\tau$이므로($\delta(t)$는 면적이 1이다)

$$T_d(t) \cong A\tau\delta(t)$$

따라서 T_d의 라플라스 변환이

$$T_d(s) \cong A\tau$$

이므로 (a)에서 구한 전달 함수로부터

$$\boxed{V_2(s) = \frac{200A\tau K}{s^3 + 25s^2 + 18Ks + 351K}}$$

K=1인 경우:

$$V_2(s) = \frac{200A\tau}{s^3 + 25s^2 + 18s + 351}$$

부분 분수로 전개하면

$$\frac{V_2(s)}{A\tau} = \frac{0.319}{s+25} + \frac{1.06\angle -98.6°}{s + 0.078 - j3.76} + \frac{1.06\angle 98.6°}{s + 0.078 + j3.76}$$

따라서

$$\frac{v_2(t)}{A\tau} = 0.319e^{-25t}u_s(t) + 2.12e^{-0.078t}\cos(3.76t - 98.6°)u_s(t)$$

K=20인 경우:

$$V_2(s) = \frac{4000A\tau}{s^3 + 25s^2 + 360s + 7020}$$

부분 분수로 전개하면

$$\frac{V_2(s)}{A\tau} = \frac{5.16}{s+22.7} + \frac{4.1\angle -129°}{s + 1.13 - j17.53} + \frac{4.1\angle 129°}{s + 1.13 + j17.53}$$

따라서

$$\frac{v_2(t)}{A\tau} = 5.16e^{-22.7t}u_s(t) + 4.1e^{-1.13t}\cos(17.53t - 129°)u_s(t)$$

K=40인 경우:

$$V_2(s) = \frac{8000A\tau}{s^3 + 25s^2 + 720s + 14040}$$

부분 분수로 전개하면

$$\frac{V_2(s)}{A\tau} = \frac{7.64}{s+21.7} + \frac{4.87\angle-142°}{s+1.66-j25.4} + \frac{4.87\angle142°}{s+1.66+j25.4}$$

따라서

$$\frac{v_2(t)}{A\tau} = 7.64e^{-21.7t}u_s(t) + 4.87e^{-1.66t}\cos(25.4t-142°)u_s(t)$$

이상으로 스프링 계수가 K=1, 20, 40일 때 각각에 대한 v_2의 응답을 도시하면 그림 6-16과 같다. 특히 벨트의 신축성이 가장 큰 K=1의 경우는 외란에 의한 영향이 오래 지속됨을 관찰 할 수 있다. 따라서 벨트는 가능한 한 신축성이 적은 것으로 하여야 한다. 여기서는 속도 감지기의 상수를 K_F=0.1로 하였지만 이를 조정하면 동일한 벨트에 대해서도 성능을 더욱 개선시킬 수 있다.

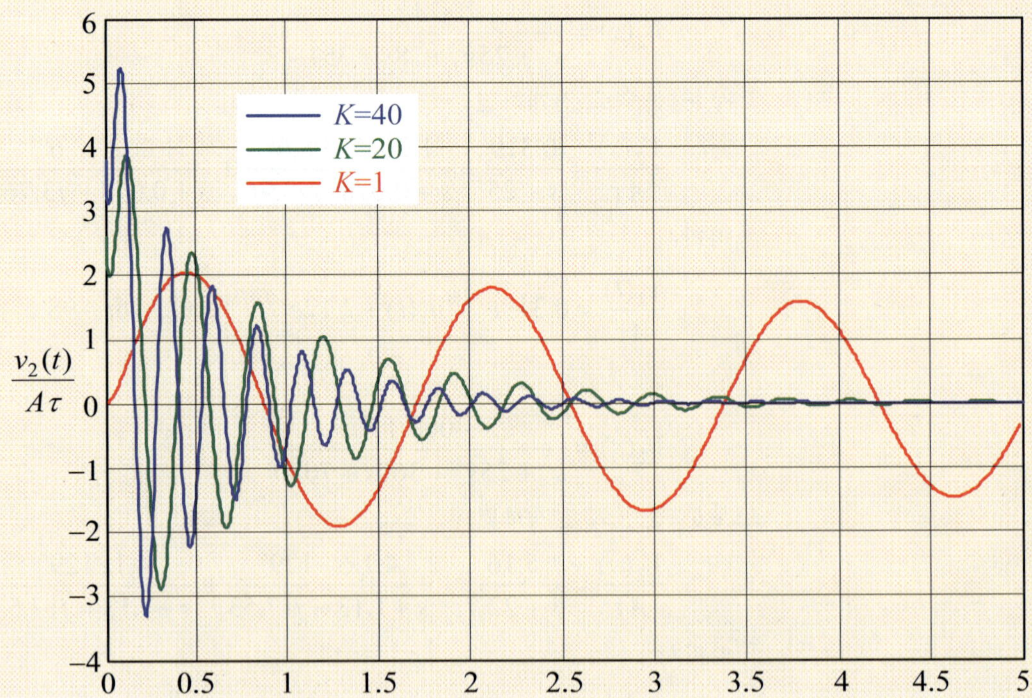

그림 6-16 그림 6-15에서 스프링 계수 K에 따른 외란의 영향.

6.4 위치 궤환 제어 시스템

그림 6-17은 전동기를 이용한 위치 제어 시스템의 전형적인 모습과 블록 선도이다. 기준 변위 신호 θ_r는 포텐쇼미터를 통해 전압으로 변환되며 부하의 변위 θ_L을 감지하는 포텐쇼미터의 출력과 차의 전압 e_i를 형성한다. 전동기는 증폭된 오차 전압 e_a로 구동되며 보다 정밀한 변위 조정을 위해 기어를 사용한다. 블록 선도는 그림 (b)이며 $1/s$은 적분기이다. 개루프 전달 함수가 $K_pK_AN_1G(s)/(N_2s)$이며 궤환 전달 함수는 1이다. 따라서 식 (6-15)의 $G(s)$를 이용하면 폐루프 전달 함수는 다음과 같다($J_e=J_m+J_L$, $D_e=D_m+D_L$).

$$G_{CL}(s)=\frac{\Theta_L(s)}{\Theta_r(s)}=\frac{b_0}{s^3+a_2s^2+a_1s+a_0}$$

$$\begin{cases} a_0=b_0=(N_1/N_2)K_mK_AK_p/L_aJ_e \\ a_1=(R_aD_e+K_bK_m)/L_aJ_e \\ a_2=(R_aJ_e+L_aD_e)/L_aJ_e \end{cases} \tag{6-28}$$

식 (6-28)의 분모 다항식에서 상수 항 a_0만 증폭기 이득 K_A와 포텐쇼미터 상

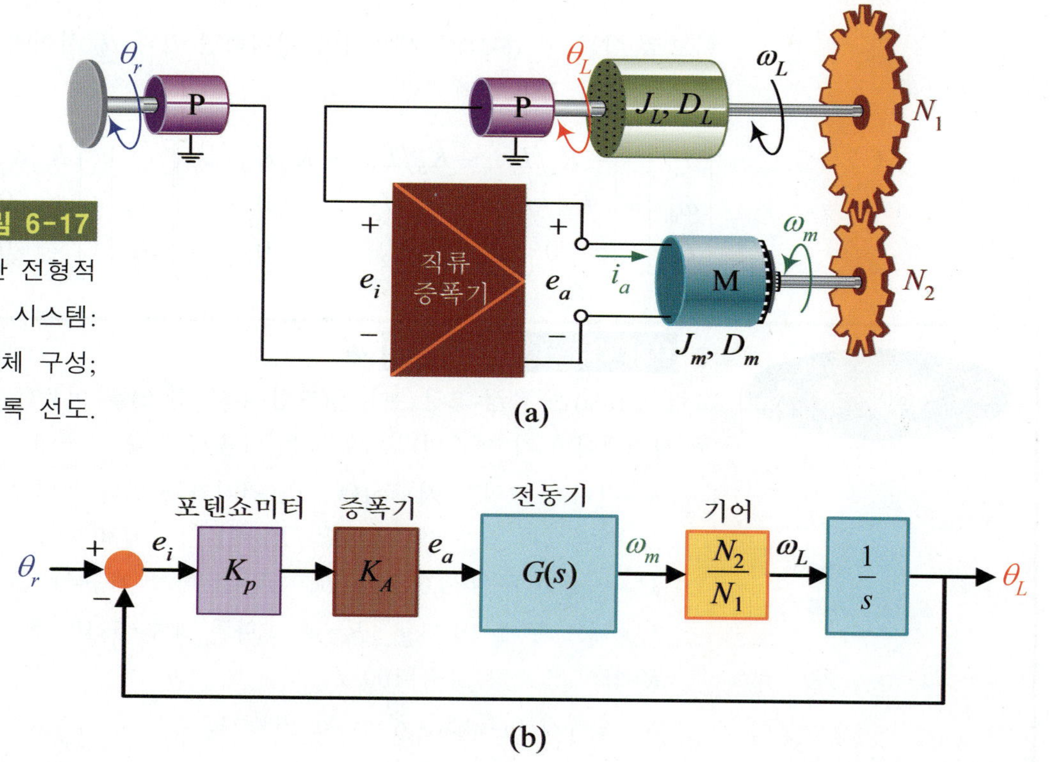

그림 6-17 전동기를 이용한 전형적인 위치 제어 시스템: (a) 전체 구성; (b) 블록 선도.

수 K_p의 함수이므로 이 두 변수를 조절하면 극점을 조절할 수 있다. 그림 6-17(b)에서 전동기의 상태 방정식은 식 (6-16)으로부터

$$\begin{bmatrix} \dot{i}_a \\ \dot{\omega}_m \end{bmatrix} = \begin{bmatrix} -R_a/L_a & -K_b/L_a \\ K_m/J_e & -D_e/J_e \end{bmatrix} \begin{bmatrix} i_a \\ \omega_m \end{bmatrix} + \begin{bmatrix} 1/L_a \\ 0 \end{bmatrix} e_a \tag{6-29}$$

이 외에도 θ_L가 적분기의 출력이므로 또 하나의 상태 변수로 추가되어야 하한다. 따라서 그림 6-17 시스템의 상태 변수는 i_a와 ω_m 및 θ_L 세 가지이며

$$\frac{d\theta_L}{dt} = \omega_L = \left(\frac{N_1}{N_2}\right)\omega_m \tag{6-30}$$

이므로 위의 두 식으로부터 e_a와 θ_L 사이의 상태 방정식은 다음과 같다.

$$\begin{bmatrix} \dot{i}_a \\ \dot{\omega}_m \\ \dot{\theta}_L \end{bmatrix} = \begin{bmatrix} -R_a/L_a & -K_b/L_a & 0 \\ K_m/J_e & -D_e/J_e & 0 \\ 0 & N_1/N_2 & 0 \end{bmatrix} \begin{bmatrix} i_a \\ \omega_m \\ \theta_L \end{bmatrix} + \begin{bmatrix} 1/L_a \\ 0 \\ 0 \end{bmatrix} e_a \tag{6-31}$$

나아가

$$e_a = K_p K_A(\theta_r - \theta_L) \tag{6-32}$$

이므로 이를 식 (6-31)에 대입하여 정리하면 θ_r과 θ_L 사이의 최종 상태 방정식은 다음과 같이 구해진다.

$$\begin{bmatrix} \dot{i}_a \\ \dot{\omega}_m \\ \dot{\theta}_L \end{bmatrix} = \begin{bmatrix} -R_a/L_a & -K_b/L_a & -K_A K_p/L_a \\ K_m/J_e & -D_e/J_e & 0 \\ 0 & N_1/N_2 & 0 \end{bmatrix} \begin{bmatrix} i_a \\ \omega_m \\ \theta_L \end{bmatrix} + \begin{bmatrix} K_A K_p/L_a \\ 0 \\ 0 \end{bmatrix} \theta_r \tag{6-33}$$

예제 6-5

◆ **자기 디스크 구동 시스템** ◆

그림 6-18(a)는 음성-코일 전동기(그림 4-41 참조)를 이용한 자기 디스크 구동 시스템이며 각 파라미터들의 값은 다음과 같다:

R_a=전기자 코일의 저항=1Ω, L_a=전기자 코일의 인덕턴스=0 mH,
K_b=역기전력 상수=0 V/m/sec, K_m=힘 상수=130 N/A,
M_m=전동기 무게=0.02 kg, B_m=전동기 마찰 계수=0.5 N/m/sec,
M_L=헤드 무게=10^{-4} kg, B_L=헤드 마찰 계수=5×10^{-3} N/m/sec,
K=암의 스프링 상수=100,
K_A=증폭기 이득=5, K_F=궤환 이득=1.

그림 6-18

예제 6-5의 그림.

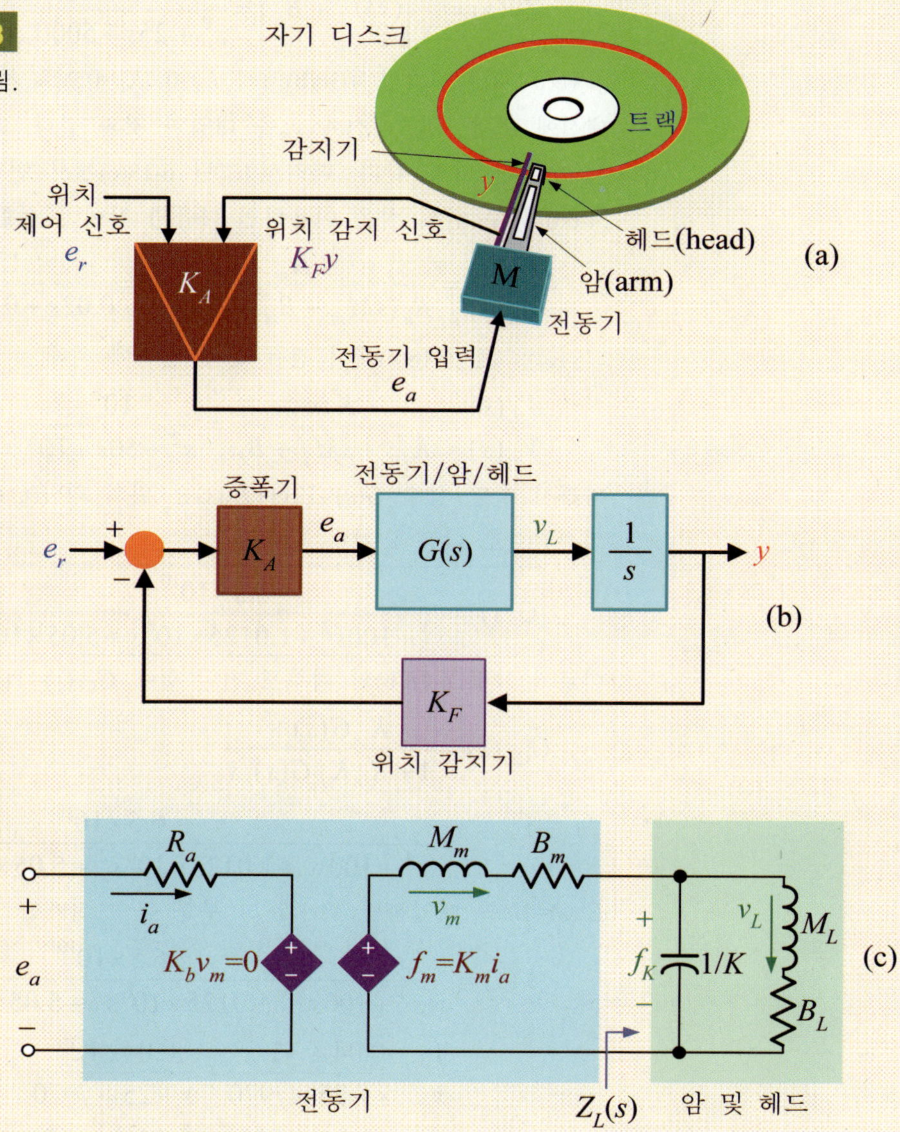

(a) 전달 함수 $Y(s)/E_r(s)$를 구하고 y의 계단 응답을 구하라.

(b) e_r과 y 사이의 상태 방정식을 구하라.

풀이>> (a) 그림 6-18(a)에 대한 블록 선도는 그림 (b)와 같다. 그리고 전동기와 암 및 헤드의 결합에 대한 상사 회로는 그림 (c)와 같으며 부하 임피던스 $Z_L(s)$는 다음과 같음을 알 수 있다.

$$Z_L(s) = \frac{K}{s} \Bigg\| (sM_L + B_L) = \frac{100s + 2500}{s^2 + 25s + 5000} \text{......................(i)}$$

그림 6-18(c)는 그림 4-38(b)에서 L_a=0, K_b=0으로 하고 J_m 대신에 M_m을, D_m 대신에 B_m을, ω_m 대신에 v_m을 대입한 것과 같다. 그리고 $Z_L(s)$는 위의 식에서 주어진 바와 같다. 따라서 그림 6-18(c)에서 전달 함수 $V_m(s)/E_a(s)$는 식 (4-60)의 두 번째 식을 이용하면 다음과 같이 표현할 수 있다.

$$\frac{V_m(s)}{E_a(s)} = \frac{K_m}{R_a(sM_m + B_m + Z_L(s))} = \frac{130}{0.02s + 0.5 + Z_L(s)} \text{......(ii)}$$

그리고 그림 6-18(c)에서 전류 분배 법칙에 의해

$$\frac{V_L(s)}{V_m(s)} = \frac{K/s}{K/s + sM_L + B_L} = \frac{10^6}{s^2 + 50s + 10^6} \text{......................(iii)}$$

따라서 전달 함수 $G(s)=V_m(s)/E_a(s)$는 위의 식 (i), (ii), (iii)를 연립하여 풀면 최종적으로 다음과 같다.

$$\boxed{G(s) = \frac{1.3\times 10^{10}}{s^3 + 100s^2 + 1.0125\times 10^6 s + 5.05\times 10^7}}$$

이로써 그림 6-18(b)의 폐루프 전달 함수 $G_{\mathrm{CL}}(s)=Y(s)/E_r(s)$는 다음과 같다.

$$\begin{aligned} G_{\mathrm{CL}}(s) &= \frac{K_A G(s)/s}{1 + K_A K_F G(s)/s} \\ &= \frac{6.5\times 10^{10}}{s^4 + 100s^3 + 1.0125\times 10^6 s^2 + 5.05\times 10^7 s + 6.5\times 10^{10}} \end{aligned}$$

E_a(s)=1/s를 대입하면 $Y(s)$와 그 부분 분수 전개는 다음과 같다.

$$\begin{aligned} Y(s) &= \frac{6.5\times 10^{10}}{s(s^4 + 100s^3 + 1.0125\times 10^6 s^2 + 5.05\times 10^7 s + 6.5\times 10^{10})} \\ &= \frac{1}{s} + \frac{0.04\angle -1.5^\circ}{s + 25 - j970} + \frac{0.04\angle 1.5^\circ}{s + 25 + j970} \\ &\quad + \frac{0.54\angle 175^\circ}{s + 25 - j262} + \frac{0.54\angle -175^\circ}{s + 25 + j262} \end{aligned}$$

따라서 계단 응답은 다음과 같다.

$$\begin{aligned} y(t) &= u_s(t) + e^{-25t}[0.08\cos(970t - 1.5^\circ) + 1.08\cos(262t + 175^\circ)]u_s(t) \\ &\cong [1 + 1.08e^{-25t}\cos(262t + 175^\circ)]u_s(t) \end{aligned}$$

그림 6-19는 계단 응답 $y(t)$를 도시한 것이다.

그림 6-19

그림 6-18(a) 시스템의 계단 응답.

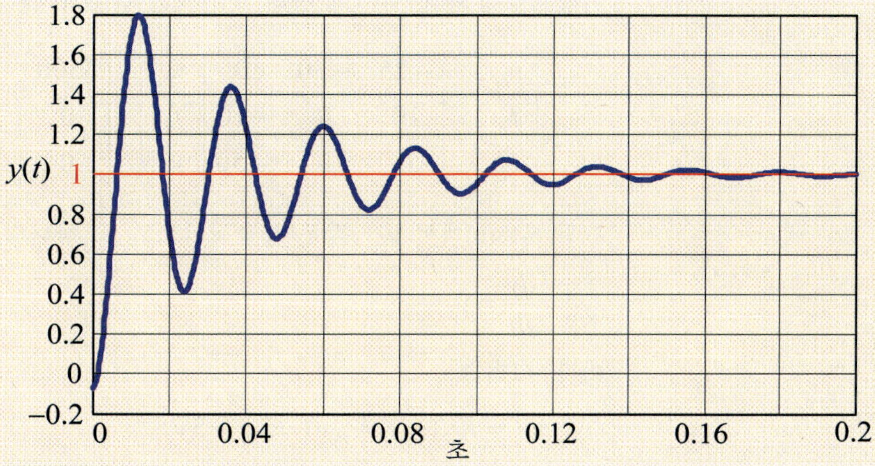

(b) 그림 6-18(c)에서 상태 변수는 v_m과 f_K 및 v_L이며 이로부터 e_a와 y 사이의 상태 방정식을 먼저 구한다. 전류 v_m이 있는 폐로에 KVL을 적용하면

$$M_m \frac{dv_m}{dt} = f_m - B_m v_m - f_K$$

그리고 첫번째 페로로부터 $i_a = e_a / R_a$이므로

$$f_m = K_m i_a = \frac{K_m}{R_a} e_a$$

따라서 위의 두 식으로부터 v_m에 대한 상태 방정식은

$$\frac{dv_m}{dt} = -\frac{B_m}{M_m} v_m - \frac{1}{M_m} f_K + \frac{K_m}{R_a M_m} e_a$$

다음으로 KCL에 의해

$$\frac{1}{K} \frac{df_K}{dt} = v_m - v_L$$

따라서 f_K에 대한 상태 방정식은

$$\frac{df_K}{dt} = K v_m - K v_L$$

전류 v_L이 있는 폐로에 KVL을 적용하면

$$M_L \frac{dv_L}{dt} = f_K - B_L v_L$$

따라서 v_L에 대한 상태 방정식은

$$\frac{dv_L}{dt} = \frac{1}{M_L} f_K - \frac{B_L}{M_L} v_L$$

이상으로 e_a와 y 사이의 상태 방정식은 다음과 같다.

$$\begin{bmatrix}\dot{v}_m\\ \dot{f}_K\\ \dot{v}_L\end{bmatrix}=\begin{bmatrix}-25 & -50 & 0\\ 10 & 0 & -10\\ 0 & 10^4 & -50\end{bmatrix}\begin{bmatrix}v_m\\ f_K\\ v_L\end{bmatrix}+\begin{bmatrix}6500\\ 0\\ 0\end{bmatrix}e_a$$

그림 6-18(b)에서 y가 적분기 출력이므로 또 하나의 상태 변수로 추가되며

$$\frac{dy}{dt}=v_L$$

이다. 그리고

$$e_a=K_A(e_r-K_F y)=5e_r-5y$$

이상 위의 세 식을 결합하면 e_r과 y 사이의 상태 방정식은 다음과 같다.

$$\begin{bmatrix}\dot{v}_m\\ \dot{f}_K\\ \dot{v}_L\\ \dot{y}\end{bmatrix}=\begin{bmatrix}-25 & -50 & 0 & -5\\ 10 & 0 & -10 & 0\\ 0 & 10^4 & -50 & 0\\ 0 & 0 & 0 & 1\end{bmatrix}\begin{bmatrix}v_m(t)\\ f_K(t)\\ v_L(t)\\ y(t)\end{bmatrix}+\begin{bmatrix}32500\\ 0\\ 0\end{bmatrix}e_r$$

안테나 위치 제어

그림 6-20(a)는 안테나의 방위각을 제어하는 궤환 제어 시스템을 보여주며 위치 지시 입력 θ_r은 포텐쇼미터를 통해 전압으로 변환되어 입력된다. 이 시스템의 블록 선도는 그림 (b)이다. 전동기의 코일 인덕턴스 L_a를 무시하면 전동기의 전달 함수는 식 (6-15)로부터

$$G(s)=\frac{\Omega_m(s)}{E_a(s)}=\frac{K_m/(R_aJ_e)}{s+D_e/J_e+K_bK_m/(R_aJ_e)} \tag{6-34}$$

여기서 전동기의 관성과 마찰 계수를 J_m, D_m이라 하고 안테나의 관성과 마찰 계수를 J_L, D_L이라 하면 기어의 작용에 의해

$$J_e=J_m+(N_1/N_2)^2J_L,\quad D_e=D_m+(N_1/N_2)^2D_L \tag{6-35}$$

그림 6-20(b)의 개루프 전달 함수 $G_{\mathrm{OL}}(s)$는 다음과 같다.

$$\begin{aligned}G_{\mathrm{OL}}(s)&=\frac{\Theta_o(s)}{\Theta_r(s)}=\left(\frac{N_1}{N_2}\right)\frac{K_AK_pG(s)}{s(s+a)}\\ &=\frac{(N_1/N_2)K_AK_pK_m/(R_aJ_e)}{s(s+a)[s+D_e/J_e+K_bK_m/(R_aJ_e)]}\end{aligned} \tag{6-36}$$

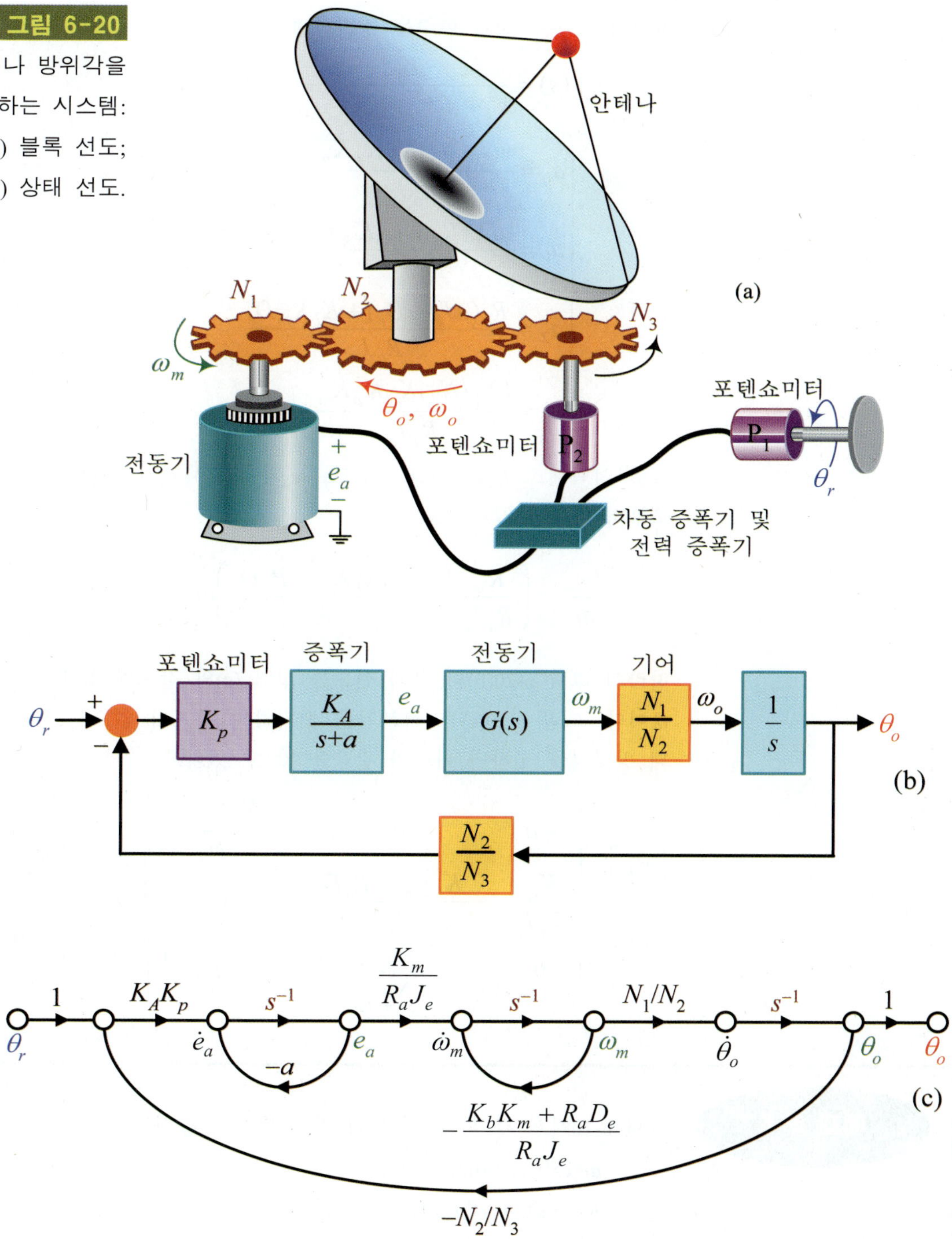

그림 6-20

(a) 안테나 방위각을 제어하는 시스템:
(b) 블록 선도;
(c) 상태 선도.

따라서 폐루프 전달 함수는 정리하면 다음과 같다.

$$G_{CL}(s)=\frac{b_0}{s^3+a_2s^2+a_1s+a_0}$$

$$\begin{cases} a_0=\dfrac{(N_1/N_3)K_AK_pK_m}{R_aJ_e} \\ a_1=\dfrac{aD_e(R_a+K_bK_m)}{R_aJ_e} \\ a_2=\dfrac{R_a(aJ_e+D_e)+K_bK_mD_e}{R_aJ_e} \\ b_0=\dfrac{(N_1/N_2)K_AK_pK_m}{R_aJ_e} \end{cases} \tag{6-37}$$

코일 인덕턴스 L_a를 0으로 하므로 e_a와 ω_m 사이의 상태 방정식은 식 (6-17)로부터 다음과 같다.

$$\frac{d\omega_m}{dt}=\left(\frac{K_m}{R_aJ_e}\right)e_a-\left(\frac{K_bK_m+R_aD_e}{R_aJ_e}\right)\omega_m \tag{6-38}$$

따라서 그림 6-20(b)의 상태 선도는 그림 (c)와 같으며 상태 변수는 e_a, ω_m 및 θ_o이다. 그림 6-20(c)는 적분기를 제거하면 루프가 없으므로 직관에 의해 상태 방정식을 구하면 다음과 같음을 알 수 있다.

$$\begin{bmatrix}\dot{e}_a\\ \dot{\omega}_m\\ \dot{\theta}_o\end{bmatrix}=\begin{bmatrix}-a & 0 & -\dfrac{N_2K_AK_p}{N_3}\\ \dfrac{K_m}{R_aJ_e} & -\dfrac{K_bK_m+R_aD_e}{R_aJ_e} & 0\\ 0 & \dfrac{N_1}{N_2} & 0\end{bmatrix}\begin{bmatrix}e_a\\ \omega_m\\ \theta_o\end{bmatrix}+\begin{bmatrix}K_AK_p\\ 0\\ 0\end{bmatrix}\theta_r \tag{6-39}$$

예제 6-6

그림 6-20에서 각 파라미터들의 값은 다음과 같다:

a=150, K_p=0.5,

R_a=5 Ω, J_m=0.05 Kg-m^2, D_m=0.01 N-m/rad/sec,

K_b=1 V/rad/sec, K_m=1 N-m/A

N_1/N_2=0.2, N_3=N_2

J_L=5 Kg-m^2, D_L=3 N-m/rad/sec.

(a) 폐루프 전달 함수를 구하라.

(b) K_A=500, 1000, 2000의 각 경우에 대한 $\theta_o(t)$의 계단 응답을 구하라.

풀이>> (a) 전동기에 대한 부하는

$$J_e = J_m + (N_1/N_2)^2 J_L = 0.05 + 5 \times 0.04 = 0.25$$

$$D_e = D_m + (N_1/N_2)^2 D_L = 0.01 + 3 \times 0.04 = 0.13$$

위의 값을 식 (6-37)에 대입하면

$$\boxed{G_{\text{CL}}(s) = \frac{\Theta_o(s)}{\Theta_r(s)} = \frac{0.08K_A}{s^3 + 25s^2 + 223.2s + 0.08K_A}}$$

(b) $\Theta_r(s)=1/s$를 대입하면

$$\Theta_o(s) = \frac{0.08K_A}{s(s^3 + 25s^2 + 223.2s + 0.08K_A)}$$

K_A=500일 때:

$$\begin{aligned}\Theta_o(s) &= \frac{40}{s(s^3 + 25s^2 + 223.2s + 40)} \\ &= \frac{1.02}{s} - \frac{1.04}{s+0.18} + \frac{0.01\angle -243.7^\circ}{s+12.4-j8.04} + \frac{0.01\angle 243.7^\circ}{s+12.4+j8.04} \\ &\cong \frac{1.02}{s} - \frac{1.04}{s+0.18}\end{aligned}$$

$$\theta_o(t) \cong (1.02 - 1.04e^{-0.18t})u_s(t)$$

시정수는 약 5.6초이다.

K_A=1000일 때:

$$\begin{aligned}\Theta_o(s) &= \frac{80}{s(s^3 + 25s^2 + 223.2s + 80)} \\ &= \frac{1}{s} - \frac{1.05}{s+0.37} + \frac{0.02\angle -23^\circ}{s+12.3-j8} + \frac{0.02\angle 23^\circ}{s+12.3+j8} \\ &\cong \frac{1}{s} - \frac{1.05}{s+0.37}\end{aligned}$$

$$\theta_o(t) \cong (1 - 1.05e^{-0.37t})u_s(t)$$

시정수는 약 2.7초이다.

K_A=2000일 때:

$$\Theta_o(s) = \frac{160}{s(s^3 + 25s^2 + 223.2s + 160)}$$
$$= \frac{1}{s} - \frac{1.1}{s+0.78} + \frac{0.05\angle -24°}{s+12.1-j7.6} + \frac{0.05\angle 24°}{s+12.1+j7.6}$$
$$\cong \frac{1}{s} - \frac{1.1}{s+0.78}$$

$$\theta_o(t) \cong (1-1.1e^{-0.78t})u_s(t)$$

시정수는 약 1.3초이다.

6.5 속도 및 위치 궤환 제어 시스템

부하의 위치를 보다 정확히 제어하기 위해 그림 6-21(a)와 같이 속도와 위치를 복합적으로 궤환시켜 제어할 수 있다. 블록 선도는 그림 (b)와 같으며 이를 간단히 하면 그림 (c)와 같다. 따라서 개루프 전달 함수가

$$G_{\mathrm{OL}}(s) = \frac{N_1 K_A G(s)}{N_2 s[1 + K_A K_t G(s)]} \tag{6-40}$$

이며 이로부터 페루프 전달 함수는 다음과 같다.

$$G_{\mathrm{CL}}(s) = \frac{G_{\mathrm{OL}}(s)}{1 + K_p G_{\mathrm{OL}}(s)} = \frac{N_1 K_A G(s)}{N_2 s[1 + K_A K_t G(s)] + N_1 K_A K_p G(s)} \tag{6-41}$$

전동기 전달 함수 $G(s)$는 식 (6-15)로부터

$$G(s) = \frac{K_m}{(sL_a + R_a)(sJ_e + D_e) + K_b K_m} \tag{6-42}$$

식 (6-42)를 (6-41)에 대입하여 정리하면 페루프 전달 함수는 다음과 같다.

$$G_{\mathrm{CL}}(s) = \frac{\Theta_o(s)}{\Theta_r(s)} = \frac{b_0}{s^3 + a_2 s^2 + a_1 s + a_0} \tag{6-43a}$$

단 분모 분자의 각 계수는 다음과 같다.

그림 6-21
속도와 위치를 모두 궤환시키는 제어 시스템.
(a) 구성;
(b) (c) 블록 선도.

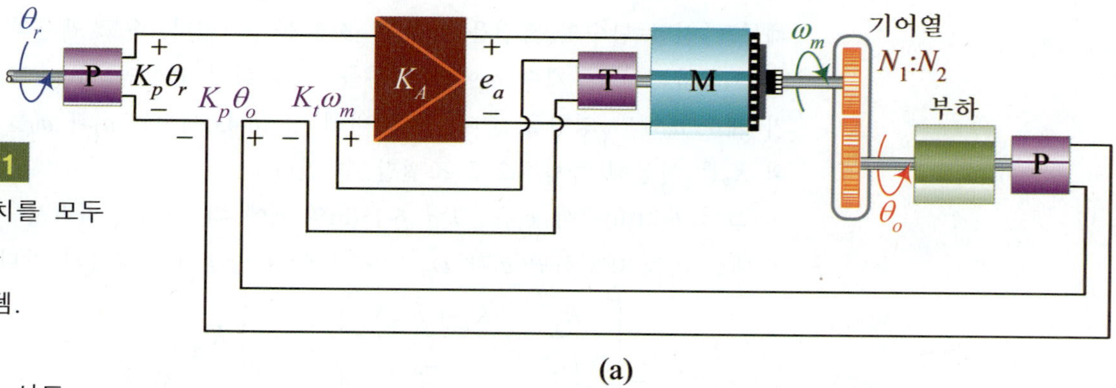

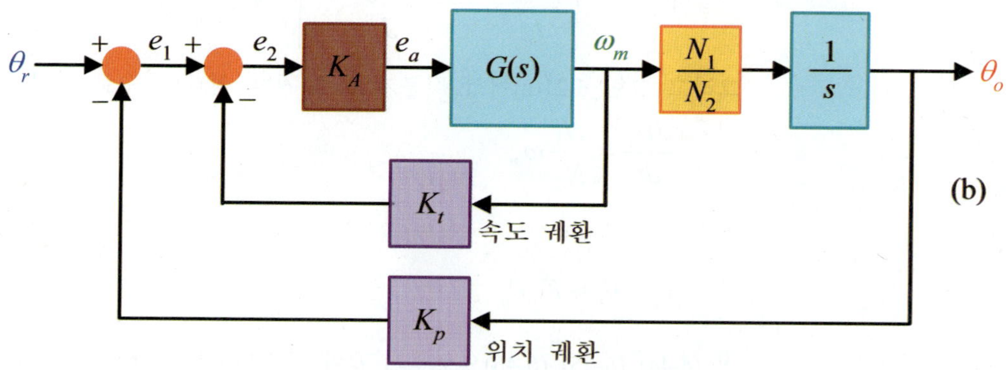

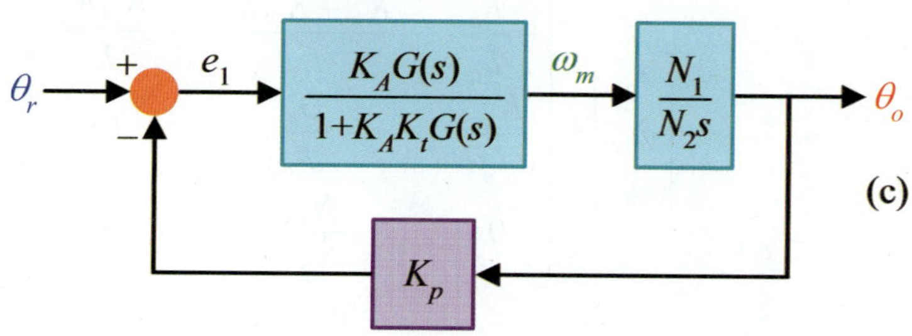

$$\begin{cases} a_0 = \dfrac{(N_1/N_2)K_m K_A K_p}{L_a J_e} \\ a_1 = \dfrac{R_a D_e + K_b K_m + K_m K_A K_t}{L_a J_e} \\ a_2 = \dfrac{R_a J_e + L_a D_e}{L_a J_e} \\ b_0 = \dfrac{(N_1/N_2)K_m K_A}{L_a J_e} \end{cases} \tag{6-43b}$$

위의 결과를 관찰해 보면 속도 궤환 K_t는 계수 a_1에만 영향을 주며 위치 궤환 K_p는 계수 a_0에만 영향을 준다. 따라서 K_t와 K_p를 독립적으로 조절하여 폐루프 전달 함수의 극점을 원하는 곳에 둘 수 있다. 속도 궤환의 경우인 식 (6-25)에서는 K_t는 계수 a_0에만 영향을 주며 위치 궤환인 식 (6-28)에서는 K_p가 계수 a_0에만 영향을 준다. 이에 비해 식 (6-43)에서는 a_1과 a_0를 모두를 K_t와 K_p를 이용해 독립적으로 조절할 수 있다.

그림 6-21(b)에서 e_1은 그림 6-13(b)의 e_r에 해당한다. 따라서 식 (6-27)의 e_r 대신 e_1을 대입하면 e_1과 ω_m 사이의 상태 방정식은 다음과 같다.

$$\begin{bmatrix} \dot{i}_a \\ \dot{\omega}_m \end{bmatrix} = \begin{bmatrix} -\dfrac{R_a}{L_a} & -\dfrac{K_b + K_A K_t}{L_a} \\ \dfrac{K_m}{J_e} & -\dfrac{D_e}{J_e} \end{bmatrix} \begin{bmatrix} i_a \\ \omega_m \end{bmatrix} + \begin{bmatrix} \dfrac{K_A}{L_a} \\ 0 \end{bmatrix} e_1 \tag{6-44}$$

그리고 그림 6-21(c)에서 적분기 출력 θ_o를 상태 변수로 첨가하면

$$\frac{d\theta_o}{dt} = \frac{N_1}{N_2}\omega_m \tag{6-45}$$

또한

$$e_1 = \theta_r - K_p\theta_o \tag{6-46}$$

식 (6-44), (6-45), (6-46)으로부터 θ_r와 θ_o간의 상태 방정식은 다음과 같다.

$$\begin{bmatrix} \dot{i}_a \\ \dot{\omega}_m \\ \dot{\theta}_o \end{bmatrix} = \begin{bmatrix} -\dfrac{R_a}{L_a} & -\dfrac{K_b + K_A K_t}{L_a} & -\dfrac{K_A K_p}{L_a} \\ \dfrac{K_m}{J_e} & -\dfrac{D_e}{J_e} & 0 \\ 0 & \dfrac{N_1}{N_2} & 0 \end{bmatrix} \begin{bmatrix} i_a \\ \omega_m \\ \theta_o \end{bmatrix} + \begin{bmatrix} \dfrac{K_A}{L_a} \\ 0 \\ 0 \end{bmatrix} \theta_r \tag{6-47}$$

해바리기 시스템

태양 전지(sollar cell)는 빛 에너지를 전기적인 에너지로 변환시켜 주는 소자이며 외부의 전원 없이 전류를 흘려 줄 수 있으므로 전원으로 사용된다. 특히 인공 위성에서와 같이 전원을 교체하거나 재충전하기 어려운 환경에서는 태양 전지의 가치성은 매우 높다. 해바리기(sun-seeker) 시스템은 태양 에너지를 최대한 흡수하도록 광선의 방향을 추적하는 시스템이다. 그림 6-22는 해바리기 시스템을 이용하여 인공 위성의 자세를 교정하는 궤환 제어 시스템의 개요도 및 블록 선도를 보여준다.

그림 6-22(a)에서 α는 태양 광선의 방향과 위성 방향의 차이며 이에 의해 두 광다이오드의 전류 i_A, i_B가 변한다. 두 전류의 차는 $i_A - i_B = A\alpha$이며 A는 상수이다. 물론 두 전류의 차는 어느 한도에서만 α에 비례하지만 여기서는 비

그림 6-22
해바라기 시스템의
(a) 개요도.
(b) 블록 선도.

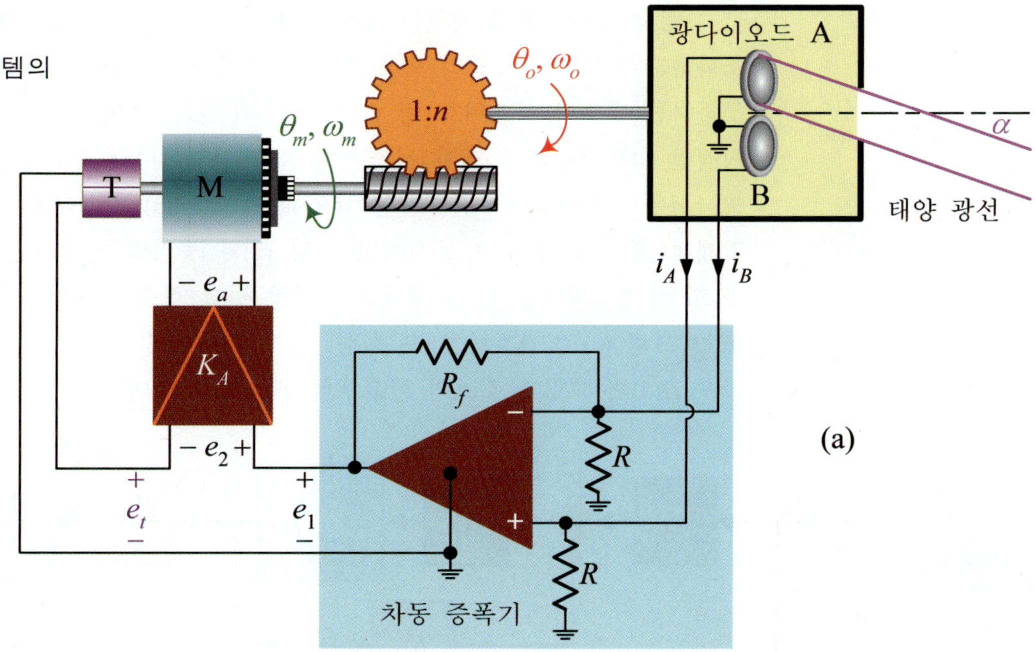

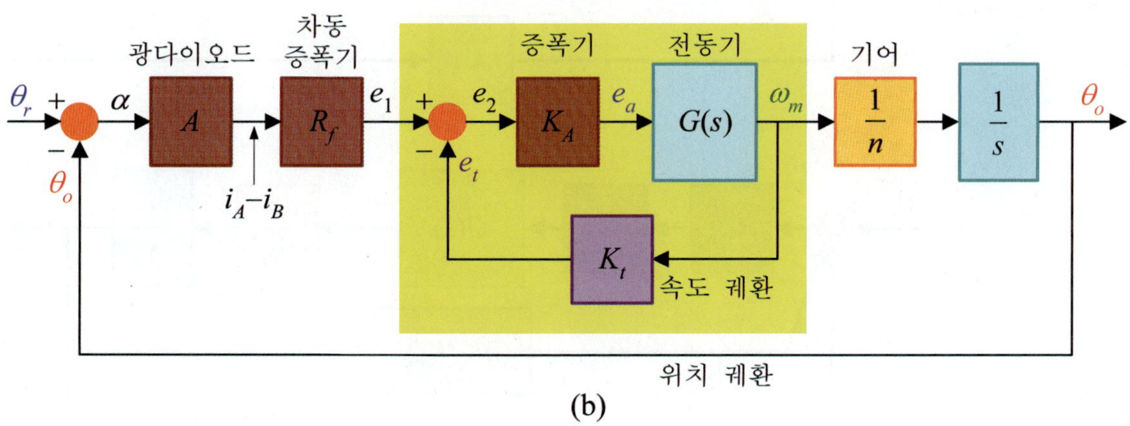

선형성을 무시한다. 광다이오드의 전류 차는 차동 증폭기에 의해 증폭되며 $R_f >> R$로 하면 차동 증폭기의 출력 전압 e_1은 다음과 같다.

$$e_1 \cong R_f(i_A - i_B) = AR_f\alpha \qquad \textbf{(6-48)}$$

차동 증폭기의 출력 전압 e_1과 타코미터의 출력 전압 e_t의 차 e_2는 증폭되어 전동기에 입력된다. 전동기는 엄지 나사와 기어의 결합을 통해 부하와 연결된다. 이상으로 태양광의 입사 방향을 기준 입력 θ_r로 하면 블록 선도는 그림 6-22(b)와 같으며 이는 그림 6-21(b)와 근본적으로 동일한 형태이다.

그림 6-21의 (b), (c)에서는 속도 궤환 경로를 전방향 경로로 편입시켜 간소화하고 있다. 이와 달리 속도 궤환 경로를 위치 궤환 경로로 편입시켜 간소화하는 방법이 있으며 그림 6-23이 그 과정을 보여준다. 그림 6-23(a)는 전형적인 속도 및 위치 궤환 시스템의 블록 선도이며 K_1, K_2는 증폭기 이득이고 $1/n$은 기어와 같은 변환기의 상수이다. 그림 (a)에서 속도 궤환 이득 K_t를 갈래점들을 중심으로 이동시키면 그림 (b)와 등가임을 알 수 있다. 그 결과 두 궤환 경로의 이득은 합해지고 전방향 전달 함수는 변화가 없으므로 그림 (b)는 그림 (c)로 간소화할 수 있다. 따라서 개루프 함수 $G_{OL}(s)$와 궤환 전달 함수 $H(s)$는 그림과 같으며 이로부터 폐루프 전달 함수를 구할 수 있다.

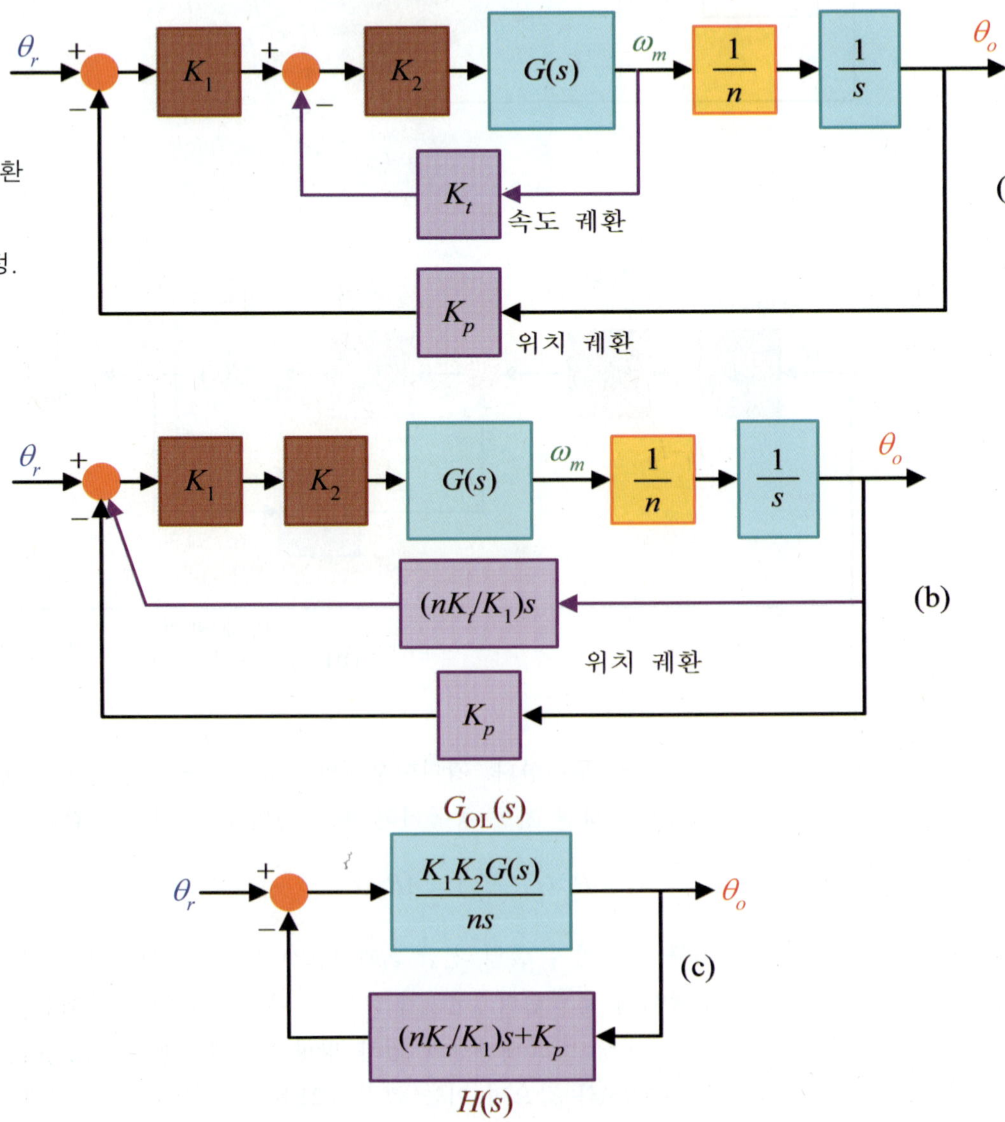

그림 6-23 속도 및 위치 궤환 블록 선도의 또 다른 간소화 과정.

6.6 유체 제어 시스템

그림 6-24(a)는 탱크에 저장된 물의 수위를 제어하는 시스템이다. 물의 높이 h는 부표에 의해 감지되어 전압으로 변환된 다음 입력으로 궤환되어 지시 입력 e_r과 오차를 만든다. 그리고 오차 신호에 의해 구동되는 전동기가 밸브를 조절하여 수위를 제어하는 것이다. 그림 (a)의 블록 선도는 그림 (b)와 같으며 물 탱크의 전달 함수는 다음과 같다(식 (2-38) 참조).

$$\frac{H(s)}{Q_i(s)} = \frac{1/C_f}{s + 1/R_f C_f} \tag{6-49}$$

그리고 $q_i = K_f \theta_L$로 비례한다고 하면(K_f는 상수) 그림 (b)의 블록 선도를 얻을 수 있는 것이며 이에 대한 상태 방정식을 구해보자. 먼저 e_a와 θ_L 사이의 상

그림 6-24
(a) 수조 제어 시스템;
(b) 블록 선도.

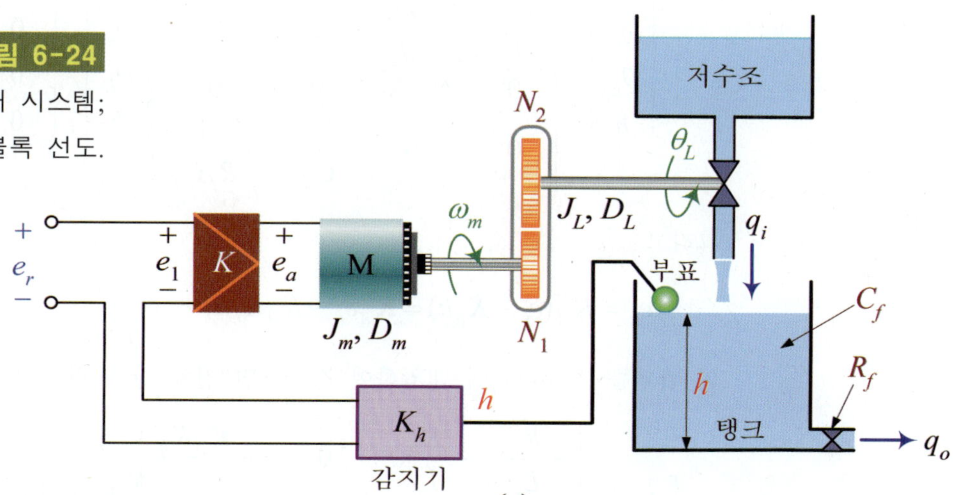

(a)

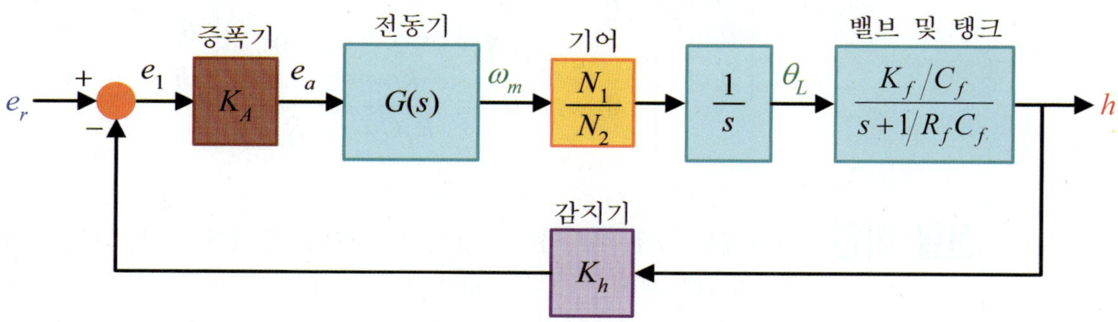

(b)

태 방정식은 식 (6-31)로부터 다음과 같다.

$$\begin{bmatrix} \dot{i}_a \\ \dot{\omega}_m \\ \dot{\theta}_L \end{bmatrix} = \begin{bmatrix} -R_a/L_a & -K_b/L_a & 0 \\ K_m/J_e & -D_e/J_e & 0 \\ 0 & N_1/N_2 & 0 \end{bmatrix} \begin{bmatrix} i_a \\ \omega_m \\ \theta_L \end{bmatrix} + \begin{bmatrix} 1/L_a \\ 0 \\ 0 \end{bmatrix} e_a \tag{6-50}$$

그리고 θ_L과 h 사이의 미분 방정식이

$$\frac{dh}{dt} = \frac{K_f}{C_f}\theta_L - \frac{1}{R_f C_f}h \tag{6-51}$$

이므로 h를 상태 변수로 삼으면(미분되므로) 위의 식이 바로 h의 상태 방정식이 된다. 따라서 위의 두 식을 결합하면 e_a와 h 사이의 상태 방정식은 다음과 같다.

$$\begin{bmatrix} \dot{i}_a \\ \dot{\omega}_m \\ \dot{\theta}_L \\ \dot{h} \end{bmatrix} = \begin{bmatrix} -\frac{R_a}{L_a} & -\frac{K_b}{L_a} & 0 & 0 \\ \frac{K_m}{J_e} & -\frac{D_e}{J_e} & 0 & 0 \\ 0 & N_1/N_2 & 0 & 0 \\ 0 & 0 & \frac{K_f}{C_f} & -\frac{1}{R_f C_f} \end{bmatrix} \begin{bmatrix} i_a \\ \omega_m \\ \theta_L \\ h \end{bmatrix} + \begin{bmatrix} 1/L_a \\ 0 \\ 0 \\ 0 \end{bmatrix} e_a \tag{6-52}$$

그리고

$$e_a = K_A(e_r - K_h h) = K_A e_r - K_A K_h h \tag{6-53}$$

의 관계를 식 (6-52)에 대입하여 정리하면 전체 상태 방정식은 다음과 같다.

$$\begin{bmatrix} \dot{i}_a \\ \dot{\omega}_m \\ \dot{\theta}_L \\ \dot{h} \end{bmatrix} = \begin{bmatrix} -\frac{R_a}{L_a} & -\frac{K_b}{L_a} & 0 & -\frac{K_A K_h}{L_a} \\ \frac{K_m}{J_e} & -\frac{D_e}{J_e} & 0 & 0 \\ 0 & N_1/N_2 & 0 & 0 \\ 0 & 0 & \frac{K_f}{R_f C_f} & -\frac{1}{R_f C_f} \end{bmatrix} \begin{bmatrix} i_a \\ \omega_m \\ \theta_L \\ h \end{bmatrix} + \begin{bmatrix} K_A/L_a \\ 0 \\ 0 \\ 0 \end{bmatrix} e_r \tag{6-54}$$

전달 지연 유체에는 물뿐 아니라 열, 습도 등 다양한 형태가 있다. 그러나 이들은 매체만 다를뿐 제어는 그림 6-24의 원리와 대동소이하다. 유체나 기계 등의 제어 시스템에서는 여러 가지 형태로 시간 지연이 발생할 수 있으며 이를 전달

그림 6-25
(a) 무선으로 제어되는 원격 조작기;
(b) 블록 선도.

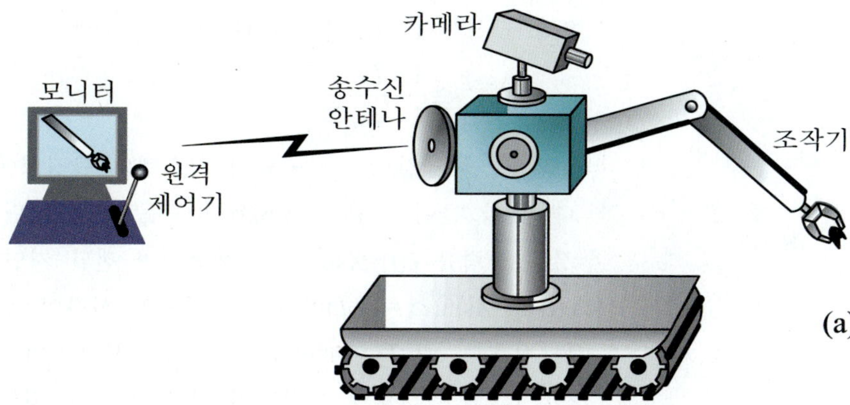

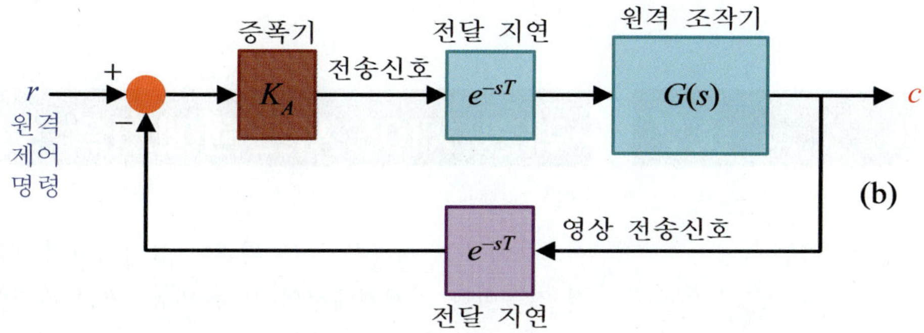

지연이라 한다. 예를 들면 그림 6-24(a)에서 밸브에서 시작한 물의 흐름이 탱크에 도달하는데는 걸리는 시간 등이다. 특히 그림 6-25(a)와 같이 달이나 화성 표면 등에 있는 조작기를 무선으로 원격제어할 경우는 지연 시간이 커지며 달의 경우는 1.28초이다. 시간 T만큼의 지연을 전달 함수로 표현하면

$$G_d(s) = e^{-sT} \tag{6-55}$$

이므로 그림 6-25(a)의 블록 선도는 그림 (b)로 표현할 수 있다. 따라서 전달 지연이 개입된 시스템은 전달 함수가 더 이상 유리 함수가 아니다. 다만 Maclaurin 급수 등을 이용하면 식 (6-55)를 유리 함수로 근사화할 수 있다. 즉

$$e^{-sT} = 1 - Ts + \frac{T^2s^2}{2} - \cdots \tag{6-56}$$

에서 세 항만 취하여 근사화하면

$$e^{-sT} \cong 1 - Ts + \frac{T^2s^2}{2} \cong \frac{1}{1 + Ts - T^2s^2/2} \tag{6-57}$$

물론 T가 클 경우에는 위의 근사식은 유용하지 않다. 보다 나은 근사식으로

Pade 근사식이 있으며 다음과 같다.

$$e^{-sT} \cong \frac{1-Ts/2}{1+Ts/2} \tag{6-58}$$

전달 지연은 겉보기와는 달리 시스템의 안정성에 중대한 영향을 미칠 수 있다. 예를 들어 그림 6-25(b)에서 모든 신호가 단일 정현파라고 가정하자. 이 경우 출력은 $c(t)=A\sin\omega_o t$로 표현되며 전달 지연을 거친 궤환 신호 $c(t-T)$는 $c(t-T)=A\sin(\omega_o t-\omega_o T)$이다. 만일 지연 시간이 $\omega_o T=\pi$를 만족하게 된다면 궤환 신호는 $c(t-T)=-A\sin\omega_o t$가 되므로 부궤환이 정궤환으로 변해버린다. 따라서 시스템 안정성에 심각한 문제가 생길 수 있는 것이며 이에 대해서는 10.7절에서 구체적으로 설명한다.

6.7 궤환 제어 시스템에서의 외란

시스템에서는 예기치 않은 외란이 불가피하며, 여기에는 전기계 내부의 전기적 잡음이나 기계계에서의 부하 변동, 또는 바람이나 파도 등과 같은 환경적인 요소들이 모두 포함된다. 이 중에서도 그림 6-26(a)는 전동기 부하에서 발생하는 외란을 보여준다. 전달 함수 $G_1(s)$와 $G_2(s)$는 각각 전동기의 전기부 및 기계부의 전달 함수이며 K_b는 전동기의 역기전력 상수이다. 외란 T_d는 궤환 루프 내부에서 발생하므로 T_d에 대한 가산점을 $G_1(s)$의 왼쪽으로 이동시키면 그림 6-26(b)와 등가적이다. 그리고 그림 (b)에서 T_d에 대한 가산점과 역기전력 상수를 다시 증폭기 K_A의 왼쪽으로 이동하면 최종 등가 블록 선도는 그림 (c)와 같이 구할 수 있다. 그림 (c)를 살펴보면 궤환에 의한 외란 억제 효과를 알 수 있으며 T_d에 의한 출력 ω의 성분을 ω_d라 하면 $\Omega_d(s)/T_d(s)$는 다음과 같이 주어짐을 알 수 있다.

$$\frac{\Omega_d(s)}{T_d(s)}=\frac{1}{K_A G_1(s)}\times\frac{K_A G_1(s)G_2(s)}{1+K_b G_1(s)G_2(s)}=\frac{G_2(s)}{1+K_b G_1(s)G_2(s)} \tag{6-59}$$

외란 억제 효과를 좀더 명백히 알아볼 수 있도록 전동기의 코일 인덕턴스 L_a를 0으로 무시한다. 그러면 $G_1(s)=K_m/R_a$이므로 식 (6-59)는 다음과 같다.

$$\frac{\Omega_d(s)}{T_d(s)}=\frac{1}{J_e s+D_e+(K_m K_b/R_a)} \tag{6-60}$$

따라서 외란 토크가 $T_d(s)=D/s$일 때 정상 상태에서의 $\omega_d(\infty)$는 다음과 같다.

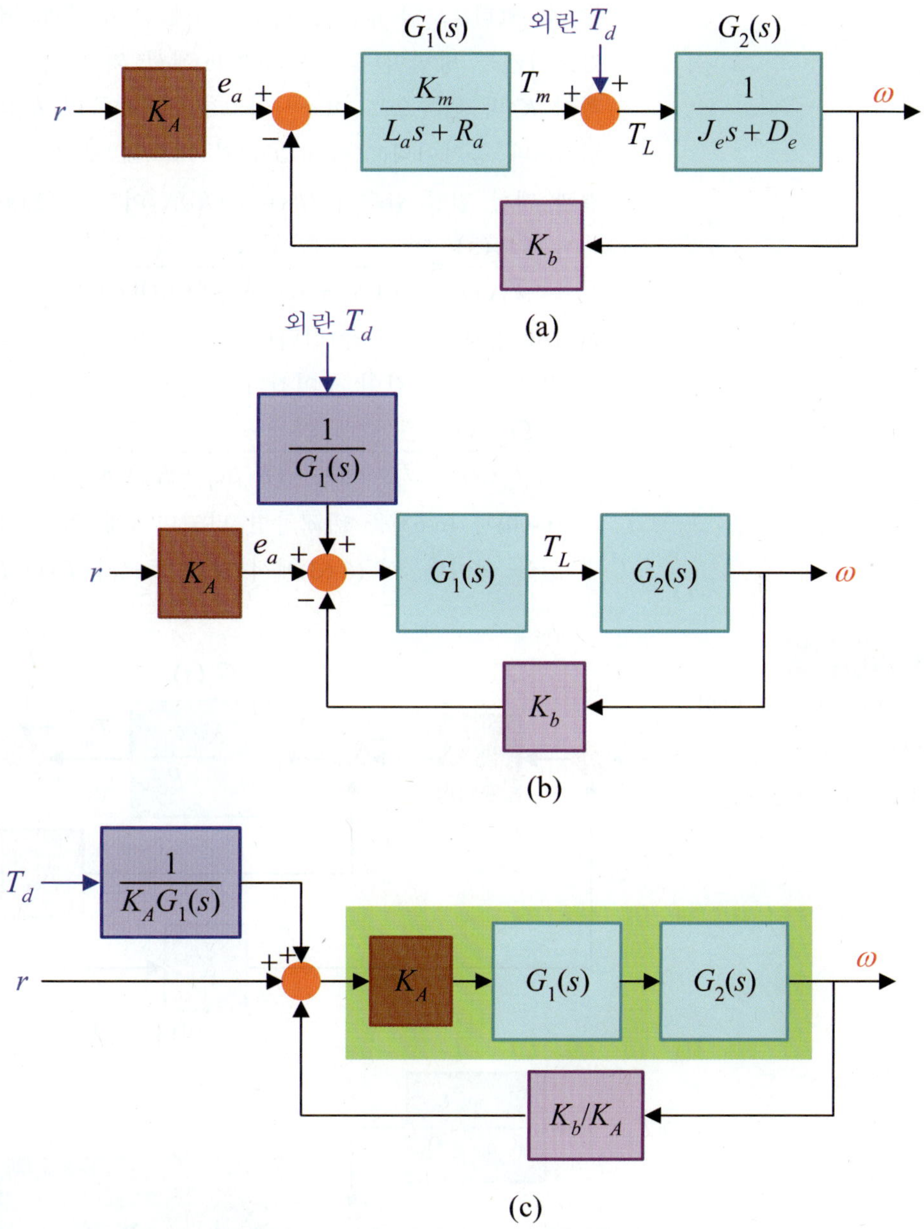

그림 6-26
(a) 전동기의 부하에서 발생하는 외란 T_d; (b) 등가 블록 선도 1; (c) 등가 블록 선도 2.

$$
\begin{aligned}
\omega_d(\infty) &= \lim_{s\to 0} s\left\{\frac{1}{J_e s + D_e + (K_m K_b / R_a)}\right\}\left(\frac{D}{s}\right) \\
&= \frac{D}{D_e + (K_m K_b / R_a)}
\end{aligned}
\tag{6-61}
$$

위의 식을 살펴보면 외란의 영향을 줄이기 위해서는 코일 저항 R_a는 작을수록 유리하고 토크 상수 K_m과 역기전력 상수 K_b는 클수록 유리하다는 것을 알 수 있다. 그림 6-27은 타코미터에 의한 속도 궤환을 이용해 외란을 더욱 감소시키는 방법이다. 그림 6-27(a)에서 외란 T_d의 가산점을 $G_1(s)$를 거쳐 증폭기 K_A의 왼쪽으로 이동시키고 K_b를 증폭기 K_A의 왼쪽으로 이동시키면 그림 (b)와 등가이다(그림 6-26(c)와 비교해 보면 두 차이점을 알 수 있다). 그 결과 궤환 전달 함수가 $H(s)=K_t+K_b/K_A$이므로 $\Omega_d(s)/T_d(s)$는 다음과 같다.

$$\frac{\Omega_d(s)}{T_d(s)}=\frac{G_2(s)}{1+(K_t+K_b/K_A)G_1(s)G_2(s)} \tag{6-62}$$

여기서 전동기의 코일 인덕턴스 L_a를 0으로 무시하면 $G_1(s)=K_m/R_a$이므로 위의 식은 다음과 같이 주어진다.

$$\frac{\Omega_d(s)}{T_d(s)}=\frac{1}{J_e s+D_e+(K_AK_t+K_b)(K_m/R_a)} \tag{6-63}$$

식 (6-60)과 (6-63)을 비교하면 타코미터에 의한 속도 궤환의 효과를 이해할 수 있을 것이다. 식 (6-63)에서 외란 토크가 $T_d(s)=D/s$일 때 정상 상태에서의

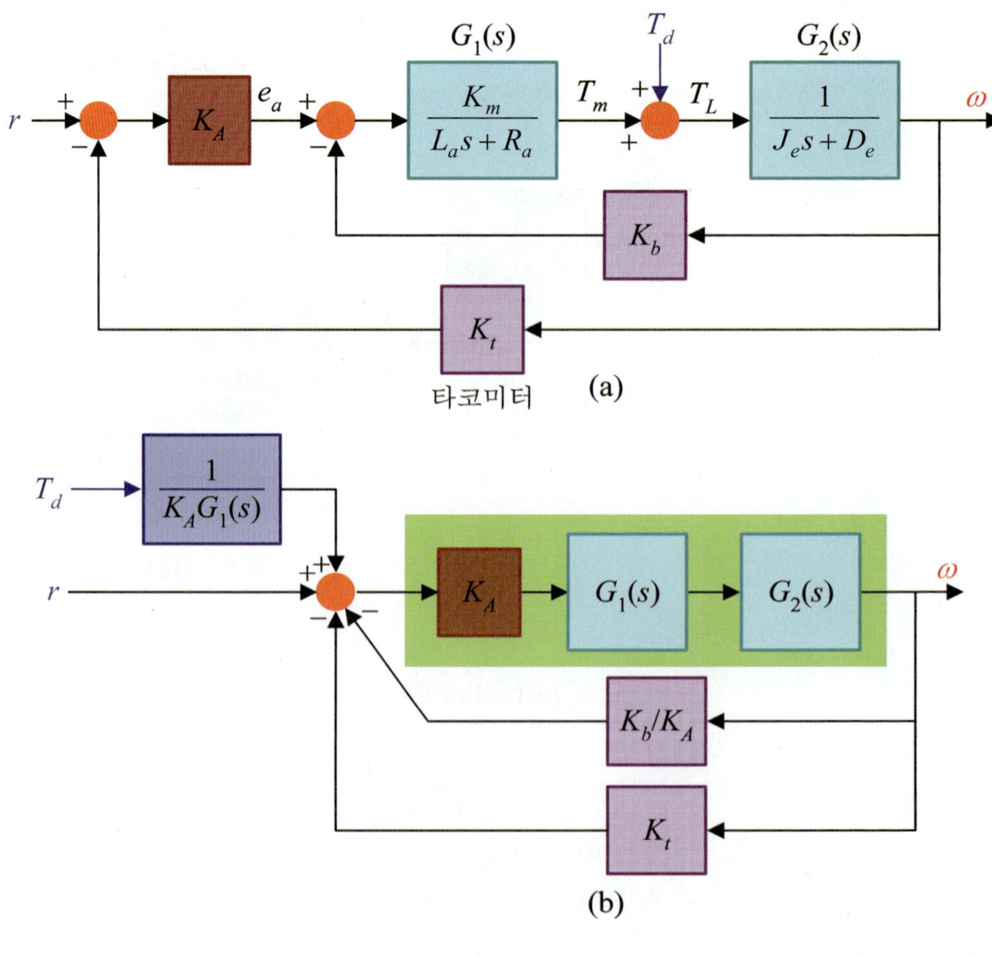

그림 6-27
(a) 타코미터에 의한 폐루프 시스템;
(b) 등가 블록 선도.

$\omega_d(\infty)$는 다음과 같음을 알 수 있다.

$$\omega_d(\infty) = \frac{D}{D_e + (K_A K_t + K_b)(K_m / R_a)} \tag{6-64}$$

여기서 증폭기 이득 K_A를 충분히 크게 하면

$$\omega_d(\infty) \cong \left(\frac{R_a}{R_a D_e + K_A K_m K_t} \right) D \tag{6-65}$$

이다. 따라서 그림 6-25의 개루프 시스템과 그림 6-26의 폐루프 시스템간의 정상 상태 외란 출력의 비는 다음과 같이 주어지게 된다.

$$\frac{\omega_{d(\mathrm{CL})}(\infty)}{\omega_{d(\mathrm{OL})}(\infty)} = \frac{R_a D_e + K_m K_b}{R_a D_e + K_A K_m K_t} \tag{6-66}$$

위의 비는 보통 0.02 이하이다.

예제 6-7

그림 6-25와 6-26에서 전동기의 특성은 다음과 같다:

R_a=1 Ω, K_m=10 N-m/A, K_b=1 N-m/A, J_e=2 kg-m^2, D_e=1 N-m/rad/sec.

그리고 그림 6-26에서 K_A=50, K_t=1 V/rad/sec이다. 외란 토크가 계단 함수일 때 두 시스템의 정상 상태 외란 출력의 비를 구하라.

풀이>> 식 (6-66)으로부터

$$\frac{\omega_{d(\mathrm{CL})}(\infty)}{\omega_{d(\mathrm{OL})}(\infty)} = \frac{R_a D_e + K_m K_b}{R_a D_e + K_A K_m K_t} = \frac{1 \times 1 + 10 \times 1}{1 \times 1 + 50 \times 10 \times 1} = 0.022$$

6.8 매트랩 프로그램

예제 6-8

다음의 그림 6-27은 예제 6-3의 테이프 구동 시스템을 매트랩으로 해석해 보기 위해 옮겨 그린 그림이다. 그림 (a)에서 전류 ω_m과 ω_L에 대한 폐로 방정식은 다음과 같다.

그림 6-27

예제 6-8의 그림.

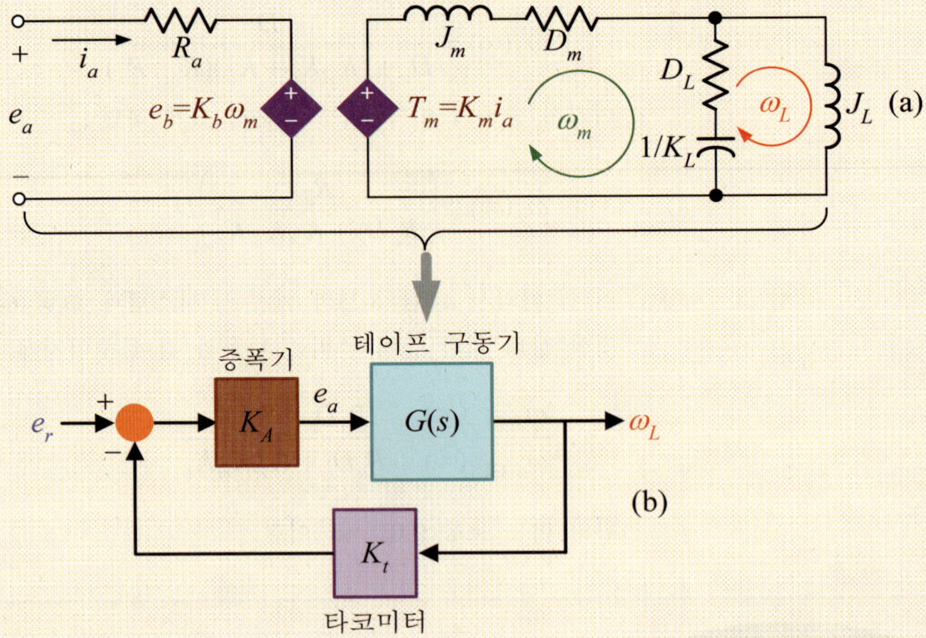

$$\begin{bmatrix} Z_{11}(s) & Z_{12}(s) \\ Z_{21}(s) & Z_{22}(s) \end{bmatrix}\begin{bmatrix} \Omega_m(s) \\ \Omega_L(s) \end{bmatrix}=\begin{bmatrix} K_m I_a(s) \\ 0 \end{bmatrix}$$

$$\begin{cases} Z_{11}(s)=sJ_m+D_m+D_L+K_L/s \\ Z_{22}(s)=sJ_L+D_L+K_L/s \\ Z_{12}(s)=Z_{21}(s)=-D_L-K_L/s \end{cases}$$

그리고 첫번째 폐로에서

$$I_a(s)=\frac{E_a(s)-K_b\Omega_m(s)}{R_a}$$

의 관계를 폐로 방정식에 대입하면 다음과 같이 정리된 방정식이 된다.

$$\underbrace{\begin{bmatrix} Z_{11}(s)+K_bK_m/R_a & Z_{12}(s) \\ Z_{21}(s) & Z_{22}(s) \end{bmatrix}}_{\mathbf{Z}}\underbrace{\begin{bmatrix} \Omega_m(s) \\ \Omega_L(s) \end{bmatrix}}_{\mathbf{W}}=\underbrace{\begin{bmatrix} K_m/R_a \\ 0 \end{bmatrix}}_{\mathbf{E}}E_a(s)$$

이제 6-3에서 주어진 파라미터 값을 이용하여 위의 방정식을 매트랩 프로그램으로 해석해 보면 다음의 매트랩 6-1과 같다.

매트랩 6-1

```
% ex6_3.m
% 예제 6-3의 프로그램
syms s
% 시스템 파라미터
KA=1; Km=0.071; Kb=0.07; Ra=0.4;
Jm=4e-4; Dm=0.0213;
JL=0.043; DL=0.071; KL=21;
Kt=1;
% 임피던스 행렬
z11=s*Jm+Dm+DL+KL/s;
z22=s*JL+DL+KL/s;
z12=-DL-KL/s; z21=z12;
% 행렬 방정식 풀이
Z=[z11+Km*Kb/Ra   z12; z21   z22];
E=[Km/Ra; 0];
W=inv(Z)*E;
pretty(W(2))
```

실행 결과는 다음과 같다.

```
>> ex6_3

                  71s+21000
     7100 --------------------------------------------------
                  3         2
            688s+181263s+36551779s+28329000
```

즉 전달 함수 $G(s)=\Omega_L(s)/E_a(s)$는 다음과 같다.

$$G(s)=\frac{732.7s+2.1672\times10^5}{s^3+262.75s^2+53126s+40828}$$

다음으로 그림 6-25(b)의 폐루프 전달 함수 $G_{CL}(s)$과 계단 응답 $y(t)$는 다음과 같이 구한다(t=0~1 초이며 간격은 0.001 초로 한다)(그림 6-28).

```
>> G=tf([732.7   2.1672e5], [1   262.75   53126   40828]);
>> Gcl=feedback(KA*G, Kt)
```

```
Transfer function:
          732.7s+216720
--------------------------------------------
s^3+262.8s^2+5.386e004s+257548

>> t=[0: 0.001: 1]; y=step(Gcl, t); plot(t, y)
```

계단 응답 $y(t)$는 그림 6-28과 같다.

그림 6-28
매트랩 6-1의 실행 결과 계단 응답.

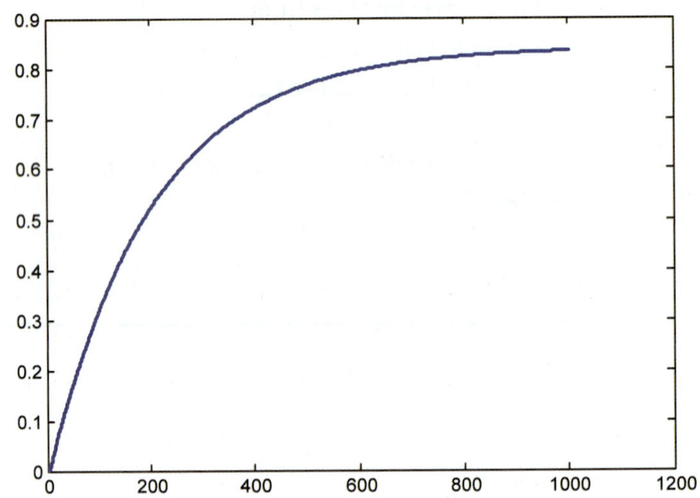

연습 문제

6.1 그림 P6-1에서 지시 입력 r에 의한 출력의 전달 함수와 외란 d에 의한 출력의 전달 함수를 구하라. $K_A=10$, $a=1$로 할 때 r에 대한 계단 응답과 d에 대한 계단 응답을 구하라.

그림 P6-1

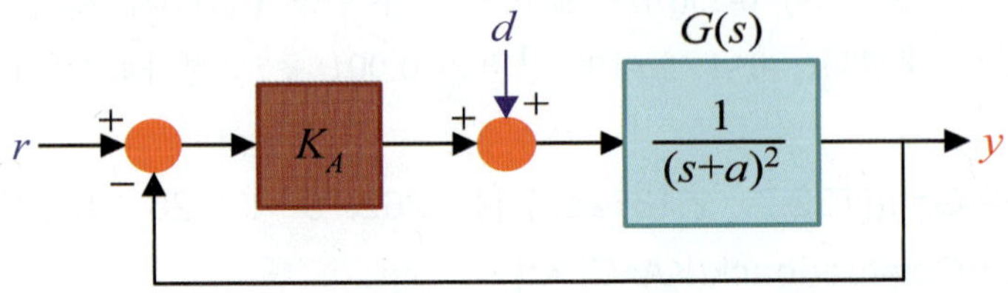

6.2 그림 P6-2(a)는 무선으로 제어되는 원격 조작기이다. 블록 선도는 그림 (b)와 같으며 출력 y는 로봇의 이동 거리이다. 지시 입력 r에 대한 전달 함수와 외란 d에 의한 전달 함수를 구하라. 그리고 입력이 $r=tu_s(t)$, $t\geq 0$ 인 램프 함수이고 외란이 $d=u_s(t)$일 때 출력 y를 구하라. 단 K_A=5로 한다.

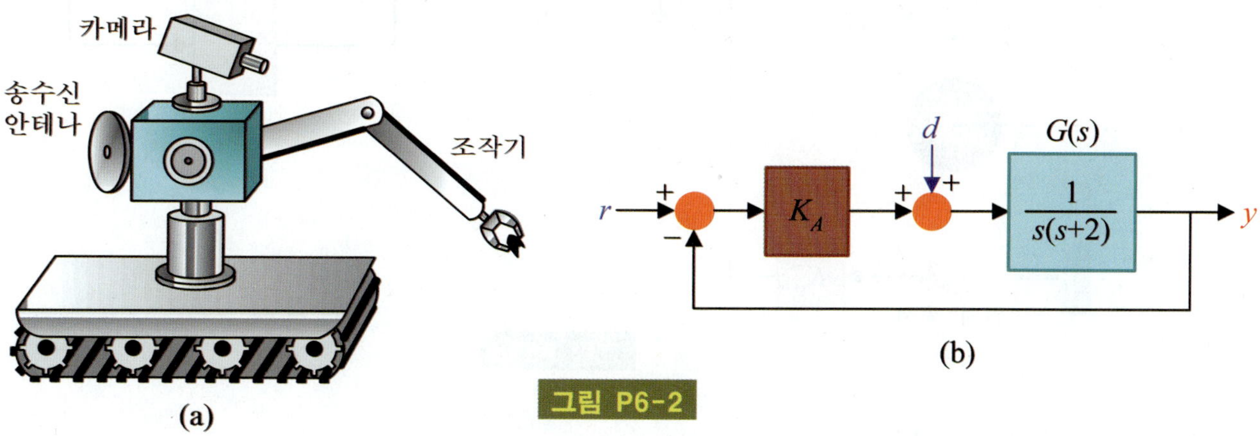

그림 P6-2

6.3 그림 P6-3(a)는 예제 4-15에서 해석한 시스템을 궤환을 이용해 제어하는 것으로 그림에 표시된 변수들은 모두 동작점(평형 상태)에서 벗어난 변동량만 표시한 것이다. 그림 (a)에 대한 블록 선도는 그림 (b)와 같으며 예제 4-15의 해석 결과를 빌면 전달 함수 $G(s)=V_\delta(s)/E_\delta(s)$는 다음과 같다.

$$G(s)=\frac{2\sqrt{kMg/y_o}\,s}{(Ms^2+Mg/y_o)(Ls+R)}$$

각 파라미터들이 다음과 같을 때 폐루프 전달 함수 $G_{CL}(s)=Y_\delta(s)/E_\delta(s)$를 구하라:

R=1 Ω, L=0.01 H, M=1 kg, k=2, g=9.81 m/sec^2, y_o=0.5 m, K_p=0.3 V/m.

만일 $e_\delta=0.1u_s(t)$일 때 거리 변위 y_δ는 어떤 변화를 보이겠는가?

6.4 그림 P6-4의 궤환 제어 시스템은 문제 5.21에서 해석한 바 있는 기계계를 궤환으로 제어하고자 하는 것이다. 이 시스템의 목적은 공이 빔 위에서 회전축으로부터 일정한 거리 r에 머물도록 제어하는 것이며 지시 전압은 $e_r=K_pr$이다. 빔의 홈에는 위치를 감지할 수 있는 센서가 부착되어 있다고 하고 감지된 위치 x는 궤환 이득 K_p를 거쳐 증폭기 입력으로 궤환된다. 전동기 특성 중 L_a=0, K_b=0으로 가정할 때 이 궤환 제어 시스템의 블록 선도를 그려보아라.

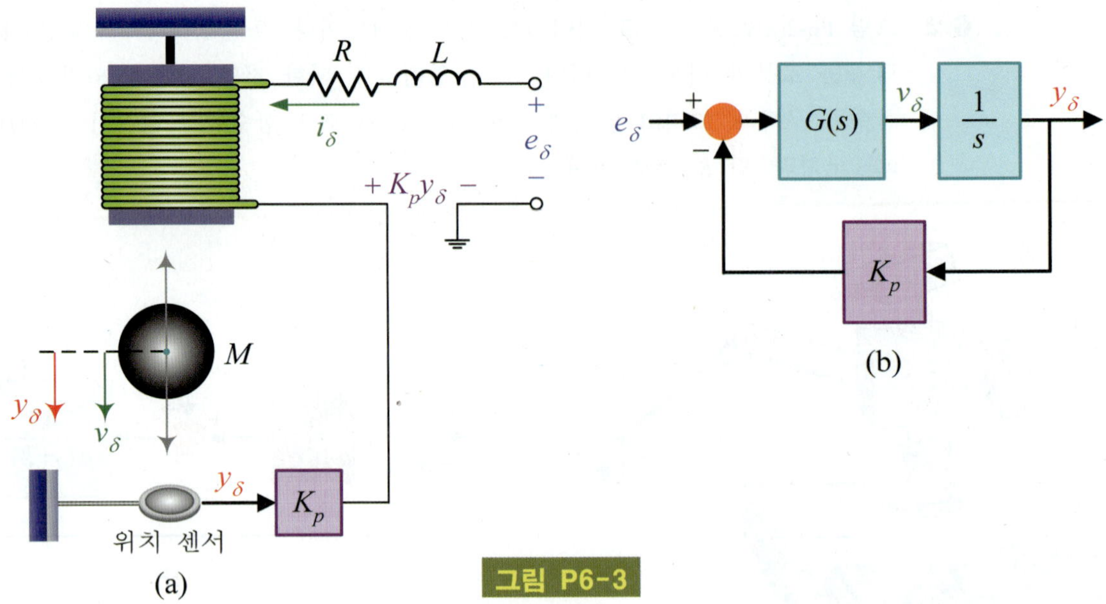

그림 P6-3

그림 P6-4

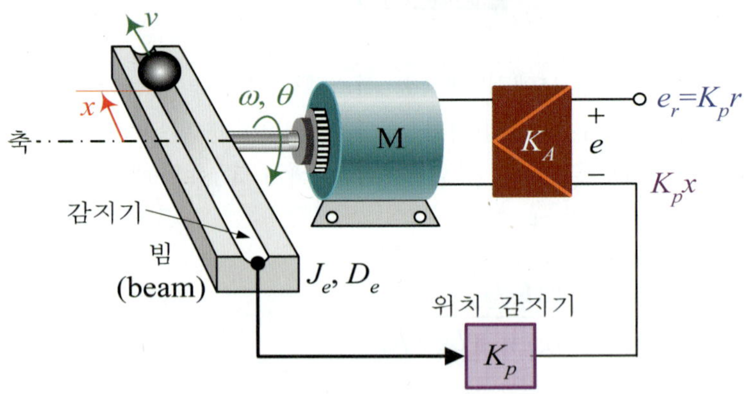

6.5 그림 P6-5(a)는 전동기를 이용한 수조 제어 시스템이며 수조의 수위는 부표에 의해 감지되어 궤환 이득 K_h를 거쳐 궤환된다. 전동기에서 L_a=0, K_b=0으로 하면 블록 선도는 그림 (b)와 같다. 증폭기 이득 K_A와 궤환 이득 K_h만 변수로 하고 나머지 파라미터는 다음과 같을 때 폐루프 전달 함수 $H(s)/E_r(s)$를 구하라:

전동기: R_a=2 Ω, K_m=10 N-m/A, J_e=0.006 kg-m^2, D_e=0.01 N-m/rad/sec, N_2/N_1=10.

수조: K_f=100, C_f=50 m^2, R_f=1/50.

6.6 그림 P6-6은 간단한 온도 제어 시스템이며 내부 온도 $\mathcal{T}_i$는 저항 R의 가열기에 의해 조절된다. 내부의 열손실은 근사적으로 온도의 차 $\mathcal{T}_i - \mathcal{T}_o$에 비례하여 $\tau_l (d\mathcal{T}_i/dt) = -(\mathcal{T}_i - \mathcal{T}_o)$이다. 즉 라플라스 변환으로 표현하면 다음과 같다.

$$\mathcal{T}_i(s) = \frac{1}{\tau_l s + 1} \mathcal{T}_o(s)$$

그림 P6-5

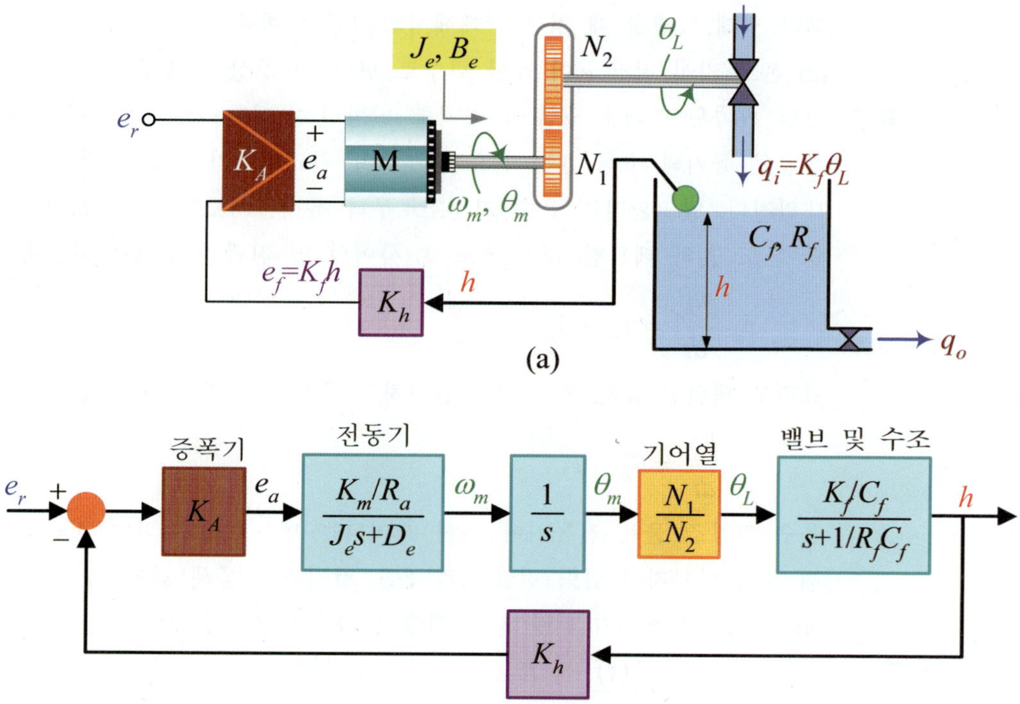

(a)

(b)

그림 P6-6

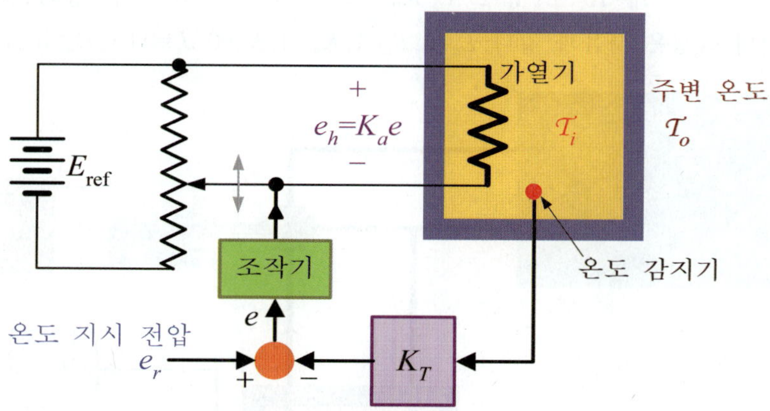

그리고 가열기 입력 전압 e_h는 $e_h=K_a e$로 비례하며 가열기의 열은 시정수 τ_2로써 내부에 전도된다. 즉

$$\mathcal{T}_i(s)=\frac{K_a}{\tau_h s+1}E_h(s)$$

(a) 개루프 시스템을 블록 선도로 표현하라.

(b) 폐루프 시스템의 블록 선도를 그리고 폐루프 전달 함수 $\mathcal{T}_i(s)/E_r(s)$를 구하라.

(c) 폐루프 시스템에서 외부 온도 $\mathcal{T}_o$를 외란으로 간주할 수 있다. 만일 $\mathcal{T}_o$가 $\Delta\mathcal{T}_o$만큼

계단 형태로 변할 때 정상 상태에서의 T_i를 변화를 구하라.

(d) 온도 지시 전압 e_r이 계단 함수로 변할 때 정상 상태에서의 내부 온도를 구하라.

6.7 그림 P6-7은 뜨거운 물로써 공기를 난방하는 궤환 제어 시스템을 보여준다. 송풍기로 흡입된 공기의 흐름 q_i는 온도가 T_i이며 열교환기가 있는 곳을 통과하면서 온도 T_o로 데워진다. 열교환기는 온수 저장조로부터 흘러들어오는 온도 T_W의 물로써 가열되며 물의 온도 T_W와 데워진 공기 온도 T_o 사이의 열 전달 방정식은 다음과 같다.

$$\tau_W \frac{dT_o}{dt} = T_W - T_o$$

그리고 데워진 공기 온도 T_o를 감지하는 온도 감지기에 대한 방정식은 다음과 같다.

$$\tau_s \frac{dT_s}{dt} = T_o - T_s$$

온수 저장조 물은 전동기에 의해 제어되는 밸브로 조절되며 전동기는 지시 온도에 의해 설정되는 지시 입력 전압 e_r과 온도 감지기를 통해 궤환되는 전압의 차로 구동된다.

(a) 폐루프 시스템의 궤환 전달 함수가 다음과 같음을 보여라.

$$H(s) = \frac{T_s(s)}{T_o(s)} = \frac{K_T}{\tau_s s + 1}$$

(a) $T_w = K_W \theta_m$으로 하여 폐루프 시스템의 전체 블록 선도를 그려 보아라.

(b) 시정수를 τ_W=10 초, τ_s=2 초, K_W =0.5로 하고 전달 함수 $T_o(s)/E_r(s)$를 구하라. 단 전동기의 특성은 다음과 같다: L_a=0, R_a=1, K_m=1, K_b=0, J_e=0.01, D_e=0.01.

그림 P6-7

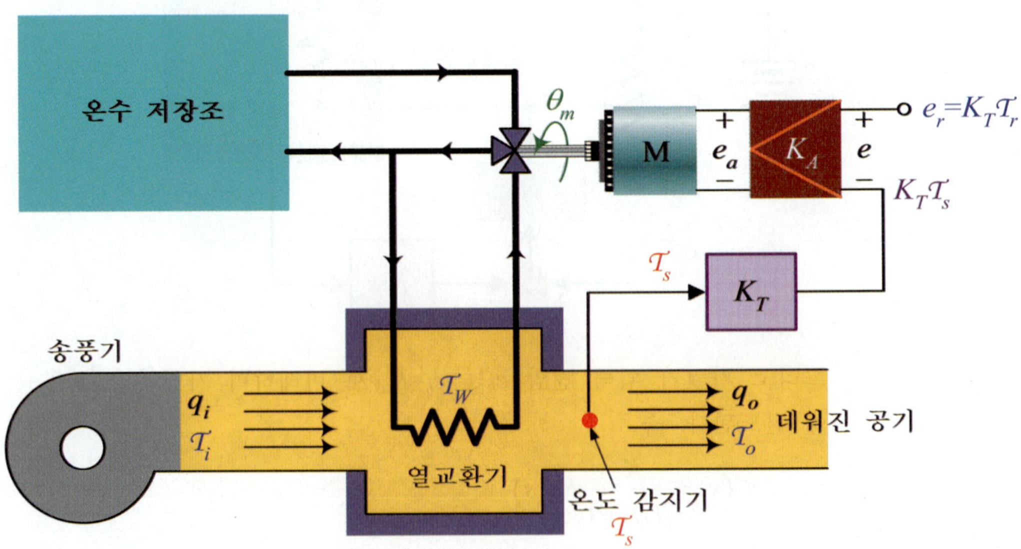

6.8 그림 P6-8(a)는 열차 등에 설치할 수 있는 능동 현가 장치의 구성이다. 능동 현가 장치는 그림에서와 같이 수동 현가 장치인 K와 D에 공기 압축으로 작동하는 조작기가 병

그림 P6-8

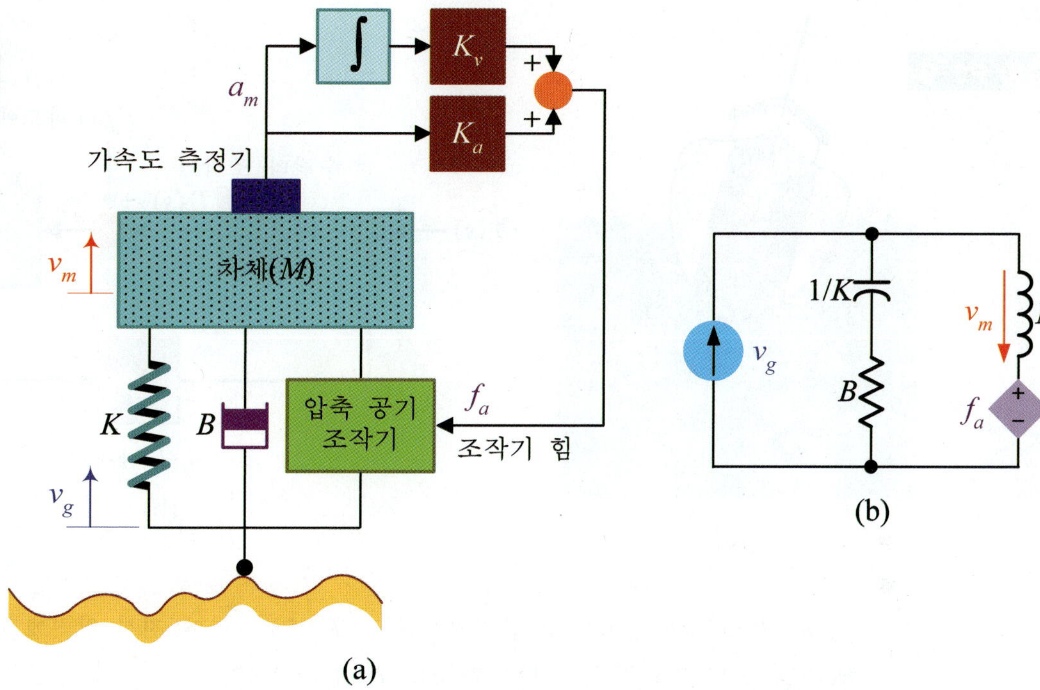

렬로 결합되어 있다. 조작기의 힘 f_a는 지면으로부터 차체에 가해지는 힘과 상쇄되는 쪽으로 형성되며 이는 가속도 측정기에 의해 제어된다. 즉 지면으로부터의 충격으로 인해 현가 시스템에 가해지는 속도 v_m에 대한 가속도 a_m은 가속도계에 의해 감지된다. 감지된 가속도는 적분기와 비례기 K_v, K_a로 구성된 제어기를 통과하여 조작기에 작용하는 힘 f_a를 만들어 주며 이 힘으로 충격력이 상쇄되도록 유도한다.

(a) 가속도 a_m과 조작기 힘 f_a간의 전달 함수가 다음과 같음을 보여라.

$$\frac{F_a(s)}{\alpha_m(s)} = K_a + \frac{K_v}{s}$$

(b) 그림 P6-8(a)의 기계계는 그림 (b)와 같은 상사 회로로 표현할 수 있음을 보여라. 이로부터 전달 함수 $V_m(s)/V_g(s)$를 구하라.

6.9 그림 P6-9는 배에서 일어나는 롤링을 제어하는 시스템이다. 수평타는 배의 롤링각 θ을 감지하여 파도에 의한 외란 토크를 완화시키도록 하는 안정화 장치이다. 그림 (b)는 롤링 운동 제어를 보여주는 블록 선도이다. 일반적으로 배의 롤링은 진자의 진동 운동으로 간주할 수 있으며 전형적인 진동 주기는 3초 정도이다. 그리고 보통 수준의 파도에서도 롤링각은 18° 정도에 이를 수 있다. 따라서 그림 (b)에서 전달 함수 $G(s)$는 다음과 같이 부족 제동 2차 전달 함수로 표현할 수 있다.

$$G(s) = \frac{\omega_n^2}{s^2 + 2\zeta\omega_n s + \omega_n^2}$$

그림 P6-9

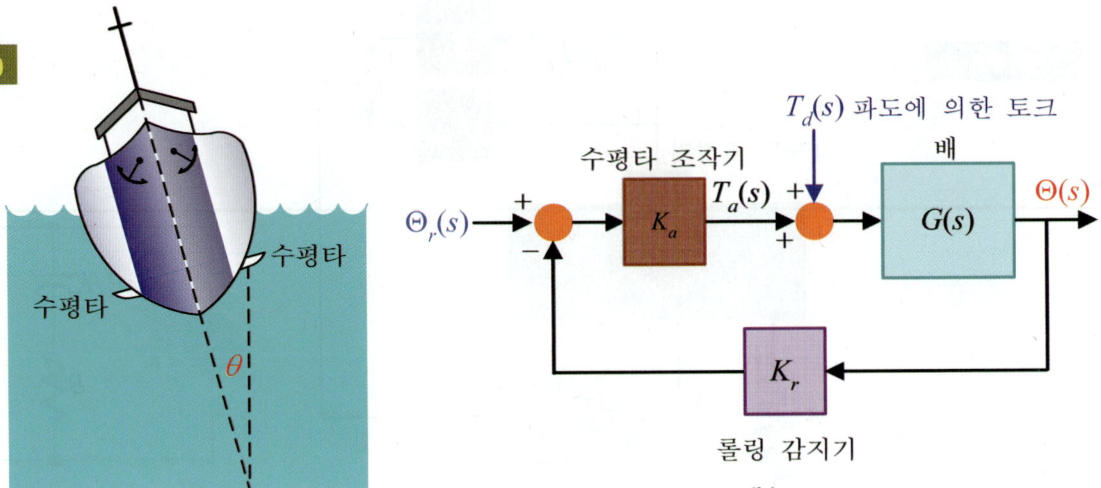

(a) (b)

(a) ω_n=3 rad/sec, ζ=0.2 및 감지기 이득을 K_r=5로 할 때 지시 입력에 대한 전달 함수 $\Theta(s)/\Theta_r(s)$ 및 파도의 토크에 대한 $\Theta(s)/T_d(s)$를 구하라.

(b) K_a=10으로 할 때 파도의 단위 계단 토크로 인한 θ의 변화를 구하라.

6.10 그림 P6-10은 속도 궤환과 위치 궤환을 모두 이용하는 궤환 제어 시스템이다. 각 파라미터 값이 다음과 같을 때 전달 함수 $\Theta(s)/R(s)$를 구하라: a=10, K_A=10, K_p=1, K_t=2.

그림 P6-10

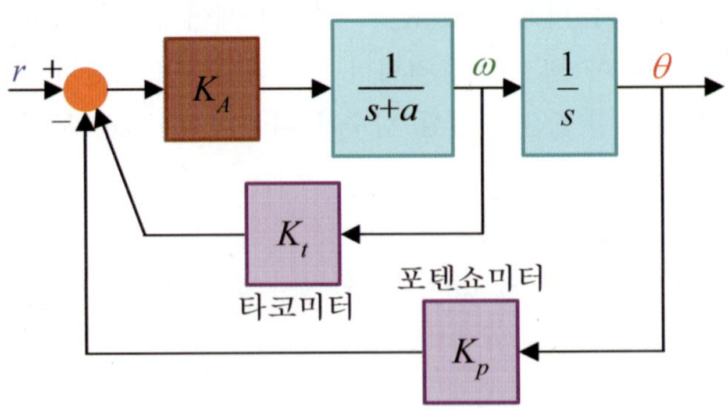

(a)

6.11 항공기 자세 변화에는 그림 P6-11(a)와 같이 피치, 롤 및 편요(偏搖; yaw)의 세 유형이 있으며 그림 (b)는 롤링을 안정화시키는 폐루프 시스템의 한 예를 보여준다.

(a) 그림 P6-11(b)를 그림 6-23과 같은 방법으로 단순화시켜라.

(b) 파라미터 값이 다음과 같을 때 전달 함수 $\Phi(s)/\Phi_r(s)$ 및 ϕ의 계단 응답을 구하라.

K_A=10, K_ω=0.5, K_ϕ=1.

그림 P6-11

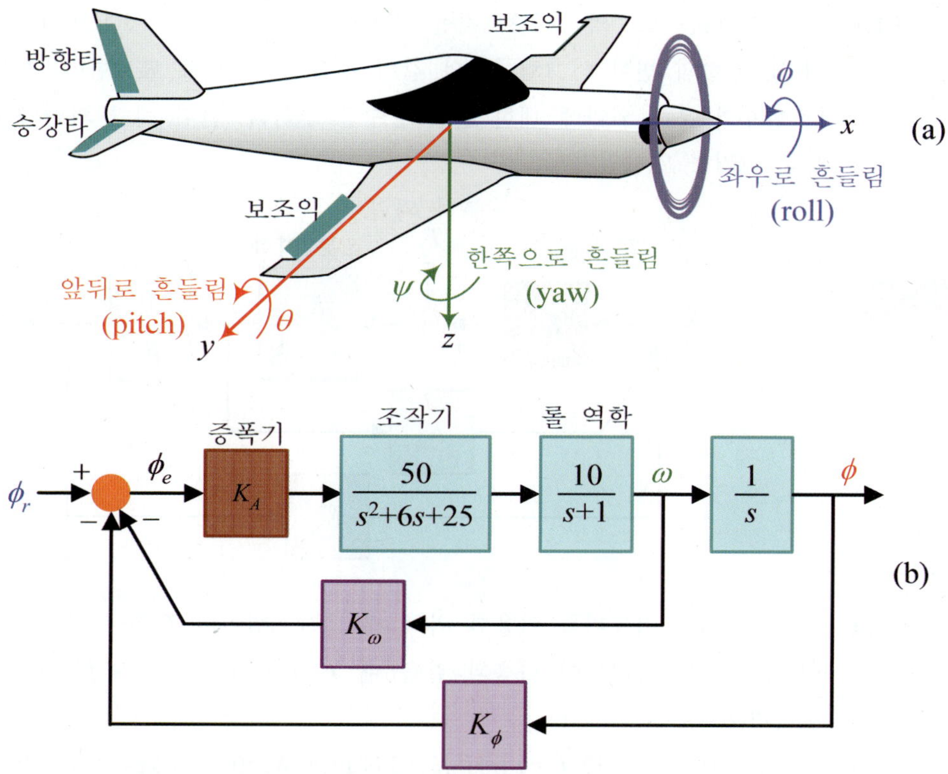

6.12 그림 P6-12는 우주 왕복선이 상승하는 동안의 피치 제어 시스템을 보여주는 블록 선도이며 롤과 편요 모두 같은 방법으로 제어한다. 피치 지시 입력 θ_r이 주어지면 디지털 컴퓨터는 피치 궤환을 통한 피치 오차, 각속도 궤환에 의한 피치 변화율 오차 및 가속도 궤환을 통한 피치 가속도 오차를 각각 구하여 짐벌 장치가 된 주엔진의 추진 방향을 제어하여 항공기를 안정화시킨다. 블록 선도를 그림 P6-23의 방법으로 단순화시키고 이로부터 전달 함수 $\Theta(s)/\Theta_r(s)$를 구하라.

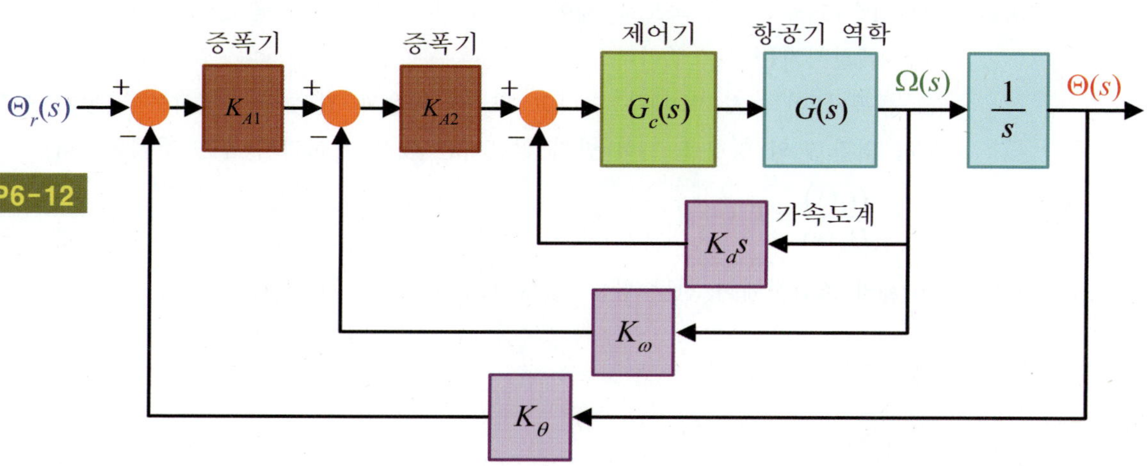

그림 P6-12

6.13 그림 P6-13은 로봇의 조인트 각을 제어하는 시스템 블록 선도이다. 로봇이 뻗는 팔 길이 및 부하의 변화는 그림에서와 같이 부하 외란 T_L로 묘사한다. 지시 입력에 대한 전달 함수와 부하 외란에 대한 전달 함수를 구하라. 단위 계단 외란 T_L에 의한 θ의 정상 상태 크기는 얼마인가?

그림 P6-13

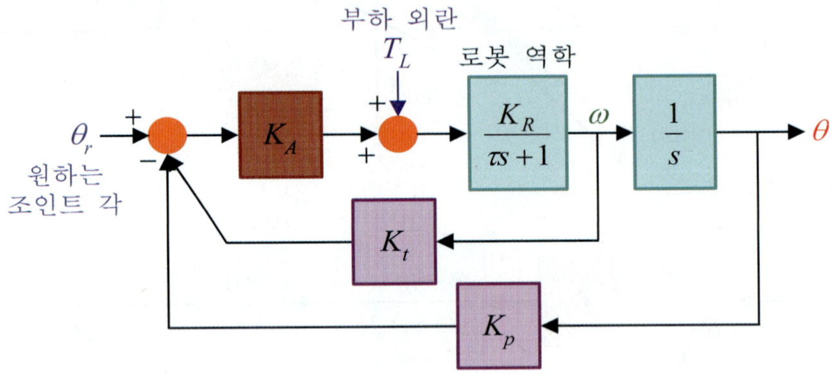

6.14 그림 P6-14는 전동기를 이용한 위치 제어 시스템이며 T_L은 부하의 변동으로 인한 외란이다. 각 파라미터들이 다음과 같을 때 $T_L=Du_s(t)$에 의한 출력 θ의 정상 상태 크기를 구하라(θ_r=0으로 한다):

K_A=100, R_a=1 Ω, L_a=1 mH, K_m=5 N-m/A, K_b=0, J_e=1 kg-m^2, D_e=10 N-m/rad/sec.

그림 P6-14

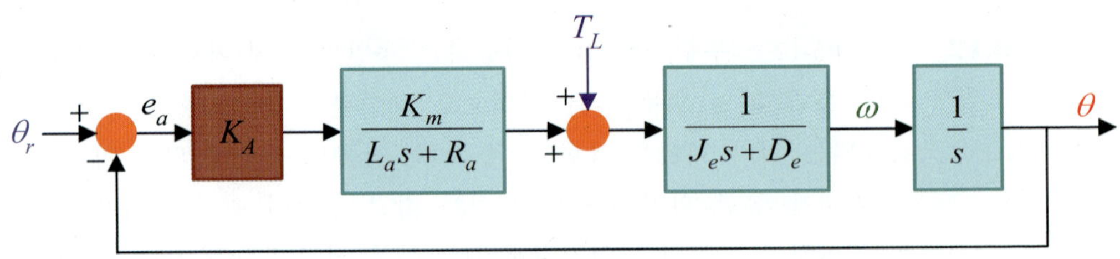

6.15 그림 P6-15는 전동기 속도를 제어하기 위해 증폭기의 출력 전압과 전동기의 전기자 전류를 궤환시키는 시스템이다.

(a) 증폭기 이득 K_A가 매우 크다고 할 때 다음과 같은 조건에서는 전동기 속도 ω_m이 부하 외란 T_d의 영향을 전혀 받지 않는다는 것을 보여라(전류는 정궤환이다):

$$\frac{H_i(s)}{H_e(s)} = L_a s + R_a$$

(b) (a)의 조건하에서 전달 함수 $\Omega_m(s)/\Omega_r(s)$를 구하라(T_d=0).

그림 P6-15

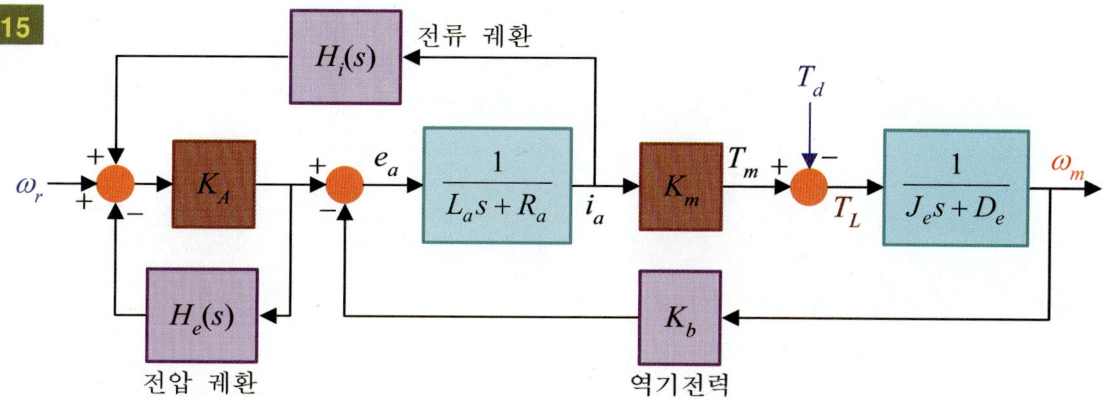
$H_i(s)$
전류 궤환
T_d
ω_r
K_A
e_a
$\frac{1}{L_a s + R_a}$
i_a
K_m
T_m
T_L
$\frac{1}{J_e s + D_e}$
ω_m
$H_e(s)$
K_b
전압 궤환
역기전력

7

안정성

7.1 안정성

BIBO 안정성

선형 시스템은 전달 함수로 표현할 수 있으며 전달 함수를 통해 시스템의 시간상 및 주파수상의 모든 특성을 파악할 수 있다. 즉 전달 함수에서 $s=j\omega$로 하면 주파수 응답이 되며 전달 함수를 역푸리에 변환하면 시간상의 특성인 충격 응답을 얻을 수 있다. 시스템의 인과성이나 안정성 등은 모두 시간상의 특성과 직접 관련된 내용들이다. 특히 유한한 입력(*B*ounded *I*nput)이 들어갔을 때 유한한 출력(*B*ounded *O*utput)이 나오면 이 시스템은 안정된 것이며 이를 BIBO 안정성이라 한다. 반대로 입력은 유한한데 출력이 시간에 따라 무한대로 커지면 이는 비안정 시스템일뿐 아니라 현실적으로 구현할 수 없는 시스템이 된다.

전달 함수가 $G(s)$인 시스템의 충격 응답을 $g(t)$, 입력을 $u(t)$, 출력을 $y(t)$라 하면 컨벌류션에 의해

$$y(t) = g(t) * u(t) = \int_0^\infty u(t-\tau)g(\tau)d\tau \tag{7-1}$$

위의 식 양변에 절대값을 취하여 Schwartz 부등식을 이용하면

$$|y(t)| = \left| \int_0^\infty u(t-\tau)g(\tau)d\tau \right| \le \int_0^\infty |u(t-\tau)||g(\tau)|d\tau \tag{7-2}$$

유한한 입력일 경우는

$$|u(t)| \le M \tag{7-3}$$

를 만족하며 M은 양의 상수이다. 따라서 출력이 유한하기 위해서는

$$|y(t)| \le M \int_0^\infty |g(\tau)|d\tau \le N < \infty \tag{7-4}$$

를 만족하면 된다. 이로부터 BIBO 안정성을 만족하기 위해서는 다음을 만족하여야 한다.

$$\int_0^\infty |g(\tau)|d\tau \le Q < \infty \tag{7-5}$$

여기서 Q는 양의 상수이며 $g(t)$는 "절대적으로 적분가능하다"라 한다. 충격 응답 $g(t)$는 전달 함수 $G(s)$의 역라플라스 변환이다. 따라서 $G(s)$의 극점들 중 하나라도 실수부가 0보다 크면 $g(t)$는 시간에 따라 무한대로 발산한다. 이상으로 BIBO 안정적이기 위해서는 시스템의 특성 방정식의 근, 즉 극점들은 모두 복소 평면상에서 허수축 왼쪽 평면에만 존재하여야 한다. 앞으로는

허수축 왼쪽 평면을 LHF(left-half plane), 오른쪽 평면은 RHF(right-half plane)로 표현하기로 약속한다.

모든 전달 함수는 극점이 실수인 일차 전달 함수와 극점이 복소수인 이차 전달 함수들의 조합으로 표현할 수 있다. 즉 두 극점이 실수인 이차 전달 함수는 인수 분해나 부분 분수 전개로써 서로 다른 두 일차 전달 함수의 곱 또는 합으로 나타낼 수 있기 때문이다. 극점이 실수인 일차 전달 함수와 충격 응답은

$$G(s) = \frac{b}{s+a} \leftrightarrow g(t) = be^{-at}u_s(t) \tag{7-6}$$

그리고 극점이 복소수인 이차 전달 함수와 충격 응답은($\zeta<1$)

$$G(s) = \frac{\omega_n^2}{s^2 + 2\zeta\omega_n s + \omega_n^2} \leftrightarrow g(t) = \frac{\omega_n}{\sqrt{1-\zeta^2}} e^{-\zeta\omega_n t} \sin\omega_n\sqrt{1-\zeta^2}\,t \tag{7-7}$$

모든 전달 함수의 안정성은 식 (7-6)과 (7-7)의 두 함수의 극점의 위치와 이에 따른 충격 응답(현실적으로는 계단 응답)의 형태에 달린 것이다.

점근 안정성

충격 응답은 시스템 내부의 모든 초기 조건을 0으로 한 상태에서 구한다. 이와 같이 순수히 입력에 의해서만 나타나는 응답을 영-상태 응답이라 하며 $y_{zs}(t)$, $Y_{zs}(s)$로 표현한다. 이에 반해 입력이 없는 상태에서 초기 조건에 의해서만 나타나는 응답을 영-입력 응답이라 하며 $y_{zi}(t)$, $Y_{zi}(s)$로 표현한다. 초기 조건은 외부로부터 지속적으로 공급되는 에너지가 아니기 때문에 시간이 지나면 고갈되는 것이 현실이다. 따라서 영-입력 응답은 시간이 무한대로 진행되면 0으로 수렴하며 이를 점근 안정성이라 한다. 영-입력 응답 $Y_{zi}(s)$는 분모 다항식이 전달 함수의 분모와 일치한다. 즉 전달 함수 $G(s)=N(s)/D(s)$에 대한 영-입력 응답의 일반 형태는

$$Y_{zi}(s) = \frac{N_o(s)}{D(s)} \tag{7-8}$$

이며 분자 다항식 $N_o(s)$의 계수들은 초기 조건에 의해서만 결정된다. 따라서 $y_{zi}(t)$가 0으로 수렴하기 위해서는 $D(s)$의 근, 즉 전달 함수 $G(s)$의 극점들은 모두 LHF에 존재해야 한다. 따라서 어떤 시스템이 BIBO 안정성을 만족하면 점근 안정성도 자연히 만족하게 된다.

안정성에는 절대적 안정성과 상대적 안정성이 있다. 절대적인 안정성은 문자 그대로 안정적이냐 아니냐만 판단하는 것이며 상대적인 안정성은 안정적인 정도, 즉 안정도가 얼마인가를 판단하는 것이다.

7.2 Routh-Hurwitz 판별법

Routh-Hurwitz 판별법은 계수가 실수인 일반적인 방정식

$$F(s) = a_n s^n + a_{n-1} s^{n-1} + \cdots + a_1 s + a_0 = 0 \tag{7-9}$$

을 풀지 않고도 근, 즉 영점의 위치를 판단하는 방법이며 다만 LHF 또는 RHF에 있는 영점의 개수만 판단할 수 있다. 그러나 다항식의 계수가 주어지는 경우는 MATLAB 등과 같은 컴퓨터 프로그램을 이용하여 근을 쉽게 구할 수 있다. 따라서 LHF, RHF에 존재하는 영점의 개수만 판단할 수 있는 Routh-Hurwitz 판별법은 계수가 미지수일 때만 상대적으로 가치가 있다. 예를 들어 그림 7-1의 궤환 시스템에서 $G(s)$와 $H(s)$의 분모 분자 계수는 모두 정해져 있고 K만 변수라 하자. 루프 전달 함수 $G(s)H(s)$의 분자, 분모 다항식을 각각 $Z(s)$, $P(s)$라 하면

$$G(s)H(s) = \frac{Z(s)}{P(s)} \tag{7-10}$$

이며 $Z(s)$, $P(s)$는 계수가 상수이다. 따라서 폐루프 전달 함수는

$$G_{\text{CL}}(s) = \frac{G(s)}{1 + KZ(s)/P(s)} = \frac{P(s)G(s)}{P(s) + KZ(s)} \tag{7-11}$$

이므로 특성 방정식은

$$P(s) + KZ(s) = 0 \tag{7-12}$$

로서 하나의 미지수 K를 포함하게 된다. 따라서 수치 해석을 바탕으로 하는 컴퓨터 프로그램으로는 풀 수 없으므로 Routh-Hurwitz 판별법을 사용한다.

그림 7-1

궤환 제어 시스템.

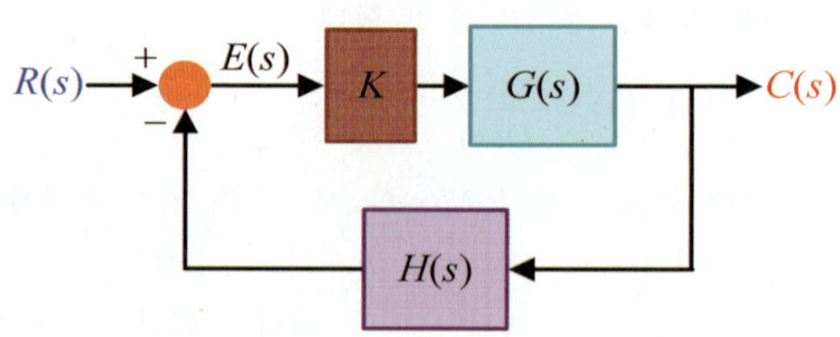

Routh표 작성

Routh표 작성의 첫번째 단계는 식 (7-9)의 계수들을 두 개의 행으로 배열하되 제 1 행은 첫 번째, 세 번째, 다섯 번째 등의 계수로 구성하고 제 2 행 행은 두 번째, 네 번째, 여섯 번째 등의 계수로 구성한다. 즉

$$a_n, \quad a_{n-2}, \quad a_{n-4}, \quad a_{n-6} \quad \cdots$$
$$a_{n-1}, \quad a_{n-3}, \quad a_{n-5}, \quad a_{n-7} \quad \cdots$$

그 다음 단계는 표 7-1과 같이 표시된 연산을 통해 수의 배열을 만들며 여기서는 다음과 같은 4차 다항식을 예로 들었다.

$$F(s) = a_4 s^4 + a_3 s^3 + a_2 s^2 + a_1 s + a_0 = 0 \tag{7-13}$$

표 7-1

Routh표 작성 예.

s^4	a_4	a_2	a_0
s^3	a_3	a_1	0
s^2	$\dfrac{-\begin{vmatrix} a_4 & a_2 \\ a_3 & a_1 \end{vmatrix}}{a_3} = b_1$	$\dfrac{-\begin{vmatrix} a_4 & a_0 \\ a_3 & 0 \end{vmatrix}}{a_3} = b_2$	$\dfrac{-\begin{vmatrix} a_4 & 0 \\ a_3 & 0 \end{vmatrix}}{a_3} = 0$
s^1	$\dfrac{-\begin{vmatrix} a_3 & a_1 \\ b_1 & b_2 \end{vmatrix}}{b_1} = c_1$	$\dfrac{-\begin{vmatrix} a_3 & 0 \\ b_1 & 0 \end{vmatrix}}{b_1} = 0$	$\dfrac{-\begin{vmatrix} a_3 & 0 \\ b_1 & 0 \end{vmatrix}}{b_1} = 0$
s^0	$\dfrac{-\begin{vmatrix} b_1 & b_2 \\ c_1 & 0 \end{vmatrix}}{c_1} = d_1$	$\dfrac{-\begin{vmatrix} b_1 & 0 \\ c_1 & 0 \end{vmatrix}}{c_1} = 0$	$\dfrac{-\begin{vmatrix} b_1 & 0 \\ c_1 & 0 \end{vmatrix}}{c_1} = 0$

위와 같은 배열을 Routh표 또는 Routh 배열이라 하며 왼쪽에 있는 s의 열은 식별 목적으로 표시한 것이다. 그리고 Routh 배열의 마지막 행은 반드시 s^0 행으로 끝나야 하며 Routh 배열의 첫 번째 열에 있는 계수들의 부호가 다음과 같이 방정식의 근의 위치에 대한 정보를 가지고 있다:

> 첫 번째 열의 요소들이 부호가 모두 같으면 방정식의 근은 모두 LHF에 존재한다. 첫 번째 열의 요소들이 부호가 다를 경우 부호가 바뀌는 회수가 RHF에 있는 근의 개수를 나타낸다.

예제 7-1

다음의 두 방정식에서 RHF에 있는 근의 개수를 구하라.

(a) $s^4 + 10s^3 + 35s^2 + 50s + 24 = 0$

(b) $s^4 + 2s^3 - 13s^2 - 38s - 24 = 0$

풀이>> (a) Routh표는 다음과 같다.

s^4	4	35	24
s^3	10	50	0
s^2	$\frac{-\begin{vmatrix}4 & 35\\10 & 50\end{vmatrix}}{10}=15$	$\frac{-\begin{vmatrix}4 & 24\\10 & 0\end{vmatrix}}{10}=24$	$\frac{-\begin{vmatrix}4 & 0\\10 & 0\end{vmatrix}}{10}=0$
s^1	$\frac{-\begin{vmatrix}10 & 50\\15 & 24\end{vmatrix}}{15}=34$	$\frac{-\begin{vmatrix}10 & 0\\15 & 0\end{vmatrix}}{15}=0$	$\frac{-\begin{vmatrix}10 & 0\\15 & 0\end{vmatrix}}{15}=0$
s^0	$\frac{-\begin{vmatrix}15 & 24\\34 & 0\end{vmatrix}}{34}=24$	$\frac{-\begin{vmatrix}15 & 0\\34 & 0\end{vmatrix}}{34}=0$	$\frac{-\begin{vmatrix}15 & 0\\34 & 0\end{vmatrix}}{34}=0$

첫 번째 열의 부호가 모두 같으므로 RHF에는 근이 없다. 실제 근은 –4, –3, –2, –1이다.

(b) Routh표는 다음과 같다.

s^4	1	–13	–24
s^3	2	–38	0
s^2	$\frac{-\begin{vmatrix}1 & -13\\2 & -38\end{vmatrix}}{2}=6$	$\frac{-\begin{vmatrix}1 & -24\\2 & 0\end{vmatrix}}{2}=-24$	$\frac{-\begin{vmatrix}1 & 0\\2 & 0\end{vmatrix}}{2}=0$
s^1	$\frac{-\begin{vmatrix}2 & -38\\6 & -24\end{vmatrix}}{6}=-30$	$\frac{-\begin{vmatrix}2 & 0\\6 & 0\end{vmatrix}}{6}=0$	$\frac{-\begin{vmatrix}2 & 0\\6 & 0\end{vmatrix}}{6}=0$
s^0	$\frac{-\begin{vmatrix}6 & -24\\-30 & 0\end{vmatrix}}{-30}=-24$	$\frac{-\begin{vmatrix}6 & 0\\-30 & 0\end{vmatrix}}{-30}=0$	$\frac{-\begin{vmatrix}6 & 0\\-30 & 0\end{vmatrix}}{-30}=0$

첫 번째 열의 s^2와 s^1 사이에서 부호 변동이 1번 있으므로 RHF에 있는 근은 한 개이다. 실제 근은 –3, –2, –1, 4이다.

첫번째 열에만 0이 있는 경우

방정식의 계수에 따라 Routh표를 작성하는 과정에서 다음과 같은 어려움이 생길 수 있다:

1. Routh표의 한 행의 첫번째 요소만 0이고 나머지는 0이 아닌 경우.
2. Routh표의 한 행이 모두 0인 경우

첫 번째 경우는 어떤 행의 제 1 열에 0이 있음으로써 다음 행의 요소들이 무한대가 되어 표를 계속 만들어갈 수 없게 된다. 이를 해결하기 위해 제 1 열의 0을 임의의 매우 작은 양수 ε으로 대체한 다음 표 작성을 계속하면 되며 다음의 예제를 보도록 한다.

예제 7-2 다음 두 경우에 대한 Routh표를 작성하고 RHF상에 있는 근의 수를 구하라.

(a) $s^4+2s^3+s^2+2s+3=0$

(b) $s^4+5s^3+5s^2-5s-6=0$

풀이>> (a) Routh표는 다음과 같다.

s^4	1	1	3
s^3	2	2	0
s^2	$\dfrac{-\begin{vmatrix}1&1\\2&2\end{vmatrix}}{2}=0$ ε	$\dfrac{-\begin{vmatrix}1&3\\2&0\end{vmatrix}}{2}=3$	$\dfrac{-\begin{vmatrix}1&0\\2&0\end{vmatrix}}{2}=0$
s^1	$\dfrac{-\begin{vmatrix}2&2\\\varepsilon&3\end{vmatrix}}{\varepsilon}=2-\dfrac{6}{\varepsilon}$	$\dfrac{-\begin{vmatrix}2&0\\\varepsilon&0\end{vmatrix}}{\varepsilon}=0$	0
s^0	$\dfrac{-\begin{vmatrix}\varepsilon&3\\2-6/\varepsilon&0\end{vmatrix}}{2-6/\varepsilon}=3$	0	0

행 s^1의 첫번째 요소 $2-6/\varepsilon$은 ε이 매우 작은 양수이므로 음수가 된다. 따라서 제 1 열에서 두 번의 부호 변화가 있으므로 RHF에 있는 근은 두 개이며 실제 근은 $-1.444\pm j0.33$, 및 $0.444\pm j1.08$이다.

(b) Routh표는 다음과 같다.

s^4	1	5	-6
s^3	5	-5	0
s^2	$\dfrac{-\begin{vmatrix}1 & 5\\5 & -5\end{vmatrix}}{5}=6$	$\dfrac{-\begin{vmatrix}1 & -6\\5 & 0\end{vmatrix}}{5}=-6$	$\dfrac{-\begin{vmatrix}1 & 0\\5 & 0\end{vmatrix}}{5}=0$
s^1	$\dfrac{-\begin{vmatrix}5 & -5\\6 & -6\end{vmatrix}}{6}=0$ ε	$\dfrac{-\begin{vmatrix}5 & 0\\6 & 0\end{vmatrix}}{6}=0$	0
s^0	$\dfrac{-\begin{vmatrix}6 & -6\\\varepsilon & 0\end{vmatrix}}{\varepsilon}=-6$	0	0

따라서 제 1 열에 한번의 부호 변화가 있으므로 RHF에 있는 근은 하나이며 실제 근은 –3, –2, –1, 1이다.

한 행이 모두 0인 경우

한 행이 전부 0인 경우는 다음 조건들 중 하나 또는 그 이상에 해당된다:

1. 부호가 반대인 실근이 한 쌍 이상 있다.
2. 허근이 한 쌍 이상 있다.
3. 원점을 중심으로 대칭인 공액 복소근이 한 쌍 이상 있다.

한 행이 전부 0인 경우는 0인 행 바로 위 행의 계수들 이루어지는 보조 방정식 $A(s)=0$를 구하여 해결한다. 보조 방정식은 항상 s의 짝수 멱수로만 구성된 짝수 다항식이며 보조 방정식의 근은 원 방정식의 근이 된다. 즉 보조 방정식을 구성하고 푸는 과정에서 원 방정식에 속하는 근을 부수적으로 얻게 된다. 보조 방정식을 이용하여 Routh표를 작성하는 법은 다음과 같다.

1. 모두 0인 행 바로 위 행의 계수들로 보조 방정식 $A(s)=0$를 구성한다.
2. 보조 방정식을 s로 미분하여 $dA(s)/ds=0$의 방정식을 만든다.
3. 모두 0인 행을 $dA(s)/ds$의 계수로 대체한다.
4. 대체된 행으로 Routh표 작성을 계속한다.
5. 제 1 열의 부호 변화를 조사한다.

예제 7-3 다음 방정식은 RHF에 근이 몇 개 있는지 판별하라.

$$s^5+6s^4+5s^3+30s^2+4s+24=0$$

풀이>> (a) Routh표는 다음과 같다.

s^5	1	5	4
s^4	6	30	24
s^3	$\dfrac{-\begin{vmatrix}1 & 5\\ 6 & 30\end{vmatrix}}{6}=0$	$\dfrac{-\begin{vmatrix}1 & 4\\ 6 & 24\end{vmatrix}}{6}=0$	$\dfrac{-\begin{vmatrix}1 & 0\\ 6 & 0\end{vmatrix}}{6}=0$

행 s^3에서 모든 요소가 0이 되므로 s^2 행의 계수로 다음의 보조 방정식

$$A(s)=6s^4+30s^2+24$$

을 구성한다. $A(s)$를 s에 대해 미분하면

$$\frac{dA(s)}{ds}=24s^3+60s+0$$

이 방정식 계수를 s^2 행의 요소로 대체하여 표 작성을 계속하면 다음과 같다.

s^4	6	30	24
s^3	24	60	0
s^2	$\dfrac{-\begin{vmatrix}6 & 30\\ 24 & 60\end{vmatrix}}{24}=15$	$\dfrac{-\begin{vmatrix}6 & 24\\ 24 & 0\end{vmatrix}}{24}=24$	0
s^1	$\dfrac{-\begin{vmatrix}24 & 60\\ 15 & 24\end{vmatrix}}{15}=21.6$	0	0
s^0	$\dfrac{-\begin{vmatrix}15 & 24\\ 21.6 & 0\end{vmatrix}}{21.6}=24$	0	0

제 1 열의 요소는 모두 양수로 부호 변화가 없으므로 RHF에는 근이 없다. 실제 근은 $-6, \pm j1, \pm j2$이다. 이와 같이 허수축에서 단순 허근 $j\omega$가 존재하는 경우를 임계 안정(maginally stable)이라 한다.

7.3 Routh-Hurwitz를 통한 안정성 설계

근이 단순 허수근인 임계 안정성은 안정성과 비안정성의 경계가 된다. 따라서 방정식의 계수에 미지수가 포함된 경우 행이 모두 0이 되는 조건, 즉 근이 단순 허근이 될 조건을 설계 목적으로 이용할 수 있다. 즉 그림 7-1에서 $G(s)$와 $H(s)$는 모두 계수가 고정된 것이며 증폭기 또는 변환기의 이득인 K만 변수일 때 폐루프 전달 함수의 특성 방정식은 식 (7-12)와 같이

$$P(s)+KZ(s)=0 \tag{7-14}$$

로 변수 K를 포함하게 된다. 따라서 위의 특성 방정식 근이 허근이 되는 K의 값을 구하면 시스템이 안정되기 위한 K의 한계치를 알 수 있는 것이다.

예제 7-4 그림 7-1이 다음과 같을 때 이 시스템이 안정될 수 있는 K 범위를 구하라.

$$G(s)=\frac{1}{s(s+1)(s+2)},\quad H(s)=1$$

풀이>> 폐루프 전달 함수의 특성 방정식은

$$s(s+1)(s+2)+K=0 \rightarrow s^3+3s^2+2s+K=0$$

이며 이 방정식에 대한 Routh표를 작성하면 다음과 같다.

s^3	1	2
s^2	3	K
s^1	$\frac{6-K}{3}$	0
s^0	K	0

모든 근이 LHF에 있기 위해서는 부호 변화가 없어야 하므로 다음을 만족하여야 한다.

$$\frac{6-K}{3}>0 \quad \text{및} \quad K>0$$

따라서 시스템이 안정되기 위한 조건은

$$0<K<6$$

여기서 K=6이면 s^1 행은 모두 0이 되므로 임계 안정성 조건인 것이다.

예제 7-5 그림 6-14(a)의 테이프 구동 시스템에서 증폭기 이득 K_A만 변수로 하고 나머지 파라미터들은 예제 6-3에서 주어진 바와 같다고 한다. 이 시스템이 안정되기 위한 K_A의 범위를 구하라.

풀이>> 예제 6-3의 해석 결과를 인용하면 $H(s)=1$이며 $K_AG(s)$는

$$K_AG(s)=\frac{(732.7s+216720)K_A}{s^3+262.75s^2+52264s+40828}$$

따라서 폐루프 전달 함수의 특성 방정식은 다음과 같다.

$$s^3+262.75s^2+(52264+732.7K_A)s+(40828+216720K_A)=0$$

이 방정식에 대한 Routh표를 작성하면 다음과 같다.

s^3	1	$52264+732.7K_A$
s^2	262.75	$40828+216720K_A$
s^1	$52109-92.1K_A$	0
s^0	$40828+216720K_A$	0

따라서 모든 근이 LHF에 있을 조건은 다음과 같다.

$$-\frac{40828}{216720}<K_A<\frac{52109}{92.1}$$

즉

$$-0.188<K_A<565.8$$

예제 7-6 그림 6-18(a)의 자기 디스크 구동 시스템에서 증폭기의 이득 K_A만 변수로 하고 나머지 파라미터들은 예제 6-5에서 주어진 바와 같다고 한다. 이 시스템이 안정되기 위한 K_A의 범위를 구하라.

풀이>> 예제 6-5의 해석 결과를 인용하면 폐루프 전달 함수는

$$\begin{cases} G_{\mathrm{CL}}(s)=\dfrac{K_AG(s)/s}{1+K_AG(s)/s}=\dfrac{K_AG(s)}{s+K_AG(s)} \\ G(s)=\dfrac{1.3\times10^{10}}{s^3+100s^2+1.0125\times10^6s+5.05\times10^7} \end{cases}$$

따라서 폐루프 전달 함수의 특성 방정식은 다음과 같다.

$$s^4+100s^3+1.0125\times10^6s^2+5.05\times10^7s+1.3\times10^{10}K_A=0$$

Routh표를 작성하면 다음과 같다.

s^4	1	1.0125×10^6	$1.3\times10^{10} K_A$
s^3	100	5.05×10^7	0
s^2	507500	$1.3\times10^{10} K_A$	0
s^1	$5.05\times10^7-2.5616\times10^6 K_A$	0	0
s^0	$1.3\times10^{10} K_A$	0	0

따라서 시스템이 안정되기 위한 조건은 다음과 같다.

$$0 < K_A < 19.7$$

예제 6-5의 경우는 K_A=5이며 이 정도의 수준에서도 이미 시스템의 계단 응답은 그림 6-19와 같이 진동이 심하다.

예제 7-7

그림 6-20의 안테나 위치 제어 시스템에서 증폭기 이득 K_A만 변수로 하고 나머지 파라미터들은 예제 6-6에서 주어진 바와 같다. 시스템이 안정되기 위한 K_A의 범위를 구하라.

풀이>> 예제 6-6의 해석 결과를 인용하면 폐루프 전달 함수의 특성 방정식은

$$s^3 + 25s^2 + 232s + 0.08K_A = 0$$

Routh표를 작성하면 다음과 같다.

s^3	1	232
s^2	25	$0.08K_A$
s^1	$232-0.0032K_A$	0
s^0	$0.08K_A$	0

따라서 모든 근이 LHF에 있을 조건은 다음과 같다.

$$0 < K_A < 72500$$

이상의 예제를 통해 증폭기가 궤환 제어 시스템의 안정성에 중요한 영향을 미친다는 것을 알 수 있다. 일반적으로는 증폭기의 이득이 클수록 감도, 외란 및 정상상태 오차 등이 감소하는 유리한 면이 있다. 그러나 어느 한도 증가하면 시스템은 비안정적으로 변하게 되므로 설계시 유념하여야 한다.

7.4 매트랩 프로그램

특성 방정식 $Q(s)=P(s)+KZ(s)=0$에서 변수 K의 변화에 따른 근의 자취를 매트랩 프로그램으로 구하여 그림으로 나타낼 수 있다. 예를 들어 예제 7-4의

$$Q(s)=s^3+3s^2+2s+K=0$$

에서 $0<K<20$에 대한 근의 변화를 알아보는 프로그램은 다음과 같다.

매트랩 7-1

```
% ex7_4.m: 예제 7-4에 대한 프로그램
K=[0: 0.2: 20]          % K의 범위는 0~20이며 간격은 0.2이다.

for i=1: length(K)      % length(K)는 K의 갯수
   Q=[1 3 2 K(i)];      % 특성 방정식 Q(s)=1s^3+3s^2+2s+K=0
   p(:, i)=roots(Q);    % K의 변화에 따른 근(폐루프 극점)
end

plot(real(p), imag(p), 'x'), grid
xlabel('실수축'), ylabel('허수축')
```

실행 결과는 그림 7-2와 같으며 $K=6$이 임계 값이다.

```
>> ex7_4
```

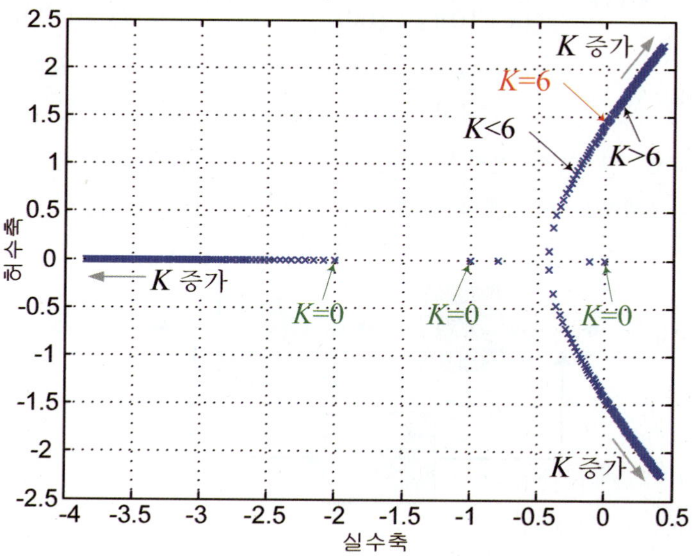

그림 7-2 매트랩 7-1의 실행 결과.

연습 문제

7.1 다음의 각 방정식들에 Routh-Hurwitz 판별을 적용하여 안정성을 판단하라. 그리고 RHF에 있는 근의 개수와 허수축상에 있는 근의 개수를 구하라.

(a) $s^2+5s+3=0$
(b) $s^3+4s^2+5s+4=0$
(c) $s^3+20s^2+10s+400=0$
(d) $s^3+2s^2-4s+25=0$
(e) $s^4+2s^3+2s^2+10s+8=0$
(f) $s^4+8s^3+19s^2+22s+10=0$
(g) $s^5+s^4+2s^3+s+5=0$
(h) $s^5+4s^4+10s^3+14s^2+12s+5=0$
(i) $s^6+3s^5+10s^4+18s^3+23s^2+17s+6=0$
(j) $s^6+2s^5+8s^4+15s^3+20s^2+10s+1=0$

7.2 궤환 제어 시스템의 특성 방정식이 다음과 같다. 시스템이 안정되기 위한 K의 범위를 결정하라.

(a) $s^3+20s^2+10s+K=0$
(b) $s^4+15s^3+25s^2+10s+K=0$
(c) $s^4+Ks^3+3s^2+Ks+10=0$
(d) $s^4+Ks^3+s^2+2s+K=0$

7.3 다음의 전달 함수들은 단위-이득 궤환 제어 시스템의 개루프 전달 함수이다. 폐루프 시스템이 안정되기 위한 K의 범위를 결정하라.

(a) $G(s)=\dfrac{K(s+2)(s+3)}{s(s+1)^2}$
(b) $G(s)=\dfrac{K(s+3)}{s^2(s+9)}$
(c) $G(s)=\dfrac{K}{s(s+1)(s+10)}$
(d) $G(s)=\dfrac{K(s+1)}{s^3+2s^2+3s+1}$
(e) $G(s)=\dfrac{K(s+3)(s+5)}{s^2(s+10)(s+100)}$
(f) $G(s)=\dfrac{K(s+4)}{s(s+1)(s+2)(s+3)}$
(g) $G(s)=\dfrac{K(s-1)(s+3)}{s^2+4}$
(h) $G(s)=\dfrac{K(s+3)}{s^2+K(s+2)(s-1)}$

7.4 그림 P7-4에서 전방향 전달 함수 $G(s)$와 궤환 전달 함수 $H(s)$가 다음의 각 경우와 같다. 폐루프 시스템이 안정되기 위한 증폭기 이득 K_A의 범위를 정하라.

그림 P7-4

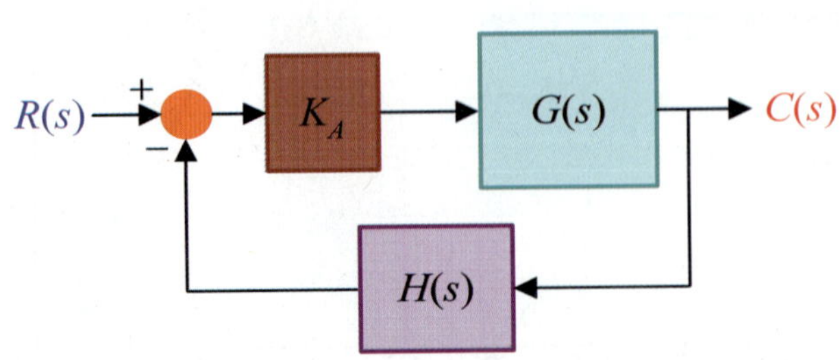

(a) $G(s) = \dfrac{100}{s(s+5)(s+10)}, \quad H(s) = s+1$

(b) $G(s) = \dfrac{1}{s^2-10}, \quad H(s) = 2s+10$

(c) $G(s) = s^2-3s+2, \quad H(s) = \dfrac{1}{s^2+3s+1}$

(d) $G(s) = \dfrac{1}{s}, \quad H(s) = \dfrac{s-1}{s^2+3s+2}$

7.5 그림 P7-5의 단위-이득 궤환 제어 시스템에서 제어기 전달 함수 $G_c(s)$와 제어 시스템 전달 함수 $G(s)$가 각각 다음의 경우와 같다. 폐루프 시스템의 안정성을 만족시키기 위한 증폭기 이득 K_A의 범위를 정하라.

그림 P7-5

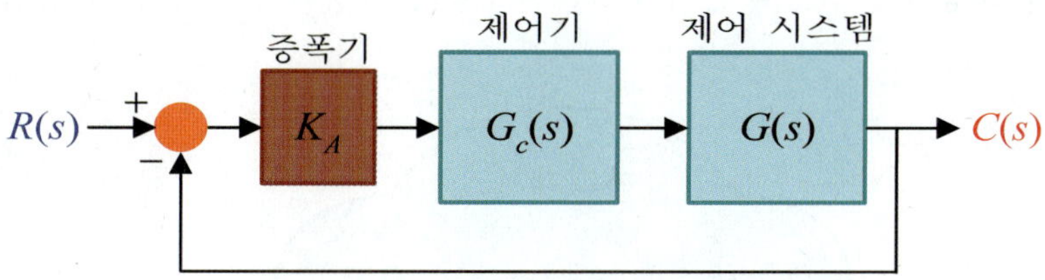

(a) $G_c(s) = \dfrac{5(s+5)}{(s+1)(s+25)}, \quad G(s) = \dfrac{1}{s}$

(b) $G_c(s) = \dfrac{2}{s+2}, \quad G(s) = \dfrac{4}{(s+1)(s+4)}$

(c) $G_c(s) = \dfrac{200}{s+200}, \quad G(s) = \dfrac{10}{(s+20)^2}$

(d) $G_c(s) = \dfrac{s+2}{s+10}, \quad G(s) = \dfrac{1}{s(s-1)}$

(e) $G_c(s) = \dfrac{s+0.1}{s}, \quad G(s) = \dfrac{1}{(s+1)(s+3)(s+15)}$

(f) $G_c(s) = s+100, \quad G(s) = \dfrac{10}{s(s+1)(s+10)}$

(g) $G_c(s) = \dfrac{s^2+0.5s+0.25}{s}, \quad G(s) = \dfrac{1}{s^2(s^2+s+4)}$

7.6 그림 P7-6은 항공기 롤링을 제어하는 시스템의 한 예이다. 롤링 각이 안정되게 제어될 수 있도록 K의 범위를 정하라.

그림 P7-6

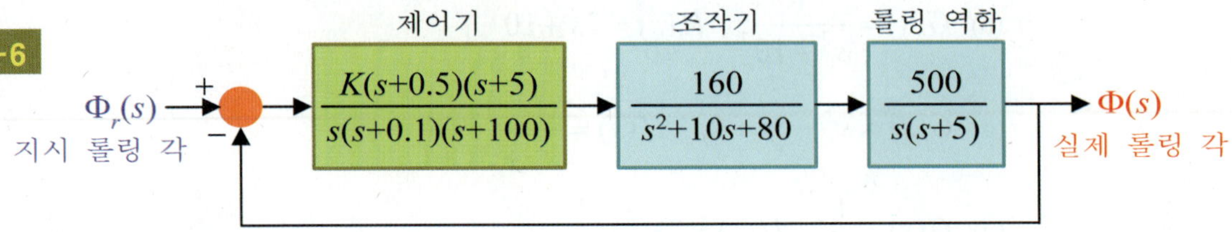

7.7 그림 P7-7(a)는 자기 부양을 이용한 마그레브 운송 시스템이며 부상 코일에 가해지는 전압 e_r에 비례하여 부양 간격 z가 제어한다. 이를 선형화시켜 근사화한 한 예가 그림 (b)의 블록 선도이다. 입력 지시 전압 e_r은 원하는 간격 z를 얻고자 하는 것이며 실제 간격에 해당하는 전압이 e_o이다. 이 시스템이 안정되기 위한 K의 범위를 구하라.

그림 P7-7

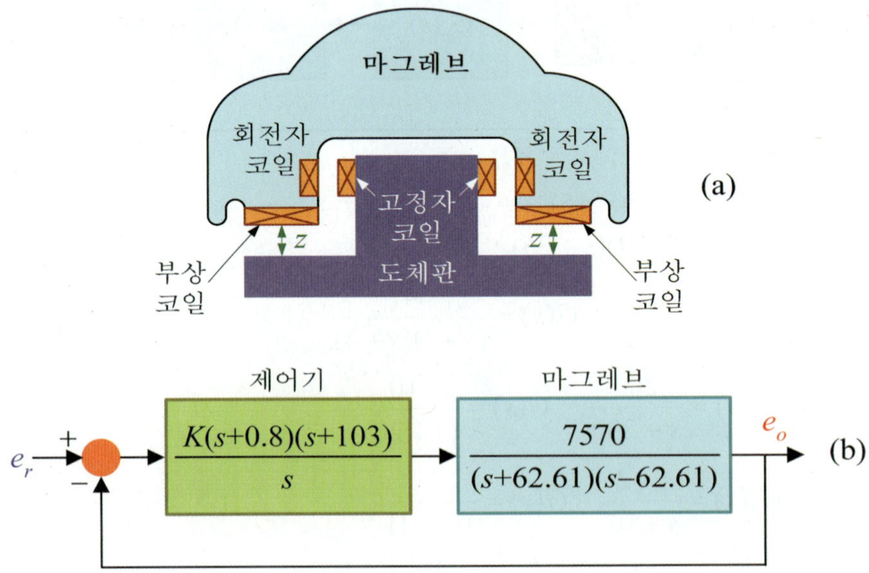

8

시간 응답

8.1 선형시스템의 시간응답

과도상태/정상상태

라플라스 변환식의 분자가 분모보다 차수가 낮을 때 이를 부분 분수로 전개하면 분자 다항식의 근인 영점은 각 부분 분수의 유수(residue)를 결정하는 데만 영향을 준다. 즉 영점은 역라플라스 변환에 의한 시간 함수의 크기에만 영향을 주며 함수 형태는 분모의 근인 극점에 의해서만 결정된다. 따라서 시스템의 특성을 결정짓는 것은 영점이 아니라 극점이라 해도 과언이 아니다. 전달 함수의 극점과 영점의 위치를 복소 평면(혹은 s-평면)상에 표시한 것을 극-영점도(pole-zero diagram)라 하며 이는 시스템의 전체적인 특성을 파악하는데 유용하다.

주어진 입력에 대한 시스템의 응답은 두 가지 성분의 중첩으로 구성된다. 먼저 입력이 없는 상태에서 시스템 내부의 초기 조건에 의해서만 나타나는 응답인 영-입력(Zero-Input) 응답과 초기 조건이 없는 상태에서 입력에 의해서만 나타나는 영-상태(Zero-State) 응답이 있다. 이 두 가지를 합해 완전 응답 $c(t)$는

$$c(t) = c_{zs}(t) + c_{zi}(t) \tag{8-1}$$

로 주어진다. 이 외에도 완전 응답은 다음과 같이 강제(forced) 응답과 고유(natural) 응답의 두 성분으로도 나눌 수 있다.

$$c(t) = c_f(t) + c_n(t) \tag{8-2}$$

강제 응답은 입력에 의해 생기는 성분으로서 미분 방정식의 특수해에 해당하며 고유 응답은 제차 미분 방정식의 근인 보조해에 해당한다. 강제 응답은 영-상태 응답과 다르고 고유 응답은 영-입력 응답과는 다르지만 두 성분을 합한 완전 응답은 서로 같다. 예를 들어 일차 미분 방정식

$$\frac{dc(t)}{dt} + ac(t) = r(t), \quad c(0) = C_O \tag{8-3}$$

에서 $r(t)=u_s(t)$인 경우를 보자. 양변에 라플라스 변환을 취하면

$$C(s) = \frac{R(s)}{s+a} + \frac{C_O}{s+a} = \underbrace{\frac{1}{s(s+a)}}_{C_{zs}(s)} + \underbrace{\frac{C_O}{s+a}}_{C_{zi}(s)} \tag{8-4}$$

즉 우변 첫 번째 항은 초기 조건을 $C_O=0$으로 할 때의 응답이므로 영-상태 응답이며 두 번째 항은 입력을 $R(s)=0$으로 할 때의 응답이므로 영-입력 응답이 된다. 그러나 위의 식을 부분 분수로 전개하면

$$C(s) = \underbrace{\frac{1/a}{s}}_{C_f(s)} + \underbrace{\frac{-1/a}{s+a} + \frac{C_O}{s+a}}_{C_n(s)} \tag{8-5}$$

이다. 여기서 우변 첫 번째 항은 $r(t)=u_s(t)$, 즉 $R(s)=1/s$에 의한 식 (8-3)의 특수해인 강제 응답이다. 그리고 두 번째 항은 식 (8-3)의 우변을 0으로 한 ($r(t)=0$) 제차 미분 방정식의 해, 즉 보조해이므로 고유 응답이 된다.

식 (8-5)에서 알 수 있듯이 고유 응답은 시간이 가면 지수적으로 감소한다. 따라서 시간이 무한히 경과하면 강제 응답만 남게 되며 이를 정상 상태라 한다. 그리고 정상 상태에 이르는 중간 과정을 과도 상태라 한다. 시스템의 시간 응답을 해석한다는 것은, 과도 상태가 얼마나 빨리 종식되며 또한 정상 상태에서는 원하는 상태와 얼마나 오차가 적은가를 보는 것이다. 특히 후자의 경우를 정상 상태 오차라 한다.

고유 응답은 과도 상태에 큰 영향을 미친다. 그리고 식 (8-5)를 통해 알 수 있듯이 고유 응답의 라플라스 변환의 분모는 전달 함수의 분모, 즉 시스템의 특성 방정식과 같으므로 결국 과도 상태는 극점에 의해 좌우된다. 일차 시스템의 경우는 식 (8-5)와 같이 특성 방정식이 일차이므로 극점이 음의 실수이면 고유 응답은 단순 감소한다. 그러나 이차 시스템의 경우는 특성 방정식이 이차이므로 두 개의 서로 다른 단순 근이거나(과제동) 중근(임계제동) 또는 공액 복소수 근(부족제동)인 세 가지 경우가 생긴다(2.1 절 참조). 이차 시스템일지라도 과제동의 경우는 시스템의 특성은 두 일차 시스템을 조합한 것과 같다. 그러나 부족제동인 경우는 진동이라는 이차 시스템만의 독특한 특성을 나타낸다. 그리고 3차 이상의 전달 함수는 인수 분해나 부분 분수 전개 등으로 일차와 이차 시스템의 곱 또는 합으로 표현된다. 따라서 일차와 이차 시스템이 가장 기본이 되며 3차 이상의 고차 시스템을 보다 낮은 차수의 시스템으로 근사화하는 것이 가능하다.

일반적으로 시스템의 시간 응답을 알아보기 위해서는 특별히 약속된 시험 신호(test signal)를 입력으로 사용한다. 널리 사용되는 시험 신호에는 계단 함수, 램프(ramp) 함수 및 포물선(parabolic) 함수가 있다.

■계단 함수 계단 입력(그림 8-1(a))은 시스템에 갑자기 명령을 내리는 차원이다. 예를 들어 계단 입력이 회전 기계의 변위에 대한 지시라면 회전 기계로 하여금 일정한 각도만큼 갑자기 회전하게 하는 것이다. 따라서 계단 함수는 시스템이 얼마나 빨리 반응을 보이는가 알아보는데 유용하다. 계단 함

수와 라플라스 변환은 다음과 같다.

$$r(t) = u_s(t) \xleftrightarrow{\mathcal{L}} R(s) = \frac{1}{s} \tag{8-6}$$

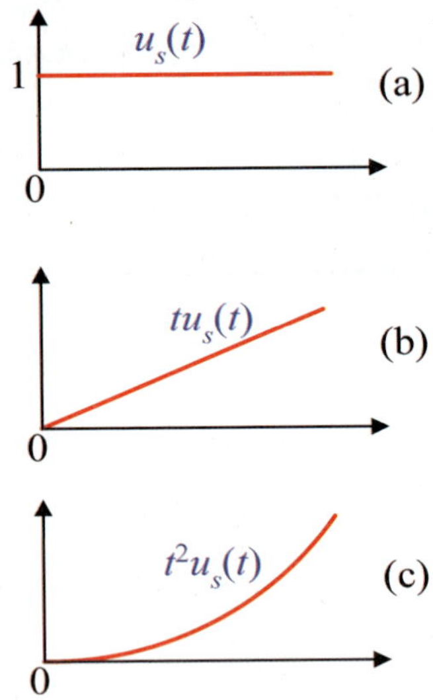

그림 8-1
(a) 계단 함수;
(b) 램프 함수;
(c) 포물선 함수.

■램프 함수 램프 함수(그림 8-1(b))는 시간에 비례하여 직선적으로 변하는 함수로서 다음과 같이 정의된다.

$$r(t) = tu_s(t) \xleftrightarrow{\mathcal{L}} R(s) = \frac{1}{s^2} \tag{8-7}$$

만일 입력이 축의 각변위에 대한 것이라면 램프 입력에 의해 축은 일정한 각속도로 회전하게 된다.

■포물선 함수 포물선 함수(그림 8-1(c))는 시간의 자승에 비례하는 함수로서 다음과 같이 정의된다.

$$r(t) = t^2u_s(t) \xleftrightarrow{\mathcal{L}} R(s) = \frac{2}{s^3} \tag{8-8}$$

만일 입력이 축의 각변위에 대한 것이라면 포물선 입력에 의해 축은 일정한 각가속도로 회전하므로 속도는 직선적으로 빨라진다.

8.2 정상 상태 오차

시간이 지나면 언젠가는 과도 상태가 끝나고 정상 상태가 되며 정상 상태에서의 오차는 작을수록 좋다. 그림 8-2의 궤환 제어 시스템에 대한 오차$E(s)$는 다음과 같다(식 (6-1) 참조).

$$E(s) = \frac{R(s)}{1+G(s)H(s)} \tag{8-9}$$

지시 입력 $r(t)=u_s(t)$, 즉 $R(s)=1/s$에 대한 $E(s)$는 $E_p(s)$로 표현하고 $r(t)=tu_s(t)$,

그림 8-2
궤환 제어 시스템.

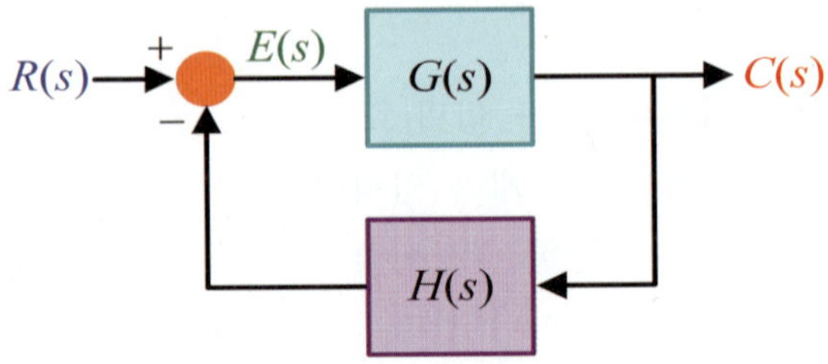

즉 $R(s)=1/s^2$에 대한 $E(s)$는 $E_v(s)$로 표현하며 $r(t)=t^2u_s(t)/2$, 즉 $R(s)=1/s^3$에 대한 $E(s)$는 $E_a(s)$로 표현하기로 한다. 여기서 첨자 'p'는 위치 차원을 의미하고 첨자 'v'는 속도 차원을, 첨자 'a'는 가속도 차원을 각각 의미한다. 따라서 식 (8-9)의 $E(s)$는 계단 입력, 램프 입력, 포물선 입력에 대해 각각 다음과 같이 표현된다.

$$\begin{cases} E_p(s) = \dfrac{1}{s+sG(s)H(s)} & (r(t)=u_s(t)) \\ E_v(s) = \dfrac{1}{s^2+s^2G(s)H(s)} & (r(t)=tu_s(t)) \\ E_a(s) = \dfrac{1}{s^3+s^3G(s)H(s)} & (r(t)=\frac{1}{2}t^2u_s(t)) \end{cases} \tag{8-10}$$

라플라스 변환의 최종치 정리를 이용하면 정상 상태 오차 $e(\infty)$는 역라플라스 변환을 취하지 않고 다음과 같이 구할 수 있다.

$$e(\infty) = \lim_{s\to 0} sE(s) = \lim_{s\to 0} \frac{sR(s)}{1+G(s)H(s)} \tag{8-11}$$

따라서 식 (8-10)의 각 경우에 대한 정상 상태 오차는 다음과 같다.

$$\begin{cases} e_p(\infty) = \lim\limits_{s\to 0} \dfrac{1}{1+G(s)H(s)} = \dfrac{1}{1+\lim\limits_{s\to 0} G(s)H(s)} \\ e_v(\infty) = \lim\limits_{s\to 0} \dfrac{1}{s+sG(s)H(s)} = \dfrac{1}{\lim\limits_{s\to 0} s\,G(s)H(s)} \\ e_a(\infty) = \lim\limits_{s\to 0} \dfrac{1}{s^2+s^2G(s)H(s)} = \dfrac{1}{\lim\limits_{s\to 0} s^2G(s)H(s)} \end{cases} \tag{8-12}$$

위의 식에서 궤환 전달 함수가 단위-이득인 $H(s)=1$인 경우와 그렇지 않고 일반적인 경우에 대해 나누어 해석해 보도록 한다.

단위-이득 궤환 식 (8-12)에서 $H(s)=1$로 하고 다음과 같이 세 종류의 오차 상수를 정의한다.

$$\begin{aligned} K_p &= \lim_{s\to 0} G(s) \quad (\text{위치 상수}) \\ K_v &= \lim_{s\to 0} sG(s) \quad (\text{속도 상수}) \\ K_a &= \lim_{s\to 0} s^2G(s) \quad (\text{가속도 상수}) \end{aligned} \tag{8-13}$$

그 결과 각 정상 상태 오차는 다음과 같이 간단히 표현된다.

$$e_p(\infty) = \frac{1}{1+K_p}$$
$$e_v(\infty) = 1/K_v \qquad \textbf{(8-14)}$$
$$e_a(\infty) = 1/K_a$$

따라서 식 (8-13)의 각 오차 상수들이 클수록 해당 정상 상태 오차를 작게 할 수 있으며 무한대일 경우는 정상 상태 오차는 0이 된다. 식 (8-13)에서 K_p가 무한대가 되기 위해서는 $G(s)$는 0의 극점이 있어야 한다. 그리고 K_v는 $sG(s)$에 0의 극점이 있을 때 무한대가 되며 K_a는 $s^2G(s)$에 0의 극점이 있을 때 무한대가 된다. 여기서 0의 극점은 전달 함수의 분모에 s^n, $n \geq 1$의 항이 있다는 것이며 이는 n 개의 적분기에 해당한다. 따라서 식 (8-13)의 세 오차 상수 중 최소한 1개 이상이 무한대가 되기 위해서는 전달 함수 $G(s)$가 다음과 같은 형태이어야 한다.

$$G(s) = \frac{(s+z_1)(s+z_2)\cdots}{s^n(s+p_1)(s+p_2)\cdots} \qquad \textbf{(8-15)}$$

위의 식에서 n의 값을 시스템 유형으로 정의한다. 즉 n=0이면 유형 0이라 하고 n=1이면 유형 1, n=2이면 유형 2라 한다. 이상으로 시스템 유형에 따른 정상 상태 오차를 살펴보면 다음과 같다:

■ **유형 0(n=0):** 적분기가 없는 경우로서

$$\lim_{s \to 0} G(s) = \frac{z_1 z_2 \cdots}{p_1 p_2 \cdots} \qquad \textbf{(8-16)}$$

로 유한하므로 각 오차 상수 값들은 다음과 같다.

$$K_v = \frac{z_1 z_2 \cdots}{p_1 p_2 \cdots}, \quad K_v = 0, \quad K_a = 0 \quad (n=0) \qquad \textbf{(8-17)}$$

따라서 식 (8-14)로부터 정상 상태 오차들은 다음과 같다.

$$e_p(\infty) = \frac{1}{1+K_p} < \infty, \quad e_v(\infty) = \infty, \quad e_a(\infty) = \infty \qquad \textbf{(8-18)}$$

따라서 유형 0의 시스템은 계단 입력에 대해서는 어느 정도의 오차를 두고 제어되지만 램프 입력이나 포물선 입력으로는 제어할 수 없다. 즉 유형 0의 시스템은 어느 정도 오차로써 위치 제어는 가능하지만 속도나 가속도는 제어할 수 없다는 것을 알 수 있다.

■ **유형 1(n=1):** 적분기가 하나인 경우로

$$\lim_{s\to 0} G(s) = \infty \tag{8-19}$$

로 무한대가 되며

$$\lim_{s\to 0} sG(s) = \frac{z_1 z_2 \cdots}{p_1 p_2 \cdots} \tag{8-20}$$

로 유한하므로 각 오차 상수 값들은 다음과 같다.

$$K_v = \infty, \quad K_v = \frac{z_1 z_2 \cdots}{p_1 p_2 \cdots}, \quad K_a = 0 \quad (n = 1) \tag{8-21}$$

따라서 식 (8-14)로부터 정상 상태 오차들은 다음과 같다.

$$e_p(\infty) = 0, \quad e_v(\infty) = 1/K_v, \quad e_a(\infty) = \infty \tag{8-22}$$

따라서 유형 1의 시스템은 계단 입력으로는 오차 없이 제어할 수 있다. 그리고 램프 입력으로는 오차를 두고 제어할 수 있지만 포물선 입력으로는 제어가 불가능하다. 즉 유형 1의 시스템은 위치는 정확히 제어할 수 있지만 속도 제어에는 오차가 생기고 가속도 제어는 불가능하다.

■ **유형 2(n=2):** 적분기가 두 개인 경우로

$$\lim_{s\to 0} G(s) = \infty, \quad \lim_{s\to 0} sG(s) = \infty \tag{8-23}$$

로 무한대가 되며

$$\lim_{s\to 0} s^2 G(s) = \frac{z_1 z_2 \cdots}{p_1 p_2 \cdots} \tag{8-24}$$

로 유한하므로 각 오차 상수 값들은 다음과 같다.

$$K_v = \infty, \quad K_v = \infty, \quad K_a = \frac{z_1 z_2 \cdots}{p_1 p_2 \cdots} \quad (n = 2) \tag{8-25}$$

따라서 식 (8-14)로부터 정상 상태 오차들은 다음과 같다.

$$e_p(\infty) = 0, \quad e_v(\infty) = 0, \quad e_a(\infty) = 1/K_a \tag{8-26}$$

이상으로 유형 2의 시스템은 계단 입력과 램프 입력으로는 정확히 제어할 수 있으며 포물선 입력으로는 오차를 두고 제어할 수 있다. 따라서 유형 2의 시스템은 위치와 속도는 정확히 제어할 수 있으며 가속도 제어에는 오차가 생긴다. 그리고 유형 3 이상은 $e_p(\infty)=e_v(\infty)=e_a(\infty)=0$이므로 위치와 속도를 비롯해 가속도까지 정확히 제어할 수 있다. 이상을 종합하면 표 8-1과 같다.

표 8-1

시스템 유형 n	오차 상수 K_p	K_v	K_a	정상 상태 오차 $e_p(\infty)$	$e_v(\infty)$	$e_a(\infty)$
0	상수	0	0	$1/(1+K_p)$	∞	∞
1	∞	상수	0	0	$1/K_v$	∞
2	∞	∞	상수	0	0	$1/K_a$
3	∞	∞	∞	0	0	0

예제 8-1

그림 8-2에서 $H(s)=1$이다. $G(s)$가 다음의 각 경우와 같을 때 각각에 대한 정상 상태 오차들을 구하라.

(a) $G(s)=\dfrac{10(s+4)(s+5)}{(s+1)(s+2)(s^2+s+2)}$

(b) $G(s)=\dfrac{10(s+3)(s+4)(s+5)}{s(s+1)(s+2)(s^2+s+2)}$

(c) $G(s)=\dfrac{10(s+3)(s+4)(s+5)(s+6)}{s^2(s+1)(s+2)(s^2+s+2)}$

풀이>> (a) 유형 0 시스템이므로

$$K_p=\lim_{s\to 0}G(s)=\frac{10(4)(5)}{(1)(2)(2)}=50$$

$$K_v=K_a=0$$

따라서

$$e_p(\infty)=\frac{1}{1+K_p}\cong 0.02$$

$$e_v(\infty)=e_a(\infty)=\infty$$

(b) 유형 1 시스템이므로

$$K_p=\lim_{s\to 0}G(s)=\infty$$

$$K_v=\lim_{s\to 0}sG(s)=\frac{10(3)(4)(5)}{(1)(2)(2)}=150$$

$$K_a=\lim_{s\to 0}s^2G(s)=0$$

따라서

$$e_p(\infty)=0$$

$$e_v(\infty)=\frac{1}{K_v}=0.0067$$

(c) 유형 2 시스템이므로

$$K_p = K_v = \infty$$

$$K_a = \lim_{s \to 0} s^2 G(s) = \frac{10(3)(4)(5)(6)}{(1)(2)(2)} = 900$$

따라서

$$e_p(\infty) = e_v(\infty) = 0$$

$$e_a(\infty) = \frac{1}{K_a} = 0.0011$$

예제 8-2

그림 6-14(a)의 테이프 구동 시스템에서 증폭기 이득 K_A만 변수로 하고 나머지 파라미터들은 예제 6-3과 같게 하면 블록 선도가 그림 8-3과 같다. 지시 입력 $e_r(t)=u_s(t)$에 대한 정상 상태 속도 오차를 0.1% 이내로 하기 위해서는 K_A를 얼마로 해야 하는가?

풀이>> 속도에 대해서는 유형 0의 시스템이며

$$e_p(\infty) = \frac{1}{1+K_p} \le 0.001 \quad \rightarrow \quad K_p \ge 999$$

그리고 오차 상수 K_p는

$$K_p = \lim_{s \to 0} G(s) = \frac{2.1672 \times 10^5 K_A}{40828} = 5.308 K_A \ge 999$$

따라서 증폭기의 이득은 다음을 만족하여야 한다.

$$K_A \ge \frac{999}{5.308} = 188$$

이 시스템이 안정되기 위한 K_A의 범위는 예제 7-5에서 해석한 결과를 인용하면 $-0.188 < K_A < 565.8$이다. 따라서 $K_A=188$은 이 범위에 속하므로 속도 오차는 0.1% 이내로 줄일 수 있음을 알 수 있다.

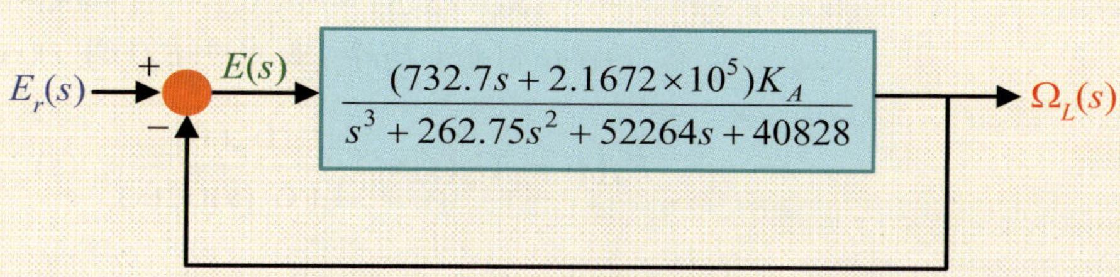

그림 8-3
예제 8-2의 그림.

예제 8-3

그림 6-18(a)의 자기 디스크 구동 시스템에서 증폭기 이득 K_A만 변수로 하고 나머지 파라미터들은 예제 6-5와 같게 하면 블록 선도가 그림 8-4과 같다. 지시 입력 $e_r(t)=tu_s(t)$에 대한 정상 상태 속도 오차를 1% 이내로 하기 위해서는 K_A를 얼마로 해야 하는가?

풀이>> 유형 1의 시스템이므로 $e_r(t)=u_s(t)$에 대한 오차, 즉 위치 오차는 정상 상태에서 0이 된다. 정상 상태 속도 오차가

$$e_v(\infty)=\frac{1}{K_v}\le 0.01 \quad\rightarrow\quad K_v\ge 100$$

이며 속도 상수 K_v는

$$K_v=\lim_{s\to 0} sG(s)=\frac{1.3\times 10^{10}K_A}{5.05\times 10^{7}}=257.4K_A\ge 100$$

따라서 증폭기의 이득은 다음을 만족하여야 한다.

$$K_A\ge\frac{100}{257.4}\cong 0.4$$

이 시스템이 안정되기 위한 K_A의 범위는 예제 7-6에서 해석한 결과를 인용하면 $0<K_A<19.7$이다. 따라서 $K_A=0.4$는 이 범위에 속하므로 속도 오차를 1% 이내로 줄일 수 있다.

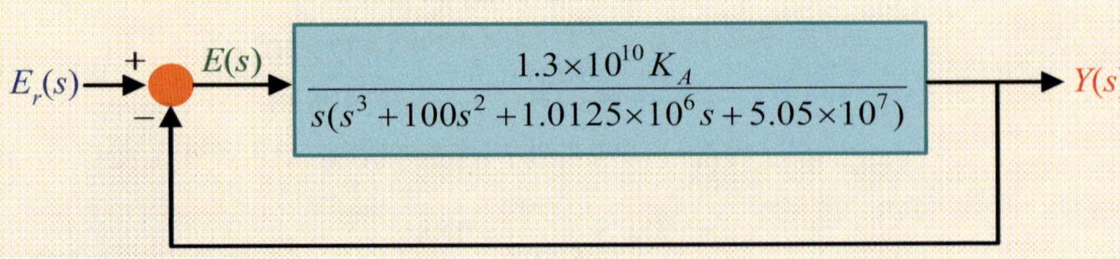

그림 8-4
예제 8-3의 그림.

외란에 의한 정상상태 오차

그림 8-5의 단위-이득 궤환 제어 시스템은 외란에 의한 영향을 보여주며 이에 대해서는 6.1 절에서 설명한 바 있다. 외란 $d(t)$에 의한 출력 성분과 오차 성분을 따로 $c_d(t)$, $e_d(t)$라 하면 단위-이득 궤환에 의해 $e_d(t)=-c_d(t)$이다. 따라서 식 (6-4)~(6-8)에서 $H(s)=1$로 하면 $E_d(s)$와 $D(s)$의 관계는 다음과 같다.

$$E_d(s)=-C_d(s)=-\frac{G_p(s)}{1+G_c(s)G_p(s)}D(s) \tag{8-27}$$

이로부터 외란에 의한 정상 상태 오차 $e_d(\infty)$는 다음과 같이 표현된다.

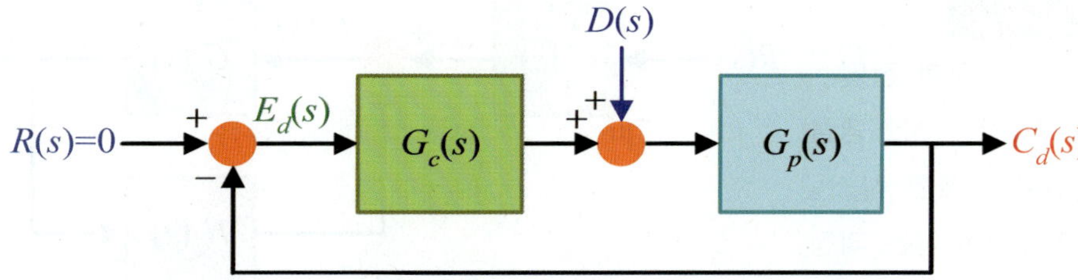

그림 8-5
외란의 영향을 보여주는 궤환 제어 시스템.

$$e_d(\infty) = -\lim_{s\to 0}\frac{sG_p(s)}{1+G_c(s)G_p(s)}D(s) \tag{8-28}$$

여기서 $d(t)=u_s(t)$, 즉 $D(s)=1/s$로 가정하면 계단 외란에 의한 정상 상태 오차는 다음과 같다.

$$e_d(\infty) = -\frac{1}{\lim\limits_{s\to 0}\frac{1}{G_p(s)}+\lim\limits_{s\to 0}G_c(s)} \qquad (d(t)=u_s(t)) \tag{8-29}$$

따라서 $G_p(s)$의 직류 이득은 가능한 한 작게 하고 $G_c(s)$의 직류 이득은 가능한 한 크게 할수록 외란의 영향이 작아진다.

일반적인 궤환

궤환 제어 시스템에서 궤환 경로에 보상기가 설치되거나 또는 출력을 감지하는 감지기의 상수가 1이 아닌 경우는 단위-이득 궤환이 아니다. 이런 경우를 일반화시킨 것이 그림 8-6(a)이다. 이런 경우는 그림 (b)~(e)의 단계를 거쳐 단위-이득 궤환 형태로 변환시켜 앞에서와 같은 방법으로 정상 상태 오차를 구할 수 있다. 그림 8-6(a)에서 전달 함수 $G_c(s)$를 가산점의 오른쪽으로 이동시켜 그림 (b)로 하면 $G(s)=G_c(s)G_p(s)$, $H(s)=H_c(s)/G_c(s)$이다. 그리고 그림 (b)는 다시 그림 (c)로 표현할 수 있으며 이는 그림 (d)와 같다. 그 결과

$$\frac{C(s)}{E_1(s)} = \frac{G(s)}{1+G(s)(H(s)-1)} = \frac{G(s)}{1+G(s)H(s)-G(s)} \tag{8-30}$$

따라서 그림 8-6(d)는 그림 (e)와 등가적이다. 이상으로 그림 8-6(a)는 그림 (e)와 같은 단위-이득 궤환 시스템으로 변환시킬 수 있다. 그림 (e)의 개루프 전달 함수를 $G_{OL}(s)$라 하면 $G(s)=G_c(s)G_p(s)$, $H(s)=H_c(s)/G_c(s)$에 의해 다음과 같이 표현됨을 알 수 있다.

$$G_{OL}(s) = \frac{G_c(s)G_p(s)}{1+[H_c(s)-G_c(s)]G_p(s)} \tag{8-31}$$

그림 8-6
일반적인 궤환 전달 함수를 갖는 시스템을 단위-이득 궤환 시스템으로 변환시키는 과정.

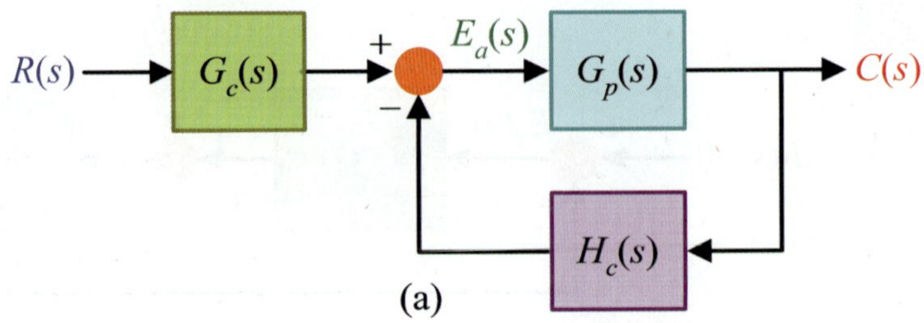

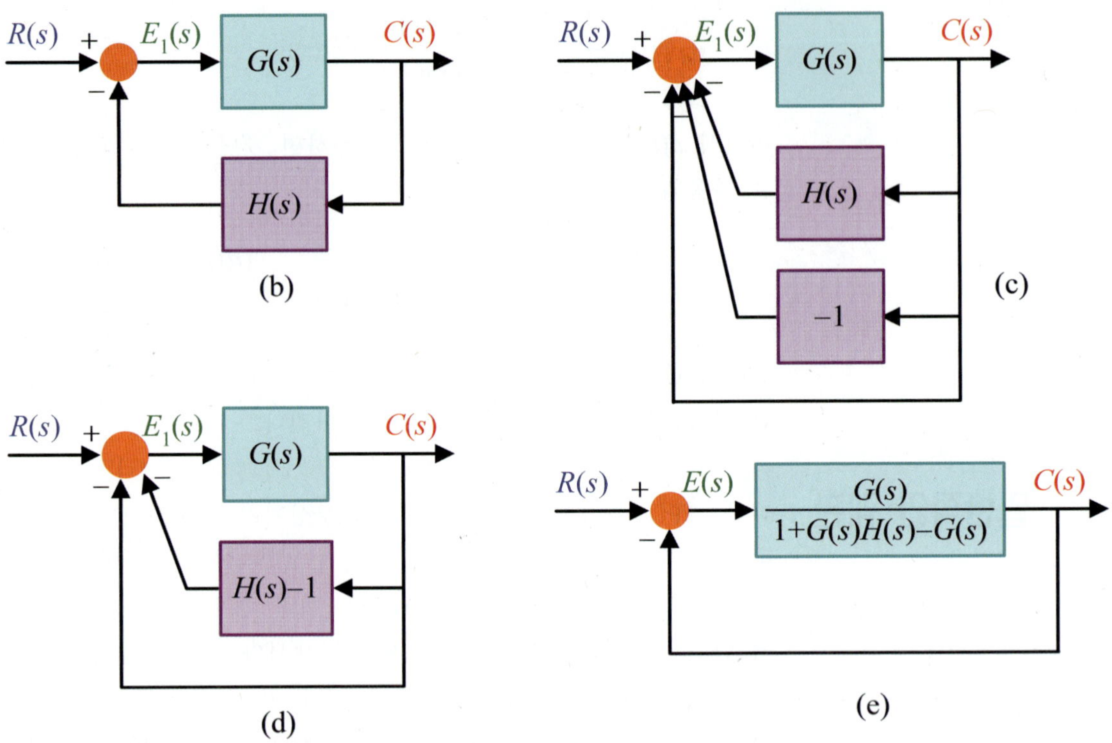

예제 8-4 그림 8-7의 시스템에서 계단 입력에 대한 정상 상태 오차를 구하라.

그림 8-7
예제 8-4의 그림.

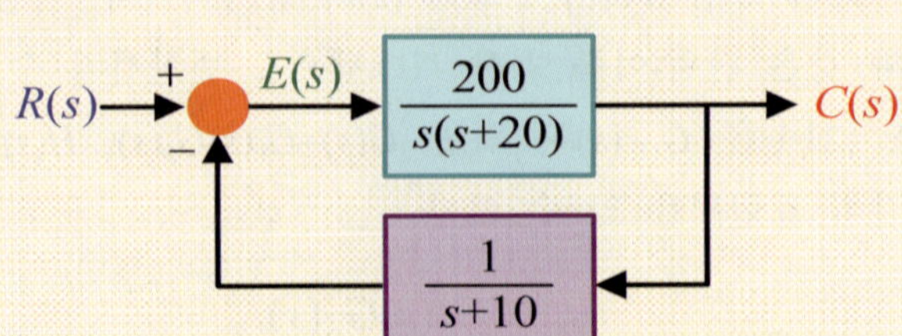

풀이>> 이 시스템은 전방향 전달 함수만 보면 유형 1의 시스템으로 보일 수 있다.

그러나 단위-이득 궤환이 아니기 때문에 그렇지 않을 수도 있다. 그림 8-7을 그림 8-6(a)에 대조시키면

$$G_c(s)=1,\quad G_p(s)=\frac{200}{s(s+20)},\quad H_c(s)=\frac{1}{s+10}$$

따라서 단위-이득 궤환으로 환산할 때의 개루프 전달 함수는 다음과 같다.

$$\begin{aligned}G_{\text{OL}}(s)&=\frac{G_c(s)G_p(s)}{1+[H_c(s)-G_p(s)]G_p(s)}\\&=\frac{200(s+10)}{s(s+20)(s+10)+(1-s-10)200}\\&=\frac{200(s+10)}{s^3+30s^2-1800}\end{aligned}$$

즉 유형 0의 시스템이며 위치 상수 K_p는

$$K_p=\lim_{s\to 0}\frac{200(s+10)}{s^3+30s^2-1800}=-\frac{2000}{1800}=-1.11$$

따라서 정상 상태 오차는

$$e_p(\infty)=\frac{1}{1+K_p}=\frac{1}{1-1.11}=-9.1$$

정상 상태 오차가 음수이므로 출력의 계단 응답은 입력 계단보다 더 크다.

그림 8-8은 단위-이득 궤환이 아닌 시스템에서 외란이 있는 경우를 보여준다. 오차 $E(s)$에는 지시 입력 $R(s)$에 의한 성분과 외란 $D(s)$에 의한 두 가지 성분이 있으며 다음과 같음을 알 수 있다

$$E(s)=\left[1-\frac{G_c(s)G_p(s)}{1+G_c(s)G_p(s)H_c(s)}\right]R(s)-\left[\frac{G_p(s)}{1+G_c(s)G_p(s)H_c(s)}\right]D(s) \tag{8-32}$$

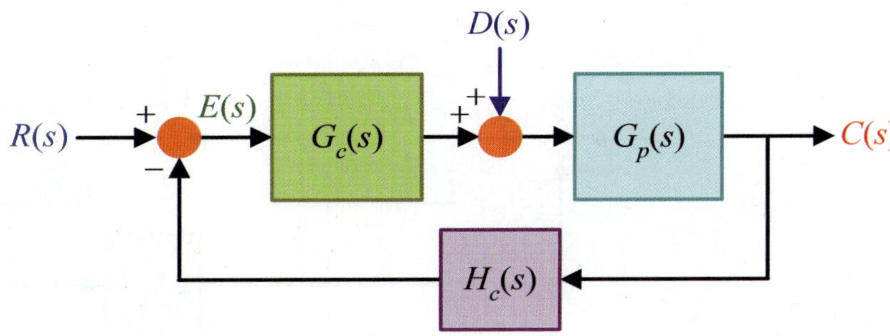

그림 8-8 단위-이득 궤환이 아닌 시스템에 외란이 있는 일반적인 형태.

예제 8-5

◆ **프린터 벨트 구동 시스템** ◆

그림 8-9(a)는 예제 6-4에서 해석한 바 있는 프린터 벨트 구동 시스템이다. 예제 6-4에서는 속도 v_2를 궤환시키지만 그림 8-9(a)는 위치 y_2를 궤환시켜 제어한다. 그림 8-9(a)의 각 파라미터 값들은 L_a=1 mH, K=20 N-m/rad 및 증폭기 K_A와 위치 감지기 상수 K_F만 제외하면 예제 6-4와 동일하다.

(a) K_A=1로 할 때 $e_a=T_d=u_s(t)$에 대한 e의 정상 상태 값을 K_F로 표현하고 e_a에 대한 정상 상태 오차가 0이 되는 조건을 구하라. 그리고 이 조건에서 T_d에 의한 정상 상태 오차가 0이 되는지 알아보라.

(b) (a)에서 구한 K_F 하에서 $T_d=u_s(t)$에 대한 정상 상태 오차를 10% 이내로 줄일 수 있는 증폭기 이득 K_A를 구하고 안정성을 판단하라.

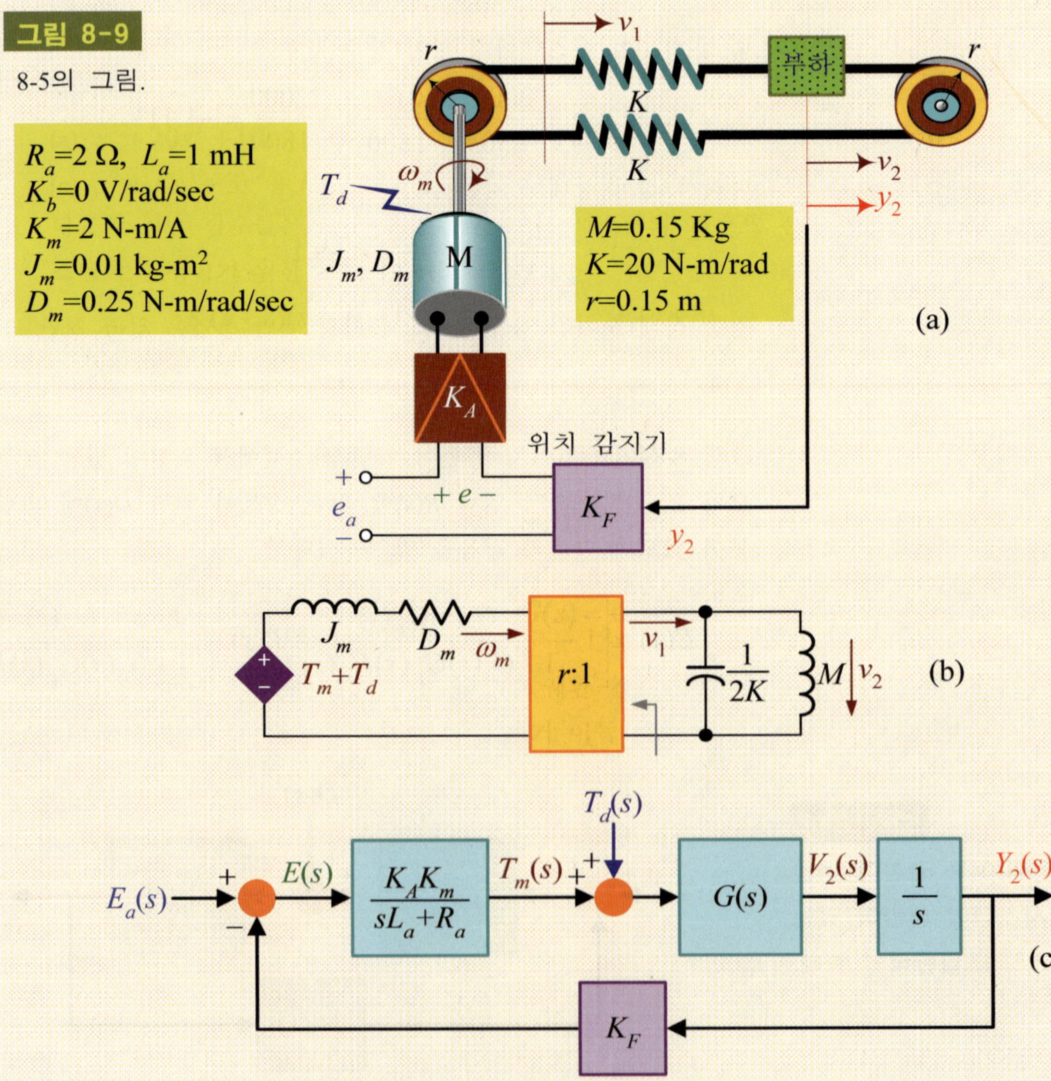

그림 8-9
예제 8-5의 그림.

풀이>> (a) 전동기 토크로부터 출력 속도에 이르는 상사 회로가 그림 (b)이며 변압기 일차측을 이차측으로 환산하면 폐로 방정식은 다음과 같다.

$$\begin{bmatrix} \frac{J_m}{r^2}s+\frac{D_m}{r^2}+\frac{2K}{s} & -\frac{2K}{s} \\ -\frac{2K}{s} & Ms+\frac{2K}{s} \end{bmatrix} \begin{bmatrix} V_1(s) \\ V_2(s) \end{bmatrix} = \begin{bmatrix} \frac{T_m(s)+T_d(s)}{r} \\ 0 \end{bmatrix}$$

양변에 s를 곱한 후 값을 대입하면

$$\begin{bmatrix} 0.444s^2+11.1s+40 & -40 \\ -40 & 0.15s^2+40 \end{bmatrix} \begin{bmatrix} V_1(s) \\ V_2(s) \end{bmatrix} = \begin{bmatrix} 6.67s(T_m(s)+T_d(s)) \\ 0 \end{bmatrix}$$

이로부터 전달 함수 $G(s)=V_2(s)/(T_m(s)+T_d(s))$는 다음과 같다.

$$G(s)=\frac{\begin{bmatrix} 0.444s^2+11.1s+40 & 6.67s \\ -40 & 0 \end{bmatrix}}{\begin{vmatrix} 0.444s^2+11.1s+40 & -40 \\ -40 & 0.15s^2+40 \end{vmatrix}} = \frac{4000}{s^3+25s^2+356s+6657}$$

그리고

$$\frac{T_m(s)}{E(s)}=\frac{K_AK_m}{sL_a+R_a}=\frac{2000K_A}{s+2000}$$

따라서 그림 8-9(a)의 블록 선도는 그림 (c)와 같으며 이를 그림 8-8에 대비시키면 다음과 같다(K_A=1).

$$\begin{cases} G_c(s)=\frac{2000}{s+2000} \\ G_p(s)=\frac{G(s)}{s}=\frac{4000}{s(s^3+25s^2+356s+6657)} \\ H_c(s)=K_F \end{cases}$$

따라서 식 (8-32)에 위의 식을 대입하면 오차 $E(s)$는 다음과 같다.

$$E(s)=\left[1-\frac{8\times10^6}{s(s^3+25s^2+356s+6657)(s+2000)+8\times10^6 K_F}\right]E_a(s)$$
$$-\left[\frac{4000(s+2000)}{s(s^3+25s^2+356s+6657)(s+2000)+8\times10^6 K_A}\right]T_d(s)$$

여기서 $E_a(s)=T_d(s)=1/s$에 대한 정상 상태 오차를 구하면

$$e(\infty)=\left[1-\frac{8\times10^6}{8\times10^6 K_F}\right]-\left[\frac{8\times10^6}{8\times10^6 K_F}\right]=\left[1-\frac{1}{K_F}\right]-\frac{1}{K_F}$$

위의 결과에서 우변 첫번째 항이 입력 e_a에 대한 오차이며 두 번째 항은 외란 T_d에 대한 오차이다. 따라서 입력에 대한 오차가 0이 되기 위해서는

$$K_F=1$$

을 만족하여야 한다. 그러나 외란에 대한 정상 상태 오차는 $-1/K_F=-1$이 된다. 즉 외란에 의한 위치 변동은 $y_2=1$이다.

(b) $K_F=1$로 하고 증폭기 이득 K_A를 고려하면

$$G_c(s)=\frac{2000K_A}{s+2000}$$

이며 $G_p(s), H_c(s)$는 (a)의 경우와 동일하다. 따라서

$$E(s)=\left[1-\frac{8\times10^6 K_A}{s(s^3+25s^2+356s+6657)(s+2000)+8\times10^6 K_A}\right]E_a(s)$$
$$-\left[\frac{4000(s+2000)}{s(s^3+25s^2+356s+6657)(s+2000)+8\times10^6 K_F}\right]T_d(s)$$

이로부터 $E_a(s)=T_d(s)=1/s$에 대한 정상 상태 오차를 구하면

$$e(\infty)=\left[1-\frac{8\times10^6 K_A}{8\times10^6 K_A}\right]-\left[\frac{8\times10^6}{8\times10^6 K_A}\right]=-\frac{1}{K_A}$$

따라서 입력에 대한 정상 상태 오차는 여전히 0이 된다. 그리고 외란에 의한 정상 상태 오차가 $-1/K_A$이므로 이를 10% 이내로 하기 위해서는

$$K_A\ge10$$

으로 하면 된다. 이 시스템의 특성 방정식이

$$s(s^3+25s^2+356s+6657)(s+2000)+8\times10^6 K_A=0$$

즉

$$s^5 + 2025s^4 + 50356s^3 + 718657s^2 + 13314000s + 8\times10^6 K_A = 0$$

위의 방정식에 대해 Routh표를 작성하면 다음과 같다.

s^5	1	50356	13314000
s^4	2025	718657	$8\times10^6 K_A$
s^3	5×10^4	$13314000-3950K_A$	0
s^2	$179440+160K_A$	$8\times10^6 K_A$	0
s^1	$\dfrac{-6.32K_A^2 - 4\times10^6 K_A + 2.4\times10^7}{10^{-5}(160K_A + 179440)}$	0	0
s^0	$8\times10^6 K_A$	0	0

따라서 모든 근이 LHF에 있기 위한 조건은

$$K_A > 0 \quad \text{및} \quad 6.32K_A^2 + 4\times10^6 K_A - 2.4\times10^7 < 0$$

이므로 안정을 위한 K_A의 범위는 다음과 같다.

$$0 < K_A < 6$$

따라서 $K_A=10$이면 불안정하므로 외란에 의한 정상 상태 오차는 20%($K_A=5$) 정도 이상 허용하여야 안정적인 시스템으로 동작할 수 있다.

8.3 일차 시스템의 시간 응답

시스템의 시간 응답은 시스템의 차수와 극점의 위치에 의해 결정된다. 일차 시스템의 전달 함수는

$$G(s) = \frac{a}{s+a} \quad \textbf{(8-33)}$$

로 극점은 $s=-a$로 한 개이다. 물론 실제 구현 가능한 시스템이 되기 위해서는 a는 양의 실수여야 한다. 특히 a의 역수인

$$\tau = 1/a \quad \textbf{(8-34)}$$

를 시정수라 하며 중요하게 취급된다. 식 (8-33)의 계단 응답은

$$c(t) = 1 - e^{-at} = 1 - e^{-t/\tau} \quad \textbf{(8-35)}$$

이며 그림 8-10과 같다. 시정수는 계단 응답이 정상 상태의 63%에 도달하는 시간이며 시정수가 적을수록 과도 상태가 빨리 종식된다. 시정수 외에 시간 응답 특성을 결정짓는 중요한 변수로 상승 시간과 정착 시간이 있다.

■ **상승 시간, T_r** 상승 시간은 최종치의 10%에서 90%까지 이르는데 걸리는 시간이다. 식 (8-35)에서 $c(t)$=0.1, $c(t)$=0.9를 풀어 상승 시간을 구하면

$$T_r = 2.31\tau - 0.11\tau = 2.2\tau \tag{8-36}$$

■ **정착 시간, T_s** 정착 시간은 최종치의 2%이내에 도달하는데 걸리는 시간으로 식 (8-35)에서 $c(t)$=0.98을 풀면 다음과 같다.

$$T_s = 4\tau \tag{8-37}$$

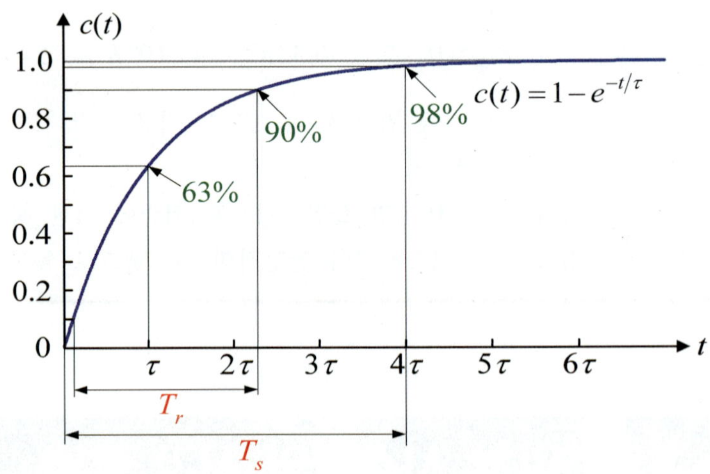

그림 8-10 일차 시스템의 계단 응답.

계단 함수는 급격히 변하는 불연속점 t=0에 고주파 성분이 많이 포함되어 있다. 따라서 고주파 성분이 많이 제거될수록 응답 속도가 느려지며(시정수가 증가), 반대로 고주파가 많이 포함될수록 응답 속도는 빨라진다(시정수 감소). 이는 그림 8-11의 일차 시스템의 시간 응답과 주파수 응답 관계로 설명할 수 있다(주파수 응답에 대해서는 10장에서 보다 자세히 설명한다). 시정수가 τ인 일차 시스템은 저역통과 필터이며 차단 주파수는 시정수에 반비례하는 $1/\tau$, 즉 극점의 크기 a와 같다. 따라서 그림 8-11의 극-영점도에서 극점의 위치가 화살표 방향으로 이동할수록 대역폭이 증가하므로 더 많은 고주파 성분이 포함된다. 따라서 계단 응답은 그림에서 표시된 바와 같이 화살표 방향으로 가면서 응답 속도가 빨라지게 되는 것이다. 이로써 극점의 위치가 대역폭과 응답 속도를 결정짓는다는 것을 알 수 있다.

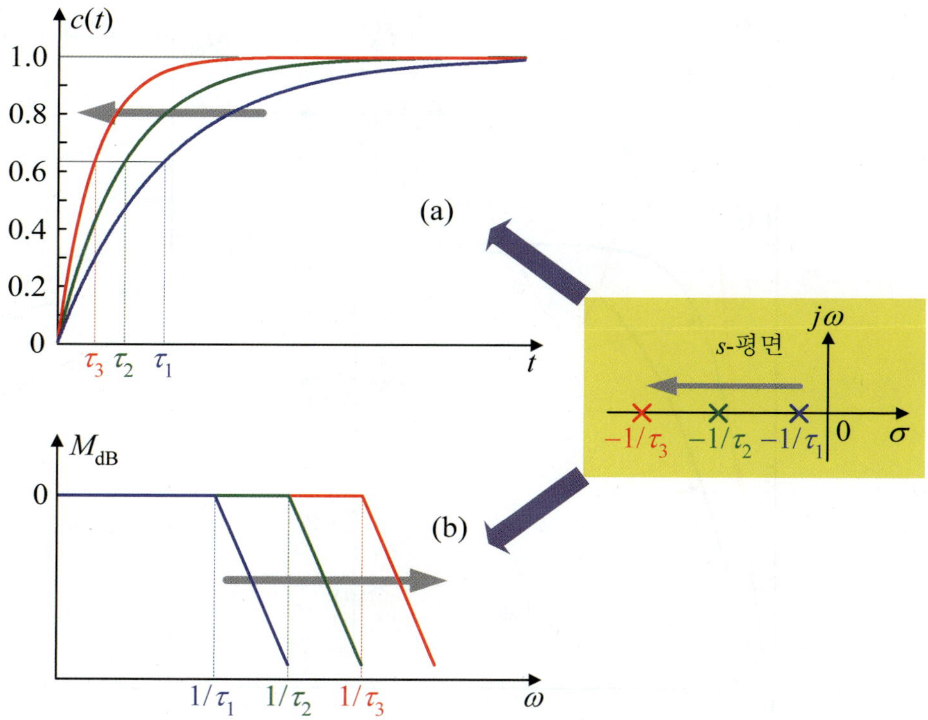

그림 8-11 일차 시스템의 극점의 위치에 따른 계단 응답과 대역폭.

8.4 이차 시스템의 시간 응답

이차 시스템의 특성 방정식은 근이 실근뿐 아니라 중근과 복소근을 가질 수 있다. 실근과 중근일 경우는 두 일차 시스템의 결합과 같으며 시간 및 주파수 응답도 일차 특성과 유사하다. 그림 8-12는 극점의 위치에 따른 이차 시스템의 계단 응답과 주파수 응답을 함께 보여준다. 이차 시스템의 전달 함수가 실근(과제동)일 경우는 부분 분수 전개에 의해

$$G(s)=\frac{b_0 s+b_1}{s^2+a_1 s+a_0}=\frac{k_1}{s+p_1}+\frac{k_2}{s+p_2} \qquad \textbf{(8-38)}$$

와 같이 두 일차 함수의 결합으로 표현된다. 그리고 임계제동일 경우는

$$G(s)=\frac{b_0 s+b_1}{s^2+a_1 s+a_0}=\frac{k_1}{s+p_1}+\frac{k_2}{(s+p_1)^2} \qquad \textbf{(8-39)}$$

이며 이 역시 근이 실근이므로 일차 시스템 특성과 크게 다르지 않다. 따라서 과제동 및 임계제동의 주파수 응답도 그림 8-12에서와 일차 특성과 유사하다. 한편 극점이 공액 복소수인 부족 제동에서는 일차 시스템에는 없는 이

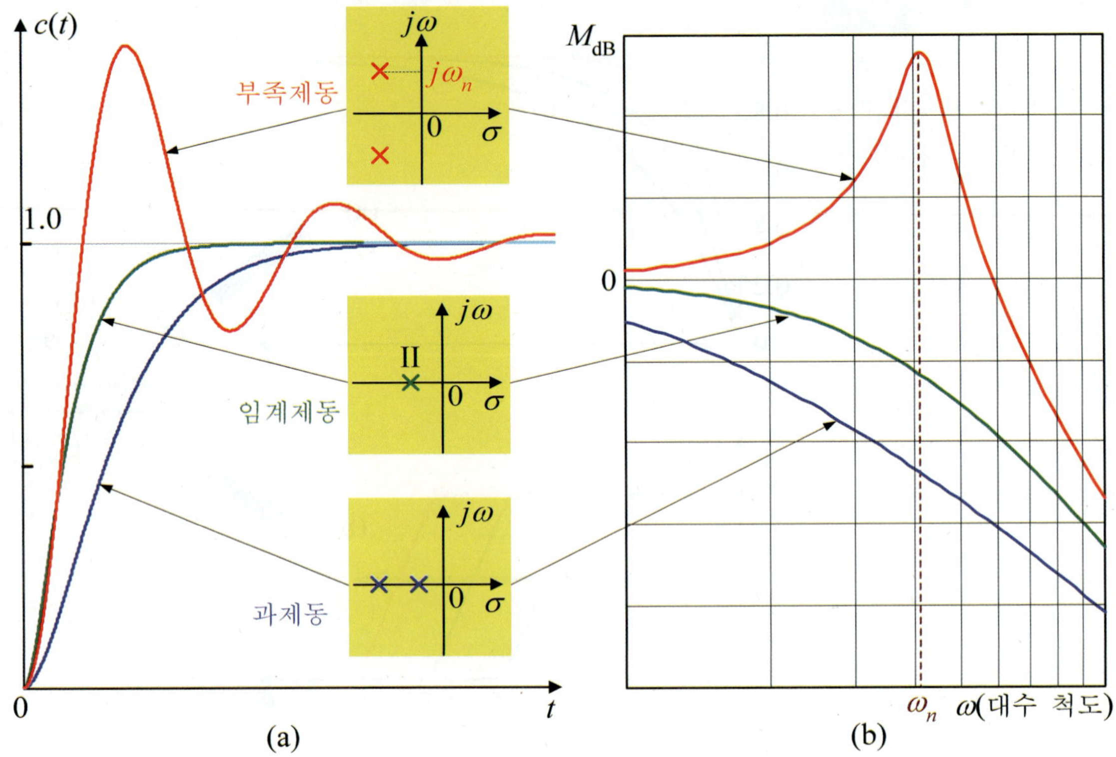

그림 8-12 이차 시스템의 극점의 위치에 따른 시간 응답과 주파수 응답 특성.

차 시스템 특유의 진동 성질이 나타난다. 즉 부족제동의 경우 주파수 응답은 그림 8-12에서와 같이 특정 주파수를 중심으로 봉우리 특성을 보인다. 따라서 시간 응답에서도 이 주파수를 중심으로한 성분들이 다른 성분들에 비해 특히 강조되어 나타나므로 고유한 진동 특성을 보이는 것이다. 그러나 극점이 허수일 경우는 주파수 응답은 중심 주파수에서 크기가 무한대가 되어 다른 모든 주파수 성분은 상대적으로 제거된다. 따라서 계단 응답은 순수한 정현파가 나타나며 이를 발진, 또는 공진이라 한다.

부족제동 시스템

부족제동 이차 시스템을 기준으로 한 표준형은 다음과 같다.

$$G(s)=\frac{\omega_n^2}{s^2+2\zeta\omega_n+\omega_n^2} \tag{8-40}$$

그리고 부족제동인 $\zeta<1$에 대한 계단 응답은 다음과 같다.

$$c(t) = 1 - \frac{1}{\sqrt{1-\zeta^2}} e^{-\zeta\omega_n t} \sin(\omega_n \sqrt{1-\zeta^2}\, t + \theta), \qquad (8\text{-}41)$$
$$\theta = \cos^{-1}\zeta$$

위의 식에서 ζ와 ω_n을 각각 제동비, 고유 주파수라 하며 $\zeta<1$일 때 식 (8-40)의 근은 두 개의 공액 복소수로서 다음과 같다.

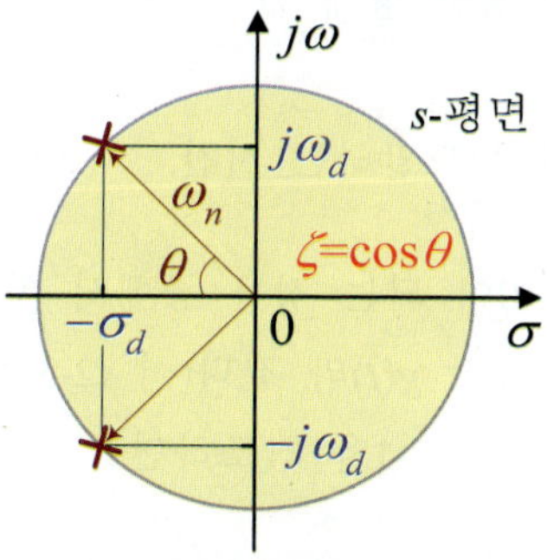

그림 8-13
부족제동의 극-영점도.

$$s_{1,2} = -\zeta\omega_n \pm j\omega_n\sqrt{1-\zeta^2} = -\sigma_d \pm j\omega_d \qquad (8\text{-}42)$$

여기서 변수 σ_d를 제동 상수라 하고 ω_d를 재동 고유 주파수라 하며

$$\sigma_d = \zeta\omega_n, \quad \omega_d = \omega_n\sqrt{1-\zeta^2} \qquad (8\text{-}43)$$

로 정의한다. 이상으로 $\zeta<1$일 때 식 (8-40)의 극-영점도는 그림 8-13과 같다. 그림 8-14는 부족제동 이차 시스템의 계단 응답을 보여준다. 부족제동의 경우는 ζ와 ω_n 외에 다음과 같이 또 다른 변수인 퍼센트 오버슛(overshoot), 피크 시간, 정착 시간, 상승 시간 등을 정의한다:

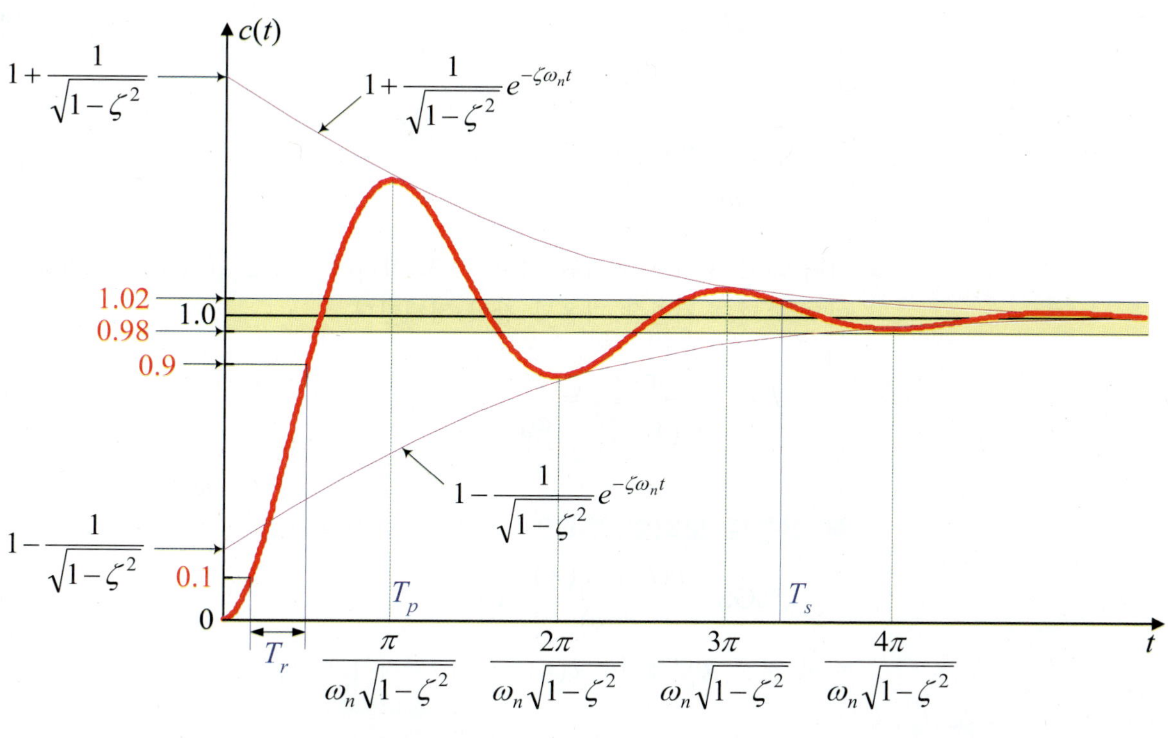

그림 8-14 부족제동 이차 시스템의 계단 응답.

1. 피크 시간, T_p: 계단 응답의 첫번째 최대치에 도달하는 시간
2. 퍼센트 오버슛 %OS: 따라서 모두 우세 극점 현상이 생기므로 $L_a=0$으로 무시할 수 있으며 각 경우에 대한 계단 응답은 거의 그림 8-23과 같다. 피크 시간에서 정상 상태 값을 넘어서는 양으로 정상 상태 값에 대한 퍼센트로 표현한다.
3. 정착 시간, T_s: 과도 상태에서 감쇄 진동이 정상 상태 값과 2% 오차 내에 진입하는데 걸리는 시간.
4. 상승 시간, T_r: 정상 상태의 10%에서 90%까지 도달하는 시간.

■ **피크 시간, T_p** 그림 8-14에서 $c(t)$의 미분이 0이 되는 점들 중에서 첫 번째가 최대점이며 계단 응답 $c(t)$의 미분은 충격 응답 $g(t)$와 같다(식 (2-34) 참조). 따라서 식 (8-40)의 역라플라스 변환인 $g(t)$는 표 2-1을 참조하면

$$\frac{dc(t)}{dt}=g(t)=\frac{\omega_n}{\sqrt{1-\zeta^2}}e^{-\zeta\omega_n t}\sin\omega_n\sqrt{1-\zeta^2}\,t \tag{8-44}$$

위의 식을 0으로 하면 임의의 정수 n에 대해

$$\omega_n\sqrt{1-\zeta^2}\,t=n\pi \tag{8-45}$$

또는

$$t=\frac{n\pi}{\omega_n\sqrt{1-\zeta^2}} \tag{8-46}$$

이며 그림 8-14에 표시된 바와 같다. 따라서 $n=1$일 때 $c(t)$의 오버슛은 최대이므로 피크 시간은 다음과 같이 정해진다.

$$T_p=\frac{\pi}{\omega_n\sqrt{1-\zeta^2}}=\frac{\pi}{\omega_d} \tag{8-47}$$

■ **퍼센트 오버슛, %OS** 그림 8-14에서 퍼센트 오버슛은

$$\%OS=\frac{c(T_p)-c(\infty)}{c(\infty)}\times 100 \tag{8-48}$$

이며 계단 응답에서는 $c(\infty)=1$이다. 따라서 식 (8-41)에 식 (8-47)을 대입하면

$$c(T_p)=1-\frac{1}{\sqrt{1-\zeta^2}}e^{-(\zeta\pi/\sqrt{1-\zeta^2})}\sin(\pi+\cos^{-1}\zeta) \tag{8-49}$$

여기서

$$\frac{1}{\sqrt{1-\zeta^2}}\sin(\pi+\cos^{-1}\zeta) = -\frac{1}{\sqrt{1-\zeta^2}}\sin(\cos^{-1}\zeta) = -1 \tag{8-50}$$

이므로

$$c(T_p) = 1 + e^{-(\zeta\pi/\sqrt{1-\zeta^2})} \tag{8-51}$$

따라서 식 (8-48)의 %OS는 다음과 같이 주어진다.

$$\%OS = e^{-(\zeta\pi/\sqrt{1-\zeta^2})} \times 100 \tag{8-52}$$

여기서 주의할 점은 퍼센트 오버슛은 오직 제동비 ζ에만 의존한다는 점이다. 그리고 식 (8-52)는 다음과 같이 ζ에 관해 고쳐 쓸 수도 있다.

$$\zeta = \frac{-\ln(\%OS/100)}{\sqrt{\pi^2 + \ln^2(\%OS/100)}} \tag{8-53}$$

식 (8-52)를 도시하면 그림 8-15와 같다.

그림 8-15
제동비에 따른 %OS.

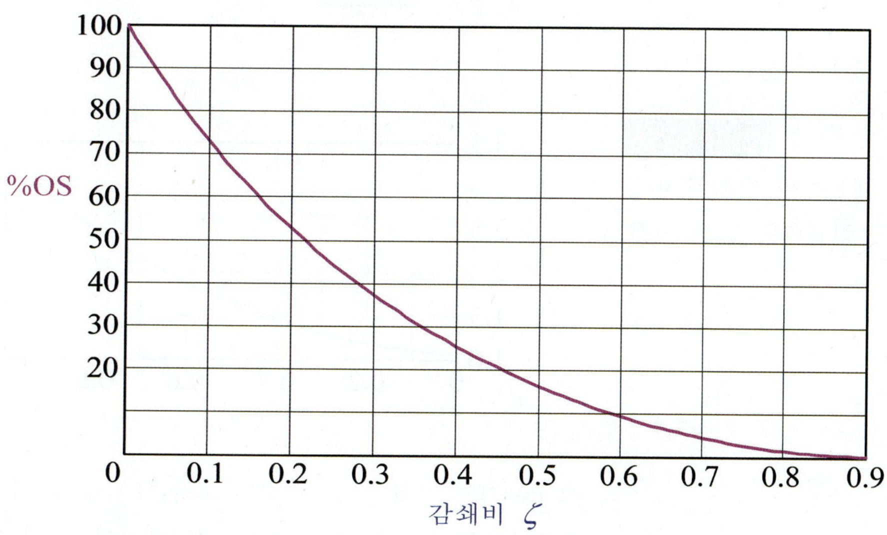

■ **정착 시간, T_s** 그림 8-14에서 $c(t)$가 정상 상태의 2% 오차내에 진입하는 시간 T_s는

$$e^{-\zeta\omega_n T_s}/\sqrt{1-\zeta^2} = 0.02 \tag{8-54}$$

를 만족하며 이는 정착 단계에서는

$$\sin(\omega_n\sqrt{1-\zeta^2}t+\theta)=1 \tag{8-55}$$

이라고 가정한 결과이다. 식 (8-44)를 T_s에 관해 풀면

$$T_s = \frac{-\ln\left(0.02\sqrt{1-\zeta^2}\right)}{\zeta\omega_n} \tag{8-56}$$

위의 식에서 ζ가 0에서 0.9 사이로 변할 때 분자는 3.91에서 4.74 사이에서 변함을 계산으로 알 수 있다. 따라서 식 (8-56)의 정착 시간은 앞으로 다음과 같은 근사식을 사용하기로 한다.

$$T_s = \frac{4}{\zeta\omega_n} = \frac{4}{\sigma_d} \tag{8-57}$$

■ **상승 시간, T_r** 그림 8-14에서 $c(t)$가 정상 상태의 10%에서 90%에 이르는 상승 시간은 정확한 식으로 나타내기 어렵다. 다만 컴퓨터를 이용해 계산해 보면 ζ의 변화에 따른 $\omega_n T_r$의 변화는 그림 8-16과 같으며 이로부터 다음과 같이 유용한 근사식을 이용할 수 있다.

$$T_r \cong \frac{2.16\zeta+0.6}{\omega_n} \tag{8-58}$$

그림 8-16
제동비의 변화에 따른 정규화된 상승 시간.

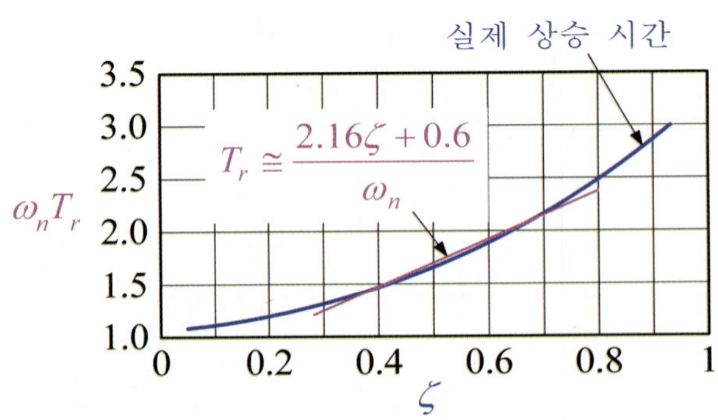

식 (8-47)의 피크 시간은 제동 고유 주파수 ω_d에 반비례하며 정착 시간은 식 (8-57)과 같이 제동 상수 σ_d에 반비례한다. 그리고 퍼센트 오버슛은 식 (8-52)와 같이 제동비 ζ에만 위존한다. 따라서 그림 8-13의 극-영점도로부터 부족 제동 이차 시스템의 계단 응답 특성을 명백하게 판단할 수 있으며 그림 8-17이 이를 보여준다. 그림 8-17(a)은 극점의 허수부인 제동 고유 주파수 ω_d를 일정하게 한 상태이므로 피크 시간 $T_p=\pi/\omega_d$는 일정하다. 이 상태에서 극점을 1, 2, 3의 순서로 이동하면 실수부인 σ_d가 증가하며 편각 θ가 감소하므로

그림 8-17 극점의 위치 변화에 따른 부족제동 이차 시스템의 계단 응답: (a) 허수부가 일정; (b) 실수부가 일정; (c) 제동비가 일정.

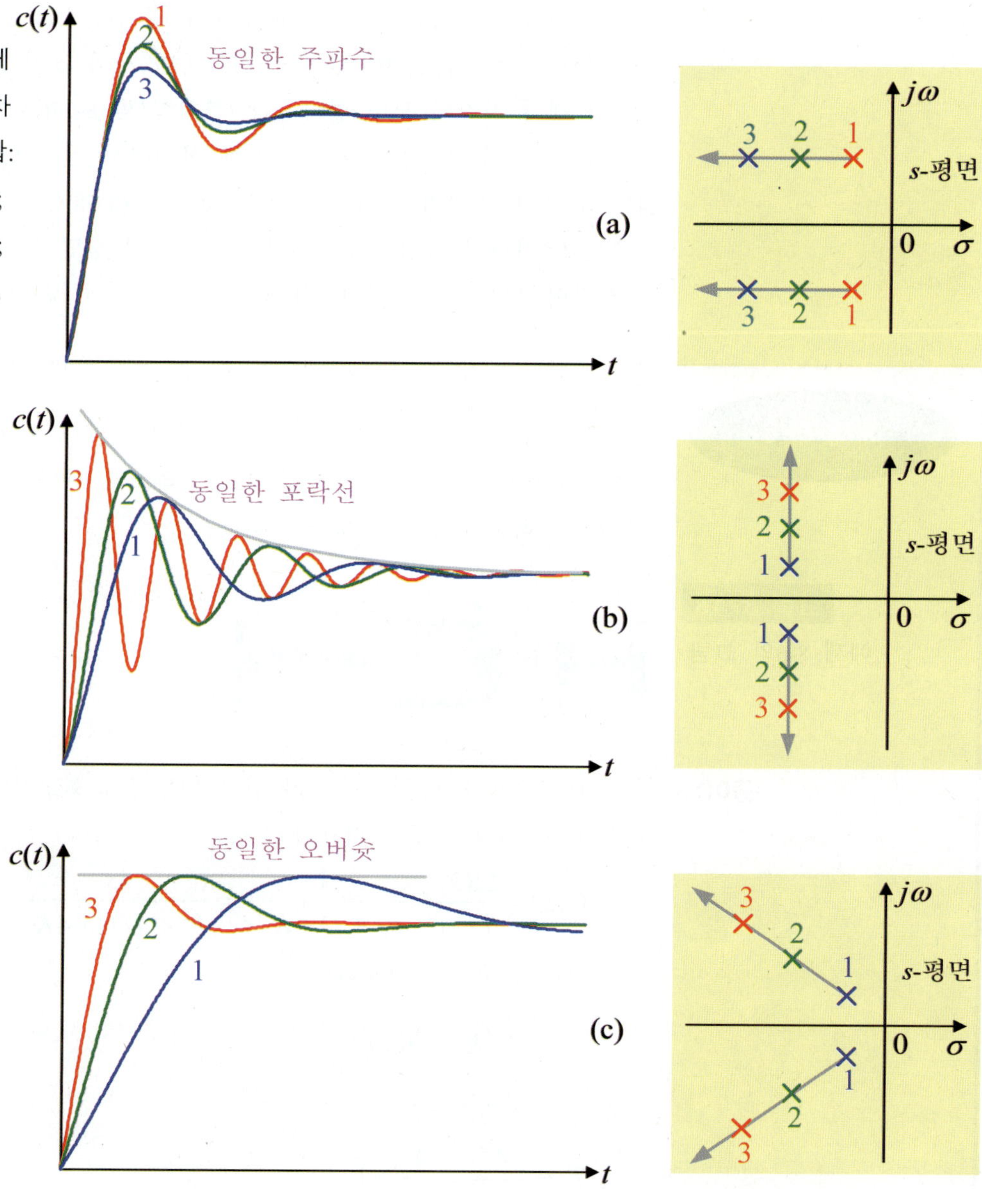

$\zeta=\cos\theta$에의해(식 (8-41)) ζ도 증가한다. 따라서 정착 시간 $T_s=4/\sigma_d$는 작아지며 식 (8-52)에 의해 퍼센터 오버슛은 줄어든다.

그림 8-17(b)는 극점의 실수부인 σ_d가 일정하므로 포락선이 동일하며 정착 시간 $T_s=4/\sigma_d$도 일정하다. 이 상태에서 극점을 1, 2, 3의 순서로 이동하면 허수부 ω_d의 증가로 진동 주파수가 증가하며 θ의 증가로 ζ가 감소하므로 오버슛이 커진다.

그림 8-17(c)에서는 극점의 편각 θ가 일정하므로 오버슛이 일정하다. 이 상태에서 극점을 1, 2, 3의 순서로 이동하면 ω_d와 σ_d가 모두 증가하므로 피크 시간과 정착 시간이 모두 빨라진다. 특히 그림 8-17(c)는 제어 측면에서 시사하는 바가 크다. 즉 편각 θ가 일정한 상태에서 원점으로부터 극점까지의 거리인 ω_d가 1, 2, 3의 순서로 증가하므로 식 (8-58)에 의해 상승 시간이 점차 단축된다. 따라서 극점이 1, 2, 3의 순서로 이동하면 동일한 오버슛 하에서 상승 시간이 감소하므로 제어면에서 매우 바람직한 것이다.

예제 8-6 그림 8-18의 회전 기계계에서 입력 토크 T가 계단 함수일 때 출력 ω의 오버슛은 10%로 하고 정착 시간은 1초로 하고자 한다. J=0.25 kg-m^{2}일 때 K와 D를 구하고 상승 시간도 구하라.

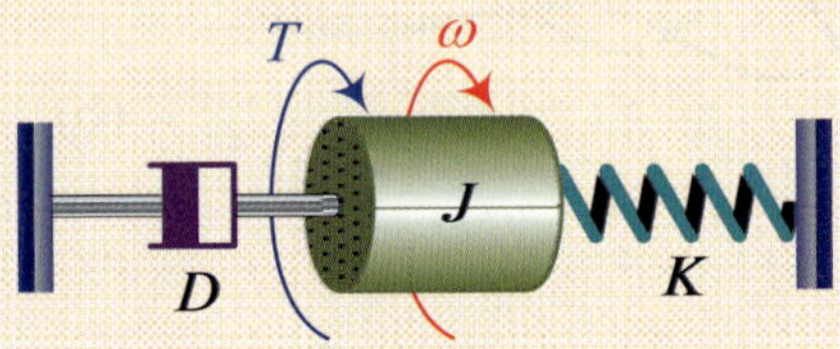

그림 8-18 예제 8-6의 그림.

풀이>> 기계적인 요소가 모두 각속도가 같으므로 상사 회로상에서는 직렬 결합이다. 따라서 전달 함수는 다음과 같다.

$$G(s) = \frac{\Omega(s)}{T(s)} = \frac{1}{sJ + D + K/s} = \frac{4s}{s^2 + 4Ds + 4K}$$

위의 식을 표준형과 비교하면

$$\omega_n = 2\sqrt{K}, \quad 2\zeta\omega_n = 4D$$

먼저 정착 시간으로부터

$$T_s = \frac{4}{\zeta\omega_n} = \frac{4}{2D} = 1$$

따라서 D=2 N-m/rad/sec이다. 다음으로 10% 오버슛은 식 (8-53)으로부터

$$\zeta = \frac{-\ln(0.1)}{\sqrt{\pi^2 + \ln^2(0.1)}} = 0.6$$

$$\zeta = \frac{4D}{2\omega_n} = \frac{2}{\sqrt{K}} = 0.6$$

따라서 K=11.1 N-m/rad이어야 한다. 이상으로

$$\omega_n = 2\sqrt{K} = 6.67$$

이므로 식 (8-58)로부터 상승 시간은 다음과 같다.

$$T_r = \frac{2.16\zeta + 0.6}{\omega_n} = \frac{2.16 \times 0.6 + 0.6}{6.67} = 0.28 \text{ sec}$$

예제 8-7

그림 8-19(a)의 기계계에서 각 파리마터 값들은 주어진 바와 같다. 입력 전압 e_a가 계단 함수일 때 출력 v의 오버슛은 10%로 하고 정착 시간은 2초로 하고자 한다. 스프링 계수 K, 마찰 계수 B를 구하고 상승 시간도 구하라.

그림 8-19
예제 8-7의 그림.

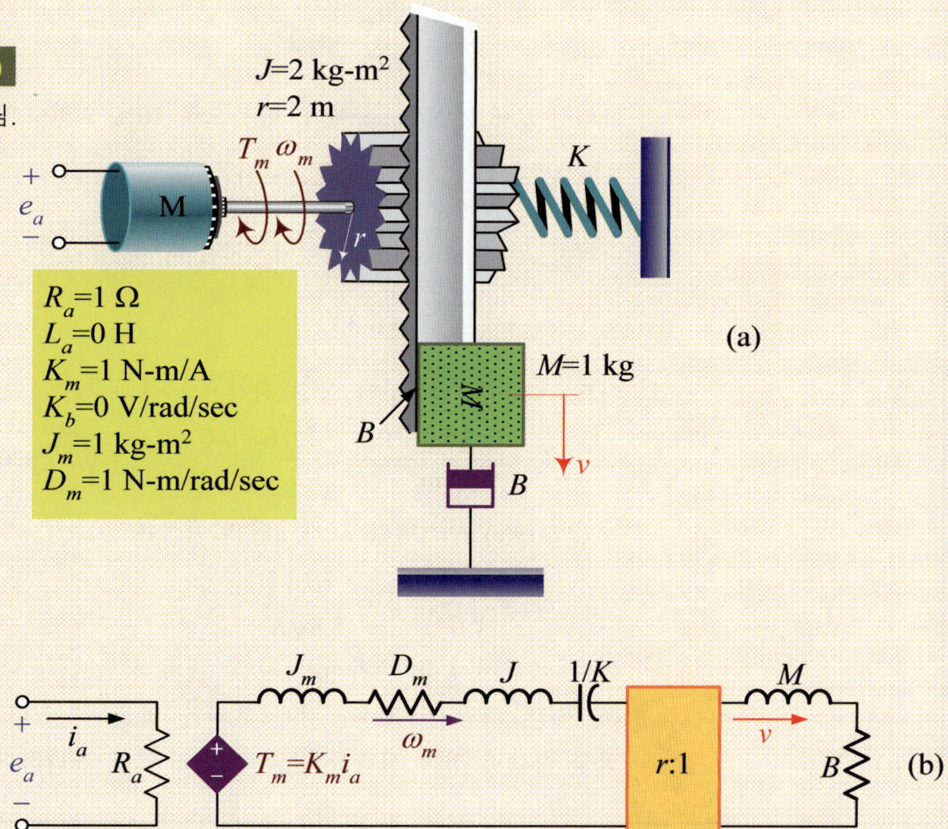

풀이>> 그림 8-19(a)의 상사 회로는 그림 (b)가 되며 변압기의 일차측을 이차측으로 환산하면 다음과 같다.

$$\frac{V(s)}{T_m(s)} = \frac{1/r}{s\left(M + \frac{J_m + J}{r^2}\right) + \left(B + \frac{D_m}{r^2}\right) + \frac{K/r^2}{s}}$$

그리고 $T_m(s)=I_a(s)=E_a(s)$이므로 파라미터 값을 대입하면

$$\frac{V(s)}{E_a(s)} = \frac{0.29s}{s^2 + \frac{4B+1}{7}s + \frac{K}{7}}$$

따라서 표준형과 대조하면

$$\omega_n = \sqrt{K/7}, \quad 2\zeta\omega_n = \frac{4B+1}{7}$$

먼저 정착 시간으로부터

$$T_s = \frac{4}{\zeta\omega_n} = \frac{56}{4B+1} = 2$$

따라서 B=6.75 N/m/sec이다. 다음으로 10% 오버슛은 ζ=0.6이므로

$$\zeta = \frac{4B+1}{14\omega_n} = \frac{28}{14\sqrt{K/7}} = 0.6$$

따라서 K=77.8 N-m/rad이어야 한다. 이상으로

$$\omega_n = \sqrt{K/7} = 3.33$$

이므로 식 (8-58)로부터 상승 시간은 다음과 같다.

$$T_r = \frac{2.16\zeta + 0.6}{\omega_n} = \frac{2.16 \times 0.6 + 0.6}{3.33} = 0.57 \text{ sec}$$

그림 8-19(a) 시스템의 ω_n과 ζ의 일반식은

$$\omega_n = \sqrt{\frac{K}{7}}, \quad \zeta = \frac{4B+1}{5.3\sqrt{K}}$$

이다. 따라서 K를 증가시켜 ω_n을 크게 하면서 동시에 ζ는 일정하도록 B를 조정하면 그림 8-17(c)와 같은 효과를 얻을 수 있다. 즉 동일한 오버슛에서 상승 시간과 정착 시간을 단축시킬 수 있어 유리하다.

8.5 우세 극점

시스템이 복잡해질수록 전달 함수는 극점의 수가 많아진다. 그러나 모든 극점들이 동등한 자격으로 시스템의 과도 상태에 영향을 미치는 것은 아니다. 따라서 해석이나 설계상의 목적을 위해 과도 상태에 특히 영향력이 강한 극점들만 가려내며 이들을 우세 극점(dominant pole)이라 한다. 우세 극점만 취급함으로써 시스템의 차수를 낮추는 효과를 얻을 수 있을 뿐 아니라 해석이나 설계 결과도 별 오차가 없다. 특히 3차 이상의 고차 시스템에 대해서는 정량적인 해석이 힘들다. 그러나 우세 극점을 가릴 수만 있다면 이차 시스템으로 근사화할 수 있으므로 앞서 소개한 모든 정량적인 해석을 적용할 수 있다. 이를 위해 다음과 같이 부족제동 이차 시스템의 특성과 일차 시스템의 특성을 결합한 3차 시스템을 생각해 보자.

$$G(s)=\frac{N(s)}{(s+p)(s^2+2\zeta\omega_n s+\omega_n^2)} \tag{8-59}$$

여기서 p는 양의 실수이며 분자 다항식 $N(s)$는 2차 이하로 한다.
이 시스템의 계단 응답은

$$C(s)=\frac{N(s)}{s(s+p)(s^2+2\zeta\omega_n s+\omega_n^2)} \tag{8-60}$$

이며 이는 다음과 같은 일반적인 형태의 부분 분수로 전개할 수 있다.

$$C(s)=\frac{A}{s}+\frac{B}{s+p}+\frac{C(s+\sigma_d)+D\omega_d}{(s+\sigma_d)^2+\omega_d^2} \tag{8-61}$$

단 제동 상수 σ_d와 제동 고유 주파수 ω_d는 식 (8-43)과 같다. 위의 식에 대한 시간 함수, 즉 계단 응답은 다음과 같음을 알 수 있다.

$$c(t)=[A+Be^{-pt}+e^{-\sigma_d t}(C\cos\omega_d t+D\sin\omega_d t)]u_s(t) \tag{8-62}$$

위의 식에서 주파수 성분 ω_d는 뒤로 하고 p와 σ_d에만 초점을 맞추어 본다. 만일 $p>>\sigma_d$이면 e^{-pt} 성분이 포락선 $e^{-\sigma_d t}$에 비해 훨씬 빨리 0으로 소멸된다. 따라서 계단 응답의 과도 상태는 거의 감쇄 진동 함수에 의해서만 좌우될 것이며 이 경우 극점 $s=-\sigma_d \pm j\omega_d$를 극점 $s=-p$에 상대적으로 우세 극점이라 한다. 반대로 $\sigma_d>>p$이면 포락선 $e^{-\sigma_d t}$가 e^{-pt}에 비해 훨씬 빨리 0으로 소멸되므로 과도 상태는 거의 e^{-pt}에 의해 결정될 것이다. 따라서 이 경우는 극점 $s=-p$가 상대적으로 우세 극점이 된다. 이상으로 극점들 중에서 실수부의 크기가 가장 작은 극점이 그 다음으로 작은 극점에 비해 5배(또는 10배로 하기도 함) 이하이면 우세 극점으로 간주하며 그림 8-20이 이를 설명해 준다. 그림 8-20(a)는 복소 극점은 위치를 고정시키고 실수 극점만 이동시키는 경우로서 $p>5\sigma_d$부터는 과도 상태에서 실수 극점의 영향이 거의 배제되며 복소 극점 $s=-\sigma_d\pm j\omega_d$에 의한 성분만 나타난다. 그리고 그림 8-20(b)에서는 실수

그림 8-20

극점의 상대적인 위치에 따른 식 (8-62)의 파형 예: (a) 실수 극점 고정, 복소 극점 이동; (b) 복소 극점 고정, 실수 극점 이동.

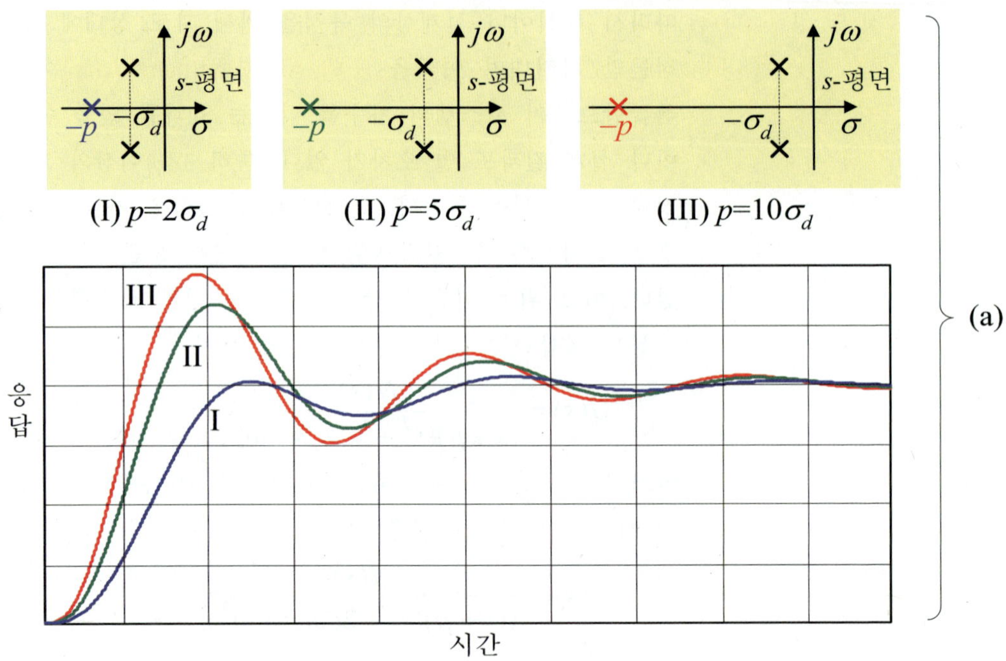

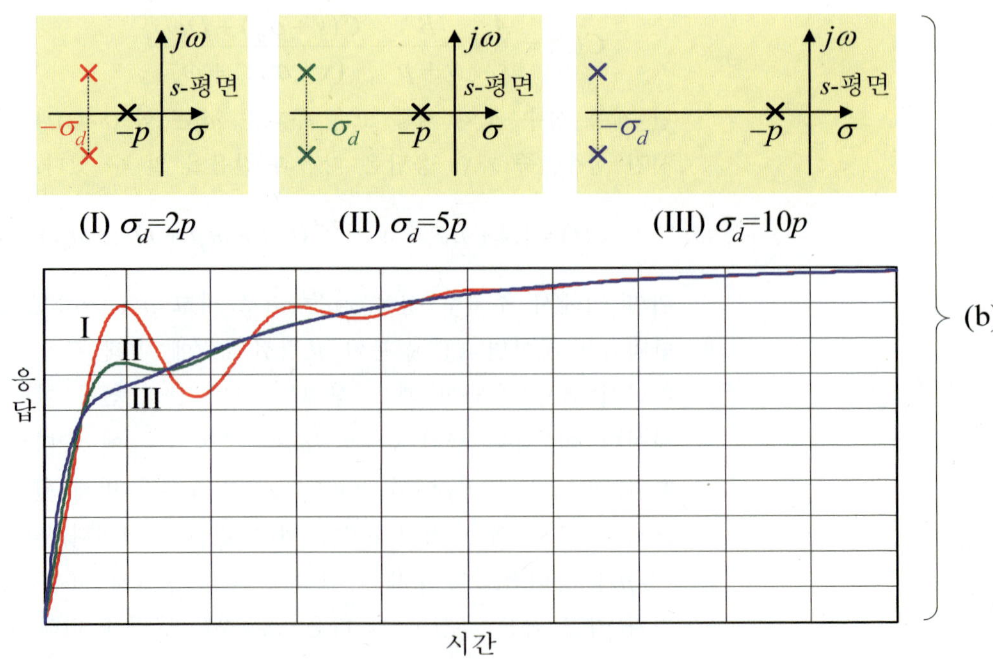

극점은 위치를 고정시키고 복소 극점만 이동시키는 경우로서 $\sigma_d > 5p$부터는 과도 상태에서 복수 극점의 영향이 거의 배제되며 실수 극점 $s = -p$에 의한 성분만 나타난다. 이상은 극점의 위치만 고려한 것이다. 그러나 만일 우세 극점의 유수가 상대적으로 다른 극점들의 유수에 비해 작을 경우에는 우세 극점에 의한 성분은 진폭 자체가 작기 때문에 완전한 우세 극점으로 행세할 수 없는 경우도 있다. 설계 관점에서는 우세 극점과 중요하지 않은 극점들의 분포를 그림 8-21과 같이 보는 것이 일반적이며 우세 극점 영역의 중심은 $\theta = 45°$, 즉 $\zeta = 0.707$이다. 그리고 중요하지 않은 극점들을 s-평면의 더욱 왼쪽으로 이동시키기 위해서는 시스템의 변수가 현실성이 없는 값이 될 수 있다.

그림 8-21 설계 관점에서 본 우세 극점과 중요하지 않은 극점들의 영역.

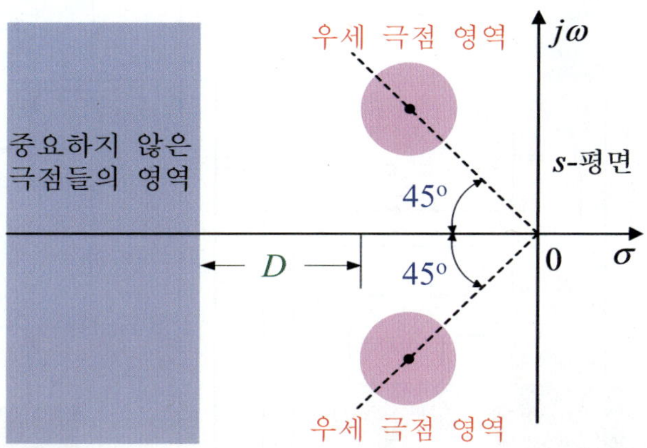

예제 8-8

◆ **항공기 자세 제어 시스템** ◆

그림 8-22는 항공기의 비행 자세를 제어하는 시스템을 보여준다. 이전의 항공기에서는 보조익과 방향타 및 승강타를 기계적으로 결합시켜 조종실과 연결하여 조정하였다. 그러나 현대 항공기에서는 단순한 기계적인 결합 외에 그림 8-22와 같이 전기계를 이용하여 보다 정밀하게 자세를 제어한다. 이 궤환 제어 시스템의 목적은 출력 θ_o가 지시 입력 θ_r을 추종하는 것이다. 각 파라미터 값들은 다음과 같다.

증폭기: K=가변, $K_A = 10$

전동기: $R_a = 10\ \Omega$, $L_a = 10$ mH, $K_b = 0.1$ V/rad/sec, $K_m = 0.1$ N/A,
$J_m = 0.01$ kg-m^2, $D_m = 0.01$ N-m/rad/sec,

궤환 이득: $K_p = 1$ V/rad, $K_i = 0.5$ V/A, $K_t = 0.5$ V/rad/sec,

기어 및 부하: $N = 10$, $J_L = 1$ kg-m^2, $D_L = 0.1$ N-m/rad/sec

그림 8-22

예제 8-8의 그림.

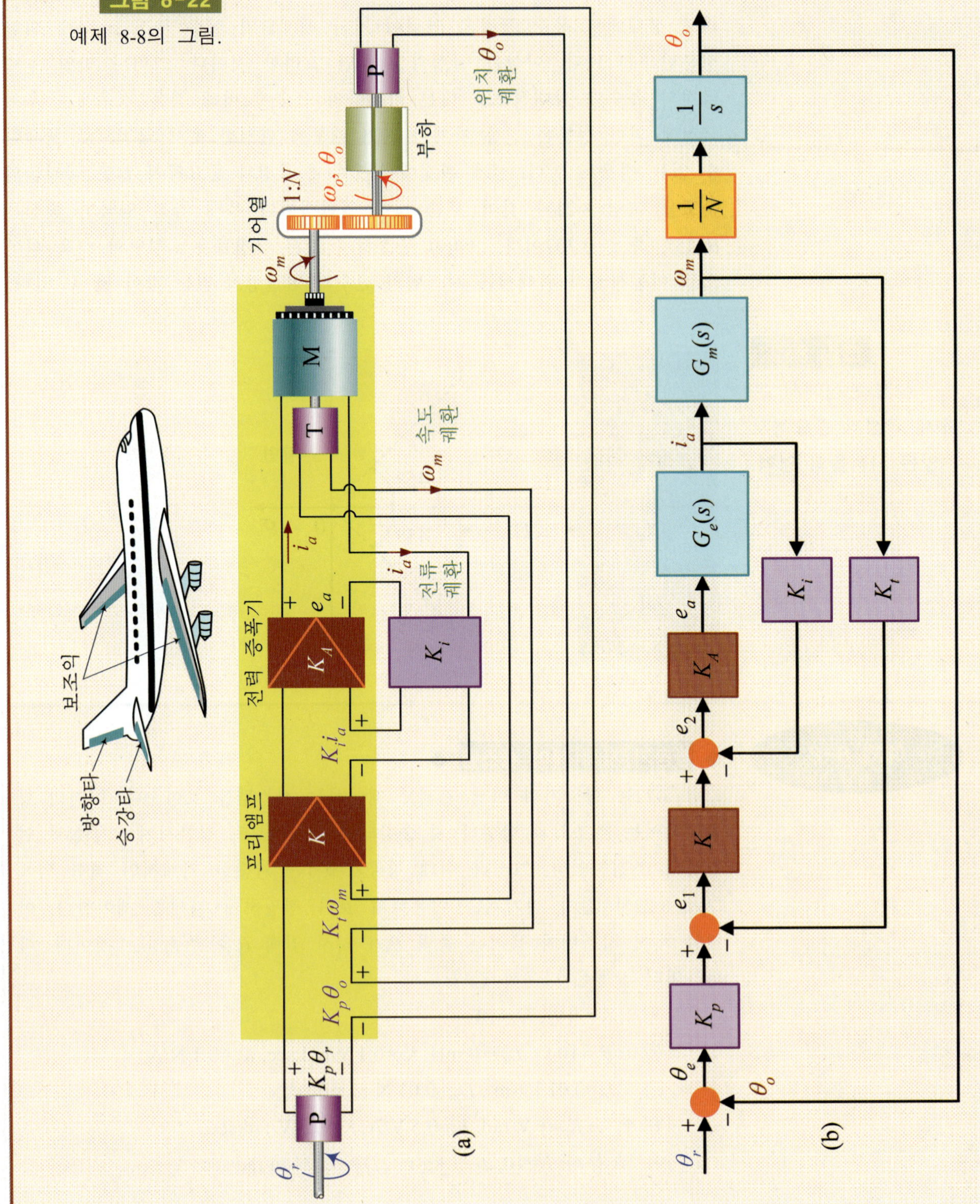

(a) 전동기 코일의 인덕턴스를 무시할 수 있는지 알아보기 위해 K뿐 아니라 L_a도 변수로 하여 폐루프 전달 함수 $G_{CL}(s)=\Theta_o(s)/\Theta_r(s)$를 구하라.

(b) $L_a=0$으로 하여 제동비가 $\zeta=1.0, 0.707, 0.3$이 되도록 K를 정하라.

(c) $L_a=10$ mH로 하여 (b)의 과정을 반복하고 결과를 비교하라.

풀이>> (a) 그림 8-22(a)에 대한 블록 선도는 그림 (b)이며 전달 함수 $G_e(s)$와 $G_m(s)$는 그림 6-6과 같은 것으로 식 (6-15)에 의해 다음과 같다.

$$\begin{cases} G_e(s) = \dfrac{sJ_e + D_e}{(sL_a + R_a)(sJ_e + D_e) + K_bK_m} \\ G_m(s) = \dfrac{K_m}{sJ_e + D_e} \end{cases}$$

여기서 J_e, D_e는 전동기에 대한 총부하이며 기어 작용에 의해 다음과 같다.

$$J_e=J_m+J_L/N^2=0.01+0.01=0.02 \text{ N-m}^2,$$

$$D_e=D_m+D_L/N^2=0.01+0.001=0.011 \text{ N-m/rad/sec}$$

그림 8-22(b)에서 e_1와 i_a 사이의 전달 함수는 다음과 같음을 알 수 있다.

$$\frac{I_a(s)}{E_1(s)} = \frac{KK_AG_e(s)}{1+K_AK_iG_e(s)}$$

$$= \frac{KK_A(sJ_e + D_e)}{s^2L_aJ_e + (R_aJ_e + L_aD_e + K_AK_iJ_e)s + (R_aD_e + K_bK_m + K_AK_iD_e)}$$

이로부터 e_1과 ω_m 사이의 전달 함수는 $G_m(s)$를 이용하면 다음과 같다.

$$\frac{\Omega_m(s)}{E_1(s)} = \frac{I_a(s)}{E_1(s)}G_m(s)$$

$$= \frac{KK_AK_m}{s^2L_aJ_e + (R_aJ_e + L_aD_e + K_AK_iJ_e)s + (R_aD_e + K_bK_m + K_AK_iD_e)}$$

따라서 θ_e와 θ_o 사이의 전달 함수, 즉 개루프 전달 함수는 다음과 같다.

$$G(s) = \frac{\Theta_o(s)}{\Theta_e(s)} = \frac{K_pKK_AK_mN}{s(L_aJ_es^2 + a_1s + a_0)}$$

$$\begin{cases} a_1 = R_aJ_e + L_aD_e + K_AK_iJ_e \\ a_0 = R_aD_e + K_bK_m + K_AK_iD_e + K_tKK_AK_m \end{cases}$$

주어진 파라미터 값들을 대입하면 $G(s)$는 다음과 같이 주어진다.

$$\boxed{G(s) = \frac{10K}{s[0.02L_as^2 + (0.3 + 0.011L_a)s + 0.175 + 0.5K]}}$$

(b) L_a=0으로 하면

$$G(s) = \frac{33.3K}{s(s+0.58+1.67K)}$$

이므로 폐루프 전달 함수 $G_{CL}(s)=\Theta_o(s)/\Theta_r(s)$는 다음과 같다.

$$G_{CL}(s) = \frac{G(s)}{1+G(s)} = \frac{33.3K}{s^2+(0.58+1.67K)s+33.3K}$$

따라서 고유 주파수와 제동비는

$$\begin{cases} \omega_n = \sqrt{33.3K} \\ \zeta = \dfrac{0.58+1.67K}{2\omega_n} = \dfrac{0.58+1.67K}{2\sqrt{33.3K}} \end{cases}$$

위의 식에서 제동비 ζ=1.0, 0.707, 0.3의 각 경우에 대한 K와 ω_n을 구하고 해당 극점을 구하면 다음과 같다.

ζ=1.0: $K=47, \quad \omega_n=40$

$s=-39.5$(중근)

ζ=0.707: $K=23.2, \quad \omega_n=27.8$

$s=-19.6 \pm j19.6$

ζ=0.3: $K=3.57, \quad \omega_n=10.9$

$s=-4.8 \pm j12.5$

이상의 각 경우에 대한 계단 응답은 그림 8-23과 같다.

(c) L_a=10 mH인 경우는 개루프 전달 함수가

$$G(s) = \frac{5\times 10^4 K}{s(s^2+1500s+875+2500K)}$$

이므로 폐루프 전달 함수는 다음과 같다.

$$G_{CL}(s) = \frac{G(s)}{1+G(s)} = \frac{5\times 10^4 K}{s^3+1500s^2+(875+2500K)s+5\times 10^4 K}$$

이로부터 K=47, 23.2, 3.57의 각 경우에 대한 극점을 구하면 다음과 같다.

K=47: $s=-1418, \quad -47.2, \quad -35.1$

K=23.2: $s=-1460, \quad -20 \pm j20$

K=3.57: $s=-1493, \quad -3.2 \pm j10.4$

따라서 모두 우세 극점 현상이 생기므로 L_a=0 으로 무시할 수 있으며 각 경우에 대한 계단 응답은 거의 그림 8-23 과 같다.

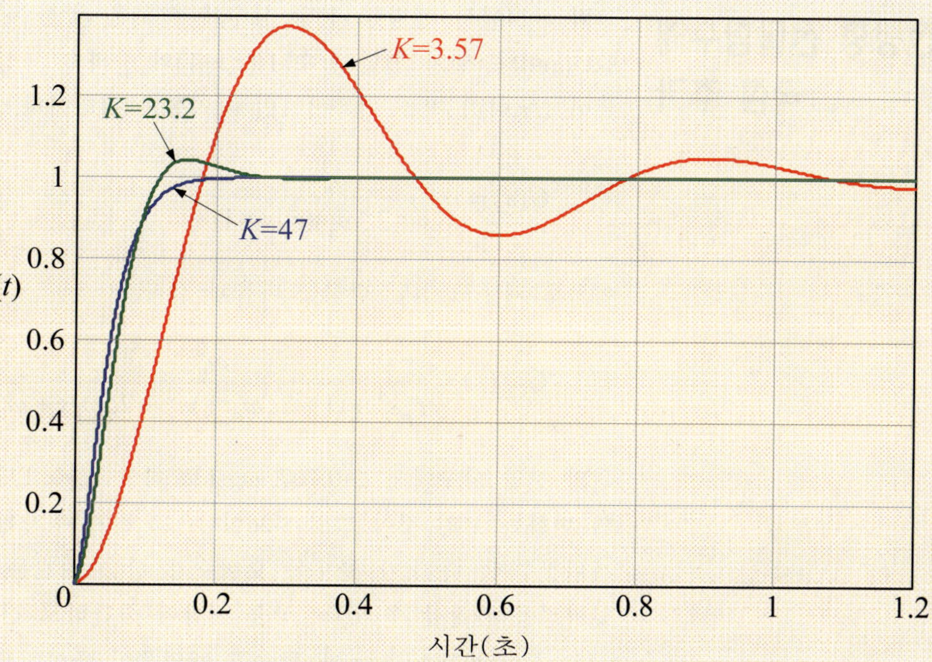

그림 8-23
예제 8-9에서 K에 따른 계단 응답.

8.6 영점과 극점의 추가: 단위-이득 궤환

궤환 제어 시스템에서 전방향 전달 함수나 폐루프 전달 함수에 새로운 영점 또는 극점이 추가할 경우 시스템 특성이 어떻게 변하는지 알아본다. 이 내용은 11장에서 설명할 제어 시스템 설계에 중요한 거름이 된다. 다만 여기서는 이해를 돕기 위해 그림 8-24와 같은 단위-이득 궤환의 경우로 국한한다. 그림 8-24는 전형적인 이차 궤환 제어 시스템으로 폐루프 전달 함수는 다음과 같은 표준형으로 주어진다.

$$G_{\mathrm{CL}}(s)=\frac{\omega_n^2}{s^2+2\zeta\omega_n s+\omega_n^2} \quad \mathbf{(8\text{-}63)}$$

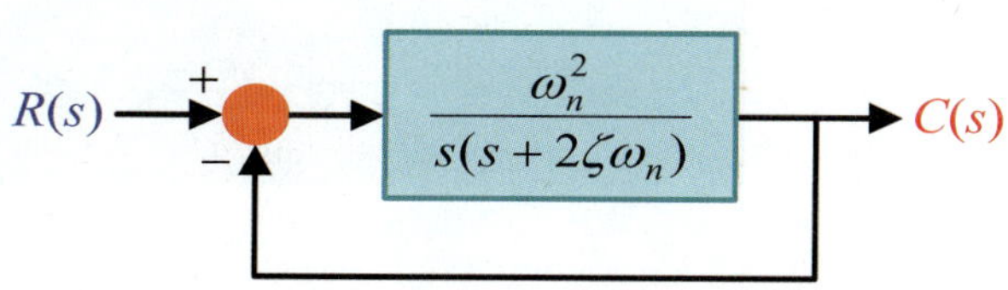

그림 8-24
단위-이득 궤환 이차 시스템.

전방향 전달함수에 극점 추가

그림 8-24에서 전방향 전달 함수에 새로운 극점 $-1/\tau_p$을 추가한 것이 그림 8-25(a)이다. 일차 전달 함수 $1/(\tau_p s+1)$의 주파수 특성은 그림 (b)와 같이 대역폭이 $1/\tau_p$이며 직류 이득이 1인 저역통과 필터이다. 전방향 전달 함수가

$$G(s)=\frac{\omega_n^2}{s(s+2\zeta\omega_n)(\tau_p s+1)} \tag{8-64}$$

이므로 폐루프 전달 함수는 다음과 같다.

$$G_{\mathrm{CL}}(s)=\frac{\omega_n^2}{\tau_p s^3+(1+2\zeta\omega_n\tau_p)s^2+2\zeta\omega_n s+\omega_n^2} \tag{8-65}$$

위의 전달 함수에서 ζ=0.707, ω_n=1로 하고 τ_p=0, 1, 2, 4, 8로 할 때 계단 응답의 변화를 보인 것이 그림 8-26이다. 그 결과 추가된 극점 $-1/\tau_p$가 원점에 가까워질수록, 즉 τ_p가 클수록 오버슛과 상승 시간은 증가하고 진동 주파수는 낮아짐을 관찰할 수 있다. 상승 시간이 증가하고 진동 주파수가 낮아지는 현상은 그림 8-25(b)는 τ_p가 클수록 대역폭이 좁아지므로 더 많은 고주파 성분이 제거되기 때문이다. 즉 계단 함수는 불연속점인 t=0에 고주파 성분이 많이 포함되어 있으며 고주파 성분이 많이 제거될수록 당연히 상승 시간은 증가하게 되는 것이며 아울러 진동 주파수도 낮아지는 것이다. 그리고 추가 극점이 원점에 가까울수록 오버슛이 증가하는 것은 추가 극점의 영향으로 기존의 극점들이 허수축으로 이동하기 때문이다. 즉 제동비가 낮아져 불안정한 상태로 옮아가는 것이며 이 현상은 다음 장에서 보다 구체적으로 설명될 것이다. 그림 8-25(a)에서 제동비 ζ가 작아질수록 τ_p가 증가함에 따라 안정성은 더욱 낮아진다. 그리고 τ_p가 작을수록 우세 극점 효과에 의해 무시된다.

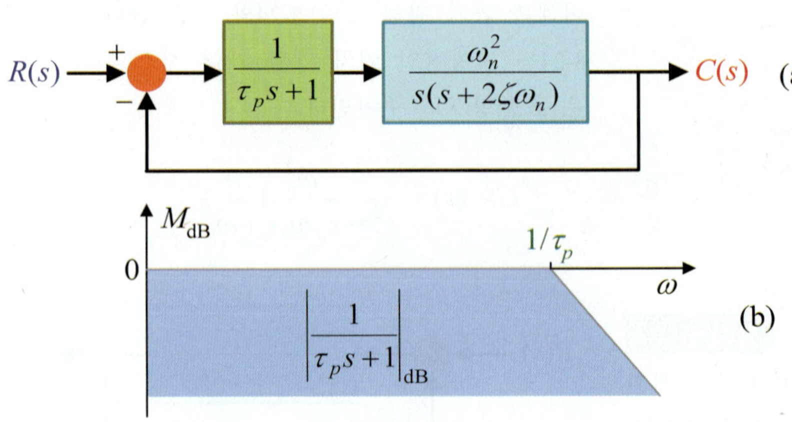

그림 8-25
(a) 전방향 전달 함수에 극점을 추가한 시스템; (b) 추가된 일차 시스템의 주파수 응답.

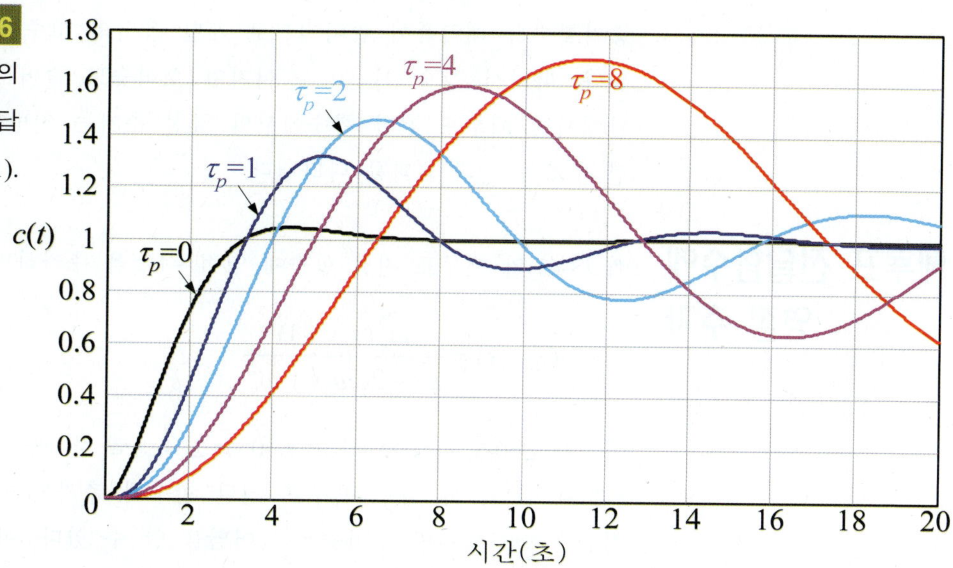

그림 8-26 그림 8-25(a) 시스템의 τ_p에 따른 계단 응답 (ζ=0.707, ω_n=1).

폐루프 전달함수에 극점 추가

그림 8-24의 폐루프 전달 함수에 극점 $-1/\tau_p$를 직접 추가하면

$$G_{\mathrm{CL}}(s) = \frac{\omega_n^2}{(s^2 + 2\zeta\omega_n s + \omega_n^2)(\tau_p s + 1)} \tag{8-66}$$

위의 식에서 ζ=0.2, ω_n=1로 하고 τ_p=0, 1, 2, 4, 8로 할 때 계단 응답의 변화를 보인 것이 그림 8-27이다. 이 경우는 저역통과 필터인 일차 시스템이 궤환 루프 밖에 있으므로 그림 8-25(a)에 비해 그 영향이 직접 나타난다. 즉 τ_p가

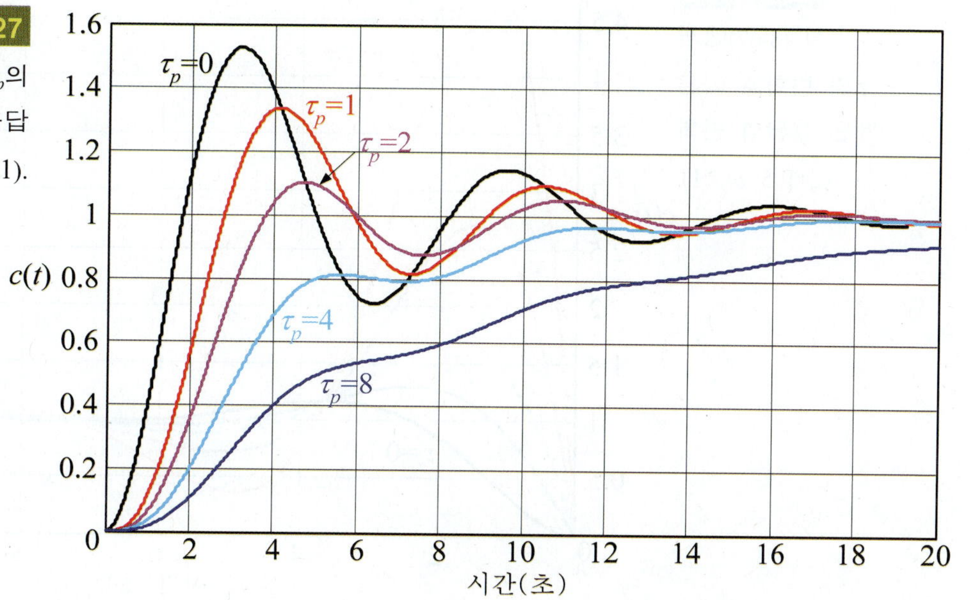

그림 8-27 식 (8-66)에서 τ_p의 변화에 따른 계단 응답 (ζ=0.2, ω_n=1).

증가할수록 대역폭이 좁아지므로 계단 응답의 고주파 성분이 더 많이 제거된다. 따라서 상승 시간이 길어지며 오버슛도 줄어든다. 그 결과 오버슛에 관해서는 폐루프 전달 함수에서의 극점 추가는 전방향 전달 함수에서의 극점 추가와 반대 효과를 나타낸다.

폐루프 전달함수에 영점 추가

식 (8-63)의 폐루프 전달 함수에 영점 $-1/\tau_z$을 추가하면 다음과 같다.

$$G_{\mathrm{CL}}(s) = \frac{\omega_n^2(\tau_z s+1)}{s^2+2\zeta\omega_n s+\omega_n^2} \tag{8-67}$$

여기서 ζ=0.5, ω_n=1로 하고 τ_z=0, 1, 2, 4, 8로 할 때 계단 응답의 변화는 그림 8-28과 같다. 이 경우 폐루프 전달 함수에 추가되는 영점이 작을수록 상승 시간은 단축되지만 오버슛은 늘어남을 알 수 있다. 이 이유를 알아보기 위해 식 (8-67)을 다음과 같이 고쳐 쓴다.

$$G_{\mathrm{CL}}(s) = \frac{\omega_n^2}{s^2+2\zeta\omega_n s+\omega_n^2} + \frac{\tau_z\omega_n^2 s}{s^2+2\zeta\omega_n s+\omega_n^2} \tag{8-68}$$

위의 식 우변 첫 번째 항의 계단 응답을 $c_1(t)$라 하면 전체 계단 응답 $c(t)$는

$$c(t) = c_1(t) + \tau_z \frac{dc_1(t)}{dt} \tag{8-69}$$

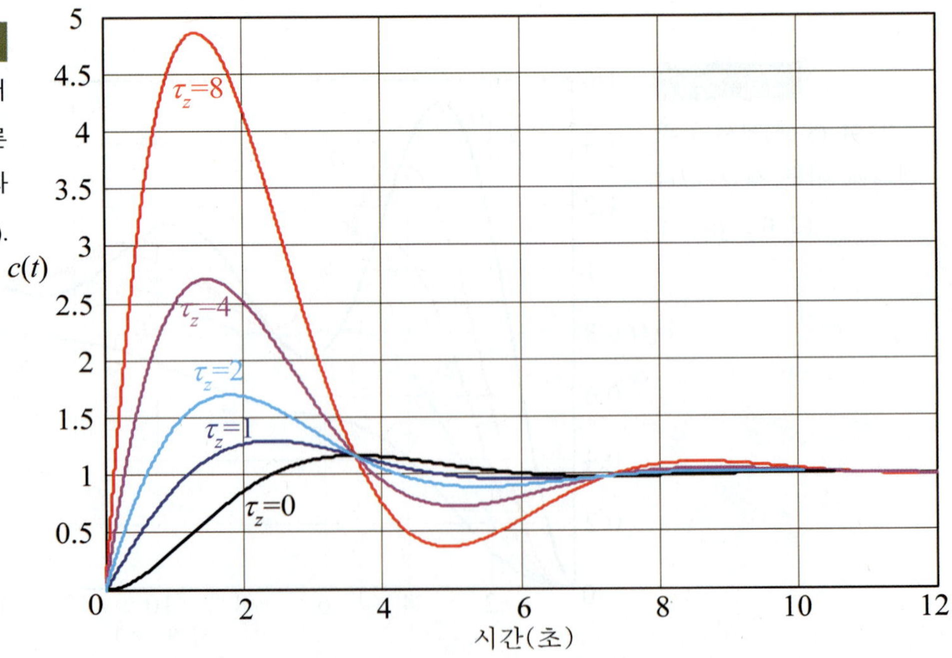

그림 8-28 식 (8-67)에서 τ_z의 변화에 따른 계단 응답의 변화 (ζ=0.5, ω_n=1).

식 (8-69)에서 $\tau_z>0$일 때를 그림으로 설명한 것이 그림 8-29(a)이며 이로부터 영점의 추가로 인해 상승 시간이 단축되고 오버슛이 증가하는 이유를 알 수 있다. 영점의 위치는 시스템의 절대적 안정성에 영향을 주지 않는다. 따라서 추가된 영점이 원점에 가까워질수록 오버슛은 무한히 증가하지만 오버슛이 유한한 이상 시스템은 여전히 안정적이다. 그림 8-29(a)에서 τ_z의 부호를 반대로 하여 $\tau_z<0$으로 하면 $\tau_z(dc_1(t)/dt)$의 부호가 반대가 된다. 따라서 그림 8-29(b)와 같은 형태가 되며 계단 응답은 시작에서는 일시적으로 음의 값으로 하강한 다음 상승하기 시작한다.

일반적으로 극점과 더불어 영점도 모두 LHF에 존재하는 시스템을 최소-위상(minimum-phase) 시스템이라 하고 영점이 모두 RHF에 있는 경우를 최대-위상(maximum-phase) 시스템이라 한다. 따라서 영점 중 하나 이상이 RHF에 있는 비최소-위상 시스템에서는 그림 8-29(b)와 같이 지시 입력에 대해 시작 순간에는 오히려 반대로 행동한다. 예를 들어 비행기나 모터 사이클 등이 비최소-위상 시스템이라면 오른쪽으로 향하게 지시하면 처음에는 오히려 왼쪽으로 진행한 다음 서서히 오른쪽으로 향하게 되는 것이다.

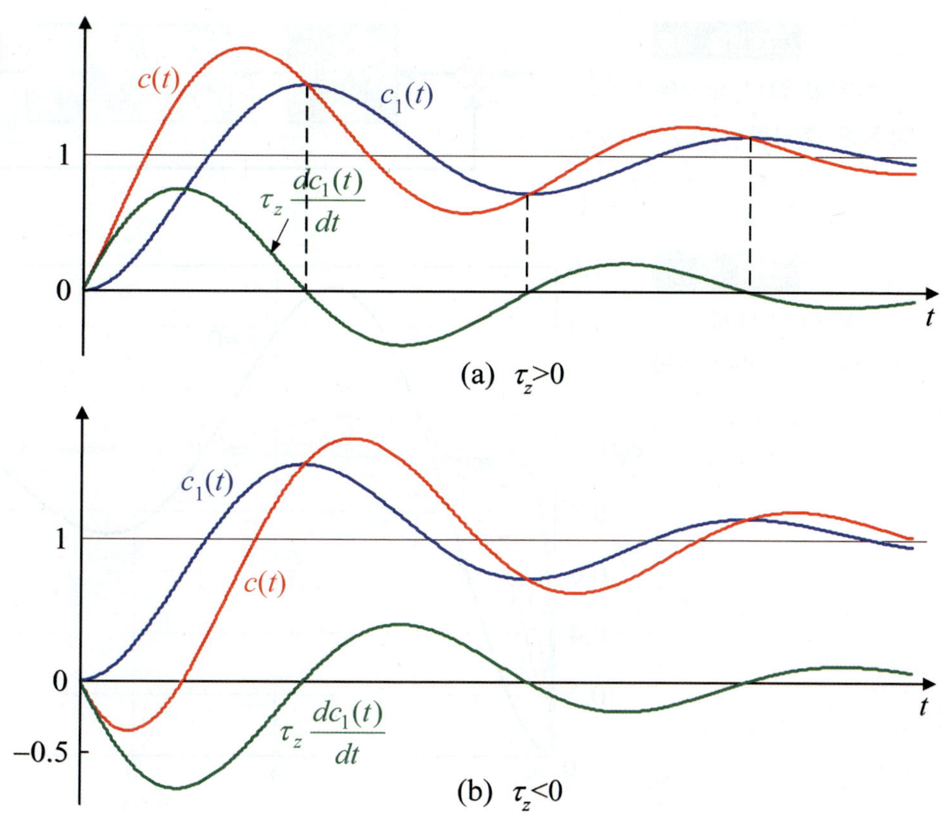

그림 8-29
식 (8-67)에서 추가된 영점이 계단 응답의 특성에 미치는 영향을 설명하는 그림.

전방향 전달함수에 영점 추가

그림 8-30과 같이 전방향 전달 함수에 영점을 추가하면

$$G(s)=\frac{\omega_n^2(\tau_z s+1)}{s(s+2\zeta\omega_n)} \tag{8-70}$$

이므로 폐루프 전달 함수는 다음과 같다.

$$G_{\mathrm{CL}}(s)=\frac{\omega_n^2(\tau_z s+1)}{s^2+\omega_n(2\zeta+\tau_z\omega_n)s+\omega_n^2} \tag{8-71}$$

폐루프에 직접 영점을 추가하는 경우와 식 (8-71)의 차이점은 식 (8-71)에서는 τ_z가 분자뿐 아니라 분모에도 나타난다는 것이다. 분자의 추가 영점은 오버슛을 증가시키지만 분모의 τ_z는 제동비를 증가시켜 반대로 오버슛을 줄인다. 따라서 분자의 τ_z와 분모의 τ_z는 서로 상반된 작용을 하며 어느 쪽이 우세한 효과를 나타내느냐는 상황에 따라 다르다. 그림 8-31은 식 (8-71)에서 ζ=0.2, ω_n=1로 하고 τ_z=0, 1, 2, 4, 8로 할 때 계단 응답의 변화를 보여준다. 그 결과 τ_z가 증가함에 따라 상승 시간이 단축되면서 오버슛이 감소하는 좋은 특성을 얻을 수 있다.

그림 8-30 전방향 전달 함수에 영점을 추가한 시스템.

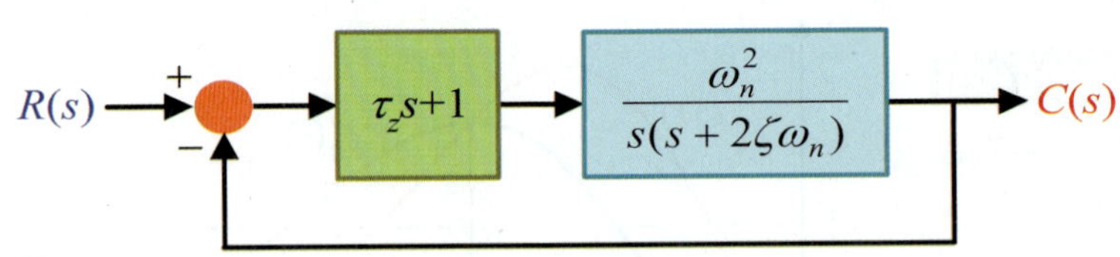

그림 8-31 식 (8-71)에서 τ_z의 변화에 따른 계단 응답 (ζ=0.2, ω_n=1).

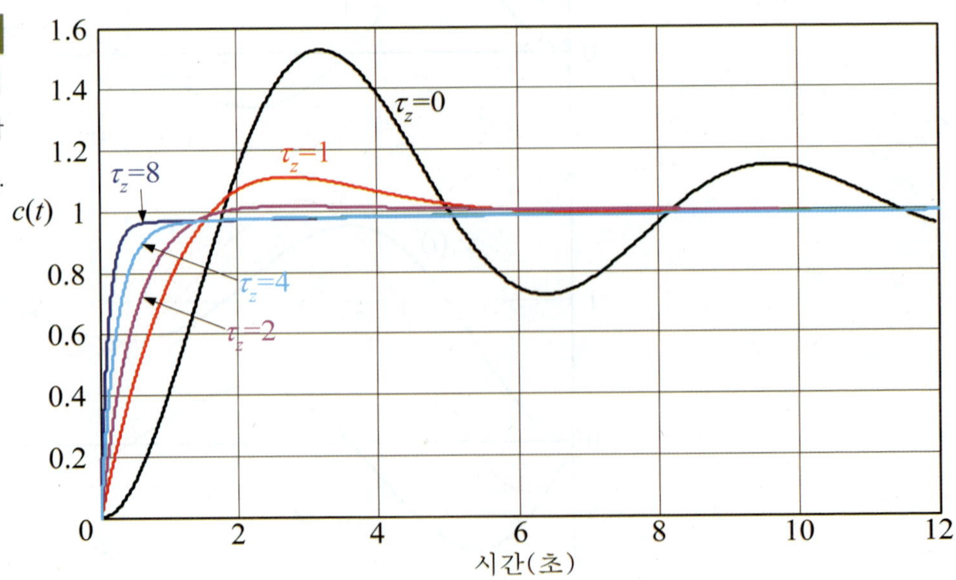

식 (8-71)에서 분자 분모의 τ_z가 갖는 상반된 효과를 좀 더 알아보기 위해 전방향 전달 함수가 다음과 같은 3차 시스템인 경우를 예로 들어 본다.

$$G(s) = \frac{50(\tau_z s + 1)}{(s+1)(s+2)(s+3)} \tag{8-72}$$

단위-이득 궤환일 경우 위의 식에 대한 폐루프 전달 함수는 다음과 같다.

$$G_{\mathrm{CL}}(s) = \frac{50(\tau_z s + 1)}{s^3 + 6s^2 + (11 + 20\tau_z)s + 56} \tag{8-73}$$

위의 식에서 τ_z=0, 0.2, 0.4, 1, 2, 4로 변화시킬 때 각 경우에 대한 계단 응답을 비교한 것이 그림 8-32이다. 먼저 τ_z=0, 0.2, 0.4 순서대로 증가하면 분모 τ_z의 영향이 우세하여 오버슛은 점차 줄어든다. 그러나 τ_z=1, 2, 4의 순서대로 증가하면 분자 τ_z의 영향이 우세하여 오버슛이 다시 증가하기 시작하며 어느 경우나 τ_z가 증가하면 상승 시간은 단축된다. 전방향 전달 함수에 영점을 삽입하는 전달 함수 $\tau_z s$+1은 미분기 $\tau_z s$와 비례기 1로 구성되므로 비례-미분 제어기(Proportional-Derivative controller)라 하며 간단히 PD 제어기라 부른다. 그리고 $\tau_z s$+1이 단순한 상수인 경우를 비례 제어기라 한다. 제어기 전반에 대해서는 11 장과 12 장에서 자세히 설명한다.

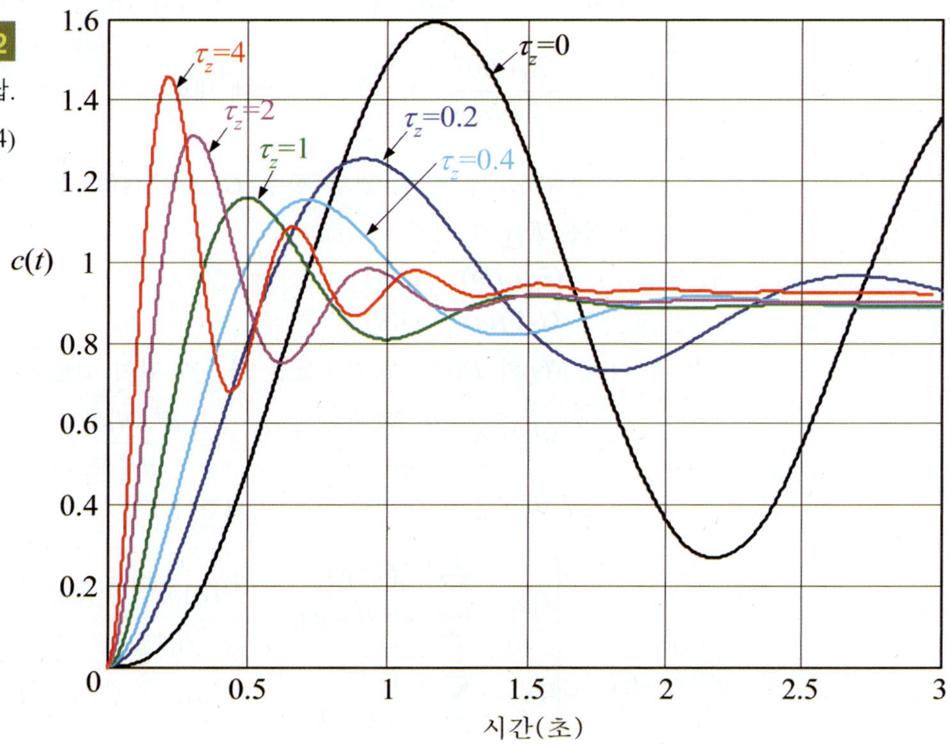

그림 8-32
식 (8-73)의 계단 응답.
(τ_z=0, 0.2, 0.4, 1, 2, 4)

8.7 고차 시스템의 근사화

앞서 설명한 바와 같이 비록 차수가 높은 시스템일지라도 별 중요하지 않은 극점들이 포함되어 있다면 이들을 무시하여 더 낮은 시스템으로 근사화할 수 있다. 그러나 차수를 낮추어 근사화는데는 좀 더 체계적인 방법이 필요하며 여기서는 그 중 한 방법에 대해 간단히 설명한다. 보다 낮은 차수로 근사화하고자 하는 고차 시스템을 다음과 같이 표현한다.

$$G_H(s) = K\frac{b_m s^m + b_{m-1}s^{m-1} + \cdots + b_1 s + 1}{a_n s^n + a_{n-1}s^{n-1} + \cdots + a_1 s + 1} \tag{8-74}$$

물론 극점들은 모두 LHF에 존재하며 $m \le n$으로 한다. 그리고 식 (8-74)에 대한 근사적인 저차 전달 함수를 다음과 같이 표현한다.

$$G_L(s) = K\frac{d_q s^q + d_{q-1}s^{q-1} + \cdots + d_1 s + 1}{c_p s^p + c_{p-1}s^{p-1} + \cdots + c_1 s + 1} \tag{8-75}$$

차수 관계는 $q \le p < n$이다. 식 (8-75)에서 구하고자 하는 계수 c_i, d_j들은 $G_L(s)$의 주파수 특성이 $G_L(s)$에 가능한 한 가까워지도록 정한다. 즉 가능한 한

$$\frac{|G_H(j\omega)|}{|G_L(j\omega)|} = 1, \quad 0 \le \omega < \infty\text{에 대해} \tag{8-76}$$

을 만족하도록 한다. 전달 함수 $G_H(s)/G_L(s)$의 분자 다항식을 $N(s)$, 분모 다항식을 $D(s)$라 하면

$$\frac{G_H(j\omega)}{G_L(j\omega)} = \frac{N(s)}{D(s)} \tag{8-77}$$

이며 $N(s)$와 $D(s)$의 도함수들을 다음과 같이 간단히 표현한다.

$$N^{(k)}(s) = \frac{d^k N(s)}{ds^k}, \quad D^{(k)}(s) = \frac{d^k D(s)}{ds^k} \tag{8-78}$$

이로부터 다음의 두 방정식을 정의한다.

$$\begin{cases} N_{2l} = \displaystyle\sum_{k=0}^{2l}\left(\frac{(-1)^{k+l}}{k!(2l-k)!}\right)N^{(k)}(0)N^{(2l-k)}(0), & l = 1, 2, \cdots \\ D_{2l} = \displaystyle\sum_{k=0}^{2l}\left(\frac{(-1)^{k+l}}{k!(2l-k)!}\right)D^{(k)}(0)D^{(2l-k)}(0), & l = 1, 2, \cdots \end{cases} \tag{8-79}$$

이상으로 다음의 방정식들로부터 원하는 계수 c_i, d_j들을 구할 수 있다.

$$N_{2l} = D_{2l}, \quad l = 1, 2, \cdots \tag{8-80}$$

예제 8-9

다음의 3차 전달 함수를 이차로 근사화하라.

$$G_H(s) = \frac{6}{s^3 + 6s^2 + 11s + 6} = \frac{1}{\frac{1}{6}s^3 + s^2 + \frac{11}{6}s + 1}$$

구하고자 하는 이차 전달 함수는 다음과 같다.

$$G_L(s) = \frac{1}{c_2 s^2 + c_1 s + 1}$$

식 (8-77)로부터

$$\frac{G_H(j\omega)}{G_L(j\omega)} = \frac{N(s)}{D(s)} = \frac{c_2 s^2 + c_1 s + 1}{\frac{1}{6}s^3 + s^2 + \frac{11}{6}s + 1}$$

따라서 $N(s)$와 $D(s)$는

$$N(s) = c_2 s^2 + c_1 s + 1$$
$$D(s) = \tfrac{1}{6}s^3 + s^2 + \tfrac{11}{6}s + 1$$

따라서 이들의 도함수 초기조건들은 각각 다음과 같다.

$$\begin{cases} N^{(0)}(s) = c_2 s^2 + c_1 s + 1 \rightarrow N^{(0)}(0) = 1 \\ N^{(1)}(s) = 2c_2 s + c_1 \rightarrow N^{(1)}(0) = c_1 \\ N^{(2)}(s) = 2c_2 \rightarrow N^{(2)}(0) = 2c_2 \\ N^{(3)}(s) = 0 \rightarrow N^{(3)}(0) = 0 \end{cases}$$

$$\begin{cases} D^{(0)}(s) = \frac{1}{6}s^3 + s^2 + \frac{11}{6}s + 1 \rightarrow D^{(0)}(0) = 1 \\ D^{(1)}(s) = \frac{3}{6}s^2 + 2s + \frac{11}{6} \rightarrow D^{(1)}(0) = \frac{11}{6} \\ D^{(2)}(s) = s + 2 \rightarrow D^{(2)}(0) = 2 \\ D^{(3)}(s) = 1 \rightarrow D^{(3)}(0) = 1 \end{cases}$$

$l=1$: $N_2 = D_2$이므로

$$N_2 = \frac{-1}{2}N^{(0)}(0)N^{(2)}(0) + \frac{1}{1}N^{(1)}(0)N^{(1)}(0) + \frac{-1}{2}N^{(2)}(0)N^{(0)}(0)$$

$$D_2 = \frac{-1}{2}D^{(0)}(0)D^{(2)}(0) + \frac{1}{1}D^{(1)}(0)D^{(1)}(0) + \frac{-1}{2}D^{(2)}(0)D^{(0)}(0)$$
$$= -1 + \frac{121}{36} - 1 = \frac{49}{36}$$

따라서 $N_2 = D_2$로부터

$$c_1^2 - 2c_2 = \frac{49}{36}$$

$l=2$: $N_4 = D_4$이므로 위와 같은 절차를 거치면

$$c_2^2 = \frac{7}{18}$$

위의 두 방정식을 연립하면 안정된 시스템을 위한 계수들은 다음과 같다.

$$c_1 = 1.615, \quad c_2 = 0.625$$

따라서 근사 이차 전달 함수는 다음과 같다.

$$G_L(s) = \frac{1}{0.625s^2 + 1.615s + 1}$$

이상으로 주어진 3차 전달 함수의 극점은

$$s = -1, \quad -2, \quad -3$$

이며 근사 이차 전달 함수의 극점은

$$s = -1.029, \quad -1.555$$

이다. 그리고 두 전달 함수의 계단 응답은 그림 8-33과 같다.

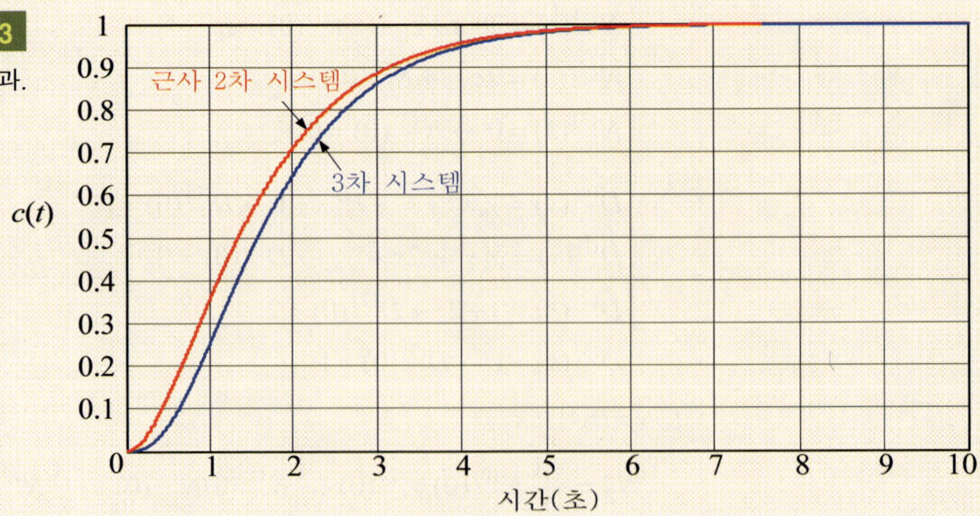

그림 8-33
예제 8-10의 결과.

8.8 매트랩 프로그램

이 장에서 배울 매트랩 함수들은 다음과 같다: ord2, minreal, dcgain, lsim.

ord2 [Gnum,Gden]=ord2(wn,zeta); $G(s)=1/(s^2+2\zeta\omega_n s+\omega_n^2)$을 만들어 준다.
[A,B,C,D]=ord2(wn,zeta); 2차 시스템 $G(s)$를 상태 공간에서 만들어 준다.

minreal minreal(G); 전달 함수 G의 가능한 한 극-영점 상쇄를 통해 간단히 한다.

dcgain dcgain(G); 전달 함수 G의 직류 이득을 계산해 준다.

lsim [y, x]=lsim(G, u, t); 전달 함수 G의 입력이 임의의 u일 때 시간 t 동안의 출력 y를 구해준다. 물론 벡터 t와 벡터 u의 길이는 같아야 한다. 만일 u를 t로 하면 램프 입력이 되며 y는 G(s)의 램프 응답이 된다.

예를 들어 $\zeta=0.2$, $\omega_n=3$인 이차 시스템의 충격 응답, 계단 응답 및 램프 응답을 구하는 프로그램은 다음과 같다(실행 결과는 그림 8-34이다).

매트랩 8-1

```
% 이차 시스템 G(s)= wn^2/(s^2+2*zeta*wn*s+wn^2)의 시간 응답
% (시간은 0~3 초, 간격은 0.001 초)
>> wn=3; zeta=0.2;
>> [Gnum, Gden]=ord2(wn, zeta); Gnum=wn^2*Gnum;
>> G=tf(Gnum, Gden);
>> t=[0: 0.001: 3];
>> yimpulse=impulse(G, t);
>> ystep=step(G, t);
>> yramp=lsim(G, t, t);
>> G

Transfer function:
     9
----------------
s^2+1.2s+9

>> plot(t, yimpulse, t, ystep, t, yramp)
>> xlabel('시간(초)'), ylabel('시간응답')
```

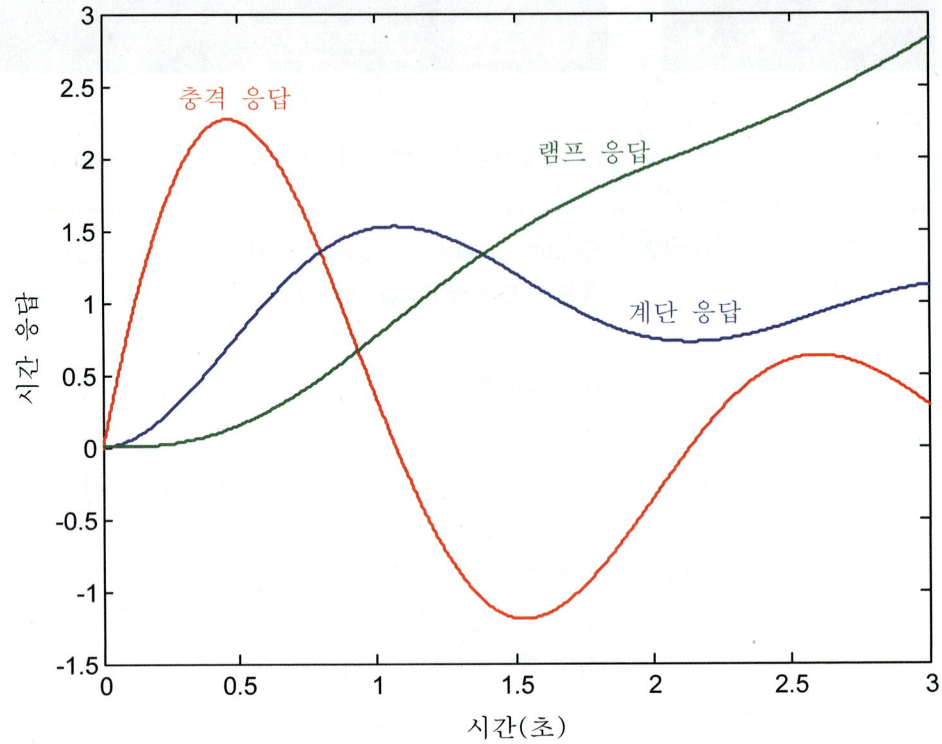

그림 8-34
매트랩 8-1의 실행 결과.

예제 8-3에서 K_A=5일 때 그림 8-4 시스템의 안정성과 정상 상태 오차를 구하는 프로그램은 다음의 매트랩 8-2와 같다.

매트랩 8-2

```
% ex8_3.m; 예제 8-3의 정상 상태 오차(KA=5)
s=tf([1 0], 1);
% 개루프 전달 함수
KA=5;
G=1.3e10*KA/(s^3+100*s^2+1.0125e6*s+5.05e7);
% 폐루프 전달 함수와 안정성
GH=feedback(G, 1);
p=pole(GH)
% 계단 입력에 대한 정상 상태 오차
Kp=dcgain(G)            % 위치 상수
ep=1/(1+Kp)             % 정상 상태 오차(계단 입력)
% 램프 입력에 대한 정상 상태 오차
sG=s*G;                 % 전달 함수 sG(s)
sG=minreal(sG);         % sG(s)의 같은 영점과 극점 상쇄
Kv=dcgain(sG)           % 속도 상수
ev=1/Kv                 % 정상 상태 오차(램프 입력)
```

```
% 포물선 입력에 대한 정상 상태 오차
ssG=s*sG;                    % 전달 함수 s^2*G(s)
ssG=minreal(ssG);            % s^2*G(s)의 같은 영점과 극점 상쇄
Ka=dcgain(ssG)               % 가속도 상수
ea=1/Ka                      % 정상 상태 오차(포물선 입력)
```

궤환 제어 시스템에서 개루프 전달 함수 $G(s)$에 영점 또는 극점을 추가하는 프로그램의 예는 다음의 매트랩 8-3과 같다(단위-이득 궤환).

매트랩 8-3

```
>> s=tf([1 0],1);
>> Gnum=[50]; Gden= poly([-1  -2  -3]);
>> G=tf(Gnum, Gden);           % G(s)=50/[(s+1)(s+2)(s+3)]
>> GH=feedback(G, 1);

Transfer function:
          50
------------------------
s^3+6s^2+11s+56

>> Gz=(0.25*s+1)*G;        % Gz(s)=50(0.25s+1)/[(s+1)(s+2)(s+3)]
>> GHz=feedback(Gz, 1)

Transfer function:
     12.5s+50
-------------------------
s^3+6s^2+23.5s+56

>> Gp=G/(0.25*s+1);        % Gp(s)=50/[(s+1)(s+2)(s+3)(0.25s+1)]
>> GHp=feedback(Gp, 1)

Transfer function:
          50
--------------------------------------------
0.25s^4+2.5s^3+8.75s^2+12.5s+56
```

예제 8-8의 항공기 자세 제어 시스템에 대한 폐루프 전달 함수를 구하는 프로그램은 다음의 매트랩 8-4이다. 단 프리앰프의 이득 K는 47로 한다.

매트랩 8-4

```
% ex8_8.m 예제 8-8 시스템의 폐루프 전달 함수를 구하는 프로그램.
% 파라미터
K=47; KA=10;
Ra=10; La=0.01; Kb=0.1; Km=0.1;
Jm=0.01; Dm=0.01;
Kp=1; Ki=0.5; Kt=0.5;
N=10; JL=1; BL=0.1;
% 전동기의 전체 부하
Je=Jm+JL/N^2;
De=Dm+DL/N^2;
% 전달 함수 Ge(s) 및 Gm(s)
s=tf([1 0], 1);
Ge=(s*Je+De)/[(s*La+Ra)*(s*Je+De)+Kb*Km];
Gm=Km/(s*Je+De);
% 첫번째 작은 루프
G1=feedback(KA*Ge, Ki);
% 두번째 작은 루프
G2=feedback(K*G1*Gm, Kt);
% 큰 루프
Gcl=feedback(Kp*G2/(N*s), 1);    % 폐루프 전달 함수
Gcl=minreal(Gcl)
```

위의 프로그램을 실행하면 다음과 같다.

```
>> ex8_8

Transfer function:
            2.35e4
--------------------------------------------
s^3+1501s^2+1.184e5s+2.35e4
```

연습 문제

8.1 다음의 각 전달 함수는 단위-이득 궤환 시스템의 개루프 전달 함수이다. 각 시스템의 유형을 밝히고 계단 입력, 램프 입력 및 포물선 입력, $(t^2/2)u_s(t)$에 대한 정상 상태 오차를 구하라.

(a) $G(s)=\dfrac{5}{(s+0.05)(s+0.1)(s+1)}$ (b) $G(s)=\dfrac{1000}{(s+0.1)(s+10)}$

(c) $G(s)=\dfrac{270e^{-0.1s}}{(s+1)(s+3)(s+10)}$ (d) $G(s)=\dfrac{1000(s+3)}{s(s+5)(s+6)}$

(e) $G(s)=\dfrac{500}{s(s^2+10s+100)}$ (f) $G(s)=\dfrac{100(s-25)}{s^2(s+5)^2(s+10)}$

(g) $G(s)=\dfrac{100(s+0.5)(s+0.25)}{s^2(s^2+s+2)}$ (h) $G(s)=\dfrac{10(s+2)}{s^3(s+1)^2}$

8.2 개루프 전달 함수 $G(s)$와 궤환 전달 함수 $H(s)$가 다음과 같을 때 각 경우에 있어서 계단 입력, 램프 입력 및 포물선 입력에 대한 정상 상태 오차를 구하라.

(a) $G(s)=\dfrac{10}{s(s+5)},\quad H(s)=s+1$

(b) $G(s)=\dfrac{1}{s^2+s+1},\quad H(s)=\dfrac{s+1}{s}$

(c) $G(s)=5s^2+15s+10,\quad H(s)=\dfrac{1}{s^2+3s+2}$

(d) $G(s)=\dfrac{1}{s^2(s+13)},\quad H(s)=5s+10$

8.3 그림 P8-3의 일차 기계계에서 시정수, 상승 시간 및 정착 시간을 구하라.

8.4 그림 P8-4의 일차 기계계에서 시정수가 0.5 초가 되도록 B를 정하라.

그림 P8-3

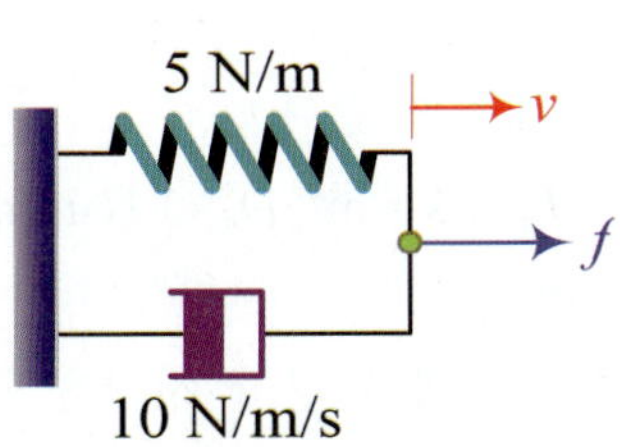

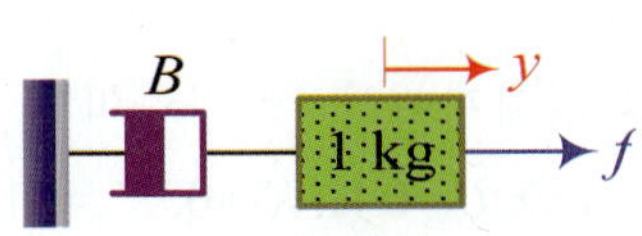

그림 P8-4

8.5 그림 P8-5의 병진 기계계에서 전달 함수 $V(s)/F(s)$, $Y(s)/F(s)$를 구하라. 그리고 ζ, ω_n, %OS, T_r, T_p, T_s를 구하라.

8.6 그림 P8-6의 회전 기계계에서 입력 T에 대한 ω의 계단 응답을 구하라. 그리고 %OS, T_r, T_p, T_s를 구하라.

그림 P8-5

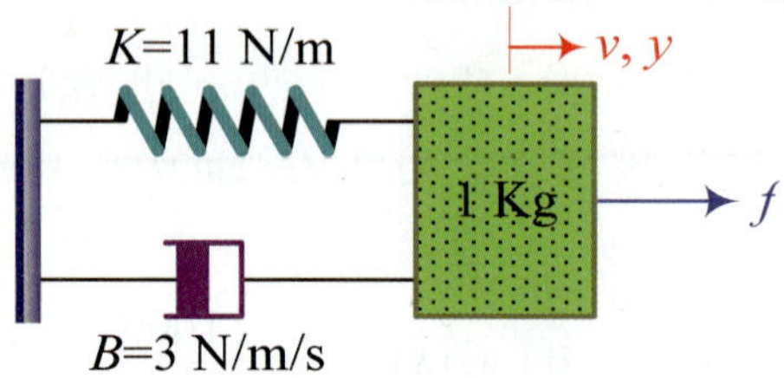

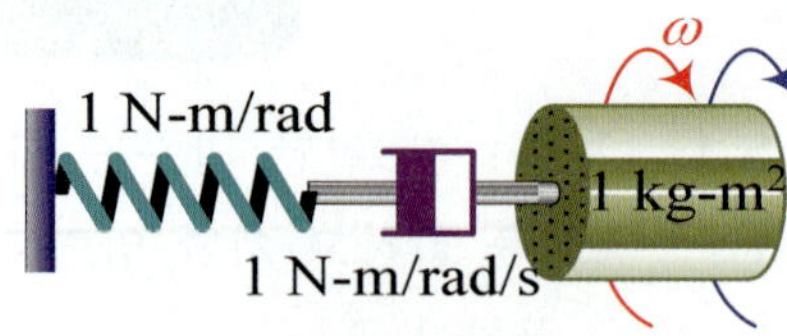

그림 P8-6

8.7 그림 P8-5의 기계계에서 오버슛이 10%이고 제동 고유 주파수가 10 rad/sec가 되도록 K와 B의 값을 조정하라.

8.8 그림 P8-8의 회전 기계계에서 D=1일 때 오버슛이 20%이고 정착 시간이 4초가 되도록 J와 K를 정하라.

8.9 그림 P8-9 회전 기계계의 정착 시간이 10 초가 되도록 N_1/N_2를 정하라.

그림 P8-8

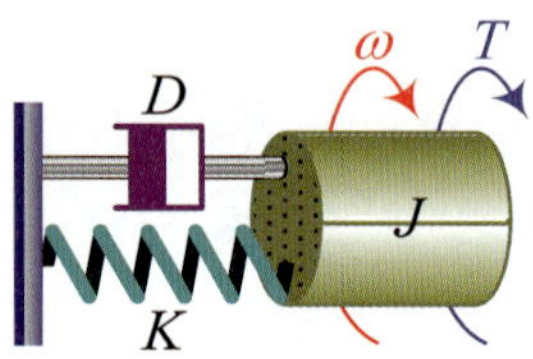

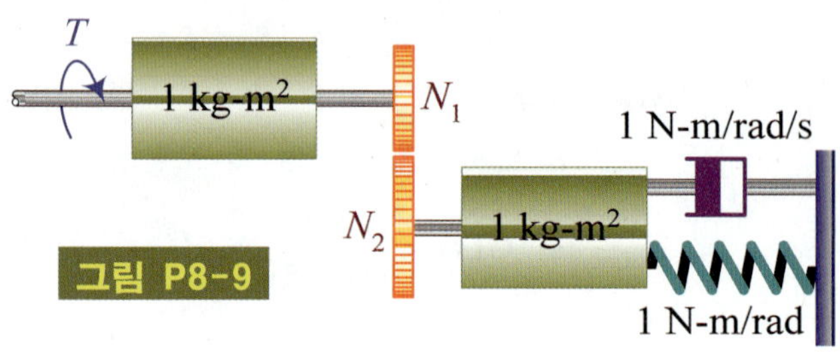

그림 P8-9

8.10 그림 P8-10 회전 기계계의 오버슛이 30%가 되도록 D를 정하라.

그림 P8-10

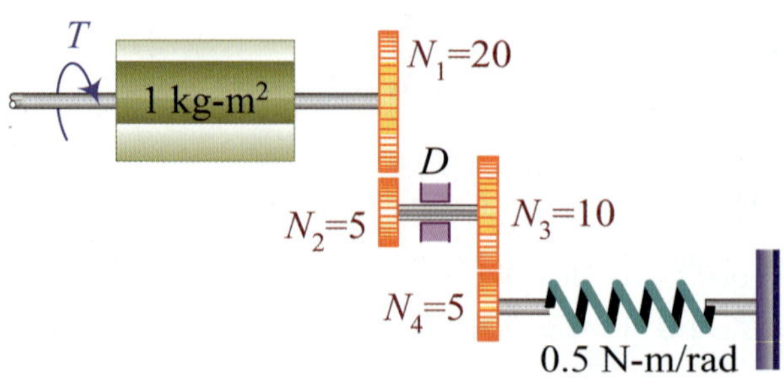

8.11 그림 P8-11의 기계계에서 각 파라미터 값들이 다음과 같다:

전동기: R_a=1 Ω, L_a=0 H, K_b=0, K_m=1 N-m/A, J_m=1 kg-m^2, D_m=1 N-m/rad/sec.

부하: N_1=2N_2, J_g=1 kg-m^2, B=1 N/m/sec, r=2 m.

오버슛이 10%이도록 스프링 계수 K를 정하고 이 때의 정착 시간을 구하라.

8.12 그림 P8-12(a)는 위치 궤환 제어 시스템의 전형적인 블록 선도를 보여준다. 그림 (a)는 그림 (b)와 같은 형태로 간소화할 수 있음을 보여라. 그리고 그림 (b)를 단위-이득 궤환 형태로 표현할 때 개루프 전달 함수 $G_{OL}(s)$를 구하라.

그림 P8-11

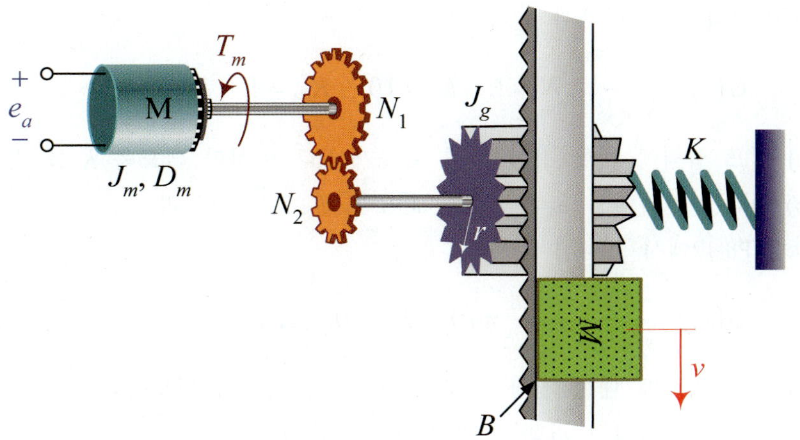

그림 P8-12

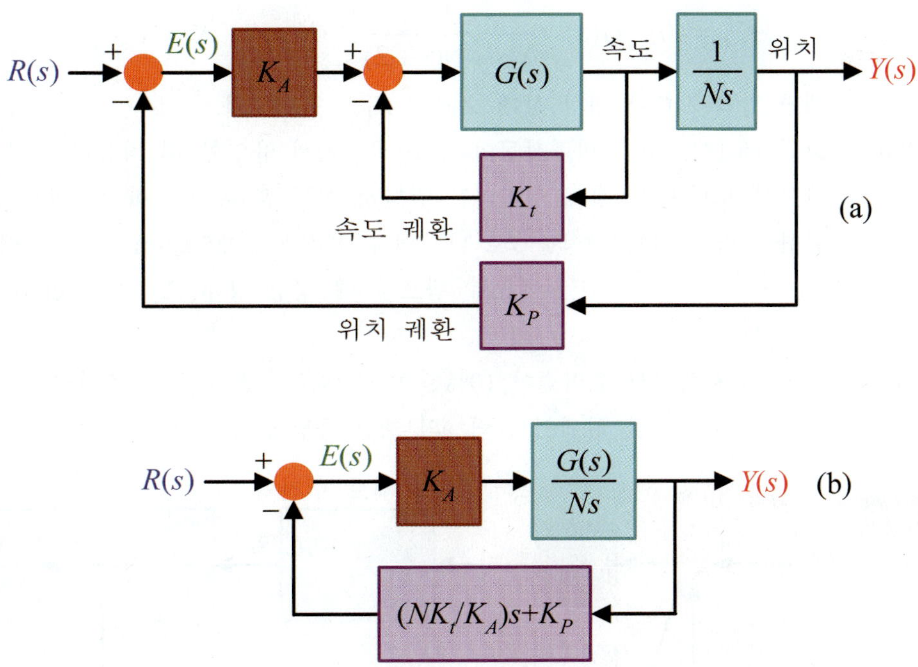

8.13 그림 P8-12에서 $G(s)=b/(s+a)$일 때$(a>0,\ b>0)$

(a) 계단 입력에 대한 정상 상태 오차가 0이기 위해서는 $K_P=1$이 되어야 함을 보여라.

(b) 폐루프 전달 함수 $Y(s)/R(s)$를 구하라.

(c) 폐루프 시스템의 고유 주파수 ω_n과 제동비 ζ가 다음과 같이 주어짐을 보여라.

$$\omega_n = \sqrt{K_A K_P b/N}, \quad \zeta = \frac{a + K_t b}{2\sqrt{K_A K_P b/N}}$$

8.14 그림 P8-12에서 $G(s)=250/(s+5)$이며 $K_P=1$로 한다. $N=0.1$일 때 계단, 램프 및 포물선 입력에 대한 정상 상태 오차를 K_A와 K_t로 표현하라.

8.15 그림 P8-12에서 다음과 같다.

$$G(s)=\frac{1}{s+1}, \quad N=1, \quad K_t=10, \quad K_P=1$$

(a) 램프 입력에 대한 정상 상태 오차가 10^{-3} 이하가 되도록 K_A를 정하라.

(b) (a)의 조건하에서 ω_n과 ζ 및 %OS, T_r, T_p, T_s를 구하라.

8.16 그림 P8-12에서 다음과 같다.

$$G(s)=\frac{10}{s+0.5}, \quad N=10, \quad K_t=0, \quad K_P=1$$

(a) 램프 입력에 대한 정상 상태 오차가 0.1 이하가 되도록 K_A를 정하라.

(b) (a)의 조건하에서 ω_n과 ζ 및 %OS, T_r, T_p, T_s를 구하라.

8.17 그림 P8-12에서 다음과 같이 한다.

$$K_A=40, \quad G(s)=\frac{1}{s(s+1)(s+2)}, \quad N=4, \quad K_t=1$$

계단 입력에 대한 정상 상태 오차를 K_P로 표현하라.

8.18 그림 P8-18은 우주 비행사들이 우주 공간에서 유영할 때 착용하는 가스 제트 추진기의 간단한 모델이다. 제트 추진기는 간단히 이득 K_G로 표현할 수 있으며 착용 장비를 포함한 사람의 전체 관성을 J로 나타낸다. 관성을 J=25 kg-m^{2}으로 할 때 다음을 구하라.

(a) 위치 지시 입력이 $r=t$ m로 램프일 때 정상 상태 오차가 1 cm로 유지되도록 K_t를 결정하라.

(b) (a)의 K_t하에서 오버슛이 10%를 넘지 않도록 K_AK_G를 결정하라.

(c) 이상의 조건들 하에서 출력 y의 계단 응답을 구하라.

그림 P8-18

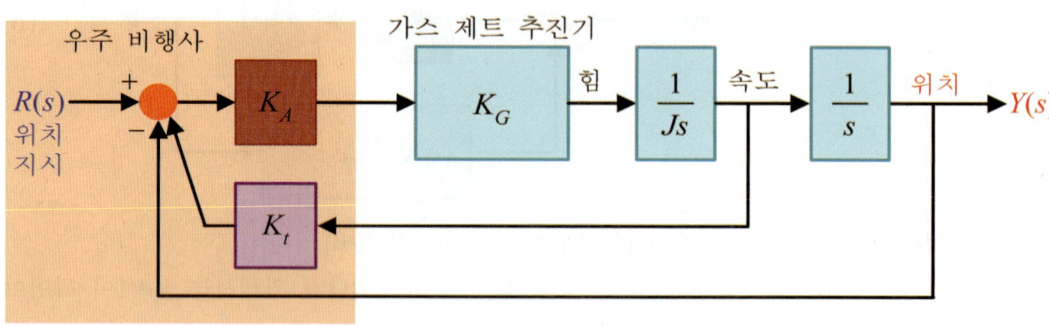

8.19 그림 P8-19는 그림 P8-12(b)의 페루프 위치 제어 시스템에서 궤환 경로에 있는 전달 함수를 전방향 경로에 설치한 형태이다. 전달 함수 K_Ds+K_P 형태의 제어기를 **PD 제어기**라 하며 이는 11장에서 자세히 설명한다. $G(s)=1/s$ 및 $K_D=K_P=1$로 할 때

(a) 퍼센트 오버슛이 5%가 되도록 K_A/N을 정하고 이 때의 피크 시간을 구하여라.

(b) (a)의 조건하에서 계단, 램프 및 포물선 입력에 대한 정상 상태 오차를 구하라.

그림 P8-19

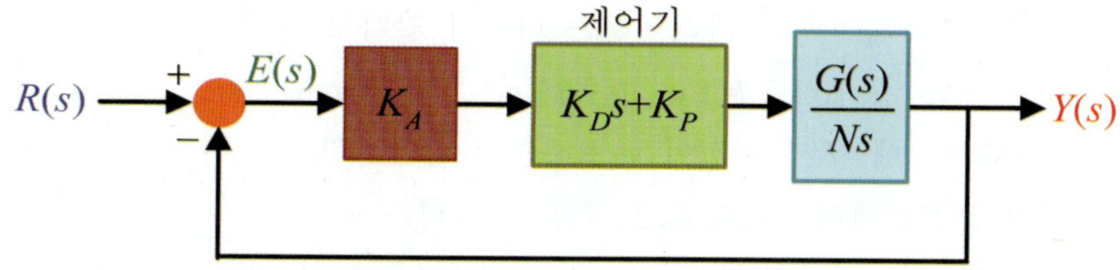

8.20 그림 P8-19에서 다음과 같이 한다.

$$G(s) = \frac{100}{s^2 + 28s + 392}, \quad K_A = 400, \quad K_P = 1, \quad N = 10$$

상수 K_D를 0, 0.05, 0.1, 0.5로 변화시킬 때 각 경우에 대한 계단 응답을 구하고 K_D가 시스템에 미치는 영향에 대해 설명하라.

8.21 그림 P8-19에서 $G(s)=1/s$, $N=1$, $K_A=100$으로 한다. 변수 K_D를 종축(x축)으로 하고 K_P를 횡축(y축)으로 하여 다음에 해당하는 영역 또는 부분을 표시하라.

(a) 폐루프 시스템이 안정적인 영역과 불안정적인 영역

(b) 폐루프 시스템이 과제동 형태가 되는 영역($\zeta>1$)

(c) 폐루프 시스템이 부족제동 형태가 되는 영역($\zeta<1$)

(d) 포물선 상수가 $K_a=1000$이 되는 부분

(e) 고유 주파수가 $\omega_n=50$ rad/sec인 부분

8.22 그림 P8-22(a)는 꺼꾸로 된 진자를 제어하는 시스템이며 전달 함수는 다음과 같다(문제 5.19 참조).

$$G(s) = -\frac{\dfrac{1}{(M-m)l}}{s^2 - \dfrac{Mg}{(M-m)l}}$$

이 시스템의 특징은 극점이 RHF에 존재한다는 것이며 외부의 제어가 없이는 불안정하다. 그림 (b)는 꺼꾸로 된 진자를 수직으로 균형잡기 위한 궤환 제어 시스템이며 제어

그림 P8-22

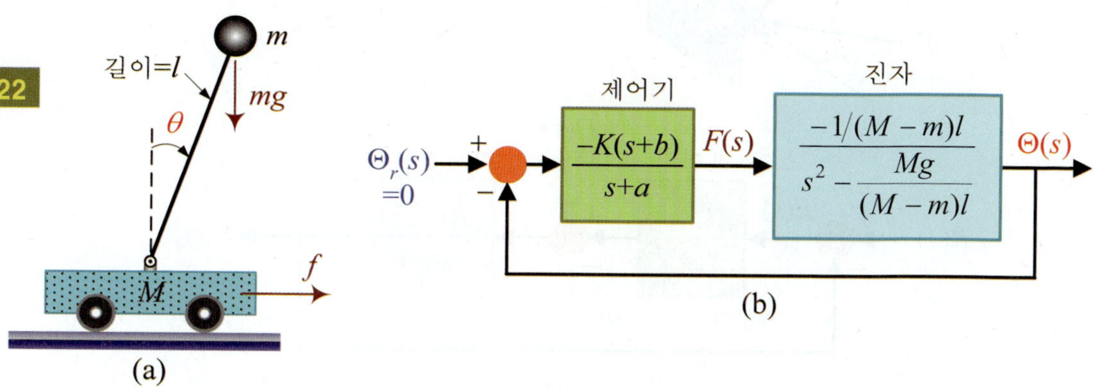

기를 이용하고 있다. 각 파라미터는 다음과 같다고 한다:

M=100 kg, m=10 kg, l=1 m, g=9.81 m/s^2, a=12, b=6.

(a) K=3500일 때 우세 극점이 존재하는지 알아보라.

(b) (a)의 조건하에서 %OS, T_r, T_p, T_s를 구하라.

8.23 그림 P8-23(a)는 미사일 진행 과정을 보여준다. 미사일이 대기 중을 운행하는 과정에서 공기에 의한 항력을 받게 된다. 특히 공기 항력 중에서도 미사일의 측면에 가해지는 힘은 무게 중심 C를 중심으로 미사일을 회전시킨다. 특히 무게 중심점 C가 진행하는 방향이 미사일 중심선에 정렬되어 있지 않고 그림과 같이 각 θ를 이룰 경우 측면으로부터 힘 f_α가 작용하게 된다. 이 힘 f_α는 그림과 같이 미사일의 압력 중심점 P에 작용하는 것으로 간주할 수 있다. 따라서 압력 중심점 P가 무게 중심점 C보다 앞에 위치한다면 미사일은 C를 중심으로 반시계 방향으로 회전하게 되며 이 때의 각 가속도 α는 α는 $\alpha=(kd/J)\theta$로 θ에 직접 비례한다. 그 결과 미사일은 문제 8.22의 꺼꾸로 된 진자 운동과 같은 방식으로 운동하게 되므로 극점이 RHF에 있는 불안정한 시스템이다. 따라서 그림 P8-23(a)의 추진력 T의 각 δ를 제어하여 시스템을 안정되게 하기 위해 궤환이 필요하며 그림 (b)가 한 예를 보여준다. K=100으로 할 때 다음을 구하라.

(a) 그림 (b)에서 a=0일 때 계단 입력에 대한 정상 상태 오차를 구하라(외란 d=0).

(b) 제어기의 a가 0이 아닐 때 계단 및 램프 입력에 대한 정상 상태 오차를 구하라.

(c) a=0일 때 계단 함수 외란에 대한 출력 $y(t)$의 정상 상태 값을 구하라.

그림 P8-23

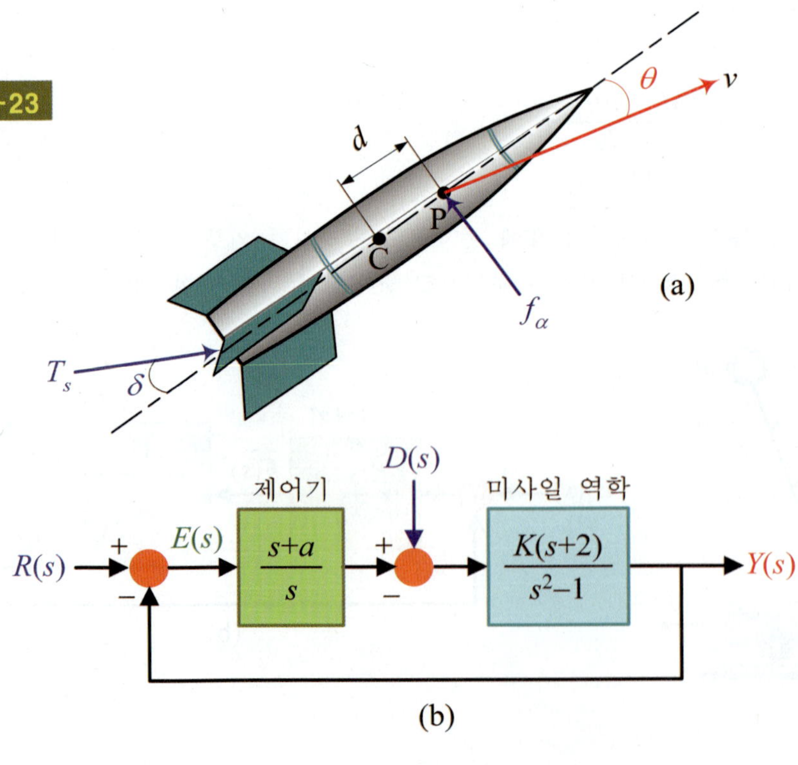

(d) a가 0이 아닐 때 계단 함수 외란에 대한 출력 $y(t)$의 정상 상태 값을 구하라.

(e) K가 임의의 값일 때 폐루프 시스템이 안정되기 위한 K와 a의 관계를 구하라.

8.24 그림 P8-24는 우주 왕복선 로켓의 자세 제어를 위한 궤환 제어 시스템이다. 폐루프 시스템이 안정되기 위한 K_R과 a의 관계를 구하라.

그림 P8-24

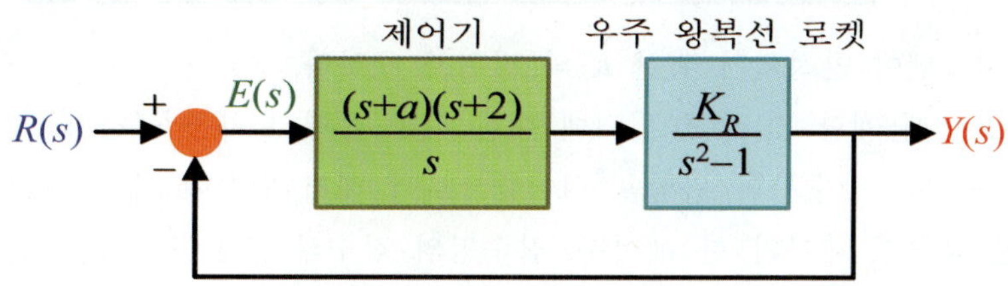

8.25 그림 P8-25는 수직 이착륙기의 자세 제어를 위한 궤환 제어 시스템이다. 수직 이착륙기 역시 꺼꾸로 된 진자와 같은 원리로 불안정한 시스템이며 RHF에 극점이 있게 된다. 폐루프 시스템이 안정되기 위한 K의 범위를 구하라.

그림 P8-25

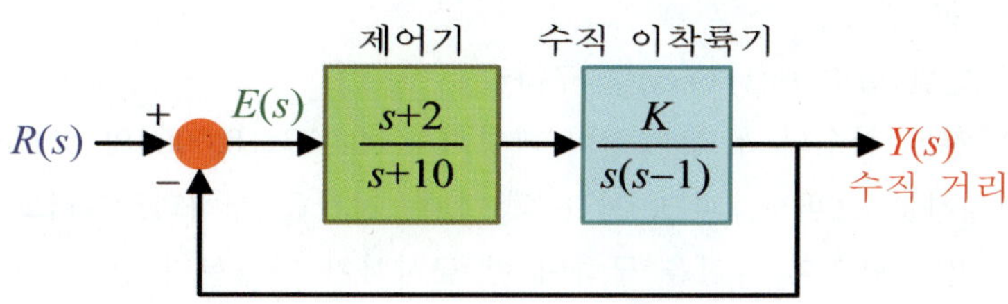

8.26 고속으로 운행하는 승강기에 대해 공기의 탄력성이 스프링과 같은 역할을 할 수 있다. 따라서 승강기가 부족 제동 시스템이 되어 진동 운동을 할 수 있으며 그림 P8-26이 그 한 예이다.

(a) 이 시스템이 안정되기 위한 K의 범위를 구하라.

(b) K=3일 때 폐루프 전달 함수에 우세 극점이 존재하는가?

(c) K=3일 때 우세 극점이 존재한다면 근사적인 이차 전달 함수로부터 오버슛, 피크 시간, 정착 시간을 구하라.

그림 P8-26

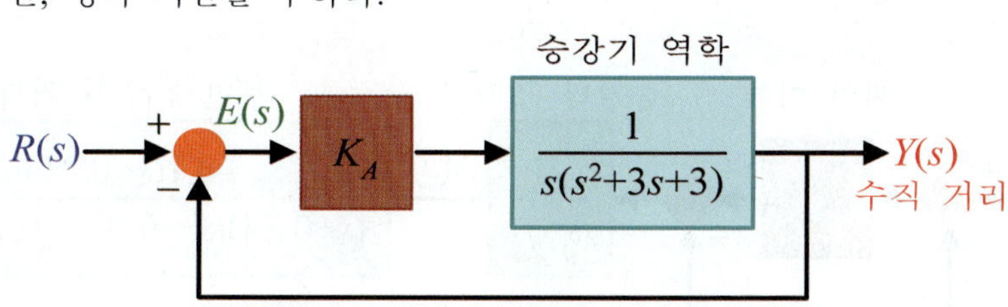

8.27 대기 중을 고속으로 상승하는 비행체 역시 공기의 스프링 역할로 진동 운동을 할 수 있다. 그림 P8-29은 비행기의 승강타를 제어하여 피치를 원하는 수준으로 제어하는 예이다.

그림 P8-27

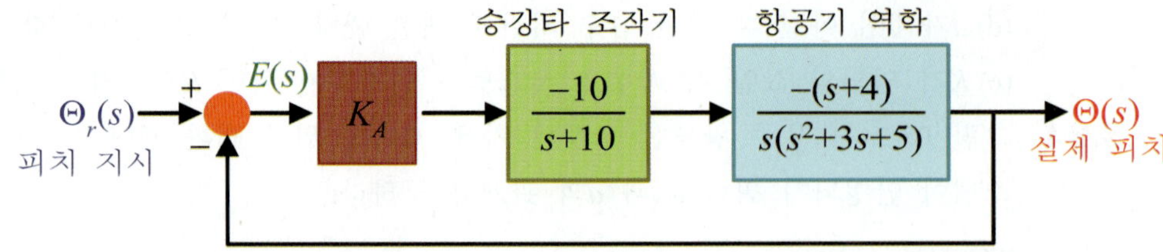

(a) 이 시스템이 안정되기 위한 K_A의 범위를 구하라.

(b) K_A=2일 때 계단 및 램프 입력에 대한 정상 상태 오차를 구하라.

8.28 무인 잠수정은 잠수부의 위험을 덜어줌으로써 해저 탐사에 매우 유용하다. 그림 P8-28은 무인 잠수정 제어의 한 예이다. 잠수정의 잠수와 부상은 승강타를 이용해 이루어진다. 잠수정이 직진하는 과정에서 승강타를 일정한 각 δ 만큼 치우치게 하면 잠수정은 피치 축을 중심으로 회전하게 된다. 즉 잠수정의 피치각 θ가 수직 방향으로 힘을 발생시키므로 잠수정은 잠수하거나 부상하게 된다. 이 과정에서 물의 스프링 역할로 잠수정이 진동 운동을 하게 되며 그림 P8-28(b)가 그 한 예이다. 여기서 $\Delta(s)$는 δ의 라플라스 변환을 나타낸다.

(a) 폐루프 전달 함수 $\Theta(s)/\Theta_r(s)$를 구하라.

(b) 폐루프 전달 함수의 우세 극점이 다항식 $s^2+0.077s+0.0064$의 근으로만 근사화할 수 있다고 가정하고 오버슛, 피크 시간 및 정착 시간을 구하라. 그리고 $K_A=K_t=0.1$로 할 때 폐루프 전달 함수의 극점을 구하여 이 근사화가 타당한지 알아보아라.

그림 P8-28

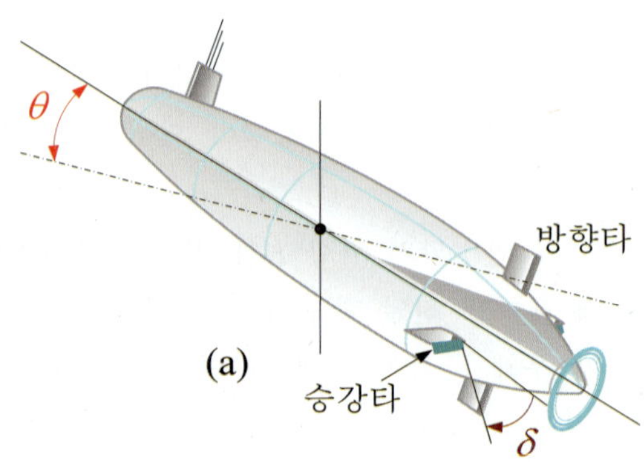

(a)

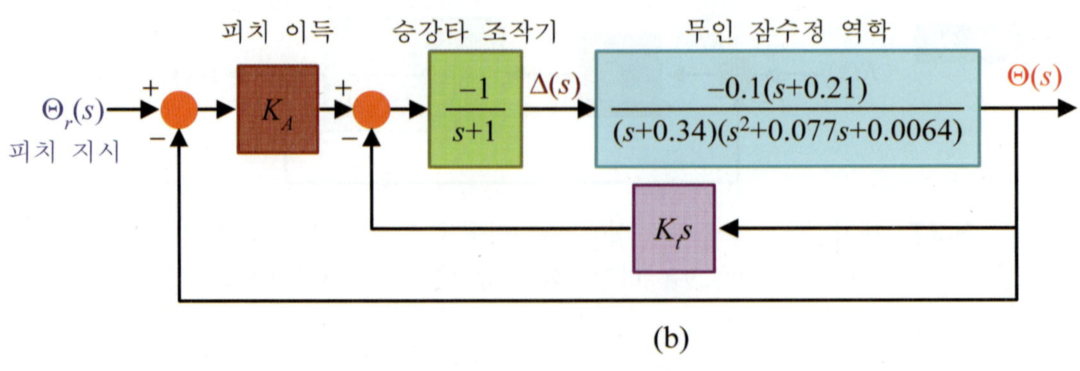

(b)

9

근궤적

9.1 근궤적의 개념

근궤적의 정의

시스템의 특성 방정식에서 계수 중 하나, 또는 그 이상이 조정할 수 있는 변수일 경우 이 변수에 의해 극점의 분포가 어떻게 변하는가는 매우 중요하다. 즉 이 변수의 값에 따라 시스템의 근본적인 특성이 좌우될 수 있기 때문이다. 그림 9-1의 궤환 제어 시스템에서 K는 증폭기 또는 변환기 등의 이득으로서 변수이며 전달 함수 $G(s)$와 $H(s)$는 계수가 모두 상수로 고정된다. 그리고 시스템의 루프 전달 함수가 $KG(s)H(s)$이므로 폐루프 전달 함수는 다음과 같다.

$$G_{CL}(s) = \frac{KG(s)}{1+KG(s)H(s)} \tag{9-1}$$

여기서 변수가 포함되어 있지 않은 $G(s)H(s)$를

$$G(s)H(s) = \frac{Z(s)}{P(s)} = \frac{A(s+z_1)(s+z_2)\cdots(s+z_m)}{(s+p_1)(s+p_2)\cdots(s+p_n)} \tag{9-2}$$

와 같이 분자 다항식과 분모 다항식으로 표현하면(A는 임의의 상수) 폐루프 전달 함수는 다음과 같이 표현할 수 있다.

$$G_{CL}(s) = \frac{KG(s)P(s)}{P(s)+KZ(s)} \tag{9-3}$$

그리고 $G(s)H(s)$의 분모 다항식인 $P(s)$에는 당연히 $G(s)$의 분모가 포함되어 있으므로 $G(s)P(s)$에는 분자 다항식만 있다. 따라서 식 (9-3)의 특성 방정식은 다음과 같이 표현된다.

$$P(s)+KZ(s) = 0 \tag{9-4}$$

위의 방정식에서 변수는 K뿐이며 K가 0에서 무한대로 변할 때 특성 방정식의 근인 극점의 궤적을 보여주는 것이 근궤적(root locus)이다. 여기서 $P(s)$와 $Z(s)$에는 $G(s)H(s)$의 극점 및 영점이 들어 있다. 따라서 식 (9-4)는 다음과 같이 말로 표현할 수 있다:

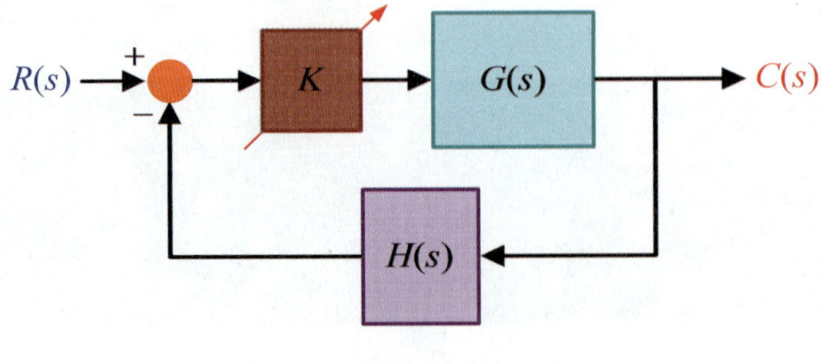

그림 9-1

하나의 변수 K를 포함하는 궤환 제어 시스템.

근궤적이란, 루프 전달 함수의 영점과 극점에 대한 정보를 바탕으로 하여 변수 K에 따른 폐루프 전달 함수의 극점이 변하는 자취를 그린 것이다.

식 (9-4)를 다시 써면

$$\frac{Z(s)}{P(s)} = -\frac{1}{K} \tag{9-5}$$

이므로 이 방정식을 만족하는 s는 다음의 두 조건을 동시에 만족하여야 한다.

■크기 조건

$$\frac{|Z(s)|}{|P(s)|} = \frac{1}{K}, \quad -\infty \le K \le \infty \tag{9-6}$$

■편각 조건

$$\angle Z(s) - \angle P(s) = \begin{cases} (2k+1)\pi, & K \ge 0 \\ 2k\pi, & K \le 0 \end{cases} \tag{9-7}$$

단 k는 0을 포함한 임의의 정수이다. 실제로는 식 (9-7)의 각 조건으로부터 먼저 근궤적이 결정된 연후에 근궤적상에서 K의 크기가 식 (9-6)에 의해 결정된다. 식 (9-2)을 이용하면 식 (9-6)과 (9-7)은 다음과 같이 풀어 쓸 수 있다.

$$\begin{cases} A\dfrac{\prod_{i=1}^{m}|s+z_i|}{\prod_{j=1}^{n}|s+p_j|} = \dfrac{1}{|K|}, \quad -\infty \le K \le \infty \\ \sum_{i=1}^{m}\angle(s+z_i) - \sum_{j=1}^{n}\angle(s+p_j) = \begin{cases} (2k+1)\times 180^\circ, & 0 \le K < \infty \\ 2k \times 180^\circ, & -\infty < K \le 0 \end{cases} \end{cases} \tag{9-8}$$

식 (9-8)에서 $K \ge 0$에 대한 근을 s_+라 하면 각 조건은 다음과 같이 표현된다:

$Z(s)/P(s)$의 각 영점으로부터 s_+에 이르는 벡터들의 각을 모두 합한 것에 $Z(s)/P(s)$의 각 극점으로부터 s_+에 이르는 벡터들의 각을 모두 합한 것을 뺀 결과가 180°의 홀수 배가 되어야 한다.

그리고 $K \le 0$에 대한 근을 s_-라 하면 각 조건은 다음과 같다:

$Z(s)/P(s)$의 각 영점으로부터 s_-에 이르는 벡터들의 각을 모두 합한 것에 $Z(s)/P(s)$의 각 극점으로부터 s_-에 이르는 벡터들의 각을 모두 합한 것을 뺀 결과가 180°의 짝수 배가 되어야 한다.

편각 조건으로부터 s-평면(복소 평면)에 근궤적이 그려지고 나면 근궤적에 따른 K의 값은 식 (9-8)의 첫 번째 식으로부터 다음과 같이 결정된다.

$$|K| = \frac{\prod_{j=1}^{n}|s+p_j|}{A\prod_{i=1}^{m}|s+z_i|} = \frac{|P(s)|}{|Z(s)|} \tag{9-9}$$

즉 K 값에 따라 근궤적을 그리는 것이 아니라 근궤적을 먼저 그린 다음 근궤적에 K 값을 맞추어나가는 것이다.

복소 평면

복소수는 벡터와 성질이 같으므로 복소 평면상에서는 예를 들어 그림 9-2와 같이 복소수를 벡터와 같이 취급한다. 그림 9-2에서 '×'는 $P(s)$의 근, 즉 루프 전달 함수의 극점이며 'O'는 $Z(s)$의 근, 즉 루프 전달 함수의 영점이다. 그리고 s_p '△'는 $K\geq0$에 대한 폐루프 전달 함수의 극점이다. 두 복소수를 잇는 벡터의 편각은 실수축과 이루는 각으로 정의된다. 따라서 식 (9-8)의 편각 조건에 의해 s_p가 $K\geq0$에 대한 근 s_+가 되기 위해서는 다음이 만족되어야 한다.

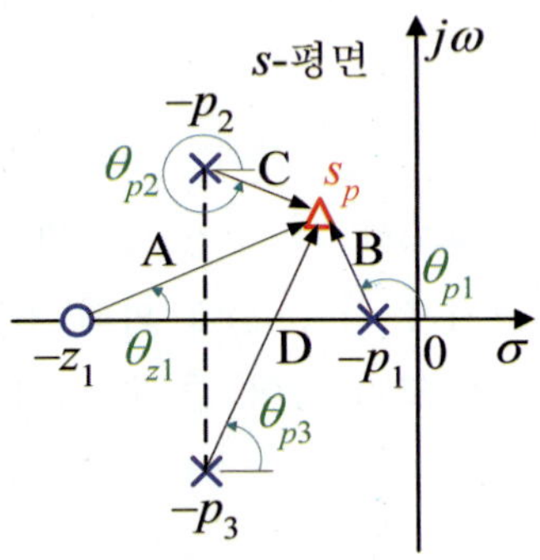

그림 9-2

극-영점도의 예.

$$\begin{aligned}\angle(s_p+z_1)-[\angle(s_p+p_1)+\angle(s_p+p_2)+\angle(s_p+p_3)]\\ =\theta_{z_1}-\theta_{p_1}-\theta_{p_2}-\theta_{p_3}\\ =(2k+1)\times180^\circ\end{aligned} \tag{9-10}$$

한편 s_p가 $K\leq0$에 대한 근 s_-가 되기 위해서는 다음을 만족하여야 한다.

$$\begin{aligned}\angle(s_p+z_1)-[\angle(s_p+p_1)+\angle(s_p+p_2)+\angle(s_p+p_3)]\\ =\theta_{z_1}-\theta_{p_1}-\theta_{p_2}-\theta_{p_3}\\ =2k\times180^\circ\end{aligned} \tag{9-11}$$

일단 s_p가 식 (9-10)이나 (9-11) 중 하나를 만족하고 나면 이 근에 대한 K의 값은 식 (9-9)로부터 다음과 같이 구한다.

$$|K| = \frac{|s_p+p_1||s_p+p_2||s_p+p_3|}{s_p+z_1} = \frac{BCD}{A} \tag{9-12}$$

근궤적을 쉽게 이해하기 위해 그림 9-3의 시스템을 예로 들어보자. 그림 (a)에서 $G(s)$의 변수 K_2를 K_1과 결합하면 그림 (b)와 같이 표현할 수 있으며 변수는 $K=K_1K_2$이다. 그 결과로 $P(s)=s(s+10)$, $Z(s)=1$이므로 특성 방정식은 $P(s)+KZ(s)=0$, 즉 $s^2+10s+K=0$이다. 이 이차 방정식의 근이 K가 0에서 50까

그림 9-3

시스템의 예:
(a) 주어진 블록 선도;
(b) 전달 함수 분모와 분자의 최고차 항의 계수가 1이 되도록 한 등가 블록 선도.

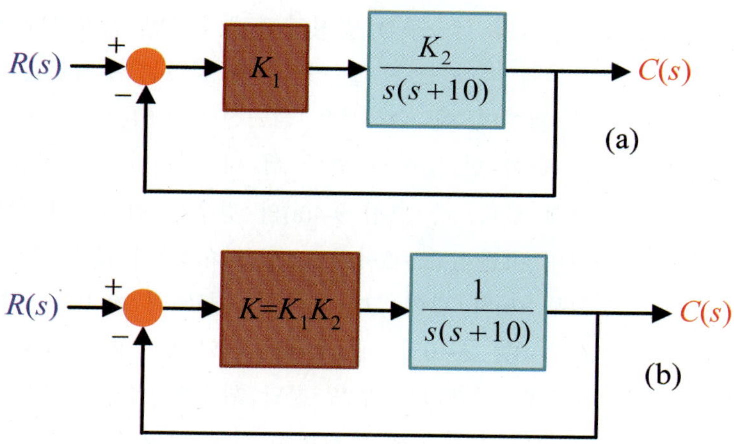

지 5의 간격으로 변할 때 그 궤적을 s-평면상에 그려보면 그림 9-4(a)와 같다. 그림에서 'Δ'는 폐루프 전달 함수의 극점이며 '×'는 $P(s)$의 근, 즉 루프 전달 함수의 극점이다. 시작인 $K=0$에서는 특성 방정식의 두 근이 0과 −10이다. 이 두 근은 K가 증가함에 따라 표시된 화살표 방향으로 옮아가며 $K=25$에서는 두 근이 −5의 중근이 된다. 그리고 $K>25$에서는 두 근이 공액 복소수로

그림 9-4

그림 9-3(b)의 근궤적:
(a) $K=0\sim50$, 간격은 5;
(b) $K=0\sim\infty$, 연속적.

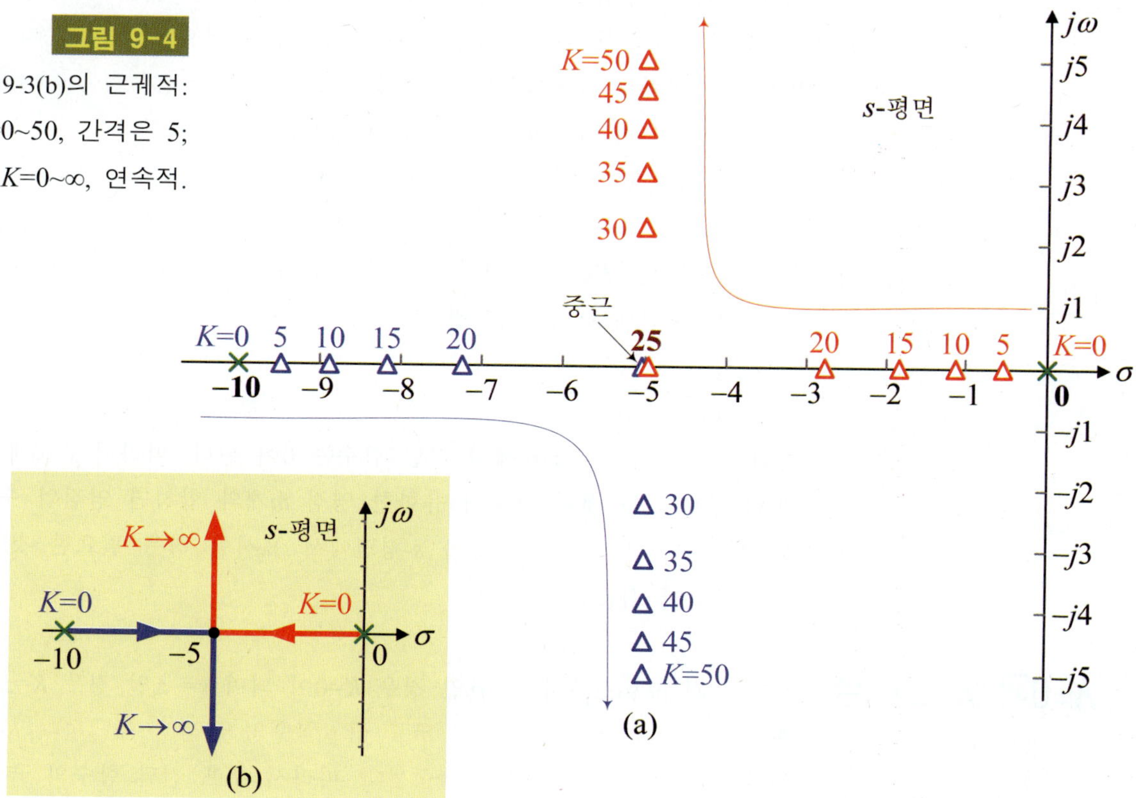

전환되며 실수부는 일정하고 허수부만 증가한다. 이상으로 K가 무한대로 증가함에 따라 근은 실수축 -5를 지나는 수직선을 따라 허수부가 무한히 증가할 것이며 이 수직선을 점근선(asymptotic line)이라 한다. 그리고 분리된 두 근이 한 곳에서 만난 뒤 다시 분리되는 점을 이탈점(break-away point)이라 한다. 즉 그림 9-4(a)의 경우는 점근선의 각도가 $+90°$와 $-90°$ 두 가지이며 이탈점은 -5이다. 그림 9-4(a)에서 K가 연속적으로 변할 때의 근궤적은 그림 (b)와 같이 그려진다. 그리고 식 (9-4)로부터 루프 전달 함수의 극점인 $P(s)=0$는 $K=0$일 때 폐루프 전달 함수의 극점이 된다. 따라서 폐루프 전달 함수의 근궤적은 루프 전달 함수의 극점으로부터 출발한다. 그리고 점근선, 이탈점 등을 구하는 방법도 차차 설명할 것이다.

9.2 근궤적을 그리는 절차

근궤적은 먼저 각 조건으로부터 구해지며 이를 바탕으로 크기 조건에 의해 식 (9-9)와 같이 K를 구한다. 여기서 미리 언급해 둘 것은 루프 전달 함수는 분모가 분자와 차수가 같거나 하나 이상 높은 것으로 하며 분자의 차수가 낮드라도 실제로 극점과 영점의 개수는 같다. 즉

$$\frac{Z(s)}{P(s)}=\frac{A(s+z_1)(s+z_2)\cdots(s+z_m)}{(s+p_1)(s+p_2)\cdots(s+p_n)} \tag{9-13}$$

에서 $n>m$일 경우 유한한 극점은 n개이고 유한한 영점은 m개이다. 그러나 무한대 영점을 포함하면 영점은 극점과 같이 n개가 된다. 그 이유는 위의 식에서 s를 무한대로 접근시키면

$$\frac{Z(s)}{P(s)}\cong\frac{As^m}{s^n}=\frac{A}{s^{n-m}} \tag{9-14}$$

이며 $n-m>0$이므로 $s=\infty$에서 전달 함수는 0이 된다. 따라서 $s=\infty$에서 $n-m$개의 영점이 있는 것과 같으며 유한한 영점 m개와 합하면 영점의 수는 n개인 것이다. 그리고 무한대 영점을 s-평면에서 표시할 경우 필요한 것이 앞에서 잠깐 언급한 점근선이다.

$K=0$과 $K=\pm\infty$ 점

크기 조건 (9-9)로부터 $s=-p_j$일 경우 $K=0$이 되며 $s=-z_i$일 경우 $K=\pm\infty$가 된다. 즉 근궤적상에서 $K=0$인 점은 루프 전달함수의 극점에 해당하며 $K=\pm\infty$인 점은 루프 전달함수의 영점에 해당한다. 따라서 루프 전달 함수의 극점과 영점

은 반드시 근궤적에 포함되며 K=0~∞로 변할 때 근궤적은 루프 전달 함수의 극점(K=0)에서 시작하여 영점(K=∞)에서 끝나게 된다. 이와 반대로 K=−∞~0으로 변할 때 근궤적은 루프 전달 함수의 영점(K=−∞)에서 출발하여 극점(K=0)에서 끝마치게 된다. 그리고 무한대에 영점이 있을 경우는 근궤적이 점근선을 따라 무한대 영점에 접근한다. 예를 들어 특성 방정식이

$$s(s+2)(s+3)+K(s+1)=0 \tag{9-15}$$

일 경우

$$1+K\frac{s+1}{s(s+2)(s+3)}=0 \tag{9-16}$$

이므로 식 (9-2)로부터

$$G(s)H(s)=\frac{s+1}{s(s+2)(s+3)} \tag{9-17}$$

따라서 $P(s)$와 $Z(s)$는 다음과 같다.

$$P(s)=s(s+2)(s+3), \quad Z(s)=s+1 \tag{9-18}$$

루프 전달 함수의 극점은 $P(s)$=0으로부터 s=0, −2, −3이며 영점은 $Z(s)$=0으로부터 s=−1이므로 s-평면상에 표시하면 그림 9-5와 같다. 따라서 그림에 표시된 바와 같이 s=0, −2, −3은 K=0일 때의 특성근이며 s=−1은 K=±∞일 때의 특성근이 된다. 그리고 극점은 3개이고 영점은 하나이므로 그림 9-5에는 표시되어 있지 않지만 무한대 영점이 두 개 더 포함된다. 이에 대한 설명은 뒤에서 한다.

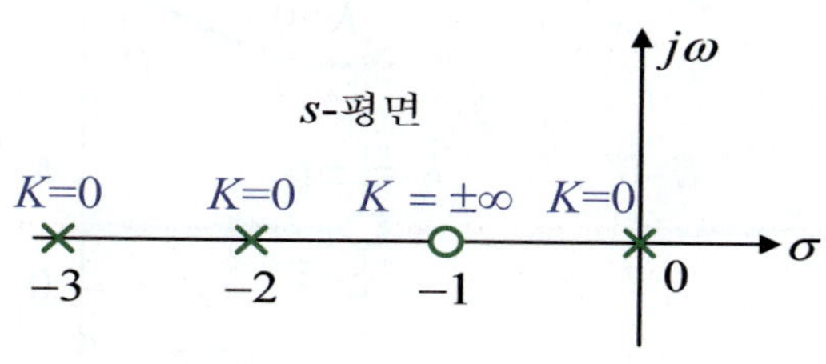

그림 9-5 특성 방정식 $s(s+2)(s+3)+K(s+1)=0$의 K=0, K=±∞의 근궤적.

근궤적 가지의 수

근궤적에서 K가 −∞에서 +∞로 변할 때 하나의 근이 만드는 궤적을 가지라 하며 가지의 수는 특성 방정식의 차수와 같다. 근궤적에서는 하나 하나의 가지가 만드는 궤적을 정확히 추적하여 전체 근궤적을 그려나가는 작업이다. 지금은 컴퓨터 및 소프트웨어의 발전으로 근궤적을 간단히 그려주는 프로그램이 많으며 이를 이용하면 실제로 근궤적은 매우 쉽게 그릴 수 있다(프로그램에 대해서는 장의 말미에서 설명한다).

근궤적의 대칭성

실제 시스템은 파라미터들이 모두 실수이므로 전달 함수의 계수는 당연히 실수이다. 따라서 극점이나 영점이 복소수일 경우는 반드시 공액으로 존재해야 하므로 극점과 영점은 실수축에 대해 대칭적으로 분포한다. 일반적으로 극점과 영점이 어떤 축을 중심으로 대칭을 이루면 이 축을 대칭축이라 하고 근궤적도 대칭축을 중심으로 대칭을 이룬다.

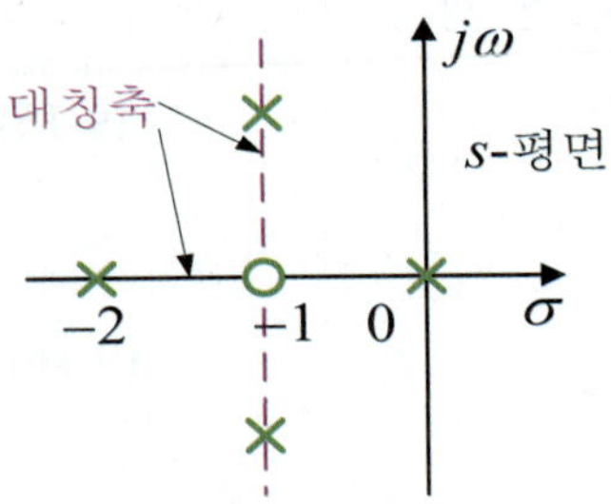

그림 9-6

식 (9-20)의 극-영점도.

예를 들어 특성 방정식이

$$s(s+2)(s^2+2s+2)+K(s+1)=0 \tag{9-19}$$

이면 이로부터

$$P(s)=s(s+2)(s^2+2s+2), \quad Z(s)=s+1 \tag{9-20}$$

따라서 극-영점도는 그림 9-6과 같으며 대칭축은 실수축 및 −1을 통과하는 수직선 두 개이다. 즉 식 (9-19)의 특성 방정식에 대한 근궤적은 그림 9-7과 같이 두 대칭축에 대해 대칭꼴이 되며 4차이므로 가지는 4개이다.

그림 9-7

식 (9-19)의 근궤적.

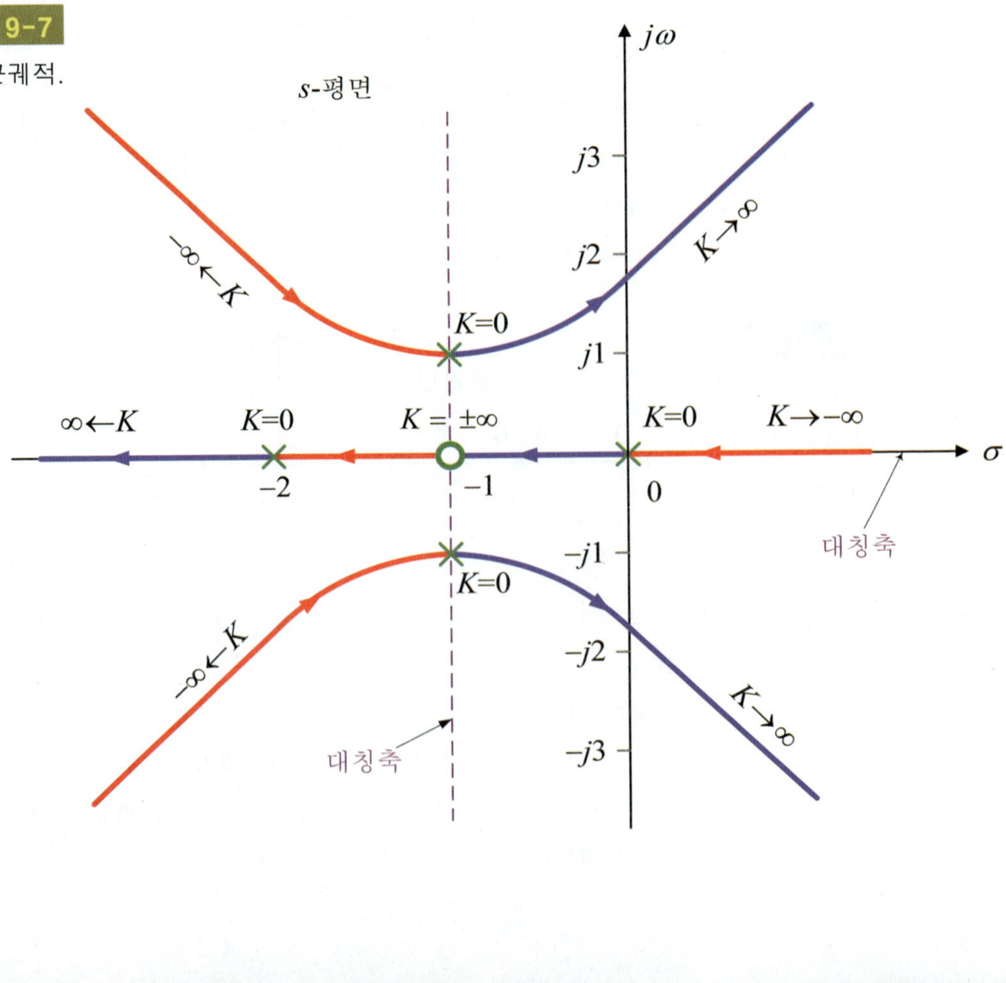

실수축상 근궤적

s-평면의 실수축상에 있는 점은 실수 극점과 실수 영점으로부터 이르는 각이 0° 아니면 180°이다. 반면에 공액 복소수 극점으로부터 이르는 각은 서로 상쇄되므로 0°이며 이는 공액 영점의 경우도 같다. 따라서 실수축상에 있는 점은 각 조건을 만족하므로 반드시 근궤적에 속하게 되며 그림 9-10을 예로 들어보자. 그림 9-10(a)의 극-영점도에서 가장 오른쪽에 있는 영점 z_1의 오른쪽에 있는 한 점 s_-를 살펴보자. 공액 복소수 영점 z_2, z_2^*로부터 z_1에 이르는 각의 합은 0°이다. 그리고 모든 실수 극점과 영점들이 s_-의 왼쪽에 있으므로 이들로부터 s_-에 이르는 각은 모두 0°이다. 따라서 모든 극점과 영점들로부터 s_-에 이르는 각의 합이 0°이므로 각 조건에 의해 s_+는 $K \le 0$에 대한 근이다. 즉 그림에서 영점 z_1의 오른쪽에 있는 실수축은 $K \le 0$에 대한 근궤적이다. 다음으로 그림 9-10(b)와 같이 영점 z_1의 왼쪽에 있으며 나머지 모든 극점과 영점들의 오른쪽에 있는 s_+의 경우는 오른쪽에 위치한 z_1으로부터의 각만 180°이고 왼쪽에 위치한 나머지 극점과 영점들로부터 이르는 각은 0°이다.

그림 9-8

s-평면의 실수축상에서의 근궤적 예.
(a) $K \le 0$에 대한 근궤적;
(b) $K \ge 0$에 대한 근궤적;
(c) 실수축상의 근궤적;

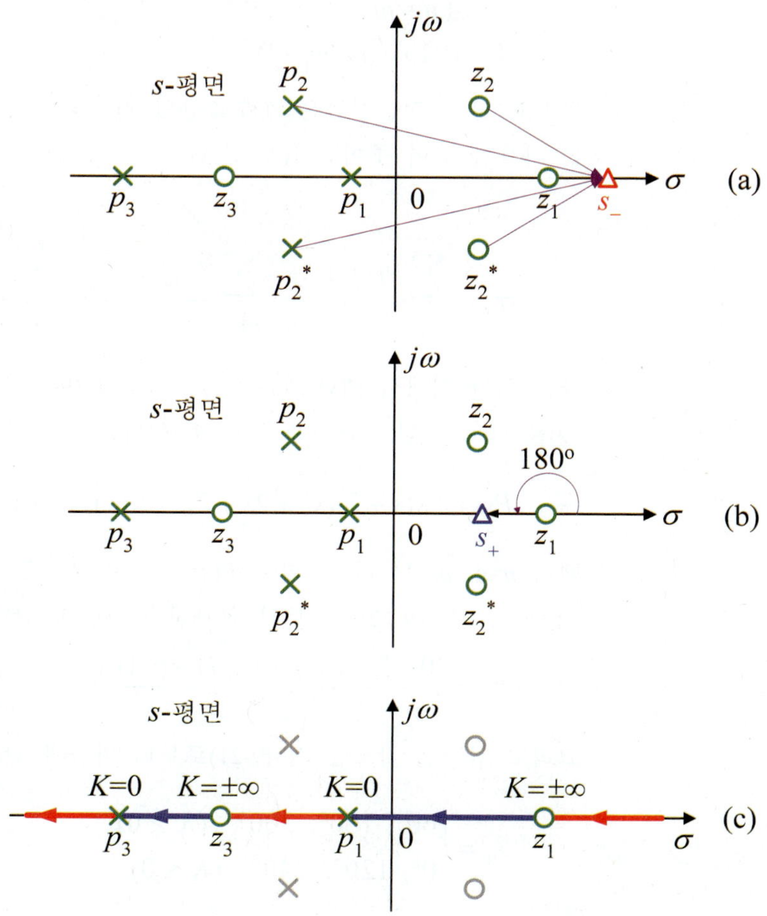

즉 각 조건에 s_+는 $K\geq 0$에 대한 근이다. 이상을 확장하면 다음과 같은 결론을 내릴 수 있다: 실수축상에 있는 모든 점들은 근궤적에 속한다. 그리고 한 점의 오른쪽에 위치한 극점과 영점의 수를 합한 것이 홀수이면 이 점은 $K\geq 0$에 대한 근이고 극점과 영점을 합한 수가 짝수이면 $K\leq 0$에 대한 근이다. 따라서 그림 9-10(a)의 극-영점도에 대한 실수축상의 근궤적은 그림 (c)와 같다. 이는 그림 9-7을 통해서도 관찰할 수 있다.

점근선

$K\geq 0$에 대한 근궤적은 극점에서 출발하여 영점에서 끝난다. 따라서 무한대 영점을 포함할 경우, 즉 $Z(s)$의 차수가 $P(s)$보다 낮을 경우, 근궤적은 점근선을따라 무한대에 있는 영점으로 접근한다. $P(s)$의 차수가 n이고 $Z(s)$의 차수가 $m<n$일 때 점근선은 $2|n-m|$ 개이며 각도는 다음과 같다(부록 A).

$$\theta_a = \begin{cases} \dfrac{(2k+1)\pi}{n-m}, & K\geq 0 \\ \dfrac{2k\pi}{n-m}, & K\leq 0 \end{cases} \quad (k=0,1.\cdots|n-m|-1) \tag{9-21}$$

그리고 모든 점근선들은 실수축상의 한 점인 교차점에서 만나며 교차점 σ_a는 다음과 같이 주어진다(부록 A).

$$\sigma_a = \frac{\sum P(s)\text{의 근} - \sum Z(s)\text{의 근}}{n-m} = \frac{\sum_{j=1}^{n}(-p_j) - \sum_{i=1}^{m}(-z_i)}{n-m} \tag{9-22}$$

물론 위의 식에서 $P(s)$, $Z(s)$ 및 p_j, z_i는 식 (9-2)에서 주어진 바와 같다. 식 (9-19)를 예로 들면(근궤적은 그림 9-7이다)

$$P(s) = s(s+2)(s^2+2s+2), \quad Z(s) = s+1 \tag{9-23}$$

에서 $n=4$, $m=1$이다. 그리고 $P(s)$의 근은 0, -2, $-1+j$, $-1-j$이며 $Z(s)$의 근은 -1이므로 식 (9-22)으로부터 교차점은 다음과 같다.

$$\sigma_a = \frac{(0-2-1+j-1-j)-(-1)}{3} = -1 \tag{9-24}$$

그리고 점근선 각도는 식 (9-21)로부터 다음과 같다.

$$\theta_a = \begin{cases} 60°,\ 180°,\ 300° & (K\geq 0) \\ 0°,\ 120°,\ 240° & (K\leq 0) \end{cases} \tag{9-25}$$

그림 9-9

식 (9-19)의 근궤적인 그림 9-7에 점근선과 교차점을 표시한 그림.

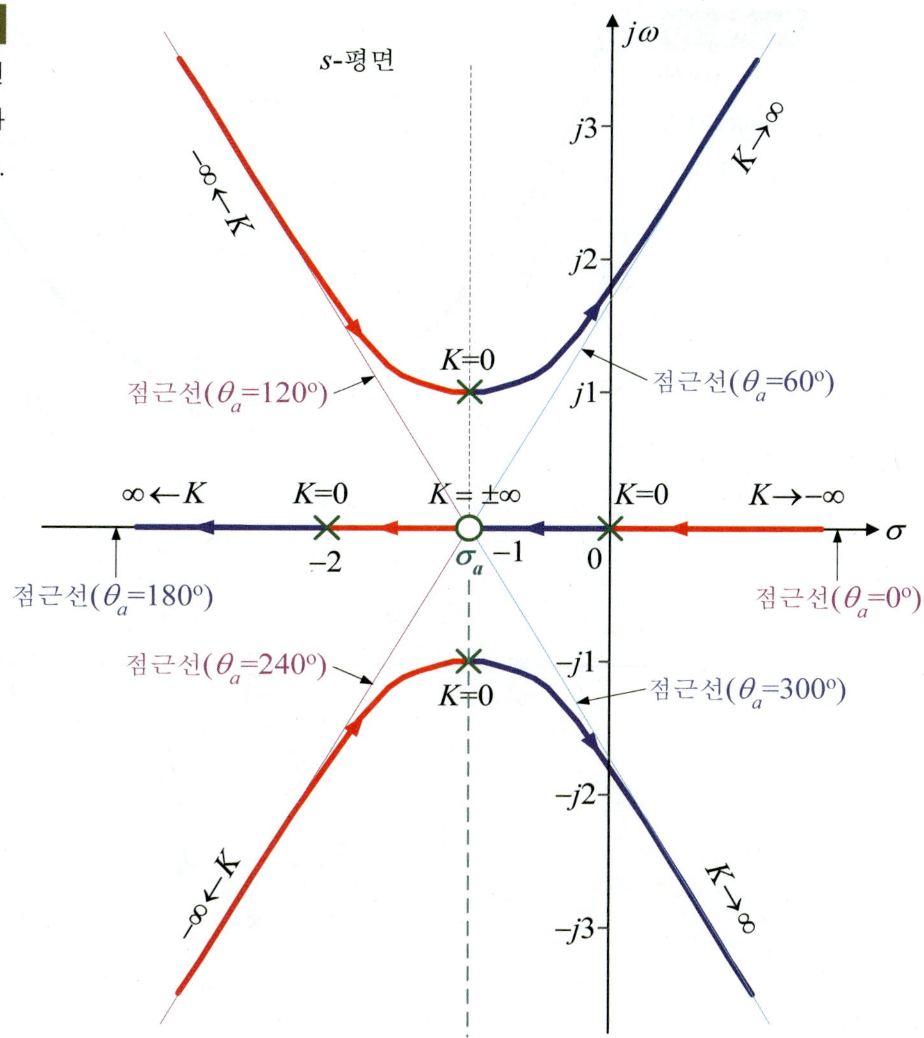

따라서 그림 9-7의 근궤적에 교차점과 점근선을 표시하면 그림 9-9와 같다.

출발각과 도착각

근궤적은 극점에서 출발하여 영점에서 도착하며 극점을 출발하는 각을 **출발각**, 영점에 도착하는 각을 **도착각**이라 한다. 출발각은 근궤적상에서 극점에 매우 가까운 한 점에 대한 접선의 각으로 θ_p로 나타낸다. 그리고 도착각은 영점에 매우 가까운 한 점에 대한 접선의 각으로 θ_z로 나타낸다. 출발각과 도착각은 근궤적의 각 조건으로 구한다. 예를 들어 그림 9-9에서 극점 $p=-1+j$에서의 출발각을 그림 9-10을 통해 구해보도록 한다. 원하는 극점 p에 매우 가까이 위치한 근을 s_+라 하면 p로부터 s_+에 이르는 각 θ_p가 p에서의 출발각이 된다. 여기서 s_+는 $K\geq 0$에 대한 근이므로 그림으로부터 다음의 각

그림 9-10

그림 9-9의 근궤적에서 극점 $p=-1+j$에서의 출발각(θ_p)를 구한다.

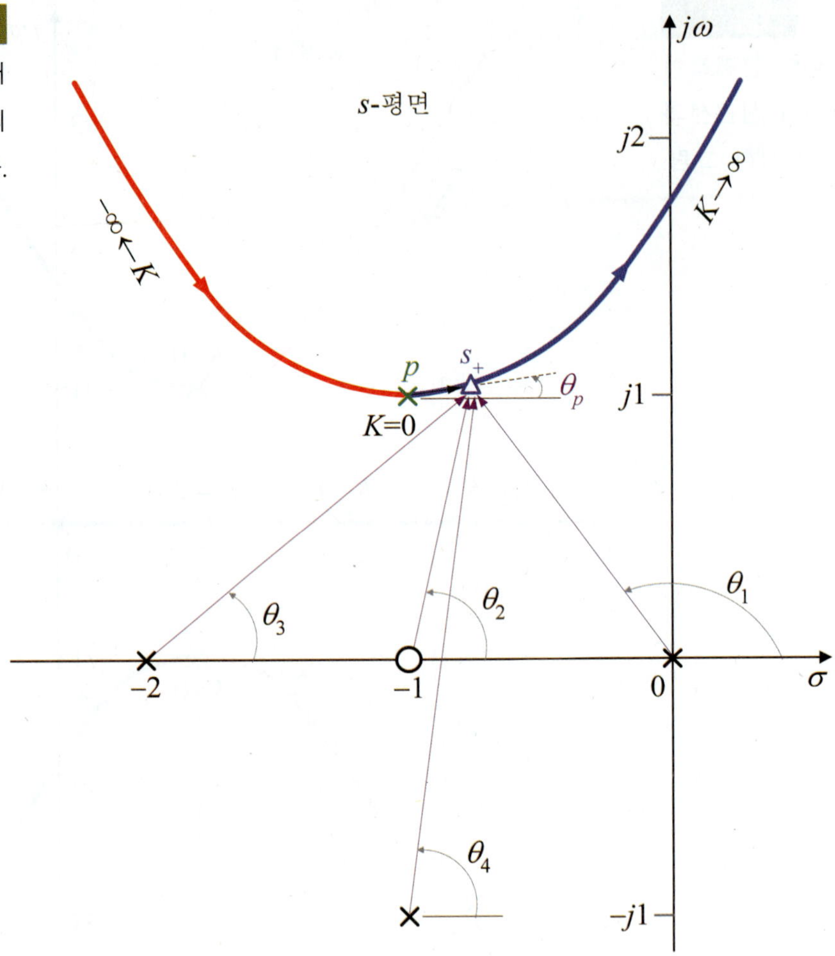

조건을 만족하여야 한다(식 (9-7) 참조).

$$\angle Z(s_+) - \angle P(s_+) = \theta_2 - (\theta_p + \theta_1 + \theta_3 + \theta_4) = (2k+1)180° \tag{9-26}$$

여기서 s_+는 극점 $p=-1+j$에 매우 가깝다. 따라서 p를 제외한 다른 영점과 극점들로부터 s_+에 이르는 각들, 즉 θ_1, θ_2, θ_3, θ_4는 극점 p에 이르는 각들로 대신할 수 있으므로 다음과 같이 구한다.

$$\begin{cases} \theta_1 = \angle(p-0) = \angle(-1+j) = 135° \\ \theta_2 = \angle(p+1) = \angle(j) = 90° \\ \theta_3 = \angle(p+2) = \angle(1+j) = 45° \\ \theta_4 = \angle(p+1+j) = \angle(2j) = 90° \end{cases} \tag{9-27}$$

따라서 위의 두 식으로부터

$$90-(\theta_p+135+45+90)=(2k+1)180° \quad \textbf{(9-28)}$$

이므로 극점 p에서의 출발각 θ_p는

$$\theta_p = 0°$$

이다. 그리고 동일한 극점이 $K \geq 0$에 대한 근궤적상에서 출발하는 출발각은 식 (9-26)의 우변을 $2k180°$로 대신하면 된다. 즉 극점의 $K \geq 0$에 대한 출발각과 $K \leq 0$에 대한 출발각은 180° 차이가 난다. 그러나 극점은 $K \leq 0$의 근궤적상에서는 도착지가 되며 도착각은 출발각과 부호가 반대이다.

허수축상의 근

극궤적이 허수축과 만나는 점과 해당 K의 값은 Routh-Huewitz 판별법으로 구할 수 있다. 즉 허수축상에서의 근이 있기 위해서는 특성 방정식의 근이 공액 허수가 되어야 하며 이는 Routh표에서 한 행이 모두 0이 되는 경우에 해당하기 때문이다. 예를 들어 식 (9-19)의 특성 방정식은

$$s^4+4s^3+6s^2+(4+K)s+K=0 \quad \textbf{(9-29)}$$

와 같으며 이에 대한 Routh표를 작성하여 한 행 전체가 0이 되는 K를 구하면 된다. Routh표는 다음과 같다.

s^4	1	6	K
s^3	4	4+K	0
s^2	5−K/4	K	0
s^1	$\dfrac{K^2-80}{K-20}$	0	0

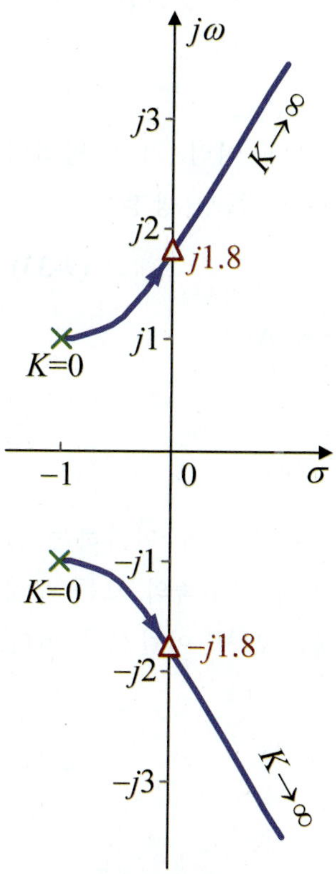

그림 9-11
극궤적 9-9가 허수축과 만나는 점.

따라서 s^1 행 전체가 0이 되기 위한 K의 값은

$$K=\sqrt{80}=4\sqrt{5} \quad \textbf{(9-30)}$$

이며 이를 s^2 행에 대입하면 보조 방정식 및 근은 다음과 같다.

$$2.764s^2+4\sqrt{5}=0 \ \rightarrow \ s=\pm j1.8 \quad \textbf{(9-31)}$$

이 근은 바로 특성 방정식 (9-29)의 근이기도 하다. 따라서 식 (9-29)의 근궤적이 허수축과 만나는 점은 $K=4\sqrt{5}$ 일 때 $s=\pm j1.8$이다. 그림 9-9의 근궤적에 허수축상의 근을 표시한 것이 그림 9-11이다.

이탈점

근궤적의 가지들이 한 점에서 만나는 이탈점은 특성 방정식의 중근에 해당한다. 예를 들어 그림 9-12는 다음의 특성 방정식에 대한 근궤적이다.

$$s^2 + 3s + 2 + K(s^2 - 3s + 2) = 0 \tag{9-32}$$

위의 이차 방정식에 판별식을 적용하여 이중근을 갖는 K를 구하면

$$K = 33.97,\ 0.0294$$

이다. K=33.97일 때는 식 (9-32)는 1.41에서 중근을 가지며 K=0.0294일 때는 식 (9-32)는 −1.41에서 중근을 가진다. 따라서 그림 9-12에서 $\sigma_{b1}=-1.41$, $\sigma_{b2}=1.41$이다. 이탈점은 하나 이상일 수 있고 실수축상에만 있는 것도 아니다. 그러나 근궤적의 공액 대칭성에 의해 이탈점이 복소수일 때는 공액쌍으로 존재한다. 그리고 그림 9-12와 같이 두 개의 가지가 만나는 이탈점에서서는 두 가지가 헤어질 때 180°의 차로 분리된다. 이에 비해 그림 9-13의 예와 같이 4개의 가지가 만나는 이탈점에서는 가지들이 90°의 차로 분리된다. 따라서 일반적으로 n개의 가지가 하나의 이탈점으로 접근하거나 또는 이탈점으로부터 분리되는 각 차이는 180°/n이다.

이탈점을 구하는 방법에는 그림으로나 해석적으로나 여러 가지 방법이 있으며 여기에서는 다음과 같은 방법을 소개한다: 다음의 특성 방정식

$$P(s) + KZ(s) = 0 \tag{9-33}$$

의 이탈점은 다음의 필요 조건을 만족하여야 한다(부록 A).

$$\frac{d}{ds}\left(\frac{Z(s)}{P(s)}\right) = 0 \tag{9-34}$$

단 위의 조건은 필요 조건이지 충분 조건이 아니며 위의 식을 만족하는 값들 중 식 (9-33)을 만족하는 것만 이탈점이 된다. 그러나 실수축의 모든 부분은 반드시 근궤적에 포함되므로 식 (9-34)의 실수 해는 모두 이탈점이 된다. 식 (9-33)은 또한

$$K = -\frac{P(s)}{Z(s)} \tag{9-35}$$

와 같으며 양변을 s로 미분하면

$$\frac{dK}{ds} = \frac{d(Z(s)/P(s))/ds}{(Z(s)/P(s))^2} \tag{9-36}$$

따라서 식 (9-34)의 조건은 다음과 등가이다.

그림 9-12
두 가지에 의해 실수축상에 생기는 이탈점의 예.

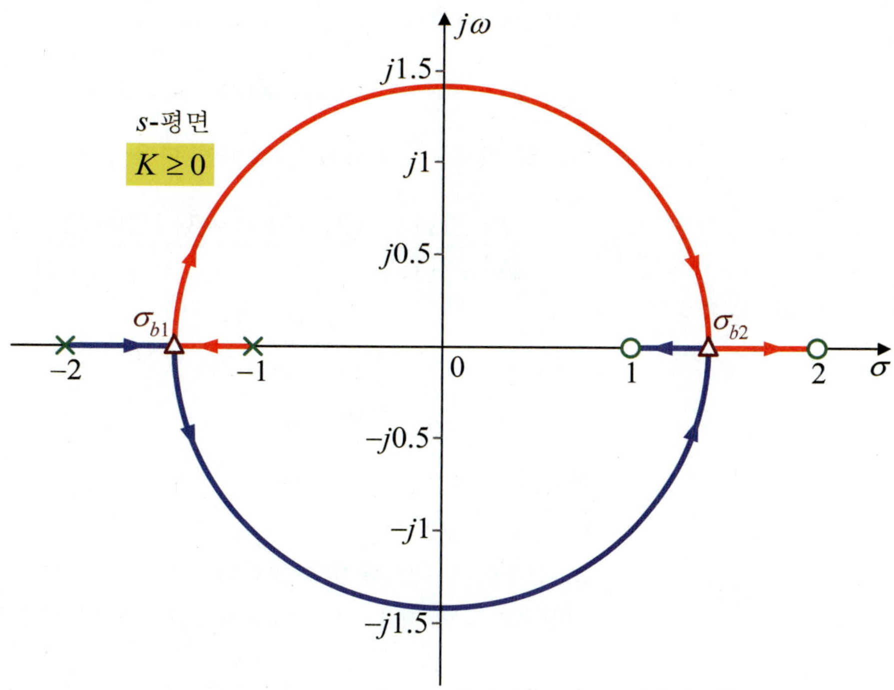

그림 9-13
네 가지에 의해 실수축상에 생기는 이탈점의 예.

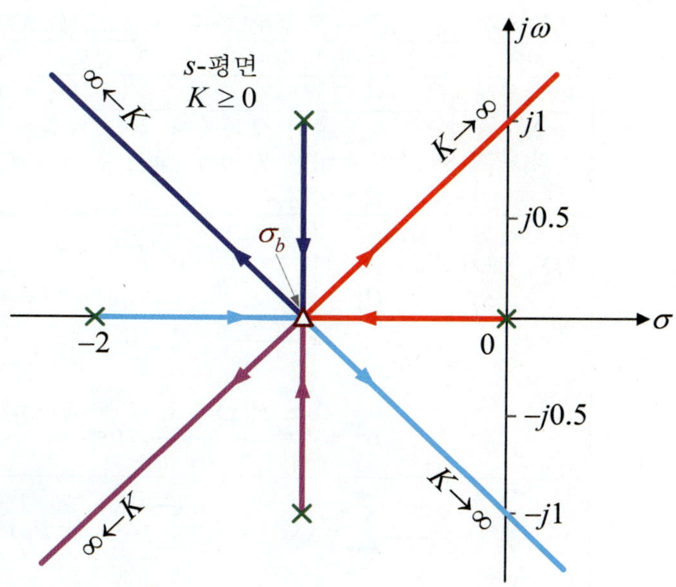

$$\frac{dK}{ds}=0 \tag{9-37}$$

식 (9-32)의 특성 방정식과 이에 대한 근궤적인 그림 9-12에서 이탈점을 구해 보자. 식 (9-32)로부터

보자. 식 (9-32)로부터

$$P(s) = s^2 + 3s + 2, \quad Z(s) = s^2 - 3s + 2 \tag{9-38}$$

이므로 이를 식 (9-34)에 대입하면 다음과 같다.

$$\begin{aligned}\frac{d}{ds}\left(\frac{Z(s)}{P(s)}\right) &= \frac{(2s-3)(s^2+3s+2)-(2s+3)(s^2-3s+2)}{(s^2+3s+2)^2} \\ &= \frac{6(s^2-2)}{(s^2+3s+2)^2} \\ &= 0\end{aligned} \tag{9-39}$$

따라서 근이

$$s = \pm\sqrt{2}$$

로 실수이므로 이탈점에 속한다. 즉 그림 9-12에서 σ_{b1}=−1.41, σ_{b2}=1.41이다.
이상으로 근궤적을 그리는 절차를 정리하면 다음의 표 9-1과 같다.

표 9-1
근궤적을 그리는 절차.

1. 극-영점도	$P(s)$의 근(극점)과 $Z(s)$의 근(영점)을 s-평면에 그린다.
2. K=0, K=±∞	모든 극점; K=0에 대한 근 모든 영점(무한대 영점 포함); K=±∞에 대한 근
3. 가지 수	특성 방정식의 차수와 같다.
4. 대칭성	극-영점도의 대칭축을 중심으로 대칭꼴이다.
5. 실수축상의 근궤적	실수축의 오른쪽에 있는 극점과 영점 개수의 합이 홀수이면 K≥0에 대한 근궤적이고 짝수이면 K≤0에 대한 궤적이다.
6. 점근선의 각도, 교차점	$\theta_a = \begin{cases}\dfrac{(2k+1)\pi}{n-m}, & K \ge 0 \\ \dfrac{2k\pi}{n-m}, & K \le 0\end{cases} \quad (k = 0, 1.\cdots \lvert n-m \rvert - 1)$ $\sigma_a = \dfrac{\sum P(s)\text{의 근} - \sum N(s)\text{의 근}}{n-m}$
7. 출발각과 도착각	$\sum_{i=1}^{m} \angle(s_+ + z_i) - \sum_{j=1}^{n} \angle(s_+ + p_j) = (2k+1)180° \quad (K \ge 0)$ $\sum_{i=1}^{m} \angle(s_- + z_i) - \sum_{j=1}^{n} \angle(s_- + p_j) = 2k180° \quad (K \le 0)$
8. 허수축상의 근궤적	Routh-Hurwitz 판별법을 이용하여 K를 구한 다음 보조 방정식으로부터 허근을 구한다.

표 9-1 (계속)

9. 이탈점	필요 조건; $\frac{d}{ds}\left(\frac{Z(s)}{P(s)}\right)=0$ 위의 근이 실수이면 이탈점이며 복소수인 경우는 $P(s)+KZ(s)=0$ 를 만족하여야 이탈점이다.
10. K 값 계산	$\lvert K\rvert=\frac{\lvert P(s)\rvert}{\lvert Z(s)\rvert}=\frac{\prod_{j=1}^{n}\lvert s+p_j\rvert}{A\prod_{i=1}^{m}\lvert s+z_i\rvert}$

예제 9-1 다음 특성 방정식에 대한 근궤적을 그려라.

$$s(s^2+2s+1)(s^2+6s+\sqrt{10})(s+4)+K(s+2)=0$$

풀이>> 루프 전달 함수의 분모와 분자는 다음과 같다.

$$\begin{aligned}P(s)&=s(s^2+2s+1)(s^2+6s+\sqrt{10})(s+4)\\&=s^6+12s^5+56s^4+128s^3+148s^2+80s\\Z(s)&=(s+2)\end{aligned}$$

따라서 분모의 차수는 n=6, 분자의 차수는 m=1이며 극점과 영점은

$$p=0,-1+j,-1-j,-3+j,-3-j,-4$$
$$z=-2$$

근궤적을 그리는 절차는 다음과 같다(그림 9-14):

1. 극-영점도(그림 (a)): $P(s)$, $Z(s)$로부터 극-영점도를 그린다(그림 9-14(a)).
2. K=0, K=±∞ 점과 대칭축(그림 (b)): 극점은 K=0에 대한 근이며 영점은 K=±∞에 대한 근이다. 아울러 대칭축을 표시해 둔다.
3. 실수축상의 근궤적(그림 (c)): 실수축상에서 K≥0에 대한 근궤적과 K≤0에 대한 근궤적을 표시한다.
4. 점근선의 각도와 교차점(그림 (d)): 점근선의 각도는 $n-m$=5이므로

$$\begin{cases}\theta_a=\dfrac{(2k+1)180^\circ}{5}=36^\circ,108^\circ,180^\circ,252^\circ,324^\circ & (K\ge 0)\\[2ex]\theta_a=\dfrac{2k180^\circ}{5}=0^\circ,72^\circ,144^\circ,216^\circ,288^\circ & (K\le 0)\end{cases}$$

$$\sigma_a = \frac{\sum P(s)\text{의 근} - \sum N(s)\text{의 근}}{n-m}$$

$$= \frac{(0-1+j-1-j-3+j-3-j-4)-(-2)}{5} = -2$$

5. 출발각과 도착각(그림 (e)):

극점 $p=-1+j$의 출발각 θ_{p1}은

$$\angle(-1+j+2)-(\theta_{p1}+135°+90°+0°+45°)=(2k+1)180°$$

$$\theta_{p1}=45°-(135°+90°+45°)-180°=-405°=-45°$$

극점 $p=-3+j$의 출발각 θ_{p2}는

$$\angle(-3+j+2)-(\theta_{p2}+\angle(-3+j)+180°+135°+90°+45°)$$

$$=(2k+1)180°$$

$$\theta_{p2}=135°-(161.6°+90°)-180=-296.6°=63.4°$$

그림 9-14

예제 9-1의 그림.

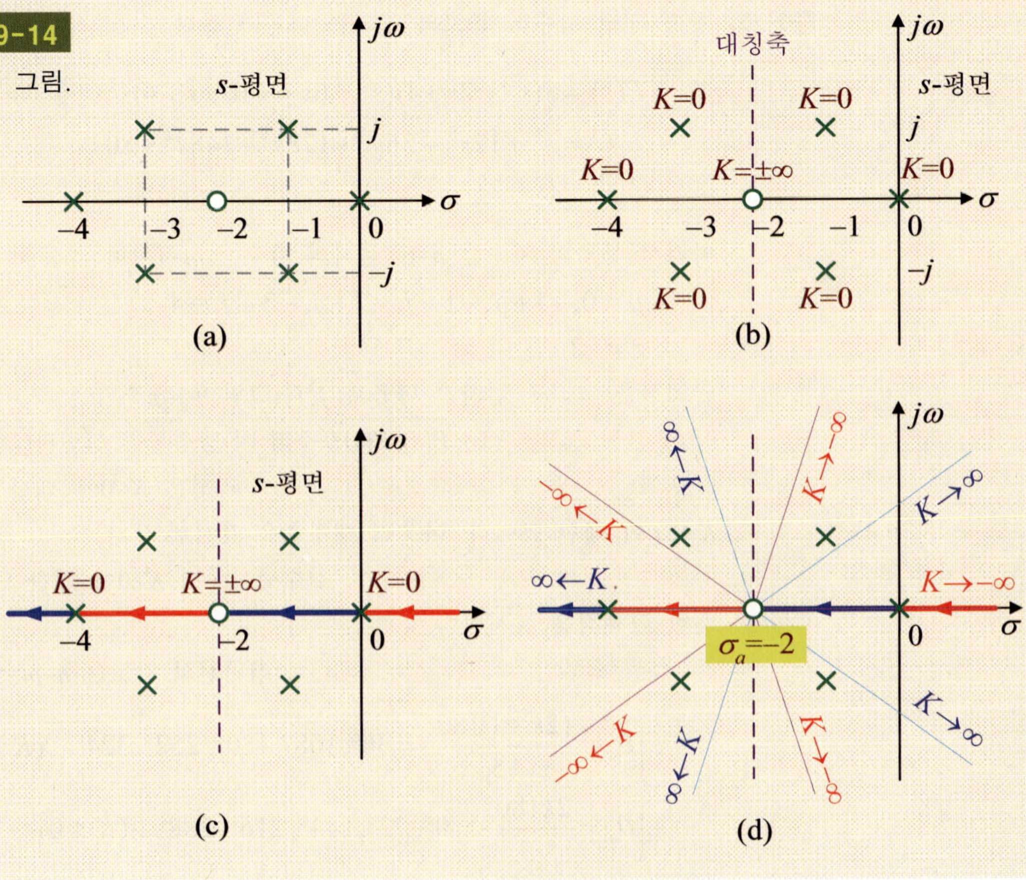

그림 9-14
(계속)

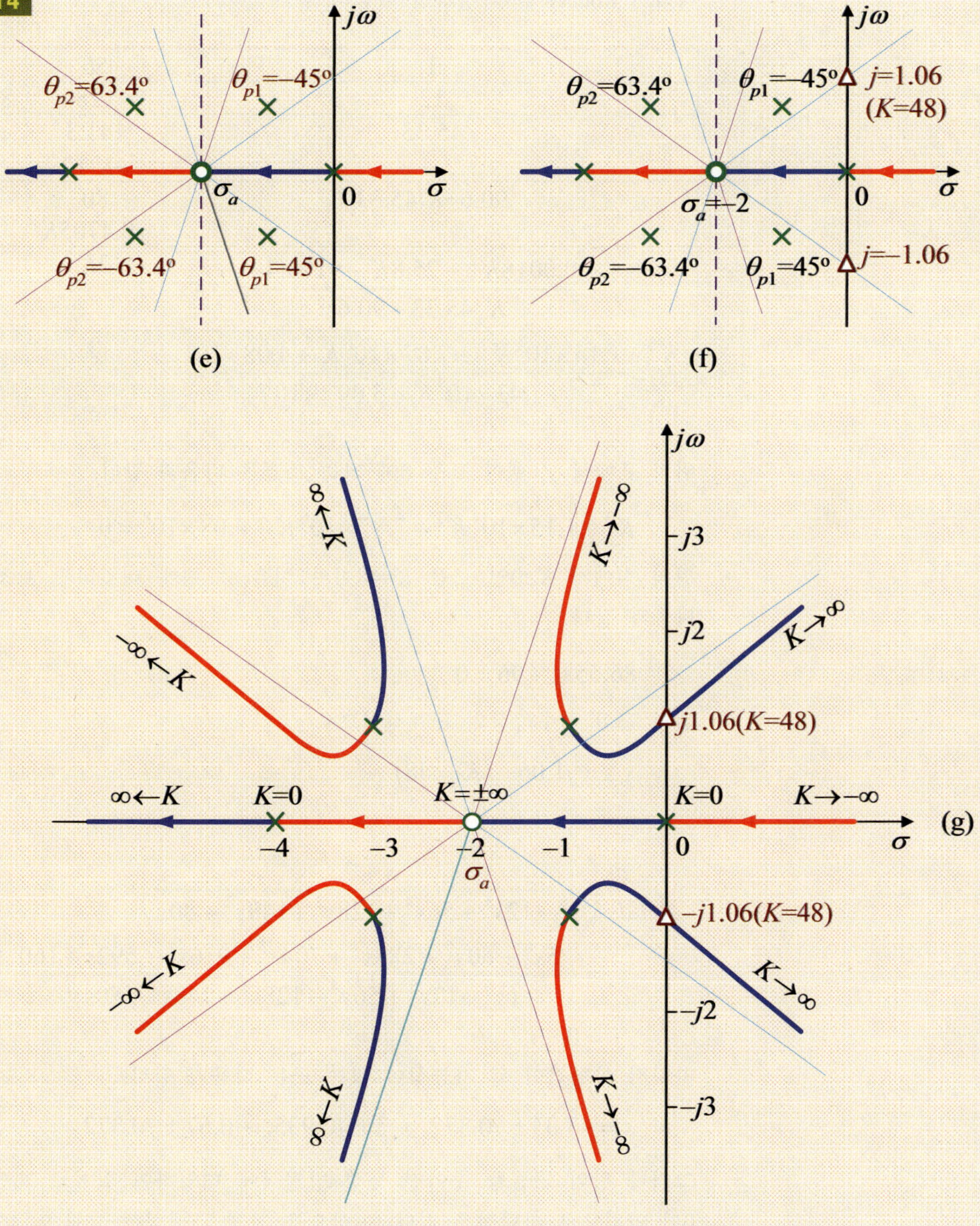

6. 허수축상의 근궤적(그림 (f)): 특성 방정식은 다음과 같다.

$$s^6 + 12s^5 + 56s^4 + 128s^3 + 148s^2 + (80 + K)s + 2K = 0$$

따라서 Routh표를 작성하면 다음과 같다.

s^6	1	56	148	$2K$
s^5	12	128	$80+K$	0
s^4	45.33	$141.3 - K/12$	$2K$	0
s^3	$90.6+K/45.33$	$80 + 0.4705K$	0	0
s^2	$-\dfrac{0.0018K^2+25.8K-9175.4}{K/45.33+90.6}$	$2K$	0	0
s^1	$\dfrac{K^3+1.15\times10^4K^2+7.87\times10^6K+4.08\times10^8}{K^2+1.43\times10^4K-5.097\times10^6}$	0	0	0

위의 표에서 s^1 행이 모두 0이 되는 조건은 다음과 같다.

$$K^3+1.15\times10^4K^2+7.87\times10^6K+4.08\times10^8=0$$

위의 식에서 $K\geq0$인 근은 $K=48$이며 이를 s^2 행에 대입하면 보조 방정식은 다음과 같다.

$$86.55s^2+96=0$$

위의 근이 허수축상의 근궤적이므로

$$s\cong\pm j1.06 \quad (K=48)$$

7. 이탈점:

$$\frac{d}{ds}\left(\frac{s+2}{s^6+12s^5+56s^4+128s^3+148s^2+80s}\right)$$
$$=-\frac{5s^6+60s^5+288s^4+704s^3+916s^2+592s+160}{(s^6+12s^5+56s^4+128s^3+148s^2+80s)^2}$$
$$=0$$

따라서 이탈점이 될 가능성이 있는 근은 다음과 같다.

$$s=-3.33\pm j0.372,\ -2\pm j0.935,\ -0.67\pm j0.372$$

그러나 위의 근들을 주어진 특성 방정식에 대입하여 실제로 계산을 해보면 0이 안되므로 이탈점은 없다. 이상으로 전체 근궤적은 그림 9-14(g)와 같다.

9.3 근의 감도

변수 K가 정해진 값에서 변동이 생기면 근궤적의 위치도 변한다. K의 변화에 따른 특성 방정식의 근 s의 감도, 즉 근의 감도는 다음으로 정의된다.

$$S_K^s = \frac{ds/s}{dK/K} = \frac{K}{s}\frac{ds}{dK} \tag{9-40}$$

여기서 s는 현재 근의 위치이며 K는 현재의 이득이다. 그리고 위 식의 우변의 ds/dK는 이탈점의 필요 조건인 식 (9-37)의 역수이므로 이탈점의 감도는 무한대이다. 따라서 근 감도의 관점에서는 이탈점이 특성 방정식의 근이 안 되도록 K를 정해야 하며 이탈점은 특성 방정식의 중근이다. 시스템은 그 성능도 중요하지만 이에 못지않게 안정성도 중요하다. 따라서 만일 어떤 K의 값에서 시스템이 만족하게 동작할지라도 그 특성이 K의 변화에 매우 민감하다면 K가 조금만 변해도 불안정해질 수 있다. 시스템이 파라미터의 변화에 민감하지 않을 때 이를 제어 공학에서는 강인 시스템(robust system)이라 부른다.

그림 9-15의 단위-이득 궤환 시스템에서 근의 감도에 대해 알아보자. 특성 방정식이

$$s^2 + as + K = 0 \tag{9-41}$$

이며 K와 a가 각각 K_o 및 a_o를 중심으로 조금씩 변한다고 하고 편의상 K_o=2, a_o=2로 한다. 먼저 a는 고정되어 있고 K만 변할 경우 K만 변수로 취급하고 a=2로 하면

$$1 + K\frac{1}{s^2 + 2s} = 0 \tag{9-42}$$

이므로

$$Z(s) = 1, \quad P(s) = s^2 + 2s = s(s+2) \tag{9-43}$$

이다. 따라서 식 (9-42)의 근궤적을 그리면 그림 9-16(a)와 같다. 점으로 표시

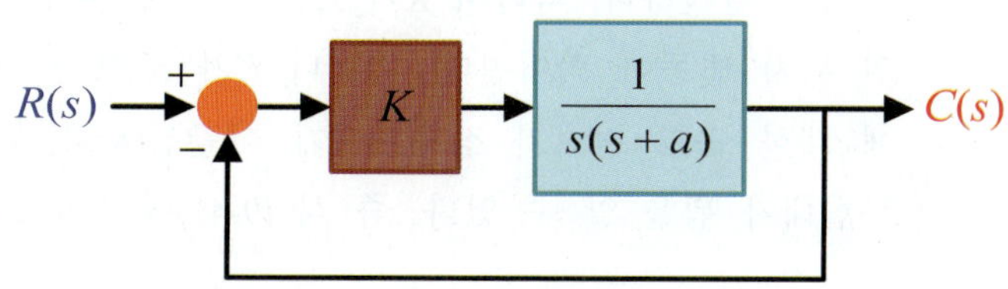

그림 9-15
단위-이득 궤환 시스템.

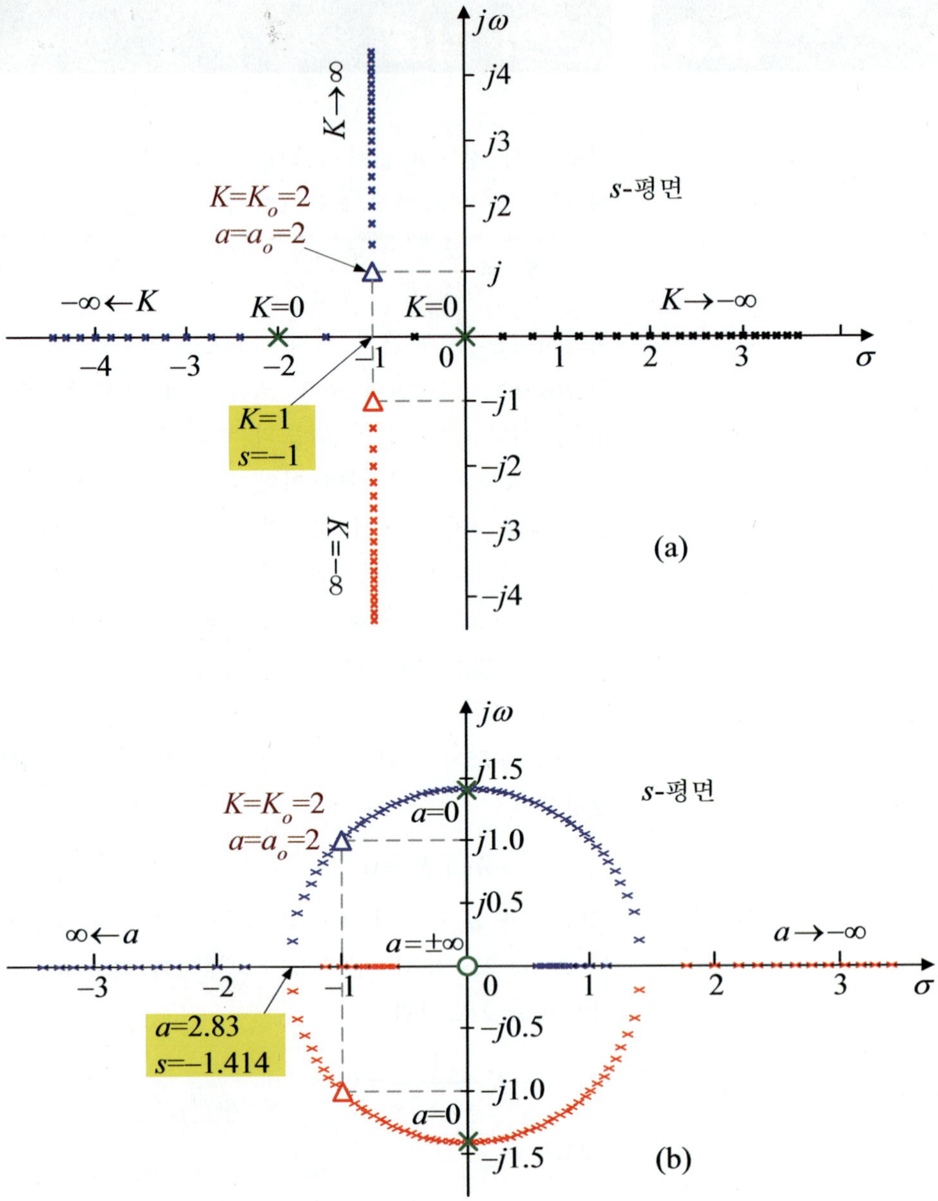

그림 9-16 식 (9-41) 특성 방정식의 근의 감도에 대한 도해: (a) K에 대한 감도; (b) a에 대한 감도.

된 극궤적은 컴퓨터를 이용해 그린 것이며 K는 -20에서 $+20$ 사이에서 균일한 간격 1로 변화시켰다. 즉 그림에서 바로 이웃한 두 근의 K 값 차이는 모두 1로 일정하다. 따라서 K가 K_o보다 커질 때는 동일한 K의 변화에 의한 근의 위치 변동이 적어진다. 그러나 K가 K_o보다 작아질수록 동일한 K의 변화에 대한 근의 변화가 심해지다가 이탈점($K=1$, $s=-1$)에 이르면 근의 감도는 무한대가 됨을 알 수 있다. 즉 식 (9-41)에서 $a=2$로 하면

$$\frac{dK}{ds} = -2s - 2 \tag{9-44}$$

이며 또한 식 (9-41)에서 $K=-s(s+2)$이므로 근의 감도는 다음과 같다.

$$S_K^s = \frac{K}{s}\frac{ds}{dK} = \frac{s+2}{2(s+1)} \tag{9-45}$$

근이 $s=\sigma$로 실수일 때, 즉 실수축상의 근궤적에 대한 근의 감도는

$$\left|S_K^\sigma\right|_{\omega=0} = \left|\frac{\sigma+2}{2(\sigma+1)}\right| \tag{9-46}$$

이며 $\sigma=-1$일 때 근의 감도는 무한대가 된다. 그리고 근이 복소수일 때는 주파수 ω에 무관하게 실수부가 -1이므로 $s=-1+j\omega$이다. 따라서 이 경우는 감도가 다음과 같다.

$$\left|S_K^s\right|_{s=-0.5+j\omega} = \left|\frac{1+j\omega}{2(j\omega)}\right| = \frac{\sqrt{1+\omega^2}}{2\omega} \tag{9-47}$$

즉 공액 관계에 있는 근의 감도는 같다는 것을 알 수 있다. 반면에 식 (9-46)에서는 동일한 K에 대한 σ가 두 개이며 각각의 감도가 서로 다르다는 것을 알 수 있다.

다음으로 식 (9-41)에서 먼저 K는 고정되어 있고 a만 변할 경우 a만 변수로 취급하고 $K=2$로 하면

$$1 + a\frac{s}{s^2+2} = 0 \tag{9-48}$$

이므로

$$Z(s) = s, \quad P(s) = s^2 + 2 = (s + j\sqrt{2})(s - j\sqrt{2}) \tag{9-49}$$

이다. 따라서 식 (9-48)의 근궤적을 그리면 그림 9-16(b)와 같으며 점으로 표시된 근궤적은 a를 -4에서 $+4$ 사이에서 균일한 간격 0.1로 변화시켜 그린 것이다. 그 결과 따라서 a가 a_o보다 증가하는 방향으로 가면 동일한 a의 변화에 의한 근의 위치 변동이 적어진다. 그러나 a가 a_o보다 증가하는 동일한 a의 변화에 대한 근의 변화가 심해지다가 이탈점($a=2.83$, $s=-1.414$)에 이르면 근의 감도는 무한대가 된다. 즉 식 (9-48)에서 $a=-(s^2+2)/s$ 및

$$\frac{da}{ds} = -\frac{s^2-2}{s^2} \tag{9-50}$$

이므로 a에 대한 근의 감도는 다음과 같다.

$$S_a^s = \frac{a}{s}\frac{ds}{da} = \left(\frac{s^2+2}{s^2}\right)\left(\frac{s^2}{s^2-2}\right) = \frac{s^2+2}{s^2-2} \tag{9-50}$$

따라서 근이 s=±1.414일 때는 근의 감도가 무한대가 된다.

9.4 극점과 영점의 추가

근궤적상의 여러 정보들을 이용하면 제어 시스템을 설계할 때 큰 도움이 되며 그리 복잡하지 않은 시스템일 때는 앞에서 이야기한 근궤적 작도법을 이용하여 빨리 그릴 수 있다. 현재는 디지털 컴퓨터에 탑재된 다양한 소프트웨어를 이용하여 근궤적을 더 한층 쉽게 얻을 수 있다. 그리고 제어 시스템의 성능을 보완하기 위해 시스템 설계시 루프 전달 함수에 극점이나 영점을 추가시키는 경우가 있다. 여기서는 극점이나 영점이 추가될 때 근궤적이 어떤 변화를 일으키는가에 대해 간단히 알아본다.

극점의 추가

그림 9-17은 그림 9-15에서 전방향 전달 함수에 두 개의 극점 $-1/\tau_{p1}$, $-1/\tau_{p2}$을 추가한 것이다. 여기서 $\tau_{p1}=\tau_{p2}=0$으로 하면 극점이 추가되지 않는 것이며 $\tau_{p2}=0$으로 하면 극점 $-1/\tau_{p1}$만 추가하는 것이다. 그림 9-18(a)는 $\tau_{p1}=\tau_{p2}=0$로 극점이 추가되지 않을 때의 근궤적이며 점근선의 각도는 90°이고 모든 $K\geq 0$에 대해 안정적이다. 그림 (b)는 $\tau_{p2}=0$으로 하여 극점 $-1/\tau_{p1}$만 추가한 것이며 점근선의 각도는 180/3=60°가 된다. 따라서 K가 무한대로 수렴하면 근궤적은 RHF 쪽으로 휘게 된다. 즉 추가된 극점은 근을 RHF 쪽으로 밀어부치는 역할을 하며 K가 어느 한도를 넘어서면 비안정적이 된다. 다음으로 그림 9-18(c)의 경우와 같이 두 개의 극점 $-1/\tau_{p1}, -1/\tau_{p2}$을 추가하면 점근선의 각도는 180/4=45°가 되므로 근궤적은 더욱 RHF 쪽으로 휘게 된다. 이상으로 전방향 전달 함수에 극점을 추가하면 특성 방정식의 근을을 RHF 쪽으로 옮아가게 하므로 안정성은 더욱 민감하게 된다(그림 8-26 참조). 물론 이러한 현상은 추가 극점이 공액 복소수인 경우에도 일어난다.

그림 9-17
극점 추가.

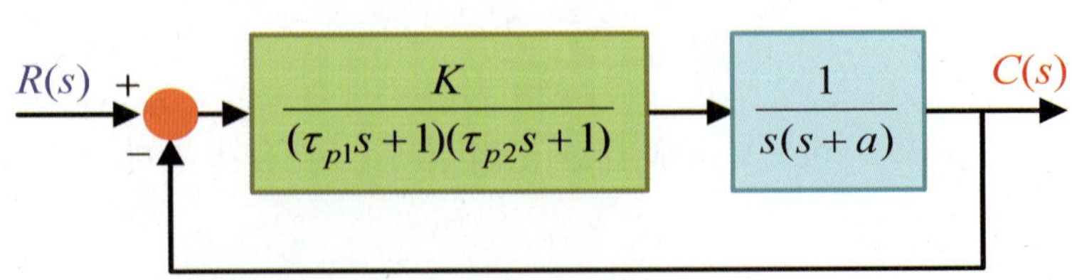

그림 9-18

극점의 추가:

(a) 극점 추가가 없음;

(a) 극점 하나 추가;

(b) 극점 두개 추가.

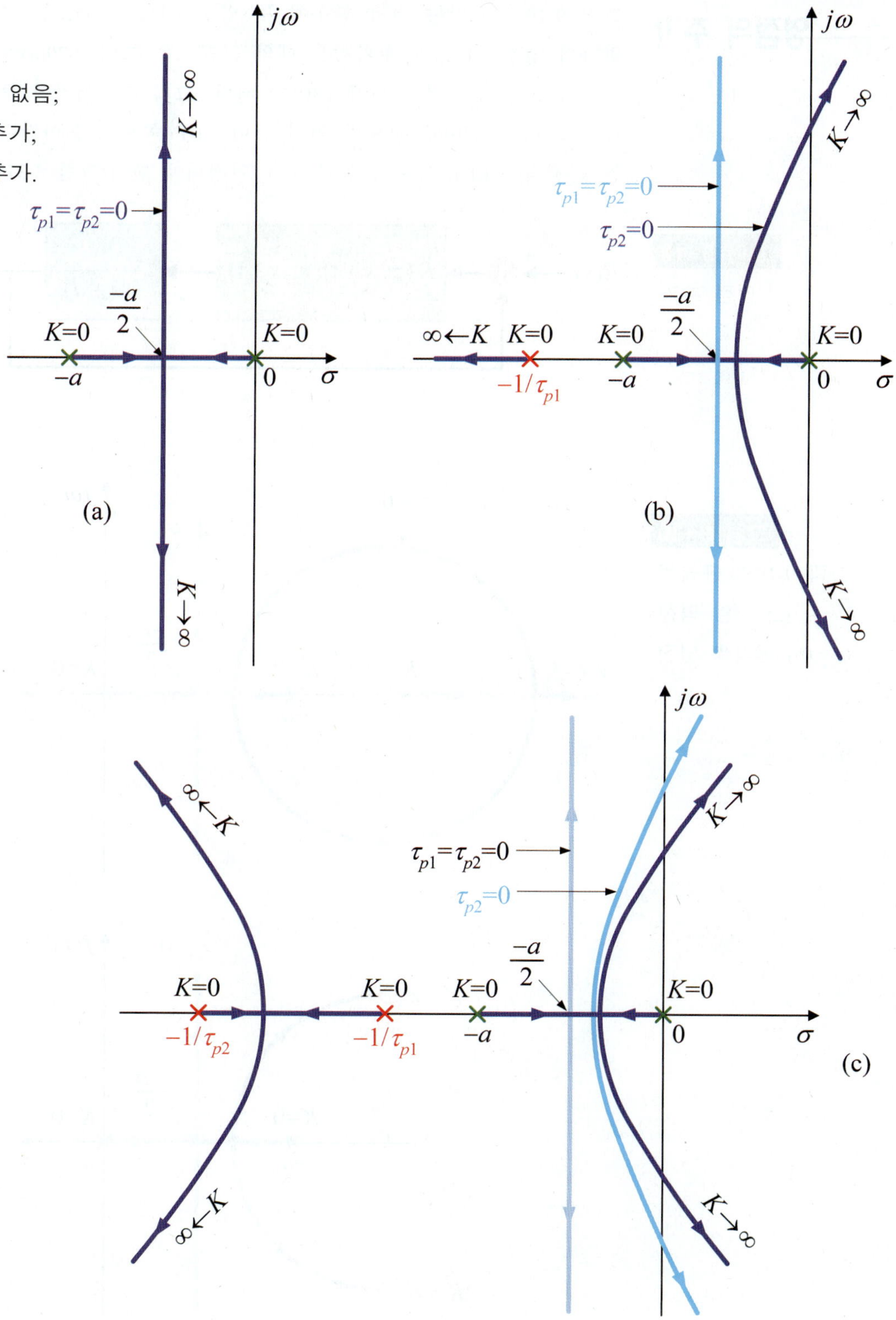

영점의 추가

그림 9-19는 전방향 전달 함수에 두 영점 $-1/\tau_{z1}$, $-1/\tau_{z2}$을 추가하는 것이다. 하나의 영점 $-1/\tau_{z1}$만 추가했을 때의 근궤적은 그림 9-20(a)와 같으며 영점의 개수가 늘어 점근선 각도가 180°가 된다. 그리고 공액쌍인 두 영점을 추가할 때는 그림 9-20(b)와 같으며 역시 근이 LHF 쪽으로 옮아간다. 즉 영점 추가는 근궤적을 LHF 쪽으로 휘게 하여 안정되게 한다(그림 8-31 참조).

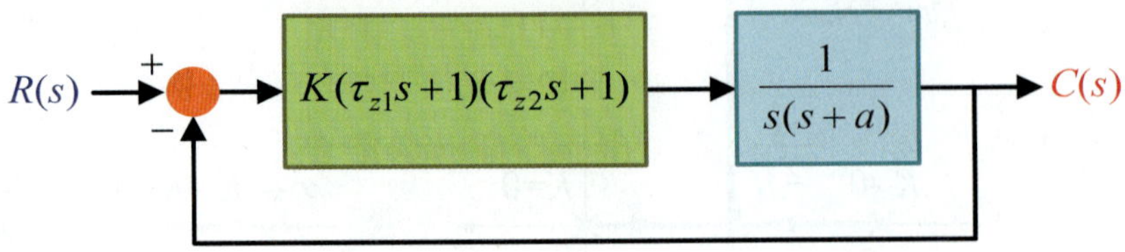

그림 9-19
영점 추가.

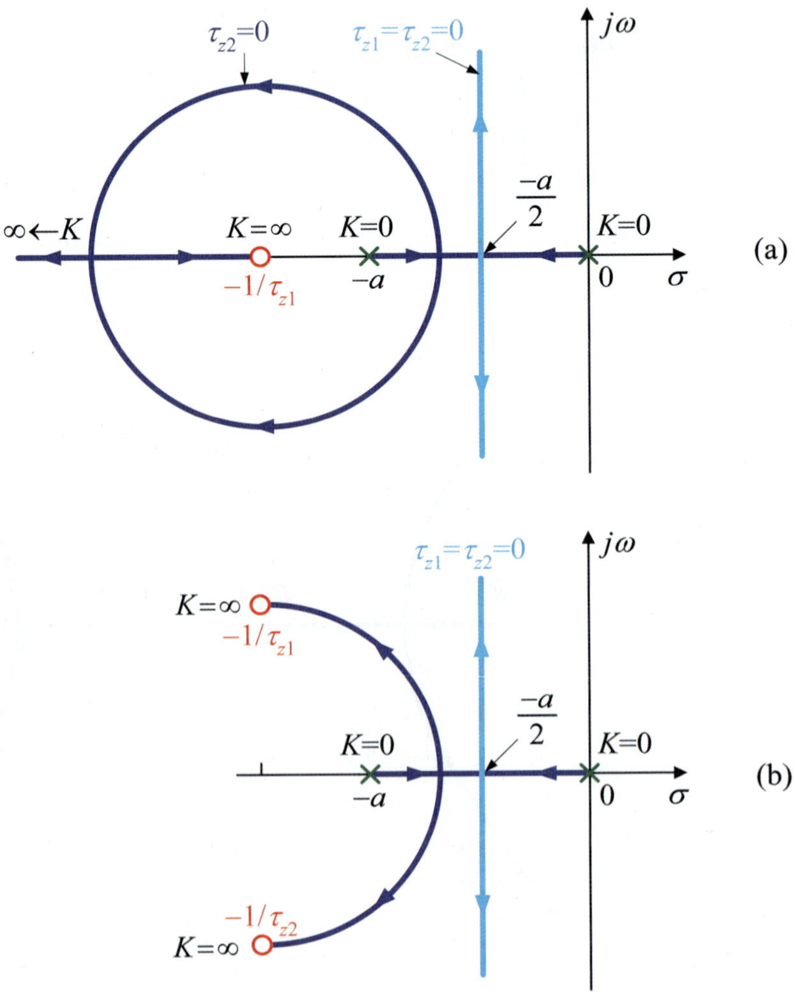

그림 9-20
그림 9-19의 근궤적:
(a) 단일 영점;
(b) 공액쌍 영점.

9.5 근윤곽: 다변수 근궤적

근궤적은 특성 방정식의 변수가 하나일 때 적용되는 것이다. 그러나 한 개 이상의 변수가 있을 때도 근궤적 원리를 확장하여 적용할 수 있으며 이를 근윤곽(root contour)이라 한다. 변수가 두 개인 특성 방정식은

$$P(s)+K_1Z_1(s)+K_2Z_2(s)=0 \tag{9-51}$$

로 표현할 수 있으며 K_1, K_2는 변수이고 $P(s)$, $Z(s)$는 고정된 계수의 다항식이다. 첫번째 단계로 두 변수 중 하나를 0으로 한다. 여기서 K_2=0으로 하면 식 (9-51)은

$$P(s)+K_1Z_1(s)=0 \tag{9-52}$$

이 되어 하나의 변수 K_1만 포함하는 특성 방정식 형태가 된다. 따라서

$$1+K_1\frac{Z_1(s)}{P(s)}=0 \tag{9-53}$$

로부터 K_1의 변화에 따른 근궤적을 그릴 수 있다. 다음 단계로 식 (9-53)의 근궤적에서 원하는 K_1을 하나 선택하여 식 (9-51)의 K_1으로 고정시키고 K_2를 변수로 취급한다. 그런 다음 식 (9-51)에서 K_2를 포함하지 않는 항들로써 양변을 나누면 다음을 얻을 수 있다.

$$1+K_2\frac{Z_2(s)}{P(s)+K_1Z_1(s)}=0 \tag{9-54}$$

위의 식에서 K_2의 변화에 따른 근궤적을 그릴 수 있다. 여기서 중요한 것은 식 (9-54)의 우변의 극점인 $P(s)+K_1Z_1(s)=0$는 식 (9-52)의 특성 방정식의 근과 같다는 점이다. 이상으로 식 (9-51)의 근윤곽을 그리는 절차는 다음과 같다:

> 먼저 $P(s)$의 근과 $Z_1(s)$의 근을 극-영점 구성으로 하여 식 (9-53)의 특성 방정식에 대한 근궤적을 그린다(K_1이 변수). 다음으로 이 근궤적과 $Z_2(s)$의 근을 극-영점 구성으로 하여 식 (9-54)의 최종 특성 방정식에 대한 근궤적을 그린다(K_2가 변수).

그림 9-15의 특성 방정식

$$s^2+as+K=0 \tag{9-55}$$

에서 K와 a를 모두 변수로 하여 근윤곽을 그려본다. 먼저 식 (9-55)에서 a=0으로 하면

$$1+\frac{K}{s^2}=0 \tag{9-56}$$

이므로 K의 변화에 따른 위 식의 근궤적은 그림 9-21(a)와 같음을 알 수 있다. 즉 극점(×)은 $s=0$에서 이중극이며 점근선 각도는 ±90°이다. 그리고 몇 가지 K의 크기에 따른 식 (9-56)의 근(Δ)은 표시된 바와 같다. 이제 그림 9-21(a)에 표시된 K를 식 (9-55)에 대입하고 a를 변수로 한다. 그리고 a를 포함

그림 9-21
식 (9-55)의 근윤곽:
(a) a=0, K는 변수;
(b) K는 상수,
a는 변수.

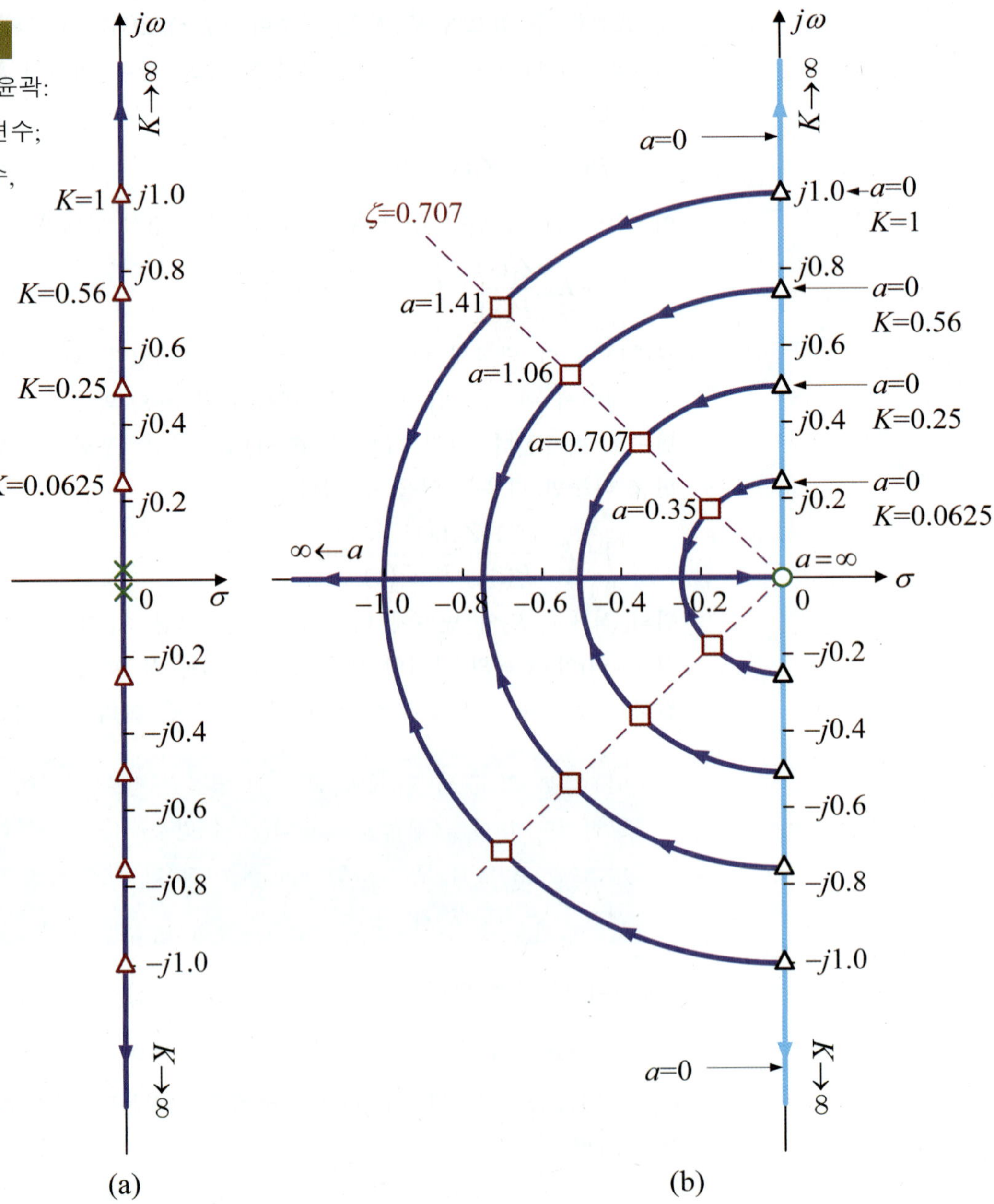

하지 않는 항으로 양변을 나누면 다음의 특성 방정식을 얻을 수 있다.

$$1+a\frac{s}{s^2+K}=0 \tag{9-57}$$

위 식의 극-영점 구성은, 영점은 $s=0$이며 극점($s^2+K=0$)은 그림 9-21(a)의 근궤적상에 'Δ'로 표시된 점들 중 하나의 공액쌍이다. 따라서 식 (9-57)의 근궤적은 그림 9-21(b)와 같이 구해지며 이것이 식 (9-55)의 근윤곽이다. 그림 9-21(b)에서 '□'로 표시된 몇 개의 점들은 바로 식 (9-55)의 근들 중 $\zeta=0.707$인 점들을 보여주는 것이며 이들에 해당되는 a 값을 옆에 표시해 놓았다.

예제 9-2

다음의 특성 방정식에서 a와 K를 변수로 할 때 근 윤곽을 그려보자.

$$s^3+3s^2+(2+a)s+K=0 \tag{9-58}$$

$K\geq 0$에 대한 근궤적: 먼저 $a=0$으로 하면

$$1+\frac{K}{s^3+3s^2+2s}=1+\frac{K}{s(s+1)(s+2)}=0 \tag{9-59}$$

극-영점 구성은, 극점이

$$p=0,\ -1,\ -2$$

로 3개고 유한한 영점은 없다. 따라서 $K\geq 0$에 대한 점근선의 각도 및 교차점은 다음과 같다.

$$\theta_a=\frac{(2k+1)}{3}180°=60°,\ 180°,\ -60°$$

$$\sigma_a=\frac{(0-1-2)}{3}=-1$$

그리고 이탈점의 필요 조건은

$$\frac{d}{ds}\left(\frac{1}{s^3+3s^2+2s}\right)=-\frac{3s^2+6s+2}{(s^3+3s^2+2s)^2}=0$$

따라서 이탈점 후보는 $s=-1.577$, -0.423이다. 그러나 $s=-1.577$는 $K\geq 0$에 대해 식 (9-59)를 만족하지 않으므로 $s=-0.423$만 이탈점이 된다. 그리고 허수축과 만나는 근은 Routh-Hurwitz 판별을 이용하면 $s=\pm j1.414$임을 알 수 있다. 따라서 식 (9-59)의 근궤적은 9-22(a)와 같으며 $K=2$, $K=10$, $K=20$에 대한 근궤적을 'Δ'로 표시하였다.

그림 9-22
예제 9-2의 그림:
(a) 식 (9-59)의 근궤적;
(b) 식 (9-60)의 근윤곽.

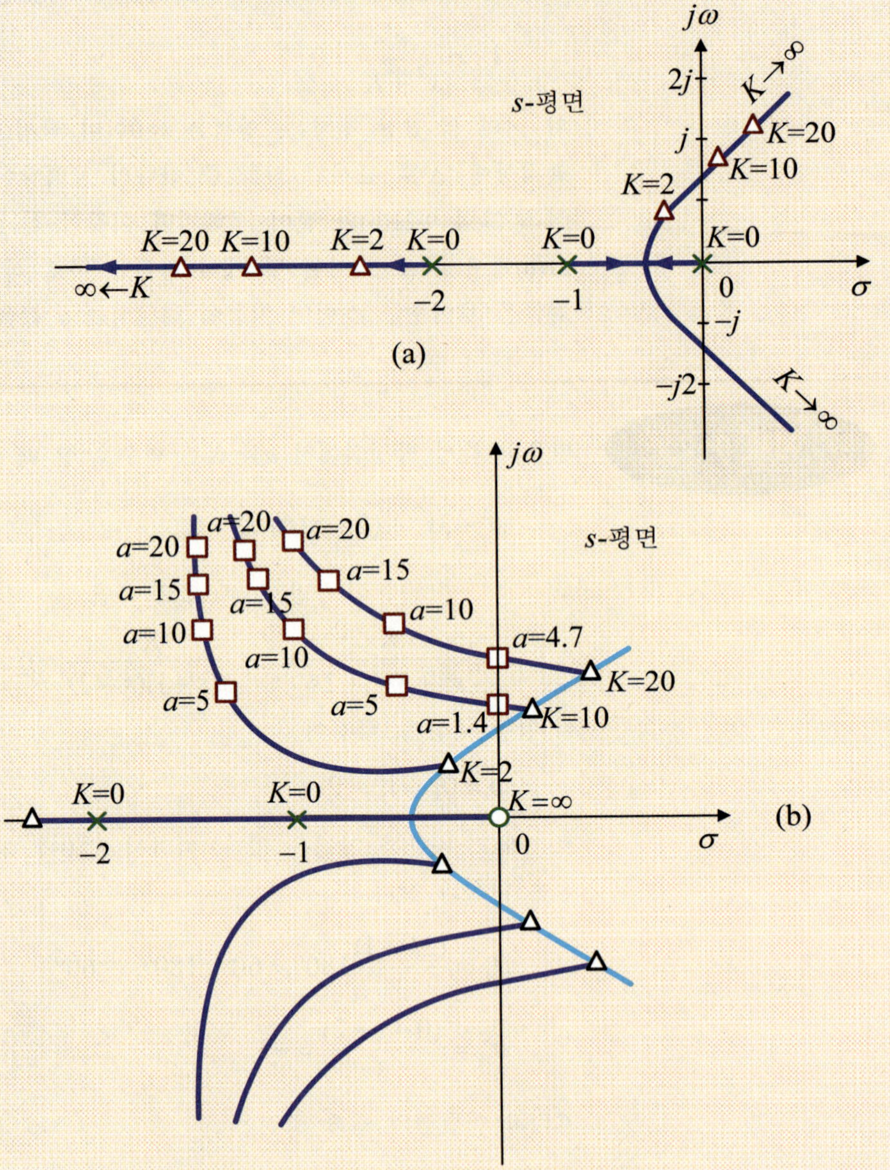

K를 상수로 할 때의 a에 대한 근윤곽: 식 (9-58)은

$$s^3 + 3s^2 + 2s + as + K = 0$$

이므로 a를 포함하지 않는 항들로써 양변을 나누면

$$1 + a\frac{s}{s^3 + 3s^2 + 2s + K} = 0 \qquad \textbf{(9-60)}$$

따라서 위의 식에 대한 영점은 $s=0$이며 극점은 그림 9-22(a)의 근궤적상의

세 점이다(K에 따라 결정된다). 식 (9-60)은 극점이 3개고 영점이 한 개이므로 $a \geq 0$에 대한 점근선 각도는 $(2k+1)180/2 = 90°, -90°$이다. 이상을 바탕으로 근윤곽을 그리면 그림 9-22(b)와 같으며 $K=2$, $K=10$, $K=20$의 각 경우에 대해 a의 변화에 의한 근을 '□'로 표시하였다. 특히 $K=20$일 때는 $a>4.7$이어야 안정되며 $K=10$일 때는 $a>1.4$이어야 안정된다는 것을 관찰할 수 있다.

9.6 극점과 영점의 상쇄

전달 함수의 극점들이 시스템의 특성에 결정적인 영향을 미친다. 그러나 같은 극점일지라도 중요한 극점, 즉 우세 극점이 있는가 하면 중요하지 않는 극점들도 있다(8.5절 참조). 특히 전달 함수의 영점이 극점과 같을 경우 그 극점은 상쇄되어 시스템의 특성에 아무런 영향을 미치지 못하며 이를 간단히 극-영점 상쇄(pole-zero cancellation)이라 한다. 예를 들어 다음의 전달 함수에서 $p=z$이면

$$G(s) = \frac{K\cancel{(s+z)}}{\cancel{(s+p)}(s^2+as+b)} = \frac{K}{s^2+as+b} \tag{9-61}$$

로 이차 전달 함수가 된다. 그러나 p가 z와 완전히 같지는 않지만 충분히 가까울 경우에도 극점 $-p$의 영향은 실제로 거의 무시될 수 있다. 다음의 전달 함수를 예로 들어 보자.

$$G(s) = \frac{2(s+3.01)}{s(s+1)(s+2)(s+3)} \tag{9-62}$$

위의 전달 함수를 부분 분수로 전개하면 다음과 같다.

$$\begin{aligned} G(s) &= \frac{2(s+3.01)}{s(s+1)(s+2)(s+3)} \\ &= \frac{1.0033}{s} - \frac{2.01}{s+1} + \frac{1.01}{s+2} - \frac{0.0033}{s+3} \end{aligned} \tag{9-63}$$

영점 -3.01에 매우 가까운 극점 -3의 유수는 -0.0033으로 다른 극점들의 유수에 비해 거의 무시할 수 있다. 따라서 위의 전달 함수는 극점 -3의 항을 무시하여 다음과 같이 근사화할 수 있는 것이다.

$$G(s) \cong \frac{1.0033}{s} - \frac{2.01}{s+1} + \frac{1.01}{s+2} \tag{9-64}$$

일반적인 폐루프 시스템에서 개루프 전달 함수에서 극-영점 상쇄가 일어날 때 폐루프 전달 함수에서도 극-영점 상쇄가 일어나는지를 다음의 예제를 통해 알아본다.

예제 9-3

그림 9-23의 폐루프 시스템에서 궤환 전달 함수는 $H(s)=1$이며 개루프 전달 함수는 $G_{OL}(s)=KG(s)H(s)=KG(s)$이다. 전달 함수 $G(s)$의 극점 $s=0$은 영점인 $s=-0.1$과 근사적으로 상쇄될 수 있는 가능성이 있다. 이들을 $K=200$으로 할 때 폐루프 전달 함수에서의 극-영점 상쇄 가능성에 대해 알아보자.

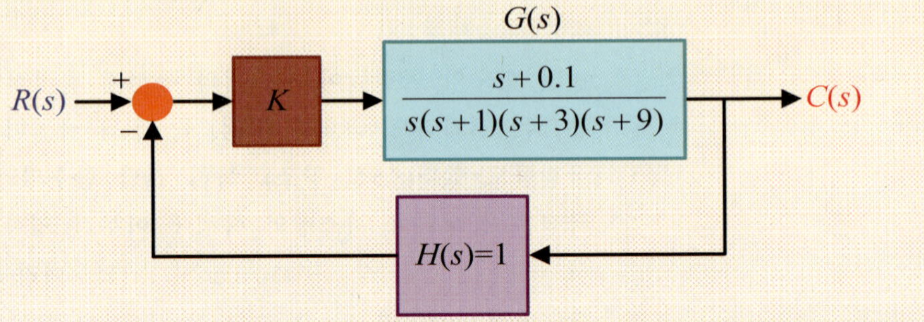

그림 9-23 예제 9-3의 그림.

$K=200$일 때의 폐루프 전달 함수를 구하면

$$G_{CL}(s)=\frac{200G(s)}{1+200G(s)}=\frac{200(s+0.1)}{s^4+13s^3+39s^2+227s+20} \tag{9-65}$$

위의 전달 함수를 부분 분수로 전개하면 다음과 같다.

$$\frac{200s+20}{s^4+13s^3+39s^2+227s+20}$$
$$=\frac{1.54}{s+11.3}+\frac{2\angle-113°}{s+0.78-j4.37}+\frac{2\angle113°}{s+0.78+j4.37}+\frac{0.0096}{s+0.089}$$

따라서 극점 $s=-0.089$의 유수 0.0096은 다른 유수들에 비해 무시할 수 있으므로 $G_{CL}(s)$는 다음과 같이 근사화할 수 있다.

$$\begin{aligned}G_{CL}(s)&\cong\frac{1.54}{s+11.3}+\frac{2\angle-113°}{s+0.78-j4.37}+\frac{2\angle113°}{s+0.78+j4.37}\\&=\frac{1.54}{s+11.3}+\frac{-1.55s+15}{s^2+1.6s+19.8}\\&=\frac{-0.01s^2-0.051s+200}{s^3+12.9s^2+37.88s+223.7}\end{aligned} \tag{9-66}$$

이제 근궤적을 통해 근사화에 대한 타당성을 살펴보자. 그림 9-23의 페루프 시스템에 대한 근궤적을 구해보면 그림 9-24와 같다. K=200일 때 특성 방정식 근, 즉 폐루프 전달 함수 $G_{CL}(s)$의 극점은

$$s=-11.3,\ -0.8\pm j4.37,\ -0.089$$

이며 근궤적에 표시된 바와 같다. 그 결과 그림상에서는 극점 s=–0.089가 우세 극점인 것처럼 보인다. 그러나 이 극점 s=–0.089는 영점 s=–0.1과 충분히 가까우므로 극-영점 상쇄 효과에 의해 오히려 의미 없는 극점이 된다. 따라서 s=–0.8±j4.37이 우세 극점이 되므로 앞에서 유도한 근사식 (9-66)이 성립되는 것이다. 식 (9-65)와 (9-66)의 계단 응답을 비교하면 그림 9-25와 같으며 정상 상태에서는 약간의 오차가 있지만 과도 응답은 매우 유사함을 알 수 있다. 우세 극점 효과나 극-영점 상쇄 효과를 이용한 시스템의 단순화는 폐루프 시스템의 해석과 설계를 간단하게 해주는 중요한 개념이며 이에 대해서는 11장에서 자세히 설명한다.

그림 9-24

그림 9-23의 폐루프 시스템에 대한 근궤적.

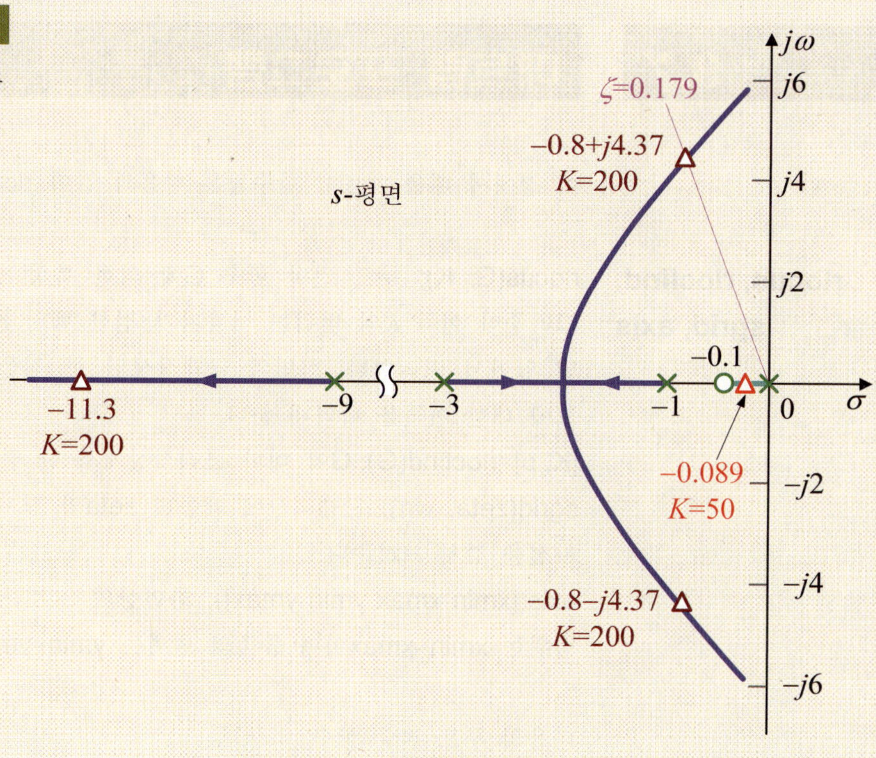

그림 9-25
그림 9-23의 폐루프 시스템과 근사화된 시스템간의 계단 응답 비교.

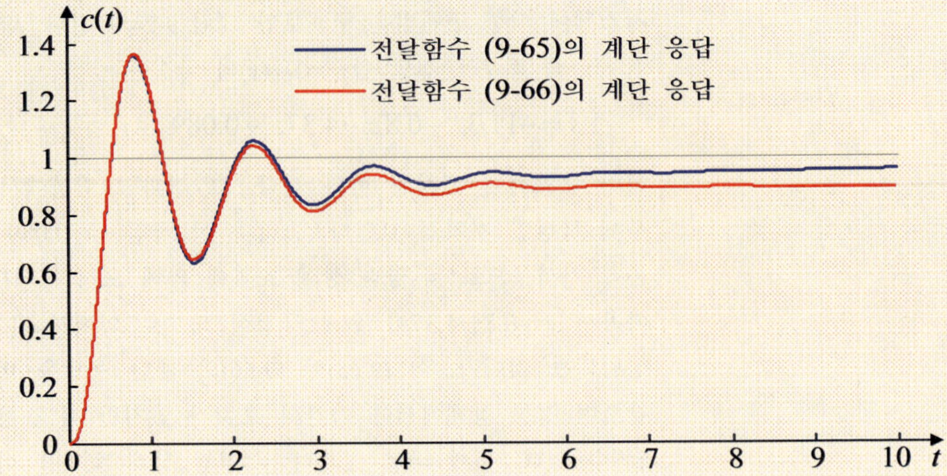

9.7 매트랩 프로그램

이 장에서 배울 매트랩 함수들은 다음과 같다: rlocus, rlocfind, sgrid, axis.

rlocus, rlocfind, sgrid, axis

rlocus(G, K); 루프 전달 함수 G에 의한 특성 방정식 $1+KG(s)$의 큰궤적을 그려주며 이득 K의 범위는 사용자가 정한 벡터 K가 결정한다. 'K'를 비워두면 알아서 처리한다. 화면의 근궤적상의 한 점을 클릭하면 해당 근의 값과 그에 대한 이득을 나타내 준다.

[K, p]=rlocfind(G); G에 대한 근궤적상에서 한 점을 선택할 수 있게 한다.

sgrid(zeta, wn); 근궤적상에 제동비 zeta의 격자선과 고유 주파수 wn의 격자선을 겹쳐 그려준다.

axis([xmin xmax ymin ymax]); 화면상의 일부만 확대해서 보여준다. 횡축의 범위는 xmin~xmax이며 종축의 범위는 ymin~ymax이다.

다음의 루프 전달 함수

$$G(s) = \frac{Z(s)}{P(s)} = \frac{s^2 - 5s + 5}{s^2 + 6s + 8}$$

에 대한 근궤적을 구하는 프로그램은 매트랩 9-1과 같다.

매트랩 9-1

```
% 루프 전달 함수 G(s)=Z(s)/P(s)=(s^2-5s+5)/(s^2+6s+8)에 대한
% 근궤적을 구하는 프로그램
>> Z=[1 –5 5];        % 루프 전달 함수의 분자: Z(s)=1s^2-5s+5
>> P=[1 6 8];         % 루프 전달 함수의 분모: P(s)=1s^2+6s+8
>> G=tf(Z, P);        % 루프 전달 함수 G(s)
>> rlocus(G)
```

위의 프로그램을 실행하면 그래프 창에 그림 9-26(a)의 그래프가 그려진다. 그리고 근궤적상의 한 점을 클릭하면 그림과 같이 근의 크기와 이득을 가르켜 준다. 만일 제동비 $0.2<\zeta<0.5$(간격은 0.05) 및 고유 주파수 $0.1<\omega_n<10$(간격은 1)의 범위에서 격자선을 겹쳐 그리고자 하면 다음을 실행하면 된다.

```
>> zeta=[0.2: 0.05: 0.5]; wn=[0: 1: 4]; sgrid(zeta, wn)
```

그 결과 화면상의 그래프는 그림 9-26(b)가 된다. 더 나아가 화면상의 일부인 횡축 –4~0, 종축 –3~3의 범위만 확대해 보고자 하면 다음을 실행한다.

```
>> axis([−4 0 −3 3])
```

그 결과 화면상의 그래프는 그림 9-26(c)와 같게 된다. 다음으로 이득 K의 범위를 $0<K<1.2$(간격은 0.01)로 제한한다면 다음을 실행한다(그림 9-26(d)).

```
>> K=[0: 0.01: 1.2]; rlocus(G, K); sgrid(zeta, wn); axis([−4 0 −3 3])
```

rlocus(G)를 실행한 다음 rlocfind(G) 함수를 실행하면 근궤적상에 십자선 표시가 나타난다. 이를 움직여 원하는 근에 대고 클릭하면 선택된 근과 그에 대한 이득이 다음의 예와 같이 명령 창에 표시된다.

```
>> rlocfind(G)
Select a point in the graphics window

Selected_point=
   −2.0379+1.7981i
ans=
   0.2087
```

여기서 0.2087은 선택된 근에 대한 이득 K이다.

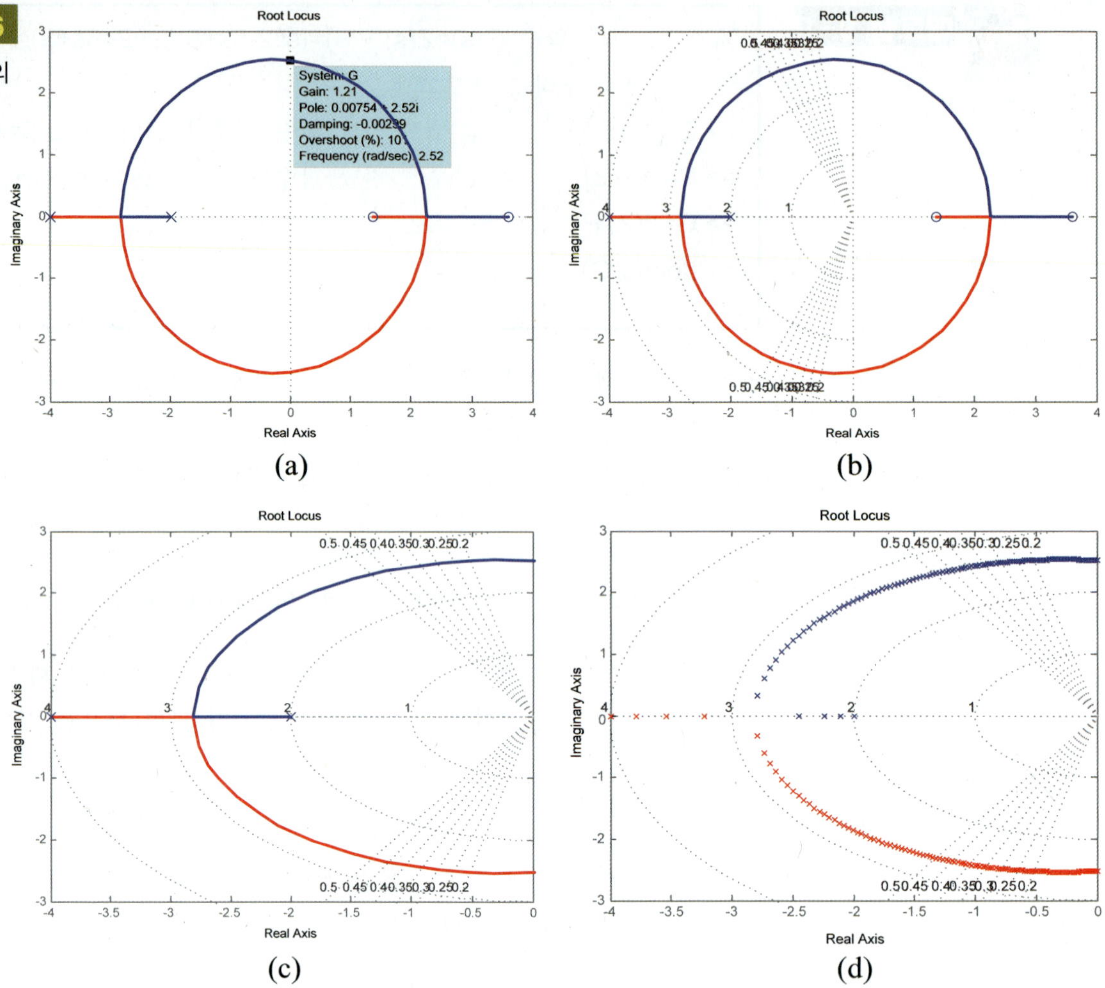

그림 9-26 매트랩 9-1의 실행 결과.

연습 문제

9.1 다음의 각 방정식에서 K가 $-\infty$에서 ∞로 변할 때 근궤적의 점근선 각도와 교차점을 구하라.

(a) $s^3 + 4s^2 + (K+1)s + K = 0$ (b) $s^4 + 3s^2 + 9 + K(s+4) = 0$

(c) $s^4 + 5s^3 + 5s^2 + (K+10)s + K = 0$ (d) $s^5 + 2s^4 + 3s^3 + K(s^2 + 3s + 2) = 0$

9.2 루프 전달 함수 $G(s)H(s)=KZ(s)/P(s)$에서 $Z(s)/P(s)$가 다음과 같다. 해당 근궤적상에서 표시된 극점에서의 출발각 또는 표시된 영점에서의 도착각을 구하라(단 K>0이다).

(a) $\dfrac{s}{(s+1)(s^2+1)}$, $s=j$ (b) $\dfrac{1}{s(s+3)(s^2+2s+2)}$, $s=-1+j$

(c) $\dfrac{1}{s^2(s^2+2s+2)}$, $s=-1+j$ (d) $\dfrac{s^2+2s+2}{(s+1)(s+2)(s+3)}$, $s=-1+j$

(e) $\dfrac{s+1}{s^2+4s+5}$, $s=-2+j$, $s=-1$ (f) $\dfrac{s}{(s-1)(s^2+1)}$, $s=1$, $s=0$

9.3 루프 전달 함수의 극점과 영점이 다음과 같을 때 실수축상의 근궤적을 표시하라.

(a) 극점: 0(이중), –1, –4 영점: –2, –3

(b) 극점: 0, –1+j, –1–j, –2, –3 영점: –1(이중), 1

(c) 극점: –1+j2.5, –1–j2.5, –2.5(이중), –10 영점: 0, –5

(d) 극점: 0, –1 영점: –1+j, –1–j

(e) 극점: 0, –1, –3 영점: –1+j, –1–j, –2, –4

9.4 문제 9.3의 (a), (b), (d)에 대해 근궤적상의 모든 이탈점을 찾아라.

9.5 다음의 각 $G(s)$는 단위-이득 궤환 시스템에서의 개루프 전달 함수이다. 근궤적을 그리고 폐루프 시스템이 안정되기 위한 K의 범위를 구하라.

(a) $G(s)=\dfrac{K(s+1)}{(s+3)(s+4)}$ (b) $G(s)=\dfrac{K(s^2-2s+2)}{s(s+1)(s+2)}$

(c) $G(s)=\dfrac{K}{s(s+6)(s+9)}$ (d) $G(s)=\dfrac{K(s^2+1)}{s(s^2-1)}$

(e) $G(s)=\dfrac{Ks}{(s-1)(s-2)}$ (f) $G(s)=\dfrac{K(s+2)}{s^2-s+1}$

(g) $G(s)=\dfrac{K(s^2+1)}{(s-1)(s+2)(s+3)}$ (h) $G(s)=\dfrac{K(s+3)}{(s-2)(s^2+2)(s+5)}$

9.6 특성 방정식이 다음과 같을 때 $K\geq 0$에 대해 근궤적을 그려라.

(a) $s^3+4s^2+(K+3)s+2K=0$

(b) $s^3+s^2+(K+1)s+3K=0$

(c) $s^3+Ks^2+(2K+3)s+K+2=0$

(d) $s^3+Ks^2+8=0$

(e) $s^3-4s+K(s+1)(s+3)=0$

(f) $s^4+6s^3+9s^2+K(s^2+5s+4)=0$

(g) $s^4+2s^3+2s^2+K(s+2)=0$

M9.1 우주 공간에서의 운동은 대기에 의한 마찰이 없다. 그림 M9-1은 우주선의 자세 제어를 단일 축으로 간단히 모델링 한 것이며 J는 우주선의 관성이다. K_P/K_D=5로 하여 다음과 같은 특성을 얻고자 할 때 K_D/J를 구하라: $T_s \le 4$ 초, %OS≤10%.

그림 M9-1

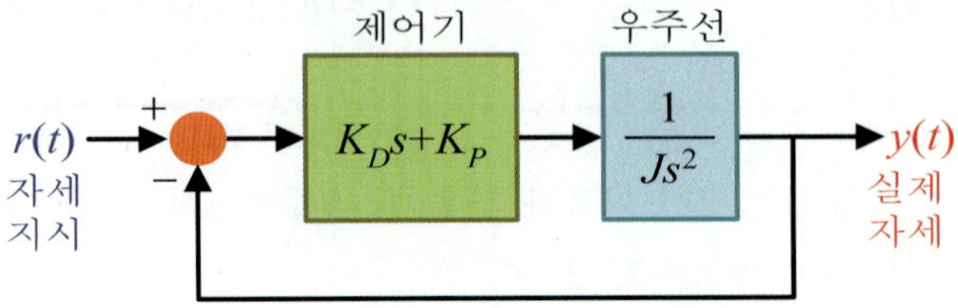

M9.2 그림 M9-2(a)는 위상-동기 루프(PLL; phase-locked loop)의 구성이다. 입력 정현파의 위상 θ_r에 전압제어 발진기(VCO; voltage-controlled oscillator)의 출력 정현파 위상 θ_o가 동기된다. VCO의 출력 정현파의 주파수는 입력 전압 e_i에 비례하며 비례 상수는 K_v이다. 따라서 VCO의 출력 위상 θ_o는 입력 전압 e_i의 적분에 비례하게 된다. 증폭기의 이득 K_A와 VCO의 이득 K_v는 PLL의 동기 속도와 정상 상태 오차를 결정하는 데 중요한 역할을 한다. 그림 M9-2(a)는 그림 (b)와 같이 블록 선도로 표현할 수 있으며 루프 필터 $F(s)$는 그림에 표시된 바와 같은 2차의 저역통과 필터로 한다.

(a) 입력의 주파수가 100 rad/sec만큼 계단 형태로 변할 때, 즉 $\theta_r(t)=100tu_s(t)$일 때 정상 상태의 오차가 1°가 되도록 K_AK_v를 결정하라.

(b) (a)에서 정한 K_AK_v에 대해 폐루프 전달 함수에 우세 극점이 존재하는가? 우세 극점이 존재한다고 가정하고 피크 시간, 정착 시간, 최대 %오버슛 등을 구하라.

(c) 폐루프 시스템의 계단 응답을 그려 (b) 결과의 타당성을 확인하라.

그림 M9-2

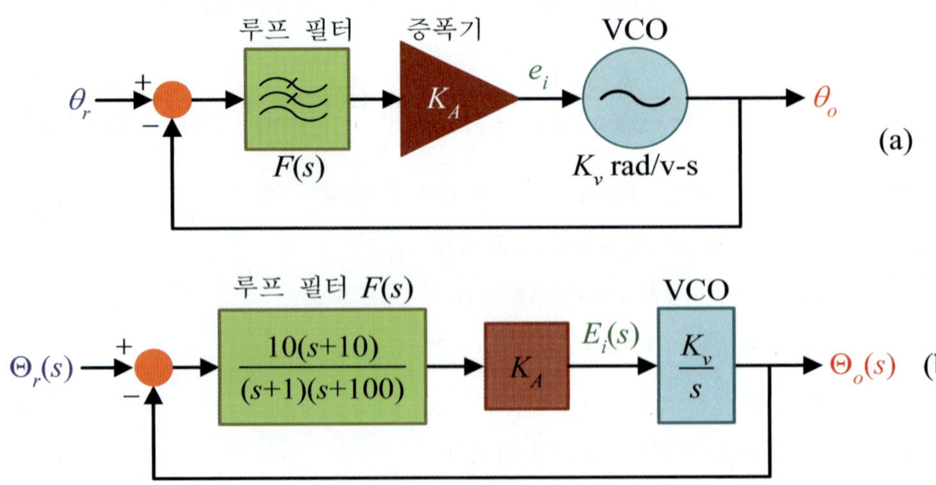

M9.3 그림 M9-3은 고성능 항공기의 피치 변화율 제어를 예로 든 것이다.

(a) K_D=0일 경우에 대해 근궤적을 그리고 ω_n>2인 근들에 대해 ζ>0.15가 되는 K_P를 구해 보아라.

(b) (a)의 경우에 대해 $q(t)$의 계단 응답을 그려 보아라.

(c) $K_D s+K_P=K(s+2)$로 하여 근궤적을 그리고 모든 폐루프 극점에 대해 ζ>0.8이 되도록 K를 정하라.

(d) (c)의 경우에 대해 q의 계단 응답을 그려 보아라.

그림 M9-3

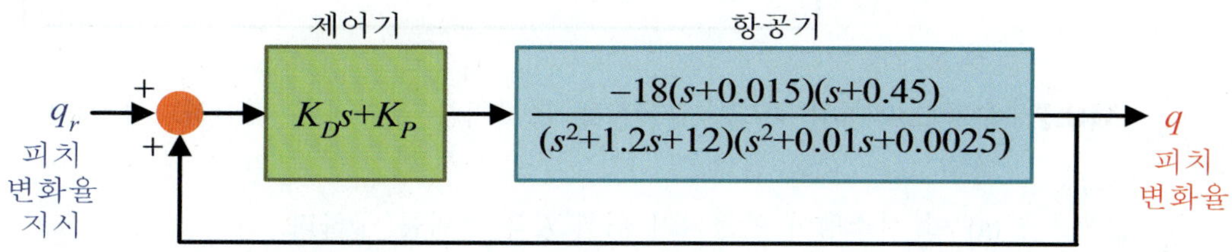

M9.4 그림 M9-4에서 개루프 시스템은 불안정한 시스템이다.

(a) 근궤적을 그리고 폐루프 시스템이 안정될 수 있는 K의 범위를 구하라.

(b) 근궤적상의 복소 근에 대한 ζ가 가장 커도록 K를 정하라. 그 결과 해당 복소수 근이 우세 극점이 될 수 있는가 판단하라.

(c) (b)에서 구한 복소수 극점을 우세 극점이라 가정할 때 폐루프 시스템의 계단 응답 특성을 예측해 보아라. 그리고 실제 계단 응답을 그려 비교해 보아라.

그림 M9-4

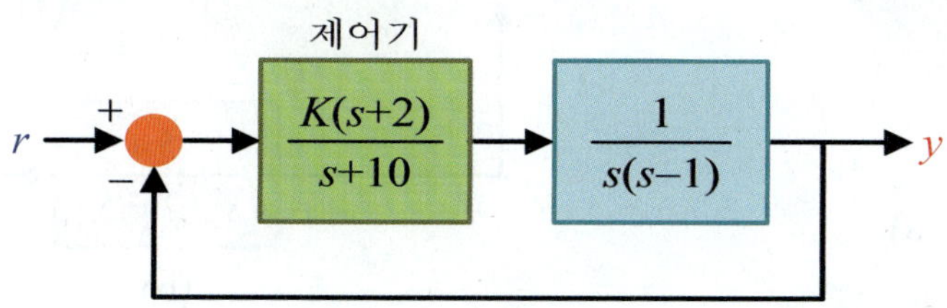

M9.5 그림 M9-5는 자동 조종되는 고성능 제트 항공기 제어를 보여준다.

(a) 근궤적을 그리고 이 시스템이 안정될 수 있는 최대 K를 찾아 보아라.

(b) 폐루프 전달 함수의 우세 극점의 ζ가 최대가 되는 K를 구하라. 이 극점으로부터 계단 응답 특성을 예측하고 실제 계단 응답과 비교하라.

그림 M9-5

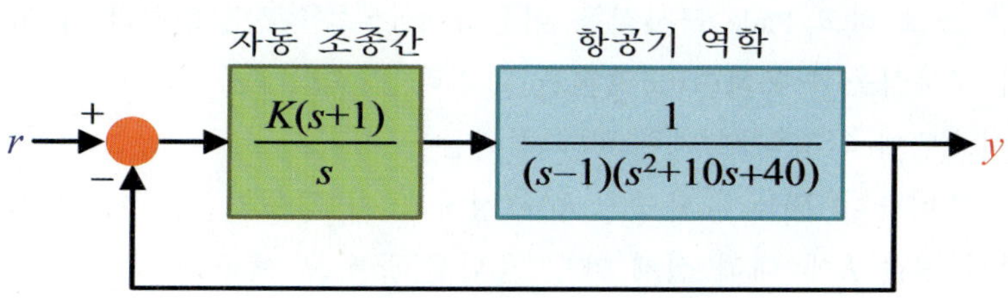

M9.6 그림 M9-6은 대기 중에 있는 위성의 자세 제어 시스템을 보여준다. 이 시스템의 근궤적을 그려라. 그리고 복소수 근에 대한 제동비가 0.5보다 크면서 정착 시간이 12초 이내가 되도록 K를 정하라.

그림 M9-6

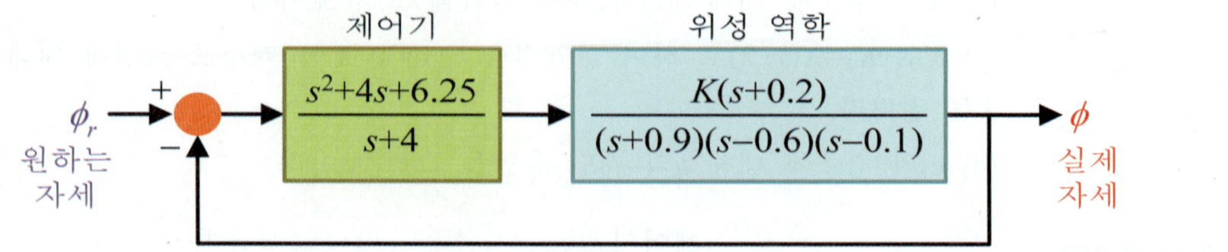

M9.7 그림 M9-7(a)는 로봇 팔꿈치에 조작기를 부착하여 제어하고자 하는 것이며 제어 시스템은 그림 (b)와 같다.

(a) 이 시스템이 안정되기 위한 K의 범위를 구하라.

(b) K=1, 1.5, 2의 세 경우에 대해 계단 응답을 그리고 가장 좋은 경우를 택하라.

그림 M9-7

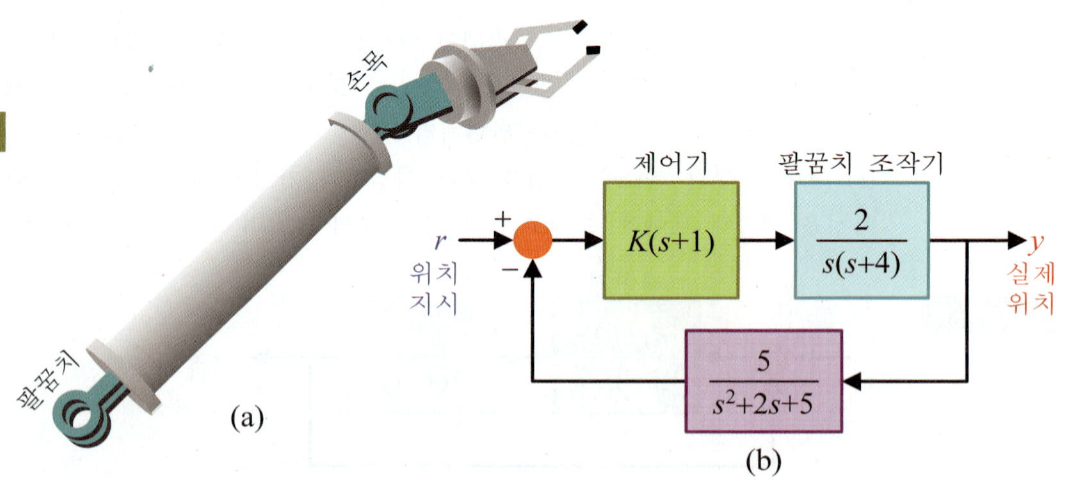

M9.8 그림 M9-8(a)는 부표를 통해 수조의 수위를 감지하여 제어하는 시스템이다. 부표의 유동성에 의해 궤환 전달 함수는 상수가 아니고 그림 (b)에 표시된 바와 같은 부족 제동 2차 시스템과 같다. 그리고 밸브로부터 수조까지의 거리 d를 물이 이동하는데 소요되는 지연 시간은 T이다.

(a) T=0.5 초로 하고 Pade 근사식을 이용하여 $e^{-0.5s}$를 선형화하라(식 (6-58) 참조).

(b) (a)의 근사식을 이용하여 근궤적을 그려라.

(c) 이 시스템이 안정되기 위한 K의 범위를 구하라.

(d) 최대 오버슛이 20%가 되도록 K를 정하고 이 경우의 계단 응답 특성을 예측하라.

(e) (d)에서 정한 K에 대해 실제 계단 응답을 구하고 예측한 것과 비교하라.

그림 M9-8

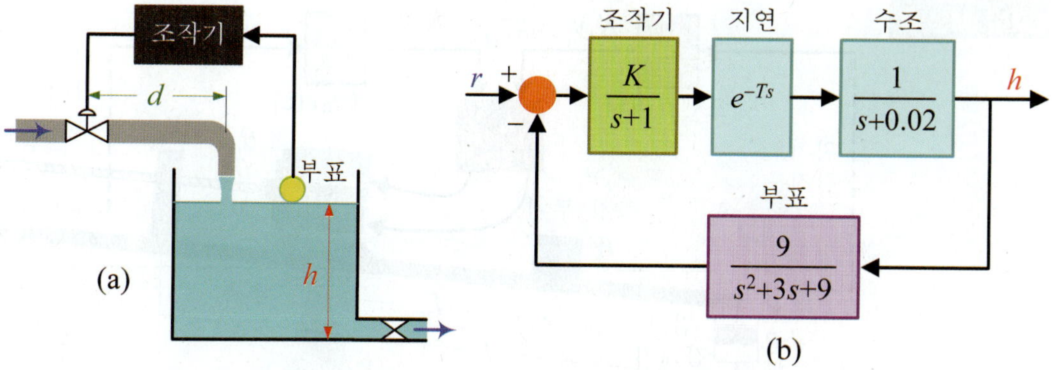

M9.9 그림 M9-9(a)는 전동기를 이용하여 자동으로 무게를 측정하는 제어 시스템이다. 전동기로부터 왼쪽으로 거리 l_w 만큼 떨어진 곳에 측정하고자 하는 무게 W의 물체가 놓이게 된다. 전동기는 저울의 균형을 잡기 위해 정해진 무게 W_c의 평형추를 부하가 없을 때의 위치로부터 오른쪽으로 x 만큼 이동시킨다. 저울이 평형이 되도록, 즉 $\theta=0$이 되도록 하기 위해 거리 x와 y를 각각 포텐쇼미터로 감지하여 그 차이를 증폭기 K_A를 통해 전동기 입력 전압으로 인가한다. 그 결과 형성되는 궤환 루프에 의해 전동기는 $\theta=0$이 되도록 평형추를 이동시켜 저울의 균형을 맞추는 것이다. 다만 θ의 변화폭이 작기 때문에 $\sin\theta \cong \theta$, $\cos\theta \cong 1$로 근사화한다.

(a) 회전 운동 방정식이 다음과 같음을 보여라.

$$l_w W - W_c x = J\frac{d^2\theta}{dt^2} + l^2 B\frac{d\theta}{dt}$$

(b) 전동기 입력 전압 e_a는 다음과 같이 근사화할 수 있음을 보여라.

$$e_a = K_1 y - K_2 x \cong K_1 l\theta - K_2 x$$

(c) 전동기 전달 함수를 간단히 K_m/s로 하고 엄지 나사의 상수를 K_s m/rad으로 한다. 이를 (a)와 (b)의 결과와 결합하면 그림 M9-9(a)의 블록 선도는 그림 (b)와 같음을 보여라. 단 $W(s)$는 무게 $W(t)$의 라플라스 변환이다. 이상으로 폐루프 전달 함수 $X(s)/W(s)$를 구하라.

(d) 전동기 상수 K_m과 증폭기 이득 K_A만 변수로 하고 나머지 파라미터를 다음과 같이 한다: W_c=2 N, J=0.05 kg-m^2, l_w=0.05 m, l=0.2 m, B=15 kg/m/sec, $K_s=1/(4000\pi)$ m/rad, K_1=4800 V/m, K_2=400 V/m. 이 시스템의 특성 방정식 근궤적을 그리고 ($K=K_mK_A$로 한다) 복소수 근이 $\zeta=0.5$가 되도록 K를 결정하라. 이 근이 우세 극점이라는 가정하에 x의 계단 응답을 예측하고 실제 계단 응답과 비교하라.

그림 M9-9

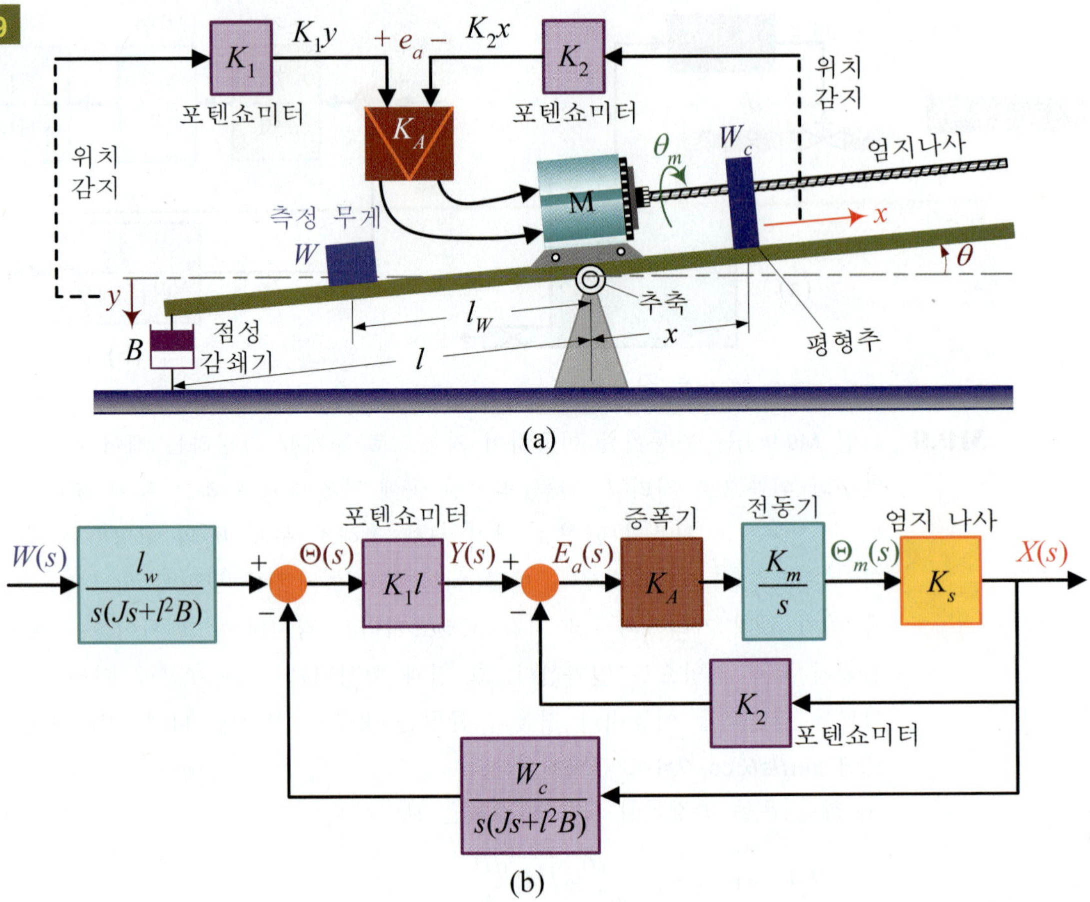

M9.10 그림 M9-10(a)는 컴퓨터용 고성능 마그네틱 테이프 릴 시스템이며 그림 (b)는 그 블록 선도이다. 여기서 r은 릴의 반경이며 J_m은 릴을 포함한 전동기의 관성을 나타낸다. 관성 J_m은 릴이 빈 상태에서는 2.5×10^{-3} kg-m^{2}이며 릴이 찬 상태에서는 5×10^{-3} kg-m^{2}이다. 테이프 릴이 방향을 완전히 바꾸는데는 6 ms 정도의 시간이 요구되며 계단 입력에 반응하는데 걸리는 시간은 3 ms 이하가 요구된다. 그리고 테이프의 정상 속도는 2.54 m/sec이다. 그림 M9-10(a)에서 연속적으로 배열된 광전지들은 오차를 감지하는 기능을 한다. 이 시스템의 파라미터들은 다음과 같다고 한다:

$$\tau_o=\tau_a=1 \text{ ms},\ K_o=2,\ \tau_m=0.5 \text{ ms},\ K_m/(L_aJ_m)=2,\ r=0.2 \text{ m},\ K_b=0.4 \text{ V/rad/sec},\ K_p=1.$$

(a) $K_t=10$일 때 $\zeta=0.6$(최대 오버슛=9.35%)이 되도록 K_A를 정하라.

(b) K_A를 (a)에서 정한 값으로 고정하고 K_t를 변수로 하여 근궤적을 그려보아라.

그림 M9-10

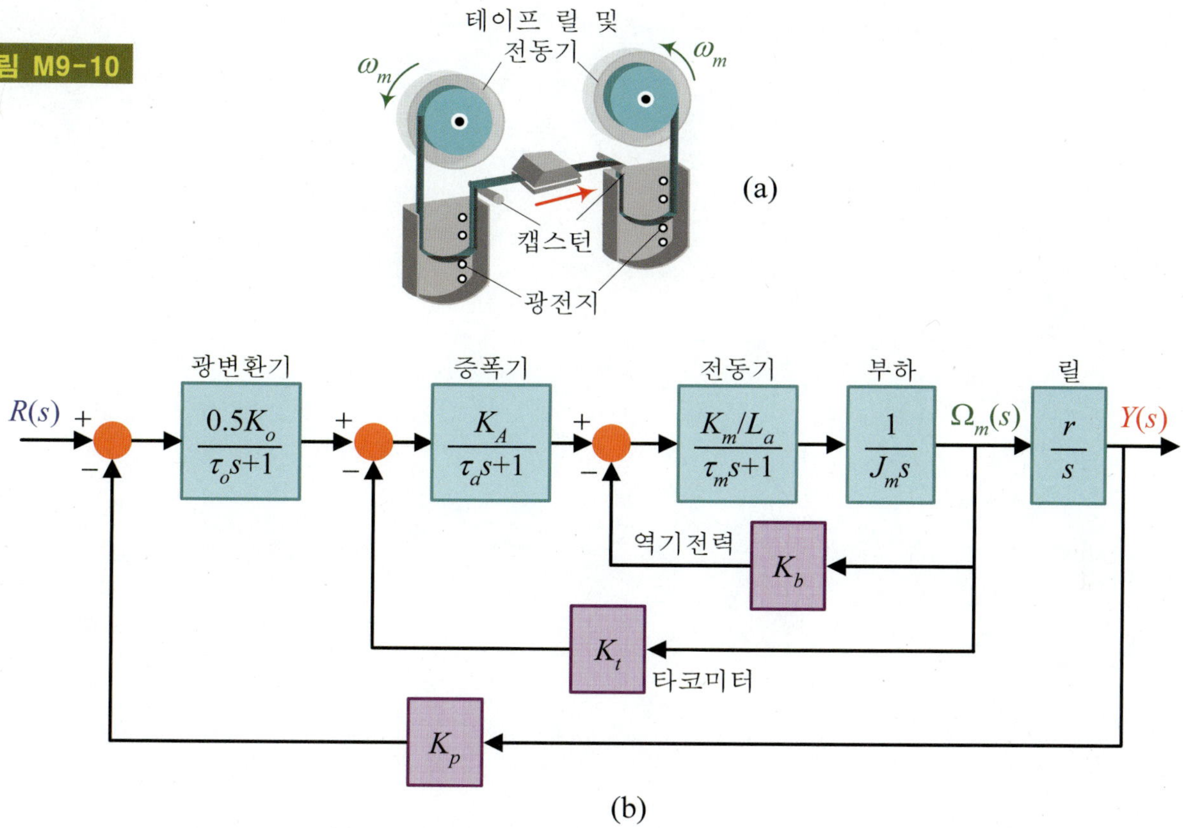
테이프 릴 및
전동기
ω_m
ω_m
캡스턴
광전지
(a)
광변환기
$\frac{0.5K_o}{\tau_o s+1}$
증폭기
$\frac{K_A}{\tau_a s+1}$
전동기
$\frac{K_m/L_a}{\tau_m s+1}$
부하
$\frac{1}{J_m s}$
릴
$\frac{r}{s}$
$R(s)$
$\Omega_m(s)$
$Y(s)$
역기전력
K_b
K_t
타코미터
K_p
(b)

10

주파수 응답

10.1 주파수 응답

주파수 영역

신호를 처리하거나 시스템을 제어하는 것은 실제로 시간상에 일어나는 일이므로 시간 응답이 결론이다. 그러나 물리적인 시스템의 시간상 특성은 미분 방정식을 통해 표현되므로 번거로운 면이 많으며 이를 피하는 방법이 라플라스 변환이다. 시간 함수 $f(t)$의 라플라스 변환 $F(s)$는 2.1 절에서 설명한 바와 같이 다음과 같다.

$$F(s) = \int_0^\infty f(t)e^{-st}dt \tag{10-1}$$

라플라스 변환을 이용한 전달 함수는 시스템을 묘사하거나 해석하는데 매우 편리한 수단이다. 그러나 라플라스 변환이 정의되는 s-영역보다 더욱 구체적인 물리적 의미를 갖는 것이 **주파수 영역**이며 이에 대한 것이 **푸리에 변환**이다. 시간 함수 $f(t)$와 푸리에 변환 $F(j\omega)$는 서로 다음과 같은 관계가 있다.

$$\begin{aligned} F(j\omega) &= \int_0^\infty f(t)e^{-j\omega t}dt \\ f(t) &= \frac{1}{2\pi}\int_{-\infty}^\infty F(j\omega)e^{j\omega t}d\omega \end{aligned} \tag{10-2}$$

위의 두 식에서 첫 번째를 푸리에 변환이라 하고 두 번째를 역푸리에 변환이라 한다. 푸리에 변환과 라플라스 변환과의 관계는 $s=j\omega$로서 ω는 주파수(rad/s)이다. 다시 말해 라플라스 변환의 s는 실수를 포함한 임의의 복소수이지만 이를 순수한 허수 $j\omega$로 국한시킨 것이 푸리에 변환이다. 대신에 푸리에 변환의 ω는 주파수라는 구체적인 의미가 부여된다. 따라서 푸리에 변환이 정의되는 영역을 주파수 영역이라 하며 신호나 시스템의 주파수 영역상의 특성을 주파수 응답이라 한다. 푸리에 변환의 진정한 의미는 다음과 같다: 시간상의 임의의 파형은 많은 정현파들의 조합으로 이루어진다. 즉 충분한 수의 정현파를 주파수와 진폭 및 위상을 서로 달리하여 적절히 혼합하면 어떠한 파형도 만들어 낼 수 있으며 이러한 이유로 신호의 푸리에 변환을 스펙트럼(spectrum)이라 한다. 전달 함수가 $G(s)$인 선형 시스템의 입력 $r(t)$와 출력 $c(t)$의 주파수 영역상의 관계는

$$C(j\omega) = G(j\omega)R(j\omega) \tag{10-3}$$

이며 $R(j\omega)$와 $C(j\omega)$는 각각 $r(t)$와 $c(t)$의 푸리에 변환이다. 시스템의 주파수 응답인 $G(j\omega)$는 복소수이므로 다음과 같이 직교 좌표 형식으로 표현할 수 있다.

$$G(j\omega) = R(\omega) + jX(\omega) \tag{10-4}$$

여기서 $R(\omega)$와 $X(\omega)$는 각각 $G(j\omega)$의 실수부와 허수부이다. 그리고 식 (10-4)의 직교 좌표 형식은 크기 $M(\omega)=|G(j\omega)|$, 편각 $\phi(\omega)=\angle G(j\omega)$로써 다음과 같이 극좌표 형식으로 표현할 수 있다.

$$G(j\omega) = |M(\omega)|\angle\phi(\omega) \tag{10-5}$$

여기서

$$M(\omega) = \sqrt{R^2(\omega) + X^2(\omega)}, \quad \phi(\omega) = \tan^{-1}\frac{X(\omega)}{R(\omega)} \tag{10-6}$$

그리고 식 (10-3)으로부터 출력 스펙트럼의 크기는

$$|C(j\omega)| = |G(j\omega)||R(j\omega)| = M(\omega)|R(j\omega)| \tag{10-7}$$

이며 출력 스펙트럼의 위상은

$$\angle C(j\omega) = \angle G(j\omega) + \angle R(j\omega) = \phi(\omega) + \angle R(j\omega) \tag{10-8}$$

와 같다. 따라서 출력의 크기는 입력 크기에 $M(\omega)$를 곱한 것과 같으며 출력의 위상은 입력의 위상에 $\phi(\omega)$를 더한 것과 같다. 이러한 이유로 $M(\omega)$를 시스템의 크기 응답이라 하고 $\phi(\omega)$를 시스템의 위상 응답이라 하며 이 둘을 합해 시스템의 주파수 응답이라 한다.

일차 시스템

유한한 극점만 있는 일차 시스템의 전달 함수는

$$G(s) = \frac{a}{s+a} \tag{10-9}$$

이며 직류 이득은 $G(0)=1$이다. 이 형태는 s항의 계수를 1로 정규화한 것이며 반대로 상수항을 1로 정규화하면

$$G(s) = \frac{1}{\tau s + 1} \quad (\tau = 1/a) \tag{10-10}$$

로 표현할 수 있으며 τ를 시정수라 한다. 식 (10-9)와 (10-10)은 동일한 것이지만 상황에 따라 어느 한 쪽이 표현상 유리한 경우가 있다. 식 (10-9)의 크기 응답과 위상 응답은 다음과 같다.

$$M(\omega) = \frac{a}{\sqrt{\omega^2 + a^2}}, \quad \phi(\omega) = -\tan^{-1}(a/\omega) \tag{10-11}$$

위의 크기 응답과 위상 응답을 도시하면 그림 10-1과 같다. 특히 주파수 $\omega=a$에서의 크기 응답과 위상 응답은 다음과 같다.

그림 10-1
식 (10-9)의
(a) 크기 응답;
(b) 위상 응답.

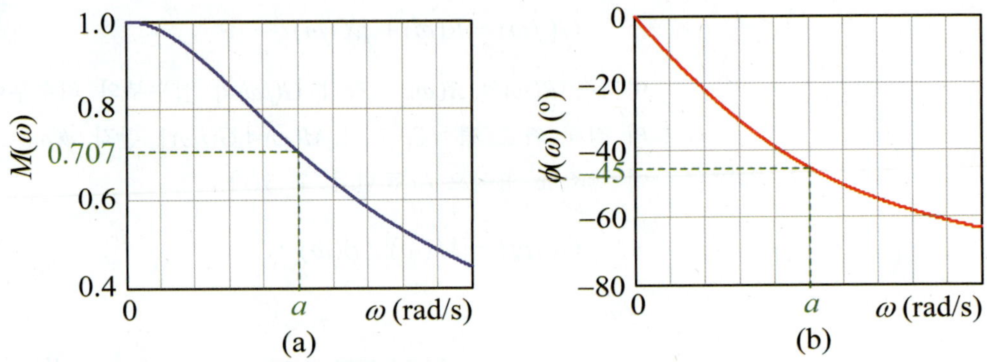

$$M(a) = \frac{a}{\sqrt{a^2 + a^2}} = \frac{1}{\sqrt{2}}, \quad \phi(a) = -\tan^{-1}(a/a) = -45° \tag{10-12}$$

주파수 ω=a를 차단 주파수라 한다. 차단 주파수에서는 이득이 직류 이득의 0.707배가 되어 전력이 절반이 되므로 반전력 주파수라 하기도 한다. 차단 주파수에서의 위상 지연은 45°이다. 차단 주파수 이상에서는 주파수가 증가하면 크기는

$$M(\infty) = \lim_{\omega \to \infty} \frac{a}{\sqrt{\omega^2 + a^2}} = 0 \tag{10-13}$$

와 같이 0으로 수렴하며 위상은

$$\phi(\infty) = -\lim_{\omega \to \infty} \tan^{-1}(a/\omega) = -90° \tag{10-14}$$

와 같이 −90°로 수렴한다. 이상으로 식 (10-9)의 시스템은 대역폭이 a인 저역통과 필터에 해당한다. 그리고 일차 시스템의 최대 위상 지연은 90°를 넘을 수 없다. 일차 시스템의 특성은 시정수로 요약되며 식 (10-10)으로부터 시정수 τ와 대역폭 a는 서로 반비례 관계가 있다.

이차 시스템

표준형 이차 시스템의 전달 함수는

$$G(s) = \frac{\omega_n^2}{s^2 + 2\zeta\omega_n s + \omega_n^2} \tag{10-15}$$

이며 주파수 응답은 다음과 같다.

$$\begin{aligned} G(j\omega) &= \frac{\omega_n^2}{(j\omega)^2 + 2\zeta\omega_n(j\omega) + \omega_n^2} \\ &= \frac{1}{1 + j2(\omega/\omega_n)\zeta - (\omega/\omega_n)^2} \end{aligned} \tag{10-16}$$

식 (10-16)의 표현을 간단히 하기 위해 $u=\omega/\omega_n$으로 정의하면 식 (10-16)은

$$G(ju)=\frac{1}{1+j2\zeta u-u^2} \tag{10-17}$$

로 표현할 수 있다. 위의 크기 응답은

$$M(u)=\frac{1}{\sqrt{(1-u^2)^2+(2\zeta u)^2}} \tag{10-18}$$

이며 위상 응답은 다음과 같다.

$$\phi(u)=-\tan^{-1}\frac{2\zeta u}{1-u^2} \tag{10-19}$$

크기 응답이 최대가 되는 공진 주파수 ω_r은 식 (10-18)의 $M(u)$를 u로 미분한 결과를 0으로 하여 구할 수 있으며 그 결과는 다음과 같다.

$$4u^3-4u+8u\zeta^2=4u(u^2-1+2\zeta^2)=0 \tag{10-20}$$

위의 식을 풀면 정규화된 공진 주파수 $u_r=\omega_r/\omega_n$은 $u_r=0$과

$$u_r=\sqrt{1-2\zeta^2} \tag{10-21}$$

여기서 $u_r=0$는 주파수 $\omega_r=0$로 직류 이득이 최대란 뜻이며 이는 공진으로는 볼 수 없다. 따라서 공진 주파수 ω_r은 식 (10-21)로부터

$$\omega_r=\omega_n\sqrt{1-2\zeta^2} \quad \zeta\le 0.707 \tag{10-22}$$

이며 ω_r은 실수이어야 하므로 공진 조건은 $\zeta\le0.707$인 것이다. 즉 $\zeta>0.707$인 경우 직류에서 크기 응답이 최대가 되는 단순한 저역통과 특성만 나타난다. 공진 주파수에서의 이득 M_r은 식 (10-21)을 식 (10-18)의 u에 대입하면 다음과 같이 주어진다.

$$M_r=\frac{1}{2\zeta\sqrt{1-\zeta^2}} \quad \zeta\le 0.707 \tag{10-23}$$

이상으로 공진 주파수 ω_r과 공진시의 이득 M_r을 ζ의 함수로 도시하면 그림 10-2와 같다. 그림 10-3은 여러 가지 ζ에 대해 정규화된 주파수 u에 대한 식 (10-15)의 크기 응답을 보여준다. 이차 시스템에서는 $\zeta>0.707$이면 저역통과 필터가 되지만 $\zeta\le0.707$에 대해서는 대역통과 필터 특성이 나타나기 시작하며 그림의 봉우리가 이를 설명해 준다. 신호 처리에서는 대역통과 필터가 매우 중요하게 취급되지만 제어에서 는 $\zeta\le0.707$의 저역통과 특성이 선호된다.

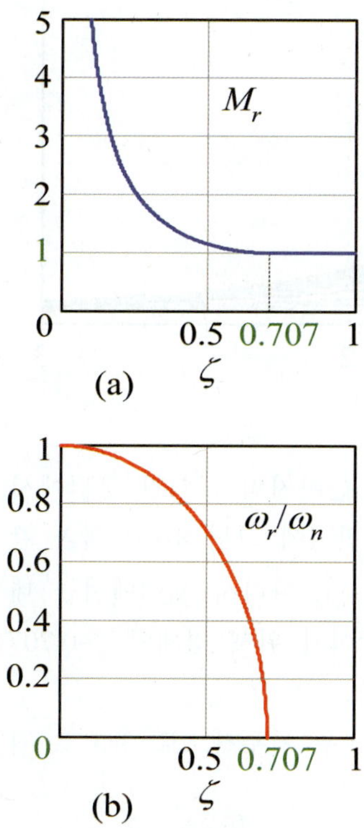

그림 10-2

표준형 이차 시스템의 (a) 공진에서의 이득; (b) 공진 주파수.

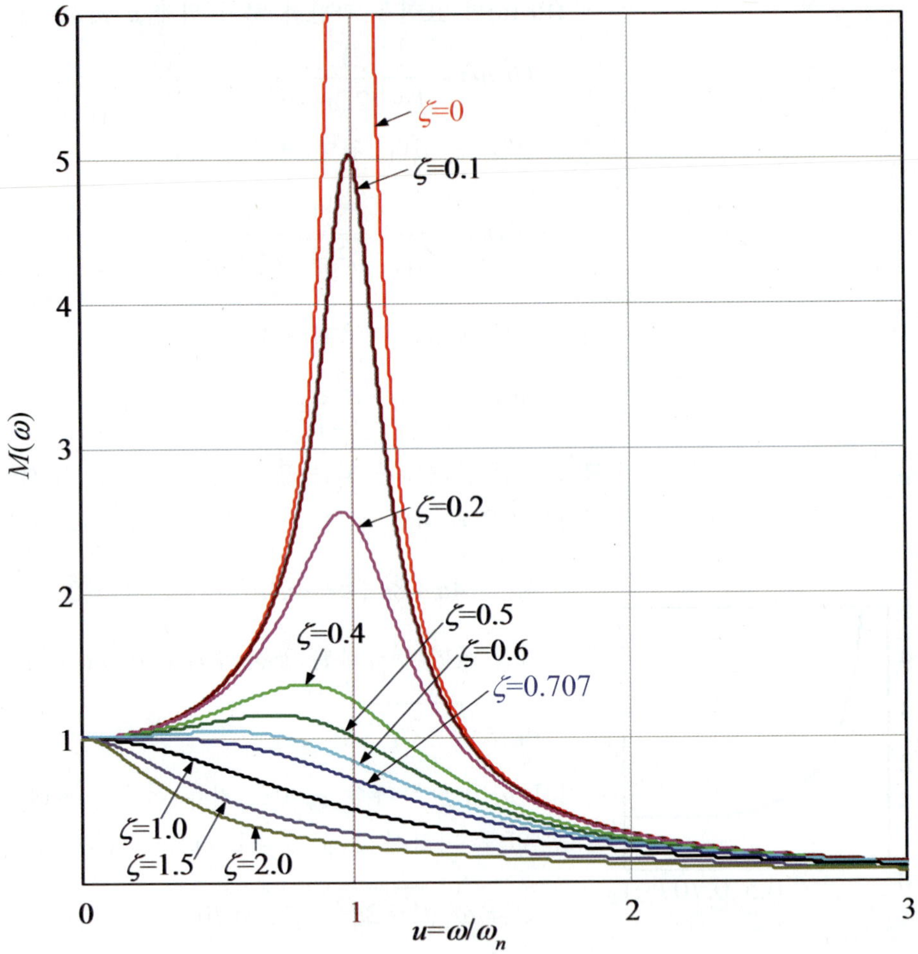

그림 10-3
표준형 이차 시스템의 ζ에 대한 크기 응답.

그 이유는 ζ가 작아질수록 크기 응답의 봉우리가 높아지면서 시간 응답에서는 오버슛이 증가하기 때문이다(그림 8-15 참조). 반면에 그림 8-16에서와 같이 ζ가 작을수록 상승시간이 짧아 유리한 면도 있다. 따라서 제어에서는 대역통과 특성을 피하면서도 상승 시간을 가능한 줄이기 위해 경계인 ζ=0.707을 선호한다.

식 (10-17)의 대역폭 BW는 유도하는 과정이 매우 지루하므로 참고로 결과만 소개하면 다음과 같다.

$$\mathrm{BW} = \omega_n \sqrt{(1-2\zeta^2) + \sqrt{4\zeta^4 - 4\zeta^2 + 2}} \tag{10-24}$$

그림 10-4는 ζ의 변화에 따른 BW/ω_n을 도시한 것이다. 그 결과 BW는 ω_n과는 직접 비례하며 ζ가 증가하면 BW는 감소한다는 것을 알 수 있다. 특히 $0.3 \le \zeta \le 0.8$의 범위에서는 그림에 표시된 바와 같이 BW/ω_n을 직선적으로 근

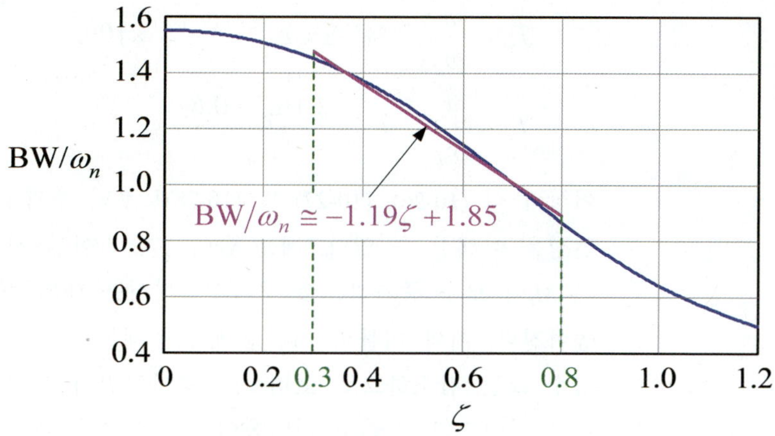

그림 10-4
식 (10-24)의 대역폭과 선형적인 근사화.

사화할 수 있으며 다음과 같다.

$$BW/\omega_n \cong -1.19\zeta + 1.85 \quad (0.3 \le \zeta \le 0.8) \tag{10-25}$$

10.2 주파수 응답과 시간 응답의 관계

시스템의 주파수 응답으로부터 시간 응답을 유추할 수 있으며 역으로 시간 응답으로부터 주파수 응답도 유추할 수 있다. 식 (10-22), (10-23), (10-24)로부터 이차 시스템의 주파수 응답에 관한 변수들을 정리하면 다음과 같다.

$$\omega_r = \omega_n\sqrt{1-2\zeta^2}, \quad M_r = \frac{1}{2\zeta\sqrt{1-\zeta^2}} \quad (\zeta \le 0.707) \tag{10-26}$$

이에 비해 시간 응답을 나타내는데 사용되는 변수인 제동 고유 주파수 ω_d, 제동 상수 σ_d는 다음과 같다(식 (8-43) 참조).

$$\omega_d = \omega_n\sqrt{1-\zeta^2}, \quad \sigma_d = \zeta\omega_n \quad (\zeta \le 1) \tag{10-27}$$

식 (10-26)과 (10-27)을 비교하면 시간 및 주파수상에서의 다음과 같은 차이를 알 수 있다: 시간 응답에서는 임계제동인 ζ=1을 경계로 과제동 또는 부족제동의 여부가 결정되지만 주파수 응답에서는 ζ=0.707을 경계로 공진 형성 여부가 결정된다. 그리고 시간상의 제동 고유 주파수 ω_d와 주파수상의 공진 주파수 ω_r은 서로 약간의 차이가 있으며 항상 ω_r<ω_d이다.

식 (10-27)의 변수들로부터 계단 응답 특성인 피크 시간 T_p, 오버슛 %OS, 정착 시간 T_s, 상승 시간 T_r 등은 다음과 같다(식 (8-47)~(8-58) 참조).

$$T_p = \frac{\pi}{\omega_d}, \quad \%OS = e^{-(\zeta\pi/\sqrt{1-\zeta^2})} \times 100,$$
$$T_s = \frac{4}{\sigma_d}, \quad T_r = \frac{2.16\zeta + 0.6}{\omega_n} \tag{10-28}$$

이상의 식 (10-26), (10-27) 및 (10-28)로부터 주파수 응답과 시간 응답간의 관련성을 이해할 수 있다. 예를 들어 ζ가 작아질 경우, 공진 주파수 ω_r과 최대값 M_r이 모두 증가하므로 주파수상에서는 대역폭이 넓어지고 공진 봉우리가 높아진다. 이와 더불어 시간상에서는 제동 고유 주파수 ω_d가 증가하고 제동 상수 σ_d는 감소하므로 오버슛이 증가하면서 피크 시간은 빨라지고 정착 시간은 길어진다. 그리고 대역폭이 증가할수록 높은 주파수 성분이 더 많이 포함되므로 계단 응답의 상승 시간이 짧아지게 된다. 그림 10-5는 주파수 응답과 시간상 계단 응답의 관련성을 알기 쉽게 그린 것이다.

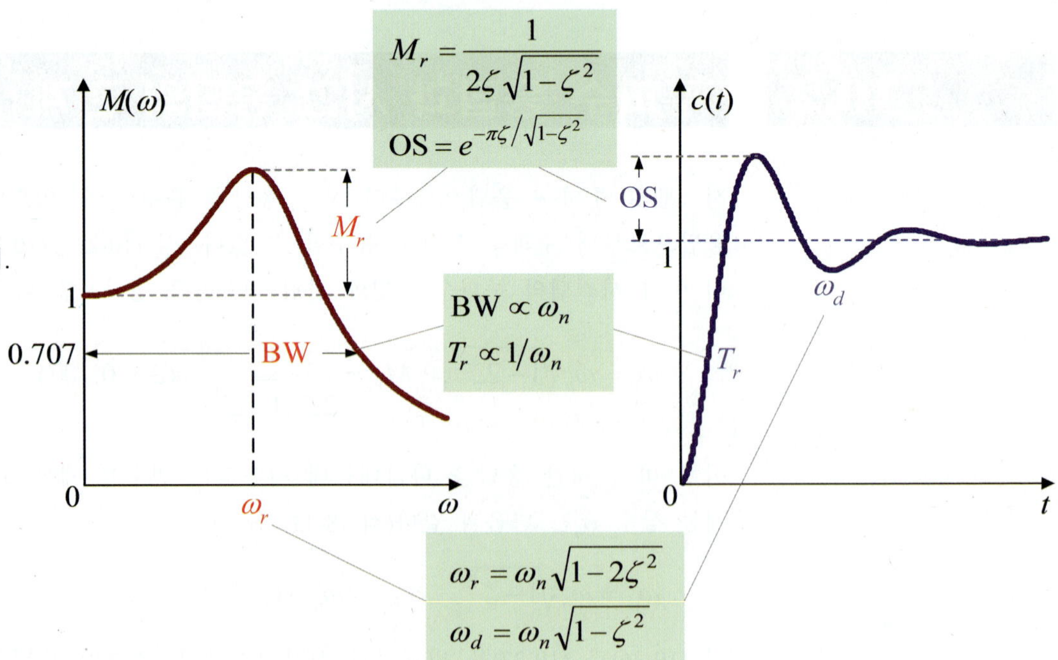

그림 10-5 표준형 이차 시스템의 주파수 응답과 계단 응답 관계.

그림 10-6은 표준형 이차 전달 함수에서 극점의 위치에 따른 주파수 응답과 시간 응답의 연관성을 여러 가지 각도에서 보여주는 그림이다. 그림 (a)는 그림에 표시된 바와 같이 전달 함수 극점의 허수부 ω_d를 고정하고 실수부 σ_d만 변화시켰을 때 주파수 및 시간 응답을 보인 것으로 극점이 1, 2, 3의 순서로 변하면 ω_n과 ζ가 모두 증가한다. 따라서 대역폭이 증가하여 시간 응답

그림 10-6

극점의 위치에 따른 주파수 응답과 계단 응답 변화.

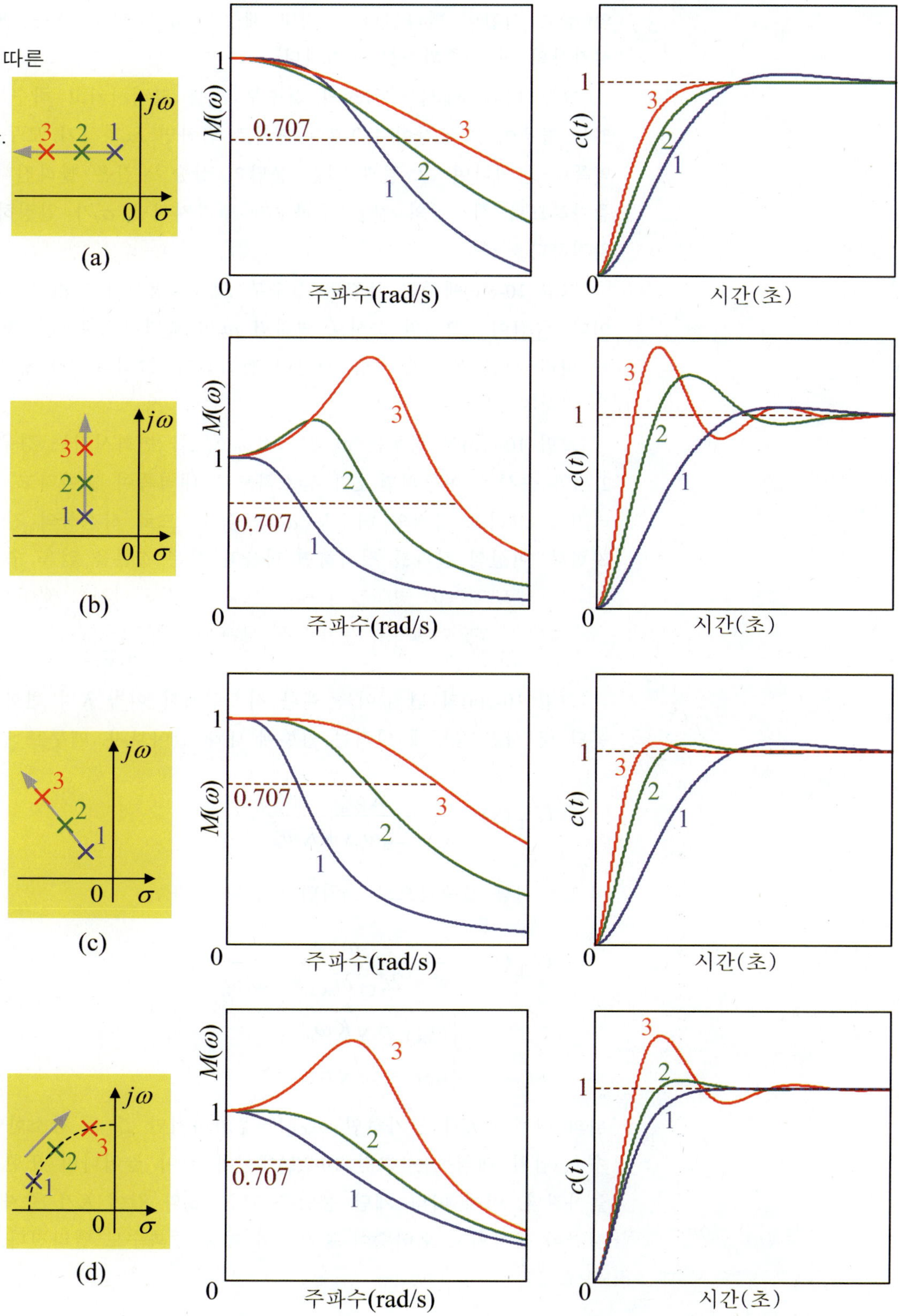

의 상승 시간이 빨라진다. 그리고 제동 고유 주파수 ω_d는 변하지 않으므로 시간상의 진동 주파수는 동일하다.

그림 10-6(b)에서는 극점의 실수부 σ_d를 고정시키고 허수부 ω_d를 변화시키는 경우이다. 극점이 1, 2, 3의 순서로 변하면 ω_n과 ζ가 모두 감소하므로 대역폭이 늘어나며 그 결과 시간 응답의 상승 시간은 빨라진다. 그리고 ω_d가 증가하므로 시간상의 진동 주파수가 빨라지지만 σ_d가 일정하므로 포락선은 일정하다.

그림 10-6(c)에서는 극점의 실수부 ζ를 고정시키고 ω_n을 변화시키는 경우이다. 극점이 1, 2, 3의 순서로 변하면 ω_n이 증가하므로 대역폭이 넓어지고 이에 따라 시간 응답의 상승 시간이 빨라진다. 그러나 ζ가 일정하므로 오버슛은 변하지 않는다.

그림 10-6(d)의 경우는 ω_n을 고정하고 ζ를 변화시키는 경우이다. 극점이 1, 2, 3의 순서로 이동하면 ζ가 감소하므로 대역폭이 넓어지고 상승 시간도 빨라진다. 그리고 극점의 허수부 ω_d가 증가하므로 시간상의 진동 주파수도 증가한다. 이상의 결과를 정리하면 다음과 같은 결론을 얻을 수 있다:

첫째, 대역폭이 넓어지면 시간 응답의 상승 시간이 짧아진다.

둘째, 공진 봉우리가 높을수록 시간 응답의 오버슛이 증가한다.

그림 10-7(a)의 단위-이득 궤환 시스템에서 이득 K의 변화가 전체 주파수 응답 및 시간 응답에 미치는 영향에 대해 알아보자. 폐루프 전달 함수가

$$G_{\text{CL}}(s) = \frac{K\omega_n^2}{s^2 + 2\zeta\omega_n s + K\omega_n^2} \tag{10-29}$$

이므로 이를 표준형으로 고치면 다음과 같다.

$$G_{\text{CL}}(s) = \frac{\omega_{n\text{CL}}^2}{s^2 + 2\zeta_{\text{CL}}\omega_{n\text{CL}}s + \omega_{n\text{CL}}^2} \qquad \begin{cases} \omega_{n\text{CL}} = \sqrt{K}\omega_n \\ \zeta_{\text{CL}} = \zeta/\sqrt{K} \end{cases} \tag{10-30}$$

위의 식에서 K가 증가하면 $\omega_{n\text{CL}}$은 증가하지만 ζ_{CL}은 감소한다. 따라서 주파수 응답의 대역폭은 그림 10-7(b)에서와 같이 늘어나며 또한 공진 봉우리가 높아진다. 이에 따라 계단 응답은 그림 (c)와 같이 K가 증가함에 따라 상승 시간이 짧아지고 오버슛이 증가하며 진동 주파수도 빨라진다.

그림 10-7
(a) 단위-이득 궤환의 이차 시스템과 K의 변화에 따른 (b) 주파수 응답; (c) 계단 응답.

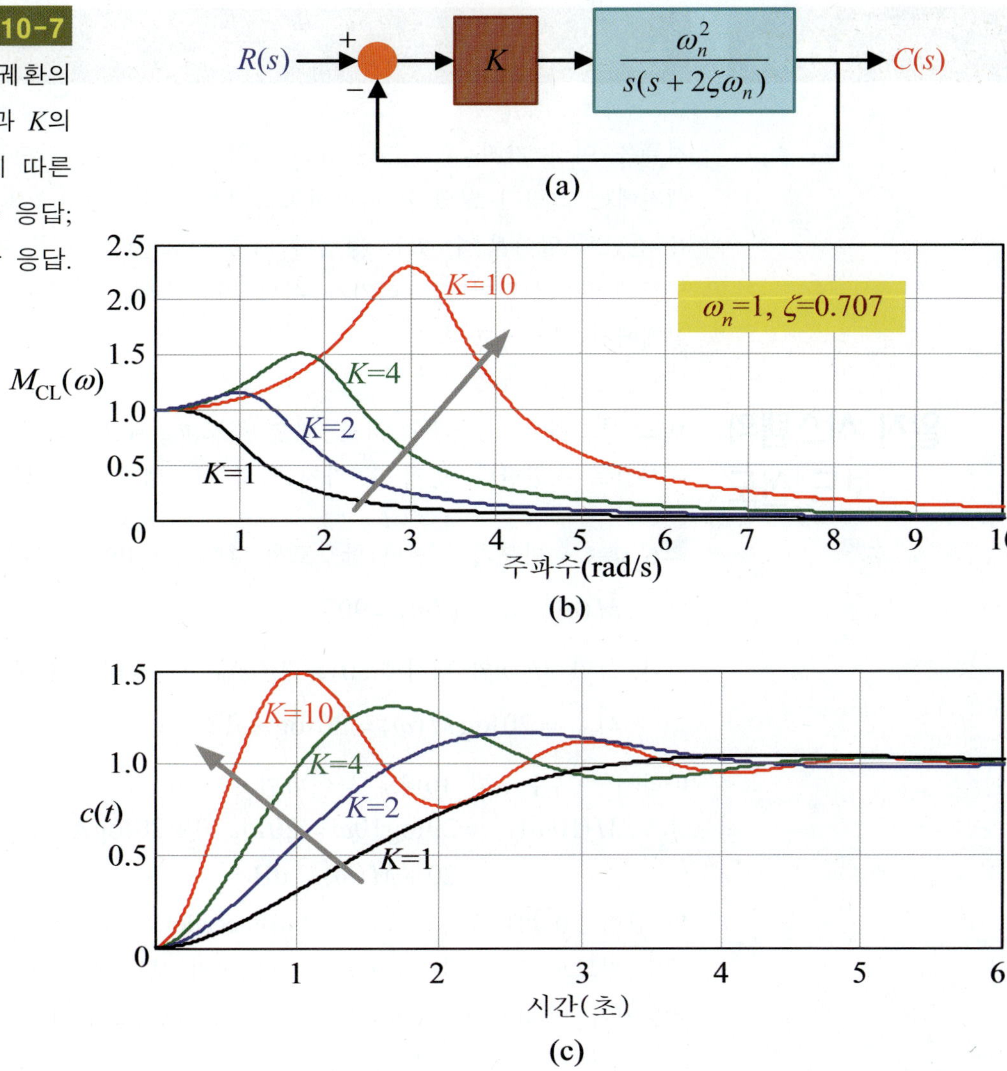

제어에서는 시간 응답이 주가 되며 주파수 응답은 해석이나 설계상에서 보조적인 역할을 한다. 그러면서도 주파수 영역상의 해석이 계속되어온 이유는 여기에는 다양한 도해법이 있기 때문이다. 이에 비해 주 대상인 시간 영역에서는 제어 시스템의 특성을 정량적으로 나타낼 수 있는 그래프 등과 같은 다양한 도구들이 상대적으로 부족하다. 즉 이차 이상의 복잡한 시스템에서는 시간 응답을 정량적으로 표현하기 어렵다. 그러나 주파수 영역에서는 보드 선도, 나이퀴스트 선도, 니콜스 도표 등 편리한 도구들이 있으며 이들에 대해 하나씩 알아보도록 한다.

10.3 보드 선도

지금은 여러 가지 주파수 응답을 컴퓨터를 이용해 간단히 구할 수 있지만 예전에는 그렇지 않았다. 따라서 그 당시는 수작업만으로 크기나 위상 응답을 간단히 알아볼 수 있는 방법이 매우 필요했다. 그 중 가장 대표적인 것이 보드(Bode) 선도이며 그리기가 쉬워 지금까지도 주파수 영역에서의 해석과 설계에서 사용되고 있다.

일차 시스템의 보드 선도

보드 선도에서는 주파수 축을 대수 척도(log scale)로 표시하며 크기 응답은 데시벨로 표현한다. 먼저 몇 가지 일차 시스템의 보드 선도에 대해 알아보자.

■ **$G(s)=s$** 미분기의 전달 함수로서 영점이 $s=0$이며 크기 및 위상 응답은

$$M(\omega)=\omega,\quad \phi(\omega)=90^\circ \tag{10-31}$$

이다. 크기 $M(\omega)$의 데시벨(dB)을 $M(\omega)_{dB}$, 또는 더 간단하게 M_{dB}로 표현하면

$$M_{dB}=20\log M(\omega)=20\log\omega \text{ dB} \tag{10-32}$$

따라서 주파수 ω가 10배로 늘어나면 데시벨은

$$\begin{aligned} M(10\omega)_{dB} &= 20\log 10\omega = 20\log 10 + 20\log\omega \\ &= 20 + M(\omega)_{dB} \text{ dB} \end{aligned} \tag{10-33}$$

와 같이 20 dB 증가하므로 '+20dB/decade'로 표현한다. 따라서 주파수축을 데수 척도로 하여 식 (10-32)를 그린 크기 보드 선도는 그림 10-8(a)와 같이 기울기가 +20dB/decade인 직선을 이룬다. 그리고 $\omega=1$인 경우는

$$M(1)_{dB}=20\log 1=0 \text{ dB} \tag{10-34}$$

이다. 위상은 식 (10-31)에서와 같이 90°로 일정하므로 위상 보드 선도는 그림 10-8(a)에 표시된 바와 같다.

■ **$G(s)=1/s$** 적분기의 전달 함수로서 극점은 $s=0$이며 크기 및 위상 응답은

$$M(\omega)=1/\omega,\quad \phi(\omega)=-90^\circ \tag{10-35}$$

이다. 역수의 대수는 부호만 반대가 된다. 즉

$$20\log(1/\omega)=-20\log\omega \text{ dB} \tag{10-36}$$

이므로 $G(s)=1/s$의 보드 선도는 $G(s)=s$의 보드 선도와 주파수축에 대해 대칭을 이룬다. 따라서 $G(s)=1/s$의 보드 선도는 그림 10-8(b)와 같으며 이 경우

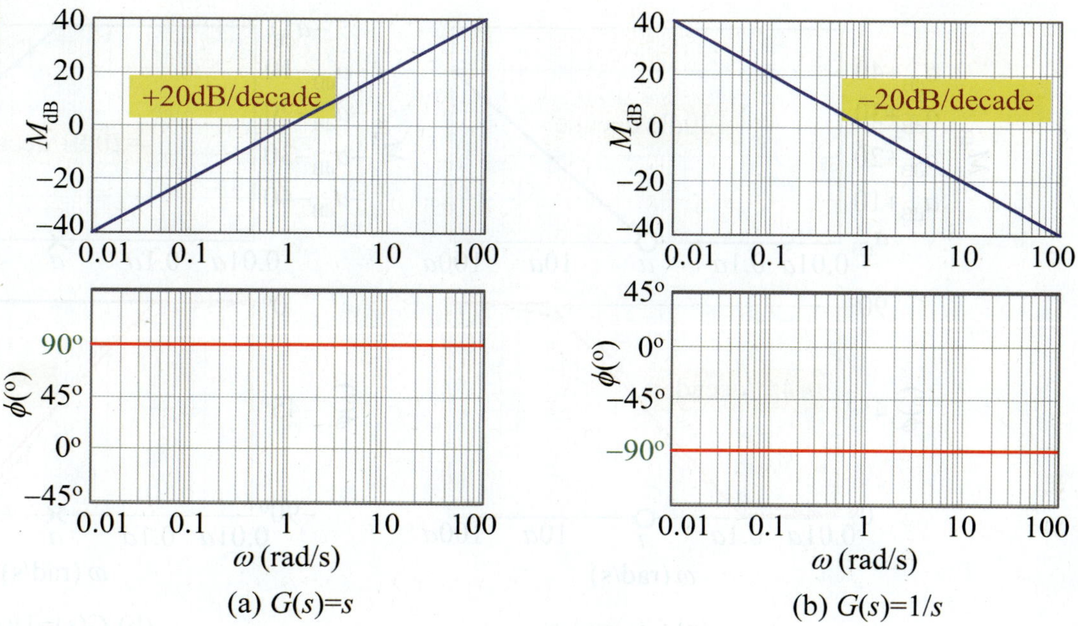

그림 10-8 보드 선도: (a) $G(s)=s$; (b) $G(s)=1/s$.

크기 응답은 기울기가 −20dB/decade인 직선이 된다.

■ **$G(s)=s+a$** 이 경우는 $s=-a$에 영점이 있으며 크기 및 위상 응답은

$$M(\omega)=\sqrt{\omega^2+a^2},\quad \phi(\omega)=\tan^{-1}(\omega/a) \tag{10-37}$$

와 같다. 여기서 크기 응답은 다음과 같이 두 영역으로 근사화할 수 있다.

$$M(\omega)\cong\begin{cases} a, & \omega << a \\ \omega, & \omega >> a \end{cases} \tag{10-38}$$

이를 데시벨로 표현하면

$$M(\omega)_{\rm dB}\cong\begin{cases} a_{\rm dB}, & \omega << a \\ \omega_{\rm dB}, & \omega >> a \end{cases} \tag{10-39}$$

이다. 따라서 크기 보드 선도는 $\omega<<a$에서는 상수 $a_{\rm dB}$로 일정하고 $\omega>>a$에서는 기울기가 20dB/decade인 직선으로 근사화할 수 있다. 이를 도시하면 그림 10-9(a) 크기 보드 선도의 실선과 같으며 이를 점근선이라 한다. 그리고 그 경계인 $\omega=a$에서는

$$M(a)=\sqrt{a^2+a^2}=\sqrt{2}a \tag{10-40}$$

이므로 데시벨로는 다음과 같다.

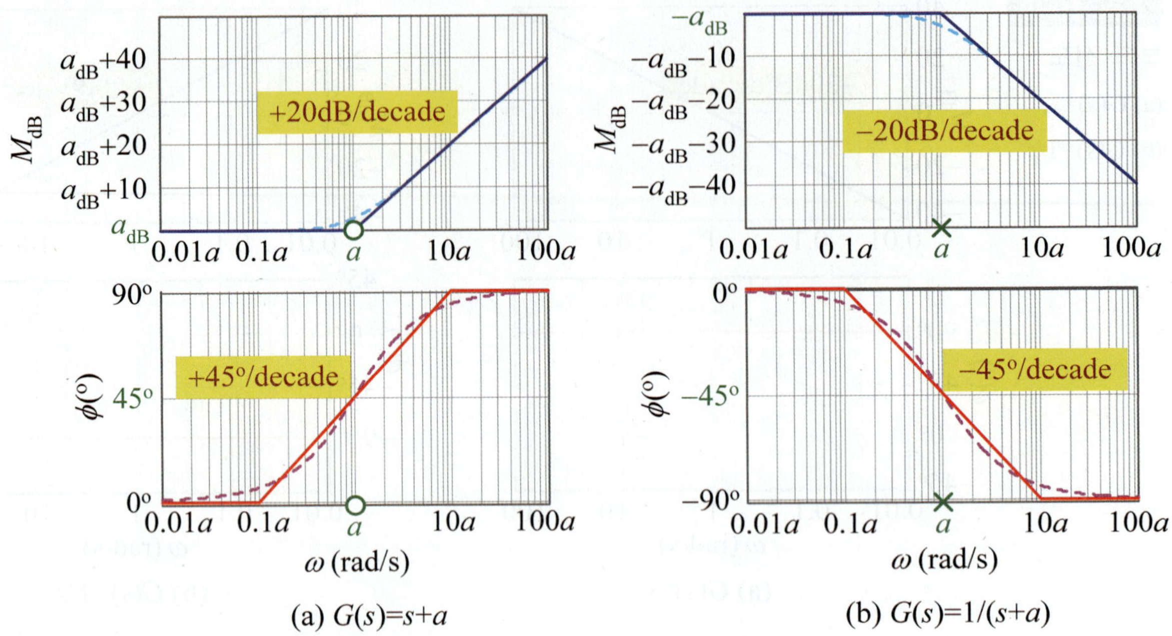

그림 10-9 보드 선도: (a) $G(s)=s+a$; (a) $G(s)=1/(s+a)$.

$$M(a)_{\text{dB}} = (\sqrt{2})_{\text{dB}} + a_{\text{dB}} = a_{\text{dB}} + 3\text{ dB} \tag{10-41}$$

따라서 그림 10-9(a)의 크기 보드 선도에서 점선이 실제 특성이다. 그리고 점근선이 꺽어지는 $\omega=a$를 모서리(corner) 주파수라 한다. 다음으로 위상 응답은 모서리 주파수 $\omega=a$를 경계로 다음과 같이 근사화할 수 있다.

$$\phi(\omega) = \begin{cases} 0°, & \omega << 0.1a \\ 45°, & \omega = a \\ 90°, & \omega >> 10a \end{cases} \tag{10-42}$$

따라서 위상 보드 선도의 점근선은 그림 10-9(a)의 아래쪽 그림에 표시된 실선과 같으며 $0.1a<\omega<10a$에서의 기울기는 45°/decade가 된다.

■ $G(s)=1/(s+a)$ 극점은 $s=-a$이며 $G(s)=s+a$의 경우와 크기 및 위상 보드 선도의 부호가 모두 반대이므로 그림 10-4(b)와 같다. 즉 크기 보드 선도의 기울기는 −20dB/decade이며 위상 보드 선도의 기울기는 −45°/decade이다.

이상으로 알 수 있듯이 보드 선도의 장점은 점근선을 이용하여 주파수 응답을 간단히 그릴 수 있다는 점이다. 뿐만 아니라 곱의 대수는 각각의 대수의 합과 같으므로 복잡한 전달 함수에 대해서도 쉽게 적용할 수 있다. 즉 다음의 일반적인 전달 함수를 보자.

$$G(s) = K\frac{(s+z_1)(s+z_2)\cdots(s+z_m)}{(s+p_1)(s+p_2)\cdots(s+p_n)} \tag{10-43}$$

단 K는 상수이며 모든 극점과 영점은 실수로 한다. 위 전달 함수의 데시벨 크기 응답은 다음과 같다.

$$\begin{aligned}20\log|G(j\omega)| &= 20\log K \\ &+ 20\log|s+z_1| + 20\log|s+z_2| + \cdots + 20\log|s+z_m| \\ &- 20\log|s+p_1| - 20\log|s+p_2| - \cdots - 20\log|s+p_n|\end{aligned} \tag{10-44}$$

즉 분자 각 항의 데시벨 크기를 모두 더한 것에 분모 각 항의 데시벨 크기를 모두 더한 것을 빼기만 하면 전체 데시벨 크기가 된다. 물론 위상 응답도 당연히 이와 같이 구할 수 있다. 따라서 보드 선도에서는 위상 응답뿐 아니라 크기 응답도 더하기로써 구할 수 있어 매우 편리하다. 다음의 일차 전달 함수

$$G(s) = \frac{s+z}{s+p} \tag{10-45}$$

는 크기가 유한한 영점 $-z$와 극점 $-p$가 하나씩 있으며 중요한 제어기 중 하나이다. 위의 전달 함수는 p와 z의 상대적인 크기에 따라 주파수 특성이 달라진다. 예를 들어 $p(=1)<z(=10)$인 경우의 보드 선도는 그림 10-10과 같이 구할 수 있으며 그림 (a)는 크기 보드 선도를 구하는 과정이다. 먼저 s+10의 보드 선도는 모서리 주파수가 10 rad/s이며 수평선의 크기는 10_{dB}=20 dB이고 직선의 기울기는 20dB/decade이다. 다음으로 1/(s+1)의 보드 선도는 모서리 주파수가 1 rad/s이며 그 전의 수평선의 크기는 1_{dB}=0 dB이고 직선의 기울기는 −20dB/decade이다. 이상의 두 보드 선도를 더하면 크기 보드 선도의 점근선은 그림 10-10(a)에 표시된 바와 같다. 즉 주파수 1 rad/s 이전과 10 rad/s 이후는 수평선이며 그 사이는 기울기가 −20dB/decade인 직선이다. 이로부터 주파수 0에서 출발하여 높은 주파수로 가는 과정에서 영점을 만나면 그로부터 그 전의 값에 +20dB/decade씩 더해지며 극점을 만나면 그 전의 값에서 20dB/decade씩 줄어든다는 것을 알 수 있다. 위상 보드 선도 역시 그림 10-5(b)와 같이 각각을 구해 합하여 전체 위상 응답을 얻을 수 있다. 그 결과 위상은 항상 0 이하, 즉 위상 지연만 생긴다는 것을 알 수 있다. 따라서 식 (10-45)에서 $p<z$이면 지상(遲相; phase-lag) 시스템이라 한다.

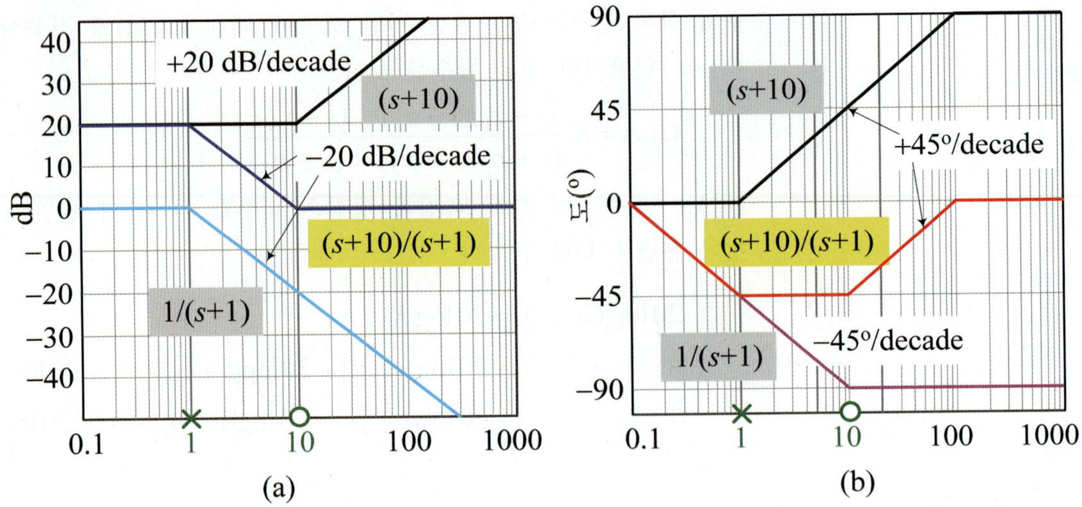

그림 10-10 $G(s)=(s+10)/(s+1)$의 보드 선도: (a) 크기; (b) 위상.

다음으로 식 (10-45)에서 $p(=10)>z(=1)$인 경우를 예로 들면 보드 선도가 그림 10-11과 같다. 그 결과 위상 응답은 항상 0 이상이므로 위상 선행만 일어난다. 따라서 식 (10-45)에서 $p>z$이면 진상(進相; phase-lead) 시스템이 된다. 지상 및 진상 시스템을 이용하여 제어 시스템의 주파수 특성을 적절히 보상해주면 전체 시스템의 안정성을 높일 수 있으며 이를 주파수 보상(compensation)이라 한다. 이에 대해서는 12장에서 설명한다.

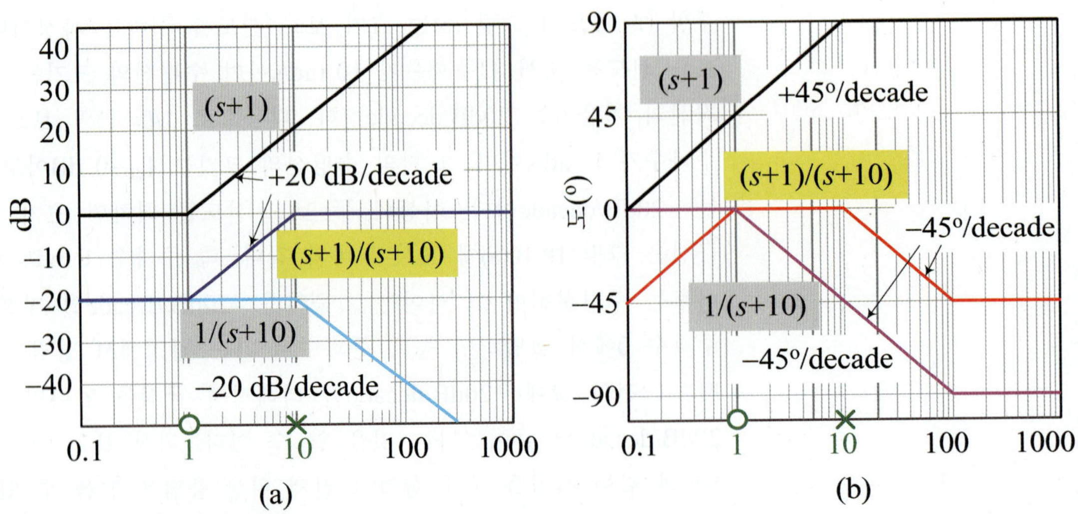

그림 10-11 $G(s)=(s+1)/(s+10)$의 보드 선도: (a) 크기; (b) 위상.

식 (10-45)에서 z와 p가 모두 0보다 크면 그림 10-12(a)와 같이 영점과 극점이 LHF에 존재하므로 최소-위상(minimum-phase) 시스템이다. 그러나 $z<0$로 영점이 RHF에 존재하면(그림 10-12(b)) 비최소-위상(nonminimum-phase) 시스템이 된다. 그림 10-12의 (a)와 (b)로부터 최소-위상 및 비최소-위상 시스템은 크기 응답은 동일함을 알 수 있다. 그러나 위상 응답은 서로 다르며 그림 10-13이 이를 보여준다. 따라서 주어진 동일한 크기 응답에 대해 최소-위상인 경우가 위상 변화폭이 가장 작다는 것을 알 수 있으며 이런 이유로 최소-위상 시스템이라 하는 것이다.

그림 10-12
식 (10-45)의 극-영점도:
(a) $p>0$, $z>0$;
(b) $p>0$, $z<0$.

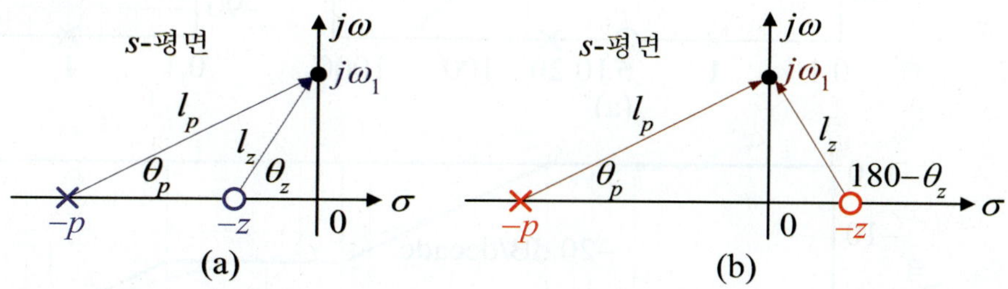

그림 10-13
그림 10-12의 위상 응답:
(a) $p>0$, $z>0$(최소-위상);
(b) $p>0$, $z<0$(비최소-위상).

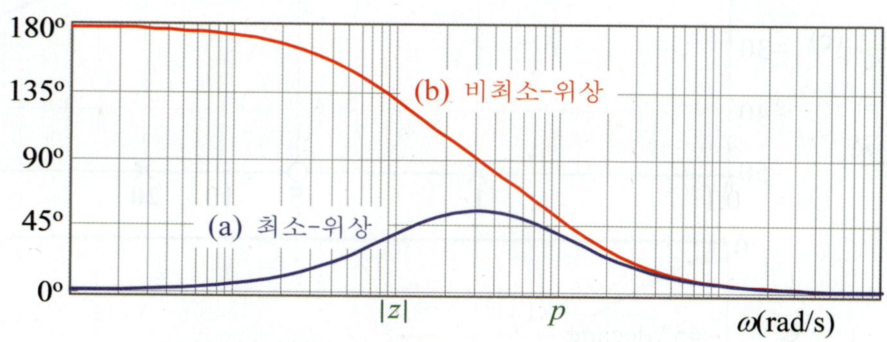

예제 10-1

다음 전달 함수의 보드 선도를 구하라.

$$G(s) = \frac{4(s+5)}{(s+1)(s+20)}$$

풀이>> 분자, 분모 각 항의 크기 보드 선도는 그림 10-14(a)와 같다. 분자 항의 상수 4의 데시벨은 $4_{dB}=12$ dB이며, $s+5$의 직류 이득은 $5_{dB}=14$ dB, 모서리 주파수는 5 rad/s, 직선의 기울기는 20 dB/decade이다. 다음으로 분모 항 $s+1$의 직류 이득은 $1_{dB}=0$ dB, 모서리 주파수는 1 rad/s, 직선 기울기는 −20 dB/decade이다. 그리고 분모 항 $s+20$의 직류 이득은 $-20_{dB}=-26$ dB이고 모서리 주파수는 20 rad/s이며 직선 기울기는 −20 dB/decade이다. 이상으로 각

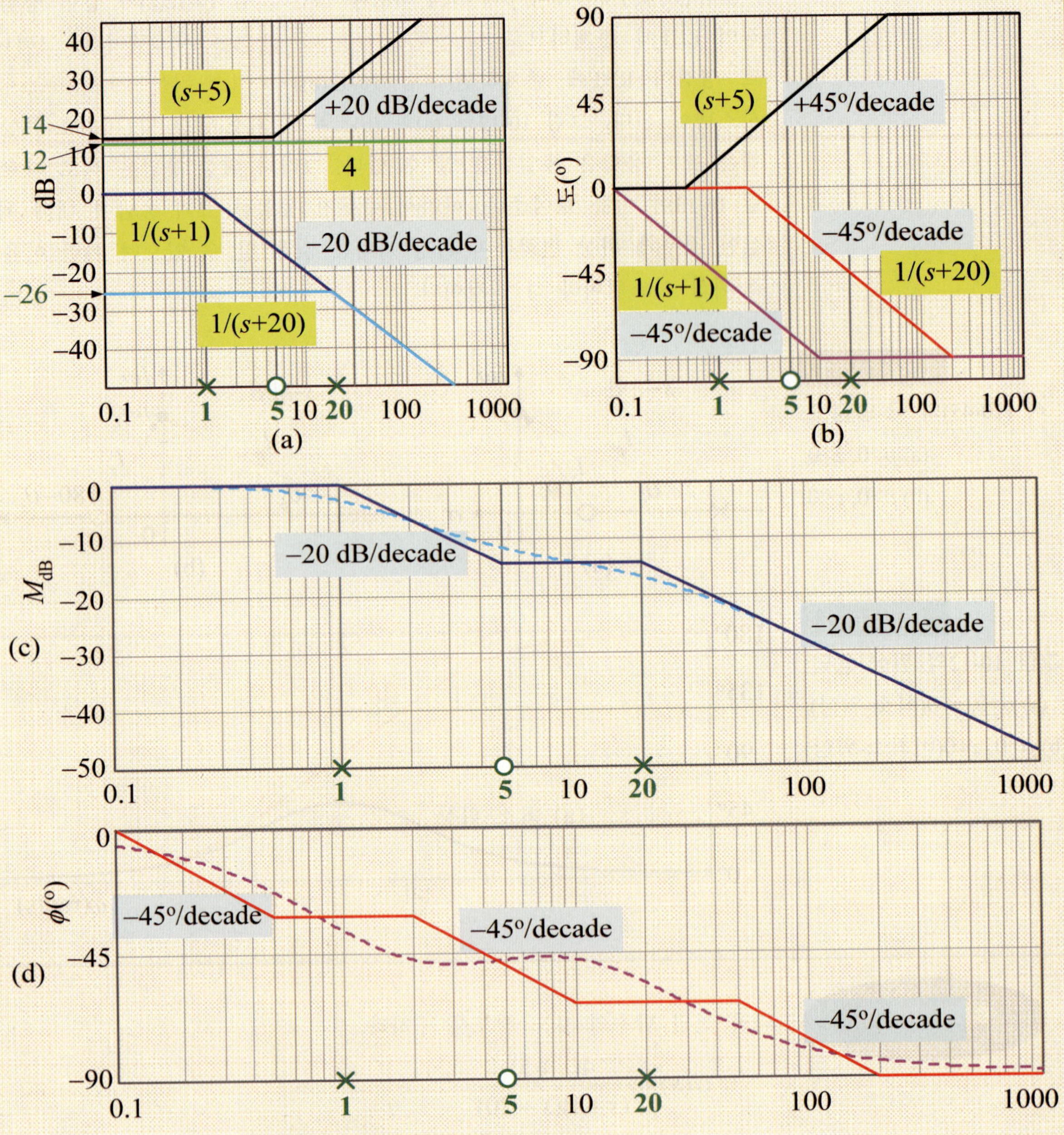

그림 10-14 예제 10-1의 그림.

크기 보드 선도를 합하면 전체 크기 보드 선도는 그림 (c)와 같으며 직류 이득은 $G(0)_{dB}$=12+14−26=0 dB이다. 다음으로 $G(s)$ 각 항의 위상은 그림 (b)와 같으며 이들의 합은 그림 (d)이다.

이차 시스템의 보드 선도

표준형 이차 시스템의 전달 함수(식 (10-15))에서 ω_n을 고정하고 ζ를 변화시킬 때 크기 및 위상 보드 선도의 변화를 보인 것이 그림 10-15이다. 그림 (a)의 크기 보드 선도에서는 점근선의 모서리 주파수가 ω_n이며 이 주파수 이후의 직선 기울기는 –40 dB/decade로 일차 시스템의 두 배이다. 그림 10-15(b)의 위상 보드 선도에서는 모서리 주파수 ω_n에서 위상이 –90°이며 직선의 기울기는 –90°/decade로 모두 일차 전달 함수의 두 배이다.

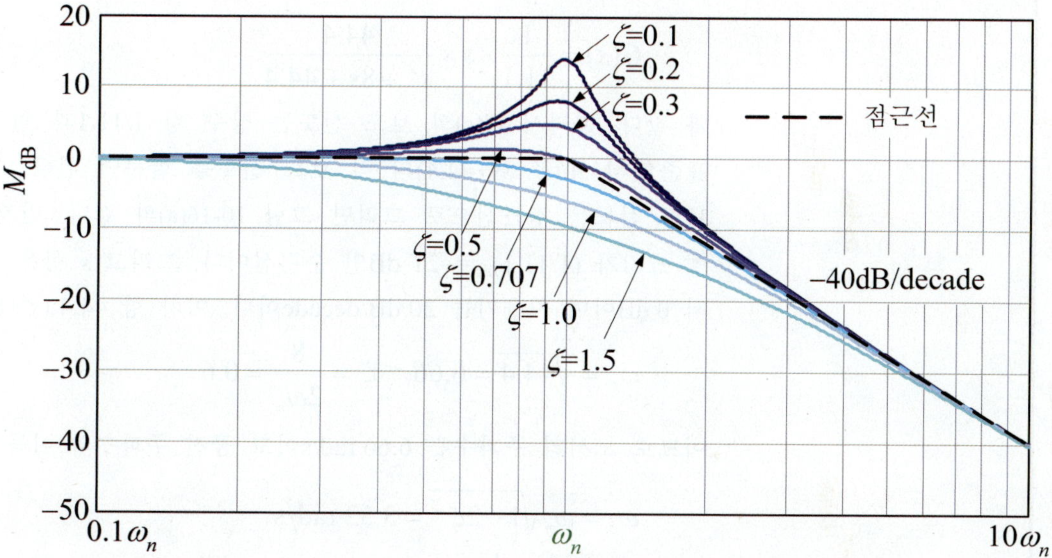

(a)

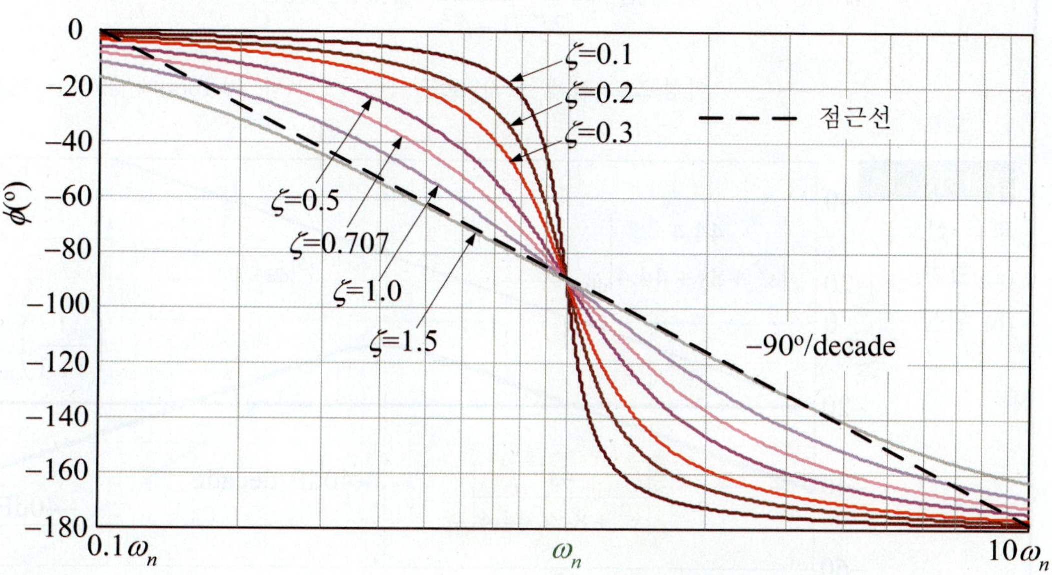

(b)

그림 10-15 표준형 이차 전달 함수의 보드 선도: (a) 크기; (b) 위상.

예제 10-2 예제 8-6의 그림 8-18에서 J=0.25 kg-m2, K=11.1 N-m/rad, D=2 N-m/rad/sec 이다. 전달 함수 $G(s)=\Omega(s)/T(s)$의 보드 선도를 그려라.

풀이>> 예제 8-6의 해석 결과로부터

$$G(s)=\frac{4s}{s^2+4Ds+4K}=\frac{4s}{s^2+8s+44.4}$$

위의 전달 함수를 표준형 이차 형태를 빌어 표현하면

$$G(s)=\frac{1}{11.1}\times s\times\frac{44.4}{s^2+8s+44.4}$$

와 같다. 따라서 $G(s)$의 보드 선도는 상수 항 1/11.1과 일차 항 s 및 이차 표준형 $44.4/(s^2+8s+44.4)$의 각 보드 선도를 합하면 된다. 이 세 항의 크기 보드 선도를 점근선으로 그리면 그림 10-16(a)와 같다. 먼저 상수항은 데시벨 크기가 $(1/11.1)_{dB}=-21$ dB인 수평선이다. 그리고 s 항은 주파수 1 rad/s에서 0 dB이며 기울기는 20 dB/decade이다. 이차 항 $44.4/(s^2+8s+44.4)$는

$$\omega_n=\sqrt{44.4}=6.66,\quad \zeta=\frac{8}{2\omega_n}=0.6$$

이므로 모서리 주파수는 6.66 rad/s이고 공진 주파수와 이득은 다음과 같다.

$$\omega_r=\omega_n\sqrt{1-2\zeta^2}=3.52\text{ rad/s}$$

$$M_r=\frac{1}{2\zeta\sqrt{1-\zeta^2}}=1.04\cong 0\text{ dB}$$

이상으로 전체 크기 보드 선도는 그림 10-16(a)에 표시된 바와 같다.

그림 10-16 보드 선도; (a) 크기; (b) 위상.

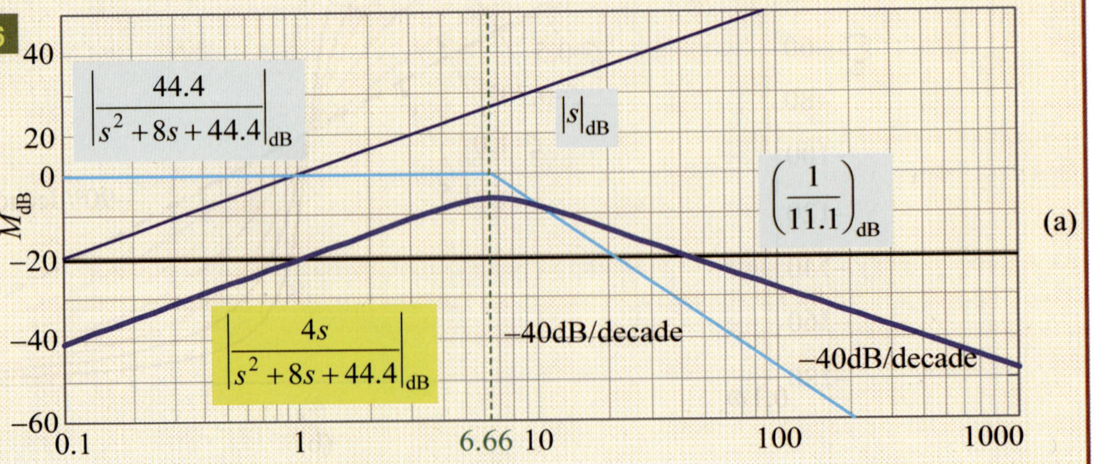

그림 10-16

(계속)

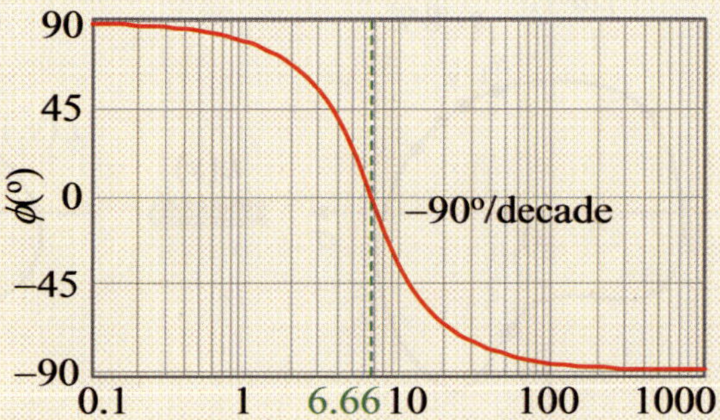

(b)

다음으로 상수항 1/11.1에 의한 위상은 0이며 s 항의 위상은 90°이다. 따라서 전체 위상은 $44.4/(s^2+8s+44.4)$의 위상 응답에 90°를 더한 것과 같으므로 그림 10-16(b)와 같다.

10.4 나이퀴스트 판별

사상(mapping)

시스템의 특성 방정식의 근이 RHF에 있는지를 판별하는 법이 7장에서 설명한 Routh-Hurwitz 판별법이다. Routh-Hurwitz 판별법으로는 절대적 안정성, 즉 RHF에 근이 있느냐 없느냐만 판단할 수 있지만 지금부터 설명할 나이퀴스트(Nyquist) 판별법은 상대적 안정성, 즉 시스템이 어느 정도 안정적인가 하는 것까지 판별할 수 있다. 따라서 나이퀴스트 판별법은 시스템의 안정성을 개선하는 치유책까지 제시할 수 있다. 나이퀴스트 판별은 복소 변수의 사상(寫相; mapping)에 바탕을 두고 잇다. 즉 복소 평면상에서 변수 s가 임의의 경로를 따라 움직일 때 전달 함수 $L(s)$에 의해 s의 경로가 다른 평면으로 투영되는 것을 사상이라 하며 이는 s의 경로와 전달 함수 $L(s)$에 의해 결정된다. 예를 들어 그림 10-17(a)와 같이 복소 평면상에서 s가 경로 Γ_s를 따라 화살표 방향으로 이동할 때 각 s점에 대한 $L(s)$를 그린 것이 그림 (b)라 하자. 경로 Γ_s상에서 s가 s_1, s_2, s_3의 순서로 일주하여 다시 출발점으로 돌아오면 $L(s)$-평면상에는 $L(s_1)$, $L(s_2)$, $L(s_3)$ 순으로 사상되어 경로 Γ_L가 형성된다. 여기서 경로 Γ_s는 형태뿐 아니라 방향도 중요하다. 즉 그림 10-17(a)에서는 경로 Γ_s의 방향이 시계방향이지만 반시계방향으로 회전할 수도 있다. 앞으로는 시계방향을 양으로, 반시계방향을 음으로 하기로 약속한다. 그리고 s가 경로를 따라 회전하여 다시 제자리로 돌아오면 경로 Γ_s와 Γ_L은 닫힌 경로가 된다.

그림 10-17
사상의 예.

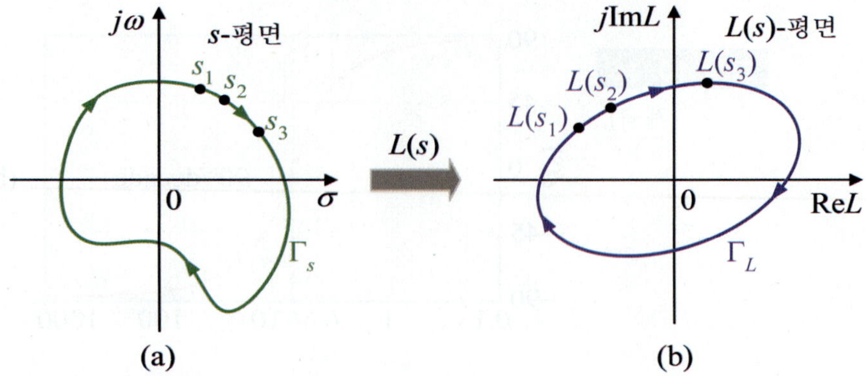

일주

나이퀴스트 판별에서 중요한 개념이 일주이며 다음과 같이 정의된다:

복소 평면상의 한 점이나 영역이 닫힌 경로의 내부에 있으면 그 점이나 영역은 경로에 의해 일주되었다 한다.

그림 10-18은 닫힌 경로에 의한 여러 가지 일주 형태를 예로 든 것이다. 먼저 그림 (a)에서 점 A는 경로상의 한 점 s_1이 경로 Γ를 따라 이동하여 다시 제자리로 돌아올 때 A와 s_1을 잇는 벡터는 시계방향으로 360° 회전한다. 따라서 점 A는 경로 Γ에 의해 한 번 일주되며 일주 회수는 N_A=1이다. 다음으로 그림 (b)에서는 s_1이 경로 Γ를 따라 한 번 회전할 때 A와 s_1을 잇는 벡터는 반시계방향으로 360° 회전하므로 N_A=–1이다. 그러나 B와 s_1을 잇는 벡터의 회전각은 360°보다 작으며 이는 점 B가 닫힌 경로의 바깥에 있기 때문이다. 따라서 점 A의 일주 회수는 점 B의 일주 회수는 N_B=0이다.

그림 10-18
닫힌 경로에 의한 일주의 예.

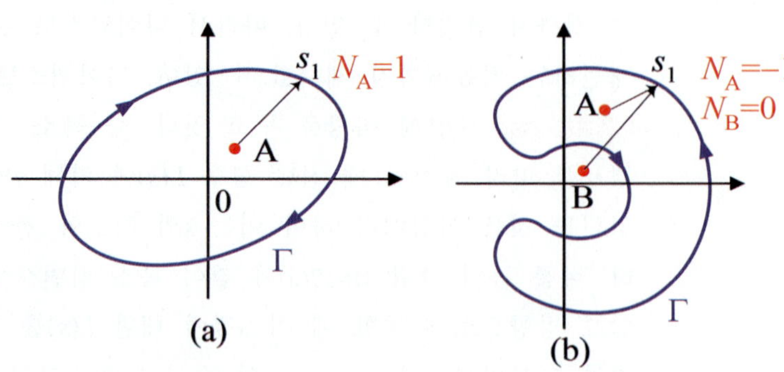

경로가 복잡할 경우 임의의 한 점에 대한 일주 회수를 쉽게 판단할 수 있는 방법은 그림 10-19와 같다. 즉 원하는 점으로부터 경로를 최대한 넘어서는 선을 그은 다음 그 선을 통과하는 경로 수를 대수적으로 합하면 된다(시계방향은 양, 반시계 방향은 음). 먼저 그림 10-19(a)의 경우는 점 A로부터 그은 선에는 시계 방향으로 한번의 경로가 가로질러 가므로 N_A=1이다. 그리

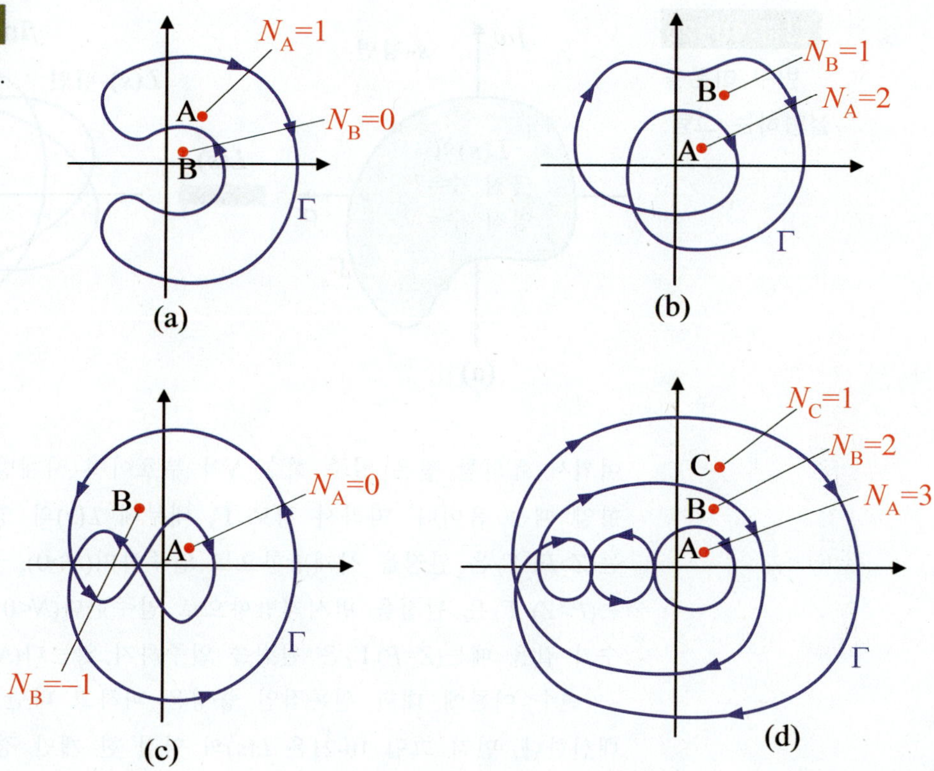

그림 10-19 일주 회수를 찾는 법.

고 점 B로부터 그은 선은 방향이 반대인 두 경로가 통과하므로 상쇄되어 $N_B=0$이 된다. 그림 10-19(b)는 A의 선을 시계 방향으로 두 경로가 통과하므로 $N_A=2$이며 B의 선은 하나의 시계 방향 경로가 통과하므로 $N_A=1$이다. 그림 (c)에서는 $N_A=0$임을 쉽게 알 수 있으며 B의 경우는 세 개의 경로가 통과하지만 하나는 나머지 둘과 방향이 반대이다. 따라서 상쇄되고 남은 하나의 경로가 반시계방향이므로 $N_B=-1$이다. 그림 (c)의 경우는 시계 방향의 경로가 A는 세 개, B는 두 개, C는 한 개가 각각 통과하므로 $N_A=3$, $N_B=2$, $N_C=1$이다.

변수 이론

나이퀴스트 판별은 복소-변수 이론(또는 Cauchy 이론)을 응용한 것이다. 그림 10-20을 통해 변수 이론을 설명하면 다음과 같다:

> 함수 $L(s)$가 s-평면상에서 유한한 개수의 영점과 극점을 가지고 있다고 한다. 그리고 s-평면상에서 임의의 닫힌 경로 Γ_s를 생각하되 Γ_s는 $L(s)$의 어떠한 극점과 영점도 통과하지 않도록 만든다. 이 상태에서 Γ_s의 내부에 $L(s)$의 영점이 N개, 극점이 P개 포함되어 있다고 하면 Γ_s를 $L(s)$-평면에 사상한 경로 Γ_L이 원점을 일주하는 회수 N은 $N=Z-P$이다.

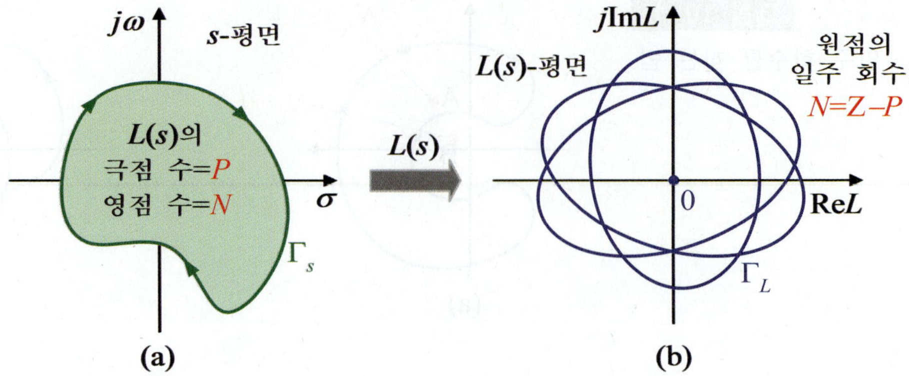

그림 10-20 변수 이론을 설명하는 그림.

여기서 유의할 점은 일주 회수 N의 부호이며 시계방향일 때는 양, 반시계방향일 때는 음이다. 따라서 경로 Γ_s 내부에 $L(s)$의 영점이 극점보다 많을 때는($Z>P$) Γ_L은 원점을 시계방향으로 일주하며($N>0$), 극점이 영점보다 많을 때는($P>Z$) Γ_L은 원점을 반시계방향으로 일주한다($N<0$). 그리고 영점과 극점의 수가 같을 때는($Z=P$) Γ_L은 원점을 일주하지 않는다($N=0$).

변수 이론에 대한 원론적인 증명은 피하고 다만 다음의 몇 가지 예로써 대신한다. 먼저 그림 10-21은 $L(s)$의 영점 한 개만 경로 Γ_s 내부에 포함된 경우를 보여준다($Z=1$, $P=0$). 경로 Γ_s상의 임의의 한 점 s_1을 $L(s)$-평면에 사상시킨 $L(s_1)$의 각 $\angle L(s_1)$은 다음과 같다.

$$\angle L(s_1) = \angle(s_1 + z_1) - \angle(s_1 + p_1) - \angle(s_1 + p_2) \tag{10-46}$$

점 s_1이 경로 Γ_s를 따라 시계방향으로 이동하여 다시 제자리에 돌아올 때 z_1과 s_1을 잇는 벡터는 시계방향으로 360° 회전한다. 그러나 경로 Γ_s 밖에 있는 두 극점으로부터 s_1에 이르는 벡터들이 회전하는 각은 0°이다. 따라서 식 (10-46)에서 $\angle L(s_1)$이 겪는 회전각은 360°이므로 Γ_L은 원점을 한번 일주하게

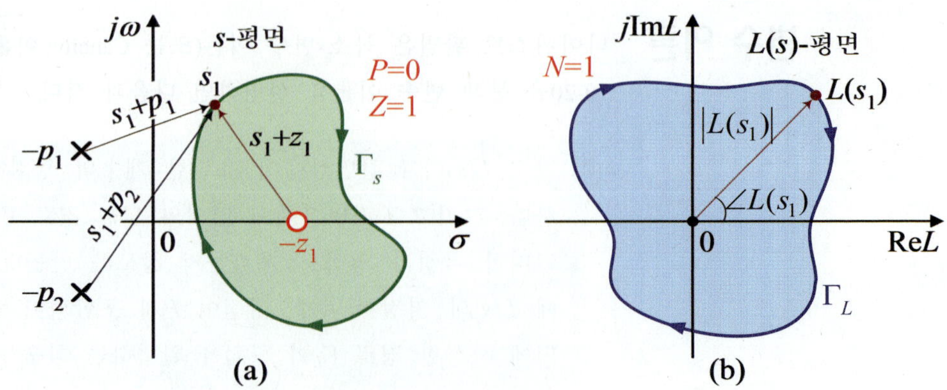

그림 10-21 변수 이론의 예: 경로 Γ_s 내부에 영점이 하나 있는 경우.

되며 방향은 시계방향이다. 즉 N=1이다. 그림 10-22(a)의 경우는 s-평면상의 경로 Γ_s가 $L(s)$의 극점 하나만(P=1, Z=0) 일주하는 경우로 이에 대한 사상은 그림 (b)와 같으며 반시계 방향으로 원점을 한번 일주한다. 즉 N=−1이다.

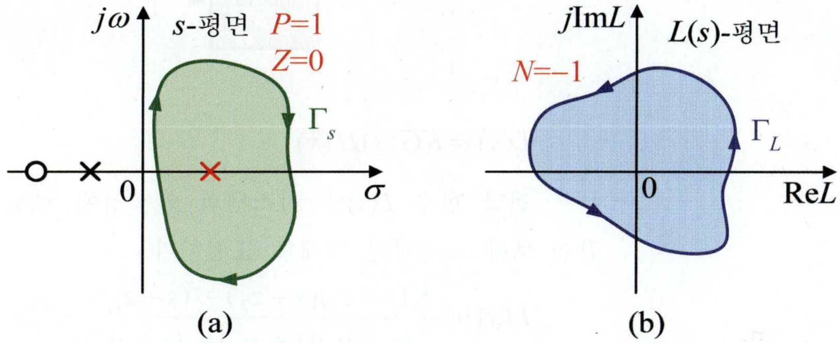

그림 10-22 변수 이론의 예: 경로 Γ_s가 극점 하나만 일주하는 경우.

그림 10-23(a)의 경우는 s-평면상의 경로 Γ_s가 $L(s)$의 극점 하나와 영점 세 개를 일주하는 경우이다(P=1, Z=3). 이에 대한 사상은 그림 (b)와 같으며 원점이 일주되는 회수는 N=3−1=2이며 방향은 시계방향이다.

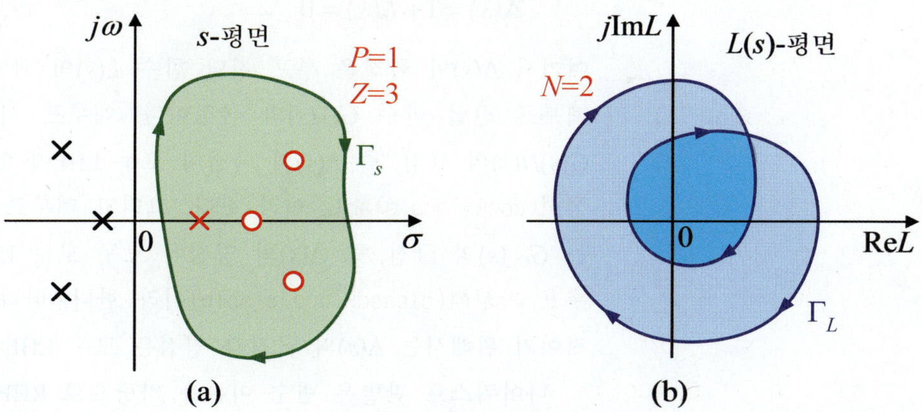

그림 10-23 변수 이론의 예: 경로 Γ_s가 극점 하나와 영점 세 개를 일주하는 경우.

나이퀴스트 판별

지금부터의 관심사는 그림 10-24의 궤환 제어 시스템에서 폐루프 전달 함수 $G_{CL}(s)$의 특성 방정식에 대한 사상이다. 폐루프 전달 함수는

$$G_{CL}(s) = \frac{KG(s)}{1 + KG(s)H(s)} \tag{10-47}$$

이며 K만 변수로 한다. 그리고 루프 전달 함수 $KG(s)H(s)$를 다음과 같이 표현하기로 한다.

그림 10-24
궤환 제어 시스템.

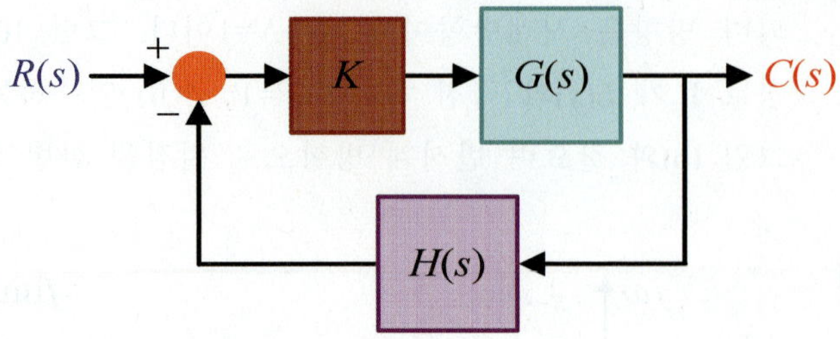

$$L(s) = KG(s)H(s) \tag{10-48}$$

루프 전달 함수 $L(s)$는 시스템의 안정성에 결정적인 역할을 하므로 다음과 같이 보다 포괄적인 형태로 표현한다.

$$L(s) = \frac{K(s+z_1)(s+z_2)\cdots(s+z_m)}{s^k(s+p_1)(s+p_2)\cdots(s+p_n)}e^{-T_d s} \tag{10-49}$$

위의 식에서 s^k 항은 0에서의 극점을 가지며 시스템 유형을 결정한다. 그리고 $e^{-T_d s}$ 항은 시간상에서의 지연 T_d에 의한 것이며 Routh-Hurwits 판별에서는 취급할 수 없는 항이지만 나이퀴스트 판별에서는 취급할 수 있다. 폐루프 전달 함수 $G_{CL}(s)$의 특성 방정식은 다음과 같다.

$$\Delta(s) = 1 + L(s) = 0 \tag{10-50}$$

여기서 $\Delta(s)$의 극점은 루프 전달 함수 $L(s)$의 극점과 같으며, $\Delta(s)$의 영점은 폐루프 전달 함수 $G_{CL}(s)$의 극점이다. 개루프 시스템이 안정되기 위해서는 $G(s)H(s)$의 극점, 즉 $\Delta(s)$의 극점이 모두 LHF에 있어야 하며 이를 개루프 안정적(open-loop stable)이라 한다. 그리고 폐루프 시스템이 안정되기 위해서는 $G_{CL}(s)$의 극점, 즉 $\Delta(s)$의 영점이 모두 모두 LHF에 있어야 하며 이를 폐루프 안정적(closed-loop stable)이라 한다. 따라서 개루프 및 폐루프 안정적이기 위해서는 $\Delta(s)$의 극점과 영점은 모두 LHF에 존재하여야 한다.

나이퀴스트 판별은 변수 이론을 바탕으로 RHF에 $\Delta(s)$의 영점이 존재하는지를 알아보는 방법이다. 따라서 나이퀴스트 판별에서는 s-평면상의 경로 Γ_s가 전체 RHF을 포함하도록 만들며 이를 나이퀴스트 경로라 한다. 나이퀴스트 경로 Γ_s가 일주하는 $\Delta(s)$의 극점 수를 P라 하고 $\Delta(s)$-평면의 경로 Γ_Δ가 원점이 일주하는 회수를 N이라 하면 RHF에 있는 $\Delta(s)$의 영점 수 Z는

$$Z = N + P \tag{10-51}$$

이다. 따라서 $N=-P$를 만족하여야 $Z=0$이 되어 폐루프 안정적이 된다. 그림 10-25(a)는 나이퀴스트 경로의 전형적 모습이며 여기서는 $s=0$, $\pm j\omega$에 $\Delta(s)$의 극점이 있는 것으로 예를 들었다. 먼저 반경이 R인 반원은 전체 RHF을 포함

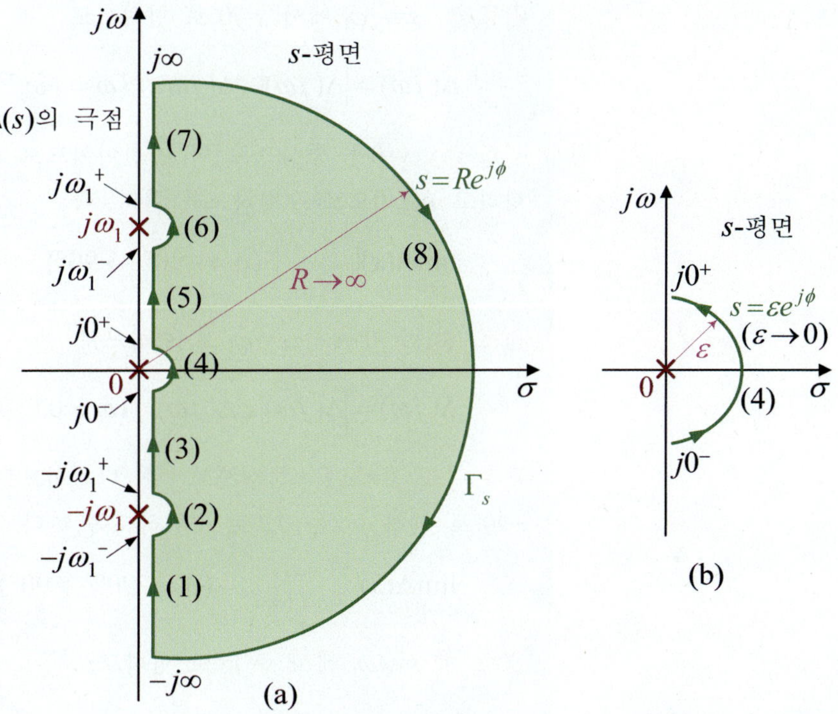

그림 10-25 나이퀴스트 경로의 전형적인 형태. (a) 전체 경로; (b) 극점 $s=0$을 피하는 경로를 확대한 그림.

하기 위한 것으로 R은 무한대로 수렴하도록 한다. 경로상에는 $\Delta(s)$의 극점이 있어서는 안되므로 그림과 같이 허수축상의 극점들을 피해가기 위해 반경이 매우 작은 반원을 이용한다. 이 중 극점 $s=0$을 피해가는 반원을 확대한 것이 그림 10-25(b)이며 ε은 0으로 수렴하도록 한다. 나이퀴스 경로를 전달 함수 $\Delta(s)$를 통해 사상한 것을 나이퀴스트 선도라 한다. 나이퀴스트 선도는 나이퀴스트 경로를 여러 부분으로 나누어 구해야 하며 그림 10-25(a)의 (1), (2),… 등이 이를 보여준다. 경로 각 부분에 대한 나이퀴스트 선도를 구하는 법은 다음과 같다:

경로 (1): $s=-j\infty$에서 $s=-j\omega_1^-$로 향하므로

$$\Delta(j\omega)=|\Delta(j\omega)|\angle\Delta(j\omega)\quad(\omega=-\infty\rightarrow-\omega_1^-)$$

경로 (2): $s=-j\omega_1$을 중심으로 한 반원이다. 따라서 $s=-j\omega_1+\varepsilon e^{j\phi}$이며 ϕ는 $-90°$에서 $+90°$로 향하고 ε은 0으로 수렴하도록 한다. 즉

$$\lim_{\varepsilon\to 0}\Delta(s)\Big|_{s=-j\omega_1+\varepsilon e^{j\phi}}\quad(\phi=-90°\rightarrow 90°)$$

경로 (3): $s=-j\omega_1^+$에서 $s=j0^-$로 향하므로

$$\Delta(j\omega)=|\Delta(j\omega)|\angle\Delta(j\omega) \quad (\omega=-\omega_1^+ \to 0^-)$$

경로 (4): $s=0$을 중심으로 한 반원이이므로 $s=\varepsilon e^{j\phi}$이며 ϕ는 $-90°$에서 $+90°$로 향하고 ε은 0으로 수렴하도록 한다. 즉

$$\lim_{\varepsilon\to 0}\Delta(s)\Big|_{s=\varepsilon e^{j\phi}} \quad (\phi=-90° \to 90°)$$

경로 (5): $s=j0^+$에서 $s=j\omega_1^-$로 향하므로

$$\Delta(j\omega)=|\Delta(j\omega)|\angle\Delta(j\omega) \quad (\omega=0^+ \to \omega_1^-)$$

경로 (6): $s=j\omega_1$을 중심으로 한 반원이므로 $s=j\omega_1+\varepsilon e^{j\phi}$이며 ϕ는 $-90°$에서 $+90°$로 향하고 ε은 0으로 수렴하도록 한다. 즉

$$\lim_{\varepsilon\to 0}\Delta(s)\Big|_{s=j\omega_1+\varepsilon e^{j\phi}} \quad (\phi=-90° \to 90°)$$

경로 (7): $s=j\omega_1^+$에서 $s=j\infty$로 향하므로

$$\Delta(j\omega)=|\Delta(j\omega)|\angle\Delta(j\omega) \quad (\omega=\omega_1^+ \to \infty)$$

경로 (8): $s=0$을 중심으로 한 반경 R의 반원이므로 $s=Re^{j\phi}$이며 ϕ는 $+90°$에서 $-90°$로 향하고 R은 ∞으로 수렴하도록 한다. 즉

$$\lim_{R\to\infty}\Delta(s)\Big|_{s=Re^{j\phi}} \quad (\phi=+90° \to -90°)$$

$\Delta(s)=1+L(s)$ 평면은 $L(s)$ 평면을 실수축으로 1만큼 단순 이동시킨 것 뿐이며 $\Delta(s)$ 평면의 원점은 $L(s)$ 평면의 점 $(-1, j0)$에 대응된다. 즉 $\Delta(s)$ 평면에서 Γ_Δ가 원점을 일주되는 회수는 $L(s)$ 평면에서 Γ_L이 점 $(-1, j0)$를 일주하는 회수와 같다. 따라서 나이퀴스트 경로에 대한 $L(s)$ 평면에서 점 $(-1, j0)$가 일주되는 회수만 살피면 안정성을 판단할 수 있다.

예제 10-3

◆ **유한한 실수 극점의 이차 루프 전달함수** ◆

루프 전달 함수가 다음과 같은 시스템의 안정성을 살펴보자.

$$L(s)=\frac{K}{(s+p_1)(s+p_2)} \quad (p_1>0,\ \ p_2>0)$$

허수축에 극점이 없으므로 나이퀴스트 경로는 그림 10-26(a)와 같다. 편의상 $K=200, p_1=1, p_2=2$로 하여 나이퀴스트 선도를 구하는 절차는 다음과 같다.

그림 10-26

예제 10-3의 나이퀴스트 (a) 경로, (b) 선도.

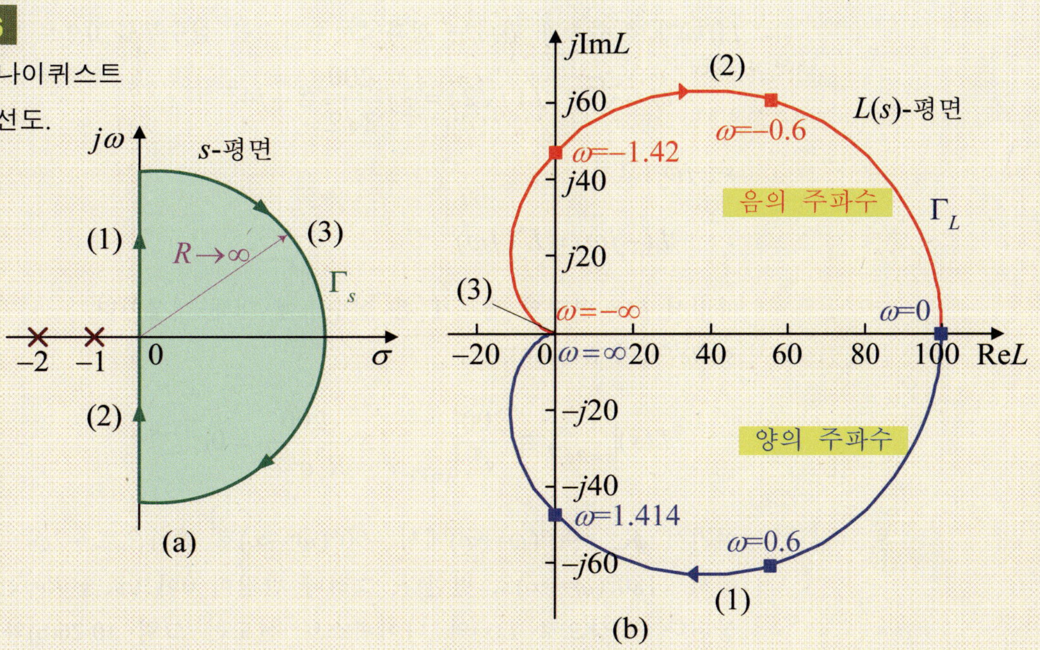

경로 (1): $s=j\omega$이며 ω는 0에서 무한대로 변한다.

먼저 직류 $\omega=0$에서는

$$L(j0)=\frac{200}{2}=100, \quad \angle L(j0)=0°$$

그리고 $s=j\infty$에서는 다음과 같이 근사화할 수 있다.

$$L(s)=\frac{200}{s^2+3s+2}\cong\frac{200}{s^2}$$

따라서

$$|L(j\infty)|=0, \quad \angle L(j\infty)=\angle\left(\frac{200}{(j\infty)^2}\right)=180°$$

$s=j\omega$에서는

$$L(j\omega)=\frac{200}{(j\omega+1)(j\omega+2)}=\frac{200}{2-\omega^2+j3\omega}$$

따라서

$$|L(j\omega)|=\frac{200}{\sqrt{(2-\omega^2)^2+9\omega^2}}, \quad \angle L(j\omega)=-\tan^{-1}\frac{3\omega}{2-\omega^2}$$

$L(j\omega)$가 허수축과 만나는 점과 그 주파수는 실수부를 0으로 하면

$$\omega = \sqrt{2}, \quad L(j\sqrt{2}) = -j\frac{200}{3\sqrt{2}} \cong -j47$$

경로 (2): $s=-j\omega$이므로

$$L(-j\omega) = L^*(j\omega)$$

따라서 $L(s)$-평면의 경로 Γ_L은 실수축에 대해 대칭이다.

경로 (3): $s=Re^{j\phi}$이며 $R\to\infty$이므로

$$L(s)\Big|_{s=Re^{j\phi}} \cong \frac{200}{s^2}\Big|_{s=Re^{j\phi}} \cong \frac{200}{R^2e^{j2\phi}} = 0e^{-j2\phi}$$

여기서 ϕ는 $+90°(\omega=+\infty)$에서 $-90°(\omega=-\infty)$로 변하므로 -2ϕ는 $-180°(\omega=+\infty)$에서 $+180°(\omega=-\infty)$로 변한다. 그러나 반경이 0이므로 $s=Re^{j\phi}$는 원점으로 사상된다. 이상으로 $L(s)$의 나이퀴스트 선도는 그림 10-26(b)와 같으며 경로 Γ_L은 점 $(-1, j0)$을 일주하지 않으므로 $N=0$이다. 그리고 $L(s)$의 극점, 즉 $\Delta(s)$의 극점은 RHF에 존재하지 않으므로 $P=0$이다. 따라서 RHF에 있는 $\Delta(s)$의 영점 수는 $Z=N+P=0$이므로 이 시스템은 $K\geq 0$에 대해 항상 안정하다.

예제 10-4

◆ **극점 0이 있는 이차 루프 전달함수** ◆

다음의 루프 전달 함수는 $s=0$에 극점이 있는 이차 시스템이다.

$$L(s) = \frac{K}{s(s+p)}, \quad (p>0)$$

극점 $s=0$을 우회하기 위해 나이퀴스트 경로는 그림 10-27(a)와 같이 정한다. 그리고 음의 주파수 경로 (2)의 사상은 양의 주파수 경로 (1)의 사상과 $L(s)$-평면의 실수축에 대해 대칭적이다.

경로 (3): $s=\varepsilon e^{j\phi}$이며 $\varepsilon\to 0$이므로

$$L(s)\Big|_{s=\varepsilon e^{j\phi}} \cong \frac{K}{ps}\Big|_{s=\varepsilon e^{j\phi}} \cong \frac{K}{p\varepsilon e^{j\phi}} = \infty e^{-j\phi}$$

여기서 ϕ는 $-90°(\omega=0^-)$로부터 $+90°(\omega=0^+)$까지 변하므로 $-\phi$는 $+90°(\omega=0^-)$에서 $-90°(\omega=0^+)$로 변하며 반경은 무한대이다. 따라서 경로 (3)의 사상은 그림 10-27(b)의 점선과 같다.

그림 10-27
예제 10-4의 나이퀴스트
(a) 경로, (b) 선도.

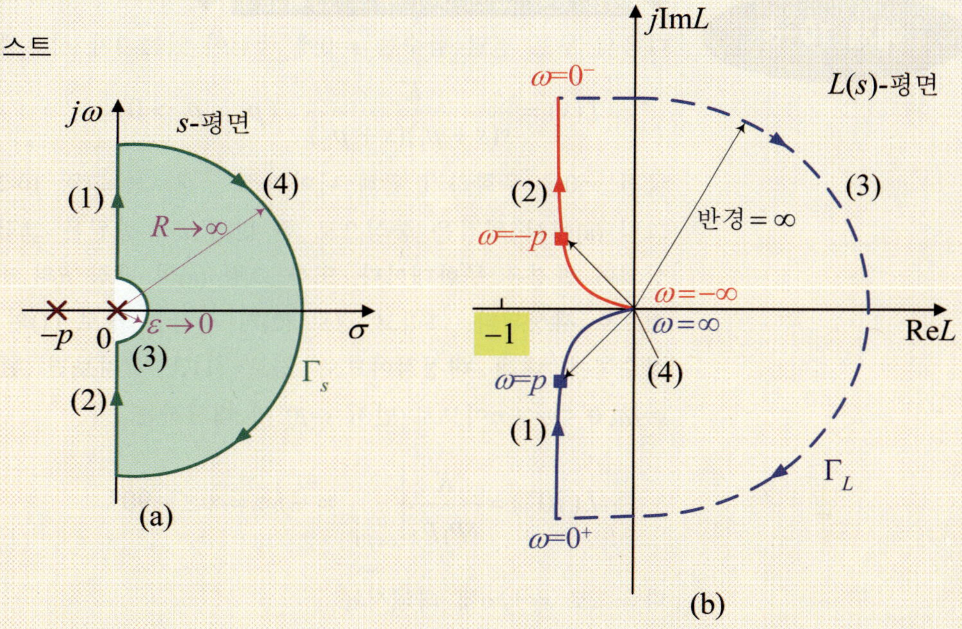

경로 (4): $s=Re^{j\phi}$이다. $R\to\infty$이며 ϕ는 $+90°(\omega=+\infty)$에서 $-90°(\omega=-\infty)$로 변한다.

$$L(s)\Big|_{s=Re^{j\phi}} \cong \frac{K}{s^2}\Big|_{s=Re^{j\phi}} \cong \frac{K}{R^2e^{j2\phi}} = 0e^{-j2\phi}$$

-2ϕ는 $-180°(\omega=+\infty)$에서 $+180°(\omega=-\infty)$로 변하며 반경은 0이므로 $s=Re^{j\phi}$는 원점으로 사상된다.

경로 (1): $s=j\omega$이며 ω는 0^+에서 $+\infty$로 변한다. $s=+j\infty$에 대해서는 $L(s)\cong 1/s^2$으로 근사화할 수 있으므로

$$L(j\infty) \cong \frac{1}{(j\infty)^2} = -0 = 0\angle 180°$$

그리고 $s=j\omega$에 대해서는

$$L(j\omega) = \frac{K}{j\omega(j\omega+p)} = \frac{K(-\omega^2 - jp\omega)}{\omega^4 + p^2\omega^2}$$

$L(j\omega)$가 실수축과 만나는 경우는 허수부를 0으로 하면 다음과 같다.

$$\frac{-Kp\omega}{\omega^4 + p^2\omega^2} = 0 \to \omega = \infty$$

이상으로 나이퀴스트 선도는 그림 10-27(b)와 같으며 경로 Γ_L은 점 $(-1, j0)$을 일주하지 않아 $N=0$이다. 그리고 $P=0$이므로 $Z=0$이 되어 안정적이다.

예제 10-5

◆ **극점 0이 있는 3차 루프 전달함수** ◆

다음의 루프 전달 함수는 s=0에 극점이 있는 3차 시스템이다.

$$L(s)=\frac{K}{s(s+p_1)(s+p_2)} \quad (p_1>p_2>0)$$

극점 s=0을 우회하기 위해 나이퀴스트 경로는 그림 10-28(a)와 같이 정한다. 그림 (a)에서 원점을 중심으로 한 반경 ε의 반원은 그림 (b)의 점선으로 사상되며 반경은 무한대이다. 또한 그림 (a)의 반경 R의 반원은 그림 (b)의 원점으로 사상된다. 그리고 경로 (2)의 사상은 경로 (1)의 사상과 $L(s)$-평면의 실수축에 대해 대칭적이므로 경로 (1)만 살펴보면 된다. 경로 (1)에서는 $s=j\omega$, $0^+<\omega<+\infty$이므로 먼저 $s=j0^+$에 대해서는

$$L(j0^+)=\left.\frac{K}{sp_1p_2}\right|_{s=j0^+}=-j\infty=\infty\angle-90^\circ$$

다음으로 $s=+j\infty$에 대해서는

$$L(+j\infty)=\left.\frac{K}{s^3}\right|_{s=+j\infty}=\frac{K}{(j\infty)^3}=0\angle-270^\circ$$

그리고 $s=j\omega$에 대해 $L(j\omega)$를 구하면 다음과 같다.

그림 10-28

예제 10-5의 나이퀴스트 (a) 경로, (b) 선도.

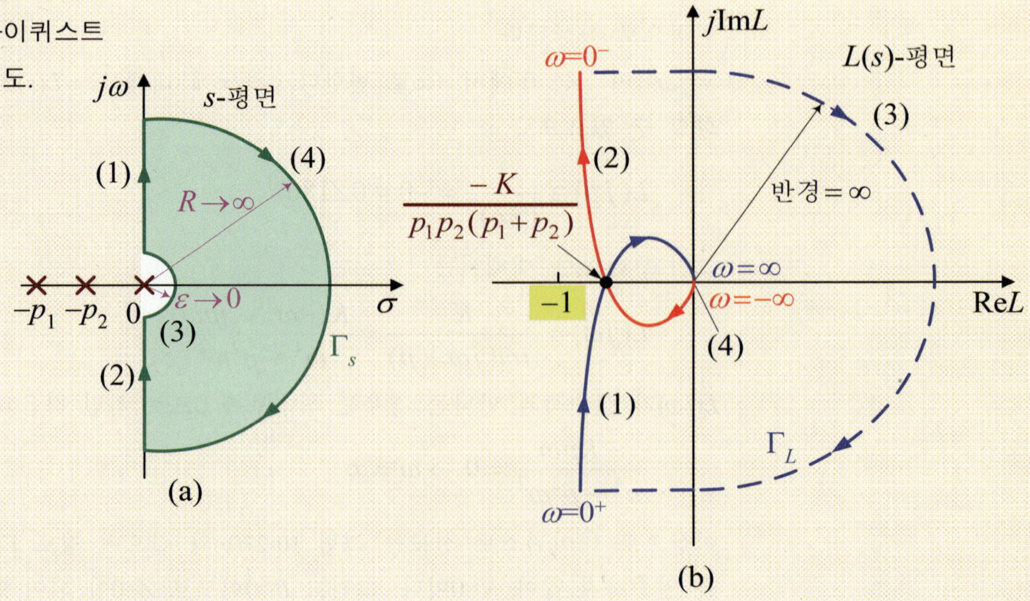

$$L(j\omega) = \frac{K}{j\omega(j\omega + p_1)(j\omega + p_2)}$$

따라서

$$|L(j\omega)| = \left| \frac{K}{-\omega^2(p_1 + p_2) + j\omega(p_1 p_2 - \omega^2)} \right|$$
$$= \frac{K}{\omega\sqrt{\omega^2(p_1 + p_2)^2 + (p_1 p_2 - \omega^2)^2}}$$

및

$$\angle L(j\omega) = -\pi/2 - \tan^{-1}(\omega/p_1) - \tan^{-1}(\omega/p_2)$$

이상으로 나이퀴스트 선도는 그림 10-28(b)와 같으며 $s=+j\infty$일 때 $L(j\omega)$는 각 $-270°$에 수렴하므로 경로 Γ_L은 $L(s)$-평면의 실수축을 통과하게 된다. 따라서 경로 Γ_L은 점 $(-1, j0)$를 일주할 가능성이 생기게 된다. $L(j\omega)$가 실수축과 만나는 주파수 ω_o 및 $L(j\omega_o)$는 $L(j\omega)$의 허수부를 0으로 하여 다음과 같이 구할 수 있다.

$$\omega_o = \sqrt{p_1 p_2}, \quad L(j\omega_o) = \frac{-K}{p_1 p_2(p_1 + p_2)}$$

따라서 $L(j\omega_o) < -1$이면 일주 회수는 $N=1$이며 이 때의 K는

$$K > p_1 p_2(p_1 + p_2)$$

이다. $L(s)$는 RHF에 극점이 없으므로 $P=0$이다. 따라서 K가 위의 조건을 만족하면 $Z=N+P=1$이 되어 $\Delta(s)=1+L(s)$는 RHF에 영점이 하나 있게 되어 폐루프 시스템은 불안정적이다. 이상으로 주어진 루프 전달 함수 $L(s)$에 대해 폐루프 안정적이기 위한 조건은 다음과 같다.

$$K \le p_1 p_2(p_1 + p_2)$$

예제 10-6

◆ **0에 이중 극점이 있는 3차 루프 전달 함수** ◆

다음의 루프 전달 함수는 $s=0$에 이중 극점이 있는 경우이다.

$$L(s) = \frac{K}{s^2(s + p)} \quad (p > 0)$$

나이퀴스트 경로는 그림 10-29(a)와 같으며 반경 R의 반원 그림 (b)의 원점으로 사상된다. 그리고 반경 ε의 반원은 다음과 같이 사상된다.

그림 10-29

예제 10-6의 나이퀴스트 (a) 경로 (b) 선도.

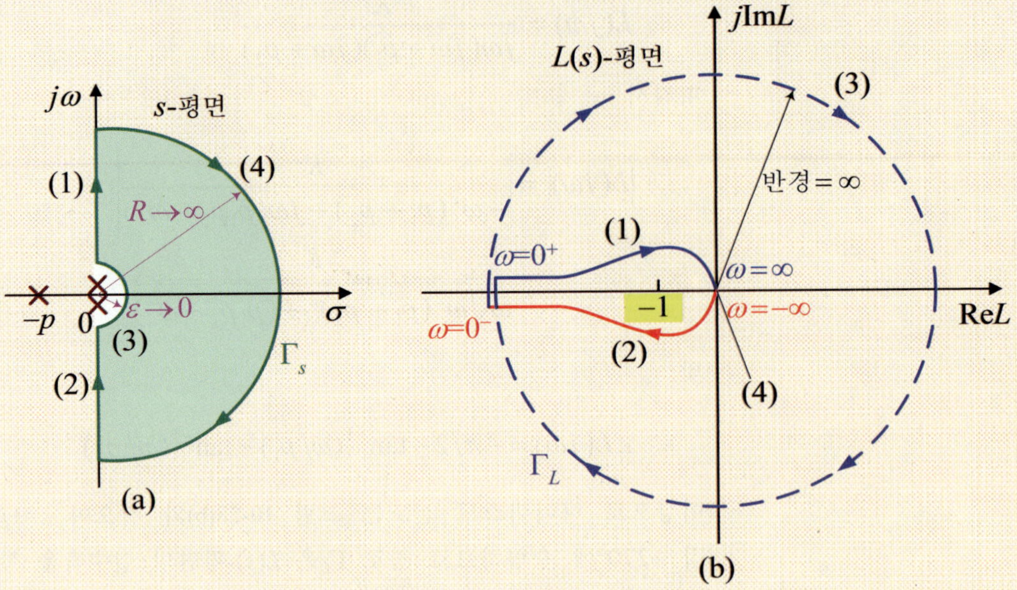

$$L(s)\Big|_{s=\varepsilon e^{j\phi}} \cong \frac{K}{s^2 p}\bigg|_{s=\varepsilon e^{j\phi}} \cong \frac{K}{p\varepsilon^2 e^{j2\phi}} = \infty e^{-j2\phi}$$

ϕ가 $-90°(\omega=0^-)$로부터 $+90°(\omega=0^+)$까지 변하므로 -2ϕ는 $+180°$에서 $-180°$로 변하며 반경은 무한대이다. 즉 반경 ε의 반원은 그림 10-29(b)의 점선으로 사상된다. 경로 (1)에서는 $s=j\omega$, $0^+<\omega<+\infty$이며 먼저 $s=j0^+$에 대해서는

$$L(j0^+) = \frac{K}{s^2 p}\bigg|_{s=j0^+} = -\infty = \infty\angle -180°$$

다음으로 $s=+j\infty$에 대해서는

$$L(+j\infty) = \frac{K}{s^3}\bigg|_{s=+j\infty} = \frac{K}{(j\infty)^3} = 0\angle -270°$$

그리고 $s=j\omega$에 대해 $L(j\omega)$를 구하면 다음과 같다.

$$L(j\omega) = \frac{K}{-\omega^2(j\omega+p)} = \frac{K}{\omega^2\sqrt{\omega^2+p^2}}\angle[-\pi - \tan^{-1}(\omega/p)]$$

나이퀴스트 선도는 그림 (b)와 같으며 경로 Γ_L은 점 $(-1, j0)$를 두 번 일주하게 된다. 따라서 $Z=N+P=2+0=2$ 이므로 이 시스템은 K의 값과 무관하게 항상 불안정적이다.

예제 10-7

◆ **RHP에 극점이 있는 이차 루프 전달 함수** ◆

개루프 전달 함수의 극점이 RHF에 있으면 개루프 시스템은 불안정적이다. 그러나 궤환을 잘 조정하면 페루프 전달 함수의 극점이 모두 LHF에 있도록 하여 페루프 안정적으로 만들 수 있다. 그림 10-30을 예로 들어보자. 제어 시스템은 극점이 $s=p(>0)$이므로 개루프 시스템은 불안정적이다. 제어 시스템의 출력을 속도로 생각하면 적분기 $1/s$의 출력은 위치에 해당한다. 따라서 상수 K_t는 속도 궤환 이득으로, K_p는 위치 궤환 이득으로 볼 수 있으며 K_A는 증폭기 이득이다. 여기서 위치 궤환만 이용했을 때($K_t=0$) 페루프 시스템을 안정적으로 만들 수 있는지에 대해 알아보고, 속도 궤환까지 이용할 때 페루프 시스템을 안정적으로 만들 수 있는지에 대해 알아보자.

그림 10-30 불안정한 개루프 시스템에 대한 궤환 제어.

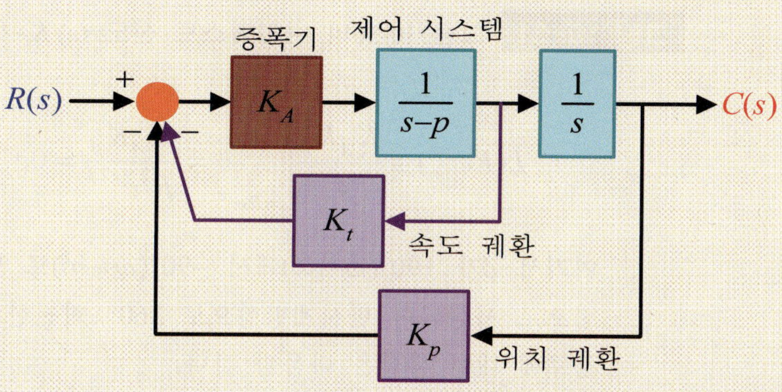

(a) $K_t=0$: 루프 전달 함수가

$$L(s)=\frac{K_AK_p}{s(s-p)} \quad (p>0)$$

이며 RHF에 극점이 하나 있다($P=1$). 따라서 페루프 시스템이 안정되기 위해서는 $Z=N+P=0$, 즉 $N=-1$이 되어야 하므로 $L(s)$-평면에서 점 $(-1, j0)$는 반시계 방향으로 한번 일주되어야 한다. 나이퀴스트 경로상의 원점을 피하는 반경 ε인 반원의 사상은 다음과 같다.

$$L(\varepsilon e^{j\phi})\cong\frac{K_AK_p}{-p\varepsilon e^{j\phi}}=\infty\angle(-180°-\phi)$$

여기서 ϕ는 $-90°(\omega=0^-)$에서 $+90°(\omega=0^+)$까지 변한다. 따라서 반경 ε의 사상은 그림 10-31(a)의 점선 부분과 같이 반경이 무한대이고 각은 $-90°(\omega=0^-)$로부터 $-270°(\omega=0^+)$까지 변하는 반원이다. 다음으로 나이퀴스트 경로상에서 $s=Re^{j\phi}(R\to\infty)$에 대한 사상은 다음과 같다.

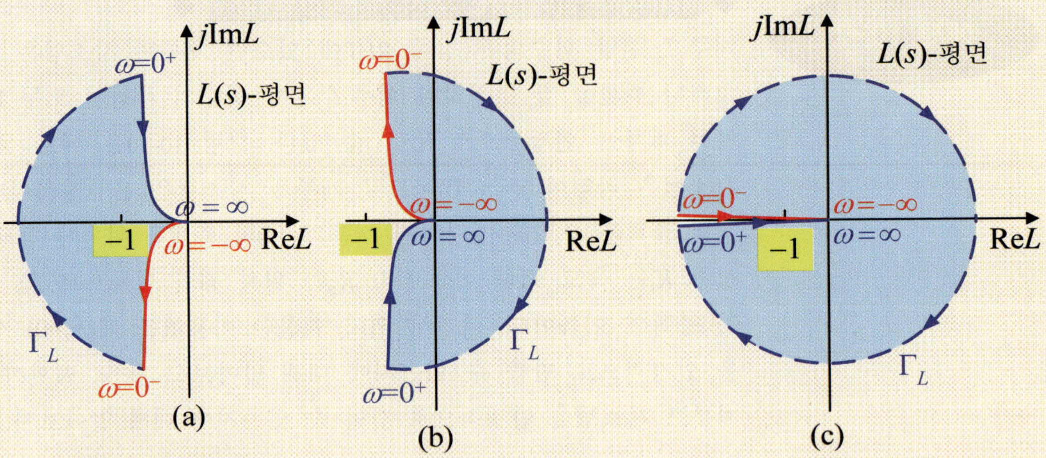

그림 10-31 그림 10-30의 나이퀴스트 선도: (a) K_t=0; (b) $K_AK_t > p$; (c) $K_AK_t = p$;

$$L(Re^{j\phi}) \cong \left.\frac{K_AK_p}{s^2}\right|_{s=Re^{j\phi}} = \frac{K_AK_p}{R^2e^{j2\phi}} = 0e^{-j2\phi}$$

여기서 ϕ가 +90°(ω=+∞)에서 −90°(ω=−∞)로 변하므로 $s=Re^{j\phi}$의 사상은 원점으로 사상되며 반시계방향으로 360° 회전한다. 그리고 $s=j\omega$, $0^+<\omega<+\infty$의 경로에 대한 사상은 다음과 같다.

$$L(j\omega) = \frac{K_AK_p}{j\omega(j\omega - p)} = \frac{K_AK_p}{\omega\sqrt{\omega^2 + p^2}}\angle[-270° + \tan^{-1}(\omega/p)]$$

이상으로 그림 10-30에서 K_t=0에 대한 나이퀴스트 선도는 그림 10-31(a)와 같다. 그 결과 $L(s)$-평면에서 점 (−1, j0)이 시계 방향으로 한번 일주되므로 N=1이다. 따라서 $Z=N+P$=1+1=2이므로 항상 폐루프 안정적이지 못하다.

(b) K_t>0: 개루프 전달 함수가

$$G(s) = \frac{K_A}{s[s + (K_AK_t - p)]}$$

이며 궤환 전달 함수가 $H(s)=K_p$이므로 루프 전달 함수는 다음과 같다.

$$L(s) = \frac{K_AK_p}{s[s + (K_AK_t - p)]}$$

여기서 $K_AK_p=K$, $K_AK_t-p=p'$라 하면

$$L(s) = \frac{K}{s(s + p')}$$

따라서 $K_AK_t<p$이면 $p'<0$이므로 (a)의 경우와 같다. 즉 나이퀴스 선도는 그림 10-31(a)와 같다. 그러나 $K_AK_t>p$이면 $p'>0$이므로 예제 10-4와 같은 경우가 된다. 따라서 나이퀴스트 선도는 그림 10-31(b)와 같으며(그림 10-27(b) 참조) 항상 폐루프 안정적이다.

(c) $K_AK_t=p$: 루프 전달 함수가

$$L(s)=\frac{K_AK_p}{s^2}$$

이므로 원점에 이중 극점이 있게 된다. 먼저 나이퀴스 경로상에서 원점을 피하는 반경 $s=\varepsilon e^{j\phi}(\varepsilon\to 0)$의 사상은 다음과 같다.

$$L(\varepsilon e^{j\phi})=\frac{K_AK_p}{\varepsilon^2 e^{j2\phi}}=\infty e^{-j2\phi}$$

여기서 ϕ는 $-90°(\omega=0^-)$로부터 $+90°(\omega=0^+)$까지 변한다. 따라서 반경 ε인 반원의 사상은 반경이 무한대이고 각은 $+180°(\omega=0^-)$로부터 $-180°(\omega=0^+)$까지 변하는 반원이다. 한편 $s=Re^{j\phi}(R\to\infty)$에 대한 사상은

$$L(Re^{j\phi})=\left.\frac{K_AK_p}{s^2}\right|_{s=Re^{j\phi}}=0e^{-j2\phi}$$

ϕ가 $+90°(\omega=+\infty)$에서 $-90°(\omega=-\infty)$로 변하므로 $s=Re^{j\phi}$의 사상은 원점으로 사상되며 반시계방향으로 360° 회전한다. 그리고 $s=j\omega$, $0^+<\omega<+\infty$의 경로에 대한 사상은 다음과 같다.

$$L(j\omega)=\frac{K_AK_p}{(j\omega)^2}=\frac{K_AK_p}{\omega^2}\angle 180°$$

이상으로 나이퀴스트 선도는 그림 10-31(c)와 같으며 임계 안정적이다.

예제 10-8

◆ **RHP에 영점이 있는 3차 루프 전달 함수** ◆

다음의 루프 전달 함수는 RHF에 영점이 하나 있다.

$$L(s)=\frac{K(s-z)}{(s+p)^2}\quad(z>0,\ p>0)$$

나이퀴스트 경로상의 $s=Re^{j\phi}(R\to\infty)$에 대한 사상은

$$L(Re^{j\phi})\cong\frac{K}{Re^{j\phi}}=0e^{-j\phi}$$

그리고 $s=j\omega, 0^+<\omega<+\infty$의 경로에 대한 사상에서

$$L(+j\infty) \cong \frac{K}{j\infty} = 0\angle -90°$$

$$L(j0^+) = \frac{-Kz}{p^2} < 0$$

$$\begin{aligned} L(j\omega) &= \frac{K(j\omega - z)}{(j\omega + p)^2} \\ &= \frac{K\sqrt{\omega^2 + z^2}}{\omega^2 + p^2} \angle[180° - \tan^{-1}(\omega/z) - \tan^{-1}(\omega/p)] \end{aligned}$$

여기서

$$\begin{aligned} L(j\omega) &= \frac{K(j\omega - z)[(p^2 - \omega^2) - j2p\omega]}{(p^2 - \omega^2)^2 + 4p^2\omega^2} \\ &= \frac{[(2p+z)\omega^2 - zp^2] + j\omega(p^2 - \omega^2 + 2zp)}{(p^2 - \omega^2)^2 + 4p^2\omega^2} \end{aligned}$$

따라서 나이퀴스트 선도가 실수축과 만나는 주파수는

$$\omega(p^2 - \omega^2 + 2zp) \to \omega = 0, \sqrt{p^2 + 2zp}$$

그리고 허수축과 만나는 주파수는

$$(2p+z)\omega^2 - zp^2 \to \omega = \sqrt{zp^2/(2p+z)}$$

이상으로 나이퀴스트 선도는 그림 10-32의 형태와 같다. $L(s)$는 RHF상의 극점은 없으므로 $P=0$이므로 폐루프 안정적이기 위해서는 $Z=N+P=N=0$이어야 한다. 따라서 점 $(-1, j0)$가 일주되지 않는 조건($N=0$)은 다음과 같음을 알 수 있다.

$$K < p^2/z$$

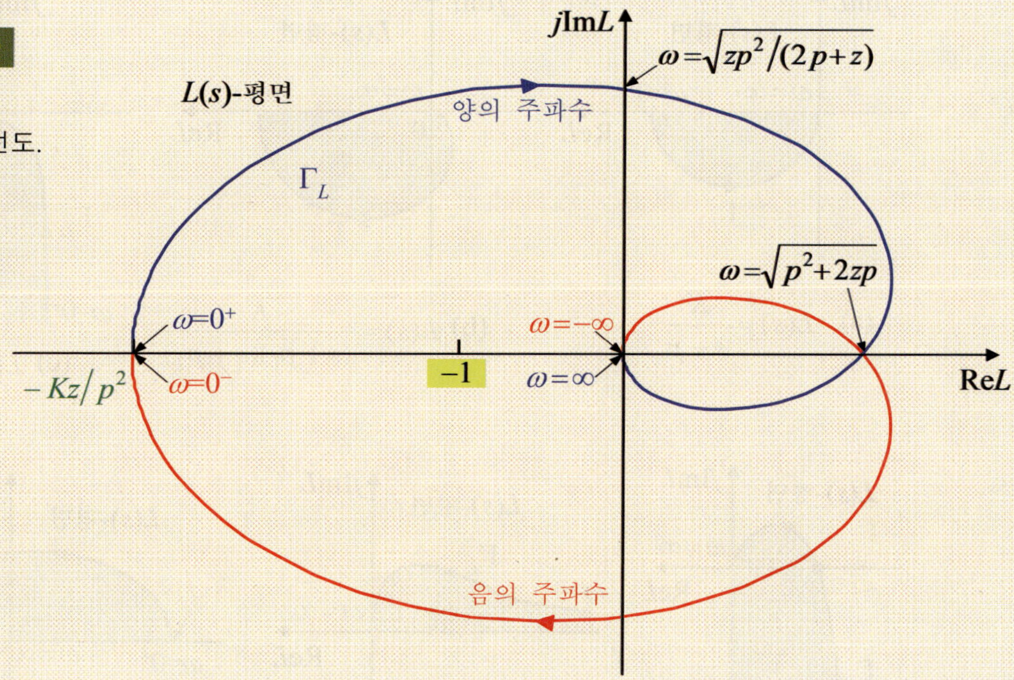

그림 10-32
예제 10-8의
나이퀴스트 선도.

이상으로 몇 가지 루프 전달 함수들에 대한 나이퀴스트 선도를 소개하면 그림 10-33과 같다. 이 그림들은 양의 주파수에 대해서만 그린 것이며 음의 주파수에 대한 것은 실수축에 대해 대칭이다. 그림 (a)는 가장 간단한 일차 전달 함수 경우이며 $\omega=j0$와 $\omega=j\infty$에서의 값은 다음과 같다.

$$L(j0)\cong\frac{K}{p},\quad L(j\infty)\cong\frac{K}{j\infty}=0\angle-90^\circ \tag{10-52}$$

그림 10-33(b)의 경우는 $\omega=j0$와 $\omega=j\infty$에서의 값이

$$L(j0)\cong\frac{K}{p_1p_2},\quad L(j\infty)\cong\frac{K}{(j\infty)^2}=0\angle-180^\circ \tag{10-53}$$

로서 분모가 분자보다 차수가 2만큼 높기 때문에 $\omega=j\infty$에서의 각은 -90°의 두 배인 -180°가 된다.

그림 (c)는 분모가 분자보다 차수가 2만큼 높기 때문에 $\omega=j\infty$에서의 각은 여전히 -180°이지만 0에서 극점이 있으므로 $\omega=j0$에서는 다음과 같다.

$$L(j0)\cong\frac{K}{(j0)p}=\infty\angle-90^\circ \tag{10-54}$$

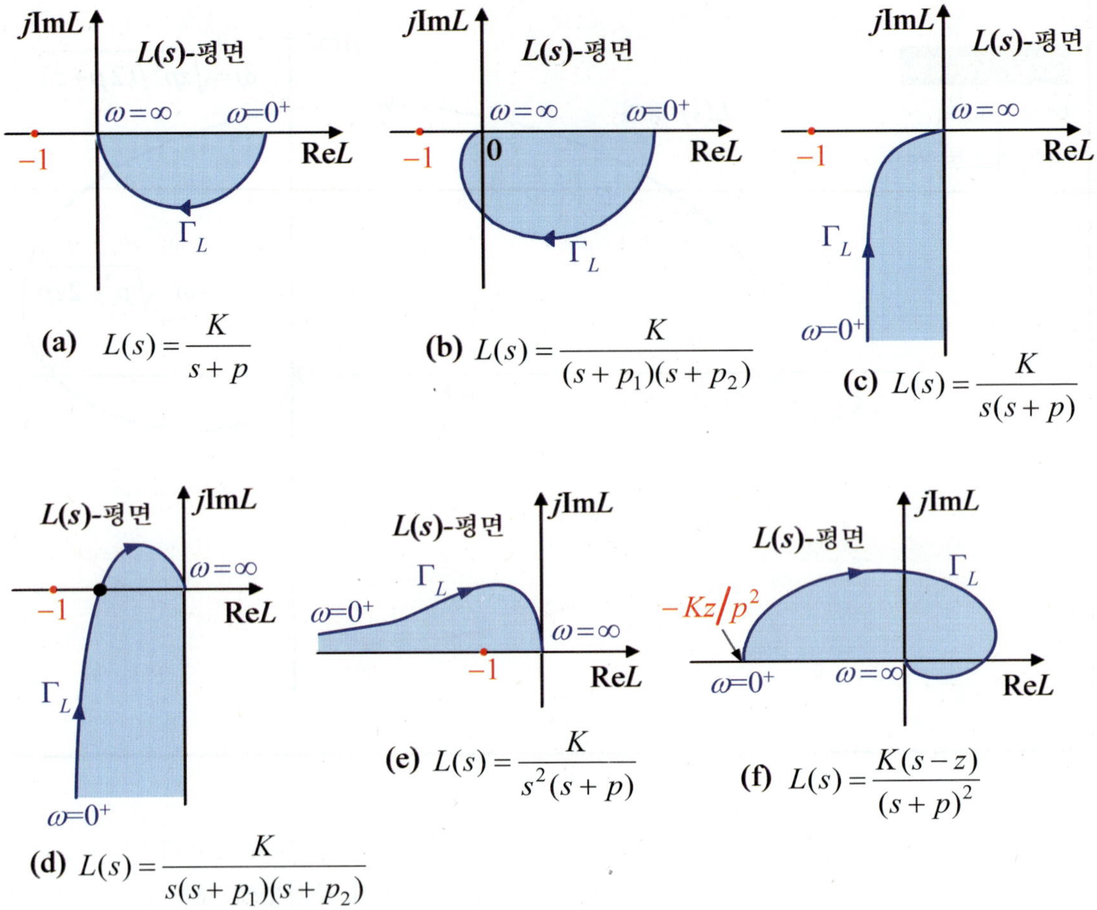

그림 10-33 대표적인 루프 전달 함수에 대한 나이퀴스트 선도.

그림 10-33(d)의 경우는 분모가 분자보다 3차 높기 때문에 $\omega = j\infty$에서의 각은 $-90°$의 세 배인 $-270°$이며 0에서 극점이 있으므로 $\omega = j0$에서는 $-90°$이다. 따라서 나이퀴스트 선도는 그림과 같은 형태가 되면서 경로 Γ_L이 점 $(-1, j0)$를 일주할 가능성이 생기게 된다. 이 경우는 K의 값에 따라 안정적일 수도 있고 불안정적일 수도 있으므로 조건부 안정적이다.

그림 (e)의 경우는 $\omega = j\infty$에서의 각은 그림 (d)와 같이 $-270°$이지만 0에서 이중 극점이 있으므로 $\omega = j0$에서의 각은 다음과 같다.

$$L(j0) \cong \frac{K}{(j0)^2 p} = \infty \angle -180° \tag{10-55}$$

그 결과 경로 Γ_L은 항상 점 $(-1, j0)$를 한번 일주하게 되며$(N=1)$ $L(s)$는 RHF에 극점이 없으므로$(P=0)$ $Z=N+P=1$이 되어 항상 불안정적이다.

그림 10-33(f)의 경우는 비록 이차 전달 함수이지만 영점이 RHF에 있으므로 비최소-위상 시스템이다. 따라서 $\omega=j0$에서 실수축과 만나는 점이

$$L(j0)=\frac{-Kz}{p^2} \tag{10-56}$$

이다. 따라서 $K>p^2/z$이면 경로 Γ_L가 점 $(-1, j0)$를 한번 일주하게 되어 불안정적이 된다. 따라서 그림 10-33(f)의 경우도 조건부 안정적이다. 이상으로 루프 전달 함수의 나이퀴스트 선도에서 경로 Γ_L이 점 $(-1, j0)$를 일주하는 형태를 통해 폐루프 시스템의 안정성을 판단할 수 있음을 알 수 있다. 따라서 나이퀴스트 선도는 정확히 그리는데 의미가 있는 것이 아니라 경로 Γ_L과 점 $(-1, j0)$의 관계에 초점을 맞추는 것이 중요하다.

10.5 극점과 영점의 추가

루프 전달 함수에 극점이나 영점을 추가하면 나이퀴스트 선도의 경로 Γ_L이 점 $(-1, j0)$를 일주하는데 변화가 생기므로 안정성에 영향을 미치게 된다.

극점 s=0의 추가

루프 전달 함수 $L(s)$에 s=0의 극점이 n개 추가되면 분모의 차수가 높아지므로 $\omega=j\infty$에서의 각과 $\omega=j0$에서의 각은

$$\left.\begin{aligned}\angle s^{-n}L(s)\Big|_{s=j\infty}&=-90n^\circ+\angle L(j\infty)\\ \angle s^{-n}L(s)\Big|_{s=j0}&=-90n^\circ+\angle L(j0)\end{aligned}\right\} \tag{10-57}$$

로 모두 $-90n^\circ$씩 더해진다. 아울러 $\omega=j\infty$와 $\omega=j0$에서의 크기는 다음과 같다.

$$\left|(j\infty)^{-n}L(j\infty)\right|=0,\quad \left|(j0)^{-n}L(j0)\right|=\infty \tag{10-58}$$

그림 10-34는 일차 루프 전달 함수 $L(s)=K/(s+p)$에 그림 (b), (c), (d)의 순으로 극점 s=0을 한 개씩 추가할 때 나이퀴스트 선도의 변화를 보여준다. 그 결과는 위에서 설명한 바와 같이 $\omega=j0$와 $\omega=j\infty$에서의 각도는 -90°씩 더해지고 $\omega=j\infty$에서의 크기는 0이지만 $\omega=j0$에서의 크기는 무한대가 된다. 이로부터 그림 (c)의 유형 2 시스템부터는 $K>0$에 대해 항상 폐루프 불안정적임을 알 수 있다. 이상으로 다음과 같은 결론을 내릴 수 있다: 루프 전달 함수에 극점 s=0을 추가할수록 폐루프 시스템의 안정성에 역효과가 나타난다.

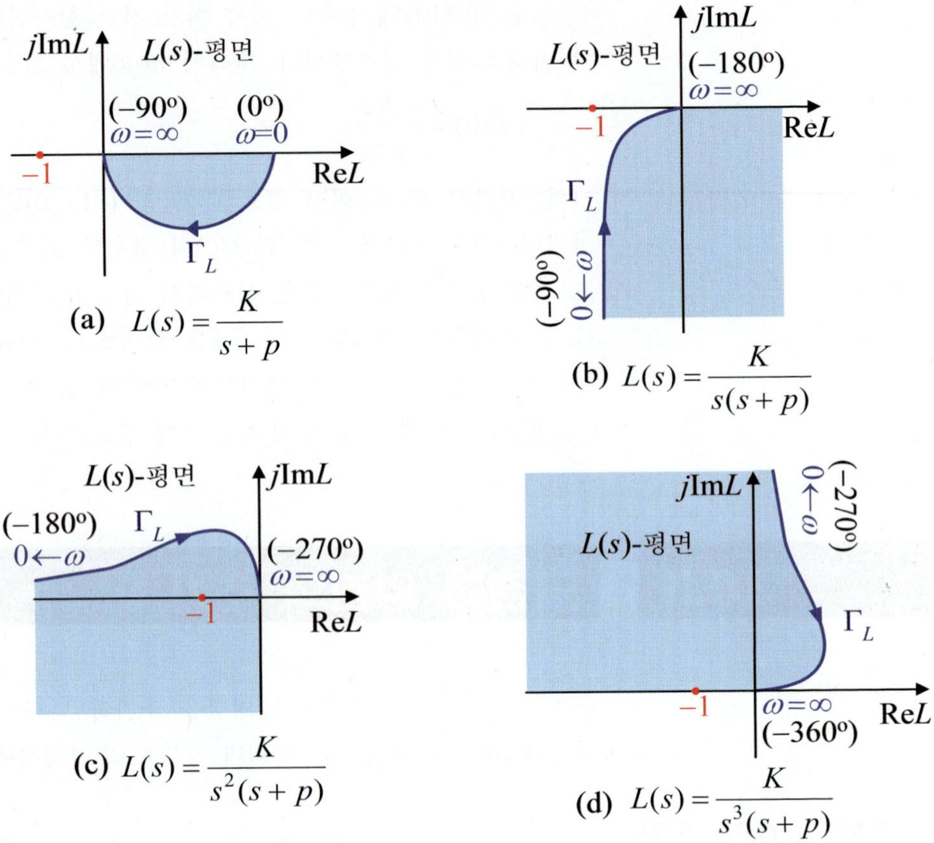

그림 10-34 일차 루프 전달 함수 $L(s)=K/(s+p)$에 극점을 하나씩 추가할 때 나이퀴스트 선도의 변화.

유한한 극점 추가

일차 루프 전달 함수 $L_1(s)=K/(\tau_1 s+1)$와 이에 영이 아닌 유한한 극점 $s=-1/\tau_2$을 추가한 다음의 전달 함수의 나이퀴스트 선도를 비교해 보자.

$$L_2(s)=\frac{K}{(\tau_1 s+1)(\tau_2 s+1)} \tag{10-59}$$

분모의 차수가 일차만큼 높아지므로 $\omega=j\infty$에서의 각은 −90° 더해진다. 즉

$$\angle L_2(j\infty)\cong\angle L_1(j\infty)-\angle(\tau_2 j\infty)=\angle L_1(j\infty)-90° \tag{10-60}$$

그러나 극점의 크기가 유한하므로 $\omega=j0$에서의 각은 변함이 없다. 즉

$$\angle L_2(j0)=\angle L_1(j0)-\angle 1=\angle L_1(j\infty) \tag{10-61}$$

다음으로 식 (10-59)에 유한한 극점 $s=-1/\tau_3$을 다시 추가하면

$$L_3(s)=\frac{K}{(\tau_1 s+1)(\tau_2 s+1)(\tau_3 s+1)} \tag{10-62}$$

이며 이 나이퀴스트 선도 역시 $L_2(s)$에 비해 $\omega=j\infty$에서의 각은 다시 −90° 더해지고 $\omega=j0$에서의 각은 여전히 변함이 없다. 따라서 $L_1(s)$, $L_2(s)$, $L_3(s)$의 나

이퀴스트 선도를 비교하면 그림 10-35와 같다. 이상으로 루프 전달 함수에 유한한 극점들이 추가되어도 폐루프 안정성에 역효과를 낸다는 것을 알 수 있으며 이는 8.6 절과 9.4 절에서 설명한 바와 같다.

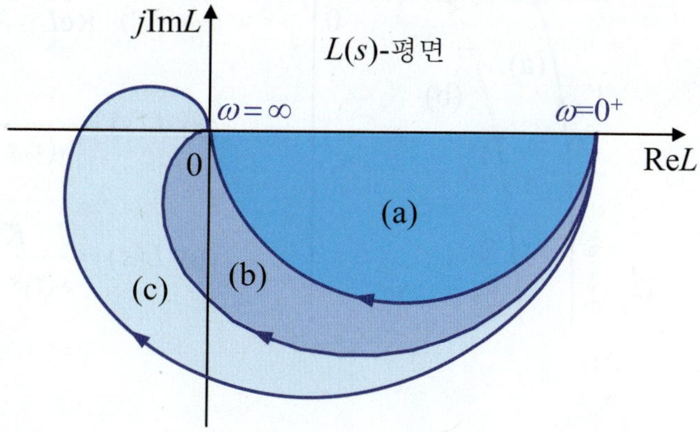

그림 10-35 유한한 극점의 추가가 안정성에 미치는 영향.

(a) $L_1(s) = \dfrac{K}{\tau_1 s + 1}$ (b) $L_2(s) = \dfrac{K}{(\tau_1 s + 1)(\tau_2 s + 1)}$

(c) $L_3(s) = \dfrac{K}{(\tau_1 s + 1)(\tau_2 s + 1)(\tau_3 s + 1)}$

유한한 영점 추가

8.6 절과 9.4 절에서 전방향 전달 함수, 또는 루프 전달 함수에 영점을 추가하면 오버슛은 완화되고 전반적으로 시스템을 안정화시킨다는 것을 설명한 바 있다. 여기서는 다음의 전달 함수

$$L_1(s) = \frac{K}{s(\tau_1 s + 1)(\tau_2 s + 1)} \tag{10-63}$$

에 영점 $s=-1/\tau_z$, $\tau_z > 0$을 추가한 전달 함수

$$L_2(s) = \frac{K(\tau_z s + 1)}{s(\tau_1 s + 1)(\tau_2 s + 1)} \tag{10-64}$$

의 안정성에 대해 알아본다. 먼저 식 (10-63)의 나이퀴스트 선도는 그림 10-36(a)와 같으며 이는 예제 10-5를 통해 알 수 있다. 즉 식 (10-63)은 다음의 형태로 고쳐 쓸 수 있다.

$$L_1(s) = \frac{K/\tau_1\tau_2}{s(s + 1/\tau_1)(s + 1/\tau_2)} = \frac{K'}{s(s + p_1)(s + p_2)} \tag{10-65}$$

여기서 $p_1 = /\tau_1$, $p_2 = /\tau_2$ 및 $K' = K/\tau_1\tau_2 = p_1 p_2 K$이다. 예제 10-5의 그림 10-28(b)로부터 식 (10-65)의 나이퀴스트 선도가 실수축과 만나는 점이

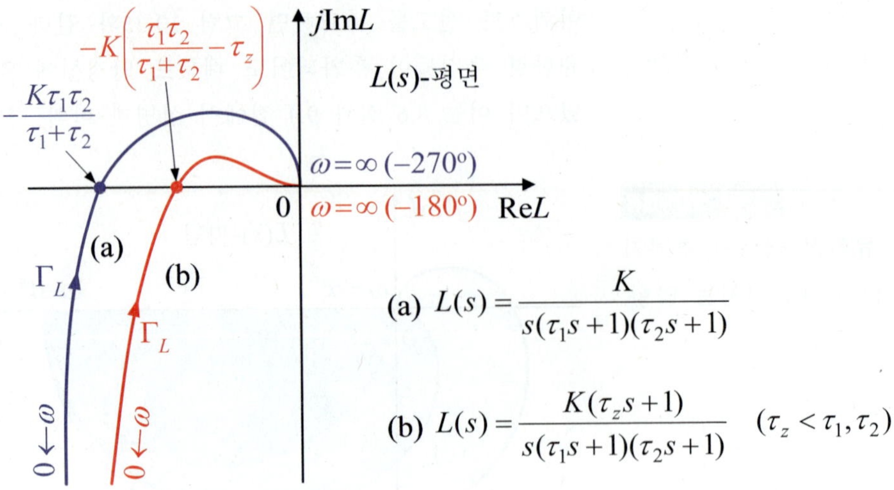

그림 10-36 유한한 영점의 추가가 안정성에 미치는 영향.

$$-\frac{K'}{p_1 p_2(p_1+p_2)}=-\frac{K}{p_1+p_2}=-\frac{K\tau_1\tau_2}{\tau_1+\tau_2} \tag{10-66}$$

와 같기 때문이다. 다음으로 영점이 추가된 식 (10-64) $L_2(s)$의 나이퀴스트 선도를 구해보자. 먼저 $\omega=j\infty$에서의 각은

$$\angle L_2(j\infty)\cong\angle L_1(j\infty)+\angle(\tau_z j\infty)=\angle L_1(j\infty)+90° \tag{10-67}$$

로 +90° 더해진다. 반면에 영점의 크기가 유한하므로 $\omega=j0$에서의 각은 변함이 없다. 따라서 $L_2(s)$의 나이퀴스트 선도는 그림 10-36(b)와 같다. 여기서 $L_2(j\omega)$가 실수축과 만나는 점은 약간의 계산을 통하면 그림 10-36(b)에 표시된 바와 같음을 알 수 있다. 그림 10-36의 두 그림을 비교하면 $L_2(s)$의 나이퀴스트 선도에서는 $L_1(s)$에 비해 점 (−1, $j0$)이 일주될 가능성이 작아지므로 더 안정됨을 알 수 있다.

절대적 안정성은 시스템의 극점이 RHF에 존재하는지 여부에 의해서만 판단되며 Routh-Hurwitz 판별이 그 예이다. 그러나 시스템이 안정된 경우라도 어느 정도 안정적인가 하는 상대적 안정성도 실제로 매우 중요하다. 그림 10-36을 통해 알 수 있듯이 나이퀴스트 판별은 상대적인 안정도까지 판단할 수 있다. 즉 $L(s)$-평면상에서 점 (−1, $j0$)이 일주될 가능성이 많을 수도 있고 적을 수도 있는 것이다. 이와 같은 상대적인 안정성을 바탕으로 시스템의 안정성을 개선할 수 있는 치유책이 마련될 수 있으므로 나이퀴스트 선도가 유용한 것이다. 더불어 앞서 설명한 바와 같이 영점과 극점이 추가될 때 상대적인 안정성의 변화를 그림으로 쉽게 판단할 수 있다.

10.6 상대적 안정성: 나이퀴스트 선도

발진과 발산

특정 주파수에서 폐루프 시스템의 주파수 응답 크기가 클수록 시간 응답에는 더욱 심한 진동이 나타난다(그림 10-6 참조). 개루프 전달 함수가 $G_{\mathrm{OL}}(s)$이고 루프 전달 함수가 $L(s)$일 때 폐루프 전달 함수 $G_{\mathrm{CL}}(s)$는 다음과 같다.

$$G_{\mathrm{CL}}(s) = \frac{G_{\mathrm{OL}}(s)}{1+L(s)} \tag{10-68}$$

따라서 만일 어떤 주파수 ω_o에서 루프 전달 함수의 주파수 응답이

$$L(j\omega_o) = -1 = 1\angle 180° \tag{10-69}$$

가 된다면 $G_{\mathrm{CL}}(j\omega_o)$는 다음과 같이 무한대가 된다.

$$G_{\mathrm{CL}}(j\omega_o) = \frac{G_{\mathrm{OL}}(j\omega_o)}{1+L(j\omega_o)} = \frac{G_{\mathrm{OL}}(j\omega_o)}{0} = \infty \tag{10-70}$$

이 경우는 주파수 ω_o에서의 이득이 무한대가 되며 이는 ω_o에 대해서는 감쇄가 전혀 없다는 것을 의미한다. 따라서 출력은 감쇄없이 무한히 진동하는 주파수 ω_o의 정현파가 되며 이 현상을 발진(發振; oscillation)이라 한다. 그리고 식 (10-69)를 발진 조건이라 하고 주파수 ω_o를 발진 주파수라 한다. 더 나아가 발진 주파수 ω_o에서 $L(j\omega_o)$의 위상이 180°이면서 크기가 1보다 크면 주파수 ω_o의 출력 정현파는 시간이 감에 따라 진폭이 무한대로 증가하며 이를 발산(發散)이라 한다. 발진 현상은 발진기를 구성하는데 매우 중요하지만 제어에서는 금기 사항이다. 따라서 상대적인 안정도란 시스템의 상태가 발진 조건인 식 (10-69)로부터 얼마나 먼가 하는 것이며 이를 여유(margin)라고 표현한다. 즉 안정된 시스템일수록 여유있는 시스템인 것이다.

이득 및 위상 여유

식 (10-69)의 발진 조건은 $L(s)$의 나이퀴스트 선도가 점 $(-1, j0)$을 통과하는 조건이다. 따라서 나이퀴스트 선도가 점 $(-1, j0)$로부터 멀수록 시스템의 상대적인 안정성이 큰 것으로 한다. 그림 10-37은 루프 전달 함수의 나이퀴스트 선도에 대한 예와 각각에 대한 폐루프 시스템의 계단 응답을 보여준다. 그 결과 나이퀴스트 선도가 음의 실수축과 만나는 점이 점 $(-1, j0)$와 가까워질수록 계단 응답의 진동이 심해진다. 그리고 나이퀴스트 선도가 점 $(-1, j0)$를 통과하는 그림 (c)에서는 식 (10-69)의 발진 조건이 만족되어 계단 응답에는 무한히 진동하는 정현파가 나타남을 알 수 있다. 그리고 그림 (d)는 발진 주파수에서 주파수 응답의 크기가 1보다 크므로 계단 응답은 발산한다.

그림 10-37 루프 전달 함수의 나이퀴스트 선도과 폐루프 시스템의 계단 응답간의 상호 관계.

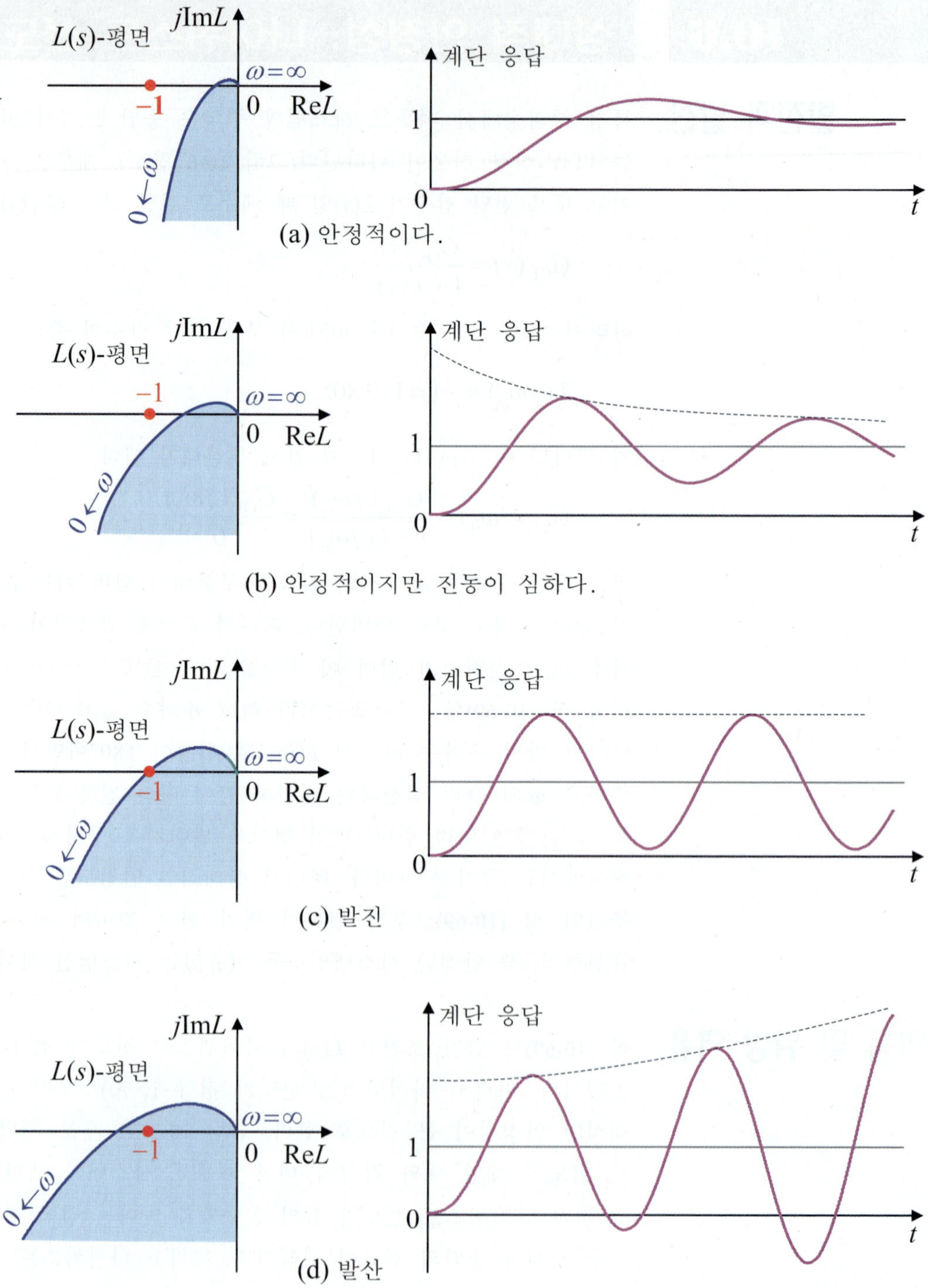

(a) 안정적이다.

(b) 안정적이지만 진동이 심하다.

(c) 발진

(d) 발산

■위상교차 주파수 ω_p와 이득여유 GM $L(s)$의 나이퀴스트 선도가 음의 허수축과 만나는 점을 위상교차점이라 하며 그림 10-38(a)가 이를 보여준다. 그리고 위상교차점에서의 주파수를 위상교차 주파수라 하고 ω_p로 나타내며

$$\angle L(j\omega_p) = 180° \tag{10-71}$$

를 만족한다. 그림 10-38(a)에서 $L(j\omega_p)$의 이득이 1이면 발진하게 되므로 점 $(-1, j0)$와 위상교차점 사이의 거리가 멀수록 안정적이다. 원점으로부터 점 $(-1, j0)$까지의 거리와 원점으로부터 위상교차점까지의 거리를 데시벨로 표현하면 각각 0dB 및 $|L(j\omega_p)|_{\text{dB}}$이다. 이 두 데시벨 거리의 차인 $-|L(j\omega_p)|_{\text{dB}}$를 이득 여유(gain margin)라 하며 GM으로 표시한다. 즉

$$\text{GM} = -\left|L(j\omega_p)\right|_{\text{dB}} \tag{10-72}$$

만일 $L(j\omega_p)$=1이면 이득 여유는 GM=0 dB이며 이는 안정성을 확보할 여유가 조금도 없다는 뜻이 된다.

■이득교차 주파수 ω_g와 위상여유 PM 다음으로 $L(s)$의 나이퀴스트 선도상에서 $L(j\omega)$의 이득이 1이 되는 점을 이득교차점이라 하고 그림 10-38(b)가 이를 보여준다. 이득교차점의 주파수를 이득교차 주파수라 하고 ω_g로 나타내면 다음을 만족한다.

$$\left|L(j\omega_g)\right| = 1 \tag{10-73}$$

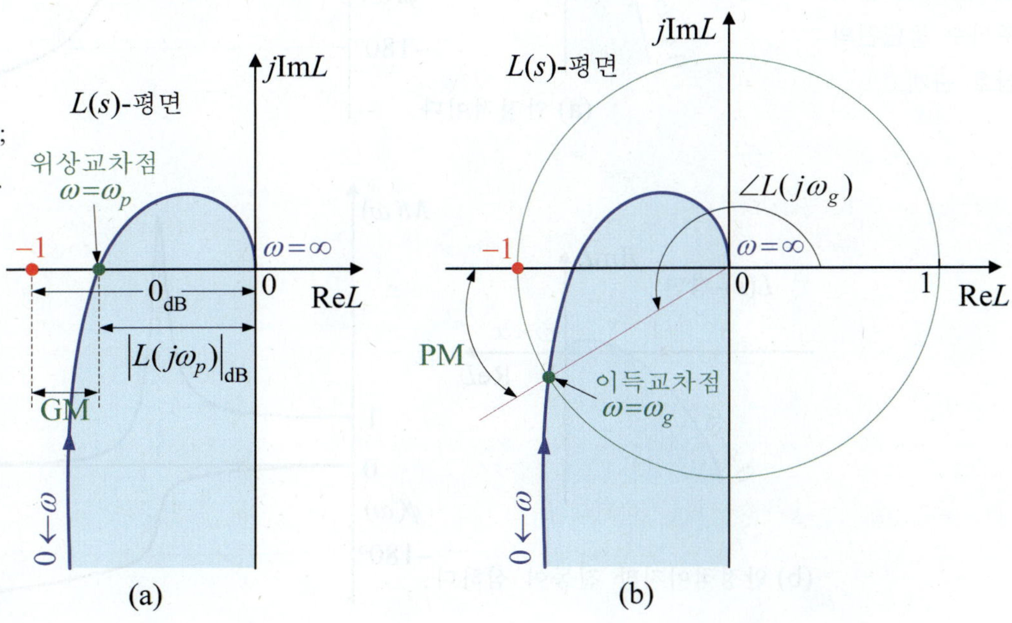

그림 10-38
(a) 이득 여유(GM);
(b) 위상 여유(PM).

그림 10-38(b)에서 $\angle L(j\omega_g)$=180°이면 발진하게 된다. 따라서 $\angle L(j\omega_g)$와 180°의 차이가 클수록 안정적이므로 위상 여유(phase margin) PM은 다음과 같이 정의한다.

$$\text{PM} = \angle L(j\omega_g) - 180° \tag{10-74}$$

만일 $\angle L(j\omega_g)$=180°이면 안정성을 확보할 수 있는 위상 여유는 PM=0°이다. 식 (10-74)의 위상 여유는 비최소-위상 시스템에서는 맞지 않을 경우가 있으므로 조심해야 한다. 그 이유는 루프 전달 함수가 비최소-위상 특성일 때는 이득교차점이 $L(s)$-평면의 사분면 중 어느 곳에서도 생길 수 있기 때문이다.

그림 10-39는 루프 전달 함수의 나이퀴스트 선도 형태에 따른 폐루프 전달 함수의 주파수 응답을 보여준다. 이 그림을 그림 10-37과 종합하면 루프 전달 함수의 나이퀴스트 선도와 폐루프 전달 함수의 주파수 응답 및 계단 응답간의 상관 관계를 이해할 수 있다. 그림 10-39(a)는 폐루프 주파수 응답의 공진 봉우리가 높지 않으며 계단 응답도 그림 10-37(b)와 같이 오버슛이 작다. 그림 10-39(b)는 나이퀴스트 선도가 (−1, j0) 점에 보다 가까우므로

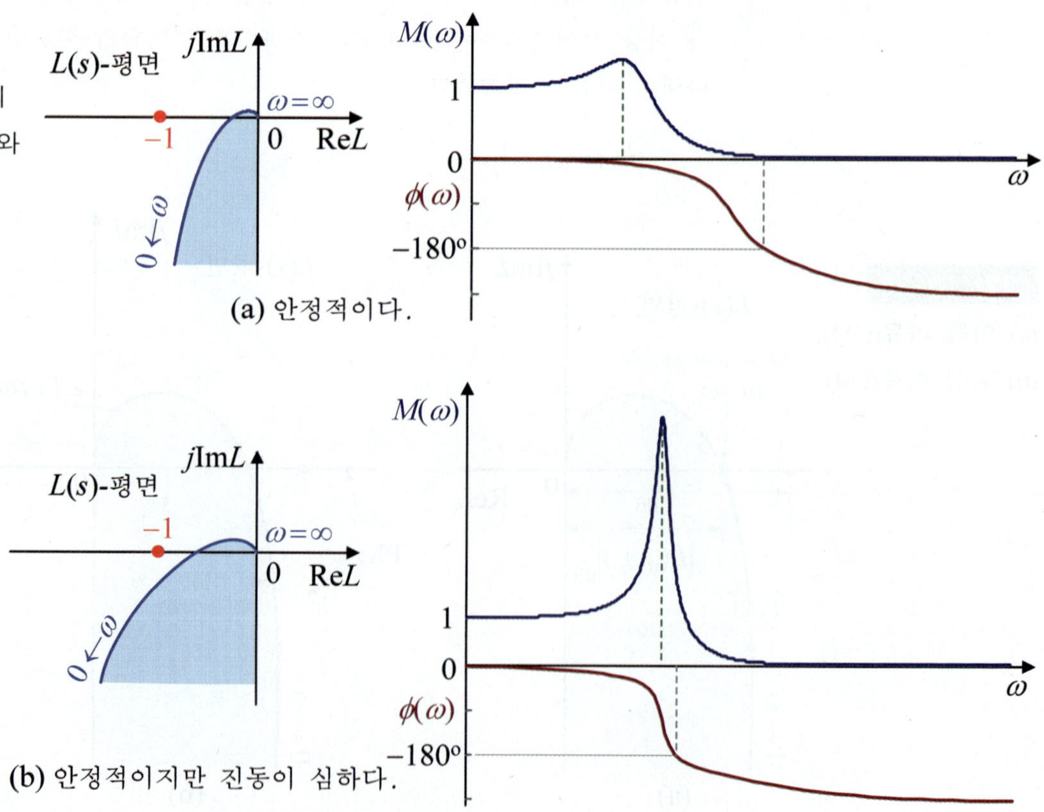

그림 10-39 루프 전달 함수의 나이퀴스트 선도와 폐루프 시스템의 주파수 응답간의 상호 관계.

그림 10-39

(계속)

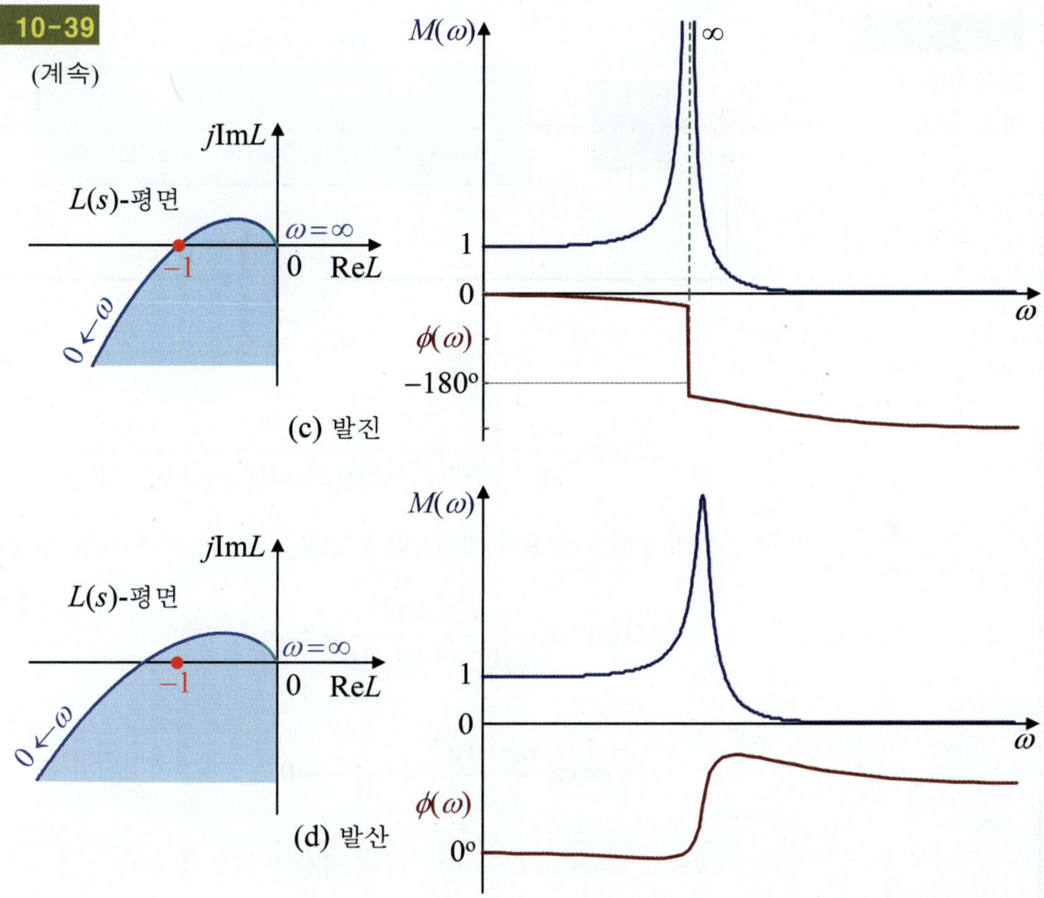

폐루프 주파수 응답의 공진 봉우리가 높아지면서 그림 10-37(b)와 같이 계단 응답의 오버슛도 증가한다. 그림 10-39(c)는 나이퀴스트 선도가 (−1, $j0$) 점을 통과함으로써 폐루프 주파수 응답은 공진 봉우리 높이가 무한대가 된다. 따라서 계단 응답은 그림 10-37(c)와 같이 공진 주파수에서 발진한다. 특히 그림 10-39의 (a), (b), (c) 순으로 공진(발진) 주파수에서의 위상이 −180°에 접근함을 관찰할 수 있다. 그리고 그림 10-39(d)의 발산의 경우는 주파수 응답의 공진 봉우리는 비록 유한하지만 위상이 0°이상임을 유의하여야 한다.

예제 10-9

◆ **자기 디스크 구동 시스템** ◆

예제 6-5의 자기 디스크 구동 시스템에 대한 나이퀴스트 선도를 구해본다. 그림 6-18(b)의 블록 선도는 예제 6-5의 해석 결과를 인용하면 그림 10-40과 같다. 여기서 K_A=5, K_F=1이므로 루프 전달 함수 $L(s)$는 다음과 같다.

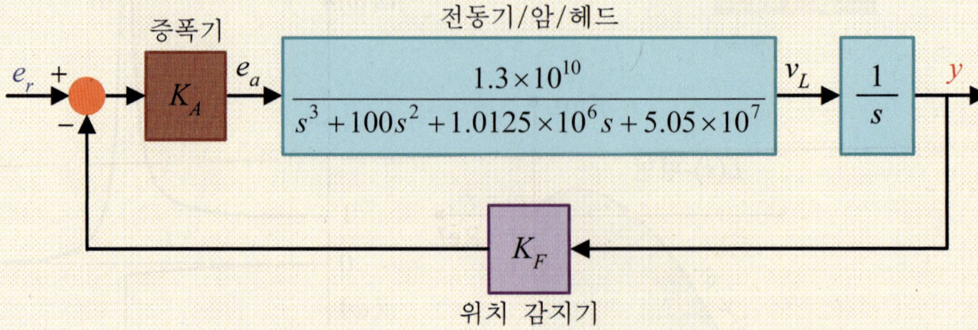

그림 10-40 예제 10-9의 블록 선도.

$$L(s)=\frac{6.5\times10^{10}}{s(s^3+100s^2+1.0125\times10^6 s+5.05\times10^7)}$$

원점 $s=0$에 극점이 있다. 먼저 $s=j0^+$, 및 $s=+j\infty$에 대한 사상은 다음과 같다.

$$L(j0^+)\cong\frac{6.5\times10^{10}}{(j0^+)(5.05\times10^7)}=\infty\angle-90°$$

$$L(j\infty)\cong\frac{6.5\times10^{10}}{(j\infty)^4}=0\angle-360°$$

그리고 $s=j\omega$, $\omega=0^+\sim+\infty$에 대한 사상은 다음과 같다.

$$L(j\omega)=\frac{6.5\times10^{10}}{\omega^2(\omega^2-1.0125\times10^6)+j\omega(5.05\times10^7-100\omega^2)}$$

실수부와 만나는 점을 구하기 위해 분모의 허수부를 0으로 하면 위상교차 주파수 ω_p는 다음과 같다.

$$\omega_p=\sqrt{5.05\times10^5}=710\text{ rad/s}$$

이로부터 음의 실수축과 만나는 점이

$$L(j\omega_p)=-0.25$$

이므로 이득 여유는 식 (10-72)로부터 다음과 같다.

$$\text{GM}=\left|L(j\omega_p)\right|_{\text{dB}}=0.25_{\text{dB}}=12\text{ dB}$$

이득교차 주파수 ω_g는 다음을 만족한다.

$$|L(j\omega_g)| = \frac{6.5\times10^{10}}{\sqrt{\omega^4(\omega^2-1.0125\times10^6)^2+\omega^2(5.05\times10^7-100\omega^2)^2}} = 1$$

위의 식을 풀면

$$\omega_g = 260 \text{ rad/s}$$

이므로 이득교차 주파수 ω_g에서의 위상은

$$\angle L(j\omega_g) = -\angle\left(\frac{\omega_g(5.05\times10^7-100\omega_g^2)}{\omega_g^2(\omega_g^2-1.0125\times10^6)}\right) \cong 190°$$

따라서 위상 여유는 식 (10-74)로부터 다음과 같다.

$$\text{PM} = 190° - 180° = 10°$$

이상을 바탕으로 $L(s)$의 나이퀴스트 선도를 구하면 그림 10-41 과 같으며 시스템은 폐루프 안정적이다. 그러나 증폭기 이득 K_A 나 위치 감지기인 포텐쇼미터의 이득 K_F 를 증가시키면 위상교차점이 (−1, j0) 점에 접근함으로써 시스템의 상대적인 안정성은 서서히 저하된다.

그림 10-41
그림 10-40의 나이퀴스트 선도.

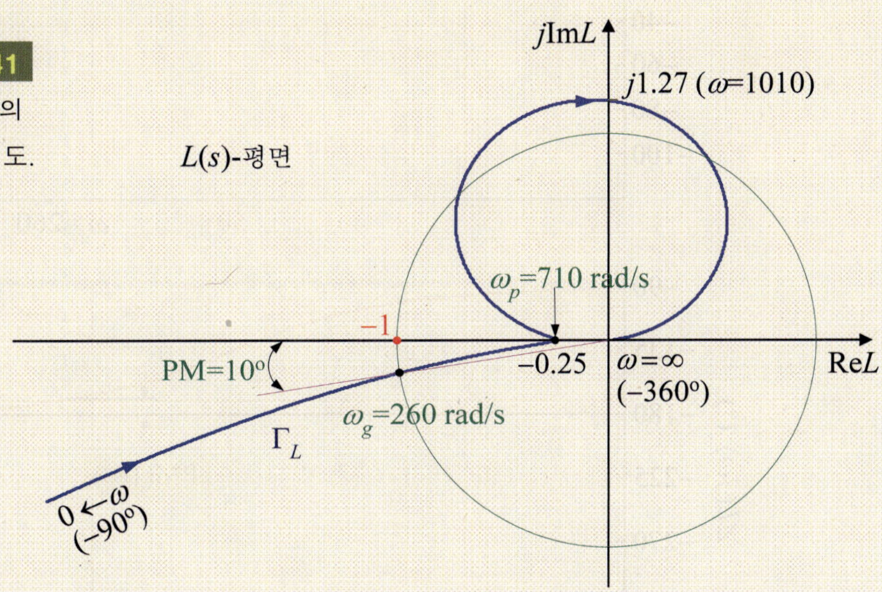

10.7 상대적 안정성: 보드 선도

상대적인 안정도는 보드 선도를 이용해도 판단할 수 있다. 그림 10-42는 예제 10-9의 루프 전달 함수에 대한 보드 선도를 예로 든 것이며 $L(s)$는

$$\begin{aligned} L(s) &= \frac{6.5\times10^{10}}{s(s^3+100s^2+1.0125\times10^6 s+5.05\times10^7)} \\ &= \frac{6.5\times10^{10}}{s(s+50)(s^2+50s+1.01\times10^6)} \end{aligned} \tag{10-75}$$

$L(s)$의 분모 중에서 이차 항의 근은 $s=-25\pm j1004.7$이므로 고유 주파수 ω_n은

그림 10-42 식 (10-75)의 보드 선도.

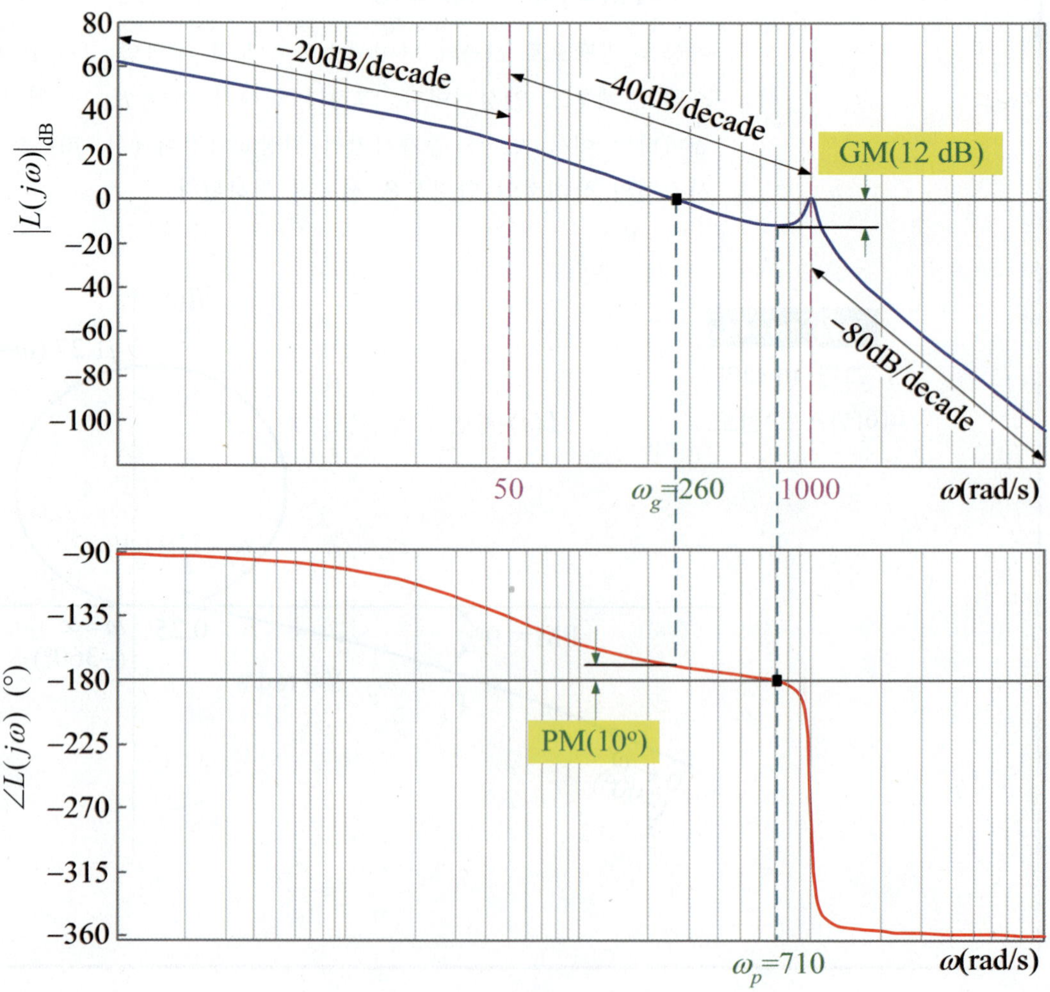

$$\omega_n = \sqrt{25^2 + 1004.7^2} = 1005 \text{ rad/s} \quad \textbf{(10-76)}$$

따라서 크기 보드 선도는 그림 10-42와 같이 ω=50과 ω=1005에서 모서리 주파수가 형성된다. 모서리 주파수 ω=50 이전에는 분모의 s항에 의한 기울기가 –20dB/decade이며 ω=50 이후부터는 분자의 s+50 항에 의한 기울기가 더해지므로 –40dB/decade이다. 그리고 ω=1005 이후부터는 분모의 이차 항의 기울기 –40dB/decade가 더해지므로 기울기는 –80dB/decade가 된다. 크기 보드 선도를 살펴보면 ω=260 rad/s에서 크기가 0 dB, 즉 1이므로 이득교차 주파수는 ω_g=260 rad/s임을 알 수 있다. 그리고 위상 보드 선도에서는 ω=710 rad/s에서 위상이 –180°이므로 위상교차 주파수는 ω_p=710 rad/s이다. 따라서 이득 여유가 GM=12 dB이며 위상 여유가 PM=10°임을 그래프상에서 바로 확인할 수 있다.

보드 선도가 나이퀴스트 선도에 비해 편리한 점은, 크기와 위상을 따로 그리므로 위상교차 주파수와 이득교차 주파수를 쉽게 알아볼 수 있다는 것이다. 또한 루프 이득에 상수가 곱해질 때도 상대적으로 편리하다. 즉 $L(s)$에 상수 K를 곱한 $KL(j\omega)$의 위상은 $L(j\omega)$의 경우와 같으며 크기 관계는

$$|KL(j\omega)|_{\text{dB}} = |K|_{\text{dB}} + |K(j\omega)|_{\text{dB}} \quad \textbf{(10-77)}$$

와 같다. 따라서 크기 보드 선도만 수직 방향으로 $|K|_{\text{dB}}$만큼 이동시키면 되며 그림 10-43이 이를 보여준다. 그러나 나이퀴스트 선도는 비최소-위상 시스템에 대해서도 그대로 적용되지만 보드 선도는 최소-위상 시스템에 대해서만 적용할 수 있다는 단점이 있다.

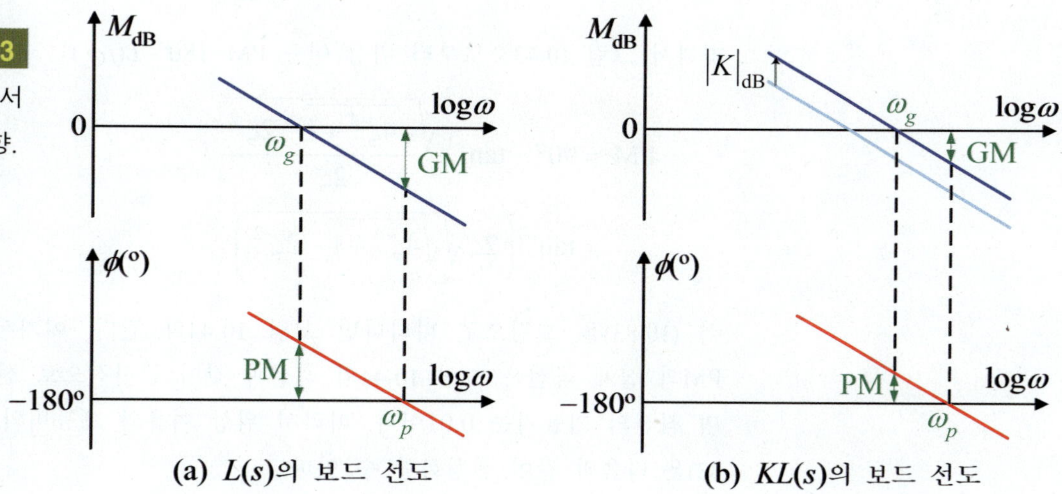

그림 10-43 보드 선도에서 상수의 영향.

위상여유와 제동비

폐루프 시스템의 주파수 응답과 시간 응답의 상관 관계에 대해서는 10.2 절에서 설명한 바 있다. 그러면 루프 전달 함수의 이득 여유와 위상 여유로부터 폐루프 시스템의 주파수 응답을 헤아릴 수 있을까? 여기서는 단위-이득 궤환 이차 시스템에서 위상 여유 PM과 제동비 ζ의 상관 관계에 대해 알아본다. 다음의 루프 전달 함수

$$L(s) = \frac{\omega_n^2}{s(s+2\zeta\omega_n)} \tag{10-78}$$

은 이득교차 주파수 ω_g에서 다음을 만족한다.

$$|L(j\omega_g)| = \left| \frac{\omega_n^2}{j\omega_g(j\omega_g + 2\zeta\omega_n)} \right| = 1 \tag{10-79}$$

위의 식을 정리하면

$$\frac{\omega_n^4}{\omega_g^2(\omega_g^2 + 4\zeta^2\omega_n^2)^2} = 1 \tag{10-80}$$

이므로 ω_g에 대해 풀면 다음과 같다.

$$\omega_g = \omega_n\sqrt{\sqrt{4\zeta^4+1} - 2\zeta^2} \tag{10-81}$$

이로부터 이득교차 주파수 ω_g에서 $L(j\omega_g)$의 위상은 다음과 같다.

$$\begin{aligned} \angle L(j\omega_g) &= -90^\circ - \tan^{-1}\frac{\omega_g}{2\zeta\omega_n} \\ &= -90^\circ - \tan^{-1}\frac{\sqrt{\sqrt{4\zeta^4+1} - 2\zeta^2}}{2\zeta} \end{aligned} \tag{10-82}$$

따라서 그림 10-43으로부터 위상 여유 PM=180°–$L(j\omega_g)$는 다음과 같다.

$$\begin{aligned} \mathrm{PM} &= 90^\circ - \tan^{-1}\frac{\sqrt{\sqrt{4\zeta^4+1} - 2\zeta^2}}{2\zeta} \\ &= \tan^{-1}\left(2\zeta\sqrt{\sqrt{4\zeta^4+1} - 2\zeta^2}\right) \end{aligned} \tag{10-83}$$

식 (10-83)을 그림으로 나타나면 그림 10-44와 같다. 여기서 $\zeta \le 0.7$에 대한 PM의 실제 곡선은 그림 10-44의 점선과 같이 근사적으로 선형화할 수 있으며 직선의 기울기는 0.01이다. 따라서 위상 여유와 제동비의 관계인 식 (10-83)은 다음과 같이 선형화할 수 있다.

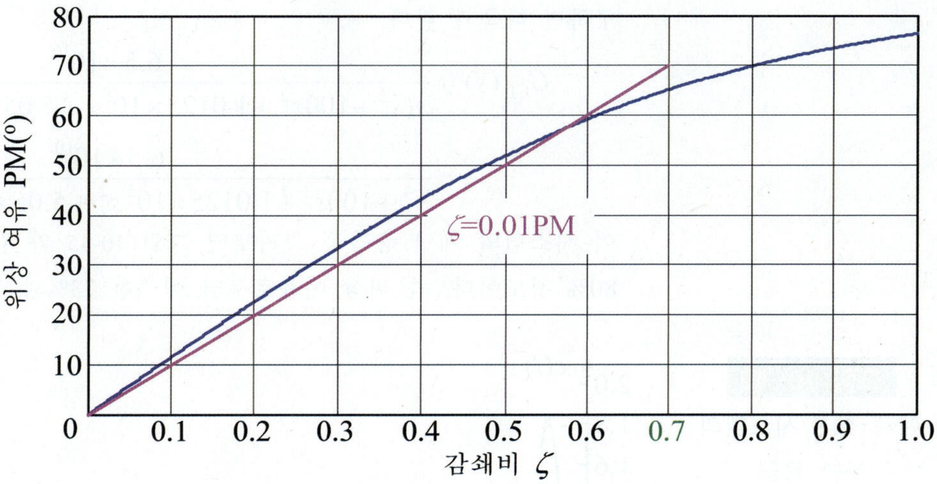

그림 10-44
이차 시스템에서 제동비와 위상 여유의 상관 관계.

$$\zeta = 0.01\text{PM} \tag{10-84}$$

위의 식에서 주어진 위상 여유 PM으로부터 ζ를 구하면 폐루프 전달 함수

$$G_{\text{CL}}(s) = \frac{\omega_n^2}{s^2 + 2\zeta\omega_n s + \omega_n^2} \tag{10-85}$$

의 ζ를 알게 되는 것과 같다. 즉 위상 여유로부터 폐루프 시스템의 특성을 이해할 수 있게 된다. 이차 시스템에서 ζ>0.7이면 공진 봉우리가 형성되지 않으며 그림 10-44에서 ζ=0.7에 대한 위상 여유는 약 65.5°이다. 따라서 루프 전달 함수의 위상 여유가 65.5° 이상이면 폐루프 시스템의 주파수 응답에는 공진이 일어나지 않는다는 것을 알 수 있다. 그리고 이차 이상의 시스템에서도 시간상의 과도 응답이 공액쌍인 두 우세 극점에 의해 좌우될 때는 식 (10-84)를 적용할 수 있다. 다음의 예제를 보도록 한다.

예제 10-10

예제 10-9에서 이 시스템의 위상 여유로부터 폐루프 시스템의 오버슛을 구해보자. 해석 결과 위상 여유는 PM=10°였으므로 폐루프 시스템의 제동비는

$$\zeta \cong 0.01\text{PM} = 0.1$$

로 예측할 수 있다. 따라서 식 (8-52)에 의해 오버슛을 구하면 다음과 같다.

$$\%\text{OS} = e^{-(\zeta\pi/\sqrt{1-\zeta^2})} = e^{-(0.1\pi/\sqrt{1-0.01})} = 73\%$$

위의 결과가 타당한지 알아보기 위해 폐루프 시스템의 계단 응답을 직접 구해보자. 그림 10-40의 블록 선도에서 K_A=5, K_F=1일 때 폐루프 전달 함수를

구하면 다음과 같다.

$$G_{CL}(s) = \frac{6.5\times 10^{10}}{s(s^3+100s^2+1.0125\times 10^6 s+5.05\times 10^7)+6.5\times 10^{10}}$$

$$= \frac{6.5\times 10^{10}}{s^4+100s^3+1.0125\times 10^6 s^2+5.05\times 10^7 s+6.5\times 10^{10}}$$

이 시스템의 계단 응답을 그려보면 그림 10-45 와 같으며 실제 오버슛은 약 80% 정도이다. 즉 위상 여유로부터 예측한 73%와 거의 일치하는 편이다.

그림 10-45

예제 10-9 시스템의 계단 응답.

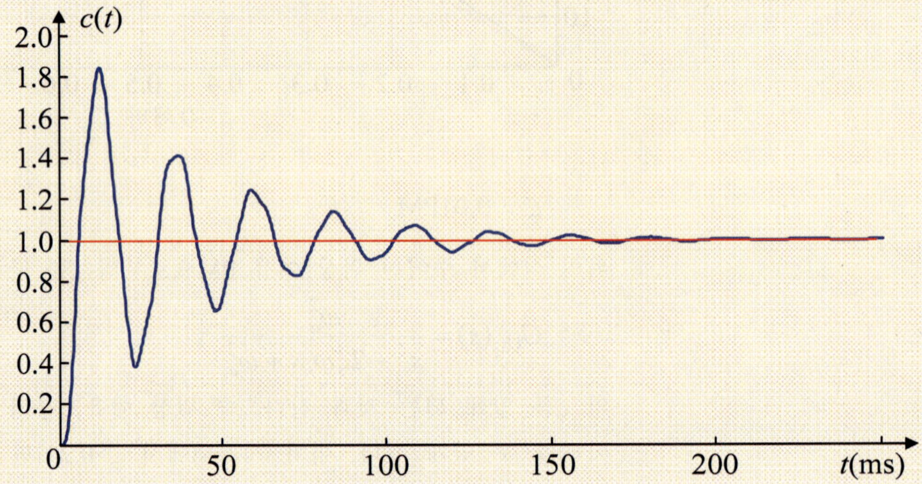

시간 지연

루프에 시간 지연이 발생하는 폐루프 시스템의 안정성 해석은 보드 선도를 이용하면 편리하다. 시간 지연이 내포된 루프 전달 함수 $L(s)$는 다음과 같은 일반적인 형태로 표현할 수 있다(식 (10-49) 참조).

$$L(s) = \frac{K(s+z_1)(s+z_2)\cdots(s+z_m)}{s^k(s+p_1)(s+p_2)\cdots(s+p_n)}e^{-T_d s} \tag{10-86}$$

여기서 $e^{-T_d s}$ 항은 시간 지연 T_d에 대한 것으로 그 주파수 응답은

$$\left|e^{-jT_d\omega}\right| = 1, \quad \angle e^{-jT_d\omega} = -T_d\omega \tag{10-87}$$

즉 크기는 주파수에 상관없이 1로 일정하며 위상은 주파수에 비례한다. 따라서 식 (10-86)에서 $L(s)$에서 $e^{-T_d s}$ 항을 제외한 부분을 $L'(s)$라 하면

$$L'(s) = \frac{K(s+z_1)(s+z_2)\cdots(s+z_m)}{s^k(s+p_1)(s+p_2)\cdots(s+p_n)} \tag{10-88}$$

식 (10-87)을 이용하면 $L(s)$의 크기 응답은

$$\left|L(j\omega)\right| = \left|L'(j\omega)e^{-jT_d\omega}\right| = \left|L'(j\omega)\right|\left|e^{-jT_d\omega}\right| = \left|L'(j\omega)\right| \quad \textbf{(10-89)}$$

그리고 위상 응답은

$$\angle L(j\omega) = \angle[L'(j\omega)e^{-jT_d\omega}] = \angle L'(j\omega) - T_d\omega \quad \textbf{(10-90)}$$

이상으로 식 (10-86)의 보드 선도는 $e^{-T_d s}$ 항을 제외한 식 (10-88)의 보드 선도를 그린 다음 위상에 $-T_d\omega$ rad만 별도로 더해주면 되며 그림 10-46이 이를 보여준다. 따라서 $e^{-T_d s}$ 항은 이득교차 주파수 ω_g와는 무관하며 위상교차 주파수 ω_p에만 영향을 준다. 루프 전달 함수의 ω_p와 ω_g의 차가 클수록($\omega_p > \omega_g$) 시스템의 상대적인 안정성은 증가한다. 그러나 시간 지연은 루프 전달 함수의 위상을 줄이므로 ω_p를 낮추는 역할을 한다. 따라서 시간 지연에 의해 시스템의 상대적인 안정성은 저하되며 그림 10-46을 통해 알 수 있다.

그림 10-46
시간 지연이 이득 여유와 위상 여유에 미치는 영향.

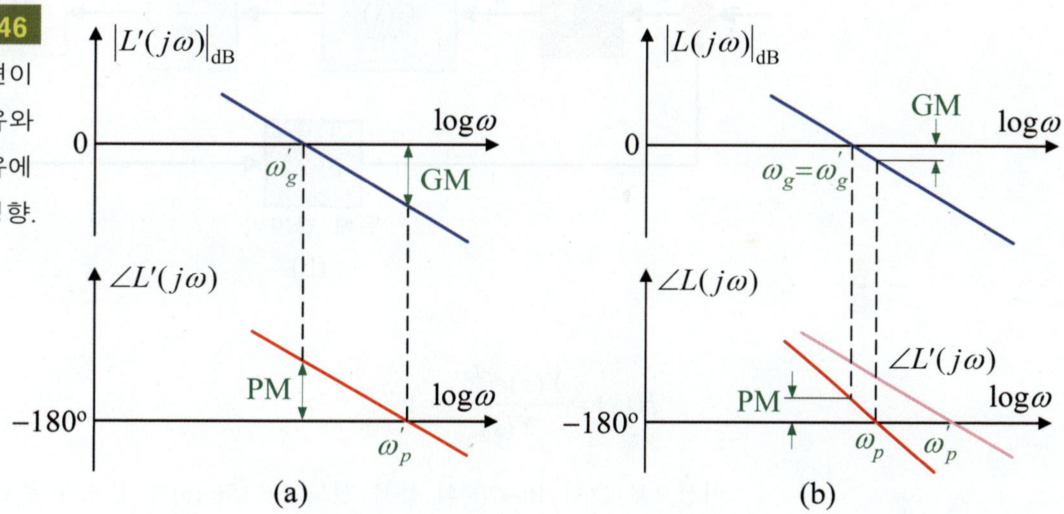

시스템의 한 점에서 다른 점으로 어떤 물체가 이동할 때 시간 지연이 생기며 그 한 예가 그림 10-47의 철판 압연기(rolling mill)이다. 그림 (a)에서 철판은 롤러에 의해 일정한 속도 v로 이동하며 철판 두께 감지기는 롤러와 거리 d만큼 떨어져 있다. 감지기로 측정한 두께 $y(t)$와 지시된 두께 $r(t)$의 차이는 전동기의 각변위 $\theta_m(t)$를 통해 선형 조작기를 제어한다. 선형 조작기는 각변위 $\theta_m(t)$를 직선 변위 $y(t)=N\theta_m(t)$로 바꿔주며 N은 양의 상수이다. 롤러에 의해 조정된 두께 $y(t)$가 두께 감지기에 의해 측정될 때까지는 시간 $T_d=d/v$가 걸리며 이것이 지연 시간이다. 신호 $y(t-T_d)$의 라플라스 변환이 $Y(s)e^{-T_d s}$이므로 궤환 전달 함수 $H(s)$는 다음과 같다.

그림 10-47
(a) 철판 압연기 제어 시스템;
(b) 블록 선도.

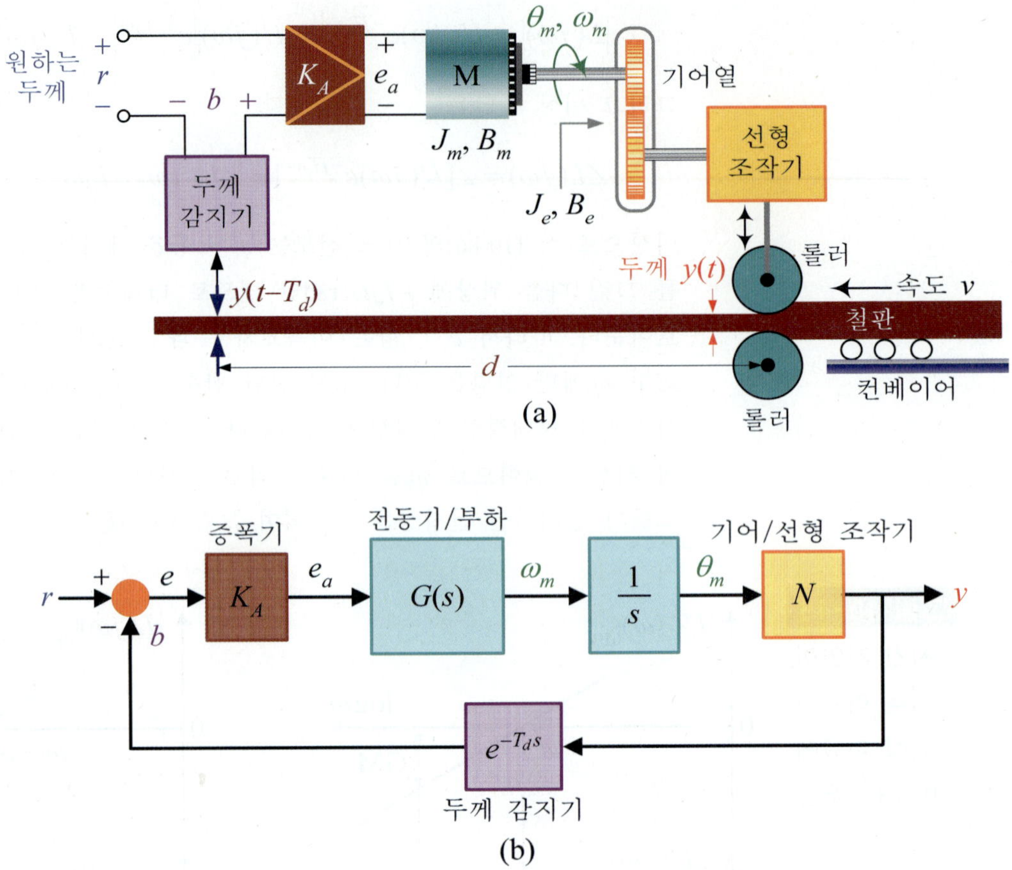

$$H(s)=\frac{Y(s)e^{-T_d s}}{Y(s)}=e^{-T_d s} \tag{10-91}$$

이상으로 그림 10-47(a)의 블록 선도는 그림 (b)와 같으며 루프 이득은

$$L(s)=\frac{NK_A G(s)e^{-T_d s}}{s} \tag{10-92}$$

여기서 $G(s)$는 식 (6-15)에서 주어진 바와 같으므로 $L(s)$는 다음과 같다.

$$L(s)=\frac{NK_A K_m e^{-T_d s}}{s[(sL_a+R_a)(sJ_e+D_e)+K_b K_m]} \tag{10-93}$$

예제 10-11 식 (10-93)의 $L(s)$가 다음과 같다고 한다.

$$L(s) = \frac{Ke^{-T_d s}}{s(s+1)(s+10)}$$

(a) K=2, T_d=0 일 때의 이득 및 위상 여유를 구하라.

(b) K=2에서 폐루프 시스템이 안정적이기 위한 T_d의 한계를 구하라.

(c) K=2, T_d=2일 때 이득 여유와 위상 여유를 구하라.

(d) T_d=2일 때 폐루프 안정적이기 위한 K의 한계를 구하라.

풀이>> (a) 그림 10-48의 검은 선이 T_d=0일 때의 보드 선도이며 이득교차 주파수 ω_g와 위상교차 주파수 ω_p는 다음과 같다.

$$\omega_g = 0.2 \text{ rad/s}, \quad \omega_p = 3.14 \text{ rad/s}$$

이로부터 보드 선도상에서 이득 여유와 위상 여유를 구하면

$$\text{GM} = 34.9 \text{ dB}, \quad \text{PM} = 98°$$

이므로 T_d=0일 때는 폐루프 안정적이다.

(b) 위상에 $-T_d\omega$ rad을 더해주므로 이득교차 주파수 ω_g는 변함이 없고 위상 교차 주파수 ω_p만 낮아지게 된다. 발진 조건은 $\omega_p=\omega_g$이며 이 때는 위상 여유가 0°이다. 따라서

$$98° - \left(T_d\omega_g \times \frac{180}{\pi}\right)° = 0°$$

로부터 발진이 일어나는 T_d는 다음과 같다.

$$T_d = \frac{98\pi}{180\omega_g} = 8.55 \text{ sec}$$

즉 시간 지연 T_d가 8.55 초보다 작아야 폐루프 안정적이 된다.

(c) T_d=2이므로 각 주파수의 위상에 더해지는 각은 다음과 같다.

$$-T_d\omega \times \frac{180}{\pi} = -\frac{360\omega}{\pi} = -115\omega°$$

이상으로 K=2, T_d=2일 때의 위상 선도는 그림 10-48의 붉은선과 같다. 이득 교차 주파수 ω_g와 위상교차 주파수 ω_p는 다음과 같다.

$$\omega_g = 0.2 \text{ rad/s}, \quad \omega_p = 0.55 \text{ rad/s}$$

이로부터 보드 선도상에서 이득 여유와 위상 여유를 구하면

$$\text{GM} = 10 \text{ dB}, \quad \text{PM} = 55°$$

그림 10-48
예제 10-11의 보드 선도.

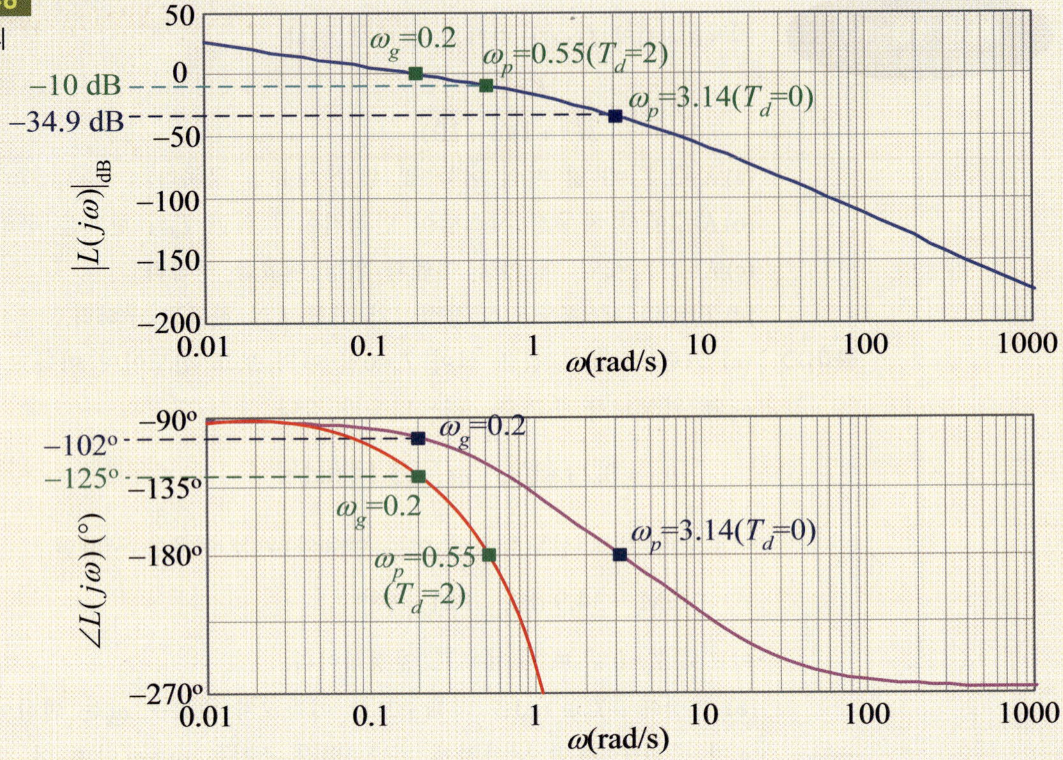

(d) 위상 선도는 K와 무관하다. 따라서 K=2, T_d=2일 때 이득 여유가 10 dB 이므로 K는 다음과 같은 비율까지 증가할 수 있다.

$$10^{10/20} = 3.16$$

따라서 T_d=2일 때 폐루프 안정적이기 위한 K의 한계는 다음과 같다.

$$K = 3.16 \times 2 = 6.32$$

10.8 일정 M-궤적과 니콜스 도표

일정-M 궤적

루프 전달 함수의 특성으로부터 폐루프 시스템의 특성을 어느 정도는 이해할 수 있지만 완전하지는 않다. 단위-이득 궤환인 $H(s)$=1에서는 루프 전달 함수 $L(s)$는 개루프 전달 함수 $G_{OL}(s)$와 같다. 즉

$$L(s) = KG(s)H(s) = KG(s) = G_{OL}(s) \tag{10-94}$$

지금부터는 단위-이득 궤환일 때 개루프 전달 함수 $G_{OL}(s)$와 폐루프 전달 함

수 $G_{CL}(s)$의 주파수 응답 관계를 보다 정확히 보여주는 방법을 설명한다. 단위-이득 궤환이므로 폐루프 전달 함수는

$$G_{CL}(s)=\frac{KG(s)}{1+KG(s)}=\frac{G_{OL}(s)}{1+G_{OL}(s)} \tag{10-95}$$

이며 주파수 응답은 다음과 같다.

$$G_{CL}(j\omega)=\frac{G_{OL}(j\omega)}{1+G_{OL}(j\omega)} \tag{10-96}$$

여기서 $G_{OL}(s)$의 주파수 응답인 복소수 $G_{OL}(j\omega)$를

$$G_{OL}(j\omega)=\mathrm{Re}\,G_{OL}(j\omega)+j\,\mathrm{Im}\,G_{OL}(j\omega)=u+jv \tag{10-97}$$

로 표현하면 $G_{CL}(j\omega)$의 크기 응답 $M(\omega)$는 다음과 같다.

$$M(\omega)=\left|\frac{G_{OL}(j\omega)}{1+G_{OL}(j\omega)}\right|=\frac{\sqrt{u^2+v^2}}{\sqrt{(1+u)^2+v^2}} \tag{10-98}$$

$M(\omega)$를 간단히 M으로 표현하고 위의 식을 정리하면 다음과 같다.

$$(1-M^2)u^2+(1-M^2)v^2-2M^2u=M^2 \tag{10-99}$$

위의 식 양변을 $(1-M^2)$으로 나눈 다음 양변에 $[M^2/(1-M^2)]^2$을 더하면

$$u^2+v^2+\frac{2M^2u}{1-M^2}+\left(\frac{M^2}{1-M^2}\right)^2=\left(\frac{M^2}{1-M^2}\right)+\left(\frac{M^2}{1-M^2}\right)^2 \tag{10-100}$$

위의 식은 다음과 같이 정리된다.

$$\left(u-\frac{M^2}{1-M^2}\right)^2+v^2=\left(\frac{M}{1-M^2}\right)^2 \tag{10-101}$$

식 (10-101)은 (u,v)-평면의 원의 방정식이며 반경은 $|M/(1-M^2)|$이고 중심은

$$u=\frac{M^2}{1-M^2},\quad v=0 \tag{10-102}$$

이다. 따라서 그림 10-49와 같이 (u,v)-평면에서 여러 가지 M에 대한 원을 그릴 수 있으며 이 원들을 일정-M 궤적 또는 일정-M 원이라 한다. 일정-M 궤적은 단위-이득 궤환에 대한 폐루프 전달 함수의 크기 응답의 궤적이다. 따라서 개루프 전달 함수의 주파수 응답인 복소수 $G_{OL}(j\omega)$를 (u,v)-평면상에서 일정-M 궤적위에 덧씌워 그리면, 만나는 원의 M이 폐루프 전달 함수의 크기 응답이 된다.

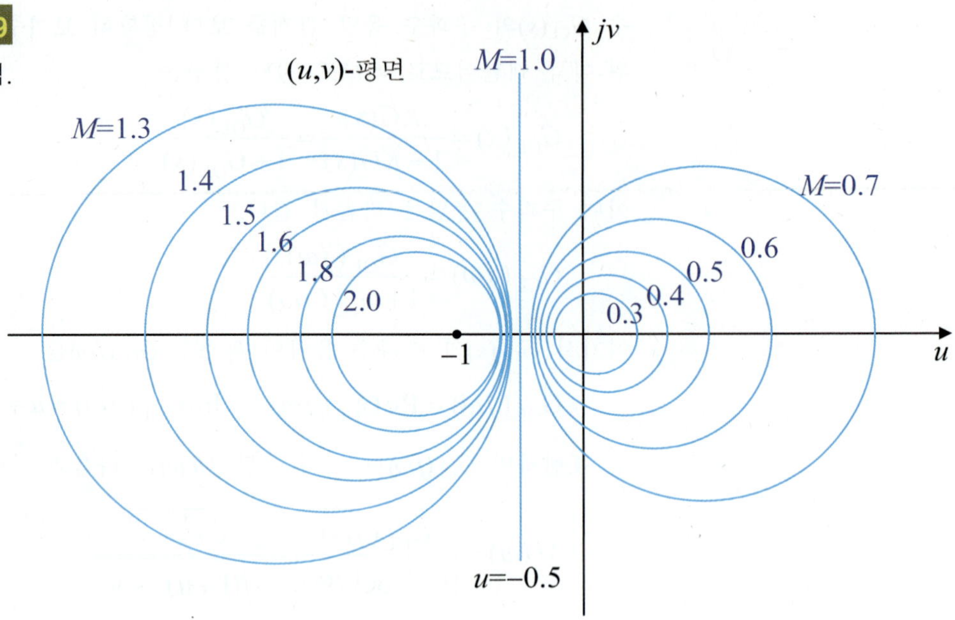

그림 10-49
일정-M 궤적.

그림 10-50(a)는 $G_{OL}(j\omega)=KG(j\omega)$에서 이득 $K=K_1$, K_2, $K_3(K_3>K_2>K_1)$의 각 경우에 대한 나이퀴스트 선도 $G_{OL}(j\omega)$를 (u,v)-평면상에 덧씌워 그린 것을 예로 든 것이다. 그림에서 ω_{r1}, ω_{r2}, ω_{r3}는 K_1, K_2, K_3에 대한 폐루프 전달 함수의 공진 주파수이면서 또한 이득교차 주파수이다. K가 K_1, K_2의 순으로 증가하면 이득교차 주파수는 위상교차 주파수에 접근하므로 여유가 점점 줄어들다가 $K=K_3$에서는 여유가 0이되므로 발진하게 된다. 그리고 이득교차 주파수이자 공진 주파수인 ω_{r1}, ω_{r2}, ω_{r3}에 해당하는 점을 통과하는 원의 M이 바로 공진 이득 M_{r1}, M_{r2}, M_{r3}가 된다. 즉 그림 10-50(a)상에서 $M_{r1}=M_1$, $M_{r2}=M_2$, $M_{r3}=\infty$이다. 그리고 각 나이퀴스트 선도가 M=0.707의 원을 통과하는 주파수가 바로 폐루프 시스템의 대역폭이므로 그림에서 표시된 BW_1, BW_2, BW_3가 이를 나타낸다. 이상을 종합하면 폐루프 전달 함수의 크기 응답 $M(\omega)$는 그림 10-50(b)와 같은 형태가 된다. 이로부터 일정-M 궤적에 개루프 주파수 응답을 그리면 폐루프 크기 주파수 응답을 알 수 있다.

일정-N 궤적

일정-M 궤적은 폐루프 전달 함수의 크기 주파수 응답만 표시해준다. 이에 비해 위상 응답을 표시해 주는 궤적을 일정-N 궤적이라 하며 다음과 같이 유도한다. 식 (10-96)에서

$$G_{CL}(j\omega)=\frac{G(j\omega)}{1+G(j\omega)}=\frac{u+jv}{(u+1)+jv} \tag{10-103}$$

이므로 $G_{CL}(j\omega)$의 위상 응답 $\phi(\omega)$는 다음과 같다.

그림 10-50
(a) 일정-M 궤적상에 개루프 전달 함수의 나이퀴스트 선도를 덧씌워 그린 그림; (b) 폐루프 전달 함수의 크기 주파수 응답.

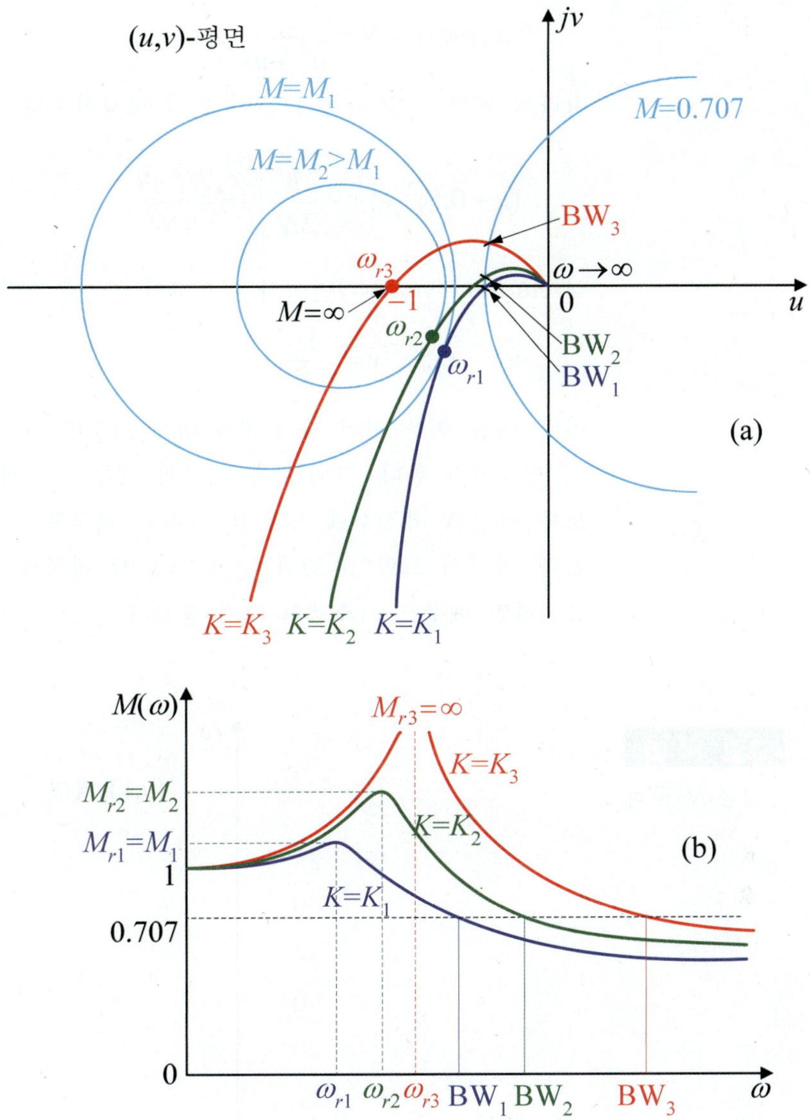

$$\phi(\omega) = \tan^{-1}(v/u) - \tan^{-1}\left(\frac{v}{u+1}\right)$$

$$= \tan^{-1}\frac{v/u - v/(u+1)}{1+\dfrac{v}{u}\left(\dfrac{v}{u+1}\right)} \qquad \textbf{(10-104)}$$

단 위의 결과는 $\tan(\alpha-\beta)=(\tan\alpha-\tan\beta)/(1+\tan\alpha\tan\beta)$의 관계를 이용한 것이다. 식 (10-104)에서 $N=\tan\phi(\omega)$로 하여 정리하면 다음과 같다.

$$\tan\phi(\omega) = N = \frac{v}{u^2 + u + v^2} \tag{10-105}$$

따라서 위의 식은 다음과 같이 원의 방정식으로 표현할 수 있다.

$$(u+0.5)^2 + \left(v - \frac{1}{2N}\right)^2 = \frac{N^2+1}{4N^2} \tag{10-106}$$

식 (10-106)은 (u,v)-평면상의 원으로서 반경은 $(N^2+1)^{1/2}/2N$이며 중심은

$$u = -0.5, \quad v = \frac{1}{2N} \tag{10-107}$$

이다. 이들 원을 여러 가지 N에 대해 그리면 그림 10-51과 같으며 이를 일정-N 궤적이라 한다. 단위-이득 궤환의 개루프 주파수 응답, 즉 나이퀴스트 선도를 일정-N 궤적상에 덧씌워 그리면 폐루프 시스템의 위상 응답을 알 수 있다. 따라서 그림 10-52와 같이 일정-M 궤적과 일정-N 궤적을 한 평면상에 표시하면 폐루프 시스템의 크기 응답과 위상 응답을 모두 알 수 있게 된다.

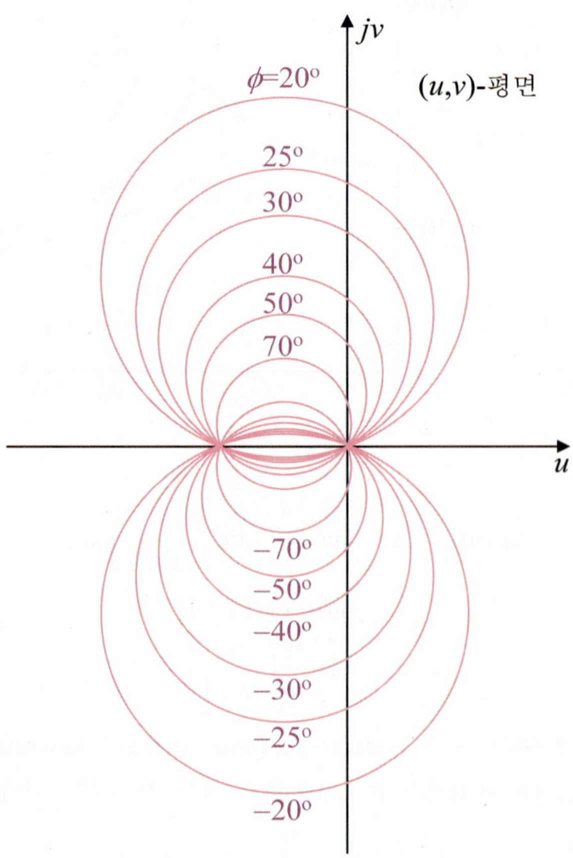

그림 10-51
일정-N 궤적

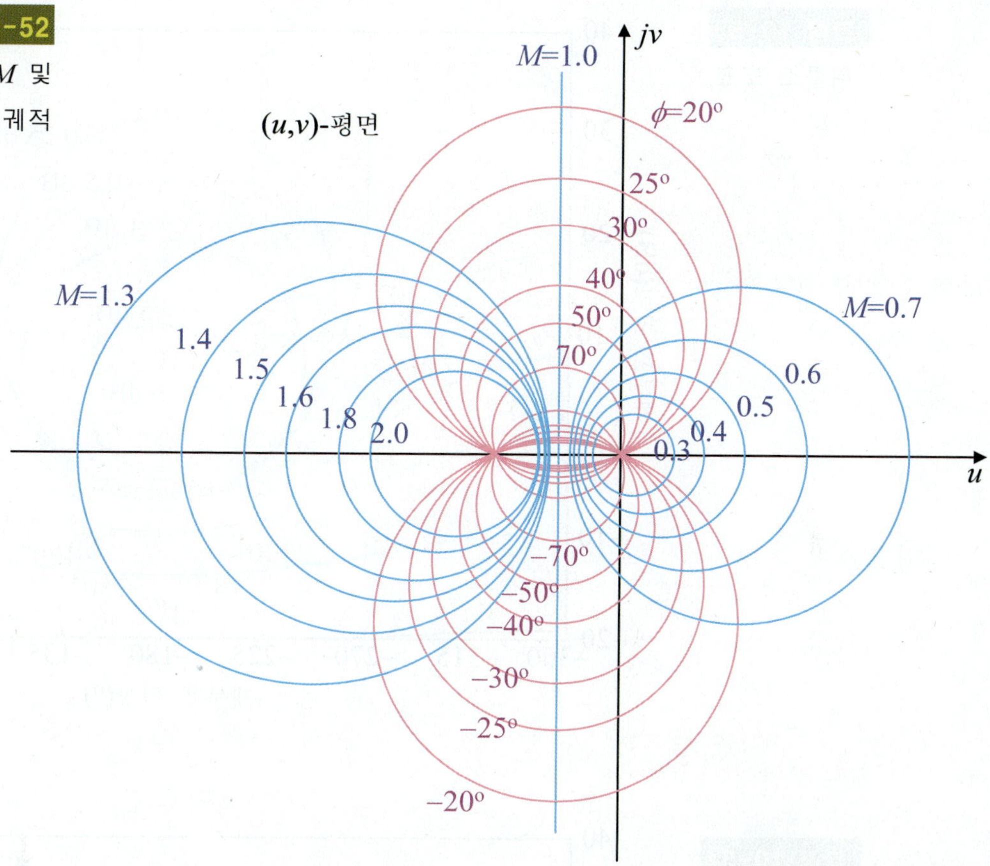

그림 10-52 일정-M 및 일정-N 궤적

니콜스 도표

일정-M 및 일정-N 궤적의 단점은 개루프 전달 함수 $G_{OL}(s)=KG(s)$에서 이득 K가 변할 때 해석이 불편하다는 것이다. 상수를 곱하는 연산은 데시벨 척도 상에서는 단순한 더하기로 나타난다. 따라서 일정-M 궤적을 데시벨로 표현하면 이득 K가 변할 때 보드 선도의 장점을 취할 수 있으며 이를 니콜스 도표(Nichols chart)라 한다. 니콜스 도표는 그림 10-53과 같으며 이 위에 개루프 전달 함수의 데시벨 이득 $|G_{OL}(j\omega)|_{dB}$와 위상 $\angle G_{OL}(j\omega)(°)$를 그린다.

예를 들어 개루프 전달 함수가

$$G_{OL}(s)=\frac{K}{s(s+1)(s+3)} \tag{10-108}$$

일 때 ω=0.01~1 rad/s 범위에 대해 $G_{OL}(j\omega)$의 데시벨 크기와 위상을 니콜스 도표상에 그린 것이 그림 10-54이다. 그리고 이득 K는 1과 3.16(10 dB)의 두 경우로 하였으며 후자의 경우는 전자의 곡선을 10 dB 만큼 증가시키면 된다.

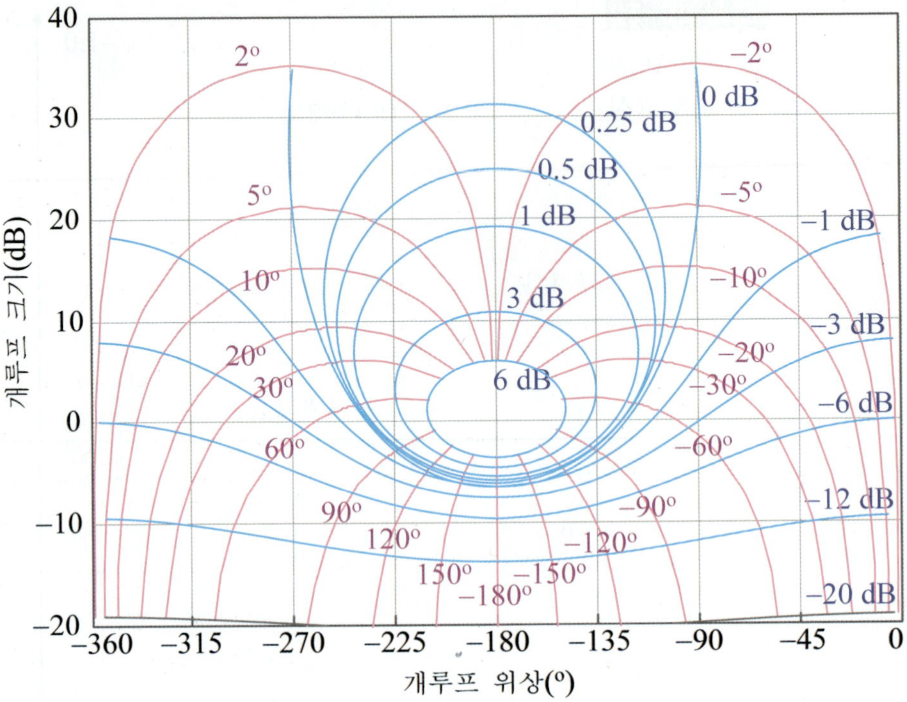

그림 10-53
니콜스 도표.

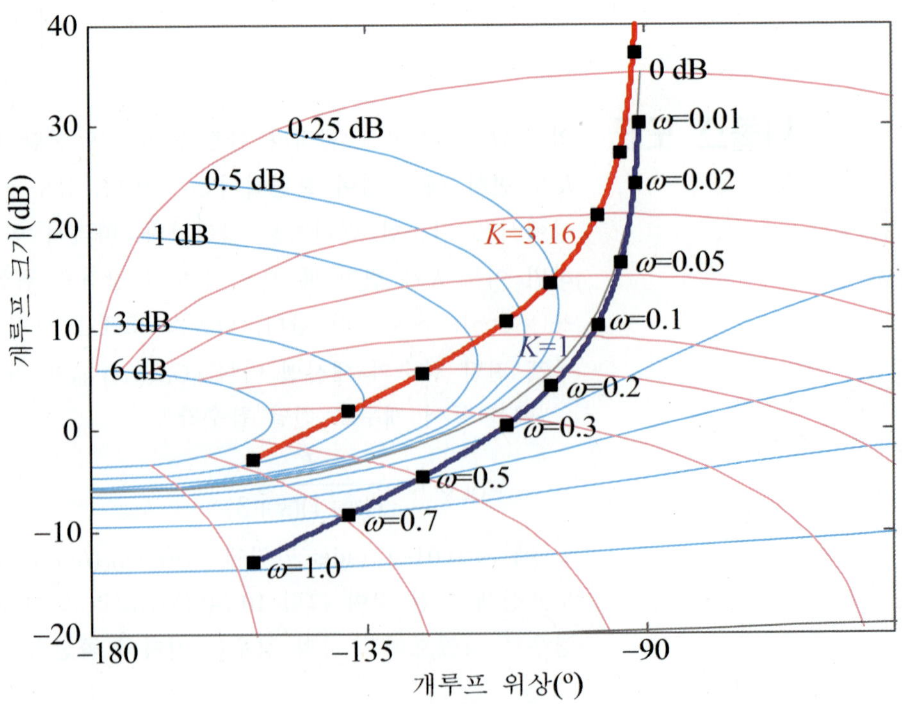

그림 10-54
식 (10-108)의 니콜스 도표 (K=1, 3.16).

단위-이득 궤환이 아닌 경우

니콜스 도표는 단위-이득 궤환일 경우에 한정된다. 즉 그림 10-55(a)에서 폐루프 전달 함수는

$$G_{CL}(s) = \frac{KG(s)}{1+KG(s)H(s)} \tag{10-109}$$

이며 $H(s)$는 1이 아니므로 니콜스 도표를 이용할 수 없다. 그러나 그림 (a)를 그림 (b)와 같이 단위-이득 궤환 형태가 되도록 등가적으로 변환시켜 니콜스 도표를 사용할 수 있다. 그림 (b)에서 개루프 전달 함수 $G'_{OL}(s)$가

$$G'_{OL}(s) = KG(s)H(s) \tag{10-110}$$

이며 전달 함수 $G'_{CL}(s)$가

$$G'_{CL}(s) = \frac{G'_{OL}(s)}{1+G'_{OL}(s)} \tag{10-111}$$

형태이므로 니콜스 도표를 이용할 수 있다. 따라서 니콜스 도표에 $G'_{OL}(j\omega)$를 그려 $G'_{CL}(j\omega)$를 먼저 구한다. 그리고 원하는 폐루프 전달 함수 $G_{CL}(s)$가

$$G_{CL}(s) = \frac{G'_{CL}(s)}{H(s)} \tag{10-112}$$

이므로 먼저 구한 $G'_{CL}(j\omega)$로부터 $G_{CL}(j\omega)$를 다음과 같이 구할 수 있다.

$$G_{CL}(j\omega) = \frac{G'_{CL}(j\omega)}{H(j\omega)} \tag{10-113}$$

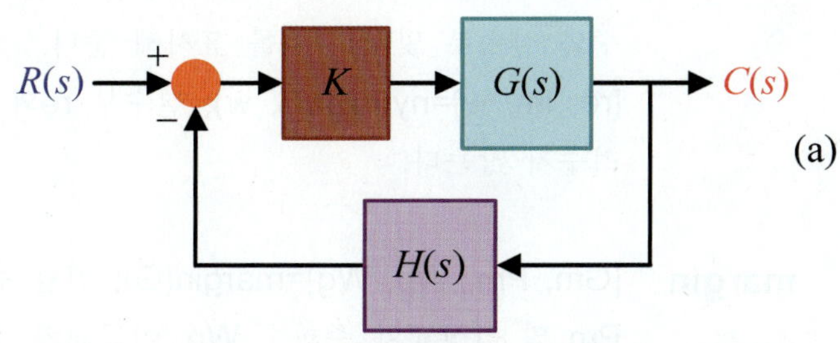

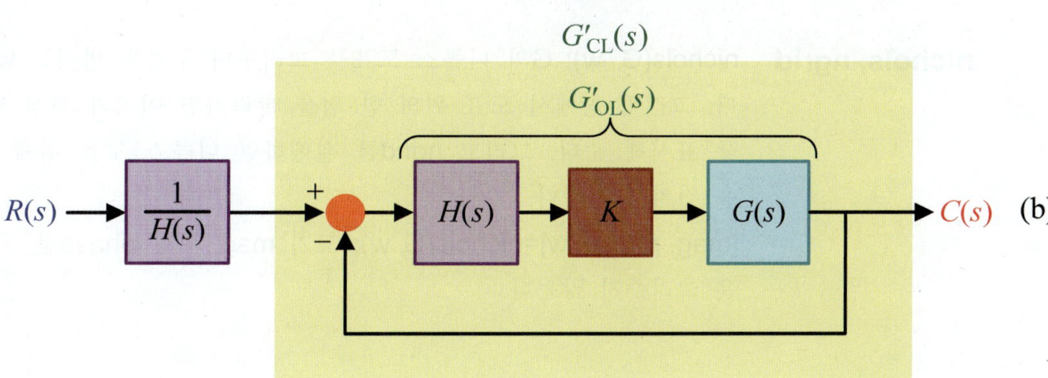

그림 10-55
(a) 단위-이득 궤환이 아닌 시스템: (b) 단위-이득 궤환 형태의 등가적인 블록 선도.

즉 $G_{CL}(j\omega)$의 크기와 위상은 다음과 같이 구한다.

$$\begin{cases} M(\omega)_{dB} = |G_{CL}(j\omega)|_{dB} = |G'_{CL}(j\omega)|_{dB} - |H(j\omega)|_{dB} \\ \phi(\omega) = \angle G_{CL}(j\omega) = \angle G'_{CL}(j\omega) - \angle H(j\omega) \end{cases} \quad \textbf{(10-114)}$$

10.9 매트랩 프로그램

이 장에서 배울 매트랩 함수는 다음과 같다: bode, nyquist, margin, nichols.

bode bode(G, w); 전달 함수 G의 크기 및 위상 보드 선도를 그려주며 주파수 범위는 사용자가 정한 벡터 w에 의해 정해진다('w'를 비워두면 알아서 처리한다). 그리고 그래픽 창에서 보드 선도상의 한 점을 클릭하면 해당 주파수의 크기 및 위상 특성을 표시해 준다.

[mag, phase, w]=bode(G, w); 크기 mag, 위상 phase를 구해주지만 그림은 그려주지 않는다.

nyquist nyquist(G, w); G의 나이퀴스트 선도를 그려주며 주파수 범위는 벡터 w로 정할 수 있다. 그리고 그래픽 창에서 선도 위의 한 점을 클릭하면 해당 주파수와 실수부 및 허수부를 표시해 준다.

[re, im, w]=nyquist(G, w); 실수부 re와 허수부 im을 구해주지만 그림은 그려주지 않는다.

margin [Gm, Pm, Wp, Wg]=margin(G); 전달 함수 G의 이득 여유 Gm, 위상 여유 Pm 및 위상교차 주파수 Wp, 이득교차 주파수 Wg를 출력해 준다.

nichols, ngrid nichols(G, w); G의 니콜스 도표를 그려주며 주파수 범위는 w로 정할 수 있다. 그래픽 창에서 도표 위의 한 점을 클릭하면 이득과 위상 및 해당 주파수를 표시해 준다. 그리고 ngrid를 실행하면 니콜스 도표 위에 니콜스 격자선을 겹쳐 그려준다.

[mag, phase, w]=nichols(G, w); 크기 mag, 위상 phase를 구해주지만 그림은 그려주지 않는다.

다음의 매트랩 10-1은 예제 10-9 자기 디스크 구동 시스템의 루프 전달 함수에 대한 보드 선도, 나이퀴스트 선도 및 니콜스 선도를 구하는 프로그램이다.

매트랩 10-1

```
% 예제 10-9의 루프 전달 함수 L(s)에 대한 해석
% 루프 전달 함수 L(s)
>> Z=6.5e10;
>> P=[1 100   1.0125e6   5.50e7   0];
>> L=tf(Z, P);
% 보드 선도
>> bode(L)
% 이득 여유, 위상 여유, 위상교차 주파수, 이득교차 주파수
>> [Gm, Pm, Wp, Wg]=margin(L)

Gm=
     3.9427
Pm=
     10.0807
Wp=
     709.2329
Wg=
     260.3267

% 나이퀴스트 선도
>> nyquist(L)
% 니콜스 도표
>> nichols(L), ngrid
```

만일 주파수 $10^1 \sim 10^4$ rad/sec 사이에서 1000개의 점에 대해 그리고자 하면 다음과 같이 실행한다.

```
>> w=logspace(1,4,1000); bode(L, w)
>> w=logspace(1,4,1000); nysuist(L, w)
>> w=logspace(1,4,1000); nichols(L, w), ngrid
```

그리고 루프 전달 함수 $KL(s)$에서 이득 K를 변화시켜 가면서 한꺼번에 그림을 그리고자 하면 다음의 매트랩 10-2와 같이 한다.

매트랩 10-2

```
% KL(s)에서 K가 변할 때의 보드 선도를 한꺼번에 그리는 프로그램
K=[1:1:5]                 % K=1~5(간격 1)
hold off, clf              % 그림 창 청소

for i=1:length(K)          % length(K)는 K의 길이(개수)
    bode(K(i)*L, w)
    hold on                % hold on은 그 전 그래프를 유지시켜 준다.
end
```

물론 위의 L은 전에 정의된 전달 함수이다. 그리고 bode(K(i)*L, w) 대신

nyquist(K(i)*L, w)

를 실행하면 나이퀴스트 선도가 겹쳐 그려지며

nichols(K(i)*L, w), ngrid

를 실행하면 니콜스 도표가 겹쳐 그려진다. 나이퀴스 선도의 경우를 예로 들면 그림 10-56과 같다.

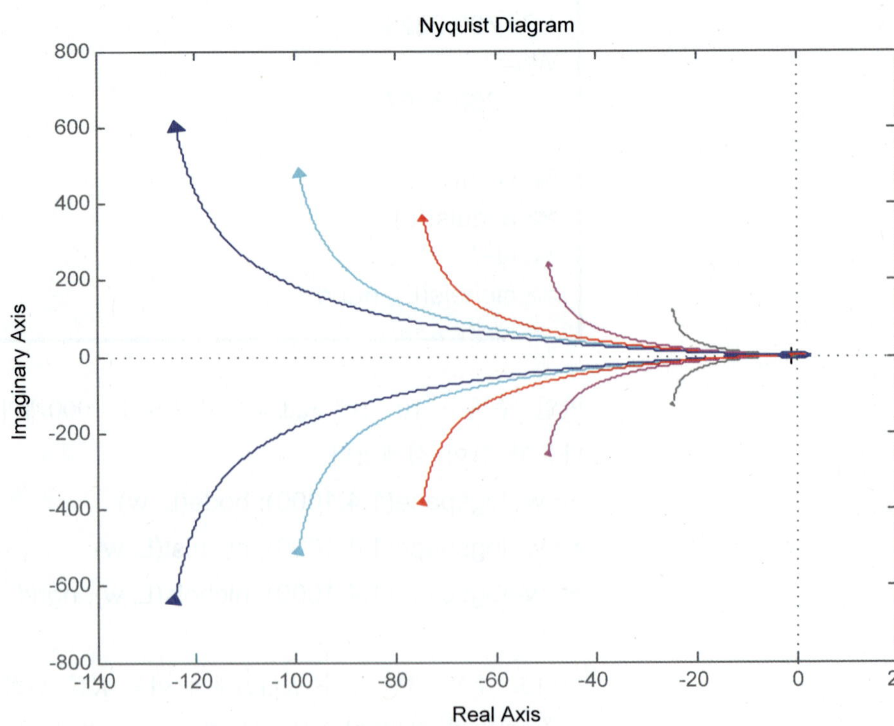

그림 10-56 나이퀴스트 선도.

연습 문제

10.1 단위-이득 궤환 시스템의 개루프 전달 함수가 다음과 같다.

$$G(s) = \frac{K}{s(s+1)}$$

K가 다음과 같을 때 공진 주파수, 공진 이득 및 대역폭을 구하라:

(a) K=1; (b) K=2; (c) K=3; (d) K=10.

10.2 단위-이득 궤환 시스템의 개루프 전달 함수가 다음과 같이 표준형 2차 시스템이다.

$$G(s) = \frac{\omega_n^2}{s^2 + 2\zeta\omega_n s + \omega_n^2}$$

페루프 시스템의 계단 응답이 다음과 같도록 공진 이득 M_r과 대역폭 B의 상한선을 구하라.

(a) 최대 %OS≤10, T_r≤0.1 초; (b) 최대 %OS≤10, T_r≤0.2 초;

(c) 최대 %OS≤20, T_r≤0.2 초; (d) 최대 %OS≤30, T_r≤0.3 초;

10.3 표준형 2차 시스템의 페루프 전달 함수가 그림 P10-3과 같다. 이 시스템의 다음과 같은 계단 응답 특성을 구하라: 최대 오버슛, 피크 시간, 계단 입력에 대한 정상 상태 오차.

그림 P10-3

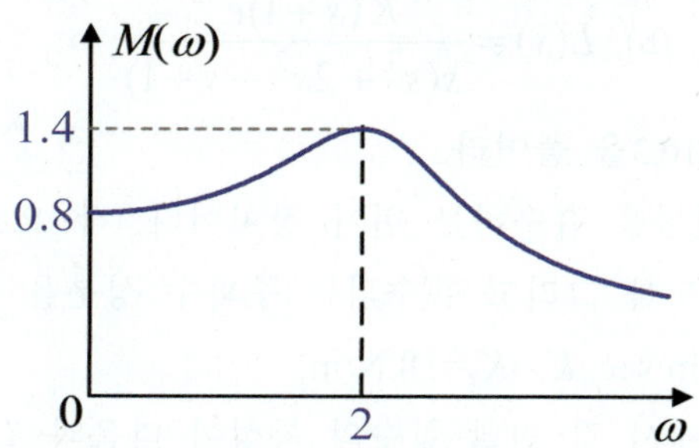

10.4 다음 각 전달 함수에 대한 크기 보드 선도를 점근선으로 그려라.

(a) $G(s) = \frac{1}{(s+1)(s+2)}$ (b) $G(s) = \frac{(1+0.5s)}{s(s+10)^2}$

(c) $G(s) = \frac{10(s+5)}{s(s+2)(s+8)}$ (d) $G(s) = \frac{s-10}{s^2+3s+9}$

(e) $G(s) = \frac{10}{s(1+0.1s)(1+0.5s)}$ (f) $G(s) = \frac{100(s+1)}{s(1+0.1s)(1+0.2s)(1+0.5s)}$

(g) $G(s) = \frac{3(s+2)}{s(s^3+3s+1)}$ (h) $G(s) = \frac{10}{s(s+1)(s^2+s+2)}$

10.5 문제 10.4의 각 전달 함수들이 단위-이득 궤환 시스템의 개루프 전달 함수로 사용될 때 ω=0에서 ω=∞에 대한 나이퀴스트 선도를 그려라. 이로부터 폐루프 시스템의 안정성을 판단하고 만일 불안정하다면 RHF에 있는 폐루프 극점 수를 밝혀라.

10.6 루프 전달 함수 $L(s)$가 다음과 같을 때 폐루프 시스템이 안정될 K의 범위를 나이퀴스트 판별에 의해 구하라. 그리고 K=1로 하여 ω=0에서 ω=∞에 대한 나이퀴스트 선도를 그려라.

(a) $L(s)=\dfrac{K}{s(s+2)(s+5)}$ (b) $L(s)=\dfrac{K(s+2)}{s(s+1)(s+3)(s+5)}$

(c) $L(s)=\dfrac{K}{s^2(s+1)(s+10)}$ (d) $L(s)=\dfrac{K(s^2+s+1)}{s(s^3+2s^2+s+1)}$

M10.1 문제 10.6의 각 루프 전달 함수에서 K=10일 때 이득 여유와 위상 여유를 구하라.

M10.2 단위-이득 궤환 시스템의 개루프 전달 함수가 다음과 같다. 시정수 τ가 τ=0.5, 1, 2, 3, 4, 5로 변할 때 각 경우에 대해 공진 이득과 대역폭을 구하라.

(a) $G(s)=\dfrac{1+\tau s}{s(s^2+s+1)}$ (b) $G(s)=\dfrac{1}{s(s^2+s+1)(1+\tau s)}$

M10.3 다음 각 전달 함수는 단위-이득 궤환 시스템의 개루프 전달 함수이다. $G(s)/K$에 대한 보드 선도를 구하여 다음을 실행하라: (1) 이득 여유가 20 dB가 되도록 K를 정하라; (2) 위상 여유가 45°가 되도록 K를 정하라(pade 함수를 이용할 것).

(a) $G(s)=\dfrac{Ke^{-s}}{s(s^2+10s+100)}$ (b) $L(s)=\dfrac{K(s+1)e^{-s}}{s(s^3+2s^2+s+1)}$

M10.4 니콜스 도표를 이용하여 문제 M10.3을 풀어라.

M10.5 그림 4-51(a)는 특수 주파수의 진동을 흡수하는 현가 장치이다. 각 요소들의 값이 다음과 같을 때 $V_1(s)/F(s)$의 보드 선도를 그리고 흡수되는 주파수 성분을 알아보아라.

M_1=1 kg, M_2=0.5 kg, B=4 N/m/sec, K_1=K_2=18 N/m,

M10.6 그림 M10-6의 궤환 제어 시스템에서 각 전달 함수의 특성이 다음과 같다.

$$G_c(s)=\frac{K}{s+1},\quad G(s)=\frac{1}{3s+1},\quad H(s)=\frac{1}{0.4s+1}$$

그림 M10-6

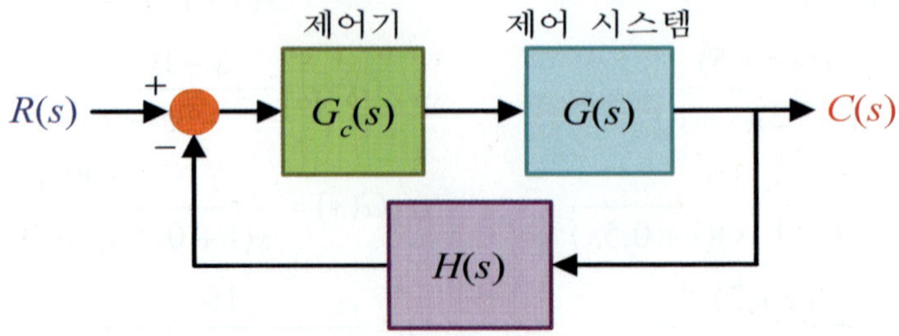

(a) 계단 입력에 대한 정상 상태 오차가 0.1 이하가 되도록 이득 K를 정하라.

(b) (a)에서 정한 K하에서 폐루프 시스템의 안정성을 나이퀴스트 판별로 판단하라.

(c) 이 시스템의 이득 여유와 위상 여유를 구하라.

M10.7 그림 M10-6에서 각 전달 함수가 다음과 같다.

$$G_c(s) = \frac{K(s+6)}{s+3}, \quad G(s) = \frac{10}{s^2 + 0.49s}, \quad H(s) = 1$$

이득이 K=2일 때 루프 전달 함수의 보드 선도를 그리고 이득 및 위상 여유를 구하라.

M10.8 그림 M10-6에서 각 전달 함수가 다음과 같다.

$$G_c(s) = K, \quad G(s) = \frac{0.49(s^2 + 2\pi s + 400\pi^2)}{(0.02s+1)(s^2 + 1.4\pi s + 196\pi^2)}, \quad H(s) = K_f$$

KK_f=1일 때 루프 보드 선도를 통해 이득 여유와 위상 여유를 구하라.

M10.9 그림 M10-9는 우주 왕복선의 피치 변화율을 제어하는 시스템이다.

(a) 제어기가 K_P=2, K_I=0일 때 이득 및 위상 여유를 구하라.

(b) K_P=1, K_I=0.5로 할 때 이득 여유와 위상 여유를 구하라.

그림 M10-9

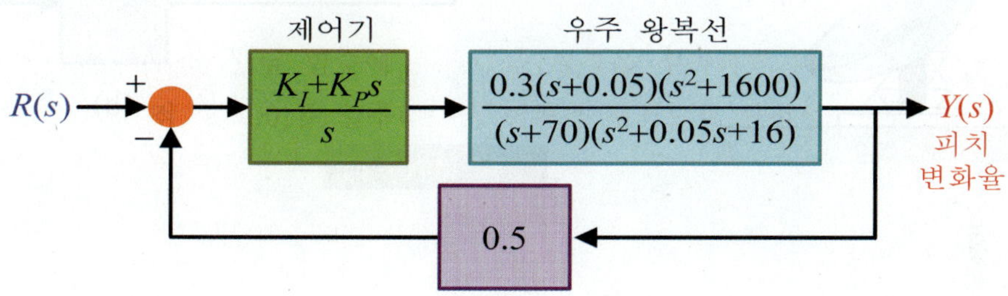

M10.10 그림 M10-10은 어떤 유형 미사일의 편요(yaw)의 가속도를 제어하는 시스템이다. 입력 $\alpha_r(t)$는 편요 가속도에 대한 지시이며(중력장 g의 차원) 출력 $\alpha(t)$는 미사일의 편요 가속도이다.

(a) 상수 b=0.5일 때 이 시스템의 이득교차 주파수, 위상교차 주파수 및 이득 여유, 위상 여유를 구하라.

(b) (a)에서 구한 이득 여유하에서 이 시스템이 안정되기 위한 b의 최대 값을 구하라.

그림 M10-10

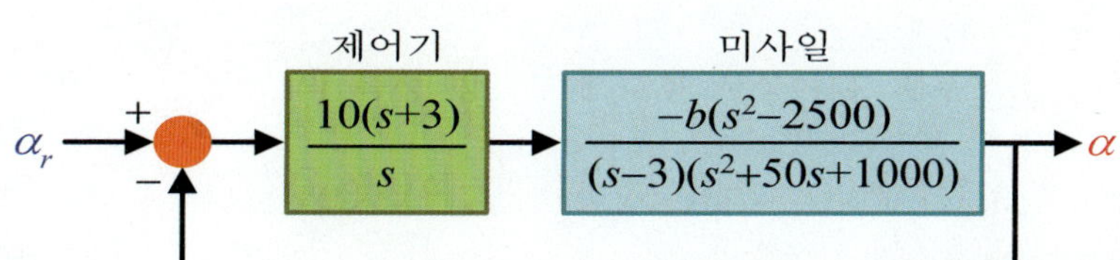

M10.11 그림 M10-11은 지구국이 지구 궤도를 선회하는 위성을 제어하는 시스템이다. 그리고 시간 T는 지구국과 위성간의 신호 전달에서 일어나는 지연이며 J는 위성의 관성이다.

(a) T=0으로 가정하고 K_D/J=0.3, K_P/J=0.03일 때 최대 오버슛과 피크 시간을 구하라.

(b) (a)의 조건하에서 위상 여유를 구하고 이로부터 시스템이 안정될 수 있는 최대 지연 시간 T를 구하라.

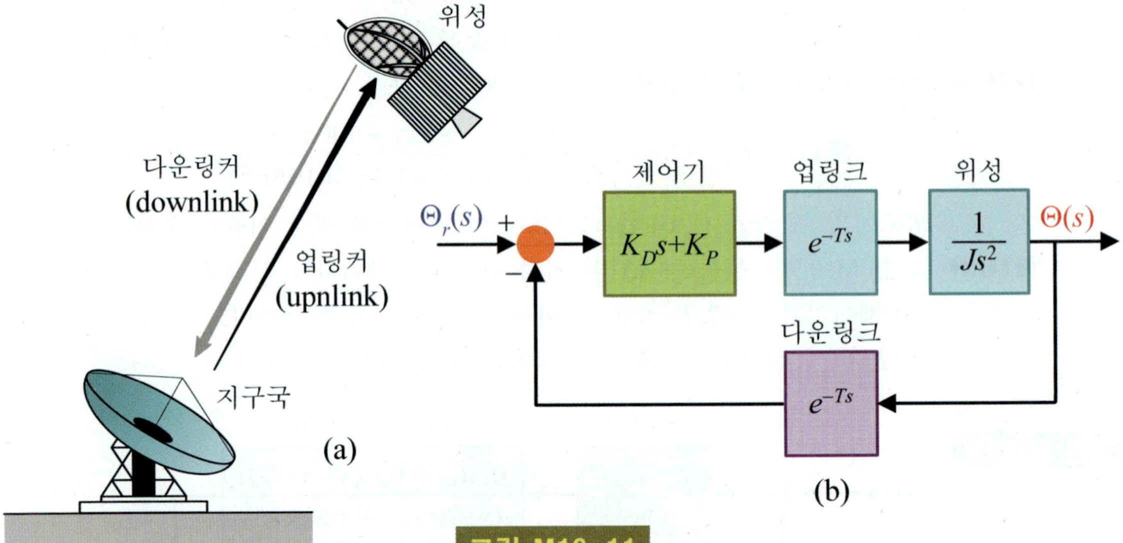

그림 M10-11

11

PID 제어기

11.1 제어 시스템의 설계

설계 사양

지금까지는 주어진 시스템의 특성을 시간상 및 주파수상에서 해석하는 방법에 대해 설명하였지만 이 장에서는 시스템의 설계에 대해 설명한다. 시스템 해석에서 9장의 근궤적은 시간상의 특성을 해석하는 것이며 주파수상의 해석 방법은 10장에서 설명한 보드 선도, 나이퀴스트 선도 및 니콜스 도표 등이 있다. 특히 제어에서는 시간상의 특성 해석이 주목적이지만 주파수 영역상에서는 여러 가지 다양한 도구들이 제공되고 있기 때문에 보조적인 수단으로 많이 활용되고 있다.

시스템을 설계할 때 요구되는 중요한 사양은 안정성, 과도 응답 및 정상 상태 오차 등이다. 안정성 중 상대적인 안정성을 판단하는 데는 주파수상의 해석인 이득 여유, 위상 여유가 요긴하게 사용된다. 그리고 시간상의 과도 응답은 시스템의 특성 방정식 근의 위치에 의존하므로 주로 근궤적을 통해 해석한다. 과도 응답에는 오버슛, 피크 시간, 상승 시간, 정착 시간 등이 있다. 그러나 시스템의 정상 상태 오차는 근의 위치보다는 전적으로 시스템 유형에 의존하며 여기에는 유형 0, 유형 1, 유형 2 등이 있다. 정상 상태 오차를 판단하는데는 위치 상수, 속도 상수 및 가속도 상수 등이 있다.

일반적인 2차 시스템은 극점의 위치에 따라 시간상 및 주파수상의 특성들을 정량적으로 해석할 수 있는 공식이 있다. 즉 시간상의 오버슛, 피크 시간, 상승 시간, 정착 시간 등뿐 아니라 주파수상의 대역폭, 공진 주파수, 공진 이득 등에 대한 식이 마련되어 있다. 따라서 2차 시스템은 주어진 사양에 맞추어 시스템의 파라미터를 체계적으로 설계할 수 있으며 설계 결과도 예측할 수 있다.

3차 이상의 시스템에서는 2차 시스템에서와 같은 정량적인 해석 방법이 없으므로 시행 착오를 거듭하며 설계할 수 밖에 없다. 그러나 다행히 3차 이상의 고차 시스템에서도 우세 극점이나 극-영점 상쇄 효과를 얻을 수 있으면 근사적인 2차 시스템으로 간주할 수 있다. 이 경우는 고차 시스템에도 체계적이고 정량적인 2차 시스템 설계 방식을 무리없이 적용할 수 있다. 따라서 우세 극점과 극-영점 상쇄는 고차 시스템 설계를 간단하게 해 주는 매우 중요한 개념이다. 2차 시스템의 제반 특성들은 시스템 설계시 빈번하게 언급되므로 그림 11-1에 정리해 놓았다. 그림 11-1(a)는 2차 시스템의 극-영점도이며 이에 따른 시간상의 제반 응답은 그림 (b)이다. 그리고 그림 (c)는 주파수 응답이며 그림 (d)는 시간상 응답과 주파수상 응답의 상관을 보여준다.

그림 11-1 2차 시스템의 제반 특성.

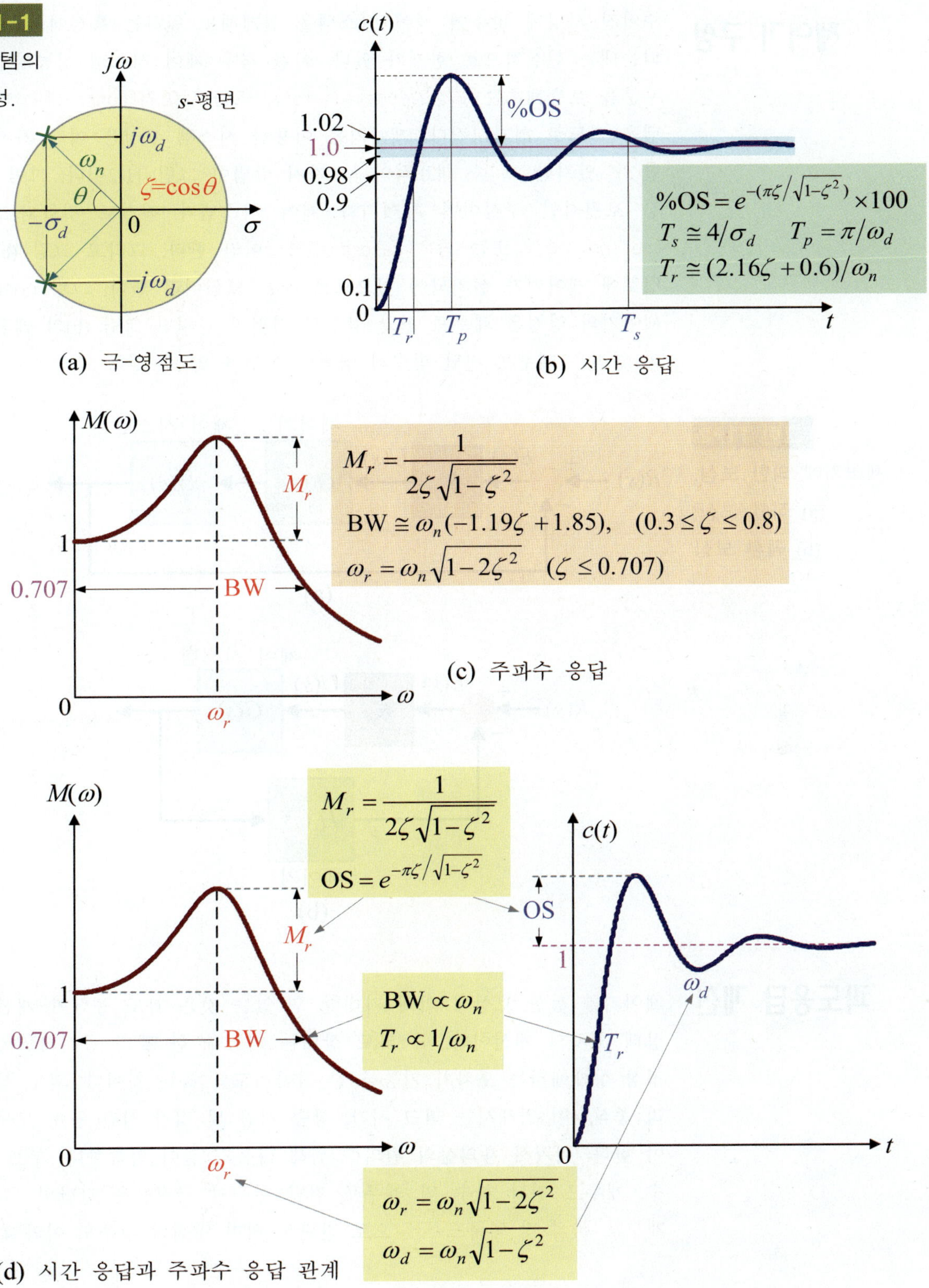

제어기 구성

주어진 사양에 맞추어 제어 시스템을 설계해도 원하는 특성에 완전히 부합되는데는 현실적으로 한계가 있다. 이런 경우 제어 시스템 성능의 모자라는 부분을 보충해주는 보상기(compensator), 또는 제어기(controller)라는 시스템을 별도로 첨가시킨다. 제어기를 이용한 시스템 보상은 여러 가지로 구성할 수 있지만 그 중 대표적인 두 가지 방법이 그림 11-2이다. 그림 (a)는 가장 보편적인 구성이며 제어기가 제어 시스템과 직렬로 결합되므로 직렬(series) 보상 또는 종속(cascade) 보상이라 한다. 그리고 그림 (b)는 궤환 경로에 제어기가 설치되어 있으므로 궤환 보상이라 한다. 그림 (a)에서 직렬 제어기의 영점은 폐루프 전달 함수의 영점과 같지만 그림 (b)의 궤환 제어기의 영점은 폐루프 전달 함수의 영점이 아님을 알 수 있다.

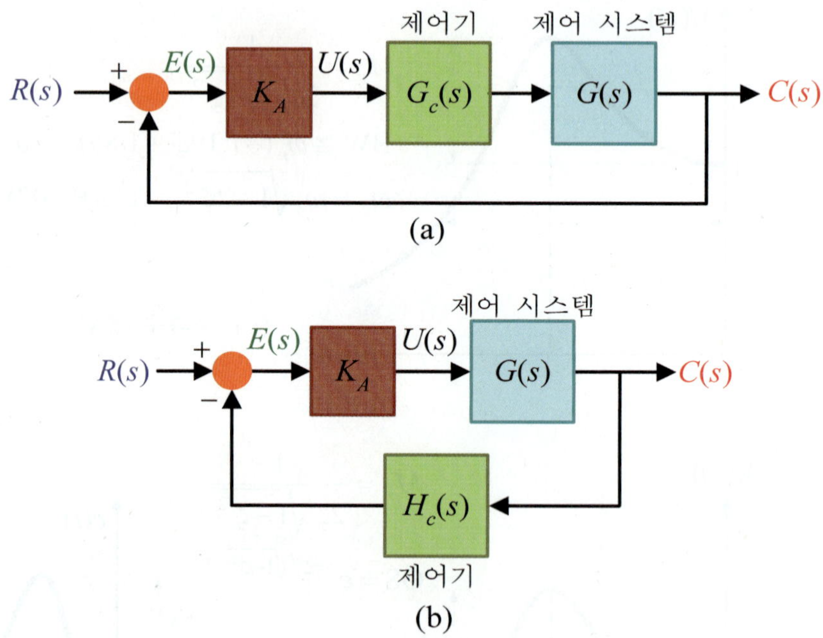

그림 11-2 제어기에 의한 보상: (a) 직렬 보상; (b) 궤환 보상

과도응답 개선

제어기를 통한 보상에 의해 기대할 수 있는 것은 과도 응답의 개선과 정상 상태 오차의 개선이다. 즉 과도 상태는 가능한 한 빨리 종식되도록 하면서 정상 상태에서는 오차가 가능한 한 작아지도록 하는 것이다. 과도 상태가 빨리 종식되기 위해서는 피크 시간, 상승 시간 및 정착 시간 등이 모두 빨라져야 한다. 여기서 용의상의 편의를 위해 다음과 같이 약속한다: 루프 전달 함수, 개루프 전달 함수 및 폐루프 전달 함수의 극점들은 간단히 루프 극점, 개루프 극점 및 폐루프 극점으로 간단히 하며 영점의 경우도 이와 같다.

예를 들어 어떤 폐루프 시스템의 근궤적이 그림 11-3(a)와 같으며 근궤적상의 폐루프 우세 극점 (A)에 대한 과도 응답이 그림 (b)의 (A)와 같다고 하자. 만일 과도 응답의 오버슛은 그대로 유지한 채 상승 시간만 더 빠르게 하여 그림 (b)의 (B)와 같은 특성을 얻고자 한다면 그림 (a)에서 폐루프 우세 극점은 (A)에서 (B)로 이동시켜야 한다. 즉 오버슛이 같으므로 제동비 ζ는 같으면서 상승 시간을 단축시키기 위해 우세 극점 (B)는 (A)에 비해 ω_n만 증가하여야 하기 때문이다(그림 11-1(a), (b) 참조). 그러나 그림상에서 보듯이 원하는 극점 (B)는 근궤적상에 존재하지 않는 점이므로 이득 K를 0에서 무한대 사이로 변화시켜도 극점 (B)를 얻을 수 없다. 따라서 근궤적 형태를 바꿔야 하며 이는 제어기에 의해 이루어진다. 즉 그림 11-2(a)와 (b)에서 개루프 전달 함수가 각각 $K_A G_c(s)G(s)$ 및 $K_A G(s)H_c(s)$이므로 제어기 $G_c(s)$ 또는 $H_c(s)$의 극점과 영점이 루프 극점과 영점에 각각 추가되기 때문이다.

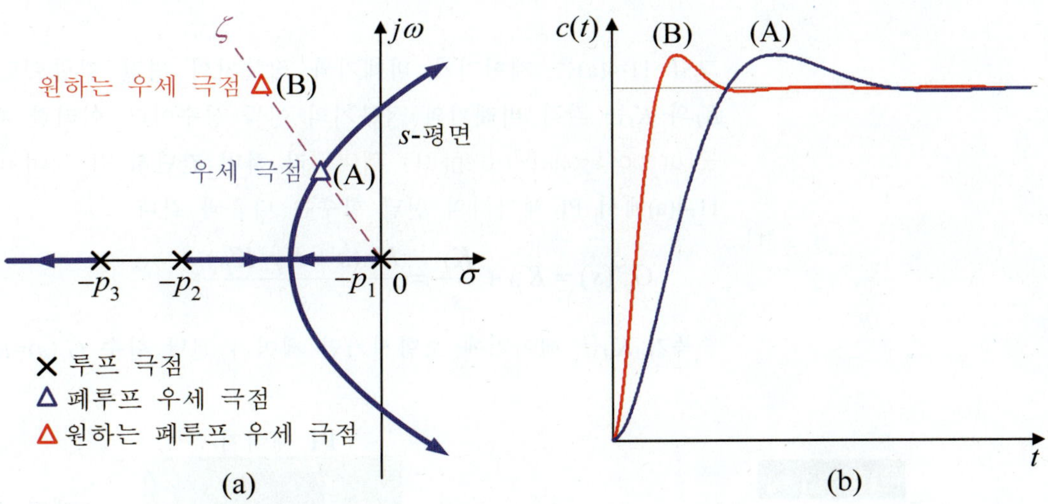

그림 11-3 예로 든 (a) 근궤적과 (b) 계단 응답.

정상상태 개선

과도 응답이 종식된 정상 상태에서 오차가 얼마나 작으냐가 다음 문제이다. 정상 상태 오차는 시스템의 유형을 결정하는 적분기의 수에 달려있다(식 (8-15) 참조). 따라서 그림 11-2에서 $G_c(s)$나 $H_c(s)$에 적분기를 포함시키면 개루프 시스템의 유형을 한 단계 높일 수 있다. 만일 $G(s)$가 $s=0$에서 극점이 없는 유형 0 시스템이며 $G_c(s)=H_c(s)=1/s$로 한다면 폐루프 시스템의 위치 상수 K_p, 속도 상수 K_v 및 가속도 상수 K_a는 다음과 같다(식 (8-13) 참조).

$$\left.\begin{aligned} K_p &= \lim_{s\to 0}\frac{K_A G(s)}{s} = \infty \\ K_v &= \lim_{s\to 0}\frac{sK_A G(s)}{s} = K_A G(0) \\ K_a &= \lim_{s\to 0}\frac{s^2 K_A G(s)}{s} = 0 \end{aligned}\right\} \tag{11-1}$$

따라서 계단 응답에 대한 정상 상태 오차는 $e_p(\infty)=1/(1+K_p)=0$으로 만들 수 있는 것이다. 그러나 실제로는 제어기에 적분기만 있어서는 안되며 이에 대해서는 앞으로 자세히 설명한다.

11.2 PI 제어기

그림 11-4(a)는 제어기가 비례기와 적분기의 병렬 결합으로 구성된 것이며 K_P와 K_I는 각각 비례기와 적분기의 이득 상수이다. 이러한 제어기를 비례-적분(proportional-integral) 제어기라 하며 간단히 PI 제어기라 부른다. 그림 11-4(a)에서 PI 제어기의 전달 함수는 다음과 같다.

$$G_c'(s) = K_P + \frac{K_I}{s} = \frac{K_P(s + K_I/K_P)}{s} \tag{11-2}$$

증폭기 K_A를 제어기에 포함시키면 제어기 전달 함수 $G_c(s)=K_A G_c'(s)$는

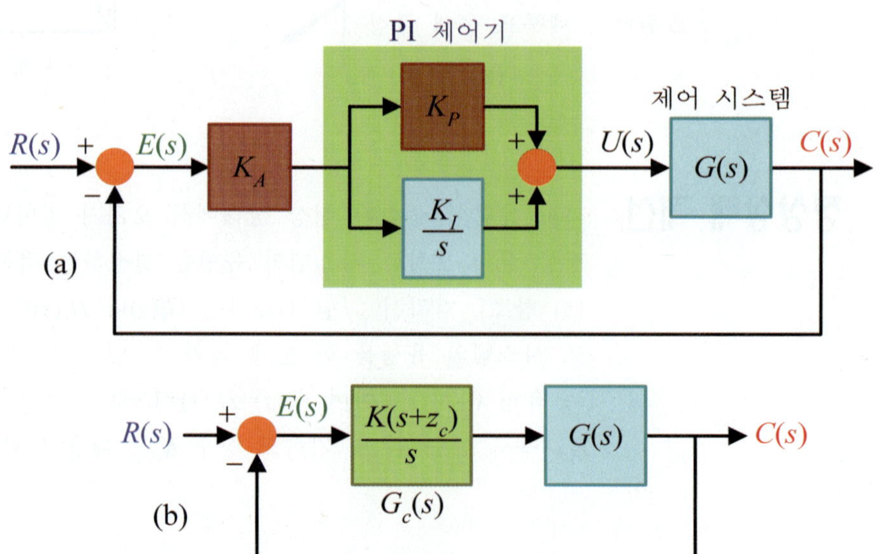

그림 11-4
(a) PI 제어기로 보상되는 제어 시스템.
(b) 등가적인 시스템.

$$G_c(s) = \frac{K(s+z_c)}{s} \tag{11-3}$$

단 $K=K_AK_P$이며 $z_c=K_I/K_P$이다. 따라서 그림 11-4(a)는 그림 11-4(b)와 같이 나타낼 수 있으며 $G_c(s)$는 $s=0$에서 극점이 있으며 $s=-z_c$ 에서 영점이 있다. 그림 11-4(b)에서 $G_c(s)$의 분모 s는 제어 시스템의 유형을 높이는 역할을 한다. 그리고 다음으로 중요한 것은 영점 $-z_c$의 역할이며 $-z_c$는 원점에 매우 가깝게 둔다. 그 이유는 $G_c(s)$의 극점과 영점이 추가되더라도 보상되기 전의 근궤적이 변하지 않도록 하기 위함이며 그림 11-5가 이를 설명한다. 그림 11-5의 근궤적은 PI 제어기로 보상되기 전의 근궤적이다. 그리고 제어기에 의해 원점의 극점과 영점 $-z_c$가 루프 전달 함수에 추가되어 그림에서 보는 바와 같이 된다. PI 제어기의 목적은 루프 전달 함수에 원점의 극점을 추가시켜 시스템의 유형을 높임으로써 정상 상태 오차를 줄이는데만 있다. 따라서 PI 제어기는 폐루프 시스템의 과도 응답에는 영향을 주지 않도록 하며 이를 위해서는 근궤적의 형태가 변하지 않아야 한다. 따라서 그림 11-5에서 보상전 근궤적상의 모든 점들은 추가된 극점과 영점에 의해 그 위치가 변하지 않아야 한다. 이를 위해 추가된 극점과 영점으로부터 근궤적상의 임의의 한 점 r_1에 이르는 벡터를 생각해 보자. $-z_c$가 원점에 매우 가깝기 때문에 두 벡터의 길이가 $l_p \cong l_z$로 거의 같을뿐 아니라 두 각의 차이도 $\theta_z - \theta_p \cong 0$이다. 따라서

그림 11-5

PI 제어기의 목적을 설명하는 하나의 예.

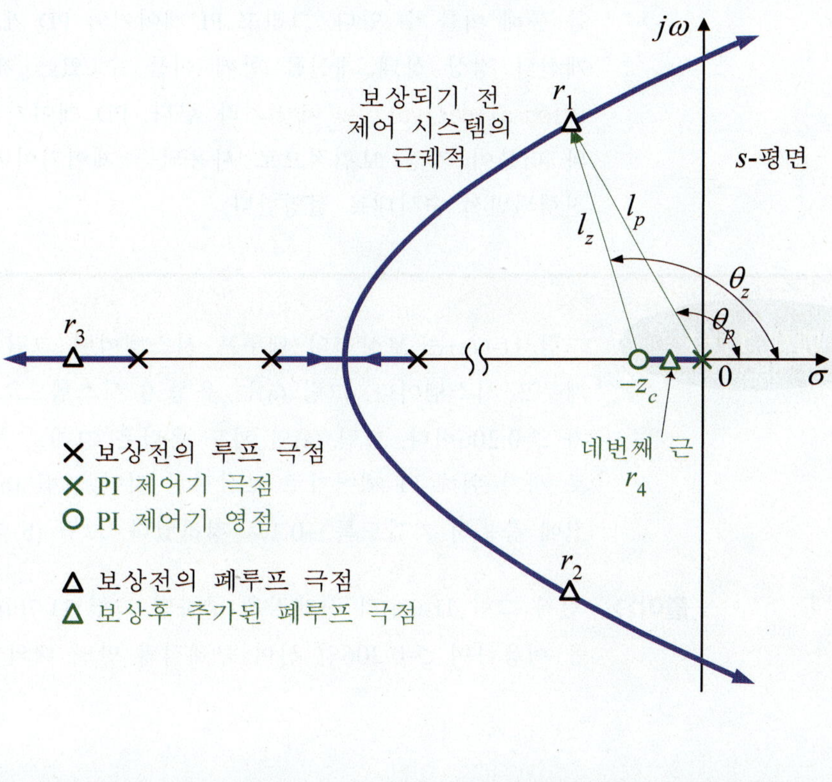

근궤적의 정의에 의해 원점의 극점과 $-z_c$의 영점은 근궤적에 거의 영향을 주지 않게 된다. 다만 실수축상의 극점과 영점의 위치를 살펴보면 0과 $-z_c$ 사이에서 새로운 근궤적이 추가로 형성됨을 알 수 있다. 이상으로 z_c가 0에 충분히 가까우면 보상후의 근궤적은 보상전과 거의 변함이 없고 다만 실수축상의 0과 $-z_c$ 사이에 새로운 근궤적이 추가될 뿐이다.

이제 남은 문제는 0과 $-z_c$ 사이의 근궤적에서 새로 생기는 폐루프 극점의 영향이다. 그림 11-5에서 폐루프 극점 r_1, r_2가 우세 극점이라 하면 이는 보상전이나 보상후나 여전히 우세 극점이 되어야 한다. 그러나 그림에서 보듯이 새로 생긴 폐루프 극점 r_4는 r_1, r_2에 비해 원점에 매우 가깝기 때문에 보상후에는 r_4가 우세 극점이 될 가능성이 있다. 만일 이렇게 되면 보상전과 후의 과도 응답이 완전히 달라지게 되는 것이다. 그러나 폐루프 극점 r_4는 폐루프 영점인 $-z_c$와 매우 가깝기 때문에 극-영점 상쇄 효과에 의해 극점 r_4는 의미 없는 극점이 될 가능성이 매우 높으며 이는 실제로 바라는 바이다(직렬 제어기의 영점은 폐루프 영점 중 하나임을 상기할 것). 이상으로 r_4와 $-z_c$ 사이에 극-영점 상쇄 효과가 충분하다면 다음과 같은 결과를 얻을 수 있다: PI 제어기는 폐루프 시스템의 과도 응답에는 거의 영향을 주지 않으면서 시스템의 유형을 높혀줌으로써 정상 상태 오차만 줄이는 역할을 한다.

PI 제어기는 이상과 같이 정상 상태를 개선시키는 역할을 하는 반면에, 과도 응답 개선은 다음 절에서 설명할 PD(proportional-derivative) 제어기를 통해 이룰 수 있다. 그리고 PI 제어기와 PD 제어기를 결합하여 과도 응답 개선과 정상 상태 개선을 함께 이룰 수 있는 제어기를 PID(proportional-integral-derivative) 제어기라 한다. PD 제어기와 PID 제어기는 PI 제어기와 더불어 가장 보편적으로 사용되는 제어기이며 이들에 대해서는 내용이 진행되면서 순서대로 설명한다.

예제 11-1

그림 11-6(a)는 보상전의 폐루프 시스템이며 그림 (b)는 PI 제어기로 보상된 폐루프 시스템이다. 그림 (a)는 유형 0 시스템으로 우세 극점에 의한 제동비가 ζ=0.206이다. 그림 (a)의 과도 응답은 그대로 두고 정상 상태 오차를 0으로 하기 위해 PI 제어기로 보상시킨 것이 그림 (b)이다. 보상기의 영점은 원점에 충분히 가깝도록 –0.1로 정하였다. 그림 (b)의 특성을 조사해 보아라.

풀이>> 먼저 그림 11-6(a)의 근궤적을 구하면 그림 11-7(a)와 같다. 컴퓨터 프로그램을 이용하여 ζ=0.206인 선이 근궤적과 만날 때의 이득을 구하면 K=402이

그림 11-6
예제 11-1의 그림.

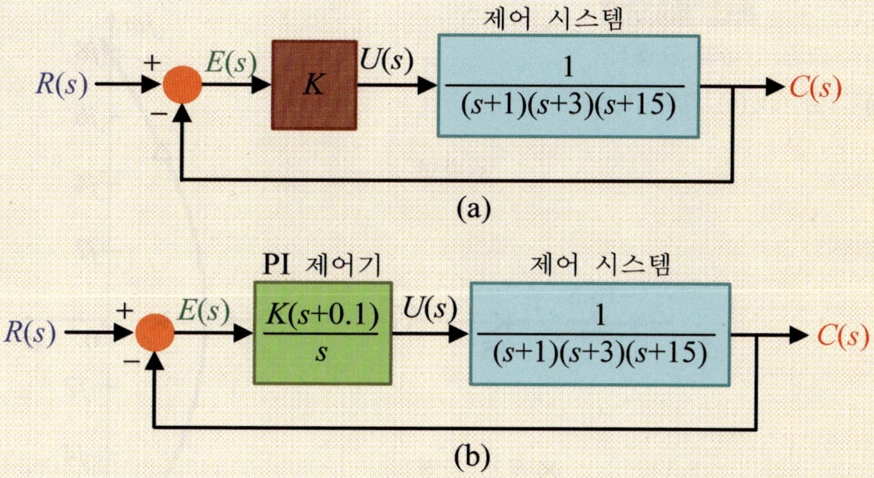

며 이 때의 우세 극점은 $-1.06\pm j5.03$이다. 따라서 그림 11-6(a)의 위치 상수 K_p가 $K_p=K/(1\times3\times15)=402/45=8.9$이므로 정상 상태 오차는 다음과 같다.

$$e_p(\infty)=\frac{1}{1+K_p}=\frac{1}{1+8.9}=0.101$$

다음으로 그림 11-6(b)의 보상된 시스템의 근궤적은 그림 11-7(b)와 같다. 이로부터 동일한 ζ=0.206 선이 근궤적과 만날 때의 이득은 K=391이며 이 때의 우세 극점은 $-1.04\pm j4.94$이다. 그리고 극점 s=−16.8은 극점 $-1.04\pm j4.9$에 비해 원점으로부터 10배 이상 멀기 때문에 $-1.04\pm j4.94$이 확실한 우세 극점임을 알 수 있다. 다음으로 추가된 영점과 극점에 의해 실수축상에 새로 생긴 근궤적은 그림 11-7(b)에 확대된 모습과 같다. 그 결과 새로 생긴 폐루프 극점은 −0.091로서 추가된 영점 −0.1과 충분히 가깝기 때문에 극-영점 상쇄가 일어나기에 충분하다. 따라서 새로운 극점 −0.091은 의미없는 극점이다. 여기서 극-영점 상쇄를 확인해보기 위해 그림 11-6(b)의 폐루프 전달 함수를 구하면 다음과 같다(K=391).

$$G_{\text{CL}}(s)=\frac{\dfrac{391(s+0.1)}{s(s+1)(s+3)(s+15)}}{1+\dfrac{391(s+0.1)}{s(s+1)(s+3)(s+15)}}=\frac{391(s+0.1)}{s^4+19s^3+63s^2+436s+39.1}$$

위의 전달 함수를 부분 분수로 전개하면 다음과 같다.

$$G_{\text{CL}}(s)=\frac{1.44}{s+16.8}+\frac{1.44s-21.07}{s^2+2.12s+25.64}+\frac{0.008}{s+0.091}$$

그림 11-7

그림 11-6의 근궤적: (a) 그림 (a); (b) 그림 (b).

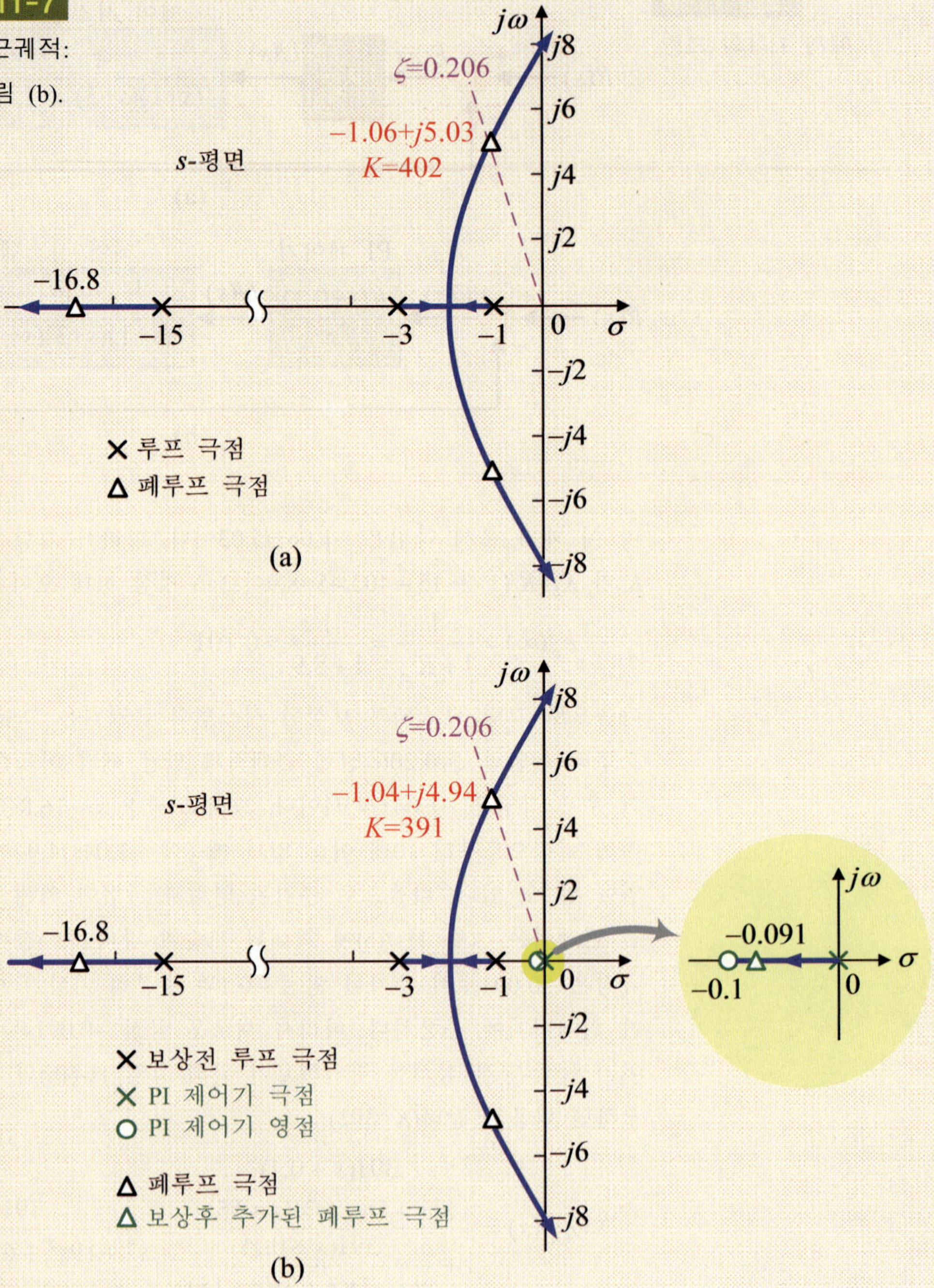

따라서 우변 마지막 항인 극점 −0.091에 대한 유수는 0.008로 다른 유수들에 비해 거의 무시할 수 있는 수준임을 확인할 수 있다. 그림 11-6의 두 시스템의 계단 응답을 비교하면 그림 11-8과 같다. 두 경우 모두 과도 응답은 거의 비슷하다. 그러나 보상된 시스템의 정상 상태 오차는 0인 반면 보상되지 않은 시스템의 경우는 약 10%의 오차를 보인다.

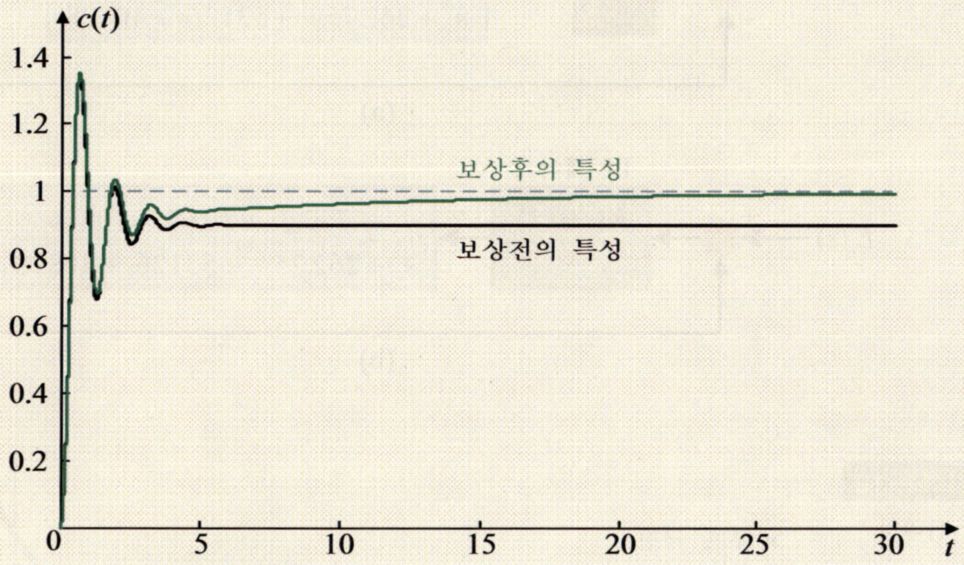

그림 11-8 그림 11-6의 계단 응답: (a) 그림 (a); (b) 그림 (b).

예제 11-2

예제 6-3의 테이프 구동 시스템(그림 6-14(a))는 그림 11-9(a)의 폐루프 시스템과 같다(K_A=1). 유형 0 시스템이므로 계단 입력에 대한 정상 상태 오차를 0으로 하기 위해 그림 11-9(b)와 같이 PI 제어기로 보상하였다. 보상후의 특성에 대해 알아보자.

풀이>> 먼저 보상전인 그림 11-9(a)의 근궤적을 구하면 그림 11-10(a)와 같으며 우세 극점은 –4.98임을 알 수 있다. 그리고 보상전의 정상 상태 오차는

$$K_p = K_A G(0) = \frac{2.1672 \times 10^5}{40828} = 5.308$$

이므로

$$e_p(\infty) = \frac{1}{1+K_p} = \frac{1}{6.308} = 0.16$$

다음으로 보상후의 시스템인 그림 11-9(b)의 근궤적을 구해보면 추가된 부분

그림 11-9

예제 11-2의 그림.

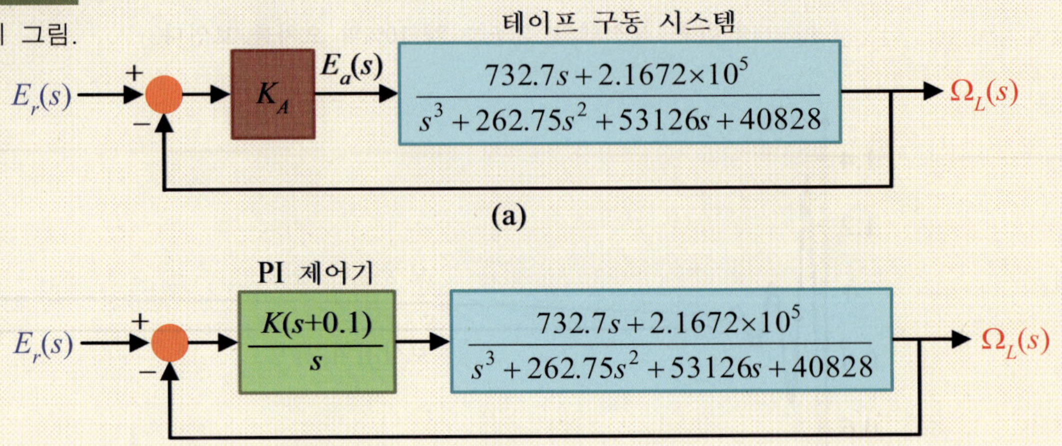

그림 11-10

그림 11-9의 근궤적: (a) 그림 (a); (b) 그림 (b).

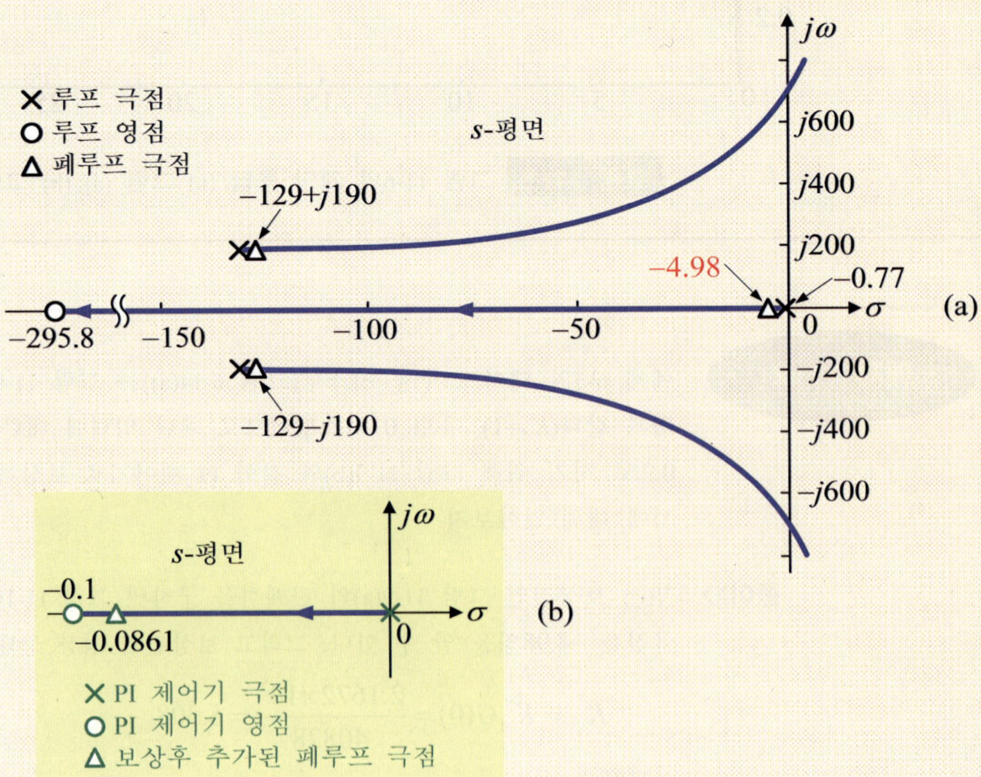

만 제외하면 그림 11-10(a)와 거의 같았다. 따라서 실수축상에서 추가된 근궤적만 보이면 그림 11-10(b)와 같다. 그 결과 K=1일 때 PI 제어기에 의해 추가된 폐루프 극점은 –0.0861이다. 추가된 극점 –0.0861은 영점인 –1과 상쇄될 가능성은 높지만 확인해볼 필요가 있다. 그림 11-9(b)에서 K=1일 때의 폐루프 전달 함수는 다음과 같다.

$$G_{CL}(s)=\frac{732.7s^2+2.168\times10^5+21672}{s^4+262.8s^3+53860s^2+2.576\times10^5+21672}$$

위의 전달 함수를 부분 분수로 전개하면 다음과 같다.

$$G_{CL}(s)=\frac{4.137}{s+4.8}+\frac{0.0125}{s+0.0861}+\frac{4.15s+317.6}{s^2+257.9s+5.25\times10^4}$$

따라서 극점 –0.0861에 대한 유수는 0.0125로서 상대적으로 무시할 수 있으므로 극-영점 상쇄 효과를 확인할 수 있다. 보상전과 후의 계단 응답을 비교하면 그림 11-11과 같다.

그림 11-11
그림 11-9의 계단 응답:

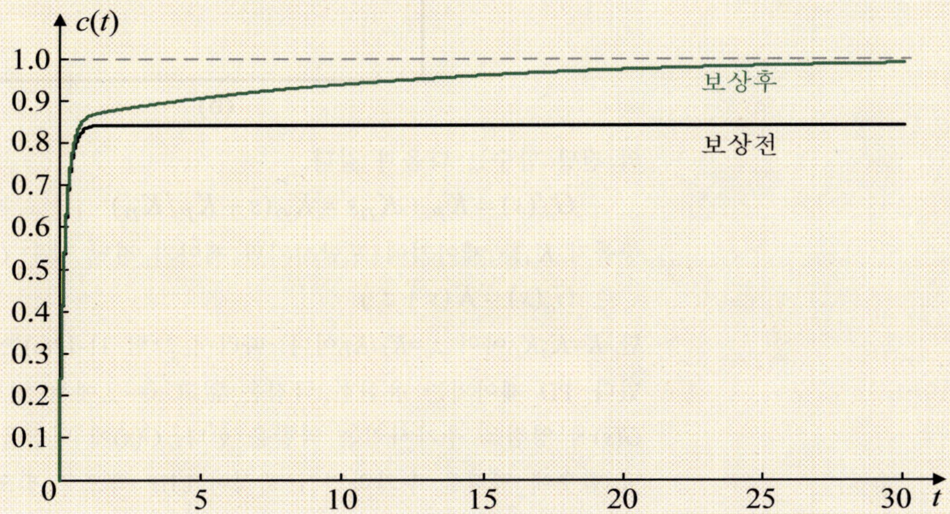

11.3 PD 제어기

PI 제어기의 목적은 과도 응답은 그대로 두고 정상 상태 오차만 0으로 줄이는데 있다. 이에 비해 지금부터 설명할 PD 제어기는 근궤적의 형태를 재구성하여 원하는 위치에 폐루프 극점을 두는 것이 목적이다. PD 제어기 구성은 그림 11-12(a)와 같이 비례기와 미분기의 병렬 결합으로 구성되므로 비례-미분 제어기(proportional-derivative), 간단히 PD 제어기라 한다. PD 제어기

그림 11-12

(a) PD 제어기로 보상되는 제어 시스템.
(b) 등가적인 시스템.

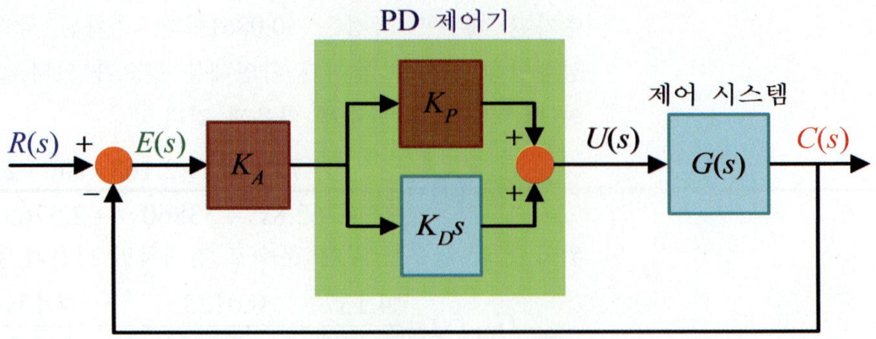

(a)

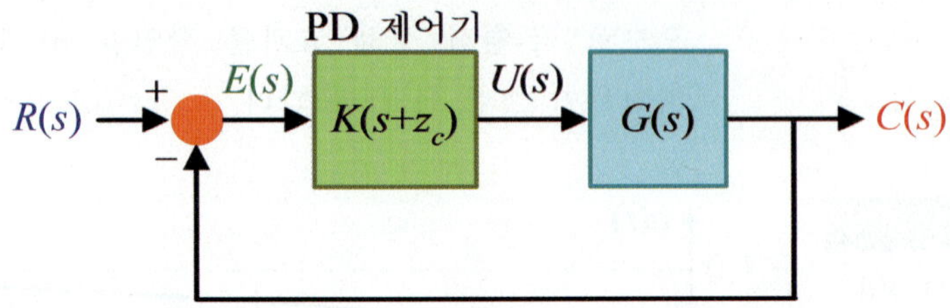

(b)

의 전달 함수는 다음과 같다.

$$G_c'(s) = K_P + K_D s = K_D(s + K_P/K_D) \quad \textbf{(11-4)}$$

증폭기 K_A를 제어기에 포함시키면 제어기 전달 함수 $G_c(s)=K_AG_c'(s)$는

$$G_c(s) = K(s + z_c) \quad \textbf{(11-5)}$$

단 $K=K_AK_D$이며 $z_c=K_P/K_D$이다. 따라서 그림 11-12(a)는 그림 (b)로 나타낼 수 있다. PD 제어기는 유한한 극점은 없고 $s=-z_c$에서 영점만 있으며 전달 함수 $G(s)$에 영점을 추가시키는 역할을 한다. $G(s)$에 영점을 추가하면, 즉 루프 전달 함수에 영점을 추가하면 근궤적이 LHF 쪽으로 휨으로써 안정성을 높인다는 것은 9장에서 설명한 바 있다(그림 9-19와 9-20 참조). 따라서 PD 제어기는 폐루프 시스템의 극점을 LHF 쪽으로 이동시켜 과도 응답을 개선시키는데 유리함을 알 수 있다. 이제 남은 문제는 영점 $-z_c$의 위치를 설정하는 것이며 이를 위해 그림 11-13을 예로 들어보자. 그림에서 $-p_1$, $-p_2$, $-p_3$는 보상전의 루프 극점이며 r은 보상전의 폐루프 우세 극점이다. 우세 극점 r을 새로운 우세 극점 r_c로 옮기기 위해 PD 제어기를 통해 추가한 영점이 $-z_c$이다. 물론 r_c는 보상전의 근궤적상에 없는 것으로 한다. 근 r_c가 새로운 근궤적상에 있기 위해서는 극점 $-p_1$, $-p_2$, $-p_3$ 및 영점 $-z_c$로부터 r_c에 이르는 각이 다음의 각 조건을 만족하여야 한다.

$$\theta_{zc} - (\theta_1 + \theta_2 + \theta_3) = (2k+1)180° \quad \textbf{(11-6)}$$

그림 11-13

PD 제어기의 영점을 기하학적으로 설정하는 원리를 보여주는 그림.

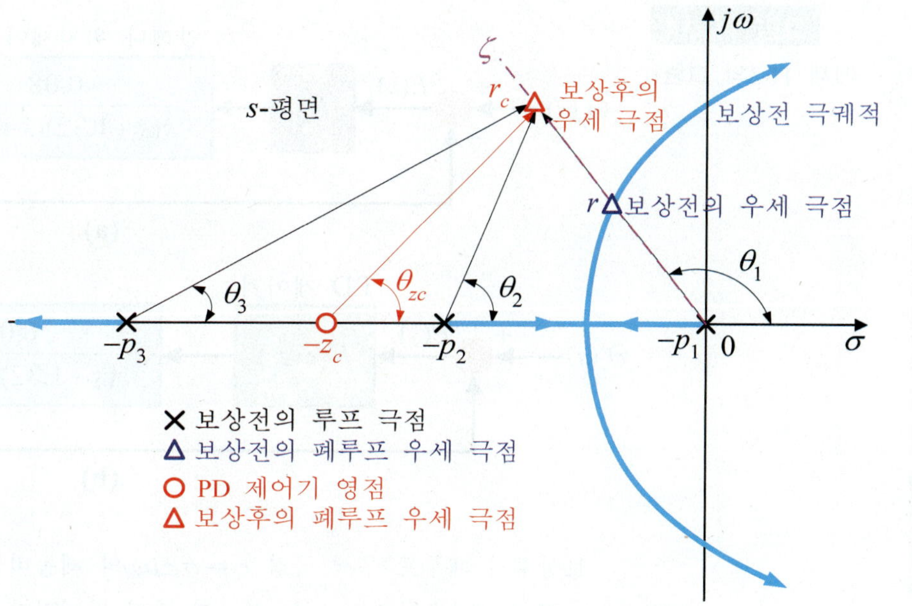

식 (11-6)으로부터 실수축상에 있는 영점 $-z_c$의 위치가 결정된다. 다음으로 영점 $-z_c$를 포함하여 기존의 영점 및 극점들로부터 새로운 근궤적을 그린 다음 원하는 근 r_c에 대한 이득 K를 결정하면 된다(매트랩 명령으로 간단히 해결할 수 있으며 11 장 말미에 설명한다). 만일 식 (11-6)을 만족하는 영점 $-z_c$가 실수축상에 존재하지 않을 경우는 r_c를 수정하여 다시 설계하여야 한다.

예제 11-3

그림 6-20의 안테나 위치 제어 시스템에서 각 파라미터 값들을 예제 6-6에서 주어진 바와 같이 하면 폐루프 시스템은 그림 11-14(a)와 같다(그림 6-20(b) 및 식 (6-34) 참조). 그림 11-14(a)의 시스템을 그림 (b)와 같이 PD 제어기로 보상하고자 한다. 보상후의 오버슛은 보상전과 같이 16%로 하되 보상후의 피크 시간은 T_p=0.1초가 되도록 설계하라.

풀이>> 보상전인 근궤적은 그림 11-15(a)와 같으며 오버슛 16%에 해당하는 제동비 ζ=0.504의 선은 그림에 표시되어 있다. 따라서 보상전의 폐루프 우세 극점은 $-0.653 \pm j1.12$이며 −150 근처의 폐루프 극점은 무시된다. 그리고 이 때의 이득은 K_A=3150이다. 이상으로 보상전의 피크 시간은 다음과 같다.

$$T_p = \frac{\pi}{\omega_d} = \frac{3.14}{1.12} = 2.86 \text{ sec}$$

그림 11-14

예제 11-3의 그림.

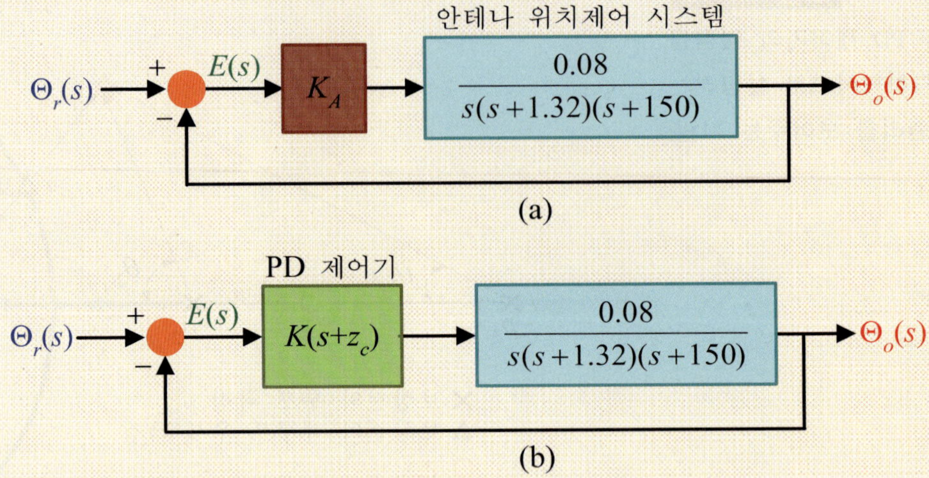

보상후의 폐루프 우세 극점 $r_c=-\sigma_d \pm j\omega_d$의 제동비는 여전히 $\zeta=0.504$이다. 그리고 $T_p=0.1$초이므로 ω_d는 다음과 같이 정해진다.

$$\omega_d = \frac{\pi}{T_p} = \frac{3.14}{0.1} = 31.4$$

이로부터 σ_d 및 ω_n은 다음과 같이 결정된다.

그림 11-15

그림 11-14의

(a) 보상전 근궤적;

(b) 원하는 우세 극점;

(c) 보상후 근궤적.

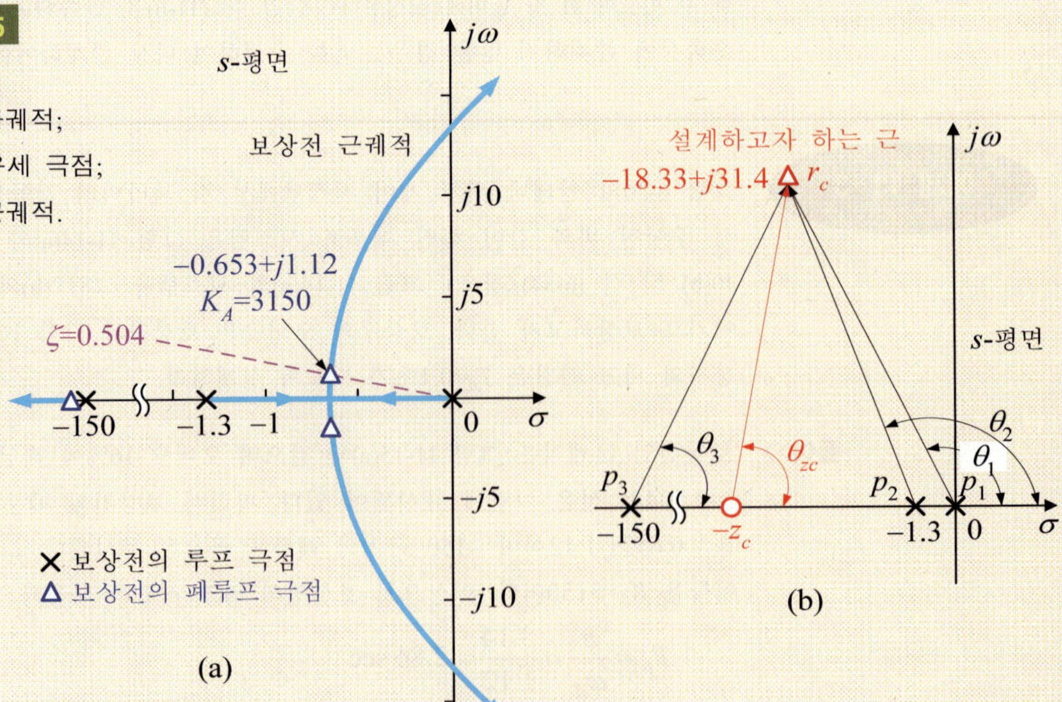

그림 11-15

(계속)

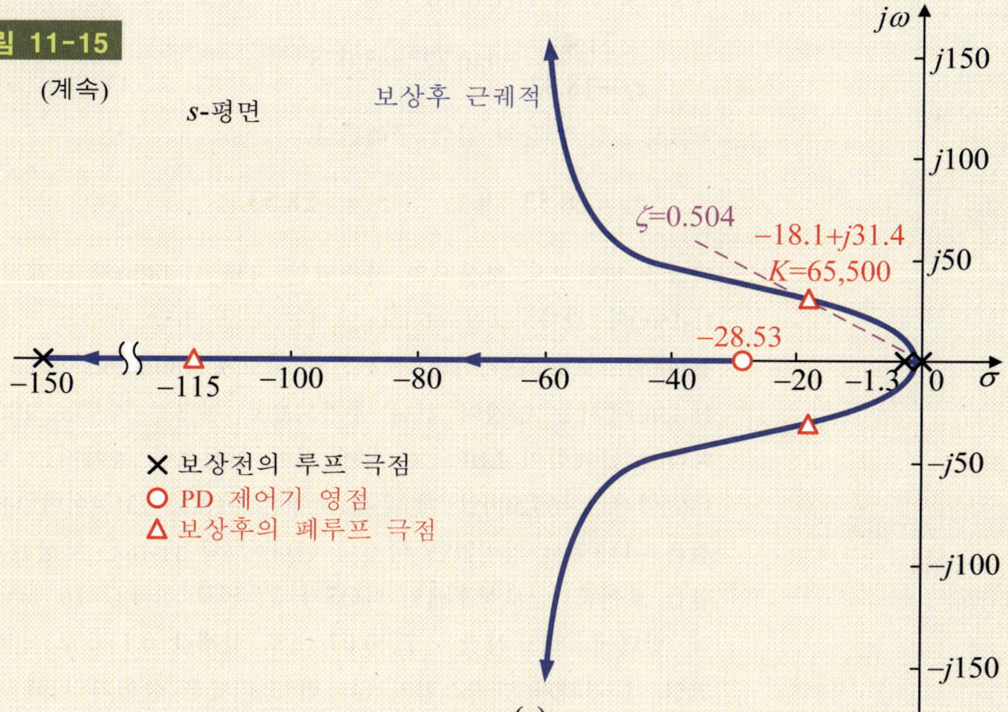

(c)

$$\omega_n = \frac{\omega_d}{\sqrt{1-\zeta^2}} = \frac{31.4}{\sqrt{1-0.504^2}} = 36.36$$

$$\sigma_d = \zeta\omega_n = 0.504 \times 36.36 = 18.33$$

이상으로 설계하고자 하는 우세 극점은 r_c=−18.33+j31.4이며 그림 11-15(b)에 표시된 바와 같다. 이로부터 각 루프 극점들로부터 r_c에 이르는 각 θ_1, θ_2, θ_3를 구하면 다음과 같다.

$$\begin{cases} \theta_1 = \angle(r_c - p_1) = \angle(-18.33 + j31.4) = 120.27° \\ \theta_2 = \angle(r_c - p_2) = \angle(-18.33 + j31.4 + 1.32) = 118.45° \\ \theta_3 = \angle(r_c - p_3) = \angle(-18.33 + j31.4 + 150) = 13.4° \end{cases}$$

즉 $\theta_1+\theta_2+\theta_3$=252°이므로 영점 $-z_c$에 대한 각 θ_{zc}는 다음을 만족해야 한다.

$$\theta_{zc} - 252° = -180°$$

따라서

$$\theta_{zc} = 72°$$

이상으로 그림 11-15(b)의 기하학적인 관계로부터

$$\frac{31.4}{z_c - 18.33} = \tan 72° = 3.078$$

이므로 z_c는 다음과 같이 구해진다.

$$z_c = 28.53 \quad \text{또는} \quad -z_c = -28.53$$

이상을 바탕으로 보상후의 시스템인 그림 11-14(b)의 근궤적을 그리면 그림 11-15(c)와 같다. 그림 11-15(a)에서는 루프 전달 함수는 극점이 3개이고 영점이 없으므로 근궤적의 점근선은 각도가 180/3=60°이다. 이에 비해 그림 11-15(c)에서는 영점이 하나 추가되므로 점근선 각도는 180/2=90°가 된다. 따라서 근궤적이 LHF으로 휘게 되어 안정성이 높아지는 것이다. 그림 11-15(c)에서 K=65,500일 때 우세 극점은 −18.33+j31.4이며 나머지 하나의 극점은 −115로서 의미없는 극점이 된다. 그림 11-16은 보상전과 후의 계단 응답을 보여준다. 보상후에는 %OS가 37 %로 설계값 16 %보다 크게 나타난다. 반면에 피크 시간은 T_p=0.07 초로 설계값 0.1 초보다 빠르게 나타난다. 만일 이 결과가 만족스럽지 않다면 오버슛을 줄이기 위해 제동비 ζ를 증가시키거나 또는 피크 시간이 좀 더 길어지도록 ω_n을 줄여 다시 설계한다.

그림 11-16
그림 11-14의 계단 응답.

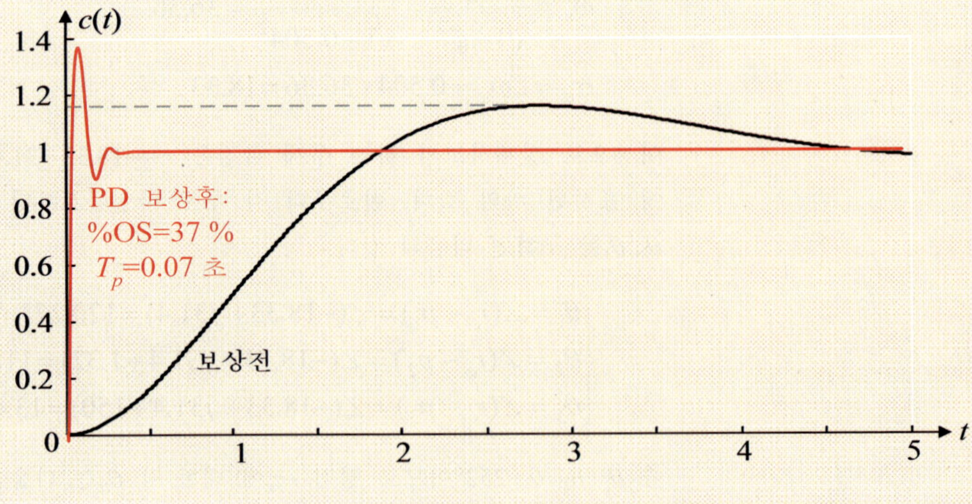

예제 11-4

예제 6-5의 자기 디스크 구동 시스템(그림 6-18)에서 헤드의 암이 매우 견고하여 신축성이 거의 없는 것으로 하면, 즉 스프링 계수 K를 무한대라고 한다. 그러면 그림 6-18(c)의 상사 회로에서 커페시터는 용량 $1/K$이 0이 되어 회로로부터 제거되는 것과 같다. 따라서 그림 6-18(b)의 전달 함수 $G(s)$는 다음과 같음을 알 수 있다.

$$G(s) = \frac{1/R_a}{s(M_m + M_L) + B_m + B_L}$$

위의 식에 예제 6-5에서 주어진 파라미터 값들을 대입하면 $G(s)$는

$$G(s) = \frac{49}{s + 24.75}$$

따라서 그림 6-18에 대한 블록 선도는 그림 11-17(a)와 같다. 그리고 그림 11-17(a)의 시스템을 PD 제어기로 보상한 것이 그림 (b)이다. 보상전이나 보상후의 제동비는 모두 ζ=0.707로 하며 보상후의 정착 시간은 T_s=40 ms가 되도록 설계해 본다. 먼저 그림 11-17(a)에 대한 근궤적을 구해보면 그림 11-18(a)와 같다. 제동비 ζ=0.707의 선은 그림에 표시되어 있으며 보상전의 페루프 우세 극점은 $-12.4 \pm j12.4$이고 이득은 K_A=6.24이다. 따라서 보상전의 정착 시간은 다음과 같다.

$$T_s = \frac{4}{\sigma_d} = \frac{4}{12.4} = 0.323 \text{ sec}$$

보상후의 페루프 우세 극점 $r_c = -\sigma_d \pm j\omega_d$의 제동비도 ζ=0.707이다. 그리고

그림 11-17
예제 11-4의 그림.

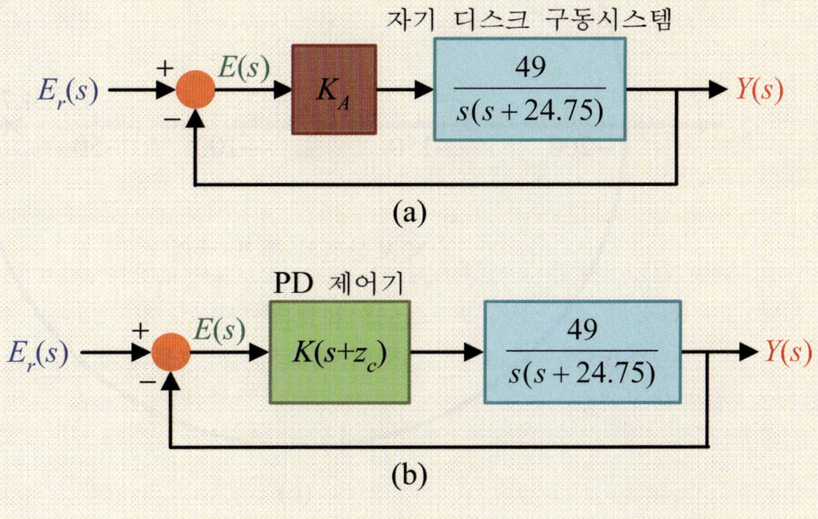

그림 11-18

그림 11-14의
(a) 보상전 근궤적;
(b) 원하는 우세 극점;
(c) 보상후 근궤적.

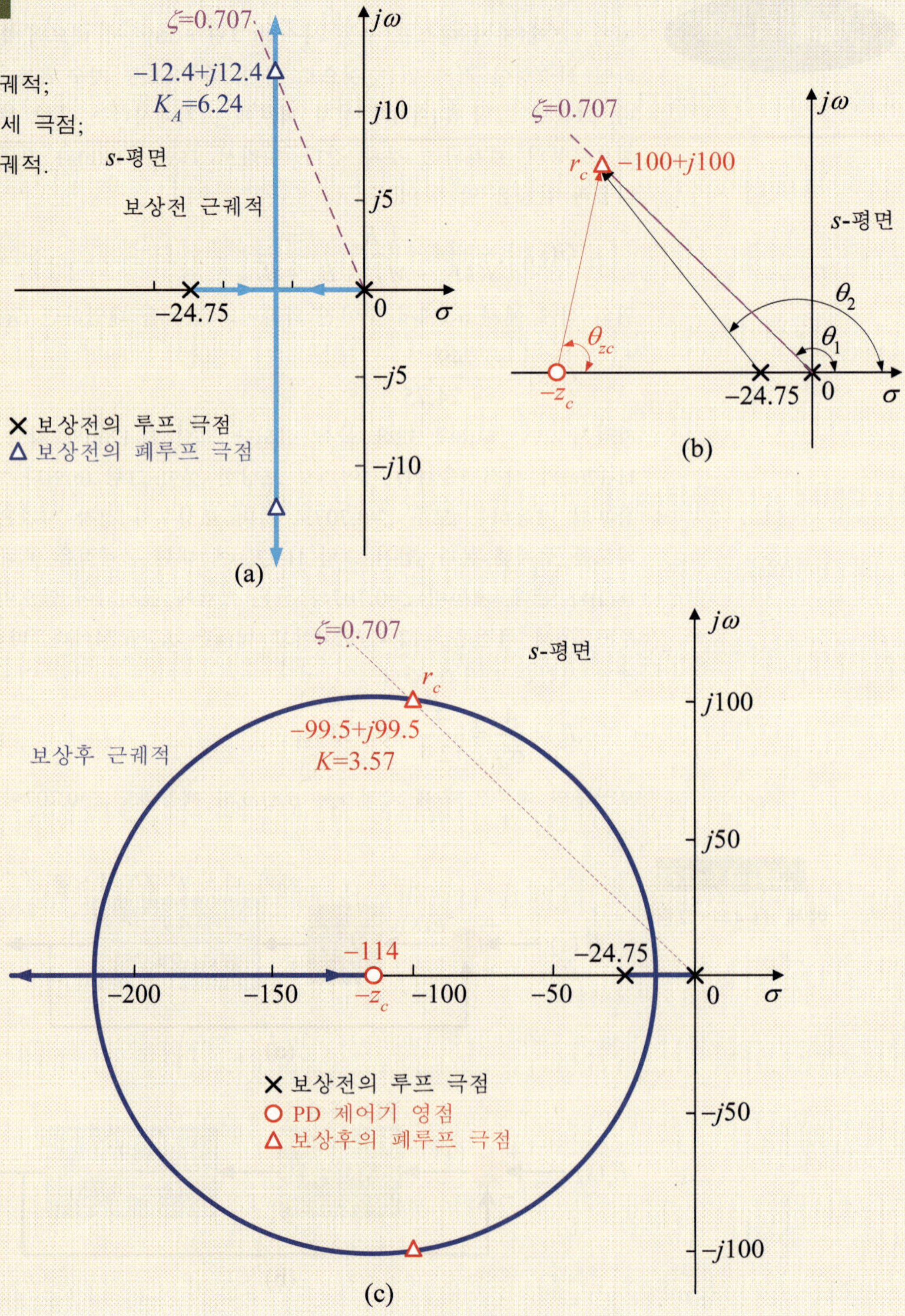

T_s=40 ms이므로 σ_d는 다음과 같이 정해진다.

$$\sigma_d = \frac{4}{T_s} = \frac{4}{0.04} = 100$$

이로부터 ω_d 및 ω_n은 다음과 같이 결정된다.

$$\begin{cases} \omega_n = \dfrac{\sigma_d}{\zeta} = \dfrac{100}{0.707} = 141.4 \\ \omega_d = \omega_n \sqrt{1-\zeta^2} = 100 \end{cases}$$

이상으로 설계하고자 하는 우세 극점은 r_c=−100+j100이며 그림 11-18(b)에 표시된 바와 같다. 이로부터 각 루프 극점들로부터 r_c에 이르는 각 θ_1, θ_2를 구하면 다음과 같다.

$$\begin{cases} \theta_1 = \angle(-100 + j100) = 135° \\ \theta_2 = \angle(-100 + j100 + 24.75) = 127° \end{cases}$$

즉 $\theta_1+\theta_2$=262°이므로 영점 $-z_c$에 대한 각 θ_{zc}는 디음과 같다.

$$\theta_{zc} = -180° + 262° = 82°$$

이상으로 그림 11-18(b)의 기하학적인 관계로부터

$$\frac{100}{z_c - 100} = \tan 82° = 7.115$$

이므로

$$z_c = 114 \quad \text{또는} \quad -z_c = -114$$

그림 11-17(b)에 대한 근궤적을 구해보면 그림 11-18(c)와 같으며 보상된 시스템의 과도 응답을 구해보면 다음과 같다.

$$T_r = \frac{2.16\zeta + 0.6}{\omega_n} = 0.02, \quad T_s = 0.04, \quad T_p = \frac{\pi}{\omega_d} = 0.0314$$

그림 11-19는 보상전과 보상후의 계단 응답을 보여준다. 보상후에는 %OS가 16 %로 설계값 4.3 %보다 크게 나타나며 피크 시간은 T_p=0.017 초로 설계값 0.0314 초보다 약 두 배 빠르다. 그리고 보상전의 속도 상수와 정상 상태 오차는 다음과 같다.

$$K_v = \frac{6.24 \times 49}{24.75} = 12.35, \quad e_v(\infty) = \frac{1}{K_v} = 0.08$$

이에 비해 보상후의 속도 상수와 정상 상태 오차는

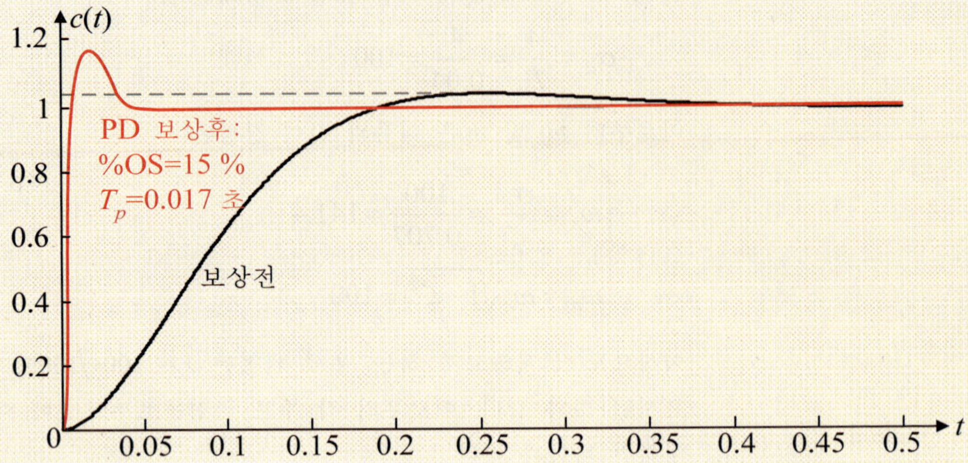

그림 11-19 그림 11-17의 계단 응답.

로 보상전보다 개선된다. 그러나 PD 제어기가 항상 정상 상태 오차를 개선하는 것은 아니다.

이상의 예제를 통해 PD 제어기는 시스템의 과도 응답을 개선시킨다는 것을 확인할 수 있다. 그러나 PD 제어기에 사용되는 미분기는 잡음에 매우 취약하다. 즉 잡음은 신호에 비해 매우 높은 주파수 영역까지 고루 분포되어 있으므로 미분에 의해 고주파 영역의 잡음이 크게 강화될 수 있기 때문이다. 또 한가지의 약점은 미분기나 적분기는 수동 회로로 구성할 수 없으므로 능동 소자를 사용하여야 한다는 점이다. 능동 소자를 구동하기 위해서는 별도의 직류 전력이 필요하므로 전력 소비가 발생한다. 순수 수동 소자로써 제어기를 구성하는 방법에 대해서는 다음 장에서 설명한다.

11.4 PID 제어기

PI 제어기의 정상 상태 개선 기능과 PD 제어기의 과도 응답 개선 기능을 결합한 것이 PID(proportional-integral-derivative) 제어기이며 구성은 그림 11-20(a)와 같다. PID 제어기의 전달 함수는 다음과 같다.

$$G_c(s) = K_D s + K_P + \frac{K_I}{s} = \frac{K_D(s^2 + K_P/K_D\, s + K_I/K_D)}{s} \tag{11-7}$$

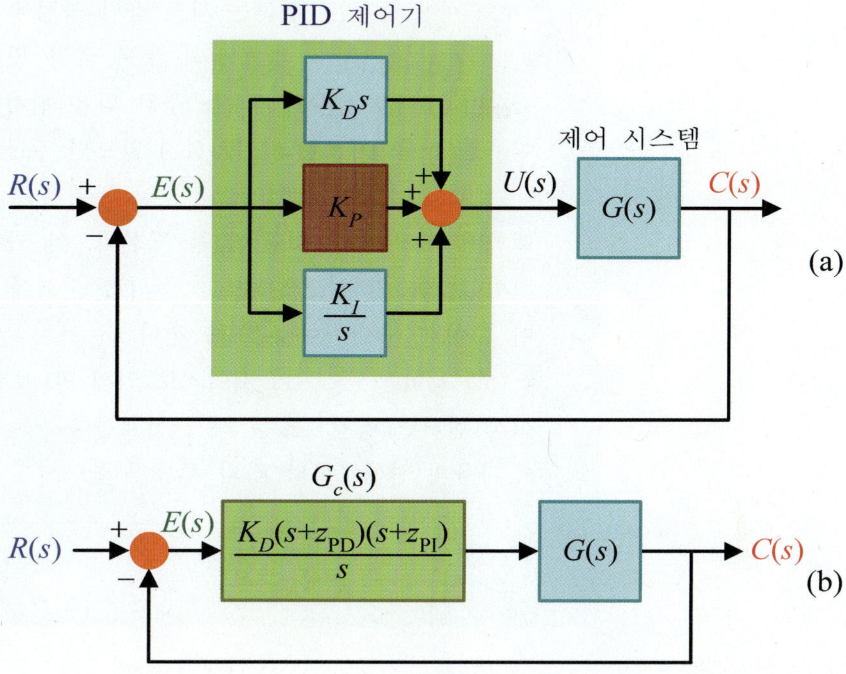

그림 11-20
(a) PID 제어기로 보상되는 제어 시스템.
(b) 등가적인 시스템.

PID 제어기는 원점에서의 극점 한 개와 두 개의 영점을 갖고 있다. 영점 하나는 원점의 극점과 결합하여 PI 제어기로 동작하며 다른 하나의 영점은 PD 제어기로 동작한다. 따라서 두 개의 영점을 강조하기 위해 식 (11-7)은 다음과 같이 표현할 수 있다(그림 11-20(b)).

$$G_c(s) = \frac{K_D(s+z_{PD})(s+z_{PI})}{s} \qquad \begin{cases} z_{PD} + z_{PI} = K_P / K_D \\ z_{PD} z_{PI} = K_I / K_D \end{cases} \tag{11-8}$$

여기서 z_{PD}와 z_{PI}는 각각 PD 제어기 및 PI 제어기의 영점을 의미한다. 그리고 설계에 의해 이득 K_D 및 z_{PD}, z_{PI}가 결정되면 K_P와 K_I가 따라서 정해진다. PID 제어기는 PI 제어기와 PD 제어기를 독립적으로 설계한다. 즉 PD 제어기로써 과도 응답 개선을 이루고 난 다음 단계로 PI 제어기로 정상 상태 개선을 이룬다. 물론 순서를 반대로 할 수도 있지만 이 책에서는 PD 제어기를 먼저 설계하는 방식을 취하기로 한다. 설계 순서는 다음과 같다.

1. PD 제어기 설계: 원하는 과도 응답 특성에 맞도록 z_{PD}를 결정한다.
2. PD 제어기 검토: 보상전의 루프 극점 및 영점과 PD 제어기의 영점 $-z_{PD}$로부터 보상된 근궤적을 구한 다음 원하는 과도 응답과 일치하는지 여부를 조사한다. 만일 일치하지 않으면 z_{PD}를 다시 설계하여야 한다.
3. PI 제어기 설계: 정상 상태 오차가 원하는 값이 되도록 영점 $-z_{PI}$를 설계하며 이에 대한 이득 K_D를 구한다. 이 과정에서 PD-보상된 근궤적이 거의 변형되지 않도록 하고, 극-영점 상쇄에 의해 PD-보상된 우세 극점이 그대로 유지될 수 있도록 한다.
4. PID 제어기 검토: PI 제어기로 인해 PD-보상된 과도 응답이 어느 정도 이상 변하면 영점 $-z_{PI}$를 다시 설계한다.
5. 다음의 관계로부터 K_P와 K_I를 구한다.

$$\begin{cases} z_{\text{PD}} + z_{\text{PI}} = K_P/K_D \\ z_{\text{PD}} z_{\text{PI}} = K_I/K_D \end{cases}$$

예제 11-5 그림 11-21(a)의 시스템을 그림 (b)와 같이 PID 제어기로 보상하고자 하며 보상전이나 보상후 모두 오버슛을 20%(ζ=0.456)으로 한다. PID 제어기로 보상한 후의 피크 시간이 보상전의 1/3이 되도록 제어기를 설계하라.

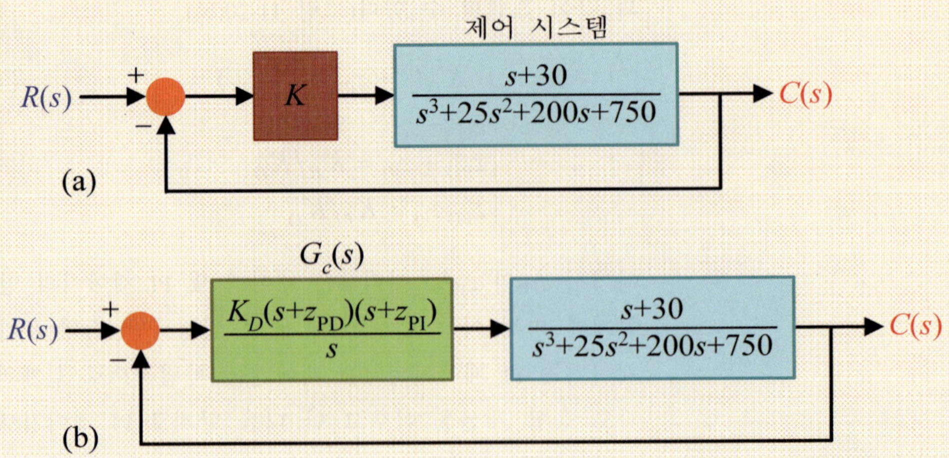

그림 11-21 예제 11-5의 그림.

1. 보상전의 근궤적: 보상전의 근궤적을 구하면 그림 11-22(a)와 같다. 원하는 제동비 ζ=0.456의 선을 통과하는 근을 찾으면 $-4.14 \pm j8.1$이며 이 때의 이득은 K=21.1이다. 그리고 또 하나의 근을 찾아보면 -16.7로서 거의 의미 없는 근이 된다. 따라

그림 11-22

그림 11-21의
(a) 보상전 근궤적;
(b) PD 제어기의 영점에 대한 각조건;

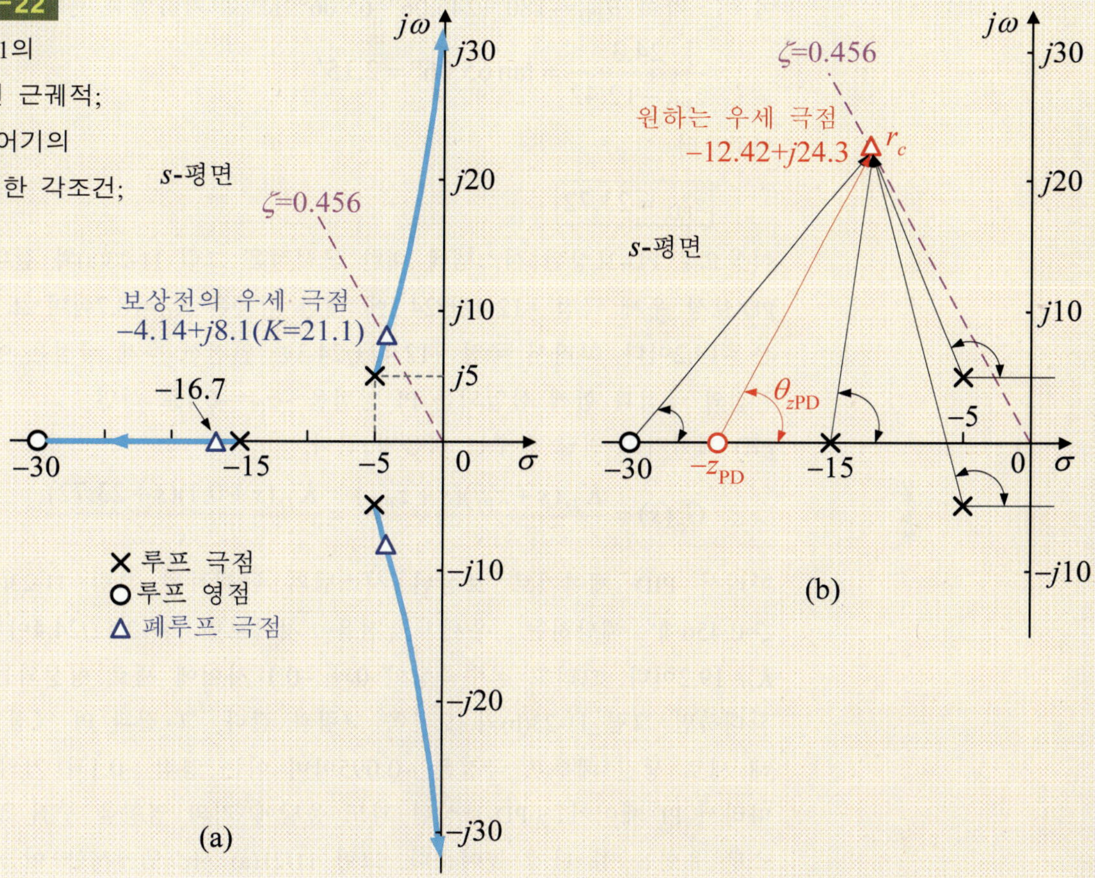

서 보상전의 피크 시간은 다음과 같다.

$$T_p = \frac{\pi}{\omega_d} = \frac{3.14}{8.1} = 0.388 \text{ sec}$$

2. PD 제어기: 보상후의 피크 시간은 0.388/3=0.13 초가 되며 ζ=0.456이므로 설계하고자 하는 우세 극점 $r_c=-\sigma_d \pm j\omega_d$의 특성은 다음과 같다(그림 11-22(b)).

$$\omega_d = \frac{\pi}{T_p} = \frac{3.14}{0.13} = 24.3$$

$$\omega_n = \frac{\omega_d}{\sqrt{1-\zeta^2}} = \frac{24.3}{\sqrt{1-0.456^2}} = 27.27$$

$$\sigma_d = \zeta\omega_n = 0.456 \times 27.27 = 12.42$$

그림 11-22(b)에서 PD 제어기 영점 $-z_{PD}$를 제외한 영점과 극점들로부터 원하는 근 r_c에 이르는 각을 계산하면 −245.06°이다. 따라서 $-z_{PD}$로부터 r_c에

이르는 각이 θ_{zPD}=−180°+245.06°=65.06°이므로 기하학적 관계로부터

$$\frac{24.3}{z_{PD}-12.42}=\tan 65.06°=2.15$$

이로부터

$$\boxed{z_{PD}=23.72}$$

이상으로 PD-보상된 시스템에 대한 근궤적은 그림 11-23(a)와 같다. 그 결과 PD-보상 우세 극점 −12.42±j24.3에 대한 이득은 K_D=18.7이며 또 하나의 근은 −19.2이다. 따라서 극점 −12.42±j24.3는 완전한 우세 극점은 아니다.

3. PID 제어기: 원점의 극점과 함께 삽입되는 PI 영점을 $-z_{PI}$=−0.1로 하면 PID 제어기의 전달 함수는 다음과 같다.

$$G_c(s)=\frac{K_D(s+z_{PI})(s+z_{PD})}{s}=\frac{K_D(s+0.1)(s+23.72)}{s}$$

따라서 PID 제어기로 보상된 시스템의 근궤적은 그림 11-23(b)와 같다. ζ=0.456에 해당하는 우세 극점을 찾아보면 −12.5±j24.4이며 이득은 K_D=19.2이다. 그리고 실수축상의 0과 −0.1 사이에 새로 형성되는 근궤적을 확대하면 그림 11-23(b)의 오른쪽 그림과 같다. 그 결과 PI 영점 삽입에 의해 새로 생긴 폐루프 극점은 −0.095이며 이는 영점 −0.1과 거의 상쇄된다. 따라서 PI 제어기는 PD-보상된 과도 응답에 거의 영향을 주지 않으면서 시스템 유형을 한 단계 높여준다. 그림 11-21(a) 시스템에서는 이득이 K=21.1이므로 위치 상수 K_p 및 정상 상태 오차는 다음과 같다.

$$K_p=\frac{21.1\times 30}{750}=0.844,\quad e_p(\infty)=\frac{1}{1+K_p}=0.54$$

물론 PID 제어기로 보상된 그림 11-21(b)는 유형 1의 시스템이므로 계단 응답의 정상 상태 오차는 0이다. 이상의 설계 결과를 검토하기 위해 각 경우에 대한 계단 응답을 그려보면 그림 11-24와 같다. 그림 (a)는 과도 응답을 보기 위해 t=1.5 sec까지 그린 것이며 그림 (b)는 정상 사태 오차를 보기 위해 t=15 sec까지 그린 것이다. 과도 응답에서는 PD 제어기와 PID 제어기 효과가 거의 같으며 정상 상태에서는 PID 제어기의 오차는 0이 된다. 그리고 보상전이나 보상후의 피크 시간은 예상한 바와 거의 동일함을 알 수 있다.

4. PID 제어기의 상수: PID 제어 결과

$$K_D=19.2,\quad z_{PD}=23.72,\quad z_{PI}=0.1$$

이므로 상수 K_P와 K_I는 식 (11-8)로부터 다음과 같이 결정된다.

그림 11-23

그림 11-21(b)의 근궤적:
(a) PD 제어기 보상후;
(b) PID 제어기 보상후.

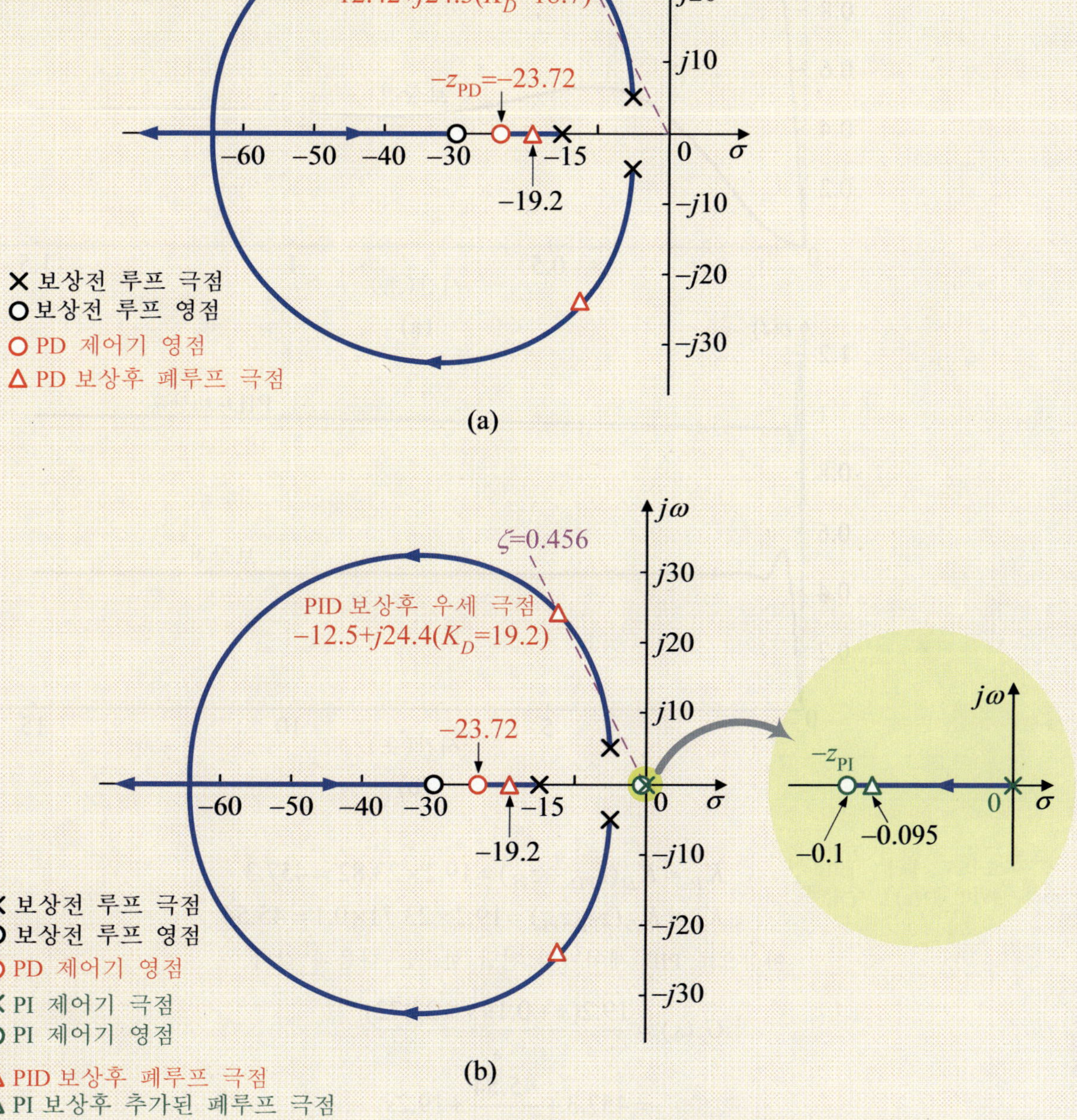

그림 11-24

그림 11-21의 계단 응답.

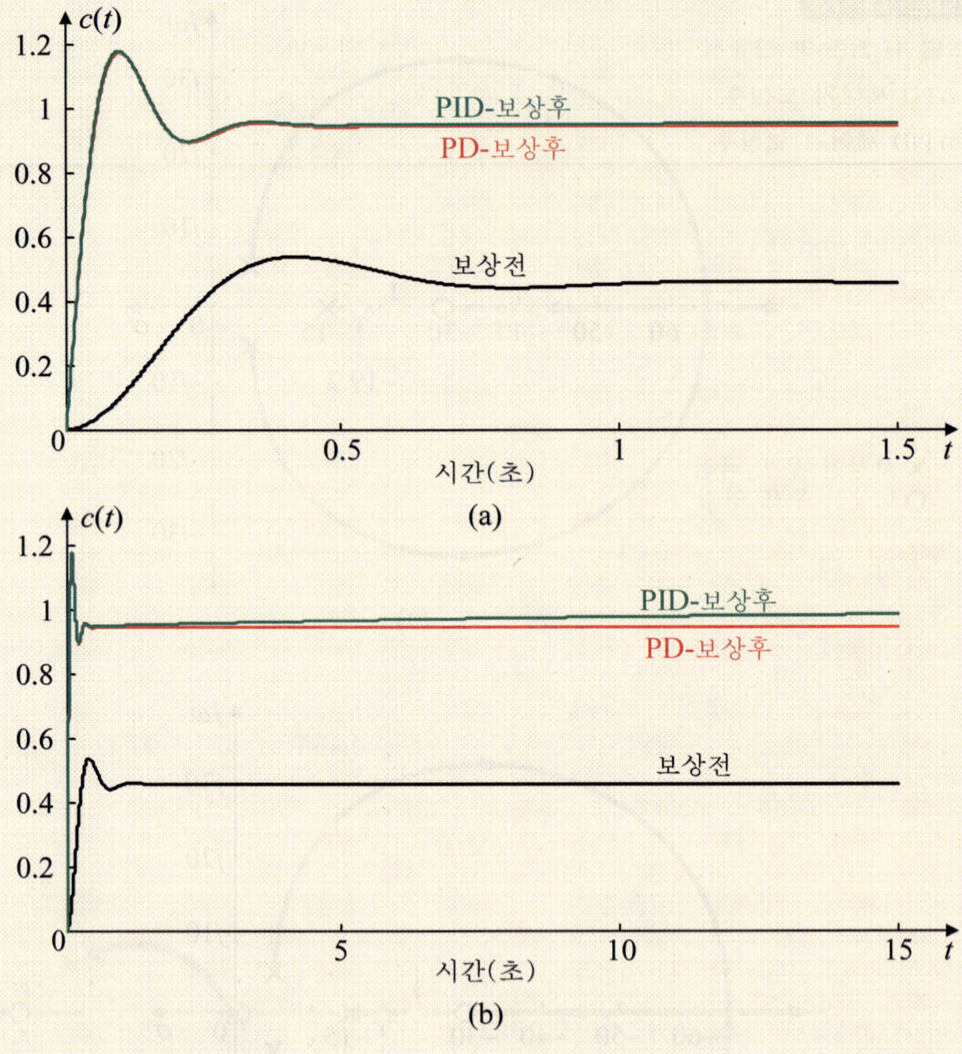

$$K_P = K_D(z_{\mathrm{PD}} + z_{\mathrm{PI}}) = 19.2 \times 23.82 = 457.3$$

$$K_I = K_D(z_{\mathrm{PD}} z_{\mathrm{PI}}) = 19.2 \times 23.71 \times 0.1 = 45.54$$

이상으로 PID 제어기의 전달 함수는 다음과 같다.

$$G_c(s) = \frac{19.2(s+0.1)(s+23.72)}{s}$$

$$= 457.3 + \frac{45.54}{s} + 19.2s$$

그림 11-24(b)에서 PID-보상 시스템의 계단 응답은 정상 상태 오차는 0이지만 최종치 1에 도달하는 속도가 과도 응답 속도에 비해 매우 느리다. 그 이

유는 11-23(b)에서 PI 제어기에 의해 영점 $-z_{PI}$와 원점의 극점 사이에 새로 생긴 폐루프 극점 −0.095 때문이다. 즉 이 극점의 유수는 영점 $-z_{PI}$와의 극-영점 상쇄 효과에 의해 매우 작기 때문에 과도 응답에서는 상대적으로 나타나지 않는다. 그러나 정착 시간이 지난 후에는 다른 극점들에 의한 응답이 거의 없어지면서 감쇄율이 매우 작은 극점 −0.095에 의한 성분만 남는다. 그리고 극점 −0.095에 의한 시정수는 1/0.095=10.53 초로 크기 때문에 그림 11-24(b)와 같이 정착 시간 이후는 매우 느린 수렴 속도를 보이는 것이다.

11.5 궤환 제어기

지금까지 설명한 보상 방식은 그림 11-2(a)와 같이 제어 시스템과 직렬로 제어기를 설치하는 직렬 보상이었다. 이 절에서는 그림 11-2(b)와 같이 궤환 경로에 제어기를 설치하여 시스템을 보상하는 궤환 제어기에 대해 설명한다. 그림 11-2에서 폐루프 전달 함수는 그림 (a)에 대해서는

$$G_{\mathrm{CL}}(s) = \frac{K_A G_c(s) G(s)}{1 + K_A G_c(s) G(s)} \tag{11-9}$$

이며 그림 (b)에 대해서는

$$G_{\mathrm{CL}}(s) = \frac{K_A G(s)}{1 + K_A H_c(s) G(s)} \tag{11-10}$$

이다. 따라서 직렬 제어기 $G_c(s)$와 궤환 제어기 $H_c(s)$는 모두 루프 전달 함수의 극점과 영점에 영향을 주어 근궤적 형태를 변화시킨다는 점은 같다. 그러나 식 (11-9)에서 보듯이 직렬 제어기 $G_c(s)$의 영점은 폐루프 영점, 즉 $G_{\mathrm{CL}}(s)$의 영점에 포함되므로 폐루프 극점과 극-영점 상쇄가 일어날 수 있다. 그러나 식 (11-10)의 궤환 보상에서는 궤환 제어기 $H_c(s)$의 영점은 폐루프 영점과 무관하므로 폐루프 극점과 극-영점 상쇄가 일어나지 않는다. 이상으로 직렬 제어기와 궤환 제어기는 근궤적의 형태를 변화시키는 원리는 동일하지만 근궤적상의 극-영점 상쇄는 직렬 보상에서만 일어나며 궤환 보상에서는 일어나지 않는다는 것을 유념하여야 한다.

그림 11-25(a)는 궤환 제어기로 보상되는 일반적인 모습을 보여준다. 그 구성은 큰 루프(major loop) 속에 작은 루프(minor loop)가 들어 있는 형태이며 작은 루프의 궤환 경로에 궤환 제어기 $K_c H_c(s)$가 설치되어 있다. 그 결

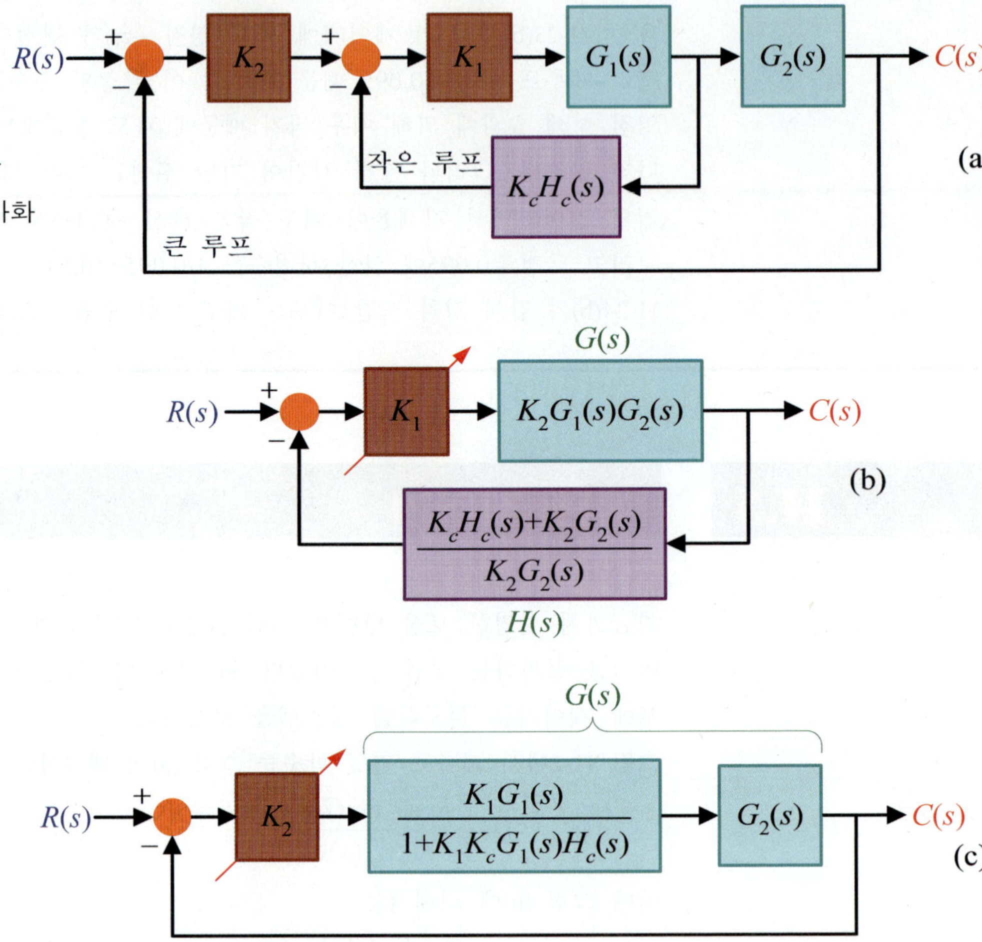

그림 11-25 궤환 제어기로 보상: (a) 일반적인 형태; (b) 단일 루프의 궤환 제어 시스템으로 등가화 (c) 단위-이득 궤환 시스템으로 등가화.

과 변수가 K_1, K_2, K_c로 세 개이므로 한꺼번에 설계하기는 무리이다. 따라서 세 변수 중 하나는 미리 값을 정해 놓고 나머지 두 변수를 설계하며 여기에 그림 11-25(b)와 (c)의 두 가지 방식이 있다.

그림 11-25(b)는 그림 (a)에서 작은 루프의 궤환 경로를 큰 루프의 궤환 경로에 편입시켜 간소화하는 방법이다(그림 6-23 참조). 이 경우는 K_2가 $H(s)$의 분모와 분자에 모두 포함되므로 값을 설계하기가 어렵다. 따라서 K_2의 값을 미리 정한 다음 $H(s)$가 원하는 형태가 되도록 K_c를 설계하고 이를 바탕으로 K_1을 설계한다. 즉 그림 (b)는 K_2를 상수로 하고 K_c와 K_1을 변수로 하여 설계한다.

그림 11-25(c)는 그림 (a)에서 작은 루프의 궤환 전달 함수를 전방향 전달 함수에 편입시켜 전방향 전달 함수 $G(s)$를 구한다(그림 6-21 참조). 그리고 먼저 $G(s)$가 원하는 특성이 되도록 설계한 연후에 이를 바탕으로 큰 루프의

폐루프 전달 함수를 설계하는 것이다. 그림 (c)에서는 K_1이 $G(s)$의 분모와 분자에 모두 포함되므로 값을 설계하기 어렵다. 따라서 K_1의 값을 미리 정한 다음 $G(s)$가 원하는 형태가 되도록 K_c를 설계하고 이를 바탕으로 K_2를 설계한다. 즉 그림 11-25(c)는 K_1를 상수로 하고 K_c와 K_2를 변수로 하여 설계한다.

속도 궤환 그림 11-26(a)는 궤환 보상을 이용한 속도 궤환(rate feedback)으로서 구성이 간단하여 널리 사용되고 있다(그림 6-23에서 위치 궤환 이득을 1로 한 것과 같다). 그림 11-26(a)와 그림 11-25(a)의 관계는 다음과 같다.

$$G_1(s) = G_p(s), \quad G_2(s) = \frac{1}{Ns}, \quad H(s) = 1, \quad K_c = K_t$$

따라서 그림 11-25의 간소화 방법을 이용하면 그림 11-26의 (a)는 (b), (c)로 등가화할 수 있다. 먼저 11-26(b)의 $G(s)$, $H(s)$는 그림 11-25(b)로부터 각각 다음과 같다.

$$G(s) = K_2 G_1(s) G_2(s) = \frac{K_2 G_p(s)}{Ns} \tag{11-11}$$

$$H(s) = \frac{K_c H(s) + K_2 G_2(s)}{K_2 G_2(s)} = \frac{K_F}{K_2}\left(s + \frac{K_2}{K_F}\right) \tag{11-12}$$

단 $K_F = Nk_t$이다. 다음으로 그림 11-26(c)의 $G(s)$는 그림 11-25(c)로부터 다음과 같다.

$$G(s) = \frac{K_1 G_1(s) G_2(s)}{1 + K_1 K_c G_1(s) H(s)} = \frac{K_1 G_p(s)}{Ns + K_1 K_F s G_p(s)} \tag{11-13}$$

그림 11-26 시스템은 다음과 같은 두 가지 방법으로 설계 할 수 있다.

■PD 설계 방식 그림 11-26(b)의 루프 전달 함수 $L(s)=K_1 G(s) H(s)$는 다음과 같이 주어진다.

$$\begin{aligned} L(s) &= K_1 \times \frac{K_2 G_p(s)}{Ns} \times \frac{K_F}{K_2}\left(s + \frac{K_2}{K_F}\right) \\ &= K_1 K_F \frac{(s + K_2/K_F) G(s)}{Ns} \end{aligned} \tag{11-14}$$

따라서 궤환 전달 함수 $H(s)$에 의해 루프 전달 함수에 영점 $-K_2/K_F$가 삽입되므로 직렬 보상의 PD 제어기와 동일한 원리임을 알 수 있다. 다만 삽입된 영점 $-K_2/K_F$는 근궤적상에서 폐루프 극점과 상쇄되지 않는다는 점이 다르다.

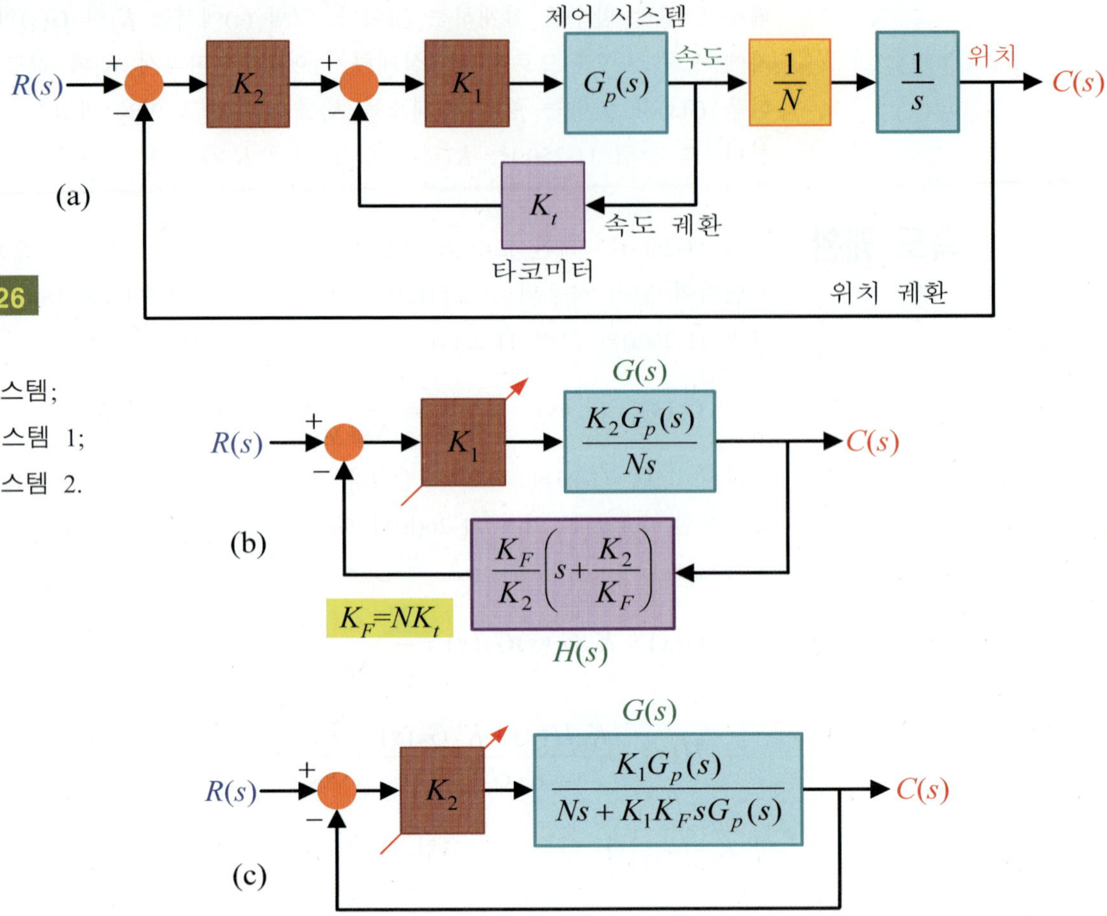

그림 11-26
속도 궤환;
(a) 전체 시스템;
(b) 등가 시스템 1;
(c) 등가 시스템 2.

이상으로 그림 11-26(b)에서는 PD 제어기 설계 방식을 그대로 이용하여 영점 $-K_2/K_F$를 정한 다음 근궤적상에서 이득 변수 K_1K_F를 구한다.

■이중 설계 방식 그림 11-26(c)에서는 전방향 전달 함수 $G(s)$가 원하는 위치에 극점을 갖도록 근궤적을 이용하여 분모의 K_1K_F를 먼저 결정한다. 다음 단계로 폐루프 시스템의 루프 전달 함수

$$L(s) = K_1K_2\frac{G_p(s)}{Ns + K_1K_F sG_p(s)} \tag{11-15}$$

로부터 새로운 근궤적을 그리고 원하는 위치에 폐루프 우세 극점이 생기도록 변수 K_1K_2를 결정한다. 이 방식은 근궤적을 구하는 작업이 이중으로 필요하므로 편의상 이중 설계 방식으로 부르기로 한다.

예제 11-5 그림 6-22는 해바리기 시스템 및 그 블록 선도를 보여준다. 전동기 전달 함수 $G(s)$를 $G_p(s)$라 하고 각 파라미터들은 다음과 같다고 한다:

광다이오드: $A=0.1$ A/rad

전동기 $G_p(s)$: $L_a \cong 0$, $R_a=5\ \Omega$,

$K_b=0.01$ V/rad/sec, $K_m=0.01$ N-m/A,

$J_e=10^{-6}$ kg-m^2, $D_e \cong 0$,

$n=1000$

보상 후의 시간상 특성이 다음과 같도록 궤환 보상기를 설계해 보아라.

1. 단위 램프 입력에 대한 정상 상태 오차는 $e_v(\infty) \le 10^{-2}$.
2. 계단 입력에 대한 최대 오버슛은 %OS≤5.
3. 정착 시간은 $T_s \le 0.05$ 초.

풀이>> 그림 6-22(b)를 그림 11-26(b)로 표현하면 다음과 같다.

$$N=n=1000,\quad K_2=AR_f=0.1R_f,\quad K_1=K_A,\quad K_F=1000K_t$$

그리고 전동기 전달 함수는 식 (6-15)의 세번째 식에 주어진 값을 대입하면

$$G_p(s)=\frac{K_m}{(sL_a+R_a)(sJ_e+D_e)+K_bK_m}=\frac{2000}{s+20}$$

이상으로 그림 11-26을 이용하면 그림 6-22(b)의 등가 회로는 그림 11-27의 (a), (b)와 같다.

그림 11-27
그림 6-22(b)에 대한 등가 블록 선도.

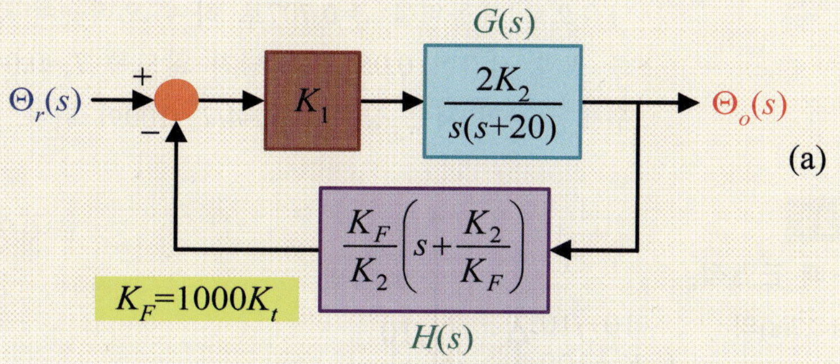

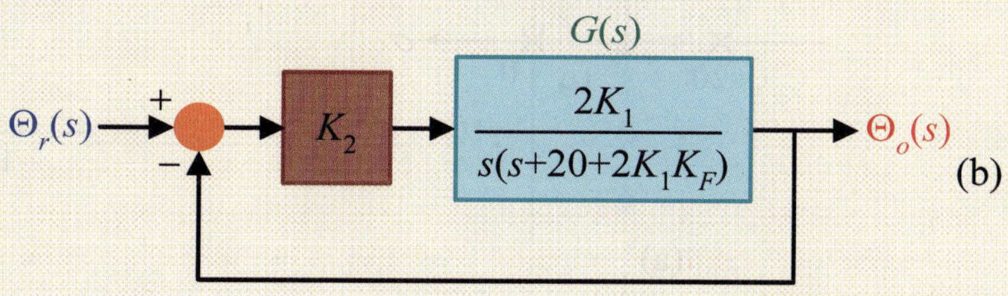

먼저 속도 궤환이 없을 때(K_F=0)에 대한 근궤적을 구해보자. 그림 11-27에서 K_F=0이면 루프 전달 함수가

$$L(s) = K_1 K_2 \frac{2}{s(s+20)}$$

이다. 따라서 근궤적은 그림 11-28(a)와 같으며 오버슛이 5%보다 작은 4.4%로 하면 제동비는 ζ=0.707이 된다. 따라서 보상전의 근과 이득은 $-10\pm j10$, K_1K_2=100이다. 이로부터 정착 시간은 $T_s=4/\sigma_d=4/10=0.4$이므로 설계하고자 하는 0.05 초를 넘어선다. 다음으로 속도 상수 K_v를 구하면(K_1K_2=100)

$$K_v = \lim_{s\to 0} K_1 sG(s) = 0.1K_1K_2 = 10$$

이므로 램프 정상 상태 오차는 다음과 같이 설계값 0.01을 넘는다.

$$e_v(\infty) = 1/K_v = 0.1$$

<PD 설계 방식> 그림 11-27(a)에서 속도 상수 K_v가

$$K_v = \lim_{s\to 0} K_1 K_2 sG_1(s)H(s) = 0.1K_1K_2$$

이며 램프 입력에 대한 정상 상태 오차가

$$e_v(\infty) = \frac{1}{K_v} = \frac{10}{K_1K_2} \le 10^{-2}$$

를 만족해야 하므로 K_1K_2는 다음을 만족하여야 한다.

$$\boxed{K_1K_2 \ge 1000}$$

다음으로 제동비를 ζ=0.707로 하여 오버슛이 <5%를 넘지 않도록 한다. 또한 정착 시간이 0.05 초를 넘지 않도록 T_s=0.04로 정하면 설계하고자 하는 우세 극점의 제동 상수는 $\sigma_d=4/T_s=100$이 된다. 따라서 우세 극점의 특성은

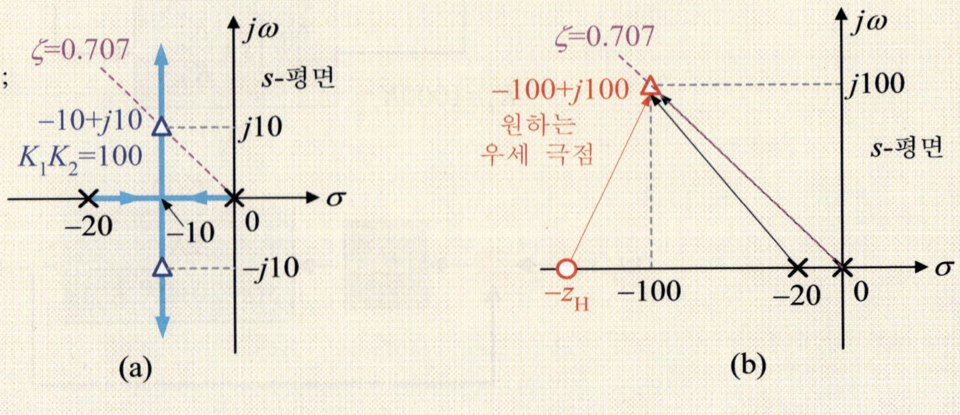

그림 11-28
(a) K_F=0일 때 근궤적;
(b) 그림 11-27(a)의 극-영점도.

다음과 같아야 한다.

$$\zeta = 0.707, \quad \sigma_d = 100, \quad \omega_d = 100, \quad \omega_n = 141.4$$

그림 11-27(a)에서 $z_H = K_2/K_F$로 하여 루프 전달 함수의 극-영점도를 그리면 그림 11-28(b)와 같다. 각 조건에 의해 $-z_H$에서 $-100+j100$에 이르는 각을 구해보면 83.66°가 된다. 따라서

$$\frac{100}{z_H - 100} = \tan 83.66° = 9$$

로부터 $z_H = 111.11$이므로

$$\boxed{K_2/K_F = 111.11}$$

이상으로 그림 11-27(a)에 대한 근궤적을 구해보면 그림 11-29와 같으며 보상된 우세 극점 $-100+j100$에 대한 이득 K_1K_F를 구해보면 다음과 같다.

$$\boxed{K_1K_F = 89.2}$$

이상으로 K_1, K_2, K_F의 관계는 다음과 같다.

그림 11-29

그림 11-27(a)의 근궤적.

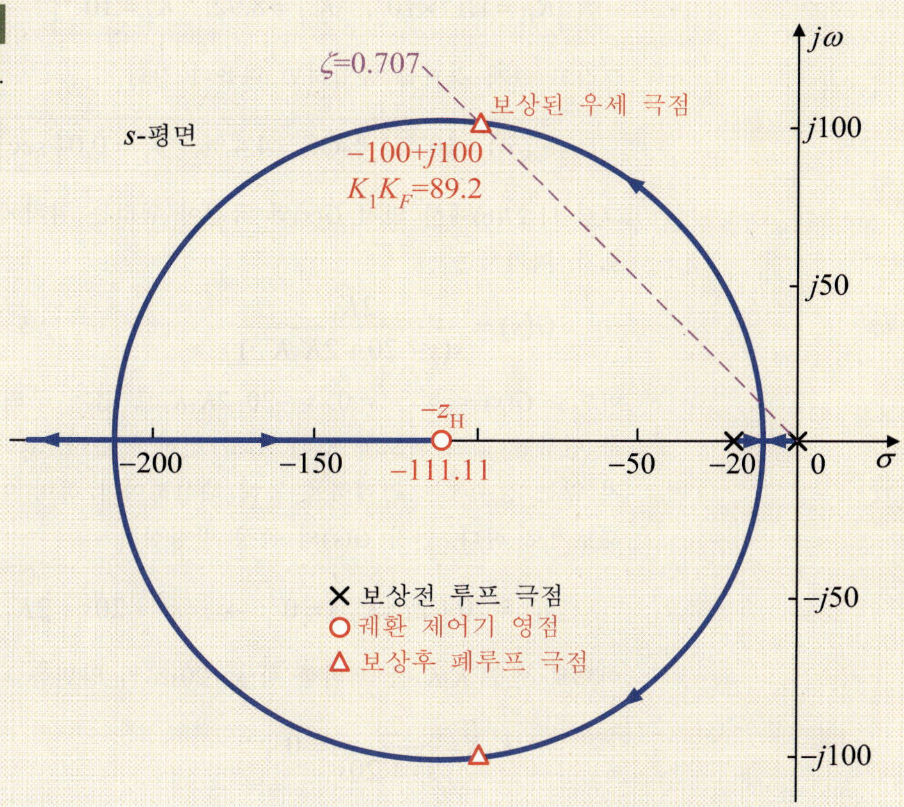

$$\begin{cases} K_1K_2 \geq 1000 \\ K_2/K_F = 111.11 \\ K_1K_F = 89.2 \end{cases}$$

위의 두 번째와 세 번째 식을 곱하면 K_1K_2=11.11×89.2=9911이므로 첫 번째 식을 근사적으로 만족하게 되며 램프 입력에 대한 정상 상태 오차는

$$e_v(\infty) = \frac{10}{K_1K_2} = \frac{10}{111.11\times 89.2} = 10^{-3}$$

그리고 앞에서 설명한 바와 같이

$$K_1 = K_A, \quad K_2 = 0.1R_f, \quad K_F = 1000K_t$$

이므로 다음과 같은 관계를 구할 수 있다.

$$\frac{0.1R_f}{1000K_t} = 111.11, \quad 1000K_AK_t = 89.2$$

여기서 K_t=0.01로 하면 구하고자 하는 각 변수들은 다음과 같이 결정된다.

$$\boxed{R_f = 1.11\times 10^4, \quad K_A = 8.92, \quad K_t = 10^{-2}}$$

그리고 설계 결과를 종합하면 다음과 같다.

$$\boxed{e_v(\infty) = 10^{-3}, \quad \%\mathrm{OS} = 4.4\,\%, \quad T_s = 0.04\,\mathrm{sec}}$$

<이중 설계 방식> 그림 11-27(b)에서 먼저 $G(s)$의 극점이 원하는 위치에 오도록 K_1K_F를 정해 보자. 여기서는

$$G(s) = \frac{2K_1}{s(s+20+2K_1K_F)}$$

이므로 $G(s)$ 극점은 s=0, s=−20−2K_1K_F로 쉽게 구해진다. 따라서 20+2K_1K_F를 원하는 값이 되도록 K_1과 K_F를 정하면 된다. 그러나 극점이 쉽게 구해지지 않는 경우에는 근궤적을 통해 해석하여야 하며 여기서도 이 방법을 적용해보기로 한다. 먼저 $G(s)$의 특성 방정식이

$$s(s+20+2K_1K_F) = 0 \quad \rightarrow \quad s^2 + 20s + 2K_1K_Fs = 0$$

이므로 변수 K_1K_F를 제외한 항 s^2+20s로써 양변을 나누면 다음과 같다.

$$1 + K_1K_F\frac{2s}{s^2+20s} = 0$$

따라서 $G(s)$에 대한 루프 전달 함수는 이득 변수가 K_1K_F이며 영점이 $s=0$이고 극점이 $s=0$, $s=-20$이므로 $G(s)$에 대한 근궤적은 그림 11-30(a)와 같다. 여기서 할 일은 극점 $-p_1$이 원하는 위치에 오도록 이득 K_1K_F를 정하는 것이다. 그러나 극점 $-p_1$의 위치에 대한 정보는 차후에 알 수 있으므로 조금 미루기로 한다. 일단 K_1K_F가 정해진 상수라 가정하고 그림 11-27(b)의 폐루프 극점에 대해 먼저 살펴본다. 폐루프 전달 함수가 $G_{CL}(s)=K_2G(s)/[1+K_2G(s)]$이므로 $G_{CL}(s)$에 루프 전달 함수는 $L(s)=K_2G(s)$이다. 따라서 $G(s)$의 극점과 영점이 바로 $G_{CL}(s)$의 루프 극점과 영점이며

$$L(s)=K_2G(s)=K_1K_2\frac{2}{s(s+20+2K_1K_F)}$$

이므로 이득 변수는 K_1K_2이다. 이상으로 $G_{CL}(s)$에 대한 근궤적은 그림 11-30(b)와 같다. 여기서 우세 극점 r_c가 원하는 위치에 오도록 극점 $-p_1$과 이득 K_1K_2를 정하면 된다. 그리고 p_1이 정해지면 그림 11-30(a)에서 K_1K_F를 소급해서 구할 수 있는 것이다. 우세 극점 $r_c=-\sigma_d+j\omega_d$가 주어진 설계 사양을 만족하기 PD 설계 방식에서와 같도록 하면 다음과 같다.

$$\zeta=0.707,\quad \sigma_d=100,\quad \omega_d=100,\quad \omega_n=141.4$$

즉 그림 11-30(b)의 r_c가 위의 특성과 같아지도록 그림 11-30(a)의 극점 $-p_1$을 결정해야 하며 여기에는 여러 가지 경우의 수가 있을 수 있다. 여기서는 $p_1=200$으로 정하기로 하고 이에 대한 이득 K_1K_F를 근궤적상에서 찾아보면

그림 11-30
그림 11-27(b)에 대한 근궤적.

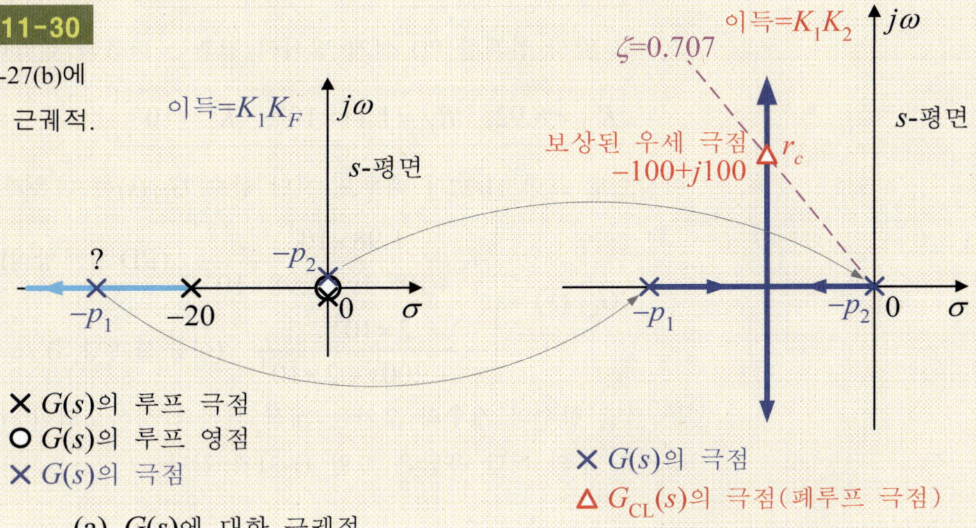

(a) $G(s)$에 대한 근궤적

(b) $G_{CL}(s)$에 대한 근궤적

보면 다음과 같다.

$$K_1K_F = 90 \quad (p_1 = 200)$$

이제 그림 11-30(b)의 근궤적상에서 p_1=200으로 하고 r_c=−100+j100에 대한 이득 K_1K_2를 찾아보면 다음과 같다.

$$K_1K_2=10^4$$

그 결과 그림 11-27(b)의 속도 상수는 다음과 같다.

$$K_v = \lim_{s\to 0} sK_2G(s) = \left.\frac{2K_1K_2}{s+20+2K_1K_F}\right|_{s\to 0} = \frac{K_1K_2}{10+K_1K_F}$$

따라서 램프 입력에 대한 정상 상태 오차 $e_v(\infty)$는

$$e_v(\infty) = \frac{10+K_1K_F}{K_1K_2} = \frac{10+90}{10^4} = 10^{-3}$$

으로 PD 설계 방식의 결과와 같아진다. 변수 관계 K_1K_F=90, K_1K_2=10^4에서 K_F=1로 정하면 각 변수의 값은 다음과 같다.

$$K_1=90, \quad K_2=111.11, \quad K_F=1$$

그리고

$$K_1 = K_A, \quad K_2 = 0.1R_f, \quad K_F = 1000K_t$$

의 관계로부터 이중 설계 방식의 결과는 다음과 같다.

$$\boxed{K_A = 90, \quad R_f = 1.11\times 10^3, \quad K_t = 10^{-3}}$$

그리고 앞서 설계한 PD 설계 방식의 결과는 다음과 같았다.

$$\boxed{K_A = 8.92, \quad R_f = 1.11\times 10^4, \quad K_t = 10^{-2}}$$

이상으로 그림 11-27의 폐루프 전달 함수 $G_{\mathrm{CL}}(s)$는 다음과 같다.

$$G_{\mathrm{CL}}(s) = \begin{cases} \dfrac{1.98\times 10^4}{s^2+198.4s+1.98\times 10^4} & \text{(PD 설계방식)} \\ \dfrac{2\times 10^4}{s^2+200s+2\times 10^4} & \text{(이중 설계방식)} \end{cases}$$

두 전달 함수의 계수의 오차는 계산 과정의 사사오입이 누적된 결과이며 보상전과 후의 계단 응답은 그림 11-31과 같다.

그림 11-31

그림 11-27의 계단 응답.

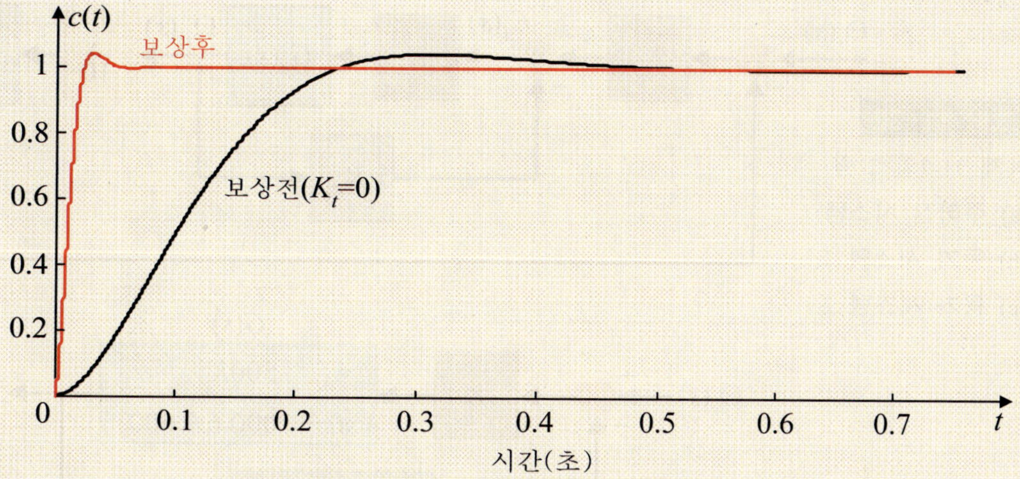

예제 11-6

예제 8-8의 항공기 자세 제어 시스템(그림 8-22(b))에서 K와 K_p 및 K_t만 변수로 하고 나머지 파라미터들은 예제에서 주어진 바와 같게 한다. 보상 후의 시간상 특성이 다음과 같도록 궤환 보상기를 설계해 보아라.

1. 단위 램프 입력에 대한 정상 상태 오차는 $e_v(\infty)\le 10^{-2}$.
2. 계단 입력에 대한 최대 오버슛은 %OS≤5.
3. 피크 시간은 $T_p\le 0.01$ 초.

풀이>> 블록 선도는 그림 11-32(a)와 같으며 전달 함수 $\Omega_m(s)/E_1(s)$는 예제 8-8의 해석 결과를 인용하면 다음과 같다.

$$\frac{\Omega_m(s)}{E_1(s)}=\frac{KK_AK_m}{s^2L_aJ_e+(R_aJ_e+L_aD_e+K_AK_iJ_e)s+(R_aD_e+K_bK_m+K_AK_iD_e)}$$

위의 식에 주어진 파라미터 값을 대입하면

$$\frac{\Omega_m(s)}{E_1(s)}=\frac{5000K}{s^2+1000.6s+600}$$

이로부터 그림 11-32(a)의 $G_p(s)$를 구하면 다음과 같다.

$$G_p(s)=\frac{\Omega_m(s)}{KE_1(s)}=\frac{5000}{s^2+1000.6s+600}$$

이상으로 그림 11-32의 (a)는 그림 (b)와 (c)의 두 등가 시스템으로 간소화할 수 있으며 $K_F=10K_t$이다.

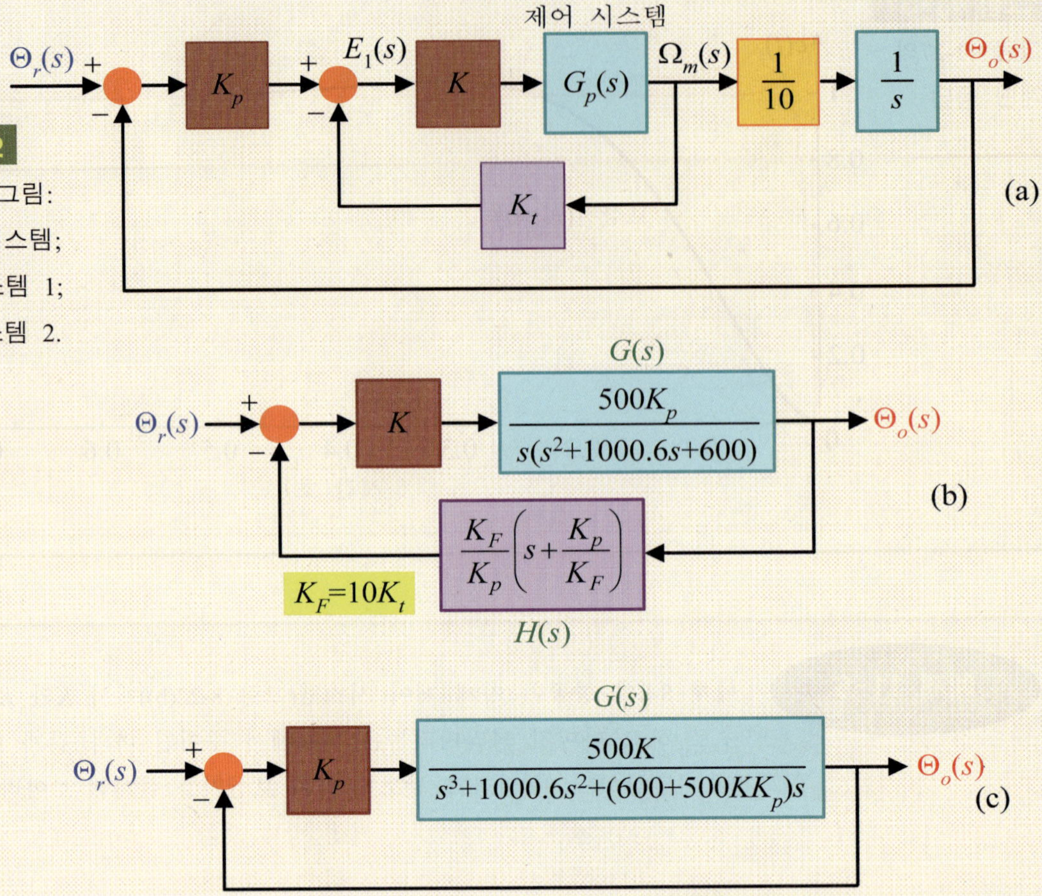

그림 11-32

예제 11-7의 그림:
(a) 주어진 시스템;
(b) 등가 시스템 1;
(c) 등가 시스템 2.

주어진 특성을 만족하는 우세 극점을 먼저 구해보자. 오버슛이 5%를 넘지 않도록 제동비를 ζ=0.707로 하며 피크 시간을 T_p=0.01로 하면 $\omega_d=\pi/T_p$=314가 된다. 따라서 우세 극점의 특성은 다음과 같아야 한다.

$$\zeta = 0.707, \quad \sigma_d = 314, \quad \omega_d = 314, \quad \omega_n = 444$$

<PD 설계 방식> 그림 11-32(b)에서 속도 상수 K_v를 구해보면

$$K_v = \lim_{s\to 0} sKG(s)H(s) = 0.83KK_p$$

이므로 램프 입력에 대한 정상 상태 오차가 다음을 만족하여야 한다.

$$e_v(\infty) = \frac{1}{K_v} = \frac{1}{0.83KK_p} \le 10^{-2}$$

따라서 KK_P는 다음을 만족하여야 한다.

$$\boxed{KK_p \geq 1200}$$

그림 11-32(b)의 루프 전달 함수 $L(s)$는

$$L(s) = KK_F \frac{500(s + K_p/K_F)}{s^2 + 1000.6s + 600}$$

이므로 이득 변수는 KK_F이다. 그리고 $z_H = K_p/K_F$로 하여 루프 전달 함수의 극-영점도를 그리면 그림 11-33과 같으며 극점들로부터 $-314+j314$에 이르는 각의 합을 계산하면 294.54°이다. 따라서 각 조건에 의해 궤환 제어기 영점 $-z_H$에서 $-314+j314$에 이르는 각을 구하면 $294.54-180=114.54°$이므로

$$\frac{314}{314 - z_H} = \tan(180 - 114.54)°$$

이로부터 $z_H=170.64$이므로

$$\boxed{K_p/K_F = 170.64}$$

이상으로 그림 11-32(b)에 대한 근궤적은 그림 11-34와 같으며 보상된 우세 극점 $-314+j314$에 대한 이득 KK_F는 다음과 같다.

$$\boxed{KK_F = 860}$$

또 근궤적상의 하나의 근을 실수축상에서 찾아보면 $s=-374$이다. 따라서 근 $-314+j314$는 완전한 우세 극점이 아님을 알 수 있다. 위의 두 관계에서 $K_F=10K_t=0.1$로 한다면 변수들의 값은 다음과 같다.

$$\boxed{K_t = 0.01, \quad K_p = 17.06, \quad K = 8600}$$

그림 11-33

그림 11-32(b)의 궤환 제어기 영점에 대한 각 조건.

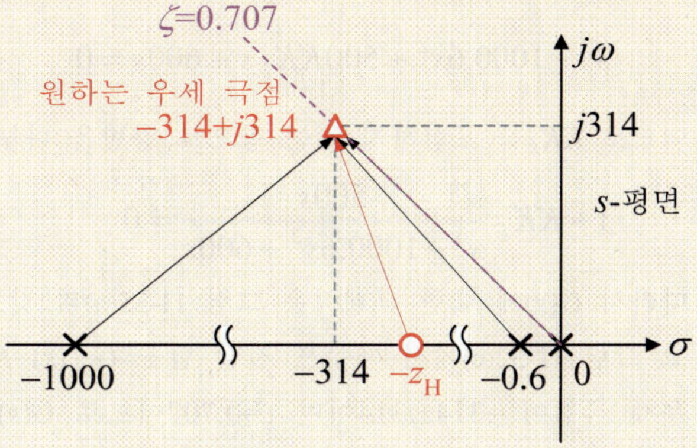

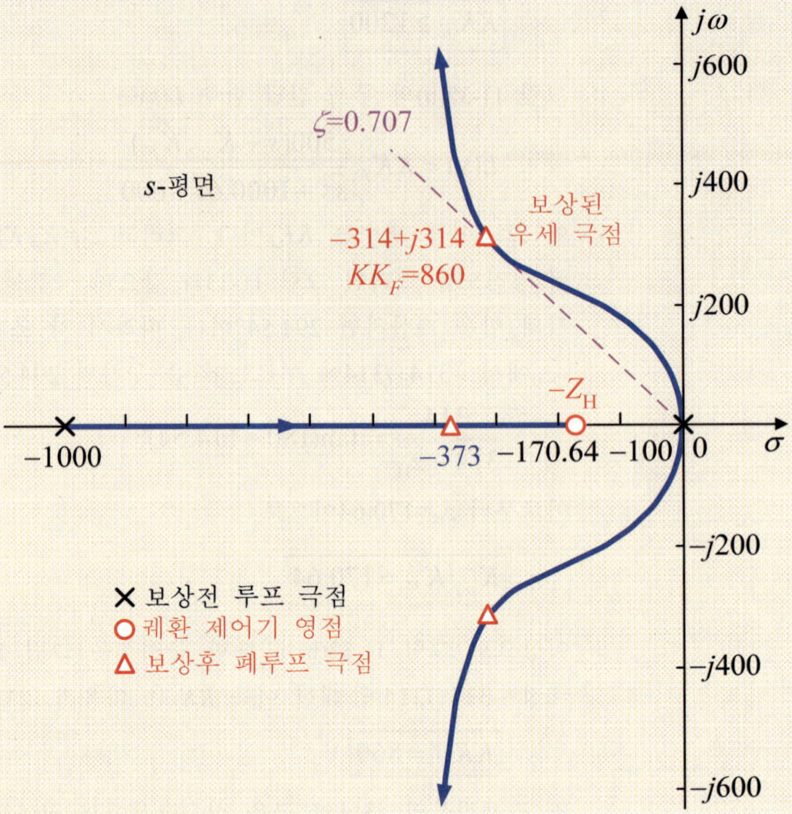

그림 11-34
그림 11-32(b)의 근궤적.

그리고 정상 상태 오차는

$$e_v(\infty) = \frac{1.2}{KK_p} = 8 \times 10^{-6}$$

로 매우 작다.

<이중 설계 방식> 그림 11-32(c)에서 $G(s)$의 특성 방정식이

$$s^3 + 1000.6s^2 + 500KK_F s + 600s = 0$$

이므로 KK_F를 포함하지 않는 항으로 양변을 나누면 다음과 같다.

$$1 + KK_F \frac{500s}{s^3 + 1000.6s^2 + 600s} = 0$$

따라서 $G(s)$에 대한 근궤적은 그림 11-35(a)과 같으며 이득은 KK_F이다. 그리고 그림 11-32(c)에서 폐루프 전달 함수 $G_{CL}(s)=K_pG(s)/[1+K_pG(s)]$의 원하는 우세 극점이 $-314\pm j314$이며 ζ=0.707이므로 $G(s)$의 우세 극점도 이 부근에 두는 것이 유리하다. 따라서 그림 11-35(a)에서 $G(s)$의 우세 극점의 제동비

그림 11-35

그림 11-32(c)의 근궤적.

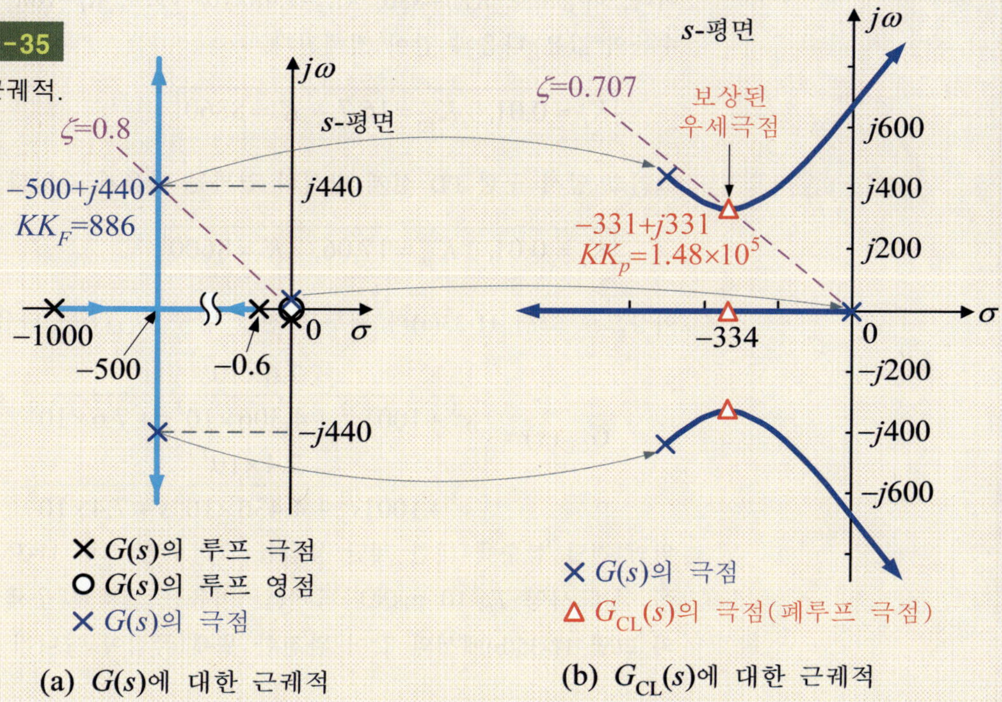

를 ζ=0.75가 되도록 정하면 근은 −500±j440이며 이득은

$$\boxed{KK_F = 886}$$

이 된다. 따라서 $G(s)$는 다음과 같다.

$$G(s) = \frac{500K}{s^3 + 1000.6s^2 + 500KK_F s + 600s}$$
$$= \frac{500K}{s^3 + 1000.6s^2 + 4.436 \times 10^5 s}$$

이제 그림 11-35(a)의 $G(s)$ 극점을 바탕으로 $G_{CL}(s)=K_pG(s)/[1+K_pG(s)]$에 대한 근궤적을 그려보자. $G_{CL}(s)$의 루프 극점과 영점은 $G(s)$의 극점 및 영점과 같으며 루프 전달 함수는

$$L(s) = KK_p \frac{500}{s^3 + 1000.6s^2 + 4.436 \times 10^5 s}$$

따라서 이득 변수는 KK_p이며 근궤적은 그림 11-35(b)이다. 근궤적상에서 ζ=0.707에 해당하는 근을 찾으면 −331±j331이며 이득은 다음과 같다.

$$\boxed{KK_p = 1.48 \times 10^5}$$

이다. 이상으로 KK_F=886, KK_p=1.48×10^{5}이므로 K_F=10K_t=0.1로 하면 각 변수들의 값은 다음과 같이 정해진다.

$$\boxed{K_t = 0.01, \quad K_p = 16.7, \quad K = 8860}$$

그리고 앞서 구한 PD 설계 방식의 결과는 다음과 같았다.

$$\boxed{K_t = 0.01, \quad K_p = 17.06, \quad K = 8600}$$

이상으로 그림 11-33(a)의 폐루프 전달 함수 $G_{CL}(s)$는 다음과 같다.

$$G_{CL}(s) = \begin{cases} \dfrac{7.6\times10^7}{s^3 + 1001s^2 + 4.306\times10^5 s + 7.6\times10^7} & \text{(PD 설계 방식)} \\ \dfrac{7.4\times10^7}{s^3 + 1001s^2 + 4.436\times10^5 s + 7.4\times10^7} & \text{(이중 설계 방식)} \end{cases}$$

위의 전달 함수에 대한 계단 응답을 그려보면 그림 11-36과 같다. 피크 시간이 설계 사양 T_p=10 ms보다 늘어난 이유는 설계한 우세 극점이 그림 11-34와 그림 11-35(b)에서와 같이 완전한 우세 극점이 아니기 때문이다.

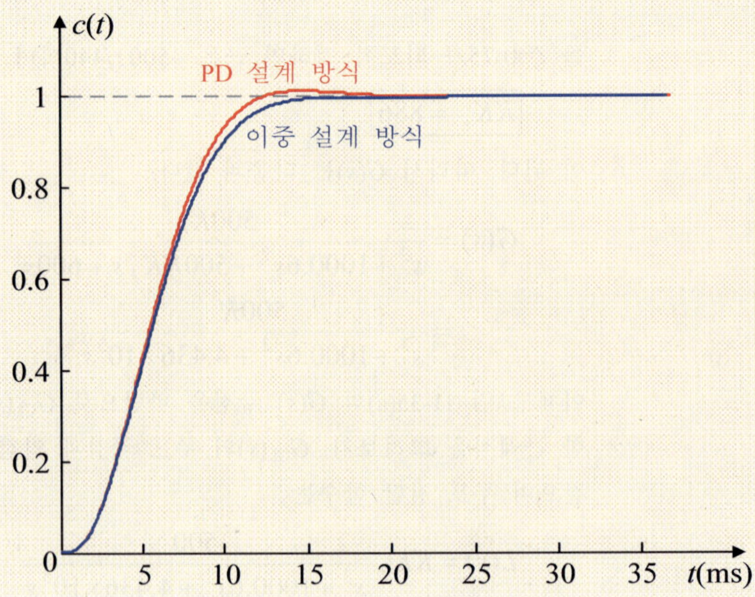

그림 11-36
그림 11-32의 계단 응답.

11.6 제어기의 회로 구성

앞에서는 제어기로 제어 시스템을 보상하여 과도 응답과 정상 상태 오차를 개선하는 원리와 방법에 대해 설명하였다. 제어기는 전기 회로로 구성되며 여기에는 능동 소자를 이용하는 능동 회로와 수동 소자를 이용하는 수동 회로가 있다.

능동 회로

적분기 경우는 전달 함수가 $G(s)=1/s$이므로 원점에 극점이 있으며 미분기는 전달 함수가 $G(s)=s$이므로 극점이 무한대에 있다. 이와 같이 극점이 원점이거나 무한대인 시스템은 수동 소자로는 구현할 수 없으므로 필히 능동 소자를 이용하여야 한다. 그러나 능동 소자가 동작하기 위해서는 별도의 직류 전원이 필요하므로 전력이 낭비된다. 능동 소자에는 트랜지스터, 전계효과 트랜지스터 등이 있지만 전문가가 아니더라도 쉽게 사용할 수 있는 것이 집적회로인 연산 증폭기(operational amplifier)이다.

그림 11-37(a)는 일반적인 형태의 반전(inverting) 연산 증폭기이며 전달 함수 $G(s)=E_o(s)/E_i(s)$는 다음과 같이 주어진다.

$$G(s)=-\frac{Z_2(s)}{Z_1(s)} \tag{11-14}$$

증폭기 이득의 부호가 음이므로 반전 증폭기라 하며 전달 함수는 두 임피던스 $Z_1(s)$와 $Z_2(s)$의 비로써 주어진다. 따라서 임피던스 $Z_1(s)$와 $Z_2(s)$를 다양한 수동 회로로 구성하면 여러 가지 전달 함수를 쉽게 구현할 수 있다. 가장 간단하게 $Z_1(s)$와 $Z_2(s)$를 모두 저항으로 하면 그림 11-37(b)와 같으며

$$G(s)=-R_2/R_1 \tag{11-15}$$

인 비례기가 된다. 그리고 음의 부호는 두 비례기를 직렬로 결합함으로써 없

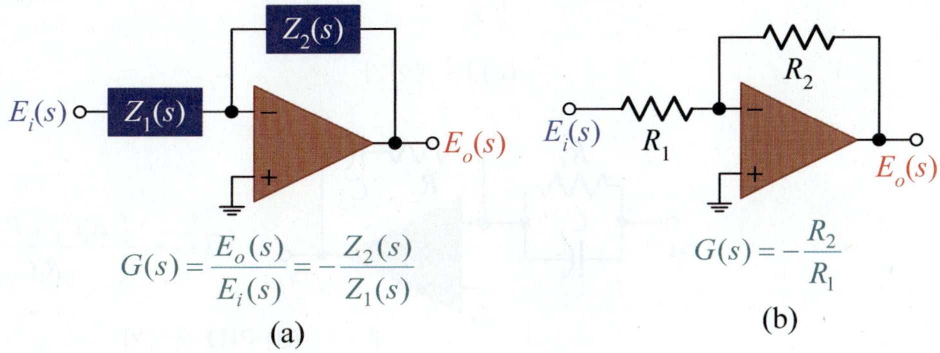

그림 11-37
(a) 일반적인 형태의 반전 증폭기;
(b) 비례기.

앨 수 있다. 그림 11-38은 반전 증폭기로써 극점이 0 또는 무한대인 전달 함수를 구현한 예이다. 그림 (a)의 경우는 $Z_1(s)=1/sC$, $Z_2(s)=R$이므로

$$G(s) = -\frac{R}{1/sC} = -RCs \tag{11-16}$$

와 같이 미분기가 된다. 다음으로 그림 (b)에서는 $Z_1(s)=R$, $Z_2(s)=1/sC$이므로

$$G(s) = -\frac{1/sC}{R} = -\frac{1/RC}{s} \tag{11-17}$$

인 적분기가 된다. 그림 (c)에서는 $Z_1(s)=R_1$이며

$$Z_2(s) = R_2 + \frac{1}{sC} = \frac{R_2Cs+1}{sC} \tag{11-18}$$

이므로 $G(s)=-Z_2(s)/Z_1(s)$는 그림에 표시된 바와 같음을 알 수 있다. 따라서

그림 11-38
극점이 0이거나 무한대인 회로 구현.

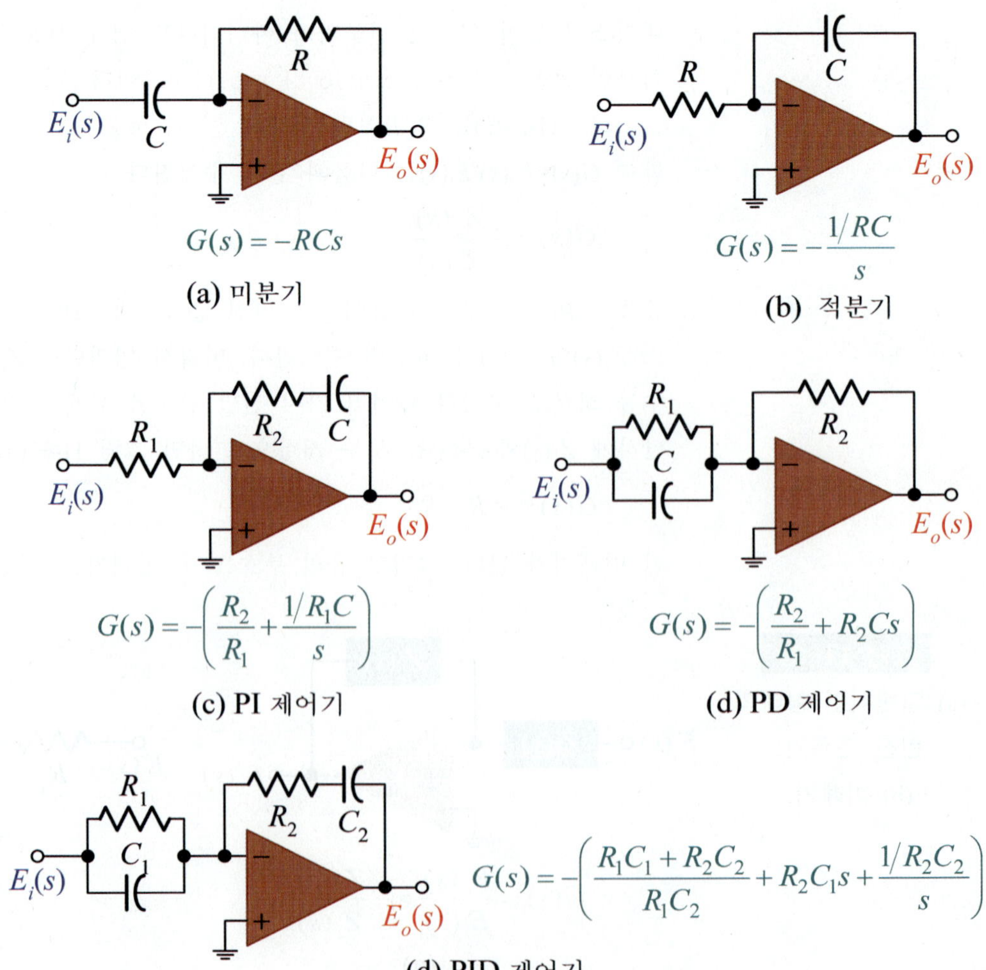

이 회로는 비례기와 적분기로 구성된 PI 제어기이다. 그리고 그림 (d)에서는 $Z_2(s)=R_2$이며

$$Z_1(s) = R_1 \left\| \frac{1}{sC} \right. = \frac{R_1}{R_1 Cs + 1} \tag{11-19}$$

이다. 따라서 $G(s)=-Z_2(s)/Z_1(s)$는 그림에 표시된 바와 같으며 이는 비례기와 미분기로 구성된 PD 제어기가 된다. 이상의 두 결과로부터 그림 11-38(d)는 PID 제어기임을 확인할 수 있다. 그림 13-38에서 (a)와 (d)는 극점이 무한대이고 (b)와 (c)는 극점이 0이며 그림 (d)는 극점이 0과 무한대이다.

그림 11-39는 반전 증폭기로써 극점과 영점이 유한한 일차 회로를 구현한 것이다. 전달 함수는 그림에 표시된 바와 같으며 이는 다음과 같다.

$$G(s) = -K\left(\frac{s+z}{s+p}\right) \tag{11-20}$$

단 $K=-C_1/C_2$이며 z 및 p는

$$z = \frac{1}{R_1 C_1}, \quad p = \frac{1}{R_2 C_2} \tag{11-21}$$

이다. 여기서 $z>p$이면 지상 회로이며 $p>z$이면 진상 회로가 된다. 먼저 그림 11-40이 $z>p$인 지상 회로의 특성이다. 그림 (a)는 극-영점도이며 그림 (b)와 (c)는 각각 크기 응답과 위상 응답의 보드 선도를 점근선으로 표현한 것이다. 식 (11-20)의 직류 이득 크기가 $|G(0)|=Kz/p$이므로 그림 11-40(b)에서 직류 이득의 데시벨은 $(Kz/p)_{dB}$인 것이다. 여기서 $z>p$이므로 $(Kz/p)_{dB}>(K)_{dB}$이다. 그리고 그림 11-40(c)의 위상 응답은 항상 0 이하이므로 지상 회로가 되는 것이다.

식 (11-20)에서 $p>z$인 진상 회로의 특성은 그림 11-41과 같으며 그림 (a)는 극-영점도이고 그림 (b)와 (c)는 각각 크기 및 위상 응답이다. 그리고 그림 (b)에서 $p>z$이므로 직류 이득의 데시벨은 $(Kz/p)_{dB}<(K)_{dB}$이다. 또한 그림 (c)와 같이 위상 응답이 항상 0 이상이므로 진상 회로가 되는 것이다.

그림 11-39
극점과 영점이 유한한 일차 능동 회로.

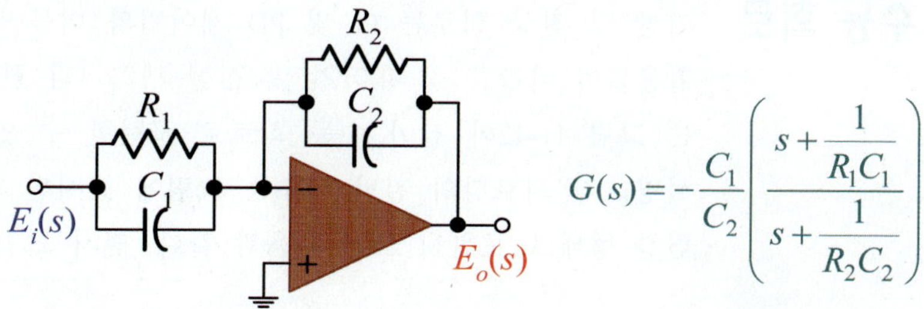

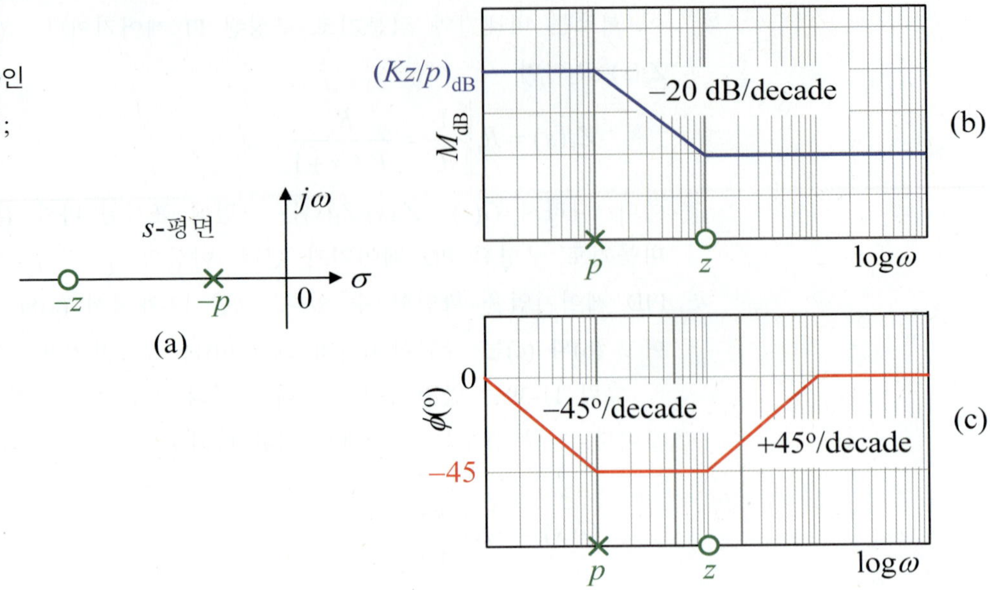

그림 11-40

식 (11-20)에서 $z>p$인 지상 회로의 특성;
(a) 극-영점도;
(b) 크기 응답;
(c) 위상 응답.

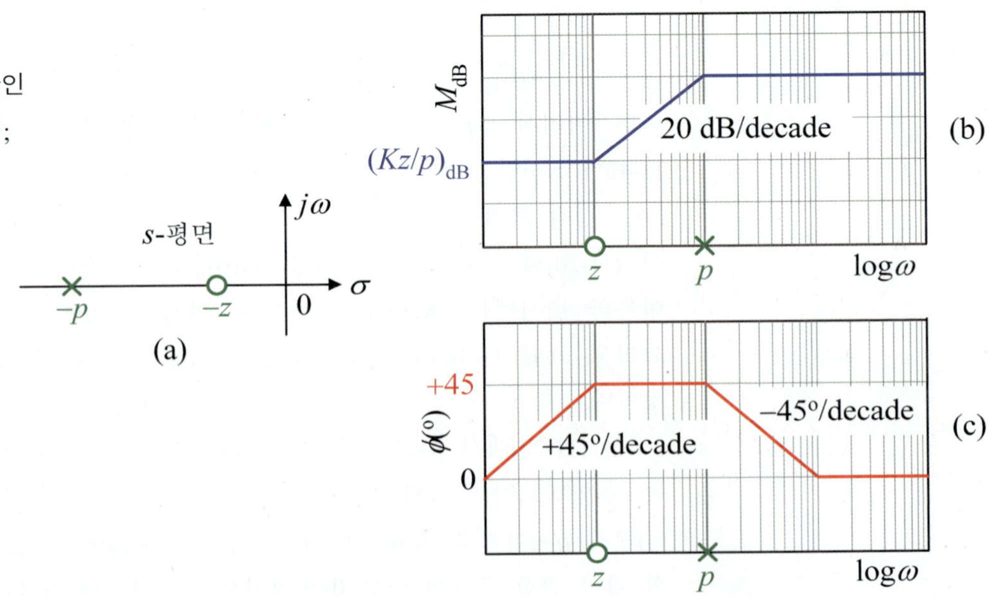

그림 11-41

식 (11-20)에서 $p>z$인 진상 회로의 특성;
(a) 극-영점도;
(b) 크기 응답;
(c) 위상 응답.

수동 회로

지상 및 진상 회로는 PI 및 PD 제어기와 더불어 시스템을 보상하는데 많이 활용되며 이를 지상 제어기 및 진상 제어기라 한다. 특히 지상 및 진상 회로는 그림 11-42와 같이 수동 회로로 구현할 수 있다는 장점이 있다(12장에서 설명). 각 회로망의 전달 함수는 그림에 표시된 바와 같으며 이들을 보다 간편한 형태로 표현해 보면 다음과 같다. 먼저 그림 (a)에서 새로운 변수를

그림 11-42 수동 회로: (a) 지상 회로; (b) 진상 회로; (c) 지상-진상 회로.

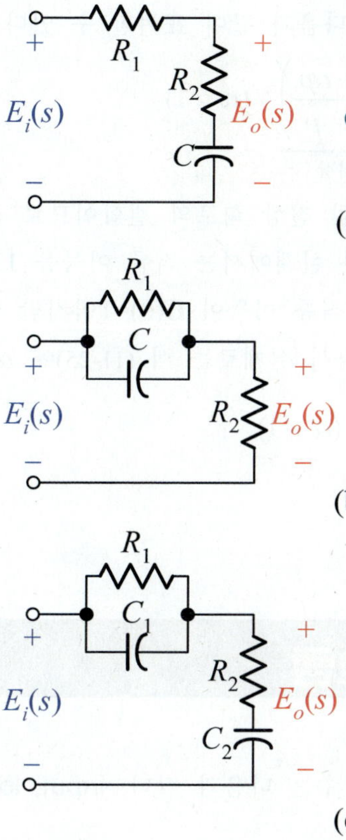

$$G(s)=\frac{R_2}{R_1+R_2}\left(\frac{s+\dfrac{1}{R_2C}}{s+\dfrac{1}{(R_1+R_2)C}}\right)$$

(a)

$$G(s)=\frac{s+\dfrac{1}{R_1C}}{s+\left(\dfrac{1}{R_1C}+\dfrac{1}{R_2C}\right)}$$

(b)

$$G(s)=\frac{\left(s+\dfrac{1}{R_1C_1}\right)\left(s+\dfrac{1}{R_2C_2}\right)}{s^2+\left(\dfrac{1}{R_1C_1}+\dfrac{1}{R_2C_2}+\dfrac{1}{R_2C_1}\right)s+\dfrac{1}{R_1R_2C_1C_2}}$$

(c)

$$\alpha=\frac{R_1+R_2}{R_2},\quad p=\frac{1}{(R_1+R_2)C} \tag{11-22}$$

로 정의하면 전달 함수는 다음과 같이 표현된다.

$$G(s)=\frac{1}{\alpha}\left(\frac{s+\alpha p}{s+p}\right)\quad(\alpha>1) \tag{11-23}$$

따라서 영점의 크기가 $\alpha p>p$이므로 지상 회로이다. 그림 11-42(b)에서는

$$\alpha=\frac{R_1+R_2}{R_2},\quad z=\frac{1}{R_1C} \tag{11-24}$$

로 정의하면 전달 함수는 다음과 같이 표현된다.

$$G(s)=\frac{s+z}{s+\alpha z}\quad(\alpha>1) \tag{11-25}$$

따라서 극점의 크기가 $\alpha z>z$이므로 진상 회로이다. 한편 그림 11-42(c)에서

$$\alpha=\frac{R_1+R_2}{R_2},\quad z=\frac{1}{R_1C_1},\quad p=\frac{1}{(R_1+R_2)C_2} \tag{11-26}$$

로 정의하면 전달 함수를 다음과 같이 표현할 수 있다.

$$G(s)=\underbrace{\left(\frac{s+z}{s+\alpha z}\right)}_{\text{진상}}\underbrace{\left(\frac{s+\alpha p}{s+p}\right)}_{\text{지상}}\quad(\alpha>1) \tag{11-27}$$

그 결과 위의 식은 진상 및 진상 회로의 결합이므로 진상-지상(phase lead-lead) 회로라 한다. 제어기 설계에서는 직류 이득을 1로 하는 것이 편리하다. 식 (11-23)의 지상 회로는 직류 이득이 $G(0)=1$이지만 식 (11-25)의 진상 회로에서는 $G(0)=1/\alpha$이다. 따라서 실제로는 식 (11-25)에 α를 곱하여

$$G(s)=\alpha\left(\frac{s+z}{s+\alpha z}\right)\quad(\alpha>1) \tag{11-28}$$

로 한다.

11.7 매트랩 프로그램

이 장에서 배울 매트랩 함수는 다음과 같다: input, log, log10, exp, angle, polyval.

input, disp x=input('str'); 변수 x의 값을 자판기를 통해 입력시켜 주며 'str'을 통해 변수에 대한 설명을 화면에 표시해줄 수 있다.
disp('str'); 문자열 'str'을 화면에 표시해 준다.

log,log10,exp log(x)와 log10(x)는 각각 자연 대수와 밑수가 10인 대수 함수이며 exp(x)는 지수 함수이다.

angle angle(x); 복소수 x의 편각을 rad으로 구해주며 각은 angle(x)*180/pi로 구할 수 있다.

polyval polyval(p,a); 다항식 p(s)의 s=a에서의 값, 즉 p(a)를 구해준다.

PI 제어기 설계 프로그램은 다음의 매트랩 11-1과 같다.

매트랩 11-1

```
% PI_control.m; PI 제어기 설계 프로그램
clf
s=tf([1 0], 1);
disp(‘{PI 제어기로 보상할 개루프 전달 함수}’)
Gnum=input(‘분자 다항식=’);
Gden=input(‘분모 다항식=’);
G=tf(Gnum, Gden);

disp(‘{그래픽 창의 보상전 근궤적상에서 원하는 %OS를 정할 것}’)
rlocus(G)
title([‘보상전 근궤적’])
OS=input(‘원하는 %OS=’);
zeta=-log(OS/100)/sqrt(pi^2+(log(OS/100))^2);   % 제동비

disp(‘{PI 제어기}’)
zc=input(‘제어기 영점 zc=’);
Gpi=(s+zc)/s;
% 보상된 개루프 전달 함수
Gc=Gpi*G
disp(‘{그림 창의 보상후 근궤적에서 원하는 이득 K를 정할 것}’)
rlocus(Gc), sgrid(zeta,0)
title([‘보상후 근궤적(’ ,num2str(OS), ‘ %OS 선)’]
K=input(‘원하는 이득 K=’);
% 보상후의 폐루프 전달 함수
Gcl=feedback(K*Gc, 1)
Gcl=minreal(Gcl)
disp(‘{PI 보상된 계단 응답을 보고자 하면 아무 키나 누를 것}’)
pause
step(Gcl);
title([‘보상후 계단 응답(원하는 %OS =’ ,num2str(OS), ‘%)’]
disp(‘{정상 상태 오차}’)
ev=1/dcgain(K*s*Gc)
```

예제 11-1의 실행을 예로 들면 다음과 같다.

```
>> PI_control
{PI 제어기로 보상할 개루프 전달 함수}
분자 다항식=1
분모 다항식=poly([-1 -3 -15])
{그림 창의 보상전 근궤적상에서 원하는 %OS를 정할 것}
원하는 %오버슛=51.8
{PI 제어기}
제어기 영점 zc=0.1

Transfer function:
        s+0.1
--------------------------------
s^4+19s^3+63s^2+45s

{그림 창의 보상후 근궤적상에서 원하는 이득 K를 정할 것}
원하는 이득 K=391
{PI 보상된 계단 응답을 보고자 하면 아무 키나 누를 것}
    *(아무 키나 누르면 그림 창에는 계단 응답이 나타난다)
{정상 상태 오차}
ev=
  1.1509
```

PD 제어기 설계 프로그램은 다음의 매트랩 11-2와 같다.

매트랩 11-2

```
% PD_control.m; PD 제어기 설계 프로그램
clf
s=tf([1 0], 1);
disp('{PD 제어기로 보상할 개루프 전달 함수}')
Gnum=input('분자 다항식=');
Gden=input('분모 다항식=');
G=tf(Gnum, Gden);
```

```
disp('{PD 제어기 설계}')
% 원하는 우세 극점(rc)
OS=input('원하는 %OS=');
Tp=input('원하는 피크시간 Tp=');
zeta=-log(OS/100)/sqrt(pi^2+(log(OS/100))^2);
wd=pi/Tp; wn=wd/sqrt(1-zeta^2);
sd=zeta*wn; Ts=4/sd;
rc=-sd+j*wd;
% G(s)의 극점과 영점으로부터 우세 극점에 이르는 각(angle_rc)
angle_rc=[angle(polyval(Gnum, rc))-angle(polyval(Gden, rc))]*180/pi;
% 제어기 영점으로부터 우세 극점에 이르는 각(theta_zc)
theta_zc=180-angle_rc;
% 제어기 영점 크기(zc)
zc=[(imag(rc)/tan(theta_zc*pi/180))-real(rc)];
% PD 제어기
Gpd=(s+zc);   % 제어기 전달 함수
Gc=Gpd*G    % 보상된 개루프 전달 함수
disp('{그래픽 창의 보상후 근궤적상에서 이득을 정할 것}')
rlocus(Gc), sgrid(zeta, 0)
title(['보상후 근궤적(' ,num2str(OS), '% 오버슛 선)']
K=input('원하는 이득 K=');
% 보상후의 폐루프 전달 함수
Gcl=feedback(K*Gc, 1)
Gcl=minreal(Gcl)

disp('{PD 보상된 계단 응답을 보고자 하면 아무 키나 누를 것}')
pause
step(Gcl);
title(['보상후 계단 응답(원하는 %OS=' ,num2str(OS), '% ...
Tp=', num2str(Tp), '초)'])
ep=1/(1+dcgain(K*Gc))   % 계단 입력에 대한 오차
ev=1/dcgain(K*s*Gc)      % 램프 입력에 대한 오차
```

예제 11-3의 실행을 예로 들면 다음과 같다.

```
>> PD_control
{PD 제어기로 보상할 개루프 전달 함수}
분자 다항식=0.08
분모 다항식=poly([0 -1.32 -150])

Transfer function:
        0.08
--------------------------------
s^3+151.3s^2+198s

{PD 제어기 설계}
원하는 %오버슛=16
원하는 피크 시간=0.1
{그림 창의 근궤적상에서 이득을 결정할 것}
      *(그림 창에는 그림 11-15(c)의 근궤적이 나타난다)
이득 K=65500
{폐루프 전달 함수}

Transfer function:
        5240s+1.492e005
--------------------------------------------
s^3+151.3s^2+5438s+1.492e005
{PD 보상된 계단 응답을 보고자 하면 아무 키나 누를 것}
      *(아무 키나 누르면 그림 창에는 보상된 계단 응답이 나타난다)
{정상 상태 오차}
ep=
      0
ev=
   0.0013
```

연습 문제

✱ 다음 문제들은 가능하면 매트랩 프로그램으로 풀기를 권한다.

11.1 그림 P11-1의 PI 제어 시스템에서 $G(s)$는 다음과 같다.

$$G(s) = \frac{1}{(s+2)(s+5)}$$

계단 입력에 대한 정상 상태 오차가 0이고 제동비가 0.707이 되도록 PI 제어기 $G_c(s)$를 설계하라.

그림 P11-1

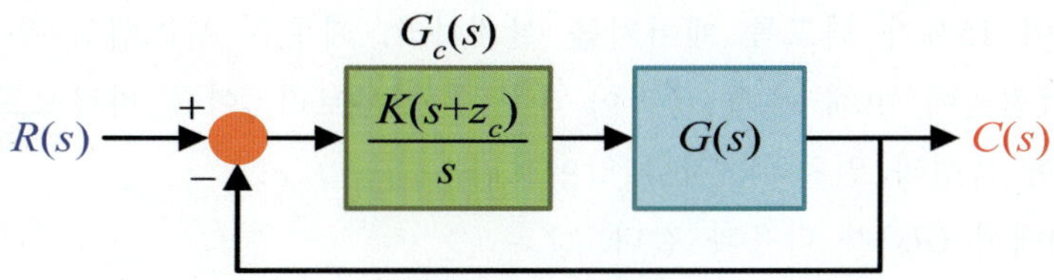

11.2 그림 P11-1에서 $G(s)$는 다음과 같다.

$$G(s) = \frac{25}{(s+0.1)(s+10)}$$

계단 입력에 대한 정상 상태 오차가 0이 되도록 PI 제어기를 설계하고자 한다. 오버슛은 10% 정도로 하고 정착 시간이 1 초 정도가 되도록 되도록 PI 제어기를 설계하라.

11.3 그림 P11-1에서 $G(s)$는 다음과 같다.

$$G(s) = \frac{1}{s(s+3)(s+6)}$$

램프 입력에 대한 정상 상태 오차가 0이고 오버슛이 10%가 되도록 PI 제어기를 설계하라. 계단 응답을 구하고 예측한 오버슛과 실제 오버슛의 차이를 관찰하라.

11.4 그림 P11-4의 PD 제어 시스템에서 $G(s)$는 다음과 같다.

$$G(s) = \frac{1}{(s+1)(s+3)(s+5)(s+7)}$$

PD 제어기가 $G_c(s)=K$로 상수일 때 우세 극점의 제동비가 0.707이었다. 피크 시간이 2 배로 줄도록 제어기를 설계하라. 설계 결과 계단 응답이 원하는 특성과 일치하지 않으면 제동비나 피크 시간을 조정하여 다시 시도해 보아라.

그림 P11-4

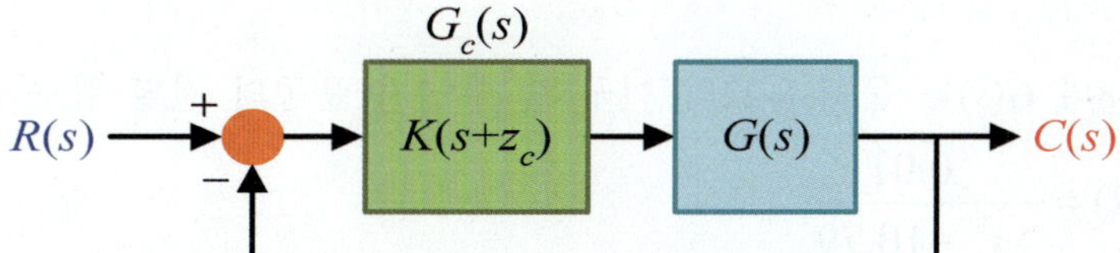

11.5 그림 P11-4에서 $G(s)$가

$$G(s)=\frac{4000}{s(s+400)}$$

일 때 다음과 같은 특성을 갖도록 PD 제어기를 설계하라: 램프 입력에 대한 정상 상태 오차$\le 10^{-3}$, 최대 오버슛≤ 5 %, 정착 시간≤ 0.01 초.

11.6 그림 P11-4에서 $G(s)$가 다음과 같다.

$$G(s)=\frac{12}{(s+1)^2(s+3)}$$

PD 제어기에 의해 보상된 후에 우세 극점이 존재한다고 가정하고 피크 시간이 1초이며 오버슛이 15%가 되도록 제어기를 설계하라. 폐루프 시스템의 우세 극점을 찾아보고 다른 극점들에 비해 우세 극점이 되는지 알아보라. 이를 바탕으로 계단 응답을 구하여 예상한 특성과 일치하는지를 알아보라.

11.7 그림 P11-4에서 $G(s)$가 다음과 같다.

$$G(s)=\frac{s+6}{(s+2)(s+4)(s+7)(s+8)}$$

(a) 보상후의 피크 시간이 0.5초이며 오버슛이 10%가 되도록 PD 제어기를 설계하라.

(b) 보상후 폐루프 전달 함수를 부분 분수로 전개하여 유수를 구한 다음 우세 극점의 존재 여부를 판단하라. 그리고 계단 응답을 구하여 확인하라.

11.8 그림 P11-8의 PID 제어 시스템에서 $G(s)$는 문제 11-6과 같다. 보상후의 과도 응답은 문제 11-6과 같이 하되 계단 입력에 대한 정상 상태 오차가 0이 되도록 PID 제어기를 설계하라.

그림 P11-8

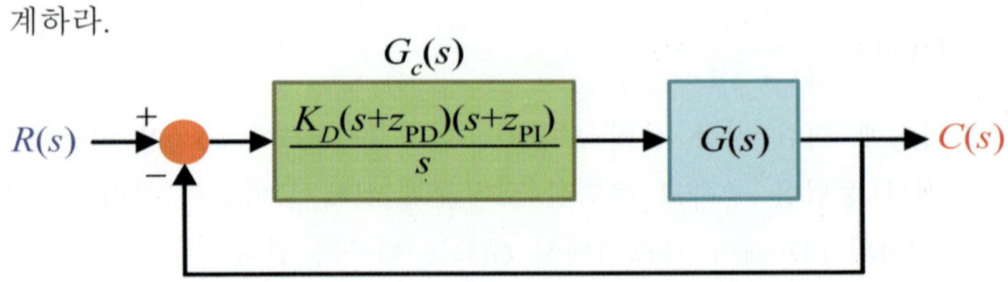

11.9 그림 P11-8에서 $G(s)$는 문제 11-7과 같다. 보상후의 과도 응답은 문제 11-7과 같이 하되 계단 입력에 대한 정상 상태 오차가 0이 되도록 PID 제어기를 설계하라.

11.10 그림 P11-8에서 $G(s)=100/(s^2+10s+100)$이다. 보상후의 특성이 다음과 같도록 PID 제어기를 설계하라: 램프 입력에 대한 정상 상태 오차$=10^{-2}$, 최대 오버슛<2 %, 피크 시간 <0.03 초.

11.11 그림 P11-8의 $G(s)$는 문제 8-22의 꺼꾸로 된 진자 운동의 전달 함수이다. 즉

$$G(s)=-\frac{0.01}{s^2-10.79}$$

(a) 최대 오버슛이 10%이고 피크 시간이 0.5 초가 되도록 PD 제어기를 설계하라. PD 제어기로 이 시스템을 안정화시킬 수 있는가? 없으면 그 이유를 설명하라.

(b) 이번에는 PID 제어기로 보상하며 과도 응답은 (a)와 같이 한다. PID 제어기를 설계하고 계단 응답을 구하라. 그리고 PID 제어기로 꺼꾸로 된 진자를 안정화시킬 수 있는지 알아보라.

11.12 문제 6.3의 그림 P6-3 시스템을 PD 제어기로 제어하고자 한다. 보상후의 과도 응답이 최대 오버슛은 20%, 피크 시간은 1초가 되도록 PD 제어기를 설계하라. 그결과 계단 입력에 대한 정상 상태 오차는 얼마인가?

11.13 그림 P11-1의 PI 제어 시스템에서 $G(s)$는 다음과 같이 지연 시간이 있는 시스템이다.

$$G(s) = \frac{5e^{-0.1s}}{s+5}$$

(a) 보상된 시스템의 오버슛이 10% 이내가 되도록 PI 제어기를 설계하고 예상되는 정착 시간을 구하라. 단 시간 지연은 Pade 근사식으로 다음과 같이 선형화한다.

$$e^{-0.1s} \cong \frac{1-0.05s}{1+0.05s}$$

(b) 예측한 오버슛과 정착 시간을 실제 값과 비교하여라.

11.14 그림 P11-4의 PD 제어 시스템에서 $G(s)$는 다음과 같이 지연 시간이 있는 시스템이다.

$$G(s) = \frac{e^{-0.05s}}{s(s+10)(s+2)}$$

보상된 시스템의 제동비가 0.6이고 피크 시간이 0.5 초 정도가 되도록 PD 제어기를 설계하라. 그리고 시간 지연은 Pade 근사식으로 다음과 같이 선형화한다.

$$e^{-0.05s} \cong \frac{1-0.025s}{1+0.025s}$$

11.15 그림 P11-8의 PID 제어 시스템에서 $G(s)$는 다음과 같은 부족 제동 시스템이다.

$$G(s) = \frac{5}{(s+13)(s^2+2s+4)}$$

최대 오버슛이 10%를 넘지 않고 정착 시간이 6초 이내가 되도록 PID 제어기를 설계해 보아라.

11.16 그림 P11-16의 속도 궤환을 이용한 위치 제어 시스템에서 $G(s)$는 다음과 같다.

$$G(s) = \frac{2}{s(s+1)}$$

K_1=15일 때 오버슛이 25%이고 정착 시간이 0.2 초가 되도록 K_2와 K_F를 정하라.

그림 P11-16

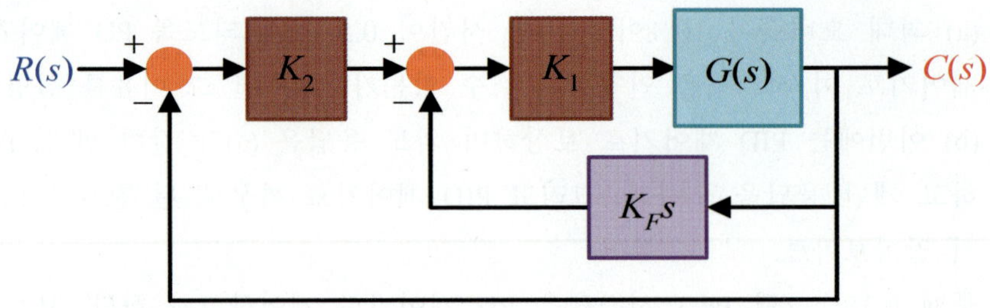

11.17 그림 P11-16에서 다음과 같다.

$$G(s) = \frac{1}{(s+1)^2(s+4)}, \quad K_1 = 1$$

작은 루프의 극점은 제동비가 0.8이 되게 하고 큰 루프의 우세 극점은 제동비가 0.5가 되도록 K_2와 K_F를 정하라.

11.18 그림 P11-16에서 다음과 같다.

$$G(s) = \frac{0.1}{(s+1)(s+5)(s+10)}, \quad K_1 = 10$$

작은 루프의 제동비가 0.8이 되게 하고 큰 루프의 제동비가 0.707이 되도록 K_2와 K_F를 정하라.

11.19 그림 P11-16에서 다음과 같다.

$$G(s) = \frac{1}{s(s+1)(s+9)}, \quad K_1 = 1$$

다음과 같은 특성이 되도록 K_2와 K_F를 정하라: 램프 입력에 대한 정상 상태 오차=1, 우세 극점의 제동비=0.707.

12

진상-지상 제어기

12.1 지상 및 진상 제어기

극-영점도

11장에서 설명한 PI, PD 및 PID 제어와 속도 궤환 제어기 등은 모두 능동 소자를 이용하므로 전력 낭비가 초래된다. 이에 비해 수동 소자 R과 C로 구성된 지상 및 진상 회로를 제어기로 사용하면 전력 낭비를 막을 수 있지만 0과 무한대의 극점을 구현할 수 없다. 그러나 0의 극점을 0에 가까운 유한한 극점으로 대신하고 무한대의 극점을 충분히 큰 유한한 극점으로 대신하면 PID 제어기 대용으로 사용할 수 있으며 그림 12-1이 이를 보여준다.

그림 12-1(a)는 PI 제어기와 지상 제어기의 극-영점도이다. PI 제어기의 극점 0을 0에 가까운 유한한 극점 $-p_c$로 대체하면 지상 제어기가 된다. 다음으로 그림 12-1(b)에서 PD 제어기의 무한대 극점을 유한한 극점 $-p_c$로 대체하

그림 12-1

극-영점도:
(a) PI 및 지상 제어기;
(b) PD 및 진상 제어기;
(c) PID 및 지상-진상 제어기;

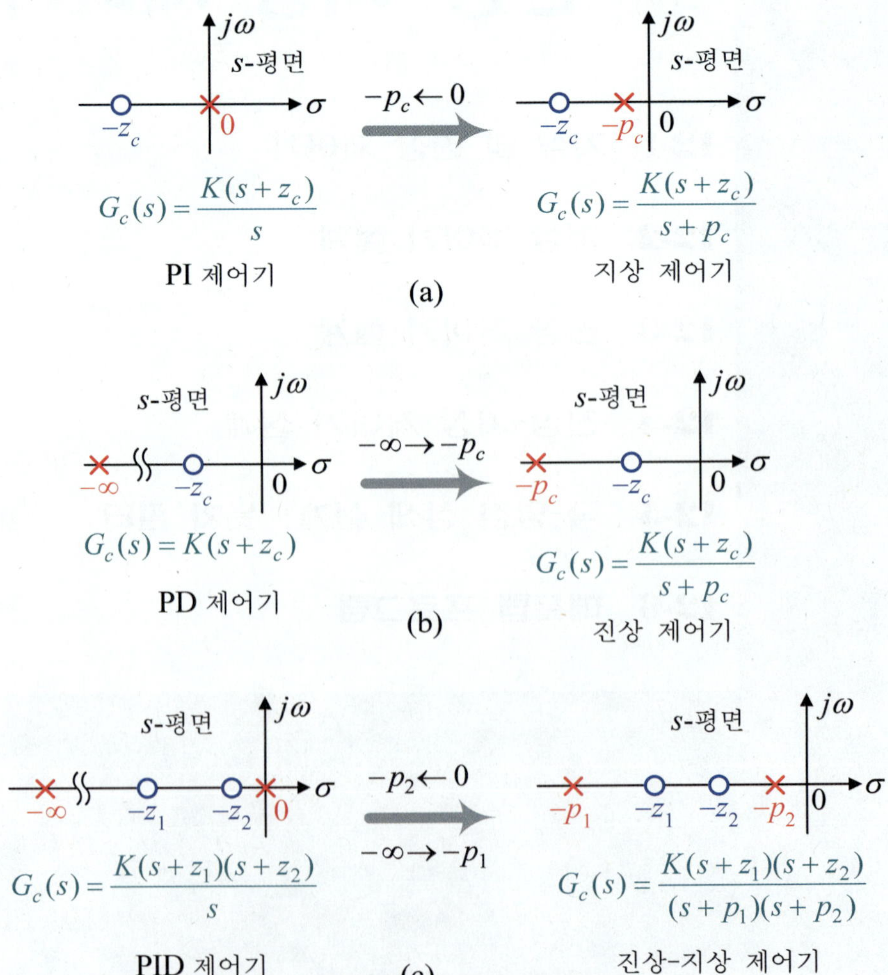

면 진상 제어기가 된다. 그리고 그림 12-1(c)에서와 같이 PID 제어기의 0의 극점과 무한대 극점을 각각 유한한 극점 $-p_2$, $-p_1$으로 대체하면 진상-지상 제어기가 된다. 물론 0의 극점과 무한대의 극점을 유한한 극점으로 대신함으로써 성능 저하가 불가피할 것이며 또한 유한한 극점을 어디에 둘 것인가도 결정해야 한다. 11-6 절의 식 (11-23), (11-27), (11-28)을 통해 설명한 바와 같이 지상 제어기, 진상 제어기 및 진상-지상 제어기의 전달 함수의 표준 형태는 다음과 같이 하기로 한다(회로는 11-42 참조).

지상제어기:

$$G_c(s) = \frac{1}{\alpha}\left(\frac{s+\alpha p_c}{s+p_c}\right) \quad (\alpha > 1)$$

진상제어기:

$$G_c(s) = \alpha\left(\frac{s+z_c}{s+\alpha z_c}\right) \quad (\alpha > 1) \tag{12-1}$$

진상 - 지상제어기:

$$G_c(s) = \underbrace{\left(\frac{s+z_c}{s+\alpha z_c}\right)}_{\text{진상}}\underbrace{\left(\frac{s+\alpha p_c}{s+p_c}\right)}_{\text{지상}} \quad (\alpha > 1)$$

주파수 응답

지상 및 진상 제어기 등은 PD, PI 제어기 등과 같이 근궤적을 통해 시간 영역상에서 설계할 수 있다. 그러나 지상, 진상 제어기는 독특한 주파수 응답을 보이므로 주파수 영역상에서도 설계할 수 있다. 그림 12-2는 진상 제어기에서 z=1로 하고 α를 변화시켰을 때 크기 및 위상 응답의 보드 선도이다. 크기 응답은 직류에서 0 dB이다. 그리고 특히 유의할 것은 α에 따른 ϕ의 최대값 및 그에 해당하는 주파수의 변화이며 이들은 제어기 설계에서 중요한 지침이 되기 때문이다. 식 (12-1)에서 진상 제어기의 전달 함수가

$$G_c(s) = \alpha\left(\frac{s+z_c}{s+\alpha z_c}\right) \tag{12-2}$$

이므로 위상 응답 $\phi(\omega)$는 다음과 같다.

$$\phi(\omega) = \tan^{-1}\frac{\omega}{z_c} - \tan^{-1}\frac{\omega}{\alpha z_c} \tag{12-3}$$

위의 식을 ω에 대해 미분하면

그림 12-2

진상 제어기의 보드 선도.

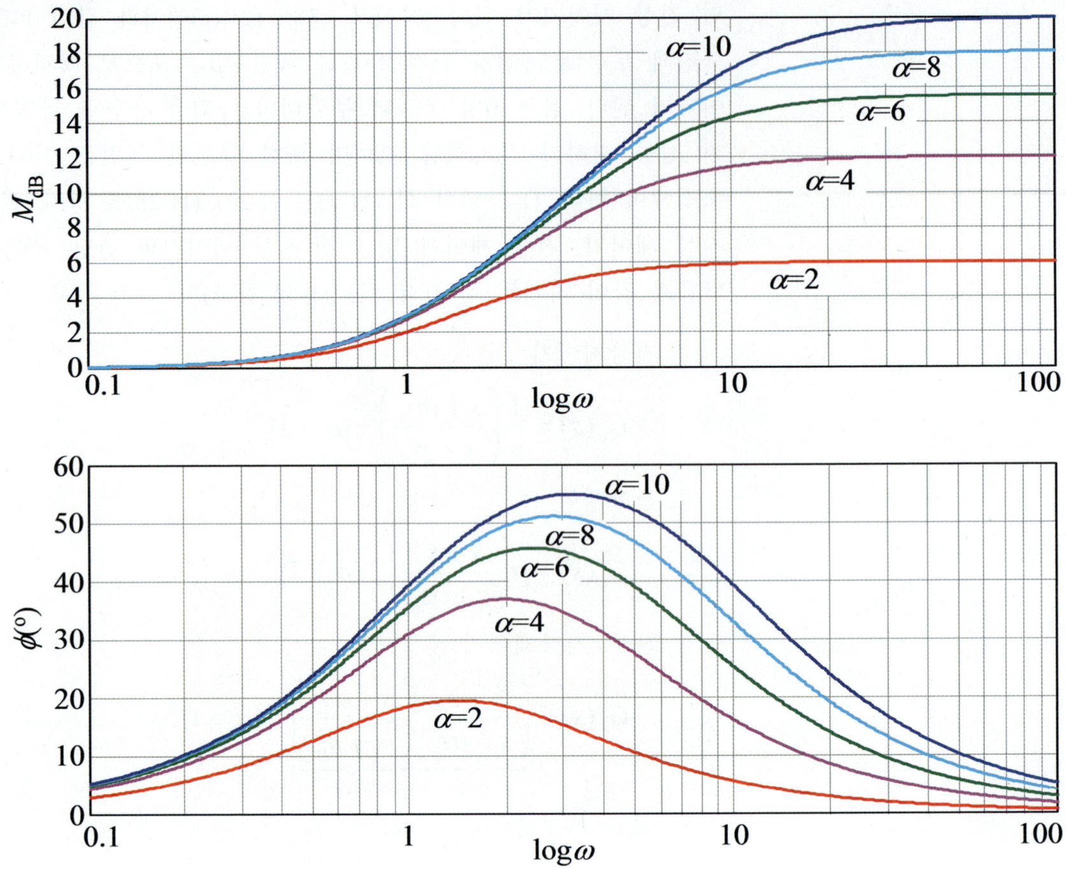

$$\frac{d\phi(\omega)}{d\omega}=\frac{1/z_c}{1+(\omega/z_c)^2}-\frac{1/\alpha z_c}{1+(\omega/\alpha z_c)^2} \tag{12-4}$$

위의 식을 0으로 하면 $\phi(\omega)$가 ϕ_{max}으로 최대가 되는 주파수 ω_{max}은

$$\omega_{max}=z_c\sqrt{\alpha} \tag{12-5}$$

로 구해진다. 따라서 식 (12-2)에 $s=j\omega_{max}$을 대입하면

$$G_c(j\omega_{max})=\alpha\left(\frac{j\omega_{max}+z_c}{j\omega_{max}+\alpha z_c}\right)=\frac{j\sqrt{\alpha}+1}{j/\sqrt{\alpha}+1} \tag{12-6}$$

여기서 관계식 $\tan(x-y)=(\tan x-\tan y)/(1+\tan x\tan y)$를 이용하면 ϕ_{max}은 다음과 같이 구해진다.

$$\phi_{max}=\tan^{-1}\frac{\sqrt{\alpha}(1-1/\alpha)}{2}=\sin^{-1}\frac{\alpha-1}{\alpha+1} \tag{12-7}$$

그리고 ω_{max}에서 $G_c(s)$의 크기는

$$\left|G_c(j\omega_{max})\right| = \sqrt{\alpha} \tag{12-8}$$

이상과 같은 진상 제어기의 특성을 종합하면 다음과 같다.

$$G_c(s) = \alpha\left(\frac{s+z_c}{s+\alpha z_c}\right)$$

$$\begin{cases} \omega_{max} = z_c\sqrt{\alpha} \\ \phi_{max} = \sin^{-1}\dfrac{\alpha-1}{\alpha+1} \\ \left|G_c(j\omega_{max})\right| = \sqrt{\alpha} \end{cases} \tag{12-9}$$

지상 제어기의 경우는 위상 응답의 부호가 진상 제어기와 반대이며 크기 응답은 좌우 대칭 관계이므로 식 (12-9)와 동일한 결과를 얻을 수 있다.

12.2 지상 제어기의 설계

그림 12-3(a)의 시스템을 지상 제어기로 보상하면 그림 (b)와 같으며 그림 (c)는 지상 제어기의 극-영점도이다. 지상 제어기의 근본 원리는 PI 제어기에 두고 있다. 따라서 제어기에 의해 추가된 극점 $-p_c$와 영점 $-\alpha p_c$는 보상전의 근궤적 형태에 영향을 주지않도록 서로 충분히 가까워야 하며 그림 12-4가 이를 보여준다. 극점 $-p_c$와 영점 $-\alpha p_c$가 충분히 가까우면 근궤적상의 근 r_1에 미치는 각의 영향이 거의 0이 되므로 근궤적 형태는 거의 변하지 않는다. 즉 과도 응답이 변하지 않는다. 그리고 근궤적상의 근에 이르는 길이가 서로 같으므로 근에 대한 이득도 거의 그대로 유지된다. 이 상태에서 지상 제어기가 할 일은 정상 상태 오차를 줄이는 것이다. PI 제어기는 시스템의 유형을 높혀 정상 상태 오차를 완전히 0으로 만들 수 있지만 지상 제어기는 원점에 극점이 없으므로 시스템의 유형을 높일 수 없다. 따라서 정상 상태 오차를 완전히 0으로 만들 수는 없지만 상당한 개선은 이룰 수 있다.

보상전인 그림 12-3(a)에서는 루프 전달 함수가 $L(s)=K_AG(s)$이므로 그림 12-4의 근궤적상의 이득 변수 K는 $K=K_A$이다. 이에 비해 보상후인 그림 12-3(b)에서는 $L(s)=K_AG_c(s)G(s)$이므로 특성 방정식은 다음과 같다.

그림 12-3

지상 제어기에 의한 시스템의 보상:
(a) 보상전의 시스템;
(b) 보상후의 시스템;
(c) 제어기 극-영점도.

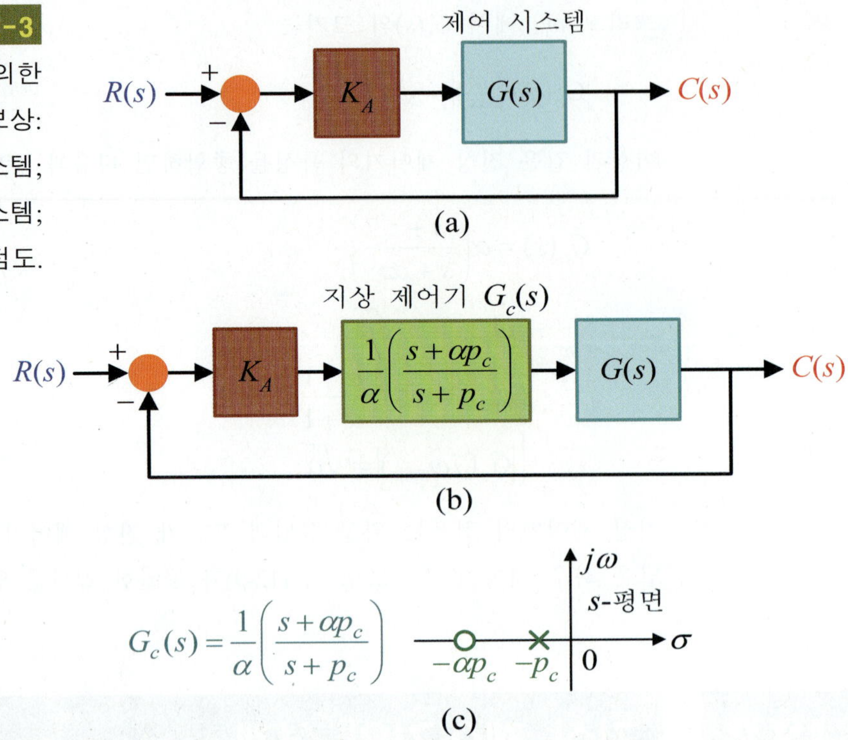

그림 12-4

지상 제어기의 원리를 보여주는 그림.

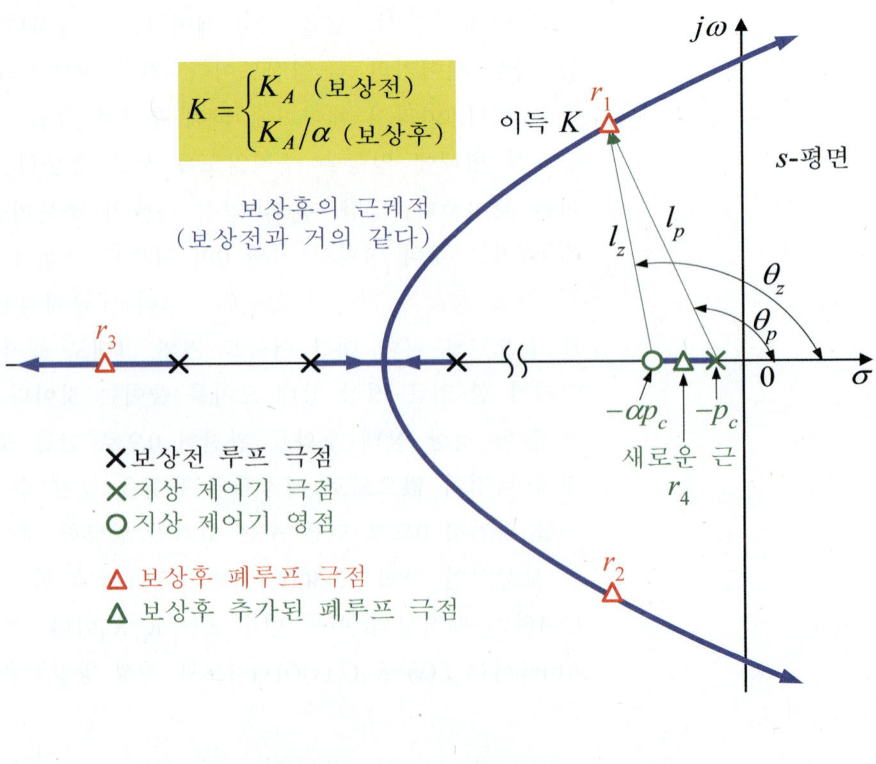

$$1+\frac{K_A}{\alpha}\left(\frac{s+\alpha p_c}{s+p_c}\right)G(s)=0 \tag{12-10}$$

따라서 그림 12-4의 근궤적상에서 보상후의 이득 변수 K는 $K=K_A/\alpha$가 된다. 그리고 앞에서 설명한 바와 같이 보상전과 보상후는 서로 근궤적 형태가 같을 뿐 아니라 근에 대한 이득 K도 같다(이상적으로 보면). 따라서 보상전의 증폭기 이득을 K_A라 하고 보상후의 증폭기 이득을 K_A'라 하면 $K=K_A=K_A'/\alpha$가 성립되므로

$$K_A'=\alpha K_A \tag{12-11}$$

즉 지상 제어기로 보상한 후는 보상전과 과도 응답은 같으나 이득을 $\alpha>1$배로 증가시킬 수 있는 것이다. 이제 그림 12-3에서 정상 상태 개선에 대해 알아보자. 제어 시스템이 유형 0이라면 그림 12-3(a)의 위치 상수는 $K_p=K_AG(s)$이다. 그리고 지상 제어기의 직류 이득이 $G_c(0)=1$이므로 보상후의 위치 상수 K_p'는 다음과 같다.

$$K_p'=K_A'G_c(0)G(0)=K_A'G(0) \tag{12-12}$$

따라서 식 (12-11)의 관계에 의해

$$K_p'=\alpha K_p \tag{12-13}$$

이므로 보상후의 위치 상수는 보상전에 비해 α배로 늘어나게 되어 정상 상태 오차가 개선된다. 물론 이는 속도 및 가속도 상수에 대해서도 마찬가지다. 이상으로 지상 제어기에 의해 보상후의 위치 상수, 속도 상수 및 가속도 상수는 α배로 증가하므로 정상 상태 오차가 개선된다.

이상으로 지상 제어기의 극점과 영점은 과도 응답에 영향을 주지 않도록 가능한 한 가까우면서도 정상 상태 오차를 줄이기 위해서는 서로의 비 α가 커야 한다. 이 두 가지를 이루기 위해서는 제어기 극점과 영점을 가능한 한 원점에 가깝게 해야 한다. 예를 들어 극점이 –0.01이고 영점이 –0.1인 경우와 극점이 –0.001이고 영점이 –0.01인 경우는 α=10으로 모두 같다. 그러나 극점이 –0.001이고 영점이 –0.01인 경우가 근궤적에 미치는 영향이 더 적다. 여기서 또 하나의 문제점은 그림 12-4에서 보듯이 추가된 제어기 영점과 극점 사이에 생기는 새로운 근의 영향이다. 이 근은 제어기 영점과의 극-영점 상쇄 효과에 의해 과도 상태에서는 거의 영향이 없지만 정착 시간 이후부터는 매우 느린 시정수로써 응답 속도를 느리게 한다. 따라서 과도 응

답을 유지하기 위해 제어기 영점과 극점을 원점에 가깝게 할수록 정상 상태 에서의 응답 속도가 더 느려지는 문제가 생긴다.

예제 12-1

그림 12-5는 예제 11-1의 PI 제어기 대신 지상 제어기를 쓴 것이며 보상전과 후의 제동비는 ζ=0.206으로 한다. 정상 상태 오차가 보상전에 비해 10배로 줄도록 제어기를 설계하라.

그림 12-5
예제 12-1의 그림.

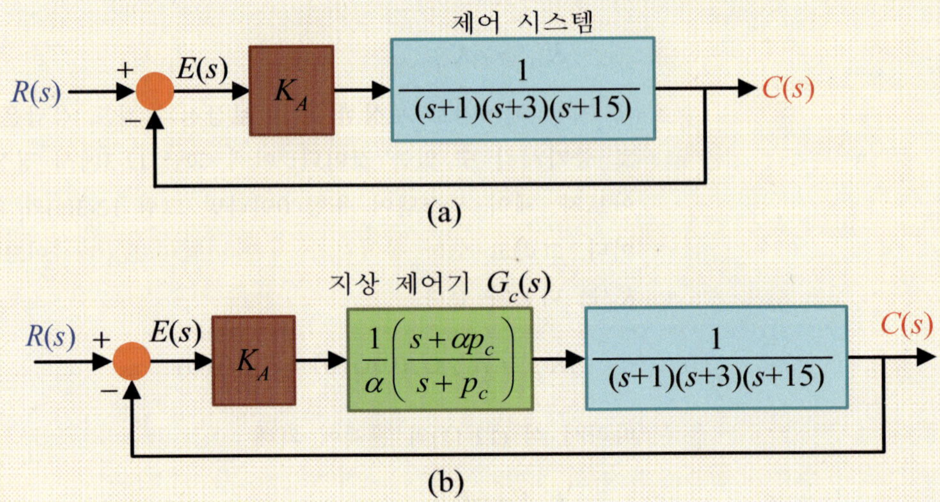

풀이>> 먼저 제어기 극점을 $-p_c$=−0.01로 해 본다. 보상전의 위치 상수 및 정상상태 오차는 예제 11-1에서 구한 바로는 보상전에는 K_p=8.9, $e_p(\infty)$=0.101이다. 따라서 보상후에는 $e_p(\infty)$=0.0101이어야 하므로 위치 상수는

$$K_p = \frac{1}{e_p(\infty)} - 1 = \frac{1}{0.0101} - 1 = 98$$

따라서 제어기의 α는

$$\alpha = \frac{98}{8.9} = 11.01$$

이므로 제어기 영점의 크기는 다음과 같이 정해진다.

$$\alpha p_c = 11.01 \times 0.01 = 0.11$$

이상으로 그림 12-5(b)의 특성 방정식의 근궤적을 구해보면 그림 12-6과 같다. 제어기에 의해 새로 생긴 근은 −0.1이며 이는 영점 −0.11과 상쇄될 수 있다. 그리고 보상후의 증폭기 이득은 K_A=4261이다. 이제 제어기 극점을

그림 12-6
그림 12-6(b)의 근궤적 (p_c=0.01, α=11.01).

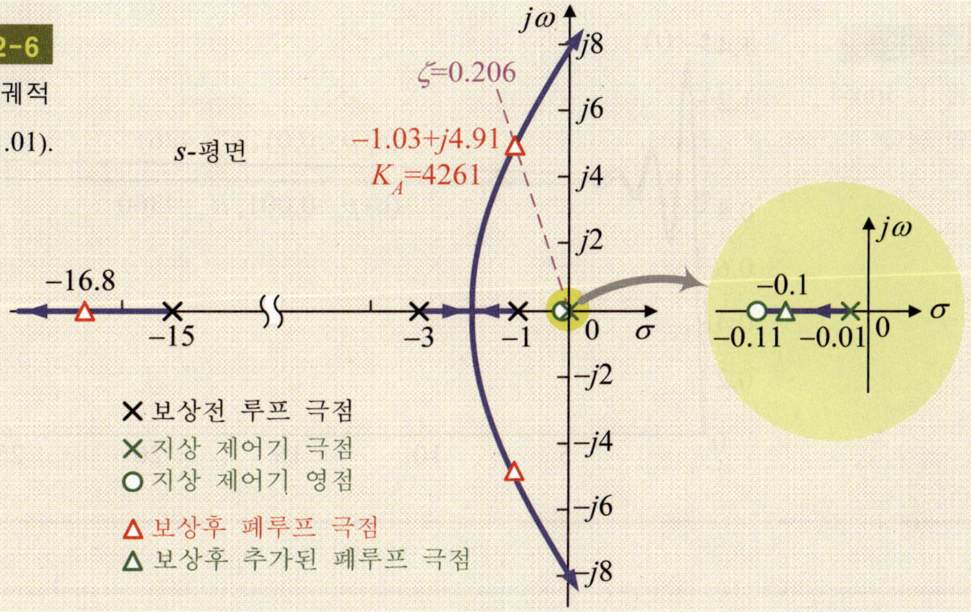

원점에 더 가깝도록 $-p_c$=−0.001로 하면 영점은

$$\alpha p_c = 11.01 \times 0.001 = 0.011$$

와 같다. 이 경우 ζ=0.206의 우세 극점을 찾아보면 −1.05±j4.99이며 이에 대한 이득은 K_A=4360이다. 그리고 새로 생긴 근은 −0.01이다. 그림 12-7은 지상 제어기로 보상된 시스템의 계단 응답을 보여준다. 그림 (a)는 극점=−0.01, 영점=−0.11, K_A=4261에 대한 응답이며 그림 (b)는 극점=−0.001, 영점=−0.01, K_A=4360에 대한 응답이다. 그 결과 극점이 −0.001인 경우는 −0.01인 경우에 비해 1을 접근하는 속도가 느리며 그 이유는 바로 제어기 영점과 극점 사이에 새로 생기는 근의 영향이다. 즉 극점이 −0.001인 경우의 새로운 근 −0.01은 극점이 −0.01인 경우의 새로운 근 −0.1에 비해 10배 정도 작기 때문에 정상 상태에서의 응답 속도가 느린 것이다. 이상으로 극점−0.01으로 보상된 개루프 전달 함수 $K_AG_c(s)G(s)$는 다음과 같다.

$$K_AG_c(s)G(s) = \frac{387(s+0.1)}{(s+0.01)(s+1)(s+3)(s+15)}$$

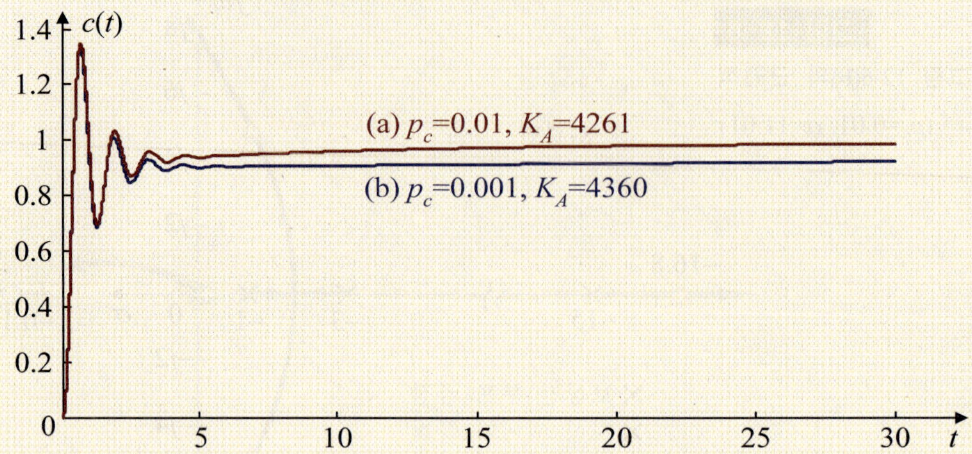

그림 12-7
그림 12-5(b)의 계단 응답.

예제 12-2

그림 12-8(a)는 예제 11-6에서 소개한 해바라기 시스템이며 이를 지상 제어기로 보상한 것이 그림 12-8(b)이다. 보상후의 특성이 다음과 같도록 제어기를 설계해 보자.

1. 램프 입력에 대한 정상 상태 오차: $e_v(\infty)\le 0.01$
2. 최대 오버슛: %OS≤5 %
3. 정착 시간: $T_s\le 0.5$ sec

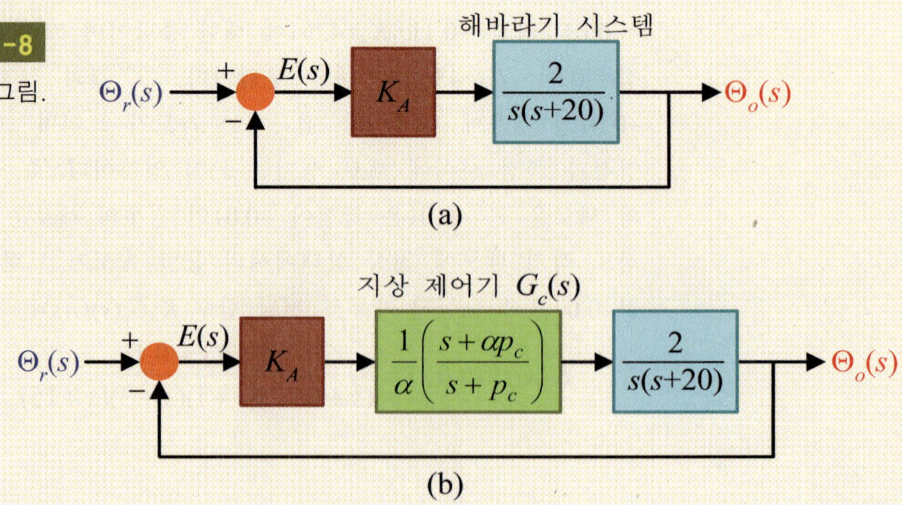

그림 12-8
예제 12-2의 그림.

풀이>> 지상 제어기로 보상된 후의 과도 응답은 보상전과 거의 같다. 따라서 보상전의 과도 응답도 주어진 바와 같이 %OS≤5 % 및 T_s≤0.5 초를 만족하도록 K_A를 정한다. 여기서는 %OS=4.33 %(ζ=0.707), T_s=0.4 초(σ_d=10)으로 하기로 하면 설계하고자 하는 우세 극점의 특성은 다음과 같다.

$$\zeta = 0.707, \quad \sigma_d = 10, \quad \omega_d = 10, \quad \omega_n = 14.14$$

보상전의 특성 방정식 근궤적을 구해보면 그림 12-9(a)와 같으며 극점에 대한 이득은 K_A=100이다. 따라서 보상전의 속도 상수 및 정상 상태 오차는

$$K_v = \lim_{s \to 0} \frac{2K_A}{s+20} = \frac{200}{20} = 10$$

$$e_v(\infty) = \frac{1}{K_v} = 0.1$$

보상후의 정상 상태 오차가 $e_v(\infty)$=0.01이므로 지상 보상기의 α는

$$\alpha = \frac{0.1}{0.01} = 10$$

로 정해진다. 여기서 제어기 극점을 $-p_c$=−0.01로 한다면 제어기 영점의 크기는 다음과 같이 정해진다.

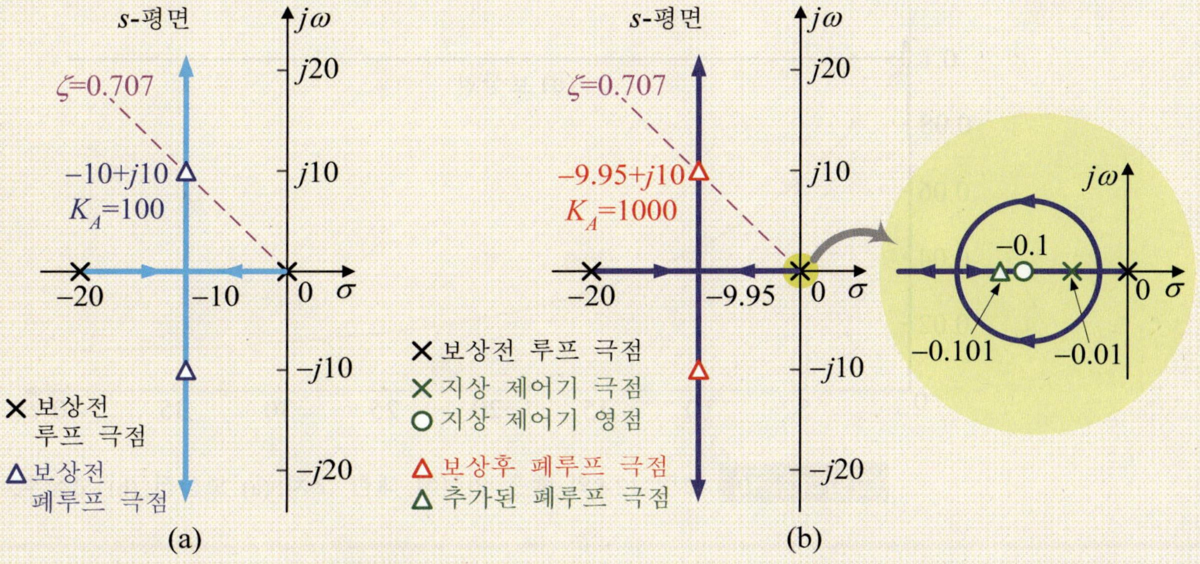

그림 12-9 그림 12-8의 근궤적: (a) 보상전; (b) 보상후.

$$\alpha p_c = 10 \times 0.01 = 0.1$$

따라서 지상 제어기의 전달 함수는 다음과 같다.

$$G_c(s) = \frac{s+0.1}{10(s+0.01)}$$

보상후의 특성 방정식 근궤적은 그림 12-9(b)와 같다. 그 결과 폐루프 우세 극점은 보상전과 거의 같고 증폭기 이득은 K_A=1000으로 보상전의 10배이다. 따라서 보상에 의해 정상 상태 오차는 $e_v(\infty)$=0.01로 10배 개선되며 과도 응답은 보상전과 거의 같다. 그리고 보상기에 의해 추가되는 폐루프 극점은 –0.101이며 이는 영점 –0.1과 상쇄될 수 있다. 이상으로 보상된 개루프 전달 함수 $K_AG_c(s)G(s)$는 다음과 같다.

$$K_AG_c(s)G(s) = \frac{200(s+0.1)}{s(s+0.01)(s+20)}$$

그림 12-10은 보상전과 후의 램프 입력에 대한 오차 $e_v(t)$를 보여준다. 보상후의 오차는 보상전보다 10배로 줄어듬을 확인할 수 있다. 그리고 오차가 감소하는 속도가 느린 이유는 그림 12-9(b)에서 제어기에 의해 추가된 폐루프 극점 –0.101 때문이다.

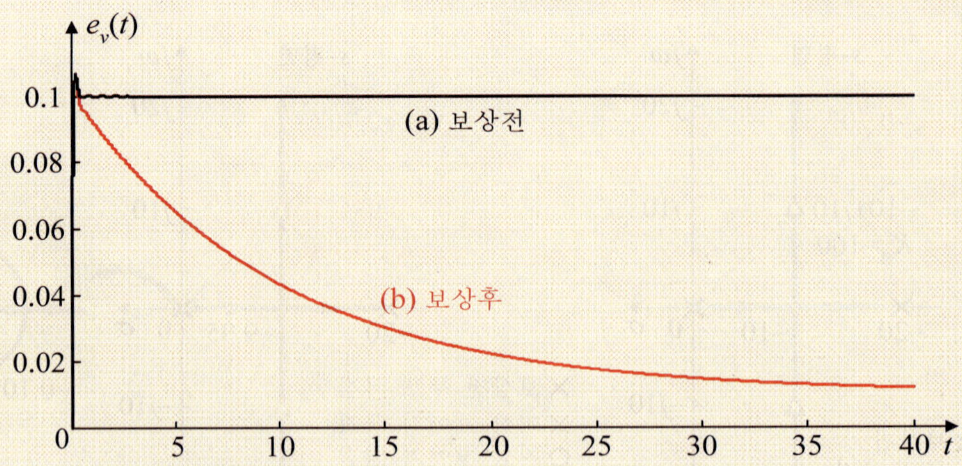

그림 12-10 그림 12-8의 램프 입력에 대한 오차: (a) 보상전; (b) 보상후.

예제 12-3

그림 12-11의 (a)는 예제 11-3에서 해석한 바 있는 안테나 위치 제어 시스템이며 이를 지상 제어기로 보상한 것이 그림 (b)이다. 보상후에는 보상전과 같이 최대 오버슛이 16%가 되게 하되 램프 입력에 대한 정상 상태 오차는 보상전에 비해 10배 정도 줄어들도록 지상 제어기를 설계하라.

그림 12-11
예제 12-3의 그림.

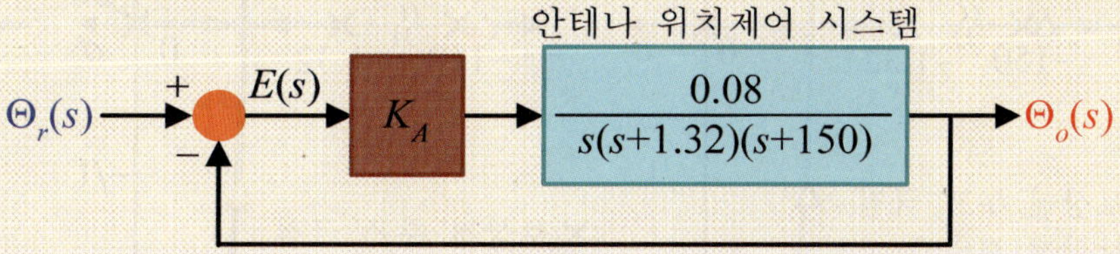

(a)

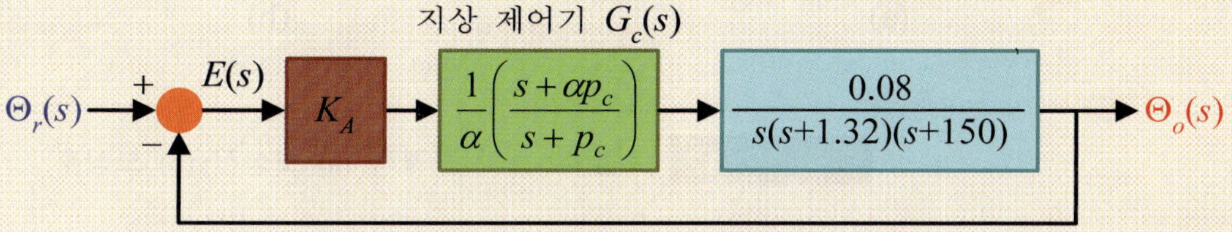

(b)

풀이>> 보상전의 특성 방정식 근궤적을 구하면 그림 12-12의 (a)와 같으며 최대 오버슛이 16%이므로 제동비는 ζ=0.504이어야 한다. 따라서 근궤적상에서 ζ=0.504에 해당하는 우세 극점을 찾아보면 $-0.65+j1.1$이며 이득은 K_A=3130이다. 따라서 보상전의 속도 상수 및 정상 상태 오차는 다음과 같다.

$$K_v = \frac{K_A \times 0.08}{1.32 \times 150} = \frac{3130 \times 0.08}{1.32 \times 150} = 1.265$$

$$e_v(\infty) = \frac{1}{K_v} = \frac{1}{1.265} = 0.791$$

제어기에 의해 오차가 10배로 줄어야 하므로 α=10이다. 따라서 제어기의 극점을 −0.01로 하면 영점은 −0.1이므로 전달 함수는 다음과 같다.

$$G_c(s) = \frac{s+0.1}{10(s+0.01)}$$

보상후의 특성 방정식 근궤적은 그림 12-12의 (b)와 같으며 우세 극점의 제동비가 ζ=0.504이어야 한다. 따라서 우세 극점은 그림에 표시된 바와 같고 이에 대한 이득은 K_A=29100이다. 이로부터 보상후의 속도 상수 및 정상

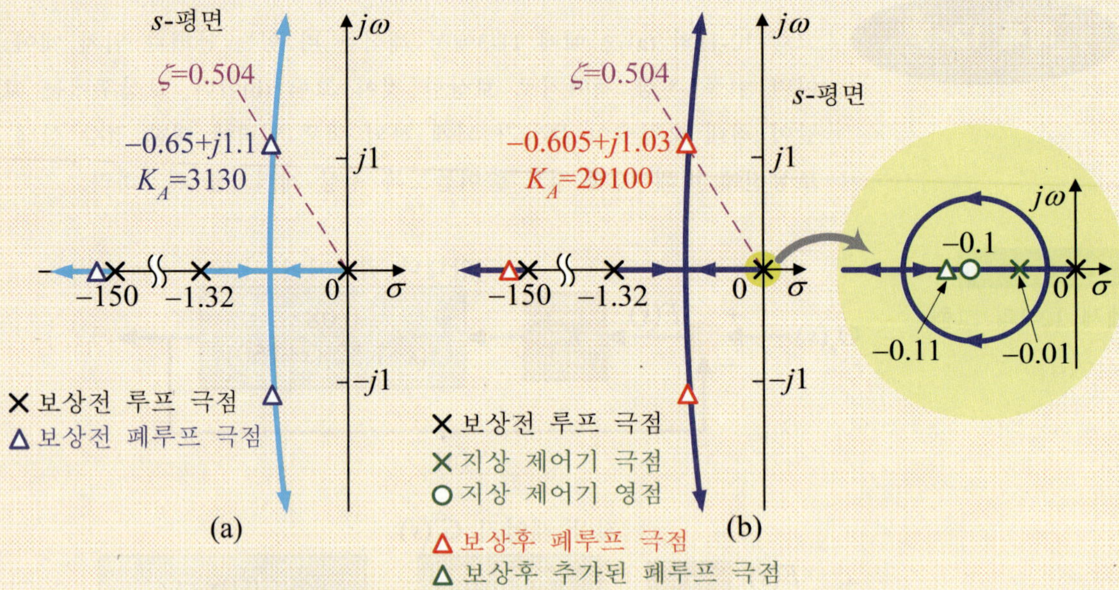

그림 12-12 그림 12-11의 근궤적: (a) 보상전; (b) 보상후.

상태 오차를 구하면 다음과 같다.

$$K_v = \frac{K_A \times 0.08}{1.32 \times 150} = \frac{29100 \times 0.08}{1.32 \times 150} = 11.76$$

$$e_v(\infty) = \frac{1}{K_v} = \frac{1}{11.76} = 0.085$$

따라서 정상 상태 오차는 보상전에 비해 0.791/0.085=9.3배 정도 줄어들며 이 결과는 예상한 것보다 약간 작다. 오차를 더 줄이기 위해서는 그림 12-12(b)에서 K_A를 증가시켜야 하며 그 결과로 최대 오버슛이 증가하게 된다. 이상으로 보상된 개루프 전달 함수 $K_AG_c(s)G(s)$는 다음과 같다.

$$K_AG_c(s)G(s) = \frac{232.8(s+0.1)}{s(s+0.01)(s+1.32)(s+150)}$$

이상으로 지상 제어기를 통해 시스템의 정상 상태 오차를 개선시키는 원리에 대해 알아보았다. 지상 제어기는 적분기를 사용하지 않고도 정상 상태를 개선시킬 수 있다는 점이 PI 제어기에 비해 유리한 점이다. 그리고 지상 제어기는 PI 제어기와 마찬가지로 과도 응답은 개선시키지 않는다. 과도 응답은 PD 제어기와 다음에 설명할 진상 제어기를 통해 개선시킬 수 있다.

12.3 진상 제어기의 설계

진상 제어기는 PD 제어기와 기능이 같지만 미분기를 사용하지 않기 때문에 잡음에 대한 내구성이 강하다. 그림 12-13(a)의 시스템을 진상 제어기로 보상하면 그림 (b)와 같으며 그림 (c)는 진상 제어기의 극-영점도이다. 지상 제어기의 근본 원리는 PD 제어기에 두고 있으며 그림 12-14가 이를 보여준다. 먼저 그림 12-14(a)는 진상 제어기의 영점 $-z_c$와 극점 $-\alpha z_c$를 루프 전달 함수에 추가하는 것을 보여준다. 추가된 영점과 극점은 보상후의 특성 방정식 근궤적을 변화시켜 원하는 위치에 폐루프 우세 극점 r_c를 둘 수 있다. 원하는 근 r_c가 근궤적상에 있기 위해서는 다음의 각 조건을 만족하여야 한다.

$$(\theta_z-\theta_p)+(\theta_3-\theta_1-\theta_2)=(2k+1)180° \tag{12-14}$$

여기서 $\theta_z-\theta_p$는 제어기의 영점과 극점으로부터 r_c에 이르는 두 각의 대수적인 합이다. 그리고 $\theta_c=(2k+1)180°-(\theta_3-\theta_1-\theta_2)$라 하면 이는 기존의 극점과 영점으로부터 계산할 수 있다. 이로부터 제어기의 극점과 영점에 의한 각도는 $\theta_z-\theta_p=\theta_c$를 만족하면 되므로 그림 12-14(a)에서 $-z_c$와 $-\alpha z_c$의 위치에는 많은 경우수가 있을 수 있다. 그 중 $\alpha=\infty$인 경우가 그림 12-14(b)이며 이는 PD 제

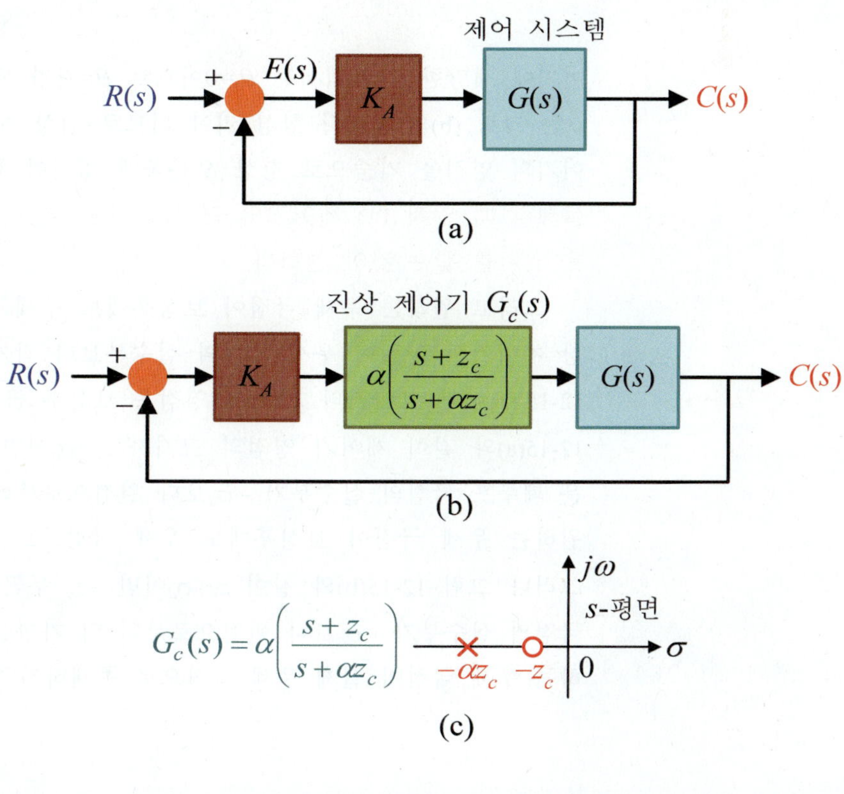

그림 12-13 진상 제어기에 의한 시스템의 보상: (a) 보상전의 시스템; (b) 보상후의 시스템; (c) 제어기 극-영점도.

그림 12-14

진상 및 PD 제어기의 극점과 영점의 각 조건: (a) 진상 제어기; (b) PD 제어기($\alpha=\infty$).

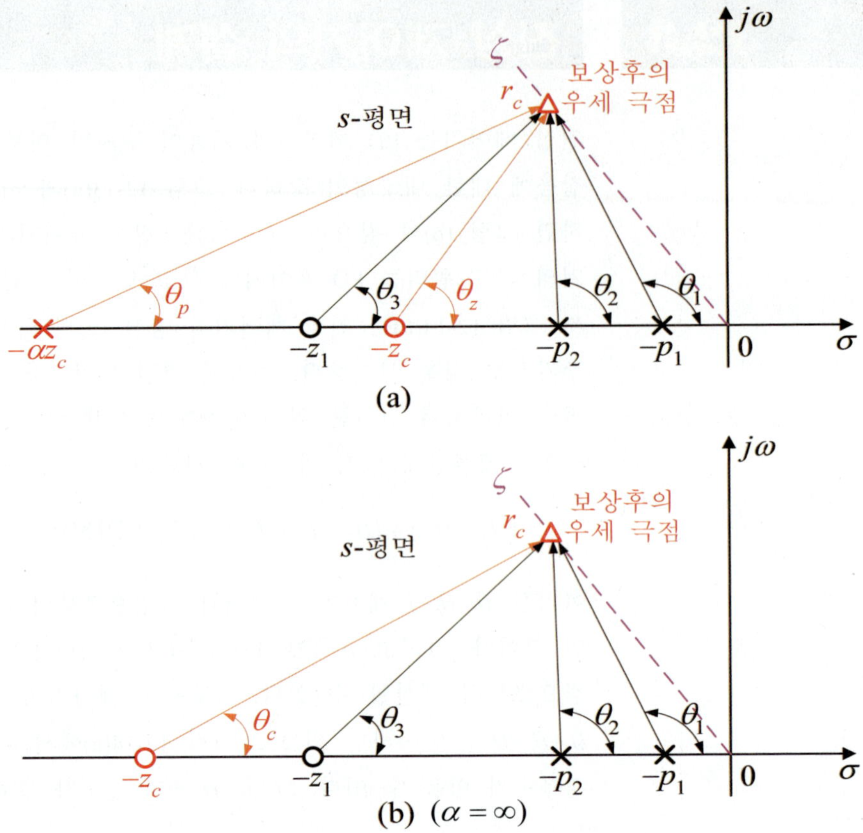

어기에 해당한다. 여기서는 θ_p=0이므로 $\theta_z=\theta_c$가 된다. 따라서 그림 12-14(a)의 θ_z는 그림 (b)의 θ_z보다 항상 커야 되므로 진상 제어기의 영점 위치는 PD 제어기의 영점을 기준으로 항상 오른쪽에 있어야 한다. 따라서 진상 제어기를 설계할 때 먼저 PD 제어기의 영점 위치를 결정한 다음 그 오른쪽에서 알맞은 위치를 찾는 것이 편하다.

그리고 원하는 우세 극점이 보상후에도 우세 극점으로 남기 위해서는 진상 제어기의 영점이 우세 극점의 실수부보다 작게 하는 것이 유리하며 그림 12-15가 이를 보여준다. 제어기 영점은 보상후 근궤적에 속한다. 따라서 그림 12-15(a)와 같이 제어기 영점의 크기가 $z_c>\sigma_d$이면 $-z_c$ 부근에 추가되는 새로운 폐루프 극점의 실수부가 $-\sigma_d$보다 원점으로부터 멀 가능성이 높아진다. 즉 원하는 우세 극점이 보상후에도 우세 극점으로 존재할 가능성이 높아진다. 그러나 그림 12-15(b)와 같이 $z_c<\sigma_d$이면 $-z_c$ 부근에 추가되는 새로운 폐루프 극점의 실수부가 $-\sigma_d$보다 원점으로부터 더 가까울 가능성이 높아진다. 즉 원하는 우세 극점이 실제 우세 극점으로 존재하지 않을 수 있다.

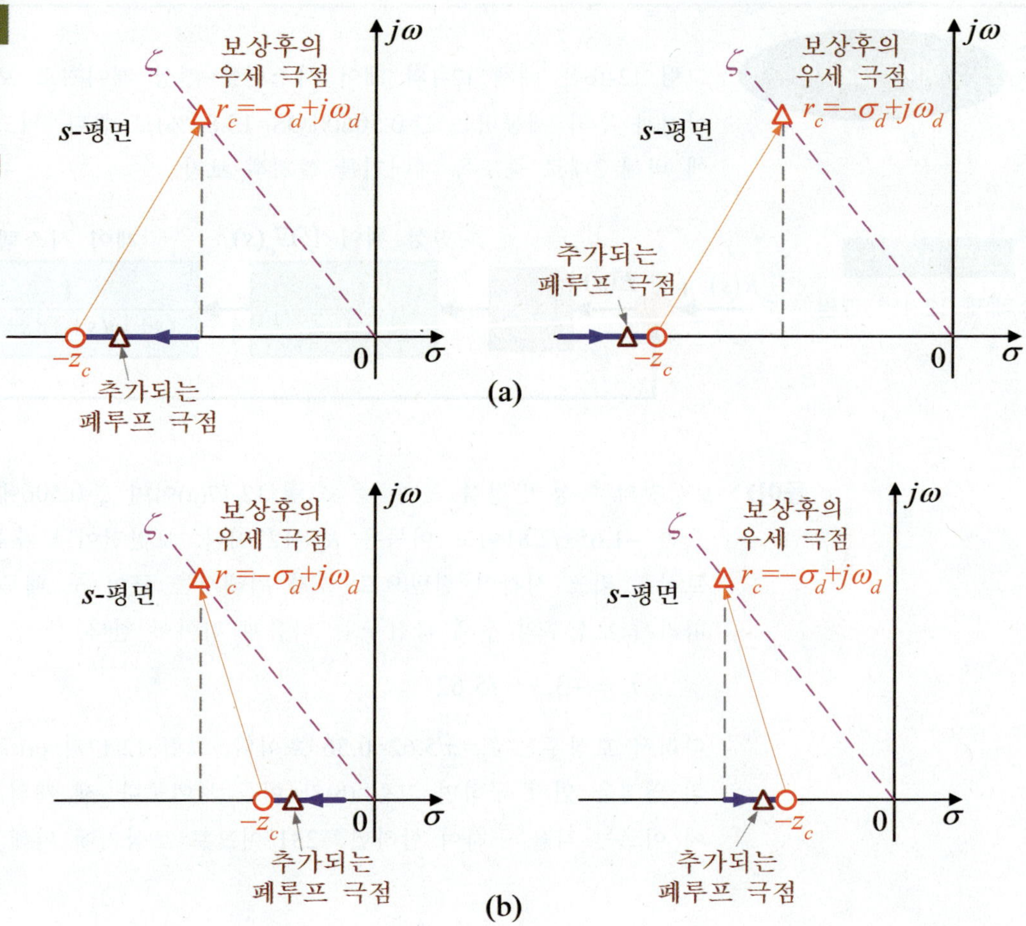

그림 12-15 진상 제어기 영점의 위치와 원하는 우세 극점 위치의 관계.

이상으로 진상 제어기의 영점은 PD 제어기의 영점보다 오른쪽에 있으면서 가능한 한 원하는 우세 극점의 실수부보다 왼쪽에 있도록 정한다.

PD 제어기에서는 원하는 우세 극점이 정해지면 제어기의 영점은 위치가 고정된다. 그러나 진상 제어기에서는 제어기 영점에 의한 각과 극점에 의한 각의 차이만 고정되므로 영점과 극점의 다양한 위치 설정이 가능하다. 따라서 진상 제어기에서는 우세 극점이나 극-영점 상쇄 등이 일어날 수 있도록 제어기 영점과 극점의 위치를 조정할 수 있어 PD 제어기에 비해 유리하다.

한편 PD 제어기에서는 영점만 추가되므로 점근선의 각이 늘어나 근궤적을 LHF 쪽으로 휘게 한다. 따라서 허수축을 통과해 RHF으로 향하는 근궤적의 가지수를 줄여준다. 그러나 진상 제어기에서는 영점과 극점이 함께 추가되므로 근궤적의 가지수는 하나 더 늘고 점근선의 각도는 변하지 않으므로 PD 제어기에 비해 불리하다.

예제 12-4 그림 12-16은 예제 12-1의 제어 시스템을 진상 제어기로 보상한 것이며 보상전과 후의 제동비는 ζ=0.506(%OS=15.8 %)로 한다. 피크 시간이 보상전에 비해 2배로 줄도록 제어기를 설계해 보자.

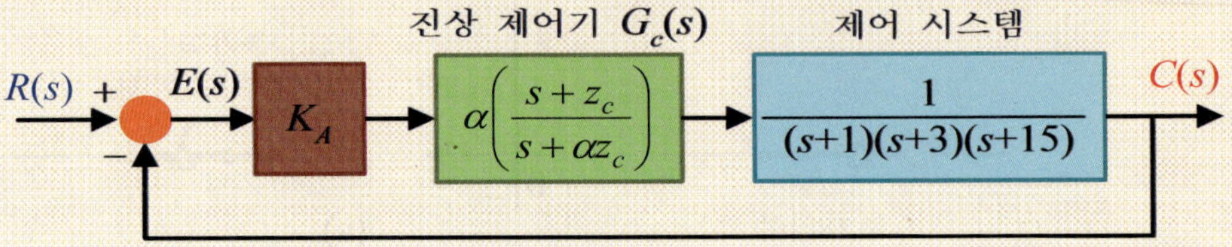

그림 12-16
예제 12-4의 그림.

풀이>> 보상전의 특성 방정식 근궤적은 그림 12-17(a)이며 ζ=0.506에 대한 근을 찾으면 $-1.65\pm j2.81$이고 이득은 K_A=123이다. 보상전이나 후는 ζ가 같으므로 보상후 피크 시간이 절반으로 줄기 위해서는 근이 두 배로 증가해야 한다. 따라서 보상후의 우세 극점 r_c는 다음과 같아야 한다.

$$r_c = -3.3 \pm j5.62$$

따라서 보상후는 $T_p=\pi/5.62=0.56$ 초이다. 그림 12-17의 (a)로부터 PD 제어기의 영점을 먼저 구하며 그림 (b)가 이를 보여준다. 세 개의 극점들로부터 r_c에 이르는 각을 구하여 합하면 $-231°$이므로 보상기에 의해 더해져야 하는

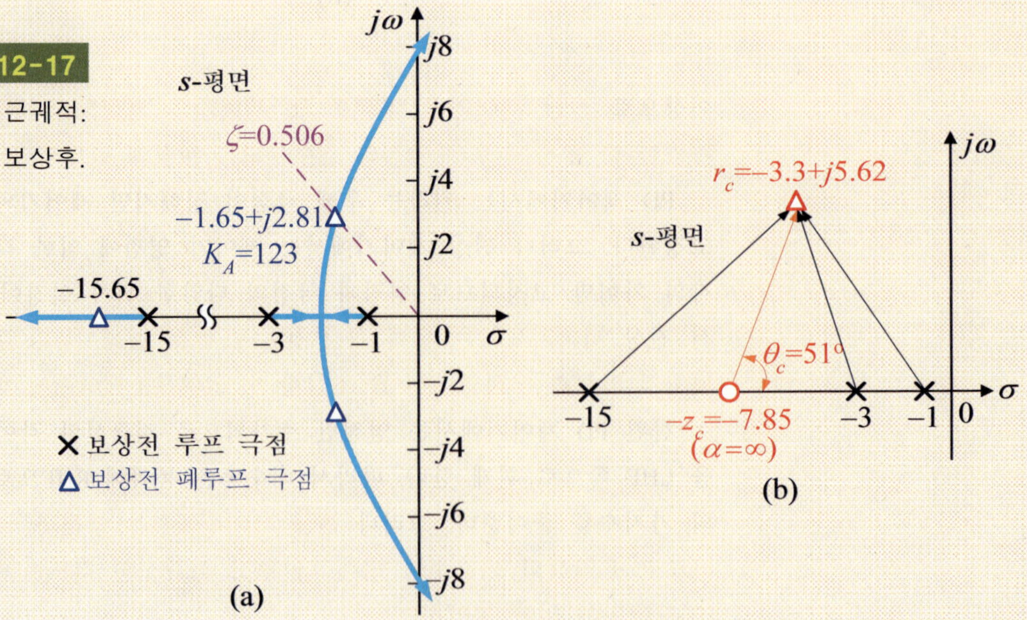

그림 12-17
그림 12-16의 근궤적:
(a) 보상전; (b) 보상후.

각은 θ_c=231−180=51°가 된다. 이로부터 PD 제어기의 영점은

$$\frac{5.62}{z_c - 3.3} = \tan 51°$$

를 만족하므로 $-z_c$=−7.85이다. 따라서 진상 제어기의 영점은 −7.85보다 커야 하며 가능한 한 −3.3보다 작게 한다. 이제 진상 제어기의 영점 위치를 몇 가지 경우로 나누어 설계해 보자.

(1) z_c=5: 그림 12-18(a)와 같이 제어기 영점을 $-z_c$=−5로 한다면 θ_z=73.2°가 이므로 $\theta_p=\theta_z-\theta_c$=73.2°−51°=22.2°가 된다. 이로부터 극점의 위치는

$$\frac{5.62}{\alpha z_c - 3.3} = \tan 22.2°$$

를 만족해야 하므로 αz_c=17.1로 정해진다. 따라서 α=17.1/5=3.42이므로 제어기 전달 함수는 다음과 같다.

$$G_c(s) = \frac{3.42(s+5)}{s+17.1}$$

위의 제어기로 보상한 후의 특성 방정식 근궤적은 그림 12-18(b)와 같으며 우세 극점은 원하는 근과 같다. 그러나 나머지 두 폐루프 극점이 −22.9와 −6.5이므로 설계한 우세 극점은 실제 우세 극점이 아니다.

(2) z_c=3: 그림 12-19(a)와 같이 제어기 영점을 −3으로 하면 제어기 극점은 $-\alpha z_c$=−9.53이다(α=3.18). 특히 제어기의 영점 −3이 제어 시스템의 극점 −3과 상쇄되므로 보상후의 루프 전달 함수는 보상전과 차수가 같다. 즉

$$K_A G_c(s)G(s) = \frac{3.18K_A(s+3)}{(s+9.53)(s+1)(s+3)(s+15)} = \frac{3.18K_A}{(s+9.53)(s+1)(s+15)}$$

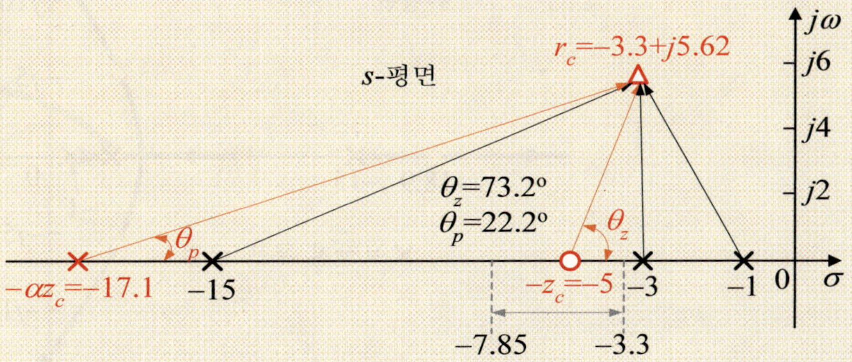

(a)

그림 12-18
(a) 제어기 영점과 극점 ($-z_c$=−5, $-\alpha z_c$ =−17.1); (b) 보상후 근궤적.

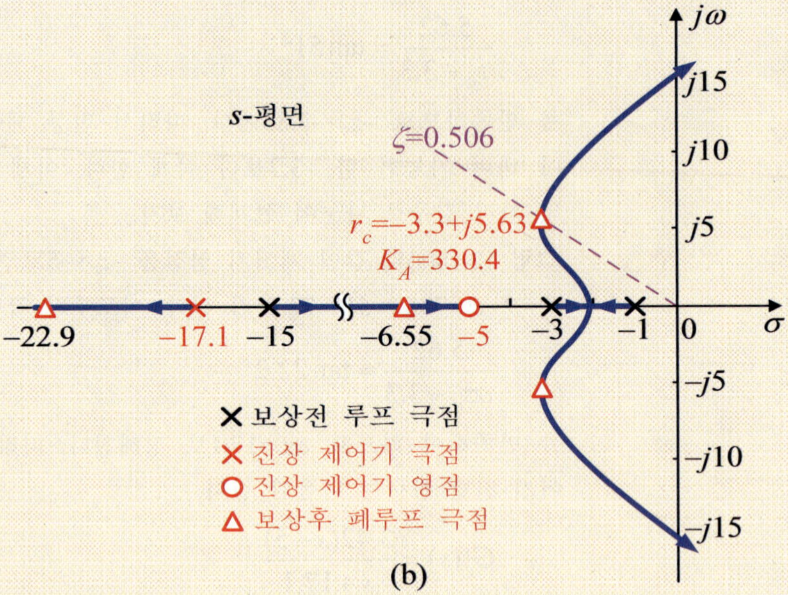

그림 12-18

(계속)

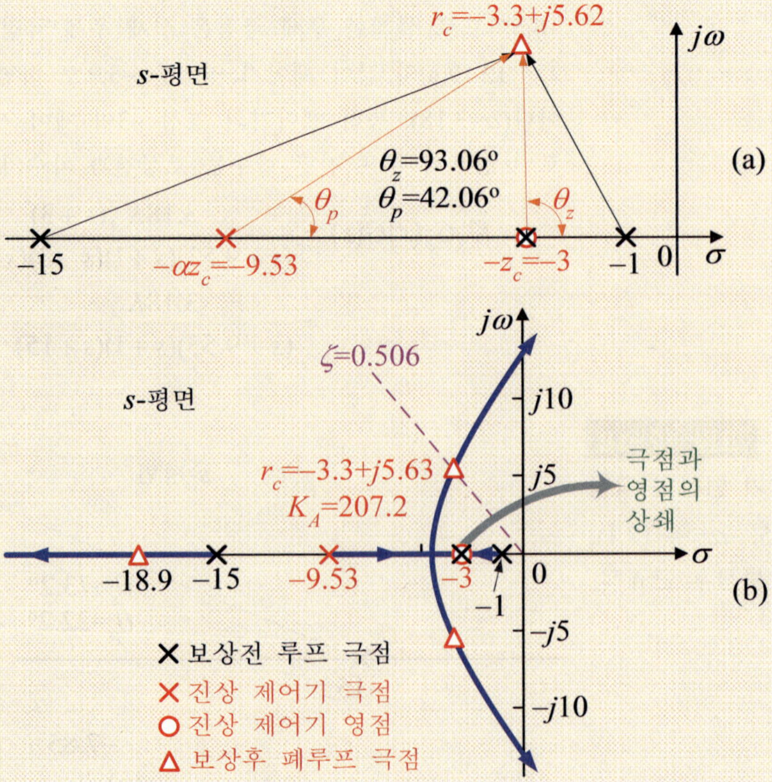

그림 12-19

(a) 제어기 영점과 극점 ($-z_c=-3$, $-\alpha z_c=-9.53$);

(b) 보상후 근궤적.

이와 같이 제어기의 영점을 제어 시스템의 극점과 상쇄시킴으로써 시스템 설계를 단순화시킬 수 있다는 것이 PD 제어기에 대한 진상 제어기의 장점이다. 앞서 구한 루프 전달 함수에 대한 근궤적은 그림 12-19(b)와 같으며 가지수는 3개이다. 그리고 나머지 하나의 근이 −18.9이므로 설계하고자 하는 근은 우세 극점이 된다. 이에 비해 z_c=5인 경우는 그림 12-18(b)와 같이 근궤적의 가지수가 4개이며 완전한 우세 극점이 되기에는 부족하다.

(3) z_c=2: 그림 12-20(a)와 같이 제어기 영점을 −2로 하면 제어기 극점은 $-\alpha z_c$=−7.69 이며(α=3.845) 보상후의 근궤적은 그림 12-20(b)와 같다. 이 경우는 실수축 상의 제어기 영점 −2와 시스템 극점 −1 사이에 근궤적이 형성되어 새로운 근 −1.86이 생긴다. 추가된 근 −1.86이 원점에서 가장 가깝기 때문에 우세 극점이 될 수도 있다. 그러나 한편으로는 영점 −2와 극-영점 상쇄 효과를 일으킬 수도 있으며 이는 폐루프 시스템의 특성을 조사해 봐야 알 수 있다.

그림 12-20
(a) 제어기 영점과 극점 ($-z_c$=−2, $-\alpha z_c$ =−7.69);
(b) 보상후 근궤적.

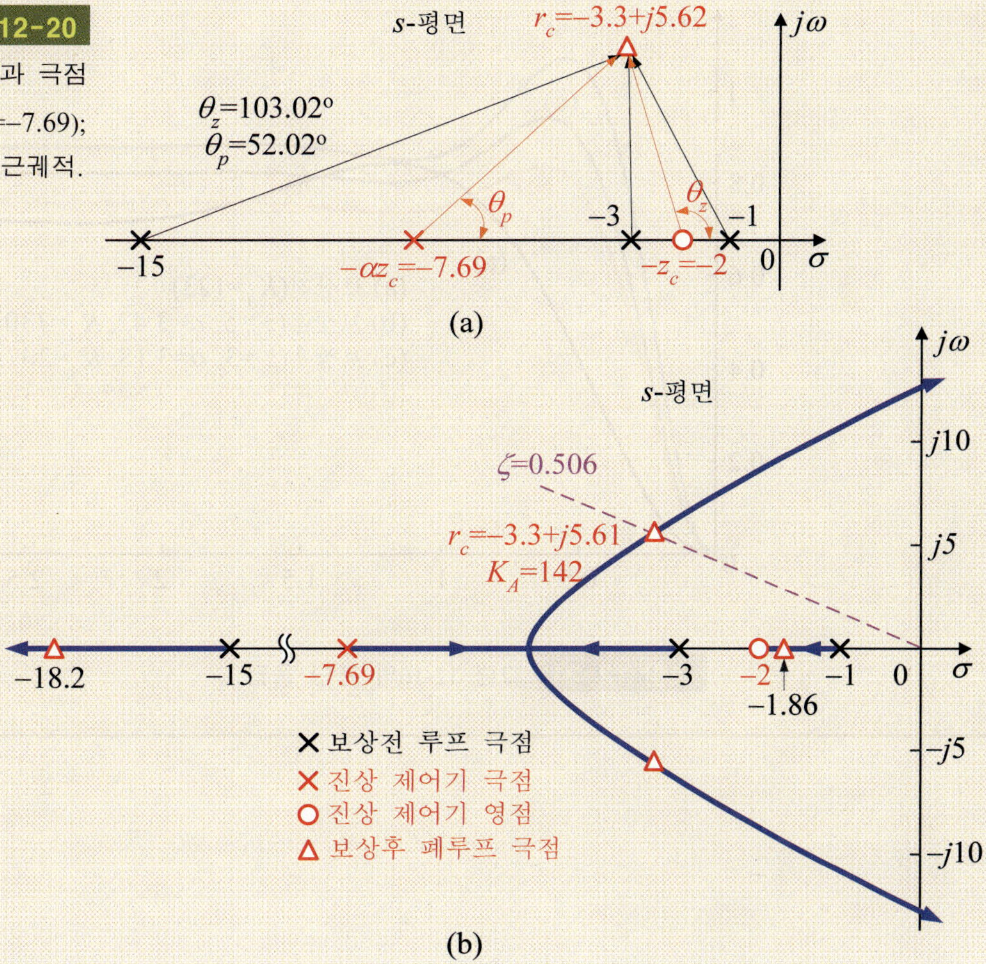

제어기의 전달 함수는 다음과 같다.

$$G_c(s) = \frac{3.845(s+2)}{s+7.69}$$

이상으로 제어기 영점을 $-z_c$=−5, −3, −2로 할 때의 계단 응답을 비교하면 그림 12-21과 같으며 각 경우에 대한 정상 상태 오차는 다음과 같다.

$$\text{보상전}: \quad K_p = \frac{123}{1\times 3\times 15} = 2.73 \quad \to \quad e_p(\infty) = 0.27$$

$$z_c = -5: \quad K_p = \frac{330.4\times 3.42\times 5}{17.1\times 1\times 3\times 15} = 7.34 \quad \to \quad e_p(\infty) = 0.12$$

$$z_c = -3: \quad K_p = \frac{207.2\times 3.18\times 3}{9.53\times 1\times 3\times 15} = 4.6 \quad \to \quad e_p(\infty) = 0.18$$

$$z_c = -2: \quad K_p = \frac{142\times 3.845\times 2}{7.69\times 1\times 3\times 15} = 3.16 \quad \to \quad e_p(\infty) = 0.24$$

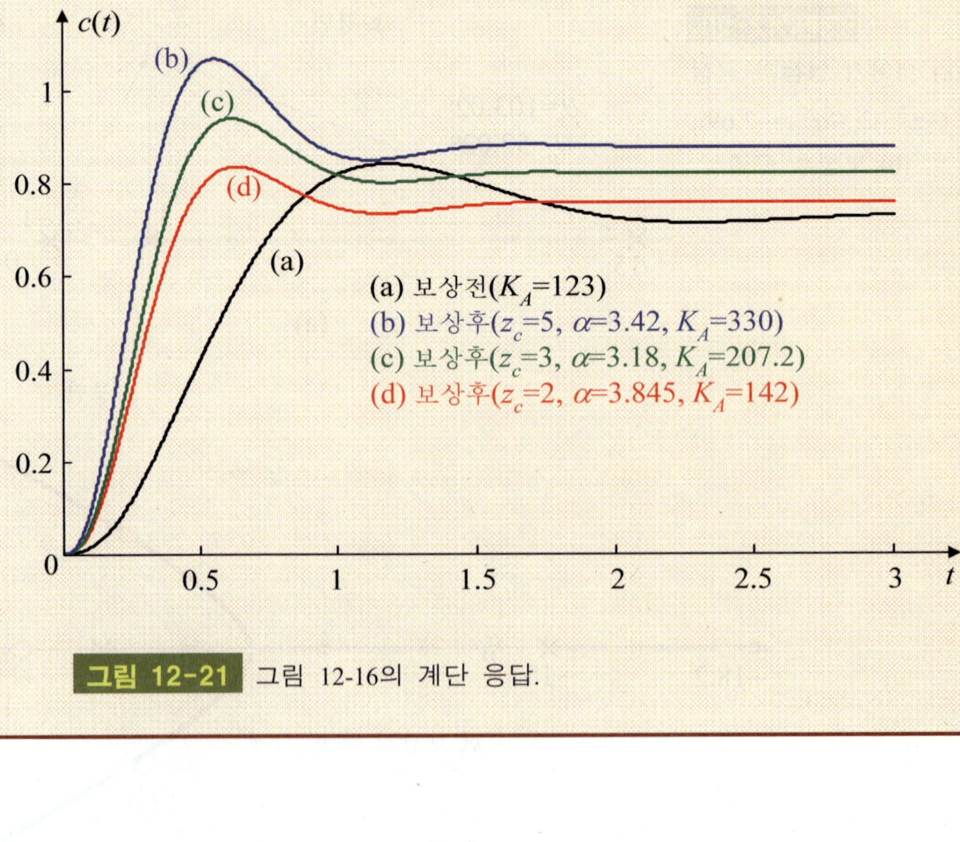

그림 12-21 그림 12-16의 계단 응답.

예제 12-5

그림 12-22는 예제 12-2의 해바리기 시스템을 진상 제어기로 보상한 것이다. 보상후의 특성이 다음과 같도록 제어기를 설계해 보자.

1. 최대 오버슛: %OS≤5 %
2. 정착 시간: T_s≤0.05 sec

그림 12-22
예제 12-5의 그림.

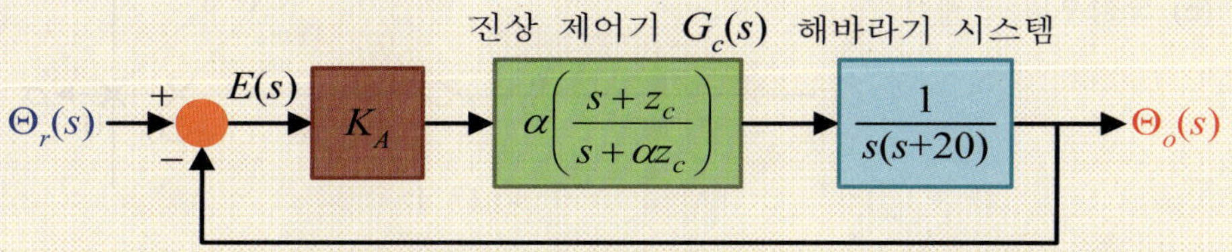

풀이>> 제동비를 ζ=0.707로 하면 %OS=4.3 %이며 σ_d=100으로 하면 T_s=0.04 초이다. 따라서 원하는 우세 극점을 다음과 같이 정한다.

$$\zeta = 0.707, \quad \omega_n = 141.4(\sigma_d = 100, \omega_d = 100)$$

그림 12-23은 PD 제어기에 대한 영점의 위치이며 $-z_c$=−111.1, θ_c=83.66°로 구해진다. 따라서 진상 제어기의 영점은 −111.1 보다 커야 한다.

그림 12-23
그림 12-22에 대한 PD 제어기 영점

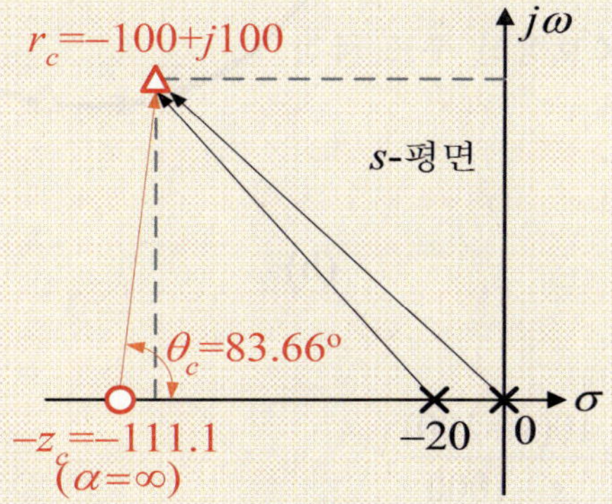

(1) z_c=100: 진상 제어기 영점을 그림 12-24의 (a)와 같이 $-z_c$=−100으로 한다. 그 결과 θ_z=90°이므로 제어기 극점의 각은 $\theta_p=\theta_z-\theta_c$=90°−83.66°=6.34°가 되며 극점의 위치는 다음을 만족하여야 한다.

$$\frac{100}{\alpha z_c - 100} = \tan 6.34°$$

따라서 αz_c=1000(α=10)으로 정해지며 제어기 전달 함수는 다음과 같다.

그림 12-24
예제 12-22의
(a) 제어기 영점
($-z_c$=−100, $-\alpha z_c$=−1000);
(b) 보상후의 근궤적.

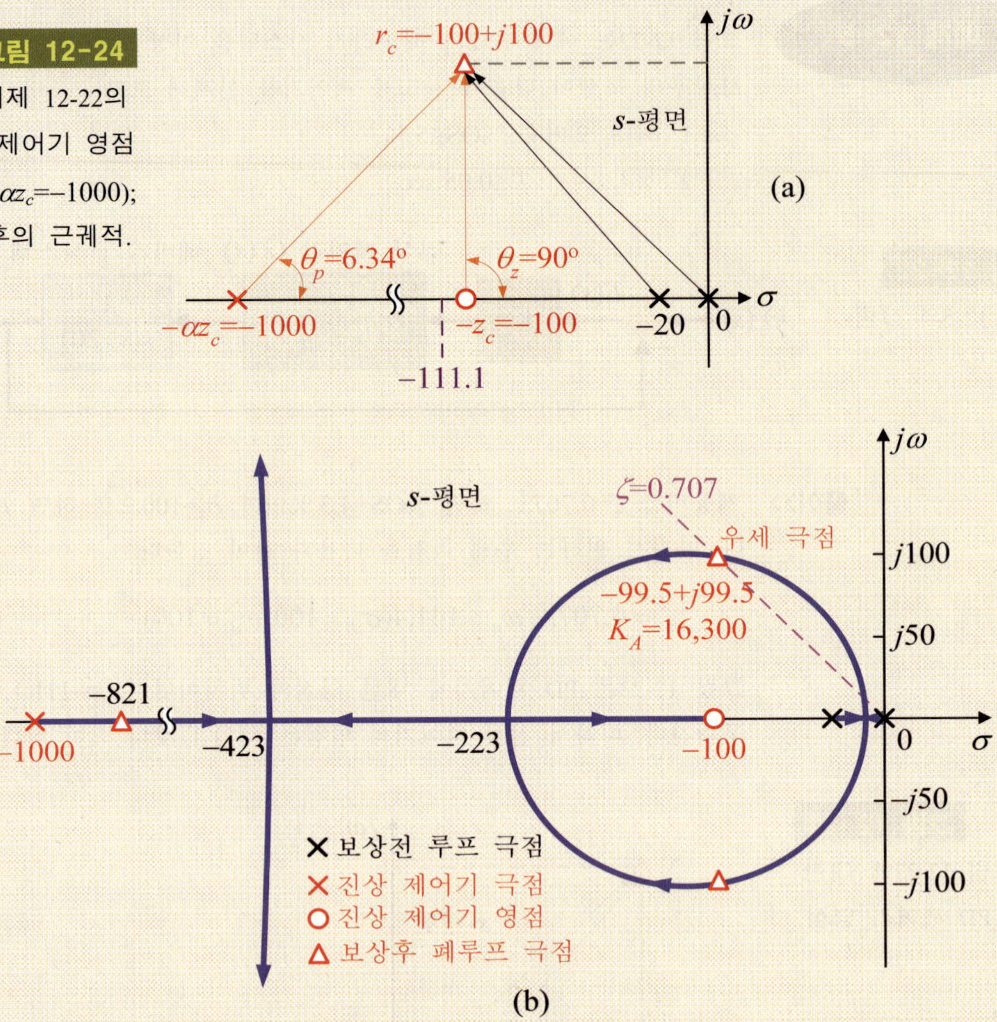

$$G_c(s) = \frac{10(s+100)}{s+1000}$$

위의 제어기로 보상된 시스템의 특성 방정식 근궤적을 구하면 그림 12-24(b)와 같다. 근궤적상에서 ζ=0.707에 대한 근을 찾으면 $-99.5 \pm j99.5$이며 이에 대한 이득은 K_A=16,300이다. 근궤적상의 또 하나의 근은 −821이므로 근 $-99.5 \pm j99.5$는 실제 우세 극점이 될 수 있다. 이상으로 진상 제어기로 보상된 개루프 전달 함수는 다음과 같다.

$$K_A G_c(s)G(s) = \frac{1.63 \times 10^5 (s+100)}{s(s+1000)(s+20)}$$

따라서 속도 상수 K_v가

$$K_v = \frac{1.63\times10^5\times100}{1000\times20} = 815$$

이므로 램프 입력에 대한 정상 상태 오차는 다음과 같다.

$$e_v(\infty) = \frac{1}{K_v} = 0.0012$$

(2) z_c=20: 진상 제어기 영점을 그림 12-25(a)와 같이 $-z_c$=−20으로 하면 극점−20과 상쇄된다. 결과 θ_z=128.66°이므로 $\theta_p=\theta_z-\theta_c$=128.66°−83.66°=45°이므로 극점의 위치는 다음을 만족하여야 한다.

$$\frac{100}{\alpha z_c - 100} = \tan 45°$$

따라서 αz_c=200(α=10)으로 정해지며 제어기 전달 함수는 다음과 같다.

$$G_c(s) = \frac{10(s+20)}{s+200}$$

위의 제어기로 보상된 시스템의 특성 방정식 근궤적을 구하면 그림 12-25(b)와 같다. 근궤적상에서 ζ=0.707에 대한 근을 찾으면 $-100\pm j100$이며 해당 이득은 K_A=2000이다. 따라서 개루프 전달 함수는 다음과 같다.

$$K_AG_c(s)G(s) = \frac{2\times10^4(s+20)}{s(s+200)(s+20)} = \frac{2\times10^4}{s(s+200)}$$

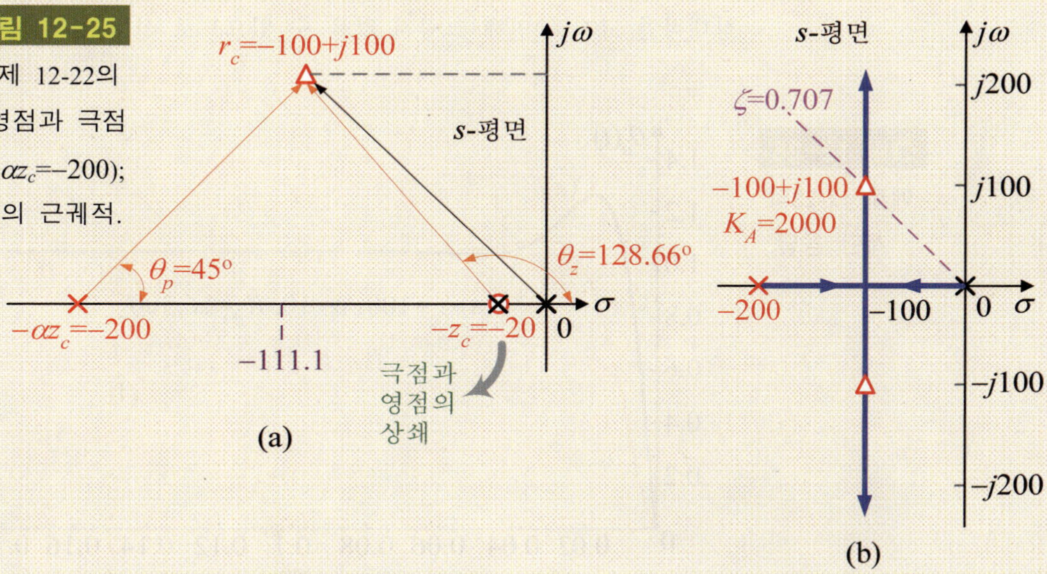

그림 12-25 예제 12-22의 (a) 제어기 영점과 극점 ($-z_c$=−20, $-\alpha z_c$=−200); (b) 보상후의 근궤적.

따라서 속도 상수 K_v가

$$K_v = \frac{2\times10^4}{200} = 100$$

이므로 램프 입력에 대한 정상 상태 오차는 다음과 같다.

$$e_v(\infty) = \frac{1}{K_v} = 10^{-2}$$

이상으로 제어기 영점 크기가 z_c=100, 20일 때의 폐루프 시스템 계단 응답을 구하면 그림 12-26과 같다. 그 결과 z_c=20일 때는 원하는 특성과 가깝지만 z_c=100일 때는 정착 시간이 단축되는 대신에 오버슛이 증가하였다. 그러나 z_c=100일 때인 그림 12-24(b)의 근궤적상에서는 근 $-99.5\pm j99.5$이 또 하나의 근 −821에 비해 분명히 우세 극점처럼 보인다. 그런데 왜 그림 12-26(a)와 같이 설계하고자 하는 특성과 차이가 생기는 것일까? 그 이유는 극점 −821의 유수 때문이다. 즉 z_c=100일 때의 폐루프 전달 함수를 구하면

$$G_{\mathrm{CL}}(s) = \frac{1.63\times10^5(s+100)}{s^3+1020s^2+183{,}000+1.63\times10^7}$$

위의 전달 함수를 부분 분수로 전개하면 다음과 같다.

$$G_{\mathrm{CL}}(s) = -\frac{221.3}{s+821} + \frac{111.8\angle-8.26°}{s+99.5-j99.5} + \frac{111.8\angle 8.26°}{s+99.5+j99.5}$$

따라서 극점 −821의 유수 −221.3는 우세 극점으로 보이는 $-99.5\pm j99.5$의 유수의 크기 111.8에 비해 무시할 수 없을 뿐 아니라 오히려 크기 때문이다. 따라서 외관상으로는 우세 극점이 존재하는 것처럼 보일지라도 유수의 상대적인 크기로 인해 그렇지 않을 수 있으므로 설계 결과를 반드시 검정할

그림 12-26
예제 12-22의 계단 응답.

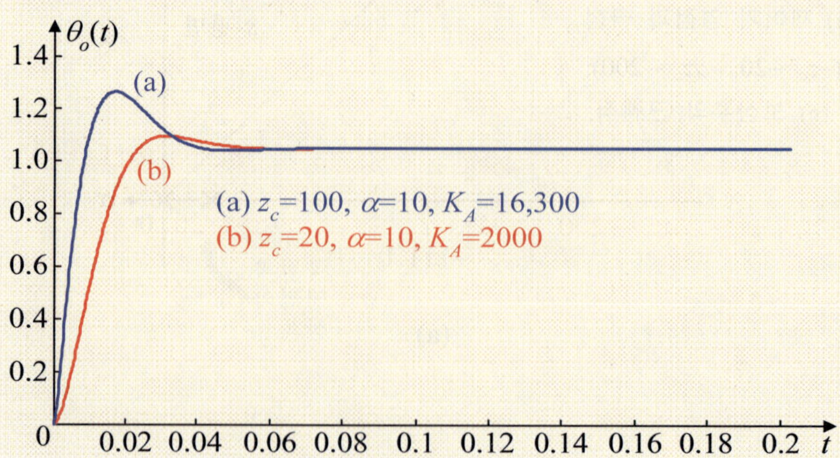

필요가 있다. 이상과 같이 과도 응답 면에서는 z_c=20일 때가 z_c=100에 비해 유리하다. 그러나 정상 상태 오차는 z_c=100일 때 $e_v(\infty)=0.0012$이므로 z_c=20일 때의 $e_v(\infty)=0.01$에 비해 개선된다.

예제 12-6

그림 12-27은 예제 12-3의 안테나 위치 제어 시스템을 진상 제어기로 보상한 것이다. 보상후의 특성이 다음과 같도록 제어기를 설계해 보자.

1. 최대 오버슛: %OS=20 %
2. 피크 시간: T_p=0.1 sec

그림 12-27
예제 12-6의 그림.

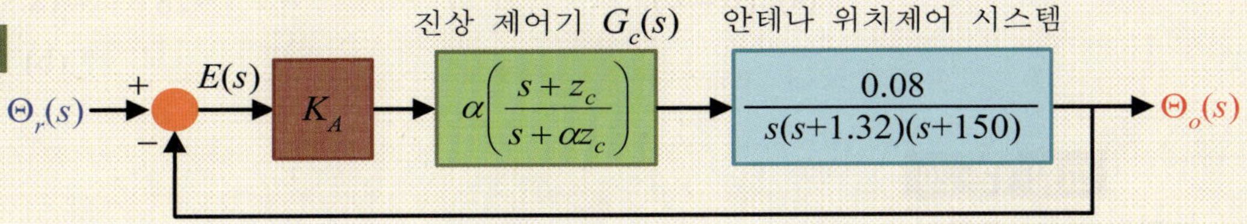

풀이>> 주어진 설계 사양에 해당하는 보상후의 우세 극점 r_c는 예제 11-3의 결과를 참조하면 다음과 같다.

$$\zeta = 0.504, \quad \omega_n = 36.36(\sigma_d = 18.33, \omega_d = 31.4)$$

그리고 이에 대한 PD 영점은 그림 12-28(a)에서와 같이 $-z_c=-28.53$, $\theta_c=72°$이다. 따라서 진상 제어기의 영점은 −28.53보다 커야 한다.

(1) z_c=20: 진상 제어기 영점을 그림 12-28(a)와 같이 $-z_c=-20$으로 하면 $\theta_z=86.96°$이므로 극점의 각은 $\theta_p=\theta_z-\theta_c=86.96°-72°=14.96°$이다. 따라서

$$\frac{31.4}{\alpha z_c - 18.33} = \tan 14.96°$$

로부터 $\alpha z_c=135.8(\alpha=6.8)$로 정해진다. 위의 제어기로 보상된 시스템의 특성 방정식 근궤적은 그림 12-29와 같다. 근궤적상에서 $\zeta=0.504$에 대한 근을 찾으면 $-19.6\pm j33.7$이며 이에 대한 이득은 $K_A=1.328\times10^6$이다. 근궤적상의 또 다른 두 근은 −47.2, −201이므로 $\zeta=0.504$ 에 해당하는 근은 우세 극점이 아니다. 그리고 개루프 전달 함수는 다음과 같다.

$$K_A G_c(s)G(s) = \frac{7.224\times10^5(s+20)}{s(s+135.8)(s+1.32)(s+150)}$$

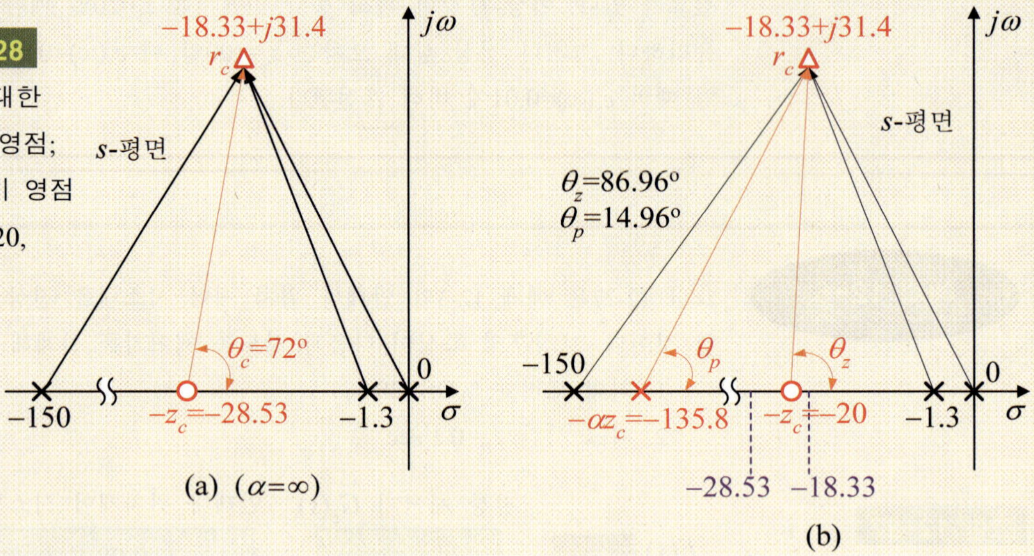

그림 12-28
그림 12-27에 대한 (a) PD 제어기 영점; (b) 진상 제어기 영점과 극점($-z_c$=−20, $-\alpha z_c$=−135.8).

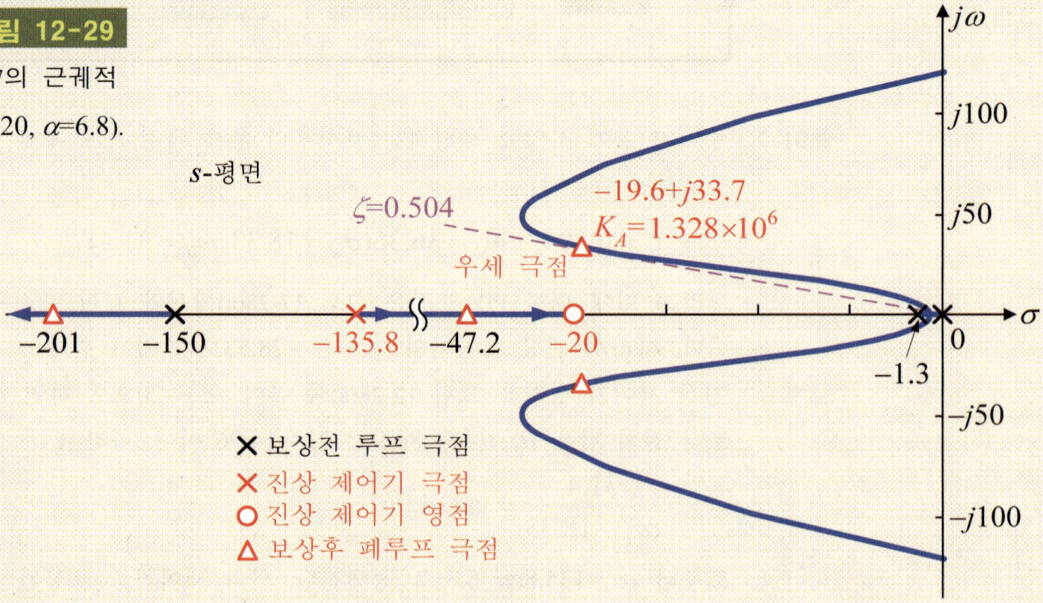

그림 12-29
그림 12-27의 근궤적 (z_c=20, α=6.8).

따라서 램프 입력에 대한 속도 상수 및 정상 상태 오차는 다음과 같다.

$$K_v = \frac{7.224\times 10^5 \times 20}{135.8\times 1.32\times 150} = 537$$

$$e_v(\infty) = \frac{1}{K_v} = 1.9\times 10^{-3}$$

(2) z_c=1.3: 진상 제어기 영점을 $-z_c$=−1.3으로 하여 극점과 상쇄시키면 θ_z=118.5°가 된다. 따라서 극점의 각은 $\theta_p=\theta_z-\theta_c$=118.5°−72°=46.3°가 되어야 하므로

$$\frac{31.4}{\alpha z_c - 18.33} = \tan 46.3°$$

로부터 αz_c=48.3(α=37.15)로 정해진다. 위의 제어기로 보상된 시스템의 특성 방정식 근궤적은 그림 12-30과 같다. 근궤적상에서 ζ=0.504에 대한 근을 찾으면 $-17.9\pm j30.7$이며 이에 대한 이득은 $K_A=7\times10^4$이다. 근궤적상의 또 하나의 근이 −161이므로 ζ=0.504 에 해당하는 근은 우세 극점이 될 수 있다. 이 경우 개루프 전달 함수가

$$K_A G_c(s)G(s) = \frac{2.08\times10^5(s+1.3)}{s(s+48.3)(s+150)}$$

이므로 램프 입력에 대한 속도 상수 및 정상 상태 오차는 다음과 같다.

$$K_v = \frac{2.08\times10^5\times1.3}{48.3\times150} = 37.3$$

$$e_v(\infty) = \frac{1}{K_v} = 2.7\times10^{-2}$$

이상으로 정상 상태 오차는 z_c=20의 경우가 z_c=1.3에 비해 유리하다. 반면에 계단 응답은 그림 12-31과 같으므로 과도 응답은 z_c=1.3의 경우가 z_c=20에 비해 유리하다

그림 12-30

그림 12-27의 근궤적 (z_c=1.3, α=37.15).

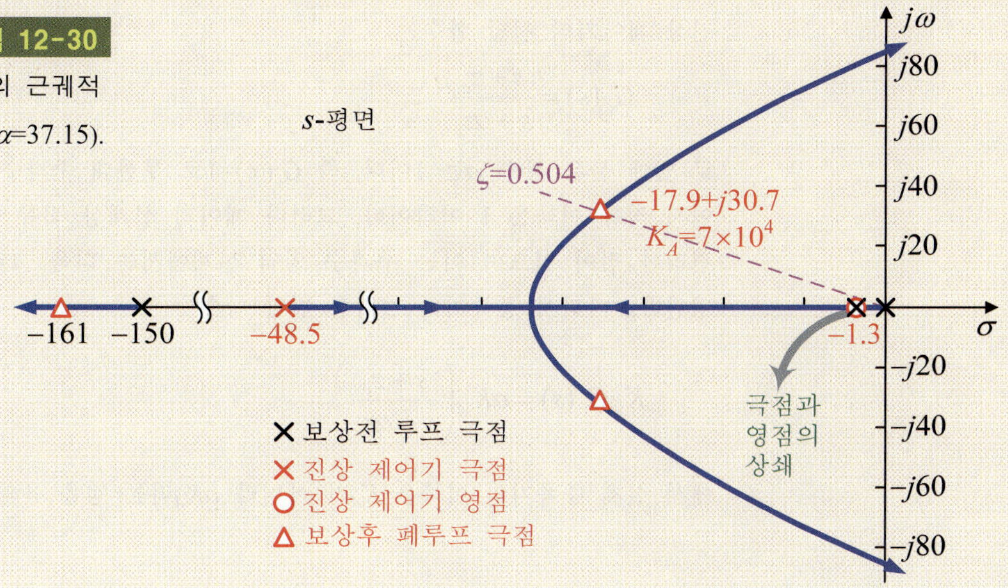

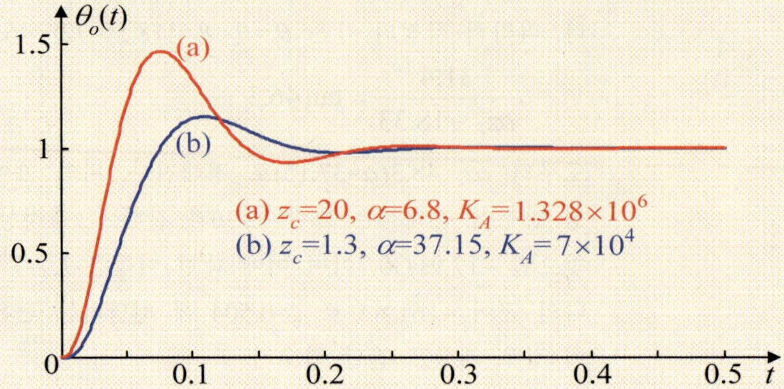

그림 12-31 그림 12-27의 계단 응답.

이상의 예제를 통해 관찰할 수 있는 바는, 진상 제어기의 영점이 제어 시스템의 극점과 상쇄되도록 설계하는 편이 비교적 무난하다는 것이다. 그 가장 큰 이유는 보상된 시스템의 차수가 영점과 극점의 상쇄로 인해 보상전과 같기 때문이다. 즉 영점과 극점이 상쇄되지 않으면 보상후의 시스템 차수가 증가하여 근궤적의 가지 수가 증가한다. 이로 인해 설계하고자 한 폐루프 우세 극점이 새로 추가된 폐루프 극점에 의해 우세 극점이 안될 수가 있기 때문이다. 뿐만 아니라 추가된 극점이 우세 극점에 비해 원점으로부터 충분히 멀리 떨어져 있더라도 그 유수가 무시할 수 없을 경우도 있기 때문이다.

여기서 한 가지 더 보탤 것은 진상 제어기에서의 증폭기 이득이다. 실제 진상 제어기의 전달 함수는

$$G_c(s) = \frac{s + z_c}{s + \alpha z_c} \tag{12-15}$$

로 앞에 붙은 상수 α는 1이다. 즉 $G_c(\infty)$=1로 무한대 주파수에서의 이득이 1이지 직류 이득은 1 이하이다. 그러나 제어기 설계상 직류 이득을 1로 하면 편리한 점이 있으며 이는 주파수 영역 설계에서는 더욱 그러하다(추후에 설명한다). 따라서 증폭기와 결합한 전달 함수

$$K_A G_c(s) = \alpha K_A \left(\frac{s + z_c}{s + \alpha z_c} \right) \tag{12-16}$$

에서 실제 증폭기의 이득은 K_A가 아니라 αK_A라는 점을 유의해야 한다.

12.4 진상-지상 제어기의 설계

진상-지상 제어기는 진상 제어기와 지상 제어기를 결합한 것으로 진상 제어기는 과도 응답을 개선하고 지상 제어기는 정상 상태 오차를 개선한다. 이는 PID 제어기에서 과도 응답 개선을 PD 제어기가 담당하고 정상 상태 오차 개선을 PI 제어기가 담당하는 것과 같다. 진상-지상 제어기를 그림 12-32(a)와 같이 수동 회로로 구현할 경우 전달 함수가 다음과 같다.

$$G_c(s) = \left(\frac{s+z_c}{s+\alpha z_c}\right)\left(\frac{s+\alpha p_c}{s+p_c}\right) = \underbrace{\alpha\left(\frac{s+z_c}{s+\alpha z_c}\right)}_{G_{\text{LEAD}}(s)} \cdot \underbrace{\frac{1}{\alpha}\left(\frac{s+\alpha p_c}{s+p_c}\right)}_{G_{\text{LAG}}(s)} \tag{12-17a}$$

단 $G_{\text{LEAD}}(s)$, $G_{\text{LAG}}(s)$는 각각 진상 및 지상 제어기를 의미하며 z_c, p_c, α는

$$z_c = \frac{1}{R_1C_1}, \quad p_c = \frac{1}{(R_1+R_2)C_2}, \quad \alpha = \frac{R_1+R_2}{R_2} \tag{12-17b}$$

수동 진상-지상 제어기의 약점은 두 제어기의 상수 α가 같아야 하기 때문에 설계의 자유도가 줄어든다는 점이다. 즉 진상 제어기가 설계되면 지상 제어기는 자동적으로 정해져 버리는 것이다. 이에 비해 진상-지상 회로를 그림 12-32(b)와 같이 능동 회로로 구현하면 전달 함수가 다음과 같다.

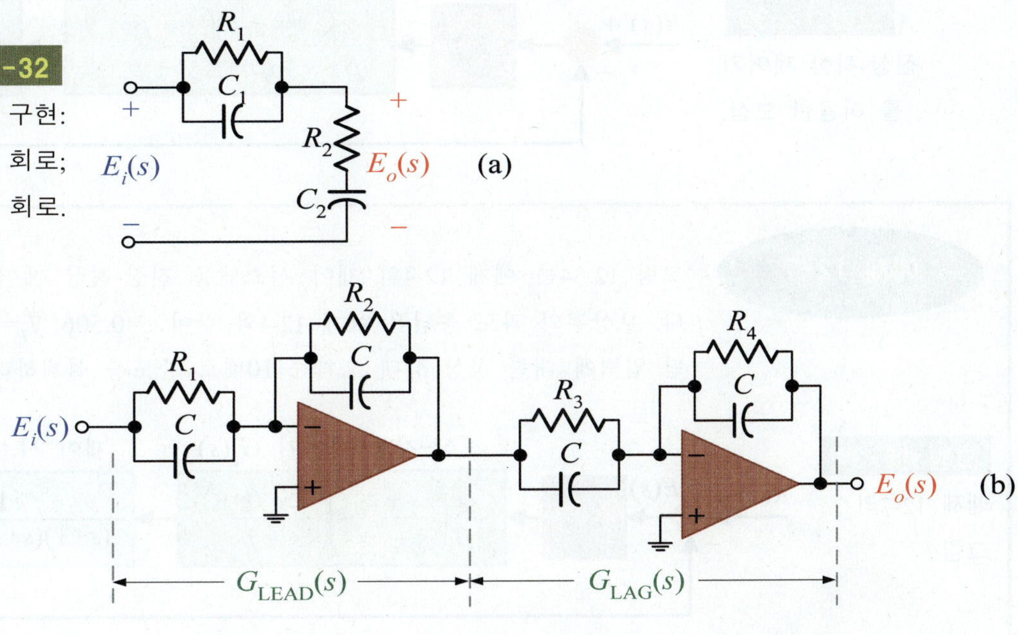

그림 12-32

진상-지상 제어기 구현: (a) 수동 회로; (b) 능동 회로.

$$G_c(s)=\frac{\alpha}{\beta}\left(\frac{s+z_c}{s+\alpha z_c}\right)\left(\frac{s+\beta p_c}{s+p_c}\right)=\underbrace{\alpha\left(\frac{s+z_c}{s+\alpha z_c}\right)}_{G_{\mathrm{LEAD}}(s)}\cdot\underbrace{\frac{1}{\beta}\left(\frac{s+\beta p_c}{s+p_c}\right)}_{G_{\mathrm{LAG}}(s)} \quad \textbf{(12-18a)}$$

단

$$z_c=\frac{1}{R_1C},\quad p_c=\frac{1}{R_4C},\quad \alpha=\frac{R_1}{R_2}>1,\quad \beta=\frac{R_4}{R_3}>1 \quad \textbf{(12-18b)}$$

따라서 능동 진상-지상 회로에서는 진상 보상과 지상 보상을 독립적으로 할 수 있으며 그 대가로 전력 낭비가 생긴다. 그림 12-33은 진상-지상 제어기로 보상하는 것이며 진상-지상 제어기의 설계 절차는 다음과 같다:

1. 진상 제어기 설계: 원하는 과도 응답 특성에 맞도록 z_c, α를 결정한다.
2. 진상 제어기 검토: 보상후의 과도 응답이 원하는 특성과 만족하는지 검토하고 만족스럽지 않다면 다시 설계한다.
3. 지상 제어기 설계: 진상 보상후 정상 상태 오차가 원하는 값과 얼마의 차이가 있는지 조사한다. 이를 바탕으로 p_c, β를 결정한다.
4. 진상-지상 제어기 검토: 지상 제어기로 인해 진상 보상된 과도 응답이 어느 정도 이상 변하면 지상 제어기를 다시 설계한다.

그림 12-33
진상-지상 제어기를 이용한 보상.

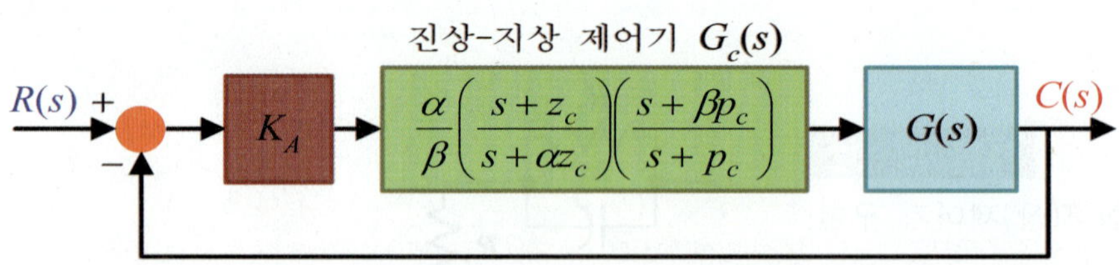

예제 12-7

그림 12-34는 예제 12-4의 제어 시스템을 진상-지상 제어기로 보상한 것이다. 보상후의 과도 응답은 예제 12-4와 같이 ζ=0.506, T_p=0.56 초로 하되 계단 입력에 대한 정상 상태 오차는 10배로 줄도록 설계하라.

그림 12-34
예제 12-7의 그림.

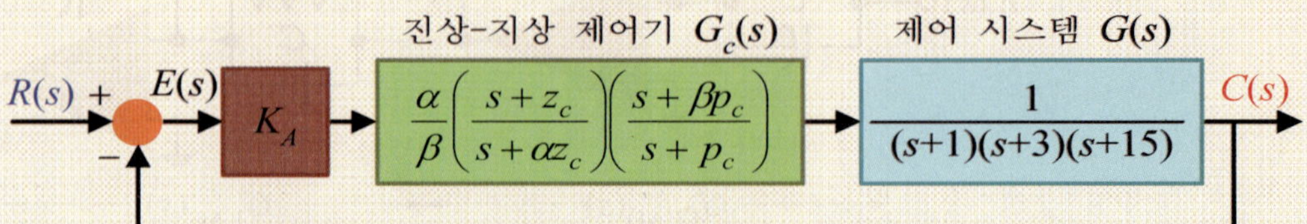

풀이>> 진상 제어기는 예제 12-4의 설계 중에서 z_c=3, α=3.18, K_A=207.2를 택하기로 하면 다음과 같다(원하는 우세 극점은 $-3.3\pm j5.62$).

$$G_{\text{LEAD}}(s)=\frac{3.18(s+3)}{s+9.53}\quad (K_A=207.2)$$

진상 제어기로 보상한 결과 위치 상수가

$$K_p=K_AG_{\text{LEAD}}(0)G(0)=207.2\times\frac{3.18}{9.53\times1\times15}=4.6$$

이므로 정상 상태 오차는 다음과 같다.

$$e_p(\infty)=\frac{1}{1+K_p}=\frac{1}{5.6}=0.179$$

지상 제어기로 보상한 후는 $e_p(\infty)$=0.0179가 되어야 하므로 위치 상수가

$$K_p=\frac{1}{e_p(\infty)}-1=\frac{1}{0.0179}-1=54.87$$

가 되어야 한다. 따라서 진상 보상된 과도 응답이 지상 제어기에 의해 변하지 않는다고 가정하면 지상 제어기의 β는 다음과 같이 결정된다.

$$\beta=\frac{K_{p(\text{진상-지상})}}{K_{p(\text{진상})}}=\frac{54.87}{4.6}=11.93$$

지상 제어기의 극점을 $-p_c$=−0.01로 정하기로 하면 영점은

$$-z_c=-\beta p_c=-11.93\times0.01=-0.119$$

이며 예상되는 증폭기 이득은 다음과 같다.

$$K_A=\beta\times142=11.93\times207.2=2472$$

그러나 지상 제어기는 진상 보상된 과도 응답에 영향을 주므로 실제 이득은 2472와 약간 차이가 날 것이며 이는 근궤적을 통해 검증하여야 한다. 지상 제어기의 전달 함수가

$$G_{\text{LAG}}(s)=\frac{s+0.119}{11.93(s+0.01)}$$

이므로 진상-지상 보상된 루프 전달 함수 $L(s)=K_AG_c(s)G(s)$는 다음과 같다.

$$L(s)=\frac{0.266K_A(s+0.119)}{(s+9.53)(s+0.01)(s+1)(s+15)}$$

진상-지상 보상후의 특성 방정식 $1+L(s)=0$의 근궤적은 그림 12-35와 같다. 원하는 우세 극점에 대한 이득이 K_A=2460이며 이는 예상한 2472와 거의 같다. 따라서 정상 상태 오차는 약 10배로 줄게 된다. 이상으로 증폭기를

포함한 진상-지상 제어기의 전달 함수는 다음과 같다.

$$K_A G_c(s) = \frac{654.4(s+3)(s+0.119)}{(s+9.53)(s+0.01)}$$

진상 보상후와 진상-지상 보상후의 계단 응답을 비교하면 그림 12-36과 같다. 진상-지상 보상 결과 과도 응답은 진상 보상후와 거의 같지만 정상 상태 오차는 줄어든다. 그리고 정상 상태 오차가 줄어드는 속도가 느린 것은 그림 12-35의 근궤적상에서 생기는 폐루프 극점 −0.101 때문이다.

그림 12-35

그림 12-34의 근궤적 (α=3.18, β=11.93, z_c=3, p_c=0.01).

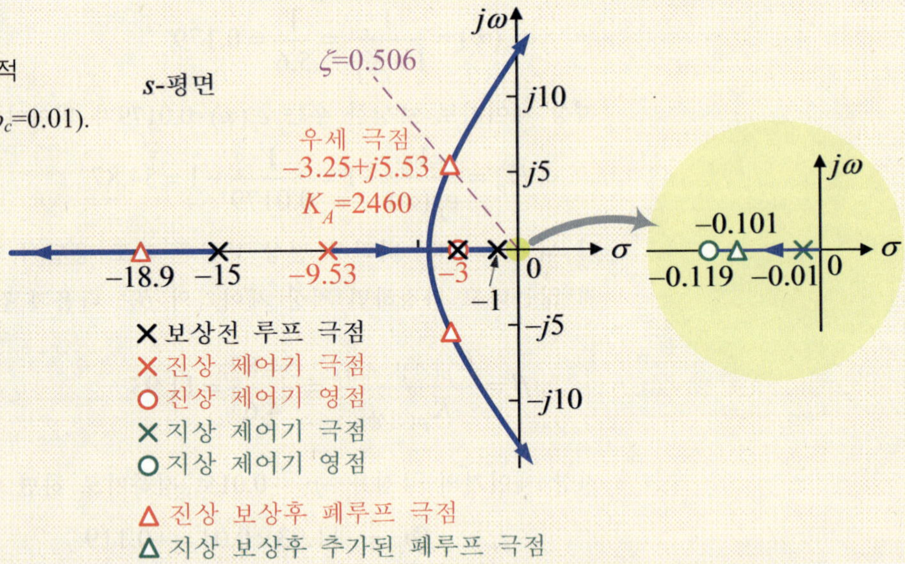

그림 12-36

그림 12-34의 계단 응답.

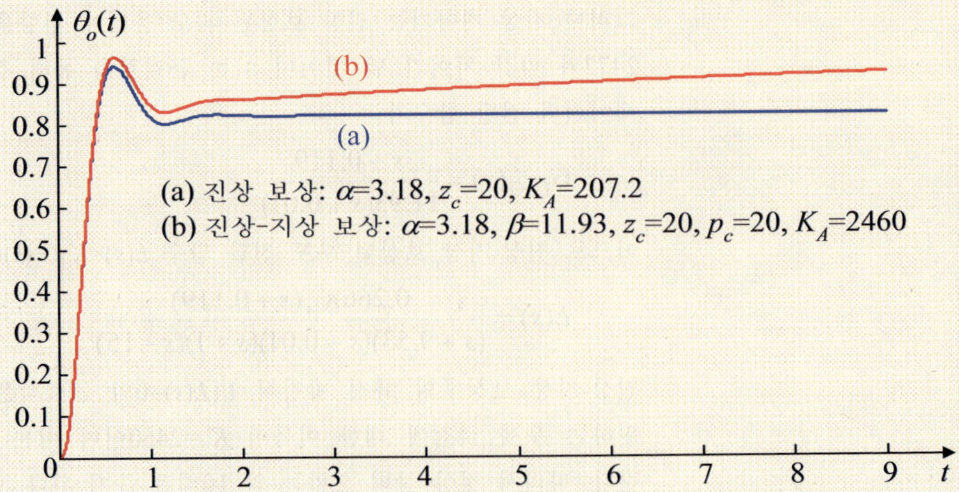

예제 12-8

예제 12-5의 해바리기 시스템을 그림 12-37과 같이 진상-지상 제어기로 보상하고자 한다. 과도 응답은 예제 12-5와 동일하게 ζ=0.707, T_s=0.04 초로 하고 램프 입력에 대한 정상 상태 오차는 진상 제어기에 비해 1/10이 되도록 설계하라.

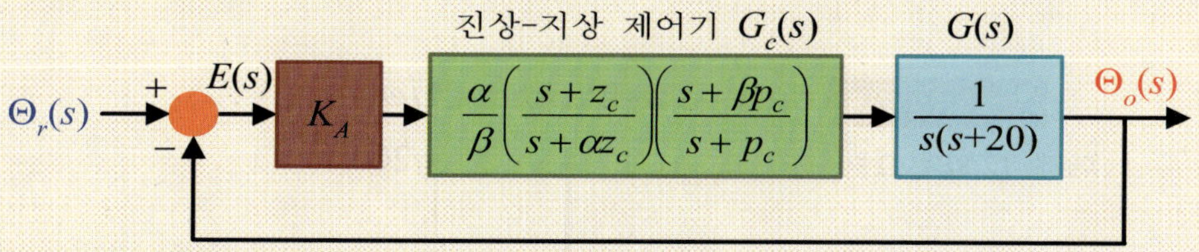

그림 12-37 예제 12-8의 그림.

진상 제어기는 예제 12-5의 설계 중 z_c=20, α=10, K_A=2000을 택하기로 하면 다음과 같다(원하는 우세 극점은 $-100\pm j100$).

$$G_{\text{LEAD}}(s) = \frac{10(s+20)}{s+200} \quad (K_A = 2000)$$

진상 제어기로 보상한 결과 속도 상수가

$$K_v = 2000 \times \frac{10}{200} = 100$$

이므로 램프 입력에 대한 정상 상태 오차는 다음과 같다.

$$e_v(\infty) = \frac{1}{K_v} = \frac{1}{100} = 0.01$$

지상 제어기로 보상한 후는 $e_v(\infty)$가 10배로 줄어야 하므로 지상 제어기는

$$\beta = 10$$

으로 결정된다. 따라서 지상 제어기의 극점을 $-p_c$=−0.01로 하면 영점은 그 열 배인 $-z_c$=−0.1이므로 지상 제어기는 다음과 같다.

$$G_{\text{LAG}}(s) = \frac{s+0.1}{10(s+0.01)}$$

이로부터 진상-지상 보상된 루프 전달 함수 $L(s)=K_AG_c(s)G(s)$는

$$L(s) = \frac{K_A(s+0.1)}{s(s+200)(s+0.01)}$$

진상-지상 보상후의 특성 방정식 $1+L(s)=0$의 근궤적은 그림 12-38과 같으며 원하는 우세 극점에 대한 이득은 K_A=20,000이다. 따라서 진상-지상 보상 후 과도 응답은 진상 보상 결과와 거의 같으며 속도 상수는 다음과 같다.

$$K_v = \frac{20{,}000 \times 0.1}{200 \times 0.01} = 1000$$

따라서 정상 상태 오차는 다음과 같이 10배 감소한다.

$$e_v(\infty) = \frac{1}{K_v} = \frac{1}{1000} = 0.001$$

그림 12-38

예제 12-8의 그림.

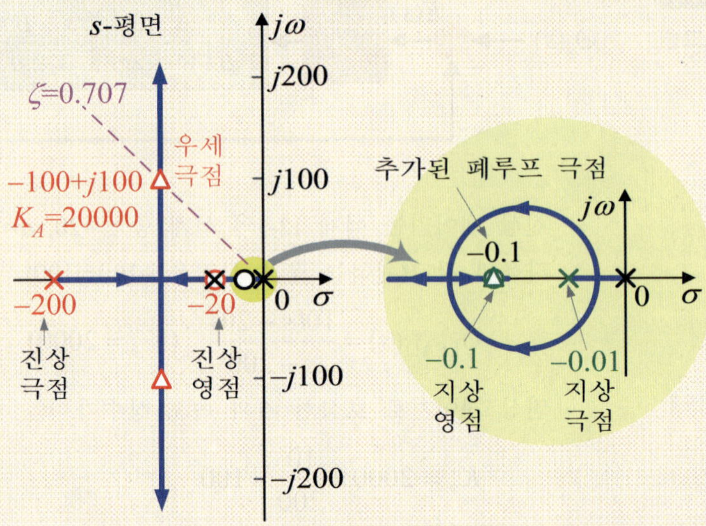

12.5 극-영점 상쇄 설계: 놋치 필터

고주파 진동이 심한 기계계는 그림 12-39와 같이 허수축에 가까운 복소수근이 있다. 즉 조그만한 이득의 증가에도 극점 p_H와 p_H^*가 RHF으로 이동하기 쉬우므로 시스템이 매우 불안정하다. 뿐만 아니라 제어기로 보상하여 원하는 위치에 우세 극점이 있도록 설계하기도 힘들다. 기계계에서 일어나는 고주파 진동은 주로 질량과 스프링 계수간의 공진 현상에 기인하며 이는 전기계의 *LC* 공진 현상과 같다. 고주파 진동을 제거하는 방법 중 하나가 그림 12-40(a)와 같이 시스템과 직렬로 놋치(notch) 필터를 사용하는 것이며 놋치 필터의 전달 함수는 다음과 같다.

그림 12-39

고주파 진동이 있는 시스템의 근궤적의 예.

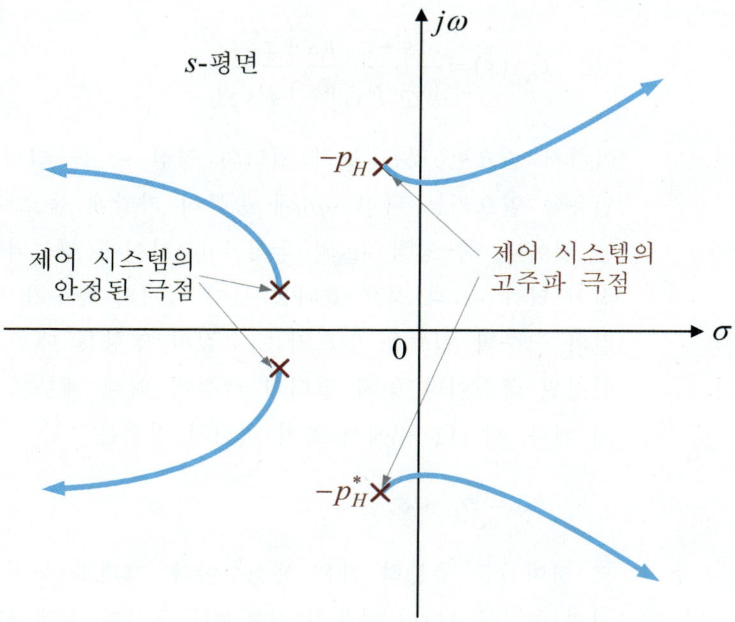

그림 12-40

놋치 필터에 의한 보상:
(a) 놋치 필터의 결합;
(b) 극점과 영점의 상쇄.

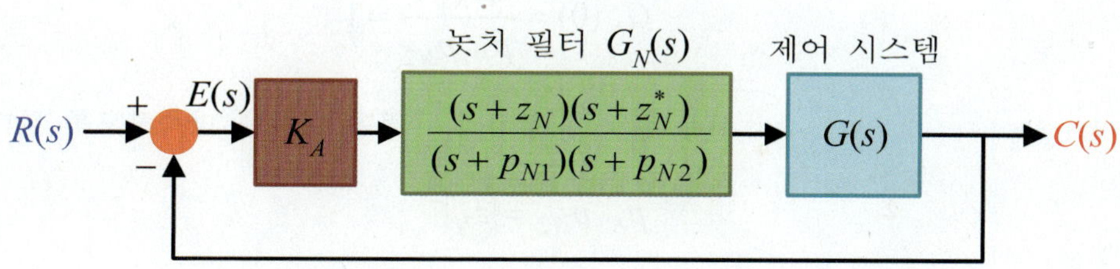

(a)

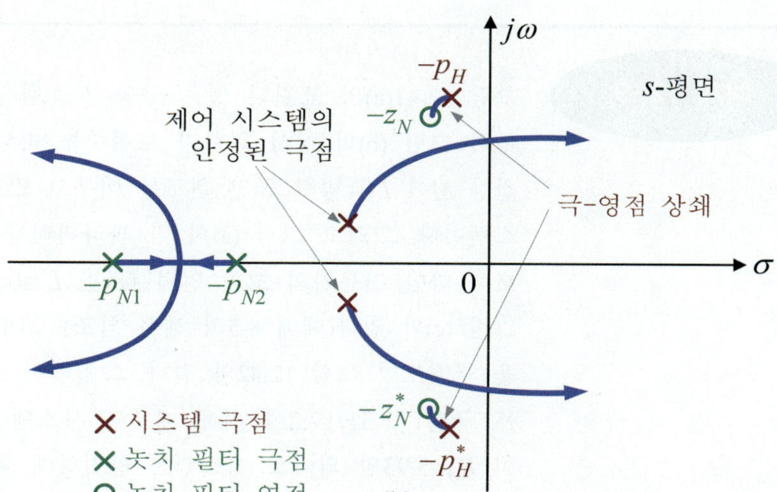

(b)

$$G_N(s) = \frac{(s+z_N)(s+z_N^*)}{(s+p_{N1})(s+p_{N2})} \tag{12-19}$$

여기서 중요한 것은 놋치 필터의 영점 $-z_N$을 그림 12-40(b)와 같이 고주파 진동을 일으키는 극점 $-p_H$에 충분히 가깝게 둠으로써 극-영점 상쇄를 노리는 것이다. 즉 영점 $-z_N$과 극점 $-p_H$ 사이에 형성되는 근궤적상의 폐루프 극점이 영점 $-z_N$과 상쇄 효과를 보여 극점의 유수가 매우 작아지는 것이다. 그 결과 고주파 진동을 일으키는 극점의 영향은 매우 작아지고 제어 시스템의 안정된 극점이나 놋치 필터의 극점에 의해 폐루프 시스템의 응답이 좌우되게 된다. 식 (12-19)에서 놋치 필터의 영점은

$$z_N = p_H + \varepsilon \tag{12-20}$$

로 하며 ε은 충분히 작은 복소수이다. 그리고 놋치 필터의 무한대 주파수에서의 이득은 1이며 아울러 직류 이득도 1이 되게 하면 설계에 편하다. 즉

$$G_N(0) = \frac{|z_N|^2}{p_{N1}p_{N2}} = 1 \tag{12-21}$$

로부터 놋치 필터의 극점은 다음을 만족하도록 한다.

$$p_{N1}p_{N2} = |z_N|^2 \tag{12-22}$$

물론 놋치 필터의 극점 p_{N1}, p_{N2}는 공액 복소수로 할 수도 있다.

예제 12-9

그림 12-41(a)의 프린터 벨트 구동 시스템은 예제 8-5에서 해석한 바 있다. 특히 그림 (b)의 상사 회로가 보여주는 바와 같이 벨트의 스프링 계수 K와 질량 M이 LC 병렬 공진 회로를 이루고 있으므로 공진이 일어나기 쉬운 시스템이다. 그리고 그림 (a)의 각 파라미터들이 예제 8-5에서 주어진 바와 같으며 다만 전동기의 코일 인덕턴스만 $L_a \cong 0$으로 무시하면 전체 블록 선도는 그림 (c)와 같다(예제 8-5의 해석 참조). 그림 12-41(c)의 특성 방정식 근궤적을 구해보면 그림 12-42와 같다. 그림에서 보듯이 특히 허수축에 가까운 루프 극점 $-1.3 \pm j17.2$에 의해 폐루프 시스템이 매우 불안정하며 증폭기 이득이 K_A=5.93만 되어도 시스템은 발진하게 된다. 이제 고주파 진동을 일으키는 극점 $-1.3 \pm j17.2$을 상쇄시키기 위해 그림 12-43(a)와 같이 놋치 필터를

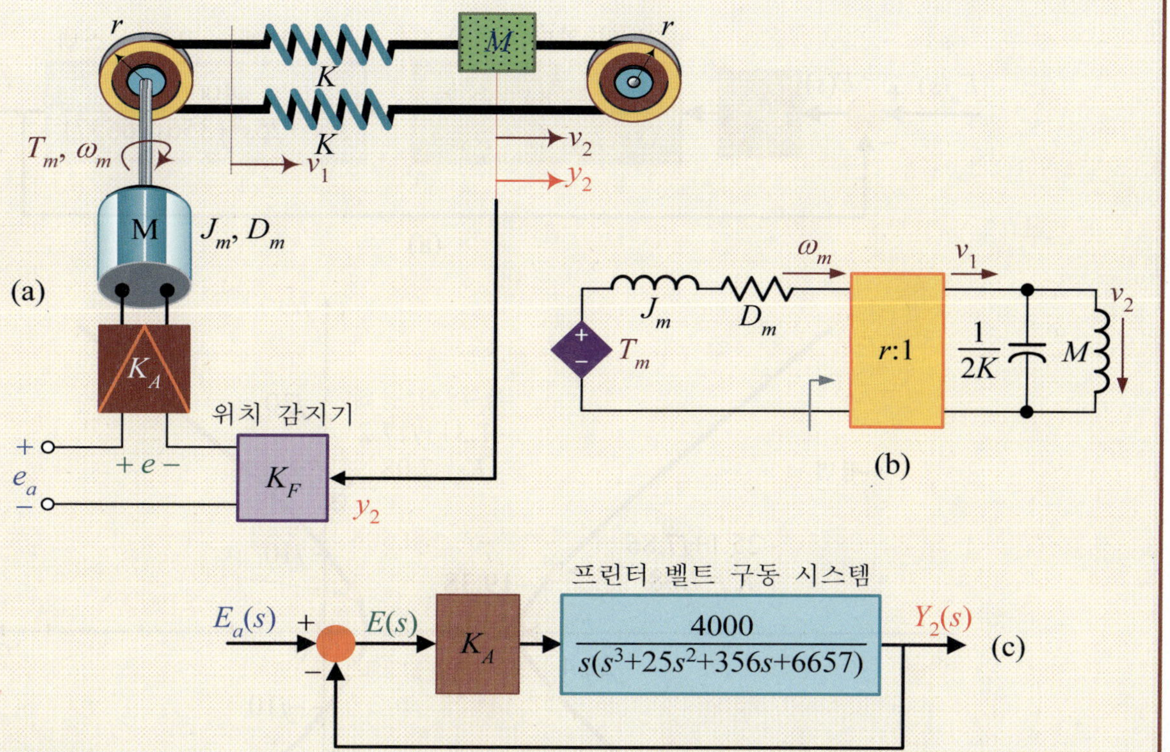

그림 12-41 예제 12-9의 그림: (a) 프린터 벨트 구동 시스템; (b) 전동기 출력단의 상사 회로; (c) 전체 블록 선도.

그림 12-42

그림 12-41(c)의 근궤적

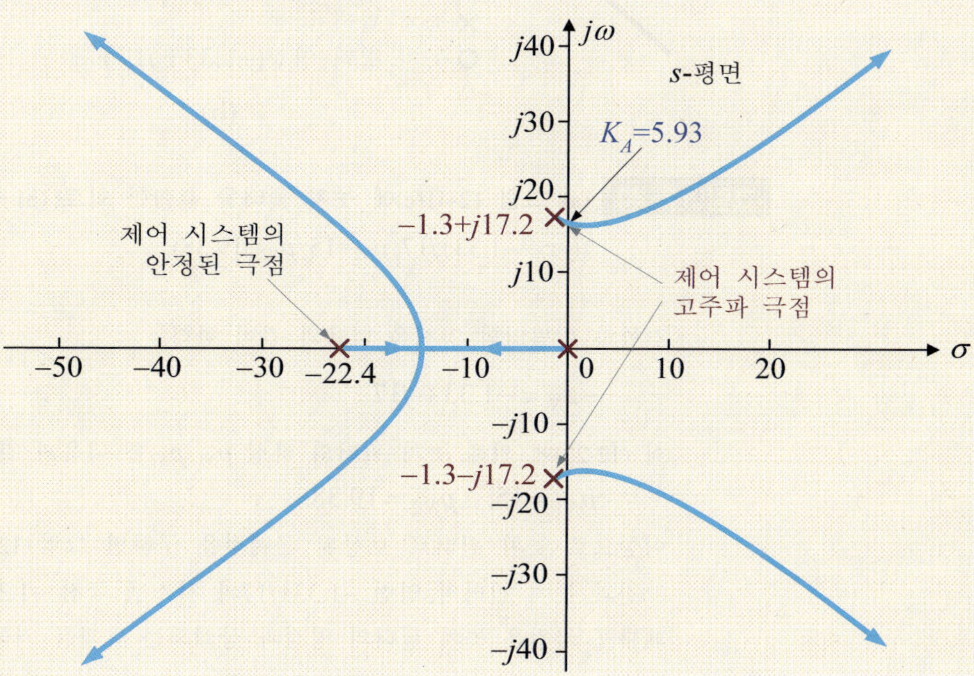

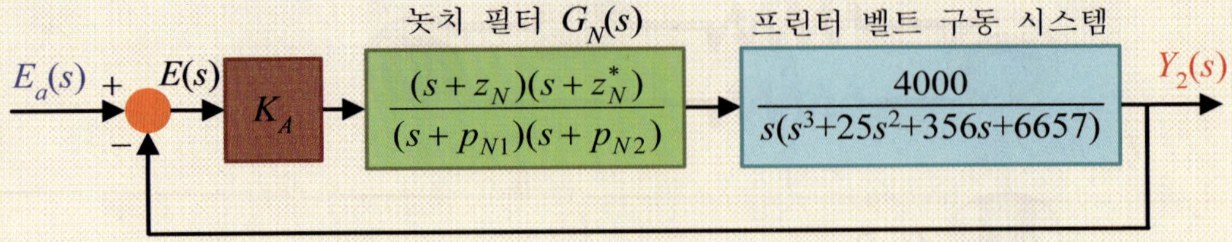

(a)

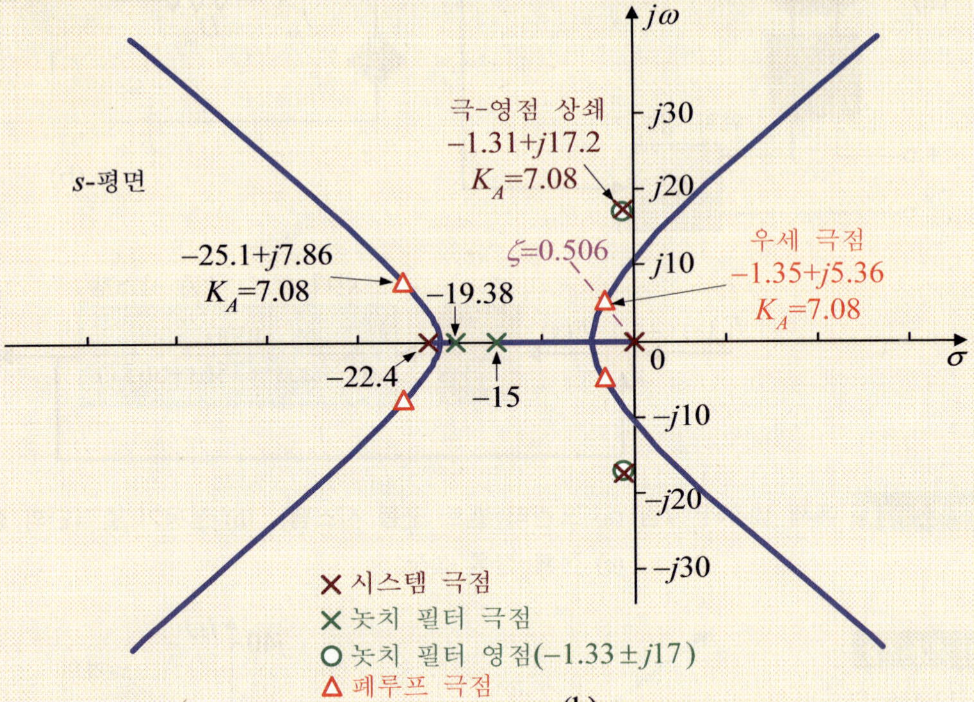

(b)

그림 12-43 (a) 그림 12-41(c)에 노치 필터를 결합한 회로; (b) 특성 방정식 근궤적 ($-z_N$=−1.33±j17, p_{N1}=15, p_{N2}=19.38).

결합하고 필터의 영점을 다음과 같이 한다.

$$-z_N = -1.33 + j17$$

식 (12-22)에 의해 노치 필터의 극점 p_{N1}, p_{N2}를 다음과 같이 정하기로 한다.

$$p_{N1} = 15, \quad p_{N2} = 19.38$$

이상으로 노치 필터로 보상된 근궤적을 구하면 그림 12-43(b)와 같이 된다. 그결과 노치 필터의 영점 −1.33±j17과 시스템 극점 −1.3±j17.2 사이에 있는 폐루프 극점은 노치 필터의 영점과 상쇄되는 효과를 거둘 수 있다. 그림에 표시된 폐루프 극점들은 K_A=7.08에 대한 것이며 우세 극점은 $-1.35\pm j5.36$이고 그 제동비는 ζ=0.506(%OS=16 %)이다. 그리고 그림 12-44는 놋치 필터가 없을 때(그림 12-41(c))와 있을 때(그림 12-43(a))의 계단 응답을 비교해 보여주며 놋치 필터에 의해 고주파 진동이 제거된 것을 확인 할 수 있다. 그림 12-43(a)의 놋치 필터 전달 함수는 다음과 같다.

$$G_N(s)=\frac{(s+1.33-j17)(s+1.33+j17)}{(s+15)(s+19.38)}=\frac{s^2+2.66s+290.8}{s^2+34.88s+290.8}$$

위의 크기 주파수 응답을 그려보면 그림 12-45와 같다. 진동 주파수 ω=17 rad/sec 부근의 성분이 강하게 억제되고 있음을 알 수 있으며 크기 형태가 V자형이므로 놋치(notch) 필터라 하는 것이다.

그림 12-44
계단 응답.

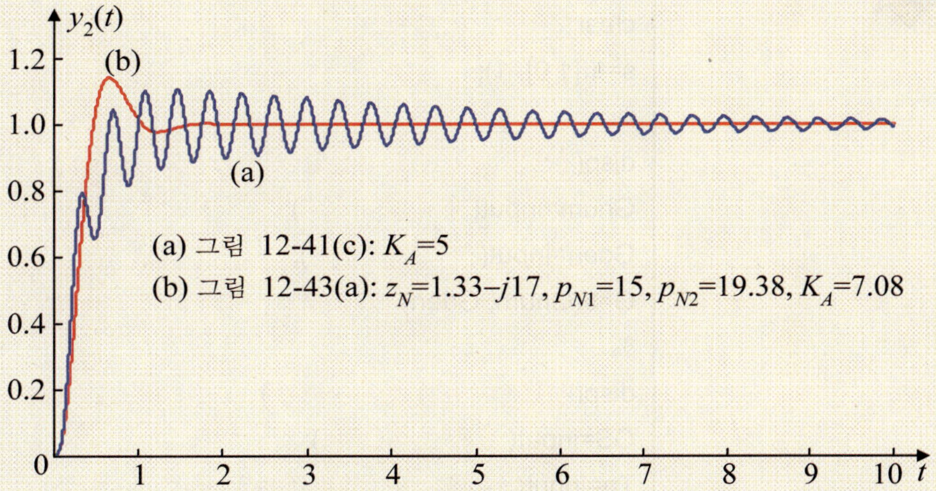

그림 12-45
그림 12-43(a)의 놋치 필터 특성.

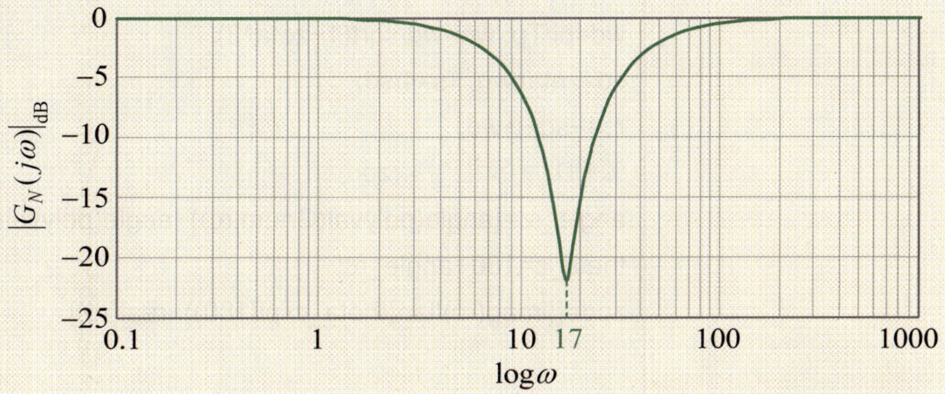

12.6 매트랩 프로그램

이 장에서 배울 매트랩 함수는 다음과 같다: real, imag, pzmap(G).

real, imag real(x)는 복소수 x의 실수부를, imag(x)는 x의 허수부를 각각 구한다.

pzmap pzmap(G)는 전달 함수 G의 극-영점도를 그려준다.

다음의 매트랩 12-1은 근궤적을 이용한 진상 제어기 설계 프로그램이다.

매트랩 12-1

```
% LEAD_root.m; 근궤적을 이용한 진상 제어기 설계
clear
s=tf([1 0], 1);
%
disp('{진상 제어기로 보상할 개루프 전달 함수}')
Gnum=input('분자 다항식=');
Gden=input('분모 다항식=');
G=tf(Gnum, Gden)
%
disp('{진상 제어기 설계 사양}')
OS=input('원하는 %OS=');
Tp=input('원하는 피크시간 Tp=');
% 원하는 우세 극점
zeta=-log(OS/100)/sqrt(pi^2+(log(OS/100))^2);
wd=pi/Tp; wn=wd/sqrt(1-zeta^2);
sd=zeta*wn; Ts=4/sd;
rc=-sd+j*wd;
% PD 제어기 영점(zpd)
angle_rc=[angle(polyval(Gnum,rc))-angle(polyval(Gden,rc))]*180/pi;
theta_c=180-angle_rc;
zpd=[(imag(rc)/tan(theta_c*pi/180))-real(rc)]
```

```
% 진상 제어기 설계
doagain=1;          % loop flag을 세트시킨다
while doagain==1
    disp('{그림 창의 극-영점도로부터 진상 제어기 영점을 정할 것}')
    pzmap(G)
    title(['보상할 시스템의 극-영점도']
    zc=input('진상 제어기의 영점 zc(<zpd)=');
    %
    theta_z=angle(rc+zc)*180/pi;
    theta_p=theta_z-theta_c;
    alpha=[(imag(rc)/tan(theta_p*pi/180))-real(rc)]/zc;
    Glead=alpha*(s+zc)/(s+alpha*zc);    % 진상 제어기 전달 함수
    Gc=Glead*G;                          % 보상된 개루프 전달 함수
    % 진상 보상된 근궤적
    rlocus(Gc), sgrid(zeta, 0)
    title(['진상 보상된 근궤적(' ,num2str(OS), '%OS 선)']
    disp('{그림 창의 근궤적상에서 이득을 정할 것}')
    K=input('원하는 이득 K=');
    Gcl=feedback(K*Gc, 1)    % 폐루프 전달 함수
    disp('{진상 보상된 계단 응답을 보고자 하면 아무 키나 누를 것}')
    pause
    step(Gcl);               % 폐루프 시스템의 계단 응답
    title(['진상 보상후 계단 응답(원하는 %OS=' ,num2str(OS), '% …
    Tp=', num2str(Tp), '초)'])
    doagain=input('재설계를 원합니까? (예=1, 아니오=0)');
end
% 정상 상태 오차
disp('{정상 상태 오차}')
ep=1/(1+dcgain(K*Gc))    % 계단 입력에 대한 오차
ev=1/dcgain(K*s*Gc))     % 램프 입력에 대한 오차
```

예제 12-5를 매트랩 12-1로 수행하면 다음과 같다.

```
>> LEAD_root
{보상하고자 하는 개루프 전달 함수}
분자 다항식=1
분모 다항식=[1  20  0]
Transfer function:
   1
-----------
s^2+20s

{진상 제어기 설계}
원하는 %OS=4.3
원하는 피크시간 Tp=0.0314
zpd=
     111.14
{그림 창의 극-영점도로부터 제어기 영점 위치를 정할 것}
진상 제어기 영점 zc(<zpd)=100
{그래픽 창의 근궤적상에서 이득을 정할 것}
이득 K=16300
{진상 보상된 계단 응답을 보고자 하면 아무 키나 누를 것}
재설계를 원합니까? (예=1, 아니오=0)1
{그림 창의 극-영점도로부터 제어기 영점 위치를 정할 것}
진상 제어기 영점 zc(<zpd)=20
{그림 창의 근궤적상에서 이득을 정할 것}
이득 K=2000
{진상 보상된 계단 응답을 보고자 하면 아무 키나 누를 것}
재설계를 원합니까? (예=1, 아니오=0) 0
{정상 상태 오차}
ep=
   0
ev=
   0.01
```

연습 문제

***** 다음 문제들은 가능하면 매트랩 프로그램으로 풀기를 권한다.

12.1 그림 P12-1은 지상 제어기 $G_{LAG}(s)$로 보상하는 시스템이며 $G(s)$는 다음과 같다.

$$G(s) = \frac{1}{s(s+7)}$$

(a) 보상전의 최대 오버슛이 15%가 되도록 K_A를 정하고 램프 응답에 대한 정상 상태 오차 $e_v(\infty)$를 구하라.

(b) 지상 제어기로 보상한 후 $e_v(\infty)$가 보상전에 비해 1/10이 되도록 K_A 및 지상 제어기를 설계하라.

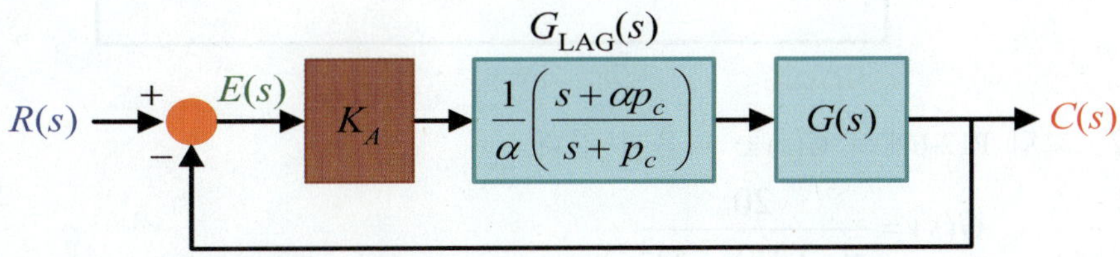

그림 P12-1

12.2 그림 P12-1에서 $G(s)$는 다음과 같다.

$$G(s) = \frac{s+3}{(s+1)(s+5)(s+7)}$$

지상 보상후의 특성이 다음과 같도록 K_A와 $G_{LAG}(s)$를 설계하라: %OS=20%, $e_p(\infty)=0.01$

12.3 그림 P12-1에서 $G(s)$는 다음과 같다.

$$G(s) = \frac{1}{s(s+4)(s+8)}$$

지상 제어기로 보상하기 전이나 보상후의 오버슛은 20%로 동일하며, 보상후의 정상 상태 오차 $e_v(\infty)$는 보상전에 비해 1/5이 되도록 K_A와 $G_{LAG}(s)$를 설계하라.

12.4 그림 P12-1에서 $G(s)$는 다음과 같다.

$$G(s) = \frac{(s+10)(s+11)}{s(s+3)(s+6)(s+9)}$$

지상 보상후 오버슛은 15%이고 정상 상태 오차는 $e_v(\infty)=0.01$이 되도록 K_A와 $G_{LAG}(s)$를 설계하라.

12.5 그림 P12-1에서 $G(s)=1/(s+3)^2$이다. 지상 보상후 오버슛은 20%이고 정상 상태 오차는 $e_p(\infty)=0.04$가 되도록 K_A와 $G_{LAG}(s)$를 설계하라.

12.6 그림 P12-6은 진상 제어기 $G_{LEAD}(s)$로 보상하는 시스템이며 $G(s)$는 다음과 같다.

$$G(s) = \frac{1}{s(s+5)(s+20)}$$

보상전에는 최대 오버슛이 55%이며 피크 시간이 0.5초이고 속도 상수는 K_v=10이었다. 보상후 오버슛은 10%로 낮아지고 피크 시간은 0.5초 그대로가 되도록 하고자 한다.

(a) K_A 및 진상 제어기를 근궤적을 이용해 설계하고 정상 상태 오차 $e_v(\infty)$를 구하라.

(b) K_A 및 진상 제어기를 주파수 영역상에서 설계하고 정상 상태 오차 $e_v(\infty)$를 구하라.

그림 P12-6

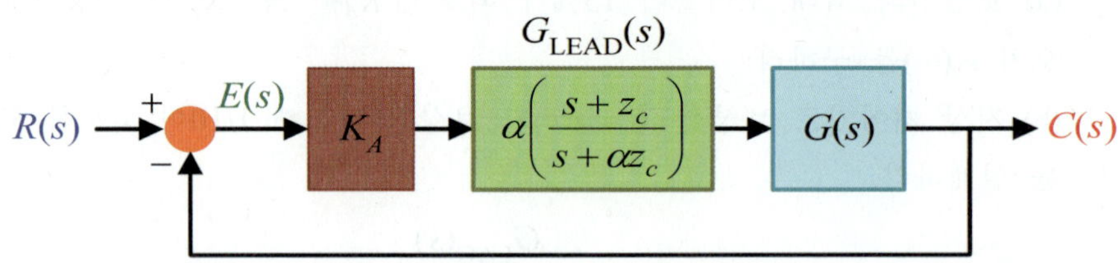

12.7 그림 P12-6에서 $G(s)$는 다음과 같다.

$$G(s) = \frac{20}{s(s+1)(s+5)^2}$$

진상 보상후 오버슛은 15%이고 피크 시간이 3초가 되도록 진상 제어기를 설계하라(극-영점 상쇄를 이용할 것).

12.8 그림 P12-8에서 제어 시스템 $G(s)$가 다음과 같다.

$$G(s) = \frac{10^5}{(s^2-4550)(s+285)}$$

(a) 이 시스템을 원천적으로 불안정한 시스템이다. 단위-이득 궤환 시스템에서는 제어기 없이는 항상 불안정함을 보여라.

(b) $G(s)$가 비최소 위상 시스템이므로 보드 선도를 이용할 수 없다. 따라서 제어기는 근궤적을 이용하여 설계하여야 한다. 제어기로 보상한 후의 특성이 %OS=10%, T_p=0.1초가 되도록 진상 제어기를 설계하라.

그림 P12-8

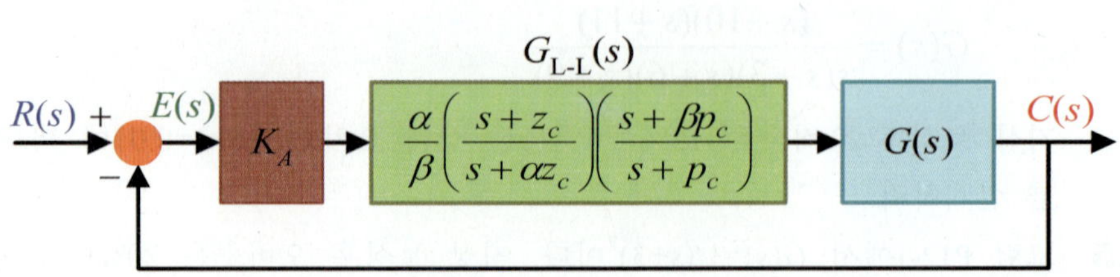

13

주파수 영역 설계

13.1 주파수 응답과 시간 응답

궤환 제어 시스템을 설계한다는 것은 한 마디로 폐루프 우세 극점을 원하는 위치에 있게 하는 것이다. 지금까지 설명한 설계 방식은 근궤적을 통한 설계이지만 지금부터는 주파수 영역상에서의 설계 방식에 대해 설명한다. 그림 13-1의 표준형 이차 궤환 제어 시스템에서 루프 전달 함수 $L(s)$의 주파수 응답을 알면 폐루프 시스템 $G_{\text{CL}}(s)$의 주파수 응답을 알 수 있으며 이로부터 또한 시간 응답을 알 수 있다. 이러한 관계를 종합한 것이 그림 13-2이다. 그림 13-1의 루프 전달 함수가

$$L(s)=\frac{\omega_n^2}{s(s+2\zeta\omega_n)} \tag{13-1}$$

이므로 폐루프 전달 함수 $G_{\text{CL}}(s)=L(s)/[1+L(s)]$는 다음과 같이 표준형 이차 시스템이 된다.

$$G_{\text{CL}}(s)=\frac{\omega_n^2}{s^2+2\zeta\omega_n s+\omega_n^2} \tag{13-2}$$

루프 전달 함수의 주파수 응답을 그림 13-2(a)와 같은 보드 선도로 그리면 이득교차 주파수 ω_g와 위상교차 주파수 ω_p를 구하여 위상 여유 PM과 이득 여유 GM을 계산할 수 있다. 그리고 ω_g와 PM으로부터 식 (13-2)의 폐루프 전달 함수의 ζ와 ω_n을 다음과 같은 관계로부터 알아낼 수 있다(식 (10-81), (10-83) 참조).

$$\begin{cases}\text{PM}=\tan^{-1}\left(2\zeta\sqrt{\sqrt{4\zeta^2+1}-2\zeta^2}\right)\\ \omega_g=\omega_n\sqrt{\sqrt{4\zeta^2+1}-2\zeta^2}\end{cases} \tag{13-3}$$

위의 관계를 그림으로 나타내면 각각 그림 13-3의 (a)와 (b)이며 그림으로부터 다음과 같은 유용한 근사식을 얻을 수 있다.

$$\begin{aligned}&\text{PM}\cong 100\zeta\\ &\omega_g\cong\omega_n(-1.687\zeta+1.13)\end{aligned} \tag{13-4}$$

식 (13-4)가 암시하는 바는 루프 전달 함수 $L(s)$의 보드 선도로부터 ω_g와 PM을 구하면 폐루프 극점의 ζ와 ω_n에 대한 정보를 알 수 있는 것이다. 폐

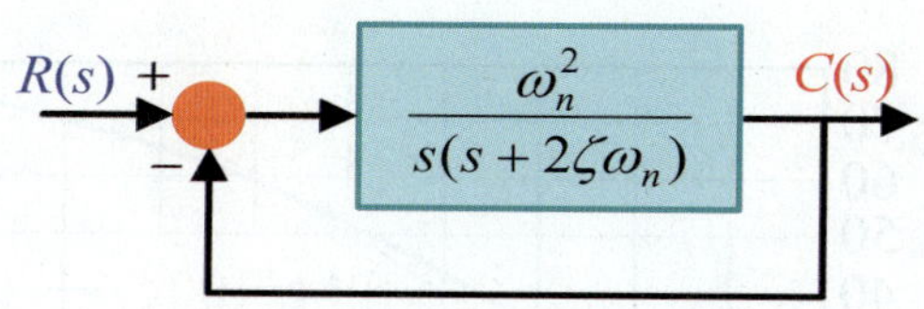

그림 13-1
이차 궤환 제어 시스템.

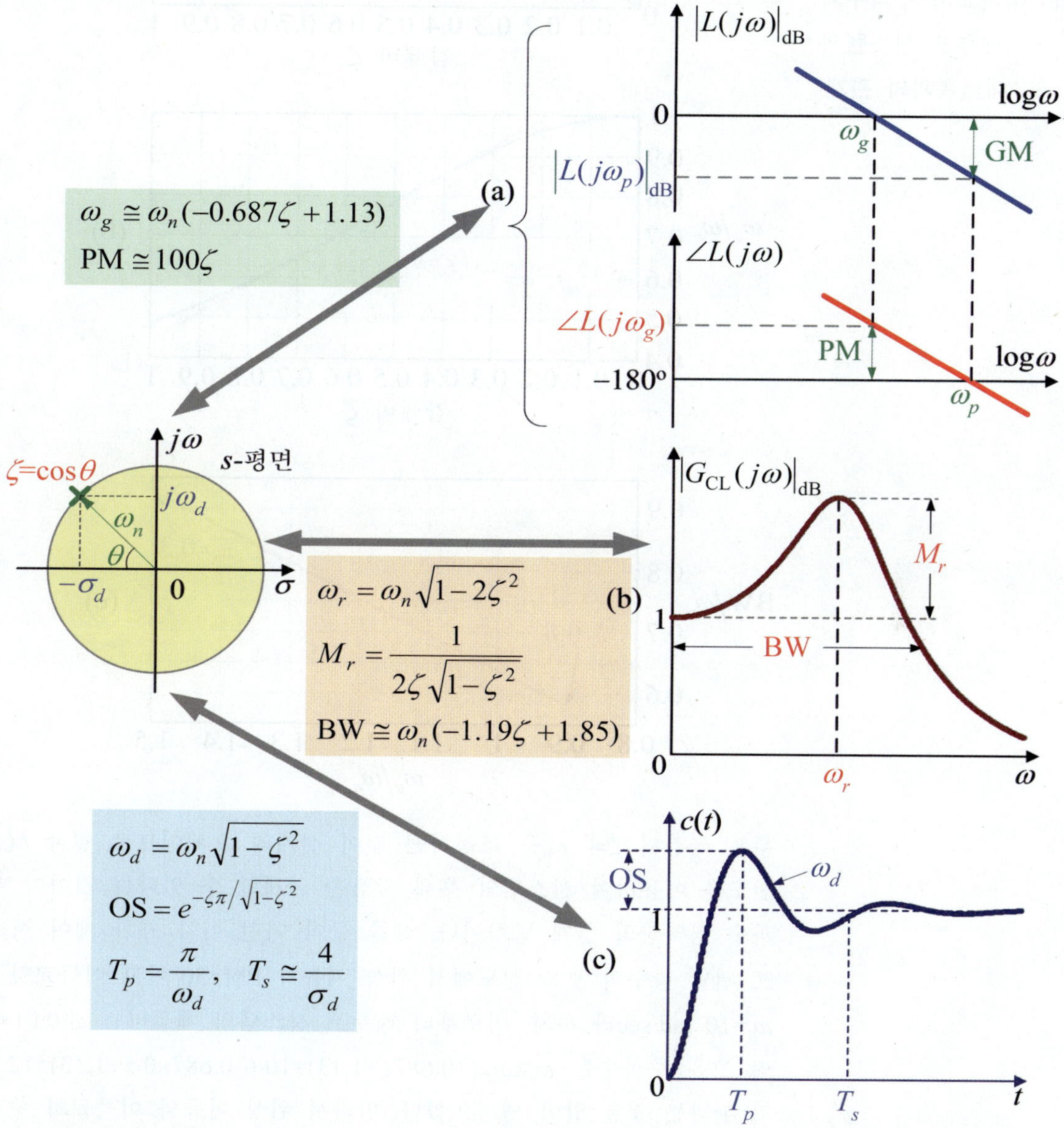

그림 13-2 폐루프 극점에 따른 (a) 루프 전달 함수의 주파수 응답; (b) 폐루프 시스템의 주파수 응답; (c) 폐루프 시스템의 시간 응답.

그림 13-3

(a) 위상 여유 PM과 제동비 ζ의 관계.
(b) 이득교차 주파수 ω_g와 주파수 ω_n의 관계.
(c) 이득교차 주파수와 폐루프 시스템의 대역폭과의 관계.

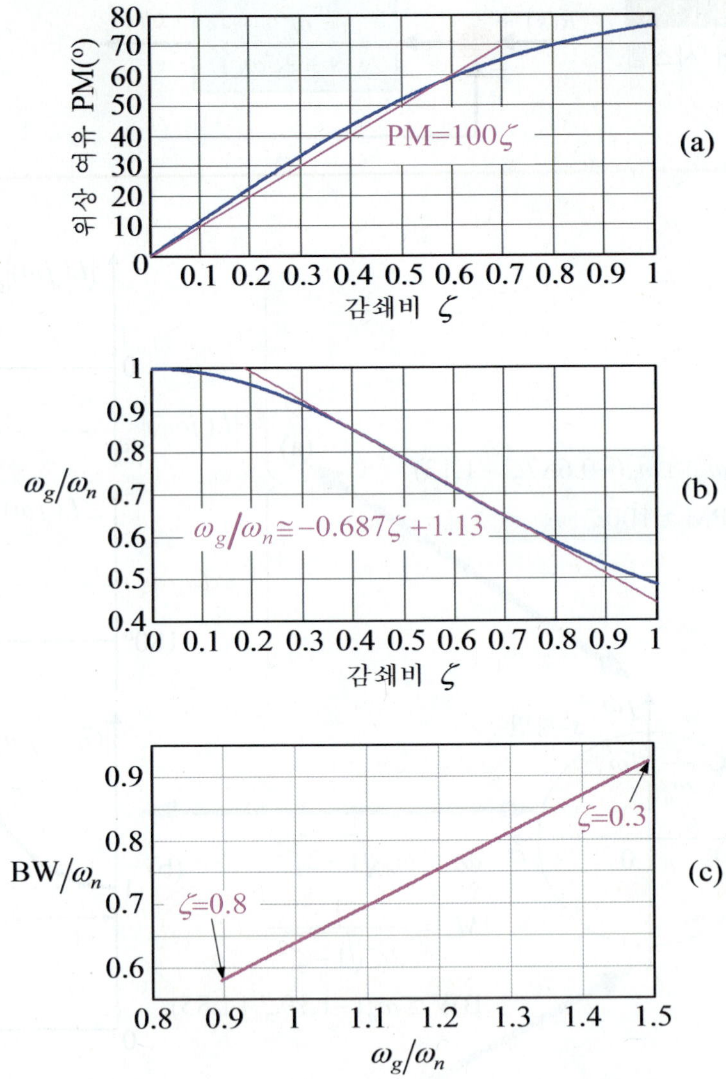

루프 극점의 ζ와 ω_n을 조정하는 것이 설계의 요체이므로 결국 $L(s)$의 보드 선도를 이용하여 시스템의 우세 극점을 설계할 수 있다는 것이며 이것이 주파수 영역상의 설계 방식이다. 예를 들어 어떤 이차 궤환 제어 시스템의 루프 전달 함수의 보드 선도에서 위상 여유가 PM=50°이고 이득교차 주파수가 ω_g=10 rad/sec라 하자. 이로부터 폐루프 시스템의 제동비는 $\zeta \cong 0.01 \times 50 = 0.5$이며 고유 주파수는 $\omega_n \cong \omega_g/(-0.687\zeta+1.13) = 10/(-0.687 \times 0.5 + 1.13) = 12.7$ rad/sec가 된다는 것을 알아 낼 수 있다. 따라서 위상 여유와 이득교차 주파수를 조절하면 우리가 원하는 위치에 우세 극점이 있도록 설계할 수 있는 것이다.

루프 전달 함수의 이득교차 주파수 ω_g와 폐루프 시스템의 대역폭 BW 사이의 관계에 대해 알아보자. 식 (13-4)의 두번째 식과 (10-25)의 BW 근사식을 함께 써보면 다음과 같다($0.3 \le \zeta \le 0.8$).

$$\begin{cases} \text{BW} \cong \omega_n(-1.19\zeta + 1.85) \\ \omega_g \cong \omega_n(-0.687\zeta + 1.13) \end{cases} \tag{12-27}$$

위의 두 관계를 그림으로 나타낸 것이 그림 13-3의 (c)이며 ω_g와 BW는 거의 비례적임을 알 수 있다. 이상으로 그림 13-3은 루프 전달 함수 또는 개루프 전달 함수(단위-이득 궤환일 때)의 주파수 응답으로부터 폐루프 시스템의 주파수 응답 및 시간 응답을 예측할 수 있는 중요한 내용들이다.

식 (13-4)와 그림 13-3은 그림 13-1과 같이 전형적인 이차 시스템으로부터 유도된 것이지만 이차 시스템이거나 또는 이차 시스템으로 근사화할 수 있는 시스템에도 적용할 수 있다. 이를 입증하기 위해 그림 13-4의 보다 일반적인 경우를 살펴보자. 폐루프 전달 함수를 구하면 다음과 같다.

$$G_{\text{CL}}(s) = \frac{K_A\omega_o^2}{s^2 + as + b + K_A\omega_o^2} \tag{13-6}$$

위의 식에서 이득 K_A를 조절하여 $K_A\omega_o^2 >> b$가 되도록 하면

$$G_{\text{CL}}(s) \cong \frac{K_A\omega_o^2}{s^2 + as + K_A\omega_o^2} \tag{13-7}$$

로 근사화할 수 있다. 여기서

$$\omega_n = \sqrt{K_A}\omega_o, \quad \zeta = \frac{a}{2\omega_n} \tag{13-8}$$

로 하면 식 (13-7)은 다음과 같은 이차 표준형으로 표현된다.

$$G_{\text{CL}}(s) \cong \frac{\omega_n^2}{s^2 + 2\zeta\omega_n s + \omega_n^2} \tag{13-9}$$

따라서 증폭기의 이득을 어느 한도 이상으로 충분히 크게 하면 지금까지 유도한 식과 그림 관계를 그대로 적용할 수 있게 된다.

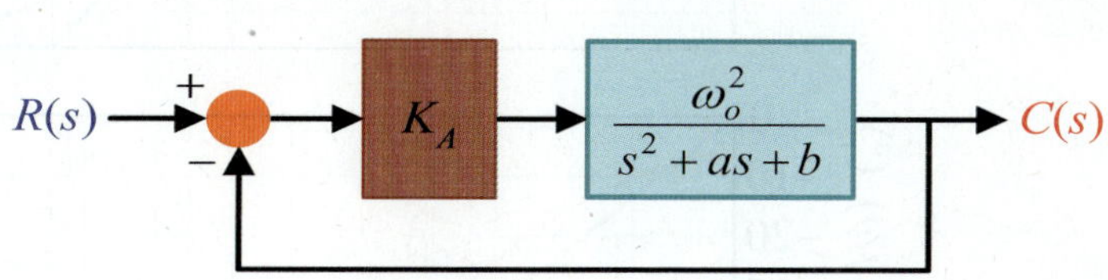

그림 13-4 일반적인 이차 궤환 제어 시스템의 형태.

13.2 지상 제어기의 설계

이 절에서는 지상 제어기를 주파수 영역에서 설계하는 방법에 대해 알아 본다. 그림 13-5(a)는 지상 제어기 $G_{LAG}(s)$로 $G(s)$를 보상하는 것이며 그림 (b)는 지상 제어기의 주파수 응답이다. 여기서 특히 중요시되는 것은 위쪽 모서리 주파수 αp_c의 10배인 주파수 $10\alpha p_c$이며 이 주파수 이상에서는 위상이 거의 0도이며 크기는 $-\alpha_{dB}$로 거의 일정하다. 지상 제어기는 과도 응답에는 영향을 주지않으면서 이득 K_A를 α배로 증가시킬 수 있기 때문에 정상 상태 오차를 줄일 수 있다. 따라서 그림 13-5(a)에서 지상 제어기로 보상하기 전의 루프 전달 함수의 크기 보드 선도를 그림 13-6의 (a)라 하자. 지상 제어기로 보상하면 이득 K_A를 α배로 증가시킬 수 있으므로 제어기 없이 이득만 α배로 증가시킨다면 그림 13-6의 (a)는 (b)와 같이 된다. 즉 이득이 α배로 증가하므로 크기 보드 선도는 $+\alpha_{dB}$만큼 위로 단순 이동하며 위상은 변함이 없다.

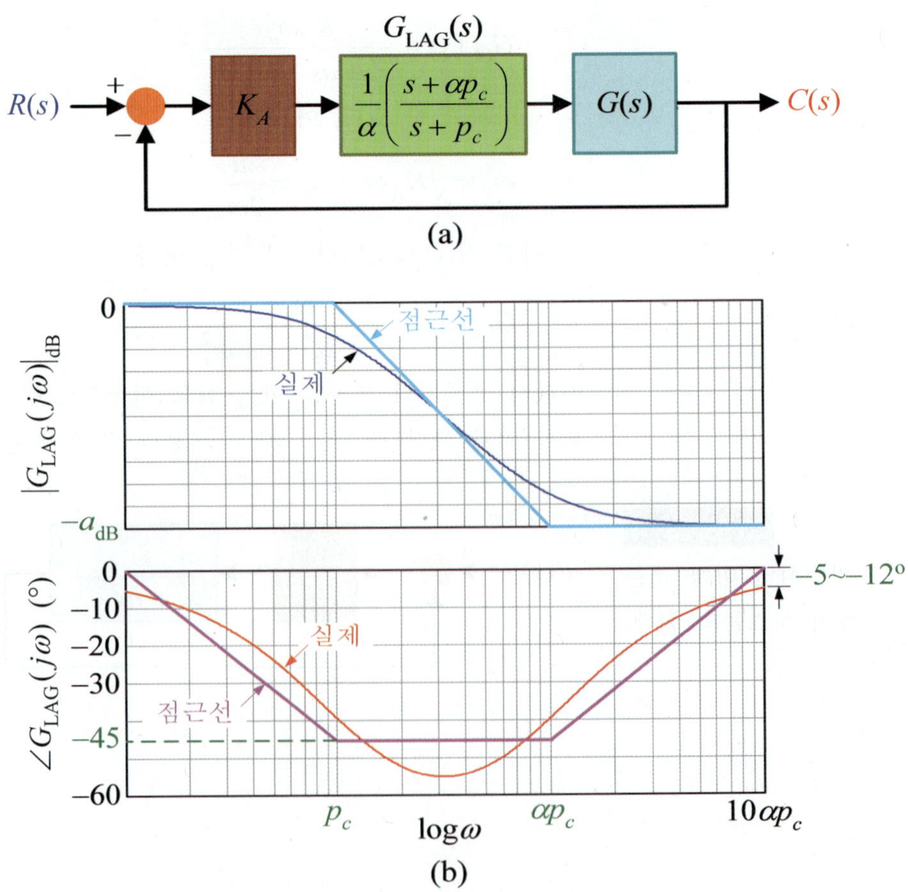

그림 13-5
(a) 지상 제어기와; (b) 지상 제어기의 주파수 응답.

그림 13-6
이득의 증가에 따른 루프 전달 함수의 보드 선도 변화.

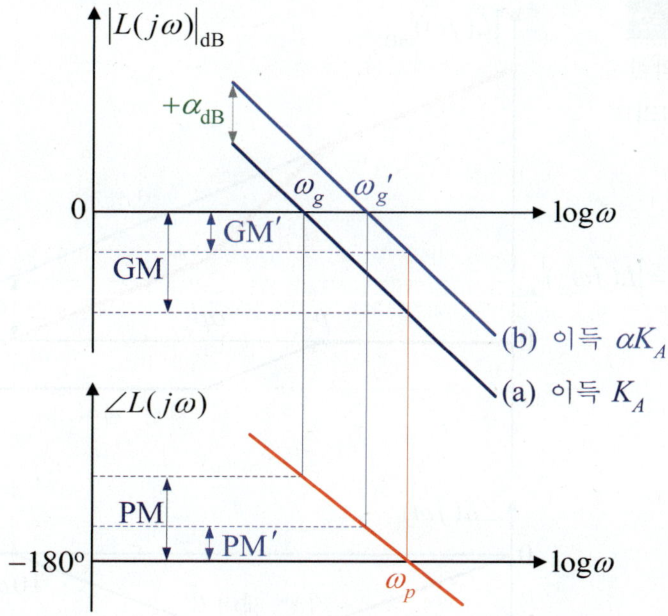

그 결과 그림 13-6의 (b)는 (a)에 비해 이득교차 주파수가 ω_g'로 증가하므로 위상 여유가 PM에서 PM′로 낮아져 안정성이 저하된다. 지상 제어기의 역할은 증가한 이득은 그대로 두고 이득교차 주파수만 ω_g'에서 다시 ω_g로 낮춤으로써 위상 여유를 PM′에서 PM으로 복구하는 것이며 그림 13-7이 그 원리를 보여준다.

그림 13-7에서 파란 선은 지상 보상 없이 이득만 α배로 할 때 루프 전달함수의 크기 및 위상 응답이며 그림상에서는 위상 여유가 PM′<0이다. 먼저 지상 제어기의 크기 응답을 보자. 지상 제어기의 직류 이득이 1이다. 따라서 보상된 시스템의 직류 이득이 변하지 않으므로 정상 상태 오차에는 영향을 주지 않는다. 그러나 고주파 영역에 대한 이득은 1 이하이므로 보상된 시스템의 고주파 이득은 저하된다. 따라서 그림의 크기 응답에서 빨간 선으로 표시된 바와 같이 지상 제어기에 의해 이득교차 주파수가 ω_g'에서 원하는 ω_g로 낮아지면서 위상 여유는 증가된다. 반면에 지상 제어기의 위상이 항상 0 이하이므로 보상된 시스템의 위상 교차 주파수 ω_p도 낮아질 수 있으며 이는 위상 여유에 손해가 된다. 따라서 보상후에도 위상교차 주파수가 변하지 않도록 지상 제어기의 위쪽 모서리 주파수 αp_c를 ω_g의 1/10 정도로 한다. 그 이유는 위쪽 모서리 주파수의 10배 주파수에서는 지상 제어기의 위상이 거의 0이 되기 때문이다. 따라서 $\omega_g=10\alpha p_c$로 하면 위상 응답의 빨간 선에서와 같이 ω_g 이상의 주파수에서는 보상후에도 위상 변화가 없으므로 위상교차 주파수 ω_p는 변하지 않는다. 그러나 그림 13-5(b)에서 보듯이 위쪽 모서리

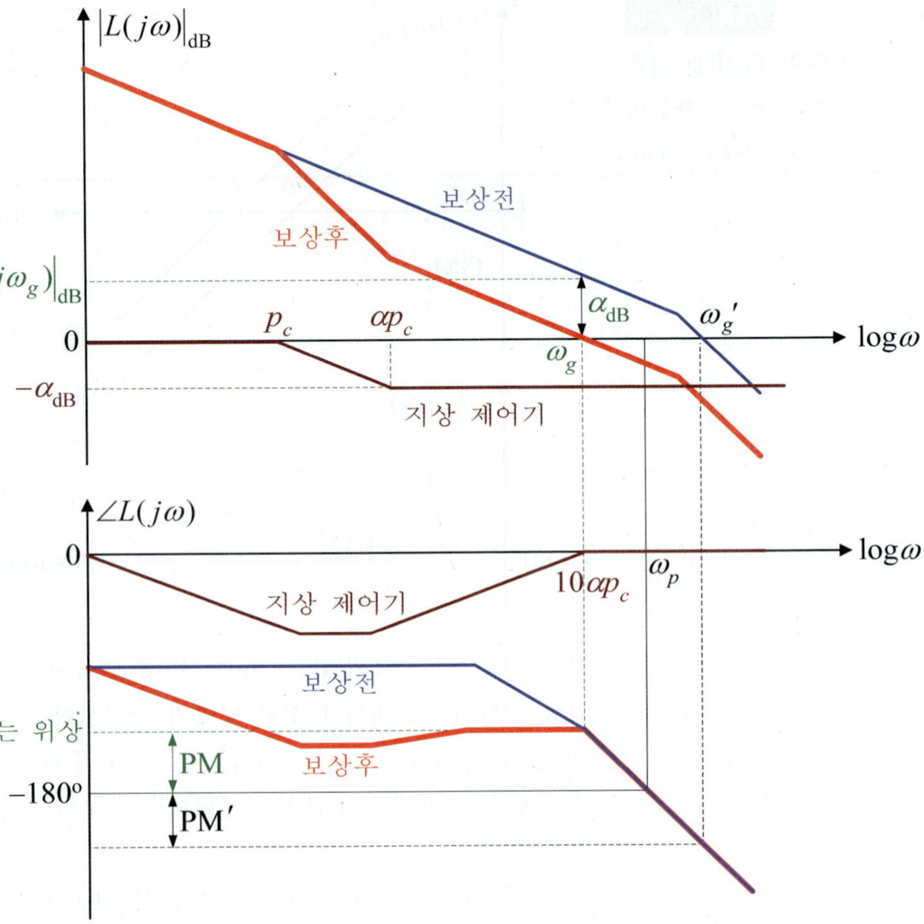

그림 13-7 지상 제어기에 의한 주파수 보상 원리.

주파수의 10배 주파수에서는 실제 위상이 약 –5°~–12° 사이에 분포한다. 따라서 이루고자 하는 위상 여유가 PM이면 실제로는 PM에 5°~12° 사이의 값을 더한 것을 설계값으로 하여야 한다. 더하는 값은 설계자의 임의에 달린 것이지만 여기서는 5°와 12°의 중간 수준인 8°로 하기로 한다. 이상으로 지상 제어기의 설계 절차는 다음과 같다.

1. 원하는 정상 상태 오차로부터 증폭기 이득 K_A를 결정한다.
2. 주어진 설계 사양 ζ로부터 원하는 PM을 구하고 설계상의 위상 여유는 PM에 8을 더한 것으로 한다. 즉

$$\text{PM} = 100\zeta + 8°$$

3. 루프 전달 함수 $L(s)=K_AG(s)$의 보드 선도를 그리고 보드 선도상에서 앞서 구한 PM을 만족하는 ω_g를 찾는다. 즉 ω_g는 다음을 만족한다.

$$\angle L(j\omega_g) = -180° + \text{PM}$$

그리고 $|L(j\omega_g)|_{\text{dB}}$를 구하여 지상 제어기의 α를 다음과 같이 정한다.

$$\alpha_{\text{dB}} = \left|L(j\omega_g)\right|_{\text{dB}}$$

$$\boxed{\alpha = 10^{\alpha_{\text{dB}}/20}}$$

4. 제어기의 αp_c는 αp_c=0.1ω_g로 정한다. 즉

$$\boxed{p_c = \frac{0.1\omega_g}{\alpha}}$$

5. 설계 결과를 검토하고 만족스럽지 않으면 재설계한다.

예제 13-1

예제 12-1의 지상 제어기를 주파수 영역에서 설계하고자 한다. 보상후의 특성은 예제 12-1과 같이 제동비는 ζ=0.206(%OS=51.6 %)이며 계단 입력에 대한 정상 상태 오차는 $e_p(\infty)$=0.01이다.

풀이>> 증폭기 이득 K_A: 보상후의 위치 상수는

$$K_p = \frac{1}{e_p(\infty)} - 1 = \frac{1}{0.01} - 1 = 99$$

를 만족하여야 하므로

$$K_p = \frac{K_A}{1 \times 3 \times 15} = \frac{K_A}{45} = 99$$

따라서 증폭기 이득은 다음과 같이 정해진다.

$$K_A = 4455$$

이상으로 다음의 보상전 보드 선도를 그린다(그림 13-8의 파란 선).

$$L(s) = \frac{4455}{(s+1)(s+3)(s+15)}$$

위상 여유 PM: 주어진 ζ로부터 위상 여유의 설계값을 구하면 다음과 같다.

$$\text{PM} = 100\zeta + 8 = 100 \times 0.206 + 8 = 28.6°$$

그림 13-8의 보상전 보드선도에서 위상이 다음과 같은 주파수 ω_g를 찾는다.

$$\angle L(j\omega_g) = -180 + \text{PM} = -180 + 28.6 = -151.4°$$

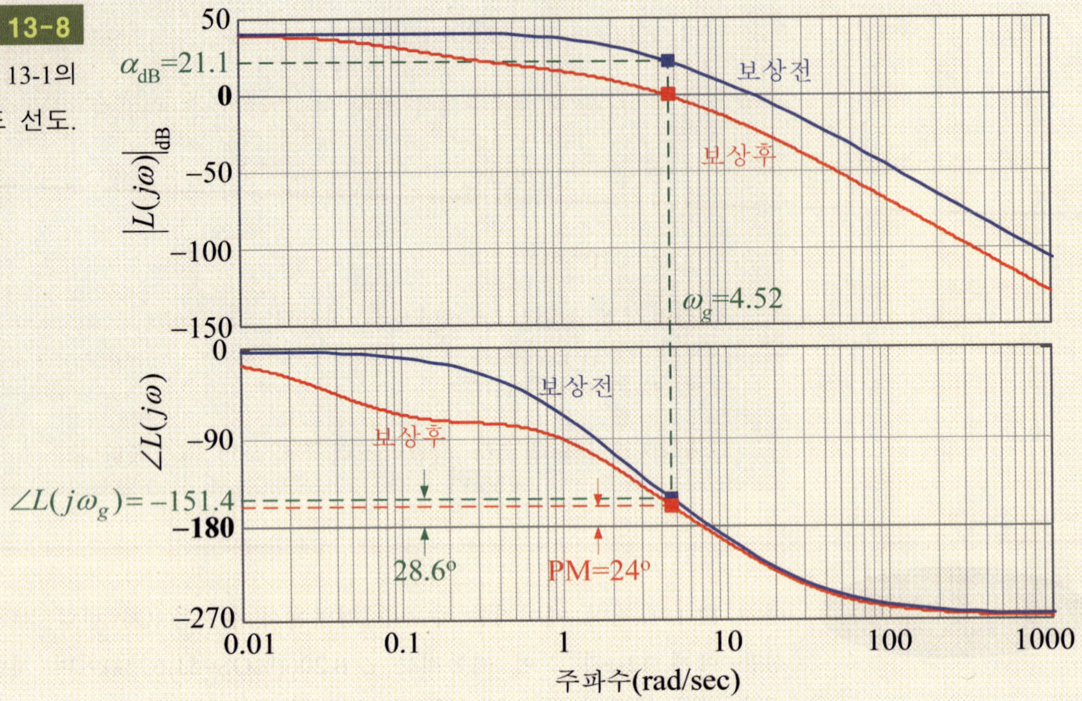

그림 13-8 예제 13-1의 보드 선도.

그 결과 새로운 이득교차 주파수는 ω_g=4.54 rad/sec가 된다.

지상 제어기의 α와 p_c: 그림 12-54의 보상전 보드 선도상 ω_g에서의 크기를 찾으면 α는 다음과 같이 정해진다.

$$\alpha_{\text{dB}} = \left|L(j\omega_g)\right|_{\text{dB}} = 21.1\,\text{dB}$$

$$\alpha = 10^{\alpha_{\text{dB}}/20} = 10^{21.1/20} = 11.35$$

이로부터 지상 제어기 극점의 크기 p_c는 다음과 같다.

$$p_c = \frac{0.1\omega_g}{\alpha} = \frac{0.1\times 4.54}{11.35} = 0.04\ \text{rad/sec}$$

이상으로 지상 제어기는 다음과 같이 설계된다.

$$G_{\text{LAG}}(s) = \frac{s+\alpha p_c}{\alpha(s+p_c)} = \frac{s+0.454}{11.35(s+0.04)}$$

지상 제어기로 보상된 루프 전달 함수는 다음과 같다.

$$K_A G_{\text{LAG}}(s)G(s) = \frac{4455(s+0.454)}{11.35(s+0.04)(s+1)(s+3)(s+15)} = \frac{392.5(s+0.454)}{(s+0.04)(s+1)(s+3)(s+15)}$$

보상된 루프 전달 함수의 보드 선도는 그림 13-8의 빨간 선과 같다. 따라서 설계한 결과 이득교차 주파수는 역시 ω_g=4.54 rad/sec이다. 그리고 실제 위상 여유는 PM=24°이며 이는 ζ=0.24(%OS=46 %)에 해당한다. 따라서 폐루프 시스템의 ω_n은

$$\omega_n = \frac{\omega_g}{-0.687\zeta + 1.13} = \frac{4.54}{-0.687 \times 0.24 + 1.13} = 4.704 \text{ rad/sec}$$

로 예측할 수 있으며 이로부터

$$\omega_d = \omega_n\sqrt{1-\zeta^2} = 4.704 \times 0.97 = 4.57$$

이다. 따라서 피크 시간을 다음과 같이 예측할 수 있다.

$$T_p = \frac{\pi}{\omega_d} = \frac{3.14}{4.57} = 0.69 \text{ 초}$$

그림 13-9는 보상후의 계단 응답으로 실제 특성은 다음과 같다.

$$\%OS = 45.7\,\%, \quad T_p = 0.7 \text{ 초}$$

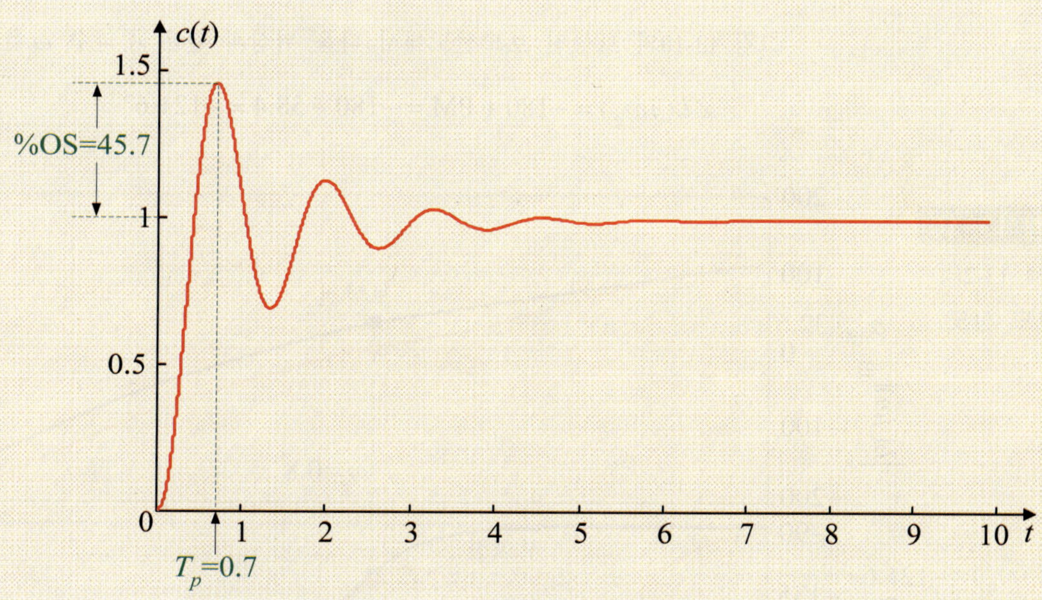

그림 13-9 예제 13-1의 계단 응답.

예제 13-2 예제 12-3의 지상 제어기를 주파수상에서 설계하고자 한다. 보상전에는 ζ=0.504(%OS=16 %)이고 속도 상수는 K_v=4이다. 보상후 ζ는 같고 속도 상수만 40이 되도록 지상 제어기를 설계하라.

풀이>> 증폭기 이득 K_A: 보상후의 속도 상수는

$$K_v = \frac{K_A \times 0.08}{1.32 \times 150} = 40$$

로부터 원하는 증폭기 이득은 다음과 같다.

$$K_A = 99{,}000$$

이상으로 다음의 보상전 보드 선도를 그린다(그림 13-10의 파란 선).

$$L(s) = \frac{99{,}000 \times 0.08}{s(s+1.32)(s+150)} = \frac{7920}{s(s+1.32)(s+150)}$$

위상 여유 PM: 주어진 ζ로부터 위상 여유의 설계값을 구하면 다음과 같다.

$$\text{PM} = 100\zeta + 8 = 100 \times 0.504 + 8 = 58.4°$$

그림 13-10의 보상전 보드선도에서 다음 위상과 같은 주파수 ω_g를 찾는다.

$$\angle L(j\omega_g) = -180 + \text{PM} = -180 + 58.4 = -121.6°$$

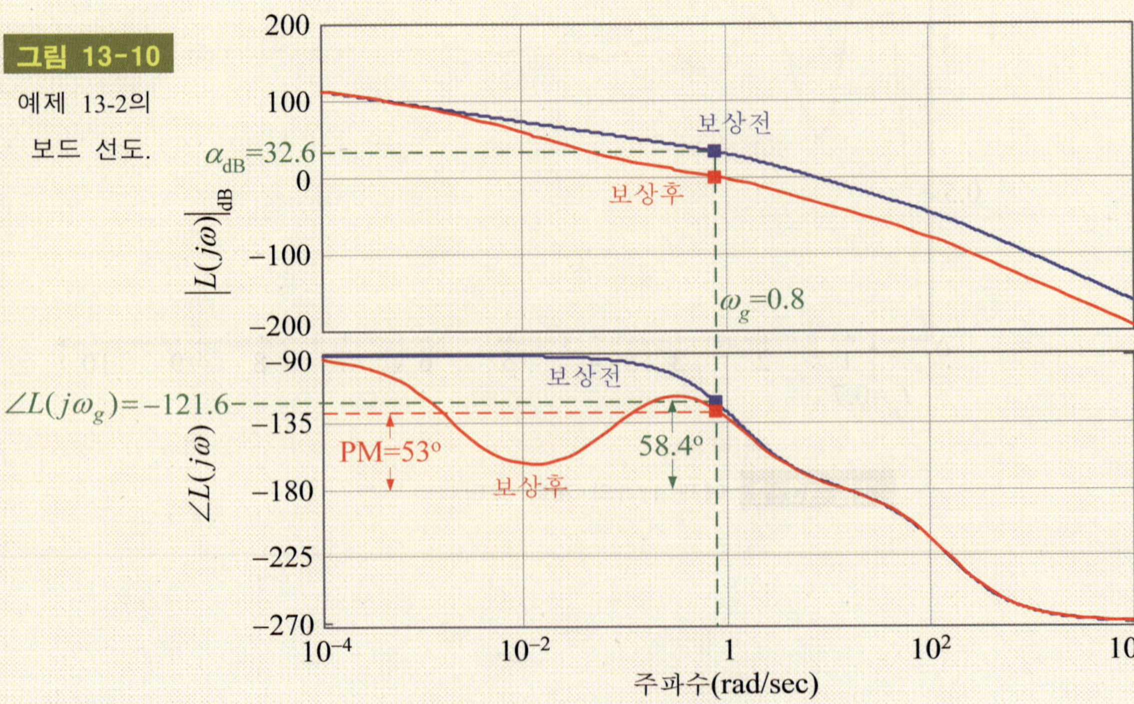

그림 13-10 예제 13-2의 보드 선도.

그 결과 새로운 이득교차 주파수는 ω_g=0.8 rad/sec가 된다.

지상 제어기의 α와 p_c: 그림 13-10의 보상전 보드 선도상 ω_g에서의 크기를 찾으면 α는 다음과 같이 정해진다.

$$\alpha_{\text{dB}} = \left|L(j\omega_g)\right|_{\text{dB}} = 32.6 \text{ dB}$$

$$\alpha = 10^{\alpha_{\text{dB}}/20} = 10^{32.6/20} = 42.66$$

이로부터 지상 제어기 극점의 크기 p_c는 다음과 같이 정해진다.

$$p_c = \frac{0.1\omega_g}{\alpha} = \frac{0.1\times 0.8}{42.66} = 0.0019 \text{ rad/sec}$$

이상으로 지상 제어기는 다음과 같이 설계된다.

$$G_{\text{LAG}}(s) = \frac{s+\alpha p_c}{\alpha(s+p_c)} = \frac{s+0.08}{42.66(s+0.0019)}$$

따라서 지상 제어기로 보상된 루프 전달 함수는 다음과 같다.

$$K_A G_{\text{LAG}}(s)G(s) = \frac{7920(s+0.08)}{42.66s(s+0.0019)(s+1.32)(s+150)} = \frac{185.7(s+0.08)}{s(s+0.0019)(s+1.32)(s+150)}$$

위의 보드 선도는 그림 13-10의 파란 선과 같으며 이득교차 주파수는 ω_g=0.8 rad/sec이고 실제 위상 여유는 PM=53°이다. 따라서 설계 결과의 제동비가 ζ=0.53(%OS=14 %)이므로 ω_n은 다음과 같이 예측할 수 있다.

$$\omega_n = \frac{\omega_g}{-0.687\zeta+1.13} = \frac{0.8}{-0.687\times 0.53+1.13} = 1.045 \text{ rad/sec}$$

이로부터

$$\omega_d = \omega_n\sqrt{1-\zeta^2} = 1.045\times 0.848 = 0.886$$

이므로 피크 시간을 다음과 같이 예측할 수 있다.

$$T_p = \frac{\pi}{\omega_d} = \frac{3.14}{0.886} = 3.55 \text{ 초}$$

설계 결과 실제 계단 응답은 그림 13-11과 같으며 이로부터 보상후의 과도 응답이 다음과 같음을 확인할 수 있다.

$$\%\text{OS} = 19\,\%,\quad T_p = 3.6 \text{ 초}$$

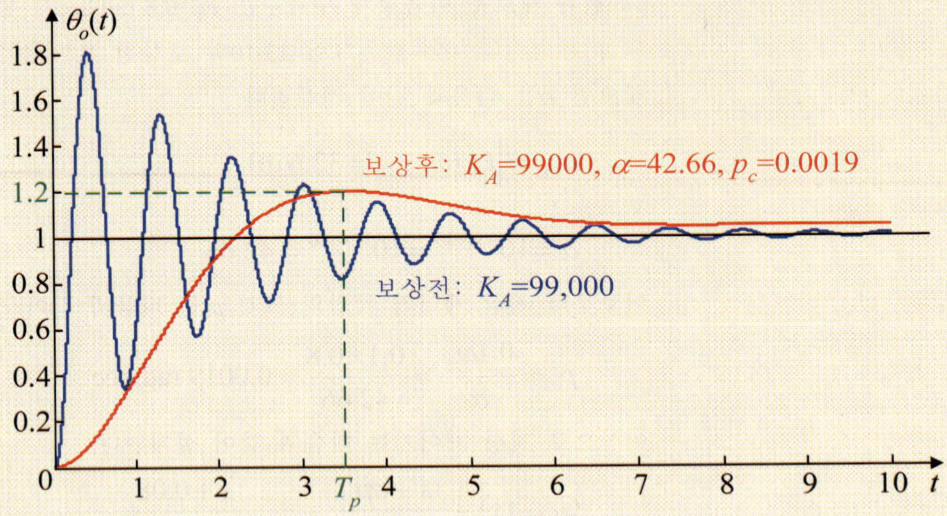

그림 13-11 예제 13-2의 계단 응답.

13.3 진상 제어기의 설계

그림 13-12(a)의 진상 제어기는 주파수 응답이 그림 (b)와 같다. 그림 (b)에서 특히 중요시되는 주파수는 위상이 최대가 되는 주파수 $\omega_{\max}$이며 그 때의 위상을 $\phi_{\max}$이라 한다. 식 (12-9)로부터 진상 제어기의 특성은 다음과 같다.

$$G_{\text{LEAD}}(s) = \alpha\left(\frac{s+z_c}{s+\alpha z_c}\right)$$
$$\begin{cases} \omega_{\max} = z_c\sqrt{\alpha} \\ \phi_{\max} = \sin^{-1}\dfrac{\alpha-1}{\alpha+1} \\ \left|G_{\text{LEAD}}(j\omega_{\max})\right| = \sqrt{\alpha} \end{cases} \tag{13-10}$$

진상 제어기는 모든 주파수에 대해 이득이 1 이상이고 위상은 0 이상이다. 이득을 증가시키면 보드 선도상에서 이득교차 주파수가 높아지고 위상을 증가시키면 위상교차 주파수가 높아진다. 그리고 이득교차 주파수가 높아지면 위상 여유가 줄고 위상교차 주파수가 높아지면 위상 여유가 증가한다. 따라서 진상 제어기에서는 제어기의 이득보다는 위상 역할을 증대시키며 그림 13-13이 이를 설명한다.

그림 13-12

(a) 진상 제어기로 보상;
(b) 진상 제어기의 특성.

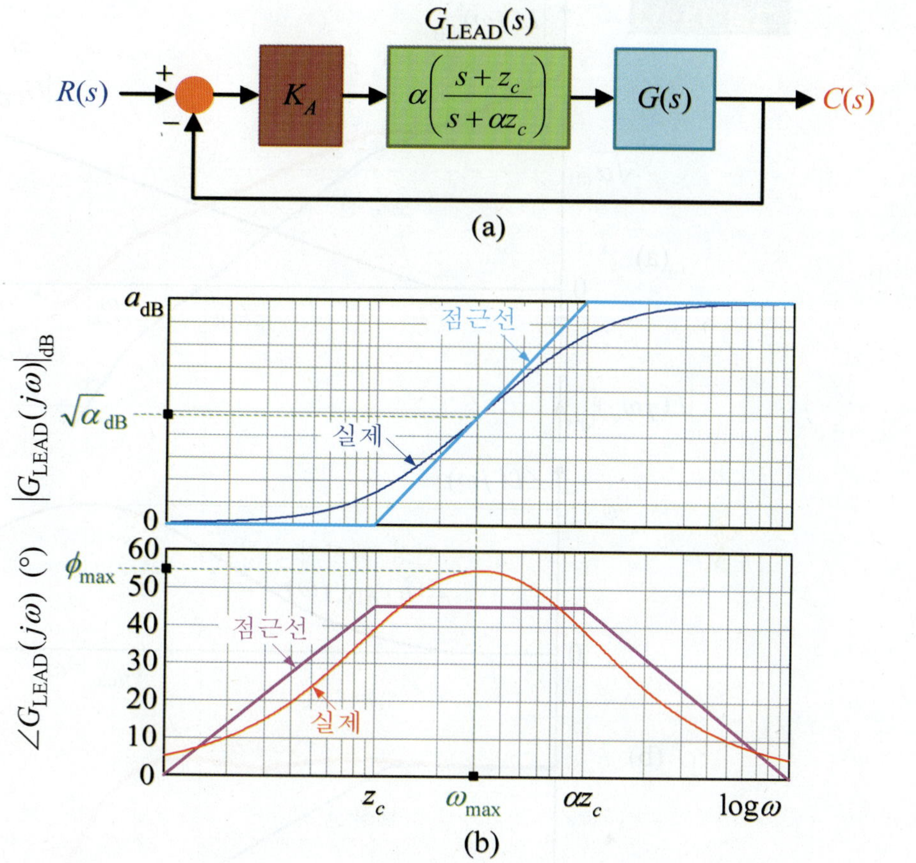

먼저 그림 13-13의 (a)에서 진상 제어기의 크기 응답이 미치는 영향을 보자. 주파수 ω_g'는 보상하기 전의 이득교차 주파수이며 진상 제어기의 크기 응답에 의해 보상후에는 ω_g로 높아진다. 따라서 위상 여유를 줄이는 역할을 한다. 반면에 그림 (b)의 위상 응답에서는 진상 제어기의 영향으로 보상후의 위상이 증가한다. 따라서 위상교차 주파수가 ω_p'에서 ω_p로 높아지므로 이득 여유가 증가한다. 이상으로 진상 제어기의 크기 응답은 안정도를 낮추는 역할을 하며 위상 응답은 안정도를 높이는 역할을 한다. 따라서 보상후에 원하는 이득교차 주파수를 ω_g라 하면 이 주파수에서 진상 제어기의 위상이 최대가 되도록 하며 그림 (b)가 이를 보여준다. 즉 진상 제어기의 위상이 최대가 되는 주파수 ω_{max}을 ω_g와 같게 하는 것이다. 이는 ω_g는 설계 사양의 ζ와 ω_n으로부터 미리 구할 수 있기 때문에 가능하다(식 (13-4) 참조). 따라서 원하는 ζ와 ω_n으로부터 먼저 설계할 PM과 ω_{max}을 다음과 같이 정한다.

$$\text{PM} = 100\zeta, \quad \omega_{max} = \omega_n(-0.687\zeta + 1.13) \tag{13-11}$$

그림 13-13

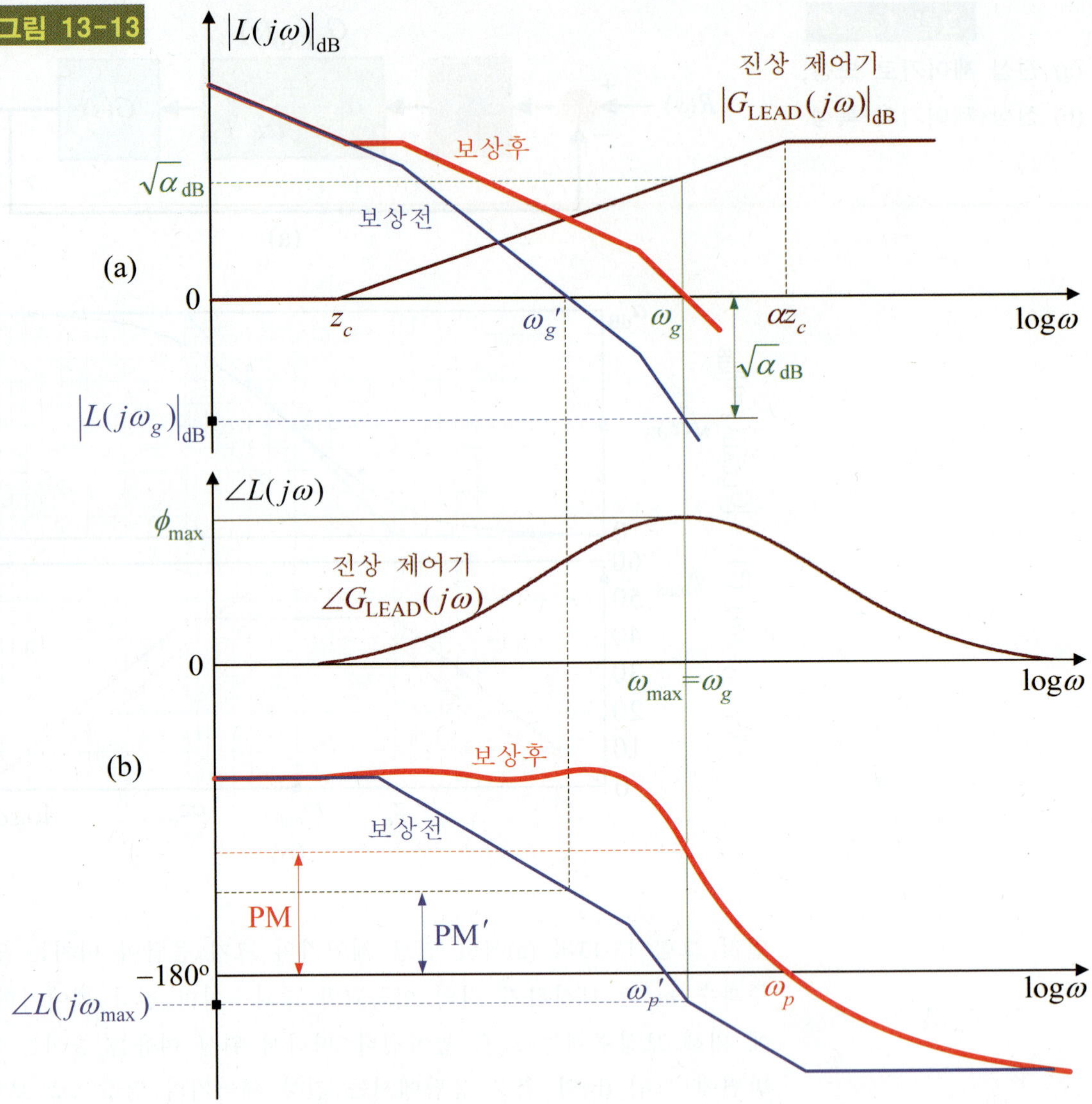

그리고 진상 제어기 $G_{LAED}(s)=\alpha(s+z_c)/(s+\alpha z_c)$의 ω_{max}에 대한 식 (12-32)로부터 다음의 관계를 얻을 수 있다.

$$z_c\sqrt{\alpha}=\omega_{max} \tag{13-12}$$

이제 ω_{max}에서의 위상 ϕ_{max}을 결정해야 한다. 원하는 위상 여유가 PM이므로 보상후의 이득교차 주파수 ω_g, 즉 ω_{max}에서의 위상은 PM−180°이어야 한다. 따라서 보상전의 루프 전달 함수의 위상 $\angle L(j\omega_{max})$에 ϕ_{max}을 더한 값이 보상후의 위상 PM−180°과 같아야 하므로 다음 관계를 얻을 수 있다.

$$\phi_{max}=\text{PM}-180°-\angle L(j\omega_{max}) \tag{13-13}$$

위의 식에서 $\angle L(j\omega_{max})$은 보상전의 보드 선도상에서 구한다(그림 13-13(b) 참조). 식 (13-13)에 의해 ϕ_{max}이 구해지면 식 (13-10)의

$$\phi_{max} = \sin^{-1}\frac{\alpha-1}{\alpha+1} \tag{13-14}$$

로부터 α를 다음과 같이 구할 수 있다.

$$\alpha = \frac{1+\sin\phi_{max}}{1-\sin\phi_{max}} \tag{13-15}$$

이제 마지막 단계로 증폭기 이득 K_A을 조절하여야 한다. 즉 그림 13-13(a)에서 주파수 ω_{max}에서의 크기가 보상후에

$$\left|L(j\omega_{max})\right|_{dB} + \sqrt{\alpha}_{\,dB} = 0\text{ dB} \tag{13-16}$$

이어야만 ω_{max}이 보상후의 이득교차 주파수가 된다. 따라서 이득 K_A를 다음과 같이 조절하여 식 (13-16)이 만족되도록 한다.

$$K_A \to K_A \times \frac{1}{\left|L(j\omega_{max})\right|\sqrt{\alpha}} \tag{13-17}$$

이상을 종합하면 진상 제어기의 설계 단계는 다음과 같다.

1. 설계값 ζ와 ω_n으로부터 위상 여유 PM과 $\omega_g=\omega_{max}$를 구한다.

$$\boxed{\text{PM} = 100\zeta, \quad \omega_{max} = \omega_n(-0.687\zeta + 1.13)}$$

2. 정상 상태 오차를 만족하도록 증폭기 이득 K_A를 결정한다.
3. $K_AG(s)$로부터 보상전의 보드 선도를 그리고 $|L(j\omega_{max})|$와 $\angle L(j\omega_{max})$을 구한다. 그리고 $\angle L(j\omega_{max})$로부터 ϕ_{max}을 계산한다.

$$\boxed{\phi_{max} = \text{PM} - 180° - \angle L(j\omega_{max})}$$

4. 진상 제어기의 α와 z_c를 ϕ_{max}과 ω_{max}으로부터 다음과 같이 구한다.

$$\boxed{\alpha = \frac{1+\sin\phi_{max}}{1-\sin\phi_{max}}, \quad z_c = \frac{\omega_{max}}{\sqrt{\alpha}}}$$

5. 이득 K_A를 다음과 같이 조절한다.

$$\boxed{K_A \to K_A \times \frac{1}{\left|L(j\omega_{max})\right|\sqrt{\alpha}}}$$

6. 설계 결과가 만족스럽지 않으면 재설계한다.

예제 13-3 예제 12-4의 진상 제어기를 주파수 영역에서 설계하고자 하며 보상전과 보상후의 제동비는 ζ=0.506(%OS=15.8 %)로 같다. 보상후의 피크 시간은 T_p=0.2 초이고 계단 입력에 대한 정상 상태 오차는 $e_p(\infty)$=0.1이 되도록 설계하라.

풀이>> 위상 여유 PM과 ω_g: 주어진 ζ와 T_p로부터 ω_n을 구하면

$$\omega_n = \frac{\pi}{T_p\sqrt{1-\zeta^2}} = \frac{3.14}{0.2\sqrt{1-0.506^2}} = 18.21$$

따라서 원하는 PM과 $\omega_{max}=\omega_g$는 다음과 같다.

$$\mathrm{PM} = 100\zeta = 100 \times 0.506 = 50.6°$$

$$\omega_{max} = \omega_n(-0.687\zeta + 1.13) = 18.21 \times 0.782 = 14.24$$

증폭기 이득 K_A: 보상후의 위치 상수를 구하면

$$K_p = \frac{K_A}{1 \times 3 \times 15} = \frac{1}{e_p(\infty)} - 1 = \frac{1}{0.1} - 1 = 9$$

로부터 K_A=405로 정해진다.

보상전의 보드 선도: 보상전 루프 전달 함수 $L(s)$=405/[(s+1)(s+3)(s+15)]의 보드 선도를 그리면 그림 13-14의 파란 선과 같으며 $\angle L(j\omega_{max})$과 $|L(j\omega_{max})|$을 구하면 다음과 같다.

$$|L(j\omega_{max})|_{dB} = -20.6\ \mathrm{dB} \quad \text{또는} \quad |L(j\omega_{max})| = 0.0933$$

$$\angle L(j\omega_{max}) = -208°$$

이므로 ϕ_{max}는 식 (13-13)로부터 다음과 같이 구해진다.

$$\phi_{max} = \mathrm{PM} - 180° - \angle L(j\omega_{max}) = 50.6 - 180 + 208 = 79°$$

진상 제어기: 식 (13-15)와 (13-12)로부터

$$\alpha = \frac{1+\sin\phi_{max}}{1-\sin\phi_{max}} = \frac{1+\sin 79°}{1-\sin 79°} = 107.86$$

$$z_c = \frac{\omega_{max}}{\sqrt{\alpha}} = \frac{14.24}{\sqrt{107.86}} = 1.37$$

이상으로 진상 제어기는 다음과 같다.

그림 13-14

예제 13-3의 보드 선도.

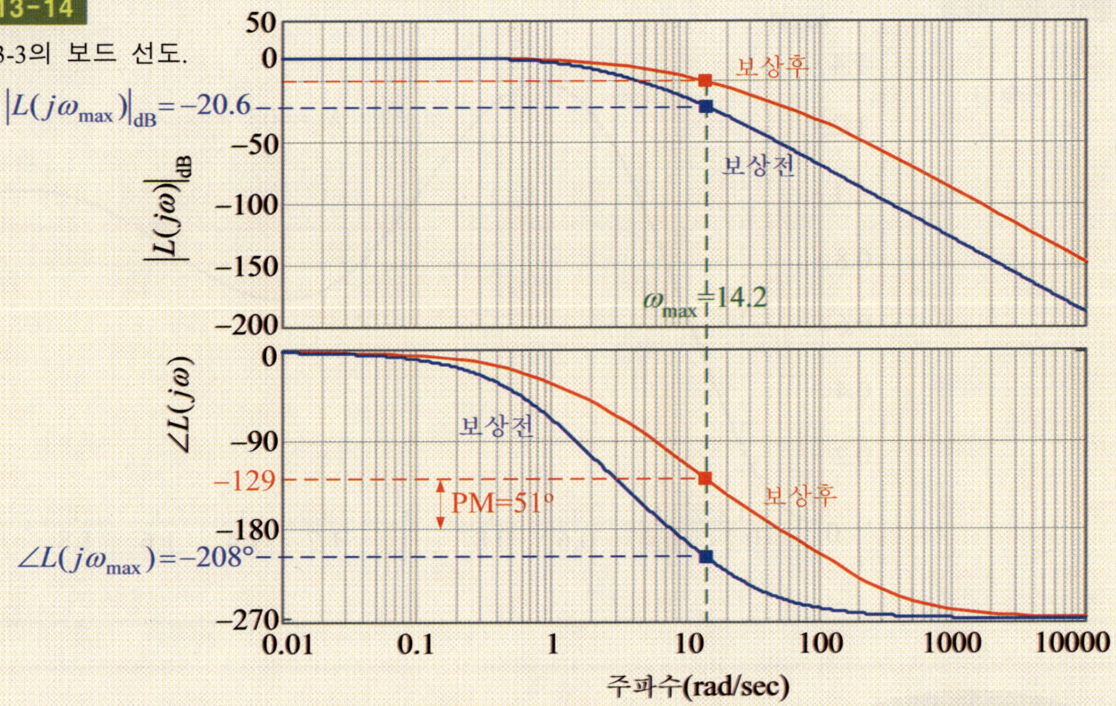

$$G_{\text{LEAD}}(s) = \frac{107.86(s+1.37)}{s+147.8}$$

증폭기 이득 조정: 증폭기 이득을 다음과 같이 조절한다.

$$K_A = \frac{405}{|L(j\omega_{\max})|\sqrt{\alpha}} = \frac{405}{0.0933 \times \sqrt{107.86}} = 419.3$$

이상으로 보상된 개루프 전달 함수는 다음과 같다.

$$K_A G_{\text{LEAD}}(s)G(s) = \frac{45{,}226(s+1.37)}{(s+147.8)(s+1)(s+3)(s+15)}$$

위 전달 함수에 대한 보드 선도는 그림 13-14의 빨간 선이다(PM=51°). 그리고 보상전과 후의 계단 응답은 그림 13-15와 같으며 보상후의 실제 특성은

$$\%\text{OS} = 9.5\,\%, \quad T_p = 0.2\text{ 초}$$

이다. 이는 설계값인 %OS=15.8 %와 T_p=0.2 초보다 개선된 것이다. 그리고 계단 입력에 대한 정상 상태 오차는 $e_p(\infty)$는

$$K_p = \frac{419.3}{1 \times 3 \times 15} = 9.32$$

로부터 $e_p(\infty)$=0.097이다.

그림 13-15

예제 13-3의 계단 응답.

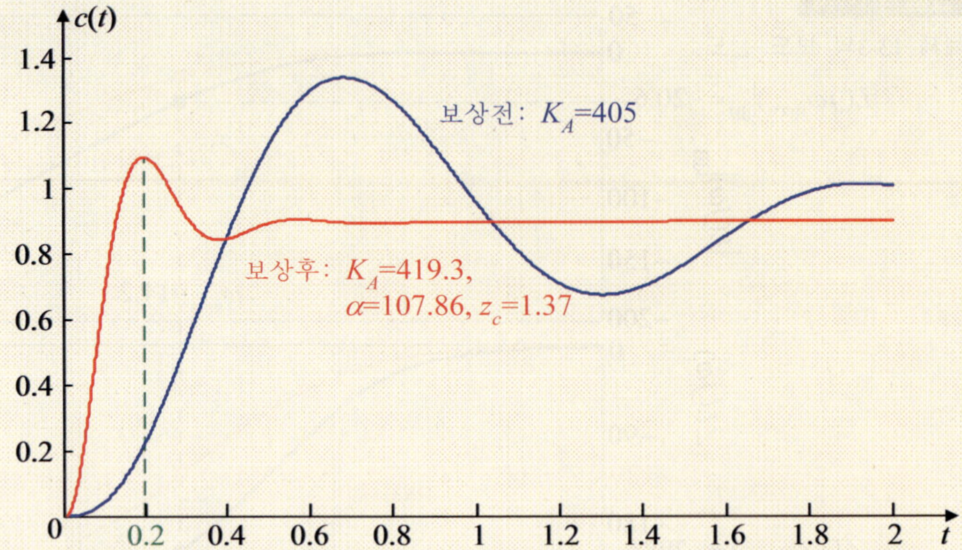

예제 13-4

예제 12-6의 시스템이 다음과 같은 특성이 되도록 진상 제어기를 주파수 영역상에서 설계하라.

1. 램프 입력에 대한 정상 상태 오차: $e_v(\infty)=0.0025$
2. 최대 오버슛: %OS=16 %
3. 피크 시간: $T_p=0.03$ sec

풀이>> 위상 여유 PM과 ω_g: 주어진 최대 오버슛에 대한 제동비 $\zeta=0.504$ 및 T_p로부터 ω_n을 구하면

$$\omega_n = \frac{\pi}{T_p\sqrt{1-\zeta^2}} = \frac{3.14}{0.03\sqrt{1-0.504^2}} = 121.18$$

따라서 원하는 PM과 $\omega_{\max}=\omega_g$는 다음과 같다.

$$\text{PM} = 100\zeta = 100 \times 0.504 = 50.4°$$

$$\omega_{\max} = \omega_n(-0.687\zeta + 1.13) = 121.18 \times 0.784 = 95$$

증폭기 이득 K_A: 보상후의 속도 상수를 구하면

$$K_v = \frac{K_A \times 0.08}{1.32 \times 150} = \frac{1}{e_v(\infty)} = 400$$

로부터 $K_A=9.9\times10^5$으로 정해진다.

보상전의 보드 선도: 보상전의 루프 전달 함수의 보드 선도를 그리면 그림 13-16의 파란 선과 같으며 $\angle L(j\omega_{max})$과 $|L(j\omega_{max})|$을 구하면 다음과 같다.

$$|L(j\omega_{max})|_{dB} = -26.2\ \text{dB} \quad \text{또는} \quad |L(j\omega_{max})| = 0.049$$

$$\angle L(j\omega_{max}) = -212°$$

이로부터 ϕ_{max}는 식 (13-13)에 의해 다음과 같이 구해진다.

$$\phi_{max} = \text{PM} - 180° - \angle L(j\omega_{max}) = 50.4 - 180 + 212 = 82.4°$$

진상 제어기: 식 (13-15)와 (13-12)로부터

$$\alpha = \frac{1+\sin\phi_{max}}{1-\sin\phi_{max}} = \frac{1+\sin 82.4°}{1-\sin 82.4°} = 226.67$$

$$z_c = \frac{\omega_{max}}{\sqrt{\alpha}} = \frac{95}{\sqrt{226.67}} = 6.31$$

이상으로 진상 제어기는 다음과 같다.

$$G_{\text{LEAD}}(s) = \frac{226.67(s+6.31)}{s+1430.3}$$

그림 13-16
예제 13-4의 보드 선도.

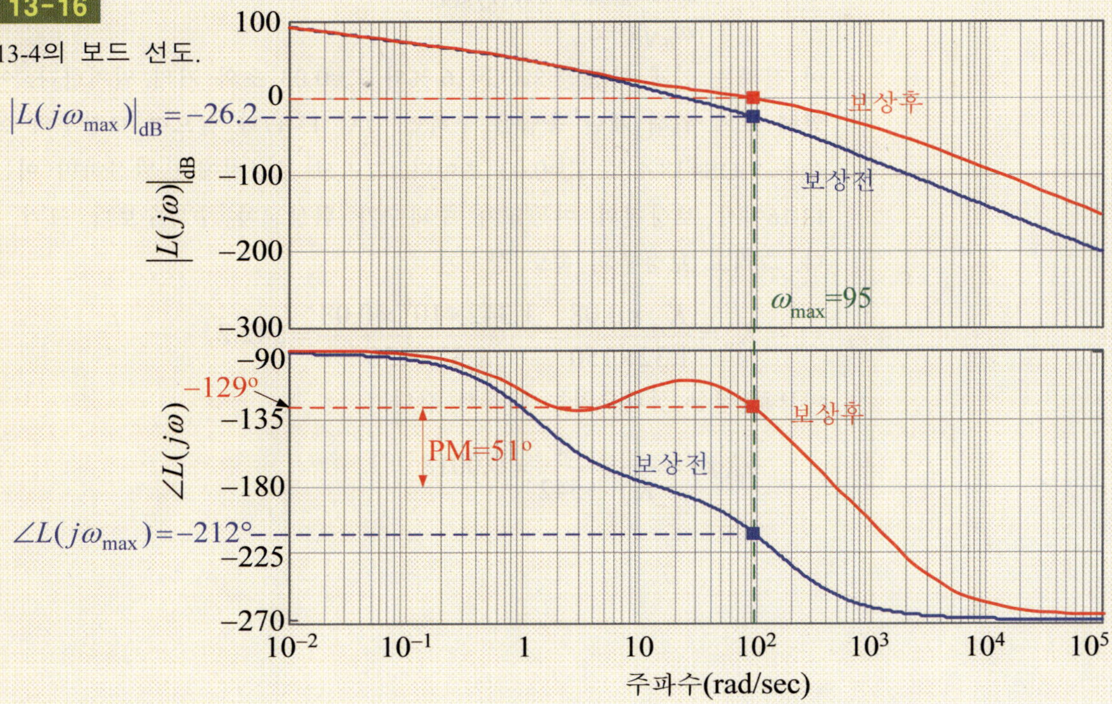

증폭기 이득 조정: 증폭기 이득을 다음과 같이 조절한다.

$$K_A = \frac{9.9\times10^5}{|L(j\omega_{\max})|\sqrt{\alpha}} = \frac{9.9\times10^5}{0.049\times\sqrt{226.67}} = 1.342\times10^6$$

이상으로 보상된 개루프 전달 함수는 다음과 같다.

$$K_A G_{\text{LEAD}}(s)G(s) = \frac{1.342\times10^6\times226.67(s+6.31)}{s(s+1430.3)(s+1.32)(s+150)}$$
$$= \frac{3.042\times10^8(s+6.31)}{s(s+1430.3)(s+1.32)(s+150)}$$

위의 전달 함수에 대한 보드 선도는 그림 13-16의 빨간 선과 같다. 따라서 보상후의 이득교차 주파수는 $\omega_{\max}$=95 rad/sec이며 위상 여유가 PM=51°이므로 이에 대응하는 ζ와 ω_n을 구하면 다음과 같다.

$$\zeta = 0.01\text{PM} = 0.51$$
$$\omega_n = \omega_{\max}/(1.13-0.687\zeta) = 122 \text{ rad/sec}$$

따라서 보상후의 시간 응답은 다음과 같이 예견할 수 있다.

$$\%\text{OS} = 15.5\,\%$$
$$T_p = \frac{\pi}{\omega_n\sqrt{1-\zeta^2}} = 0.03 \text{ sec}$$

이 결과는 설계 사양인 %OS=16 %와 T_p=0.03 초와 거의 일치한다. 이를 확인해 보기 위해 계단 응답을 구하면 그림 13-17과 같으며 보상후의 실제 특성은 %OS=18.4 %, T_p=0.03 초이다. 그리고 보상전에는 발산하며 이는 그림 13-16에서 보상전의 이득교차 주파수가 위상교차 주파수보다 크기 때문이다. 그리고 보상후의 속도 상수가

$$K_v = \frac{K_A\times0.08}{1.32\times150} = \frac{1.342\times10^6\times0.08}{1.32\times150} = 542.2$$

이므로 정상 상태오차는 다음과 같다.

$$e_v(\infty) = \frac{1}{K_v} = \frac{1}{542} = 0.0018$$

그림 13-17
예제 13-4의 계단 응답.

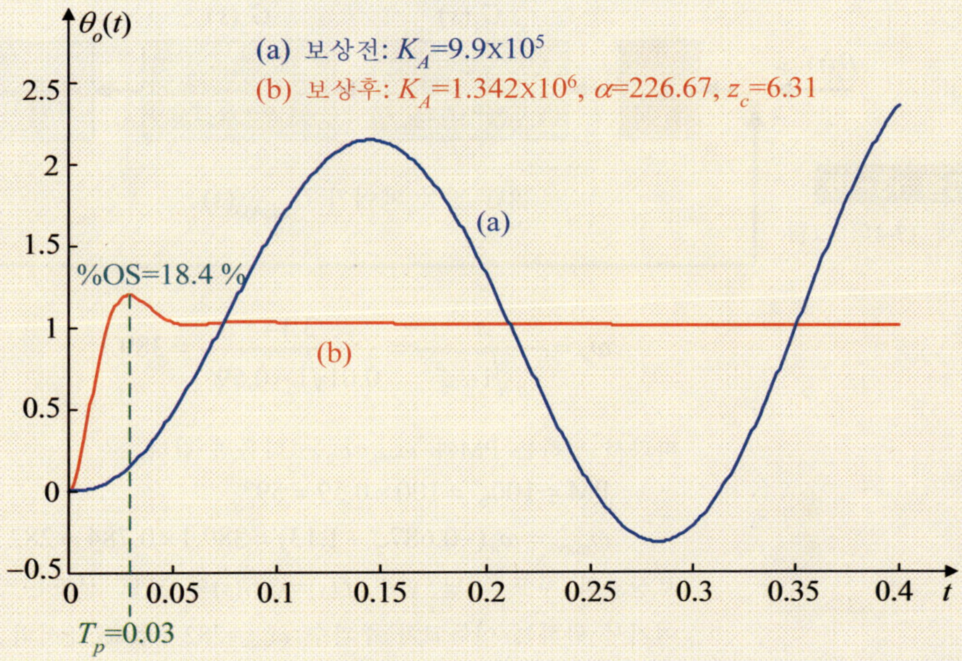

다단 진상 제어기 설계

진상 제어기의 최대 위상 ϕ_{max}은 90°를 초과할 수 없다. 따라서 90°를 이상의 위상을 앞세워야 할 경우는 여러 단의 진상 제어기를 결합한 다단 제어기를 사용하여야 한다. 그리고 시스템이 불안정하거나 또는 안정성 여유가 적을수록 이득교차 주파수 부근에서 위상 응답의 기울기가 가파르게 된다. 이러한 시스템을 진상 제어기로 보상하면, 새로운 이득교차 주파수에 더해지는 위상이 보상전의 이득교차 주파수에 더해지는 것보다 훨씬 작아지므로 단일 진상 제어기로는 효율적이지 못하다.

예제 13-5

그림 13-18은 예제 12-6의 진상 제어기를 2단으로 한 것이다. 보상후 다음과 같은 특성이 되도록 2단 진상 제어기를 주파수 영역에서 설계하라.

1. 램프 입력에 대한 정상 상태 오차: $e_v(\infty) \le 0.0025$
2. 최대 오버슛: %OS=10 %(ζ=0.59)
3. 피크 시간: T_p=0.01 sec

풀이>> 정상 상태 오차 $e_v(\infty)$=0.0025를 만족하기 위해 K_A=9.9×10^5으로 한다.

위상 여유 PM과 ω_g: 주어진 제동비 ζ=0.59와 T_p=0.01로부터 ω_n은

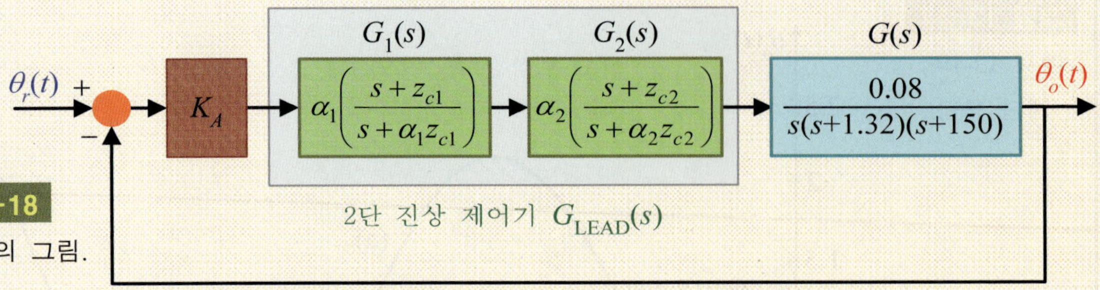

그림 13-18
예제 13-4의 그림.

$$\omega_n = \frac{\pi}{T_p\sqrt{1-\zeta^2}} = \frac{3.14}{0.01\sqrt{1-0.59^2}} = 389.1$$

따라서 원하는 PM과 $\omega_{\max}=\omega_g$는 다음과 같다.

$$\text{PM} = 100\zeta = 100\times 0.59 = 59°$$

$$\omega_{\max} = \omega_n(-0.687\zeta + 1.13) = 389.1\times 0.784 = 282$$

보상전의 루프 전달 함수 $L(s)=K_AG(s)$의 보드 선도는 그림 13-19와 같다. 여기서 원하는 이득교차 주파수 $\omega_{\max}$=282 rad/sec에서의 위상 및 크기를 찾아 보면 다음과 같다.

$$\angle L(j\omega_{\max}) = -242°,\quad |L(j\omega_{\max})|_{\text{dB}} = -50.2\text{ dB}$$

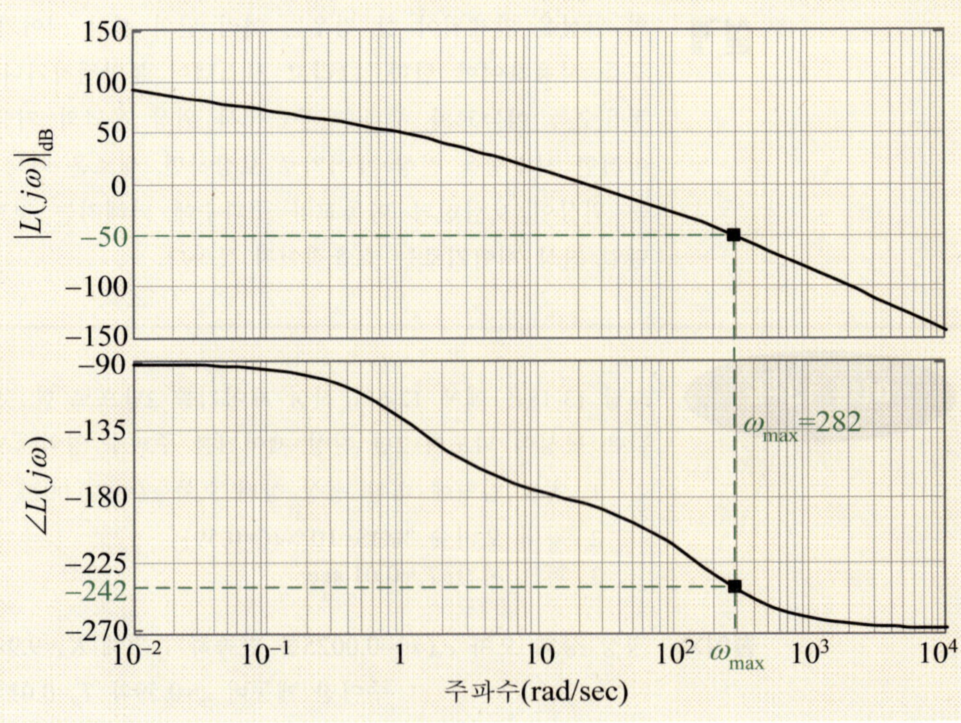

그림 13-19
그림 13-18의 보상전 보드 선도.

이로부터 단일 진상 제어기로써 보상할 경우는 최대 위상 ϕ_{max}가

$$\phi_{max} = \text{PM} - 180° - \angle L(j\omega_{max}) = 59 - 180 + 242 = 121°$$

로서 90°를 넘게 되므로 그림 13-18과 같이 2단 제어기를 사용하는 것이다.

첫번째 제어기: 그림 13-18에서 첫번째 제어기 $G_1(s)$에 의해 보상되는 최대 위상을 ϕ_1과 위상 여유를 PM_1이라 하고 다음과 같이 정하기로 한다.

$$\boxed{\phi_1 = 80°, \quad \text{PM}_1 = 50°(\zeta_1 = 0.5)}$$

제어기 $G_1(s)$에 의해 만들어지는 새로운 이득교차 주파수를 ω_1이라 하면 ω_1은 $L(j\omega)$의 위상 선도상에서 다음을 만족하여야 한다.

$$\phi_1 = \text{PM}_1 - 180 - \angle L(j\omega_1) = 80$$

이로부터 PM_1=50에 의해

$$\angle L(j\omega_1) = 50 - 260 = -210°$$

따라서 그림 13-20(a)의 $L(j\omega)$ 위상 선도상에서 ω_1을 찾으면 다음과 같다.

$$\omega_1 = 90 \text{ rad/sec}$$

제어기 $G_1(s)$에 의한 이득교차 주파수 ω_1의 주파수 응답은 다음과 같다.

$$\boxed{\omega_1 = 90 \text{ rad/sec}, \quad \angle L(j\omega_1) = -210°, \quad |L(j\omega_1)|_{\text{dB}} = -25 \text{ dB}}$$

위의 내용으로부터 $G_1(s)=\alpha_1(s+z_{c1})/(s+\alpha_1 z_{c1})$는 다음과 같이 설계할 수 있다:

$$\alpha_1 = \frac{1+\sin\phi_1}{1-\sin\phi_1} = \frac{1+\sin 80}{1-\sin 80} = 130.65$$

$$z_{c1} = \frac{\omega_1}{\sqrt{\alpha_1}} = \frac{90}{\sqrt{130.65}} = 7.874$$

그리고 증폭기 이득을 조절하면

$$K_{A1} = \frac{K_A}{|L(j\omega_1)|\sqrt{\alpha_1}} = \frac{9.9\times10^5}{0.0562\times\sqrt{130.65}} = 1.5411\times10^6$$

이상으로 첫번째 제어기 설계 결과는 다음과 같다.

$$G_1(s) = \frac{130.65(s+7.874)}{s+1028.7}, \quad K_{A1} = 1.5411\times10^6$$

이에 따라 루프 전달 함수 $L_1(s)=K_{A1}G_1(s)G(s)$의 보드 선도를 구하면 그림 13-20의 (b) 그래프와 같다.

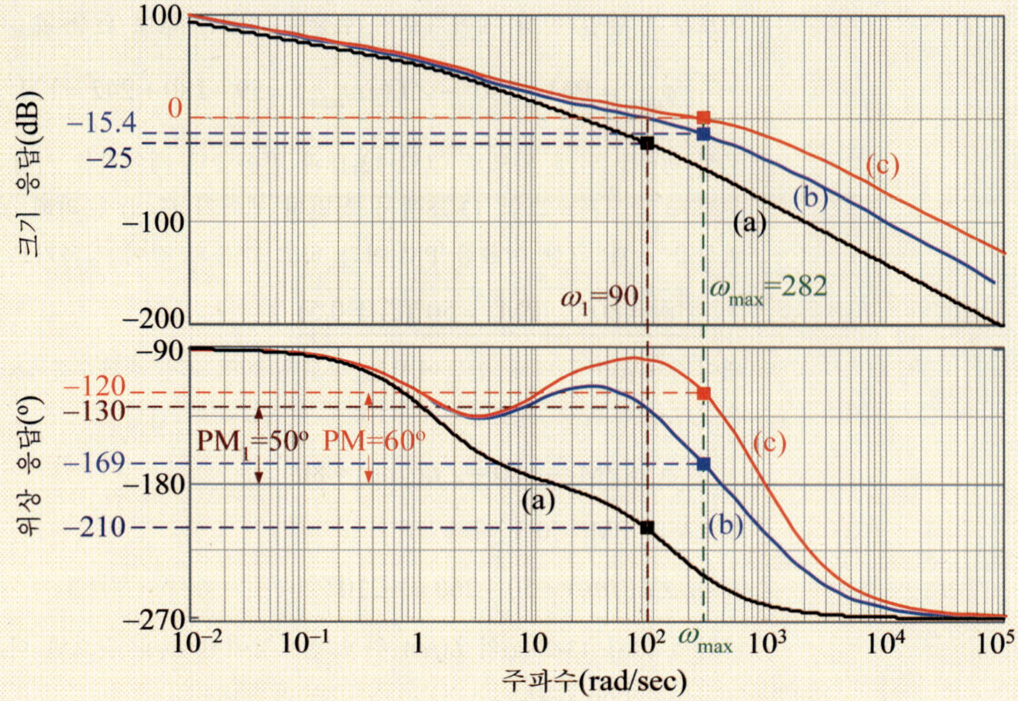

(a) $L(j\omega)$ (b) $L_1(j\omega)$ (c) $L_2(j\omega)$

그림 13-20 그림 13-18의 루프 전달 함수의 보드 선도: (a) 보상전; (b) 일차 보상후; (b) 이차 보상후.

두번째 제어기: 그림 13-18의 두번째 제어기 $G_2(s)$에 의한 위상 여유와 이득교차 주파수는 설계 사양과 동일해야 하므로 다음과 같다.

$$\boxed{\text{PM} = 59°(\zeta = 0.59), \quad \omega_{max} = 282 \text{ rad/sec}}$$

먼저 그림 13-20의 (b) 보드 선도상에서 ω_{max}에서의 위상과 크기를 구하면

$$\angle L_1(j\omega_{max}) = -169°, \quad |L_1(j\omega_{max})|_{dB} = -15.4 \text{ dB}$$

이로부터 제어기 $G_2(s)=\alpha_2(s+z_{c2})/(s+\alpha_2 z_{c2})$는 다음과 같은 절차로 설계된다:

$$\phi_2 = \text{PM} - 180 - \angle L_1(j\omega_{max}) = 59 - 180 + 169 = 48°$$

$$\alpha_2 = \frac{1+\sin\phi_2}{1-\sin\phi_2} = \frac{1+\sin 48}{1-\sin 48} = 6.787$$

$$z_{c2} = \frac{\omega_{max}}{\sqrt{\alpha_2}} = \frac{282}{\sqrt{6.787}} = 108.25$$

그리고 증폭기 이득을 조절하면 다음과 같다.

$$K_{A2} = \frac{K_{A1}}{|L_1(j\omega_{\max})|\sqrt{\alpha_2}} = \frac{1.5411\times 10^6}{0.17\times\sqrt{6.787}} = 3.4797\times 10^6$$

이상 두번째 제어기의 설계 결과 전체 진상 제어기는 다음과 같다.

$$G_{\text{LEAD}}(s) = \frac{130.65\times 6.787(s+7.874)(s+108.25)}{(s+1028.7)(s+734.7)} = \frac{886.7(s+7.874)(s+108.25)}{(s+1028.7)(s+734.7)}$$

이에 따라 루프 전달 함수 $L_2(s)=K_{A2}G_{\text{LEAD}}(s)G(s)$의 보드 선도를 구하면 그림 13-20의 (c) 그래프와 같으며 실제 위상 여유는 60°가 된다. 보상후의 계단 응답은 그림 13-21과 같으며 이차 보상후에는 거의 원하는 특성 (%OS=10 %, T_p=10 ms)를 얻을 수 있다.

그림 13-21 그림 13-18의 계단 응답.

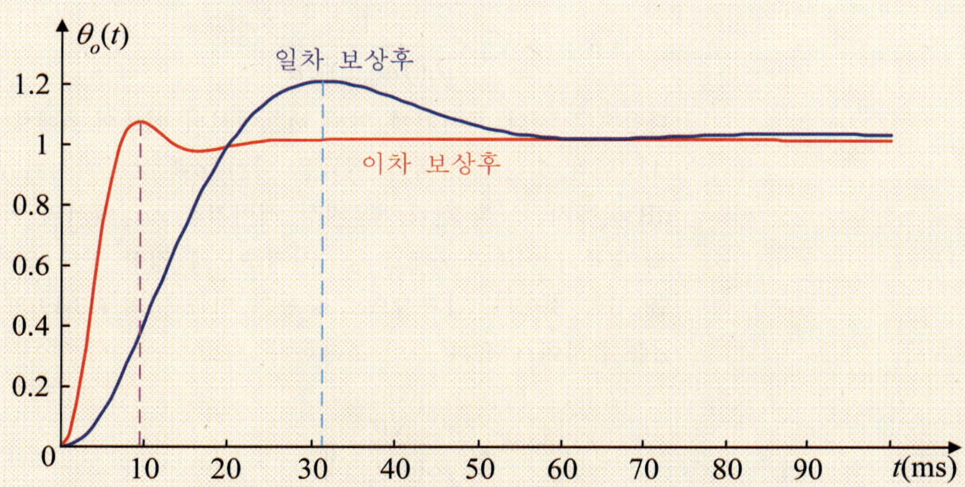

13.4 진상-지상 제어기의 설계

능동 진상-지상 제어기(그림 12-33)를 근궤적을 이용해 설계하는 법을 12.4절에서 설명하였다. 여기서는 그림 13-32의 수동 진상-지상 제어기를 주파수 영역상에서 설계하는 법에 대해 알아본다. 수동 진상-지상 제어기는 다음과 같이 진상 제어기와 지상 제어기의 결합으로 표현할 수 있다.

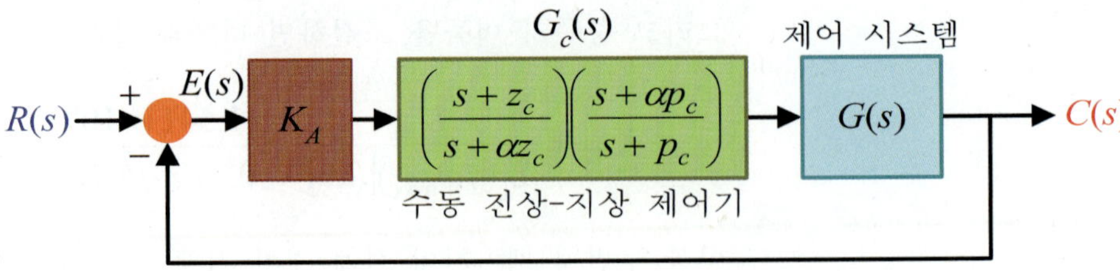

그림 13-22 수동 진상-지상 제어기로 제어 시스템을 보상한다.

$$G_c(s)=\left(\frac{s+z_c}{s+\alpha z_c}\right)\left(\frac{s+\alpha p_c}{s+p_c}\right)=\underbrace{\alpha\left(\frac{s+z_c}{s+\alpha z_c}\right)}_{G_{LEAD}(s)}\bullet\underbrace{\frac{1}{\alpha}\left(\frac{s+\alpha p_c}{s+p_c}\right)}_{G_{LAG}(s)} \tag{13-18}$$

원하는 과도 응답을 이루도록 진상 제어기 $G_{LEAD}(s)$를 먼저 설계한 다음 지상 제어기 $G_{LAG}(s)$를 설계한다. 진상 제어기에 의해 원하는 이득교차 주파수 ω_{max}와 α가 결정되면 ω_{max}에서의 이득이 1(0 dB)이 되도록 증폭기 이득을 다음과 같이 조정한다.

$$K_A \to K_A \times \frac{1}{|L(j\omega_{max})|\sqrt{\alpha}} \tag{13-19}$$

다음으로 지상 제어기에 의해 ω_{max}에서의 이득이 α배로 낮아진다. 따라서 식 (13-19)의 수정된 증폭기 이득을 다시 α배로 증가시켜 ω_{max}에서의 이득이 0 dB로 유지되도록 한다. 즉 지상 제어기는 ω_{max}에서의 이득을 0 dB로 유지한 채 증폭기 이득만 α배로 증가시켜주므로 정상 상태 오차를 개선시키는 역할을 하는 것이다. 결과적으로 증폭기 이득은 식 (13-19)의 이득 증가율에 다시 α를 곱하여 다음과 같이 조정한다.

$$K_A \to K_A \times \frac{\sqrt{\alpha}}{|L(j\omega_{max})|} \tag{13-20}$$

이제 지상 제어기에서는 p_c만 결정하면 되며 이는 αp_c가 ω_{max}의 1/10 정도가 되도록 다음과 같이 정한다.

$$p_c=\frac{\omega_{max}}{10\alpha} \tag{13-21}$$

실제로는 지상 제어기에 의해 ω_{max}에서의 위상이 $-5°$~$-12°$ 정도 더해진다. 따라서 진상 제어기의 원하는 위상 여유에 5°~12° 정도를 더한 것을 설계값으로 하며 여기서는 대체로 8°로 전후로 한다. 이상으로 수동 진상-지상 제어기의 설계 절차는 다음과 같다:

1. 설계값 ζ와 ω_n으로부터 위상 여유 PM과 $\omega_g=\omega_{max}$를 구한다.

$$\boxed{\text{PM}=100\zeta,\quad \omega_{max}=\omega_n(-0.687\zeta+1.13)}$$

2. 정상 상태 오차를 만족하도록 증폭기 이득 K_A를 결정한다.
3. 보상전의 보드 선도로부터 $|L(j\omega_{max})|$와 $\angle L(j\omega_{max})$ 및 ϕ_{max}을 계산한다(식 (13-13)). 이로부터 진상 제어기의 α와 z_c를 다음과 같이 구한다.

$$\boxed{\alpha=\frac{1+\sin\phi_{max}}{1-\sin\phi_{max}},\quad z_c=\frac{\omega_{max}}{\sqrt{\alpha}}}$$

4. 지상 제어기를 고려하여 증폭기 이득 K_A를 다음과 같이 조절한다.

$$\boxed{K_A \rightarrow K_A\times\frac{\sqrt{\alpha}}{|L(j\omega_{max})|}}$$

5. 지상 제어기의 p_c를 다음과 같이 정한다.

$$\boxed{p_c=\frac{\omega_{max}}{10\alpha}}$$

예제 13-6

그림 13-23은 예제 12-7의 진상-지상 제어기를 수동 회로로 한 것이다. 보상후의 특성이 다음과 같도록 제어기를 설계하라.

1. 계단 입력에 대한 정상 상태 오차: $e_p(\infty)\le 0.01$
2. 최대 오버슛: %OS=16 %(ζ=0.506)
3. 피크 시간: T_p=0.6 sec

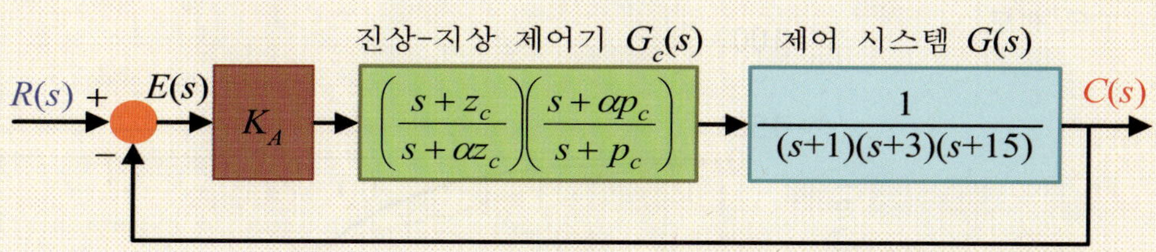

그림 13-23 예제 13-6의 그림.

풀이>> 위상 여유 PM과 ω_{max}: 보상후의 제동비가 ζ=0.506이므로 원하는 위상 여유는 PM=50.6이다. 여기에 5.4°를 더하여 PM=56을 설계값으로 한다. 그리고 보상후의 ω_n은

$$\omega_n=\frac{\pi}{T_p\sqrt{1-\zeta^2}}=\frac{3.14}{0.6\sqrt{1-0.506^2}}=6.07\ \text{rad/sec}$$

따라서 원하는 이득교차 주파수 ω_{max}을 계산하면 다음과 같다.

$$\omega_{max} = \omega_n(1.13 - 0.687\zeta) = 4.75 \text{ rad/sec}$$

이상으로 진상 제어기는 다음을 만족시키도록 설계되어야 한다.

$$\boxed{\text{PM} = 56, \quad \omega_{max} = 4.75 \text{ rad/sec}}$$

증폭기 이득: 위치 상수가 $K_p = K_A/45$이므로 정상 상태 오차를 $e_p(\infty) = 0.01$로 하면

$$\frac{K_A}{45} = \frac{1}{e_p(\infty)} - 1 = 99$$

따라서 $K_A = 4{,}455$로 정해진다.

진상 제어기 설계: 보상전의 루프 전달 함수 $L(s) = 4{,}455/[(s+1)(s+3)(s+15)]$의 보드 선도는 그림 13-24의 (a)와 같으며 주파수 $\omega_{max} = 4.75$ rad/sec에서의 위상 및 크기를 찾아 보면 다음과 같다.

$$\angle L(j\omega_{max}) = -153°, \quad |L(j\omega_{max})|_{dB} = 20.3 \text{ dB} = 10.35$$

이로부터 진상 제어기의 최대 위상 ϕ_{max}은 다음과 같다.

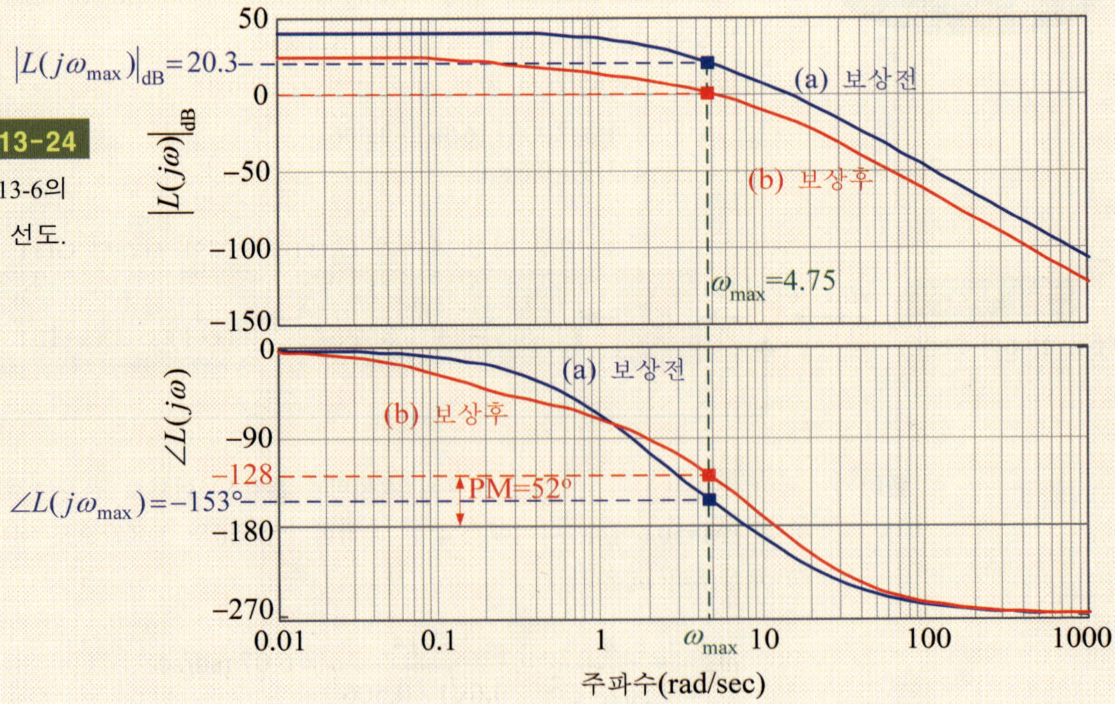

그림 13-24 예제 13-6의 보드 선도.

이로부터 진상 제어기의 최대 위상 ϕ_{max}은 다음과 같다.

$$\phi_{max} = \text{PM} - 180° - \angle L(j\omega_{max}) = 56 - 180 + 153 = 29°$$

따라서 식 (12-37)과 (12-34)로부터

$$\alpha = \frac{1+\sin\phi_{max}}{1-\sin\phi_{max}} = \frac{1+\sin 29°}{1-\sin 29°} = 2.88$$

$$z_c = \frac{\omega_{max}}{\sqrt{\alpha}} = \frac{4.75}{\sqrt{2.88}} = 2.8$$

이상으로 진상 제어기는 다음과 같다.

$$G_{\text{LEAD}}(s) = \frac{2.88(s+2.8)}{s+8.064}$$

증폭기 이득 조정: 증폭기 이득을 다음과 같이 조절한다.

$$K_A = \frac{4455\sqrt{\alpha}}{|L(j\omega_{max})|} = \frac{4455\times 1.697}{10.35} = 730.5$$

지상 제어기 설계: 식 (13-21)으로부터

$$p_c = \frac{\omega_{max}}{10\alpha} = \frac{4.75}{28.8} = 0.165$$

따라서 지상 제어기는 다음과 같다.

$$G_{\text{LAG}}(s) = \frac{s+0.475}{2.88(s+0.165)}$$

이상으로 진상-지상 제어기 $G_c(s)=G_{\text{LEAD}}(s)G_{\text{LAG}}(s)$와 증폭기 이득 K_A는

$$\boxed{G_c(s) = \frac{(s+2.8)(s+0.475)}{(s+8.064)(s+0.165)}, \quad K_A = 730.5}$$

그리고 보상된 개루프 전달 함수는 다음과 같다.

$$K_A G_c(s)G(s) = \frac{730.5(s+2.8)(s+0.475)}{(s+8.064)(s+0.165)(s+1)(s+3)(s+15)}$$

위의 전달 함수에 대한 보드 선도는 그림 13-24의 (b)와 같으며 보상후의 실제 위상 여유는 PM=52°(ζ=0.52)이다. 그림 13-25는 보상후의 계단 응답이며 과도 응답은 원하는 수준과 거의 일치함을 알 수 있다. 한편 보상후 위치 상수가

$$K_p = \frac{730.5}{45} = 16.23$$

이므로 정상 상태 오차는 다음과 같다.

$$e_p(\infty) = \frac{1}{1+K_p} = \frac{1}{17.23} = 0.058$$

그 결과 정상 상태 오차가 원하는 수준인 0.01보다 증가하며 이는 정상 상태 오차를 개선시키는 지상 제어기가 진상 제어기에 구속되기 때문이다. 즉 수동 진상-지상 제어기로는 과도 응답과 정상 상태 오차를 어느 한도 이상에서는 모두 만족시키기 어렵다. 만일 진상-지상 제어기 $G_c(s)$는 앞에서 설계한 것과 같이 하면서 K_A=4,455로 하면 그림 13-24의 위상 응답 (b)는 변함이 없고 크기 응답 (b)만 다음과 같이 일률적으로 증가한다.

$$(4455/730.5)_{\text{dB}} = 15.7 \text{ dB}$$

그 결과 이득교차 주파수는 $\omega_{\max}$=4.75 rad/sec에서 13.6 rad/sec로 증가하고 이 주파수에서의 위상은 −188°가 된다(그림에는 표시되어 있지 않다). 따라서 위상 여유가 −8°로 0보다 작아지기 때문에 폐루프 시스템은 불안정적이며 발산한다. 만일 시스템이 불안정해지지 않는다면 이득교차 주파수가 높아지고 위상 여유가 줄어 폐루프 시스템의 ζ는 감소하고 ω_n은 증가할 것이다. 따라서 정상 상태 오차를 원하는 수준으로 하면 과도 응답은 최대 오버슛이 증가하고 진동 주파수가 높아질 수 있다.

그림 13-25

그림 13-23의 보상후 계단 응답.

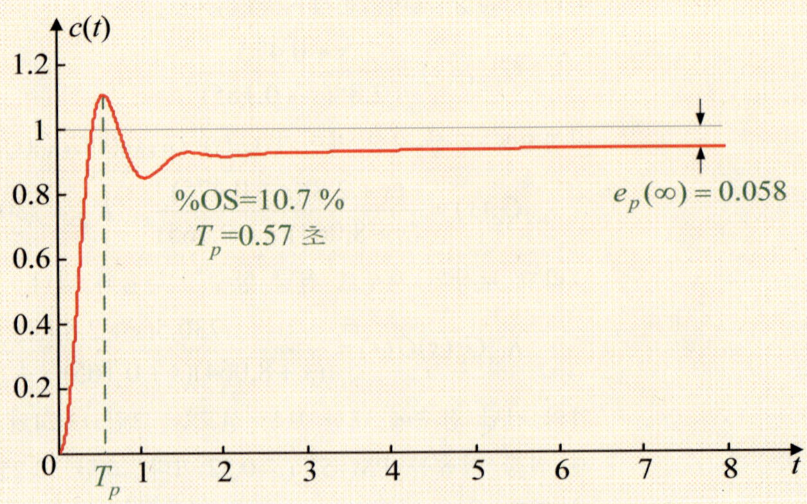

13.5 놋치 필터의 설계

놋치 필터는 진동이 심한 시스템을 보상하는데 유리하다. 놋치 필터 전달 함수인 식 (12-19)에서 $|z_N|=\omega_N$이라 하면 식 (12-22)의 관계에 의해

$$G_N(s)=\frac{s^2+2\zeta_z\omega_N s+\omega_N^2}{s^2+2\zeta_p\omega_N s+\omega_N^2} \quad \text{(12-22)}$$

로 표현할 수 있다. 위의 식에서 $s=j\omega_N$에서의 크기가

$$|G_N(j\omega_N)|=\frac{\zeta_z}{\zeta_p} \quad \text{(13-23)}$$

이므로 $\zeta_p>>\zeta_z$이면 거의 0에 가깝다. 그리고 직류 및 무한대 주파수에서는

$$|G_N(j0)|=|G_N(j\infty)|=1 \quad \text{(13-24)}$$

이다. 놋치 필터의 주파수 응답은 그림 13-26과 같은 형태이며(ω_N=1) 위상은 놋치 주파수를 중심으로 급격한 양의 기울기를 가진다. 이와 반대로 공진에 의한 봉우리가 형성될 때는 공진 주파수를 중심으로 급격한 음의 기울기가

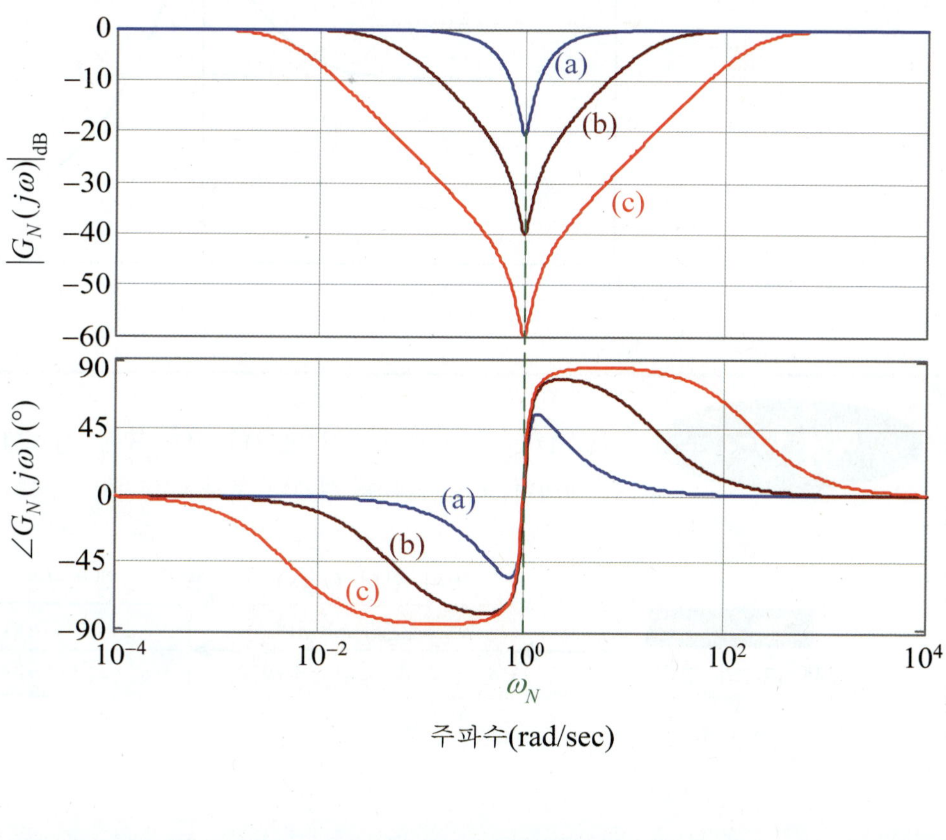

그림 13-26 놋치 필터의 주파수 응답(ω_N=1): (a) ζ_p/ζ_z=10; (b) ζ_p/ζ_z=100; (c) ζ_p/ζ_z=1000.

생기게 되는 것이다(그림 10-15 참조). 따라서 그림 13-27(a)와 같이 진동 주파수가 ω_n인 제어 시스템을 놋치 필터와 결합하여 ζ_z와 ω_N을 $G(s)$ 분모의 ζ 및 ω_n과 각각 같게 하고 ζ_p/ζ를 조절하면 원하는 수준으로 진동을 제거할 수 있다. 그림 13-27(a)의 제어 시스템 $G(s)$의 분모 $s^2+2\zeta\omega_n s+\omega_n{}^2$에 의한 크기 응답 성분이 그림 (b)과 같다고 하면 공진 봉우리의 높이 M_r로부터 $\zeta_p/\zeta \geq M_r$을 만족하도록 ζ_p를 정한다. 이상으로 놋치 필터의 전달 함수는 다음과 같다.

$$G_N(s)=\frac{s^2+2\zeta\omega_n s+\omega_n^2}{s^2+2aM_r\zeta\omega_n s+\omega_n^2} \quad (a \geq 1) \tag{13-25}$$

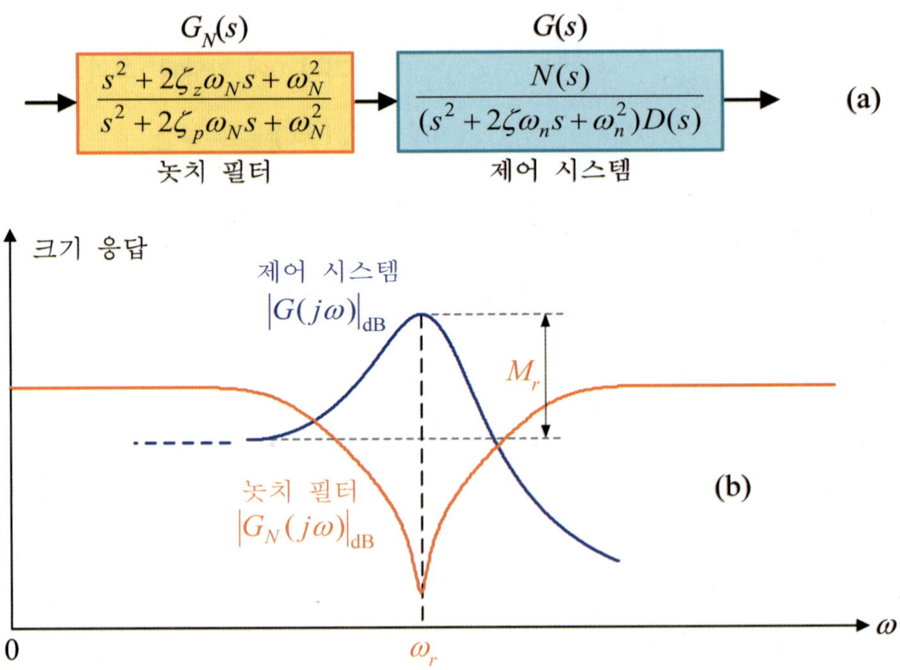

그림 13-27 진동이 심한 시스템을 놋치 필터로 보상하는 방법을 보여주는 그림.

예제 13-7 그림 13-28은 예제 12-9의 프린터 벨트 구동 시스템을 놋치 필터로 보상하는 것이며 놋치 필터를 설계해 보자.

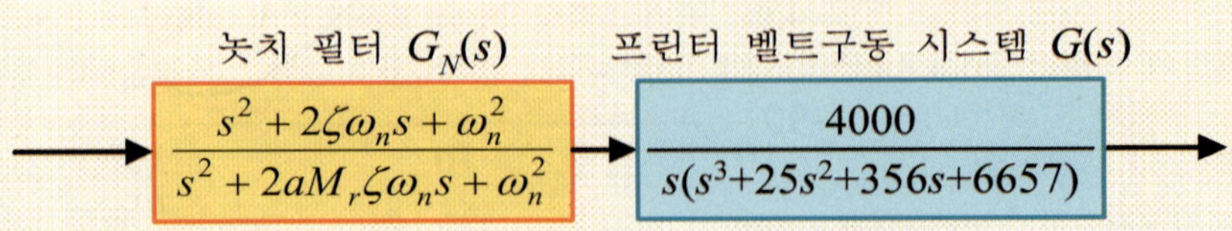

그림 13-28 예제 13-7의 그림.

풀이>> 그림 13-28의 $G(s)$의 보드 선도를 구하면 그림 13-29(a)와 같다. 공진 주파수는 17.1 rad/sec이며 공진 봉우리의 높이는 M_r=7.1 dB=2.24 정도이다. 공진 특성을 알아보기 위해 $G(s)$의 전달 함수는 다음과 같이 쓸 수 있다.

$$G(s) = \frac{4000}{s(s+22.383)(s+1.3087-j17.196)(s+1.3087+j17.196)}$$
$$= \frac{4000}{s(s+22.383)(s^2+2.6173s+297.417)}$$

따라서 놋치 필터의 전달 함수는 다음과 같다.

$$G_N(s) = \frac{s^2+2.6173s+297.417}{s^2+a\times 2.24\times 2.6173s+297.417}$$

위의 식에서 a=1, 10, 100으로 할 때 $G_N(s)G(s)$의 보드 선도는 각각 그림 13-29의 (b), (c), (d)와 같다. 이로부터 놋치 필터로 보상된 시스템은 공진 특성이 제거되면서 위상의 변화가 보다 완만해짐을 알 수 있다. 그리고 놋치 필터는 직류 이득이 1이므로 보상된 시스템의 정상 상태 오차에 영향을 주지 않는다.

그림 13-29

그림 13-28의 보드 선도.

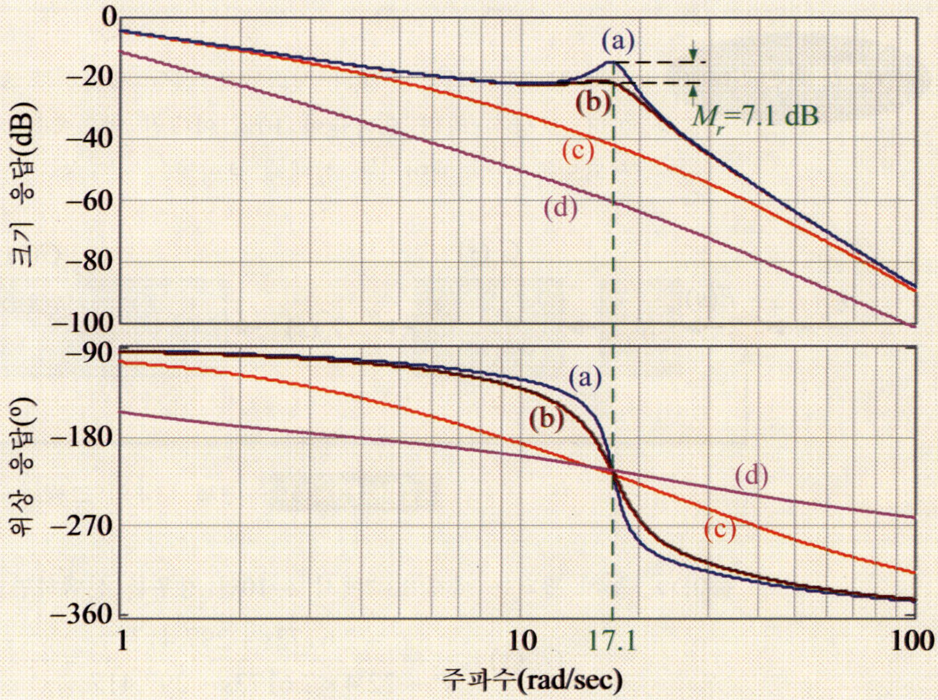

진상 제어기는 시스템의 위상을 보상하여 과도 응답을 개선하는 것이다. 그러나 공진 현상이 심한 시스템은 공진 주파수를 전후하여 위상 응답이 급격히 변하므로 진상 제어기에 의한 위상 보정이 효율적이지 못하다. 즉 원하는 이득교차 주파수에서의 위상 보상이 다른 주파수에 비해 매우 작아질 수 있기 때문이다. 이런 경우는 그림 13-30과 같이 놋치 필터로써 위상 응답이 완만해지도록 보상한 다음 진상 제어기로 보상하면 효율적이다. 물론 진상 제어기뿐 아니라 기타의 제어기들도 사용할 수 있다. 그림 13-30과 같은 제어 방식은 진동이 심한 기계계를 보상하는데 유용하다. 그리고 놋치 필터 역시 주파수 특성을 보상해주는 제어기의 일종이므로 놋치 제어기라 하기도 한다.

그림 13-30 놋치 필터와 제어기의 결합.

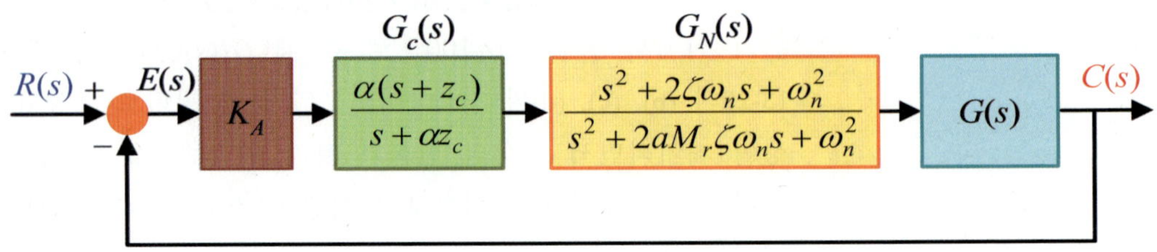

예제 13-8

예제 13-7의 그림 13-28의 시스템을 진상 제어기로 보상한 것이 그림 13-31이다. 보상후 최대 오버슛이 10% 이내인 범위에서 과도 응답이 최대한 개선되도록 진상 제어기를 설계해 보아라.

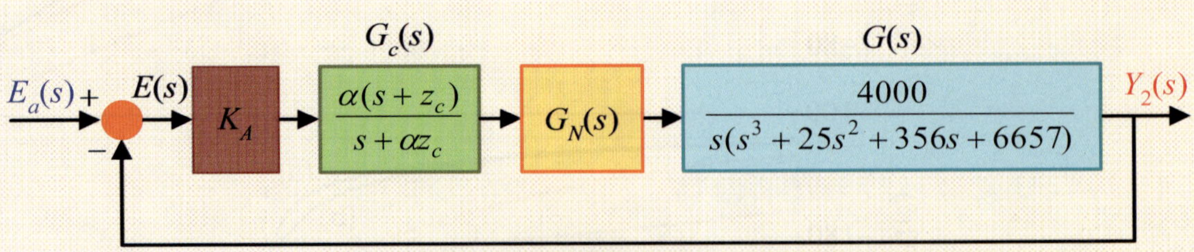

그림 13-31 예제 13-8의 그림.

풀이>> 놋치 필터는 예제 13-7에서 a=10인 경우를 선택하면 다음과 같다.

$$G_N(s) = \frac{s^2 + 2.6173s + 297.417}{s^2 + 22.4 \times 2.6173s + 297.417} = \frac{s^2 + 2.6173s + 297.417}{s^2 + 48.548s + 297.417}$$

허용되는 최대 오버슛이 10%(ζ=0.59)이므로 설계하고자 하는 위상 여유는 PM=59가 된다. 그리고 증폭기 이득은 진상 제어기 설계후 조정될 것이므로 우선 K_A=1로 하여 $L(s)=G_N(s)G(s)$의 보드 선도를 구하면 그림 13-32의 (a)와 같다. 진상 제어기에 의해 보정될 수 있는 최대 위상이 90°이므로 ϕ_{max}=80°로 해보자. 그러면 새로운 이득교차 주파수 ω_{max}의 위상은 다음을 만족하여야 한다.

$$\angle L(j\omega_{max}) = \text{PM} - 180 - 80 = -201°$$

위의 위상을 그림 13-32의 위상 선도 (a)에서 찾아보면 다음을 알 수 있다.

$$\omega_{max} = 13.4 \text{ rad/sec}, \quad \angle L(j\omega_{max}) = -201°, \quad |L(j\omega_{max})| = -35.3 \text{ dB}$$

따라서 진상 제어기는 다음과 같이 설계할 수 있다:

$$\alpha = \frac{1+\sin\phi_{max}}{1-\sin\phi_{max}} = \frac{1+\sin 80°}{1-\sin 80°} = 130.65$$

$$z_c = \frac{\omega_{max}}{\sqrt{\alpha}} = \frac{13.4}{\sqrt{130.65}} = 1.172$$

이상으로 진상 제어기는 다음과 같다.

$$G_c(s) = \frac{130.65(s+1.172)}{s+153.16}$$

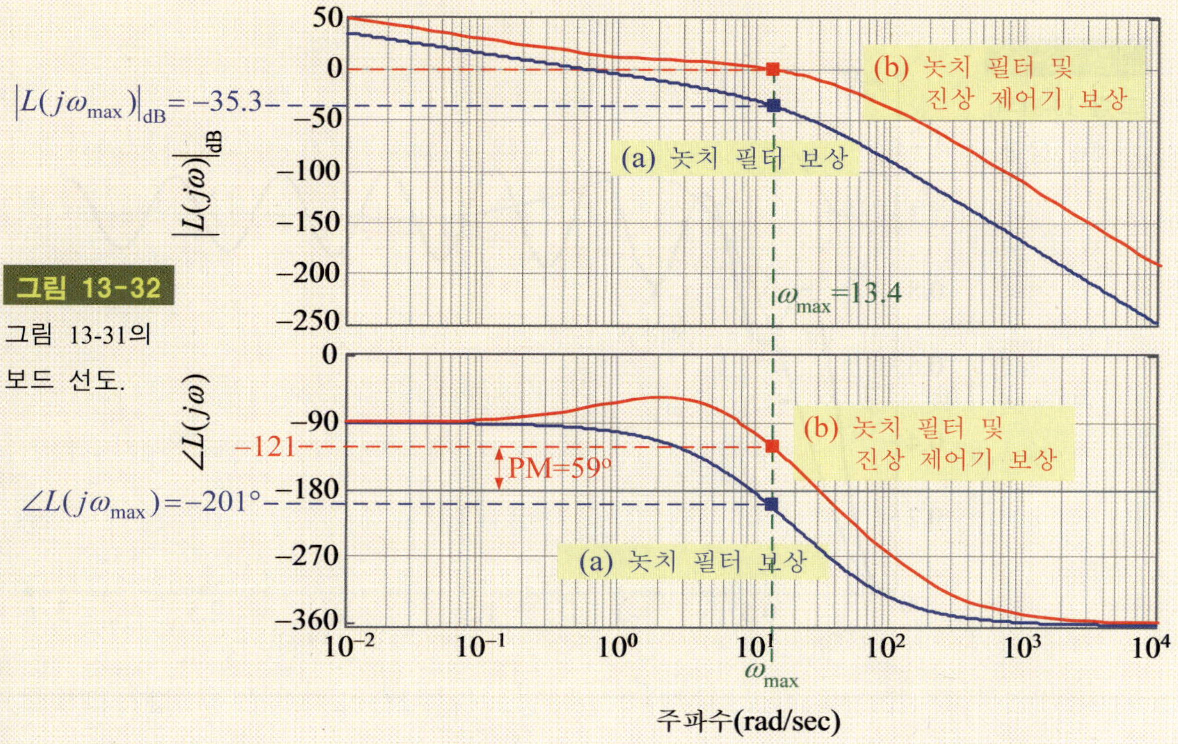

그림 13-32
그림 13-31의 보드 선도.

그리고 $|L(j\omega_{max})|$=−35.3 dB=0.0172이므로 증폭기 이득은 다음과 같이 조절한다.

$$K_A = \frac{1}{|L(j\omega_{max})|\sqrt{\alpha}} = \frac{1}{0.0172 \times \sqrt{130.65}} = 5.09$$

이상으로 $K_A G_c(s) G_N(s)$의 전달 함수는 다음과 같다.

$$K_A G_c(s) G_N(s) = \frac{665(s+1.172)(s^2+2.6173s+297.417)}{(s+153.16)(s^2+48.548s+297.417)}$$

이로부터 $K_A G_c(s) G_N(s) G(s)$의 보드 선도를 그리면 그림 13-32의 (b)와 같다. 실제 위상 여유도 PM=59°이며 이득교차 주파수가 ω_{max}=13.4 rad/sec이므로 대응되는 ζ와 ω_n은 다음과 같다.

$$\zeta = 0.59, \quad \omega_n = \frac{13.4}{1.13 - 0.687\zeta} = 18.49 \text{ rad/sec}$$

따라서 진상 제어기로 보상후 피크 시간은 다음과 같이 예상할 수 있다.

$$T_p = \frac{\pi}{\omega_n\sqrt{1-\zeta^2}} = \frac{3.14}{18.49 \times 0.8074} = 0.21 \text{ sec}$$

이상으로 그림 13-32의 계단 응답을 구하면 그림 13-33과 같다.

그림 13-33 그림 13-31의 계단 응답.

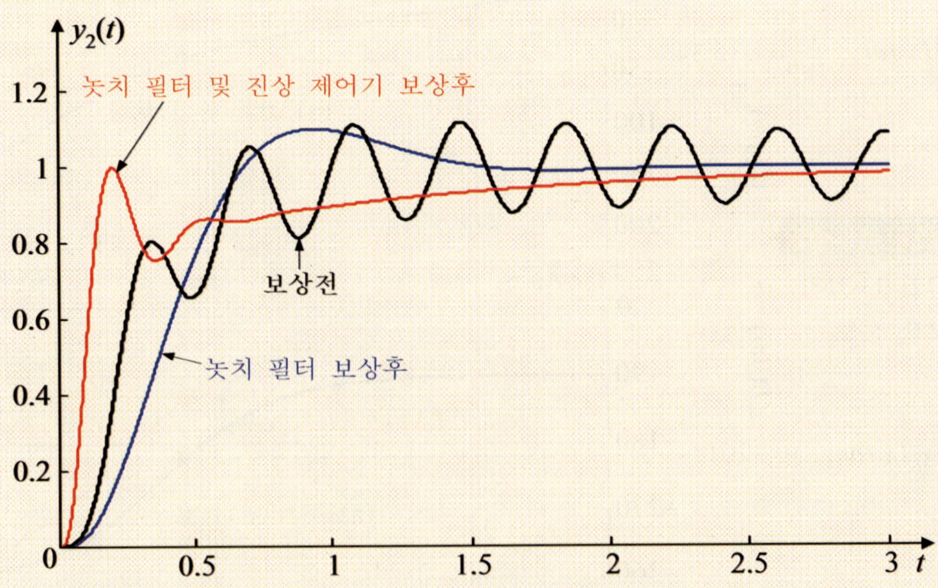

13.6 매트랩 프로그램

다음 매트랩 13-1은 진상 제어기를 주파수 영역상에서 설계한다.

매트랩 13-1

```
% LEAD_freq.m; 주파수 영역상의 진상 제어기 설계
clf
s=tf([1 0], 1);
disp('{진상 제어기로 보상할 개루프 전달 함수}')
Gnum=input('분자 다항식=');
Gden=input('분모 다항식=');
G=tf(Gnum, Gden)
% 설계 사양
disp('{보상후 원하는 특성}')
OS=input('원하는 %OS=');
Tp=input('원하는 피크시간 Tp=');
zeta=-log(OS/100)/sqrt(pi^2+[log(OS/100)]^2);
wd=pi/Tp;
wn=wd/sqrt(1-zeta^2);
Ts=4/(zeta*wn);
% 원하는 위상 여유(PM)과 이득교차 주파수(wmax)
PM=100*zeta;
wmax=(-0.687*zeta+1.13)*wn
%
disp('{그림 창의 보드선도에서 주파수 wmax에서의 크기와 위상을...
구할 것}')
bode(G)
Mmax=input('주파수 wmax에서의 크기(dB) Mmax=');
Amax=input('주파수 wmax에서의 위상(degree) Amax=');
Mmax=10^(Mmax/20);
Pmax=PM-180-Amax;
if Pmax>=90   break;   end    % Pmax은 90도를 넘을 수 없다
```

```
Pmax=(PM-180-Amax)*pi/180;
alpha=(1+sin(Pmax))/(1-sin(Pmax));
zc=wmax/sqrt(alpha);              % 진상 제어기의 영점
KA=1/(sqrt(alpha)*Mmax);          % 이득
% 진상 제어기 및 보상된 시스템
Glead = alpha*(s+zc)/(s+alpha*zc);
Gc=Glead*G;
Gcl=feedback(KA*Gc, 1);
%
disp('{보상후의 계단 응답}')
step(Gcl)
title(['진상 보상후의 계단 응답(원하는 %OS=' ,num2str(OS), '% …
Tp=', num2str(Tp), '초)'])
% 정상 상태 오차
disp('{정상 상태 오차}')
ep=1/(1+dcgain(KA*Gc))
ev=1/dcgain(KA*s*Gc)
```

예제 13-3을 매트랩 13-1로 수행하면 다음과 같다(K_A=1로 하여 시작).

```
>> LEAD_freq
{보상하고자 하는 개루프 전달 함수}
분자 다항식=1
분모 다항식=poly([-1 -3 -15])
Transfer function:
           1
---------------------------
s^3+19s^2+64s+45

{보상후 원하는 특성}
원하는 %OS=15.8
원하는 피크시간 Tp=0.2
wmax=
     14.2470
```

{그림 창의 보드 선도상에서 주파수 wmax에서의 크기와 위상을구할 것}

*(그림 창 참조)

주파수 wmax에서의 크기(dB) Mmax=-72.8

주파수 wmax에서의 위상(degree) Amax=-208

{보상후의 계단 응답}

*(그림 창 참조)

{정상 상태 오차}

ep=

0.092

ev=

inf

다음 매트랩 13-2는 진상-지상 제어기를 주파수 영역상에서 설계한다.

매트랩 13-2

```
% LL_freq.m; 주파수 영역상의 수동 진상-지상 제어기 설계
s=tf([1 0], 1);
disp('{진상-지상 제어기로 보상할 개루프 전달 함수}')
Gnum=input('분자 다항식=');
Gden=input('분모 다항식=');
G=tf(Gnum, Gden)
% 설계 사양
disp('{보상후 원하는 특성}')
OS=input('원하는 %OS=');
Tp=input('원하는 피크시간 Tp=');
zeta=-log(OS/100)/sqrt(pi^2+[log(OS/100)]^2);
wd=pi/Tp;
wn=wd/sqrt(1-zeta^2);
Ts=4/(zeta*wn);
% 원하는 위상 여유(PM)과 이득교차 주파수(wmax)
PM=100*zeta
pm=input('PM에 더해 줄 각(5~8도)=');
PM=PM+pm;
wmax=(-0.687*zeta+1.13)*wn
```

```
disp('{그림 창의 보드선도에서 주파수 wmax에서의 크기와 위상을 구할 것}')
bode(G)
Mmax=input('주파수 wmax에서의 크기(dB) Mmax=');
Amax=input('주파수 wmax에서의 위상(degree) Amax=');
Mmax=10^(Mmax/20);
Pmax=PM-180-Amax;
if Pmax>=90   break;   end     % Pmax은 90도를 넘을 수 없다
%
Pmax=(PM-180-Amax)*pi/180;
alpha=(1+sin(Pmax))/(1-sin(Pmax));
zc=wmax/sqrt(alpha);     % 진상 제어기의 영점
pc=wmax/(10*alpha);      % 지상 제어기의 극점
KA=sqrt(alpha)/Mmax;     % 이득
% 진상-지상 제어기 및 보상된 시스템
Glead_lag=[(s+zc)/(s+alpha*zc)]*[(s+alpha*pc)/(s+pc)];
Gc=Glead_lag*G;
Gcl=feedback(KA*Gc, 1);
%
disp('{보상후의 계단 응답}')
step(Gcl)
title(['진상-지상 보상후의 계단 응답(원하는 %OS=' ,num2str(OS), '% ...
Tp=', num2str(Tp), '초)'])
% 정상 상태 오차
disp('{정상 상태 오차}')
ep=1/(1+dcgain(KA*Gc))
ev=1/dcgain(KA*s*Gc)
```

예제 13-6을 매트랩 13-2로 수행하면 다음과 같다(K_A=1로 하여 시작).

```
>> LL_freq
{보상하고자 하는 개루프 전달 함수}
분자 다항식=1
분모 다항식=poly([-1 -3 -15])
```

```
Transfer function:
          1
--------------------------
s^3+19s^2+64s+45

{보상후 원하는 특성}
원하는 %OS=15.8
원하는 피크시간 Tp=0.6
PM=
    50.6442
PM에 더해 줄 각(5~8도)=5.4
Mmax=
    4.7490
{그림 창의 보드 선도상에서 주파수 wmax에서의 크기와 위상을구할 것}
주파수 wmax에서의 크기(dB) Mmax=-52.7
주파수 wmax에서의 위상(degree) Amax=-153
{보상후의 계단 응답}
        *(그림 창 참조)
{정상 상태 오차}
ep=
    0.0578
ev=
    inf
```

연습 문제

* 다음 문제들은 가능하면 매트랩 프로그램으로 풀기를 권한다.

13.1 문제 12.6에서 K_A 및 진상 제어기를 주파수 영역상에서 설계하고 정상 상태 오차 $e_v(\infty)$를 구하라.

13.2 문제 12.6에서 정상 상태 오차를 줄이기 위해 수동 진상-지상 제어기로 보상하고자 한다. 과도 응답 특성이 문제 12.6에서 주어진 바와 같도록 진상-지상 제어기를 주파수 영역에서 설계하라. 그결과 과도 응답과 정상 상태 개선에 대해 설명하라.

13.3 그림 P12-6에서 $G(s)$는 다음과 같다.

$$G(s) = \frac{5\times10^7}{s(s^2+620s+1.6\times10^5)}$$

진상 보상후 오버슛은 5%이고 피크 시간이 0.01초가 되도록 K_A 및 진상 제어기를 주파수 영역상에서 설계하라.

13.4 문제 13.3에서 정상 상태 오차 $e_v(\infty)$를 줄이기 위해 수동 진상-지상 제어기로 보상하고자 한다. 과도 응답 특성이 문제 13.3에서 주어진 바와 같도록 진상-지상 제어기를 주파수 영역에서 설계하라. 그결과 과도 응답과 정상 상태 개선에 대해 설명하라.

13.5 그림 P12-6에서 $G(s)$는 다음과 같다.

$$G(s) = \frac{2}{s(s+1)(s+4)}$$

진상 보상후 오버슛은 13% 이하이고 피크 시간이 1초가 넘지 않도록 K_A 및 진상 제어기를 주파수 영역상에서 설계하라.

13.6 문제 13.5에서 정상 상태 오차를 줄이기 위해 수동 진상-지상 제어기로 보상하고자 한다. 과도 응답 특성이 문제 13.5에서 주어진 바와 같도록 진상-지상 제어기를 주파수 영역에서 설계하라. 그결과 정상 상태 개선에 대해 설명하라.

13.7 그림 P12-6에서 $G(s)$는 다음과 같다.

$$G(s) = \frac{200}{s(s+2)(s+40)(s+45)}$$

진상 보상후 오버슛은 20%이하이고 피크 시간이 1초를 넘지 않도록 K_A 및 진상 제어기를 주파수 영역상에서 설계하라.

13.8 그림 P12-6에서 $G(s)$는 다음과 같다.

$$G(s) = \frac{100}{s(s+5)(s^2+10s+50)}$$

진상 보상후 오버슛은 10%이고 피크 시간이 1.5초가 되도록 K_A 및 진상 제어기를 주파수 영역상에서 설계하라.

13.9 그림 P12-6에서 $G(s)$는 다음과 같다.

$$G(s) = \frac{20}{s(s+1)(s+5)^2}$$

진상 보상후 오버슛은 15%이고 피크 시간이 3초가 되도록 주파수 영역상에서 설계하고 문제 12.7의 결과와 비교하라.

13.10 그림 P13-10은 이단 진상 제어기 $G_{\text{LEAD}}(s)$로 보상하는 시스템이며 $G(s)$는 다음과 같다.

$$G(s) = \frac{196}{s^2 + 24s + 196}$$

(a) 보상전의 과도 응답이 %OS=3%가 되도록 K_A를 정하고 피크 시간을 구하라.

(b) 보상후의 %OS는 보상전과 동일하고 피크 시간만 보상전에 비해 1/10이 되도록 단일 진상 제어기를 주파수 영역에서 설계하라.

(c) (b)보다 피크 시간이 다시 1/10로 단축되도록 이단 진상 제어기를 설계하라.

그림 P13-10

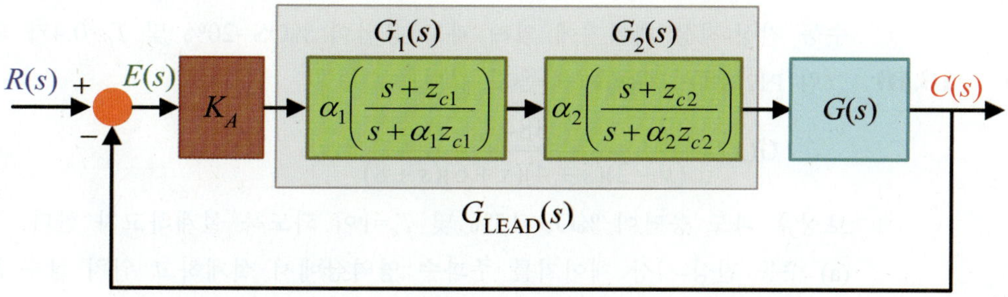

13.11 그림 P13-10에서 $G(s)$는 다음과 같다.

$$G(s) = \frac{5}{(s+12)(s^2+2s+4)}$$

(a) 보상전에 K_A=20일 때 %OS와 피크 시간을 구하라.

(b) 이단 진상 제어기로 보상한 후 %OS=10%이고 피크 시간은 보상전의 1/10이 되도록 제어기를 설계하라.

13.12 그림 P13-10에서 $G(s)$는 다음과 같다.

$$G(s) = \frac{1}{s(s^2+10s+100)}$$

(a) 보상전에 K_A=480일 때 %OS와 피크 시간을 구하라.

(b) 이단 진상 제어기로 보상한 후 %OS는 보상전의 1/5로 줄고 피크 시간은 보상전의 1/10이 되도록 제어기를 설계하라.

13.13 그림 P12-8은 진상-지상 제어기 $G_{\text{L-L}}(s)$로 보상하는 시스템이며 $G(s)$는 다음과 같다.

$$G(s)=\frac{100}{s(s+1)}$$

보상후의 과도 응답이 $\%OS \le 5\%$ 및 $T_p \le 1$이 되도록 한다.

(a) 수동 진상-지상 제어기를 주파수 영역상에서 설계하라($\alpha = \beta$). 그리고 속도 상수 K_v를 구하라.

(b) (a)에 비해 속도 상수가 5배가 되도록 능동 진상-지상 제어기를 설계하라.

13.14 그림 P12-8에서 $G(s)$는 다음과 같다.

$$G(s)=\frac{100}{s(s+5)(s+10)}$$

수동 진상-지상 제어기에 의해 과도 응답이 $\%OS \le 20\%$ 및 $T_p \le 0.3$이 되도록 설계하라.

13.15 그림 P12-8에서 $G(s)$는 다음과 같다.

$$G(s)=\frac{12}{s(s+2)(s+6)}$$

수동 진상-지상 제어기에 의해 과도 응답이 $\%OS=20\%$ 및 $T_p=0.4$가 되도록 설계하라.

13.16 그림 P12-8에서 $G(s)$는 다음과 같다.

$$G(s)=\frac{384}{(s+2)(s+4)(s+6)(s+8)}$$

보상후 과도 응답이 $\%OS=15\%$ 및 $T_p=1$이 되도록 설계하고자 한다.

(a) 수동 진상-지상 제어기를 주파수 영역상에서 설계하고 위치 상수 K_p를 구하라.

(b) (a)에 비해 위치 상수가 10배가 되도록 능동 진상-지상 제어기를 주파수 영역상에서 설계하라.

13.17 그림 P12-8에서 $G(s)$는 다음과 같다.

$$G(s)=\frac{6400}{s(s^2+128s+6400)}$$

수동 진상-지상 제어기로 보상한 후 과도 응답이 $\%OS=5\%$ 및 $T_p=0.04$가 되도록 주파수 영역상에서 설계하라.

13.18 그림 P12-8에서 $G(s)$는 다음과 같다.

$$G(s)=\frac{100(s+1)(s+0.01)}{(s+10)(s^2+2s+2)(s^2+0.02s+0.01)}$$

보상후 과도 응답이 $\%OS=10\%$ 및 $T_p=1$이 되도록 수동 진상-지상 제어기를 주파수 영역상에서 설계하라.

13.19 그림 P13-19는 심한 부족 제동 시스템 $G(s)$를 놋치 필터 $G_N(s)$와 결합한 다음 제어기 $G_N(s)$로 보상하는 것이다. 제어 시스템 $G(s)$가 다음과 같다.

그림 P13-19

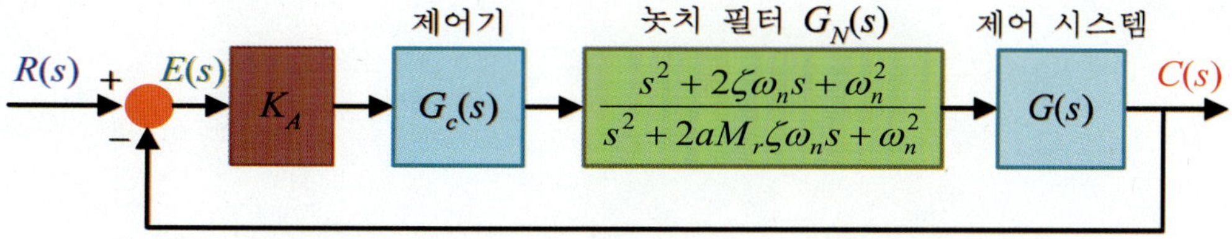

$$G(s)=\frac{500(s+10)}{s(s^2+10s+1000)}$$

(a) 놋치 필터 $G_N(s)$를 설계하라(a=10 정도로 한다).

(b) 놋치 필터는 없고 $G_c(s)$는 진상 제어기라고 가정한다. 보상후의 특성이 다음과 같도록 $G_c(s)$를 설계하고 계단 응답을 그려보아라:%OS=5%, T_p=0.1 초.

(c) (a)에서 구한 놋치 필터를 결합한 상태에서 (b)에서 주어진 과도 응답과 같도록 진상 제어기 $G_c(s)$를 설계하라. 그리고 계단 응답을 구하여 (b)의 계단 응답과 비교하라.

13.20 그림 P13-19에서 $G(s)$가 다음과 같다.

$$G(s)=\frac{s+500}{s(s+0.033)(s^2+2.6s+6700)}$$

(a) 놋치 필터 $G_N(s)$를 설계하라(a=10 정도로 한다).

(b) 놋치 필터는 없고 $G_c(s)$는 진상 제어기라고 가정한다. 보상후의 특성이 다음과 같도록 $G_c(s)$를 설계하고 계단 응답을 그려보아라:%OS=30%, T_p=0.2 초.

(c) (a)에서 구한 놋치 필터를 결합한 상태에서 (b)에서 주어진 과도 응답과 같도록 진상 제어기 $G_c(s)$를 설계하라. 그리고 계단 응답을 구하여 (b)의 계단 응답과 비교하라.

13.21 그림 P13-19에서 $G(s)$가 다음과 같다.

$$G(s)=\frac{5\times10^{10}}{s(s^3+423s^2+2.6\times10^6 s+4.23\times10^8)}$$

(a) 놋치 필터 $G_N(s)$를 설계하라(a=10 정도로 한다).

(b) 놋치 필터는 없고 $G_c(s)$는 2단 진상 제어기라고 가정한다. 보상후의 특성이 다음과 같도록 $G_c(s)$를 설계하고 계단 응답을 그려보아라:%OS=1%, T_p=0.01 초.

(c) (a)에서 구한 놋치 필터를 결합한 상태에서 (b)에서 주어진 과도 응답과 같도록 2단 진상 제어기 $G_c(s)$를 설계하라. 그리고 계단 응답을 구하여 (b)의 계단 응답과 비교하라.

14

상태변수-궤환 제어기

14.1 상태변수 궤환과 극점의 배치

극점의 배치

만일 궤환을 이용해 어떤 시스템의 모든 극점들을 임의대로 배치할 수 있다면 이 시스템은 완전히 제어할 수 있을 것이다. 그러나 이러한 극점 배치는 단일 출력의 경우에는 실현하기 힘들므로 우세 극점의 배치를 위주로 하며 이는 지금까지 설명한 설계 방식이다. 그러나 상태 공간에서는 극점 배치가 임의대로 가능하며 여기서는 이에 대해 설명한다.

그림 14-1(a)는 시스템을 상태 공간에서 표현한 것이며(굵은 화살표는 벡터의 흐름을 나타낸다) 다음과 같이 묘사된다.

$$\begin{cases} \dot{\mathbf{x}} = \mathbf{A}\mathbf{x} + \mathbf{B}u \\ y = \mathbf{C}\mathbf{x} \end{cases} \tag{14-1}$$

만일 그림 14-1의 (a)에서 시스템의 모든 상태 변수들을 감지할 수 있다면 출력 y 대신 모든 상태 변수들을 궤환시킬 수 있을 것이며 그림 (b)가 이를 보여준다. 단일 출력 y를 궤환시키면 하나의 우세 극점에 대한 배치만 가능하지만 시스템의 차수와 같은 수의 상태 변수를 궤환하게 되면 모든 극점들을 임의로 배치할 수 있는 가능성이 생기게 된다. 그림 (b)에서 상태 변수가 n개이고 임의의 상태 변수 x_i에 대한 궤환 이득을 k_i라 하면 벡터 $\mathbf{K}$는

$$\mathbf{K} = [k_1\ k_2\ \cdots\ k_n] \tag{14-2}$$

와 같다. 따라서 조작 신호 u는 다음과 같이 표현된다.

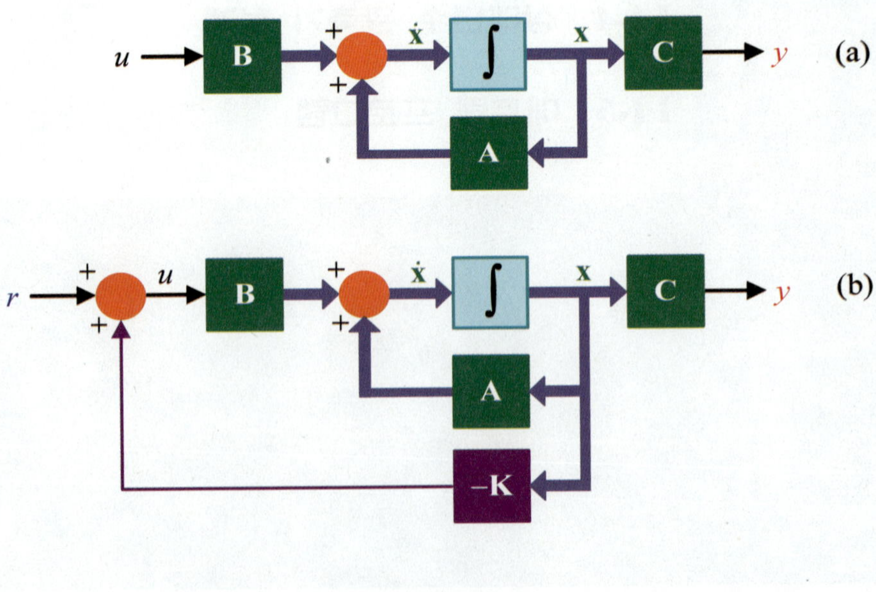

그림 14-1
(a) 시스템을 상태 공간에서 표현한 블록 선도; (b) 상태 변수의 궤환.

$$u = r - \sum_{i=1}^{n} k_i x_i = r - \mathbf{Kx} \tag{14-3}$$

위의 식을 식 (13-1)의 상태 방정식에 대입하여 정리하면 다음과 같다.

$$\begin{cases} \dot{\mathbf{x}} = \mathbf{Ax} + \mathbf{B}u = \mathbf{Ax} + \mathbf{B}(r - \mathbf{Kx}) = (\mathbf{A} - \mathbf{BK})\mathbf{x} + \mathbf{B}r \\ y = \mathbf{Cx} \end{cases} \tag{14-4}$$

따라서 궤환에 의해 시스템 행렬은 **A**에서 **A–BK**로 변하므로 특성 방정식이 변하게 된다. 그리고 새로운 특성 방정식에는 모두 n개의 변수 k_i, $i=1,\ldots n$,이 들어 있으므로 이들을 조절하면 n개의 특성 방정식 근을 모두 조절할 수 있는 것이다. 예를 들어 상태 선도가 그림 14-2(a)와 같이 위상-변수 표준형으로 표현된다면 시스템 행렬 **A**는

$$\mathbf{A} = \begin{bmatrix} 0 & 1 & 0 \\ 0 & 0 & 1 \\ -a_0 & -a_1 & -a_2 \end{bmatrix} \tag{13-5}$$

그림 14-2

(a) 위상-변수 형 상태 선도의 예.

(b) 상태 변수를 궤환시킨 상태 선도,

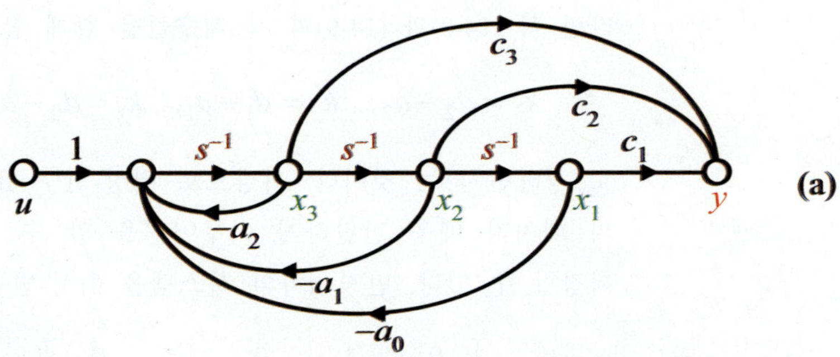

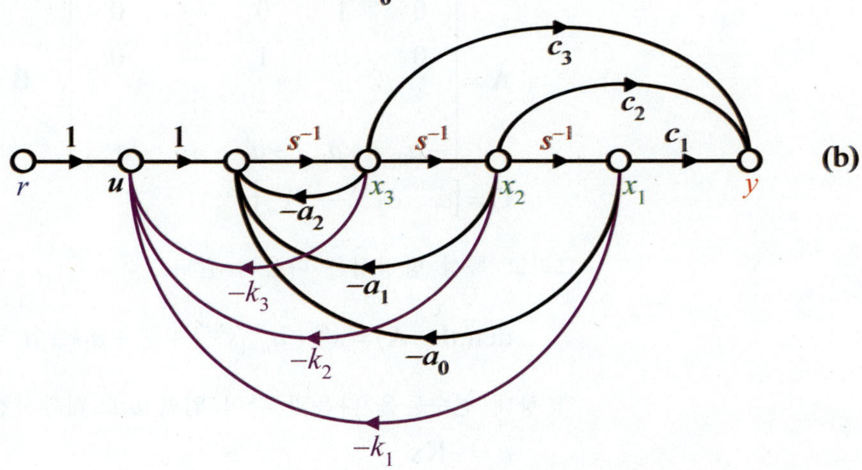

이며 특성 방정식은 다음과 같다.

$$\det(s\mathbf{I}-\mathbf{A}) = s^3 + a_2 s^2 + a_1 s + a_0 = 0 \tag{14-6}$$

이제 그림 14-2(a)의 모든 상태 변수들을 궤환시키면 상태 선도는 그림 (b)와 같으며 새로운 시스템 행렬을 다음과 같음을 알 수 있다.

$$\mathbf{A}-\mathbf{BK} = \begin{bmatrix} 0 & 1 & 0 \\ 0 & 0 & 1 \\ -(a_0+k_1) & -(a_1+k_2) & -(a_2+k_3) \end{bmatrix} \tag{14-7}$$

위의 시스템 행렬에 대한 특성 방정식은 다음과 같다.

$$\det[s\mathbf{I}-(\mathbf{A}-\mathbf{BK})] = s^3 + (a_2+k_3)s^2 + (a_1+k_2)s + (a_0+k_1) = 0 \tag{14-8}$$

위의 방정식 근이 상태 변수 궤환에 의한 폐루프 시스템의 극점이 되며 세 개의 극점 모두 세 변수 k_1, k_2, k_3로써 임의대로 정할 수 있다. 즉 폐루프 시스템의 원하는 특성 방정식(원하는 폐루프 극점들로부터 정해진다)이

$$s^3 + d_2 s^2 + d_1 s + d_0 = 0 \tag{14-9}$$

라면 식 (14-8)과 (14-9)의 각 계수들을 같게 함으로써 세 변수 k_1, k_2, k_3를

$$k_3 = d_2 - a_2, \quad k_2 = d_1 - a_1, \quad k_1 = d_0 - a_0 \tag{14-10}$$

로 정하면 되는 것이다. 이상으로 위상-변수 표준형 상태 방정식에서는 극점의 배치가 매우 간단하게 이루어짐을 알 수 있으며 이를 일반적인 차수로 확장할 수 있다. 먼저 n차의 시스템을 위상-변수 형태로 표현하면

$$\mathbf{A} = \begin{bmatrix} 0 & 1 & 0 & \cdots & 0 \\ 0 & 0 & 1 & \cdots & 0 \\ \vdots & \vdots & \vdots & \vdots & \vdots \\ -a_0 & -a_1 & -a_2 & \cdots & -a_{n-1} \end{bmatrix}, \quad \mathbf{B} = \begin{bmatrix} 0 \\ 0 \\ \vdots \\ 1 \end{bmatrix}, \tag{14-11}$$
$$\mathbf{C} = \begin{bmatrix} c_1 & c_2 & \cdots & c_n \end{bmatrix}$$

그리고 특성 방정식은 다음과 같다.

$$\det(s\mathbf{I}-\mathbf{A}) = s^n + a_{n-1}s^{n-1} + \cdots + a_1 s + a_0 = 0 \tag{14-12}$$

각 상태 변수들을 다음과 같이 입력 u로 궤환시킨다.

$$u = -\mathbf{Kx} \tag{14-13}$$

단

$$\mathbf{K} = [k_1 \quad k_2 \quad \cdots \quad k_n] \tag{14-14}$$

로서 k_i는 상태 변수 x_i에 대한 궤환 이득이다. 그 결과 폐루프 시스템에 대한 시스템 행렬은 **A–BK**로서 다음과 같이 주어진다.

$$\mathbf{A}-\mathbf{BK} = \begin{bmatrix} 0 & 1 & 0 & \cdots & 0 \\ 0 & 0 & 1 & \cdots & 0 \\ \vdots & \vdots & \vdots & \vdots & \vdots \\ -(a_0+k_1) & -(a_1+k_2) & -(a_2+k_3) & \cdots & -(a_{n-1}+k_n) \end{bmatrix} \tag{14-15}$$

위의 시스템 행렬 역시 위상-변수 형이므로 폐루프 시스템의 특성 방정식은 다음과 같이 된다.

$$\begin{aligned}\det[s\mathbf{I}-(\mathbf{A}-\mathbf{BK})] = s^n &+ (a_{n-1}+k_n)s^{n-1} + (a_{n-2}+k_{n-1})s^{n-2} \\ &+ \cdots (a_1+k_2)s + (a_0+k_1) = 0\end{aligned} \tag{14-16}$$

식 (14-12)와 (14-16)을 비교해보면 식 (14-12)의 각 계수에 단순히 궤환 이득을 더하기만 하면 식 (14-16)이 된다는 것을 알 수 있다. 이제 알맞은 극점 배치로부터 얻은 원하는 특성 방정식이 다음과 같다고 하자.

$$s^n + d_{n-1}s^{n-1} + \cdots + d_1 s + d_0 = 0 \tag{14-17}$$

위의 식을 식 (14-16)과 같게 놓으면

$$d_i = a_i + k_{i+1} \quad i = 0, 1, 2, \cdots, n-1 \tag{14-18}$$

로부터 궤환 이득들은 다음과 같이 구할 수 있다.

$$k_{i+1} = d_i - a_i \quad i = 0, 1, 2, \cdots, n-1 \tag{14-19}$$

상태 변수 궤환에 의해 시스템 행렬은 변하지만 출력 방정식의 행렬 **C**는 변하지 않는다. 그리고 식 (14-11)과 (14-15) 모두 위상-변수 형이므로 전달 함수의 분자는 **C**에 의해 결정된다. 따라서 식 (14-11)의 개루프 전달 함수는

$$G(s) = \frac{c_n s^{n-1} + \cdots + c_2 s + c_1}{s^n + a_{n-1}s^{n-1} + \cdots + a_1 s + a_0} \tag{14-20}$$

이며 식 (14-16)의 폐루프 전달 함수는 다음과 같다.

$$G_{\mathrm{CL}}(s)=\frac{c_n s^{n-1}+\cdots+c_2 s+c_1}{s^n+(a_{n-1}+k_n)s^{n-1}+\cdots+(a_1+k_2)s+(a_0+k_1)} \qquad \textbf{(14-21)}$$

즉 위상-변수 표준형 상태 공간에서는 그림 14-1(a)의 개루프 전달 함수와 그림 (b)의 폐루프 전달 함수는 분모는 서로 다르지만 분자는 같다.

예제 14-1 개루프 전달 함수가 다음과 같다.

$$G(s)=\frac{50(s+10)}{s(s^2+1000.6+600)}$$

위상-변수를 궤환시켜 폐루프 시스템의 오버슛이 5%이고 정착 시간이 T_s=1초가 되도록 궤환 이득을 설계하라.

풀이>> 원하는 특성 방정식을 얻기 위해 주어진 과도 응답에 맞추면 우세 극점은

$$\zeta=0.69,\quad \omega_n=\frac{4}{\zeta T_s}=\frac{4}{0.69\times 1}=5.8\ \text{rad/sec}$$

그리고 폐루프 영점은 개루프 영점과 같기 때문에 나머지 하나의 폐루프 극점은 개루프 영점 −10과 상쇄되도록 −10으로 한다. 따라서 원하는 특성 방정식은 다음과 같다.

$$\begin{aligned}(s+10)(s^2+2\zeta\omega_n s+\omega_n^2)&=(s+10)(s^2+8s+33.64)\\&=s^3+18s^2+113.64s+336.4=0\end{aligned}$$

주어진 전달 함수에 대한 상태 선도를 구하면 그림 14-3(a)와 같으며

$$\mathbf{A}=\begin{bmatrix}0&1&0\\0&0&1\\0&-600&-1000.6\end{bmatrix}$$

그리고 상태 변수를 궤환시킨 그림 14-3(b)의 시스템 행렬은 다음과 같다.

$$\mathbf{A}-\mathbf{BK}=\begin{bmatrix}0&1&0\\0&0&1\\-k_1&-(600+k_2)&-(1000.6+k_3)\end{bmatrix}$$

따라서 폐루프 시스템의 특성 방정식이

그림 14-3

예제 14-1의 그림: (a) 주어진 시스템의 위상-변수 상태 선도; (b) 상태 변수-궤환 상태 선도.

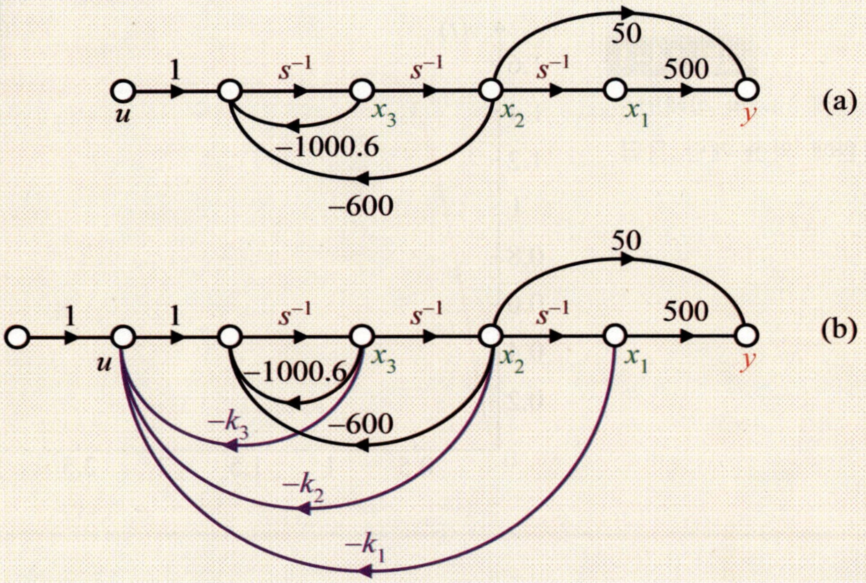

$$s^3 + (k_3 + 1000.6)s^2 + (k_2 + 600)s + k_1 = 0$$

이므로 이를 원하는 특성 다항식인

$$s^3 + 18s^2 + 113.64s + 336.4$$

과 일치시키면 궤환 이득은 다음과 같이 결정된다.

$$k_1 = 336.4, \quad k_2 = -486.4, \quad k_3 = -982.6$$

그 결과 폐루프 시스템의 상태 공간은 다음과 같다.

$$\dot{\mathbf{x}} = \begin{bmatrix} 0 & 1 & 0 \\ 0 & 0 & 1 \\ -336.4 & -113.64 & -18 \end{bmatrix} \mathbf{x} + \begin{bmatrix} 0 \\ 0 \\ 1 \end{bmatrix} r$$

$$y = \begin{bmatrix} 500 & 50 & 0 \end{bmatrix} \mathbf{x}$$

그리고 폐루프 전달 함수는 극점과 영점 상쇄에 의해 다음과 같다.

$$G_{\mathrm{CL}}(s) = \frac{50(s+10)}{s^3 + 18s^2 + 113.64s + 336.4} = \frac{50}{s^2 + 8s + 33.64}$$

위의 폐루프 시스템의 계단 응답은 그림 14-4와 같다. 과도 응답은 원하는 특성을 보인다. 그러나 정상 상태 오차가 지나치게 커지며 이를 해결하는 방법은 14.3 절에서 설명한다.

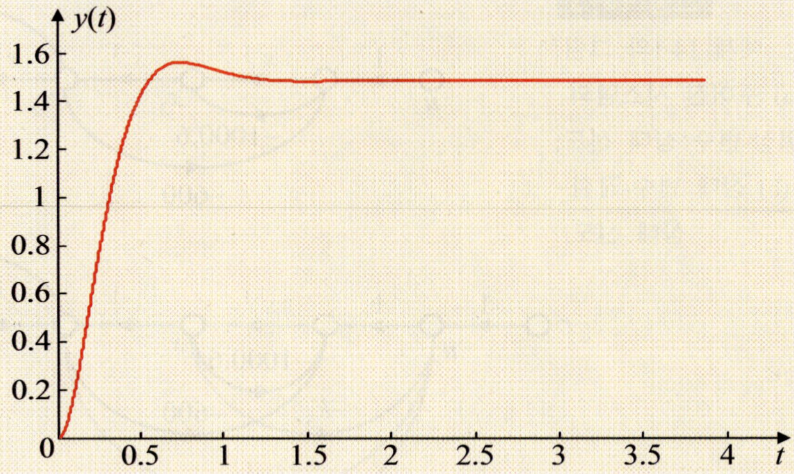

그림 14-4
예제 14-1의 상태변수 궤환에 의한 계단 응답.

상태 변수 궤환

그림 14-5(a)는 전동기를 사용하는 전기기계계의 상태 변수를 궤환시키는 구성의 대표적인 예를 보여준다. 전동기 전기자 전류 i_a는 저항 K_i Ω이 감지하여 전압 $K_i i_a$로 변환시켜 준다. 즉 전류는 단순한 저항으로 감지할 수 있다. 다만 저항 K_i Ω이 전기자의 저항 R_a에 비해 가능한 한 작도록 하여야 전기자에 대한 부하 효과가 없어진다. 그리고 전동기 속도 ω_m은 타코미터가 감지하여 전압 $K_t\omega_m$으로 변환시키며 위치 θ_m은 포텐쇼미터가 감지하여 전압 $K_p\theta_m$으로 변환시켜준다. 그리고 가산기(summing amplifier)는 연산 증폭기로 구현할 수 있다.

그림 14-5의 (a)에 대한 블록 선도는 그림 (b)와 같다. 여기서 전달 함수 $G_e(s)$와 $G_m(s)$는 식 (6-15)에서 정의된 바와 같으며 J_e, D_e는 전동기의 전체 부하를 의미한다. 그림 14-5(b)에 대한 상태 선도는 그림 (c)와 같으며 이는 그림 6-6을 참조하면 쉽게 이해할 수 있다.

상태 변수 궤환의 단점은 모든 상태 변수를 궤환시키기 위해 감지기가 많이 필요하다는 점이다. 뿐만 아니라 시스템 내부의 모든 상태 변수를 다 측정할 수 없는 경우도 있으며 감지기에 따라 단가가 높거나 부피가 클 수 있다. 그러나 모든 상태 변수를 측정할 수 있으며 또한 감지기의 단가가 상대적으로 무시될 때는 극점의 배치를 마음대로 할 수 있어 매우 유용하다.

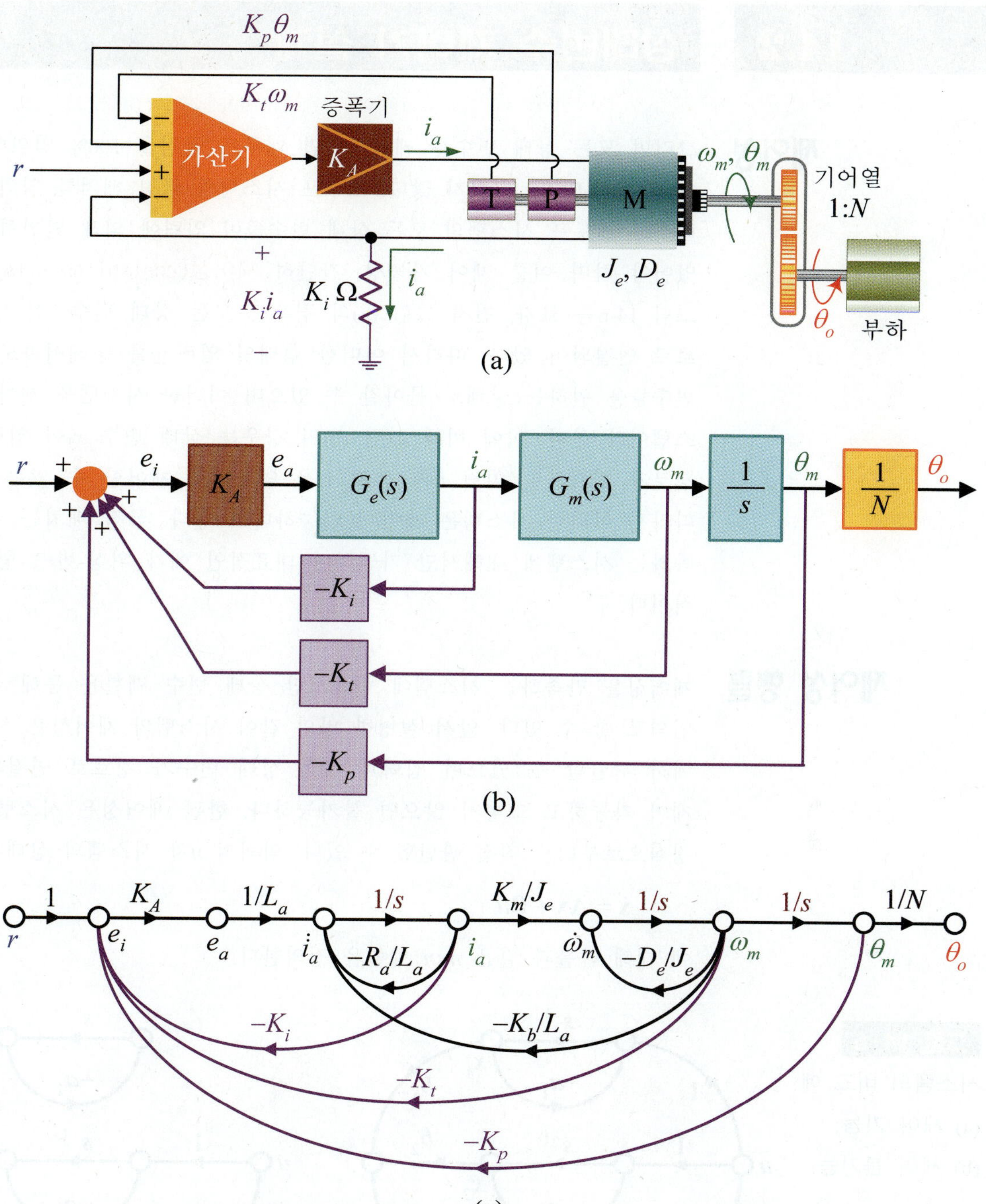

그림 14-5 전동기를 포함하는 전기기계계의 상태 변수 궤환: (a) 구성; (b) 블록 선도; (c) 상태 선도.

14.2 상태변수 제어기 설계

제어성 그러면 모든 상태 변수를 궤환시키면 폐루프 극점을 100% 임의대로 배치할 수 있는 것인가? 그렇지 않다. 폐루프 시스템의 극점 배치를 임의로 하기 위해서는 개루프 시스템의 모든 상태 변수들이 입력에 의해 완전히 제어될 수 있어야 하며 이를 제어 가능성, 간단히 제어성(controllability)이라 한다. 그림 14-6을 보자. 먼저 그림 (a)의 경우는 모든 상태 변수들은 입력 u과 경로로 연결되어 있다. 따라서 어떠한 형태의 입력 u를 통해서라도 모든 상태 변수들을 원하는 상태로 몰아갈 수 있으며 이러한 시스템을 제어 가능한 시스템이라 한다. 이에 비해 그림 (b)의 경우는 상태 변수 x_1이 입력과 연결된 경로가 없으므로 입력 u를 통해 x_1을 임의대로 제어할 수 있는 길이 없다. 따라서 이러한 시스템은 제어 불가능하다고 한다. 극점 배치는 제어성을 만족하는 시스템에 대해서만 가능하며 대표적인 예가 위상-변수 형 상태 방정식이다.

제어성 행렬 제어성을 만족하는 시스템에 한해서만 상태 변수 궤환을 통해 극점 배치를 임의로 할 수 있다. 앞서 설명한 바와 같이 시스템의 제어성은 상태 선도 상에서 판단할 수 있으며 입력과 모든 상태 변수가 경로로 연결되어 있으면 제어 가능하고 그렇지 않으면 불가능하다. 한편 제어성은 시스템의 상태 방정식으로부터도 직접 판단할 수 있다. 임의의 n차 시스템의 상태 방정식인

$$\dot{\mathbf{x}} = \mathbf{A}\mathbf{x} + \mathbf{B}u \tag{14-22}$$

에 대해 다음과 같은 $n \times n$ 행렬을 정의한다.

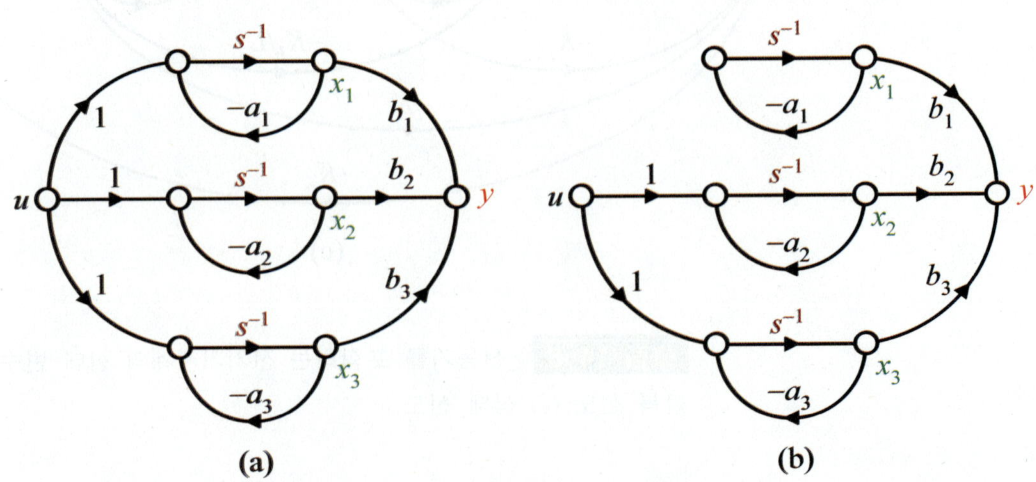

그림 14-6 시스템의 비교 예: (a) 제어 가능; (b) 제어 불가능.

$$\mathbf{C_M} = [\mathbf{B} \quad \mathbf{AB} \quad \mathbf{A}^2\mathbf{B} \quad \cdots \quad \mathbf{A}^{n-1}\mathbf{B}] \tag{14-23}$$

행렬 $\mathbf{C_M}$을 제어성 행렬이라 하며 제어성 행렬의 계수(階數; rank)가 시스템의 차수와 같은 n이면, 즉 $\mathbf{C_M}$의 행렬식이 0이 아니면 이 시스템은 완전히 제어가능하다. 여기서 완전 제어가능이란 말은 모든 상태 변수를 제어할 수 있다는 뜻이며 앞으로는 단순히 '제어가능'이라 하겠다.

예제 14-2

다음의 전달 함수로 표시되는 개루프 시스템을 생각해 보자.

$$\frac{Y(s)}{U(s)} = G(s) = \frac{1}{s^3 + a_2 s^2 + a_1 s + a_0}$$

이 시스템의 상태 선도는 그림 14-7(a)와 같으며 입력 u로부터 모든 상태 변수에 이르는 경로가 있으므로 제어 가능하다. 이를 제어성 행렬로 확인해 보자. 이 시스템의 상태 방정식의 행렬 $\mathbf{A}$와 $\mathbf{B}$는 다음과 같다.

$$\mathbf{A} = \begin{bmatrix} 0 & 1 & 0 \\ 0 & 0 & 1 \\ -a_0 & -a_1 & -a_2 \end{bmatrix}, \quad \mathbf{B} = \begin{bmatrix} 0 \\ 0 \\ 1 \end{bmatrix}$$

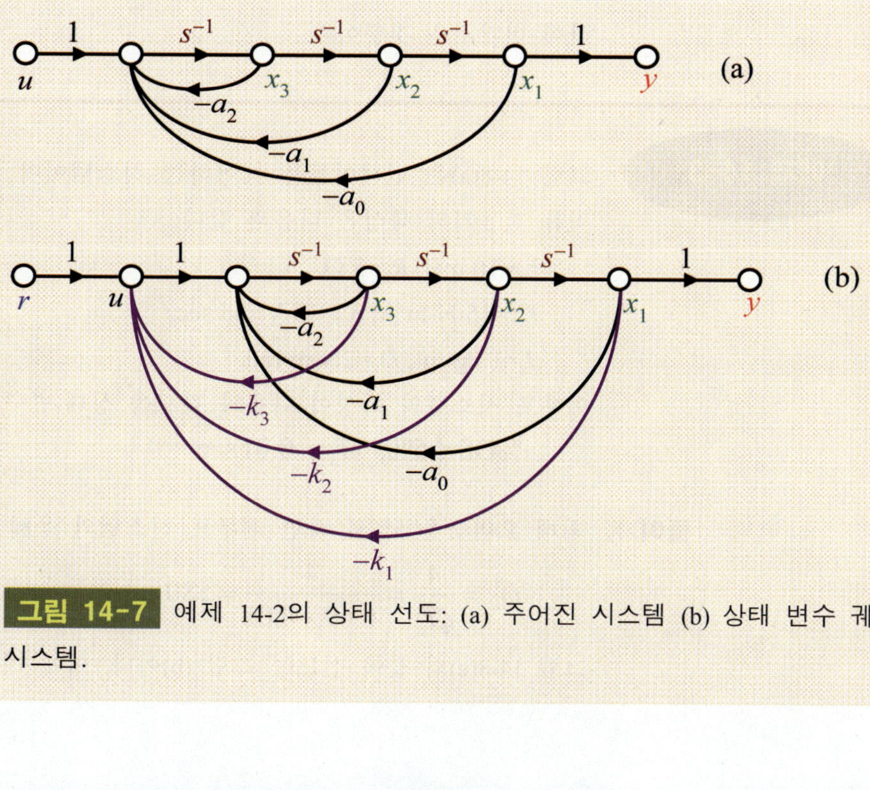

그림 14-7 예제 14-2의 상태 선도: (a) 주어진 시스템 (b) 상태 변수 궤환 시스템.

이로부터

$$\mathbf{B}=\begin{bmatrix}0\\0\\1\end{bmatrix},\quad \mathbf{AB}=\begin{bmatrix}0\\1\\-a_2\end{bmatrix},\quad \mathbf{A}^2\mathbf{B}=\begin{bmatrix}1\\-a_2\\a_2^2-a_1\end{bmatrix}$$

따라서 제어성 행렬은 다음과 같다.

$$\mathbf{C_M}=\begin{bmatrix}0 & 0 & 1\\0 & 1 & -a_2\\1 & -a_2 & a_2^2-a_1\end{bmatrix}$$

위의 행렬은 행렬식이 0이 아니므로 주어진 시스템은 제어 가능하다. 따라서 그림 14-7(b)와 같이 상태 변수들을 궤환시켜 폐루프 극점을 임의의 위치에 배치할 수 있다.

제어기 설계

상태-변수 궤환 제어기를 설계한다는 것은 행렬식 det[s**I**−(**A**−**BK**)]의 계수를 원하는 특성 방정식의 계수와 일치시키는 것이며 이 작업은 시스템의 상태 방정식이 위상-변수 표준형일 때 가장 간단하다. 그러나 위상-변수 표준형이 아닐 경우도 계수 비교법으로 설계할 수 있으며 단지 차수가 높아질수록 계산이 번거로운 것뿐이다.

예제 14-3

그림 14-8(a)은 턴테이블을 제어하는 시스템이며 증폭기 이득은 K_A=10이며 직류 전동기의 특성은 다음과 같다:

L_a=10 mH, R_a=5 Ω,

K_m=15 N-m/A, K_b=15 V/rad/sec,

J_e=1 kg-m^2, D_e=2N-m/rad.

폐루프 시스템의 특성이 다음과 같도록 상태-변수 궤환 제어기를 설계하라.

$$\%OS \le 5\%,\quad T_s = 0.01\,\text{sec}$$

풀이>> 최대 오버슛을 5%로 하면 폐루프 시스템의 우세 극점은 ζ=0.69 및

$$\omega_n=\frac{4}{\zeta T_s}=\frac{4}{0.69\times 0.01}=580$$

그림 14-8(a)의 블록 선도는 그림 (b)이다. 이에 대한 상태 선도는 그림 (c)이

그림 14-8

(a) 예제 14-2의 그림.
(b) 블록 선도;
(c) 상태 선도.

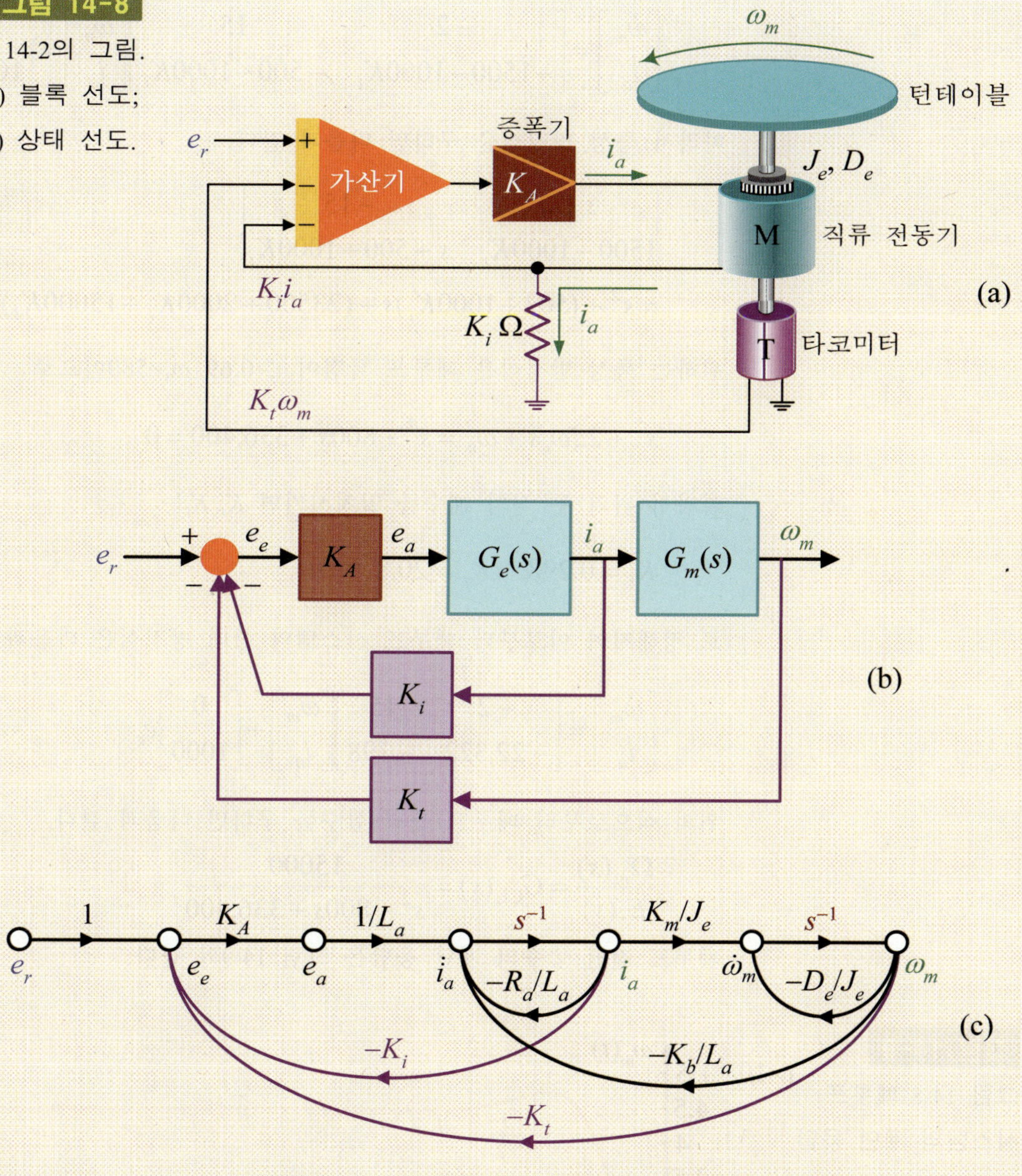

며(그림 14-5 참조) 이로부터 상태 방정식을 구하면 다음과 같다.

$$\begin{bmatrix} \dot{\omega}_m \\ i_a \end{bmatrix} = \begin{bmatrix} -\dfrac{D_e}{J_e} & \dfrac{K_m}{J_e} \\ -\dfrac{K_b}{L_a} - \dfrac{K_A K_t}{L_a} & -\dfrac{R_a}{L_a} - \dfrac{K_A K_i}{L_a} \end{bmatrix} \begin{bmatrix} \omega_m \\ i_a \end{bmatrix} + \begin{bmatrix} 0 \\ \dfrac{K_A}{L_a} \end{bmatrix} e_r$$

위의 식에 주어진 파라미터 값을 대입하면 다음과 같다.

$$\begin{bmatrix} \dot{\omega}_m \\ \dot{i}_a \end{bmatrix} = \begin{bmatrix} -2 & 15 \\ -1500-1000K_t & -500-1000K_i \end{bmatrix} \begin{bmatrix} \omega_m \\ i_a \end{bmatrix} + \begin{bmatrix} 0 \\ 1000 \end{bmatrix} e_r$$

따라서 특성 방정식을 구하면 다음과 같다.

$$\begin{vmatrix} s+2 & -15 \\ 1500+1000K_t & s+500+1000K_i \end{vmatrix}$$
$$= s^2 + (502+1000K_i)s + (23500+2000K_i+15000K_t) = 0$$

원하는 특성 방정식은 폐루프 극점이 ζ=0.69, ω_n=580이므로

$$s^2 + 2\zeta\omega_n s + \omega_n^2 = s^2 + 800s + 336{,}400 = 0$$

따라서 위의 두 식의 계수를 일치시키면 K_i, K_t는

$$K_i = 0.298, \quad K_t = 20.8$$

로 정해지며 이로부터 폐루프 시스템의 상태 방정식은 다음과 같다.

$$\begin{bmatrix} \dot{\omega}_m \\ \dot{i}_a \end{bmatrix} = \begin{bmatrix} -2 & 15 \\ -22{,}322 & -798 \end{bmatrix} \begin{bmatrix} \omega_m \\ i_a \end{bmatrix} + \begin{bmatrix} 0 \\ 1000 \end{bmatrix} e_r$$

위의 식으로부터 폐루프 전달 함수를 구하면 다음과 같다.

$$\frac{\Omega_m(s)}{E_r(s)} = G_{\text{CL}}(s) = \frac{15000}{s^2 + 800s + 336{,}400}$$

폐루프 전달 함수의 계단 응답은 그림 14-9와 같다.

그림 14-9

그림 14-8 폐루프 시스템의 계단 응답.

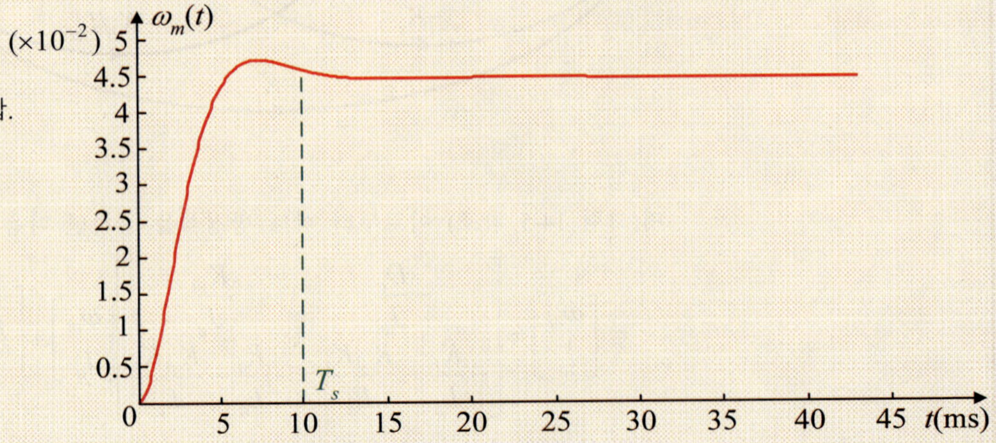

상태 방정식이 위상-변수 표준형이 아닐 경우는 차수가 늘수록 계산이 복잡해진다. 여기서는 일반 형태의 상태 방정식을 위상-변수 표준형으로 변환시켜 제어기를 설계한 후 원래 상태 변수 형태로 환원시키는 방법에 대해 설명한다. 위상-변수 형이 아닌 상태 공간인

$$\dot{\mathbf{x}} = \mathbf{Ax} + \mathbf{B}u \tag{14-24a}$$

$$y = \mathbf{Cx} \tag{14-24b}$$

에서 다음과 같이 제어성 행렬을 구한다.

$$\mathbf{C_M} = \begin{bmatrix}\mathbf{B} & \mathbf{AB} & \mathbf{A}^2\mathbf{B} & \cdots & \mathbf{A}^{n-1}\mathbf{B}\end{bmatrix} \tag{14-25}$$

이 시스템의 상태 벡터 **x**를 다음과 같이 변환 행렬 **P**를 통해 위상 변수 형태인 $\mathbf{x}_p$로 변환시킬 수 있다고 가정해 보자.

$$\mathbf{x}_p = \mathbf{P}^{-1}\mathbf{x} \tag{14-26}$$

위의 식을 식 (13-24)에 대입하면

$$\dot{\mathbf{x}}_p = \mathbf{P}^{-1}\mathbf{APx}_p + \mathbf{P}^{-1}\mathbf{B}u \tag{14-27a}$$

$$y = \mathbf{CPx}_p \tag{14-27b}$$

식 (14-27)의 상태 공간에 대한 제어성 행렬을 $\mathbf{C_{M\mathit{p}}}$라 하면 다음과 같다.

$$\begin{aligned}
&\mathbf{C_{M\mathit{p}}} \\
&= \begin{bmatrix}\mathbf{P}^{-1}\mathbf{B} & (\mathbf{P}^{-1}\mathbf{AP})(\mathbf{P}^{-1}\mathbf{B}) & (\mathbf{P}^{-1}\mathbf{AP})^2(\mathbf{P}^{-1}\mathbf{B}) & \cdots & (\mathbf{P}^{-1}\mathbf{AP})^{n-1}(\mathbf{P}^{-1}\mathbf{B})\end{bmatrix} \\
&= \begin{bmatrix}\mathbf{P}^{-1}\mathbf{B} & \mathbf{P}^{-1}\mathbf{AB} & \mathbf{P}^{-1}\mathbf{A}^2\mathbf{B} & \cdots & \mathbf{P}^{-1}\mathbf{A}^{n-1}\mathbf{B}\end{bmatrix} \\
&= \mathbf{P}^{-1}\begin{bmatrix}\mathbf{B} & \mathbf{AB} & \mathbf{A}^2\mathbf{B} & \cdots & \mathbf{A}^{n-1}\mathbf{B}\end{bmatrix}
\end{aligned} \tag{14-28}$$

따라서 식 (14-25)와 (14-28)의 두 식으로부터 변환 행렬 **P**는 다음과 같다.

$$\mathbf{P} = \mathbf{C_M}^{-1}\mathbf{C_{M\mathit{p}}} \tag{14-29}$$

즉 변환 행렬 **P**는 두 제어성 행렬로부터 구할 수 있는 것이다. 식 (14-27)은 위상-변수 형이므로 제어기의 궤환 이득을 쉽게 구할 수 있으며 이를 $\mathbf{K}_p$라 하자. 그러면 $u=-\mathbf{K}_p\mathbf{x}_p+r$이므로 식 (14-27)의 폐루프 시스템은 다음과 같다.

$$\dot{\mathbf{x}}_p = \mathbf{P}^{-1}\mathbf{APx}_p + \mathbf{P}^{-1}\mathbf{BK}_p\mathbf{x}_p + \mathbf{P}^{-1}\mathbf{B}r \tag{14-30a}$$

$$y = \mathbf{CPx}_p \tag{14-30b}$$

식 (14-30)은 위상-변수 형이므로 폐루프 전달 함수의 분자 계수들은 **CP**의

요소들과 같다. 이제 식 (14-30)에서 $\mathbf{x}_p=\mathbf{P}^{-1}\mathbf{x}$를 이용하여 위상-변수 형 상태 벡터 $\mathbf{x}_p$를 원래의 상태 벡터 $\mathbf{x}$로 환원시키면 다음과 같다.

$$\dot{\mathbf{x}} = \mathbf{A}\mathbf{x} - \mathbf{B}\mathbf{K}_p\mathbf{P}^{-1}\mathbf{x} + \mathbf{B}r = (\mathbf{A} - \mathbf{B}\mathbf{K}_p\mathbf{P}^{-1})\mathbf{x} + \mathbf{B}r \tag{14-31a}$$

$$y = \mathbf{C}\mathbf{x} \tag{14-31b}$$

위의 식을 식 (13-4)와 대조해보면 구하고자 하는 원래 시스템의 궤환 이득 $\mathbf{K}$는 $\mathbf{K}_p$로부터 다음과 같이 구할 수 있음을 알 수 있다.

$$\mathbf{K} = \mathbf{K}_p\mathbf{P}^{-1} \tag{14-32}$$

식 (14-30)과 (14-31)은 동일한 시스템을 묘사하므로 식 (14-30)과 (14-31)에 대한 폐루프 전달 함수는 서로 같다. 그리고 식 (14-30)은 위상-변수 형이므로 폐루프 전달 함수의 분자는 보상전의 전달 함수, 즉 개루프 전달 함수의 분자와 같다. 따라서 상태-변수 궤환 제어기로 보상된 식 (14-31)의 폐루프 영점은 개루프 영점과 같다.

여기서 한 가지 덧붙일 것은 식 (14-24)를 위상-변수 형으로 변환시킬 때 실제로는 변환 행렬 $\mathbf{P}$를 사용하지 않는다는 것이다. 그 이유는 식 (14-24)에 대한 전달 함수를 구하면 이로부터 위상-변수 표준형 상태 공간은 쉽게 구할 수 있기 때문이다. 이상으로 변환을 이용한 상태-변수 궤환 제어기의 설계 절차를 정리하면 다음과 같다:

1. 주어진 시스템의 상태 벡터 $\mathbf{x}$로부터 상태 방정식을 구하고 제어성 행렬 $\mathbf{C_M}$을 구한다.
2. 상태 벡터 $\mathbf{x}$의 방정식으로부터 전달 함수를 구하여 위상-변수 $\mathbf{x}_p$의 상태 방정식으로 변환시킨다. 이로부터 제어성 행렬 $\mathbf{C}_{\mathbf{M}p}$ 및 변환 행렬의 역행렬인 $\mathbf{P}^{-1}=\mathbf{C}_{\mathbf{M}p}\mathbf{C_M}^{-1}$을 구한다.
3. 궤환 이득 $\mathbf{K}_p$를 설계하고 이로부터 원래 시스템의 궤환 이득 $\mathbf{K}$를 구한다: $\mathbf{K}=\mathbf{K}_p\mathbf{P}^{-1}$.

예제 14-4

그림 14-10(a)는 예제 8-8의 항공기 자세 제어 시스템에 대한 블록 선도이다. 즉 그림 8-22(b)의 블록 선도에서 $\theta_r=K_pe_r$로 하고 θ_o 대신 θ_m을 궤환시키면 그림 14-10(a)와 같다. 그리고 K=50이며 나머지 파라미터들은 예제 8-8에 주어진 바와 같은 것으로 한다. 그림 14-10(a)에 대한 상태 선도는 그림 (b)와

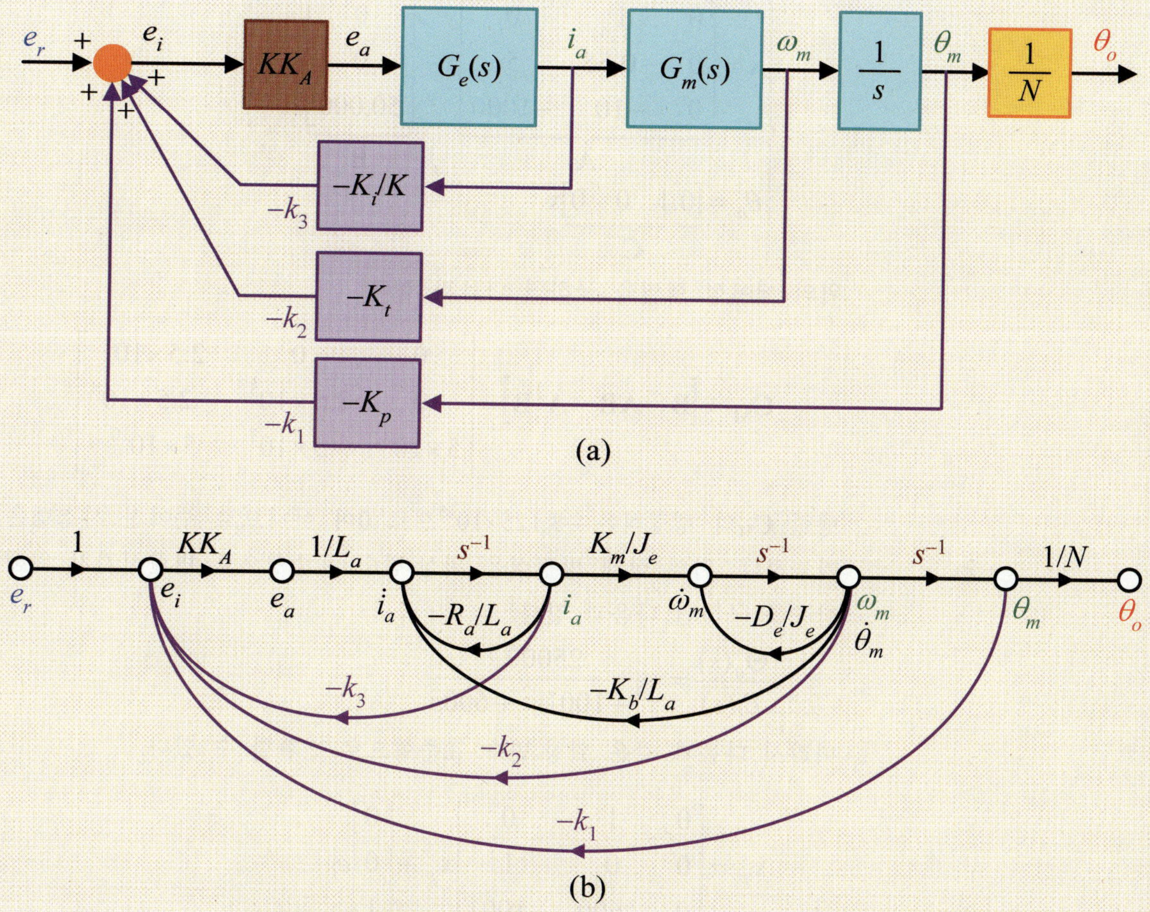

그림 14-10 예제 14-4의 그림: (a) 블록 선도; (b) 상태 선도.

같으며 보상후의 특성이 다음과 같도록 제어기를 설계해 보자.

$$\zeta = 0.707, \quad T_s = 0.02\,\text{sec}(\sigma_d = 200)$$

풀이>> 먼저 그림 14-10(b)에서 상태 변수 궤환이 없을 때의 상태 방정식을 구하면

$$\begin{bmatrix} \dot{\theta}_m \\ \dot{\omega}_m \\ \dot{i}_a \end{bmatrix} = \begin{bmatrix} 0 & 1 & 0 \\ 0 & -D_e/J_e & K_m/J_e \\ 0 & -K_b/L_a & -R_a/L_a \end{bmatrix} \begin{bmatrix} \theta_m \\ \omega_m \\ i_a \end{bmatrix} + \begin{bmatrix} 0 \\ 0 \\ KK_A/L_a \end{bmatrix} e_i$$

그리고 출력 방정식은 $\theta_o=\theta_m/N$이다. 예제 8-8에서 주어진 파라미터 값을 대입하면 보상전의 상태 공간은 다음과 같다($x_1=\theta_m$, $x_2=\omega_m$, $x_3=i_a$).

$$\begin{cases} \dot{\mathbf{x}} = \underbrace{\begin{bmatrix} 0 & 1 & 0 \\ 0 & -0.55 & 5 \\ 0 & -10 & -1000 \end{bmatrix}}_{\mathbf{A}} \mathbf{x} + \underbrace{\begin{bmatrix} 0 \\ 0 \\ 50{,}000 \end{bmatrix}}_{\mathbf{B}} e_i \\ \theta_o = \underbrace{\begin{bmatrix} 0.1 & 0 & 0 \end{bmatrix}}_{\mathbf{C}} \mathbf{x} \end{cases}$$

위의 제어성 행렬을 구하면 다음과 같다.

$$\mathbf{C_M} = \begin{bmatrix} \mathbf{B} & \mathbf{AB} & \mathbf{A}^2\mathbf{B} \end{bmatrix} = \begin{bmatrix} 0 & 0 & 2.5\times10^5 \\ 0 & 2.5\times10^5 & -2.5\times10^8 \\ 5\times10^4 & -5\times10^7 & 5\times10^{10} \end{bmatrix}$$

행렬 $\mathbf{C_M}$의 행렬식은 -3.125×10^{15}으로 0이 아니므로 주어진 시스템은 제어 가능하다. 위의 상태 방정식을 위상-변수 표준형으로 변환시키기 위해 전달 함수를 구하면 다음과 같다.

$$\frac{\Theta_o(s)}{E_i(s)} = \frac{25000}{s^3 + 1001s^2 + 600s}$$

따라서 다음과 같은 위상-변수 표준형으로 변환할 수 있다.

$$\dot{\mathbf{x}}_p = \underbrace{\begin{bmatrix} 0 & 1 & 0 \\ 0 & 0 & 1 \\ 0 & -600 & -1001 \end{bmatrix}}_{\mathbf{A}_p} \mathbf{x}_p + \underbrace{\begin{bmatrix} 0 \\ 0 \\ 1 \end{bmatrix}}_{\mathbf{B}_p} e_i$$

$$\theta_o = \underbrace{\begin{bmatrix} 25000 & 0 & 0 \end{bmatrix}}_{\mathbf{C}_p} \mathbf{x}_p$$

위의 제어성 행렬을 구하면 다음과 같다.

$$\mathbf{C}_{\mathbf{M}p} = \begin{bmatrix} \mathbf{B}_p & \mathbf{A}_p\mathbf{B}_p & \mathbf{A}_p^2\mathbf{B}_p \end{bmatrix} = \begin{bmatrix} 0 & 0 & 1 \\ 0 & 1 & -1001 \\ 1 & -1001 & 1.001\times10^6 \end{bmatrix}$$

행렬 $\mathbf{C_M}$과 행렬 $\mathbf{C}_{\mathbf{M}p}$로부터 변환 행렬의 역행렬 $\mathbf{P}^{-1} = \mathbf{C}_{\mathbf{M}p}\mathbf{C_M}^{-1}$을 구하면

$$\mathbf{P}^{-1} = \begin{bmatrix} 4\times10^{-6} & 0 & 0 \\ -1.8\times10^{-6} & 4\times10^{-6} & 0 \\ 0.0018 & -4\times10^{-6} & 2\times10^{-5} \end{bmatrix}$$

위상-변수 형 상태 벡터 $\mathbf{x}_p$의 상태 방정식에 상태 변수를 궤환시키면

$$\begin{cases} \dot{\mathbf{x}}_p = \underbrace{\begin{bmatrix} 0 & 1 & 0 \\ 0 & 0 & 1 \\ -k_{p1} & -(600+k_{p2}) & -(1001+k_{p3}) \end{bmatrix}}_{\mathbf{A}_p - \mathbf{B}_p\mathbf{K}_p} \mathbf{x}_p + \begin{bmatrix} 0 \\ 0 \\ 1 \end{bmatrix} e_r \\ \theta_o = \begin{bmatrix} 25000 & 0 & 0 \end{bmatrix} \mathbf{x}_p \end{cases}$$

위의 상태 공간에 대한 특성 방정식을 구하면 다음과 같다.

$$\det[s\mathbf{I} - (\mathbf{A}_p - \mathbf{B}_p\mathbf{K}_p)] = s^3 + (1001 + k_{p3})s^2 + (600 + k_{p2})s + k_{p1} = 0$$

이제 원하는 특성 방정식을 구해보자. 원하는 폐루프 우세 극점이 σ_d=200, ω_d=200이므로 ζ=0.707, ω_n=282.8이다. 그리고 우세 극점의 효과를 살리기 위해 나머지 극점을 $-10\sigma_d$로 하면 원하는 특성 방정식은 다음과 같다.

$$\begin{aligned}(s+2000)(s^2 + 2\zeta\omega_n s + \omega_n^2) &= (s+2000)(s^2 + 400s + 79{,}976) \\ &= s^3 + 2400s^2 + 879{,}976s + 1.5995 \times 10^8\end{aligned}$$

이상의 두 특성 방정식의 계수를 같게 하면 궤환 이득은 다음과 같다.

$$\mathbf{K}_p = \begin{bmatrix} 1.5995 \times 10^8 & 879{,}376 & 1399 \end{bmatrix}$$

위의 제어기를 원래 시스템의 제어기로 환원하면 다음과 같다.

$$\mathbf{K} = \mathbf{K}_p\mathbf{P}^{-1} = \begin{bmatrix} 640.74 & 3.512 & 0.028 \end{bmatrix}$$

즉 그림 13-10(b)의 궤환 이득들이

$$k_1 = 640.74, \quad k_2 = 3.512, \quad k_3 = 0.028$$

이므로 그림 13-10(a)로부터

$$\boxed{K_p = k_1 \cong 641, \quad K_t = k_2 \cong 3.5, \quad K_i = Kk_3 = 1.4}$$

그림 13-10(b)에서 KK_A/L_a=50,000이므로 보상후의 상태 방정식의 시스템 행렬은 다음과 같다.

$$\mathbf{A} = \begin{bmatrix} 0 & 1 & 0 \\ 0 & -0.55 & 5 \\ -50000k_1 & -10 - 50000k_2 & -1000 - 50000k_3 \end{bmatrix}$$

$$=\begin{bmatrix} 0 & 1 & 0 \\ 0 & -0.55 & 5 \\ -3.2\times10^{7} & 1.756\times10^{5} & -2400 \end{bmatrix}$$

그리고 행렬 **B**와 **C**는 변하지 않는다. 따라서 보상후의 폐루프 전달 함수를 구해보면 다음과 같다.

$$\frac{\Theta_o(s)}{E_r(s)}=G_{\mathrm{CL}}(s)=\frac{25000}{s^3+2401s^2+8.794\times10^5 s+1.602\times10^8}$$

위 전달 함수의 극점을 구해보면 $s=-2000,\ -200\pm j200$으로 원하는 위치에 배치되었음을 확인할 수 있으며 보상전의 극점은 $s=0,\ -6,\ -1000$이었다. 그리고 보상전과 후의 영점은 변하지 않는다.

예제 14-5 그림 14-11(a)는 디젤 엔진을 전기적으로 제어하는 시스템이다. 디젤 엔진의 효율은 회전 속도에 매우 민감하므로 그림과 같이 발전기를 구동시켜 발전기에 의해 구동되는 전동기의 속도 ω_m이 지시 속도 ω_r과 같아지도록 제어한다. 즉 상태 변수 i_f, i_a 및 ω_m이 발전기의 계자(field)로 궤환되어 계자 전류 i_f를 조절함으로써 디젤 엔진의 속도에 변동이 있을지라도 발전기 속도를 제어하여 전동기의 속도 ω_m이 지시 속도 ω_r과 같아지도록 유도한다. 그림 14-11(b)는 조작 신호 u와 전동기 속도 ω_m 사이의 상사 회로이며 이에 대한 상태 선도는 그림 (c)이다. 여기서 각 파라미터 값이 다음과 같다고 하자:

발전기: $L_f=0.1$ H, $R_f=5\ \Omega$, $K_g=100$ V/A, $L_g=0.1$ H, $R_g=5\ \Omega$.

전동기: $L_a=0.2$ H, $R_a=10\ \Omega$, $K_b=1$ V/rad/sec, $K_m=10$ V/A, $J_e=1$ kg-m^2, $D_e/J_e=1$.

이상으로부터 그림 14-11(a)에서 상태 변수를 궤환시킨 상태 선도를 구하면 그림 (d)가 된다. 보상후의 특성이 다음과 같도록 상태 변수 궤환 제어기를 설계하라: %OS≤5 %, $T_s=1$ 초($\zeta=0.707$, $\omega_n=56.5$).

풀이>> 먼저 그림 14-11(d)에서 상태 변수 궤환이 없을 때의 상태 방정식을 구하면 직관에 의해 다음과 같다($x_1=\omega_m$, $x_2=i_a$, $x_3=i_f$).

$$\begin{bmatrix} \dot{\omega}_m \\ \dot{i}_a \\ \dot{i}_f \end{bmatrix}=\underbrace{\begin{bmatrix} -1 & 10 & 0 \\ -3.3 & -50 & 333 \\ 0 & 0 & -50 \end{bmatrix}}_{\mathbf{A}}\begin{bmatrix} \omega_m \\ i_a \\ i_f \end{bmatrix}+\underbrace{\begin{bmatrix} 0 \\ 0 \\ 10 \end{bmatrix}}_{\mathbf{B}}u,\quad \omega_m=\underbrace{[1\ \ 0\ \ 0]}_{\mathbf{C}}\begin{bmatrix} \omega_m \\ i_a \\ i_f \end{bmatrix}$$

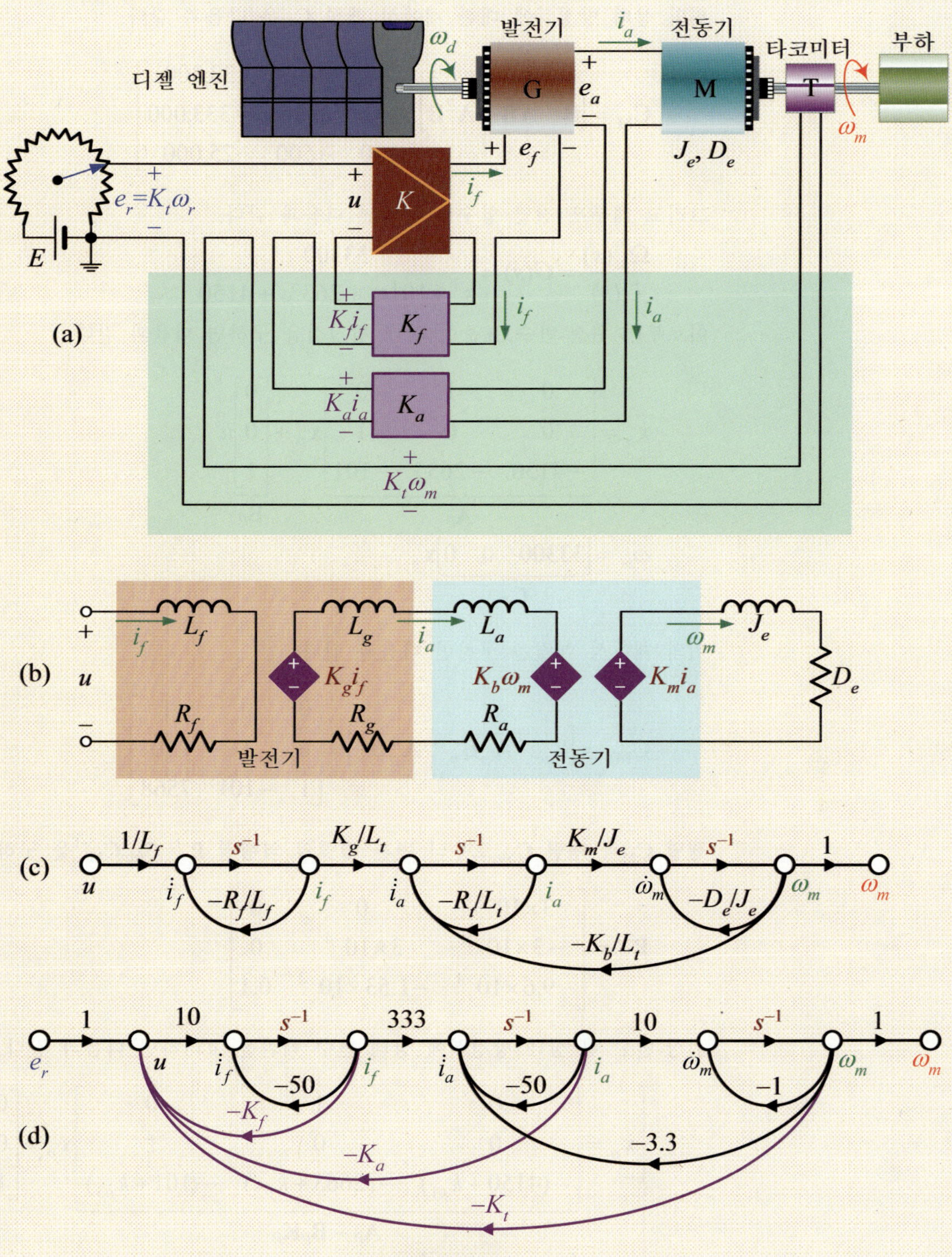

그림 14-11 예제 14-5의 그림.

위의 상태 방정식에 대한 제어성 행렬 $\mathbf{C_M}$은 다음과 같다.

$$\mathbf{C_M} = \begin{bmatrix}\mathbf{B} & \mathbf{AB} & \mathbf{A}^2\mathbf{B}\end{bmatrix} = \begin{bmatrix} 0 & 0 & 33{,}300 \\ 0 & 3330 & -333{,}000 \\ 10 & -500 & 25{,}000 \end{bmatrix}$$

그리고 개루프 전달 함수를 구하면 다음과 같다.

$$\frac{\Omega_m(s)}{U(s)} = G(s) = \frac{33300}{s^3 + 101s^2 + 2633s + 4150}$$

이로부터 위상-변수 표준형 상태 방정식을 구하면 다음과 같다.

$$\dot{\mathbf{x}}_p = \underbrace{\begin{bmatrix} 0 & 1 & 0 \\ 0 & 0 & 1 \\ -4150 & -2633 & -101 \end{bmatrix}}_{\mathbf{A}_p} \mathbf{x}_p + \underbrace{\begin{bmatrix} 0 \\ 0 \\ 1 \end{bmatrix}}_{\mathbf{B}_p} u$$

$$\omega_m = \underbrace{\begin{bmatrix} 33300 & 0 & 0 \end{bmatrix}}_{\mathbf{C}_p} \mathbf{x}_p$$

위의 제어성 행렬을 구하면 다음과 같다.

$$\mathbf{C_{M\mathit{p}}} = \begin{bmatrix}\mathbf{B}_p & \mathbf{A}_p\mathbf{B}_p & \mathbf{A}_p^2\mathbf{B}_p\end{bmatrix} = \begin{bmatrix} 0 & 0 & 1 \\ 0 & 1 & -101 \\ 1 & -101 & 7568 \end{bmatrix}$$

행렬 $\mathbf{C_M}$과 행렬 $\mathbf{C_{M\mathit{p}}}$로부터 변환 행렬의 역행렬 $\mathbf{P}^{-1} = \mathbf{C_{M\mathit{p}}}\mathbf{C_M}^{-1}$을 구하면

$$\mathbf{P}^{-1} = \begin{bmatrix} 3\times10^{-5} & 0 & 0 \\ -3\times10^{-5} & 3\times10^{-4} & 0 \\ -9.6\times10^{-4} & -1.53\times10^{-2} & 0.1 \end{bmatrix}$$

위상-변수 형 상태 방정식에 상태 변수 궤환을 고려하면 다음과 같다.

$$\begin{cases} \dot{\mathbf{x}}_p = \underbrace{\begin{bmatrix} 0 & 1 & 0 \\ 0 & 0 & 1 \\ -(4150 + k_{p1}) & -(2663 + k_{p2}) & -(101 + k_{p3}) \end{bmatrix}}_{\mathbf{A}_p - \mathbf{B}_p\mathbf{K}_p} \mathbf{x}_p + \begin{bmatrix} 0 \\ 0 \\ 1 \end{bmatrix} e_r \\ \omega_m = \begin{bmatrix} 33300 & 0 & 0 \end{bmatrix} \mathbf{x}_p \end{cases}$$

따라서 상태 변수 궤환에 의한 특성 방정식은 다음과 같다.

$$\det[s\mathbf{I}-(\mathbf{A}_p-\mathbf{B}_p\mathbf{K}_p)]$$
$$=s^3+(101+k_{p3})s^2+(2663+k_{p2})s+(4150+k_{p1})=0$$

이제 원하는 특성 방정식을 구해보자. 원하는 폐루프 우세 극점이 ζ=0.707, ω_n=56.5이다. 그리고 나머지 하나의 극점은 우세 극점 실수부의 10배로 하면 $-10\zeta\omega_n$=400이 된다. 따라서 원하는 특성 방정식은 다음과 같다.

$$(s+400)(s^2+2\zeta\omega_n s+\omega_n^2)$$
$$=(s+400)(s^2+79.9s+3192)$$
$$=s^3+480s^2+35152s+1.2768\times 10^6$$

이상의 두 특성 방정식의 계수를 같게 하면 궤환 이득은 다음과 같다.

$$\mathbf{K}_p=[1.27265\times 10^6 \quad 32489 \quad 379]$$

위의 제어기를 원래 시스템의 제어기로 환원하면 다음과 같다.

$$\mathbf{K}=\mathbf{K}_p\mathbf{P}^{-1}=[36.9 \quad 3.95 \quad 37.9]$$

따라서 그림 14-11(d)에서 궤환 이득이

$$\boxed{K_t=k_1=36.9,\quad K_a=k_2=3.95,\quad K_f=k_3=37.9}$$

이므로 보상후의 상태 방정식의 시스템 행렬은 다음과 같다.

$$\mathbf{A}=\begin{bmatrix}-1 & 10 & 0\\ -3.3 & -50 & 333\\ -10K_t & -10K_a & -50-10K_f\end{bmatrix}=\begin{bmatrix}-1 & 10 & 0\\ -3.3 & -50 & 333\\ -369 & -39.5 & -429\end{bmatrix}$$

그리고 행렬 **B**와 **C**는 변하지 않는다. 따라서 보상후의 폐루프 전달 함수를 구해보면 다음과 같다.

$$\frac{\Omega_m(s)}{E_r(s)}=G_{\mathrm{CL}}(s)=\frac{33300}{s^3+480s^2+35{,}120s+1.278\times 10^6}$$

위 전달 함수의 극점을 구해보면 s=–400, –40±j40으로 원하는 위치에 배치되었음을 확인할 수 있으며 보상전의 극점은 s=–1.68, –49.3, –50이었다. 물론 보상전과 후의 영점은 변하지 않는다.

14.3 적분 제어를 통한 상태 궤환

앞에서 설명한 상태 변수 궤환 제어기의 결점은 정상 상태 오차를 고려하지 않는다는 것이다. 이를 해결하기 위해 그림 14-12와 같이 상태-변수 궤환으로 보상된 시스템을 다시 하나의 개루프 시스템으로 간주하여 PI 제어기의 원리인 적분기로써 보상하는 것이다. 그 결과 적분기에 의해 시스템의 유형이 높아지므로 정상 상태 오차가 개선되지만 적분기의 출력인 또 하나의 상태 변수 x_e가 생기게 된다. 따라서 증폭기 K_e는 x_e에 대한 궤환 이득역할을 하게 된다. 상태 변수 x_e에 대한 방정식이

$$\dot{x}_e = r - \mathbf{Cx} \tag{14-33}$$

이므로 이를 제어 시스템의 상태 방정식과 결합하면 다음과 같다.

$$\begin{cases} \dot{\mathbf{x}} = \mathbf{Ax} + \mathbf{B}u \\ \dot{x}_e = -\mathbf{Cx} + r \end{cases} \tag{14-34a}$$

$$y = \mathbf{Cx} \tag{14-34b}$$

식 (14-34)를 모아 증가된 벡터 및 행렬로 표현하면 다음과 같다.

$$\begin{bmatrix} \dot{\mathbf{x}} \\ \dot{x}_e \end{bmatrix} = \begin{bmatrix} \mathbf{A} & \mathbf{0} \\ -\mathbf{C} & 0 \end{bmatrix} \begin{bmatrix} \mathbf{x} \\ x_e \end{bmatrix} + \begin{bmatrix} \mathbf{B} \\ 0 \end{bmatrix} u + \begin{bmatrix} \mathbf{0} \\ 1 \end{bmatrix} r \tag{14-35a}$$

$$y = [\mathbf{C} \;\; 0] \begin{bmatrix} \mathbf{x} \\ x_e \end{bmatrix} \tag{14-35b}$$

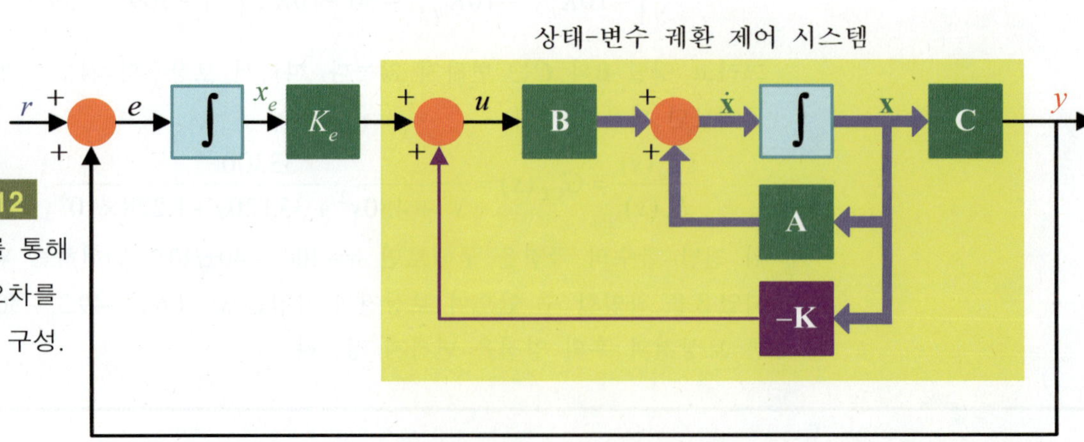

그림 14-12
적분 제어를 통해 정상상태 오차를 개선시키는 구성.

한편 그림 14-12에서

$$u = -\mathbf{K}\mathbf{x} + K_e x_e = -[\mathbf{K} \ \ -K_e]\begin{bmatrix}\mathbf{x} \\ x_e\end{bmatrix} \tag{14-36}$$

위의 식을 식 (14-35a)에 대입하여 정리하면 다음과 같이 새로운 상태 방정식을 얻을 수 있다.

$$\begin{bmatrix}\dot{\mathbf{x}} \\ \dot{x}_e\end{bmatrix} = \begin{bmatrix}(\mathbf{A}-\mathbf{BK}) & \mathbf{B}K_e \\ -\mathbf{C} & 0\end{bmatrix}\begin{bmatrix}\mathbf{x} \\ x_e\end{bmatrix} + \begin{bmatrix}\mathbf{0} \\ 1\end{bmatrix} r \tag{14-37}$$

이상으로 그림 14-12의 상태 공간은 증가된 벡터 및 행렬을 이용하여 다음과 같이 표현할 수 있다.

$$\begin{cases}\dot{\mathbf{x}}_{\text{aug}} = \mathbf{A}_{\text{aug}}\mathbf{x}_{\text{aug}} + \mathbf{B}_{\text{aug}} r \\ y = \mathbf{C}_{\text{aug}}\mathbf{x}_{\text{aug}}\end{cases}$$
$$\left(\begin{array}{l}\dot{\mathbf{x}}_{\text{aug}} = \begin{bmatrix}\dot{\mathbf{x}} \\ \dot{x}_e\end{bmatrix}, \\ \mathbf{A}_{\text{aug}} = \begin{bmatrix}(\mathbf{A}-\mathbf{BK}) & \mathbf{B}K_e \\ -\mathbf{C} & 0\end{bmatrix}, \quad \mathbf{B}_{\text{aug}} = \begin{bmatrix}\mathbf{0} \\ 1\end{bmatrix}, \quad \mathbf{C}_{\text{aug}} = [\mathbf{C} \ \ 0]\end{array}\right) \tag{14-38}$$

이제 적분기에 의해 시스템 유형이 한 단계 높아졌으므로 최소한 계단 입력에 대한 정상 상태 오차는 0으로 수렴한다. 그리고 궤환 이득 **K**와 K_e는 원하는 과도 응답과 부합되도록 설계하되 가능한 한 극점이 영점과 상쇄되도록 극점을 배치하면 유리하다.

예제 14-6

예제 14-3의 시스템을 적분 제어기로 보상하여 폐루프 우세 극점이 다음과 같도록 설계하라: %OS≤5 %, T_s=0.01 초(ζ=0.69, ω_n=580).

풀이>> 상태 변수 궤환이 없을 때의 상태 공간은 다음과 같다.

$$\begin{cases}\begin{bmatrix}\dot{\omega}_m \\ \dot{i}_a\end{bmatrix} = \underbrace{\begin{bmatrix}-2 & 15 \\ -1500 & -500\end{bmatrix}}_{\mathbf{A}}\begin{bmatrix}\omega_m \\ i_a\end{bmatrix} + \underbrace{\begin{bmatrix}0 \\ 1000\end{bmatrix}}_{\mathbf{B}} e_e \\ \omega_m = \underbrace{[1 \ \ 0]}_{\mathbf{C}}\begin{bmatrix}\omega_m \\ i_a\end{bmatrix}\end{cases}$$

따라서 상태 변수 궤환 제어기 및 적분 제어기로 보상한 후의 각 행렬 및 벡터들은 다음과 같이 구할 수 있다.

$$\mathbf{A}-\mathbf{BK}=\begin{bmatrix}-2 & 15\\ -1500 & -500\end{bmatrix}-\begin{bmatrix}0\\ 1000\end{bmatrix}[K_t \ \ K_i]$$
$$=\begin{bmatrix}-2 & 15\\ -1500-1000K_t & -500-1000K_i\end{bmatrix}$$

$$\mathbf{B}K_e=\begin{bmatrix}0\\ 1000\end{bmatrix}K_e=\begin{bmatrix}0\\ 1000K_e\end{bmatrix}$$

따라서 행렬 $\mathbf{A}_{\text{aug}}$ 및 벡터 $\mathbf{B}_{\text{aug}}$, $\mathbf{C}_{\text{aug}}$는 다음과 같다.

$$\mathbf{A}_{\text{aug}}=\begin{bmatrix}(\mathbf{A}-\mathbf{BK}) & \mathbf{B}K_e\\ -\mathbf{C} & 0\end{bmatrix}$$
$$=\begin{bmatrix}-2 & 15 & 0\\ -1500-1000K_t & -500-1000K_i & 1000K_e\\ -1 & 0 & 0\end{bmatrix}$$

$$\mathbf{B}_{\text{aug}}=\begin{bmatrix}0\\ 0\\ 1\end{bmatrix},\quad \mathbf{C}_{\text{aug}}=[1\ \ 0\ \ 0]$$

이상으로 페루프 전달 함수는

$$G_{\text{CL}}(s)=\frac{\Omega_m(s)}{E_r(s)}=\mathbf{C}_{\text{aug}}(s\mathbf{I}-\mathbf{A}_{\text{aug}})^{-1}\mathbf{B}_{\text{aug}}$$

부터 다음과 같이 구해진다.

$$G_{\text{CL}}(s)=\frac{15{,}000K_e}{s^3+a_2s^2+a_1s+a_0}$$

$$\begin{cases}a_2=502+1000K_i\\ a_1=23500+2000K_i+15000K_t\\ a_0=15000K_e\end{cases}$$

원하는 페루프 우세 극점 ζ=0.69, ω_n=580에 대한 다항식은

$$s^2+2\zeta\omega_n s+\omega_n^2=s^2+800s+336{,}400=0$$

그리고 나머지 하나의 근은 우세 극점의 실수부인 −0.69×580=−400의 10배 인 −4000으로 하면 원하는 특성 다항식은 다음과 같다.

$$(s+4000)(s^2+800s+336{,}400)$$
$$=s^3+4800s^2+3.536\times10^6 s+1.346\times10^9$$

위의 다항식을 $G_{\mathrm{CL}}(s)$의 분모 다항식과 일치시키면

$$\begin{cases} 502+1000K_i=4800 \\ 23500+2000K_i+15000K_t=3.536\times10^6 \\ 15000K_e=1.346\times10^9 \end{cases}$$

위의 연립 방정식으로부터 궤환 이득은 다음과 같다.

$$\boxed{K_i=4.298,\quad K_t=233.6,\quad K_e=89733}$$

이상으로 폐루프 전달 함수는

$$G_{\mathrm{CL}}(s)=\frac{1.346\times10^9}{s^3+4800s^2+3.536\times10^6 s+1.346\times10^9}$$

이며 계단 응답은 그림 14-13과 같다. 정착 시간과 오버슛은 설계하고자 하는 바와 거의 같다. 그리고 정상 상태 오차는 0이며 적분 제어기를 사용하지 않을 때인 그림 14-9와 비교하면 그 차이를 알 수 있다.

그림 14-13
예제 14-6의 계단 응답.

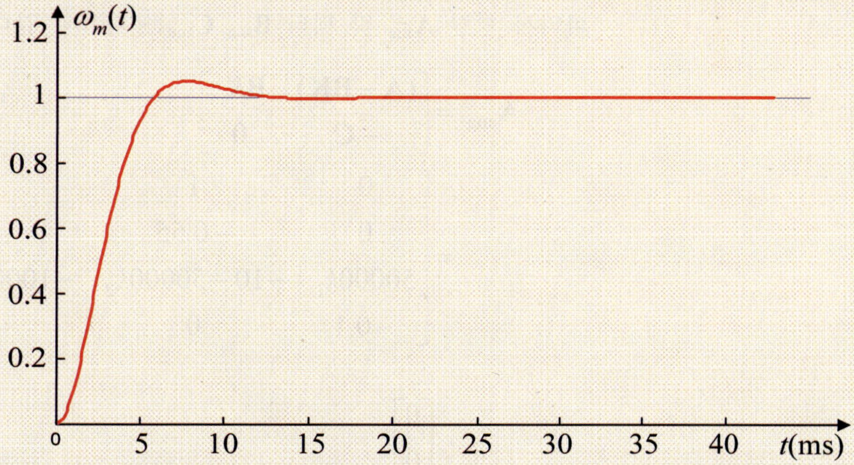

예제 14-7

예제 14-4의 시스템을 적분 제어기로 보상하라(ζ=0.707, T_s=0.1).

풀이>> 상태 변수를 궤환하기 전의 상태 공간은 다음과 같다.

$$\begin{cases} \dot{\mathbf{x}} = \underbrace{\begin{bmatrix} 0 & 1 & 0 \\ 0 & -0.55 & 5 \\ 0 & -10 & -1000 \end{bmatrix}}_{\mathbf{A}} \mathbf{x} + \underbrace{\begin{bmatrix} 0 \\ 0 \\ 50,000 \end{bmatrix}}_{\mathbf{B}} e_i \\ \theta_o = \underbrace{\begin{bmatrix} 0.1 & 0 & 0 \end{bmatrix}}_{\mathbf{C}} \mathbf{x} \end{cases}$$

이로부터 적분 제어기로 보상한 후는 다음과 같다.

$$\mathbf{A} - \mathbf{BK} = \begin{bmatrix} 0 & 1 & 0 \\ 0 & -0.55 & 5 \\ 0 & -10 & -1000 \end{bmatrix} - \begin{bmatrix} 0 \\ 0 \\ 50000 \end{bmatrix} [k_1 \;\; k_2 \;\; k_3]$$

$$= \begin{bmatrix} 0 & 1 & 0 \\ 0 & -0.55 & 5 \\ 50000k_1 & -10-50000k_2 & -1000-50000k_3 \end{bmatrix}$$

$$\mathbf{B}K_e = \begin{bmatrix} 0 \\ 0 \\ 50000 \end{bmatrix} K_e = \begin{bmatrix} 0 \\ 0 \\ 50000K_e \end{bmatrix}$$

따라서 행렬 $\mathbf{A}_{\text{aug}}$ 및 벡터 $\mathbf{B}_{\text{aug}}$, $\mathbf{C}_{\text{aug}}$는 다음과 같다.

$$\mathbf{A}_{\text{aug}} = \begin{bmatrix} (\mathbf{A} - \mathbf{BK}) & \mathbf{B}K_e \\ -\mathbf{C} & 0 \end{bmatrix}$$

$$= \begin{bmatrix} 0 & 1 & 0 & 0 \\ 0 & -0.55 & 5 & 0 \\ 50000k_1 & -10-50000k_2 & -1000-50000k_3 & 50000K_e \\ -0.1 & 0 & 0 & 0 \end{bmatrix}$$

$$\mathbf{B}_{\text{aug}} = \begin{bmatrix} 0 \\ 0 \\ 0 \\ 1 \end{bmatrix}, \quad \mathbf{C}_{\text{aug}} = [0.1 \;\; 0 \;\; 0 \;\; 0]$$

이상으로 폐루프 전달 함수는

$$G_{\text{CL}}(s) = \frac{\Theta_o(s)}{E_r(s)} = \mathbf{C}_{\text{aug}}(s\mathbf{I} - \mathbf{A}_{\text{aug}})^{-1}\mathbf{B}_{\text{aug}}$$

로부터 다음과 같이 구해진다.

$$G_{\text{CL}}(s) = \frac{25{,}000K_e}{s^4 + a_3 s^3 + a_2 s^2 + a_1 s + a_0}$$

$$\begin{cases} a_3 = 1000 + 50{,}000k_3, \quad a_2 = 600 + 27{,}500k_3 + 2.5\times10^5 k_2 \\ a_1 = -2.5\times10^5 k_1, \quad a_0 = 25000K_e \end{cases}$$

이제 원하는 특성 방정식을 정해보자. 폐루프 영점이 없으므로 극-영점 상쇄는 기대할 수 없다. 원하는 폐루프 우세 극점이 ζ=0.707, ω_n=56.56로 하면 (T_s=0.1이므로) 이에 대한 다항식은 다음과 같다.

$$s^2 + 2\zeta\omega_n s + \omega_n^2 = s^2 + 80s + 3200$$

다음으로 나머지 두 개의 극점들은 우세 극점을 살리기 위해 실수부가 우세 극점 실수부 –40의 5배가 되게 하고 공액 복소수로 하기로 한다. 그 한 가지로서 s=–200±j20으로 한다. 그러면 나머지 두 극점에 대한 다항식이

$$(s + 200 - j20)(s + 200 + j20) = s^2 + 400s + 40400$$

이상으로 원하는 특성 방정식은 다음과 같다.

$$s^4 + 480s^3 + 7.56\times10^4 s^2 + 4.512\times10^6 s + 1.293\times10^8 = 0$$

따라서 앞서 구한 $G_{\text{CL}}(s)$의 분모 다항식을 위의 다항식과 일치시키면

$$\begin{cases} a_3 = 1000 + 50{,}000k_3 = 480 \\ a_2 = 600 + 27{,}500k_3 + 2.5\times10^5 k_2 = 7.56\times10^4 \\ a_1 = -2.5\times10^5 k_1 = 4.512\times10^6 \\ a_0 = 25000K_e = 1.293\times10^8 \end{cases}$$

위의 연립 방정식을 풀면 궤환 이득은 다음과 같다.

$$\boxed{k_1 = -18, \quad k_2 = 0.3, \quad k_3 = -0.0104, \quad K_e = 5172}$$

이상으로 폐루프 전달 함수는 다음과 같다.

$$G_{\text{CL}}(s) = \frac{1.293\times10^8}{s^4 + 480s^3 + 7.56\times10^4 s^2 + 4.512\times10^6 s + 1.293\times10^8}$$

계단 응답은 그림 14-14와 같으며 과도 응답은 설계하고자 하는 특성과 같고 정상 상태 오차는 0이다.

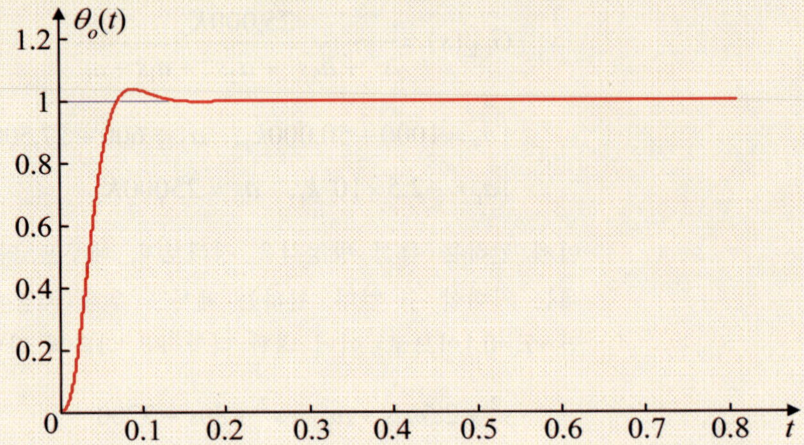

그림 14-14
예제 14-7의 계단 응답.

14.4 상태 변수 관측기 설계

관측성

시스템의 상태 변수를 궤환시키기 위해서는 일단 변수를 감지하여야 한다. 그러나 상황에 따라서는 상태 변수 모두를 감지할 수 없는 경우뿐만 아니라 감지기의 가격이 비싸거나 정확도가 떨어질 수가 있다. 이런 경우에는 감지기를 사용하지 않고 그림 14-15(a)와 같이 관측기(observer)를 통해 상태 변수를 추정해냄으로써 제어하는 방법이 있다. 시스템의 상태 변수는 입력에 의해 제어되고 출력에 의해 관찰된다. 따라서 관측기는 제어 시스템의 입력과 출력으로부터 내부의 상태 변수를 추정해내며 그림 14-15(b)와 같이 시스템 구조를 모델로 한다. 즉 시스템이

$$\dot{\mathbf{x}} = \mathbf{A}\mathbf{x} + \mathbf{B}u \tag{14-39a}$$

$$y = \mathbf{C}\mathbf{x} \tag{14-39b}$$

일 때 이에 대한 관측기 모델(simulator)을 다음과 같이 설정한다.

$$\dot{\hat{\mathbf{x}}} = \mathbf{A}\hat{\mathbf{x}} + \mathbf{B}u \tag{14-40a}$$

$$\hat{y} = \mathbf{C}\hat{\mathbf{x}} \tag{14-40b}$$

관측기로 상태 변수를 간접적으로 측정할 때는 시간이 걸리는 단점이 있다.

그림 14-15
관측기의
(a) 개요;
(b) 구성.

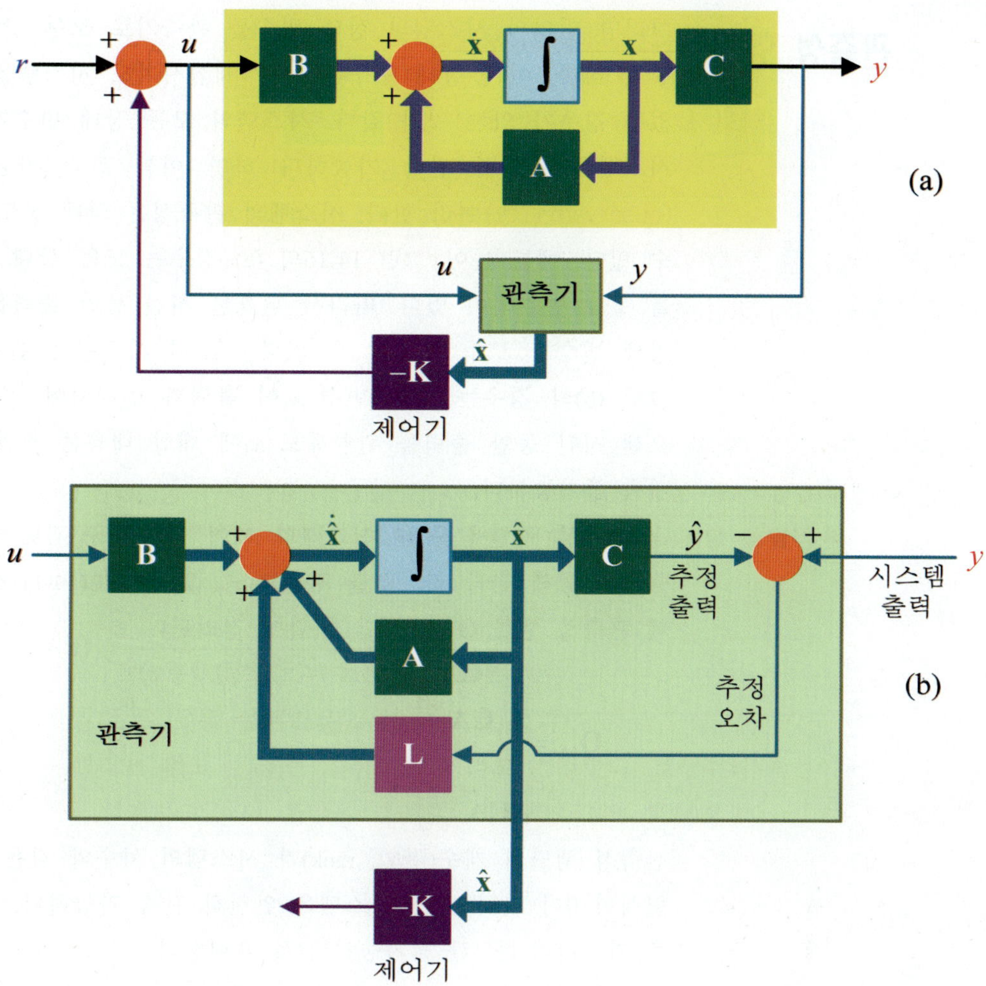

즉 식 (14-40)을 식 (14-39)로부터 빼면 다음과 같다.

$$\dot{\mathbf{x}} - \dot{\hat{\mathbf{x}}} = \mathbf{A}(\mathbf{x} - \hat{\mathbf{x}}) \tag{14-41a}$$

$$y - \hat{y} = \mathbf{C}(\mathbf{x} - \hat{\mathbf{x}}) \tag{14-41b}$$

그 결과 상태 벡터 $\mathbf{x}$와 추정 상태 벡터 $\hat{\mathbf{x}}$와의 차, 즉 상태 오차 벡터 $\mathbf{x} - \hat{\mathbf{x}}$는 식 (14-41a)와 같이 제차 미분 방정식 형태가 되므로 시스템이 안정되다면 0으로 수렴한다. 그러나 식 (14-41a)의 행렬 $\mathbf{A}$가 시스템의 행렬과 같기 때문에 상태 오차 벡터의 과도 응답 속도는 시스템의 응답 속도와 같다. 관측기가 추정한 상태 변수가 시스템을 제어하는데 사용될 경우는 상태 오차 벡터의 수렴 속도가 시스템의 과도 응답 속도에 비해 충분히 빨라야 한다. 그림 14-15(b)의 궤환 벡터 $\mathbf{L}$은 관측기의 속도를 개선시키는 역할을 한다.

관측성 행렬

그러면 임의의 시스템의 상태 변수를 관측기로 모두 알아낼 수 있는가? 그렇지 않다. 이는 상태 변수를 모두 궤환시켜도 시스템을 완전히 제어할 수 없는 경우가 있는 것과 같다. 시스템의 모든 상태 변수가 관측 가능하면 이 시스템은 완전히 관측 가능하다 하며 이를 관측 가능성, 간단히 관측성(observability)이라 한다. 시스템의 관측성은 상태 선도상에서 쉽게 알아볼 수 있다. 예를 들어 그림 14-16의 (a) 경우는 모든 상태 변수가 출력과 경로를 통해 연결되어 있다. 따라서 필요한 시간 동안 출력을 관찰할 수 있다면 상태 변수를 모두 추정할 수 있다. 즉 이 시스템은 관측 가능하다. 그러나 그림 (b)의 경우는 상태 변수 x_1이 출력과 연결되어 있지 않으므로 아무리 오랜 시간 동안 출력을 관찰해도 x_1에 대한 내용은 파악할 수 없다. 따라서 관측 불가능하다.

제어성 행렬을 통해 시스템의 제어 가능성을 판단할 수 있듯이 관측성 행렬을 통해 관측 가능성을 판단할 수 있다. 식 (14-1) 시스템의 차수가 n일 때 관측성 행렬 $\mathbf{O_M}$은 다음과 같이 정의된다.

$$\mathbf{O_M} = \begin{bmatrix} \mathbf{C} \\ \mathbf{CA} \\ \vdots \\ \mathbf{CA}^{n-1} \end{bmatrix} \tag{14-42}$$

관측성 행렬의 계수(階數; rank)가 시스템의 차수와 같은 n이면, 즉 $\mathbf{O_M}$의 행렬식이 0이 아니면 이 시스템은 완전히 관측 가능하다. 앞으로는 '완전히 관측 가능하다'는 '관측 가능하다'로 표현한다.

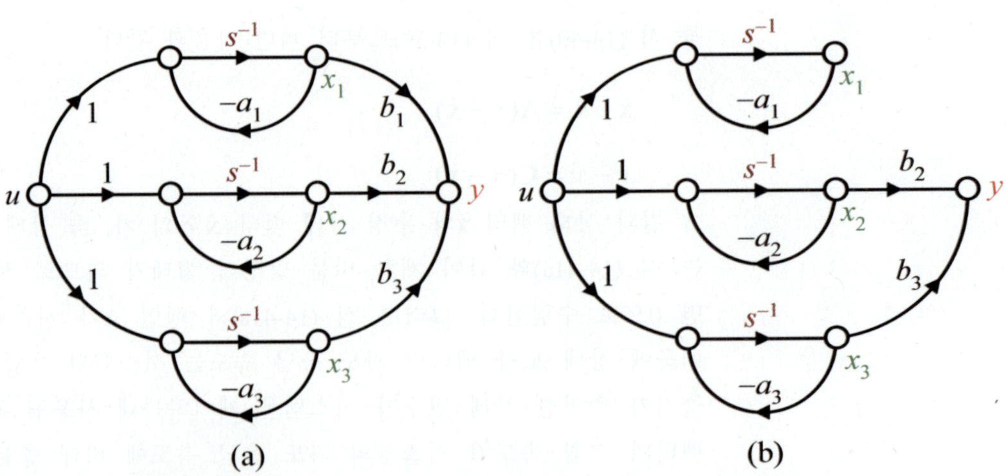

그림 14-16 시스템의 비교 예: (a) 관측 가능; (b) 관측 불가능.

관측기 설계

관측기의 구성은 그림 14-17과 같다. 식 (14-41)이 설명하듯이 관측기가 상태 변수를 추정하는데는 시간상의 문제가 있다. 따라서 응답 속도를 빨리 하기 위해 그림 14-17의 관측기에서는 출력 오차 $y-\hat{y}$를 궤환 이득 벡터 **L**을 통해 궤환시켜 준다. 이러한 원리를 구체적으로 설명하는 것이 그림 14-18이다.

그림 14-18의 (a)는 식 (14-40)이 3차일 때의 관측기 표준형 상태 선도이며 (그림 5-21 참조) 그림 (b)는 그림 (a)의 추정 출력을 궤환시킨 상태 선도이다. 그 결과 그림 (b)의 상태 방정식은 식 (14-40)으로부터 다음과 같다.

$$\dot{\hat{\mathbf{x}}} = \mathbf{A}\hat{\mathbf{x}} + \mathbf{B}u + \mathbf{L}(y - \hat{y}) \tag{14-43a}$$

$$\hat{y} = \mathbf{C}\hat{\mathbf{x}} \tag{14-43b}$$

단 $\mathbf{L}=[l_1\ l_2\ l_3]^t$이다. 위의 두 식을 식 (14-39)로부터 빼면 다음과 같다.

$$\dot{\mathbf{x}} - \dot{\hat{\mathbf{x}}} = \mathbf{A}(\mathbf{x} - \hat{\mathbf{x}}) - \mathbf{L}(y - \hat{y}) \tag{14-44a}$$

$$y - \hat{y} = \mathbf{C}(\mathbf{x} - \hat{\mathbf{x}}) \tag{14-44b}$$

따라서 식 (14-44)의 두 식을 결합하면 다음과 같다.

$$\dot{\mathbf{x}} - \dot{\hat{\mathbf{x}}} = (\mathbf{A} - \mathbf{LC})(\mathbf{x} - \hat{\mathbf{x}}) \tag{14-45a}$$

$$y - \hat{y} = \mathbf{C}(\mathbf{x} - \hat{\mathbf{x}}) \tag{14-45b}$$

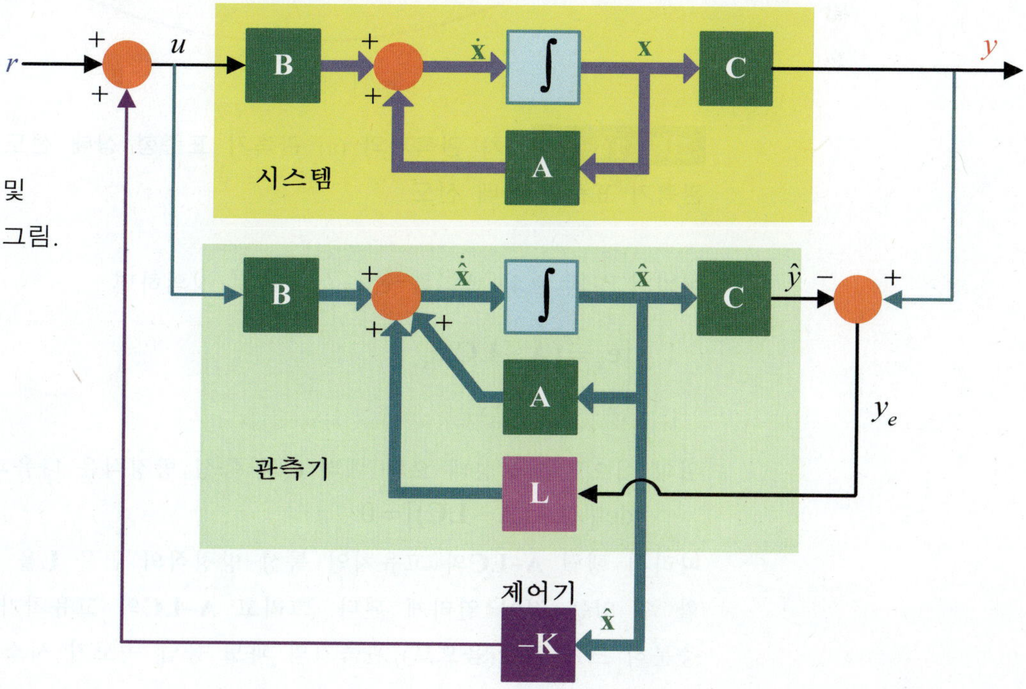

그림 14-17
시스템과 관측기 및 제어기를 통합한 그림.

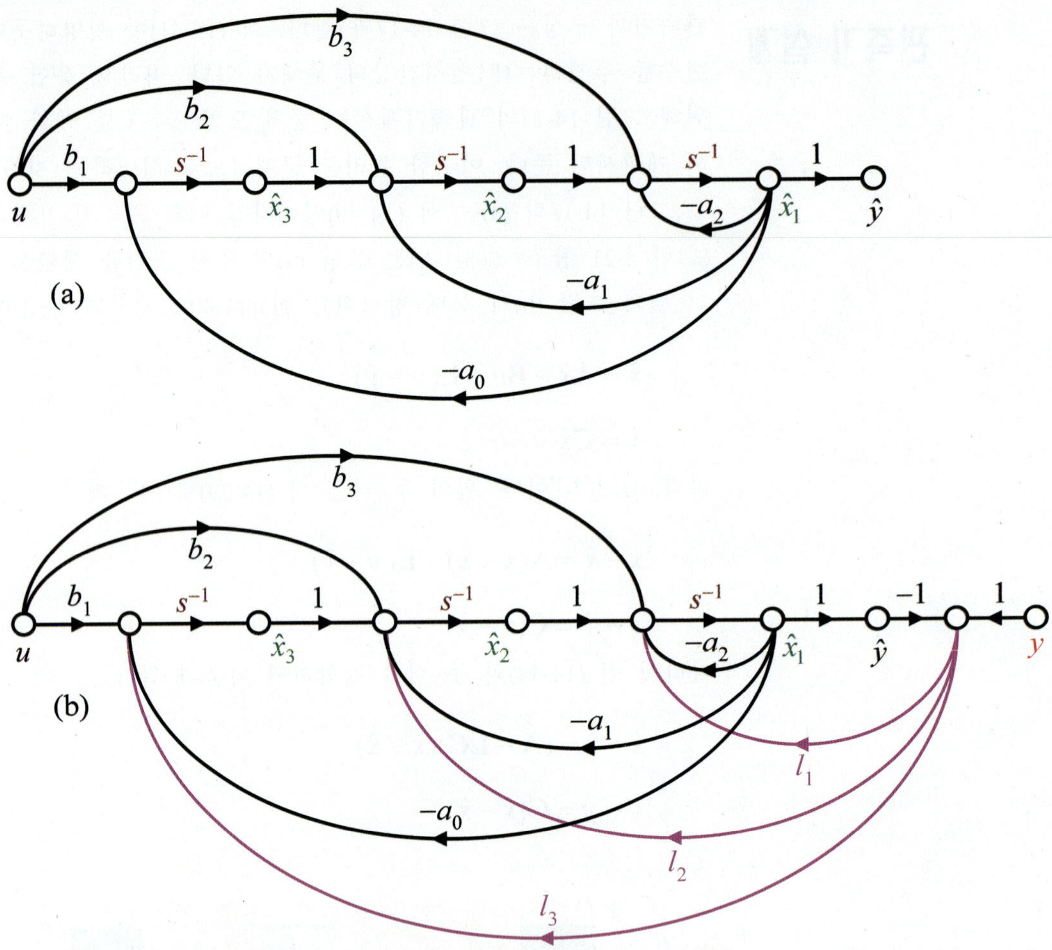

그림 14-18 3차 관측기의 (a) 관측기 표준형 상태 선도; (b) 궤환을 가한 관측기 표준형 상태 선도.

여기서 상태 오차 벡터를 $\mathbf{e_x} = (\mathbf{x} - \hat{\mathbf{x}})$로 정의하면

$$\begin{cases} \dot{\mathbf{e}}_\mathbf{x} = (\mathbf{A} - \mathbf{LC})\mathbf{e_x} \\ y - \hat{y} = \mathbf{Ce_x} \end{cases} \tag{14-46}$$

위의 식으로부터 상태 오차 벡터 $\mathbf{e_x}$의 특성 방정식은 다음과 같다.

$$\det[\lambda\mathbf{I} - (\mathbf{A} - \mathbf{LC})] = 0 \tag{14-47}$$

따라서 행렬 **A**–**LC**의 고유치인 특성 방정식의 근을 **L**을 통해 임의로 배치할 수 있는 길이 열리게 된다. 그리고 **A**–**LC**의 고유치가 **A**의 고유치보다 충분히 크게 하여(음으로) 관측기의 과도 응답 속도가 시스템의 과도 응답

속도에 비해 훨씬 빠르도록 **L**을 설계한다. 상태 변수 제어기 설계에는 위상-변수 표준형이 유리하며 관측기 설계에는 관측기 표준형 상태 공간이 유리하다. 그림 14-18(b)의 궤환이 있는 3차 관측기 표준형 상태 선도를 n차로 일반화하면 **A–LC**는 다음과 같다.

$$\mathbf{A}-\mathbf{LC}=\begin{bmatrix}-a_{n-1} & 1 & 0 & 0 & \cdots & 0\\ -a_{n-2} & 0 & 1 & 0 & \cdots & 0\\ \vdots & \vdots & \vdots & \vdots & \vdots & \vdots\\ -a_1 & 0 & 0 & 0 & \cdots & 1\\ -a_0 & 0 & 0 & 0 & 0 & 0\end{bmatrix}-\begin{bmatrix}l_1\\ l_2\\ \vdots\\ l_{n-1}\\ l_n\end{bmatrix}[1\ 0\ 0\ 0\ \cdots\ 0]$$

$$=\begin{bmatrix}-(a_{n-1}+l_1) & 1 & 0 & 0 & \cdots & 0\\ -(a_{n-2}+l_2) & 0 & 1 & 0 & \cdots & 0\\ \vdots & \vdots & \vdots & \vdots & \vdots & \vdots\\ -(a_1+l_{n-1}) & 0 & 0 & 0 & \cdots & 1\\ -(a_0+l_n) & 0 & 0 & 0 & 0 & 0\end{bmatrix} \tag{14-48}$$

위의 **A–LC**에 대한 특성 방정식은 다음과 같이 주어진다.

$$\lambda^n+(a_{n-1}+l_1)\lambda^{n-1}+\cdots+(a_1+l_{n-1})\lambda+(a_0+l_n)=0 \tag{14-49}$$

그리고 관측기의 원하는 과도 응답으로부터 설계한 관측기 폐루프의 특성 방정식이 다음과 같다고 하자.

$$\lambda^n+d_{n-1}\lambda^{n-1}+d_{n-2}\lambda^{n-2}+\cdots+d_1\lambda+d_0=0 \tag{14-50}$$

이로부터 식 (14-49)와 (14-50)의 각 계수를 같게 하면

$$l_i=d_{n-i}-a_{n-i},\quad i=1,2,\cdots,n \tag{14-51}$$

와 같이 궤환 이득을 정할 수 있다. 물론 이는 시스템이 관측기 표준형 상태 방정식으로 표현될 경우에 한한다.

이상으로 상태 변수 궤환 제어기는 $\det[s\mathbf{I}-(\mathbf{A}-\mathbf{BK})]=0$의 방정식을 원하는 방정식과 일치시키는 것이며 상태 변수 관측기는 $\det[\lambda\mathbf{I}-(\mathbf{A}-\mathbf{LC})]=0$를 원하는 방정식과 일치시키는 것이다. 그리고 제어기 설계에서는 상태 공간이 위상-변수 표준형이 유리하며 관측기 설계에서는 관측기 표준형이 유리하다.

예제 14-8

예제 14-1의 개루프 시스템

$$G(s) = \frac{50(s+10)}{s(s^2+1000.6+600)}$$

에 대한 관측기를 설계하라. 단 관측기의 과도 응답 속도가 예제 14-1에서 설계한 제어기 과도 응답 속도의 10배(T_s=0.1 초)가 되도록 한다.

풀이>> 주어진 시스템의 시뮬레이터에 대한 관측기 표준형 상태 선도는 그림 14-19의 (a)이며 관측기는 그림 (b)이다. 그림 (a)의 상태 방정식은 다음과 같다.

$$\begin{cases} \dot{\hat{\mathbf{x}}} = \mathbf{A}\hat{\mathbf{x}} + \mathbf{B}u = \begin{bmatrix} -1000.6 & 1 & 0 \\ -600 & 0 & 1 \\ 0 & 0 & 0 \end{bmatrix}\hat{\mathbf{x}} + \begin{bmatrix} 0 \\ 50 \\ 500 \end{bmatrix}u \\ \hat{y} = \mathbf{C}\hat{\mathbf{x}} = [1\ \ 0\ \ 0]\hat{\mathbf{x}} \end{cases}$$

그리고 그림 14-19(b)의 관측기에서 상태 오차 벡터 $\mathbf{e_x}$의 상태 방정식은

$$\dot{\mathbf{e}}_\mathbf{x} = (\mathbf{A} - \mathbf{LC})\mathbf{e_x} = \begin{bmatrix} -(1000.6+l_1) & 1 & 0 \\ -(600+l_2) & 0 & 1 \\ -l_3 & 0 & 0 \end{bmatrix}\mathbf{e_x}$$

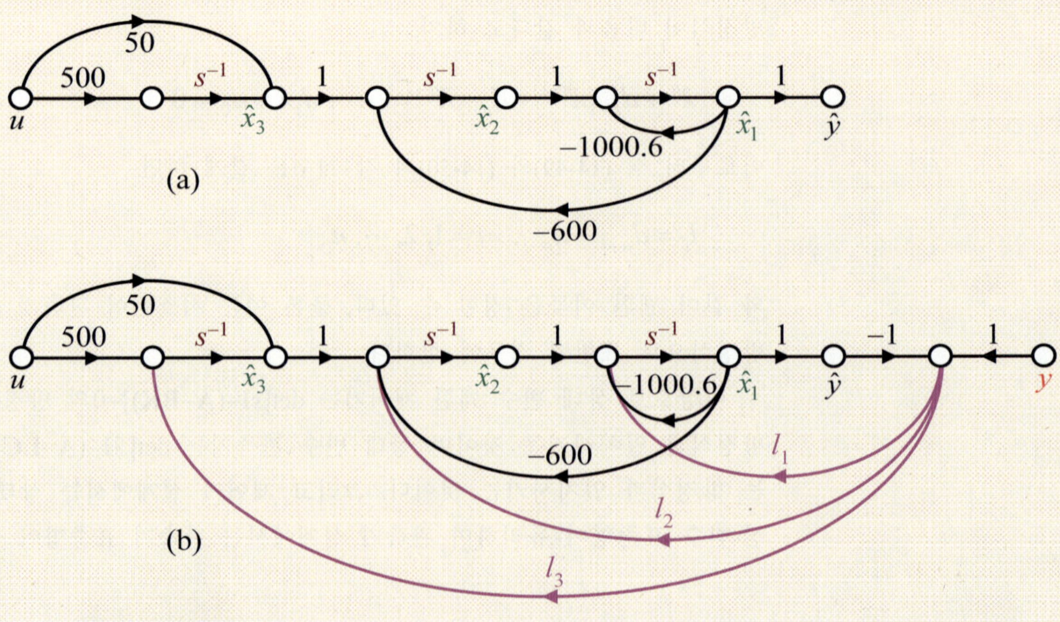

그림 14-19 예제 14-8의 관측기 표준형 상태 선도; (b) 시뮬레이터; (b) 관측기.

따라서 상태 오차 벡터 $\mathbf{e_x}$에 대한 특성 방정식은 다음과 같다.

$$\lambda^3 + (1000.6 + l_1)\lambda^2 + (600 + l_2)\lambda + l_3 = 0$$

이제 $\mathbf{e_x}$에 대해 원하는 특성 방정식을 구해보자. 예제 14-1에서 상태 변수 궤환 제어기로 보상된 후의 우세 극점이 ζ=0.69, ω_n=5.8이었다. 따라서 관측기 속도를 제어기의 10배로 하기 위해 관측기의 우세 극점은 ζ=0.69, ω_n=58로 한다. 즉 우세 극점은 λ=–40±j42이다. 그리고 나머지 하나의 극점은 우세 극점 실수부의 10배인 –400으로 정한다. 이상으로 관측기의 특성 방정식은 다음과 같다.

$$(\lambda + 400)(\lambda^2 + 2\zeta\omega_n\lambda + \omega_n^2) = (\lambda + 400)(\lambda^2 + 80\lambda + 3364)$$
$$= \lambda^3 + 480\lambda^2 + 35{,}364\lambda + 1.346\times10^6 = 0$$

위의 두 특성 방정식을 일치시키면 궤환 이득은 다음과 같이 구해진다.

$$l_1 = -520.6, \quad l_2 = 34{,}764, \quad l_3 = 1.346\times10^6$$

상태 변수 오차의 초기 조건이 모두 1로 하고 출력 오차를 구해보면 그림 14-20과 같다. 관측기의 정착 시간은 T_s=0.1 초 정도로 설계 목적과 부합됨을 알 수 있다.

그림 14-20
예제 14-8 관측기의 출력 오차.

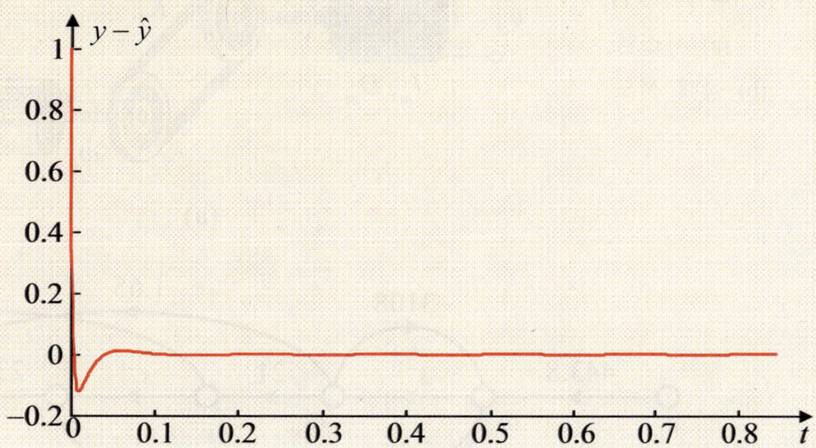

상태 변수 관측기를 설계한다는 것은 행렬식 det[λ**I**–(**A**–**LC**)]의 계수를 원하는 특성 방정식의 계수와 일치시키는 것이며 이 작업은 시스템의 상태 방정식이 관측기 표준형일 때 가장 간단하다. 따라서 관측기 표준형이 아닐 경우

도 설계는 가능하지만 차수가 높아질수록 계산이 번거로워진다.

예제 14-9

그림 14-21은 예제 6-3의 테이프 구동 시스템 및 상태 선도이다(그림 6-14 참조). 특히 그림 14-21(b)의 상태 선도에서 상태 변수 T_K는 신축성 있는 테이프의 스프링 요소에 대한 장력으로 감지기로 측정하기가 쉽지 않다. 관측기를 이용하여 상태 변수를 추정하고자 한다. 관측기의 과도 응답이 다음과 같도록 관측기를 설계하라: %OS≤15%, T_s=0.1 초(ζ=0.517, ω_n=77.4).

풀이>> 그림 14-21(b)의 상태 선도에 대한 상태 방정식은 다음과 같다.

$$\begin{bmatrix}\dot{\omega}_m\\ \dot{T}_K\\ \dot{\omega}_L\end{bmatrix}=\underbrace{\begin{bmatrix}-3108 & -2500 & 177.5\\ 21 & 0 & -21\\ 1.65 & 23.26 & -1.65\end{bmatrix}}_{\mathbf{A}}\begin{bmatrix}\omega_m\\ T_K\\ \omega_L\end{bmatrix}+\underbrace{\begin{bmatrix}443.8\\ 0\\ 0\end{bmatrix}}_{\mathbf{B}}e_a$$

그리고 출력 방정식은 다음과 같다.

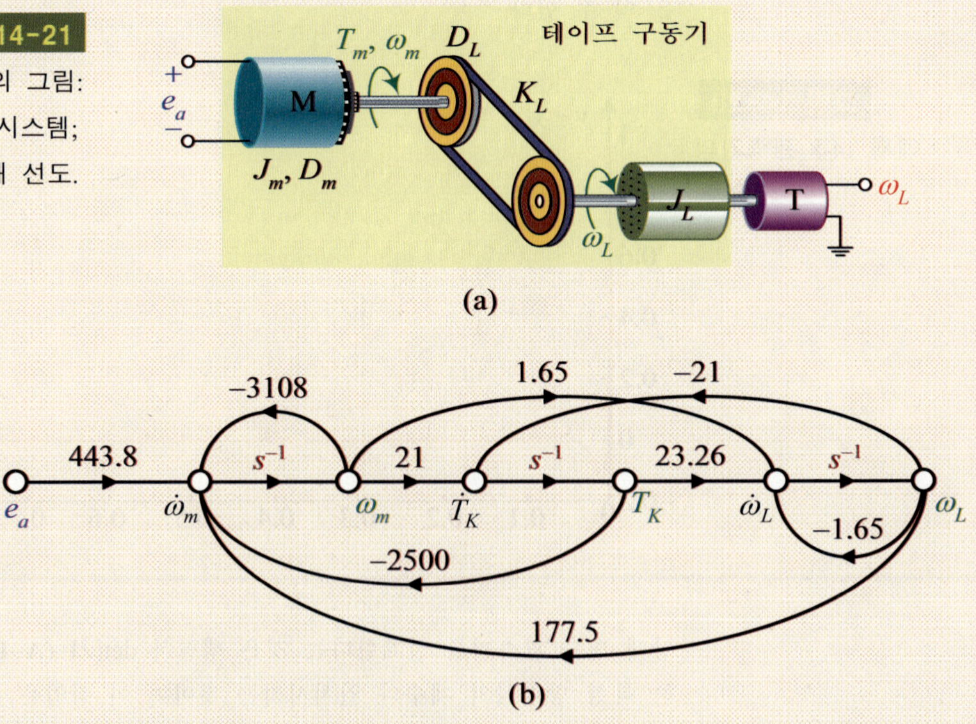

그림 14-21
예제 14-9의 그림:
(a) 시스템;
(b) 상태 선도.

$$\omega_L = \underbrace{[0\ \ 0\ \ 1]}_{\mathbf{C}} \begin{bmatrix} \omega_m \\ T_K \\ \omega_L \end{bmatrix}$$

먼저 이 시스템의 관측성을 알아보기 위해 관측성 행렬을 구하면

$$\mathbf{O_M} = \begin{bmatrix} \mathbf{C} \\ \mathbf{CA} \\ \mathbf{CA}^2 \end{bmatrix} = \begin{bmatrix} 0 & 0 & 1 \\ 1.65 & 23.26 & -1.65 \\ -4642.5 & -4163.4 & -192.86 \end{bmatrix}$$

그리고 $\mathbf{O_M}$의 행렬식이 1.01×10^5이므로 관측 가능하다. 따라서 그림 14-21에 대한 관측기는 그림 14-22와 같으며 행렬 **A–LC**는 다음과 같다.

$$\mathbf{A}-\mathbf{LC} = \begin{bmatrix} -3108 & -2500 & 177.5 \\ 21 & 0 & -21 \\ 1.65 & 23.26 & -1.65 \end{bmatrix} - \begin{bmatrix} l_1 \\ l_2 \\ l_3 \end{bmatrix} [0\ \ 0\ \ 1]$$

$$= \begin{bmatrix} -3108 & -2500 & 177.5-l_1 \\ 21 & 0 & -21-l_2 \\ 1.65 & 23.26 & -1.65-l_3 \end{bmatrix}$$

이로부터 $\det[\lambda\mathbf{I}-(\mathbf{A}-\mathbf{LC})]=0$을 구하면 다음과 같다.

$$\lambda^3 + (3110+l_3)\lambda^2 + (57{,}824 + 1.65l_1 + 23.26l_2 + 3108l_3)\lambda$$
$$+ (1.43\times10^6 + 488.46l_1 + 68{,}167l_2 + 52500l_3) = 0$$

이제 관측기에 대해 원하는 특성 방정식을 구해보자. 원하는 우세 극점이

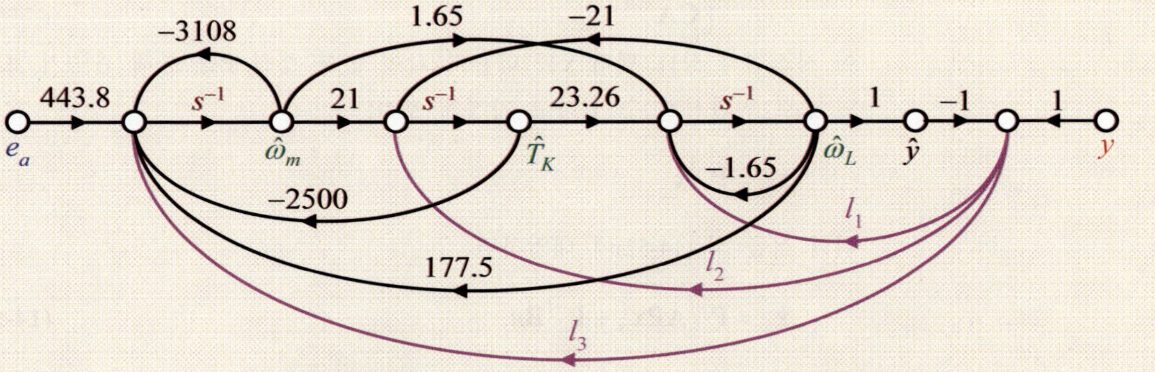

그림 14-22 그림 14-21에 대한 관측기 상태 선도.

ζ=0.517, ω_n=77.4이므로(λ=–40±j66.25) 이에 대한 다항식은 다음과 같다.

$$\lambda^2 + 2\zeta\omega_n\lambda + \omega_n^2 = \lambda^2 + 80\lambda + 5991$$

그리고 우세 극점이 λ=–40±j66.25이므로 나머지 하나의 극점은 우세 극점 실수부의 10배인 –400으로 하면 원하는 특성 방정식은 다음과 같다.

$$(\lambda + 400)(\lambda^2 + 80\lambda + 5991) = \lambda^3 + 480\lambda^2 + 37991\lambda + 2396400 = 0$$

따라서 위의 방정식을 앞서 구한 det[λ**I**–(**A**–**LC**)]=0와 일치시키면 궤환 이득은 다음과 같이 정해진다.

$$l_1 = 5.456 \times 10^6, \quad l_2 = -3.71 \times 10^4, \quad l_3 = -2630$$

상태-변수 궤환 제어기에서 시스템이 위상-변수 표준형이 아닐 경우 이를 위상-변수 표준형으로 변환시켜 제어기를 설계한 다음 원래 제어기로 환원시켰다. 이와 같은 원리로 시스템의 관측기를 설계할 때 먼저 관측기 표준형으로 변환시켜 관측기를 설계한 연후에 원래의 관측기로 환원할 수 있다. 관측기 표준형이 아닌 상태 공간

$$\dot{\mathbf{x}} = \mathbf{A}\mathbf{x} + \mathbf{B}u \tag{14-52a}$$

$$y = \mathbf{C}\mathbf{x} \tag{14-52b}$$

에서 다음과 같이 관측성 행렬을 구한다.

$$\mathbf{O_M} = \begin{bmatrix} \mathbf{C} \\ \mathbf{CA} \\ \vdots \\ \mathbf{CA}^{n-1} \end{bmatrix} \tag{14-53}$$

이 시스템의 상태 벡터 **x**를 다음과 같이 변환 행렬 **P**를 통해 관측기 표준형인 $\mathbf{x}_o$로 변환시킬 수 있다고 가정해 보자.

$$\mathbf{x}_o = \mathbf{P}^{-1}\mathbf{x} \tag{14-54}$$

위의 식을 식 (14-52)에 대입하면

$$\dot{\mathbf{x}}_o = \mathbf{P}^{-1}\mathbf{A}\mathbf{P}\mathbf{x}_o + \mathbf{P}^{-1}\mathbf{B}u \tag{14-55a}$$

$$y = \mathbf{C}\mathbf{P}\mathbf{x}_o \tag{13-55b}$$

와 같은 형태가 된다. 이 방정식의 관측성 행렬을 $\mathbf{O_{M\mathit{o}}}$라 하면 다음과 같다.

$$\mathbf{O}_{\mathbf{M}o} = \begin{bmatrix} \mathbf{CP} \\ \mathbf{CP}(\mathbf{P}^{-1}\mathbf{AP}) \\ \mathbf{CP}(\mathbf{P}^{-1}\mathbf{AP})(\mathbf{P}^{-1}\mathbf{AP}) \\ \vdots \\ \mathbf{CP}(\mathbf{P}^{-1}\mathbf{AP})(\mathbf{P}^{-1}\mathbf{AP})\cdots(\mathbf{P}^{-1}\mathbf{AP}) \end{bmatrix} = \begin{bmatrix} \mathbf{C} \\ \mathbf{CA} \\ \mathbf{CA}^2 \\ \vdots \\ \mathbf{CA}^{n-1} \end{bmatrix}\mathbf{P} \tag{14-56}$$

따라서 식 (14-53)과 (14-56)으로부터 변환 행렬 **P**는

$$\mathbf{P} = \mathbf{C_M}^{-1}\mathbf{C}_{\mathbf{M}o} \tag{14-57}$$

와 같이 두 관측성 행렬로부터 구할 수 있는 것이다. 식 (14-55)에 대한 관측기의 궤환 이득을 $\mathbf{L}_o$라 하면 식 (14-46)으로부터

$$\begin{cases} \dot{\mathbf{e}}_{\mathbf{x}o} = (\mathbf{P}^{-1}\mathbf{AP} - \mathbf{L}_o\mathbf{CP})\mathbf{e}_{\mathbf{x}o} \\ y - \hat{y} = \mathbf{CPe}_{\mathbf{x}o} \end{cases} \tag{14-58}$$

이며 상태 오차 벡터 $\mathbf{e}_{\mathbf{x}o}$는 $\mathbf{e}_{\mathbf{x}o} = \mathbf{x}_o - \hat{\mathbf{x}}_o$ 이다. 그리고 $\mathbf{x}_o$=$\mathbf{P}^{-1}\mathbf{x}$이므로

$$\mathbf{e}_{\mathbf{x}o} = \mathbf{P}^{-1}\mathbf{e}_\mathbf{x} \tag{14-59}$$

이다. 따라서 위의 식을 식 (14-58)에 대입하면 다음과 같이 원래 상태 오차 벡터 $\mathbf{e}_\mathbf{x}$에 대한 식을 얻을 수 있다.

$$\begin{cases} \dot{\mathbf{e}}_\mathbf{x} = (\mathbf{A} - \mathbf{PL}_o\mathbf{C})\mathbf{e}_\mathbf{x} \\ y - \hat{y} = \mathbf{Ce}_\mathbf{x} \end{cases} \tag{14-60}$$

위의 식을 식 (14-46)과 비교하면 구하고자 하는 원래 관측기의 궤환 이득 **L**은 변환된 이득 $\mathbf{L}_o$로부터 다음과 같이 구할 수 있음을 알 수 있다.

$$\mathbf{L} = \mathbf{PL}_o \tag{14-61}$$

이상으로 변환을 통한 관측기 설계 절차는 다음과 같다:

1. 주어진 시스템의 상태 벡터 **x**로부터 상태 방정식을 구하고 관측성 행렬 $\mathbf{O_M}$을 구한다.
2. 상태 벡터 **x**의 방정식으로부터 전달 함수를 구하여 관측기 표준형 변수 $\mathbf{x}_o$의 상태 방정식으로 변환시킨다. 이로부터 제어성 행렬 $\mathbf{C}_{\mathbf{M}o}$ 및 변환 행렬 $\mathbf{P}=\mathbf{C_M}^{-1}\mathbf{C}_{\mathbf{M}o}$를 구한다.
3. 궤환 이득 $\mathbf{L}_o$를 설계하고 이로부터 원래 시스템의 궤환 이득 **L**을 구한다: $\mathbf{L}=\mathbf{PL}_o$

예제 14-10 예제 14-4의 시스템에 대한 관측기를 설계하라. 단 관측기의 과도 응답 속도는 예제 14-4에서 설계한 제어기의 과도 응답 속도에 비해 10배 빠르게 한다(ζ=0.707, T_s=0.002 초).

풀이>> 관측 대상 시스템의 상태 공간은 다음과 같다.

$$\begin{cases} \dot{\mathbf{x}} = \underbrace{\begin{bmatrix} 0 & 1 & 0 \\ 0 & -0.55 & 5 \\ 0 & -10 & -1000 \end{bmatrix}}_{\mathbf{A}} \mathbf{x} + \underbrace{\begin{bmatrix} 0 \\ 0 \\ 50,000 \end{bmatrix}}_{\mathbf{B}} e_i \\ \theta_o = \underbrace{\begin{bmatrix} 0.1 & 0 & 0 \end{bmatrix}}_{\mathbf{C}} \mathbf{x} \end{cases}$$

이 시스템의 관측성을 알아보기 위해 관측성 행렬을 구하면

$$\mathbf{O_M} = \begin{bmatrix} \mathbf{C} \\ \mathbf{CA} \\ \mathbf{CA}^2 \end{bmatrix} = \begin{bmatrix} 0.1 & 0 & 0 \\ 0 & 0.1 & 0 \\ 0 & -0.055 & 0.5 \end{bmatrix}$$

그리고 $\mathbf{O_M}$의 행렬식이 0.005이므로 관측 가능하다. 주어진 상태 방정식을 관측기 표준형으로 변환하기 위해 전달 함수를 구하면

$$\frac{\Theta_o(s)}{E_i(s)} = \frac{25000}{s^3 + 1001s^2 + 600s}$$

따라서 주어진 시스템에 대한 관측기 표준형 상태 공간은 다음과 같다.

$$\dot{\mathbf{x}}_o = \underbrace{\begin{bmatrix} -1001 & 1 & 0 \\ -600 & 0 & 1 \\ 0 & 0 & 0 \end{bmatrix}}_{\mathbf{A}_o} \mathbf{x}_o + \underbrace{\begin{bmatrix} 0 \\ 0 \\ 25000 \end{bmatrix}}_{\mathbf{B}_o} e_i$$

$$\theta_o = \underbrace{\begin{bmatrix} 1 & 0 & 0 \end{bmatrix}}_{\mathbf{C}_o} \mathbf{x}_o$$

위의 방정식에 대한 관측성 행렬 $\mathbf{O}_{\mathbf{M}o}$를 구하면 다음과 같다.

$$\mathbf{O}_{\mathbf{M}o} = \begin{bmatrix} \mathbf{C}_o \\ \mathbf{C}_o\mathbf{A}_o \\ \mathbf{C}_o\mathbf{A}_o^2 \end{bmatrix} = \begin{bmatrix} 1 & 0 & 0 \\ -1001 & 1 & 0 \\ 1.0014 \times 10^6 & -1001 & 1 \end{bmatrix}$$

행렬 $\mathbf{O_M}$과 $\mathbf{O}_{\mathbf{M}o}$로부터 변환 행렬 $\mathbf{P}=\mathbf{O_M}^{-1}\mathbf{O}_{\mathbf{M}o}$를 구하면 다음과 같다.

$$\mathbf{P}=\begin{bmatrix}10 & 0 & 0\\ 10010 & 10 & 0\\ 2\times10^{6} & -2\times10^{3} & 2\end{bmatrix}$$

이제 궤환 이득 $\mathbf{L}_o$를 설계하기 위해 행렬 $\mathbf{A}_o-\mathbf{L}_o\mathbf{C}_o$를 구하면 다음과 같다.

$$\mathbf{A}_o-\mathbf{L}_o\mathbf{C}_o=\begin{bmatrix}-1001 & 1 & 0\\ -600 & 0 & 1\\ 0 & 0 & 0\end{bmatrix}-\begin{bmatrix}l_1\\ l_2\\ l_3\end{bmatrix}\begin{bmatrix}1 & 0 & 0\end{bmatrix}$$
$$=\begin{bmatrix}-(1001+l_1) & 1 & 0\\ -(600+l_2) & 0 & 1\\ -l_3 & 0 & 0\end{bmatrix}$$

이로부터 특성 방정식을 구하면

$$\lambda^3+(1001+l_1)\lambda^2+(600+l_2)\lambda+l_3=0$$

관측기의 원하는 과도 응답 특성이 ζ=0.707, T_s=0.002 초이므로 ω_n=2829이다. 즉 우세 극점은 λ=–2000±j2000이다. 그리고 나머지 극점을 –20,000으로 하면 특성 방정식은 다음과 같다.

$$(\lambda+20000)(\lambda^2+2\zeta\omega_n+\omega_n^2)$$
$$=\lambda^3+24000\lambda^2+8.8\times10^7\lambda+1.6\times10^{11}=0$$

따라서 위의 두 방정식을 일치시키면

$$l_1=22999,\quad l_2=8.799\times10^7,\quad l_3=1.6\times10^{11}$$

이로부터

$$\mathbf{L}_o=[22999\quad 8.799\times10^7\quad l_3=1.6\times10^{11}]^T$$

이제 위의 궤환 벡터를 원래 시스템으로 환원시키 면 관측기 궤환 이득은 다음과 같다.

$$\mathbf{L}=\mathbf{PL}_o=\begin{bmatrix}10 & 0 & 0\\ 10010 & 10 & 0\\ 2\times10^{6} & -2\times10^{3} & 2\end{bmatrix}\begin{bmatrix}22999\\ 8.799\times10^7\\ 1.6\times10^{11}\end{bmatrix}=\begin{bmatrix}2.3\times10^5\\ 6.5\times10^8\\ 1.9\times10^{11}\end{bmatrix}$$

14.5 매트랩 프로그램

이 장에서 배울 매트랩 함수는 다음과 같다: rank, ctrb, obsv.

rank rank(A)는 행렬 A의 급수를 나타낸다.

ctrb, obsv 상태 공간의 행렬이 A, B, C일 때 함수 ctrb(A,B)는 제어성 행렬을 구해주고 obsv(A,C)는 관측성 행렬을 구해준다. 한 예로 상태 공간

$$\dot{\mathbf{x}} = \begin{bmatrix} -2 & 1 & 0 \\ 0 & -2 & 0 \\ -1 & -2 & -3 \end{bmatrix}\mathbf{x} + \begin{bmatrix} 1 \\ 1 \\ 1 \end{bmatrix}u$$

$$y = [1 \ \ 0 \ \ 0]\mathbf{x}$$

에 대해 실행하면 다음과 같다.

```
>> A=[-2 1 0; 0 -2 0 ; -1 -2 -3];
>> B=[1; 1; 1];
>> C=[1 0 0];
>> ctrb(A,B)
ans=
      1   -1    0
      1   -2    4
      1   -6   23
>> rank(ctrb(A, B))
ans=
    3
>> obsv(A, C)
ans=
      1   0   0
     -2   1   0
      4  -4   0
>> rank(obsv(A, C))
ans=
    2
```

연습 문제

14.1 개루프 전달 함수가 다음과 같다.

$$G(s)=\frac{Y(s)}{U(s)}=\frac{3}{s(s+1)(s+3)}$$

상태 변수를 궤환시켜 제어 입력 $u(t)$를

$$u(t)=r(t)-\mathbf{Kx}$$

로 하며 $r(t)$는 기준 입력이다. 개루프 시스템을 위상-변수 표준형으로 표현하고 오버슛이 10%이고 피크 시간이 0.3초가 되도록 제어기를 설계하라. 우세 극점이 아닌 폐루프 극점은 우세 극점 실수부의 10배로 하라.

14.2 개루프 전달 함수가 다음과 같다.

$$G(s)=\frac{Y(s)}{U(s)}=\frac{48}{(s+2)(s+4)(s+6)}$$

개루프 시스템을 위상-변수 표준형으로 표현하고 오버슛이 15%이고 피크 시간이 0.1초가 되도록 제어기를 설계하라. 우세 극점이 아닌 폐루프 극점은 우세 극점 실수부의 10배로 하라.

14.3 상태 방정식의 **A**, **B**행렬이 다음과 같을 때 시스템의 제어성을 판단하라.

(a) $\mathbf{A}=\begin{bmatrix}0 & 1\\ -1 & -2\end{bmatrix},\quad \mathbf{B}=\begin{bmatrix}0\\1\end{bmatrix}$

(b) $\mathbf{A}=\begin{bmatrix}0 & 1\\ 0 & -2\end{bmatrix},\quad \mathbf{B}=\begin{bmatrix}0\\1\end{bmatrix}$

(c) $\mathbf{A}=\begin{bmatrix}-2 & 1 & 0\\ 0 & -2 & 0\\ 0 & 0 & -3\end{bmatrix},\quad \mathbf{B}=\begin{bmatrix}0\\1\\1\end{bmatrix}$

(d) $\mathbf{A}=\begin{bmatrix}-2 & 0 & 1\\ 0 & -2 & 0\\ 0 & 0 & -3\end{bmatrix},\quad \mathbf{B}=\begin{bmatrix}0\\1\\1\end{bmatrix}$

(e) $\mathbf{A}=\begin{bmatrix}-1 & 0 & 0\\ 0 & -2 & 0\\ 0 & 0 & -3\end{bmatrix},\quad \mathbf{B}=\begin{bmatrix}1\\0\\1\end{bmatrix}$

(f) $\mathbf{A}=\begin{bmatrix}-4 & 1 & 0\\ 0 & 0 & 1\\ 0 & 0 & -3\end{bmatrix},\quad \mathbf{B}=\begin{bmatrix}0\\1\\2\end{bmatrix}$

(g) $\mathbf{A}=\begin{bmatrix}-4 & 1 & 0\\ 0 & 0 & 1\\ -5 & 0 & -3\end{bmatrix},\quad \mathbf{B}=\begin{bmatrix}1\\1\\1\end{bmatrix}$

(h) $\mathbf{A}=\begin{bmatrix}-1 & 1 & 0\\ 4 & 0 & -3\\ -6 & 8 & 10\end{bmatrix},\quad \mathbf{B}=\begin{bmatrix}-1\\0\\1\end{bmatrix}$

14.4 시스템의 상태 방정식이 다음과 같다.

$$\dot{\mathbf{x}} = \begin{bmatrix} 2 & 0 \\ -1 & 1 \end{bmatrix}\mathbf{x} + \begin{bmatrix} 1 \\ 1 \end{bmatrix}u$$

이 시스템은 원천적으로 불안정하다. 제어 입력 $u(t)$를

$$u(t) = -\mathbf{Kx} = k(x_1 + x_2)$$

로 하여 폐루프 시스템을 안정시킬 수 있는지 판단하라.

14.5 그림 P14-5의 꺼꾸로 된 진자 운동에서 $M>>m$인 경우에 대한 선형화된 운동 방정식은 다음과 같다(문제 5-19 참조).

$$\frac{d\omega}{dt} = \frac{g}{l}\theta - \frac{1}{Ml}u, \quad \frac{d\theta}{dt} = \omega$$

파라미터 값이 M=100 kg, l=1 m, g=9.81 m/s^{2}일 때 다음과 같은 특성이 되도록 상태-변수 궤환 제어기를 설계하라: 오버슛이 5%, 정착 시간이 1 초.

14.6 그림 P14-6의 마그레브 시스템은 예제 4-15에서 해석한 바 있다.

(a) 선형화된 상태 방정식이 다음과 같음을 보여라(예제 4-15를 참조할 것).

$$\begin{bmatrix} \dot{i}_\delta \\ \dot{v}_\delta \\ \dot{y}_\delta \end{bmatrix} = \begin{bmatrix} -R/L & 0 & 0 \\ -2\sqrt{kg/My_o} & 0 & g/y_o \\ 0 & 1 & 0 \end{bmatrix}\begin{bmatrix} i_\delta \\ v_\delta \\ y_\delta \end{bmatrix} + \begin{bmatrix} 1/L \\ 0 \\ 0 \end{bmatrix}e_\delta$$

(b) 파라미터 값이 다음과 같다: R=1 Ω, L=0.01 H, M=1 kg, k=2, g=9.81 m/sec^2, y_o=0.5 m. 상태-변수 궤환 제어기를 설계하되 오버슛이 10%, 정착 시간이 0.1 초가 되게 하라.

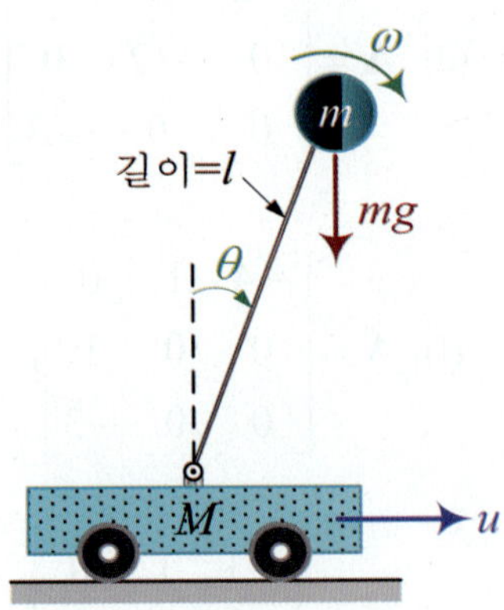

그림 P14-5

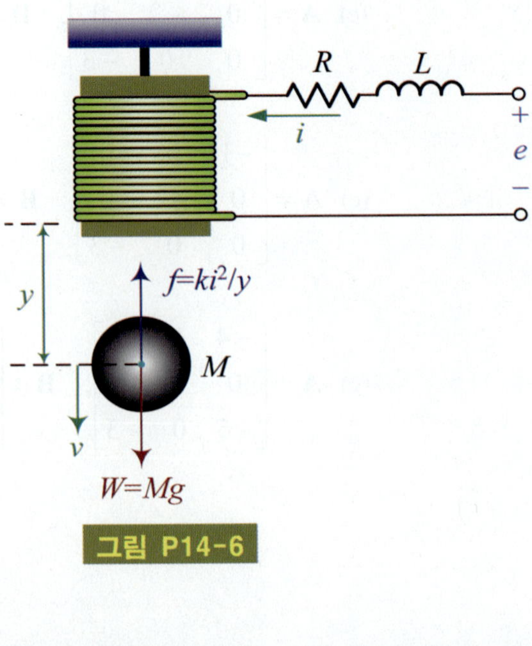

그림 P14-6

14.7 그림 P14-7은 로켓 및 블록 선도이다.

(a) 제어 입력 u와 d 사이의 상태 방정식을 구하라. 단 $x_1=d, x_2=\theta, x_3=\omega$로 정한다.

(b) 상태 변수를 궤환시켜 제어 입력을 다음과 같이 한다.

$$u = -\mathbf{Kx} = -[k_1 \ \ k_2 \ \ k_3]\begin{bmatrix} d \\ \theta \\ \omega \end{bmatrix}$$

오버슛이 3%, 정착 시간이 0.01 초가 되게 게어기를 설계하라.

그림 P14-7

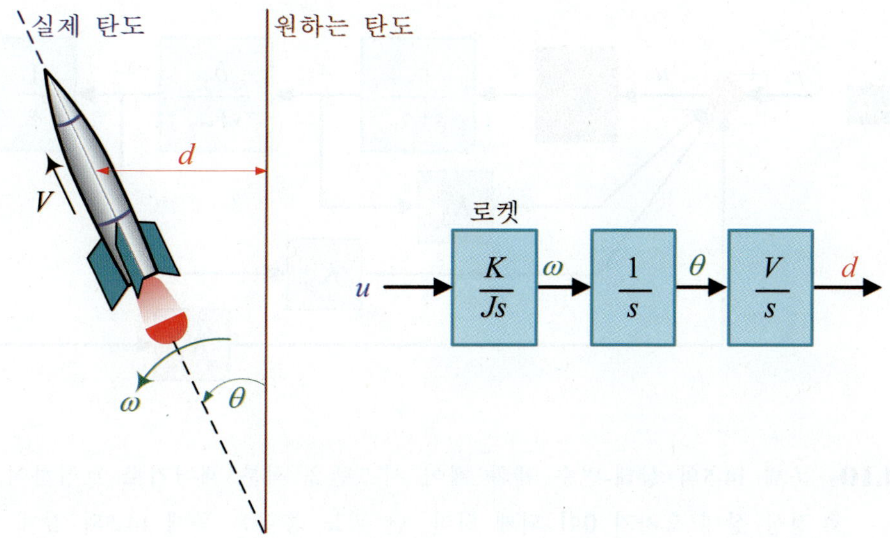

14.8 그림 P14-8은 빔 위에 있는 공을 전동기를 이용해 원하는 위치에 머물도록 제어하는 시스템이며 블록 선도는 그 간단한 모델이다. 상태 변수를 $x_1=\theta, x_2=\omega$로 하여 제어기를

$$u = -\mathbf{Kx} = -[k_1 \ \ k_2]\begin{bmatrix} \theta \\ \omega \end{bmatrix}$$

와 같이 설계한다. 페루프 시스템의 특성이 다음과 같도록 제어기를 설계하라: 오버슛이 4%, 정착 시간이 1 초.

그림 P14-8

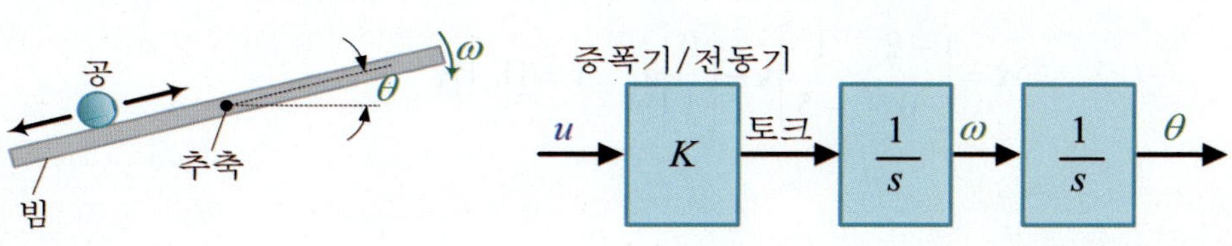

14.9 그림 P14-9는 전동기로 위치를 제어하는 전형적인 시스템의 블록 선도이다.

(a) 파라미터들이 K_A=1, a_1=4, b_1=2, a_2=1, b_2=2일 때 오버슛이 3%, 정착 시간이 1초 정도이도록 궤환 이득을 설계해 보아라.

(b) 파라미터들이 K_A=60, a_1=8, b_1=1, a_2=2, b_2=2, K_1=1일 때 폐루프 전달 함수의 극점이 s=−15, s=−2±j2가 되도록 궤환 이득 K_2, K_3를 구하라.

(c) 파라미터들이 a_1=3, b_1=1, a_2=1, b_2=1이다. 폐루프 전달 함수의 우세 극점이 s=−1±j이며 계단 입력에 대한 정상 상태 오차가 0이 되도록 되도록 궤환 이득을 구하라. 그리고 나머지 하나의 극점을 구하여 이 극점의 위치를 마음대로 정할 수 있는지 알아보아라.

그림 P14-9

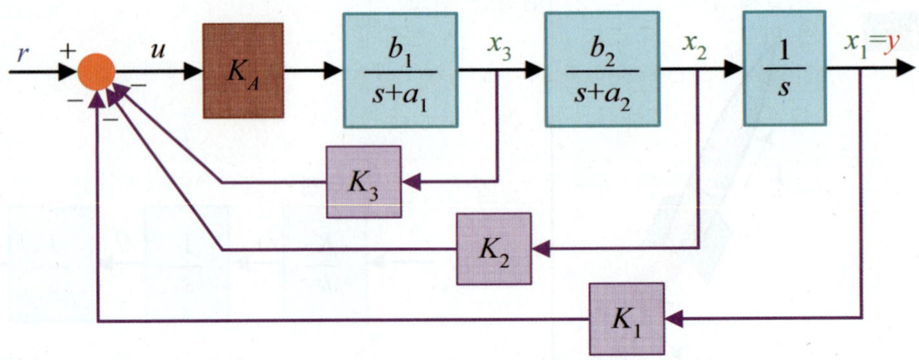

14.10 문제 14-5의 상태-변수 궤환 제어 시스템을 적분 제어기로 보상하여 계단 입력에 대한 정상 상태 오차가 0이 되게 하라. 단 과도 응답은 문제 14-5와 같게 한다.

14.11 문제 14-8의 상태-변수 궤환 제어 시스템을 적분 제어기로 보상하여 계단 입력에 대한 정상 상태 오차가 0이 되게 하라. 단 과도 응답은 문제 14-8과 같게 한다.

14.12 다음의 시스템에 대한 상태-변수 궤환 제어 시스템을 적분 제어기로 보상하여 계단 입력에 대한 정상 상태 오차가 0이 되도록 한다. 과도 응답은 오버슛이 10%, 정착 시간이 0.5 초로 할 때 제어기를 설계하라.

$$\dot{\mathbf{x}} = \begin{bmatrix} -1 & 1 \\ 0 & 2 \end{bmatrix}\mathbf{x} + \begin{bmatrix} 0 \\ 1 \end{bmatrix}u, \quad y = [1 \;\; 1]\mathbf{x}$$

14.13 다음의 시스템에 대해서도 문제 14.12를 반복하라.

$$\dot{\mathbf{x}} = \begin{bmatrix} -2 & 1 \\ 0 & -5 \end{bmatrix}\mathbf{x} + \begin{bmatrix} 0 \\ 1 \end{bmatrix}u, \quad y = [1 \;\; 1]\mathbf{x}$$

14.14 다음 상태 방정식으로 표현되는 시스템의 제어성과 관측성을 판단하라.

(a) $\mathbf{A}=\begin{bmatrix}0 & 1\\ -1 & -3\end{bmatrix},\quad \mathbf{B}=\begin{bmatrix}1\\ 2\end{bmatrix},\quad \mathbf{C}=[1\ \ 1]$

(b) $\mathbf{A}=\begin{bmatrix}0 & 1\\ 0 & -3\end{bmatrix},\quad \mathbf{B}=\begin{bmatrix}0\\ 1\end{bmatrix},\quad \mathbf{C}=[0\ \ 2]$

(c) $\mathbf{A}=\begin{bmatrix}-4 & 0\\ 0 & -1\end{bmatrix},\quad \mathbf{B}=\begin{bmatrix}0\\ 1\end{bmatrix},\quad \mathbf{C}=[1\ \ 0]$

(d) $\mathbf{A}=\begin{bmatrix}0 & 1\\ -1 & -2\end{bmatrix},\quad \mathbf{B}=\begin{bmatrix}0\\ 1\end{bmatrix},\quad \mathbf{C}=[1\ \ 0]$

14.15 다음의 시스템에 대한 관측기를 설계하고자 한다.

$$G(s)=\frac{9}{s(s+3)(s+6)}$$

관측기의 과도 응답 특성이 다음과 같도록 관측기를 설계하라: ω_n=80, ζ=0.5

14.16 다음의 시스템에 대한 관측기를 설계하고자 한다.

$$G(s)=\frac{10}{(s+1)(s+5)(s+9)}$$

관측기의 과도 응답 특성이 다음과 같도록 관측기를 설계하라: %OS=10, T_p=0.2

15

디지털 제어

15.1 디지털 시스템

디지털 컴퓨터를 궤환 제어 시스템에 활용하면 그 막강한 기능으로 많은 이득을 얻을 수 있다. 특히 현대적인 제어 시스템에서는 여러 가지 변수들을 동시에 제어하기 위해 더 많은 폐루프가 요구되므로 시스템 곳곳에 아날로그 제어기가 설치되어야 한다. 그러나 모든 아날로그 제어기를 하나의 컴퓨터로 통합하여 운영하면 시스템 매우 구성이 간결해질 수 있다. 즉 여러 가지 장비는 물론이고 많은 미터기나 단자 등이 컴퓨터 단말기로 대체되며 모든 지시 정보는 단말기와 모니터를 통해 간단히 전달된다. 따라서 유지 보수가 간편할 뿐 아니라 나아가 소프트웨어를 활용하여 수정이 쉽다는 이점도 있다. 궤환 제어 시스템에서 컴퓨로 대체할 수 있는 대표적인 부분이 제어기이며 이를 디지털 제어기라 한다.

표본화 지금까지 이 책을 통해 소개한 것은 시간에 따라 연속적으로 동작하는 소위 연속 시스템(continuous system)이며 이를 아날로그 시스템이라고도 한다. 이에 비해 디지털 시스템은 정보를 시간에 따라 연속적으로 처리할 수 없으며 일정한 시간 간격을 두고 한번씩 처리한다. 따라서 정보(혹은 데이터)를 일정한 시간 간격으로 채집하는 작업이 선행되어야 하며 이를 표본화(sampling)라 하고 표본화하는 시간 간격을 표본 주기라 한다. 표본화는 그림 15-1과 같이 두 가지 유형으로 생각할 수 있다. 먼저 그림 15-1의 (a)는 주기가 표본 주기 T와 같은 주기적인 충격 함수, 즉 충격열(impulse train) 함수로 곱하는 것으로서 가장 이상적인 표본화이다. 주기 T의 충격열 함수는

$$\tilde{\delta}_T(t) = \sum_{k=0}^{\infty} \delta(t-kT) \tag{15-1}$$

로 정의된다. 함수 $r(t)$를 충격열 함수로 곱한 것, 즉 이상적으로 표본화 한 것을 $r^*(t)$라 하면 $r^*(t)$는 다음과 같다.

$$r^*(t) = r(t)\tilde{\delta}_T(t) = r(t)\sum_{k=0}^{\infty} \delta(t-kT) \tag{15-2}$$

여기서 $r(t)\delta(t-kT)=r(kT)\delta(t-kT)$임을 이용하면(이를 $\delta(t)$의 표본화 성질이라 한다) 식 (15-2)는 다음과 같이 표현된다.

그림 15-1
표본화 및 표본기 기호:
(a) 이상적;
(b) 실제적.

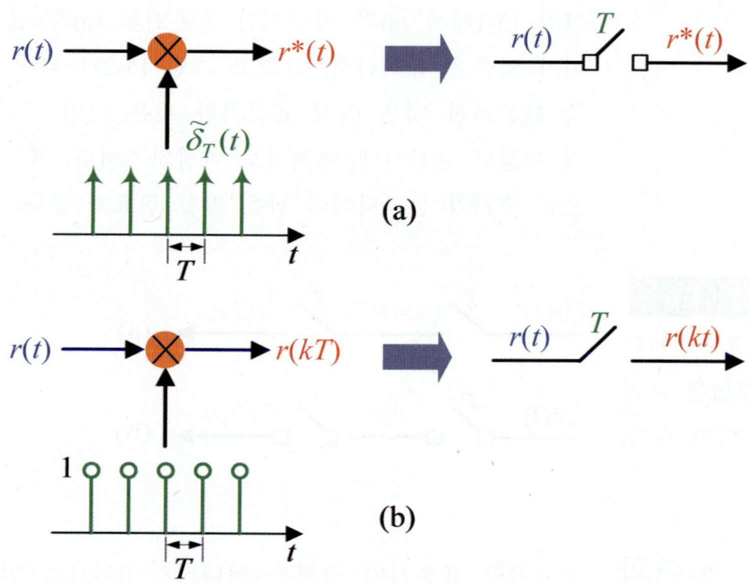

$$r^*(t) = \sum_{k=0}^{\infty} r(t)\delta(t-kT) = \sum_{k=0}^{\infty} r(kT)\delta(t-kT) \quad \textbf{(15-3)}$$

즉 매 표본 순간의 충격 함수의 크기는 표본치 크기와 같다. 이상적인 표본기의 기호는 그림 15-1(a)의 오른쪽 그림과 같이 표현하기로 약속한다. 그러나 충격 함수는 현실적으로 구현할 수 없으므로 이상적인 표본기는 실제로는 존재할 수 없다. 다만 이 표본기는 아날로그 시스템과 디지털 시스템을 결합시키는 교량 역할을 하므로 해석상 매우 소중하게 취급된다. 그림 15-1(b)는 실제적인 표본기로서 크기가 1인 충격열, 즉 단위 충격열로써 표본화하며 표본 순간 $t=kT$에서의 표본치의 크기는 표본 순간의 크기 $r(kT)$와 같다.

그림 15-1(a)의 $r^*(t)$는 에너지가 있다. 즉 충격 함수 $\delta(t)$의 면적이 1이므로 $r(kT)\delta(t-kT)$의 면적은 $r(kT)$이다. 따라서 라플라스 변환이 가능하므로 아날로그적으로 표현할 수 있다. 그러나 그림 (b)의 경우는 표본화된 각 펄스는 크기가 $r(kT)$이지만 시간폭이 0이므로 에너지가 0이다. 따라서 라플라스 변환으로 표현할 수 없으며 z-변환으로 표현하여야 한다(15-2 절에서 설명). 앞으로 우리가 접할 제어 시스템은 연속 시스템과 디지털 시스템이 결합된 형태이며 이들은 전달 함수 상에서 서로 결합될 수 없다. 따라서 라플라스 변환으로 표현될 수 있음으로써 연속 시스템의 성질을 가짐과 아울러 표본화 성질이 있음으로써 디지털 시스템 성질을 동시에 가질 수 있는 이상적인 표본기가 교량 역할을할 수 밖에 없는 것이다(이에 대해서는 차차 소개된다).

그림 15-1에서 (a)의 이상적인 표본기와 (b)의 실제적인 표본기의 기호에 차이가 있음을 유의하라. 그리고 그림 15-2와 같이 두 개의 표본기를 거친 것, 즉 표본화한 것을 다시 표본화한 것은 한번 표본화한 것과 같으며 이는 두 개 이상의 표본기에 대해서도 마찬가지이다. 물론 직렬로 연결된 표본기들의 표본 주기가 동기되어야 함은 말할 필요가 없다.

그림 15-2
동기된 표본기들의 직렬 결합은 단일 표본기와 같다.

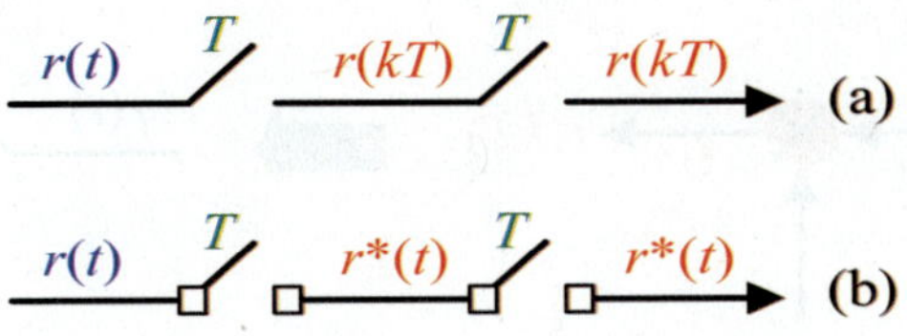

z-변환

실제적인 표본기의 출력은 에너지가 0이므로 이를 전압 또는 전류 형태로 전선을 통해 전송하면 사라지게 된다. 표본화된 신호 $r(kT)$는 그림 15-3(a)과 같이 A/D(analog-to-digital) 변환기를 거쳐 에너지가 있는 2진 펄스, 즉 디지털 신호로 부호화된 다음 디지털 시스템에 의해 저장 및 처리된다. 역으로 디지털 시스템의 출력은 D/A(digital-to-analog) 변환기를 거쳐 다시 아날로그 값으로 변한다. 앞으로는 A/D 변환기와 D/A 변환기를 디지털 시스템에 포함시켜 그림 (b)와 같이 전달 함수가 $G(z)=C(z)/R(z)$인 디지털 시스템으로 표현하기로 하며 $R(z)$와 $C(z)$는 각각 $r(t)$와 $c(t)$의 z-변환을 의미한다. 이제 z-변환에 대해 알아보자. 함수 $r(t)$의 z-변환 $R(z)$는 다음과 같이 정의된다.

$$R(z) = Z\{r(t)\} = \sum_{k=0}^{\infty} r(kT) z^{-k} \tag{15-4}$$

그림 15-3
디지털 시스템의
(a) 구성;
(b) 전달 함수식 표현.

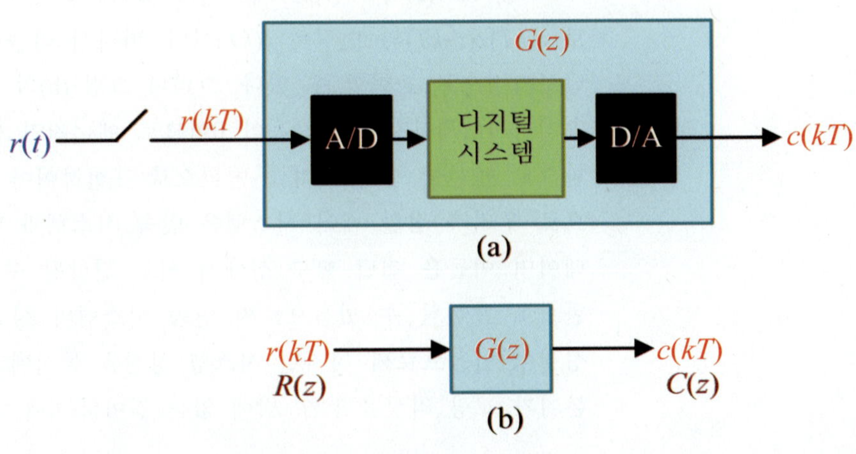

여러분들은 이미 z-변환에 대해 기초적인 지식이 있으리라 판단하고 중복된 설명은 피하기로 한다. 대신에 기본적인 디지털 제어 이론에서 필요한 몇 가지 z-변환을 표 15-1에, 성질은 표 15-2에 모아 놓았다. 표 15-1에서 $f(t)$의 라플라스 변환 $F(s)$와 z-변환 $F(z)$의 상호 관계는 연속 시스템을 등가적인 디지털 시스템으로 변환할 때 빈번히 참조되는 내용이다. 그리고 표 15-2의 7 최종치 정리는 디지털 궤환 제어 시스템의 정상 상태 오차를 계산하는데 필요한 이론이다.

	$f(t)$	$F(s)$	$F(z)$	$f(kT)$
1.	$\delta(t-kT)$	e^{-kTs}	z^{-k}	1 (t=kT일 때만)
2.	$u_s(t)$	$\dfrac{1}{s}$	$\dfrac{z}{z-1}$	$u(kT)$
3.	t	$\dfrac{1}{s^2}$	$\dfrac{Tz}{(z-1)^2}$	kT
4.	t^n	$\dfrac{n!}{s^{n+1}}$	$\lim\limits_{a\to 0}(-1)^n \dfrac{d^n}{da^n}\left[\dfrac{z}{z-e^{-aT}}\right]$	$(kT)^n$
5.	e^{-at}	$\dfrac{1}{s+a}$	$\dfrac{z}{z-e^{-aT}}$	e^{-akT}
6.	$t^n e^{-at}$	$\dfrac{n!}{(s+a)^{n+1}}$	$(-1)^n \dfrac{d^n}{da^n}\left[\dfrac{z}{z-e^{-aT}}\right]$	$(kT)^n e^{-akT}$
7.	$\sin\omega t$	$\dfrac{\omega}{s^2+\omega^2}$	$\dfrac{z\sin\omega T}{z^2-2z\cos\omega T+1}$	$\sin\omega kT$
8.	$\cos\omega t$	$\dfrac{s}{s^2+\omega^2}$	$\dfrac{z(z-\cos\omega T)}{z^2-2z\cos\omega T+1}$	$\cos\omega kT$
9.	$e^{-at}\sin\omega t$	$\dfrac{\omega}{(s+a)^2+\omega^2}$	$\dfrac{ze^{-aT}\sin\omega T}{z^2-2ze^{-aT}\cos\omega T+e^{-2aT}}$	$e^{-akT}\sin\omega kT$
10.	$e^{-at}\cos\omega t$	$\dfrac{s+a}{(s+a)^2+\omega^2}$	$\dfrac{z(z-e^{-aT}\cos\omega T)}{z^2-2ze^{-aT}\cos\omega T+e^{-2aT}}$	$e^{-akT}\cos\omega kT$

표 15-1 라플라스 변환과 z-변환.

표 15-2 z-변환의 성질.

성질	이름
1. $Z\{af(t)\} = aF(z)$	선형성
2. $Z\{f_1(t)+f_2(t)\} = F_1(z)+F_2(z)$	중첩성
3. $Z\{e^{-at}f(t)\} = F(e^{-aT}z)$	변조
4. $Z\{f(t-kT)\} = z^{-k}F(z)$	천이
5. $Z\{tf(t)\} = -Tz\dfrac{dF(z)}{dz}$	복소 미분
6. $f(0) = \lim_{z\to\infty} F(z)$	초기치 정리
7. $f(\infty) = \lim_{z\to 1}(1-z^{-1})F(z)$	최종치 정리

라플라스 변환과 마찬가지로 z-변환을 역변환할 때 부분 분수 전개를 통한 표참조법이 효과적이다.

예제 15-1 다음 z-변환을 역변환하라.

$$F(z) = \frac{2z^2+0.4z}{z^2+0.4z-0.21}$$

풀이>> 부분 분수로 전개하기 위해서는 분자의 차수가 분모보다 낮아야 한다. 그러나 주어진 변환은 분자와 분모 차수가 같기 때문에 양변을 z로 나눈 후 다음과 같이 부분 분수로 전개한다.

$$\frac{F(z)}{z} = \frac{2z+0.4}{z^2+0.4z-0.21} = \frac{2z+0.4}{(z-0.3)(z+0.7)} = \frac{k_1}{z-0.3}+\frac{k_2}{z+0.7}$$

계수 k_1과 k_2는 다음과 같이 구한다.

$$k_1 = \left.\frac{2z+0.4}{z+0.7}\right|_{z=0.3} = 1$$

$$k_2 = \left.\frac{2z+0.4}{z-0.3}\right|_{z=-0.7} = 1$$

이로부터

$$\frac{F(z)}{z}=\frac{1}{z-0.3}+\frac{1}{z+0.7}$$

이므로

$$F(z)=\frac{z}{z-0.3}+\frac{z}{z+0.7}$$

따라서 표 15-1의 4로부터 역변환은 다음과 같다.

$$f(kT)=0.3^k+(-0.7)^k$$

디지털 시뮬레이터

함수 $f(t)$의 z-변환은 $F(z)=Z\{f(t)\}$ 또는 $F(z)=Z\{F(s)\}$로 표현하기로 한다. 물론 $Z\{F(s)\}$를 계산하기 위해서는 $F(s)$의 역라플라스 변환 $f(t)$를 구한 다음 $Z\{f(t)\}$를 수행하는 것이지만 결과는 같다. 두 시스템의 특성이 동일하다는 것은 전달 함수가 같다는 것이며 이는 충격 응답이 같다는 뜻이다. 이제 전달 함수가 $G(s)$인 임의의 연속 시스템과 전달 함수가 $G(z)=Z\{G(s)\}$인 디지털 시스템을 생각해 보자. $G(s)$의 충격 응답이 $g(t)$라면 $G(z)$의 충격 응답은 $g(t)$를 표본화한 $g(kT)$가 된다. 따라서 두 시스템은 충격 응답이 근본적으로 같으므로 $G(z)$를 $G(s)$의 디지털 시뮬레이터(simulator)라 한다. 연속 시스템과 디지털 시뮬레이터 관계는 바로 표 15-1이 보여주는 바와 같다. 이와 같이 연속 시스템과 충격 응답이 같도록 디지털 시뮬레이터를 구하는 방법을 충격-불변(impulse-invariant) 방식이라 한다. 디지털 시뮬레이터를 구하는 방법은 이외에도 쌍선형(bilinear) 변환이 있으며 이에 대해서는 15.3 절에서 설명한다. 그림 15-4는 연속 시스템과 디지털 시뮬레이터 관계를 보여준다. 단 두 시스템의 입력이 $r(t)$, $r(kT)$로 같고 충격 응답이 $g(t)$, $g(kT)$로 같다고 해서 출력도 $c(t), c(kT)$로 반드시 같은 것은 아니다. 즉 $c(kT)$는 $c(t)$를 표본

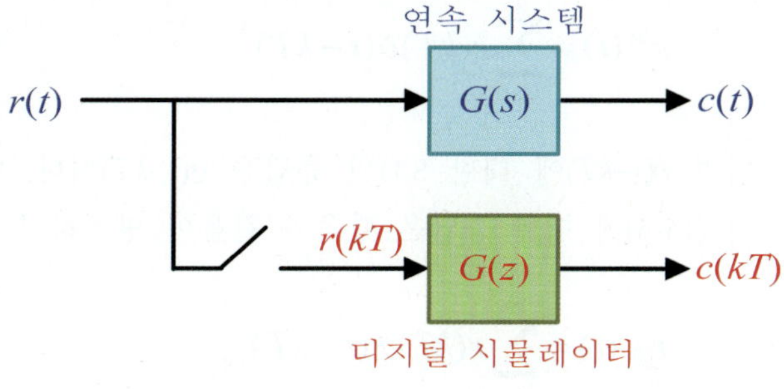

그림 15-4
디지털 시뮬레이터의 원리를 보여주는 그림.

화한 것과 오차가 있을 수 있다. 그러나 이 오차는 표본 주기 T를 작게 할수록 무시할 수 있으므로 더 이상 언급하지 않기로 한다. 디지털 시뮬레이터를 구하는데 있어서 조심해야 할 것을 그림 15-5가 보여준다. 그림 (a)와 같이 두 연속 시스템의 직렬 결합에 대한 하나의 디지털 시뮬레이터 $G(z)$는 $G(z)=Z\{G_1(s)G_2(s)\}$이다. 그러나 여기서 $Z\{G_1(s)G_2(s)\}\neq Z\{G_1(s)\}Z\{G_2(s)\}$이므로 $Z\{G_1(s)G_2(s)\}\neq G_1(z)G_2(z)$임을 유의해야 한다. 따라서 이러한 착각을 피하기 위해 $Z\{G_1(s)G_2(s)\}=Z\{G_1G_2(s)\}=G_1G_2(z)$로 표현하기로 한다. 즉

$$G(z)=Z\{G_1G_2(s)\}=G_1G_2(z) \tag{15-5}$$

로 나타내기로 약속하며 두 개 이상의 직렬 결합에 대해서도 마찬가지이다. 디지털 시뮬레이터는 연속 시스템을 등가적인 디지털 시스템으로 변환하는데 매우 유용하므로 앞으로 자주 사용하게 된다.

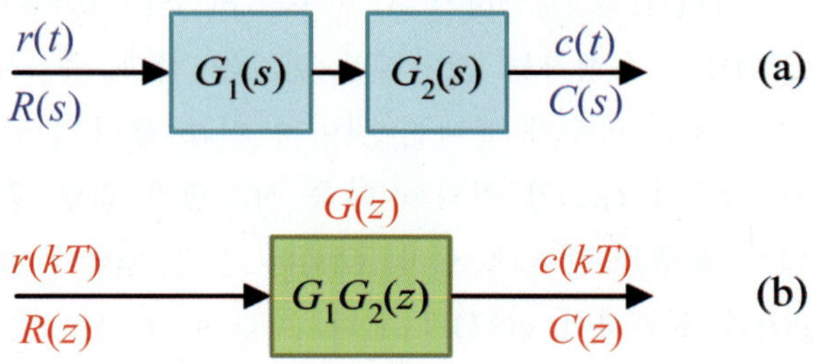

그림 15-5
(a) 직렬로 결합된 연속 시스템과 (b) 디지털 시뮬레이터.

표본-유지기(S/H)

표본화된 신호를 시간에 대해 연속적이 되도록 변환시키는 장치가 표본-유지기이며 간단히 S/H(sample and hold)로 표현한다. 그림 15-6은 이상적인 S/H의 동작을 보여준다. S/H의 충격 응답 $g_{SH}(t)$는 그림에 표시된 바와 같은 구형(rectangular) 함수로서 시간폭은 표본 주기인 T와 같고 높이는 1이다. 그 결과 S/H의 입력단에 이상적인 표본기를 거친 $r^*(t)$가 입력되면 출력은 그림에 표시된 바와 같은 연속 신호 $r_{SH}(t)$가 나타난다. S/H의 이러한 동작 원리와 그 전달 함수에 대해 알아보자. 이상적인 표본 신호 $r^*(t)$는

$$r^*(t)=\sum_{k=0}^{\infty} r(kT)\delta(t-kT) \tag{15-6}$$

이며 $\delta(t-kT)$에 대한 S/H의 응답은 $g(t-kT)$이다. 따라서 중첩의 원리에 의해 식 (15-6)에 대한 응답은 다음과 같음이 명백하다.

$$r_{SH}(t)=\sum_{k=0}^{\infty} r(kT)g(t-kT) \tag{15-7}$$

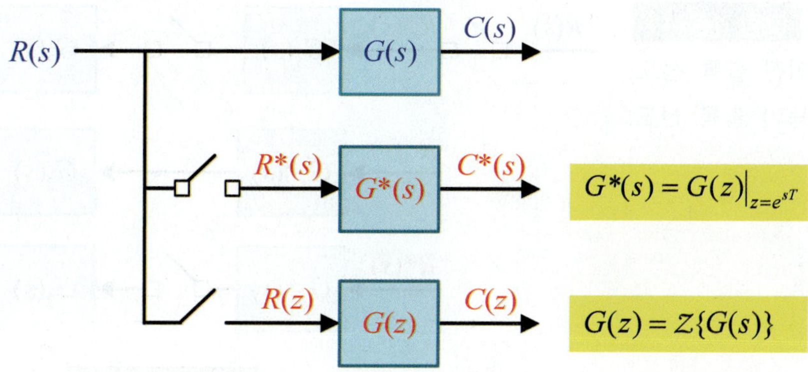

그림 15-9 연속 시스템과 표본치 시스템 및 디지털 시스템간의 등가적인 관계.

블록선도 간소화

시스템을 표현하는 블록 선도를 간소화하는 작업은 시스템 해석에 필수적이다. 그림 15-10(a)는 연속 시스템 $G_1(s)$와 $G_2(s)$ 사이에 표본기가 없으므로 $G_1(s)$와 $G_2(s)$가 직렬로 결합되어 $G(s)=G_1(s)G_2(s)$로 간소화된다. 따라서 전체 표본치 전달 함수는

$$G^*(s) = (G_1(s)G_2(s))^* = G_1G_2{}^*(s) \tag{15-16}$$

이며 이에 대한 디지털 시뮬레이터는 $G(z)=G_1G_2(z)$이다. 여기서 조심할 것은 $(G_1(s)G_2(s))^* \neq G_1{}^*(s)G_2{}^*(s)$이며 이는 z-변환에서 $Z\{G_1(s)G_2(s)\} \neq G_1(z)G_2(z)$인 것과 같다.

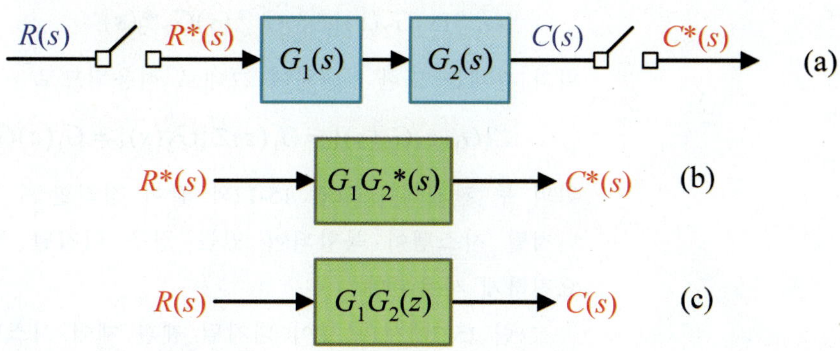

그림 15-10 (a) 주어진 블록 선도; (b) 등가 블록 선도.

그림 15-11(a)의 블록 선도에서는 연속 시스템 $G_1(s)$와 $G_2(s)$ 사이에 표본기가 있다. 두 개 이상의 직렬 표본기는 하나의 표본기와 같으므로(그림 15-2 참조) $G_1(s)$와 $G_2(s)$ 사이에 하나의 표본기가 있다고 하면 그림 (b)로 등가화할 수 있고 두 개의 표본기가 있다고 하면 그림 (c)로 등가화할 수 있다. 먼저 그림 (c)를 살펴보면 $G_2(s)$의 입력단과 출력단에 표본기가 있으므로 이들을 결합하면 $G_2{}^*(s)$가 된다. 따라서 그림 (c)는 그림 (d), (e)로 간소화된다. 이

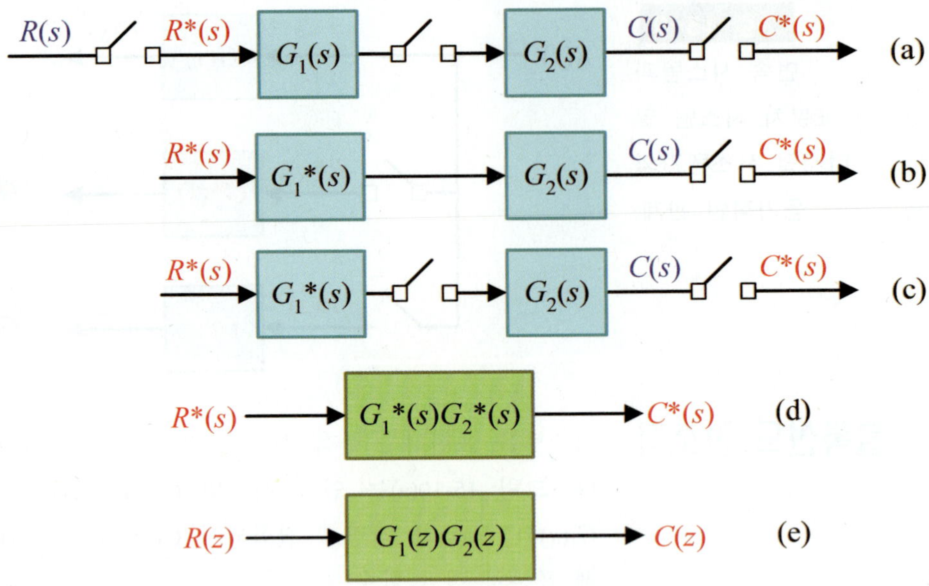

그림 15-11
(a) 주어진 블록 선도;
(b)~(e) 등가 블록 선도.

제 그림 15-11(b)를 살펴보자. $G_1{}^*(s)$와 $G_2(s)$의 직렬 결합은 $G_1{}^*(s)G_2(s)$이며 출력에 표본기가 있으므로 전체 전달 함수는 $\{G_1{}^*(s)G_2(s)\}^*$이다. 그리고 이 결과는 그림 (d)의 전체 전달 함수 $G_1{}^*(s)G_2{}^*(s)$와 당연히 같아야 하므로 다음과 같은 결론을 얻을 수 있다.

$$\{G_1{}^*(s)G_2(s)\}^* = G_1{}^*(s)G_2{}^*(s) \tag{15-17}$$

위의 관계는 또한 z-변환에 그대로 적용되므로

$$Z\{G_1(z)G_2(s)\} = G_1(z)Z\{G_2(s)\} = G_1(z)G_2(z) \tag{15-18}$$

위의 두 관계식은 그림 15-12와 같이 정리할 수 있으며 이는 연속 시스템과 디지털 시스템이 복합되어 있는 경우 디지털 시뮬레이터를 구하는데 매우 요긴하게 사용된다.

그림 15-7에서와 같이 디지털 궤환 제어 시스템에서는 S/H와 연속 시스템의 결합은 거의 필수적이며 그림 15-13(a)가 이를 다시 보여준다. 그림 (a)는 그림 (b)로 간소화되며(그림 15-10 참조) 식 (15-9)의 $G_{SH}(s)$를 이용하면 전달 함수 $G_{SH}G(z)$는 다음과 같다.

$$G_{SH}G(z) = Z\left\{\frac{1-e^{-sT}}{s}G(s)\right\} = Z\left\{(1-e^{-sT})\frac{G(s)}{s}\right\} \tag{15-19}$$

위의 식 우변은 $z=e^{-sT}$의 관계를 이용하면 $Z\{(1-z^{-1})G(s)/s\}$로 표현할 수 있다. 따라서 식 (15-18)의 관계를 이용하면 $G_{SH}G(z)$는 다음과 같다.

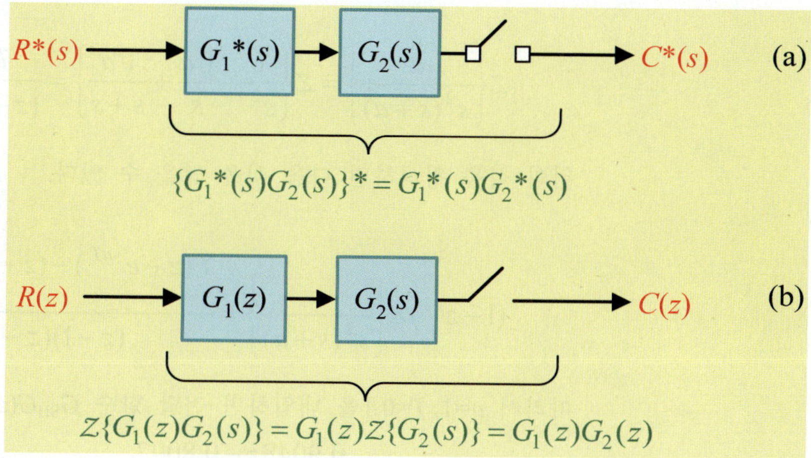

그림 15-12 복합 시스템을 간소화하는 방법.

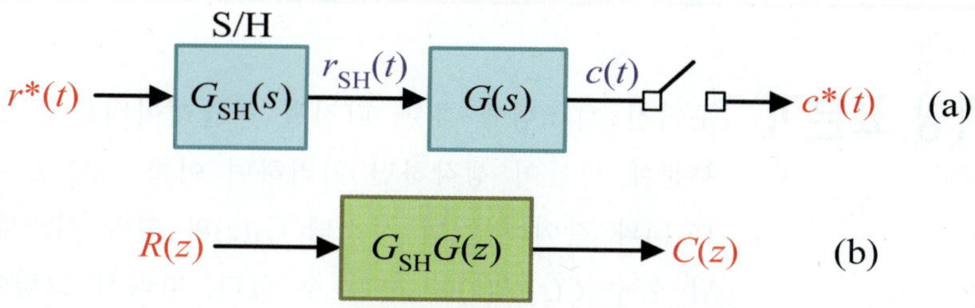

그림 15-13 (a) S/H와 연속 시스템이 결합된 블록 선도; (b) 디지털 시뮬레이터.

$$G_{SH}G(z) = (1 - z^{-1})Z\left\{\frac{G(s)}{s}\right\} \tag{15-20}$$

이 식 역시 앞으로 자주 사용하게 될 것이다.

예제 15-2 그림 15-13에서 $G(s)$가 다음과 같을 때 디지털 시뮬레이터를 구하라. 단 a=1로 하고 표본 주기는 T=0.1로 한다.

$$G(s) = \frac{a}{s(s+a)}$$

풀이>> 식 (15-20)으로부터 $G_{SH}G(z)$는

$$G_{SH}G(z) = (1 - z^{-1})Z\left\{\frac{a}{s^2(s+a)}\right\}$$

{} 안을 부분 분수로 전개한 다음 표 15-1을 참조하면 다음과 같다.

$$Z\left\{\frac{a}{s^2(s+a)}\right\} = Z\left\{\frac{1}{s^2} - \frac{1/a}{s} + \frac{1/a}{s+s}\right\} = \frac{Tz}{(z-1)^2} - \frac{z/a}{z-1} + \frac{z/a}{z-e^{-aT}}$$

위의 식을 정리하면 다음 식을 얻을 수 있다.

$$(1-z^{-1})Z\left\{\frac{a}{s^2(s+a)}\right\} = \frac{T(z-e^{-aT})-(z-1)\left(\frac{1-e^{-aT}}{a}\right)}{(z-1)(z-e^{-aT})}$$

따라서 a=1, T=0.1을 대입하면 전달 함수 $G_{SH}G(z)$는 다음과 같다.

$$G_{SH}G(z) = \frac{0.9048z - 0.8097}{z^2 - 1.905z + 0.9048}$$

가상 표본기

주어진 시스템에 대한 디지털 시뮬레이터를 구할 때 없는 표본기를 필요한 부분에 만들어 생각하면 편리하며 이를 가상 표본기라 한다. 예를 들어 그림 15-14와 같이 디지털 시스템 $G_1(z)$와 연속 시스템 $G_2(s)$가 결합된 경우는 전달 함수 $C(s)/R(z)$를 구할 수 없다. 따라서 그림에 표시된 바와 같이 출력단에 가상 표본기를 가정하면 그림 15-12와 같은 형태가 되며 이로부터 식 (15-18)의 관계를 이용하여 전달 함수 $C(z)/R(z)$를 구할 수 있게 되는 것이다 (물론 표본치 전달 함수 경우도 마찬가지이다).

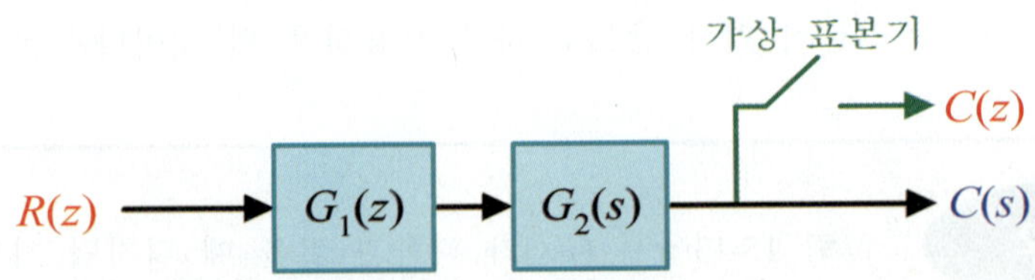

그림 15-14
가상 표본기.

15.3 쌍선형 변환

연속 시스템에 대한 디지털 시뮬레이터는 5.1 절에서 설명한 충격-불변 방식 외에도 근사적인 방법이 몇 가지 있다. 선형적인 연속 시스템에서는 입력과 출력의 관계가 미분 방정식으로 표현되지만 디지털 시스템에서는 차분 방정식(difference equation)으로 표현된다. 그리고 미분 방정식을 s-영역으로 옮기면 s 전달 함수(라플라스 변환)가 정의되고 차분 방정식을 z-영역으로 옮기면 z 전달 함수(z-변환)가 정의된다. 따라서 미분 방정식과 차분 방정식과의 관계를 규명하면 s 영역과 z 영역간의 상사 관계를 유추할 수 있다. 가장 간단하게 입력과 출력의 관계가 다음과 같이 일차 전달 함수로 표현되는 연속 시스템을 생각해 보자.

$$G(s) = \frac{C(s)}{R(s)} = \frac{a}{s+a} \tag{15-21}$$

위의 관계를 시간 영역에서 표현하면 다음과 같은 일차 미분 방정식이 된다.

$$\frac{dc(t)}{dt} + ac(t) = ar(t) \tag{15-22}$$

이 시스템에 대한 디지털 시뮬레이터의 입력과 출력은 각각 $r(kT)$, $c(kT)$인 이산(離散; discrete) 신호이다. 따라서 미분 $dc(t)/dt$는 다음과 같이 근사화할 수 밖에 없다.

$$\frac{dc(t)}{dt} \cong \frac{c(kT) - c(kT-T)}{T} \tag{15-23}$$

위의 관계를 이용하면 식 (15-22)는 가장 간단하게 다음과 같이 두 가지 차분 방정식으로 근사화할 수 있다.

$$\frac{c(kT) - c(kT-T)}{T} + ac(kT-T) = ar(kT-T) \tag{15-24}$$

또는

$$\frac{c(kT) - c(kT-T)}{T} + ac(kT) = ar(kT) \tag{15-25}$$

식 (15-24)를 전진(forward) 방식이라 하고 식 (15-25)를 후진(backward) 방식이라 한다. 먼저 전진 방식에 대해 알아보기 위해 식 (15-24)의 양변에 z-변환을 취하면 다음과 같다.

$$\frac{1}{T}(1 - z^{-1})C(z) + az^{-1}C(z) = az^{-1}R(z) \tag{15-26}$$

위의 식을 정리하여 $G(z)=C(z)/R(z)$의 형태로 표현하면 다음과 같다.

$$G(z) = \frac{a}{\dfrac{z-1}{T} + a} \tag{15-27}$$

즉 식 (15-21)의 $G(s)$는 식 (15-27)의 $G(z)$로 변환되므로 s와 z의 관계는 다음과 같다.

$$s = \frac{z-1}{T} \quad \textbf{(전진 방식)} \tag{15-28}$$

다음으로 후진 방식인 식 (15-25)의 양변에도 z-변환을 취해 $G(z)=C(z)/R(z)$의 형태로 표현하면 다음과 같음을 알 수 있다.

$$G(z)=\frac{a}{\frac{z-1}{Tz}+a} \tag{15-29}$$

따라서 식 (15-21)의 $G(s)$는 식 (15-29)의 $G(z)$로 변환되므로 후진 변환 방식에서의 s와 z의 관계는 다음과 같다.

$$s=\frac{z-1}{Tz} \quad \text{(후진 방식)} \tag{15-30}$$

이번에는 좀 더 정확성을 기하기 위해 식 (15-24)와 (15-25)를 더하여 2로 나누면, 즉 평균하면 다음의 차분 방정식을 얻을 수 있다.

$$\frac{c(kT)-c(kT-T)}{T}+a\frac{c(kT)+c(kT-T)}{2}=a\frac{r(kT)+r(kT-T)}{2} \tag{15-31}$$

위의 식 양변에 z-변환을 취하여 $G(z)=C(z)/R(z)$의 형태로 표현하면 다음과 같음을 알 수 있다.

$$G(z)=\frac{a}{\frac{2}{T}\left[\frac{z-1}{z+1}\right]+a} \tag{15-32}$$

따라서 식 (15-32)를 식 (15-21)과 대조시켜 보면 다음과 같은 변환 관계를 얻을 수 있으며 이를 사다리꼴 방식이라 한다.

$$s=\frac{2}{T}\left[\frac{z-1}{z+1}\right] \quad \text{(사다리꼴 방식)} \tag{15-33}$$

사다리꼴 방식을 특히 쌍선형(bilinear) 변환 방식 또는 Tustin 방식이라고도 한다. 이 방식은 s와 z 간의 관계가 단순한 선형 관계이므로 변환이 간편하여 가장 많이 사용되는 방식이다. 이상으로 연속 시스템에 대한 디지털 시뮬레이터를 구하는 방법은 다음과 같다.

$$G(z)=\begin{cases} Z\{G(s)\} & \text{: 충격-불변 방식} \\ G(s)\Big|_{\frac{2}{T}\left[\frac{z-1}{z+1}\right]} & \text{: 쌍선형 방식} \end{cases} \tag{15-34}$$

앞으로 디지털 시뮬레이터를 구하는데 사용되는 사용할 방법은 위의 두 가지이다. 특히 매트랩 함수 c2d를 이용하면 위의 두 가지 변환을 간단히 실행할 수 있다(이 장의 말미에서 설명한다).

15.4 디지털 궤환 제어 시스템

그림 15-15는 전형적인 디지털 궤환 제어 시스템의 구성과 이를 디지털 시뮬레이터로 변환시키는 과정을 보여준다. 일반적으로 아날로그 증폭기는 증폭기 이득이 높을수록 주파수 대역이 좁아지며 증폭 이득도 시간에 따라 변동이 있을 수 있다. 그러나 디지털 컴퓨터에서는 증폭기가 단순히 곱셈기에 불과하다. 즉 증폭기 작용 $Ke(t)$는 컴퓨터에서는 $e(kT)$에 단순히 상수 K를 곱하는 것에 불과하다(그림 15-15(a)의 K가 이를 의미한다). 따라서 실제 증폭기에서 일어나는 대역 제한, 이득 변동 등 여러가지 문제가 해결될 뿐 아니라 이득 조정도 매우 간단하다. 그림 (a)에서 전달 함수 $C(s)/R(s)$를 구할 수 없지만 $C(z)/R(z)$는 구할 수 있으며 그 과정이 (b)~(f)이다. 단 디지털 시뮬레이터를 구하는 과정에서는 시스템 특성이 변하지 않도록 하면서 가능한 한 등가적인 표본기를 많이 두는 것이 유리하다.

그림 (a)의 K는 상수이므로 K와 S/H 및 $G(s)$의 직렬 결합은 $KG_{SH}(s)G(s)$로 간소화할 수 있다. 따라서 그림 (a)에 대한 표본치 등가 블록 선도는 그림 (b)와 같으며 출력단의 가상 표본기는 전달 함수 $C(z)/R(z)$를 구하기 위한 것이다. 그리고 추가로 삽입된 표본기 S_1과 S_2는 블록 선도에 영향을 주지 않으며(그림 15-2 참조) 연속 시스템을 디지털 시스템으로 변환시키는데만 도움을 준다.

그림 (b)에서 전달 함수 $KG_{SH}(s)G(s)$를 출력단 갈래점 A를 지나 오른쪽으로 이동시키면 그림 (c)와 등가임을 알 수 있다. 그 결과 블록 $KG_{SH}(s)G(s)$와 $KG_{SH}(s)G(s)H(s)$는 모두 입력이 표본 신호 $e^*(t)$이고 출력단에는 표본기가 있게 되므로 $KG_{SH}(s)G(s)$와 표본기 결합 및 $KG_{SH}(s)G(s)H(s)$와 표본기 결합을 표본치 시스템으로 등가화할 수 있다. 따라서 그림 (d)의 등가 블록 선도를 얻을 수 있으며 이는 그대로 그림 (e)의 디지털 시뮬레이터로 표현된다.

그림 (e)는 모두 디지털 요소로 구성되므로 $R(z)$와 $E(z)$의 관계는 다음과 같이 간단히 구할 수 있다.

$$\frac{E(z)}{R(z)} = \frac{1}{1 + KG_{SH}GH(z)} \tag{15-35}$$

이로부터 전체 페루프 전달 함수는 다음과 같다.

$$G_{CL}(z) = \frac{C(z)}{R(z)} = \frac{KG_{SH}G(z)}{1 + KG_{SH}GH(z)} \tag{15-36}$$

그리고 식 (15-20)으로부터 $KG_{SH}GH(z)$는 다음과 같이 구한다.

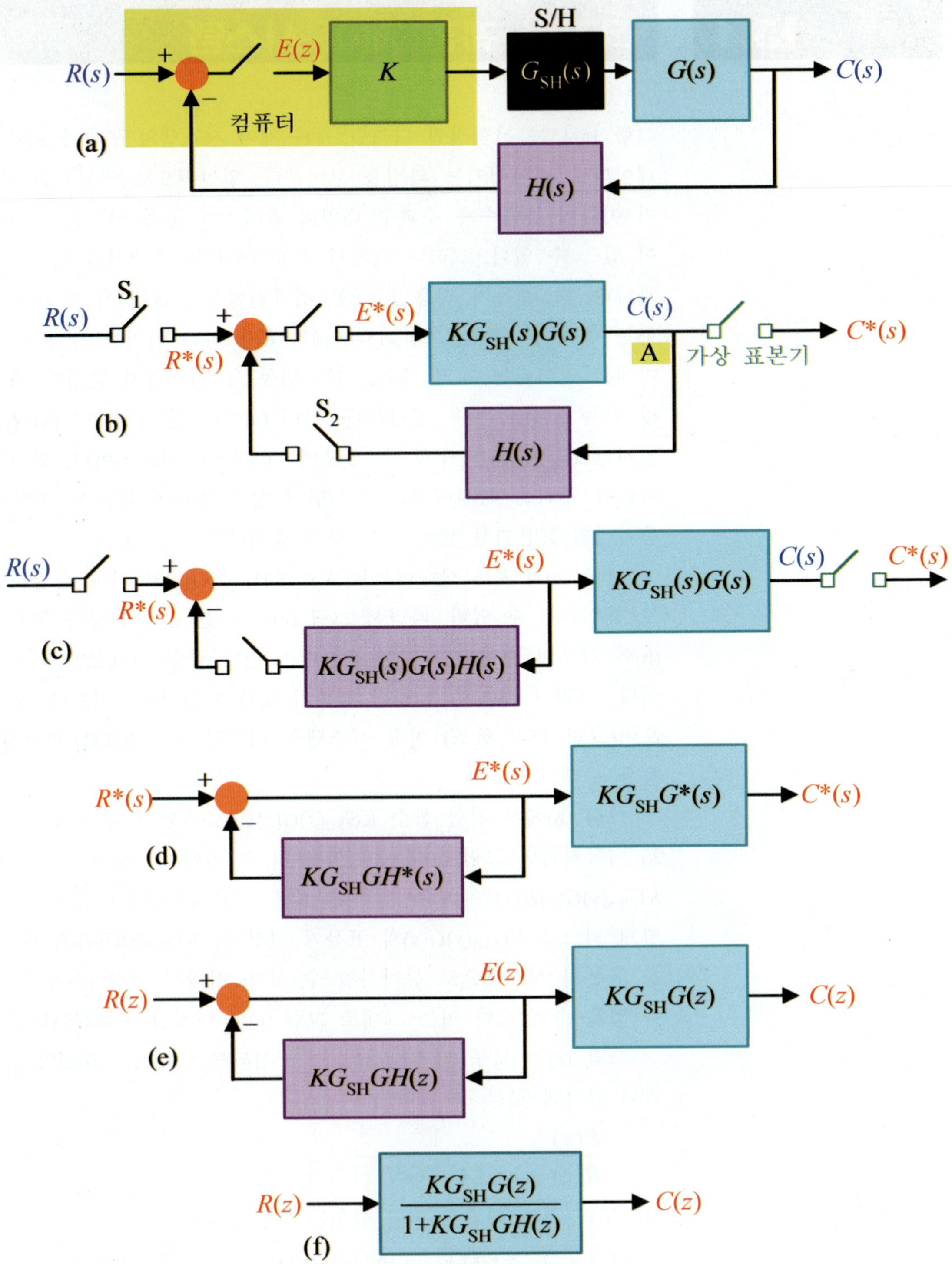

그림 15-15 (a) 디지털 궤환 제어 시스템의 구성 예; (b) 표본치 시스템으로 표현한 등가 블록 선도; (c)~(e) 간소화 과정; (f) 등가 디지털 시스템.

$$G_{SH}GH(z) = (1 - z^{-1})Z\left\{\frac{G(s)H(s)}{s}\right\} \tag{15-37}$$

그림 15-15(a)의 경우는 연속 시스템과 디지털 시스템의 복합이지만 그림 15-16은 순수한 디지털 시스템이다. 따라서 이 경우는 폐루프 전달 함수는

$$G_{CL}(z) = \frac{C(z)}{R(z)} = \frac{G_{OL}(z)}{1 + G_{OL}(z)H(z)} \tag{15-38}$$

와 같이 단순한 형태임을 유의해야 한다.

그림 15-16
순수한 디지털 궤환 제어 시스템.

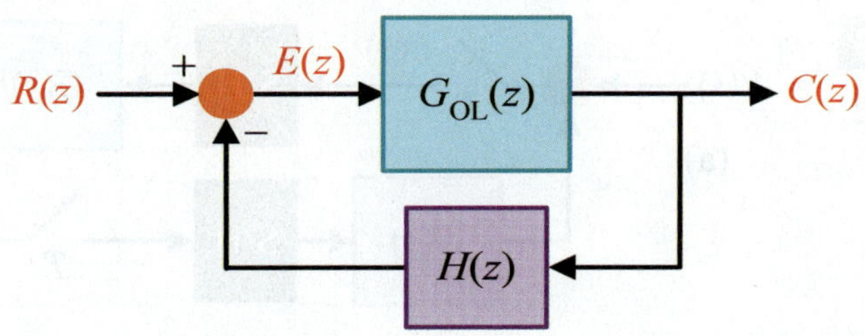

예제 15-3 그림 15-17의 궤환 제어 시스템에 대한 전달 함수 $C(z)/R(z)$를 구하라.

그림 15-17
예제 15-3의 그림.

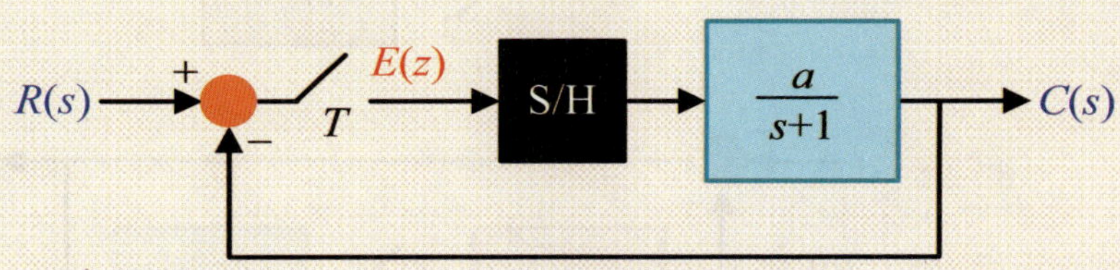

풀이>> 식 (15-36)에서 $K=1, H(s)=1$로 하여 $G(s)$를 대입하면

$$\begin{aligned} G_{SH}G(z) &= (1 - z^{-1})Z\left\{\frac{a}{s(s+1)}\right\} = (1 - z^{-1})Z\left\{\frac{a}{s} - \frac{a}{s+1}\right\} \\ &= \frac{z-1}{z}\left\{\frac{az}{z-1} - \frac{az}{z-e^{-T}}\right\} \\ &= \frac{a(1-e^{-T})}{z-e^{-T}} \end{aligned}$$

따라서

$$\frac{C(s)}{R(s)} = \frac{G_{SH}G(z)}{1 + G_{SH}G(z)} = \frac{a(1-e^{-T})}{z + a - (a+1)e^{-T}}$$

예제 15-4 그림 15-18(a)의 궤환 제어 시스템은 전방향 경로와 궤환 경로에 모두 표본기가 있는 구조이다.

(a) 디지털 시뮬레이터를 구하라.

(b) $C(s)$와 $H(s)$가 각각 다음과 같을 때 전달 함수 $C(z)/R(z)$를 구하라.

$$G(s)=\frac{1}{s},\quad H(s)=\frac{1}{s+1}$$

그림 15-18
예제 15-4의 그림.

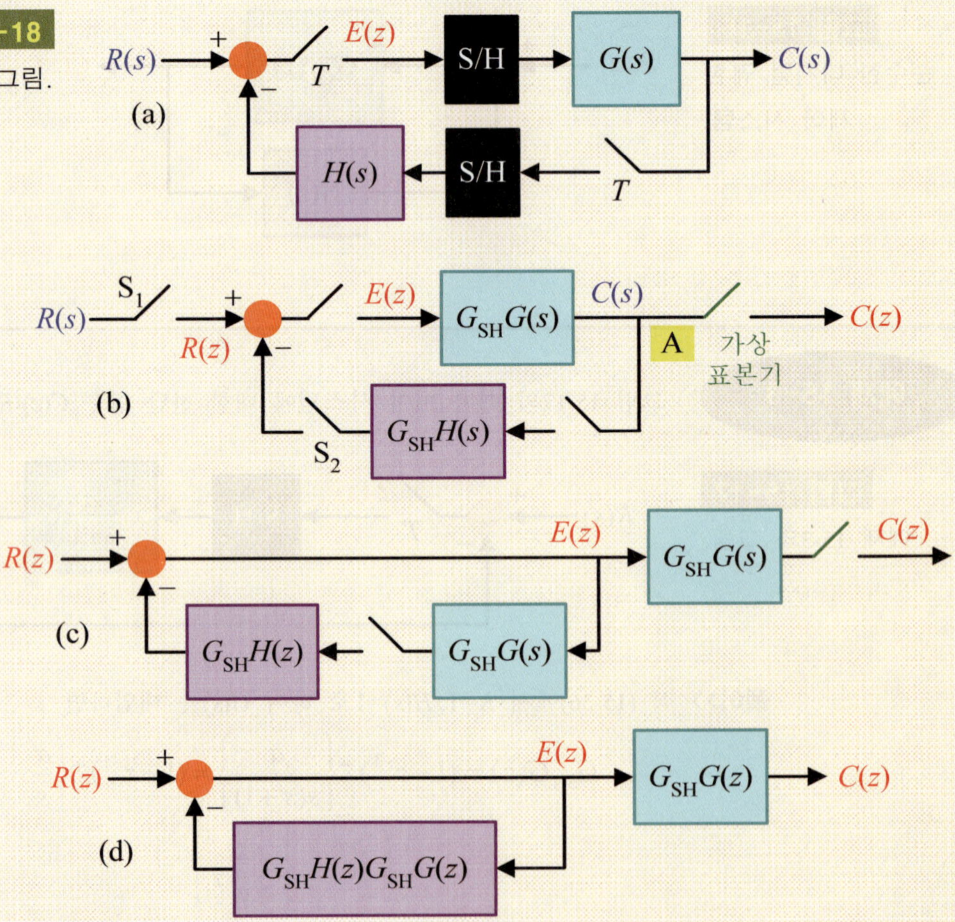

풀이>>

(a) 그림 (a)에서 S/H와 $G(s)$의 직렬 결합 및 S/H와 $H(s)$의 직렬 결합은 각각 $G_{SH}G(s)$, $G_{SH}H(s)$로 표현된다. 따라서 그림 (a)는 (b)로 등가화할 수 있으며 출력단의 가상 표본와 추가된 표본기 S_1과 S_2는 아무런 영향을 주지 않는다. 그림 (b)에서 $G_{SH}G(s)$를 갈래점 A를 지나 오른쪽으로 이동시키면 그림

(c)와 같으며 그 결과 표본기와 $G_{SH}G(s)$의 결합은 $G_{SH}G(z)$와 같다. 따라서 궤환 경로는 $G_{SH}H(z)$와 $G_{SH}G(z)$의 직렬 결합인 $G_{SH}H(z)G_{SH}G(z)$이므로 최종적으로 그림 (d)와 같이 간소화할 수 있다. 따라서 $E(z)/R(z)$는

$$\frac{E(z)}{R(z)} = \frac{1}{1+G_{SH}H(z)G_{SH}G(z)} \quad \text{(15-39a)}$$

이로부터 폐루프 전달 함수 $C(z)/R(z)$는 다음과 같이 구해진다.

$$\frac{C(z)}{R(z)} = \frac{G_{SH}G(z)}{1+G_{SH}H(z)G_{SH}G(z)} \quad \text{(15-39b)}$$

(b) 식 (15-20)으로부터 $G_{SH}G(z)$는

$$G_{SH}G(z) = (1-z^{-1})Z\left\{\frac{1}{s^2}\right\} = \frac{z-1}{z} \times \frac{Tz}{(z-1)^2} = \frac{T}{z-1}$$

그리고 예제 15-3을 참조하면 $G_{SH}H(z)$는

$$G_{SH}H(z) = (1-z^{-1})Z\left\{\frac{1}{s(s+1)}\right\} = \frac{1-e^{-T}}{z-e^{-T}}$$

따라서 (a)의 $C(z)/R(z)$에 위의 두 식을 대입하여 정리하면 다음과 같다.

$$\frac{C(z)}{R(z)} = \frac{G_{SH}G(z)}{1+G_{SH}H(z)G_{SH}G(z)} = \frac{T(z-e^{-T})}{z^2-(1+e^{-T})z+T+(1-T)e^{-T}}$$

정상상태 오차

디지털 시스템의 정상 상태 오차는 표 15-2의 최종치 정리에 의해

$$e(\infty) = \lim_{z\to 1}(1-z^{-1})E(z) \quad \text{(15-40)}$$

이므로 그림 15-15의 정상 상태 오차는 식 (15-35)로부터 다음과 같다.

$$e(\infty) = \lim_{z\to 1}(1-z^{-1})\frac{R(z)}{1+KG_{SH}GH(z)} \quad \text{(15-41)}$$

이제 $r(t)$가 계단 입력, 램프 입력 및 포물선 입력일 때 $e(\infty)$를 구해보자.

■계단 입력 계단 입력일 때는 표 15-1로부터

$$R(z) = \frac{z}{z-1} \quad \text{(15-42)}$$

이므로 이를 식 (15-41)에 대입하면

$$e(\infty) = \frac{1}{1+\lim_{z\to 1}KG_{SH}GH(z)} \quad \text{(15-43)}$$

식 (15-43)에서 오차 상수 K_p를

$$K_p = \lim_{z \to 1} KG_{\text{SH}}GH(z) \tag{15-44}$$

로 정의하면 계단 입력에 대한 정상 상태 오차는 다음과 같이 표현된다.

$$e_p(\infty) = \frac{1}{1+K_p} \tag{15-45}$$

■**램프 입력** 램프 입력일 때는 $R(z)=Tz/(z-1)^2$이므로 계단 입력과 같은 절차를 거치면 다음과 같다.

$$K_v = \frac{1}{T}\lim_{z \to 1}(z-1)KG_{\text{SH}}GH(z) \tag{15-46}$$

및

$$e_v(\infty) = \frac{1}{K_v} \tag{15-47}$$

■**포물선 입력** 이 경우는 $R(z)=T^2z(z+1)/[2(z-1)^3]$이므로 같은 절차에 의해

$$K_a = \frac{1}{T^2}\lim_{z \to 1}(z-1)^2 KG_{\text{SH}}GH(z) \tag{15-48}$$

및

$$e_a(\infty) = \frac{1}{K_a} \tag{15-49}$$

연속 시스템에서는 s-평면에서 $s=0$에 다중극점이 있으면 정상 상태 오차가 0으로 수렴하며 이로부터 시스템을 유형을 정의한 바 있다. 이와 대조적으로 디지털 시스템은 z-평면에서 $z=1$에 다중극점이 있으면 정상 상태 오차가 0으로 수렴한다. 이 관계는 $z=e^{sT}$의 변환 관계에 의해 s-평면의 $s=0$은 z-평면상에서 $z=1$로 사상되기 때문이며 이에 대해서는 다음 절에서 자세히 설명한다.

예제 15-5 예제 15-3의 그림 15-17 궤환 제어 시스템에서 계단 입력, 램프 입력 및 포물선 입력에 대한 정상 상태 오차를 구하라.

풀이>> 예제 15-3의 해석 결과 $K=1, H(s)=1$이므로

$$G_{\text{SH}}G(z) = \frac{a(1-e^{-T})}{z-e^{-T}}$$

이로부터 각 오차 상수를 구하면 다음과 같다.

$$K_p = \lim_{z\to 1} G_{\mathrm{SH}}G(z) = \lim_{z\to 1}\frac{a(1-e^{-T})}{z-e^{-T}} = a$$

$$K_v = \frac{1}{T}\lim_{z\to 1}(z-1)\frac{a(1-e^{-T})}{z-e^{-T}} = 0$$

$$K_a = \frac{1}{T^2}\lim_{z\to 1}(z-1)^2\frac{a(1-e^{-T})}{z-e^{-T}} = 0$$

따라서 각 입력에 대한 정상 상태 오차는 계단 입력에 대해서는

$$e_p(\infty) = 1/(1+K_p) = 1/(a+1)$$

그밖의 입력에 대해서는 $e(\infty)=\infty$이다. 이는 $G_{\mathrm{SH}}G(z)$가 $z=1$에서 극점이 하나도 없기 때문이다.

예제 15-6 예제 15-4에서 주어진 궤환 제어 시스템의 계단 입력, 램프 입력 및 포물선 입력에 대한 정상 상태 오차를 구하라.

풀이>> 예제 15-4의 식 (15-39a)로부터

$$\frac{E(z)}{R(z)} = \frac{1}{1+G_{\mathrm{SH}}H(z)G_{\mathrm{SH}}G(z)}$$

$$G_{\mathrm{SH}}H(z)G_{\mathrm{SH}}G(z) = \frac{T(1-e^{-T})}{(z-e^{-T})(z-1)}$$

이로부터 각 오차 상수 및 정상 상태 오차를 구하면 다음과 같다.

$$K_p = \lim_{z\to 1} G_{\mathrm{SH}}H(z)G_{\mathrm{SH}}G(z) = \lim_{z\to 1}\frac{T(1-e^{-T})}{(z-e^{-T})(z-1)} = \infty$$

$$e_p(\infty) = 1/(1+K_p) = 0$$

$$K_v = \frac{1}{T}\lim_{z\to 1}(z-1)G_{\mathrm{SH}}H(z)G_{\mathrm{SH}}G(z) = \lim_{z\to 1}\frac{1-e^{-T}}{z-e^{-T}} = 1$$

$$e_v(\infty) = 1/K_v = 1$$

$$K_a = \frac{1}{T^2}\lim_{z\to 1}(z-1)^2 G_{\mathrm{SH}}H(z)G_{\mathrm{SH}}G(z) = \frac{1-e^{-T}}{T}\lim_{z\to 1}\frac{z-1}{z-e^{-T}} = 0$$

$$e_a(\infty) = 1/K_a = \infty$$

$G_{\mathrm{SH}}H(z)G_{\mathrm{SH}}G(z)$는 $z=1$에서 극점이 하나만 있기 때문에 계단 입력에 대한 오차만 0으로 수렴한다.

15.5 z-평면상의 근궤적과 안정성

z-평면과 s-평면 사이의 사상

연속 시스템은 s-평면상에서 허수축을 기준으로 왼쪽(LHP)에 극점이 있어야 안정된 시스템이다. 이제 디지털 시스템의 극점은 z-평면상의 어느 곳에 위치하여야 안정된지 알아본다. 먼저 극점이 p인 일차 연속 시스템 $1/(s-p)$와 이에 상응하는 디지털 시뮬레이터 관계는 표 15-1로부터 다음과 같다.

$$\frac{1}{s-p} \leftrightarrow \frac{z}{z-e^{pT}} \tag{15-50}$$

이 두 시스템은 충격 응답이 같기 때문에 연속 시스템이 안정되면 디지털 시스템도 안정된다. 그리고 식 (15-50)으로부터 s-평면상의 극점 p는 z-평면상에서는 e^{pT}로 사상된다는 것을 알 수 있다. 즉 일반적으로 표현하면

$$z = e^{sT} \tag{15-51}$$

로 사상되며 그림 15-19가 이를 보여준다. 극점 s를 임의의 복소수 $s=\sigma+j\omega$로 하면 이에 대한 z-평면상에서의 극점 z는 다음과 같이 표현된다.

$$z = e^{sT} = e^{\sigma T + j\omega T} = e^{\sigma T} e^{j\omega T} = e^{\sigma T} \angle \omega T \tag{15-52}$$

즉 z는 크기가 $e^{\sigma T}$이고 편각이 ωT인 복소수가 되는 것이다. 따라서 s-평면상의 허수축은 $\sigma=0(e^{\sigma T}=1)$이므로 z-평면상에서는 $z=1\angle\omega T$인 단위원으로 사상된다(그림 15-19의 B영역). 그리고 s-평면의 LHP은 $\sigma<0(e^{\sigma T}<1)$이므로 z-평면상의 단위원 내부로 사상된다(A영역). 나머지 RHP은 $\sigma<0(e^{\sigma T}<1)$이므로 z-평

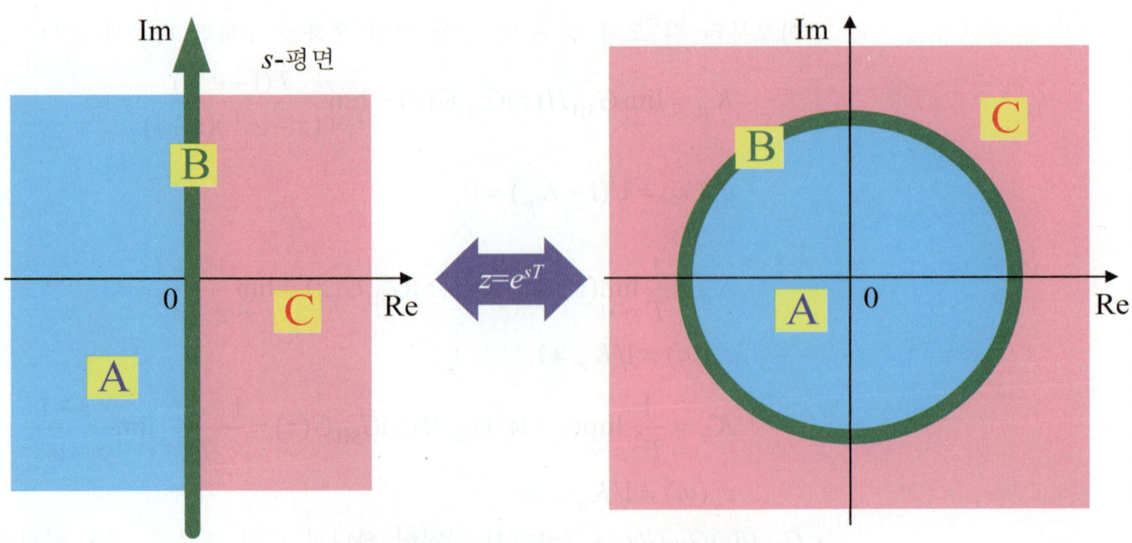

그림 15-19 s-평면과 z-평면 사이의 사상.

면상의 단위원 외부로 사상된다(C영역). 나아가 식 (15-50)의 두 시스템은 충격 응답이 같다. 이상으로 다음과 같은 중요한 결론을 얻을 수 있다: 디지털 시스템은 극점이 z-평면의 단위원 내부에 있으면 안정된 시스템이고 단위원 외부에 있으면 불안정한 시스템이다.

예제 15-7 예제 15-3의 궤환 제어 시스템(그림 15-17)에서 $a>0$일 때 이 시스템이 안정되기 위한 표본 주기 T의 범위를 구하라.

풀이>> 예제 15-3로부터 디지털 시뮬레이터의 폐루프 전달 함수는 다음과 같다.

$$\frac{C(s)}{R(s)}=\frac{a(1-e^{-T})}{z+a-(a+1)e^{-T}}$$

따라서 z-평면상의 극점은 $z=(a+1)e^{-T}-a$이며 시스템이 안정되기 위해서는

$$-1<(a+1)e^{-T}-a<1$$

를 만족하여야 한다. 여기서 $a>0$이므로 항상 $(a+1)e^{-T}-a<1$을 만족한다. 따라서 안정되기 위해서는 T가 $-1<(a+1)e^{-T}-a$을 만족하여야 하므로

$$T<\log\frac{a+1}{a-1}$$

만일 $a=10$이면 표본 주기는 0.2초 이하여야 한다. 이상으로 표본 주기가 디지털 시스템의 안정성에 영향을 줄 수 있다는 것을 알았으며 표본 주기의 최대 한계치는 시스템의 주파수 특성에 따라 결정된다.

z-평면상의 근궤적

z-평면상의 근궤적은 s-평면상의 근궤적과 그리는 방법이 동일하다. 즉 디지털 시스템의 특성 방정식을

$$1+K\frac{Z(z)}{P(z)}=0 \tag{15-53}$$

으로 표현하면 영점 $Z(z)=0$과 극점 $P(z)=0$을 바탕으로 근궤적을 그리면 되며 이는 연속 시스템의 경우와 동일하다. 다만 안정된 K의 범위는 단위원 내부의 극점에 한해서만 찾아야 한다. 이제 z-평면상의 근궤적에서 원하는 극점, 소위 우세 극점을 찾는 방법에 대해 알아보자. 그림 15-20의 (a)는 s-평면상의 극점 $s=-\sigma+j\omega$의 위치가 시간 응답 T_s, T_p, ζ에 미치는 영향을 보여주며 이에 대해서는 8장에서 자세히 설명한 바 있다. 그리고 $z=e^{sT}$의 사상에

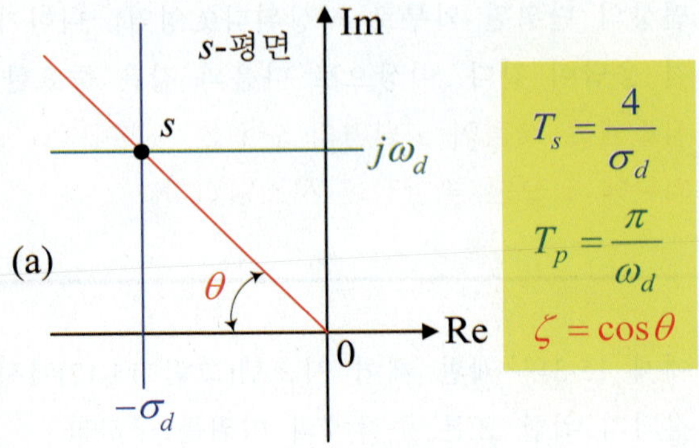

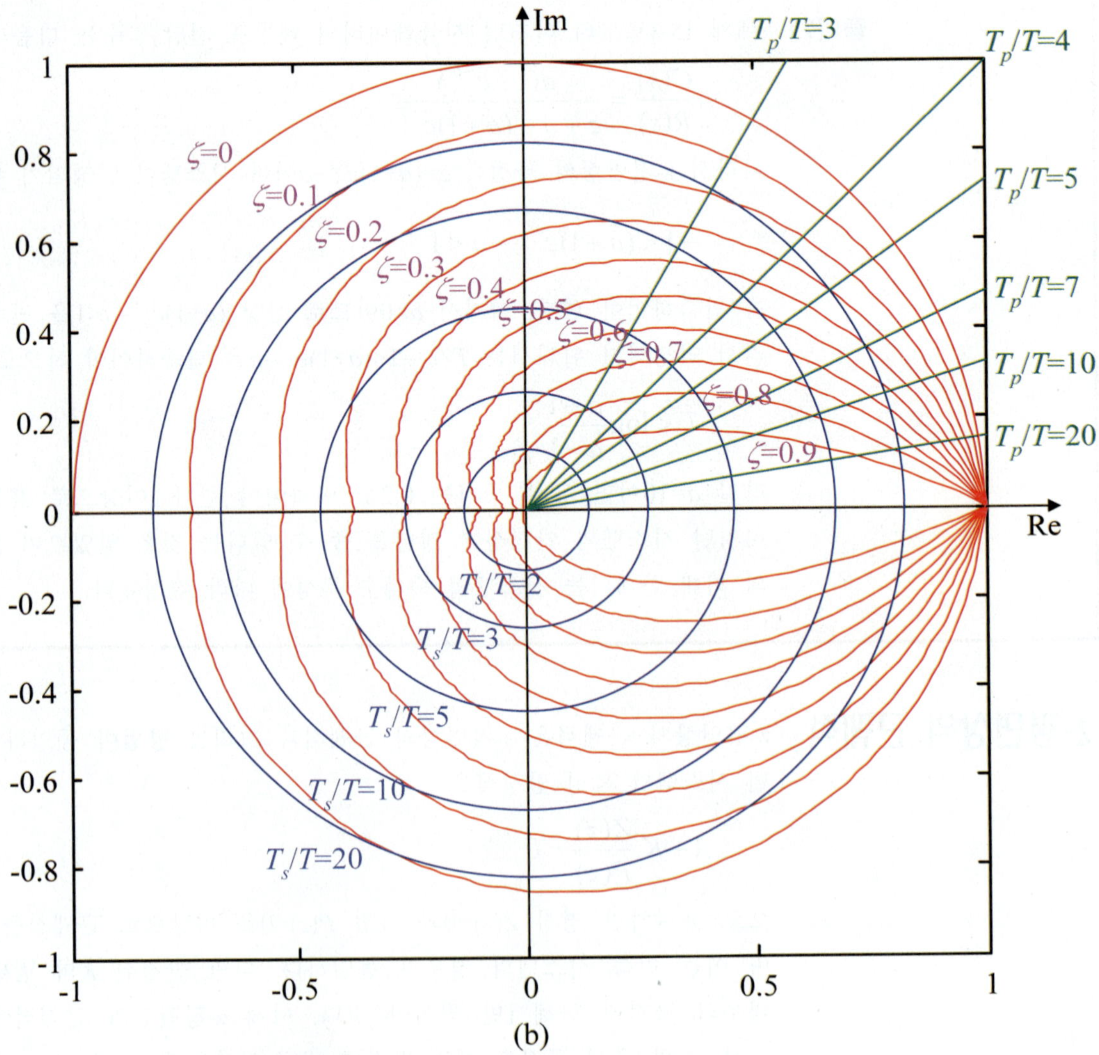

그림 15-20 (a) s-평면 극점과 (b) 이에 대응되는 z-평면 극점의 상호 관계를 종합적으로 보여주는 그림.

의해 s가 z-평면에 사상된 결과를 그림 (b)가 보여주고 있다. 먼저 그림 15-20(a)에서 극점 s가 수직선상에 있을 때(파란 선), 즉 $s=-\sigma_d+j\omega$로 실수부가 σ_d로 고정되고 허수부만 변할 때는 z-평면에 다음과 같이 사상된다.

$$z = e^{-\sigma_d T} e^{j\omega T} = r\angle\omega T \tag{15-54}$$

따라서 z는 크기가 r로 일정하고 편각만 변하는 복소수이므로 원이 된다. 그리고 정착 시간이 $T_s=4/\sigma_d$이므로 원의 반경 r은

$$r = e^{-\sigma_d T} = e^{-4/(T_s/T)} \tag{15-55}$$

로 표현된다. 위의 두 식으로부터 T_s의 변화에 따른 z 변화를 도시하면 그림 15-20(b)의 파란색 원과 같다.

다음으로 그림 15-20(a)에서 극점 s가 수평선상에 있을 때(초록색 선), 즉 $s=-\sigma+j\omega_d$로 허수부가 ω_d로 고정되고 실수부만 변할 때는

$$z = e^{-\sigma T} e^{j\omega_d T} = e^{-\sigma T}\angle\varphi \quad (\varphi = \omega_d T) \tag{15-56}$$

따라서 z는 편각이 φ로 일정하고 크기만 변하는 직선 형태가 되며 피크 시간이 $T_p=\pi/\omega_d$이므로 편각 φ는 다음과 같이 표현할 수 있다.

$$\varphi = \frac{\pi}{T_p/T} \tag{15-57}$$

위의 두 식으로부터 T_p의 변화에 따른 z 변화를 도시하면 그림 15-20(b)의 초록색 선과 같다.

끝으로 그림 15-20(a)에서 극점 s가 방사선상에 있을 때(빨간 선)는 제동비 ζ가 일정하므로 최대 오버슛이 일정한 경우이다(식 (8-51), (8-53) 참조). ζ가 일정한 방사선은 연속 시스템을 근궤적으로 설계할 때 이미 많이 사용하였다. 이 경우는 $s=-\sigma+j\omega$로 실수부와 허수부가 모두 변하되 σ/ω는 일정하게 유지된다. 여기서

$$\frac{\sigma}{\omega} = \tan(\sin^{-1}\zeta) = \frac{\zeta}{\sqrt{1-\zeta^2}} \tag{15-58}$$

이므로 극점 $s=-\sigma+j\omega$는 다음과 같이 표현된다.

$$s = -\sigma + j\omega = -\omega\frac{\zeta}{\sqrt{1-\zeta^2}} + j\omega \tag{15-59}$$

따라서 식 (15-59)의 s, 즉 일정한 오버슛에 해당하는 s-평면의 극점은 $z=e^{sT}$에 의해 z-평면에 다음과 같이 사상됨을 알 수 있다.

$$z = e^{-\omega T\left(\zeta/\sqrt{1-\zeta^2}\right)}\angle \omega T \tag{15-60}$$

위의 식을 ζ의 변화에 따라 도시한 것이 그림 15-20(c)의 빨간 곡선이다. 식 (15-57)의 각과 식 (15-60)의 곡선은 근궤적상에서 디지털 시스템을 설계할 때 중요한 지침이 된다.

근궤적을 이용한 이득 설계

이제 15.4절의 그림 15-15에서 이득 변수 K를 근궤적상에서 설계하는데 대해 알아보자. 디지털 궤환 제어 시스템에 대한 요구 사항이 정해지면 먼저 z-평면상에서 근궤적을 그린다. 다음으로 식 (15-57)의 직선과 식 (15-60)의 곡선을 근궤적과 겹쳐 그리고 원하는 위치에 우세 극점이 위치하도록 이득 K를 찾으면 된다. 전형적인 디지털 궤환 제어 시스템 블록 선도인 그림 15-15(a) 및 $E(z)/R(z)$ 및 폐루프 전달 함수 $C(z)/R(z)$(식 (15-35), (15-36))을 종합한 것이 그림 15-21이다. 이로부터 특성 방정식이

$$1 + KG_{\mathrm{SH}}GH(z) = 0 \tag{15-61}$$

이므로 $G_{\mathrm{SH}}GH(z)=Z(z)/P(z)$일 때 $Z(z)$와 $P(z)$로부터 근궤적을 그리는 방법은 연속 시스템에서의 경우와 동일하다(식 (9-4) 참조). 이제 그림 15-21을 참조로 하여 여러 가지 디지털 궤환 제어 시스템에 대한 이득을 예제를 통해 설계해 본다.

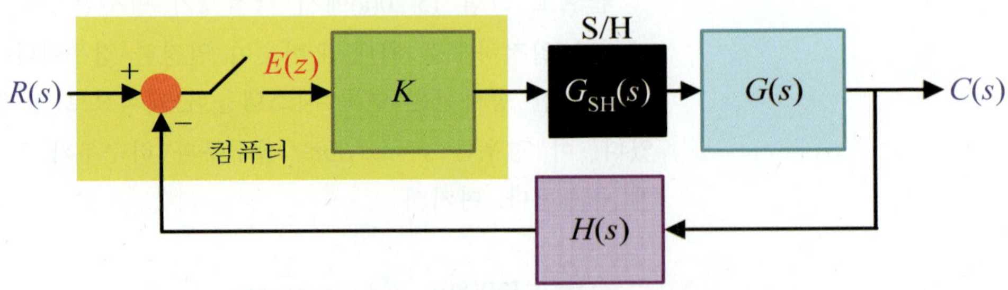

그림 15-21 디지털 궤환 제어 시스템의 블록선도 및 전달 함수.

$$\frac{E(z)}{R(z)} = \frac{1}{1 + KG_{\mathrm{SH}}GH(z)}$$

$$\frac{C(z)}{R(z)} = \frac{KG_{\mathrm{SH}}G(z)}{1 + KG_{\mathrm{SH}}GH(z)}$$

예제 15-8

그림 15-22(a)의 연속 궤환 제어 시스템에서 아날로그 증폭기는 차단 주파수가 a rad/sec인 저역통과 특성이다. 이로 인해 전방향 전달 함수에 극점이 추가되므로 폐루프 시스템은 오버슛과 상승 시간이 늘어나게 된다(그림 8-25, 8-26 참조). 아날로그 증폭기를 그림 (b)와 같이 디지털 컴퓨터로 대신하면 단순한 상수로 표현된다. 표본 주기 T=0.1, 0.5의 두 경우에 대해 최대 오버슛이 10%가 되도록 이득 K를 정하라.

그림 15-22

예제 15-8의 그림:

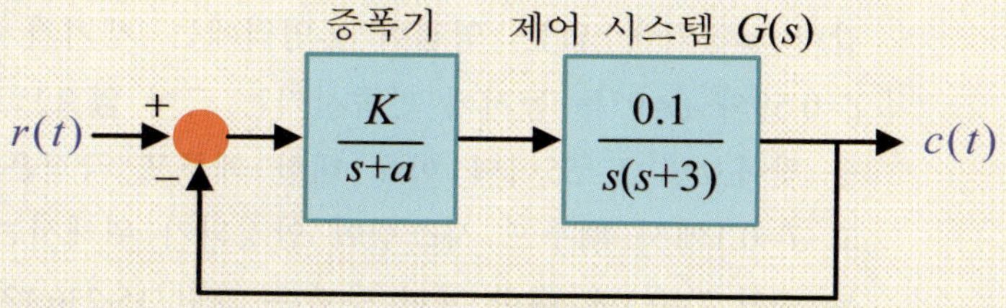

(a)

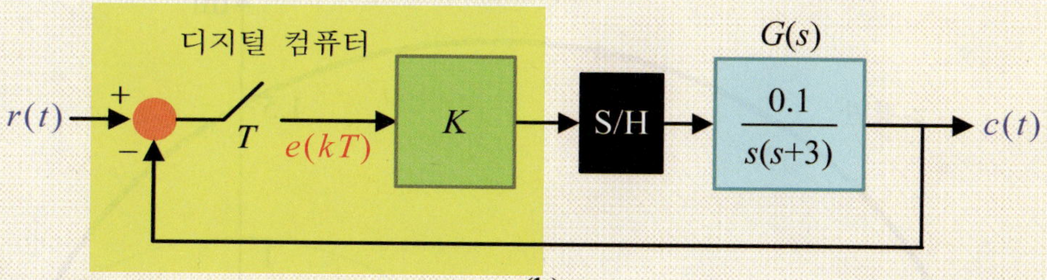

(b)

풀이>> 최대 오버슛 10%에 대한 제동비는 ζ=0.59이며 T_p=2에 대한 z-평면상의 직선의 각은 식 (15-57)로부터 $\varphi=\pi T/2=90T°$이다. 그림 15-22(b)에 대한 디지털 시뮬레이터는 $H(s)$=1이므로

$$G_{\mathrm{SH}}GH(z) = G_{\mathrm{SH}}G(z) = (1-z^{-1})Z\left\{\frac{0.1}{s^2(s+3)}\right\}$$

예제 15-2의 해석 결과를 이용하면 다음과 같다.

$$G_{\mathrm{SH}}G(z) = \frac{T(z-e^{-3T}) - (z-1)\left(\dfrac{1-e^{-3T}}{3}\right)}{(z-1)(z-e^{-3T})}$$

(a) T=0.1일 때는

$$G_{SH}G(z)=\frac{10^{-4}(4.535z+4.104)}{z^2-1.741z+0.7408}$$

이므로 특성 방정식은 다음과 같다.

$$1+K\frac{10^{-4}\times 4.535(z+0.9049)}{(z-1)(z-0.7408)}=0$$

이를 위한 근궤적을 구하면 그림 15-23의 (a)와 같으며 φ=9°이다. 연속 시스템 $G(s)$는 영점이 없지만 $G_{SH}G(z)$에 영점이 있는 이유는 표 15-1에서 와 같이 s-영역에 없는 영점이 z-영역에는 생기기 때문이다. 근궤적상에서 ζ=0.59와 φ=9°를 동시에 만족시키는 근이 없으므로 ζ=0.59를 위주로 이득을 찾아보면 K=55이며 이에 대한 폐루프 극점은 0.867±j0.166이다. 그리고 T=0.1에서 폐루프 시스템이 안정되기 위해서는 K<640이어야 한다. 표본 주기 T=0.1에 대한 계단 응답은 그림 15-23(c)와 같다(빨간색).

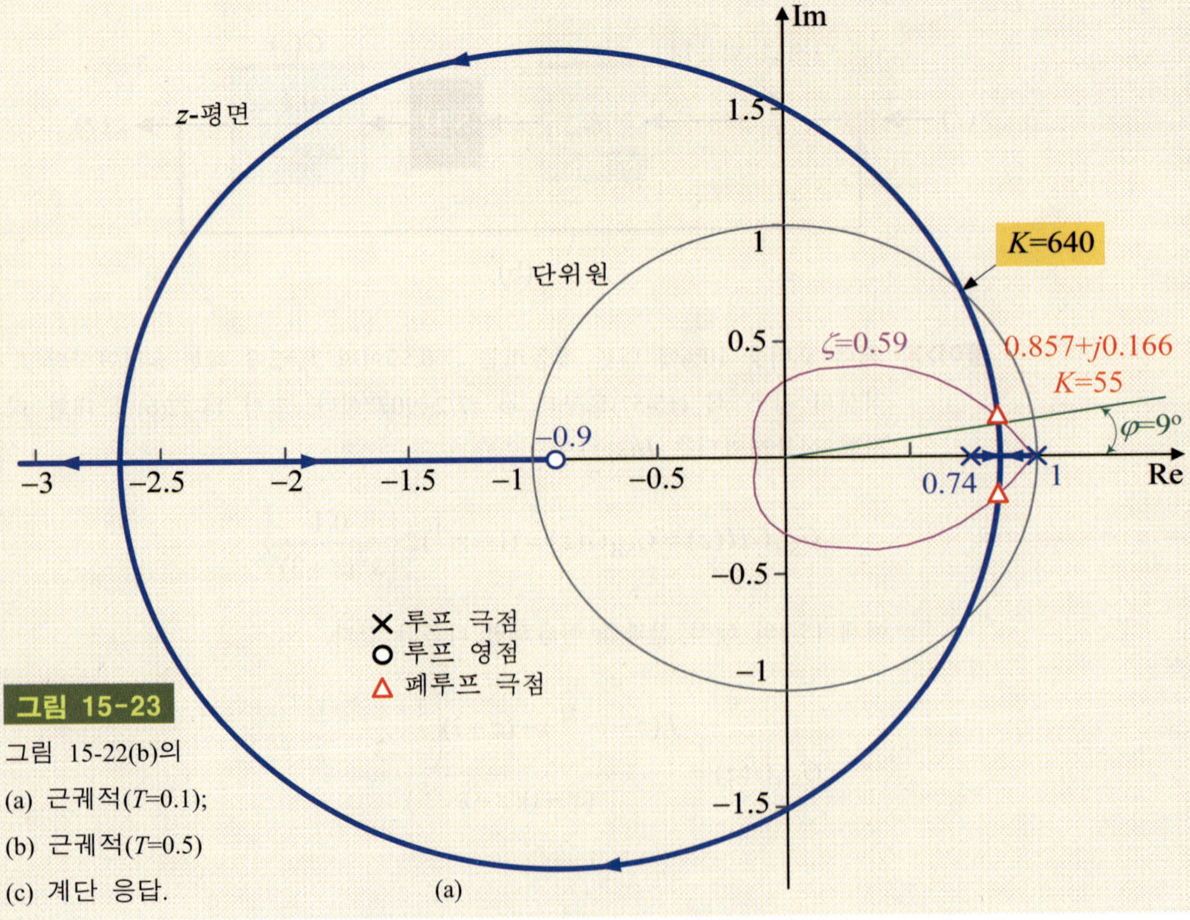

그림 15-23
그림 15-22(b)의
(a) 근궤적(T=0.1);
(b) 근궤적(T=0.5)
(c) 계단 응답.

그림 15-23

(계속)

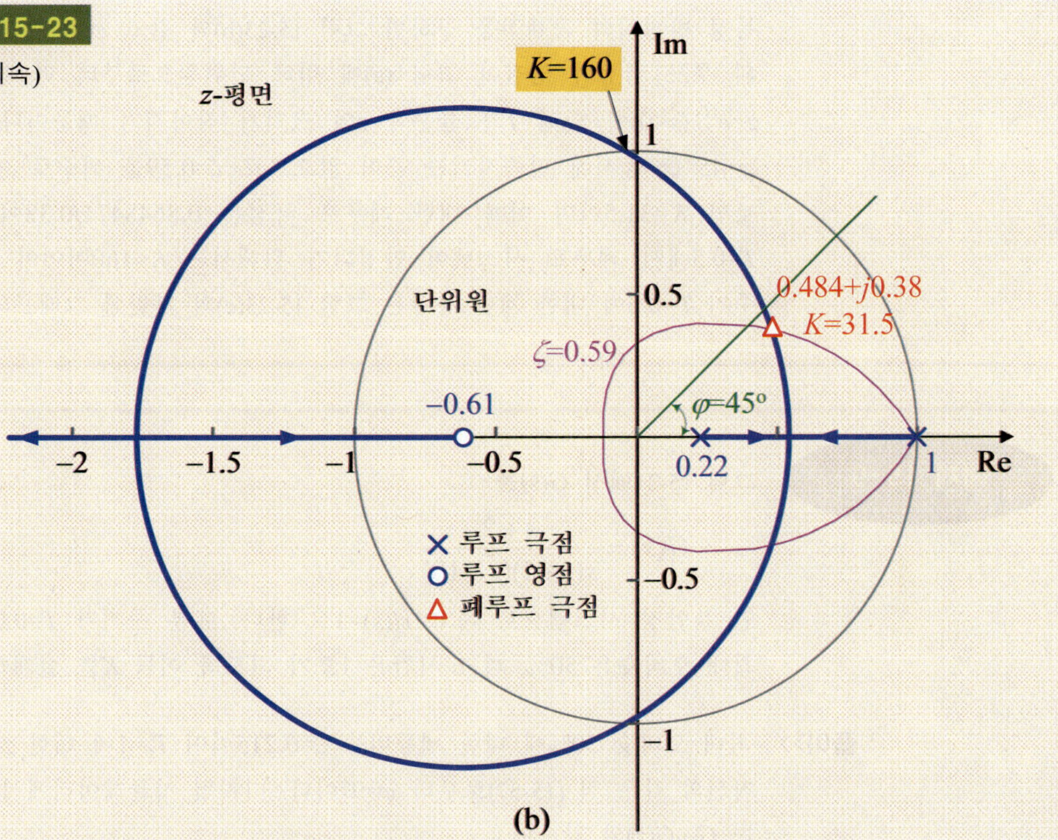

(b)

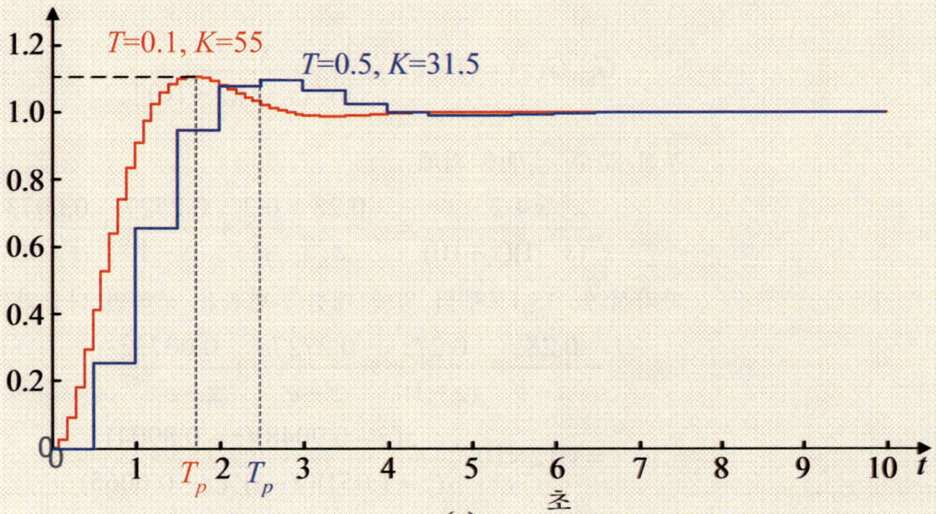

(c)

(a) T=0.5일 때는 다음과 같다.

$$G_{SH}G(z) = \frac{10^{-3}(8.035z + 4.913)}{z^2 - 1.223z + 0.2231} = \frac{10^{-3} \times 8.035(z + 0.611)}{(z-1)(z-0.223)}$$

특성 방정식의 근궤적을 구하면 그림 15-23(b)와 같고 φ=45°이다. 그림 (b)의 루프 극점과 영점이 그림 (a)에 비해 단위원으로부터 먼 이유는 사상 $z=e^{sT}$ (s<0)에 의해 T가 클수록 z의 크기가 작아지기 때문이다. ζ=0.59와 φ=45°를 동시에 만족시키는 근이 없으므로 ζ=0.59를 위주로 이득을 찾아보면 K=31.5이며 이에 대한 폐루프 극점은 0.864847±j0.38이다. 그리고 T=0.5에서 폐루프 시스템이 안정되기 위해서는 K<160이어야 한다. 표본 주기 T=0.5에 대한 계단 응답은 그림 15-23(c)의 파란색 그래프와 같다.

예제 15-9

그림 15-21에서 $G(s)$를

$$G(s) = \frac{s+2}{s(s-1)(s+10)}$$

인 불안정 시스템으로 하고 $H(s)$=1로 한다. 표본 주기가 T=0.05 초일 때 최대 오버슛은 50%, 피크 시간은 1초가 되도록 이득 K를 설계하라.

풀이>> 최대 오버슛 50%에 대한 제동비는 ζ=0.215이며 T_p=1에 대한 z-평면상의 직선의 각은 식 (15-57)로부터 φ=9°이다. 디지털 시뮬레이터에서 $G_{SH}GH(z)$는 $G_{SH}G(z)$와 같으며

$$G_{SH}G(z) = (1-z^{-1})Z\left\{\frac{s+2}{s^2(s-1)(s+10)}\right\}$$

부분 분수 전개에 의해

$$\frac{s+2}{s^2(s-1)(s+10)} = -\frac{0.28}{s} - \frac{0.2}{s^2} + \frac{0.2727}{s-1} + \frac{0.0073}{s+10}$$

따라서 표 15-1로부터 위에 대한 z-변환을 구하면 다음과 같다(T=0.05).

$$-\frac{0.28z}{z-1} - \frac{0.2Tz}{(z-1)^2} + \frac{0.2727z}{z-e^T} + \frac{0.0073z}{z-e^{-10T}}$$

$$=1.12\times10^{-3}\,\frac{z(z-0.9048)(z+0.8904)}{(z-1.051)(z-1)^2(z-0.6065)}$$

이상으로

$$G_{SH}G(z) = \frac{1.12\times10^{-3}(z-0.9048)(z+0.8904)}{(z-1.051)(z-1)(z-0.6065)}$$

이며 특성 방정식에 대한 근궤적은 그림 5-24(a)와 같다.

그림 15-24

예제 15-9의

(a) 근궤적;

(b) 계단 응답.

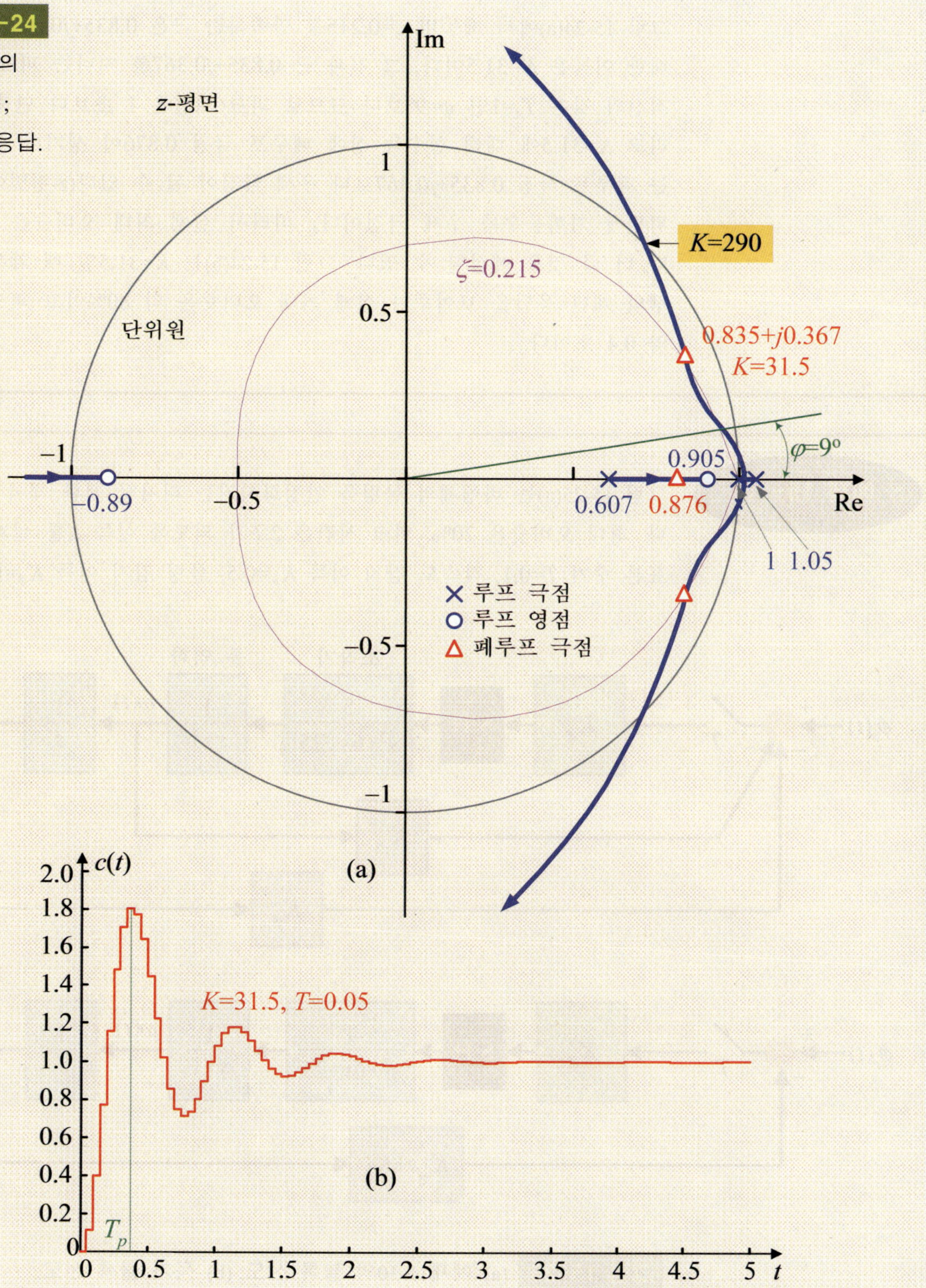

그림 15-24(a)에서 제동비 ζ=0.215를 만족하는 근은 0.835+j0.367이며 이에 대한 이득은 K=31.5이다. 그 결과 근 0.835+j0.367를 지나는 피크 시간 T_p 직선의 각은 T_p=1인 φ=9°보다 크므로 피크 시간은 1 초보다 단축된다. 그리고 K=31.5에 대해 실수축 상에 폐루프 극점 0.876이 생기며 이는 원하는 폐루프 극점 0.835+j0.367보다 우세 극점이 될 수 있다(z-평면에서는 단위원에 가까울수록 우세 극점이다). 따라서 실제 최대 오버슛은 설계치보다 더 클 것을 예상할 수 있다. 그림 15-24(b)는 K=31.5일 때 폐루프 시스템의 계단 응답을 보여주며 실제 최대 오버슛은 약 80%이고 피크 시간은 약 0.4 초이다.

예제 15-10

그림 15-25(a)는 비행체의 롤링을 안정화시키는 디지털 궤환 제어 시스템이다. 최대 오버슛은 20%, 피크 시간은 2초가 되도록 이득 K를 설계하라. 단 표본 주기 T=0.1, 각속도 감지 이득 K_ω=0.5, 롤링 감지 이득 K_ϕ=1로 한다.

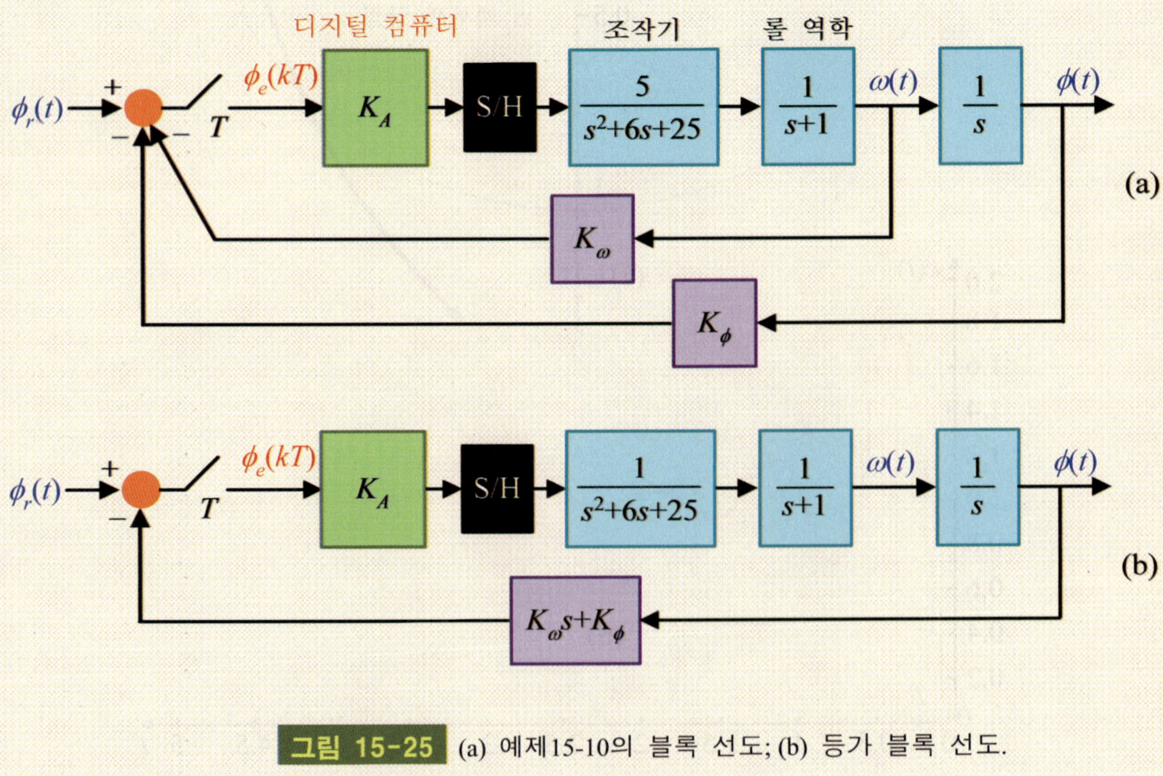

그림 15-25 (a) 예제15-10의 블록 선도; (b) 등가 블록 선도.

풀이>> 그림 15-25의 (a)는 그림 (b)로 등가화할 수 있으며(그림 6-23 참조) 이로부터 $G(s)$와 $H(s)$는 다음과 같다.

$$G(s) = \frac{5}{s(s+1)(s^2+6s+25)}, \quad H(s) = 0.5s+1$$

이로부터 $G_{SH}G(z)$와 $G_{SH}GH(z)$는 각각 다음과 같이 구해진다.

$$G_{SH}G(z) = (1-z^{-1})Z\left\{\frac{5}{s^2(s+1)(s^2+6s+25)}\right\}$$

$$G_{SH}GH(z) = (1-z^{-1})Z\left\{\frac{5(0.5s+1)}{s^2(s+1)(s^2+6s+25)}\right\}$$

복잡한 중간 계산을 생략하고 결과만 정리하면 다음과 같다.

$$G_{SH}G(z) = 10^{-5}\frac{1.805z^3+17.15z^2+14.9z+1.185}{z^4-3.27z^2+4.053z^2-2.28z+0.4966}$$

및

$$G_{SH}GH(z) = \frac{0.0003657(z+3.27)(z-0.819)(z+0.238)}{(z-1)(z-0.905)(z-0.6825+j0.289)(z-0.6825-j0.289)}$$

이제 $G_{SH}GH(z)$를 바탕으로 특성 방정식 근궤적을 그리면 그림 15-26(a)와 같다. 원하는 제동비 곡선은 ζ=0.456(최대 오버슛은 20%)이고 피크 시간 직선의 각은 φ=180°/(T_p/T)=9°이다. 제동비 ζ=0.456을 만족하는 근은 0.858±j0.211이며 이에 대한 이득은 K=15.5이다. 그 결과 근 0.858+j0.211를 지나는 피크 시간 T_p 직선의 각은 T_p=2인 φ=9°보다 크므로 피크 시간은 2 초보다 단축될 것이다. 그리고 K=15.5에 대해 또 다른 폐루프 극점 0.773±j0.176이 생기며 이는 원하는 극점인 0.858±j0.211에 비해 단위원으로부터 멀다. 따라서 원하는 극점 0.858±j0.211이 우세 극점이 될 가능성이 높으며 이는 그림 15-26(b)의 계단 응답으로부터 확인할 수 있다. 그림 (b)는 T=0.05, K=15.5에 대한 계단 응답이며 최대 오버슛은 20%로서 거의 우세 극점 0.858±j0.211에 의한 것이다. 그리고 피크 시간은 예상대로 2초 이하이다.

그림 15-26
예제 15-25의
(a) 근궤적;
(b) 계단 응답.

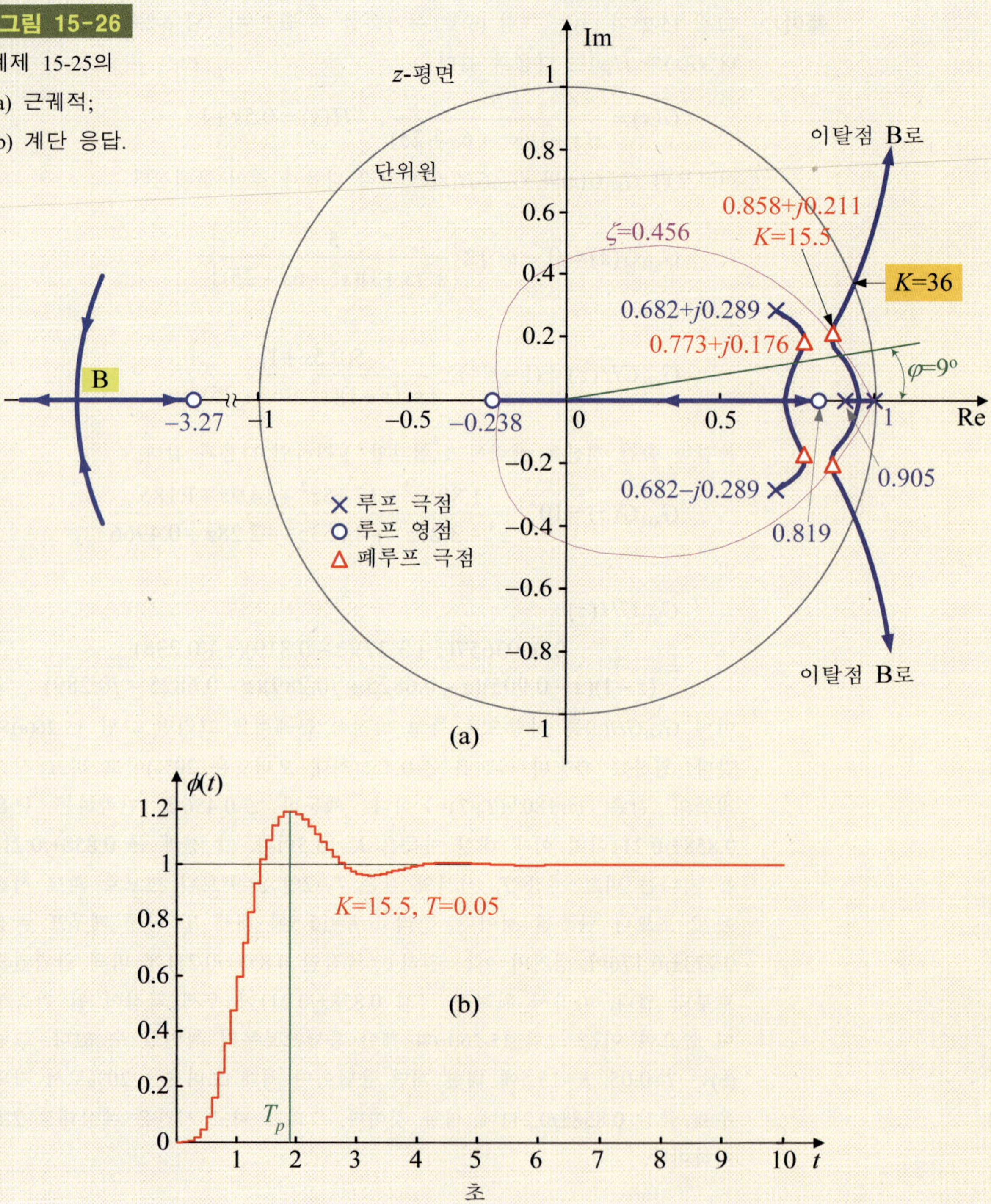

z-영역의 안정성

디지털 궤환 제어 시스템에서는 이득 K뿐 아니라 표본 주기 T도 안정성에 영향을 주므로 변수가 두 개이다. 앞에서 보인 예제들은 T를 상수로 하고 K를 변수로 하여 설계하는 내용들이다. 이와 반대로 K를 상수로 하고 T를 변수로 하여 표본 주기가 폐루프 시스템의 안정성에 미치는 영향을 알아볼 경우도 있다. 그러나 충격-불변 방식이나 쌍선형 변환 방식으로 구한 디지털 시뮬레이터는 z-영역 특성 방정식은 T에 대해 비선형적인 형태가 된다. 즉 식 (15-34)에 의해 충격-불변 방식의 경우는 $z=e^{sT}$에 의해 T의 초월 함수가 되며, 쌍선형 방식은 T의 멱승 형태가 된다. 따라서 T를 변수로 할 때는 근궤적 기법을 사용할 수 없다. 예를 들어 z-영역 특성 방정식이 $z^2+Tbz+c=0$라 가정하면 다행히 $1+T[bz/(z^2+c)]$, 즉 $1+T[Z(z)/P(z)]=0$의 꼴로 표현되므로 T를 변수로 하여 근궤적을 그릴 수 있다. 그러나 다른 예로 $z^2+T^2bz+Tcz=0$와 같을 경우는 $1+T[Z(z)/P(z)]=0$의 형태로 표현할 수 없으므로 근궤적 기법이 사용될 수 없는 것이다. 따라서 T를 변수로 안정성을 판단할 때는 대부분의 경우 근궤적을 사용할 수 없으므로 절대적인 안정성을 판단하는 Routh-Hurwitz 판별을 이용해야 한다. 그러나 여기서도 문제가 되는 것은 Routh-Hurwitz 판별은 근이 s-영역의 RHP에 있는지를 판별하지만 z-영역에서는 근이 단위원 밖에 있는지를 판별해야 한다. 이를 위해 z-영역의 절대적 인정성을 판단하는 알고리듬들이 있지만 이 책에서 소개하기는 힘들다. 여기서는 z-영역의 특성 방정식을 s-영역으로 등가적으로 변환한 다음 기존의 Routh-Hurwitz 판별법으로써 s-영역에서의 절대적인 안정성을 대신 판단하게 하는 방법을 설명한다. 즉 전달 함수가 $G(z)=Z\{G(s)\}$인 연속 시스템과 디지털 시스템은 안정성에서 같은 운명이기 때문이다.

절대적인 안정성이란 근이 RHP 또는 단위원 외부에 있는지만 밝히는 것이지 근의 정확한 위치와는 무관하다. 따라서 z-영역의 특성 방정식을 s-영역으로 변환시키는 식은 다음과 같은 조건만 만족한다면 된다: s-영역에서 LHP, 허수축 및 RHP의 근은 z-영역상에 단위원 내부, 단위원 및 단위원 외부로 사상되기만 하면 된다. 이를 만족하는 가장 간단한 변환식이 다음과 같이 Kuo에 의해 제안되었다.

$$s=\frac{z+1}{z-1} \qquad \textbf{(15-62a)}$$

그리고 이에 대한 역은

$$z=\frac{s+1}{s-1} \qquad \textbf{(15-62b)}$$

로 서로 동일한 형태가 된다. 위의 식에 $s=\alpha+j\omega$로 하여 대입하면

$$z = \frac{(\alpha+1)+j\omega}{(\alpha-1)+j\omega} \tag{15-63}$$

이므로 크기는 다음과 같다.

$$|z| = \sqrt{\frac{(\alpha+1)^2+\omega^2}{(\alpha-1)^2+\omega^2}} \tag{15-64}$$

따라서 s가 LHP(α<0), 허수축(α=0) 및 RHP(α>0)에 있을 때 z의 위치는 다음과 같이 단위원 내부, 단위원 및 단위원 외부에 있게됨을 알 수 있다.

$$\alpha < 0 \leftrightarrow |z| < 1 \text{ (단위원 내부)} \tag{15-64a}$$

$$\alpha = 0 \leftrightarrow |z| = 1 \text{ (단위원)} \tag{15-64b}$$

$$\alpha > 0 \leftrightarrow |z| > 1 \text{ (단위원 외부)} \tag{15-64c}$$

이상으로 표본 주기 T가 디지털 궤환 제어 시스템의 절대적 안정성에 미치는 영향을 간접적으로 판단하는 방법을 보여주는 것이 그림 15-27이다. 먼저 디지털 시뮬레이터를 구하며 e^{aT}에 항이 있을 경우는 다음과 같이 Pade 근사식을 이용할 수 있을 것이다(식 6-58 참조).

$$e^{-aT} \cong \frac{2-aT}{2+aT} \tag{15-65}$$

다음으로 z-영역의 전달 함수에 대한 특성 방정식을 구하여(T의 함수) 식 (15-62b)로써 s-영역으로 변환한 후 Routh-Hurwitz 판별로써 안정성을 판단한다. 예를 들어 판별 결과 s-영역의 RHP에 근이 두 개 있다면 이는 z-영역에서 단위원 외부에 근이 두 개 있음을 의미한다(즉 불안정하다).

그림 15-27
Routh-Hurwitz 판별법으로 디지털 시스템의 절대적 안정성을 판단하는 방법.

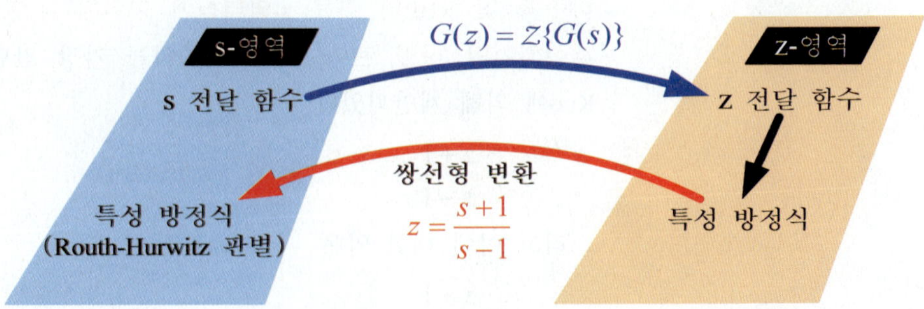

예제 15-11

임의의 디지털 시스템의 특성 방정식이 다음과 같을 때 이 시스템의 절대적 안정성을 검사해 보아라.

$$z^3 + 0.1z^2 - 1.86z + 0.36 = 0$$

풀이>> 식 (15-62b)로써 특성 방정식을 s-영역으로 변환하면

$$\left(\frac{s+1}{s-1}\right)^3 + 0.1\left(\frac{s+1}{s-1}\right)^2 - 1.86\left(\frac{s+1}{s-1}\right) + 0.36 = 0$$

양변에 $(s-1)^3$을 곱하여 정리하면

$$s^3 - 9.7s^2 - 14.6s + 3.3 = 0$$

위에 대한 Routh표를 작성하면 다음과 같다.

s^3	1	−14.6
s^2	−9.7	3.3
s^1	−14.26	0
s^0	3.3	0

첫번째 열에 부호 변화가 두 번이므로 s-영역의 RHP에 근이 두 개 있다. 따라서 주어진 특성 방정식도 z-영역의 단위원 외부에 근이 두 개 있다.

예제 15-12

그림 15-28은 우주선 제어 시스템을 간소화한 블록 선도이다. 특히 우주 공간에서는 마찰이 없으므로 힘과 속도의 관계는 단순히 관성으로만 표현되므로 전달 함수가 $1/(J_m s)$와 같이 표현된다.

(a) 전달 함수 $C(z)/R(z)$에 관한 표현식을 구하라.

(b) 각 파라미터 값이 다음과 같을 때 폐루프 시스템이 안정되기 위한 표본 주기 T의 범위를 구하라: $J_m=4\times10^4$, $K=1.5\times10^6$, $K_v=3\times10^5$.

풀이>>

(a) 예제 15-10에서와 같은 같은 방법으로 브록 선도를 간소화하면 전방향 전달 함수 $G(s)$와 궤환 전달 함수 $H(s)$는 다음과 같음을 알 수 있다.

$$G(s) = \frac{G_{SH}(s)}{J_m s^2}, \quad H(s) = (K_v/K)s + 1$$

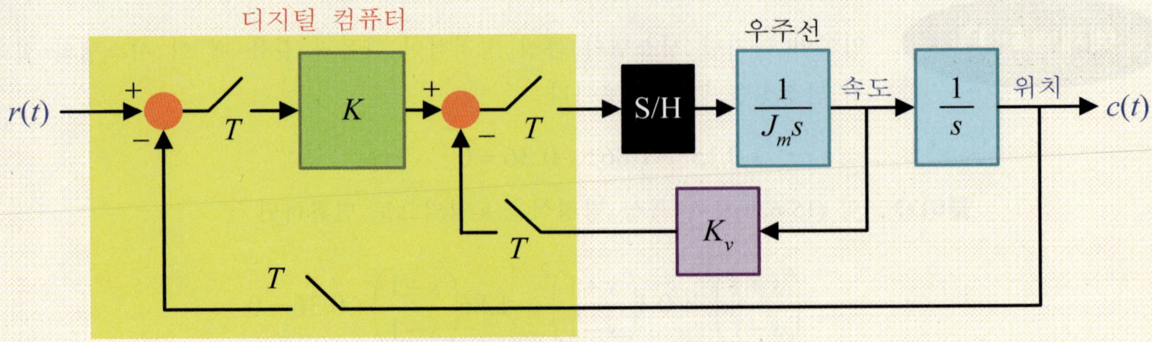

그림 15-28 예제 15-12의 그림.

이로부터 디지털 시뮬레이터의 전달 함수들을 구하면 다음과 같다.

$$G_{SH}G(z) = (1 - z^{-1})Z\left\{\frac{1}{J_m s^3}\right\} = \frac{T^2}{2J_m}\frac{z+1}{(z-1)^2}$$

$$G_{SH}GH(z) = (1 - z^{-1})Z\left\{\frac{1}{J_m s^3} + \frac{(K_v/K)}{J_m s^2}\right\} = \frac{T^2}{2J_m}\frac{z+1}{(z-1)^2} + \frac{TK_v/K}{J_m(z-1)}$$

이상으로 폐루프 전달 함수 $KG_{SH}G(z)/[1+KG_{SH}GH(z)]$는 다음과 같다.

$$\frac{C(z)}{R(z)} = \frac{KT^2(z+1)}{2J_m z^2 + (KT^2 + 2K_vT - 4J_m)z + (KT^2 - 2K_vT + 2J_m)}$$

(b) 위의 전달 함수에 파라미터 값을 대입하면

$$\frac{C(z)}{R(z)} = \frac{20T^2(z+1)}{z^2 + (20T^2 + 7.5T - 2)z + (20T^2 - 7.5T + 1)}$$

따라서 z-영역의 특성 방정식은

$$z^2 + (20T^2 + 7.5T - 2)z + (20T^2 - 7.5T + 1) = 0$$

이며 이를 식 (15-62b)로써 s-영역으로 변환하면 다음과 같다.

$$40T^2 s^2 - (40T^2 - 15T)s + (4 - 15T) = 0$$

이로부터 LHP에 근이 존재할 조건은

$$40T^2 - 15T < 0 \quad \text{및} \quad 4 - 15T > 0$$

로부터 T=0.2667이다.

15.6 디지털 제어기 설계

그림 15-29의 (a)는 디지털 제어기를 장착한 궤환 제어 시스템의 블록 선도이며 디지털 제어기 $D_c(z)$는 그림 11-2(a)의 $K_A G_c(s)$를 대신하는 것이다. 그림 15-29의 (a)에 대한 등가 표본치 시스템은 그림 (b)와 같으며 이로부터 디지털 시뮬레이터는 그림 (c)와 같음을 알 수 있다(그림 15-12 참조). 따라서 그림 (c)의 시뮬레이터로써 그림 (a)의 성능 평가를 대신하는 것이다. 디지털 제어기를 설계하는 방법은 두 가지가 있다. 하나는 아날로그 제어기를 설계한 다음 이를 변환시켜 $D_c(z)=Z\{K_A G_c(s)\}$로 구하는 '$G_c(s)$-$D_c(z)$' 방법이며 다른 하나는 z-평면상에서 근궤적을 통해 직접 설계하는 것이다. 물론 쌍선형 변환으로 $G_c(s)$를 $D_c(z)$로 변환시킬 수도 있다. 디지털 제어기에서는 표본

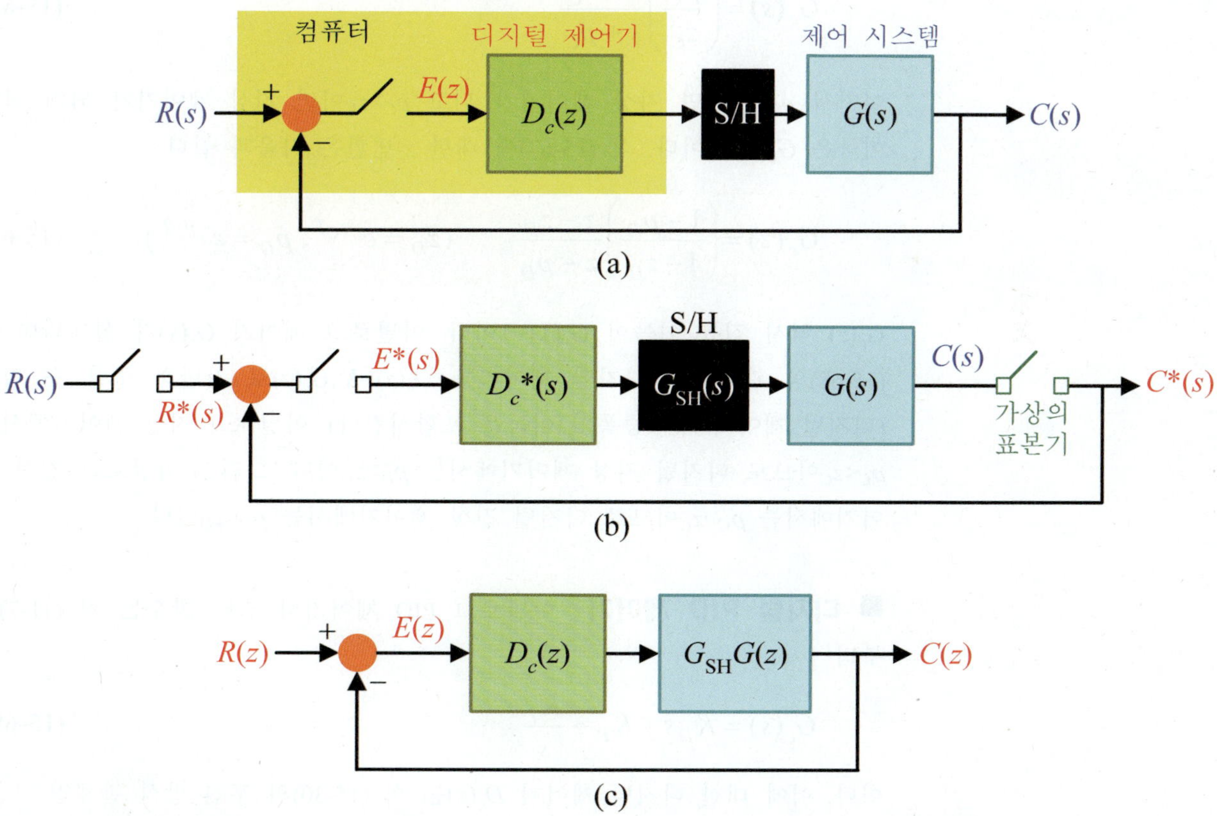

그림 15-29 (a) 디지털 제어기가 부착된 궤환 제어 시스템; (b) 표본치 블록 선도; (c) 디지털 시뮬레이터.

주기를 정하는데 신중해야 하며 그 기준이 나이퀴스트(Nyquist) 표본율이다. 나이퀴스트 표본율(또는 표본 주파수) $f=1/T$는 표본화하고자 하는 신호의 차단 주파수 f_c의 두 배이며 이 때의 표본 주기 T_{max}는 다음과 같다.

$$T_{max} = \frac{1}{2f_c} = \frac{\pi}{\omega_c} \tag{15-66}$$

디지털 시스템의 표본 주기는 T_{max}보다 작아야 하며 보통 $T<0.1T_{max}$로 한다. 즉 그림 15-29에 대응하는 연속 궤환 제어 시스템의 폐루프 전달 함수 $KG_c(s)G(s)/[1+KG_c(s)G(s)]$의 최대 주파수(또는 대역폭)을 식 (15-66)의 ω_c로 삼아 표본 주기 T를 $T<0.1T_{max}$로 정하면 된다.

$G_c(s)$-$D_c(z)$ 설계

■ **디지털 진상 및 지상 제어기** 아날로그 진상 및 지상 제어기의 전달 함수는 다음과 같이 통합된 형태로 표현된다.

$$G_c(s) = \left(\frac{p_C}{z_C}\right)\frac{s+z_C}{s+p_C} \tag{15-67}$$

여기서 $p_C<z_C$이면 지상 제어기가 되고 $p_C>z_C$이면 진상 제어기가 되며 직류 이득은 $G_c(0)=1$이다. 식 (15-67)에 대한 z-변환은 다음과 같다.

$$G_c(z) = \left(\frac{1-p_D}{1-z_D}\right)\frac{z-z_D}{z-p_D} \qquad (z_D = e^{-z_C T},\ p_D = e^{-p_C T}) \tag{15-68}$$

$G_c(z)$ 역시 직류 이득이 $G_c(1)=1$이다. 아날로그 제어기 $G_c(s)$가 설계되면 식 (15-68)의 관계로써 디지털 제어기를 $D_c(z)=K_AG_c(z)$로 간단히 구할 수 있다(디지털 제어기에는 증폭기 이득을 포함시킨다). 아날로그 지상 제어기에서는 $p_C<z_C$이므로 디지털 지상 제어기에서는 $p_D>z_D$이다. 그리고 아날로그 진상 제어기에서는 $p_C>z_C$이므로 디지털 진상 제어기에서는 $p_D<z_D$이다.

■ **디지털 PID 제어기** 아날로그 PID 제어기의 전달 함수는 식 (11-7)로부터

$$G_c(s) = K_D s + K_P + \frac{K_I}{s} \tag{15-69}$$

이다. 이에 대한 디지털 제어기 $D_c(z)$는 식 (15-30)의 후진 방식 관계인

$$s = \frac{z-1}{Tz} \tag{15-70}$$

를 이용하면 다음과 같다.

$$D_c(z) = K_D \frac{z-1}{Tz} + K_P + K_I \frac{Tz}{z-1} \qquad (15\text{-}71)$$

위의 식에서 PI 제어기는 K_D=0으로, PD 제어기는 K_I=0으로 하면된다.

예제 15-13 예제 12-1의 아날로그 지상 제어기에 대한 디지털 제어기를 설계하고 폐루프 시스템의 계단 응답을 구하라.

풀이>> 예제 12-1에서 설계한 두 지상 제어기 중 하나는 K_A 및 $G_c(s)$가

$$K_A = 4261, \quad G_c(s) = \frac{(s+0.11)}{11(s+0.01)}$$

표본 주기: 먼저 연속 시스템의 폐루프 전달 함수 $KG_c(s)G(s)/[1+KG_c(s)G(s)]$의 대역폭을 보드 선도를 통해 구해보면 ω_c=7.2 rad/sec이다. 따라서

$$T_{\max} = \frac{\pi}{\omega_c} = 0.436$$

로부터 표본 주파수는 T=0.02 초 정도로 한다.

디지털 제어기: 식 (15-68)에서 T=0.02, z_C=0.11, p_C=0.01이므로

$$z_D = e^{-z_C T} = e^{-0.11T} = 0.9978$$

$$p_D = e^{-p_C T} = e^{-0.01T} = 0.9998$$

$$G_c(z) = \left(\frac{1-p_D}{1-z_D}\right)\frac{z-z_D}{z-p_D} = \frac{0.091z - 0.0908}{z - 0.9998}$$

따라서 디지털 지상 제어기는 다음과 같다.

$$D_c(z) = K_A G_c(z) = \frac{387.8z - 386.9}{z - 0.9998}$$

디지털 제어 시스템: $G_{\rm SH}G(z)$는 다음과 같이 구해진다(T=0.02).

$$G_{\rm SH}G(z) = (1-z^{-1})Z\left\{\frac{1}{s(s+1)(s+3)(s+15)}\right\}$$

$$= \frac{10^{-6}(1.214z^2 + 4.423z + 1.004)}{z^3 - 2.663z^2 + 2.347z - 0.6839}$$

이상으로 디지털 시뮬레이터의 폐루프 전달 함수는 다음과 같다.

$$G_{\mathrm{CL}}(s)=\frac{10^{-4}(4.708z^3+12.45z^2-13.22z-3.885)}{z^4-3.662z^3+5.01z^2-3.032z+0.6833}$$

이로부터 계단 응답은 15-30과 같다.

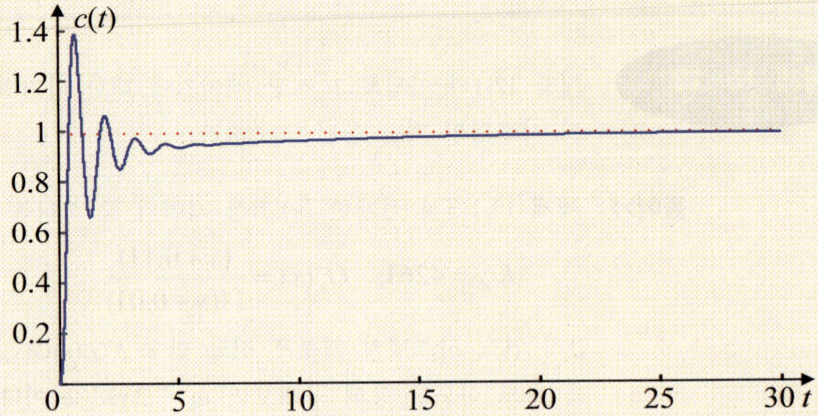

그림 15-30

예제 15-13의 계단 응답.

예제 15-14

예제 12-6의 아날로그 진상 제어기를 디지털 제어기로 설계하고 폐루프 시스템의 계단 응답을 구하라.

풀이>> 예제 12-6에서 설계한 두 진상 제어기 중 하나는 K_A 및 $G_c(s)$가

$$K_A=70000,\quad G_c(s)=\frac{37.15(s+1.3)}{(s+48.3)}$$

표본 주기: 먼저 연속 시스템의 폐루프 전달 함수 $KG_c(s)G(s)/[1+KG_c(s)G(s)]$의 대역폭을 보드 선도를 통해 구해보면 ω_c=43.5 rad/sec이다. 따라서

$$T_{\max}=\frac{\pi}{\omega_c}=0.0722$$

로부터 표본 주파수는 T=0.002 초로 한다.

디지털 제어기: 식 (15-68)에서 $T=0.002, z_C=1.3, p_C=48.3$이므로

$$z_D=e^{-z_CT}=e^{-1.3T}=0.9974$$

$$p_D=e^{-p_CT}=e^{-48.3T}=0.9079$$

$$G_c(z)=\left(\frac{1-p_D}{1-z_D}\right)\frac{z-z_D}{z-P_D}=\frac{35.46z-35.37}{z-0.9079}$$

따라서 디지털 제어기는 다음과 같다.

$$D_c(z) = K_A G_c(z) = \frac{10^6(2.482z - 2.476)}{z - 0.9998}$$

디지털 제어 시스템: $G_{SH}G(z)$는 다음과 같이 구해진다(T=0.002).

$$G_{SH}G(z) = (1 - z^{-1})Z\left\{\frac{0.08}{s^2(s+1.32)(s+150)}\right\}$$

$$= \frac{10^{-11}(9.906z^2 + 36.8z + 8.515)}{z^3 - 2.738z^2 + 2.477z - 0.7389}$$

이상으로 디지털 시뮬레이터의 폐루프 전달 함수는 다음과 같다.

$$G_{CL}(s) = \frac{10^{-4}(2.459z^3 + 6.682z^2 - 6.997z - 2.108)}{z^4 - 3.646z^3 + 4.964z^2 - 2.989z + 0.6706}$$

이로부터 계단 응답을 구하면 그림 15-31과 같다.

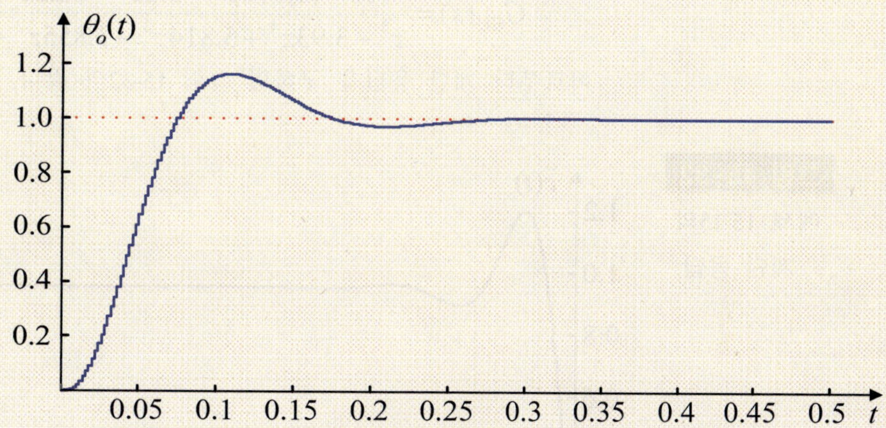

그림 15-31 예제 15-14의 계단 응답.

예제 15-15 예제 11-5의 PID 제어기를 디지털 제어기로 구현하고 폐루프 시스템의 계단 응답을 구하라.

풀이>> 예제 11-5에서 설계한 PID 제어기의 상수들은 다음과 같다.

$$K_P = 457.3, \qquad K_D = 19.2, \quad K_I = 45.54$$

표본 주기: 먼저 연속 시스템의 폐루프 전달 함수 $G_c(s)G(s)/[1+G_c(s)G(s)]$의 대역폭을 보드 선도를 통해 구해보면 ω_c=42 rad/sec이다. 따라서

$$T_{max} = \frac{\pi}{\omega_c} = 0.0748$$

로부터 표본 주파수는 T=0.002 초로 한다.

디지털 제어기: 식 (15-71)에서 $T=0.002$, $K_P=457.3$, $K_D=19.2$, $K_I=45.54$를 대입하면 디지털 PID 제어기는 다음과 같다.

$$D_c(z) = \frac{100(100.6z^2 - 196.6z + 96)}{z(z-1)}$$

디지털 제어 시스템: $G_{SH}G(z)$는 다음과 같이 구해진다(T=0.002).

$$G_{SH}G(z) = (1 - z^{-1})Z\left\{\frac{s+30}{s(s^3 + 25s^2 + 200s + 750)}\right\}$$
$$= \frac{10^{-6}(2z^2 + 1.235z - 1.896)}{z^3 - 2.95z^2 + 2.902z - 0.9512}$$

이상으로 디지털 시뮬레이터의 폐루프 전달 함수는 다음과 같다.

$$G_{CL}(s) = \frac{10^{-2}(2.018z^4 - 3.8z^3 - 0.22z^2 + 3.845z - 1.82)}{z^5 - 3.93z^4 + 5.814z^3 - 3.855z^2 + 0.9897z - 0.0182}$$

이로부터 계단 응답을 구하면 그림 15-32와 같다.

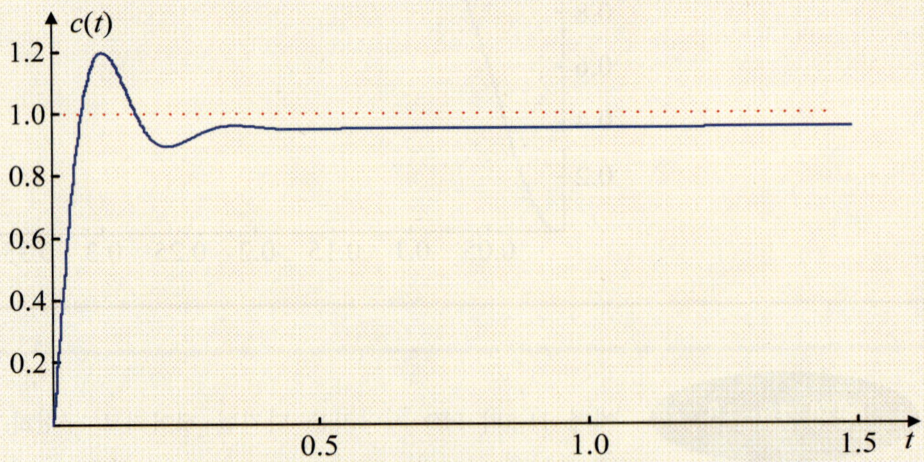

그림 15-32 예제 15-15의 계단 응답.

근궤적상 설계

근궤적을 이용하여 디지털 제어기를 설계하는 방법은 s-영역에서의 설계와 원리가 같으며 다만 단위원 내부에서만 우세 극점을 찾아야 한다는 점만 다르다. 그리고 z-영역 근궤적 설계에서는 제어 시스템의 바람직하지 못한 극점을 제어기의 영점과 상쇄시키는 극-영점 상쇄가 많이 활용된다.

■ **디지털 지상 제어기** 지상 제어기의 극점과 영점 분포는 그림 15-33과 같다. 아날로그 제어기 경우인 그림 (a)에서는 $z_C > p_C$이며 p_C에 대한 z_C의 비 $\alpha = z_C / p_C$로써 정상 상태 오차가 개선된다. 이에 비해 디지털 제어기 경우인 그림 (b)에서는 $z = e^{sT}$에 의해 $z_D < p_D$이며 비 $\alpha = (1-p_D)/(1-z_D)$로써 정상 상태 오차가 개선된다(식 (15-67), (15-68) 참조). 특히 지상 제어기에서는 제어기 극점과 영점이 보상전의 근궤적에 거의 영향을 주지 않아야 하므로 z_C와 p_C는 s-영역의 원점에 가깝게 위치하게 한다. 따라서 z-영역에서는 z_D와 p_D가 단위원에 매우 가깝게 위치하게 된다. 이상으로 디지털 지상 제어기의 원리를 근궤적상에서 예를 들어 설명하는 것이 그림 15-34이다.

그림 15-33
지상 제어기의 극-영점도
(a) 아날로그 제어기;
(b) 디지털 제어기.

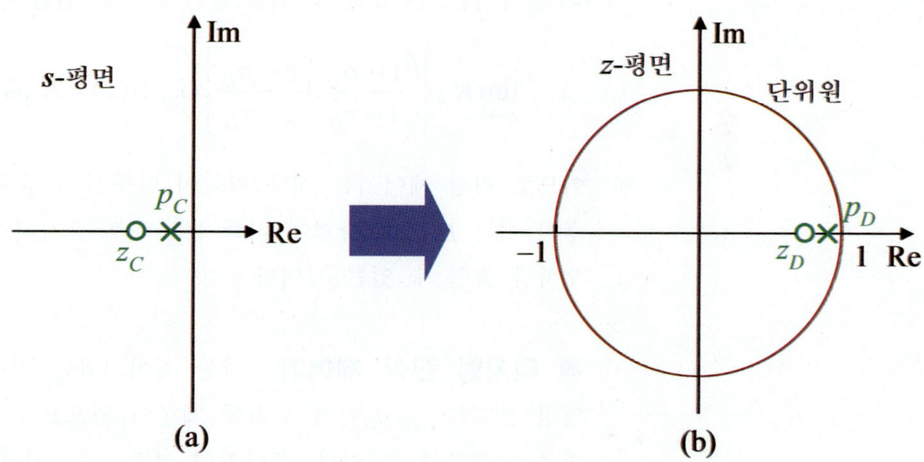

그림 15-34
디지털 지상 제어기의 원리를 근궤적상에서 설명하는 그림.

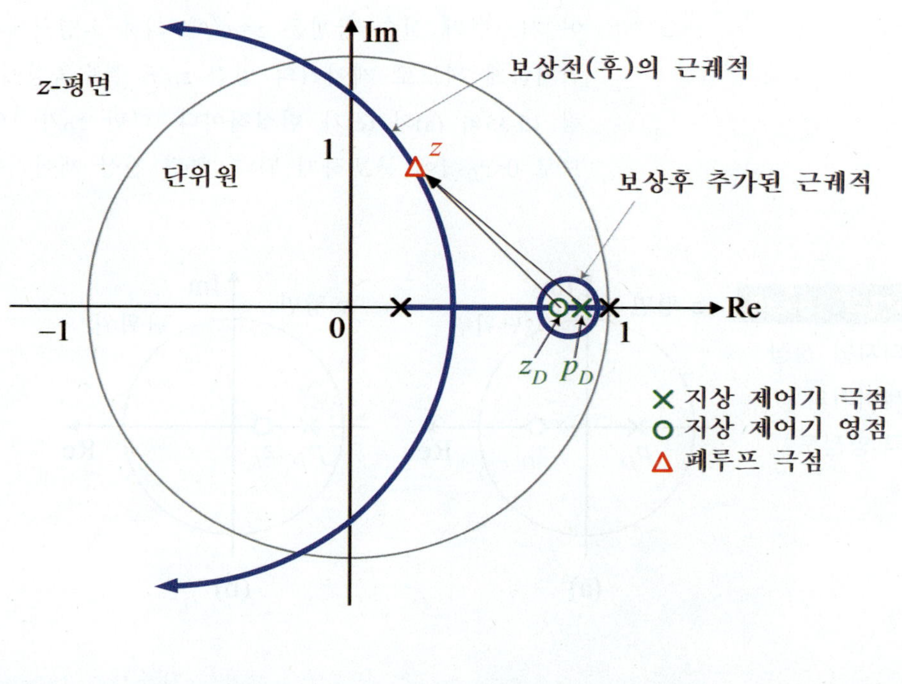

그림 15-34에서 지상 제어기에 의해 추가된 영점 z_D와 극점 p_D는 매우 가깝기 때문에 근궤적 형성에 거의 영향을 미치지 못하므로 보상후의 근궤적은 보상전과 거의 변함이 없다. 즉 $[(z-z_D)/(z-p_D)]G_{SH}G(z)$에 대한 근궤적은 $G_{SH}G(z)$에 대한 근궤적과 거의 같다. 그러나 보상후의 루프 전달 함수가

$$K_A\left(\frac{1-p_D}{1-z_D}\right)\frac{z-p_D}{z-z_D}G_{SH}G(z)=K_A\frac{1-p_D}{1-z_D}\left[\frac{z-p_D}{z-z_D}G_{SH}G(z)\right] \quad \textbf{(15-72)}$$

와 같으므로 이득은 K_A에서 $K_A(1-p_D)/(1-z_D)=\alpha K_A<K_A$로 낮아지는 효과를 얻을 수 있다. 따라서 보상전과 같은 근궤적을 이루기 위해서는 K_A를 $1/\alpha$ 배로 증가시킬 수 있는 것이다. 반면에 루프 전달 함수의 직류 이득은

$$\lim_{z\to 1}K_A\left\{\left(\frac{1-p_D}{1-z_D}\right)\frac{z-p_D}{z-z_D}\right\}G_{SH}G(z)=K_A G_{SH}G(z) \quad \textbf{(15-73)}$$

이므로 지상 제어기는 직류 이득에 아무런 영향을 주지 않는다. 따라서 보상후의 이득 K_A는 보상전에 비해 $1/\alpha$ 배로 증가시킬 수 있음으로써 정상 상태 오차를 줄일 수 있는 것이다.

■ **디지털 진상 제어기** 지상 제어기와는 반대로 진상 제어기의 극점과 영점 관계는 $z_D>p_D$이며 위치에 제한이 없으므로 그림 15-35와 같이 세 가지 경우로 생각할 수 있다. 제어기의 영점 z_D는 제어 시스템의 바람직하지 못한 실수 극점과 같게 하거나 가깝게 하여 극-영점 효과를 얻도록 한다. 연속 제어 시스템의 실수 극점은 $z=e^{sT}$에 의해 z-영역에서는 항상 양의 실수축상에 위치하게 되므로 제어기의 영점 z_D도 실수축상에 있게 마련이다. 따라서 그림 15-35의 (a)와 (c)가 현실적이다. 다만 z_D가 1이 되면 $(1-p_D)/(1-z_D)=\infty$이므로 $0<z_D<1$에 분포하게 된다. 한편 진상 제어기에서 극점이 영점과 가깝게

그림 15-35 디지털 진상 제어기의 극-영점도.

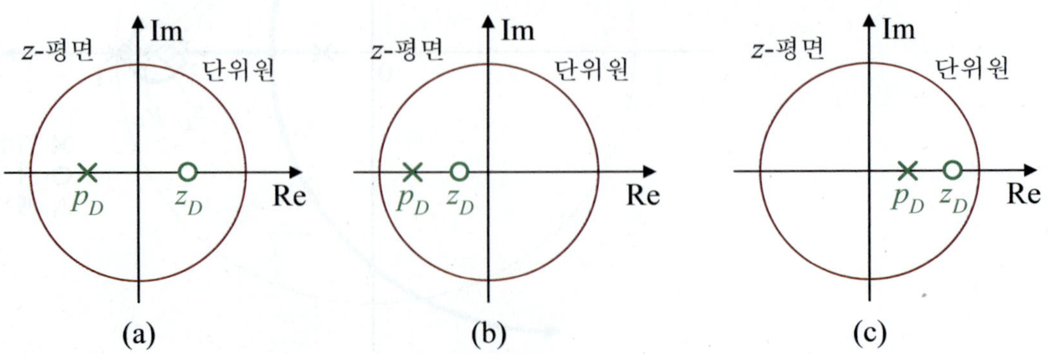

되면 진상 제어 효과가 떨어지므로 서로 멀리할수록 유리하다. 따라서 $0<z_D<1$인 영점과 멀기 위해서는 p_D는 음의 실수축에 있는 것이 유리하므로 $-1<p_D<0$로 하는 것이 보통이다. 이상으로 그림 15-35에서 가장 현실적인 것이 그림 (a)임을 알 수 있다. 한 가지 예로 $G(s)=1/s^2$인 제어 시스템을 진상 제어기로 보상하는 경우가 그림 15-36이다. 편의상 표본 주기를 $T=0.001$로 하여 $G_{SH}G(z)$를 구하면 다음과 같다.

$$G_{SH}G(z) = (1-z^{-1})Z\left\{\frac{1}{s^2}\right\} = 5\times10^{-7}\,\frac{z+1}{(z-1)^2} \qquad \textbf{(15-74)}$$

위의 식이 보상전의 개루프 전달 함수이다. 따라서 보상전의 근궤적을 구하면 그림 15-36(a)와 같으며 모든 K에 대해 근은 항상 단위원 밖에 있다. 즉 폐루프 시스템은 항상 불안정하다. 식 (15-74)에서 바람직하지 못한 근이 $z=1$이지만 제어기의 영점은 1이 되어서는 안된다. 따라서 $z_D=0.9$로 하여 극-영점 효과를 노리기로 하고 제어기 극점은 $p_D=0.5$로 하기로 한다. 그 결과 보상된 근궤적은 그림 (b)와 같으며 단위원 내부에 근이 존재하기 시작하며 $K<1.85\times10^5$에서는 폐루프 안정적이다. 이제 제어기 극점을 $p_D=-0.5$로 하여 음의 실수축상에 두면 보상후의 근 궤적은 그림 (c)와 같다. 이 경우는 그림 (b)에 비해 더 많은 근궤적 부분이 단위원 내부에 있게 되므로 안정성이 증대된다. 즉 그림 (b)보다 더욱 원점에 가까운 근을 얻을 수 있다. 그리고 제어기 영점 $z_D=0.9$와 극점 1 사이에 새로이 추기되는 폐루프 극점은 영점 $z_D=0.9$와 매우 가까우므로 극-영점 효과를 얻을 수 있는 것이다(제어기 영점

그림 15-36
식 (15-74)에 대한
(a) 보상전 근궤적;
(b) 진상 제어기로 보상한 후의 근궤적 ($z_D=0.9, p_D=0.5$);
(c) 진상 제어기로 보상한 후의 근궤적 ($z_D=0.9, p_D=-0.5$);

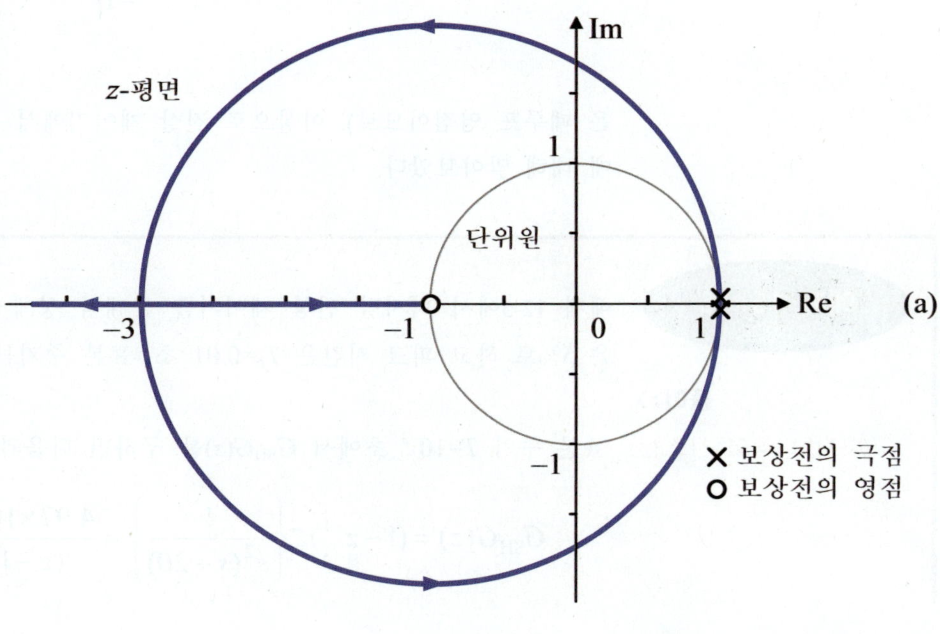

그림 15-36

(계속)

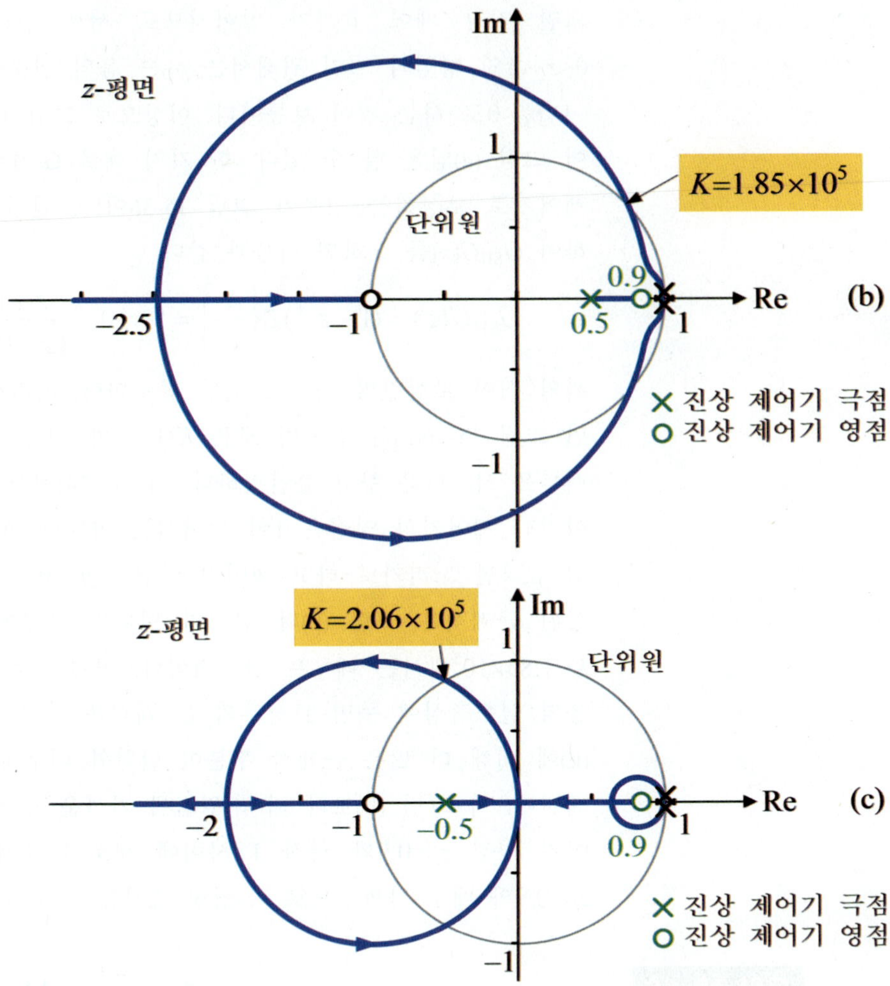

은 폐루프 영점이므로). 이상으로 진상 제어기에서 영점과 극점의 배치 방법에 대해 알아보았다.

예제 15-16 예제 12-5에서 디지털 진상 제어기를 근궤적 상에서 설계하라. 단 오버슛은 5%로 하고 피크 시간은 T_p=0.01 초, 표본 주기는 T=10^{-3} 초로 한다.

풀이>>

디지털 제어 시스템: 표본 주기 T=10^{-3} 초에서 $G_{SH}G(z)$를 구하면 다음과 같다.

$$G_{SH}G(z) = (1-z^{-1})Z\left\{\frac{1}{s^2(s+20)}\right\} = \frac{4.97\times10^{-7}(z+0.9934)}{(z-1)(z-0.9802)}$$

디지털 진상 제어기: $G_{SH}G(z)$의 극점 0.9802를 z_D=0.9802로 상쇄하고 p_D=−0.5로 하면

$$G_c(z) = \frac{75.69(z-0.9802)}{z-0.5}$$

보상후의 근궤적은 그림 15-37의 (a)와 같으며 최대 오버슛 5%(ζ=0.69)를 만족하도록 근을 정하면 T_p는 0.01초 이하가 된다. 우세 극점은 0.0237±j0.2이고 해당 이득은 K=14400이며 계단 응답은 그림 (b)와 같다.

그림 15-37

예제 15-16의 보상후

(a) 근궤적과

(b) 계단 응답.

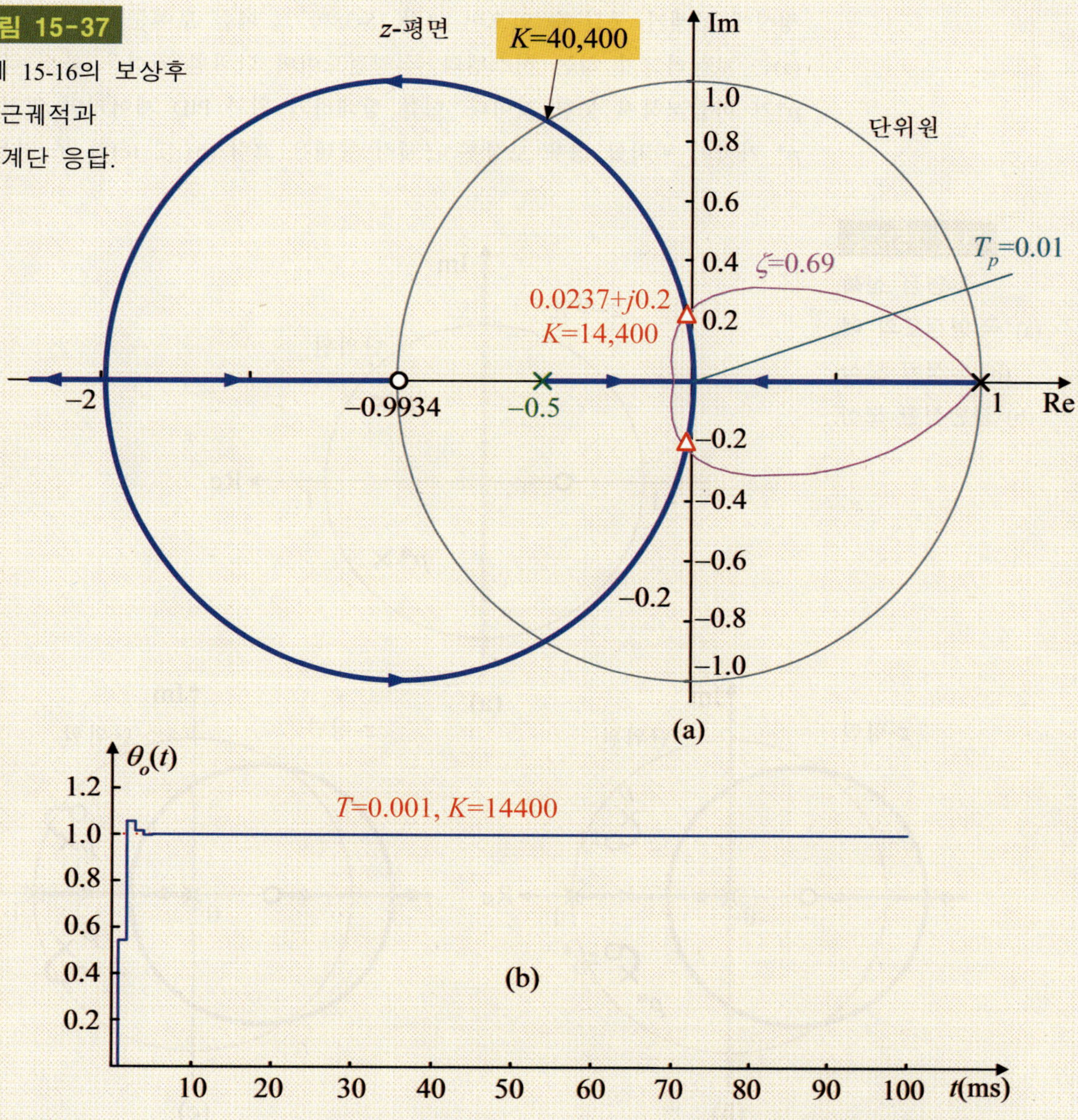

■ **디지털 PID 제어기** 식 (15-71)의 디지털 PID 제어기는 정리하면 다음과 같다.

$$D_c(z) = \frac{(K_D + K_P T + K_I T^2)z^2 - (2K_D + K_P T)z + K_D}{Tz(z-1)} \tag{15-75}$$

위의 전달 함수는 두 개의 영점이 있으므로 제어 시스템의 바람직하지 못한 두 실 극점이나 한 쌍의 복소 극점을 상쇄시킬 수 있다. 그리고 z=1의 극점은 시스템의 유형을 한 단계 높혀줌으로써 정상 상태 오차를 줄여준다. 다만 단위원에 가까운 복소 극점을 상쇄할 때는 불완전한 극-영점 상쇄에 의해 안정성에 문제가 생길 수 있으며 그림 15-38이 그 예를 보여준다. 그림 15-38의 (a)는 보상하고자 하는 시스템의 극-영점도이며 단위원 가까운 복소 극점 p, p^*가 바람직하지 못한 것이다. 이를 상쇄하기 위한 PID 제어기의 영점이 p, p^* 가까이 위치할 경우 보상후 근궤적 형태는 그림 (b) 및 (c)의 두 경우가

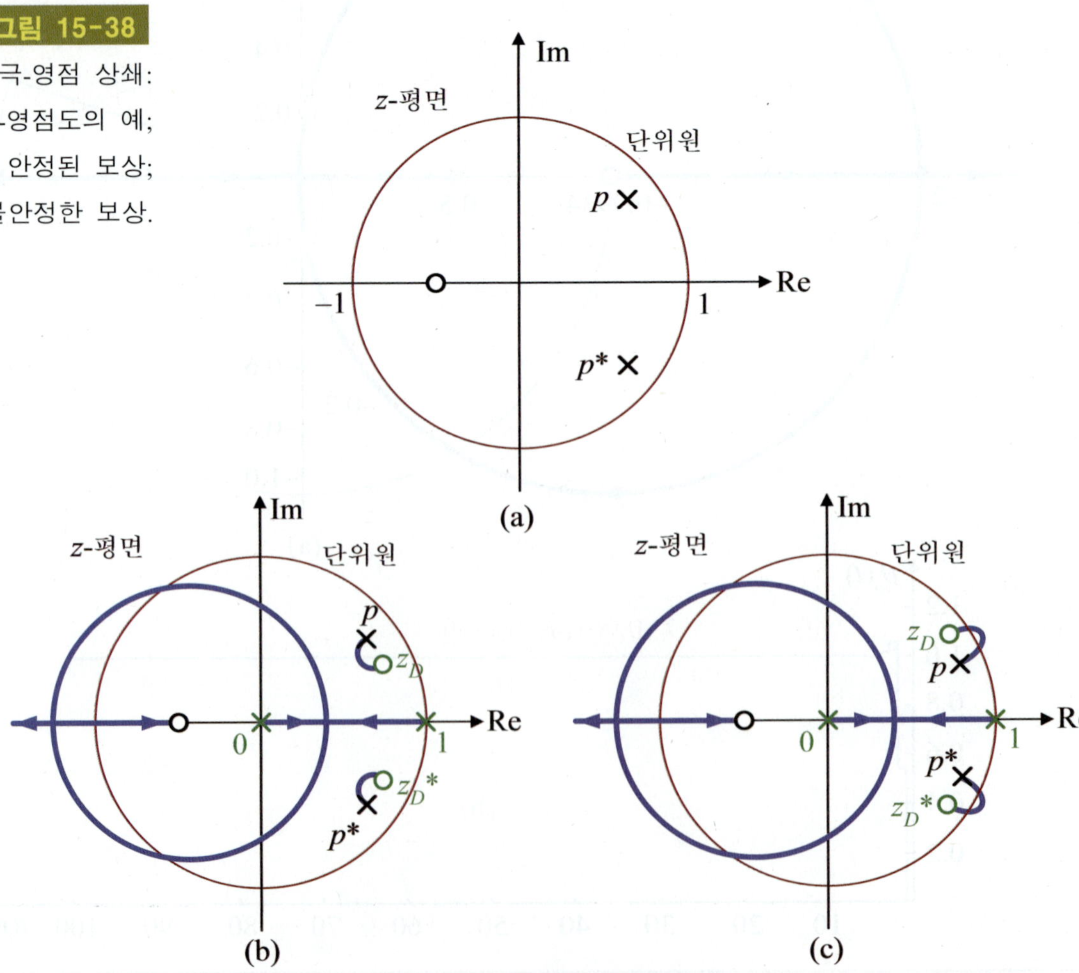

그림 15-38
극-영점 상쇄:
(a) 극-영점도의 예;
(b) 안정된 보상;
(b) 불안정한 보상.

생길 수 있다. 그림 (b)의 경우는 폐루프 극점이 단위원 밖으로 나가지 않으므로 안정되지만 그림 (c)의 경우는 단위원 밖으로 나갈 수 있으므로 조건부로 안정적이게 된다. 식 (15-75)에서 새로운 변수 K를 $K=K_D+K_PT+K_IT^2$으로 하면 제어기의 분자 다항식이 $K(z^2+az+b)$의 형태가 된다. 따라서 제어 시스템에서 상쇄시킬 두 극점 p_1, p_2가 정해지면 $a=-p_1+p_2$로, $b=p_1p_2$로 결정되므로 K를 이득 변수로 하여 보상후의 근궤적을 그리면 된다.

예제 15-17 예제 11-5에서 디지털 PID 제어기를 근궤적 상에서 설계하라. 단 오버슛은 10%로 하고 피크 시간은 T_p=0. 1 초, 표본 주기는 T=0.002 초로 한다.

풀이>> 표본 주기 T=0.002 초에서 $G_{SH}G(z)$를 구하면 다음과 같다.

$$G_{SH}G(z)=(1-z^{-1})Z\left\{\frac{s+30}{s(s^3+25s^2+200s+750)}\right\}$$
$$=\frac{2\times10^{-6}(z+1.003)(z-0.9418)}{(z-0.9704)(z^2-1.98z+0.9802)}$$

분모의 $z^2-1.98z+0.9802$ 항에 의해 복소 극점 $0.99\pm j0.01$이 생긴다. 이를 제거하기 위해 제어기 $D_c(z)$의 분자 다항식을 $K(z^2-1.98z+0.9802)$로 하면

$$D_c(z)=\frac{K(z^2-1.98z+0.9802)}{z(z-1)}$$

이다. 따라서 보상후의 개루프 전달 함수가

$$D_c(z)G_{SH}G(z)=K\left\{\frac{2\times10^{-6}(z+1.003)(z-0.9418)}{z(z-1)(z-0.9704)}\right\}$$

이므로 보상후의 근궤적을 구하면 그림 15-39(a)와 같다. 여기서 최대 오버슛 10%(ζ=0.59)가 되도록 우세 극점을 정하면 K=148,000이며 피크 시간은 설계하고자 하는 0.1초보다 단축된다. 이상으로 PID 제어기는

$$D_c(z)=\frac{1.48\times10^5(z^2-1.98z+0.9802)}{z(z-1)}$$

이며 폐루프 시스템의 계단 응답은 그림 15-39(b)와 같다.

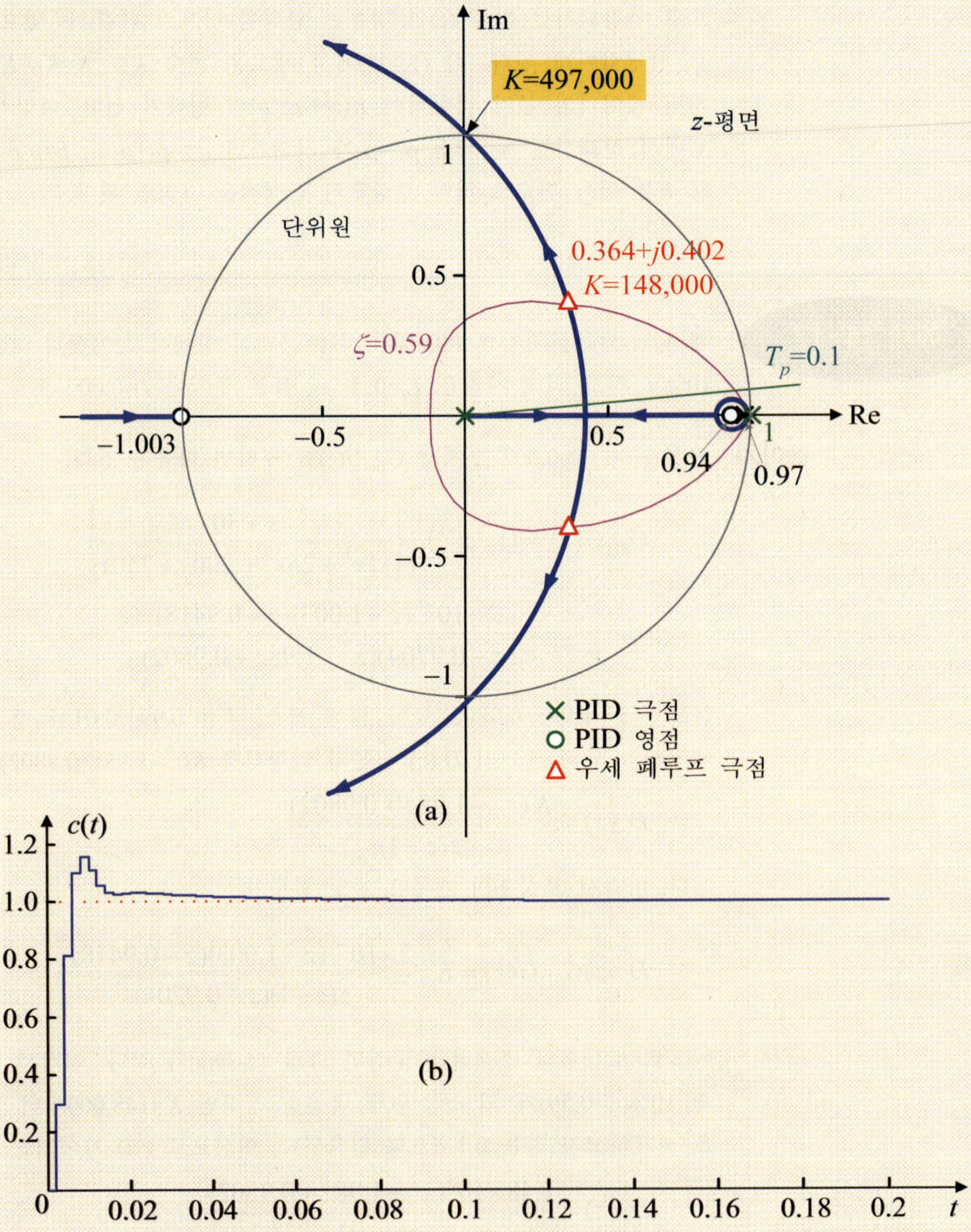

그림 15-39 예제 15-17의 보상후 (a) 근궤적과 (b) 계단 응답.

15.7 매트랩 프로그램

이 장에서 배울 매트랩 함수는 다음과 같다: tf, c2d, zgrid.

tf Gc=tf(num, den); 행벡터 num을 분자 다항식 계수로 하고 행벡터 den을 분모 다항식 계수로 하는 s-영역 전달 함수 Gc를 생성한다.

Gd=tf(num, den, T); 이 경우는 Gd가 z-영역 전달 함수, 즉 z-변환이며 T는 표본 주기이다. 만일 변수 T를 생략하면 Gd는 s-영역 전달 함수로 간주된다. 표본 주기를 명시하지 않을 때는 Gd=tf(num, den, [ ])로 하면 된다.

c2d Gd=c2d(Gc, T, 'method'); s-영역 전달 함수 Gc를 z-영역 전달 함수 Gd로 변환시켜주며 T는 표본 주기이다. 그리고 'method'는 변환 방식을 지정해주며 다음과 같은 것들이 있다.

- 'zoh' 영차 표본-유지 회로와 직렬 결합한 충격-불변 변환
- 'imp' 충격-불변 변환
- 'tustin' 쌍선형 변환

zgrid zgrid(zeta, wn); 제동비 zeta와 고유 주파수 wn을 표시해주는 곡선을 z-영역 근궤적상에 덧그려준다. zgrid(zeta, 0)는 제동비 곡선만 그려주며 zgrid(0, 0)는 단위원만 그려준다.

다음의 매트랩 15-1은 궤환 제어 시스템의 이득을 설계해 준다.

매트랩 15-1

```
% GAIN.m; 궤환 제어 시스템의 이득 설계
s=tf([1 0], 1);
z=tf([1 0], 1, [ ]);
disp('{궤환제어 시스템의 전달 함수들}')
G=input('제어 시스템의 전달 함수 G(s)=');
H=input('궤환 전달 함수 H(s)=');
disp('{설계 사양}')
OS=input('최대 오버슛 %OS=');
zeta=-log(OS/100)/sqrt(pi^2+(log(OS/100))^2);
```

```
Tp=input('피크 시간 Tp=');
gselect= input('이득설계 방식(아날로그=0, 디지털=1)=');
%
%
if gselect==0   % 아날로그 설계##################################
% 근궤적
   disp('{그림창에서 원하는 K를 구할 것!!}')
   rlocus(G*H);
   sgrid(zeta, 0)
   K=input('원하는 이득 K=');
   Gcl=mineral(feedback(K*G, H));
% 정상상태 오차
   disp('{정상 상태 오차}')
   ep=1/(1+dcgain(K*G*H))
   ev=1/dcgain(K*s*G*H)
   ea=1/dcgain(K*s^2*G*H)
% 계단 응답
   disp('계단 응답을 보고자 하면 아무 키나 누르시오!!')
   pause, hold off, step(Gcl)
elseif gselect==1     % 디지털 설계################################
   T=input('표본 주기 T=');
   theta=pi/(Tp/T);
% 디지털 시뮬레이터
   GshG=c2d(G, T, 'zoh');
   GshGH=c2d(G*H, T, 'zoh');
% 근궤적
   disp('{그림창에서 원하는 K를 구할 것!!}')
   rlocus(GshGH);
   zgrid(zeta, 0)
   hold on, plot([0: 0.1: 1], tan(theta)*[0: 0.1: 1], 'g')
   K=input('원하는 이득 K=');
   Gcl=K*GshG/(1+K*GshGH); Gcl=mineral(Gcl);
```

```
% 정상상태 오차
    disp('{정상 상태 오차}')
    ep=1/(1+dcgain(K*GshGH))
    ev=1/dcgain(K*(z-1)*GshGH/T)
    ea=1/dcgain(K*(z-1)^2*GshGH/T^2)
% 계단 응답
    disp('{계단 응답}')
    Tf=input('계단 응답 시간 구간=')
    disp('계단 응답을 보고자 하면 아무 키나 누르시오!!')
    pause, hold off
    step(Gcl, [0: T: Tf])
end
```

예제 15-9를 매트랩 15-1로 해석하면 다음과 같다.

```
>> GAIN
제어 시스템의 전달 함수 G(s)=(s+2)/(s*(s-1)*(s+10))
Transfer function:
    s+2
--------------------
s^3+9s^2-10s

궤환 전달 함수 H(s)=1
H=
    1

최대 오버슛 %OS=50
피크 시간 Tp=1
이득설계 방식(아날로그=0, 디지털=1)=1
표본 주기 T=0.05
그림창에서 원하는 이득 K를 구할 것!!
  * (그림창의 근궤적상에서 K를 구한다)
원하는 이득 K=31.5
{정상 상태 오차}
```

```
ep=
    0
ev=
    -0.1587
ea=
    inf
{계단 응답}
계단 응답 시간 구간=10
계단 응답을 보고자 하면 아무 키나 누르시오!!
   * (그림창에는 계단 응답이 나타난다)
```

다음의 매트랩 15-2는 아날로그 제어기를 디지털 제어기로 변환시켜 준다(지상, 진상 및 PID 제어기).

매트랩 15-2

```
% Dcontrol.m; 아날로그 제어기로부터 디지털 제어기 설계
% (지상, 진상 및 PID)
s=tf([1 0], 1);
z=tf([1 0], 1, [ ]);
disp('{연속 제어 시스템}')
G=input('제어 시스템의 전달 함수 G(s)=');
disp('{아날로그 제어기}')
cselect=input('제어기 유형(진상/지상=0, PID=1)=');
if cselect==0      % 아날로그 진상/진상 제어기
   KA=input('증폭기 이득 KA=');
   Gc=input('제어기 전달함수 Gc(s)=');
   Gc=KA*Gc;
elseif cselect==1   % 아날로그 PID 제어기
   Kp= input('비례기 이득 Kp=');
   Kd= input('미분기 이득 Kd=');
   Ki= input('적분기 이득 Ki=');
   Gc=Kd*s+Kp+Ki/s;
end
```

```
disp('{표본 주기}')
tselect=input('표본 주기를 계산하겠습니까(예=1, 아니오=0)?');
if tselect==1
    disp('그림창의 보드선도에서 -3dB 주파수 Wc를 구할 것!!')
    bode(feedback(Gc*G, 1))
    Wc=input('-3dB 주파수(rad/sec) Wc=');
    disp('최대 표본 주기는 다음과 같다:');
    Tmax=pi/Wc;
end
    T=input('표본 주기 T=');
disp('{디지털 제어기}')
if cselect==0            % 디지털 진상/진상 제어기
    pc=pole(Gc);   zc=zero(Gc);
    pd=exp(pc*T);   zd=exp(zc*T);
    Dc=(KA*(1-pd)/(1-zd))*(z-zd)/(z-pd);
elseif cselect==1       % 디지털 PID 제어기
    Dc=Kd*(z-1)/(T*z)+Kp+Ki*T*z/(z-1);
end
GshG=c2d(G, T, 'zoh');
Gcl=mineral(feedback(Dc*GshG, 1));
disp('{계단 응답}')
Tf=input('계단 응답의 시간 구간=');
step(Gcl, [0: T: Tf])
```

예제 15-14를 매트랩 15-2로 해석하면 다음과 같다.

```
>> Dcontrol
{연속 제어 시스템}
제어 시스템의 전달 함수 G(s)=0.08/(s*(s+1.32)*(s+150))
{아날로그 제어기}
제어기 유형(진상/지상=0, PID=1)=0
증폭기 이득 KA=70000
제어기 전달 함수 Gc(s)=37.15*(s+1.3)/(s+48.3)
```

```
{표본 주기}
표본 주기를 계산하겠습니까(예=1, 아니오=0)=1
그림창에서 -3dB 주파수 Wc를 구할 것!!
  * (그림창의 보드선도를 참조한다)
-3dB 주파수(rad/sec) Wc=43.5
최대 표본 주기는 다음과 같다:
Tmax=
      0.0722
표본 주기 T=0.002
{계단 응답}
계단 응답의 시간 구간=0.5
```

다음의 매트랩 15-3은 디지털 진상 및 PID 제어기를 근궤적상에서 설계하는 프로그램이다.

매트랩 15-3

```
% Dcontrol_root.m; 디지털 제어기를 근궤적으로 설계
% (지상 및 PID)
s=tf([1 0], 1);
z=tf([1 0], 1, [ ]);
%
disp('{제어 시스템}')
G=input('연속 제어 시스템의 전달 함수 G(s)=');
T=input('표본 주기 T=');
% 설계 사양
OS=input('최대 오버슛 %OS=');
zeta=-log(OS/100)/sqrt(pi^2+(log(OS/100))^2);
Tp=input('피크 시간 Tp=');
theta=pi/(Tp/T);
GshG=c2d(G, T, 'zoh');
disp('디지털 제어 시스템 GshG(z)는 다음과 같다:')
zpk(GshG)
% 디지털 제어기 설계
cselect=input('제어기 유형(진상=0, PID=1)=');
```

```
if cselect==0            % 디지털 진상 제어기
    disp('{디지털 진상 제어기 설계}')
    disp('그림창의 보상전 근궤적을 참조하여 제어기 영점과 극점을 정할 것!!')
    rlocus(GshG)
    zd=input('제어기 영점 zd=');
    pd=input('제어기 극점 pd=');
    Dc=((1-pd)/(1-zd))*(z-zd)/(z-pd);
elseif cselect==1        % 디지털 PID 제어기
    disp('{디지털 PID 제어기 설계}')
    disp('그림창의 보상전 근궤적을 참조하여 제어기의 두 영점을 정할 것!!')
    rlocus(GshG)
    zd=input('제어기 영점 [zd1 zd2]=');
    a=-real(zd(1)+zd(2)); b=real(zd(1)*zd(2));
    Dc=(z^2+a*z+b)/(z^2-z);
end
disp('그림창의 보상후 근궤적에서 이득을 구할 것!!')
rlocus(mineral(Dc*GshG))
zgrid(zeta, 0)
hold on, plot([0: 0.1: 1], tan(theta)*[0: 0.1: 1], 'g'), hold off
K=input('원하는 이득 K=');
disp('디지털 제어기 Dc(z)는 다음과 같다:')
Dc=K*Dc
Gcl=mineral(feedback(Dc*GshG, 1));
disp('{계단 응답}')
Tf=input('계단 응답의 시간 구간=');
step(Gcl, [0: T: Tf])
disp('그림창에서 계단 응답을 확인할 것!!')
```

예제 15-17을 매트랩 15-3으로 해석하면 다음과 같다.

```
>> Dcontrol_root
{제어 시스템}
연속 제어 시스템의 전달 함수 G(s)=(s+30)/(s^3+25*s^2+200*s+750)
표본 주기 T=0.002
```

```
최대 오버슛 %OS=10
피크 시간 Tp=0.1
디지털 제어 시스템 GshG(z)는 다음과 같다:

Zero/pole/gain:
2.0065e-006 (z + 1.003) (z - 0.9418)
----------------------------------------------------
 (z - 0.9074) (z^2 - 1.98*z + 0.9802)

Sampling time: 0.002
제어기 유형(진상=0, PID=1)=1
{디지털 PID 제어기 설계}
그림창의 보상전 근궤적을 참조하여 제어기의 두 영점을 정할 것!!
  * (그림창의 근궤적을 참조한다)
제어기 영점[zd1 zd2]=roots([1   -1.98   0.9802])
그림창의 보상후 근궤적에서 이득을 구할 것!!
  * (그림창의 근궤적에서 구한다)
원하는 이득 K=1.48e5
디지털 제어기 Dc(z)는 다음과 같다:

Transfer function:
148000 z^2 - 293040 z + 1.451e005
------------------------------------------------
             z^2 - z

Sampling time: unspecified
{계단 응답}
계단 응답 시간 구간=0.2
그림창에서 계단 응답을 확인할 것!!
```

연습 문제

15.1 다음의 각 $G(s)$에 대한 z-변환을 구하라. 단 표본 주기는 T=0.1로 한다.

(a) $G(s)=\dfrac{s+1}{s^2+7s+10}$ (b) $G(s)=\dfrac{(s+1)(s+3)}{s(s+2)(s+4)}$

(c) $G(s)=\dfrac{38}{(s+3)(s^2+6s+13)}$ (d) $G(s)=\dfrac{250}{s(s+1)(s^2+8s+25)}$

15.2 그림 P15-2의 각 블록 선도에서 $C(z)/R(z)$를 구하라. 표본 주기는 T=0.1이다.

그림 P15-2

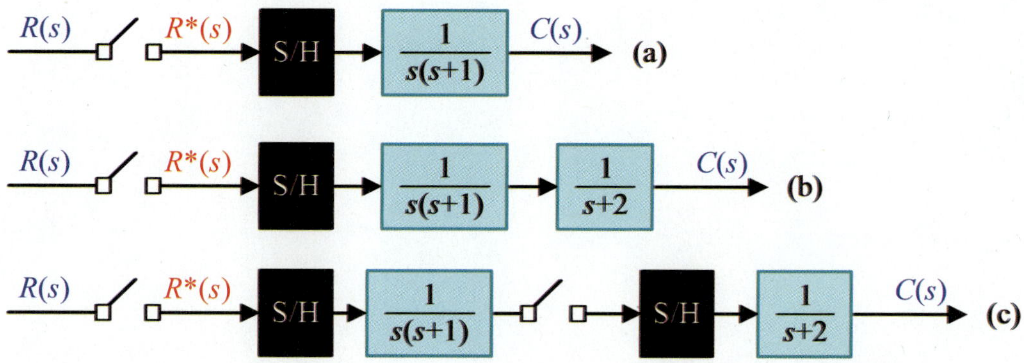

15.3 문제 11.2의 PI 제어기를 디지털 제어기로 설계하라(T=0.01).

15.4 문제 11.3의 PI 제어기를 디지털 제어기로 설계하라(T=0.1).

15.5 문제 11.5의 PD 제어기를 디지털 제어기로 설계하라(T=0.0005).

15.6 문제 11.7의 PD 제어기를 디지털 제어기로 설계하라(T=0.01).

15.7 문제 11.8의 PID 제어기를 디지털 제어기로 설계하라(T=0.5).

15.8 문제 11.10의 PID 제어기를 디지털 제어기로 설계하라(T=0.0005).

15.9 문제 12.1의 지상 제어기를 디지털 제어기로 설계하라(T=0.02).

15.10 문제 12.6의 진상 제어기를 디지털 제어기로 설계하라(T=0.02).

15.11 문제 12.7의 진상 제어기를 디지털 제어기로 설계하라(T=0.01).

부록 근궤적

식 (9-21)의 증명

$$P(s) + KZ(s) = 0 \quad \textbf{(A-1)}$$

에서

$$P(s) = s^n + a_1 s^{n-1} + \cdots + a_n, \quad Z(s) = s^m + b_1 s^{m-1} + \cdots + b_m \quad \textbf{(A-2)}$$

로 하여 양변을 $Z(s)$로 나누면

$$\frac{s^n + a_1 s^{n-1} + \cdots + a_n}{s^m + b_1 s^{m-1} + \cdots + b_m} + K = 0 \quad \textbf{(A-3)}$$

위의 식 좌변의 나누기에서 s가 충분히 클 경우 처음 두 항만 취하면

$$s^{n-m} + (a_1 - b_1)s^{n-m-1} \cong -K \quad \textbf{(A-4)}$$

또는

$$s\left(1 + \frac{a_1 - b_1}{s}\right)^{1/(n-m)} \cong (-K)^{1/(n-m)} \quad \textbf{(A-5)}$$

여기서 $[1+(a_1-b_1)/s]1/(n-m)$을 이항 정리로써 전개하면

$$s\left[1 + \frac{a_1 - b_1}{(n-m)s} + \cdots\right] \cong (-K)^{1/(n-m)} \quad \textbf{(A-6)}$$

좌변의 급수에서 또한 처음 두 항만 취하면

$$s + \frac{a_1 - b_1}{n-m} \cong (-K)^{1/(n-m)} \quad \textbf{(A-7)}$$

좌변에서 $s=\sigma+j\omega$로 하고 우변에 드모와르 공식을 적용하면 $K \ge 0$에 대해서는

$$\sigma + j\omega + \frac{a_1 - b_1}{n-m} \cong K^{1/(n-m)}\left[\cos\frac{(2k+1)\pi}{n-m} + j\sin\frac{(2k+1)\pi}{n-m}\right] \quad \textbf{(A-8)}$$

그리고 $K \le 0$에 대해서는

$$\sigma + j\omega + \frac{a_1 - b_1}{n-m} \cong \left|K^{1/(n-m)}\right|\left[\cos\frac{2k\pi}{n-m} + j\sin\frac{2k\pi}{n-m}\right] \quad \textbf{(A-9)}$$

먼저 식 (A-8)에서 양변의 실수부와 허수부를 각각 일치시키면

$$\sigma + \frac{a_1 - b_1}{n-m} \cong K^{1/(n-m)} \cos\frac{(2k+1)\pi}{n-m} \quad \textbf{(A-10)}$$

및

$$\omega \cong K^{1/(n-m)} \sin \frac{(2k+1)\pi}{n-m} \tag{A-11}$$

식 (A-10), (A-11)에서 $K^{1/(n-m)}$에 대해 풀면

$$K^{1/(n-m)} \cong \frac{\omega}{\sin \frac{(2k+1)\pi}{n-m}} \cong \frac{\sigma + \frac{a_1 - b_1}{n-m}}{\cos \frac{(2k+1)\pi}{n-m}} \tag{A-12}$$

따라서

$$\omega \cong \tan \frac{(2k+1)\pi}{n-m} \left(\sigma + \frac{a_1 - b_1}{n-m} \right) = \tan \theta_a (\sigma - \sigma_a) \tag{A-13}$$

이며

$$\begin{cases} \theta_a = \frac{(2k+1)\pi}{n-m} \quad (k = 0, 1. \cdots |n-m| - 1) \\ \sigma_a = -\frac{a_1 - b_1}{n-m} \end{cases} \tag{A-14}$$

식 (A-13)은 s-평면상에서의 직선이며 기울기의 각은 θ_a이고 실수축과 만나는 점은 σ_a이다. 물론 $K \le 0$에 대해서도 같은 방법으로 증명할 수 있다.

식 (9-22)의 증명

식 (A-2)에서

$$P(s) = s^n + a_1 s^{n-1} + \cdots + a_n = 0$$

의 모든 근을 합하면 $-a_1$이며

$$Z(s) = s^m + b_1 s^{m-1} + \cdots + b_m$$

의 모든 근을 합하면 $-b_1$이다. 따라서 식 (A-14)로부터

$$\sigma_a = -\frac{a_1 - b_1}{n-m} = \frac{\sum P(s)\text{의 근} - \sum Z(s)\text{의 근}}{n-m} \tag{A-15}$$

식 (9-34)의 증명

식 (A-1)에서 K가 ΔK 만큼 변할 경우

$$P(s) + (K + \Delta K) Z(s) = 0 \tag{A-16}$$

이므로 양변을 $P(s)+KZ(s)$로 나누면

$$1 + \frac{\Delta K Z(s)}{P(s) + KZ(s)} = 0 \tag{A-17}$$

식 (A-17)에서

$$Q(s)=\frac{Z(s)}{P(s)+KZ(s)} \tag{A-18}$$

로 정의하면 식 (A-17)은

$$1+\Delta KQ(s)=0 \tag{A-19}$$

여기서 $Q(s)$의 분모는 식 (A-1)의 우변과 같다. 따라서 만일 $s=s_i$에서 식 (A-1)이 n차의 다중근을 갖는다면, 즉 s_i가 이탈점이라면 $Q(s)$는 다음과 같이 근사화할 수 있다(A_i는 상수).

$$Q(s)\cong\frac{A_i}{(s-s_i)^n}=\frac{A_i}{(\Delta s)^n} \tag{A-20}$$

이제 식 (A-20)을 (A-19)에 대입하면

$$1+\frac{\Delta KA_i}{(\Delta s)^n}=0 \tag{A-21}$$

즉

$$\frac{\Delta K}{\Delta s}=-\frac{(\Delta s)^{n-1}}{A_i} \tag{A-22}$$

이므로 양변에 극한을 취하면

$$\lim_{\Delta K\to 0}\frac{\Delta K}{\Delta s}=\frac{dK}{ds}=0 \tag{A-23}$$

여기서

$$K=-\frac{P(s)}{Z(s)} \tag{A-24}$$

이므로 $dK/ds=0$는 다음과 등가임을 알 수 있다.

$$\frac{d}{ds}\left(\frac{Z(s)}{P(s)}\right)=0 \tag{A-25}$$

선별된 문제 해답

2 장

2.1 (a) $\dfrac{6s^2+22s+18}{s^3+6s^2+11s+6}$ (b) $\dfrac{3s^2+2s+1}{s^3+s^2+s+1}$

(c) $-\dfrac{s/2-\sqrt{3}/2}{s^2+1}$ (d) $-\dfrac{(\sqrt{3}/2)s+1/2}{s^2+1}$

(e) $\dfrac{2}{s^2+6s+13}$ (f) $\dfrac{s+3}{s^2+6s+13}$

2.2 (a) $2e^{-2t}u_s(t)$ (b) $2(e^{-t}-e^{-2t})u_s(t)$

(c) $(1-2e^{-t}+2e^{-2t})u_s(t)$ (d) $3\sin t\, u_s(t)$

(e) $\delta(t)-e^{-2t}[8\cos 3t+3\sin 3t]u_s(t)$

(f) $e^{-2t}[6\cos 3t-\tfrac{8}{3}\sin 3t]u_s(t)$

(g) $te^{-t}u_s(t)$ (h) $(1-t)e^{-5t}u_s(t)$

(i) $e^{-t}[3.5t^2-14t+7]u_s(t)$

2.3 (a) $x(t)=e^{-2t}u_s(t)$

(b) $x(t)=[e^{-t}+e^{-2t}]u_s(t)$

(c) $x(t)=0.5[e^{-2t}-e^{-4t}]u_s(t)$

(d) $x(t)=[0.621e^{-2.562t}+0.379e^{1.562t}]u_s(t)$

$y(t)=0.485[e^{-2.562t}-e^{1.562t}]u_s(t)$

(e)

$$x(t)=e^{-1.5t}\left[\cos\sqrt{0.75}t+\frac{1.5}{\sqrt{0.75}}\sin\sqrt{0.75}t\right]u_s(t)$$

$$y(t)=e^{-1.5t}\left[-3\cos\sqrt{0.75}t+\frac{4.5}{\sqrt{0.75}}\sin\sqrt{0.75}t\right]u_s(t)$$

3 장

3.1 $\dfrac{10}{s^2+21s+10}$ **3.2** $\dfrac{9}{s+15}$

3.3 $\dfrac{G_1G_2[G_3-G_4]}{1+G_2H_3+H_1G_1G_2[G_3-G_4]}$

3.4 $\dfrac{G_2[G_1+G_2]}{1+G_2[1+G_1H_2+G_1H_1+G_2H_1]}$

3.5

$$\frac{K_1G_1G_2}{s[1+G_1H_3+G_1G_2H_1+G_1G_2H_2]+K_1G_1G_2}$$

3.7 $\dfrac{G_1G_3G_4+G_2G_4}{1+G_3G_4H_1+G_1G_3G_4H_2+G_2G_4H_2}$

3.8 $\dfrac{G_1G_2G_3G_4}{5+5G_4+10G_3G_4+3G_2G_3G_4}$

3.9

$$\frac{G_1G_4G_7[G_2G_5+G_2G_6+G_3G_5+G_3G_6]}{1-G_4H_1-G_7H_2-G_4G_7H_3[G_2G_5+G_3G_5+G_2G_6+G_3G_6]+G_4G_7H_1H_2}$$

3.10

(a) $\dot{\mathbf{x}}=\begin{bmatrix}0&1&0\\0&0&1\\0&-6&-5\end{bmatrix}\mathbf{x}+\begin{bmatrix}0\\0\\5\end{bmatrix}r,\quad c=[1\ 0\ 0]\mathbf{x}$

(c) $\dot{\mathbf{x}}=\begin{bmatrix}0&1&0\\0&0&1\\-14&-9&-6\end{bmatrix}\mathbf{x}+\begin{bmatrix}0\\0\\1\end{bmatrix}r$

$c=[-22\ \ -16\ \ -10]\mathbf{x}+2r$

M3.1

(a)
```
>>G=tf([3],poly([0 -1 -3]));
>>Gcl=feedback(G,1);
>>S=ss(Gcl)
```

(b)
```
>>G1=tf([1 2],[1 5 4]);
>>G2=tf([1 3],[1 11 30]);
>>G=series(G1,G2);
>>Gcl=feedback(G,1);
>>S=ss(Gcl)
```

4 장

4.1 $\dfrac{V(s)}{F(s)}=\dfrac{1}{Ms+B}$ **4.2** $\dfrac{V(s)}{F(s)}=\dfrac{s}{Bs+K}$

4.3 $V(s)=\dfrac{F(s)}{Ms+B}-\dfrac{F_c}{s(Ms+B)}$

4.4 $\dfrac{V(s)}{F(s)}=\dfrac{s}{Ms^2+Bs+K}$

4.5 $\dfrac{V_1(s)}{F(s)}=\dfrac{1}{Ms+B},\quad \dfrac{V_2(s)}{F(s)}=\dfrac{Ms^2+Bs+K}{MKs+BK}$

4.6 $\dfrac{V(s)}{F(s)}=\dfrac{s}{Ms^2+Bs+K_1+K_2}$

4.12

$$T_2(s)=\frac{KJ_2s}{J_1J_2s^3+J_2Ds^2+(J_1+J_2)Ks+DK}T(s)-\frac{KJ_2F_c}{J_1J_2s^3+J_2Ds^2+(J_1+J_2)Ks+DK}$$

4.13

$$\frac{\Omega_1(s)}{T(s)}=\frac{D_2s+K}{JD_2s^2+(JK+D_1D_2)s+K(D_1+D_2)}$$

$$\frac{\Omega_2(s)}{T(s)}=\frac{K}{JD_2s^2+(JK+D_1D_2)s+K(D_1+D_2)}$$

4.14

$$\frac{\Omega_1(s)}{T(s)}=\frac{J_2s^2+Ds+K}{J_1J_2s^3+(J_1+J_2)Ds^2+(J_1+J_2)Ks}$$

$$\frac{\Omega_2(s)}{T(s)}=\frac{Ds+K}{J_1J_2s^3+(J_1+J_2)Ds^2+(J_1+J_2)Ks}$$

4.15

$$\frac{s}{[(N_1/N_2)^2D_1+(N_1N_3/N_2N_4)^2D_2]s+(N_1/N_2)^2K}$$

4.16 $\dfrac{\Omega(s)}{T(s)}=\dfrac{s}{2.5s^2+4/3s+0.89}$

4.17 $\dfrac{\Omega_5(s)}{T(s)}=\dfrac{125}{s^2+100.5s+1}$

4.18

$$\frac{\Omega_5(s)}{T(s)}=\frac{n_2/n_1}{s^3+2s^2+(1+n_2^2+1/n_1^2)s+1/n_1^2}$$

4.20 $\dfrac{\Omega_3(s)}{T(s)}=\dfrac{0.05s}{s^3+1.5s^2+0.625s+0.125}$

4.21 $\dfrac{V(s)}{T(s)}=\dfrac{10}{105s+5}$

4.23

$$\frac{V(s)}{E_a(s)}=\frac{4s^2+4}{s^4+100.81s^3+81.95s^2+100.81s+80.95}$$

4.25 $\dfrac{Q_o(s)}{\Theta_m(s)}=\dfrac{K_f}{(sC_1R_1+1)(sC_2R_2+1)}$

4.26

$$\frac{Q_o(s)}{\Theta_m(s)}=\frac{1}{C_1C_2R_1R_2s^2+s(C_1R_1+C_1R_2+C_2R_2)+1}$$

4.27

$$q_o(t)=\frac{C_1X_1}{C_1R_1-C_2R_2}(e^{-t/C_1R_1}-e^{-t/C_2R_2})+\frac{X_2}{R_2}e^{-t/C_2R_2}$$

4.28

$$v_1(t)=1.5e^{-0.1t}+0.504e^{-0.05t}\cos(0.444t+6.42°)$$

$$v_2(t)=1.5e^{-0.1t}-0.504e^{-0.05t}\cos(0.444t+6.42°)$$

4.30 $V_1(s)=\dfrac{9.81s^2+24.53}{s^4+2.5s^2+1}$,

$V_2(s)=\dfrac{9.81s^2+14.72}{s^4+2.5s^2+1}$, $V_3(s)=\dfrac{4.91s^2+7.36}{s^4+2.5s^2+1}$

4.31 $v(t)=V_o\cos\left(\sqrt{\dfrac{K_AK_A}{M(K_A+K_B)}}t\right)$

4.33 $\Omega(s)=\dfrac{\omega_o s}{s^2+\dfrac{D}{Ml}s+g}$

4.34 $\dfrac{\Theta(s)}{T_m(s)}=\dfrac{1}{Js^2+Ds+MgL/2}$

5 장

5.1 $$\begin{cases}\dfrac{dv}{dt}=-\dfrac{B}{M}v-\dfrac{1}{M}f_K+\dfrac{1}{M}f\\ \dfrac{df_K}{dt}=Kv\end{cases}$$

5.3 $$\begin{cases}\dfrac{dv}{dt}=-\dfrac{B}{M}v-\dfrac{1}{M}f_{K1}-\dfrac{1}{M}f_{K2}+\dfrac{1}{M}f\\ \dfrac{df_{K1}}{dt}=K_1v\\ \dfrac{df_{K2}}{dt}=K_2v\end{cases}$$

5.4

$$\begin{cases}\dfrac{dv_1}{dt}=-\dfrac{B_1}{M_1}v_1+\dfrac{B_2}{M_1}v_2+\dfrac{1}{M_1}f_{K1}+\dfrac{1}{M_1}f\\ \dfrac{dv_2}{dt}=\dfrac{B_1}{M_2}v_1-\dfrac{B_1+B_2}{M_2}v_2-\dfrac{1}{M_2}f_{K1}-\dfrac{1}{M_2}f_{K2}\\ \dfrac{df_{K1}}{dt}=-K_1v_1+K_2v_2\\ \dfrac{df_{K2}}{dt}=K_2v_2\end{cases}$$

5.5 $$\begin{cases}\dfrac{dv_1}{dt}=\dfrac{B_1-1}{M_1}v_1-\dfrac{B_1}{M_1}v_2+\dfrac{1}{M_1}f\\ \dfrac{dv_2}{dt}=\dfrac{B_1}{M_2}v_1-\dfrac{B_1}{M_2}v_2-\dfrac{1}{M_2}f_{K2}\\ \dfrac{dv_3}{dt}=-\dfrac{B_2}{M_3}v_3+\dfrac{1}{M_3}f_{K2}\\ \dfrac{df_{K1}}{dt}=K_1v_1\\ \dfrac{df_{K2}}{dt}=K_2v_2-K_2v_3\end{cases}$$

5.6 (a)

$$\begin{cases}\dfrac{dv_1}{dt}=-\dfrac{B_1+B_4}{M_1}v_1+\dfrac{B_1}{M_1}v_2+\dfrac{B_4}{M_1}v_3+\dfrac{1}{M_1}f_K+\dfrac{1}{M_1}f\\ \dfrac{dv_2}{dt}=\dfrac{B_1}{M_2}v_1-\dfrac{B_1+B_2+B_5}{M_2}v_2+\dfrac{B_5}{M_2}v_3-\dfrac{1}{M_2}f_K\\ \dfrac{dv_3}{dt}=\dfrac{B_4}{M_3}v_1+\dfrac{B_5}{M_3}v_2-\dfrac{B_3+B_4+B_5}{M_3}v_3\\ \dfrac{df_K}{dt}=-Kv_1+Kv_2\end{cases}$$

5.7 $$\begin{cases}\dfrac{dv_1}{dt}=\dfrac{B_1-B_3}{M_1}v_1+\dfrac{B_3}{M_1}v_2+\dfrac{1}{M_1}f\\ \dfrac{dv_2}{dt}=\dfrac{B_3}{M_2}v_1-\dfrac{B_2+B_3}{M_2}v_2-\dfrac{1}{M_2}f_K\\ \dfrac{df_K}{dt}=-Kv_1+Kv_2\end{cases}$$

5.9

$$\begin{cases}\dfrac{dv_1}{dt}=\dfrac{B_1+B_2}{M_1}v_1-\dfrac{B_1+B_2}{M_1}v_2-\dfrac{1}{M_1}f_K+\dfrac{1}{M_1}f\\ \dfrac{dv_2}{dt}=\dfrac{B_1+B_2}{M_2}v_1-\dfrac{B_1+B_2+B_4}{M_2}v_2+\dfrac{1}{M_2}f_K\\ \dfrac{df_K}{dt}=Kv_1-Kv_2-\dfrac{K}{B_3}f_K\end{cases}$$

5.12 (a) $$\begin{cases} \dfrac{d\omega_1}{dt} = -\dfrac{D}{J_1}\omega_1 - \dfrac{1}{J_1}T_K + \dfrac{1}{J_1}T \\ \dfrac{d\omega_1}{dt} = \dfrac{1}{J_2}T_K \\ \dfrac{dT_K}{dt} = K\omega_1 - K\omega_2 \end{cases}$$

5.13 $$\begin{cases} \dfrac{d\omega_m}{dt} = -\dfrac{D_m}{J_m}\omega_m - \dfrac{r}{J_m}f_K + \dfrac{1}{J_m}T_m \\ \dfrac{dv_2}{dt} = \dfrac{1}{M}f_K \\ \dfrac{df_K}{dt} = 2rK\omega_m - 2Kv_2 \end{cases}$$

5.15 $$\begin{cases} \dfrac{dv_1}{dt} = -\dfrac{1}{M_1}f_{K1} - \dfrac{1}{M_1}f_{K2} + \dfrac{1}{M_1}W_1 \\ \dfrac{dv_2}{dt} = \dfrac{1}{M_2}f_{K2} + \dfrac{1}{M_2}f + \dfrac{1}{M_2}W_1 \\ \dfrac{df_{K1}}{dt} = K_1v_1 \\ \dfrac{df_{K2}}{dt} = K_2v_1 - K_2v_2 \end{cases}$$

5.16 $$\begin{cases} \dfrac{dh_1}{dt} = -\dfrac{1}{C_1R_1}h_1 + \dfrac{K_f}{C_1}\theta_m \\ \dfrac{dh_2}{dt} = \dfrac{1}{C_2R_1}h_1 - \dfrac{1}{C_2R_2}h_2 \end{cases}$$

5.17 $$\begin{cases} \dfrac{dh_1}{dt} = -\dfrac{1}{C_1R_1}h_1 + \dfrac{1}{C_1R_1}h_2 + \dfrac{K_f}{C_1}\theta_m \\ \dfrac{dh_2}{dt} = \dfrac{1}{C_2R_1}h_1 - \dfrac{R_1+R_2}{C_2R_1R_2}h_2 \end{cases}$$

5.18 (d)

$$\begin{bmatrix} \dot{i}_a \\ \dot{\omega}_m \\ \dot{\theta}_m \\ \dot{h} \end{bmatrix} = \begin{bmatrix} -1000 & -200 & 0 & 0 \\ 2000 & -2 & 0 & 0 \\ 0 & 1 & 0 & 0 \\ 0 & 0 & 125 & -1 \end{bmatrix} \begin{bmatrix} i_a \\ \omega_m \\ \theta_m \\ h \end{bmatrix} + \begin{bmatrix} 200 \\ 0 \\ 0 \\ 0 \end{bmatrix} e_a$$

5.19 (a) $f(t) = M\dfrac{dv(t)}{dt} + ml\cos\theta\dfrac{d\omega(t)}{dt}$

(b) $ml\cos\theta(t)\dfrac{dv(t)}{dt} + ml^2\dfrac{d\omega(t)}{dt} - mgl\sin\theta(t) = 0$

(c) $$\begin{cases} M\dfrac{dv(t)}{dt} + ml\dfrac{d\omega(t)}{dt} = f(t) \\ m\dfrac{dv(t)}{dt} + ml\dfrac{d\omega(t)}{dt} - mg\theta(t) = 0 \end{cases}$$

(d)

$$\begin{bmatrix} \dot{v} \\ \dot{\omega} \\ \dot{\theta} \end{bmatrix} = \begin{bmatrix} 0 & 0 & -\dfrac{mg}{M-m} \\ 0 & 0 & \dfrac{Mg}{(M-m)l} \\ 0 & 1 & 0 \end{bmatrix} \begin{bmatrix} v \\ \omega \\ \theta \end{bmatrix} + \begin{bmatrix} 1/(M-m) \\ -\dfrac{1}{(M-m)l} \\ 0 \end{bmatrix} f$$

5.20

$$\begin{bmatrix} \dot{i}_\delta \\ \dot{v}_\delta \\ \dot{y}_\delta \end{bmatrix} = \begin{bmatrix} -R/L & 0 & 0 \\ a/M & 0 & b/M \\ 0 & 1 & 0 \end{bmatrix} \begin{bmatrix} i_\delta \\ v_\delta \\ y_\delta \end{bmatrix} + \begin{bmatrix} 1/L \\ 0 \\ 0 \end{bmatrix} e_\delta$$

5.22 $$\begin{bmatrix} \dot{\omega} \\ \dot{\theta} \\ \dot{d} \end{bmatrix} = \begin{bmatrix} 0 & 0 & -K/J \\ 1 & 0 & 0 \\ 0 & V & 0 \end{bmatrix} \begin{bmatrix} \omega \\ \theta \\ d \end{bmatrix}$$

5.23

$$\begin{bmatrix} \dot{x}_1 \\ \dot{x}_2 \\ \dot{x}_3 \end{bmatrix} = \begin{bmatrix} -a & 0 & -1 \\ K(b-a) & -c & -K \\ 0 & c & 0 \end{bmatrix} \begin{bmatrix} x_1 \\ x_2 \\ x_3 \end{bmatrix} + \begin{bmatrix} 1 \\ K \\ 0 \end{bmatrix} h_r$$

5.24 (a) $G(s) = \dfrac{1}{s^2+2s+1}$

(b) $G(s) = \dfrac{s+5}{s^2+4s+3}$

(c) $G(s) = \dfrac{s+2}{s^2-4} = \dfrac{1}{s-2}$

(d) $G(s)=\dfrac{s^2-4}{s^3+3s^2+4s+2}$

5.25 (a) $\mathbf{P}=\begin{bmatrix}1 & 0.5\\ -1 & 0.5\end{bmatrix},\quad \mathbf{P}^{-1}\mathbf{AP}=\begin{bmatrix}-1 & 1\\ 0 & -1\end{bmatrix}$

(b) $\mathbf{P}=\begin{bmatrix}1 & 1\\ -1 & -3\end{bmatrix},\quad \mathbf{P}^{-1}\mathbf{AP}=\begin{bmatrix}-1 & 0\\ 0 & -3\end{bmatrix}$

(c) $\mathbf{P}=\begin{bmatrix}1 & 1\\ 1 & -1\end{bmatrix},\quad \mathbf{P}^{-1}\mathbf{AP}=\begin{bmatrix}2 & 0\\ 0 & -2\end{bmatrix}$

5.26 (a) $\phi(t)=\begin{bmatrix}(1+t)e^{-t} & te^{-t}\\ -te^{-t} & (1-t)e^{-t}\end{bmatrix}$

(b) $\phi(t)=0.5\begin{bmatrix}3e^{-t}-e^{-3t} & e^{-t}-e^{-3t}\\ -3e^{-t}+3e^{-3t} & -e^{-t}+1.35e^{-3t}\end{bmatrix}$

(c) $\phi(t)=0.5\begin{bmatrix}e^{2t}+e^{-2t} & e^{2t}-e^{-2t}\\ e^{2t}-e^{-2t} & e^{2t}+e^{-2t}\end{bmatrix}$

5.28

$\lambda=0,\ -1,\ -501+j388.6,\ -501-j388.6$

5.29 $\lambda=0,\ -\sqrt{g/l},\ \sqrt{g/l}$

5.34

(b) 직렬 분해; $G(s)=\left(\dfrac{s+4}{s+1}\right)\left(\dfrac{s+5}{s+1}\right)\left(\dfrac{1}{s+2}\right)$

$$\begin{bmatrix}\dot{x}_1\\ \dot{x}_2\\ \dot{x}_3\end{bmatrix}=\begin{bmatrix}-2 & 4 & 3\\ 0 & -1 & 3\\ 0 & 0 & -1\end{bmatrix}\begin{bmatrix}x_1\\ x_2\\ x_3\end{bmatrix}+\begin{bmatrix}1\\ 1\\ 1\end{bmatrix}u,$$

$$y=[1\ \ 0\ \ 0]\begin{bmatrix}x_1\\ x_2\\ x_3\end{bmatrix}$$

병렬 분해; $G(s)=\dfrac{12}{(s+1)^2}-\dfrac{5}{s+1}+\dfrac{6}{s+2}$

$$\begin{bmatrix}\dot{x}_1\\ \dot{x}_2\\ \dot{x}_3\end{bmatrix}=\begin{bmatrix}-1 & 1 & 0\\ 0 & -1 & 0\\ 0 & 0 & -2\end{bmatrix}\begin{bmatrix}x_1\\ x_2\\ x_3\end{bmatrix}+\begin{bmatrix}0\\ 1\\ 1\end{bmatrix}u,$$

$$y=[12\ \ -5\ \ 6]\begin{bmatrix}x_1\\ x_2\\ x_3\end{bmatrix}$$

(d) 직렬 분해; $G(s)=\left(\dfrac{1}{s+1}\right)\left(\dfrac{s+3}{s^2+2s+7}\right)$

$$\begin{bmatrix}\dot{x}_1\\ \dot{x}_2\\ \dot{x}_3\end{bmatrix}=\begin{bmatrix}0 & 1 & 0\\ -7 & -2 & 1\\ 0 & 0 & -1\end{bmatrix}\begin{bmatrix}x_1\\ x_2\\ x_3\end{bmatrix}+\begin{bmatrix}0\\ 0\\ 1\end{bmatrix}u,$$

$$y=[3\ \ 1\ \ 0]\begin{bmatrix}x_1\\ x_2\\ x_3\end{bmatrix}$$

병렬 분해; $G(s)=\dfrac{1/3}{s+1}+\dfrac{-1/3\,s+2/3}{s^2+2s+7}$

$$\begin{bmatrix}\dot{x}_1\\ \dot{x}_2\\ \dot{x}_3\end{bmatrix}=\begin{bmatrix}-1 & 0 & 0\\ 0 & 0 & 1\\ 0 & -7 & -2\end{bmatrix}\begin{bmatrix}x_1\\ x_2\\ x_3\end{bmatrix}+\begin{bmatrix}1\\ 0\\ 1\end{bmatrix}u,$$

$$y=[1/3\ \ 2/3\ \ -1/3]\begin{bmatrix}x_1\\ x_2\\ x_3\end{bmatrix}$$

5.36

(a) $\dot{\mathbf{x}}=\begin{bmatrix}0 & 1 & 0\\ 0 & 0 & 1\\ -10 & -10 & -7\end{bmatrix}\mathbf{x}+\begin{bmatrix}0\\ 0\\ 1\end{bmatrix}r,$

$y=[10\ \ 0\ \ 0]\mathbf{x}$

(b) $\dot{\mathbf{x}} = \begin{bmatrix} 0 & 1 \\ -68 & -8 \end{bmatrix}\mathbf{x} + \begin{bmatrix} 0 \\ 1 \end{bmatrix} r, \quad y = [9 \quad 0]\mathbf{x}$

(c) $\dot{\mathbf{x}} = \begin{bmatrix} 0 & 1 \\ -2 & -4 \end{bmatrix}\mathbf{x} + \begin{bmatrix} 0 \\ 0.5 \end{bmatrix} r, \quad y = [4 \quad 1]\mathbf{x}$

(d) $\dot{\mathbf{x}} = \begin{bmatrix} 0 & 1 \\ -10 & -2 \end{bmatrix}\mathbf{x} + \begin{bmatrix} 0 \\ 10 \end{bmatrix} r, \quad y = [1 \quad 0]\mathbf{x}$

6 장

6.1 $c(t) = 0.91 + 0.95e^{-t}\cos(3.162t + 162.5°)$

$c_d(t) = 0.091 + 0.095e^{-t}\cos(3.162t + 162.5°)$

6.2 $y(t) = t - 0.2 + 4.448e^{-t}\cos(2t + 63.4°)$

6.3

$y_\delta(t) \cong 0.053[1 + e^{-0.019t}\cos(4.83t + 177.5°)]$

6.5 $G_{\text{CL}}(s) = \dfrac{{}^{500}\!/_3 K_A}{s^3 + {}^8\!/_3 s^2 + {}^5\!/_3 s + {}^{500}\!/_3 K_A K_h}$

6.6 (b) $\dfrac{\mathcal{T}_i(s)}{E_r(s)} = \dfrac{K_a}{\tau_h s + K_a K_T + 1}$

(c) $\mathcal{T}_i(\infty) = \dfrac{\Delta\mathcal{T}_o}{(K_a K_T + 1)}$ (d) $\mathcal{T}_i(\infty) = \dfrac{K_a}{K_a K_T + 1}$

6.7 (b) $G_m(s) = \dfrac{100}{s+1}$

(c) $G_{\text{CL}}(s) = \dfrac{5K_A(s+0.5)}{s^4 + 1.6s^3 + 0.65s^2 + 0.05s + 2.5K_A K_T}$

6.8 (b) $\dfrac{V_m(s)}{V_g(s)} = \dfrac{Bs + K}{(M + K_a)s^2 + (B + K_v)s + K}$

6.9 (a) $\begin{cases} \dfrac{\Theta(s)}{\Theta_r(s)} = \dfrac{9K_a}{s^2 + 1.2s + 9(5K_a + 1)} \\ \dfrac{\Theta_d(s)}{T_d(s)} = \dfrac{9}{s^2 + 1.2s + 9(5K_a + 1)} \end{cases}$

(b) $\theta_d(s) = 0.02[1 - e^{-0.6t}\cos(21.4 + 2°)]$

6.10 $G_{\text{CL}}(s) = \dfrac{10}{s^2 + 30s + 10}$

6.11

(b) $G_{\text{CL}}(s) = \dfrac{5000}{s^4 + 7s^3 + 31s^2 + 2525s + 5000}$

$\phi(t) = 1(1 - e^{-2.01t})$

6.12

$G_{\text{CL}}(s) = \dfrac{K_{A1}K_{A2}}{sG_c(s)G(s) + K_d s^2 + K_{A2}K_\omega s + K_{A1}K_{A2}K_\theta}$

6.13 $\theta(\infty) = \dfrac{1}{K_R K_p}$

6.14 $\theta(\infty) = 2D$

7 장

7.1 RHF에 (a) 근이 없음 (b) 근이 없음
(c) 근이 2개 (d) 근이 2개 (e) 근이 2개
(f) 근이 없음 (g) 근이 2개 (h) 근이 없음
(i) 근이 없음 (g) 근이 2개

7.2 (a) $0 \le K \le 200$ (b) $0 \le K \le 15.667$
(c) 항상 불안정 (d) 항상 불안정

7.3 (a) $K \ge 0$ (b) $K \ge 0$ (c) $0 \le K \le 110$
(d) $K \ge -1$ (e) $K \ge 0$ (f) $0 \le K \le 3.8365$
(g) $0 \le K \le 4/3$ (h) $K \ge 0$ 또는 $K \le -1$

7.4 (a) $K_A \ge 0$ (b) $K_A \ge 1$ (c) $0 \le K_A \le 1$
(d) $K_A \ge -1.5$

7.5 (a) $K_A \ge 0$ (b) $-1 \le K_A \le 11.251$
(c) $-40 \le K_A \le 968$ (d) $K_A \ge 12.86$
(e) $0 \le K_A \le 1118$ (f) $0 \le K_A \le 0.1236$
(g) $2.143 \le K_A \le 3.733$

7.7 $K \ge 0.005$

8 장

8.1 (a) $\begin{cases} K_p = 1000 & \therefore e_p(\infty) = 9.99\times10^{-4} \\ K_v = 0 & \therefore e_v(\infty) = \infty \\ K_a = 0 & \therefore e_a(\infty) = \infty \end{cases}$

(b) $\begin{cases} K_p = 1000 & \therefore e_p(\infty) = 9.99\times10^{-4} \\ K_v = 0 & \therefore e_v(\infty) = \infty \\ K_a = 0 & \therefore e_a(\infty) = \infty \end{cases}$

(c) $\begin{cases} K_p = 9 & \therefore e_p(\infty) = 0.1 \\ K_v = 0 & \therefore e_v(\infty) = \infty \\ K_a = 0 & \therefore e_a(\infty) = \infty \end{cases}$

(d) $\begin{cases} K_p = \infty & \therefore e_p(\infty) = 0 \\ K_v = 10 & \therefore e_v(\infty) = \dfrac{1}{10} = 0.1 \\ K_a = 0 & \therefore e_a(\infty) = \infty \end{cases}$

(e) $\begin{cases} K_p = \infty & \therefore e_p(\infty) = 0 \\ K_v = 50 & \therefore e_v(\infty) = \dfrac{1}{10} = 0.02 \\ K_a = 0 & \therefore e_a(\infty) = \infty \end{cases}$

(f) $\begin{cases} K_p = \infty & \therefore e_p(\infty) = 0 \\ K_v = \infty & \therefore e_v(\infty) = 0 \\ K_a = -10 & \therefore e_a(\infty) = -0.1 \end{cases}$

(g) $\begin{cases} K_p = \infty & \therefore e_p(\infty) = 0 \\ K_v = \infty & \therefore e_v(\infty) = 0 \\ K_a = 6.25 & \therefore e_a(\infty) = 0.16 \end{cases}$

(h) $\begin{cases} K_p = \infty & \therefore e_p(\infty) = 0 \\ K_v = \infty & \therefore e_v(\infty) = 0 \\ K_a = \infty & \therefore e_a(\infty) = 0 \end{cases}$

8.2 (a) $\begin{cases} K_p = \infty & \therefore e_p(\infty) = 0 \\ K_v = \dfrac{10}{15} & \therefore e_v(\infty) = \dfrac{15}{10} = 1.5 \\ K_a = 0 & \therefore e_a(\infty) = \infty \end{cases}$

(b) $\begin{cases} K_p = 0 & \therefore e_p(\infty) = 1 \\ K_v = 0 & \therefore e_v(\infty) = \infty \\ K_a = 0 & \therefore e_a(\infty) = \infty \end{cases}$

(c) $\begin{cases} K_p = 20/8 & \therefore e_p(\infty) = 0.286 \\ K_v = 0 & \therefore e_v(\infty) = \infty \\ K_a = 0 & \therefore e_a(\infty) = \infty \end{cases}$

(d) $\begin{cases} K_p = 1/9 & \therefore e_p(\infty) = 0.9 \\ K_v = 0 & \therefore e_v(\infty) = \infty \\ K_a = 0 & \therefore e_a(\infty) = \infty \end{cases}$

8.3 $T_r = 4.4,\quad T_s = 8$ **8.4** $B = 2$

8.5
$\%OS = 20.3,\quad T_r = 0.48,\quad T_p = 1.06,\quad T_s = 2.67$

8.6 $\%OS = 16.3,\quad T_r = 1.68,\quad T_p = 3.63,\quad T_s = 8$

8.7 $K = 100,\quad B = 11.82$

8.8 $J = 0.5,\quad K = 2.35$ **8.9** $\dfrac{N_1}{N_2} = 2$

8.10 $D = 0.255$

8.11 $\dfrac{V(s)}{E_a(s)} = \dfrac{0.19s}{s^2 + 0.81s + 0.191K}$

$K = 2.464, \quad T_s = 9.87$

8.12 $G_{OL}(s) = \dfrac{K_A G(s)}{Ns + G(s)[NK_t s + K_A(K_P - 1)]}$

8.13

$G_{OL}(s) = \dfrac{bK_A/N}{s^2 + (a + bK_t)s + bK_A(K_P - 1)/N}$

(a) $K_P=1$

(b) $\dfrac{Y(s)}{R(s)} = \dfrac{bK_A/N}{s^2 + (a + bK_t)s + bK_A K_P/N}$

(c) $\omega_n = \sqrt{\dfrac{bK_A K_P}{N}}, \quad \zeta = \dfrac{a + bK_t}{2\sqrt{\dfrac{bK_A K_P}{N}}}$

8.14 $\begin{cases} K_p = \infty \quad \therefore e_p(\infty) = 0 \\ K_v = \dfrac{2500K_A}{5 + 250K_t} \quad \therefore e_v(\infty) = \dfrac{5 + 250K_t}{2500K_A} \\ K_v = 0 \quad \therefore e_a(\infty) = \infty \end{cases}$

8.18 $G_{OL}(s) = \dfrac{0.04K_A K_G}{s(s + 0.04K_A K_G K_t)}$

(a) $K_t = 0.01$ (b) $K_A K_G = 3.493 \times 10^5$

(c) $y(t) = 1 + 1.24e^{-69.9t}\cos(95.3t + 144°)$

8.19 (a) $K_A/N = 1.638, \quad T_p = 3.145$

(b) $e_p(\infty) = 0, \quad e_v(\infty) = 0, \quad e_a(\infty) = 0.61$

8.21

(a) 폐루프 시스템이 안정적인 영역;

$K_D > 0, \quad K_P > 0$

폐루프 시스템이 불안정적인 영역;

$K_D > 0, \quad K_P < 0$ 또는 $K_D < 0, \quad K_P > 0$

또는 $K_D < 0, \quad K_P < 0$

(b) $K_D > 0, \quad K_P > 0, \quad 25K_D^2 > K_P$

(c) $K_D > 0, \quad K_P > 0, \quad 25K_D^2 < K_P$

(d) $K_P = 10$ (e) $K_P = 25$

8.22

(a) $s = -10.26, \ -0.87 \pm j3$

(b) $\%OS = 40, \quad T_r = 0.386, \quad T_p = 1.05, \quad T_s = 4.57$

8.23 (a) $e_p(\infty) = -0.005$

(b) $e_p(\infty) = 0, \quad e_v(\infty) = -0.005/a$

(c) $y(\infty) = 1.05$

(d) $y(\infty) = 0$

(e) $K > \dfrac{2a + 1}{a + 2}, \quad a > 0$

8.24 $K > \dfrac{3a + 1}{a + 3}, \quad a > 0$

8.25 $K > \dfrac{90}{7}$

8.26 (a) $0 < K_A < 9$

(b) $\%OS = 34.4, \quad T_r = 1.16, \quad T_p = 2.88, \quad T_s = 10.8$

8.27 (a) $0 < K_A < 6.188$

(b) $e_p(\infty) = 0, \quad e_v(\infty) = 0.625$

9 장

9.1 (a) $\begin{cases} \theta_a = 90°, \ 270°(K \ge 0) \\ \theta_a = 180°, \ 360°(K \le 0) \end{cases}, \quad \sigma_a = -1.5$

(b) $\begin{cases} \theta_a = 60°, \ 180°, \ 300°(K \ge 0) \\ \theta_a = 120°, \ 240°, \ 360°(K \le 0) \end{cases}, \quad \sigma_a = 4/3$

(c) $\begin{cases}\theta_a = 60°,\ 180°,\ 300°(K \geq 0) \\ \theta_a = 120°,\ 240°,\ 360°(K \leq 0)\end{cases},\quad \sigma_a = \dfrac{-4}{3}$

(d) $\begin{cases}\theta_a = 60°,\ 180°,\ 300°(K \geq 0) \\ \theta_a = 120°,\ 240°,\ 360°(K \leq 0)\end{cases},\quad \sigma_a = \dfrac{1}{3}$

9.2

(a) $\theta_p = 135°$ (b) $\theta_p = -71.6°$

(c) $\theta_p = -180°$ (d) $\theta_p = -108°$

(e) $\theta_p = -135°,\quad \theta_z = 180°$

(f) $\theta_p = -180°,\ \theta_z = 0°$

9.4 (a) 0, −0.728, −2.39

(b) 2.21, −1, −2.46 (d) −0.59, −3.41

9.5 (a) $K > -7$ (b) $-3 < K < 0.79$

(c) $0 < K < 810$ (d) 모든 K에 대해 불안정

(e) $K > 3$ (f) $K > 1$ (g) $K > 6$

(h) 모든 K에 대해 불안정

10 장

10.1 (a) $\omega_r = 0.707,\ M_r = 1.15,\ \text{BW} \cong 1.26$

(b) $\omega_r = 1.225,\ M_r = 1.51,\ \text{BW} \cong 2.02$

(c) $\omega_r = 1.225,\ M_r = 1.51,\ \text{BW} \cong 2.02$

(d) $\omega_r = 3.08,\ M_r = 3.2,\ \text{BW} = 4.85$

10.2 (a) $M_r = 1.05,\ \text{BW} \cong 21.52$

(b) $M_r = 1.05,\ \text{BW} \cong 10.76$

(c) $M_r = 1.23,\ \text{BW} \cong 10.35$

(d) $M_r = 1.5,\ \text{BW} \cong 6.52$

10.5 (a) $P = 0,\ N = 0 \quad \therefore Z = N + P = 0$

(b) $P = 0,\ N = 0 \quad \therefore Z = N + P = 0$

(c) $P = 0,\ N = 0 \quad \therefore Z = N + P = 0$

(d) $P = 0,\ N = 1 \quad \therefore Z = N + P = 1$

(e) $P = 0,\ N = 0 \quad \therefore Z = N + P = 0$

(f) $P = 0,\ N = 2 \quad \therefore Z = N + P = 2$

(g) $P = 2,\ N = 0 \quad \therefore Z = N + P = 2$

(h) $P = 0,\ N = 2 \quad \therefore Z = N + P = 2$

10.6 (a) $K < 69.63$ (b) $K < 61.73$

(c) 항상 불안정 (d) 항상 안정

11 장

11.1 $G_c(s) = \dfrac{14.5(s + 0.1)}{s}$

11.2 $G_c(s) = \dfrac{2.8(s + 0.1)}{s}$

11.3 $G_c(s) = \dfrac{22(s + 0.1)}{s}$

11.4 $G_c(s) = 55.4s + 101.8$

11.5 $G_c(s) = 0.112s + 94.1$

11.6 $G_c(s) = 0.921s + 1.104$

11.7 $G_c(s) = 50.3s + 280.1$

11.8 $G_c(s) = \dfrac{0.895(s + 1.199)(s + 0.1)}{s}$

11.11 (a) $G_{\text{PD}}(s) = -915s - 7101$

(b) $G_c(s) = -\dfrac{K_D(s + 7.76)(s + 0.1)}{s}$

11.13 $G_c(s) = \dfrac{1.36(s + 0.1)}{s}$

11.14 $G_c(s) = 41.6(s + 0.2)$

11.15 $G_c(s) = \dfrac{8.03(s + 3.3)(s + 0.1)}{s}$

11.16 $K_1 = 1225,\quad K_F = 1.3$

11.17 $K_F = 5.42,\quad K_2 = 1.08$

11.18 $K_F = 36.7,\quad K_2 = 228$

11.19 $K_F = K_2 = 40.5$

12 장

12.1 (a) $e_v(\infty) = 0.15$

(b) $G_{LAG}(s)=\dfrac{s+0.1}{10(s+0.01)}$, $K_A=455$

12.2 (a) $e_p(\infty)=0.1$

(b) $G_{LAG}(s)=\dfrac{s+0.1}{10(s+0.01)}$, $K_A=1050$

12.3 (a) $e_v(\infty)=0.437$

(b) $G_{LAG}(s)=\dfrac{s+0.05}{5(s+0.01)}$, $K_A=364$

12.4 (a) $e_v(\infty)=0.53$

(b) $G_{LAG}(s)=\dfrac{s+0.53}{53(s+0.01)}$, $K_A=115$

12.5 (a) $e_p(\infty)=0.207$

(b) $G_{LAG}(s)=\dfrac{s+0.0518}{5.18(s+0.01)}$, $K_A=175$

12.6 $G_{LEAD}(s)=\dfrac{2.967s+14.83}{s+14.83}$, $K_A=520$

12.7 $G_{LEAD}(s)=\dfrac{2.314s+2.314}{s+2.314}$, $K_A=1.06$

$e_v(\infty)=1.18$

12.8 (a) 특성 방정식이 다음과 같다.

$$s^3+285s^2-4550s+(K-1.29675\times10^6)=0$$

Routh-Hurwitz 판별은 이용하면 다음과 같다.

s^3	1	-4550
s^2	285	$K-1.29675\times10^6$
s^1	$-3.509\times10^{-3}K$	0
s^0	$K-1.29675\times10^6$	0

따라서 항상 불안정하다.

(b) $G_{LEAD}(s)=\dfrac{2.48s+167.3}{s+167.3}$, $K_A=15$

13 장

13.1 $G_{LEAD}(s)=\dfrac{3.55s+10.63}{s+10.63}$, $K_A=473$

13.2 $G_c(s)=\dfrac{s^2+3.259s+1.52}{s^2+11.93s+1.52}$, $K_A=1844$

$e_v(\infty)=0.054$

13.3 $G_c(s)=\dfrac{5.83s+687.5}{s+687.5}$, $K_A=0.46$

$e_v(\infty)=0.007$

13.4 $G_c(s)=\dfrac{s^2+129.3s+2870}{s^2+807.8s+2870}$, $K_A=3.144$

$e_v(\infty)=0.001$

13.5 $G_{LEAD}(s)=\dfrac{33.74s+16.45}{s+16.45}$, $K_A=3.6$

$e_v(\infty)=0.556$

13.6 $G_c(s)=\dfrac{s^2+0.6342s+0.1}{s^2+22.84s+0.1}$, $K_A=168.5$

$e_v(\infty)=0.012$

13.7 $G_{LEAD}(s)=\dfrac{1.963s+4.012}{s+4.012}$, $K_A=66.3$

13.8 $G_{LEAD}(s)=\dfrac{1.53s+2.326}{s+2.326}$, $K_A=4.1$

13.9 $G_{LEAD}(s)=\dfrac{2.63s+1.538}{s+1.536}$, $K_A=1.05$

13.10 (a) $K_A=0.324$, $T_p=0.29$

(b) $G_1(s)=\dfrac{14.41s+381}{s+381}$

(c)

$$\begin{cases} G_{LEAD}(s)=\dfrac{132.4s^2+4.734\times10^4s+1.16\times10^6}{s^2+3423s+1.16\times10^6} \\ K_A=9.3 \end{cases}$$

13.11 (a) %OS $=54.8$, $T_p=0.938$

(b) $\begin{cases} G_{\text{LEAD}}(s) = \dfrac{1109s^2 + 12270s + 8519}{s^2 + 184.9s + 8519} \\ K_A = 52.18 \end{cases}$

13.12 (a) $\%OS = 22, \quad T_p = 0.513$

(b)

$$\begin{cases} G_{\text{LEAD}}(s) = \dfrac{22160s^2 + 2.011\times10^5 s + 94620}{s^2 + 623.5s + 94620} \\ K_A = 241 \end{cases}$$

13.13

(a) $G_{\text{L-L}}(s) = \dfrac{s^2 + 1.155s + 0.2478}{s^2 + 9.343s + 0.2478}$

$K_v = 28.17$

(b) $G_{\text{L-L}}(s) = \dfrac{10.71s^2 + 12.35s + 2.643}{53.53s^2 + 499s + 2.643}$

13.15 $G_{\text{L-L}}(s) = \dfrac{s^2 + s + 0.2}{s^2 + 187.4s + 0.2}$

13.19 (a) $G_N(s) = \dfrac{s^2 + 10s + 1000}{s^2 + 250s + 1000}$

(b) $G_{\text{LEAD}}(s) = \dfrac{0.2677s + 14.73}{s + 14.73}$

(c) $G_{\text{LEAD}}(s) = \dfrac{0.9s + 27}{s + 27}$

13.20 (a) $G_N(s) = \dfrac{s^2 + 2.6s + 6700}{s^2 + 204.1s + 6700}$

(b) $G_{\text{LEAD}}(s) = \dfrac{3.66s + 28.44}{s + 28.44}$

(c) $G_{\text{LEAD}}(s) = \dfrac{13.72s + 55.1}{s + 55.1}$

14 장

14.1 $k_1 = 12924, \quad k_2 = 1342.1, \quad k_3 = 88.04$

14.2 $k_1 = 255482, \quad k_2 = 8502.1, \quad k_3 = 215.65$

14.3

(a) $\mathbf{C}_\text{M} = \begin{bmatrix} 0 & 1 \\ 1 & -2 \end{bmatrix}$ (rank = 2) ∴ 제어가능

(b) $\mathbf{C}_\text{M} = \begin{bmatrix} 0 & 1 \\ 1 & -2 \end{bmatrix}$ (rank = 2) ∴ 제어가능

(c) $\mathbf{C}_\text{M} = \begin{bmatrix} 0 & 1 & -4 \\ 1 & -2 & 4 \\ 1 & -3 & 9 \end{bmatrix}$ (rank = 3) ∴제어가능

(d) $\mathbf{C}_\text{M} = \begin{bmatrix} 0 & 1 & -5 \\ 1 & -2 & 4 \\ 1 & -3 & 9 \end{bmatrix}$ (rank = 2) ∴제어불가

(e) $\mathbf{C}_\text{M} = \begin{bmatrix} 1 & -1 & 1 \\ 0 & 0 & 0 \\ 1 & -3 & 9 \end{bmatrix}$ (rank = 2) ∴제어불가

(f) $\mathbf{C}_\text{M} = \begin{bmatrix} 0 & 1 & -2 \\ 1 & 2 & -6 \\ 2 & -6 & 18 \end{bmatrix}$ (rank = 3) ∴제어가능

(g) $\mathbf{C}_\text{M} = \begin{bmatrix} 1 & -3 & 13 \\ 1 & 1 & -8 \\ 1 & -8 & 39 \end{bmatrix}$ (rank = 3) ∴제어가능

(h) $\mathbf{C}_\text{M} = \begin{bmatrix} -1 & 1 & -8 \\ 0 & -7 & -44 \\ 1 & 16 & 98 \end{bmatrix}$ (rank = 3)

∴제어가능

14.5 $k_1 = -800, \quad k_2 = -4345$

14.6 $k_1 = 3.8, \quad k_2 = -29.2, \quad k_3 = -1470$

14.7 $\begin{cases} k_1 = -1.154\times 10^9 (J/V) \\ k_2 = -3.49\times 10^6 J \\ k_3 = 4800J \end{cases}$

14.8 $k_1 = 31.25/K, \quad k_2 = 8/K$

14.9(a) $K_1 = 288.4, \quad K_2 = 84.46, \quad K_3 = 21.5$

(b) $K_2 = 0.283, \quad K_3 = 0.15$

(c) $K_2 = 2/K_A, \quad K_3 = -1/K_A$

14.10 $\begin{cases} K_1 = -4800 \\ K_2 = -36341 \\ K_e = -1.3456\times 10^5 \end{cases}$

14.11 $k_1 = 351.3/K, k_2 = 48/K, K_e = 1250/K$

14.12 $k_1 = -5964, \quad k_2 = 97, \quad K_e = 7332$

14.13 $k_2 = 89, \quad k_1 = -6057, \quad K_e = 7332$

14.14

(a) $\mathbf{C}_M = \begin{bmatrix} 1 & 2 \\ 2 & -7 \end{bmatrix}$ (rank = 2) ∴ 제어 가능

$\mathbf{O}_M = \begin{bmatrix} 1 & 1 \\ -1 & -2 \end{bmatrix}$ (rank = 2) ∴ 관측 가능

(b) $\mathbf{C}_M = \begin{bmatrix} 0 & 1 \\ 1 & -3 \end{bmatrix}$ (rank = 2) ∴ 제어 가능

$\mathbf{O}_M = \begin{bmatrix} 0 & 2 \\ 0 & -6 \end{bmatrix}$ (rank = 1) ∴ 관측 불가능

(c) $\mathbf{C}_M = \begin{bmatrix} 0 & 0 \\ 1 & -1 \end{bmatrix}$ (rank = 1) ∴ 제어 불가능

$\mathbf{O}_M = \begin{bmatrix} 1 & 0 \\ -4 & 0 \end{bmatrix}$ (rank = 1) ∴ 관측 불가능

(d) $\mathbf{C}_M = \begin{bmatrix} 0 & 1 \\ 1 & -2 \end{bmatrix}$ (rank = 2) ∴ 제어 가능

$\mathbf{O}_M = \begin{bmatrix} 1 & 0 \\ 0 & 1 \end{bmatrix}$ (rank = 2) ∴ 관측 가능

14.15 $l_1 = 471, \quad l_2 = 38{,}382, \quad l_3 = 2.56\times 10^6$

14.16 $l_1 = 123, \quad l_2 = 2965, \quad l_3 = 43552$

15 장

15.1 (a) $G(z) = \dfrac{z^2 - 0.8895z}{z^2 - 1.425z + 0.4966}$

(b) $G(z) = \dfrac{z^3 - 1.658z^2 + 0.6804z}{z^3 - 2.49z^2 + 2.038z - 0.5488}$

(c) $G(z) = \dfrac{0.1403z^2 + 0.1039z}{z^3 - 2.193z^2 + 1.625z - 0.4066}$

(d)

$$G(z) = \frac{0.033z^3 + 0.106z^2 + 0.021z}{z^4 - 3.19z^3 + 3.79z^2 - 2.015z + 0.4066}$$

15.2 (a) $\dfrac{0.00484z + 0.00468}{z^2 - 1.905z + 0.9048}$

(b) $\dfrac{10^{-4}(1.55z^2 + 5.75z + 1.33)}{z^3 - 2.724z^2 + 2.464z - 0.7408}$

(c) $\dfrac{10^{-4}(4.38z + 4.24)}{z^3 - 2.724z^2 + 2.464z - 0.7408}$

15.3 $\dfrac{2.803z - 2.8}{z - 1}$

15.4 $\dfrac{22.22z - 22}{z - 1}$

15.5 $\dfrac{318.1z - 224}{z}$

15.6 $\dfrac{5310z - 5030}{z}$

15.7 $\dfrac{3.006z^2 - 4.743z + 1.79}{z^2 - z}$

15.9 $\dfrac{45.54(z - 1)}{z - 0.9998}$

15.10 $\dfrac{1403z - 1269}{z - 0.7433}$

15.11 $\dfrac{2.437z - 2.413}{z - 0.9771}$

찾아보기

ㄱ

ㄴ

ㄷ

ㄹ

ㅁ

ㅂ

ㅅ

ㅇ

ㅈ

저자약력

신윤기

- 서울대학교 공과대학 전자공학과 졸업
- 서울대학교 공과대학 전자공학과 석사
- 서울대학교 공과대학 전자공학과 박사
- 前)부산대학교 전자공학과 교수
- 現)대진대학교 전자공학과 교수

매트랩과 함께하는 자동제어

2017년 02월 01일 초판 인쇄

2017년 02월 10일 인쇄 발행

저 자 신윤기

발 행 인 송기수

발 행 처 **도서출판 GS인터비전**

편 집 처 **도서출판 GS인터비전**

인 쇄 처 DOUBLE B

등록번호 제 313-2011-120 호

I S B N 979-11-5576-143-4(93560)

주 소 서울시 은평구 증산로15길 69 2층

전 화 02-976-7898

팩 스 02-6468-7898

홈페이지 gsintervision.co.kr

E-Mail gsinter7@gmail.com

정가 35,000원

* 이 책은 저작권법에 의하여 보호를 받는 저작물이므로 무단전재와 무단복제를 금합니다. 이를 위반하면 민·형사상 책임을 질 수 있습니다.

* All rights are reserved. Produced in Korea. No part of this book may be reproduced in any form without permission in writing from the publisher.